科学经典品读丛书

物理学和天文学的伟大著作

On the Shoulders of Giants

站在巨人的肩上

（上）

【英】史蒂芬·霍金　编评

张卜天◎等译

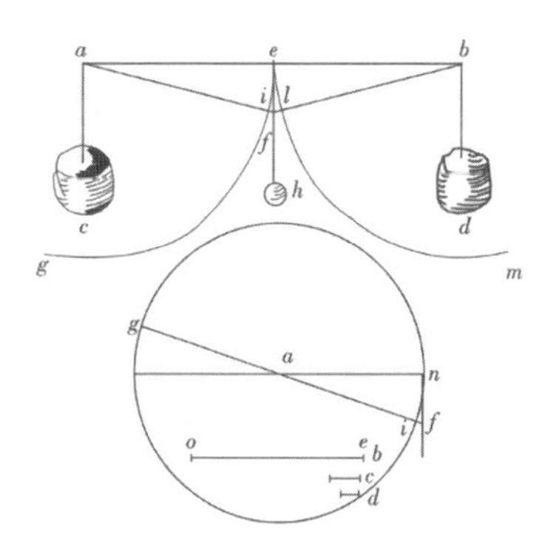

CNS 湖南科学技术出版社

关于文本的说明

本书所选的文本均译自业已出版的原始文献。我们无意把作者本人的独特用法、拼写或标点强行现代化，也不会使各文本在这方面保持统一。此外：

尼古拉·哥白尼的《天球运行论》(*On the Revolutions of Heavenly spheres*)首版于1543年，出版时的标题为 *De revolutionibus orbium colestium*。这里选的是 Charles Glen Wallis 的译本。[①]

伽利略·伽利莱的《关于两门新科学的对话》(*Dialogues Concerning Two New Sciences*)1638年由荷兰出版商 Louis Elzevir 首版，出版时的标题为 *Discorsi e Dimostrazioni Matematiche*，*intorno à due nuoue scienze*。这里选的是 Henry Crew 和 Alfonso deSalvio 的译本。

约翰内斯·开普勒的《世界的和谐》(*Harmonies of the World*)共分五

---

① 实际使用的中译本参照的是 Edward Rosen 的权威英译本。

卷，作品完成于1618年5月27日，出版时的标题为*Harmonices Mundi*。这里选的是Charles Glen Wallis的第五卷译本。

伊萨克·牛顿的《自然哲学的数学原理》（*The Mathematical Principles of Natural Philosophy*或*Principia*）首版于1687年，出版时的标题为*Philosophiae naturalis principia mathematica*。这里选的是Andrew Motte的译本。

我们从H. A. Lorentz，A. Einstein，H. Minkowski和H. Weyl编的《相对论原理：狭义相对论原始论文集》（*The Principles of Relativity*：*A Collection of Original Papers on the Special Theory of Relativity*）中选择了阿尔伯特·爱因斯坦的七篇文章。整部文集原先是德文，被冠以"相对论原理"（Des Relativitatsprinzip）的标题于1922年首版。这里选的是W. Perrett和G. B. Jeffery的译本。

原编者

序

吴国盛

牛顿在1676年写给胡克的一封信中说："如果说我看得比别人更远，那是因为我站在巨人的肩上。"写这封信的时候，胡克正就牛顿的光学理论的优先权进行计较，牛顿的这封信带有和解的意图。但和解并没有获得成功，因此，后人更加相信这句名言里实际上包含着同样浓烈的双重情绪——既是谦逊之词，也是自得之语。正因为如此，出自牛顿的这句名言也就不是凡人敢轻易引以自况自许的了。

但是我们这本书的编者、当代著名理论物理学家史蒂芬·霍金就敢，而且做得相当直白。十多年前，他在他那本著名的《时间简史》(1988)的结尾部分，就出人意料地补加了爱因斯坦、伽利略和牛顿三人的小传，强烈地暗示自己就是他们的正宗传人。如今，他把哥白尼、伽利略、开普勒、牛顿和爱因斯坦五位的著作选集冠以"站在巨人的肩上"之名，再次表达了那种既谦逊又自得的感觉。

书中收录的哥白尼的《天球运行论》、伽利略的《两门新科学的对话》、开普勒的《世界的和谐》(第五卷)、牛顿的《自然哲学之数学原理》和爱因斯坦的《相对论原理》五部著作，可以看成是近代数理科学的五大经典。毫不夸张地说，是它们重新摆置了天地万物的位置，勾画了近代世界图景的基本轮廓。毫不夸张地说，五大经典所代表的数理科学传统，对近代世界而言有"开天辟地"之功。有幸进入这个传统，特别是，有幸成为这个传统的发扬光大者，有一种难以抑制的自豪感是完全可以理解的。我想，霍金编这部文集时是有这种自豪感和使命感的。

霍金编得起劲，读者有什么理由也跟着读呢？有一种回答是，因为它是霍金编的。不是说，读《时间简史》，懂与不懂都是收获吗？不是说，《时间简史》是如今卖得最多读得最少的一本书吗？作为一种读书时尚，读霍金的书不需要理由。

我想讲的理由是针对这五大经典的。今天许多有见识的人一再呼吁读者阅读经典，但他们所谓经典更多指的是人文经典，而对科学经典，意见不尽一致。原因是，如果你的目的只是想学习科学知识、弄懂科学原理，那是用不着读这些经典的。直接读教科书或者科普读物，可以更好地达到你的目的。但是如果你愿意把这些著作看成是西方文化不可分割的有机组成部分，试图通过阅读而进入这些科学伟人的心灵之中、体会这些伟大的科学创造的历史情境和过程，那么读经典就会显露出它的意义来。我们因为沐浴在经典的光辉之中，对这光辉本身也可能浑然不觉。读经典可以帮助我们反省自身的处境。

举例来说，今天，我们会把地球围绕太阳旋转当成理所当然的事实，因为我们周围的每一个人、看到的每一本教材、接触的每一种传媒都这样讲，所以也就很难理解为什么人类在上千年的时间里竟然认识不到如此简单的一个事实，也很难体会到日心说取代地心说这一过程的艰难和复杂。现代人很少会去费力研读这些科学经典，因为它们的内容已经在教科书中被缩减成用现代语言和符号表示的几条结论，我们以为，只要掌握了这些简单的结论，就完全理解了这些科学伟人的全部思想。然而，只要我们看看哥白尼在序言中表现出的那种犹疑不定，或者开普勒著作中所讨论的那些颇具神秘性的音乐的和谐，就会感觉到，这些原著所包含的许多丰富的思想实际上已经被我们舍弃了。科学中的那些最重大的发展往往伴随着隐含在它们背后的世界观的改变，阅读这些原始文献可以在相当程度上帮助我们理解科学和人类思想的变迁，认识到我们从科学的发展中究竟得到了什么，失去了什么，得到和失去这些东西又是通过什么样的过程实现的，从而对我们现有的科学有更加清楚的认识。

这部大书的翻译出版，不仅是愿意“阅读经典”的读书界的福音，也是我国科学史界的一件喜事。这是因为，这五大经典有两部是第一次译成中文，而其他三部都在过去译本的基础上再次做了重译或者订正。

哥白尼的《天球运行论》(拉丁文 *De revolutionibus orbium colestium* 或 *On the Revolutions of Heavenly Spheres*)在我国一直被普遍译为《天体运行论》，但这个译名是不确切的。问题出在对“orbium”一词的理解上。对哥白尼来说，这个词并不是指我们今天很容易接受的“天体”，而是古代天文学家假想的带动天体运行的那个透明的“天球”。今天我们不承认有“天球”的存在，便想当然地把这个词译成了“天体”。其实恰当的译法应该是《论天球的旋转》或《天球运行论》。我曾专门撰文澄清过这一点，但似乎未引起学界应有的重视。1973 年，科学出版社曾经出版过李启斌先生翻译的节译本(主要是前言和第一卷)，1992 年由武汉出版社以及 2001 年由陕西人民出版社相继两次出版过叶式辉先生的全译本，他们把书名均译成《天体运行论》。这次我的学生张卜天受命重译时，接受了我的意见，把书名改为《天球运行论》。需要说明的是，叶译本依据的是 1978 年由罗森(Edward Rosen)翻译和注释的英译本，而霍金这里所选的是瓦里斯(Charles Glen Wallis)于 1939 年推出的第一个英译本，两个英译本在行文和编排上存在许多不同。应该说，1978 年的罗森英译本是更有价值的，因为其中包含了译者的许多注释，但 1939 年的瓦里斯英译本也有其历史价值。考虑到现存叶译本的一些差错，考虑到张卜天在翻译时同时参照了罗森译本，并且改正了瓦里斯译本的不少错误，这个新译本就不是没有意义的。

伽利略的《关于两门新科学的对话》(*Dialogues Concerning Two New Sciences*)是他的最后一部著作。两门新科学指的是材料力学和动力学。其中所包含的四篇对话中，后两篇讨论的是匀加速运动和抛体的抛物线轨道；前两篇是对物质的构成、数学的本性、实验和推理在科学中的地位、空气的重量、光速等的讨论。较之伽利略的另一部重要著作《关于两大世界体系的对话》(1974年由上海人民出版社出版)，这部著作的重要性甚至更加重大。我国著名的物理学史家、科学著作翻译家戈革先生在这里将之首次译出，弥补了长期以来的一个缺憾。

开普勒的著作选的是《世界的和谐》(*Harmonies of the World*)的最后一卷即第五卷，英译者也是瓦里斯。之所以只选了第五卷，主要是因为第五卷处理的是天文学，而且也是全书的高潮和总结。在第五卷中，开普勒提出了著名的关于行星周期和距离的第三定律。《世界的和谐》的前两卷讨论的是几何对称和比例，第三卷讨论的是音乐中的和谐，第四卷讨论的是占星学。在我国，一直鲜有人研究开普勒，原因之一就是一手材料难以找到，而且晦涩难解。张卜天在这里首次译出开普勒的著作，将大大有益于学界对开普勒的研究。

牛顿的《自然哲学的数学原理》(*The Mathematical Principles of Natural Philosophy* 或 *Principia*)此前已由中央党校哲学部的王克迪教授根据Andrew Motte的译本译出全本，并于1992年由武汉出版社以及2001年由陕西人民出版社相继两次出版。霍金选的仍然是这个版本，所以这里只是改正了此前中译本的一些错误。

爱因斯坦部分是从H. A. Lorentz，A. Einstein，H. Minkowski和H. Weyl编的《相对论原理》(*Des Relativitatsprinzip*)中选取的爱因斯坦的七篇文章。除"哈密顿原理和广义相对论"一篇外，其余各篇以前都曾在我国著名物理学史家许良英、范岱年编译的《爱因斯坦文集》第二卷(商务印书馆，1977年)中出版过，这次收入时只由译者做了个别订正。

为了方便中文读者阅读，除保留了英译者脚注外，中译者还给出了较多的脚注。

煌煌五大科学巨著由享誉世界的科学名人霍金编辑、由我国科学史界的老中青三代学者联袂译出，的确是一件可喜可贺的事情。感谢湖南科学技术出版社独具慧眼，为中国读者奉上这件稀世珍品，为科学传播再立新功。是为序。

引　　言

“如果说我看得比别人更远，那是因为我站在巨人的肩上。”伊萨克·牛顿在1676年致罗伯特·胡克的一封信中这样写道。尽管牛顿在这里指的是他在光学上的发现，而不是他关于引力和运动定律的更重要的工作，但这句话仍然不失为一种适当的评论——科学乃至整个文明是累积前进的，它的每项进展都建立在已有的成果之上。这就是本书的主题，从尼古拉·哥白尼提出地球绕太阳转的划时代主张，到爱因斯坦关于质量与能量使时空弯曲的同样革命性的理论，本书用原始文献来追溯我们关于天的图景的演化历程。这是一段动人心魄的传奇之旅，因为无论是哥白尼还是爱因斯坦，都使我们对自己在万事万物中的位置的理解发生了深刻的变化。我们置身于宇宙中心的那种特权地位已然逝去，永恒和确定性已如往事云烟，绝对的空间和时间也已经为多层橡胶片(rubber sheets)所取代了。

难怪这两种理论都遭到了强烈的反对：哥白尼的理论受到了教廷的干预，相对论受到了纳粹的压制。我们现在有这样一种倾向，即把亚里士多德和托勒密关于太阳绕地球这个中心旋转的较早的世界图景斥之为幼稚的想法。然而，我们不应对此冷嘲热讽，这种模型绝非头脑简单的产物。它不仅把亚里士多德关于地球是一个圆球而非扁平盘子的推论包含在内，而且在实现其主要功能，即出于占星术的目的而预言天体在天空中的视位置方面也是相当准确的。事实上，在这方面，它足以同1543年哥白尼所提出的地球与行星都绕太阳旋转的异端主张相媲美。

伽利略之所以会认为哥白尼的主张令人信服，并不是因为它与观测到的行星位置更相符，而是因为它的简洁和优美，与之相对的则是托勒密模型中复杂的本轮。在《关于两门新科学的对话》中，萨尔维阿蒂和沙格列陀这两个角色都提出了有说服力的论证来支持哥白尼，然而第三个角色辛普里邱却依然有可能为亚里士多德和托勒密辩护，他坚持认为，实际上是地球处于静止，太阳绕地球旋转。

直到开普勒的工作，日心模型才变得更加精确起来，之后牛顿赋予了它运动定律，地心图景这才最终彻底丧失了可信性。这是我们宇宙观的巨大转变：如果我们不在中心，我们的存在还能有什么重要性吗？上帝或自然规律为什么要在乎从太阳算起的第三块岩石上（这正是哥白尼留给我们的地方）发生了什么呢？现代的科学家在寻求一个人在其中没有任何地位的宇宙的解释方面胜过了哥白尼。尽管这种研究在寻找支配宇宙的客观的、非人格的定律方面是成功的，但它并没有（至少是目前）解释宇宙为什么是这个样子，而不是与定律相一致的许多可能宇宙中的另一个。

有些科学家会说，这种失败只是暂时的，当我们找到终极的统一理论时，它将唯一地决定宇宙的状态、引力的强度、电子的质量和电荷，等等。然而，宇宙的许多特征（比如我们是在第三块岩石上，而不是第二块或第四块这一事实）似乎是任意和偶然的，而不是由一个主要方程所规定的。许多人（包括我自己）都觉得，要从简单定律推出这样一个复杂而有结构的宇宙，需要借助于所谓的“人存原理”，它使我们重新回到了中心位置，而自哥白尼时代以来，我们已经谦恭到不再作此宣称了。人存原理基于这样一个自明的事实，那就是在我们已知的产生[智慧?]生命的先决条件当中，如果宇宙不包含恒星、行星以及稳定的化合物，我们就不会提出关于宇宙本性的问题。即使终极理论能够唯一地预测宇宙的状态和它所包含的东西，这一状态处在使生命得以可能的一个小子集中也只是一个惊人的巧合罢了。

然而，本书中的最后一位思想家阿尔伯特·爱因斯坦的著作却提出了一种新的可能性。爱因斯坦曾对量子理论的发展起过重要的作用，量子理论认为，一个系统并不像我们可能认为的那样只有单一的历史，而是每种可能的历史都有一些可能性。爱因斯坦还几乎单枪匹马地创立了广义相对论，在这一理论中，空间与时间是弯曲的，并且是动力学的。这意味着它们受量子理论的支配，宇宙本身具有每一种可能的形状和历史。这些历史中的大多数都将非常不适于生命的成长，但也有极少数会具备一切所需的条件。这极少数历史相比其他是否只有很小的可能性，这是无关紧要的，因为在无生命的宇宙中，将不会有人去观察它们。但至少存在着一种历史是生命可以成长的，我们自己就是证据，尽管可能不是智慧的证据。牛顿说他是“站在巨人的肩上”，但正如本书所清楚阐明的，我们对事物的理解并非只是基于前人的著作而稳步前行的。有时，正像面对哥白尼和爱因斯坦那样，我们不得不向着一个新的世界图景做出理智上的跨越。也许牛顿本应这样说：“我把巨人的肩膀用作了跳板。”

目录

尼古拉·哥白尼(1473—1543)

生平与成果

尼古拉·哥白尼这位16世纪的波兰牧师和数学家，往往被认为是近代天文学的奠基人。之所以能够获得如此殊荣，是因为他是第一个得出这样结论的人，即行星与太阳并非绕地球旋转。当然，关于日心宇宙的猜想早在阿里斯塔克(Aristarchus)(死于公元前230年)那里就出现了，但在哥白尼以前，这个想法从未被认真考虑过。要想理解哥白尼的贡献，考察科学发现在他那个时代所具有的宗教和文化含义是重要的。

早在公元前4世纪，希腊思想家、哲学家亚里士多德(前384—前322)在其《论天》(*De Caelo*)一书中就构想了一个行星体系。他还断定，由于在月食发生时地球落在月亮上的阴影总是呈圆形，所以地球是球状的而不是扁平的。他之所以猜想地球是圆的，还因为远航船只的船体总是先于船帆在地平线上消失。

在亚里士多德的地心体系中，地球是静止不动的，而水星、金星、火星、木星、土星以及太阳和月亮则绕地球做圆周运动。亚里士多德还认为，恒星固定于天球之上，根据他的宇宙尺度，这些恒星距离土星天球并不是太远。他确信天体在做完美的圆周运动，并有很好的理由认为地球处于静止。一块从塔顶释放的石头会垂直下落，它并没有像我们所期待的那样落在西边，如果地球是自西向东旋转的话。（亚里士多德并不认为石头会参与地球的旋转。）在尝试把物理学与形而上学结合起来的过程中，亚里士多德提出了他的"原动者"理论，这种理论认为，有一种隐藏在恒星后面的神秘力量引起了他所观察到的圆周运动。这种宇宙模型为神学家们所接受和拥护，他们往往把原动者解释为天使。亚里士多德的这一看法持续了数个世纪之久。许多现代学者都认为，宗教权威对这种理论的普遍接受阻碍了科学的发展，因为挑战亚里士多德的理论，就等于挑战教会本身的权威。

在亚里士多德去世五个世纪之后，一个名叫克劳迪乌斯·托勒密(Claudius Ptolemaeus)(87—150)的埃及人建立了一个宇宙模型，用它可以更准确地预测天球的运动和行程。像亚里士多德一样，托勒密也认为地球是静止不动的，他推论说，物体之所以会落向地心，是因为地球必定静止在宇宙的中心。托勒密最终精心设计了一个天体沿着自身的本轮（本轮是这样一个圆，行星沿着本轮运动，而同时本轮的中心又沿着一个更大的圆做圆周运动）做圆周运动的体系。为了达到目的，他把地球从宇宙的中心稍微移开了一些，并把新的中心称为"偏心均速点"(equant)——一个帮助解释行星运动的假想的点。只要适当选择圆的大小，托勒密就能够更好地预测天体的运行。基督教与托勒密的地心体系基本上没有什么冲突，地心体系在恒星后面为天堂和地狱留下了空间，所以教会把托勒密的宇宙模型当作真理接受了下来。

亚里士多德和托勒密的宇宙图景统治达一千多年，其间基本没有经历什么大的改动。直到1514年，波兰牧师尼古拉·哥白尼才复活了日心宇宙模型。哥白尼只是把它当作一个计算行星位置的模型提了出来，因为他担心如果主张它是对实在的描述，那么教会就可能把他定为异端。通过对行星运动的研究，哥白尼确信地球只是另外一颗行星罢了，位于宇宙中心的是太阳。这一假说以日心模型而著称。哥白尼的突破是世界史上最重大的范式转换之一，它为近代天文学开辟了道路，并且对科学、哲学和宗教都有着深远的影响。这位上了年纪的牧师不愿泄漏自己的理论，以免招致教会权威的过激反应，所以他只是把自己的著作给少数几位天文学家看了。到了 1543 年，当哥白尼临死时，他的巨著《天球运行论》(*De Revolutionibus*)出版了。他活着的时候没有见证他的日心理论可能造成的混乱。

1473 年 2 月 19 日，哥白尼出生在托伦(Torun)城的一个非常重视教育的商人和市政官员家庭。他的舅舅，埃姆兰德(Ermland)的主教鲁卡斯·瓦琴洛德(Lukasz Watzenrode)，确保他的这个外甥可以得到波兰最好的学术教育。1491 年，哥白尼进入克拉科夫大学就读，在那里学习了四年的通识课程之后，他决定去意大利学习法律和医学，这也是当时波兰杰出人物的普遍做法。当哥白尼在博洛尼亚(Bologna)大学(在那里，他最终成了一位天文学教授)就读时，曾寄宿在一位著名的数学家多米尼科·马利亚·德·诺瓦拉(Domenico Maria de Novara)家中，哥白尼后来成了他的学生。诺瓦拉是托勒密的批评者，他对其公元 2 世纪的天文学理论持怀疑态度。1500 年 11 月，哥白尼在罗马对一次月食进行了观测。尽管在以后的几年里，他仍在意大利学习医学，但他从未丧失过对天文学的热情。

在获得了教会法博士学位之后，哥白尼在他舅舅生活过的海尔斯堡(Heilsberg)主教教区行医。王室成员和高级牧师都要求他看病，但哥白尼却把绝大部分时间花在了穷人身上。1503 年，他回到波兰，搬进了他舅舅在利兹巴克瓦明斯基(Lidzbark Warminski)的主教官邸。在那里，他负责处理主教教区的一些行政事务，同时也担任他舅舅的顾问。当舅舅于 1512 年去世以后，哥白尼就搬到了弗劳恩堡(Frauenburg)，并在后半生一直担任牧师职务。然而，这位数学、医学和神学方面的学者最广为人知的工作才刚刚开始。

1513年3月，哥白尼从圣堂参事会买回来800块建筑石料和一桶石灰，建了一座观测塔楼。在那里，他利用四分仪、视差仪和星盘等仪器对太阳、月亮和恒星进行观测。在接下来的一年，他写了一本简短的《要释》(*Commentary on the Theories of the Motions of Heavenly Objects from Their Arrangements* 或 *De hypothesibus motuum coelestium a se constitutes commentariolus*)，但是他拒绝发表手稿，而只是谨慎地把它在最可靠的朋友中流传。《要释》是阐述地球运动而太阳静止这一天文学理论的初次尝试。哥白尼开始对统治西方思想数个世纪的亚里士多德-托勒密天文学体系感到不满。在他看来，地球的中心并不是宇宙的中心，而只是月球轨道的中心。哥白尼最终认为，我们所观测到的行星运动的明显扰动，是地球绕轴自转和沿轨道运转共同作用的结果。"像其他任何行星一样，我们也绕太阳旋转。"他在《要释》中得出了这样的结论。

尽管关于日心宇宙的猜想可以追溯到公元前3世纪的阿里斯塔克，但是神学家和学者们都觉得，地心理论更让人感到踏实，这一前提几乎是不争的事实。哥白尼小心翼翼地避免公开暴露自己的任何观点，而宁愿通过数学演算和细心绘制图形来默默发展自己的思想，以免把理论流传到朋友圈子以外。1514年，当教皇利奥十世责成弗桑布隆(Fossombrone)的保罗主教让哥白尼对改革教历发表看法时，这位波兰天文学家回答说，我们关于日月运动与周年长度之间关系的知识匮乏到经受不起任何改革。然而，这个挑战必定使哥白尼耿耿于怀，因为他后来把一些相关的观测写信告诉了教皇保罗三世(指派米开朗琪罗为西斯廷小教堂作画的正是这位教皇)，这些观测在七十年后成了制定格里高利历的基础。

哥白尼仍然担心会受到民众和教会的谴责，他花了数年私下里修订和增补了《要释》，其结果就是1530年完成的《天球运行论》(*On the Revolutions of Heavenly Spheres* 或 *De Revolutionibus Orbium Coelestium*)，但却晚了十三年才出版。然而，担心教会的谴责并非哥白尼迟迟不愿出版的唯一原因。哥白尼是一个完美主义者，他总觉得自己的发现尚待考证和修订。他不断讲授自己的行星理论，甚至还给认可其著作的教皇克莱门七世作讲演。1536 年，克莱门正式要求哥白尼发表自己的理论。哥白尼的一个25 岁的德国学生也敦促他的老师发表《天球运行论》，这个人名叫格奥格·约阿希姆·雷蒂库斯(Georg Joachim Rheticus)，他放弃了维滕堡(Wittenberg)的数学教席来跟哥白尼学习。1540 年，雷蒂库斯协助编辑这部著作，并把原稿交给了纽伦堡的路德教印刷商，从而最终促成了哥白尼革命。

当《天球运行论》于 1543 年面世时，那些把日心宇宙当作前提的新教神学家攻击它有悖于《圣经》。他们认为，哥白尼的理论有可能诱使人们相信，他们只是自然秩序的一部分，而不是自然绕之加以排列的中心。正是由于神职人员的这种反对，或许再加上对非地心宇宙图景的普遍怀疑，从 1543 年到 1600 年间，拥护哥白尼理论的只有屈指可数的几位科学家。毕竟，哥白尼并未解决地球绕轴自转(以及绕太阳旋转)的任何体系都要面临的主要问题，即地上的物体是如何跟随旋转的地球一起运动的。一位意大利科学家、公开的哥白尼主义者乔尔达诺·布鲁诺(Giordano Bruno)回答了这个问题，他主张空间可能没有边界，太阳系也许只是宇宙中许多类似体系中的一个。布鲁诺还为天文学拓展了一些《天球运行论》没有触及的纯思辨的领域。在他的著作和讲演中，这位意大利科学家宣称，宇宙中存在着无数个有智能生命的世界，甚至有些生命比人还要高级。这种肆无忌惮的言论引起了教廷的警觉，由于这种异端思想，教廷对他进行了谴责和审判。1600 年，布鲁诺被烧死在火刑柱上。

然而总体上说，这部著作并没有立即对近代天文学研究产生影响。在《天球运行论》中，哥白尼所提出的实际上不是日心体系，而是日静体系。他认为太阳并非精确位于宇宙的中心，而是在它的附近，只有这样，才能对观测到的逆行和亮度变化做出解释。他断言，地球每天绕轴自转一周，每年绕太阳运转一周。这本书共分为六个部分，在第一部分中，他与托勒密体系进行了论辩。在托勒密体系中，所有天体都围绕地球旋转，而且这种体系还得出了正确的日心次序：水星、金星、火星、木星和土星(当时所知道的六颗行星)。在第二部分中，哥白尼运用数学(即本轮和偏心均速点)解释了恒星与行星的运动，并且推论出太阳运动和地球运动的结果是一致的。第三部分给出了对二分点岁差的数学说明，哥白尼把它归之于地球绕轴的摇摆。《天球运行论》的其余部分则把焦点集中在了行星与月球的运行上面。

哥白尼是第一个把金星与水星正确定位的人，他极为准确地定出了已知行星的次序和距离。他发现这两颗行星(金星与水星)距离太阳较近，而且注意到它们在地球轨道内以较快的速度运行。

在哥白尼以前，太阳曾被认为是另一颗行星。把太阳置于行星体系的实际中心是哥白尼革命的开始。由于把地球从原本是所有天体赖以稳定的宇宙中心移开了，哥白尼被迫要提出重力理论。哥白尼之前的重力解释只假定了一个重力中心(地球)，而哥白尼却推测，每一个天体都可能有自己的重力特性，并且断言说，任何地方的重物都趋向它们自己的中心。这种洞察力终将造就万有引力理论，但其影响并不是即刻产生的。

到了1543年，哥白尼的身体右侧已经瘫痪，他的身心状况也已大不如前。这位完美主义者不得不在印刷的最后阶段让出了他的《天球运行论》原稿。哥白尼委任他的学生雷蒂库斯处理他的手稿，但是当雷蒂库斯被迫离开纽伦堡时，这份手稿却落入了路德教神学家安德列亚斯·奥西安德尔(Andreas Osiander)之手。为了安抚地心理论的拥护者，奥西安德尔在哥白尼不知情的情况下，擅自做了几处改动。他在扉页上加入了“假说”一词，并且删去了几处重要的段落，还掺进了他自己的一些话，这些做法减弱了这部著作的影响力和可靠性。据说，哥白尼直到临终之时才在弗劳恩堡得到了这本书的一个复本，这时他还不知道奥西安德尔所做的手脚。哥白尼的思想在以后的一百年里一直相对模糊不定，直到17世纪，才有像伽利略·伽利莱、约翰内斯·开普勒和伊萨克·牛顿这样的人把自己的工作建立在日心宇宙之上，从而有力地消除了亚里士多德思想的影响。许多人都对这位改变了人们宇宙观的波兰牧师做出过评论，在这当中，也许最富表现力的要数德国作家兼科学家约翰·沃尔夫冈·冯·歌德对哥白尼贡献的评价了：

“哥白尼的学说撼动人类精神之深，自古以来没有任何一种发现，没有任何一种创见可与之相比。当地球被迫要放弃宇宙中心这一尊号时，还几乎没有人知道它本身就是一个自足的球体。或许，人类还从未面临过这样大的挑战，因为如果承认这个理论，无数事物就将灰飞烟灭了！谁还会相信那个清纯、虔敬而又浪漫的伊甸乐园呢？感官的证据、充满诗意的宗教信仰还有那么大的说服力吗？难怪他的同时代人不愿听凭这一切白白失去，而要对这一学说百般阻挠，而这在它的皈依者们看来，却又无异于要求了观念的自由，认可了思想的伟力，这真是闻所未闻，甚至连做梦都想不到的。”

——约翰·沃尔夫冈·冯·歌德

天球运行论

序　　言

与读者谈谈这部著作中的假说[①]

这部著作中的新假说——地球运动，而太阳静止于宇宙的中心——已经广为人知，因此我毫不怀疑，某些学者一定会大为光火，认为早已在可靠基础上建立起来的自由技艺(liberal arts)不应陷入混乱。然而，如果他们愿意认真进行考察之后再作结论，那么就会发现本书作者其实并没有做出什么应受谴责的事情。要知道，天文学家的职责就是通过细致和专业的研究来编写天界运动的历史，然后再构想和设计出这些运动的原因或关于它们的假说。由于他无论如何也获得不了真正的原因，因此任何假设，只要能使过去和将来的运动通过几何学原理正确地计算出来，他就会采用。在这两项职责方面，本书作者做得都很出色。这些假说无须为真，甚至也并不一定是可能的，只要它们能够提供一套与观测相符的计算方法，那就足够了。或许碰巧有这样一个人，他对几何学和光学一窍不通，竟认为金星的本轮是可能的，或者认为这就是为什么金星会交替移到太阳前后 40°甚至更大角距离处的原因。难道谁还能认识不到，这个假设必然会导致如下结果：行星的视直径在近地点处要比在远地点处大 3 倍多，从而星体要大 15 倍还多？但任何时代的经验都没有表明这种情况出现过。在这门科学

---

① 本文为安德列亚斯·奥西安德尔(Osiander)所写，更详细的情况见《生平与成果》。

中还有其他一些同样重要的荒唐事，这里不必考察。事实已经很清楚，这门技艺对视运动不均匀的原因绝对是全然无知的。如果说它凭借想象提出了一些原因(事实上的确已经有很多了)，那么这并不是为了说服任何人相信它们是真实的，而只是要为计算提供一个可靠的基础。但由于对同一种运动有时可以提出不同的假说(比如为太阳的运动提出偏心率和本轮)，天文学家将会优先选用最容易领会的假说。也许哲学家宁愿寻求真理的外貌，但除非是受到神的启示，他们谁都无法理解或说出任何确定的东西。

因此，请允许我把这些新的假说也公之于世，让它们与那些现在不再被认为是可能的古代假说列在一起。我之所以要这样做，是因为这些新假说美妙而简洁，而且与大量非常精确的观测结果相符。既然是假说，谁也不要指望能从天文学中得到任何确定的东西，因为天文学提供不了这样的东西。如果不了解这一点，他就会把为了其他目的而提出的想法当作真理，于是在离开这项研究时，相比刚刚开始进行研究，他俨然是一个更大的傻瓜。再见。

卡普亚(Capua)红衣主教尼古拉·舍恩贝格(Nicholas Schönberg)致尼古拉·哥白尼的贺信

几年前我就听说过您的高超技巧，每个人都经常谈到它。从那时起我就非常尊重您，并向我们的同时代人表示祝贺，而您在他们中间享有崇高的威望。我了解到，您不仅非常精通古代天文学家的发现，而且还提出了一种新宇宙论。在该宇宙论中，您坚持地球在运动；太阳占据着宇宙中最低的位置从而也是中心位置；第八层天永远固定不动；位于火星和金星之间的月亮连同包含在月亮天球中的其他元素，以一年为周期围绕太阳运转。我还了解到，您为整个天文学体系写了一篇解说，还计算了行星运动并把它们列成了表，这令所有人倍感钦佩。因此，如果并非冒昧，我最为诚挚地恳求您，最博学的阁下，把您的发现告知学者们，并把您论述宇宙球体的著作、星表连同与该主题有关的一切资料都尽早寄给我。此外，我已指示雷登的西奥多里克(Theodoric of Reden)把您的一切开支都记在我的账上并且派送给我。如果在这件事情上您能满足我的愿望，您将会看到您正在交往的是这样一个人，他热心支持您的荣誉，并渴望公正对待具有如此才华的人。再见。

罗马，1536年11月1日

致教皇保罗三世陛下

(哥白尼《天球运行论》原序)

神圣的父啊，我完全可以设想，某些人一听到我在这本关于天球运行的书中把某种运动赋予了地球，就会大嚷大叫，宣称应当立即拒绝接受我和这种信念。我对自己的意见还没有迷恋到那种程度，以致可以不顾别人对它们的看法。我知道，哲学家的想法不应受制于俗众的判断，因为他力图在上帝允许的人类理性范围内探求万物的真理，但我还是认为那些完全错误的看法应予以避免。我深深地意识到，由于许多人都对地球静居于宇宙的中心深信不疑，就好像这个结论已为世世代代所认可一样，所以如果我提出相反的断言而把运动归于地球，那就肯定会被他们视为荒唐之举。因此我犹豫了很久，不知是应把我写的论证地球运动的著作公之于世，还是应当仿效毕达哥拉斯学派(Pythagoreans)和其他一些人的惯例，只把哲学的奥秘口授给亲友而不见诸文字——这有吕西斯(Lysis)给希帕克斯(Hipparchus)写的书信为证。在我看来，他们这样做不是像有些人所料想的那样，害怕自己的学说流传开来会遭人嫉妒，而是为了使自己历尽千辛万苦获得的宝贵成果不会遭人耻笑。因为有这样一帮人，除非是有利可图，从不愿投身于任何学术事业；或者虽然受到他人的劝勉和示范而投身于无利可图的哲学研究，却因心智愚钝而只能像蜂群中的雄蜂那样混迹于哲学家当中。想到这些，我不由得担心我理论中那些新奇和不合常规的东西也许会招人耻笑，这个想法几乎使我完全放弃了这项已经着手进行的工作。

然而正当我犹豫不决甚至是灰心丧气的时候，我的朋友使我改变了主意。其中头一位是卡普亚的红衣主教尼古拉·舍恩贝格，他在每一个学术领域都享有盛名。其次是挚爱我的蒂德曼·吉泽(Tiedemann Giese)，他是切姆诺(Chelmno)的主教，专心致力于神学以及一切优秀文献的研究。他经常鼓励我，有时甚至不乏责备地敦促我发表这部著作，它至今埋藏在我的书稿中已经不只到第9年而是在四个9年中了。还有别的不少著名学者也建议我这样做。他们勉励我不要因为惧怕而拒绝把我的著作奉献出来，以供天文学学者普遍使用。他们还说，我的地球运动学说当前在许多人看来愈是显得荒谬，将来当我出版的著作用明晰的证明把迷雾驱散时，他们就愈是会对这一学说表示赞赏和感激。在他们的劝说之下并且本着这种愿望，我终于答应了朋友们长期以来的要求，让他们出版这部著作。

然而陛下，我在经历了日日夜夜的艰苦研究之后，已经敢于把它的成果公之于世，并且毫不犹豫地记下我关于地球运动的想法，您也许对此不会感到太过惊奇。但您或许想听我谈谈，我怎么胆敢违反天文学家们的传统观点并且几乎违背常识，竟然设想地球在运动。因此我不打算向陛下隐瞒，由于意识到天文学家们在这方面的研究中彼此并不一致，我不得不另寻一套体系来导出天球的运动。因为首先，他们对于日月的运动非常没有把握，甚至无法确定或计算出回归年的固定长度；其次，在确定日月和其他五颗行星的运动时，他们没有使用相同的原理、假设和对视运转和视运动的解释。一些人只用了同心圆，另一些人则用了偏心圆和本轮，而且即便如此也没有完全达到他们的目标。虽然那些相信同心圆的人已经表明，一些非均匀运动可以用这些圆叠加出来，但他们无法得出任何与现象完全相符的不容置疑的结果。另一方面，虽然那些设计出偏心圆的人运用恰当的计算，似乎已经在很大程度上解决了视运动的问题，但他们引入的许多想法明显违背了均匀运动的第一原则；他们也无法由偏心圆得出或推导出最重要的一点，即宇宙的结构及其各个部分的真正对称性。恰恰相反，他们的做法就像这样一位画家：他从各个地方临摹了手、脚、头和其他部位，尽管都可能画得相当好，但却不能描绘一个人，因为这些片段彼此完全不协调，把它们拼凑在一起所组成的不是一个人，而是一个怪物。因此我发现，在被称为“方法”的示范过程中，那些使用偏心圆的人不是遗漏了某些必不可少的东西，就是塞进了一些外来的、毫不相干的东西。要是他们遵循了可靠的原则，情况就不会是这个样子。因为如果他们所采用的假说没有错，那么由这些假说所得出的任何推论也必定会得到证实。尽管我现在所说的话可能还不能使人明了，但在恰当的场合它终究会变得更加清楚。

于是，当我对天文学传统中涉及天球运动推导的这种混乱思索了很长时间之后，我开始对哲学家们不能更确定地理解这个由最美好、最有系统的造物主为我们创造的世界机器的运动而感到气恼，而在别的方面，对于同这个世界相比极为渺小的琐事，他们却考察得极为仔细。为此，我重读了我所能得到的所有哲学家的著作，想知道是否有人曾经假定过与天文学教师在学校中讲授的有所不同的天球运动。事实上，我先是在西塞罗(Cicero)的著作中发现，希克塔斯(Hicetas)曾经设想过地球在运动，后来我又在普鲁塔克(Plutarch)的著作中发现，还有别的人也持这种观点。为了使每个人都能看到，这里不妨把他的原话摘引如下：

> 有些人认为地球静止不动，但毕达哥拉斯学派的菲洛劳斯(Philolaus)相信，地球同太阳和月亮一样，围绕[中心]火沿着一个倾斜的圆周运转。庞托斯(Pontus)的赫拉克利德(Heraclides)和毕达哥拉斯学派的埃克番图斯(Ecphantus)也认为地球在运动，但不是前进运动，而是像车轮一样围绕着它自身的中心自西向东旋转。

因此，从这些资料中获得启发，我也开始思考地球是否可能运动。尽管这个想法似乎很荒唐，但我知道既然前人可以随意想象各种圆周来解释天界现象，那么我认为我也可以假定地球有某种运动，看看这样得到的解释是否比前人对天球运行的解释更加可靠。

于是，通过假定地球具有我在本书中所赋予的那些运动，经过长期认真观测，我终于发现：如果把其他行星的运动同地球的轨道运行联系在一起，并且针对每颗行星的运转来计算，那么不仅可以得出各种观测现象，而且所有行星及其天球的大小与次序都可以得出来，天本身是如此紧密地联系在一起，以至于改变它的任何一部分都会在其余部分和整个宇宙中引起混乱。因此，在本书的安排上我采用了如下次序。在第一卷中，我给出了天球的整个分布以及赋予地球的运动，所以这一卷可以说包含了宇宙的总体结构；在其余各卷中，我把其他行星和所有天球的运动与地球的运动联系了起来，这样我就可以确定，其他行星和天球的运动及现象在多大程度上可以得到拯救。我丝毫也不会怀疑，只要敏锐和有真才实学的天文学家愿意深入而非肤浅地考察和思考我在本书中为证明这些事情所引用的材料(这是这门学科所特别要求的)，就一定会赞同我的观点。但是为了使有教养的人和普通人都能看到我决不回避任何人的判断，我愿意把我的这些研究献给陛下而不是别的任何人，因为在我所生活的地球偏远一隅，无论是地位的高贵，还是对一切学问和天文学的热爱，您都被视为至高无上的权威。虽然俗话说暗箭难防，但您的权威和判断定能轻而易举地阻止诽谤者的恶语中伤。

也许会有一些对天文学一窍不通、却又自诩为行家里手的空谈家为了一己之私，对《圣经》的某些段落加以曲解，以此对我的著作吹毛求疵、妄加指责。对于这些没有根据的批评，我决不予以理睬。众所周知，拉克坦修(Lactantius)也许在别的方面是一位颇有名望的作家，但很难说是一个天文学家，他在谈论大地形状的时候表现得非常孩子气，而且还讥笑那些认为大地是球形的人。所以，如果学者们看到这类人讥笑我的话，也无须感到惊奇。天文学是为天文学家而写的。如果我没有弄错，在天文学家看来，我的辛勤劳动也会为陛下所主持的教廷做出贡献。因为不久以前，在利奥十世治下，拉特兰会议(Lateran Council)考虑了修改教历的问题。会议没有做出决定的唯一原因是，年月的长度和日月的运动被认为尚不能足够精确地测定。从那时起，在当时主持编历事务的弗桑布隆（Fossombrone）主教保罗这位杰出人物的建议之下，我把注意力转向对这些课题进行更精确的研究。至于在这方面我到底取得了什么进展，我还是要特别提请陛下以及所有其他有学识的天文学家们来判定。为了不使陛下觉得我是在有意夸大本书的用处，我现在就转入正题。

第一卷

前　　言

在激励人类心灵的各种文化和技艺研究中，我认为首先应当怀着强烈感情和极大热忱去研究的，是那些最美好、最值得认识的事物。这门学科探究的是宇宙神圣的旋转，星体的运动、大小、距离、出没以及天上其他现象的原因，简而言之就是解释宇宙的整个现象。的确，还有什么东西能比天更美呢？天包含了一切美的事物，它的（拉丁文）名字 *caelum* 和 *mundus* 就说明了这一点：后者表示纯洁和装饰，而前者则表示一种雕刻品。由于天至高无上的完美性，大多数哲学家都把它称为可见之神。因此，如果就研究主题来评判各门技艺的价值，那么最出色的就是这样一门技艺，有些人称之为天文学，另一些人称之为占星术，而许多古人则称之为数学之圆满完成。它毫无疑问是自由技艺的顶峰，最值得一个自由人去研究。它得到了几乎所有数学分支的支持，算术、几何、光学、测地学、力学以及所有其他学科都对它有所贡献。

虽然一切好的技艺都旨在引导人的心灵远离邪恶，将其引向更好的事物，但这门技艺可以更充分地完成这一使命，还可以提供非同寻常的理智愉悦。当一个人致力于他认为最有秩序和神所支配的事物时，他通过潜心思索和体认，难道还觉察不到什么是最美好的事，不去赞美一切幸福和善之所归的万物的创造者吗？虔诚的《诗篇》作者宣称上帝的作品使其欢欣鼓舞，这并非空穴来风，因为这些作品就像战车一样把我们引向对于至善的沉思。

柏拉图曾经超群地认识到，这门技艺能够赋予广大民众以极大的裨益和美感（更不要说对于个人的无尽益处）。他曾在《法律篇》（*Laws*）第七卷中指出，这门学科之所以需要研究，主要是因为它可以把时间划分成年月日，使国家保持对节日和祭祀的警觉和关注。柏拉图说，如果有人否认天文学对于一个想要研究更高学术分支的人是必要的，他的想法就是愚不可及的。他认为，任何不具备关于太阳、月亮以及其他天体的必要知识的人，都不可能变得神圣或被称为神圣。

然而这门研究最崇高主题的、与其说是人的倒不如说是神的科学，遇到的困难却并不少。主要原因是，我发现它的原理和假设(希腊人称之为"假说")导致这门学科的许多研究者意见并不统一，所以他们并非依赖相同的观念。另一个原因是，除非是随着时间的推移，借助于许多以前的观测结果，这方面的知识才可以被一代代地传给后人，否则，行星的运动和恒星的运转就不可能被精确地测定，从而得到透彻的理解。尽管亚历山大城(Alexandria)的克劳迪乌斯·托勒密(Claudius Ptolemy)远比他人认真勤奋、技艺高超，他利用四十多年的观测，已经把这门技艺发展到了臻于完美的境地，以至于似乎一切缺口他都已经填补了，但我还是发现，仍然有相当多的事实与他的体系所得出的结论不相符，而且后来还发现了一些他所不知道的运动。因此在讨论太阳的回归年时，甚至连普鲁塔克也说："到目前为止，天文学家们的技巧还无法把握天体的运动。"以年本身为例，我想人人都知道，关于年的看法大相径庭，以致许多人已经对精确测量年感到绝望。对于其他天体来说，情况也是如此。

然而，为了避免一种印象，即认为这个困难是懒惰的借口，我将试图——这有赖于上帝的帮助，否则我将一事无成——对这些问题进行更广的研究，因为这门技艺的创始者们距离我的时间越长，我用以支持自己理论的途径就越多。我可以把他们的发现同我的新发现进行比较。此外，我承认自己处理事物的方式将与前人有所不同，但我很感激他们，因为正是他们最先开辟了研究这些问题的道路。

第一章　宇宙是球形的

首先应当指出，宇宙是球形的。这或者是因为在一切形状中，球形是最完美的，它是一个完整的整体，不需要连接；或者是因为它是一切形体中容积最大的，最适于包容和保持万物；或者是因为宇宙的各个部分即日月星辰看起来都是这种形状；或者是因为万物都有被这种边界包围的趋势，就像水滴或别的液滴那样。因此谁都不会怀疑，这种形状也必定属于神圣物体。

第二章　大地也是球形的

大地也是球形的，因为它从各个方向挤压中心。但是地上有高山和深谷，所以乍看起来，大地并不像是一个完美的球体。不过山谷几乎无法改变大地整体上的球形，这一点可以说明如下。我们从任何地方向北走，周日旋转的天极都会逐渐升高，而相反的天极则以同样数量降低。北面的星辰大都不下落，而南面的一些星辰则永不升起。因此，在意大利看不见老人星，在埃及却可以看到它。在意大利可以看见波江座南部诸星，而在我们这些较冷的地区却看不见。相反，当我们往南走时，这些星辰会升高，而在我们这里看来很高的星就沉下去了。不仅如此，天极的高度变化同我们在地上所走的路程成正比。如果大地不是球形，情况就决不会如此。由此可见，大地同样被包围在两极之间，因此是球形的。再者，东边的居民看不到我们这里傍晚发生的日月食，西边的居民也看不到这里早晨发生的日月食；至于中午的日月食，东边的居民要比我们看到的晚一些，而西边的居民则要看到的早一些。

航海家们知道，大海也是这种形状。比如当从船的甲板上还看不到陆地时，在桅杆顶端却能看到。反之，如果在桅杆顶端放置一个光源，那么随着船驶离海岸，岸上的人就会看到亮光逐渐减弱，直至最后消失，好像沉没了一样。此外，本性流动的水和土一样，显然总是趋向低处，不会超过它的上升所允许的限度而流到岸上较高的地方去。因此，只要陆地露出海面，它就比海面更高。

第三章　大地和水如何形成了一个球

于是，遍布大地的海水四处奔流，包裹着大地，填满了其低洼的沟壑。大地和水由于重性都趋向于同一个中心。因此，水应当少于大地，否则整个大地就会被水吞没。大地的某些部分和四处遍布的许多岛屿没有被淹没，以使生物得以存活。有人居住的国家和大陆本身不就是一个比其他岛屿更大的岛屿吗?

我们不应听信某些逍遥学派人士的臆测，认为水的体积是整个陆地的10倍。根据他们所接受的猜测，当元素相互转化时，1份土可以变成10份水。他们还断言，大地之所以会高出水面，是因为大地内部存在的空洞使得陆地在重量上不平衡，因而几何中心不同于重心。他们的错误乃是出于对几何学的无知。他们没有意识到，只要大地还有某些部分是干的，水的体积就不可能比大地大6倍，除非整个大地空出其重心并把这个位置让给水，就好像水比它本身更重似的。由于球的体积与直径的立方成正比，所以如果大地与水的体积之比为1比7，那么大地的直径就不可能大于从(它们共同的)中心到水的周缘的距离。因此，水的体积不可能(比大地)大9倍。

此外，大地的几何中心与重心并无差别，这可以从以下事实来确定：从海洋向内，陆地的曲率并非总是连续增加的，否则陆地上的水会被全部排光，而且内陆海和辽阔的海湾也不可能形成。不仅如此，从海岸向外的海水深度会持续增加，于是远航的水手们无论航行多远也不会遇到岛屿、礁石或任何形式的陆地。可是我们知道，几乎在有人居住的陆地的正中，地中海东部和红海之间相距还不到 15 弗隆(furlongs)。另一方面，托勒密在其《地理学》(*Geography*)一书中，把有人居住的地球几乎拓展到全世界。在他留作未知陆地的子午线以外的地方，现代人又加上了中国(Cathay)以及经度宽达 60°的广阔土地。由此可知，有人居住的陆地所占经度范围已经比留给海洋的经度范围更大了。如果再加上我们这个时代在西班牙和葡萄牙国王统治时期所发现的岛屿，尤其是美洲(America，以发现它的船长而得名，因其大小至今不明，被视为第二组有人居住的国家)以及许多闻所未闻的新岛屿，那么我们对于对跖点或对跖人的存在就没有理由感到惊奇。的确，几何学推理使我们不得不相信，美洲与印度的恒河流域沿直径相对。

有鉴于所有这些事实，我最终认为大地和水有同一重心，也就是大地的几何中心。由于大地较重，而且裂隙中充满了水，所以尽管可能有更多的水出现在表面，但水还是比大地少很多。

大地与包围它的水结合在一起，其形状必定与其影子显示的相同。在月食的时候可以看到，大地以一条完美的圆弧遮住了月亮，因此大地既不是恩培多克勒(Empedocles)和阿那克西美尼(Anaximenes)所设想的平面，也不是留基伯(Leucippus)所设想的鼓形，既不是赫拉克利特(Heracleitus)所设想的碗形，也不是德谟克利特(Democritus)所设想的另一种凹形，既不是阿那克西曼德(Anaximander)所设想的柱体，也不是克塞诺芬尼(Xenophanes)所传授的低处朝下无限延伸、厚度朝底部减小的一个形状，而是哲学家们所理解的完美球形。

第四章　天体的运动是均匀而永恒的圆周运动，或是由圆周运动复合而成

现在我想到，天体的运动是圆周运动，因为适合球体的运动就是沿一

个圆旋转。球体正是通过这样的动作显示它具有最简单物体的形状。当球本身在同一个地方旋转时，起点和终点既无法发现，又无法相互区分。

可是由于天球有很多，所以运动是多种多样的。其中最明显的是周日旋转，希腊人称之为*nuchthemeron*，也就是昼夜更替。他们设想，除地球以外的整个宇宙都是这样自东向西旋转的。这种运动被视为一切运动的共同量度，因为我们甚至主要是用日数来量度时间本身的。

其次，我们还看到了沿相反方向即自西向东的其他旋转，我指的是太阳、月亮和五颗行星的运动。太阳的这种运动为我们定出了年，月亮定出了月，这些都是人们最为熟知的时间周期。其他五颗行星也都以类似的方式沿着各自的轨道运行。然而，[这些运动与周日旋转或第一种运动]有许多不同之处。首先，它们不是绕着与第一种运动相同的两极旋转，而是倾斜地沿黄道运行；其次，这些行星看上去并未沿轨道均匀运动，因为我们看到日月的运行时快时慢，其他五颗行星有时还会出现逆行和停留。太阳总是径直前行，而行星则有时偏南、有时偏北地漫游。正是由于这个缘故，它们被称为“行星”[漫游者]。此外，它们有时距地球较近(这时说它们位于近地点)，有时距地球较远(这时说它们位于远地点)。

尽管如此，我们还是应当承认，这些星体的运动总是圆周运动或是由若干圆周运动复合而成，因为这些不均匀性总是遵循一定的规律定期反复。除非运动是圆周运动，这种情况就不可能出现，因为只有圆周运动才可能使物体回复到先前的位置。例如，太阳由圆周运动的复合可以使昼夜不等且更替不绝，四季周而复始。这里还应觉察出若干种不同的运动，因为一个简单的天体不可能被单一的球体不均匀地推动。之所以会存在这种不均匀性，要么是因为推动力不稳定(无论是从外部施加的，还是从内部产生的)，要么是因为运转物体本身发生了变化。而这两种看法都不能被我们的理智所接受，因为很难设想以最完美的秩序构成的物体会出现这种缺陷。

因此，合情合理的看法只能是，它们的运动本来是均匀的，但在我们看来却成了不均匀的。这或者是因为其轨道圆的极点有别于地球，或者是因为地球并不位于其轨道圆的中心。当我们从地球上观察这些行星的运行时，其轨道的每一个部分与我们眼睛的距离并非保持不变。[而光学已经证明]物体从近处看要比从远处看大一些。类似地，由于观察者的距离在变化，所以即便行星在相同时间内走过相等的轨道弧段，其运动看起来也是不一样的。因此，我认为必须首先仔细考察地球与天的关系，以免我们在考察最崇高物体的时候，会对距离我们最近的事物茫然无知，并且由于同样的错误，把本应属于地球的东西归于天体。

第五章　圆周运动对地球是否适宜？地球的位置在何处？

既已说明大地也呈球形，我认为应当研究在这种情况下它的形状是否也决定了运动，以及地球在宇宙中处于什么位置。如果没有回答这些问题，就不可能正确地解释天象。尽管权威们普遍认为，地球静止于宇宙的中心，相反的观点是不可思议的甚至是可笑的，然而如果我们更仔细地考察一下，就会发现这个问题并未得到解决，因此决不能置之不理。

视位置的任何变化都缘于观测对象的运动，或者观测者的运动，或者两者不均等的运动。同方向的等速运动(我指的是观测对象和观测者之间的运动)是觉察不到的。我们是在地球上看天穹周而复始的旋转，因此如果假定地球在运动，那么在我们看来，地球外面的一切物体也会有程度相同但方向相反的运动，就好像它们在越过地球一样。特别要指出的是，周日旋转就是这样一种运动，因为除地球和它周围的东西以外，周日运动似乎把整个宇宙都卷进去了。然而，如果你承认天并没有参与这一运动，而是地球在自西向东旋转，那么经过认真研究你就会发现，这才符合日月星辰出没的实际情况。既然包容万物并为之提供背景的天构成了一切事物所共有的空间，那么立刻就有这样一个问题：为什么要把运动归于包容者而不归于被包容者？为什么要归于空间框架而不归于空间中的东西？事实上，据西塞罗著作记载，毕达哥拉斯学派的赫拉克利特和埃克番图斯，以及叙拉古(Syracuse)的希克塔斯都持有这种观点。他们认为，地球在宇宙的中央旋转，星星沉没是因为被地球本身挡住了，星星升起则是因为地球转开了。

如果我们承认地球在做周日旋转，那么就会产生另一个同样重要的问题，即地球的位置在何处。迄今为止，几乎所有人都相信地球是宇宙的中心。谁要是否认地球占据着宇宙的中心或中央，他就会断言地球与宇宙中心的距离同恒星天球的距离相比微不足道，相对于太阳或其他行星的天球却是可观的和值得注意的。他会认为太阳和行星的运动之所以看上去不均匀，是因为它们不是绕地心，而是绕别的中心均匀转动，从而也许可以为不均匀的视运动找到适当的解释。行星看起来时远时近，这一事实必然说明其轨道圆的中心并非地心。至于靠近和远离是由地球还是行星引起，这还不够清楚。

如果除周日旋转外还赋予地球别的运动，这并不会让人感到惊奇。事实上，据说毕达哥拉斯派学者菲洛劳斯就主张，地球除旋转外还参与了其他几种运动，地球是一个天体。据柏拉图的传记作者说，菲洛劳斯是一位卓越的天文学家，柏拉图曾经专程去意大利拜访他。

然而，许多人以为能够用几何推理来证明地球处于宇宙的中心，一如浩瀚无垠的天的一个点，正处于天的中心。地球是静止不动的，因为当宇宙运动时，它的中心保持静止，而且最靠近中心的物体运动最慢。

第六章　天之大，地的尺寸无可比拟

同天的尺寸相比，地球这个庞然大物真显得微不足道了，这一点可以由以下事实推出：地平圈(这是希腊词 *horizons* 的翻译)平分了整个天球。如果地球的尺寸或者地球到宇宙中心的距离同天相比是可观的，那么情况就不会是这样。因为一个圆要是把球分为两半，就势必会通过球心，而且是在球面上所能描出的最大的圆。

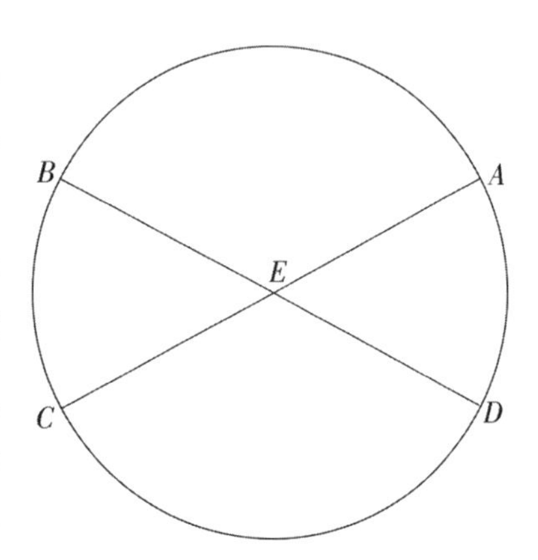

设圆 $ABCD$ 为地平圈，地球上的观测者位于点 E，也就是地平圈的中心。地平圈把天分为可见部分和不可见部分。现在，假定我们用装在点 E 的望筒、天宫仪或水准器看到，巨蟹宫的第一星在 C 点上升的同时，摩羯宫的第一星在 A 点下落，于是 A、E 和 C 都在穿过望筒的一条直线上。显然，这条线是黄道的一条直径，因为可见的黄道六宫形成了一个半圆，而直线的中点 E 就是地平圈的中心。当黄道各宫移动位置，摩羯宫第一星在 B 点升起时，我们可以看到巨蟹宫在 D 点沉没，此时 BED 将是一条直线，并且为黄道的一条直径。但我们已经看到，AEC 也是同一圆周的一条直径，圆周的中心显然就是两条直径的交点。由此可知，地平圈总是将黄道(天球上的一个大圆)平分。但在一个球上，将大圆平分的圆必定是大圆。所以地平圈是一个大圆，圆心就是黄道的中心。

尽管从地球表面和地心引向同一点的直线必定不同，但由于这些线的长度与地球相比为无限长，两线可视为平行线[Ⅲ，15][①]。由于它们的端点极远，因此两线可视为同一条线。光学可以表明，这两条线包围的空间与它们的长度相比是微不足道的。这种推理清楚地表明，天不知要比地大多少倍，可以说尺寸为无限大。基于感官的证词，可以说地与天相比不过是物体上的一个小点，如沧海之一粟。

但我们似乎还没有得出其他结论，它还不能说明地球必然静止于宇宙的中心。事实上，如果庞大无比的宇宙每 24 小时转一圈，而不是它微小的一部分即地球在转，那就更让人惊讶了。主张中心不动，最靠近中心的部分运动最慢，这并不能说明地球静止于宇宙的中心。

考虑一个类似的例子。假定天转动而天极不动，越靠近天极的星运动

① [Ⅲ，15]为第三卷第十五章，其他类同。

越慢。譬如说，小熊星座远比天鹰座或小犬座运转得慢，是因为它离天极很近，描出的圆较小。但所有这些星座都同属一个球。当球旋转时，轴上没有运动，而球上各个部分的运动都互不相同。随着整个球的转动，尽管每一点转回初始位置所需的时间相同，但移动的距离却并不相同。这一论证的要点是，地球作为天球的一部分，也要具有相同的本性和运动，尽管因为靠近中心而运动较小。因此，地球作为一个物体而不是中心，也会在天球上描出弧，只不过在相同时间内描出的弧较小罢了。这种论点的错误昭然若揭。若果真如此，有的地方就会永远是正午，有的地方永远是午夜，星体的周日出没也不会发生，因为整体与部分的运动是统一而不可分割的。

但情况各不相同的天体都受一种大不相同的关系的支配，即轨道较小的星体比轨道较大的星体运转得快。最高的行星土星每 30 年转动一周，最靠近地球的月亮每月转动一周，最后，地球则被认为每昼夜转动一周。于是，关于周日旋转的问题再次出现。此外，以上所述使得地球的位置更加难以确定。因为已得到证明的只是天的尺寸比地大很多，但究竟大到什么程度则是完全不清楚的。在另一个极端则是被称为“原子”的极为微小的不可分物体。由于无法感知，如果一次取出很少几个，就不能立即构成一个可见物体；但大量原子加在一起最终是能够组合成可见尺度的。地球的位置也是如此。虽然它不在宇宙的中心，但与之相距是微不足道的，尤其是与恒星天球相比。

第七章　为什么古人认为地球静止于宇宙的中心

因此，古代哲学家试图通过其他一些理由来证明地球静止于宇宙的中心。然而他们把重性和轻性作为主要证据。事实上，土是最重的元素，一切有重物体天然就会朝地球运动，趋向它最深的中心。由于大地是球形的，所以重物皆因自己的本性沿着与地表垂直的各个方向被带向地球。若不是因为地面阻挡，它们会在地心相撞，因为垂直于与球面相切的水平面的直线必定会穿过球心。由此可知，到达中心的物体会在那里静止，所以整个地球都会静止于中心。作为一切落体的收容者，地球将因其自身的重量而保持静止不动。

类似地，古代哲学家还试图通过分析运动及其本性来证明自己的结论。根据亚里士多德(Aristotle)的说法，单个简单物体的运动是简单运动，简单运动包括直线运动和圆周运动，而直线运动又分为向上和向下两种。因此，每一简单运动要么朝向中心(即向下)，要么远离中心(即向上)，要么环绕中心(即圆周运动)。只有土和水被认为是重的，应当向下运动，趋于中心；而被赋予轻性的气和火则应远离中心向上运动。这四种元素做直线运动，而天体围绕中心做圆周运动，这似乎是合理的。这就是亚里士多德的说法。[《论天》，Ⅰ，2；Ⅱ，14]

因此，亚历山大城的托勒密曾说[《天文学大成》，Ⅰ，7]，如果地球在运动，哪怕只做周日旋转，也会同上述道理相违背。因为要使地球每24小时就转一整圈，这个运动必定异常剧烈，速度快到无法超越。而在急速旋转的情况下，物体很难聚在一起。如果它们是由结合而产生的，那么除非有某种黏合剂把它们结合在一起，否则它们更可能飞散开去。托勒密说，如果情况是这样，那么地球早就应该分崩离析，并且从天空中消散了(这当然是一个荒谬绝伦的结论)。不仅如此，生物和其他自由重物都不可能安然无恙。直线下落的物体也不会垂直落到指定位置，因为在此期间，如此快速的运动已经使这个位置移开了。还有，云和其他在空中飘浮的东西也会不断向西飘去。

第八章　上述论证的不当之处和对它们的反驳

根据以上所述以及诸如此类的理由，古人坚持地球必定静止于宇宙的中心，并认为这种状况是毫无疑问的。如果有人相信地球在旋转，那么他肯定会认为其运动是自然的而非受迫的。自然产生的结果与受迫产生的结果截然相反，因为受外力作用或受迫的物体必定会解体，不能长久，而自然产生的东西却秩序井然，保持其最佳状态。因此，托勒密担心地球和地上的一切物体都会因自然旋转而分崩离析，这是毫无根据的，地球的旋转与源自人的技艺和理智的产物完全不同。

但他为什么不替比地球大得多而运动又快得多的宇宙担心呢？既然极度的受迫运动会使天远离中心，天是否就变得无比广阔了呢？如果运动停止，天也会随之瓦解吗？如果这种推理站得住脚，那么天的尺寸一定会增长到无限大。因为运动的力量把天提得越高，运动就变得越快，因为天在24小时内必须转过越来越大的距离。反过来说，随着运动速度的增加，天也变得越来越广阔。于是越大就越快，越快就越大，如此推论下去，天的尺寸和速度都会变成无限大。然而根据我们所熟悉的物理学公理，无限既不能被穿越，也不能被推动，因此天必然是静止的。

他们又说，天之外既没有物体，也没有空间，甚至连虚无也没有，是绝对的“无”，因此天没有地方可以扩张。然而，竟然有某种东西可以为无所束缚，这真是令人惊讶。假如天是无限的，只是在内侧为凹面所限，那倒更有理由相信，天之外别无他物，因为无论多大的物体都包含在天之内，而天是静止不动的。天的运动是人们推测宇宙有限的主要依据。因此我们还是把宇宙是否有限的问题留给自然哲学家们去探讨吧。

我们认定，地球限于两极之间，并以一个球面为界。那么，为什么我们迟迟不肯承认地球具有与它的形状天然相适应的运动，而认为是整个宇宙（它的限度是未知的，也是不可知的）在运转呢？为什么我们不肯承认看起来属于天的周日旋转，其实是地球运动的反映呢？正如维吉尔（Virgil）著作中的埃涅阿斯（Aeneas）所说：

> 我们驶出海港前行，陆地与城市退向后方。

当船只在平静的海面上行驶时，船员们会觉得自己与船上的东西都没有动，而外面的一切都在运动，这其实只是反映了船本身的运动罢了。同样，当地球运动时，地球上的人也会觉得整个宇宙都在旋转。

那么，云和空中其他飘浮物以及上升和下落的物体的情况如何呢？我们只需要说，不仅地球和与之相连接的水有这种运动，而且大部分气以及与地球以同样方式连接在一起的东西也有这种运动。这或是因为靠近地面的气中混合了土或水，从而遵循着与地球一样的本性；或是因为这部分气靠近地球而又不受阻力，所以从不断旋转着的地球那里获得了运动。而另一方面，同样令人惊奇的是，他们说最高处的气伴随着天的运动，那些突然出现的星体(我指的是希腊人所说的“彗星”或“胡须星”)便说明了这一点。和其他天体一样，它们也有出没，被认为产生于那个区域。我们可以认为，那部分气距地球太远，因此不受地球运动的影响。于是，离地球最近的气以及悬浮在其中的东西看起来将是静止的，除非有风或其他某种扰动使之来回摇晃。气中的风难道不就是大海中的波浪吗？

我们必须承认，升落物体在宇宙中的运动具有两重性，即都是直线运动与圆周运动的复合。因自身重量而下落的土质物，无疑会保持它们所属整体的本性。火质物被向上驱策也是由于这个原因。地上的火主要来源于土质物，火焰被认为只不过是炽燃的烟。火的一个性质是使它所进入的东西膨胀，这种力量非常大，以至于无论用什么方法或工具都无法阻止它爆发到底。但膨胀运动是从中心到四周的，所以如果地球有任何一部分着火了，它都会从中间往上升。因此，说简单物体的运动是简单运动(特别是圆周运动)，这是对的，只要这一物体完整地保持其自然位置。在位置不变的情况下，它只能做圆周运动，因为与静止类似，圆周运动可以完全保持自己的原有位置。而直线运动则会使物体离开其自然位置，或者以各种方式从这个位置上移开。但物体离开原位是与宇宙的有序安排和整个设计不相容的。因此，只有那些并非处于正常状态，并且没有完全遵循本性而运动的物体才会做直线运动，此时它们已经与整体相分离，失去了统一性。

进一步说，即使没有圆周运动，上下运动的物体也不是在做简单、恒定和均匀的运动。因为它们单凭自己的轻性或重量的冲力是无法取得平衡的。任何落体都是开始慢而后不断加快，而我们看到地上的火(这是唯一看得到的)上升到高处之后就忽然减慢了，这说明原因就在于土质物所受到的迫力。而圆周运动由于有永不衰减的原因，所以总是均匀地转动。但直线运动的原因却会很快停止运作，因为物体以直线运动到达自然位置之后就不再有轻重，运动也就停止了。因此，由于圆周运动是整体的运动，而部分还可以有直线运动，所以“圆周”运动可以与“直线”运动并存，就像“活着”可以与“生病”并存一样。亚里士多德把简单运动分为离心、向心和绕心三种类型，这只能被解释成一种逻辑练习。正如我们虽然区分了点、线、面，但它们都不能单独存在或脱离物体而存在。

再者，作为一种性质，静止被认为比变化和不稳定更为高贵和神圣，因此变化和不稳定更适合地球而不是宇宙。此外，把运动归于空间结构或包围整个空间的东西，却不归于地球这个占据空间的被包围者，这似乎是相当荒谬的。最后，由于行星显然距离地球时近时远，所以同一个天体绕心(被认为是地心)的运动既是离心的又是向心的。因此，必须在更一般的意义上来解释这种绕心运动，充分条件是，任何这种运动都环绕自己的中心。所有这些论证都表明，地球运动比静止的可能性更大。对于周日旋转来说，情况尤为如此，因为它对地球尤为适宜。我想关于问题的第一部分，就说到这里吧。

第九章　可否赋予地球多种运动？宇宙的中心

如前所述，既然否认地球运动是没有道理的，我们现在应当考虑，是否有多种运动适合于地球，以至于可以将其看成一颗行星。行星不均匀的视运动以及它们与地球距离的变化(这些现象是无法用以地球为中心的同心圆来解释的)都说明，地球并不是所有旋转的中心。既然有许多中心，自然就会引出一个问题，即宇宙中心到底是地球的重心还是别的某一点？我个人认为，重心不是别的，而是神圣的造物主植入物体各部分中的一种自然欲望，以使其结合成为完整的球体。我们可以假定，太阳、月亮以及其他明亮的行星都有这种冲动，并因此而保持球状，尽管它们是以各不相同的方式运转的。所以如果说地球还以别的方式运动，比如绕一个中心转动，那么其附加运动一定会在它之外的许多天体上反映出来。周年转动便是这些运动中的一种。如果把周年转动从太阳换到地球，而把太阳看成静止的，那么黄道各宫和恒星在清晨和晚上都会显现出同样的东升西落；而且行星的留、逆行和[重新]顺行都可以认为不是行星的自行，而是地球运动的反映。最后，我们将会认识到，占据着宇宙中心的正是太阳。正如人们所说，只要我们睁开双眼，正视事实，就会发现支配行星排列次序的原则以及整个宇宙的和谐都向我们揭示了所有这些事实。

第十章　天球的次序

恒星天是一切可见事物中最高的东西，我认为这是谁都不会怀疑的。至于行星，古代哲学家希望按照运转周期来排列它们的次序。他们的原则是，运动同样快的物体离我们越远，视运动就越慢，这一点已为欧几里得的《光学》(*Optics*)所证明。他们认为，月亮转一圈的时间最短，是因为它距离地球最近，转的圆最小；而最高的行星是土星，它转一圈的时间最长，轨道最大。土星之下是木星，然后是火星。

至于金星和水星，意见就有分歧了，因为这两颗行星并不像其他行星那样通过与太阳的任一距角。因此，有些人把金星和水星排在太阳之上，比如柏拉图的《蒂迈欧篇》(*Timaeus*)[38D]；也有些人把它们排在太阳之下，比如托勒密[《天文学大成》，Ⅸ，1]和许多现代人；比特鲁吉(Al-Bitruji)则把金星排在太阳之上，把水星排在太阳之下。

根据柏拉图追随者的看法，所有行星本身是暗的，只是由于接受太阳光才发光。因此，位于太阳之下的行星不会有大距，看上去应该呈半圆形或无论如何不是整圆形。因为它们一般是向上也就是朝着太阳反射其所接受的光线，一如我们在新月或残月中所见到的情形。此外，他们还认为，行星要是在太阳之下，那么当它们从太阳前掠过时必定会遮住太阳，遮住多少要看行星的大小，但历史上从未观察到这种掩食现象，因此柏拉图的追随者们认为，这些行星决不会位于太阳之下。

而那些把金星和水星排在太阳之下的人则援引日月之间的广阔空间为依据。地月之间的最大距离为地球半径的 $64\frac{1}{6}$ 倍，为日地最小距离的$\frac{1}{18}$。而日地间最小距离为地球半径的 1160 倍，所以日月距离为地球半径的 1096（$\approx 1160-64\frac{1}{6}$）倍。为了不致使如此广阔的空间完全空虚，他们宣称近地点与远地点之间的距离（他们用这些距离计算出各个天球的厚度）大约就等于日月距离。具体说来，月亮的远地点之外紧接着水星的近地点；水星的远地点之外是金星的近地点；最后，金星的远地点几乎紧接着太阳的近地点。他们算出，水星近地点与远地点之间的距离约为 $177\frac{1}{2}$ 个地球半径，剩下的空间差不多刚好可以用金星的近地点和远地点之差，即 910 个地球半径填满。

因此，他们不承认这些天体是像月亮那样的不透明物体，而认为它们要么是自己发光，要么是通过吸收太阳光来发光。此外，由于纬度经常变化，它们很少遮住我们看太阳的视线，因此不会掩食太阳。还应谈到，这两颗行星与太阳相比非常之小，甚至连比水星更大的金星也不足以遮住太阳的百分之一。因此，根据拉卡（Raqqa）的巴塔尼（Al-Battani）的说法，他认为太阳的直径是金星的 10 倍，因此，要在强烈的太阳光下看到这么小的一个斑点绝非易事。此外，伊本·鲁世德（Ibn Rushd）在《托勒密〈天文学大成〉注释》（*Paraphrase*）中谈到，在表中所列的太阳与水星的相合时刻，他看到了一颗黑斑，由此判定这两颗行星是在太阳天球之下运动。

但这种推理也是没有说服力和不可靠的，以下事实可以清楚地表明这一点。根据托勒密的说法[《天文学大成》，V，13]，月球近地点的距离为地球半径的 38 倍，但下面将会说明，据更准确的测量结果应大于 49 倍。

但我们知道，这个广阔的空间中除了气和所谓的“火元素”之外一无所有。此外，使得金星偏离太阳两侧达45°角距的本轮的直径，必定是地心与金星近地点距离的6倍，这将在适当的地方[V，21]加以说明。如果金星围绕静止的地球旋转，那么在金星的巨大本轮所占据的，比包含地球、气、以太、月亮、水星的空间还要大得多的整个空间里，会由什么东西所占据呢?

托勒密[《天文学大成》，Ⅸ，1]也论证说，太阳应在呈现冲和没有冲的行星之间运行。该论证是不可信的，因为月亮也有对太阳的冲，这一事实本身就暴露出此种说法的谬误。

还有人把金星排在太阳之下，再下面是水星，或者别的什么顺序，他们会提出什么样的理由来解释，为什么金星和水星不像其他行星那样沿着与太阳相分离的轨道运行呢? 即使它们的[相对]快慢不会打乱它们的次序，也还是有这样的问题。因此，要么地球并非排列行星和天球所参照的中心，要么实际上既没有次序原则，也没有任何明显的理由说明为什么最高的位置应当属于土星，而不是属于木星或其他某颗行星。

因此，我认为必须重视一部百科全书的作者马提亚努斯·卡佩拉(Martianus Capella)和其他一些拉丁学者所熟悉的观点。根据他们的说法，金星和水星绕太阳这个中心旋转。在他们看来，正是由于这个缘故，它们偏离太阳不会超过其旋转轨道所容许的范围。因为和其他行星一样，它们并非绕地球旋转，而是“有方向相反的圆”。所以除了意指它们的天球中心靠近太阳，这些作者还能是什么意思呢? 于是水星天球必定包含在金星天球——后者公认比前者大一倍多——之内，水星天球可以在那个广阔区域中占据适合自己的空间。如果有人由此把土星、木星和火星都与那个中心联系起来，那么只要他认为这些行星的天球大到足以把金星、水星以及地球都包含在内并绕之旋转，那么他的这种看法并不错，行星运动的规则图像便可以表明这一点。

众所周知，[这些外行星]总是在黄昏升起时距地球最近，这时它们与太阳相冲，即地球在它们与太阳之间；而在黄昏沉没时距地球最远，这时它们在太阳附近隐而不现，即太阳在它们与地球之间。这些事实足以说明，它们的中心不是地球，而是金星和水星旋转的中心——太阳。

但由于所有这些行星都与同一个中心相联系，所以在金星的凸球与火星的凹球之间的空间必定也是一个天球或球壳，它的两个表面是与这些球同心的。这个(夹层的球)可以容纳地球及其伴随者月球以及月亮天球内包含的所有东西。在这个空间中，我们为月亮找到了一个合适而恰当的位置，主要是由于这个原因，我们决不能把月球与地球分开，因为月球无疑距地球最近。

因此我敢毫无难堪地断言，月亮和地球中心所包围的整个区域在其余行星之间围绕太阳每年走过一个大圆(grand circle)。宇宙的中心在太阳附近。此外，由于太阳保持静止，所以太阳的任何视运动实际上都是由地球的运动引起的。尽管与任何其他行星天球相比，日地距离并不是太小，但宇宙的尺寸如此之大，以至于同恒星天球相比，日地距离仍是微不足道的。我认为，这种看法要比那种把地球放在宇宙中心，因而必须假定几乎无数层天球的混乱结果更令人信服。我们应当留意造物主的智慧，为了避免任何徒劳之举或无用之事，造物主往往宁愿给同一事物赋予多种效力。

所有这些论述虽然难懂，几乎难以设想，当然与许多人的信念相反，但凭借上帝的帮助，我将在下面透彻地阐明它们，至少要让那些懂点天文学的人明白是怎么一回事。因此，如果仍然承认第一原则(因为没有人能提出更适宜的原则)，即天球尺寸由时间长短来度量，那么天球由高到低的次序可排列如下：

第一个也是所有天球中最高的是恒星天球，它包容自身和一切，因而是静止不动的。它毫无疑问是宇宙的处所，其他所有天体的运动和位置都要以此为参照。有人认为它也有某种运动，但在讨论地球的运动时[Ⅰ，11]，我将对此给出一种不同的解释。

[恒星天球]接下来是第一颗行星——土星，它每30年转动一周；然后是木星，每12年转一周；再后是火星，每2年转一周；第四位是地球以及作为本轮的月亮天球[Ⅰ，10]，每1年转一周；第五位是金星，每9个月

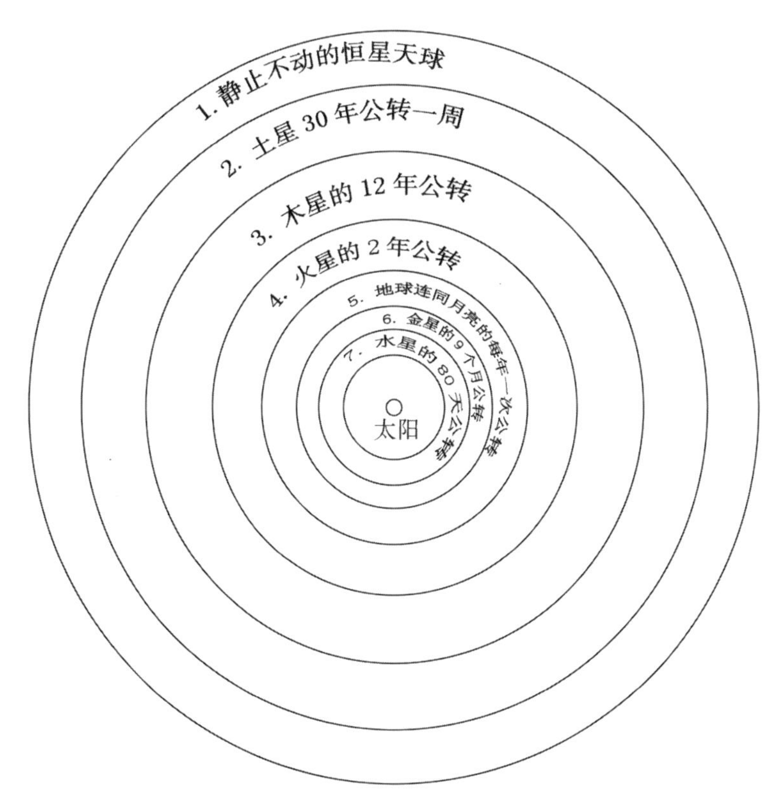

转一周；最后第六位是水星，每 80 天转一周。

但静居于万物中心的是太阳。在这个华美的殿堂中，谁能把这盏明灯放到另一个或更好的位置，使之能够同时照亮一切呢？有人把太阳称为宇宙之灯、宇宙之心灵、宇宙之主宰，这都没有什么不妥。三重伟大的赫尔墨斯(Hermes the Thrice Greatest)把太阳称为“可见之神”，索福克勒斯(Sophocles)笔下的埃莱克特拉(Electra)则称其为“洞悉万物者”。于是，太阳就像端坐在王位上统领着绕其运转的行星家族。此外，地球并没有被剥夺月亮的护卫。恰恰相反，正如亚里士多德在一部论动物的著作中所说，地球与月亮的关系最为亲密。与此同时，地球与太阳交媾受孕，每年分娩一次。

因此，我们在这种安排中发现宇宙具有令人惊叹的对称性，天球的运动与尺寸之间有一种既定的和谐联系，这用其他方式是无法发现的。细心

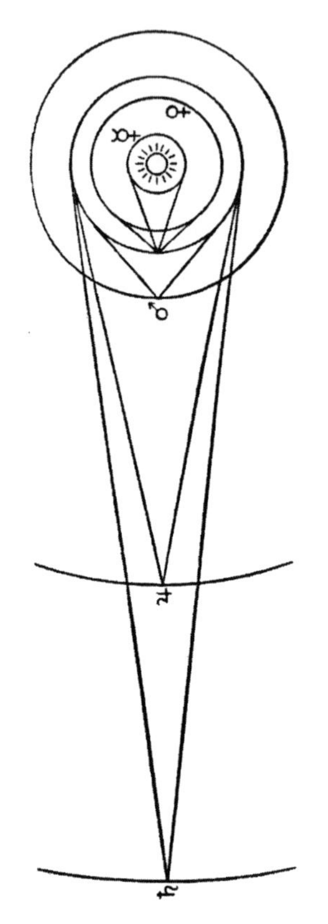

观察的人会觉察到，为什么木星顺行和逆行的弧看起来比土星长而比火星短，而金星的却比水星的长。对于这种方向转换，土星要比木星显得频繁，而火星和金星却比水星罕见。此外，土星、木星和火星在日落时升起时，要比傍晚沉没或晚些时候距地球更近。特别是火星，当它彻夜照耀时，其亮度似乎可以与木星相比，只有从它的红色才能将其辨认出来。但在其他情况下，它在繁星中看上去只不过是一颗二等星，只有通过勤勉的跟踪观测才能认出来。所有这些现象都是由同一个原因即地球运动引起的。

但恒星没有这些现象，这说明它们极为遥远，以至于周年转动的天球及其反映都在我们眼前消失了。因为光学已经表明，任何可见之物都有一定的距离范围，超出这个范围就看不见了。星光的闪烁也说明，最远的行星土星与恒星天球之间有无比遥远的间隔。这个特征正是恒星与行星的主要区别，因为运动的东西与不动的东西必定有巨大差异。最卓越的造物主的神圣作品是何等伟大啊！

第十一章　地球三重运动的证据

既然行星有如此众多的重要方式来支持地球的运动，我现在就来对这种运动作一概述，并进而用这一原则来解释现象。总的来说，必须承认地球有三重运动：

第一重运动是地球的昼夜自转，正如我所说[Ⅰ，4]，希腊人称之为

nuchthemeron。它使地球自西向东绕轴转动，于是宇宙看起来像是沿相反方向旋转。地球的这种运动描出了赤道，有些人仿效希腊人的术语 *isemerinos* 把它称为“均日圈”。

第二重运动是地心沿黄道绕太阳的周年运转，其方向也是自西向东，即沿着黄道十二宫的次序。正如我所说[Ⅰ，10]，地球连同其同伴在金星与火星之间运行。由于这重运动，太阳看起来像是沿黄道做类似的运动。例如，当地心通过摩羯宫时，太阳看起来正通过巨蟹宫；当地球在宝瓶宫时，太阳看起来在狮子宫，等等。这些我已经说过了。

需要明确的是，赤道和地轴相对于穿过黄道各宫中心的圆以及黄道面的倾角是可变的。因为如果它们所成的角度是恒定的，并且只受地心运动的影响，那么就不会出现昼夜长度不等的现象了。这样一来，某些地方就会总是有最长或最短的白昼，或者昼夜一样长，或者总是夏天或冬天，或者总是一个季节，保持恒定不变。

因此需要有第三重运动，即倾角的运动。这也是一种周年转动，但沿着与黄道各宫次序相反的方向，即与地心运动的方向相反。这两种运动周期几乎相等而方向相反，这就使得地轴和地球上最大的纬度圈赤道几乎总是指向天的同一方向，仿佛保持不动。与此同时，由于地心(仿佛是宇宙中心)的这种运动，太阳看起来像是沿黄道在倾斜的方向上运动。这时需要记住，与恒星天球相比，日地距离可以忽略不计。

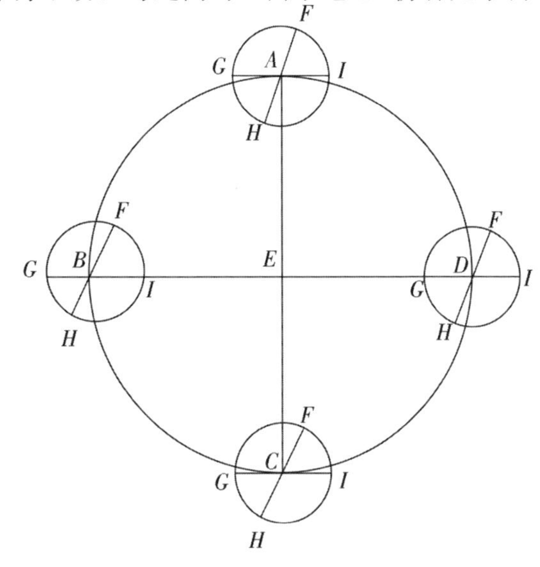

这些事情最好用图形而不是语言来说明。设圆 $ABCD$ 为地心在黄道面上周年运转的轨迹，圆心附近的点 E 为太阳，直径 AEC 和 BED 将这个圆四等分。设点

A 为巨蟹宫，点 B 为天秤宫，点 C 为摩羯宫，点 D 为白羊宫。假设地心原来位于点 A，围绕点 A 作地球赤道 $FGHI$，它与黄道不在同一平面上，直径 GAI 为赤道面与黄道面的交线。作直径 FAH 与 GAI 垂直，设点 F 为赤道上最南的一点，点 H 为最北的一点。在这些情况下，地球的居民将看见靠近中心点 E 的太阳在冬至时位于摩羯宫，因为赤道上最北的点 H 朝向太阳。由于赤道与 AE 的倾角，周日自转描出与赤道平行而间距为倾角 EAH 的南回归线。

现在令地心沿黄道各宫的方向运行，最大倾斜点 F 沿相反方向转动同样角度，两者都转过一个象限到达点 B。在这段时间内，由于两者旋转相等，所以$\angle EAI$ 始终等于$\angle AEB$，直径 FAH 和 FBH，GAI 和 GBI，以及赤道和赤道都始终保持平行。由于已经多次提到的理由，在无比广阔的天界，同样的现象会出现。所以从天秤宫的第一点 B 看来，E 看起来在白羊宫。黄赤交线与 $GBIE$ 重合。在周日自转中，轴线的垂直平面不会偏离这条线。相反，自转轴将完全倾斜在侧平面上。因此太阳看起来在春分点。当地心在假定条件下继续运动，走过半圈到达点 C 时，太阳将进入巨蟹宫。赤道上最大南倾点 F 将朝向太阳，太阳看起来是在北回归线上运动，与赤道的角距为 ECF。当 F 转到圆周的第三象限时，交线 GI 将再次与 ED 重合。这时看见太阳是在天秤宫的秋分点上。再转下去，H 逐渐转向太阳，于是又会重复初始情况。

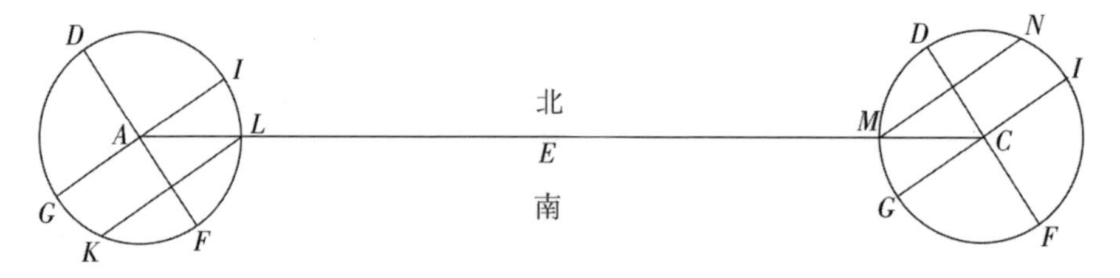

我们也可以用另一种方式来解释：设 AEC 为黄道面的一条直径，也就是黄道面同一个与之垂直的圆的交线。绕点 A 和点 C（相当于巨蟹宫和摩羯宫）分别作通过两极的地球经度圈 $DGFI$。设地轴为 DF，北极为 D，南极为 F，GI 为赤道的直径。当点 F 转向点 E 附近的太阳时，赤道向北

的倾角为 IAE，于是周日旋转使太阳看起来沿着南回归线运动。南回归线与赤道平行，位于赤道南面，它们之间的距离为 LI，直径为 KL。或者更确切地说，从 AE 来看，周日自转产生了一个以地心为顶点、以平行于赤道的圆周为底的锥面。在相对的点 C，情况也是类似，不过方向相反。因此已经很清楚，地心与倾角这两种运动如何组合起来使地轴保持在同一方向和几乎同样的位置，并使所有这些现象看起来像是太阳的运动。

但我已经说过，地心与倾角的周年运转近乎相等。因为如果它们精确相等，那么二分点和二至点以及黄道倾角相对于恒星天球都不会有什么变化。但由于有微小的偏离，所以只有随着时间的流逝变大后才能被发现。从托勒密时代到现在，二分点岁差共计约 21°。由于这个缘故，有些人相信恒星天球也在运动，因此设想了第九层天球。当这又不够用时，现代人又加上了第十层天球。然而，他们仍然无法获得我希望用地球运动所得到的成果。我将把这一点作为一条证明其他运动的原理和假说。[①]

我承认，太阳和月亮的运动也可以用一个静止的地球来显示。然而，这对其他行星是不适宜的。菲洛劳斯出于诸如此类的理由相信地球在运动。这似乎是有道理的，因为根据一些人的说法，萨摩斯(Samos)的阿里斯塔克(Aristarchus)也持相同的观点，这些人没有被亚里士多德提出和拒斥的论证[《论天》，Ⅱ，13—14]所促动。但是只有通过敏锐的心灵和坚持不懈的研究才能理解这些议题。因此当时大多数哲学家对它们都不熟悉，柏拉图并不讳言当时只有少数人精通天体运动理论。即使菲洛劳斯或任何毕达哥拉斯主义者得知了这些，大概也不会把它们传给后人。因为毕达哥拉斯学派不会把哲学奥秘写下来或者向所有人泄露，而是只托付给忠实的朋友和男亲属，并由他们一个个传下来。吕西斯(Lysis)写给希帕克斯(Hipparchus)的一封存留至今

① 哥白尼原计划在这里加入两页多点的手稿，但后来删去了。这份删掉的材料在《天球运行论》前四版(1543 年、1566 年、1617 年、1854 年)中没有刊印，但包含在哥白尼的原稿被重新发现后出版的版本(1873 年、1949 年、1972 年)中。其内容如下。

的信便是这种习惯的证据。由于这封信提出了值得注意的见解，并且为了说明他们给哲学赋予了什么价值，我决定把它插入这里并以此结束第一卷。以下就是我从希腊文译出的这封信。

吕西斯致希帕克斯，致以问候。

我决不相信，毕达哥拉斯死后，其追随者们的兄弟情谊会消失。但既然我们已经意外地四散远离，就好像我们的船已经遇难损毁，那么追忆他的神圣教诲，不把哲学宝藏传给那些还没有想过灵魂净化的人，这仍是虔敬之举。因为把我们花费巨大努力而获得的成果泄露给所有人，这样做是不妥当的，一如不能把埃莱夫西斯(Eleusis)女神的秘密泄露给不谙此道者。犯有这些不端行为的人应被斥为邪恶和不虔敬。另一方面，值得静心思索一下，经过5年时间，承蒙他的教诲，我们花了多少时间来擦拭我们心灵所沾染的污垢。染匠们清洗织物后，除染料外还使用一种媒染剂，为的是使颜色固定持久，防止其轻易褪色。那位神圣的人用同样的方式来培养热爱哲学的人，以免为他们中间任何人的才能所怀的希望落空。他不会兜售其箴言，不会像许多智者那样设置陷阱来迷惑青年人，因为这毫无价值。恰恰相反，他所传授的是神的和人的教义。

但有些人长时间大肆模仿他的教诲。他们以一种不正当的混乱程序对年轻人进行指导，致使其听者变得粗鲁而自以为是。因为他们把杂乱而被玷污的道德与哲学的崇高箴言混在一起。结果就像把纯净新鲜的水倒入了充满污垢的深井，污垢被翻搅起来，水也浪费掉了。这就是以这种方式教和被教的人所发生的情况。茂密而黑暗的树林堵塞了没有正确掌握专门知识和秘密的人的头脑和心灵，完全损害了他们优雅的精神和理智。这些树林感染了各种各样的罪恶，它们茂盛起来会阻塞思想，妨碍它往任何方向发展。

我认为这种干扰主要来源于自我放纵和贪婪，两者都极为猖獗。由自我放纵产生了乱伦、酗酒、强奸、淫乐和某些暴力冲动，它们会导致死亡和毁灭。事实上，有些人的激情冲动极强时，竟然连他们的母亲或女儿也不放过，甚至会触犯法律，与国家、政府和统治者发生冲突。其设下的陷阱使他们束手就擒，终获审判。另一方面，贪婪会产生故意伤害、谋杀、抢劫、吸毒以及其他种种恶果。因此我们应当竭力用火和剑来根除隐藏这些强烈欲望的林中兽穴。一旦发现自然理性摆脱了这些欲望，我们就可以在其中植入一种非常卓越和多产的作物。

希帕克斯，你也曾满怀热情地学过这些准则。但我的好人啊，你在体验了西西里的奢华之后便不再注意它们了，而为了这种生活你本来什么也不应当抛弃。许多人甚至说，你在公开讲授哲学。这种做法是毕达哥拉斯所禁止的，他把自己的笔记遗赠给了女儿达穆(Damo)，嘱咐她不要让家族以外的任何人翻阅。虽然她本可以出售这些笔记赚得一大笔钱，但她拒绝这样做，因为她认为清贫和父亲的命令比黄金更可贵。他们还说，达穆临终时也嘱咐自己的女儿碧塔丽(Bitale)担负起同样的职责。而我们这些男人却没有听从导师的教诲，违背了我们的誓言。如果你改正自己的做法，我会珍爱你。倘若不这样做，在我看来你已经死了。[①]

在几乎整部著作中，我要用的证明包含平面和球面三角形中的直线和圆弧。虽然关于这些主题的许多知识已见于欧几里得(Euclid)的《几何原本》，但那本著作并未包含这里主要问题(即如何由角求边和由边求角)的答案。

① 哥白尼并不怀疑上面这封信的真实性，他原本打算用这封信来结束第一卷。按照这个方案，在这封信之后，第二卷随即以一份介绍性的材料开始，这份材料后来被删掉了。《天球运行论》的前四版没有刊印这份被删掉的材料，而在哥白尼的原稿被重新发现之后出版的那些版本则把它包括了进去。

第十二章　圆的弦长

［根据哥白尼原来的方案，为第二卷第一章］

根据数学家的一般做法，我把圆分成360°。古人将直径划分为120单位［例如托勒密，《天文学大成》，Ⅰ，10］，但为了避免在弦长的乘除运算中出现分数(弦长经常是不可公度的，而且平方后也往往如此)的麻烦，后人也把它分成1200000单位或2000000单位。印度数字符号得到运用之后，有人也使用其他合适的直径体系。把这样的数字符号应用于数学运算，速度肯定要快过希腊或拉丁体系。为此，我也采用把直径分成200000单位的分法，这已足够排除任何明显误差了。当数量之比不是整数比时，我只好取近似值。下面我将用六条定理和一个问题来说明这一点，内容基本是仿照托勒密的。

定理一

给定圆的直径，可求内接三角形、正方形、五边形、六边形和十边形的边长。

欧几里得在《几何原本》中证明，直径的一半或半径等于六边形的边长，三角形边长的平方等于六边形边长平方的3倍，而正方形边长的平方等于六边形边长平方的2倍。因此，如果取六边形边长为100000单位，则正方形边长为141422单位，三角形边长为173205单位。

A　C　E　B　D

设AB为六边形的边长。根据欧几里得《几何原本》Ⅱ，1或Ⅵ，10，设点C为它的黄金分割点，较长的一段为CB，把它再延长一个相等长度BD，则整条线ABD也被黄金分割。其中较短的BD是圆内接十边形的边长，AB是内接六边形的边长。此结果可由《几何原本》ⅩⅢ，5和9得出。

BD可按下列方法求出：设AB的中点为点E，则由《几何原本》ⅩⅢ，3可得，$(EBD)^2=5(EB)^2$，而$EB=50000$，所以由它的平方的5倍可得

$EBD=111803$，因此，$BD=EBD-EB=111803-50000=61803$，这就是我们所要求的十边形的边长。

而五边形边长的平方等于六边形边长与十边形边长的平方之和，所以五边形边长为 117557 单位。

因此，当圆的直径为已知时，其内接三角形、正方形、五边形、六边形和十边形的边长均可求得。证毕。

推　论

因此，**已知一段圆弧的弦，可求半圆剩余部分所对弦长。**

内接于半圆的角为直角。在直角三角形中，直角所对的边(即直径)的平方等于两直角边的平方之和。由于十边形一边所对的弧为 36°，[定理一]业已证明其长度为 61803 单位，而直径为 200000 单位，因此可得半圆剩下的 144°所对的弦长为 190211 单位。五边形一边的长度为 117557 单位，它所对的弧为 72°，于是可求得半圆其余 108°所对弦长为 161803 单位。

定理二

在圆内接四边形中，以对角线为边所作矩形等于两组对边所作矩形之和。

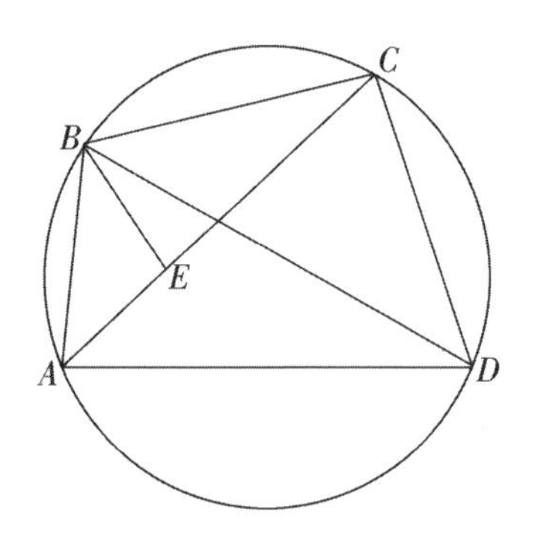

设 $ABCD$ 为圆内接四边形，那么我说对角线 AC 和 DB 的乘积等于 AB 与 CD 的乘积和 AD 与 BC 的乘积之和。取 $\angle ABE=\angle CBD$，加上共同的 $\angle EBD$，得到 $\angle ABD=\angle EBC$。此外，$\angle ACB=\angle BDA$，因为它们对着圆周上的同一段弧。因此两个相似三角形[BCE 和 BDA]的相应边长成比例，即 $BC:BD=EC:AD$，于是 $EC\times BD=BC\times AD$。而因为 $\angle ABE=\angle CBD$，由于对着同一段圆弧，$\angle BAC=\angle BDC$，所以 ABE 和 CBD 两个三角形也相似。于是，$AB:BD=AE:CD$，$AB\times DC=AE\times BD$。但我们已经证明了 $AD\times BC=BD\times EC$，相加可得 $BD\times AC=AD\times$

$BC+AB\times CD$。此即需要证明的结论。

定理三

由上述可知，**已知半圆内两不相等的弧所对弦长，可求两弧之差所对的弦长。**

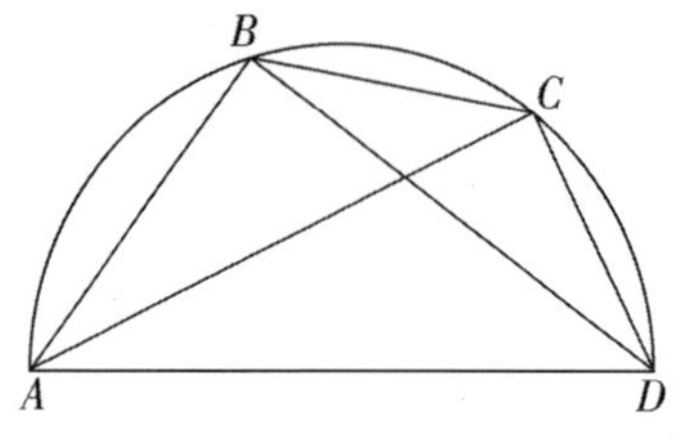

在直径为 AD 的半圆 $ABCD$ 中，设 AB 和 AC 分别为不等弧长所对的弦，我们希望求弦长 BC。由上所述[定理一的推论]，可求得半圆剩余部分所对的弦长 BD 和 CD。于是在半圆中作四边形 $ABCD$，它的对角线 AC 和 BD 以及三边 AB、AD 和 CD 都为已知。根据定理二，$AC\times BD=AB\times CD+AD\times BC$。因此，$AD\times BC=AC\times BD-AB\times CD$。所以，$(AC\times BD-AB\times CD)\div AD=BC$，即为我们所要求的弦长 BC。

由上所述，例如当五边形和六边形的边长为已知时，它们之差 12°(即 72°－60°)所对的弦长可由这个方法求得为 20905 单位。

定理四

已知任意弧所对的弦，可求其半弧所对的弦长。

设 ABC 为一圆，直径为 AC。设 BC 为给定的带弦的弧。从圆心 E 作直线 EF 垂直于 BC。根据《几何原本》Ⅲ，3，EF 将平分弦 BC 于点 F，延长 EF，它将平分弧 BC 于点 D。作弦 AB 和 BD。三角形 ABC 和 EFC 为相似直角三角形(它们共有$\angle ECF$)。因此，由于 $CF=\frac{1}{2}BFC$，所以 $EF=\frac{1}{2}AB$。而半圆剩余部分所对弦长 AB 可由定理一的推论求得，所以 EF 也可得出，于是就得到了半径的剩余部分 DF。作直径

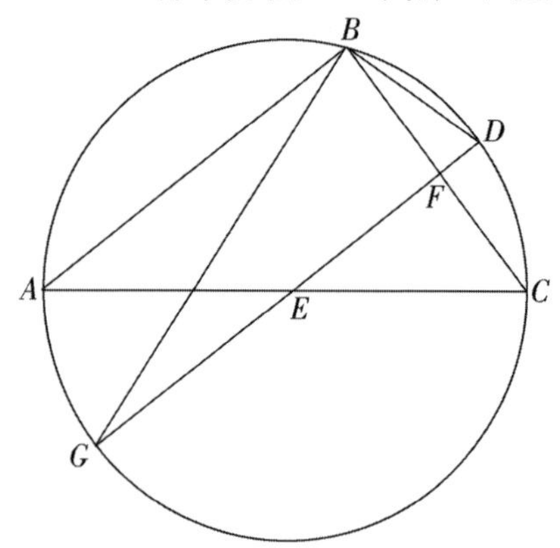

DEG，连接 BG。在三角形 BDG 中，从直角顶点 B 向斜边作的垂线为 BF。因此，$GD \times DF = (BD)^2$。于是 BDG 弧的一半所对的弦 BD 的长度便求出了。因为 12°的弧所对的弦长已经求得[定理三]，于是可求得 6°的弧所对的弦长为 10467 单位，3°为 5235 单位，$1\frac{1}{2}$°为 2618 单位，$\frac{3}{4}$°为 1309 单位。

定理五

已知两弧所对的弦，可求两弧之和所对的弦长。

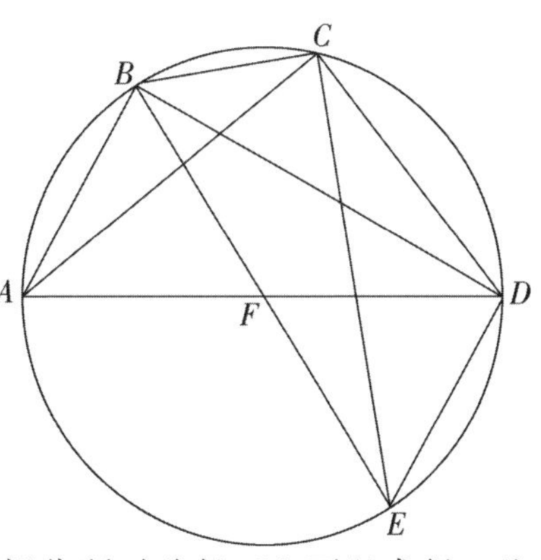

设 AB 和 BC 为圆内已知的两段弦，则我说整个 ABC 弧所对的弦长也可求得。作直径 AFD 和 BFE 以及直线 BD 和 CE。由于 AB 和 BC 已知，而 DE＝AB，所以由前面定理一的推论可求得 BD 和 CE 的弦长。连接 CD，补足四边形 BCDE。其对角线 BD 和 CE 以及三边 BC、DE 和 BE 都可求得。剩下的一边 CD 也可由定理二求出。因此半圆剩余部分所对弦长 CA 可以求得，此即我们所要求的整个 ABC 弧所对的弦。这就是我们所要求的结果。

至此，与 3°、$1\frac{1}{2}$°和$\frac{3}{4}$°弧所对的弦长都已求得。用这些间距可以制得非常精确的表。然而如果需要增加一度或半度，把两段弦相加，或作其他运算，那么求得的弦长是否正确就值得怀疑了。这是因为我们缺乏证明它们的图形关系。但是用另一种方法可以做到这一点，而不会有任何可觉察的误差。托勒密[《天文学大成》，Ⅰ，10]也计算过 1°和$\frac{1}{2}$°所对的弦长，不过他首先说的是以下定理。

定理六

大弧与小弧之比大于对应两弦长之比。

设 AB 和 BC 为圆内两段相邻的弧，其中 BC 较大，则我说弧 BC：弧

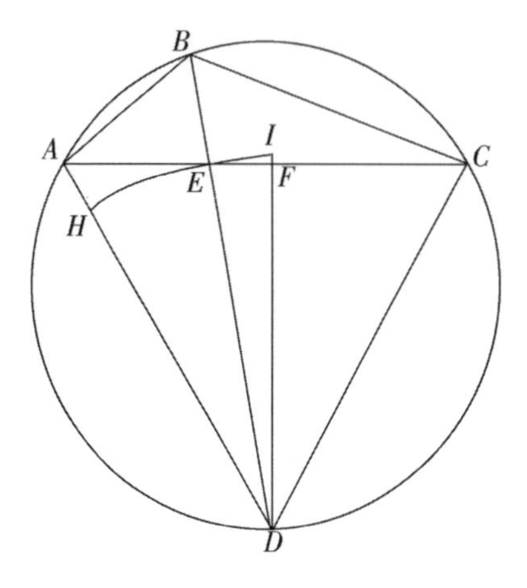

AB>弦 BC∶弦 AB。设直线 BD 等分∠B。连接 AC，与弦 BD 交于点 E。连接 AD 和 CD，则 $AD=CD$，因为它们所对的弧相等。在三角形 ABC 中，角平分线也交 AC 于点 E，所以底边的两段之比 EC∶AE=BC∶AB。由于 BC>AB，所以 EC>EA。作 DF 垂直于 AC，它等分 AC 于点 F，则点 F 必定在较长的一段 EC 上。由于三角形中大角对大边，所以在三角形 DEF 中，DE>DF，而 AD>DE，则以 D 为中心，DE 为半径所作的圆弧将与 AD 相交并超出 DF。设此弧与 AD 交于点 H，与 DF 的延长线交于点 I。由于扇形 EDI>三角形 EDF，而三角形 DEA>扇形 DEH，所以三角形 DEF∶三角形 DEA<扇形 EDI∶扇形 DEH。而扇形与其弧或中心角成正比，顶点相同的三角形与其底边成正比，所以∠EDF∶∠ADE>底 EF∶底 AE。相加可得，∠FDA∶∠ADE>底 AF∶底 AE。同样可得，∠CDA∶∠ADE>底 AC∶底 AE。相减，∠CDE∶∠EDA>底 CE∶底 EA。而∠CDE∶∠EDA=弧 CB∶弧 AB，底边 CE∶AE=弦 BC∶弦 AB。因此，弧 CB∶弧 AB>弦 BC∶弦 AB。证毕。

问　题

两点之间直线最短，弧长总大于它所对的弦长。但随着弧长不断减少，这个不等式逐渐趋于等式，以至于最终圆弧与直线在圆的切点处一同消失。所以在此之前，它们的差别必定小到难以察觉。

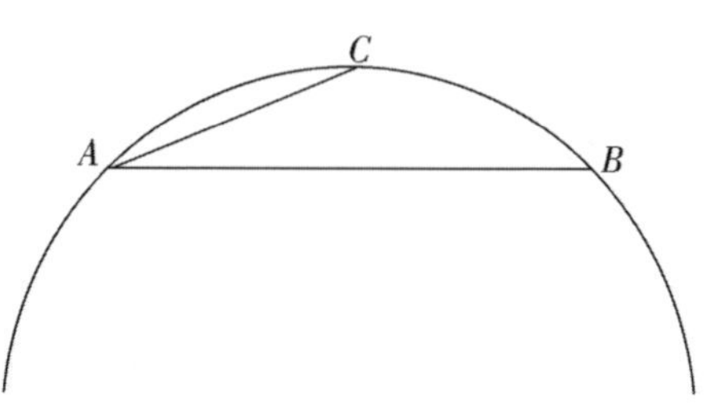

例如，设弧 AB 为 3°，弧 AC 为 $1\frac{1}{2}$°。设直径长 200000 单位，[按定理四]已经求得弦 AB=5235，弦 AC=2618。虽然弧 AB=弧 AC

的两倍，但弦 AB＜弦 AC 的两倍，弦 $AC-2617=1$。如果取弧 $AB=1\frac{1}{2}°$，弧 $AC=\frac{3}{4}°$，则弦 $AB=2618$，弦 $AC=1309$。虽然弦 AC 应当大于弦 AB 的一半，但它与后者似乎没有什么差别，两弧之比与两弦之比现在似乎是相等的。因此当弦与弧差别十分微小以至于成为一体时，我们无疑可以把 1309 当作 $\frac{3}{4}°$所对的弦长，并且按比例求出 1°或其他分度所对的弦长。于是，$\frac{1}{4}°$与$\frac{3}{4}°$相加，可得 1°所对弦长为 1745 单位，$\frac{1}{2}°$为 $872\frac{1}{2}$ 单位，$\frac{1}{3}°$约为 582 单位。

我相信在表中只列入倍弧所对的半弧就足够了。用这种方法，我们可以把以前需要在半圆内展开的数值压缩到一个象限之内。这样做的主要理由是在证明和计算时，半弦比整弦用得更多。表中每增加$\frac{1}{6}°$给出一值，共分三栏。第一栏为弧的度数和六分之几度，第二栏为倍弧的半弦数值，第三栏为每隔 1°的差值。用这些差值可以按比例内插任意弧分的值。此表如下：

圆周弦长表

弧		倍弧所对半弦	每隔 1 度的差值	弧		倍弧所对半弦	每隔 1 度的差值	弧		倍弧所对半弦	每隔 1 度的差值
度	分			度	分			度	分		
0	10	291	291	3	0	5234	290	5	50	10164	289
0	20	582	291	3	10	5524	290	6	0	10453	289
0	30	873	299	3	20	5814	291	6	10	10742	289
0	40	1163	291	3	30	6105	290	6	20	11031	289
0	50	1454	291	3	40	6395	290	6	30	11320	289
1	0	1745	291	3	50	6685	290	6	40	11609	289
1	10	2036	291	4	0	6975	290	6	50	11898	289
1	20	2327	290	4	10	7265	290	7	0	12187	289
1	30	2617	291	4	20	7555	290	7	10	12476	288
1	40	2908	291	4	30	7845	290	7	20	12764	289
1	50	3199	291	4	40	8135	290	7	30	13053	288
2	0	3490	291	4	50	8425	290	7	40	13341	288
2	10	3781	290	5	0	8715	290	7	50	13629	288
2	20	4071	291	5	10	9005	290	8	0	13917	288
2	30	4362	291	5	20	9295	290	8	10	14205	288
2	40	4653	290	5	30	9585	289	8	20	14493	288
2	50	4943	291	5	40	9874	290	8	30	14781	288

续表 1

弧		倍弧所对半弦	每隔 1 度的差值	弧		倍弧所对半弦	每隔 1 度的差值	弧		倍弧所对半弦	每隔 1 度的差值
度	分			度	分			度	分		
8	40	15069	288	14	20	24756	282	20	0	34202	273
8	50	15356	287	14	30	25038	281	20	10	34475	273
9	0	15643	288	14	40	25319	282	20	20	34748	273
9	10	15931	287	14	50	25601	281	20	30	35021	272
9	20	16218	287	15	0	25882	281	20	40	35293	272
9	30	16505	287	15	10	26163	280	20	50	35565	272
9	40	16792	286	15	20	26443	281	21	0	35837	271
9	50	17078	287	15	30	26724	280	21	10	36108	271
10	0	17365	286	15	40	27004	280	21	20	36379	271
10	10	17651	288	15	50	27284	280	21	30	36650	270
10	20	17937	288	16	0	27564	279	21	40	36920	270
10	30	18223	286	16	10	27843	279	21	50	37190	270
10	40	18509	286	16	20	28122	279	22	0	37460	270
10	50	18795	286	16	30	28401	279	22	10	37730	269
11	0	19081	285	16	40	28680	279	22	20	37999	269
11	10	19366	286	16	50	28959	278	22	30	38268	269
11	20	19652	285	17	0	29237	278	22	40	38587	268
11	30	19937	285	17	10	29515	278	22	50	38805	268
11	40	20222	285	17	20	29793	278	23	0	39073	268
11	50	20507	284	17	30	30071	277	23	10	39341	267
12	0	20791	285	17	40	30348	277	23	20	39608	267
12	10	21076	284	17	50	30625	277	23	30	39875	266
12	20	21360	284	18	0	30902	276	23	40	40141	266
12	30	21644	284	18	10	31178	276	23	50	40408	266
12	40	21928	284	18	20	31454	276	24	0	40674	265
12	50	22212	283	18	30	31730	276	24	10	40939	265
13	0	22495	283	18	40	32006	276	24	20	41204	265
13	10	22778	284	18	50	32282	275	24	30	41469	265
13	20	23062	282	19	0	32557	275	24	40	41734	264
13	30	23344	283	19	10	32832	274	24	50	41998	264
13	40	23627	283	19	20	33106	275	25	0	42262	263
13	50	23910	282	19	30	33381	274	25	10	42525	263
14	0	24192	282	19	40	33655	274	25	20	42788	263
14	10	24474	282	19	50	33929	273	25	30	43051	262

续表 2

弧		倍弧所对半弦	每隔 1 度的差值	弧		倍弧所对半弦	每隔 1 度的差值	弧		倍弧所对半弦	每隔 1 度的差值
度	分			度	分			度	分		
25	40	43313	262	31	20	52002	248	37	0	60181	232
25	50	43575	262	31	30	52250	248	37	10	60413	232
26	0	43837	261	31	40	52498	247	37	20	60645	231
26	10	44098	261	31	50	52745	247	37	30	60876	231
26	20	44359	261	32	0	52992	246	37	40	61107	230
26	30	44620	260	32	10	53238	246	37	50	61337	229
26	40	44880	260	32	20	53484	246	38	0	61566	229
26	50	45140	259	32	30	53730	245	38	10	61795	229
27	0	45399	259	32	40	53975	245	38	20	62024	227
27	10	45658	259	32	50	54220	244	38	30	62251	228
27	20	45917	258	33	0	54464	244	38	40	62479	227
27	30	46175	258	33	10	54708	243	38	50	62706	226
27	40	46433	257	33	20	54951	243	39	0	62932	226
27	50	46690	257	33	30	55194	242	39	10	63158	225
28	0	46947	257	33	40	55436	242	39	20	63383	225
28	10	47204	256	33	50	55678	241	39	30	63608	224
28	20	47460	256	34	0	55919	241	39	40	63832	224
28	30	47716	255	34	10	56160	240	39	50	64056	224
28	40	47971	255	34	20	56400	241	40	0	64279	223
28	50	48226	255	34	30	56641	239	40	10	64501	222
29	0	48481	254	34	40	56880	239	40	20	64723	222
29	10	48735	254	34	50	57119	239	40	30	64945	221
29	20	48989	253	35	0	57358	238	40	40	65166	220
29	30	49242	253	35	10	57596	237	40	50	65386	220
29	40	49495	253	35	20	57833	237	41	0	65606	219
29	50	49748	252	35	30	58070	237	41	10	65825	219
30	0	50000	252	35	40	58307	236	41	20	66044	218
30	10	50252	251	35	50	58543	236	41	30	66262	218
30	20	50503	251	36	0	58779	235	41	40	66480	217
30	30	50754	250	36	10	59014	234	41	50	66697	217
30	40	51004	250	36	20	59248	234	42	0	66913	216
30	50	51254	250	36	30	59482	234	42	10	67129	215
31	0	51504	249	36	40	59716	233	42	20	67344	215
31	10	51753	249	36	50	59949	233	42	30	67559	214

续表 3

弧		倍弧所对半弦	每隔 1 度的差值	弧		倍弧所对半弦	每隔 1 度的差值	弧		倍弧所对半弦	每隔 1 度的差值
度	分			度	分			度	分		
42	40	67773	214	48	20	74702	194	54	0	80902	170
42	50	67987	213	48	30	74896	194	54	10	81072	170
43	0	68200	212	48	40	75088	192	54	20	81242	169
43	10	68412	212	48	50	75280	191	54	30	81411	169
43	20	68624	211	49	0	75471	190	54	40	81580	168
43	30	68835	211	49	10	75661	190	54	50	81748	167
43	40	69046	210	49	20	75851	189	55	0	81915	167
43	50	69256	210	49	30	76040	189	55	10	82082	166
44	0	69466	209	49	40	76299	188	55	20	82248	165
44	10	69675	208	49	50	76417	187	55	30	82413	164
44	20	69883	208	50	0	76604	187	55	40	82577	164
44	30	70091	207	50	10	76791	186	55	50	82741	163
44	40	70298	207	50	20	76977	185	56	0	82904	162
44	50	70505	206	50	30	77162	185	56	10	83066	162
45	0	70711	205	50	40	77347	184	56	20	83228	161
45	10	70916	205	50	50	77531	184	56	30	83389	160
45	20	71121	204	51	0	77715	182	56	40	83549	159
45	30	71325	204	51	10	77897	182	56	50	83708	159
45	40	71529	203	51	20	78079	182	57	0	83867	158
45	50	71732	202	51	30	78261	181	57	10	84025	157
46	0	71934	202	51	40	78442	180	57	20	84182	157
46	10	72136	201	51	50	78622	179	57	30	84339	156
46	20	72337	200	52	0	78801	179	57	40	84495	155
46	30	72537	200	52	10	78980	178	57	50	84650	155
46	40	72737	199	52	20	79158	177	58	0	84805	154
46	50	72936	199	52	30	79335	177	58	10	84959	153
47	0	73135	198	52	40	79512	176	58	20	85112	152
47	10	73333	198	52	50	79688	176	58	30	85264	151
47	20	73531	197	53	0	79864	174	58	40	85415	151
47	30	73728	196	53	10	80038	174	58	50	85566	151
47	40	73924	195	53	20	80212	174	59	0	85717	149
47	50	74119	195	53	30	80386	172	59	10	85866	149
48	0	74314	194	53	40	80558	172	59	20	86015	148
48	10	74508	194	53	50	80730	172	59	30	86163	147

续表 4

弧		倍弧所对半弦	每隔1度的差值	弧		倍弧所对半弦	每隔1度的差值	弧		倍弧所对半弦	每隔1度的差值
度	分			度	分			度	分		
59	40	86310	147	65	20	90875	121	71	0	94552	94
59	50	86457	145	65	30	90996	120	71	10	94646	93
60	0	86602	145	65	40	91116	119	71	20	94739	93
60	10	86747	145	65	50	91235	119	71	30	94832	92
60	20	86892	144	66	0	91354	118	71	40	94924	91
60	30	87036	142	66	10	91472	118	71	50	95015	90
60	40	87178	142	66	20	91590	116	72	0	95105	90
60	50	87320	142	66	30	91706	116	72	10	95195	89
61	0	87462	141	66	40	91822	114	72	20	95284	88
61	10	87603	140	66	50	91936	114	72	30	95372	87
61	20	87743	139	67	0	92050	114	72	40	95459	86
61	30	87882	138	67	10	92164	112	72	50	95545	85
61	40	88020	138	67	20	92276	112	73	0	95630	85
61	50	88158	137	67	30	92388	111	73	10	95715	84
62	0	88295	136	67	40	92499	110	73	20	95799	83
62	10	88431	135	67	50	92609	109	73	30	95882	82
62	20	88566	135	68	0	92718	109	73	40	95964	81
62	30	88701	134	68	10	92827	108	73	50	96045	81
62	40	88835	133	68	20	92935	107	74	0	96126	80
62	50	88968	133	68	30	93042	106	74	10	96206	79
63	0	89101	131	68	40	93148	105	74	20	96285	78
63	10	89232	131	68	50	93253	105	74	30	96363	77
63	20	89363	130	69	0	93358	104	74	40	96440	77
63	30	89493	129	69	10	93462	103	74	50	96517	75
63	40	89622	129	69	20	93565	102	75	0	96592	75
63	50	89751	128	69	30	93667	102	75	10	96667	75
64	0	89879	127	69	40	93769	101	75	20	96742	73
64	10	90006	127	69	50	93870	99	75	30	96815	72
64	20	90133	125	70	0	93969	99	75	40	96887	72
64	30	90258	125	70	10	94068	99	75	50	96959	71
64	40	90383	124	70	20	94167	97	76	0	97030	69
64	50	90507	124	70	30	94264	97	76	10	97099	70
65	0	90631	122	70	40	94361	96	76	20	97169	68
65	10	90753	122	70	50	94457	95	76	30	97237	67

续表 5

弧		倍弧所对半弦	每隔 1 度的差值	弧		倍弧所对半弦	每隔 1 度的差值	弧		倍弧所对半弦	每隔 1 度的差值
度	分			度	分			度	分		
76	40	97304	67	81	10	98814	44	85	40	99714	22
76	50	97371	66	81	20	98858	44	85	50	99736	20
77	0	97437	65	81	30	98902	42	86	0	99756	20
77	10	97502	64	81	40	98944	42	86	10	99776	19
77	20	97566	64	81	50	98986	41	86	20	99795	18
77	30	97630	62	82	0	99027	40	86	30	99813	17
77	40	97692	62	82	10	99067	39	86	40	99830	17
77	50	97754	61	82	20	99106	38	86	50	99847	16
78	0	97815	60	82	30	99144	38	87	0	99863	15
78	10	97875	59	82	40	99182	37	87	10	99878	14
78	20	97934	58	82	50	99219	36	87	20	99892	13
78	30	97992	58	83	0	99255	35	87	30	99905	12
78	40	98050	57	83	10	99290	34	87	40	99917	11
78	50	98107	56	83	20	99324	33	87	50	99928	11
79	0	98163	55	83	30	99357	32	88	0	99939	10
79	10	98218	54	83	40	99389	32	88	10	99949	9
79	20	98272	53	83	50	99421	31	88	20	99958	8
79	30	98325	53	84	0	99452	30	88	30	99966	7
79	40	98378	52	84	10	99482	29	88	40	99973	6
79	50	98430	51	84	20	99511	28	88	50	99979	6
80	0	98481	50	84	30	99539	28	89	0	99985	4
80	10	98531	49	84	40	99567	27	89	10	99989	4
80	20	98580	49	84	50	99594	26	89	20	99993	3
80	30	98629	47	85	0	99620	24	89	30	99996	2
80	40	98676	47	85	10	99644	24	89	40	99998	1
80	50	98723	46	85	20	99668	24	89	50	99999	1
81	0	98769	45	85	30	99692	22	90	0	100000	0

第十三章　平面三角形的边和角

[根据哥白尼原来的方案，为第二卷第二章]

一

已知三角形的各角，则各边可求。

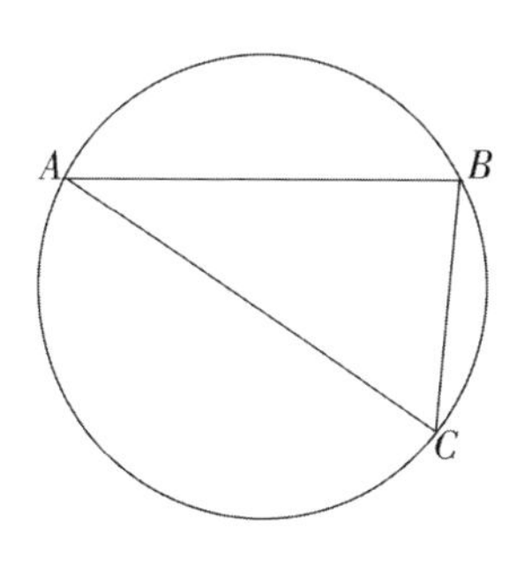

设三角形为 ABC，根据《几何原本》Ⅳ，5，对它作外接圆，于是在 360°等于两个直角的体系中，AB、BC 和 CA 三段弧都可求得。当弧为已知时，取直径为 200000 单位，则圆内接三角形各边的长度可由上表当作弦得出。

二 A

已知三角形的两边和一角，则另一边和两角可求。

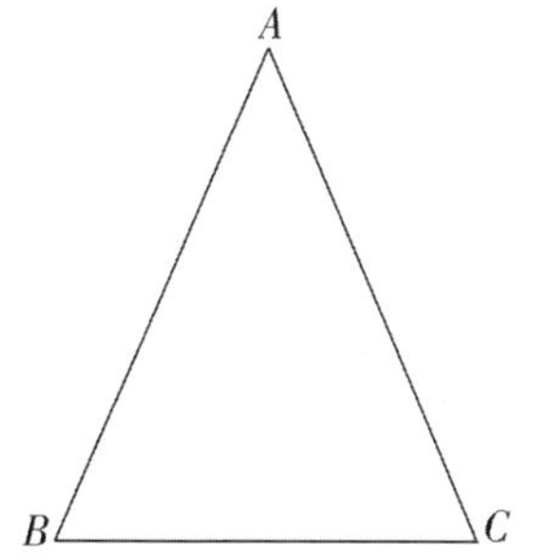

已知的两边可以相等也可以不相等，已知的角可以是直角、锐角或钝角，已知角可以是也可以不是已知两边的夹角。

首先，设三角形 ABC 中已知的两边 AB 与 AC 相等，并设此两边的夹角为已知 $\angle A$。于是底边 BC 两侧的另外两个角可求。此两角都等于两直角减去 $\angle A$ 后的一半。如果底边的一角原来已知，那么由于与之相等的角已知，用两直角减掉它们，就得到了另一个角。当三角形的角和边均为已知时，取半径 AB 或 AC 等于 100000，或直径等于 200000，则底边 BC 可由表查得。

二 B

若直角 *BAC* 的相邻两边为已知，则另一边和两角可求。

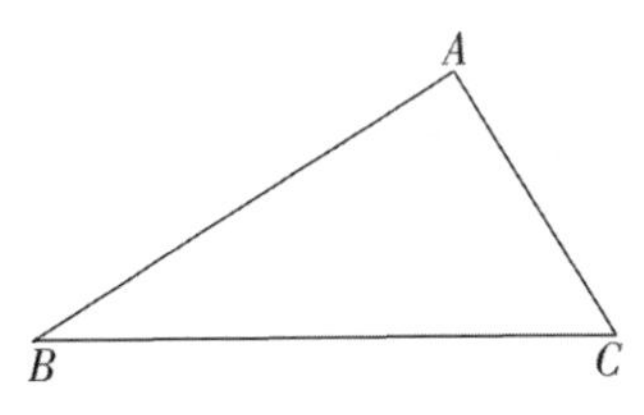

因为显然，$(AB)^2+(AC)^2=(BC)^2$，所以 BC 的长度可以求出，各边的相互关系也得到了。所对角为直角的圆弧是半圆，其直径为底边 BC。如果取 BC 为 200000 单位，则可得 $\angle B$、$\angle C$ 两角所对弦 AB 和 AC 的长度。在 180°等于两直角的体系中，查表可得 $\angle B$、$\angle C$ 两角的度数。如果已知的是 BC 和一条直角边，也可得到相同结果。我想这一点已经很清楚了。

二 C

若一锐角 $\angle ABC$ 及其夹边 AB 和 BC 为已知，则另一边和两角可求。

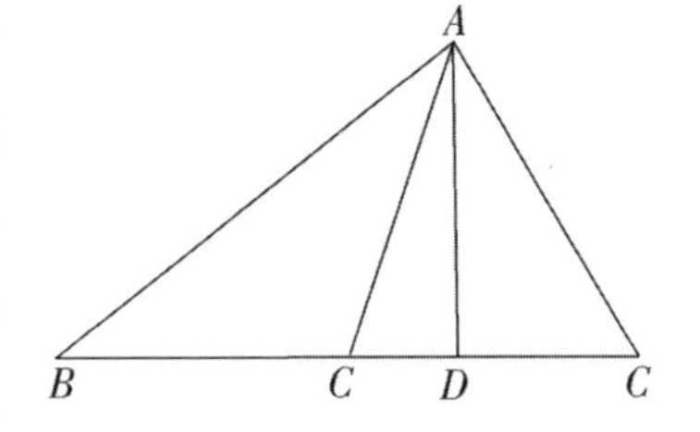

从点 A 向 BC 作垂线 AD，需要时(视垂线是否落在三角形内而定)延长 BC 线，形成两个直角三角形 ABD 和 ADC。由于 $\angle D$ 是直角，由假设 $\angle B$ 为已知，所以三角形 ABD 的三个角都为已知。设直径 AB 为 200000 单位，于是 $\angle A$、$\angle B$ 两角所对的弦 AD 和 BD 可由表查出，AD、BD 以及 BC 与 BD 的差 CD 也都可求出。因此在直角三角形 ADC 中，如果已知 AD 和 CD 两边，那么所求的边 AC 以及 $\angle ACD$ 也可依照上述方法得出。

二 D

若一钝角 $\angle ABC$ 及其夹边 AB 和 BC 为已知，则另一边和两角可求。

从点 A 向 BC 的延长线作垂线 AD，得到三个角均为已知的三角形 ABD。$\angle ABC$ 的补角 $\angle ABD$ 已知，$\angle D$ 又是直角，所以如果设 AB 为 200000 单位，则 BD 和 AD 都可以得到。因为 BA 和 BC 的相互比值已知，

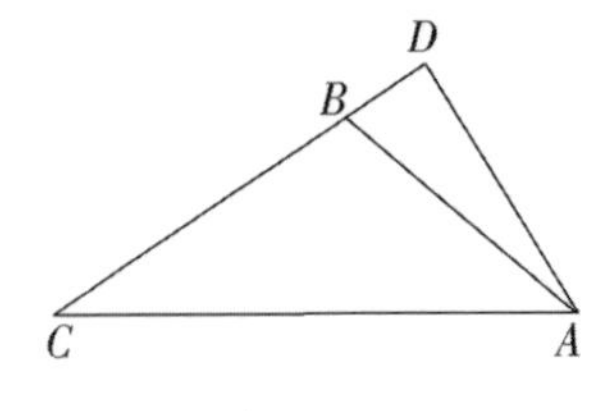

BC 也可用与 BD 相同的单位表示，于是整个 CBD 也如此。直角三角形 ADC 的情况与此相同，因为 AD 和 CD 两边已知，于是所要求的边 AC 以及 $\angle BAC$ 和 $\angle ACB$ 都可求出。

二 E

若三角形 ABC 的两边 AC 和 AB 以及一边 AC 所对的$\angle B$ 为已知，则另一边和两角可求。

如果设三角形 ABC 的外接圆的直径为 200000 单位，则 AC 可由表查出。由已知的 AC 与 AB 的比值，可用相同单位求出 AB。查表可得$\angle ACB$ 和剩下的$\angle BAC$。利用后者，弦 CB 也可求得。知道了这一比值，边长就可用任何单位来表示了。

三

若三角形的三边为已知，则三个角可求。

等边三角形的每个角都是两直角的三分之一，这是尽人皆知的。

等腰三角形的情况也很清楚。腰与第三边之比等于半径与弧所对的弦之比，在 360°圆心角等于四直角的体系中，两腰所夹的角可由表查出。底角等于两直角减去两腰夹角所得差的一半。

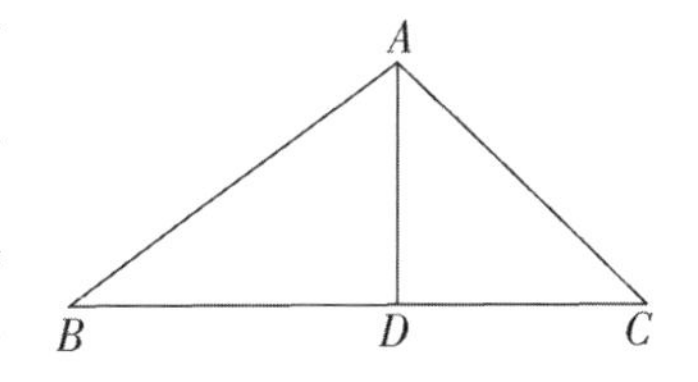

如果所研究的三角形是不等边的，我们可以把它分解为直角三角形。设三角形 ABC 为不等边三角形，它的三边均为已知，作 AD 垂直于最长边 BC。根据《几何原本》Ⅱ，13，如果 AB 所对的角为锐角，则$(AC)^2+(BC)^2-(AB)^2=BC\times CD$ 的两倍。$\angle C$ 必定为锐角，否则根据《几何原本》Ⅰ，17—19，AB 就将成为最长边，而这与假设相反。因此，如果知道了 BD 和 DC，那么同以前多次遇到的情况一样，我们就得到了边角均为已知的直角三角形 ABD 和 ADC。由此，三角形 ABC 的各角就得到了。

另一种方法是利用《几何原本》Ⅲ，36，也许更容易得出结果。设最短边为 BC，以点 C 为圆心，BC 为半径画的圆将与其他两边或其中的一边相截。

先设圆与两边都相截，即与 AB 截于点 E，与 AC 截于点 D。延长

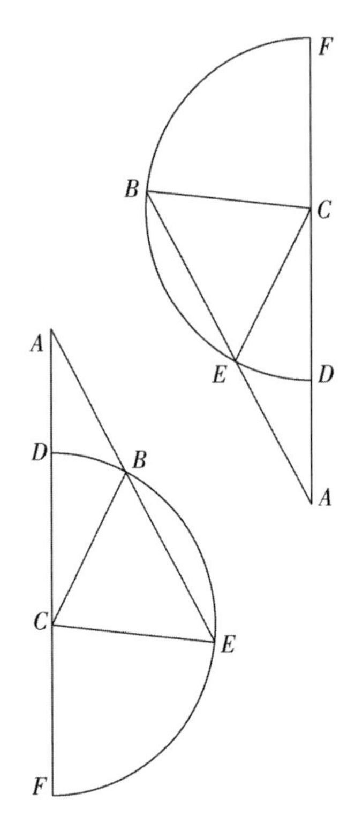

ADC 线到点 F，使 DCF 为直径。根据欧氏定理，$FA\times AD=BA\times AE$。这是因为这两个乘积都等于从点 A 引出的切线的平方。由于 AF 的各段已知，所以整个 AF 也可知。由于半径 $CF=$ 半径 $CD=BC$，并且 $AD=CA-CD$。因此，由于已知 $BA\times AE$，所以可求得 AE 以及 BE 弧所对 BE 弦的长度。连接 EC，便得到各边已知的等腰三角形 BCE，于是可得$\angle EBC$。由此便可求得三角形 ABC 的其他两角$\angle C$ 和$\angle A$。

如第二图所示，再设圆不与 AB 相截。BE 可求得，而且等腰三角形 BCE 中的$\angle CBE$ 及其补角$\angle ABC$ 都可求得。根据前面所说的方法，其他角也可求出。

关于平面三角形我已经说得够多了，其中还包括了许多测地学的内容。下面我转到球面三角形。

第十四章　球面三角形

［根据哥白尼原来的方案，为第二卷第三章］

这里我把球面上由三条大圆弧所围成的圆形称为凸面三角形。一个角的大小以及各个角的差，用以交点为极所画大圆的弧长［来度量］。这样截出的弧与整个圆之比等于相交角与四直角即 360°之比。

一

若球面上任意三段大圆弧中，两弧之和大于第三弧，则由这三条大圆弧显然可构成一球面三角形。

关于圆弧的这个结论，《几何原本》Ⅺ，23 已对角度作过证明。由于角之比等于弧之比，而大圆的平面通过球心，所以三段大圆弧显然在球心形成了一个立体角。因此本定理成立。

二

(球面)三角形的任一边均小于半圆。

半圆在球心形不成角度，而是成一直线穿过球心。而其余两边所属的角在球心不能构成立体角，因此形不成球面三角形。我想这就是为什么托勒密要在论述这类三角形(特别是球面扇形)时规定各边均不能大于半圆的原因。[《天文学大成》，Ⅰ，13]

三

在直角球面三角形中，直角对边的二倍弧所对的弦同其一邻边二倍弧所对的弦之比，等于球的直径同对边和另一邻边所夹角的二倍所对的弦之比。

设 ABC 为球面三角形，其中$\angle C$为直角，则我说，两倍 AB 所对的弦同两倍 BC 所对的弦之比等于球的直径同两倍的 BAC 角在大圆上所对弦之比。

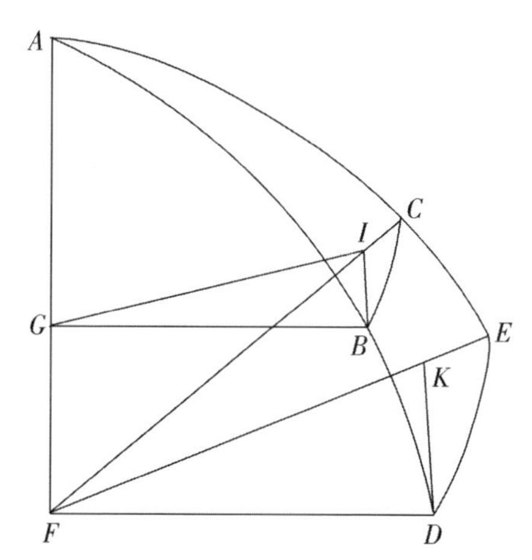

以点 A 为极作大圆弧 DE，设 ABD 和 ACE 为所形成的两个象限。从球心点 F 作下列各圆面的交线：ABD 和 ACE 的交线 FA，ACE 和 DE 的交线 FE，ABD 和 DE 的交线 FD，以及 AC 和 BC 的交线 FC。然后作 BG 垂直于 FA，BI 垂直于 FC，以及 DK 垂直于 FE。连接 GI。

如果圆与圆相交并通过其两极，则两圆相互正交。因此$\angle AED$ 为直角。根据假设，$\angle ACB$ 也是直角。于是 EDF 和 BCF 两平面均垂直于 AEF。在平面 AEF 上，如果从点 K 作一直线垂直于交线 FKE，那么根据平面相互垂直的定义，这条垂线将与 KD 成一直角。因此，根据《几何原本》Ⅺ，4，直线 KD 垂直于 AEF。同样，作 BI 垂直于同一平面，根据《几何原本》Ⅺ，6，DK 平行于 BI。由于 $\angle FGB=\angle GFD=90°$，所以 FD 平行于 GB。根据《几何原本》Ⅺ，10，$\angle FDK=\angle GBI$。但是 $\angle FKD=90°$，所以根据垂线的定义，$\angle GIB$ 也是直角。由于相似三角形的边长成比例，所以 $DF:BG=DK:BI$。由于 BI 垂直于半径 CF，所以 $BI=\frac{1}{2}$ 弦 $2CB$。同样，$BG=\frac{1}{2}$ 弦 $2BA$，$DK=\frac{1}{2}$ 弦 $2DE$（或 $\frac{1}{2}$ 弦 $2DAE$），而 DF 是球的半径，所以有，弦 $2AB$：弦 $2BC$＝直径：弦 $2DAE$（或弦 $2DE$）。这条定理的证明对于今后是有用的。

四

球面三角形中，一角为直角，若另一角和任一边已知，则其余的边角可求。

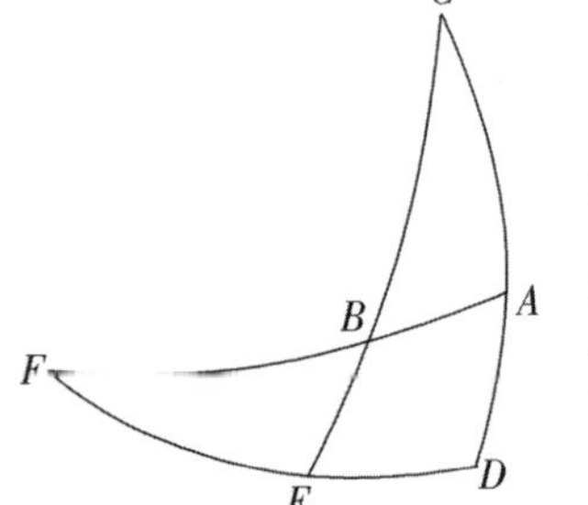

设球面三角形 ABC 中 $\angle A$ 为直角，而其余的两角之一 $\angle B$ 也是已知的。已知边的情形可分三种。它或与两已知角都相邻（AB），或仅与直角相邻（AC），或者与直角相对（BC）。

首先设 AB 为已知边。以点 C 为极作大圆弧 DE。完成象限 CAD 和 CBE。延长 AB 和 DE，使其相交于点 F。由于 $\angle A=\angle D=90°$，所以点 F 也是 CAD 的极。如果球面上的两个大圆相交成直角，则它们将彼此平分并通过对方的极点，因此 ABF 和 DEF 都是象限。因 AB 已知，象限的其余部分 BF 也已知，$\angle EBF$ 等于其已知的对顶角 $\angle ABC$。根据上一定理，弦 $2BF$：弦 $2EF$＝球的直径：弦 $2EBF$。而这中间有三个量是已知的，即球的直径、弦 $2BF$ 和弦 $2EBF$ 或它们的一半，所以根据《几何原本》Ⅵ，15，$\frac{1}{2}$ 弦 $2EF$ 也可知，于是查表可得弧 EF。因此，象限的其余部分 DE 即所求的 $\angle C$ 可得。

反过来也同样，弦 $2DE$∶弦 $2AB$=弦 $2EBC$∶弦 $2CB$。但 DE、AB 和 CE 这三个量是已知的，因此第四个量即倍弧 CB 所对的弦可得，于是所要求的边 CB 可得。由于弦 $2CB$∶弦 $2CA$=弦 $2BF$∶弦 $2EF$，而这两个比值都等于球的直径∶弦 $2CBA$，且等于同一比值的两个比值也彼此相等，所以既然弦 BF、弦 EF 和弦 CB 三者为已知，那么第四个弦 CA 可求得，而弧 CA 为三角形 ABC 的第三边。

再设 AC 为已知的边，我们要求的是 AB 和 BC 两边以及余下的 $\angle C$。与前面类似，反过来可得，弦 $2CA$∶弦 $2CB$=弦 $2ABC$∶直径，由此可得 CB 边以及象限的剩余部分 AD 和 BE。再由弦 $2AD$∶弦 $2BE$=弦 $2ABF$（直径）∶弦 $2BF$，因此可得弧 BF 及剩下的边 AB。类似地，弦 $2BC$∶弦 $2AB$=2 弦 CBE∶弦 $2DE$，于是可得弦 $2DE$，即所要求的余下的 $\angle C$。

最后，如果 BC 为已知的边，可仿前述求得 AC 以及余下的 AD 和 BE。正如已经多次说过的，利用直径和它们所对的弦，可求得弧 BF 及余边 AB。于是按照前述定理，由已知的弧 BC、AB 和 CBE，可求得弧 ED，即为我们所要求的余下的 $\angle C$。

于是在三角形 ABC 中，$\angle A$ 为直角，B 角和任一边已知，则其余的边角可求。证毕。

五

如果已知球面三角形之三角，且一角为直角，则各边(之比)可求。

仍用前图。由于 $\angle C$ 已知，可求得弧 DE 和象限的剩余部分 EF。由于 BE 是从弧 DEF 的极上画出的，所以 $\angle BEF$ 为直角。由于 $\angle EBF$ 是一个已知角的对顶角，所以按照前述定理，已知一个直角 $\angle E$、另一角 $\angle B$ 和边 EF 的三角形 BEF 的边角均可求。因此 BF 可得，象限的剩余部分 AB 也可得。类似地，在三角形 ABC 中，同样可得其余的边 AC 和 BC。

六

同一球上的两直角球面三角形，若有一角和一边(无论与相等的角相

邻还是相对)相等，则其余对应边角均相等。

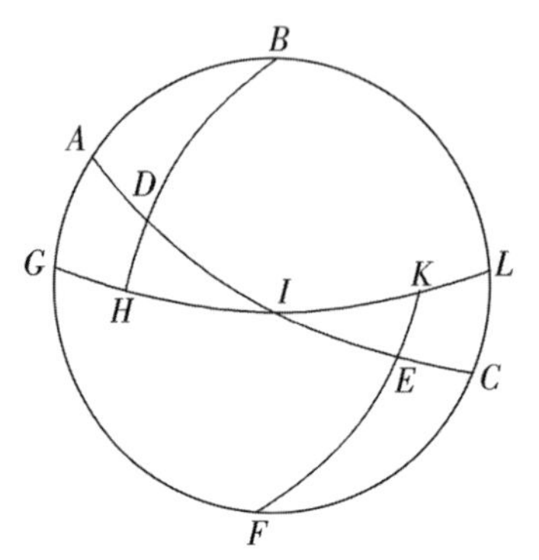

设 ABC 为半球，ABD 和 CEF 为它上面的两个三角形。设 $\angle A$ 和 $\angle C$ 为直角，$\angle ADB$ 等于 $\angle CEF$，其中有一边等于另一边。先设等边为等角的邻边，即 AD 等于 CE。则我要证明，AB 边等于 CF 边，BD 边等于 EF 边，余下的 $\angle ABD$ 也等于余下的 $\angle CFE$。以点 B 和点 F 为极，作大圆的象限 GHI 与 IKL。完成象限 ADI 和 CEI。它们必定在半球的极即点 I 相交，因为 $\angle A$ 和 $\angle C$ 为直角，而象限 GHI 和 CEI 都通过圆 ABC 的两极。因此，由于已经假定边 AD = 边 CE，则它们的余边弧 DI = 弧 IE。而 $\angle IDH = \angle IEK$，因为它们是等角的对顶角；以及 $\angle H = \angle K = 90°$，因为等于同一比值的两个比值也彼此相等；且根据本章定理三，弦 $2ID$ ∶ 弦 $2HI$ = 球的直径 ∶ 弦 $2IDH$，以及弦 EI ∶ 弦 $2KI$ = 球的直径 ∶ 弦 $2IEK$，因此，弦 $2ID$ ∶ 弦 $2HI$ = 弦 $2EI$ ∶ 弦 $2IK$。根据欧几里得《几何原本》Ⅴ，14，弦 $2DI$ = 弦 $2IE$，因此弦 $2HI$ = 弦 $2IK$。因为在相等的圆中，等弦截出等弧，而分数在乘以相同的因子后保持相同的比值。所以单弧 IH 与 IK 相等，于是象限的剩余部分 GH 和 KL 也相等。于是显然 $\angle B = \angle F$。根据定理三的逆定理，弦 $2AD$ ∶ 弦 $2BD$ = 弦 $2HG$ ∶ 弦 $2BDH$(或直径)，以及弦 $2EC$ ∶ 弦 $2EF$ = 弦 $2KL$ ∶ 弦 $2FEK$(或直径)，因此，弦 $2AD$ ∶ 弦 $2BD$ = 弦 $2EC$ ∶ 弦 $2EF$。而根据假设，AD 等于 CE，因此，根据欧几里得《几何原本》Ⅴ，14，弧 BD = 弧 EF。

同样，如果已知 BD 与 EF 相等，我们可以用同样方法证明其余的边角均相等。如果假设 AB 与 CF 相等，则由比的相等关系可得同样结论。

七

两非直角球面三角形，若一角相等，与等角相邻的边也相等，则其他对应边角均相等。

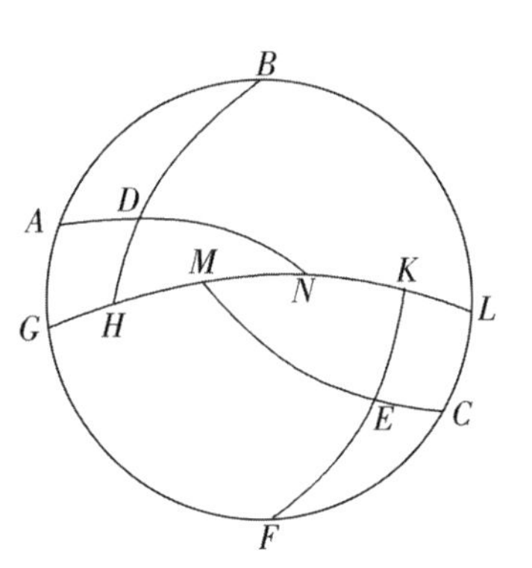

在 ABD 和 CEF 两个三角形中，如果 $\angle B=\angle F$，$\angle D=\angle E$，且边 BD 与等角相邻，边 $BD=$边 EF，则我说这两个三角形的对应边角都相等。

再次以点 B 和点 F 为极，作大圆弧 GH 和 KL。设 AD 与 GH 延长后交于点 N，EC 和 LK 延长后交于点 M。于是在两三角形 HDN 和 EKM 中，等角的对顶角$\angle HDN=\angle KEM$。由于圆弧通过极点，所以$\angle H=\angle K=90^\circ$。并且边 $DH=$边 EK，因此根据前一定理，这两个三角形的边角均相等。

因为根据假设，$\angle B=\angle F$，所以弧 $GH=$弧 KL。根据等量加等量结果仍然相等这一公理，弧 GHN 等于弧 MKL。因此两三角形 AGN 和 MCL 中，边 $GN=$边 ML，$\angle ANG=\angle CML$，并且$\angle G=\angle L=90^\circ$。所以这两个三角形的边和角都相等。由于等量减等量，其差仍相等，因此弧 $AD=$弧 CE，弧 $AB=$弧 CF，$\angle BAD=\angle ECF$。证毕。

八

两球面三角形中，若有两边和一角(无论此角是否为相等边所夹的角还是底角)相等，则其他对应边角均相等。

在上图中，设边 $AB=$边 CF，边 $AD=$边 CE。先设等边所夹的$\angle A$ 等于$\angle C$，则我说，底 $BD=$底 EF，$\angle B=\angle F$，以及$\angle BDA=\angle CEF$。我们现在有两个三角形：AGN 和 CLM，其中 $\angle G=\angle L=90^\circ$，而由于$\angle GAN=180^\circ-\angle BAD$，$\angle MCL=180^\circ-\angle ECF$，所以$\angle GAN=\angle MCL$。因此两个三角形的对应边角都相等。而由于弧 $AN=$弧 CM，弧 $AD=$弧 CE，所以相减可得，弧 $DN=$弧 ME。但我们已经证明$\angle DNH=\angle EMK$，且根据已知，$\angle H=\angle K=90^\circ$，因此，三角形 DHN 和三角形 EMK 的相应边角也都相等。于是弧 $BD=$弧 EF，弧 $GH=$弧 KL，因此$\angle B=\angle F$，$\angle ADB=\angle FEC$。

但如果不假设 AD 和 EC 相等，而设底 BD＝底 EF，如果其余不变，则证明是类似的。由于外角$\angle GAN$＝外角$\angle MCL$，$\angle G=\angle L=90°$，且边 AG＝边 CL，所以用同样的方式，我们可以证明三角形 AGN 与三角形 MCL 的对应边角都相等。对于它们所包含的三角形 DHN 和 MEK 来说，情况是一样的。因为$\angle H=\angle K=90°$，$\angle DNH=\angle KME$，而 DH 和 EK 都是象限的剩余部分，所以边 DH＝边 EK。由此可得以前的相同结论。

九

等腰球面三角形两底角相等。

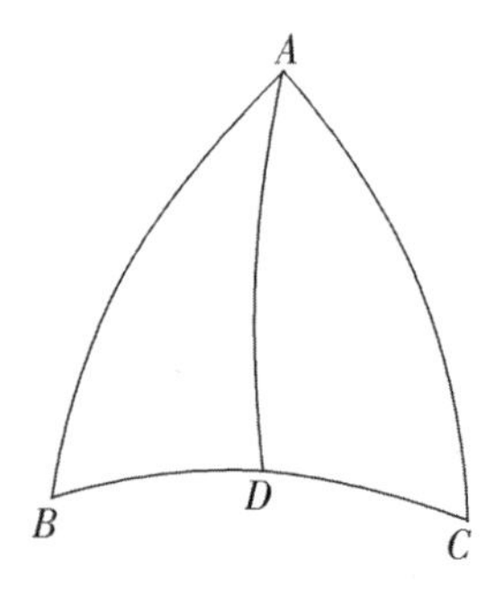

设三角形 ABC 中，边 AB＝边 AC，则我说，底边上的$\angle ABC=\angle ACB$。从顶点 A 画一个与底边垂直的即通过底边之极的大圆。设此大圆为 AD。于是在 ABD 和 ADC 这两个三角形中，由于边 BA＝边 AC，边 AD＝边 AD，且$\angle BDA=\angle CDA=90°$，因此根据上述定理，显然$\angle ABC=\angle ACB$。证毕。

推　论

由上可知，从等腰三角形顶点所作的与底边垂直的弧平分底边以及等边所夹的角，反之亦然。

十

同一球上两球面三角形对应边都相等，则对应角也相等。

每个三角形的三段大圆弧都形成角锥体，其顶点位于球心，底是由凸三角形的弧所对直线构成的平面三角形。根据立体图形相等和相似的定义，这些角锥体相似且相等。而当两个图形相似时，它们的对应角也相等，所以这些三角形的对应角也相等。特别是那些对相似形作更普遍定义的人主张，相似形的对应角必须相等，因此我想情况已经很清楚，正如平面三角形的情形，对应边相等的球面三角形是相似的。

十一

任何球面三角形中，若两边和一角已知，则其余的角和边可求。

如果已知边相等，则两底角相等。根据定理九的推论，从直角顶点作垂直于底边的弧，则命题不难证得。

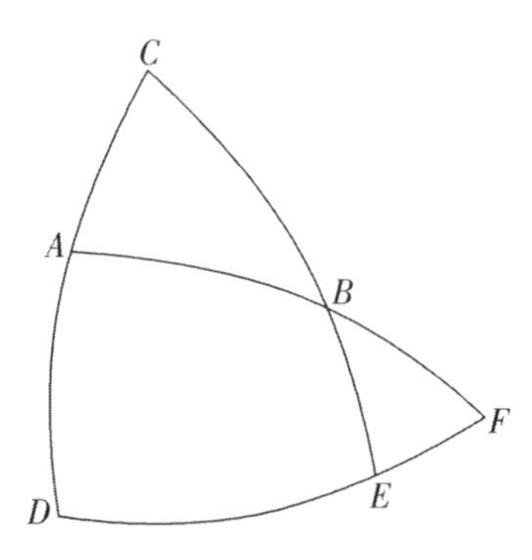

但如果已知边不相等，如图中的三角形 ABC，$\angle A$ 和两边已知，已知角或为两已知边所夹，或不为其所夹。首先，设已知角为已知边 AB 和 AC 所夹。以点 C 为极作大圆弧 DEF，完成象限 CAD 和 CBE。延长 AB 与 DE 交于点 F。于是在三角形 ADF 中，边 $AD=90^\circ-$弧 AC，$\angle BAD=180^\circ-\angle CAB$。这些角的大小及比值与直线和平面相交所得角的大小比值相同。而$\angle D=90^\circ$，因此，根据本章定理四，三角形 ADF 的各边角均为已知。而在三角形 BEF 中，$\angle F$ 已得，且$\angle E$ 的两边都通过极点，所以$\angle E=90^\circ$，而边 $BF=$弧 $ABF-$弧 AB，所以按照同一定理，三角形 BEF 的各边角也均可得。由 $BC=90^\circ-BE$，可得所求边 BC。由弧 $DE=$弧 $DEF-$弧 EF，即得$\angle C$。由$\angle EBF$ 可求得其对顶角$\angle ABC$，即为所求角。

但如果假定为已知的边不是 AB，而是已知角所对的边 CB，则结论是相同的。因为象限的剩余部分 AD 和 BE 均已知。根据同样的论证，两三角形 ADF 和 BEF 的各边角均可得。如前所述，三角形 ABC 的边角均可得。

十二

任何球面三角形中，若两角和一边已知，则其余的角和边可求。

仍用前面的图形。在三角形 ABC 中，设$\angle ACB$ 和$\angle BAC$ 以及与它们相邻的边 AC 均已知。如果已知角中有一个为直角，则根据前面的定理四，其他所有量均可求得。然而我们希望论证的是已知角不是直角的情形。因此，$AD=90^\circ-AC$，$\angle BAD=180^\circ-\angle BAC$，且$\angle D=90^\circ$，因此根据本章的定理四，三角形$AFD$的边角均可求得。但因$\angle C$已知，弧$DE$可知，所以剩余部分弧$EF=90^\circ-$弧$DE$。$\angle BEF=90^\circ$，$\angle F$是两个三角形共有的角。根据定理四可求得$BE$和$FB$，并可由此求得其余的边$AB$和$BC$。

如果其中一个已知角与已知边相对，比如已知角不是$\angle ACB$而是$\angle ABC$，那么如果其他情况不变，我们就可以类似地说明，整个三角形ADF的各边角均可求得。它的一部分即三角形BEF也是如此。由于$\angle F$是两三角形的公共角，$\angle EBF$为已知角的对顶角，$\angle E$为直角，因此，如前面已经证明的，该三角形的各边均可求得。由此可得我的结论。所有这些性质总是被一种不变的相互关系维系着，一如球形所满足的关系。

十三

最后，若球面三角形各边已知，则各角可求。

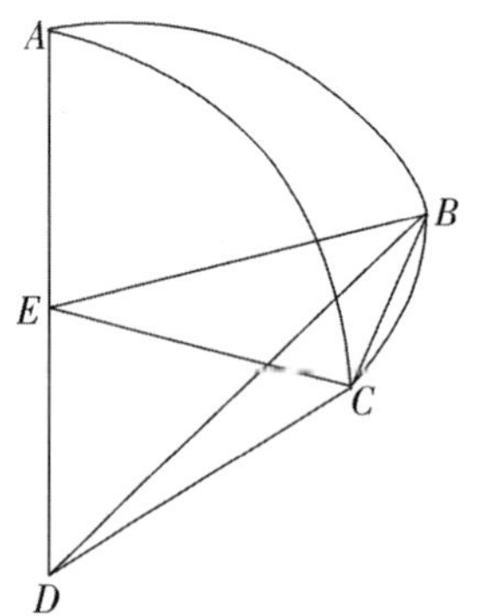

设三角形ABC各边均为已知，则我说其各角也可求得。三角形的边或相等或不相等，我们先假设AB等于AC，那么与两倍AB和AC所对的半弦显然也相等。设这些半弦为BE和CE。由《几何原本》Ⅲ，定义4及其逆定义可知，它们会交于点E，这是因为它们与位于它们的圆的交线DE上的球心是等距的。但根据《几何原本》Ⅲ，3，在平面ABD上，$\angle DEB=90^\circ$，在平面ACD上，$\angle DEC=90^\circ$，因此，根据《几何原本》Ⅺ，定义4，$\angle BEC$是这两个平面的交角。它可按如下方法求得。由于它与直线BC相对，所以就有平面三角形BEC，它的各边均可由已知的弧求得。由于BEC的各角也可知，所以我们可以求得所求的$\angle BEC$(即球面$\angle BAC$)及其他两角。

但如果三角形不等边，如第二图所示，则与两倍边相对的半弦不会相交。如果弧$AC>$弧AB，并设$CF=\frac{1}{2}$弦$2AC$，则CF将从下面通过。但

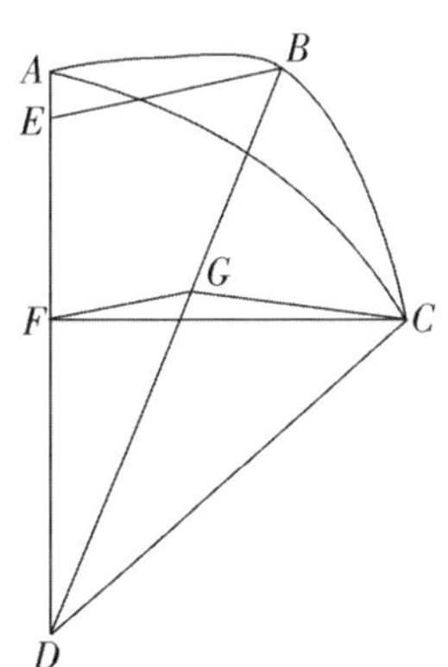

如果弧 AC<弧 AB，则半弦会高一些。根据《几何原本》Ⅲ，15，这要视它们距中心的远近而定。作 FG 平行于 BE，使 FG 与两圆的交线 BD 交于点 G。连接 GC，于是显然，$\angle EFG=\angle AEB=90°$。由于 $CF=\frac{1}{2}$弦 $2AC$，所以$\angle EFC=90°$。因此$\angle CFG$ 为 AB 和 AC 两圆的交角，这个角也可得出。由于三角形 DFG 与三角形 DEB 相似，所以 $DF:FG=DE:EB$。因此 FG 可用与 FC 相同的单位求得。而 $DG:DB=DE:EB$，若取 DC 为 100000，则 DG 也可用同样单位求出。由于$\angle GDC$ 可从弧 BC 求得，所以根据平面三角形的定理二，边 GC 可用与平面三角形 GFC 其余各边相同的单位求出。根据平面三角形的最后一条定理，可得$\angle GFC$，此即所求的球面角$\angle BAC$。然后根据球面三角形的定理十一可得其余各角。

十四

将一弧任意分为两段小于半圆的弧，若已知两弧之二倍弧所对弦长之半的比值，则可求每一弧长。

设 ABC 为已知圆弧，点 D 为圆心。设点 B 把 ABC 分成任意两段，且它们都小于半圆。设$\frac{1}{2}$弦 $2AB:\frac{1}{2}$弦 $2BC$ 可用某一长度单位表出，则我说，弧 AB 和 BC 都可求。

作直线 AC 与直径交于点 E。从端点 A 和 C 向直径作垂线 AF 和 CG，则 $AF=\frac{1}{2}$弦 $2AB$，$CG=\frac{1}{2}$弦 $2BC$。而在直角三角形 AEF 和 CEG 中，对顶角$\angle AEF=\angle CEG$，因此两三角形的对应角都相等。作为相似三角形，它们与等角所对的边也成比例：$AF:CG=AE:EC$。于是 AE 和 EC 可用与 AF 或 GC 相等的单位表出。但弧 ABC 所对的弦 AEC 可用表示半径 DEB 的单位求得，还可用同样单位求得弦 AC 的一半即 AK

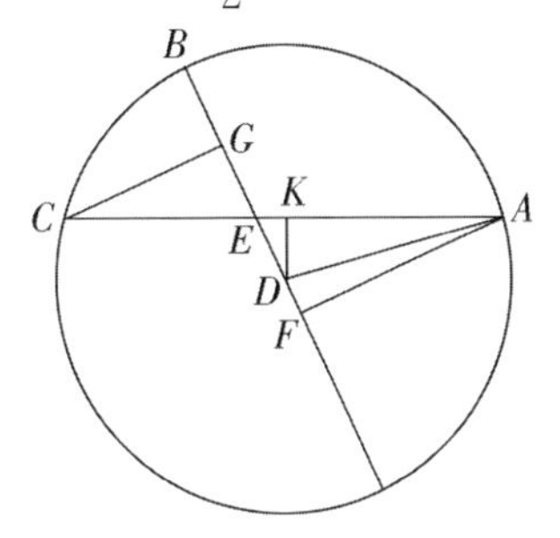

以及剩余部分EK。连接DA和DK，它们可以用与BD相同的单位求出。DK是半圆减去ABC后余下的弧所对弦长的一半，这段弧包含在$\angle DAK$内。因此可得弧ABC的一半所对的角$\angle ADK$。但是在三角形EDK中，两边为已知，$\angle EKD$为直角，所以$\angle EDK$也可求得。于是弧AB所夹的整个角$\angle EDA$可得，由此还可求得剩余部分CB。这即是我们所要证明的。

十五

若球面三角形的三角(不一定是直角三角形)均已知，则各边可求。

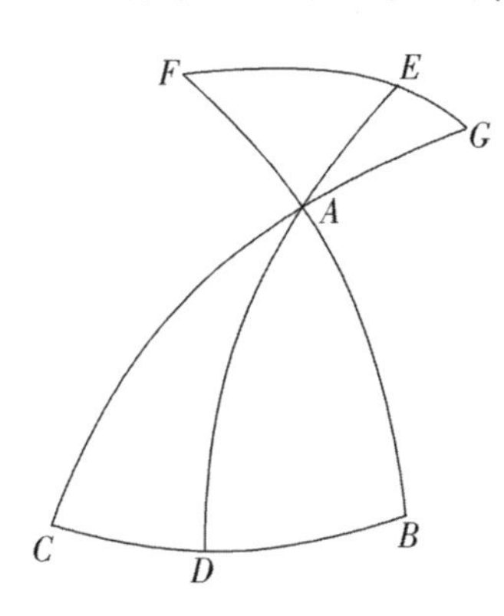

设三角形为ABC，其各角均已知，但都不是直角，则我说各边均可求。从任一角$\angle A$通过BC的两极作弧AD与BC正交。AD将落在三角形之内，除非B、C两底角一个为钝角，一个为锐角。若是如此，就应从钝角作底边的垂线。完成象限BAF、CAG和DAE。以点B和点C为极作弧EF和EG。因此$\angle F=\angle G=90°$。于是直角三角形EAF中，$\frac{1}{2}$弦$2AE$：$\frac{1}{2}$弦$2EF$—$\frac{1}{2}$球的直径：$\frac{1}{2}$弦$2EAF$。同样，在三角形AEG中，$\frac{1}{2}$弦$2AE$：$\frac{1}{2}$弦$2EG=\frac{1}{2}$球的直径：$\frac{1}{2}$弦$2EAG$。因此，$\frac{1}{2}$弦$2EF$：$\frac{1}{2}$弦$2EG=\frac{1}{2}$弦$2EAF$：$\frac{1}{2}$弦$2EAG$。因为弧FE和EG为已知，且弧$FE=90°-\angle B$，弧$EG=90°-\angle C$，所以可得$\angle EAF$与$\angle EAG$两角之比，此即它们的对顶角$\angle BAD$与$\angle CAD$之比。现在整个$\angle BAC$已知，因此根据前述定理，$\angle BAD$和$\angle CAD$也可求得。于是根据定理五，可以求得AB、BD、AC、CD各边以及整个BC。

就实现我们的目标而言，关于三角形所做的这些题外讨论已经足够了。如果要做更加细致的讨论，就需要特别写一部著作了。

第二卷

前　言

我已经一般论述了可望用来解释一切天体现象的地球的三重运动[Ⅰ，11]。下面我将尽我所能通过对问题进行分析和研究来做到这一点。我将从最为人们所熟知的一种运转即昼夜更替谈起。我已经说过[Ⅰ，4]，希腊人称之为 *nuchthemeron*。我认为它特别是由地球的运动直接引起的，因为月、年以及其他名称的时间间隔都源于这种旋转，一如数起源于一，时间是运动的量度。因此，对于昼夜的不等、太阳和黄道各宫的出没，以及这种旋转诸如此类的结果，我只想谈很少的一点看法，因为许多人已经就这些话题写了足够多的论著，而且他们所说的与我的看法和谐一致。他们的解释以地球不动和宇宙旋转为基础，而我以相反的立场能够实现同一目标，这实际上没有差别，因为相互关联的现象往往显示出一种可反转的一致性。不过我不会漏掉任何必不可少的事物。如果我仍然谈及太阳和恒星的出没，等等，大家不应感到惊奇，而应认为我使用的是一种能为所有人接受的惯常术语。我总是牢记："大地载我辈，日月经天回，星辰消失后，终将再返归。"

第一章　圆及其名称

我已经说过[Ⅰ，11]，赤道是绕地球周日旋转的两极所描出的最大纬圈，而黄道则是通过黄道各宫中心的圆，地心在黄道下面做周年运转。但由于黄道与赤道斜交，地轴倾斜于黄道，所以由于地球的周日旋转，其倾角的最外极限在赤道两侧各描出一个与黄道相切的圆。这两个圆被称为“回归线”，因为太阳在这两条线上（即在冬天和夏天）会改变方向。因此北边的一个圆通常被称为“夏至线”，南边的则被称为“冬至线”。这在前面对地球圆周运动的一般论述中已经讲过了。[Ⅰ，11]

接下来是被罗马人称为“分界圆”的所谓“地平圈”，因为它是宇宙的可见部分与不可见部分的分界线。一切出没的星体似乎都在地平圈上升起和沉没。它的中心位于大地表面，极点则在我们的天顶。但由于地球的尺寸根本无法与天的浩瀚相比，根据我的构想，即使日月之间的距离也无法与天的广袤相比，所以正如我在前面所说[Ⅰ，6]，地平圈就像一个通过宇宙中心的圆，把天平分。但是地平圈与赤道斜交，因此它也同赤道两边的一对纬圈相切：北边是可见星辰的边界圆，南边是不可见星辰的边界圆。普罗克洛斯（Proclus）和大多数希腊人把前者称为“北极圈”，把后者称为“南极圈”。它们随地平圈的倾角或赤极的高度而增大或减小。

还剩下穿过地平圈两极以及赤极的子午圈，因此子午圈同时垂直于这两个圆。当太阳到达子午圈时，它指示出正午或午夜。但地平圈和子午圈这两个中心位于地面的圆，完全取决于地球的运动和我们在特定位置的视线。因为在任何地方，眼睛都充当了所有可见物体的天球的中心。因此，正如埃拉托色尼（Eratosthenes）、波西多尼奥斯（Posidonius）等研究宇宙结构和地球尺寸的人清楚表明的，所有这些在地球上假定的圆也是它们在天上的对应圆和类似圆的基础。这些圆也有专门的名称，尽管其他圆可以有无数种命名方式。

第二章　黄道倾角、回归线的间距以及这些量的测量方法

由于黄道倾斜地穿过两回归线和赤道之间，我认为现在应当研究一下回归线的间距以及黄赤交角的大小。通过感官、借助仪器当然可以得到这个非常珍贵的结果。为此，我们制作一把木制矩尺，最好是用更结实的原

料(比如石头或金属)来做，以免木头被空气吹动，使观测者得出错误的结果。矩尺的一个表面应十分光滑，并且长度足以刻上分度，也就是说有五六英尺长。现在与它的尺寸成正比，以一个角为中心，画出圆周的一个象限，并把它分成90个相等的度，再把每一度分成60分或任何可能的分度。在(象限的)中心安装一个精密加工过的圆柱形栓子，使栓子垂直于矩尺表面，并且略为突出一些，约达一根手指的宽度。

仪器制成之后，接下来要在置于水平面的地板上测量子午线。地板应当用水准器尽可能精确地校准，使之不致发生任何倾斜。在这个地板上画一个圆，并在圆心竖起一根指针。在中午以前的某一时刻观察指针的影子落在圆周上的位置，并把该处标记出来，下午再做类似的观测，并把已经标记出的两点之间的圆弧平分。通过这种方法，从圆心向平分点所引直线必将为我们指示出南北方向。

以这条线为基线，把仪器的平面垂直竖立起来，其中心指向南方。从中心所引铅垂线与子午线正交。这样一来，仪器表面必然包含子午线。

因此在夏至和冬至，正午的日影将被那根指针或圆柱体投射到中心，从而可以进行观测。可以利用前面讲的象限弧更准确地确定影子的位置。还要尽可能精确地记下影子中心的度数和分数。如此一来，夏至和冬至两个影子之间的弧长就给出了回归线的间距和黄道的整个倾角。取这个距离的一半，我们就得到了回归线与赤道之间的距离，而黄赤交角的大小也就显然可得了。

托勒密测定了前面所说的南北两极限之间的距离，如果取整个圆周为360°，那么这个距离就是47°42′40″[《天文学大成》，Ⅰ，12]。他还发现，在他之前希帕克斯和埃拉托色尼的观测结果与此相符。如果取整个圆周为83单位，则这个距离为11单位。于是这个间距的一半(即23°51′20″)就给出了回归线与赤道之间的距离以及与黄道的交角。托勒密因此认为这些值是永恒不变的常数。但从那以来，人们发现这些值一直在减小。我的一些同时代人和我都发现，两回归线之间的距离现在不大于约46°58′，交角不大于23°29′。所以现在已经足够清楚，黄道的倾角也是可变的。我在后面

[Ⅲ，10]还要通过一个非常可靠的猜测表明，这个倾角过去从未大于23°52′，将来也决不会小于23°28′。

第三章 赤道、黄道与子午圈相交的弧和角；赤经和赤纬对这些弧和角的偏离及其计算

正如我所说[Ⅱ，1]，宇宙各部分在地平圈上升起和沉没，我现在要说的是，子午圈把天穹分为相等的两部分。在24小时周期内，子午圈走过黄道和赤道，并且在春分点和秋分点把它们的圆周分割开来，反过来，子午圈又被两圆相截的弧分割开。因为它们都是大圆，所以就形成了一个球面三角形。根据定义，子午圈通过赤极，所以子午圈与赤道正交，该三角形为直角三角形。在这个三角形中，子午圈的圆弧，或者通过赤极并以这种方式截出的圆弧称为黄道弧段的“赤纬”，赤道上的相应圆弧称为“赤经”，它与黄道上与之相关的弧一同升起。

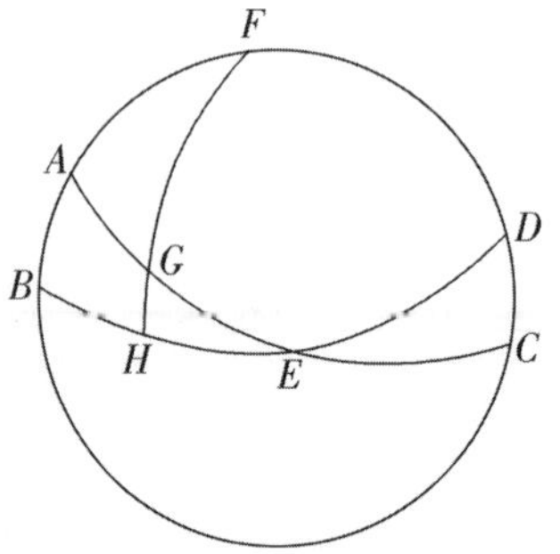

所有这些很容易在一个凸三角形上说明。设 $ABCD$ 为同时通过赤极和黄极的圆，大多数人称此圆为“分至圈”。设 AEC 为黄道的一半，BED 为赤道的一半，E 为春分点，A 为夏至点，C 为冬至点。设点 F 为周日旋转的极，在黄道上，设弧 $EG=30°$，通过它的端点画出象限 FGH。在三角形 EGH 中，边 $EG=30°$，$\angle GEH$ 已知，当它为极小时，如果取四直角$=360°$，则$\angle GEH=23°28'$。这与赤纬 AB 的最小值相符。$\angle GHE=90°$。因此，根据球面三角形的定理四，三角形 EGH 的各边角均可求得。可以证明，弦 $2EG$ ∶ 弦 $2GH$ = 弦 $2AGE$ 或球的直径 ∶ 弦 $2AB$，它们的半弦之间也有类似比例。由于$\frac{1}{2}$弦 $2AGE$ = 半径 = 100000，$\frac{1}{2}$弦 $2AB=39822$，$\frac{1}{2}$弦 $2EG=50000$。而且如果四个数成比例，那么中间两数

之积等于首尾两数之积，因此，$\frac{1}{2}$弦 $2GH$＝19911，由表可查得，弧 GH＝11°29′，即为弧段 EG 的赤纬。因此在三角形 AFG 中，象限的剩余部分边 FG＝78°31′，边 AG＝60°，∠FAG＝90°。同理，$\frac{1}{2}$弦 $2FG$∶$\frac{1}{2}$弦 $2AG$＝$\frac{1}{2}$弦 $2FGH$∶$\frac{1}{2}$弦 $2BH$。现在其中有三个量已知，所以第四个量也可求得，亦即弧 BH＝62°6′，这是从夏至点算起的赤经，HE＝27°54′，即为从春分点算起的赤经。类似地，由于边 FG＝78°31′，边 AF＝66°32′，∠AGE＝90°，∠AGF 与∠HGE 为对顶角，所以∠AGF＝∠HGE＝69°23$\frac{1}{2}$′。在其他所有情况下，我们都将遵循此例。

然而我们不应忽视这一事实，即子午圈在黄道与回归线相切之处与黄道正交，因为正如我已经说的，那时子午圈通过黄极。但在二分点，子午圈与黄道的交角小于直角，并且随着黄赤交角偏离直角越多，该交角比直角就越小，因此现在子午圈与黄道的交角为 66°32′。我们还应注意到，从二至点或二分点量起的黄道上的等弧，伴随着三角形的等角或等边。作赤道弧 ABC 和黄道弧 DBE，二者交于分点 B。取 FB 和 BG 为等弧。通过周日旋转极 K、H 作两象限 KFL 和 HGM。于是就有了两个三角形 FLB 和 BMG，其中边 BF＝边 BG，∠FLB＝∠GBM，∠FLB＝∠GMB＝90°，因此，根据球面三角形的定理六，这两个三角形的对应边角都相等。于是，赤纬 FL＝赤纬 GM，赤经 LB＝赤经 BM，∠F＝∠G。

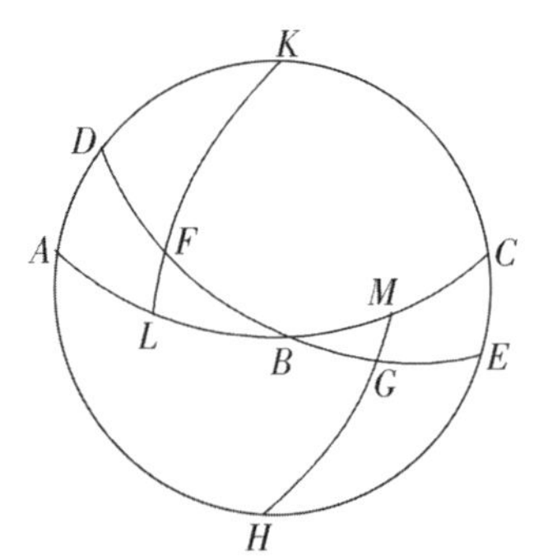

如果假设等弧从一个至点量起，情况也是一样的。设等弧 AB 和 BC 位于分点 B 的两侧，B 为回归线与黄道的相切点。从赤极 D 作象限 DA 和弧 DC，并连接 DB，于是也可得两个三角形 ABD 和 DBC。底边 AB＝底边 BC，边 BD 是公共边，∠ABD＝∠CBD＝90°，因此，根据球面三角形的定理八，这两个三角形的对应边角均相等。由此可知，对黄道的一个象限编制这些角与弧的表，整个圆周的其他象限也将适用。

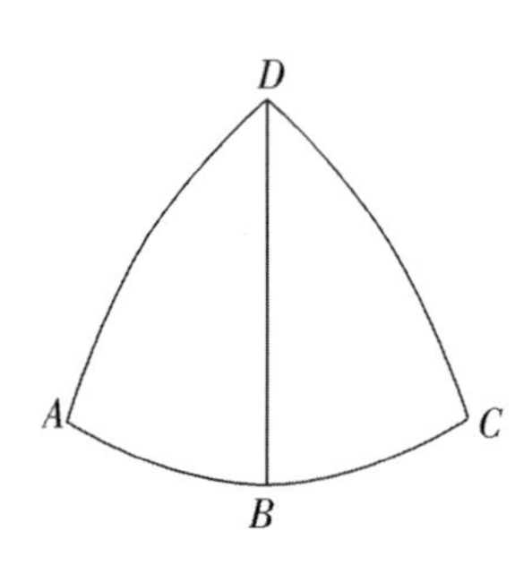

在以下对表的说明中，我将引用一个这些关系的例子。第一列为黄道度数，第二列为与这些度数相对应的赤纬，第三列为黄道达到最大倾角时出现的赤纬与局部赤纬相差的分数，其最大差值为 24′。赤经表与子午圈角度表也是这样编制的。当黄道倾角改变时，与之相关的各项也必然会改变。而赤经变化非常小，它不超过一“时度”(time)(古人把与黄道分度一同升起的赤道分度称作“时度”)的$\frac{1}{10}$，而在一

黄道度数的赤纬表

黄道	赤纬		差值	黄道	赤纬		差值	黄道	赤纬		差值
度	度	分	分	度	度	分	分	度	度	分	分
1	0	24	0	31	11	50	11	61	20	23	20
2	0	48	1	32	12	11	12	62	20	35	21
3	1	12	1	33	12	32	12	63	20	47	21
4	1	36	2	34	12	52	13	64	20	58	21
5	2	0	2	35	13	12	13	65	21	9	21
6	2	23	2	36	13	32	14	66	21	20	22
7	2	47	3	37	13	52	14	67	21	30	22
8	3	11	3	38	14	12	14	68	21	40	22
9	3	35	4	39	14	31	14	69	21	49	22
10	3	58	4	40	14	50	14	70	21	58	22
11	4	22	4	41	15	9	15	71	22	7	22
12	4	45	4	42	15	27	15	72	22	15	23
13	5	9	5	43	15	46	16	73	22	23	23
14	5	32	5	44	16	4	16	74	22	30	23
15	5	55	5	45	16	22	16	75	22	37	23
16	6	19	6	46	16	39	17	76	22	44	23
17	6	41	6	47	16	56	17	77	22	50	23
18	7	4	7	48	17	13	17	78	22	55	23
19	7	27	7	49	17	30	18	79	23	1	24
20	7	49	8	50	17	46	18	80	23	5	24
21	8	12	8	51	18	1	18	81	23	10	24
22	8	34	8	52	18	17	18	82	23	13	24
23	8	57	9	53	18	32	19	83	23	17	24
24	9	19	9	54	18	47	19	84	23	20	24
25	9	41	9	55	19	2	19	85	23	22	24
26	10	3	10	56	19	16	19	86	23	24	24
27	10	25	10	57	19	30	20	87	23	26	24
28	10	46	10	58	19	44	20	88	23	27	24
29	11	8	10	59	19	57	20	89	23	28	24
30	11	28	11	60	20	10	20	90	23	28	24

赤 经 表

黄道	赤经		差值	黄道	赤经		差值	黄道	赤经		差值
度	度	分	分	度	度	分	分	度	度	分	分
1	0	55	0	31	28	54	4	61	58	51	4
2	1	50	0	32	29	51	4	62	59	54	4
3	2	45	0	33	30	50	4	63	60	57	4
4	3	40	0	34	31	46	4	64	62	0	4
5	4	35	0	35	32	45	4	65	63	3	4
6	5	30	0	36	33	43	5	66	64	6	3
7	6	25	1	37	34	41	5	67	65	9	3
8	7	20	1	38	35	40	5	68	66	13	3
9	8	15	1	39	36	38	5	69	67	17	3
10	9	11	1	40	37	37	5	70	68	21	3
11	10	6	1	41	38	36	5	71	69	25	3
12	11	0	2	42	39	35	5	72	70	29	3
13	11	57	2	43	40	34	5	73	71	33	3
14	12	52	2	44	41	33	6	74	72	38	2
15	13	48	2	45	42	32	6	75	73	43	2
16	14	43	2	46	43	31	6	76	74	47	2
17	15	39	2	47	44	32	5	77	75	52	2
18	16	34	3	48	45	32	5	78	76	57	2
19	17	31	3	49	46	32	5	79	78	2	2
20	18	27	3	50	47	33	5	80	79	7	2
21	19	23	3	51	48	34	5	81	80	12	1
22	20	19	3	52	49	35	5	82	81	17	1
23	21	15	3	53	50	36	5	83	82	22	1
24	22	10	4	54	51	37	5	84	83	27	1
25	23	9	4	55	52	38	4	85	84	33	1
26	24	6	4	56	53	41	4	86	85	38	0
27	25	3	4	57	54	43	4	87	86	43	0
28	26	0	4	58	55	45	4	88	87	48	0
29	26	57	4	59	56	46	4	89	88	54	0
30	27	54	4	60	57	48	4	90	90	0	0

子午圈角度表

黄道	角度		差值	黄道	角度		差值	黄道	角度		差值
度	度	分	分	度	度	分	分	度	度	分	分
1	66	32	24	31	69	35	21	61	78	7	12
2	66	33	24	32	69	48	21	62	78	29	12
3	66	34	24	33	70	0	20	63	78	51	11
4	66	35	24	34	70	13	20	64	79	14	11
5	66	37	24	35	70	26	20	65	79	36	11
6	66	39	24	36	70	39	20	66	79	59	10
7	66	42	24	37	70	53	20	67	80	22	10
8	66	44	24	38	71	7	19	68	80	45	10
9	66	47	24	39	71	22	19	69	81	9	9
10	66	51	24	40	71	36	19	70	81	33	9
11	66	55	24	41	71	52	19	71	81	58	8
12	66	59	24	42	72	8	18	72	82	22	8
13	67	4	23	43	72	24	18	73	82	46	7
14	67	10	23	44	72	39	18	74	83	11	7
15	67	15	23	45	72	55	17	75	83	35	6
16	67	21	23	46	73	11	17	76	84	0	6
17	67	27	23	47	73	28	17	77	84	25	6
18	67	34	23	48	73	47	17	78	84	50	5
19	67	41	23	49	74	6	16	79	85	15	5
20	67	49	23	50	74	24	16	80	85	40	4
21	67	56	23	51	74	42	16	81	86	5	4
22	68	4	22	52	75	1	15	82	86	30	3
23	68	13	22	53	75	21	15	83	86	55	3
24	68	22	22	54	75	40	15	84	87	19	3
25	68	32	22	55	76	1	14	85	87	53	2
26	68	41	22	56	76	21	14	86	88	17	2
27	68	51	22	57	76	42	14	87	88	41	1
28	69	2	21	58	77	3	13	88	89	6	1
29	69	13	21	59	77	24	13	89	89	33	0
30	69	24	21	60	77	45	13	90	90	0	0

小时里只有一“时度”的$\frac{1}{150}$。正如我已经多次说过的，这些圆都有 360 个单位。但为了区别它们，多数古人都把黄道的单位称为“度”，而把赤道的单位称为“时度”。我在下面也要沿用这种名称。尽管这个差值小到可以忽略，但我仍要单辟一栏把它列进去。因此，只要我们根据黄道的最小倾角与最大倾角之差进行相应的修正，这些表也适用于黄道的任何其他倾角。举例来说，如果倾角为 23°34′，我们想知道黄道上从分点量起的 30°的赤纬有多大，则从表上可以查到赤纬为 11°29′，差值为 11′。当黄道倾角为最大即我说过的 23°52′时，应把 11′加上 23°52′。但我们已经确定了倾角为 23°34′，它比最小倾角大 6′，而 6′是最大倾角大于最小倾角的 24′的四分之一。由于 3′ ∶ 11′≈6′ ∶ 24′。如果把 3′加上 11°29′，便得到黄道上 30°弧从赤道算起的赤纬为 11°32′。子午圈角度表与赤经表也是一样的，只是必须总对赤经加上差值，而对子午圈角度减去差值，这样才能使一切随时间变化的量更加精确。

第四章　如何测定黄道外任一黄经黄纬已知的星体的赤经赤纬，以及它过中天时的黄道度数

以上谈的是黄道、赤道、子午圈及其交点。但对于周日旋转来说，重要的不仅是知道那些出现在黄道上的太阳现象的起因，还要用类似的方法对那些位于黄道以外的、黄经黄纬已知的恒星或行星求出从赤道算起的赤纬和赤经。

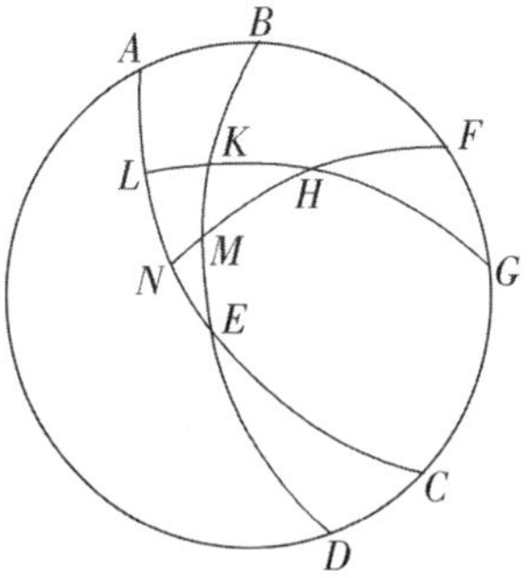

设 $ABCD$ 为通过赤极和黄极的圆，AEC 为以点 F 为极的赤道半圆，BED 为以点 G 为极的黄道半圆，它与赤道交于点 E。从极点 G 作弧 $GHKL$ 通过一恒星，设恒星位于给定的点 H，从周日旋转极点过该点作象限 $FHMN$。于是显然，

位于点 H 的恒星与点 M 和点 N 同时落在子午圈上。弧 HMN 为恒星从赤道算起的赤纬，EN 为恒星在球面上的赤经，它们即为我们所要求的坐标。

在三角形 KEL 中，由于边 KE 已知，$\angle KEL$ 已知，$\angle EKL=90°$，因此，根据球面三角形的定理四，边 KL 可以求得，边 EL 可以求得，$\angle KLE$ 也可求得。于是相加可得，弧 HKL 可求得。因此，在三角形 HLN 中，$\angle HLN$ 已知，$\angle LNH=90°$，边 HL 也可求得。同样根据球面三角形的定理四，其余的边——恒星的赤纬 HN 以及 LN——也可求得。余下的距离即为赤经 NE，即天球从分点向恒星所转过的弧长。

或者采用另一种方法。如果我们在前面取黄道上的弧 KE 为 LE 的赤经，则 LE 可由赤经表查得，与 LE 相应的赤纬 LK 也可由表查得，$\angle KLE$ 可由子午圈角度表查得。于是如我已经证明的，其余的边和角就可求得了。然后，由赤经 EN 可得恒星与点 M 过中天时的黄道度数 EM。

第五章　地平圈的交点

正球的地平圈与斜球的地平圈不同。在正球中，地平圈是与赤道垂直或通过赤极的圆。而在斜球中，赤道倾斜于被称为地平圈的圆。因此在正球中，所有星体都在地平圈上出没，昼夜总是等长。子午圈把所有周日旋转所形成的纬圈平分，并且通过它们的极点，在那里就出现了我在讨论子午圈时[Ⅱ，1，3][①]所解释过的现象。然而，我们现在所说的白昼是指从日出到日没，而不是通常所理解的从天亮到天黑，或者说是从晨光熹微到华灯初上。我在后面讨论黄道各宫的出没时[Ⅱ，13]还要谈到这一问题。

另一方面，在地轴垂直于地平圈的地方没有天体出没。只要不受其他某种运动比如绕太阳周年运转的影响，每个星体都将描出一个使其永远可见或永远不可见的圆。结果，那里白昼要持续半年之久，其余时间则是黑

① [Ⅱ，1，3]为第二卷第一章和第三章，其他类同。

夜。而且除了冬夏之别也没有其他差别，因为在那种情况下地平圈与赤道是重合的。

而对于斜球来说，有些天体会有出没，而另一些则永远可见或永远不可见。同时，昼夜并不等长。斜地平圈与两纬圈相切，纬圈的角度视地平圈的倾角而定。在这两条纬圈中，与可见天极较近的一条是永远可见天体的界限，而与不可见天极较近的另一条纬圈则是永远不可见天体的界限。因此，除赤道这个最大的纬圈以外(大圆彼此平分)，完全落在这两个界限之间的地平圈把所有纬圈都分成了不等的弧段。于是在北半球，斜地平圈把纬圈分成了两段圆弧，其中靠近可见天极的一段大于靠近不可见的南极的一段。南半球则情况相反。太阳在这些弧上的周日视运动产生了昼夜不等长的现象。

第六章　正午日影的差异

因为正午的日影各不相同，所以有些人可以被称为环影人，有些人被称为双影人，还有些人被称为异影人。环影人可以从各个方向接受日影。这些人的天顶或地平圈的极点与地球极点之间的距离，要小于回归线与赤道之间的距离。在那些地区，作为永远可见或永不可见的星体的界限，与地平圈相切的纬圈大于或等于回归线。因此在夏天，太阳高悬于永远可见星体之中，把日晷的影子投向四面八方。但是在地平圈与回归线相切的地方，回归线就成了永远可见和永远不可见的星体的界限。因此在至日，太阳看起来是在午夜掠过地球，那时整个黄道与地平圈重合，黄道的六个宫迅速同时升起，相对各宫则同时沉没，黄极与地平圈的极点相重合。

双影人的正午日影落向两侧，他们生活在两回归线之间，古人把这个区域称为中间带。正如欧几里得在《现象》(*Phaenomena*)中的定理二所证明的，因为在整个区域，黄道每天要从头顶上经过两次，所以在那里日晷的影子也要消失两次：随着太阳的往来穿梭，日晷有时把日影投向南方，有时把日影投向北方。

剩下像我们这样居住在双影人和环影人之间的人是异影人，因为我们只把自己的正午日影投向一个方向，即北方。

古代数学家习惯用一些穿过不同地方的纬圈把地球分为七个地区，这些地区是梅罗(Meröe)、息宁(Siona)、亚历山大城、罗得岛(Rhodes)、达达尼尔海峡(Hellespont)、黑海中央、第聂伯河(Boristhenes)和君士坦丁堡等。这些纬圈是根据以下三点选取的：一年中在一些特定地点最长白昼的长度之差及其增加、在分日和至日正午用日晷观测到的日影长度，以及天极的高度或每一地区的宽度。由于这些量随时间发生某种变化，它们现在已经与以前有所不同了。正如我所提到的[Ⅱ，2]，其原因就是黄道倾角可变，而以前的天文学家忽视了这一点。或者说得更确切些，是赤道相对于黄道面的倾角可变，而那些量依赖于这个倾角。但天极的高度或所在地的纬度以及分日的日影长度，都与古代的观测记录相符。这是必然的，因为赤道取决于地球的极点。因此，那些地区不能由特殊日期落下的日影足够精确地决定，而要由它们与赤道之间永远保持不变的距离来更加准确地决定。然而，尽管回归线的变化非常小，但它却能使南方地区的白昼和日影产生微小的变化，而对于向北走的人来说，这种变化就更为显著了。

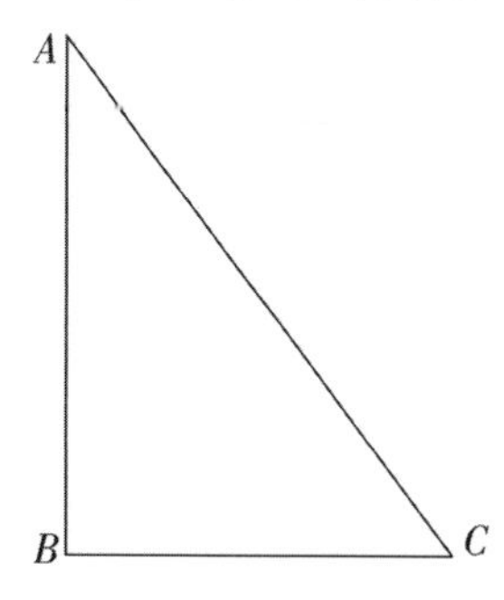

至于日晷的影子，显然无论太阳处于何种高度，都可以得出日影的长度，反之亦然。设日晷AB投下日影BC。由于日晷垂直于地平面，根据直线与平面垂直的定义，$\angle ABC$必然总为直角。连接AC，便得到直角三角形ABC。如果已知太阳的一个高度，就可以求得$\angle ACB$。根据平面三角形的定理一，日晷AB与其影长BC之比可以求得，BC的长度也可求得。与此相反，如果AB和BC已知，那么根据平面三角形的定理三，$\angle ACB$和投影时太阳的高度便可求得。通过这种方法，古人在描述地球上那些地区的过程中，有时在分日、有时在至日对每一地区确定了正午日影的长度。

第七章　如何相互导出最长白昼、日出间距和天球倾角；白昼之间的余差

无论天球或地平圈有何种倾角，我都将同时说明最长和最短的白昼、日出间距以及白昼之间的余差。日出间距是在冬夏二至点的日出在地平圈上所截的弧长，或者是至点日出与分点日出的间距。

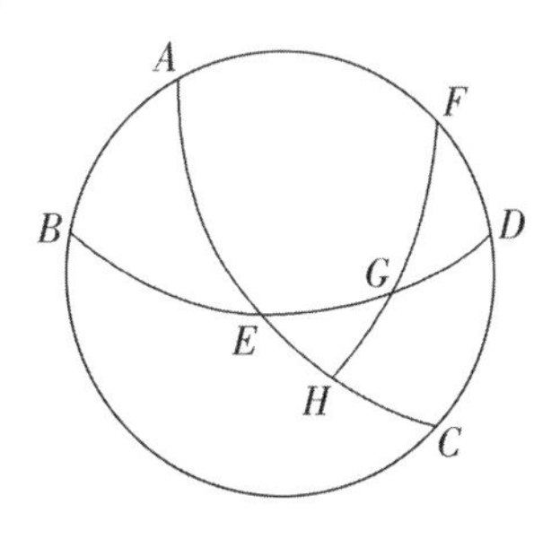

设 $ABCD$ 为子午圈，BED 为东半球上的地平圈半圆，AEC 为以点 F 为北极的赤道半圆。取点 G 为夏至时的日出点，作大圆弧 FGH。因为地球绕赤极 F 旋转，所以点 G 和点 H 必然同时到达子午圈 $ABCD$。纬圈都是围绕相同的极点作出的，所以过极点的大圆会在纬圈上截出相似的圆弧。因此，从点 G 的日出到正午的时间量出弧 AEH，而从午夜到日出的时间也量出地平圈下面半圆的剩余部分 CH。AEC 是一个半圆，而 AE 和 EC 是过 $ABCD$ 的极点画出的象限，所以 EH 将等于最长白昼与分日白昼之差的一半，EG 将是分日与至日的日出间距。于是在三角形 EGH 中，球的倾角 GEH 可由弧 AB 求得。$\angle GHE$ 为直角，夏至点与赤道之间的距离 GH 也可知。其余各边可根据球面三角形的定理四求得：边 EH 为最长白昼与分日白昼之差的一半，边 GE 为日出间距。如果除了边 GH 以外，边 EH(最长白昼与分日白昼之差的一半)或 EG 已知，则球的倾角 E 可知，因此极点位于地平圈之上的高度 FD 也可求得。

其次，假设黄道上的点 G 不是至点，而是任何其他点，弧 EG 和弧 EH 也可求得。从前面所列的赤纬表可以查到与该黄道度数相对应的赤纬弧 GH，其余各量可用同一方法获得。因此还可知，在黄道上与至点等距的分度点在地平圈上截出与分点日出等距且同一方向的圆弧，并使昼夜等长。之所以如此，是因为黄道上的这两个分度点都在同一纬圈上，它们具

有相同的赤纬且在同一方向上。但如果从与赤道的交点沿两个方向取相等的弧，那么日出间距仍然相等，但方向相反。昼夜也是等长的，因为它们在分点两边描出纬圈上的相等弧长，正如黄道上与分点等距的两点从赤道算起的赤纬是相等的。

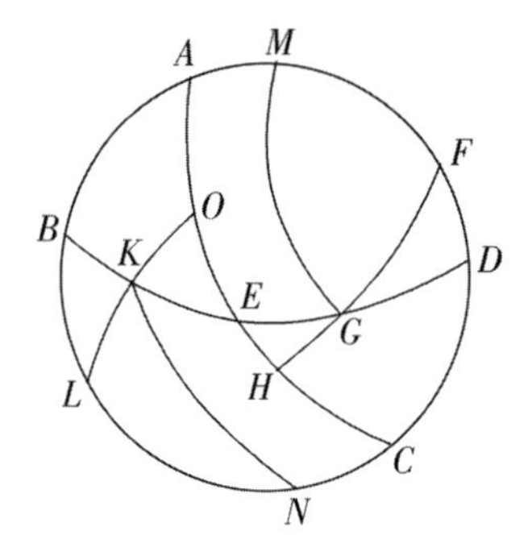

在同一图形中，设两纬圈弧 GM 和 KN 与地平圈 BED 交于点 G 和点 K，LKO 为从南极点 L 作的一条大圆象限。由于赤纬 HG＝赤纬 KO，所以 DFG 和 BLK 两个三角形各有两对应边相等：$FG=LK$，极点的高度相等，即 $FD=LB$，$\angle D=\angle B=90°$，因此第三边 DG＝第三边 BK。它们的剩余部分即日出间距 $GE=EK$。因为这里也有边 EG＝边 EK，边 GH＝边 KO，且对顶角 $\angle KEO=\angle GEH$，边 EH＝边 EO，$EH+90°=OE+90°$，所以弧 AEH＝弧 OEC。但由于通过纬圈极点的大圆在球面平行圆周上截出相似圆弧，所以 GM 和 KN 相似且相等。证毕。

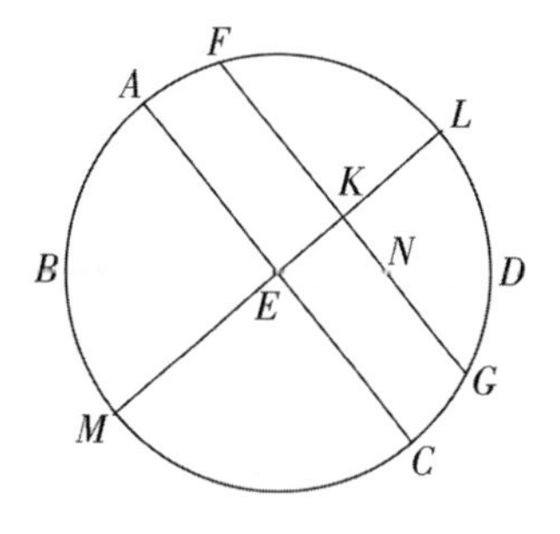

然而，这些都可作另一种说明。同样以点 E 为中心作子午圈 $ABCD$。设赤道直径以及赤道与子午圈的交线为 AEC，BED 为地平圈与子午圈的直径，LEM 为球的轴线，点 L 为可见天极，点 M 为不可见天极。设 AF 为夏至点的距离或其他任何赤纬。在这个赤纬处画纬圈，其直径为 FG，它也是该纬圈与子午面的交线。FG 与轴线交于点 K，与子午圈交于点 N。根据波西多尼奥斯的定义，平行线既不汇聚也不发散，它们之间的垂线处处相等，因此 $KE=\frac{1}{2}$弦 $2AF$。类似地，KN 将是半径为 FK 的纬圈上的弧的两倍所对半弦，该弧的两倍表示分点日与其他日之差，因为所有以这些线为交线和直径的半圆——即斜地平圈 BED、正地平圈 LEM、赤道 AEC 和纬圈 FKG——都垂直于圆周 $ABCD$ 的平面。根据欧几里得《几何原本》Ⅺ，19，它们相互之间的交线分别在 E、K、N 各点垂直于同一平面。根据Ⅺ，6，这些垂线彼此平行。点 K 为纬圈的中心，而点 E 为球心，因此 EN 为代表纬圈上的日出点与分日日出点之差的地平圈弧的两倍所对半弦。由于赤纬 AF 与象限的剩余部分 FL 均已知，所以弧 AF 的两倍所对半弦 KE，以及弧 FL 的两倍所对半弦 FK 就能以 AE 等于 100000 的单位定出。但是在直角三角形 EKN 中，$\angle KEN$ 可由极点高度 DL 得出，余角$\angle KNE$ 等于$\angle AEB$，因为在斜球上，纬圈与地平圈的倾角相等，各边均可以球半径等于 100000 的单位得出，所以 KN 也能以纬圈半径 FK 等于 100000 的单位得出。KN 为代表分日与纬圈一日之差的弧所对半弦，它同样能以纬圈等于 360°的单位得出。于是，$FK:KN$ 显然由两个比构成，一是弦 $2FL$：弦 $2AF$，即 $FK:KE$，二是弦 $2AB$：弦 $2DL$，后一比值等于 $EK:KN$，也就是说，取 EK 为FK 和KN 的比例中项。类似地也有 $BE:EN$ 由 $BE:EK$ 和 $KE:EN$ 构成。托勒密用球面弧段对此作了详细说明[《天文学大成》，Ⅰ，13]。我相信，用这种方法不仅昼夜不等可以求得，而且对于月球和恒星，如果已知赤纬，则它们在地平圈之上由周日旋转所描出的纬圈弧段就可以同地平圈之下的弧段区分开来，于是月球和恒星的出没就容易得知了。

斜球经度差值表

赤纬	天极高度											
	31		32		33		34		35		36	
度	度	分	度	分	度	分	度	分	度	分	度	分
1	0	36	0	37	0	39	0	40	0	42	0	44
2	1	12	1	15	1	18	1	21	1	24	1	27
3	1	48	1	53	1	57	2	2	2	6	2	11
4	2	24	2	30	2	36	2	42	2	48	2	55
5	3	1	3	8	3	15	3	23	3	31	3	39
6	3	37	3	46	3	55	4	4	4	13	4	23
7	4	14	4	24	4	34	4	45	4	56	5	7
8	4	51	5	2	5	14	5	26	5	39	5	52

续表 1

赤纬	天极高度											
	31		32		33		34		35		36	
度	度	分	度	分	度	分	度	分	度	分	度	分
9	5	28	5	41	5	54	6	8	6	22	6	36
10	6	5	6	20	6	35	6	50	7	6	7	22
11	6	42	6	59	7	15	7	32	7	49	8	7
12	7	20	7	38	7	56	8	15	8	34	8	53
13	7	58	8	18	8	37	8	58	9	18	9	39
14	8	37	8	58	9	19	9	41	10	3	10	26
15	9	16	9	38	10	1	10	25	10	49	11	14
16	9	55	10	19	10	44	11	9	11	25	12	2
17	10	35	11	1	11	27	11	54	12	22	12	50
18	11	16	11	43	12	11	12	40	13	9	13	39
19	11	56	12	25	12	55	13	26	13	57	14	29
20	12	38	13	9	13	40	14	13	14	46	15	20
21	13	20	13	53	14	26	15	0	15	36	16	12
22	14	3	14	37	15	13	15	49	16	27	17	5
23	14	47	15	23	16	0	16	38	17	17	17	58
24	15	31	16	9	16	48	17	29	18	10	18	52
25	16	16	16	56	17	38	18	20	19	3	19	48
26	17	2	17	45	18	28	19	12	19	58	20	45
27	17	50	18	34	19	19	20	6	20	54	21	44
28	18	38	19	24	20	12	21	1	21	51	22	43
29	19	27	20	16	21	6	21	57	22	50	23	45
30	20	18	21	9	22	1	22	55	23	51	24	48
31	21	10	22	3	22	58	23	55	24	53	25	53
32	22	3	22	59	23	56	24	56	25	57	27	0
33	22	57	23	54	24	19	25	59	27	3	28	9
34	23	55	24	56	25	59	27	4	28	10	29	21
35	24	53	25	57	27	3	28	10	29	21	30	35
36	25	53	27	0	28	9	29	21	30	35	31	52

续表 2

赤纬	天极高度											
	37		38		39		40		41		42	
度	度	分	度	分	度	分	度	分	度	分	度	分
1	0	45	0	47	0	49	0	50	0	52	0	54
2	1	31	1	34	1	37	1	41	1	44	1	48
3	2	16	2	21	2	26	2	31	2	37	2	42
4	3	1	3	8	3	15	3	22	3	29	3	37
5	3	47	3	55	4	4	4	13	4	22	4	31
6	4	33	4	43	4	53	5	4	5	15	5	26
7	5	19	5	30	5	42	5	55	6	8	6	21
8	6	5	6	18	6	32	6	46	7	1	7	16
9	6	51	7	6	7	22	7	38	7	55	8	12
10	7	38	7	55	8	13	8	30	8	49	9	8
11	8	25	8	44	9	3	9	23	9	44	10	5
12	9	13	9	34	9	55	10	16	10	39	11	2
13	10	1	10	24	10	46	11	10	11	35	12	0
14	10	50	11	14	11	39	12	5	12	31	12	58
15	11	39	12	5	12	32	13	0	13	28	13	58
16	12	29	12	57	13	26	13	55	14	26	14	58
17	13	19	13	49	14	20	14	52	15	25	15	59
18	14	10	14	42	15	15	15	49	16	24	17	1
19	15	2	15	36	16	11	16	48	17	25	18	4
20	15	55	16	31	17	8	17	47	18	27	19	8
21	16	49	17	27	18	7	18	47	19	30	20	13
22	17	44	18	24	19	6	19	49	20	34	21	20
23	18	39	19	22	20	6	20	52	21	39	22	28
24	19	36	20	21	21	8	21	56	22	46	23	38
25	20	34	21	21	22	11	23	2	23	55	24	50
26	21	34	22	24	23	16	24	10	25	5	26	3
27	22	35	23	28	24	22	25	19	26	17	27	18
28	23	37	24	33	25	30	26	30	27	31	28	36
29	24	41	25	40	26	40	27	43	28	48	29	57
30	25	47	26	49	27	52	28	59	30	7	31	19
31	26	55	28	0	29	7	30	17	31	29	32	45
32	28	5	29	13	30	54	31	31	32	54	34	14
33	29	18	30	29	31	44	33	1	34	22	35	47
34	30	32	31	48	33	6	34	27	35	54	37	24
35	31	51	33	10	34	33	35	59	37	30	39	5
36	33	12	34	35	36	2	37	34	39	10	40	51

续表 3

赤纬	天极高度											
	43		44		45		46		47		48	
度	度	分	度	分	度	分	度	分	度	分	度	分
1	0	56	0	58	1	0	1	2	1	4	1	7
2	1	52	1	56	2	0	2	4	2	9	2	13
3	2	48	2	54	3	0	3	7	3	13	3	20
4	3	44	3	52	4	1	4	9	4	18	4	27
5	4	41	4	51	5	1	5	12	5	23	5	35
6	5	37	5	50	6	2	6	15	6	28	6	42
7	6	34	6	49	7	3	7	18	7	34	7	50
8	7	32	7	48	8	5	8	22	8	40	8	59
9	8	30	8	48	9	7	9	26	9	47	10	8
10	9	28	9	48	10	9	10	31	10	54	11	18
11	10	27	10	49	11	13	11	37	12	2	12	28
12	11	26	11	51	12	16	12	43	13	11	13	39
13	12	26	12	53	13	21	13	50	14	20	14	51
14	13	27	13	56	14	26	14	58	15	30	16	5
15	14	28	15	0	15	32	16	7	16	42	17	19
16	15	31	16	5	16	40	17	16	17	54	18	34
17	16	34	17	10	17	48	18	27	19	8	19	51
18	17	38	18	17	18	58	19	40	20	23	21	9
19	18	44	19	25	20	9	20	53	21	40	22	29
20	19	50	20	35	21	21	22	8	22	58	23	51
21	20	59	21	46	22	34	23	25	24	18	25	14
22	22	8	22	58	23	50	24	44	25	40	26	40
23	23	19	24	12	25	7	26	5	27	5	28	8
24	24	32	25	28	26	26	27	27	28	31	29	38
25	25	47	26	46	27	48	28	52	30	0	31	12
26	27	3	28	6	29	11	30	20	31	32	32	48
27	28	22	29	29	30	38	31	51	33	7	34	28
28	29	44	30	54	32	7	33	25	34	46	36	12
29	31	8	32	22	33	40	35	2	36	28	38	0
30	32	35	33	53	35	16	36	43	38	15	39	53
31	34	5	35	28	36	56	38	29	40	7	41	52
32	35	38	37	7	38	40	40	19	42	4	43	57
33	37	16	38	50	40	30	42	15	44	8	46	9
34	38	58	40	39	42	25	44	18	46	20	48	31
35	40	46	42	33	44	27	46	23	48	36	51	3
36	42	39	44	33	46	36	48	47	51	11	53	47

续表 4

赤纬	天极高度											
	49		50		51		52		53		54	
度	度	分	度	分	度	分	度	分	度	分	度	分
1	1	9	1	12	1	14	1	17	1	20	1	23
2	2	18	2	23	2	28	2	34	2	39	2	45
3	3	27	3	35	3	43	3	51	3	59	4	8
4	4	37	4	47	4	57	5	8	5	19	5	31
5	5	47	5	50	6	12	6	26	6	40	6	55
6	6	57	7	12	7	27	7	44	8	1	8	19
7	8	7	8	25	8	43	9	2	9	23	9	44
8	9	18	9	38	10	0	10	22	10	45	11	9
9	10	30	10	53	11	17	11	42	12	8	12	35
10	11	42	12	8	12	35	13	3	13	32	14	3
11	12	55	13	24	13	53	14	24	14	57	15	31
12	14	9	14	40	15	13	15	47	16	23	17	0
13	15	24	15	58	16	34	17	11	17	50	18	32
14	16	40	17	17	17	56	18	37	19	19	20	4
15	17	57	18	39	19	19	20	4	20	50	21	38
16	19	16	19	59	20	44	21	32	22	22	23	15
17	20	36	21	22	22	11	23	2	23	56	24	53
18	21	57	22	47	23	39	24	34	25	33	26	34
19	23	20	24	14	25	10	26	9	27	11	28	17
20	24	45	25	42	26	43	27	46	28	53	30	4
21	26	12	27	14	28	18	29	26	30	37	31	54
22	27	42	28	47	29	56	31	8	32	25	33	47
23	29	14	30	23	31	37	32	54	34	17	35	45
24	31	4	32	3	33	21	34	44	36	13	37	48
25	32	26	33	46	35	10	36	39	38	14	39	59
26	34	8	35	32	37	2	38	38	40	20	42	10
27	35	53	37	23	39	0	40	42	42	33	44	32
28	37	43	39	19	41	2	42	53	44	53	47	2
29	39	37	41	21	43	12	45	12	47	21	49	44
30	41	37	43	29	45	29	47	39	50	1	52	37
31	43	44	45	44	47	54	50	16	52	53	55	48
32	45	57	48	8	50	30	53	7	56	1	59	19
33	48	19	50	44	53	20	56	13	59	28	63	21
34	50	54	53	30	56	20	59	42	63	31	68	11
35	53	40	56	34	59	58	63	40	68	18	74	32
36	56	42	59	59	63	47	68	26	74	36	90	0

续表 5

赤纬	天极高度											
	55		56		57		58		59		60	
度	度	分	度	分	度	分	度	分	度	分	度	分
1	1	26	1	29	1	32	1	36	1	40	1	44
2	2	52	2	58	3	5	3	12	3	20	3	28
3	4	17	4	27	4	38	4	49	5	0	5	12
4	5	44	5	57	6	11	6	25	6	41	6	57
5	7	11	7	27	7	44	8	3	8	22	8	43
6	8	38	8	58	9	19	9	41	10	4	10	29
7	10	6	10	29	10	54	11	20	11	47	12	17
8	11	35	12	1	12	30	13	0	13	32	14	5
9	13	4	13	35	14	7	14	41	15	17	15	55
10	14	35	15	9	15	45	16	23	17	4	17	47
11	16	7	16	45	17	25	18	8	18	53	19	41
12	17	40	18	22	19	6	19	53	20	43	21	36
13	19	15	20	1	20	50	21	41	22	36	23	34
14	20	52	21	42	22	35	23	31	24	31	25	35
15	22	30	23	24	24	22	25	23	26	29	27	39
16	24	10	25	9	26	12	27	19	28	30	29	47
17	25	53	26	57	28	5	29	18	30	35	31	59
18	27	39	28	48	30	1	31	20	32	44	34	19
19	29	27	30	41	32	1	33	26	34	58	36	37
20	31	19	32	39	34	5	35	37	37	17	39	5
21	33	15	34	41	36	14	37	54	39	42	41	40
22	35	14	36	48	38	28	40	17	42	15	44	25
23	37	19	39	0	40	49	42	47	44	57	47	20
24	39	29	41	18	43	17	45	26	47	49	50	27
25	41	45	43	44	45	54	48	16	50	54	53	52
26	44	9	46	18	48	41	51	19	54	16	57	39
27	46	41	49	4	51	41	54	38	58	0	61	57
28	49	24	52	1	54	58	58	19	62	14	67	4
29	52	20	55	16	58	36	62	31	67	18	73	46
30	55	32	58	52	62	45	67	31	73	55	90	0
31	59	6	62	58	67	42	74	4	90	0		
32	63	10	67	53	74	12	90	0				
33	68	1	74	19	90	0						
34	74	33	90	0								
35	90	0										
36												

空白区属于既不升起也不沉没的恒星

第八章　昼夜的时辰及其划分

由此可见，在天极高度已知的情况下，可以由表查出对应于太阳赤纬的白昼的差值。如果是北半球的赤纬，就把这个差值与一个象限相加；如果是南半球的赤纬，就把这个差值从一个象限中减去，然后再把得到的结果增加一倍，我们便得到了白昼的长度，圆周的其余部分就是黑夜的长度。

把这两个量的任何一个除以赤道的15度，就得到它含有多少个相等的小时。但如果取$\frac{1}{12}$，我们就得到了一个季节时辰的长度。这些时辰根据其所在的日期命名，每个时辰总是一天的$\frac{1}{12}$。因此我们发现，古人曾用过“夏至时辰、分日时辰和冬至时辰”这些名称。然而起初，除了从日出到日没的12个小时以外，并没有别的时辰。但古人习惯于把一夜分成四更。这种时辰规定得到了各国的默认，从而沿用了很长时间。为了执行这一规定，人们发明了水钟。通过滴水的增减变化，人们可以对白昼的差值调节时辰，即使在阴天也能知道时刻。但到了后来，当对白天和夜间都适用的更易观测的等长时辰得到广泛应用之后，季节时辰就废止不用了。于是，如果你问一个普通人，什么是一天当中的第一、第三、第六、第九或第十一小时，他将给不出任何回答或答非所问。此外，关于等长时辰的编号，有人从正午算起，有人从日没算起，有人从午夜算起，还有人从日出算起，这由各个国家自行决定。

第九章　黄道弧段的斜球赤经；当黄道任一分度升起时，如何确定在中天的度数

前面已经说明了昼夜的长度及其差异，接下来要说的是斜球经度，即

黄道十二宫或黄道的其他弧段升起的时刻。赤经与斜球经度之间的差别，就是我已经说过的分日与昼夜不等长日之间的差别。古人借动物的名称来给由不动恒星组成的黄道各宫命名，从春分点开始，它们依次为白羊、金牛、双子、巨蟹等。

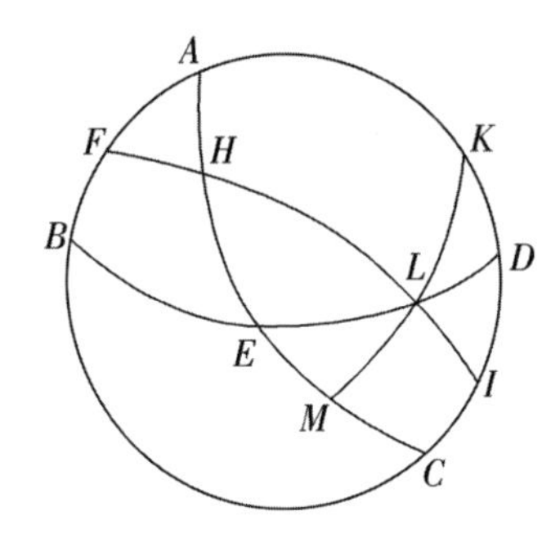

为了把问题说得更清楚，我们重新绘出子午圈 $ABCD$。设赤道半圆 AEC 与地平圈 BED 交于点 E。取点 H 为分点。设黄道 FHI 通过点 H，并与地平圈交于点 L。从赤极 K 过交点 L 作大圆象限 KLM。于是显然，黄道弧 HL 与赤道弧 HE 一同升起。但在正球中，弧 HL 与弧 HEM 一同升起，它们的差是弧 EM。前已说明[Ⅱ，7]，EM 是分日与其他日期的白昼之差的一半。但对于北半球赤纬来说，这里应当从赤经减去加到大圆象限的量，而对于南半球赤纬来说，它应该与赤经相加以得到斜球经度。因此，整个宫或黄道上其他弧段升起的大小可由该宫或弧的起点到终点的赤经算出。

由此可知，当从分点量起的黄道任一经度的点正在升起时，它位于中天的度数也可求得。因为黄道上正在升起的点 L 的赤纬可由它与分点的距离弧 HL 得出，弧 HEM 是赤经，$AHEM$ 是半个白昼的弧，于是剩下的 AH 可得。AH 是弧 FH 的赤经，它可由表查得。或者因为黄赤交角 AHF 与边 AH 都已知，而$\angle FAH$ 为直角，所以在上升分度与中天分度之间的整个弧 FHL 可以求得。

与此相反，如果我们首先已知的是中天分度即弧 FH，则正在升起的分度也可得知。赤纬弧 AF 可以求得，弧 AFB 和剩下的弧 FB 也可通过球的倾角求出。于是在三角形 BFL 中，$\angle BFL$ 和边 FB 已经得到了，而$\angle FBL$ 为直角，所以要求的边 FHL 可得。下面[Ⅱ，10]还要介绍求这个量的另一种方法。

第十章　黄道与地平圈的交角

因为黄道倾斜于天球的轴线，所以它与地平圈之间形成了各种交角。在讲述日影差异时我已经说过[Ⅱ，6]，对于居住在两回归线之间的人们来说，黄道每年有两次垂直于地平圈。但我认为，只要显示了与我们居住在异影区的人有关的那些角度也就足够了。从这些角度出发很容易理解关于角度的一般的比率。当春分点或白羊宫的起点升起时，黄道在斜球上较低，并以最大南赤纬的量转向地平圈，这种情况出现在摩羯宫起点位于中天时；相反地，黄道较高时，它的升起角也较大，此时天秤宫的起点升起而巨蟹宫的起点位于中天。我认为以上所说是显然的。赤道、黄道和地平圈这三个圆都通过同一交点即子午圈的极点，它们在子午圈上截得的弧段表示升起角的大小。

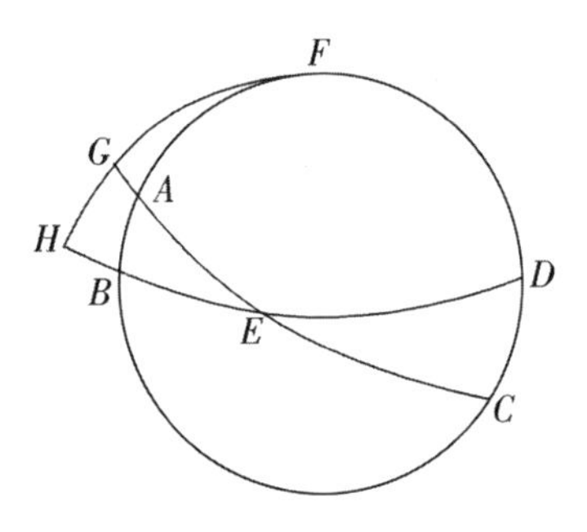

为了说明对黄道其他度数测量升起角的方法，再次设 $ABCD$ 为子午圈，BED 为半个地平圈，AEC 为半个黄道。设黄道的任一分度在点 E 升起。我们要求出在四直角＝360°的单位中$\angle AEB$ 的大小。由于升起分度 E 已知，所以由上所述，中天的分度、弧 AE 以及子午圈高度 AB 可得。因为$\angle ABE=90°$，弦 $2AE$∶弦 $2AB$＝球的直径∶弦 $2AEB$。所以$\angle AEB$ 可得。

但如果已知分度不是在升起，而是在中天(设其为 A)，升起角仍可测定。以点 E 为极点，作大圆象限 FGH，完成象限 EAG 和 EBH。因为子午圈高度 AB 已知，所以 $AF=90°-AB$。由前述$\angle FAG$ 也已知，而$\angle FGA=90°$，所以弧 FG 可得。$90°-FG=GH$ 即为所要求的升起角。同样，我们也说明了当中天分度已知时，如何求得升起分度，因为在论述球面三角形时我已说明[Ⅰ，14，定理三]，弦 $2GH$：弦 $2AB$=球的直径：弦 $2AE$。

为了说明这些关系，我附了三张表。第一张是正球赤经表，从白羊宫开始，每隔黄道的 6°取一值；第二张是斜球赤经表，也是每隔 6°取一值，从极点高度为 39°的纬圈开始到极点高度为 57°的纬圈，每隔 3°一列；第三张表是与地平圈的交角，也是每 6°取一值，共七列。这些表都是根据最小的黄道倾角即 23°28′制定的，这个数值对我们这个时代来说大致是正确的。

在正球自转中黄道十二宫赤经表

黄道		赤经		仅对一度		黄道		赤经		仅对一度	
符号		度		度		分		度		分	
	6	5	30	0	55		6	185	30	0	55
	12	11	0	0	55		12	191	0	0	55
♈	18	16	34	0	56	♎	18	196	34	0	56
	24	22	10	0	56		24	202	10	0	56
	30	27	54	0	57		30	207	54	0	57
	6	33	43	0	58		6	213	43	0	58
	12	39	35	0	59		12	219	35	0	59
♉	18	45	32	1	0	♏	18	225	32	1	0
	24	51	37	1	1		24	231	37	1	1
	30	57	48	1	2		30	237	48	1	2
	6	64	6	1	3		6	244	6	1	3
	12	70	29	1	4		12	250	29	1	4
♊	18	76	57	1	5	♐	18	256	57	1	5
	24	83	27	1	5		24	263	27	1	5
	30	90	0	1	5		30	270	0	1	5
	6	96	33	1	5		6	276	33	1	5
	12	103	3	1	5		12	283	3	1	5
♋	18	109	31	1	5	♑	18	289	31	1	5
	24	115	54	1	4		24	295	54	1	4
	30	122	12	1	3		30	302	12	1	3
	6	128	23	1	2		6	308	23	1	2
	12	134	28	1	1		12	314	28	1	1
♌	18	140	25	1	0	♒	18	320	25	1	0
	24	146	17	0	59		24	326	17	0	59
	30	152	6	0	58		30	332	6	0	58
	6	157	50	0	57		6	337	50	0	57
	12	163	26	0	56		12	343	26	0	56
♍	18	169	0	0	56	♓	18	349	0	0	56
	24	174	30	0	55		24	354	30	0	55
	30	180	0	0	55		30	360	0	0	55

斜球赤经表

黄道		天极高度													
		39°		42°		45°		48°		51°		54°		57°	
		赤经		赤经		赤经		赤经		赤经		赤经		赤经	
符号	度	度	分	度	分	度	分	度	分	度	分	度	分	度	分
♈	6	3	34	3	20	3	6	2	50	2	32	2	12	1	49
	12	7	10	6	44	6	15	5	44	5	8	4	27	3	40
	18	10	50	10	10	9	27	8	39	7	47	6	44	5	34
	24	14	32	13	39	12	43	11	40	10	28	9	7	7	32
	30	18	26	17	21	16	11	14	51	13	26	11	40	9	40
♉	6	22	30	21	12	19	46	18	14	16	25	14	22	11	57
	12	26	39	25	10	23	32	21	42	19	38	17	13	14	23
	18	31	0	29	20	27	29	25	24	23	2	20	17	17	2
	24	35	38	33	47	31	43	29	25	26	47	23	42	20	2
	30	40	30	38	30	36	15	33	41	30	49	27	26	23	22
♊	6	45	39	43	31	41	7	38	23	35	15	31	34	27	7
	12	51	8	48	52	46	20	43	27	40	8	36	13	31	26
	18	56	56	54	35	51	56	48	56	45	28	41	22	36	20
	24	63	0	60	36	57	54	54	49	51	15	47	1	41	49
	30	69	25	66	59	64	16	61	10	57	34	53	28	48	2
♋	6	76	6	73	42	71	0	67	55	64	21	60	7	54	55
	12	83	2	80	41	78	2	75	2	71	34	67	28	62	26
	18	90	10	87	54	85	22	82	29	79	10	75	15	70	28
	24	97	27	95	19	92	55	90	11	87	3	83	22	78	55
	30	104	54	102	54	100	39	98	5	95	13	91	50	87	46
♌	6	112	24	110	33	108	30	106	11	103	33	100	28	96	48
	12	119	56	118	16	116	25	114	20	111	58	109	13	105	58
	18	127	29	126	0	124	23	122	32	120	28	118	3	115	13
	24	135	4	133	46	132	21	130	48	128	59	126	56	124	31
	30	142	38	141	33	140	23	139	3	137	38	135	52	133	52
♍	6	150	11	149	19	148	23	147	20	146	8	144	47	143	12
	12	157	41	157	1	156	19	155	29	154	38	153	36	153	24
	18	165	7	164	40	164	12	163	41	163	5	162	24	162	47
	24	172	34	172	21	172	6	171	51	171	33	171	12	170	49
	30	180	0	180	0	180	0	180	0	180	0	180	0	180	0

续表

黄道		天极高度													
		39°		42°		45°		48°		51°		54°		57°	
		赤经		赤经		赤经		赤经		赤经		赤经		赤经	
符号	度	度	分	度	分	度	分	度	分	度	分	度	分	度	分
♎	6	187	26	187	39	187	54	188	9	188	27	188	48	189	11
	12	194	53	195	19	195	48	196	19	196	55	197	36	198	23
	18	202	21	203	0	203	41	204	30	205	24	206	25	207	36
	24	209	49	210	41	211	37	212	40	213	52	215	13	216	48
	30	217	22	218	27	219	37	220	57	222	22	224	8	226	8
♏	6	224	56	226	14	227	38	229	12	231	1	233	4	235	29
	12	232	56	234	0	235	37	237	28	239	32	241	57	244	47
	18	240	31	241	44	243	35	245	40	248	2	250	47	254	2
	24	247	36	249	27	251	30	253	49	256	27	259	32	263	12
	30	255	36	257	6	259	21	261	52	264	47	268	10	272	14
♐	6	262	8	264	41	267	5	269	49	272	57	276	38	281	5
	12	269	50	272	6	274	38	277	31	280	50	284	45	289	32
	18	276	58	279	19	281	58	248	58	288	26	292	32	297	34
	24	283	54	286	18	289	0	292	5	295	39	299	53	305	5
	30	290	75	293	1	295	45	298	50	302	26	306	42	311	58
♑	6	297	0	299	24	302	6	305	11	308	45	312	59	318	11
	12	303	4	305	25	308	4	311	4	314	32	318	38	323	40
	18	308	52	311	8	313	40	316	33	319	52	323	47	328	34
	24	314	21	316	29	318	53	321	37	324	45	328	26	332	53
	30	319	30	321	30	323	45	326	19	329	11	332	34	336	38
♒	6	324	21	326	13	328	16	330	35	333	13	336	18	339	58
	12	330	0	330	40	332	31	334	36	336	58	339	43	342	58
	18	333	21	334	50	336	27	338	18	340	22	342	47	345	37
	24	337	30	338	48	340	3	341	46	343	35	345	38	348	3
	30	341	34	342	39	343	49	345	9	346	34	348	20	350	20
♓	6	345	29	346	21	347	17	348	20	349	32	350	53	352	28
	12	349	11	349	51	350	33	351	21	352	14	353	16	354	26
	18	352	50	353	16	353	45	354	16	354	52	355	33	356	20
	24	356	26	356	40	356	23	357	10	357	53	357	48	358	11
	30	360	0	360	0	360	0	360	0	360	0	360	0	360	0

黄道与地平圈交角表

黄 道		天极高度														黄 道	
		39°		42°		45°		48°		51°		54°		57°			
		交角		交角		交角		交角		交角		交角		交角			
符号	度	度	分	度	分	度	分	度	分	度	分	度	分	度	分	度	符号
♈	0	27	32	24	32	21	32	18	32	15	32	12	32	9	32	30	
	6	27	37	24	36	21	36	18	36	15	35	12	35	9	35	24	
	12	27	49	24	39	21	48	18	47	15	45	12	43	9	41	18	
	18	28	13	25	9	22	6	19	3	15	59	12	56	9	53	12	
	24	28	45	25	40	22	34	19	29	16	23	13	18	10	13	6	♓
	30	29	27	26	15	23	11	20	5	16	56	13	45	10	31	30	
♉	6	30	19	27	9	23	59	20	48	17	34	14	20	11	2	24	
	12	31	21	28	9	24	56	20	41	18	23	15	3	11	40	18	
	18	32	35	29	20	26	3	22	43	19	21	15	56	12	26	12	
	24	34	5	30	43	27	23	24	2	20	41	16	59	13	20	6	♒
	30	35	40	32	17	28	52	25	26	21	52	18	14	14	26	30	
♊	6	37	29	34	1	30	37	27	5	23	11	19	42	15	48	24	
	12	39	32	36	4	32	32	28	56	25	15	21	25	17	23	18	
	18	41	44	38	14	34	41	31	3	27	18	23	25	19	16	12	
	24	44	8	40	32	37	2	33	22	29	35	25	37	21	26	6	♑
	30	46	41	43	11	39	33	35	53	32	5	28	6	23	52	30	
♋	6	49	18	45	51	42	15	38	35	34	44	30	50	26	36	24	
	12	52	3	48	34	45	0	41	8	37	55	33	43	29	34	18	
	18	54	44	51	20	47	48	44	13	40	31	36	40	32	39	12	
	24	57	30	54	5	50	38	47	6	43	33	39	43	35	50	6	♐
	30	60	4	56	42	53	22	49	54	46	21	42	43	38	56	30	
♌	6	62	40	59	27	56	0	52	34	49	9	45	37	41	57	24	
	12	64	59	61	44	58	26	55	7	51	46	48	19	44	48	18	
	18	67	7	63	56	60	20	57	26	54	6	50	47	47	24	12	
	24	68	59	65	52	62	42	59	30	56	17	53	7	49	47	6	♏
	30	70	38	67	27	64	18	61	17	58	9	54	50	52	38	30	
♍	6	72	0	68	53	65	51	62	46	59	37	56	27	53	16	24	
	12	73	4	70	2	66	59	63	56	60	53	57	50	54	46	18	
	18	73	51	70	50	67	49	64	48	61	46	58	45	55	44	12	
	24	74	19	71	20	68	20	65	19	62	18	59	17	56	16	6	♎
	30	74	28	71	28	68	28	65	28	62	28	59	28	56	28	0	

第十一章　这些表的用法

由上所述，这些表的用法是清楚的。我们先根据太阳的度数求得赤经，再对于每一等长小时加上赤道的15°(如果总和超过一个整圆的360°，就要去掉这个数值)，余量即为黄道在从正午算起的相关时辰在中天的度数。如果对你所在地区的斜球经度作同样处理，便可得到从日出算起的时辰的黄道升起分度。此外，如前所述[Ⅱ，19]，对于赤经已知的黄道外的任何恒星来说，与之一同在中天的黄道分度可以根据表由从白羊宫起点算起的相同赤经给出。由于黄道的斜球经度和分度都列于表中，所以由恒星的斜球经度可以求得与它们一同升起的黄道分度。沉没也可作同样处理，但要用相反的位置计算。进而言之，如果在中天的赤经加上一个象限，则得到的和为升起分度的斜球经度。因此，升起分度可由在中天的分度求得，反之亦然。接下来一个表给出了黄道与地平圈的交角，它们是由黄道的升起分度决定的。由这些角度可以知道，黄道的第90°距离地平圈的高度有多大。在计算日食时，它是必须要知道的。

第十二章　通过地平圈的两极向黄道所画圆的角与弧[①]

下面，我将讨论黄道与通过地平圈天顶的圆的交角和弧的大小(交点

---

① 本章后面一部分的一个较早版本保存在了fol. 46^{r}的原稿上，没有任何迹象表明它已被取代。它在上面第二段第二句话的中间，从黄道上任意点的选择处开始：

在升起与正午之间。设它为η，其象限为$\zeta\eta\theta$。通过指定的时辰，弧$\alpha\eta\varepsilon$已知，类似地，$\alpha\eta$以及子午圈角为$\zeta\alpha\eta$的$\alpha\zeta$也可知。因此，根据球面三角形的定理十一，弧$\zeta\eta$和角$\zeta\eta\alpha$都可知。这些即为所求。两倍$\varepsilon\eta$和两倍$\eta\theta$所对弦之比，以及两倍$\varepsilon\alpha$及两倍$\alpha\beta$弧所对弦之比，都等于半径与角$\eta\varepsilon\theta$的截距之比。因此给定点η的高度$\eta\theta$可知。但是在三角形$\eta\theta\varepsilon$中，$\eta\varepsilon$和$\eta\theta$两边已知，角ε也已知，而θ为直角，由这些量还可以求得余下的角$\varepsilon\eta\theta$的大小。关于角度和圆周截段的这种讨论是我在查阅三角形的一般讨论时从托勒密和其他人那里扼要摘引的。如果有人希望就这一主题进行深入研究，他可以找到比我所讨论的例子更多的应用。

都位于地平圈之上)。但我们曾在前面讲过[Ⅱ，10]太阳的正午高度或黄道在中天的任一分度的正午高度，以及黄道与子午圈的交角。子午圈也是通过地平圈天顶的一个圆。此外，我也讲过上升时的角度，从直角减去这个角，余量就是过地平圈天顶的象限与升起的黄道所夹的角。

重新绘出前图[Ⅱ，10]，剩下的问题是讨论子午圈与黄道半圆和地平圈半圆的交点。在黄道上取点 G 为正午和升起点或沉没点之间的任意点。从地平圈的极点 F 过点 G 作大圆象限 FGH。如果指定时辰，就可以求得子午圈与地平圈之间的整个黄道弧段 AGE。根据假设，AG 已知，由于正午高度 AB 已知，所以 AF 可得。根据球面三角形的定理，弧 FG 可得。因此，由于 $90°-FG=GH$，所以 G 的高度可得，$\angle FGA$ 可得。此即我们所要求的量。

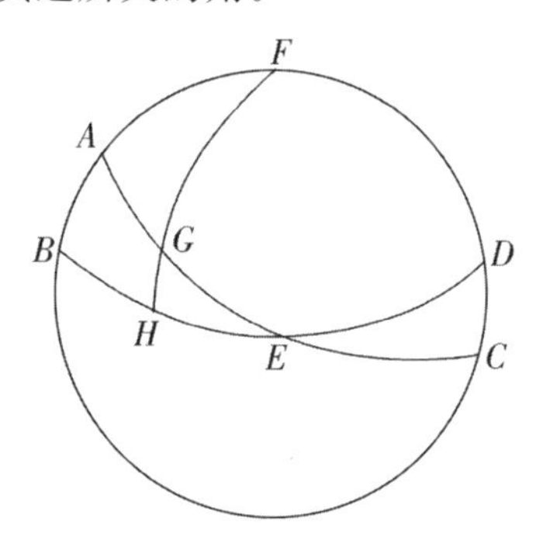

这些关于黄道的交点和角度的事实是我在查阅球面三角形的一般讨论时从托勒密那里扼要摘引的。如果有人希望就这一主题进行深入研究，他可以找到比我所讨论的例子更多的应用。

第十三章　天体的出没

天体的出没显然也是由周日旋转所引起的。不仅我刚才讨论的那些简单的出没是如此，而且那些在清晨或黄昏出现的天体也是如此。尽管后一现象与周年运转有关，但这里讲讲更为适宜。

古代数学家们区分了真出没与视出没。当天体与太阳同时升起时，此为真晨升；而当天体随日出而沉没时，此为真晨没。在整个这段时间，该天体被称为“晨星”。但是当天体随日没而升起时，该昏升为真昏升；而当天体与太阳同时沉没时，此为真昏没。在中间这段时间，它被称为“昏星”，因为它白天隐而不见，而在晚上出现。

而视出没的情况如下。当天体在日出之前的黎明时分首次显露并开始出现时，此为视晨升；而在太阳刚要升起时天体看起来正好沉没，此为视晨没。当天体看起来第一次在黄昏升起时，此为视昏升；而当天体在日没后不再出现时，此为视昏没。此后，太阳的出现使天体被掩，直到它们在晨升时排成以上顺序为止。

这些不仅适用于恒星，而且也适用于土星、木星和火星这些行星。但金星与水星的出没情况不同。它们不会像外行星那样随着太阳的临近而被掩，也不会因太阳的远离而显现，而是在靠近太阳时沉浸在太阳的光芒之中，自己仍清晰可见。其他行星都有昏升与晨没，而它们在任何时候都不会被掩，而是几乎彻夜照耀长空。另一方面，从昏没到晨升，金星和水星在任何地方都看不见。还有另外一个区别，那就是对于土星、木星和火星来说，清晨的真出没要早于视出没，而黄昏的真出没却要晚于视出没，因为清晨它们要早于日出，黄昏它们要晚于日没。而对于内行星来说，视晨升与视昏升均晚于真晨升与真昏升，而视晨没与视昏没却要早于真晨没与真昏没。

我曾在前面讲过任一位置已知的天体的斜球经度以及出没时的黄道分度[Ⅱ，9]，由此便可得知确定出没的方法。如果此时太阳出现在该分度或相对的分度上，那么恒星就有真晨昏出没。

由此可知，视出没因每一天体的亮度和大小而异。亮度较强的天体被太阳光遮掩的时间要短于亮度较弱的天体。隐没和出现的极限是由地平圈与太阳之间的通过地平圈极点的近地平圈弧决定的。对于一等星来说，此极限为12°，土星为11°，木星为10°，火星为$11\frac{1}{2}$°，金星为5°，水星为10°。但是白昼的残余归于夜幕的这一整段时间(包含黎明或黄昏)占前面那个圆周的18°。当太阳下沉了这18°时，较暗的星星也开始出现了。有些人把一个平行于地平圈的平面置于地平圈之下的这个距离处。他们说，当太阳到达这个平行圈时，白天正在开始或夜晚正在结束。因此，如果我们知道了天体出没的黄道分度以及黄道与地平圈在那一点的交角，并且找到了升起分度与太阳之间的许多黄道分度，它们多得足以根据对该天体所确定的极限给出太阳位于地平圈之下的深度，那么我们就可以断言天体的初现或隐没正在发生。然而，我在前面关于太阳在地面之上的高度的一切解释，都适用于太阳往地面之下的沉没，因为初位置外没有任何差别。因此，在可见半球中沉没的天体在不可见半球中升起，相反的事情也是容易理解的。关于天体的出没和地球的周日旋转，我们就说这么多吧。

第十四章 恒星位置的研究及其编目①

解释了地球的周日旋转以及它对昼夜及其各部分和变化所产生的结果之后，现在我们应当谈谈有关周年运转的解释了。然而不少天文学家都认为，这门学科应当把恒星现象优先这一传统做法当作这门科学的基础。于是我想我应当遵循这种看法。正如在我的原理和基本命题中，已经假定了所有行星的漫游所共同参照的恒星天球是静止不动的，因为运动要求有某种静止的东西。尽管托勒密在其《天文学大成》一书中[Ⅲ，1，导言]指出，除非首先获得关于太阳和月亮的知识，否则就无法了解恒星，并且因此认为必须把对恒星的讨论推到那时进行，但我采取这种顺序是不应让人感到惊讶的。

我认为这种意见必须反对。但如果你认为它是为了计算太阳和月球的视运动而提出的，那么托勒密的这种意见也许是站得住脚的。几何学家梅内劳斯(Menelaus)曾经通过与恒星合月有关的计算记录了许多恒星的位置。

我当然承认，不能脱离月亮的位置而确定恒星的位置，反过来说，月亮的位置也不能脱离太阳的位置来确定。但这些都是需要借助于仪器来解决的问题，我相信这一论题不能用任何别的办法来研究。另一方面，我坚

① 按照哥白尼原来的计划，这是一本新书的开始。本章前三分之二的一份早期草稿存在于原稿 fol. 46^v—47^v，没有迹象表明它被取代。这份早期草稿比印刷本讲得更为明确。本章的第一段与第三段按草稿翻译出来。

持认为，如果不顾恒星，任何人都不可能把关于太阳和月亮的运动与运转的理论制成精确的表。因此，托勒密和他前后的其他学者只是用分日或至日来导出太阳年的长度，他们在力求为我们确立基本命题的过程中，永远也不可能就这个长度达成一致。因此，再没有什么论题会有更大的分歧了。这使大多数专家感到困惑，以致他们几乎放弃了精通天文学的愿望，宣称人的心灵无法把握天的运动。托勒密了解这种态度，他[《天文学大成》，Ⅲ，1]在计算他那个时代的太阳年时，并非没有怀疑时间的推移会使误差出现，他建议后人在这个问题上寻求更高的精度。因此，我认为在本书中应当首先表明仪器在多大程度上有助于确定太阳、月亮和恒星的位置(即它们与一个分点或至点的距离)，其次要说明布满星座的恒星天球。

但正如我很快就要表明的，如果借助于仪器，通过对太阳和月球的位置仔细进行检验来确定某颗恒星的位置，结果就会好很多。有些人甚至徒劳地警告我，仅用分日和至日而无需借助恒星就可以确定太阳年的长度。在这种持续至今的努力中，他们从来未能达成一致意见，再没有什么地方有更大的分歧了。托勒密注意到了这一点。他在计算他那个时代的太阳年时，并非没有怀疑时间的推移会使误差出现，他建议后人在这个问题上寻求更高的精度。因此，我认为在本书中应当首先表明仪器如何有助于确定太阳和月亮的位置(即它们与春分点或宇宙中其他基点的距离)。这些位置将会为我们研究其他天体提供便利，正是这些天体才使恒星天球及其繁星点点的图像呈现在我们眼前。

我在前面已经说明了，测定回归线的间距、黄道倾角、天球倾角或者赤极高度应当使用何种仪器[Ⅱ，2]。我们还可以用同样方法测定太阳在正午的任何高度。此高度可以通过它与球的倾角之间的差别来使我们求得太阳赤纬有多大。有了这个赤纬值，从至点或分点量起的太阳在正午的位置也就很清楚了。在我们看来，太阳在24小时中移动了大约1°，因此太阳每小时移动$2\frac{1}{2}'$。这样，太阳在正午以外的其他任何指定时辰的位置都很容易得出。

但是为了观测月球和恒星的位置，另一种被托勒密称为“星盘”的仪器被制造出来[《天文学大成》，Ⅴ，1]。仪器上的两个环，或者说是四边形环架的平边与其凸凹表面垂直。这些环大小相等，各方面都类似，大小便于使用，不会因为太大而难于操作，尽管为了划分刻度，大的要比小的好。环的宽度和厚度至少是直径的$\frac{1}{30}$。把它们装配起来，沿直径彼此垂直，凹凸表面合在一起就好像是一个球的表面。事实上，让一个环处于黄道的位置，而另一个环通过两个圆(即赤道和黄道)的极点。把黄道环的边划分为通常的360等份，每一等份还可以根据仪器的情况继续划分。在另一个环上从黄道量出象限，并且标出黄极。从这两点根据黄赤交角的比例各取一段距离，把赤极也标出来。

把这些环这样装好之后，还要安装另外两个环。它们固定在黄道的两极上，可以绕之运动，一个在里面动，一个在外面动。其平面间的厚度相等，边缘的宽度也相似。把这些环装配起来之后，应使大环的凹面处处与黄道的凸面相接触，小环的凸面也处处与黄道的凹面相接触。再有，不要使它们的转动受阻，而要让黄道及其子午圈能够自由轻便地在它们上面滑动，反之亦然。于是，我们在圆环上沿与黄道相对的两极穿孔，并插入轴来固定和支撑这些环。此外，内环也要这样分成360°，使得每个象限在极点成90°。

不仅如此，在内环的凹面处还应装有第五个环，它能在同一平面内转动。其边缘固定有托架，托架上有孔径和窥视镜或目镜。通过它的星光会沿环的直径射出，就像在屈光镜中那样。此外，为了测定纬度，还要在环的两边安装一些板子，作为套环上指示数目的指针。

最后，还应安装第六个环以盛放和支撑整个星盘，星盘悬挂在位于赤极的扣栓上面。把这最后一个环安到一个台子上，使之垂直于地平面。而且，当环的两极调节到球的倾角方向时，应使星盘子午圈的位置与自然子午圈的位置相合，决不能有任何偏离。

我们希望用这种仪器来测定某颗恒星的位置。当黄昏或日没临近，此时月亮也能望见，把外环调整到我们已经定出的太阳当时应在的黄道分度上，并把两个环的交点转向太阳，使两环(即黄道和通过黄极的外环)彼此投下相等的影子。然后把内环转向月亮。把眼睛置于内环平面上，在我们看来月亮就在对面，就好像被同一平面等分，我们把该点标在仪器的黄道上。该点就是那一时刻所观测到的月亮黄经位置。事实上，没有月亮就无法得知恒星的位置，因为在一切天体中，只有月亮在白天和夜晚都能出现。夜幕降临之后，当我们待测的恒星可见时，把外环调整到月亮的位置，就像我们曾对太阳所做的那样。然后再把内环转向恒星，直至恒星似乎触及环平面，并且用装在内环小圆上的目镜可以看见。这样，我们可以测出恒星的黄经和黄纬。这些操作完成之后，我们眼前就出现了中天的黄道分度，进行观测的时刻也就很清楚了。

举例说来，安敦尼·庇护(Antoninus Pius)2 年的埃及历 8 月 9 日的日没时分，托勒密想在亚历山大城测定狮子座胸部的一颗称为轩辕十四的恒星的位置[《天文学大成》，Ⅶ，2]。他于午后 $5\frac{1}{2}$个分点小时把星盘对准落日，发现太阳位于双鱼宫内 $3\frac{1}{24}°$处。移动内环，他观测到月球位于太阳以东 $92\frac{1}{8}°$。因此，当时月球的视位置位于双子宫内$\frac{5}{16}°$处。半小时之后(此时是午后第 6 小时结束时)，恒星开始出现于中天的双子宫内 4°，他把仪器外环转到已经测得的月球的位置。移动内环，他沿黄道各宫次序测出恒星位于月球以东 $57\frac{1}{10}°$。前面已经说过，月球距落日 $92\frac{1}{8}°$，即月球位于双子宫内 $5\frac{1}{6}°$。但月球每小时大约移动$\frac{1}{2}°$，所以月球在半小时之内应当移动了$\frac{1}{4}°$。然而考虑到月球视差(在那个时刻应当减掉这个量)，月球移动的范围应略小于$\frac{1}{4}°$，他测出的差值约为$\frac{1}{12}°$。因此，月球应位于双子宫内 $5\frac{1}{3}°$。但在我讨论月球视差时，大家会清楚地看到，差值并没有这样大[Ⅵ，16]。因此，月球的视位置显然要大于 $5\frac{1}{3}°$而略小于 $5\frac{2}{5}°$。给这个位置加上 $57\frac{1}{10}°$，就得到恒星位于狮子宫内 $2\frac{1}{2}°$，它与太阳夏至点的距离约为 $32\frac{1}{2}°$，纬度为北纬$\frac{1}{6}°$。这就是轩辕十四当时所在的位置，其他恒星的位置也可同样测定出来。根据罗马历，托勒密的这次观测是在公元 139 年，即第 229 个奥林匹克运动会期第一年的 2 月 23 日做的。

这位卓越的天文学家就以这种方式记下了每颗恒星与当时春分点的距离，并为以生物命名的天上的星座编了目录。这些成果对我的研究颇有裨益，它使我免去了一些相当艰苦的工作。我认为恒星的位置不应参照随时间改变的二分点来确定，倒是二分点应当参照恒星天球来确定，所以我可以简便地在另一个不变的起点编制星表。我决定从黄道第一宫白羊宫开始，并以它前额上的第一星作为起点。我的目的是，那些作为一组而发光的天体将会永远具有相同的确定外观，就好像一旦获得持久位置就固定和联系在一起了。古人凭借惊人的热忱和技巧，把恒星组合成了 48 个图形。只有那些通过罗得岛附近第四地区的永不可见的星体圈所包含的恒星除外，因此这些不为古人所知的恒星始终不属于任何星座。根据小西翁(Theo the Younger)在为阿拉托斯(Aratus)的著作所撰写的评注中发表的看法，恒星之所以会形成某种图形，正是因为它们数量庞大，所以必须被分成若干部分，人们再根据某些叫法对其逐一命名。这种做法古已有之，因为我们甚至在赫西俄德(Hesiod)和荷马的著作中都能读到昴星团、毕星团、大角星和猎户星座的名字。因此，在根据黄经对恒星列表时，我将不使用从二分点和二至点导出的黄道十二宫，而是用简单和熟悉的度数。除去我发现的个别错误或误解之外，我将在其他一切方面遵循托勒密的做法。我将在下一卷讨论如何测定恒星与那些基点之间的距离。

星座与恒星描述表

一、北天区

星座	黄经		黄纬			星等
	度	分		度	分	
小熊或狗尾						
在尾梢	53	30	北	66	0	3
在尾之东	55	50	北	70	0	4
在尾之起点	69	20	北	74	0	4
在四边形西边偏南	83	0	北	75	20	4
在同一边偏北	87	0	北	77	40	4

续表 1

星　　座	黄　经		黄　纬			星等
	度	分		度	分	
在四边形东边偏南	100	30	北	72	40	2
在同一边偏北	109	30	北	74	50	2
共 7 颗星，2 颗为 2 等，1 颗为 3 等，4 颗为 4 等						
在星座外面离狗尾不远，在与四边形东边同一条直线上，在南方很远处	103	20	北	71	10	4
大熊，又称北斗						
大熊口	78	40	北	39	50	4
在两眼的两星中西面一颗	79	10	北	43	0	5
上述东面的一颗	79	40	北	43	0	5
在前额两星中西面一颗	79	30	北	47	10	5
在前额东面	81	0	北	47	0	5
在西耳边缘	81	30	北	50	30	5
在颈部两星中西面一颗	85	50	北	43	50	4
东面一颗	92	50	北	44	20	4
在胸部两星中北面一颗	94	20	北	44	0	4
南面更远的一颗	93	20	北	42	0	4
在左前腿膝部	89	0	北	35	0	3
在左前爪两星中北面一颗	89	50	北	29	0	3
南面更远的一颗	88	40	北	28	30	3
在右前腿膝部	89	0	北	36	0	4
在膝部之下	101	10	北	33	30	4
在肩部	104	0	北	49	0	2
在膝部	105	30	北	44	30	2
在尾部起点	116	30	北	51	0	3
在左后腿	117	20	北	46	30	2
在左后爪两星中西面一颗	106	0	北	29	38	3
上述东面的一颗	107	30	北	28	15	3

续表 2

星座	黄经		黄纬			星等
	度	分		度	分	
在左后腿关节处	115	0	北	35	15	4
在右后爪两星中北面一颗	123	10	北	25	50	3
南面更远的一颗	123	40	北	25	0	3
尾部三星中在尾部起点东面的第一颗星	125	30	北	53	30	2
这三星的中间一颗	131	20	北	55	40	2
在尾梢的最后一颗	143	10	北	54	0	2
共 27 颗星：6 颗为 2 等，8 颗为 3 等，8 颗为 4 等，5 颗为 5 等						
靠近北斗，在星座外面						
在尾部南面	141	10	北	39	45	3
在前面一星西面较暗的一颗	133	30	北	41	20	5
在熊的前爪与狮头之间	98	20	北	17	15	4
比前一星更偏北的一颗	96	40	北	19	10	4
三颗暗星中最后的一颗	99	30	北	20	0	0 暗
在前一星的西面	95	30	北	22	4	5 暗
更偏西	94	30	北	23	1	5 暗
在前爪与双子之间	100	20	北	22	1	5 暗
在星座外面共 8 颗星：1 颗为 3 等，2 颗为 4 等，1 颗为 5 等，4 颗为暗星						
天龙						
在舌部	200	0	北	76	30	4
在嘴部	215	10	北	78	30	亮于 4
在眼睛上面	216	30	北	75	40	3
在脸颊	229	40	北	75	20	4
在头部上面	233	30	北	75	30	3
在颈部第一个扭曲处北面的一颗	258	40	北	82	20	4
这些星中南面的一颗	295	50	北	78	15	4
这些同样星的中间一颗	262	10	北	80	20	4
在颈部第二个扭曲处上述星的东面	282	50	北	81	10	4

续表 3

星座	黄经		黄纬			星等
	度	分		度	分	
在四边形西边朝南的星	331	20	北	81	40	4
在同一边朝北的星	343	50	北	83	0	4
在东边朝北的星	1	0	北	78	50	4
在同一边朝南的星	346	10	北	77	50	4
在颈部第三个扭曲处三角形朝南的星	4	0	北	80	30	4
在三角形其余两星中朝西的一颗	15	0	北	81	40	5
朝东的一颗	19	30	北	80	15	5
在西面三角形的三星中朝东一颗	66	20	北	83	30	4
在同一三角形其余两星中朝南一颗	43	40	北	83	30	4
在上述两星中朝北一颗	35	10	北	84	50	4
在三角形之西两小星中朝东的一颗	200	0	北	87	30	6
在这两星中朝西一颗	195	0	北	86	50	6
在形成一条直线的三星中朝南一颗	152	30	北	81	15	5
三星的中间一颗	152	50	北	83	0	5
偏北的一颗	151	0	北	84	50	3
在上述恒星西面两星中偏北一颗	153	20	北	78	0	3
偏南的一颗	156	30	北	74	40	亮于 4
在上述恒星西面．在尾部卷圈处	156	0	北	70	0	3
在相距非常远的两星中西面一颗	120	40	北	64	40	4
在上述两星中东面一颗	124	30	北	65	30	3
在尾部东面	192	30	北	61	15	3
在尾梢	186	30	北	56	15	3
因此，共 31 颗星；8 颗为 3 等，17 颗为 4 等，4 颗为 5 等，2 颗为 6 等						
仙王						
在右脚	28	40	北	75	40	4
在左脚	26	20	北	64	15	4
在腰带之下的右面	0	40	北	71	10	4

续表 4

星　座	黄　经		黄　纬			星等
	度	分		度	分	
在右肩之上并与之相接	340	0	北	69	0	3
与右臀关节相接	332	40	北	72	0	4
在同一臀部之东并与之相接	333	20	北	74	0	4
在胸部	352	0	北	65	30	5
在左臂	1	0	北	62	30	亮于 4
在王冕的三星中南面一颗	339	40	北	60	15	5
这三星的中间一颗	340	40	北	61	15	4
在这三星中北面一颗	342	20	北	61	30	5
共 11 颗星：1 颗为 3 等，7 颗为 4 等，3 颗为 5 等						
在星座外面的两星中位于王冕西面的一颗	337	0	北	64	0	5
它东面的一颗	344	40	北	59	30	4
牧夫或驯熊者						
在左手的三星中西面一颗	145	40	北	58	40	5
在三星中间偏南一颗	147	30	北	58	20	5
在三星中东面一颗	149	0	北	60	10	5
在左臂部关节	143	0	北	54	40	5
在左肩	163	0	北	49	0	3
在头部	170	0	北	53	50	亮于 4
在右肩	179	0	北	48	40	4
在棍子处的两星中偏南一颗	179	0	北	53	15	4
在棍梢偏北的一颗	178	20	北	57	30	4
在肩部之下长矛处的两星中北面一颗	181	0	北	46	10	亮于 4
在这两星中偏南一颗	181	50	北	45	30	5
在右手顶部	181	35	北	41	20	5
在手掌的两星中西面一颗	180	0	北	41	40	5
在上述两星中东面一颗	180	20	北	42	30	5
在棍柄顶端	181	0	北	40	20	5

续表 5

星座	黄经		黄纬			星等
	度	分		度	分	
在右腿	183	20	北	40	15	3
在腰带的两星中东面一颗	169	0	北	41	40	4
西面的一颗	168	20	北	42	10	亮于 4
在右脚后跟	178	40	北	28	0	3
在左腿的三星中北面一颗	164	40	北	28	0	3
这三星的中间一颗	163	50	北	26	30	4
偏南的一颗	164	50	北	25	0	4
共 22 颗星：4 颗为 3 等，9 颗为 4 等，9 颗为 5 等						
在星座外面位于两腿之间，称为“大角”	170	20	北	31	30	1
北冕						
在冕内的亮星	188	0	北	44	30	亮于 2
众星中最西面的一颗	185	0	北	46	10	亮于 4
在上述恒星之东，北面	185	10	北	48	0	5
在上述恒星之东，更偏北	193	0	北	50	30	6
在亮星之东，南面	191	30	北	44	45	4
紧靠上述恒星的东面	190	30	北	44	50	4
比上述恒星略偏东	194	40	北	46	10	4
在冕内众星中最东面的一颗	195	0	北	49	20	4
共 8 颗星：1 颗为 2 等，5 颗为 4 等，1 颗为 5 等，1 颗为 6 等						
跪拜者①						
在头部	221	0	北	37	30	3
在右腋窝	207	0	北	43	0	3
在右臂	205	0	北	40	10	3
在腹部右面	201	20	北	37	10	4
在左肩	220	20	北	49	30	亮于 4

① 现为武仙座。

续表 6

星座	黄经		黄纬			星等
	度	分		度	分	
在腹部左面	231	0	北	42	50	4
在左手掌的三星中东面一颗	238	50	北	52	50	亮于 4
在其余两星中北面一颗	235	0	北	54	0	亮于 4
偏南的一颗	234	50	北	53	0	4
在右边	207	10	北	56	10	3
在左边	213	30	北	53	30	4
在左臂	213	20	北	56	10	5
在同一条腿的顶部	214	30	北	58	30	5
在左腿的三星中西面一颗	217	20	北	59	50	3
在上述恒星之东	218	40	北	60	20	4
在上述恒星东面的第三颗星	219	40	北	61	15	4
在左膝	237	10	北	61	0	4
在左大腿	225	30	北	69	20	4
在左脚的三星中西面一颗	188	40	北	70	15	6
这三星的中间一颗	220	10	北	71	15	6
这三星的东面一颗	223	0	北	72	0	6
在右腿顶部	207	0	北	60	15	亮于 4
在同一条腿偏北	198	50	北	63	0	4
在右膝	189	0	北	65	30	亮于 4
在同一膝盖下面的两星中偏离一颗	186	40	北	63	40	4
偏北的一颗	183	30	北	64	15	4
在右胫	184	30	北	60	0	4
在右脚尖，与牧夫棍梢的星相同	178	20	北	57	30	4
不包括上面这颗恒星，共 28 颗：6 颗为 3 等，17 颗为 4 等，2 颗为 5 等，3 颗为 6 等						
在星座外面，右臂之南	26	0	北	38	10	5
天琴						

续表 7

星座	黄经		黄纬			星等
	度	分		度	分	
称为“天琴”或“小琵琶”的亮星	250	40	北	62	0	1
在相邻两星中北面一颗	253	40	北	62	40	亮于 4
偏南的一颗	253	40	北	61	0	亮于 4
在两臂曲部之间	262	0	北	60	0	4
在东边两颗紧接恒星中北面一颗	265	20	北	61	20	4
偏南的一颗	265	0	北	60	20	4
在横档之西的两星中北面一颗	254	20	北	56	10	3
偏南的一颗	254	10	北	55	0	亮于 4
在同一横档之东的两星中北面一颗	257	30	北	55	20	3
偏南的一颗	258	20	北	54	45	暗于 4
共 10 颗星：1 颗为 1 等，2 颗为 3 等，7 颗为 4 等						
天鹅或飞鸟						
在嘴部	267	50	北	49	20	3
在头部	272	20	北	50	30	5
在颈部中央	279	20	北	54	30	亮于 4
在胸口	291	50	北	56	20	3
在尾部的亮星	302	30	北	60	0	2
在右翼弯曲处	282	40	北	64	40	3
在右翼伸展处的三星中偏南一颗	285	50	北	69	40	4
在中间的一颗	284	30	北	71	30	亮于 4
三颗星的最后一颗，在翼尖	310	0	北	74	0	亮于 4
在左翼弯曲处	294	10	北	49	30	3
在该翼中部	298	10	北	52	10	亮于 4
在同翼尖端[69]	300	0	北	74	0	3
在左脚	303	20	北	55	10	亮于 4
在左膝	307	50	北	57	0	4
在右脚的两星中西面一颗	294	30	北	64	0	4

续表 8

星　座	黄　经		黄　纬			星等
	度	分		度	分	
东面的一颗	296	0	北	64	30	4
在右膝的云雾状恒星	305	30	北	63	45	5
共 17 颗星：1 颗为 2 等，5 颗为 3 等，9 颗为 4 等，2 颗为 5 等						
在星座外面，天鹅附近，另外的两颗星						
在左翼下面两星中偏南一颗	306	0	北	49	40	4
偏北的一颗	307	10	北	51	40	4
仙后						
在头部	1	10	北	45	20	4
在胸口	4	10	北	46	45	亮于 3
在腰带上	6	20	北	47	50	4
在座位之上，在臀部	10	0	北	49	0	亮于 3
在膝部	13	40	北	45	30	3
在腿部	20	20	北	47	45	4
在脚尖	355	0	北	48	20	4
在左臂	8	0	北	44	20	4
在左肘	7	40	北	45	0	5
在右肘	357	40	北	50	0	6
在椅脚处	8	20	北	52	40	4
在椅背中部	1	10	北	51	40	暗于 3
在椅背边缘(70)	27	10	北	51	40	6
共 13 颗星：4 颗为 3 等，6 颗为 6 等，1 颗为 5 等，2 颗为 6 等						
英仙						
在右手尖端，在云雾状包裹中	21	0	北	40	30	云雾状
在右肘	24	30	北	37	30	4
在右肩	26	0	北	34	30	暗于 4
在左肩	20	50	北	32	20	4
在头部或云雾中	24	0	北	34	30	4

续表 9

星座	黄经		黄纬			星等
	度	分		度	分	
在肩胛部	24	50	北	31	10	4
在右边的亮星	28	10	北	30	0	2
在同一边的三星中西面一颗	28	40	北	27	30	4
中间的一颗	30	20	北	27	40	4
三星中其余的一颗	31	0	北	27	30	3
在左肘	24	0	北	27	0	4
在左手和在美杜莎(Medusa)①头部的亮星	23	0	北	23	0	2
在同一头部中东面的一颗	22	30	北	21	0	4
在同一头部中西面的一颗	21	0	北	21	0	4
比上述星更偏西的一颗	20	10	北	22	15	4
在右膝	38	10	北	28	15	4
在膝部，在上一颗星西面	37	10	北	28	10	4
在腹部的两星中西面一颗	35	40	北	25	10	4
东面的一颗	37	20	北	26	15	4
在右臂	37	30	北	24	30	5
在右腓	39	40	北	28	45	5
在左臂	30	10	北	21	40	亮于 4
在左膝	32	0	北	19	50	3
在左腿	31	40	北	14	45	亮于 3
在左脚后跟	24	30	北	12	0	暗于 3
在脚顶部左边	29	40	北	11	0	亮于 3
共 26 颗星：2 颗为 2 等，5 颗为 3 等，16 颗为 4 等，2 颗为 5 等，1 颗为云雾状						
靠近英仙，在星座外面						
在左膝的东面	34	10	北	31	0	5
在右膝的北面	38	20	北	31	0	5
在美杜莎头部的西面	18	0	北	20	40	暗弱

① 希腊神话中的蛇发女怪，被其目光触及者即化为石头。

续表 10

星座	黄经		黄纬			星等
	度	分		度	分	
共 3 颗星：2 颗为 5 等，1 颗暗弱						
驭夫或御夫						
在头部的两星中偏南一颗	55	50	北	30	0	4
偏北的一颗	55	40	北	30	50	4
左肩的亮星称为“五车二”[①]	78	20	北	22	30	1
在右肩上	56	10	北	20	0	2
在右肘	54	30	北	15	15	4
在右手掌	56	10	北	13	30	亮于 4
在左肘	45	20	北	20	40	亮于 4
在西边的一只山羊中	45	30	北	18	0	暗于 4
在左手掌的山羊中，靠东边的一只	46	0	北	18	0	亮于 4
在左腓	53	10	北	10	10	暗于 3
在右腓并在金牛的北角尖端	49	0	北	5	0	亮于 3
在脚踝	49	20	北	8	30	5
在牛臀部	49	40	北	12	20	5
在左脚的一颗小星	24	0	北	10	20	6
共 14 颗星：1 颗为 1 等，1 颗为 2 等，2 颗为 3 等，7 颗为 4 等，2 颗为 5 等，1 颗为 6 等						
蛇夫						
在头部	228	10	北	36	0	3
在右肩的两星中西面一颗	231	20	北	27	15	亮于 4
东面的一颗	232	20	北	26	45	4
在左肩的两星中西面一颗	216	40	北	33	0	4
东面的一颗	218	0	北	31	50	4
在左肘	211	40	北	34	30	4
在左手的两星中西面一颗	208	20	北	17	0	4

① 即御夫座α星。

续表 11

星　　座	黄　经		黄　纬			星等
	度	分		度	分	
东面的一颗	209	20	北	12	30	3
在右肘(73)	220	0	北	15	0	4
在右手，西面的一颗(74)	205	40	北	18	40	暗于 4
东面的一颗(75)	207	40	北	14	20	4
在右膝	224	30	北	4	30	3
在右胫	227	0	北	2	15	亮于 3
在右脚的四星中西面一颗	226	20	南	2	15	亮于 4
东面的一颗	227	40	南	1	30	亮于 4
东面第三颗	228	20	南	0	20	亮于 4
东面余下的一颗	229	10	南	0	45	亮于 5
与脚后跟接触(76)	229	30	南	1	0	5
在左膝	215	30	北	11	50	3
在左腿呈一条直线的三星中北面一颗	215	0	北	5	20	亮于 5
这三星的中间一颗	214	0	北	3	10	5
三星中偏南一颗	213	10	北	1	40	亮于 5
在左脚后跟	215	40	北	0	40	5
与左脚背接触	214	0	南	0	45	4
共 24 颗星：5 颗为 3 等，13 颗为 4 等，6 颗为 5 等						
靠近蛇夫，在星座外面						
在右肩东面的三星中最偏北一颗	235	20	北	28	10	4
三星的中间一颗	236	0	北	26	20	4
三星的南面一颗	233	40	北	25	0	4
三星中偏东一颗	237	0	北	27	0	4
距这四颗星较远，在北面	238	0	北	33	0	4
因此，在星座外面共 5 颗星，都是 4 等						
蛇夫之蛇①						

① 现为巨蛇座。

续表 12

星座	黄经		黄纬			星等
	度	分		度	分	
在面颊的四边形里	192	10	北	38	0	4
与鼻孔相接	201	0	北	40	0	4
在太阳穴	197	40	北	35	0	3
在颈部开端	195	20	北	34	15	3
在四边形中央和在嘴部	194	40	北	37	15	4
在头的北面	201	30	北	42	30	4
在颈部第一条弯	195	0	北	29	15	3
在东边三星中北面的一颗	198	10	北	26	30	4
这些星的中间一颗	197	40	北	25	20	3
在三星中最南一颗	199	40	北	24	0	3
在蛇夫左手的两星中西面一颗	202	0	北	16	30	4
在上述一只手中东面的一颗	211	30	北	16	15	5
在右臂的东面	227	0	北	10	30	4
在上述恒星东面的两星中南面一颗	230	20	北	8	30	亮于 4
北面的一颗	231	10	北	10	30	4
在右手东面，在尾圈中	237	0	北	20	0	4
在尾部上述恒星之东	242	0	北	21	10	亮于 4
在尾梢	251	40	北	27	0	4
共 18 颗星：5 颗为 3 等，12 颗为 4 等，1 颗为 5 等						
天箭						
在箭梢	273	30	北	39	20	4
在箭杆三星中东面一颗	270	0	北	39	10	6
这三星的中间一颗	269	10	北	39	50	5
三星的西面一颗	268	0	北	39	0	5
在箭槽缺口	266	40	北	38	45	5
共 5 颗星：1 颗为 4 等，3 颗为 5 等，1 颗为 6 等						
天鹰						

续表 13

星座	黄经		黄纬			星等
	度	分		度	分	
在头部中央	270	30	北	26	50	4
在颈部	268	10	北	27	10	3
在肩胛处称为“天鹰”的亮星	267	10	北	29	10	亮于 2
很靠近上面这颗星，偏北	268	0	北	30	0	暗于 3
在左肩，朝西的一颗	266	30	北	31	30	3
朝东的一颗	269	20	北	31	30	5
在右肩，朝西的一颗	263	0	北	28	40	5
朝东的一颗	264	30	北	26	40	亮于 5
在尾部，与银河相接	255	30	北	26	30	3
共 9 颗星：1 颗为 2 等，4 颗为 3 等，1 颗为 4 等，3 颗为 5 等						
在天鹰座附近						
在头部南面，朝西的一颗星[79]	272	0	北	21	40	3
朝东的一颗星	272	10	北	29	10	3
在右肩西南面	259	20	北	25	0	亮于 4
在上面这颗星的南面	261	30	北	20	0	3
再往南	263	0	北	15	30	5
在星座外六星中最西面的一颗	254	30	北	18	10	3
星座外面的 6 颗星：4 颗为 3 等，1 颗为 4 等，1 颗为 5 等						
海豚						
在尾部三星中西面一颗	281	0	北	29	10	暗于 3
另外两星中偏北的一颗	282	0	北	29	0	暗于 4
偏南的一颗	282	0	北	26	40	4
在长菱形西边偏东的一颗	281	50	北	32	0	暗于 3
在同一边，北面的一颗	283	30	北	33	50	暗于 3
在东边，南面的一颗	284	40	北	32	0	暗于 3
在同一边，北面的一颗	286	50	北	33	10	暗于 3
在位于尾部与长菱形之同三星偏南一颗	280	50	北	34	15	6

续表 14

星座	黄经		黄纬			星等
	度	分		度	分	
在偏南的两星中西面的一颗	280	50	北	31	50	6
东面的一颗	282	20	北	31	30	6
共 10 颗星：5 颗为 3 等，2 颗为 4 等，3 颗为 6 等						
马的局部						
在头部两星的西面一颗	289	40	北	20	30	暗弱
东面一颗	292	20	北	20	40	暗弱
在嘴部两星西面一颗	289	40	北	25	30	暗弱
东面一颗	291	0	北	25	0	暗弱
共 4 颗星均暗弱						
飞马						
在张嘴处	298	40	北	21	30	亮于 3
在头部密近两星中北面一颗	302	40	北	16	50	3
偏南的一颗	301	20	北	16	0	4
在鬃毛处两星中偏南一颗	314	40	北	15	0	5
偏北的一颗	313	50	北	16	0	5
在颈部两星中西面一颗	312	10	北	18	0	3
东面的一颗	313	50	北	19	0	4
在左后踝关节	305	40	北	36	30	亮于 4
在左膝	311	0	北	34	15	亮于 4
在右后踝关节	317	0	北	41	10	亮于 4
在胸部两颗密接恒星中西面一颗	319	30	北	29	0	4
东面的一颗	320	20	北	29	30	4
在右膝两星中北面一颗	322	20	北	35	0	3
偏南的一颗	321	50	北	24	30	5
在翼下身体中两星北面一颗	327	50	北	25	40	4
偏南的一颗	328	20	北	25	0	4
在肩胛和翼侧	350	0	北	19	40	暗于 2

续表 15

星　　座	黄　经		黄　纬			星等
	度	分		度	分	
在右肩和腿的上端	325	30	北	31	0	暗于 2
在翼梢	335	30	北	12	30	暗于 2
在下腹部，也是在仙女的头部	341	10	北	26	0	暗于 2
共 20 颗星：4 颗为 2 等，4 颗为 3 等，9 颗为 4 等，3 颗为 5 等						
仙女						
在肩胛	348	40	北	24	30	3
在右肩	349	40	北	27	0	4
在左肩	347	40	北	23	0	4
在右臂三星中偏南一颗	347	0	北	32	0	4
偏北的一颗	348	0	北	33	30	4
三星中间一颗	348	20	北	32	20	5
在右手尖三星中偏南一颗	343	0	北	41	0	4
这三星的中间一颗	344	0	北	42	0	4
三星中北面一颗	345	30	北	44	0	4
在左臂	347	30	北	17	30	4
在左肘	349	0	北	15	50	3
在腰带的三星中南面一颗	357	10	北	25	20	3
中间的一颗	355	10	北	30	0	3
三星北面一颗	355	20	北	32	30	3
在左脚	10	10	北	23	0	3
在右脚	10	30	北	37	20	亮于 4
在这些星的南面	8	30	北	35	20	亮于 4
在膝盖下两星中北面一颗	5	40	北	29	0	4
南面的一颗	5	20	北	28	0	4
在右膝	5	30	北	35	30	5
在长袍或其后曳部分两星中北面一颗	6	0	北	34	30	5
南面的一颗	7	30	北	32	30	5

续表 16

星　　座	黄　经		黄　纬			星等
	度	分		度	分	
在离右手甚远处和在星座外面	5	0	北	44	0	3
共 23 颗星：7 颗为 3 等，12 颗为 4 等，4 颗为 5 等						
三角						
在三角形顶点	4	20	北	16	30	3
在底边的三星中西画一颗	9	20	北	20	40	3
中间的一颗	9	30	北	20	20	4
三星中东面的一颗	10	10	北	19	0	3
共 4 颗星：3 颗为 3 等，1 颗为 4 等						
因此，在北天区共计有 360 颗星：3 颗为 1 等，18 颗为 2 等，81 颗为 3 等，177 颗为 4 等，58 颗为 5 等，13 颗为 6 等，1 颗为云雾状，9 颗为暗弱星。						

二、中部和近黄道区

星　　座	黄　经		黄　纬			星等
	度	分		度	分	
白羊						
在羊角的两星中西面的一颗，也是一切恒星的第一颗	0	0	北	7	20	暗于 3
在羊角中东面的一颗	1	0	北	8	20	3
在张嘴中两星的北面一颗	4	20	北	7	40	5
偏南的一颗	4	50	北	6	0	5
在颈部	9	50	北	5	30	5
在腰部	10	50	北	6	0	6
在尾部开端处	14	40	北	4	50	5
在尾部三星中西面一颗	17	10	北	1	40	4
中间的一颗	18	40	北	2	30	4
三星中东面一颗	20	20	北	1	50	4
在臀部	13	0	北	1	10	5
在膝部后面	11	20	南	1	30	5

续表 1

星　　座	黄　经		黄　纬			星等
	度	分		度	分	
在后脚尖	8	10	南	5	15	亮于 4
共 13 颗星：2 颗为 3 等，4 颗为 4 等，6 颗为 5 等，1 颗为 6 等						
在白羊座附近						
头上的亮星	3	50	北	10	0	亮于 3
在背部之上最偏北的一颗	15	0	北	10	10	4
在其余三颗暗星中北面一颗	14	40	北	12	40	5
中间的一颗	13	0	北	10	40	5
在这三星中南面一颗	12	30	北	10	40	5
共 5 颗星：1 颗为 3 等，1 颗为 4 等，3 颗为 5 等						
金牛						
在切口的四星中最偏北一颗	19	40	南	6	0	4
在前面一星之后的第二颗	19	20	南	7	15	4
第三颗	18	0	南	8	30	4
第四颗，即最偏南的一颗	17	50	南	9	15	4
在右肩	23	0	南	9	30	5
在胸部	27	0	南	8	0	3
在右膝	30	0	南	12	40	4
在右后踝关节	26	20	南	14	50	4
在左膝	35	30	南	10	0	4
在左后踝关节	36	20	南	13	30	4
在毕星团中，在面部称为“小猪”的五星中位于鼻孔的一颗	32	0	南	5	45	暗于 3
在上面恒星与北面眼睛之间	33	40	南	4	15	暗于 3
在同一颗星与南面眼睛之间	34	10	南	0	50	暗于 3
在同一眼中罗马人称为“巴里里西阿姆”(Palilicium)的一颗亮星①	36	0	南	5	10	1

① 即毕宿五，或金牛座 α 星。

续表 2

星　　座	黄　经		黄　纬			星等
	度	分		度	分	
在北面眼睛中	35	10	南	3	0	暗于 3
在南面牛角端点与耳朵之间	40	30	南	4	0	4
在同一牛角两星中偏南的一颗	43	40	南	5	0	4
偏北的一颗	43	20	南	3	30	5
在同一牛角尖点	50	30	南	2	30	3
在北面牛角端点	49	0	南	4	0	4
在同一牛角夹点也是在牧夫的右脚	49	0	北	5	0	3
在北面耳朵两星中偏北一颗	35	20	北	4	30	5
这两星的偏南一颗	35	0	北	4	0	5
在颈部两小星中西面一颗	30	20	北	0	40	5
东面的一颗	32	20	北	1	0	6
在颈部四边形西边两星中偏南一颗	31	20	北	5	0	5
在同一边偏北的一颗	32	10	北	7	10	5
在东边偏南的一颗	35	20	北	3	0	5
在该边偏北的一颗	35	0	北	5	0	5
在昴星团西边北端一颗称为“威吉莱”(Vergiliae)的星	25	30	北	4	30	5
在同一边南端	25	50	北	4	40	5
昴星团东边很狭窄的顶端	27	0	北	5	20	5
昴星团离最外边甚远的一颗小星	26	0	北	3	0	5
不包括在北牛角尖的一颗，共 32 颗星：1 颗为 1 等，6 颗为 3 等，11 颗为 4 等，13 颗为 5 等，1 颗为 6 等						
在金牛座附近						
在下面，在脚与肩之间	18	20	南	17	30	4
在靠近南牛角三星中偏西一颗	43	20	南	2	0	5
三星的中间一颗	47	20	南	1	45	5
三星的东面一颗	49	20	南	2	0	5
在同一牛角尖下面两星中北面一颗	52	20	南	6	20	5

续表 3

星座	黄经		黄纬			星等
	度	分		度	分	
南面的一颗	52	20	南	7	40	5
在北牛角下面五星中西面一颗	50	20	北	2	40	5
东面第二颗	52	20	北	1	0	5
东面第三颗	54	20	北	1	20	5
在其余两星中偏北一颗	55	40	北	3	20	5
偏南的一颗	56	40	北	1	15	5
星座外面的 11 颗星：1 颗为 4 等，10 颗为 5 等						
双子						
在西面孩子的头部，北河二①	76	40	北	9	30	2
在东面孩子头部的黄星，北河三②	79	50	北	6	15	2
在西面孩子的左肘	70	0	北	10	0	4
在左臂	72	0	北	7	20	4
在同一孩子的肩胛	75	20	北	5	30	4
在同一孩子的右肩	77	20	北	4	50	4
在东面孩子的左肩	80	0	北	2	40	4
在西面孩子的右边	75	0	北	2	40	5
在东面孩子的左边	76	30	北	3	0	5
在西面孩子的左膝	66	30	北	1	30	3
在东面孩子的左膝	71	35	南	2	30	3
在同一孩子的左腹股沟	75	0	南	0	30	3
在同一孩子的右关节	74	40	南	0	40	3
在四面孩子脚上西面的星	60	0	南	1	30	亮于 4
在同一脚上东面的星	61	30	南	1	15	4
在西面孩子的脚底	63	30	南	3	30	4
在东面孩子的脚背	65	20	南	7	30	3

① 即双子座α星。

② 即双子座β星。

续表 4

星　　座	黄　经		黄　纬			星等
	度	分		度	分	
在同一只脚的底部	68	0	南	10	30	4
共 18 颗星：2 颗为 2 等，5 颗为 3 等，9 颗为 4 等，2 颗为 5 等						
在双子座附近						
在四面孩子脚背西边的星	57	30	南	0	40	4
在同一孩子膝部西面的亮星	59	50	北	5	50	亮于 4
东面孩子左膝的西面	68	30	南	2	15	5
在东面孩子右手东面三星中偏北一颗	81	40	南	1	20	5
中间一颗	79	40	南	3	20	5
在右臂附近三星中偏南一颗	79	20	南	4	30	5
三星东面的亮星	84	0	南	2	40	4
星座外面的 7 颗星：3 颗为 4 等，4 颗为 5 等						
巨蟹						
在胸部云雾中间的星称为“鬼星团”	93	40	北	0	40	云雾状
在四边形西面两星中偏北一颗	91	0	北	1	15	暗于 4
偏南的一颗	91	20	南	1	10	暗于 4
在东面称为“阿斯”(Ass)的两星中偏北一颗[94]	93	40	北	2	40	亮于 4
南阿斯	94	40	南	0	10	亮于 4
在南面的钳或臂中	99	50	南	5	30	4
在北臂	91	40	北	11	50	4
在北面脚尖	86	0	北	1	0	5
在南面脚尖	90	30	南	7	30	亮于 4
共 9 颗星：7 颗为 4 等，1 颗为 5 等，1 颗为云雾状						
在巨蟹附近						
在南钳肘部上面	103	0	南	2	40	暗于 4
同一钳尖端的东面	105	0	南	5	40	暗于 4
在小云雾上面两星中朝西一颗	97	20	北	4	50	5
在上面一颗星东面	100	20	北	7	15	5

续表 5

星　　座	黄　经		黄　纬			星等
	度	分		度	分	
星座外面的 4 颗星：2 颗为 4 等，2 颗为 5 等						
狮子						
在鼻孔	101	40	北	10	0	4
在张开的嘴中	104	30	北	7	30	4
在头部两星中偏北一颗	107	40	北	12	3	
偏南的一颗	107	30	北	9	30	亮于 3
在颈部三星中偏北一颗	113	30	北	11	0	3
中间的一颗(95)	115	30	北	8	30	2
三星中偏南一颗	114	0	北	4	30	3
在心脏，称为“小王”或轩辕十四①	115	50	北	0	10	1
在胸部两星中偏南一颗	116	50	南	1	50	4
离心脏的星稍偏西	113	20	南	0	15	5
在右前腿膝部	110	40		0	0	5
在右脚爪(96)	117	30	南	3	40	6
在左前腿膝部	122	30	南	4	10	4
在左脚爪	115	50	南	4	15	4
在左腋窝	122	30	南	0	10	4
在腹部三星中偏西一颗	120	20	北	4	0	6
偏东两星中北面一颗	126	20	北	5	20	6
南面一颗	125	40	北	2	20	6
在腰部两星中西面一颗	124	40	北	12	15	5
东面一颗	127	30	北	13	40	2
在臀部两星中北面一颗	127	40	北	11	30	5
南面一颗	129	40	北	9	40	3
在后臀	133	40	北	5	50	3
在腿弯处	135	0	北	1	15	4

① 即狮子座α星。

续表 6

星座	黄经		黄纬			星等
	度	分		度	分	
在后腿关节	135	0	南	0	50	4
在后脚	134	0	南	3	0	5
在尾梢	137	50	北	11	50	暗于 1
共 27 颗星：2 颗为 1 等，2 颗为 2 等，6 颗为 3 等，8 颗为 4 等，5 颗为 5 等，4 颗为 6 等						
在狮子座附近						
在背部之上两星中西面一颗	119	20	北	13	20	5
东面一颗	121	30	北	15	30	5
在腹部之下三星中北面一颗	129	50	北	1	10	暗于 4
中间一颗	130	30	南	0	30	5
三星的南面一颗	132	20	南	2	40	5
在狮子座和大熊座最外面恒星之间的云状物中最偏北的星称为“贝列尼塞(Berenice)之发”	138	10	北	30	0	明亮
在南面两星中偏西一颗	133	50	北	25	0	暗弱
偏东一颗，形成常春藤叶	141	50	北	25	30	暗弱
星座外面的 8 颗星：1 颗为 4 等，4 颗为 5 等，1 颗星明亮，2 颗星暗弱						
室女						
在头部二星中偏西南的一颗	139	40	北	4	15	5
偏东北的一颗	140	20	北	5	40	5
在脸部二星中北面的一颗	144	0	北	8	0	5
南面的一颗	143	30	北	5	30	5
在左、南翼尖端	142	20	北	6	0	3
在左翼四星中西面的一颗	151	35	北	1	10	3
东面第二颗	156	30	北	2	50	3
第三颗	160	30	北	2	50	5
四颗星的最后一颗，在东面	164	20	北	1	40	4
在腰带之下右边	157	40	北	8	30	3

续表 7

星座	黄经		黄纬			星等
	度	分		度	分	
在右、北翼三星中西面一颗	151	30	北	13	50	5
其余两星中南面一颗	153	30	北	11	40	6
这两星中北面的一颗，称为“温德米阿特”(Vindemiator)	155	30	北	15	10	亮于 3
在左手称为“钉子”的星	170	0	南	2	0	1
在腰带下面和在右臀	168	10	北	8	40	3
在左臀四边形西面二星中偏北一颗	169	40	北	2	20	5
偏南一颗	170	20	北	0	10	6
在东面二星中偏北一颗	173	20	北	1	30	4
偏南一颗	171	20	北	0	20	5
在左膝	175	0	北	1	30	5
在右臀东边	171	20	北	8	30	5
在长袍上的中间一颗星	180	0	北	7	30	4
南面一颗	180	40	北	2	40	4
北面一颗	181	40	北	11	40	4
在左、南脚	183	20	北	0	30	4
在右、北脚	186	0	北	9	50	3
共 26 颗星：1 颗为 1 等，7 颗为 3 等，6 颗为 4 等，10 颗为 5 等，2 颗为 6 等						
在室女座附近						
在左臂下面成一直线的三星中西面一颗	158	0	南	3	30	5
中间一颗	162	20	南	3	30	5
东面一颗	165	35	南	3	20	5
在钉子下面成一直线的三星中西面一颗	170	30	南	7	20	6
中间一颗，为双星	171	30	南	8	20	5
三星中东面一颗	173	20	南	7	50	6
星座外面的 6 颗星：4 颗为 5 等，2 颗为 6 等						
脚爪(今天秤)						
在南爪尖端两星中的亮星	191	20	北	0	40	亮于 2

续表 8

星　　座	黄　经		黄　纬			星等
	度	分		度	分	
北面较暗的星	190	20	北	2	30	5
在北爪尖端两星中的亮星	195	30	北	8	30	2
上面一星西面较暗的星	191	0	北	8	30	5
在南爪中间	197	20	北	1	40	4
在同一爪中西面的一颗	194	40	北	1	15	4
在北爪中间	200	50	北	3	45	4
在同一爪中东面的一颗	206	20	北	4	30	4
共 8 颗星：2 颗为 2 等，4 颗为 4 等，2 颗为 5 等						
在脚爪座附近						
在北爪北面三星中偏西的一颗	199	30	北	9	0	5
在东面两星中偏南的一颗	207	0	北	6	40	4
这两星中偏北的一颗	207	40	北	9	15	4
在两爪之间三星中东面的一颗	205	50	北	5	30	6
在西面其他两星中偏北的一颗	203	40	北	2	0	4
偏南的一颗	204	30	北	1	30	5
在南爪之下三星中偏西的一颗	196	20	南	7	30	3
在东面其他两星中偏北的一颗	204	30	南	8	10	4
偏南的一颗	205	20	南	9	40	4
星座外面的 9 颗星：1 颗为 3 等，5 颗为 4 等，2 颗为 5 等，1 颗为 6 等						
天蝎						
在前额三颗亮星中北面的一颗	209	40	北	1	20	亮于 3
中间的一颗	209	0	南	1	40	3
三星中南面的一颗	209	0	南	5	0	3
更偏南在脚上	209	20	南	7	50	3
在两颗密接星中北面的亮星	210	20	北	1	40	4
南面的一颗	210	40	北	0	30	4
在蝎身上三颗亮星中西面的一颗	214	0	南	3	45	3

续表 9

星　座	黄　经		黄　纬			星等
	度	分		度	分	
居中的红星，称为心宿二①	216	0	南	4	0	亮于 2
三星中东面的一颗	217	50	南	5	30	3
在最后脚爪的两星中西面的一颗	212	40	南	6	10	5
东面的一颗	213	50	南	6	40	5
在蝎身第一段中	221	50	南	11	0	3
在第二段中	222	10	南	15	0	4
在第三段的双星中北面的一颗	223	20	南	18	40	4
双星中南面的一颗	223	30	南	18	0	3
在第四段中(100)	226	30	南	19	30	3
在第五段中	231	30	南	18	50	3
在第六段中	233	50	南	16	40	3
在第七段中靠近蝎螯的星	232	20	南	15	10	3
在螯内两星中东面的一颗	230	50	南	13	20	3
西面的一颗	230	20	南	13	30	4
共 21 颗星：1 颗为 2 等，13 颗为 3 等，5 颗为 4 等，2 颗为 5 等						
在天蝎座附近						
在蝎螯东面的云雾状恒星	234	30	南	13	15	云雾状
在螯子北面两星中偏西一颗	228	50	南	0	10	5
偏东一颗	232	50	南	4	10	5
星座外面的三颗星：2 颗为 5 等，1 颗为云雾状						
人马						
在箭梢	237	50	南	6	30	3
在左手紧握处	241	0	南	6	30	3
在弓的南面	241	20	南	10	50	3
在弓的北面两星中偏南一颗	242	20	南	1	30	3
往北在弓梢处	240	0	北	2	50	4

① 即天蝎座 α 星。

续表 10

星　座	黄　经		黄　纬			星等
	度	分		度	分	
在左肩	248	40	南	3	10	3
在上面一颗星之西，在箭上	246	20	南	3	50	4
在眼中双重云雾状星	248	30	北	0	45	云雾状
在头部三星中偏西一颗	249	0	北	2	10	4
中间一颗	251	0	北	1	30	亮于 4
偏东一颗	252	30	北	2	0	4
在外衣北部三星中偏南一颗	254	40	北	2	50	4
中间一颗	255	40	北	4	30	4
三星中偏北一颗	256	10	北	6	30	4
上述三星之东的暗星	259	0	北	5	30	6
在外衣南部两星中偏北一颗	262	50	北	5	50	5
偏南一颗	261	0	北	2	0	6
在右肩	255	40	南	1	50	5
在右肘	258	10	南	2	50	5
在肩胛	253	20	南	2	30	5
在背部	251	0	南	4	30	亮于 4
在腋窝下面	249	40	南	6	45	3
在左前腿跗关节	251	0	南	23	0	2
在同一条腿的膝部	250	20	南	18	0	2
在右前腿跗关节	240	0	南	13	0	3
在左肩胛	260	40	南	13	30	3
在右前腿的膝部	260	0	南	20	10	3
在尾部起点北边四颗星中偏西一颗	261	0	南	4	50	5
在同一边偏东一颗	261	10	南	4	50	5
在南边偏西一颗	261	50	南	5	50	5
在同一边偏东一颗	263	0	南	6	30	5
共 31 颗：2 颗为 2 等，9 颗为 3 等，9 颗为 4 等，8 颗为 5 等，2 颗为 6 等，1 颗为云雾状						

续表 11

星　　座	黄　经		黄　纬			星等
	度	分		度	分	
摩羯						
在西角三星中北面一颗	270	40	北	7	30	3
中间一颗	271	0	北	6	40	6
三星中南面一颗	270	40	北	5	0	3
在东角尖	272	20	北	8	0	6
在张嘴三星中南面一颗	272	20	北	0	45	6
其他两星中西面一颗	272	0	北	1	45	6
东面一颗	272	10	北	1	30	6
在右眼下面	270	30	北	0	40	5
在颈部两星中北面一颗	275	0	北	4	50	6
南面一颗	275	10	南	0	50	5
在右膝	274	10	南	6	30	4
在弯曲的左膝	275	0	南	8	40	4
在左肩	280	0	南	7	40	4
在腹部下面两颗密接星中偏西一颗	283	30	南	6	50	4
偏东一颗	283	40	南	6	0	5
在兽身中部三星中偏东一颗	282	0	南	4	15	5
在偏西的其他两星中南面一颗	280	0	南	4	0	5
这两星中北面一颗	280	0	南	2	50	5
在背部两星中西面一颗	280	0	南	0	0	4
东面一颗	284	20	南	0	50	4
在条笼南部两星中偏西一颗	286	40	南	4	45	4
偏东一颗	288	20	南	4	30	4
在尾部起点两星中偏西一颗	288	10	南	2	10	3
偏东一颗	289	40	南	2	0	3
在尾巴北部四星中偏西一颗	290	10	南	2	20	4
其他三星中偏南一颗	292	0	南	5	0	5

续表 12

星座	黄经		黄纬			星等
	度	分		度	分	
中间一颗	291	0	南	2	50	5
偏北一颗，在尾梢	292	0	北	4	20	5
共 28 颗星：4 颗为 3 等，9 颗为 4 等，9 颗为 5 等，6 颗为 6 等						
宝瓶						
在头部	293	40	北	15	45	5
在右肩，较亮一颗	299	44	北	11	0	3
较暗一颗	298	30	北	9	40	5
在左肩	290	0	北	8	50	3
在腋窝下面	290	40	北	6	15	5
在左手下面外衣上三星中偏东一颗	280	0	北	5	30	3
中间一颗	279	30	北	8	0	4
三星中偏西一颗	278	0	北	8	30	3
在右肘	302	50	北	8	45	3
在右手，偏北一颗	303	0	北	10	45	3
在偏南其他两星中西面一颗	305	20	北	9	0	3
东面一颗	306	40	北	8	30	3
在右臀两颗密接星中偏西一颗	299	30	北	3	0	4
偏东一颗	300	20	北	2	10	5
在右臀	302	0	南	0	50	4
在左臀两星中偏南一颗	295	0	南	1	40	4
偏北一颗	295	30	北	4	0	6
在右胫，偏南一南	305	0	南	7	30	3
偏北一颗	304	40	南	5	0	4
在左臀	301	0	南	5	40	5
在左胫两星中偏南一颗	300	40	南	10	0	5
在用手倾出水中的第一颗星	303	20	北	2	0	4
向东，偏南	308	10	北	0	10	4

续表 13

星　　座	黄　经		黄　纬			星等
	度	分		度	分	
向东，在水流第一弯	311	0	南	1	10	4
在上一颗星东面	313	20	南	0	30	4
在第二弯	313	50	南	1	40	4
在东面两星中偏北一颗	312	30	南	3	30	4
偏南一颗	312	50	南	4	10	4
往南甚远处	314	10	南	8	15	5
在上述星之东两颗紧接恒星中偏西一颗	316	0	南	11	0	5
偏东一颗	316	30	南	10	50	5
在水流第三弯三颗星中偏北一颗	315	0	南	14	0	5
中间一颗	316	0	南	14	45	5
三星中偏东一颗	316	30	南	15	40	5
在东面形状相似三星中偏北一颗	310	20	南	14	10	4
中间一颗	310	50	南	15	0	4
三星中偏南一颗	311	40	南	15	45	4
在最后一弯三星中偏西一颗	305	10	南	14	50	4
在偏东两星中南面一颗	306	0	南	15	20	4
北面一颗	306	30	南	14	0	4
在水中最后一星，也是在南鱼口中之星	300	20	南	23	0	1
共 42 颗星：1 颗为 1 等，9 颗为 3 等，18 颗为 4 等，13 颗为 5 等，1 颗为 6 等						
在宝瓶座附近						
在水弯东面三星中偏西的一颗	320	0	南	15	30	4
其他两星中偏北一颗	323	0	南	14	20	4
这两星中偏南一颗	322	20	南	18	15	4
共 3 颗星：都亮于 4						
双鱼						
西鱼：						
在嘴部	315	0	北	9	15	4

续表 14

星座	黄经		黄纬			星等
	度	分		度	分	
在后脑两星中偏南一颗	317	30	北	7	30	亮于 4
偏北一颗	321	30	北	9	30	4
在背部两星中偏西一颗	319	20	北	9	20	4
偏东一颗	324	0	北	7	30	4
在腹部西面一颗	319	20	北	4	30	4
东面一颗	323	0	北	2	30	4
在这条鱼的尾部	329	20	北	6	20	4
沿鱼身从尾部开始第一星	334	20	北	5	45	6
东面一颗	336	20	北	2	45	6
在上述两星之东三颗亮星中偏西一颗	340	30	北	2	15	4
中间一颗	343	50	北	1	10	4
偏东一颗	346	20	南	1	20	4
在弯曲处两小星北面一颗	345	40	南	2	0	6
南面一颗	346	20	南	5	0	6
在弯曲处东面三星中偏西一颗	350	20	南	2	20	4
中间一颗	352	0	南	4	40	4
偏东一颗	354	0	南	7	45	4
在两线交点	356	0	南	8	30	3
在北线上，在交点西面	354	0	南	4	20	4
在上面一星东面三星中偏南一颗	353	30	北	1	30	5
中间一颗	353	40	北	5	20	3
三星中偏北，即为线上最后一颗	353	50	北	9	0	4
东鱼：						
嘴部两星中北面一颗	355	20	北	21	45	5
南面一颗	355	0	北	21	30	5
在头部三小星中东面一颗	352	0	北	20	0	6
中间一颗	351	0	北	19	50	6

续表 15

星　　座	黄　经		黄　纬			星等
	度	分		度	分	
三星中西面一颗	350	20	北	23	0	6
在南鳍三星中西面一颗，靠近仙女左肘	349	0	北	14	20	4
中间一颗	349	40	北	13	0	4
三星中东面一颗	351	0	北	12	0	4
在腹部两星中北面一颗	355	30	北	17	0	4
更南一颗	352	40	北	15	20	4
在东鳍，靠近尾部	353	20	北	11	45	4
共 34 颗星：2 颗为 3 等，22 颗为 4 等，3 颗为 5 等，7 颗为 6 等						
在双鱼座附近						
在西鱼下面四边形北边两星中偏西一颗	324	30	南	2	40	4
偏东一颗	325	35	南	2	30	4
在南边两星中偏西一颗	324	0	南	5	50	4
偏东一颗	325	40	南	5	30	4
星座外面的 4 颗星：都为 4 等						
因此，在黄道区共计有 346 颗星：5 颗为 1 等，9 颗为 2 等，64 颗为 3 等，133 颗为 4 等，105 颗为 5 等，27 颗为 6 等，3 颗为云雾状，除此而外还有发星。我在前面谈到过，天文学家科隆(Conon)称之为“贝列尼塞之发”[105]						

三、南天区

星　　座	黄　经		黄　纬			星等
	度	分		度	分	
鲸鱼						
在鼻孔尖端	11	0	南	7	45	4
在颚部三星中东面一颗	11	0	南	11	20	3
中间一颗，在嘴正中	6	0	南	11	30	3
三星西面一颗，在面颊上	3	50	南	14	0	3
在眼中	4	0	南	8	10	4

续表 1

星座	黄经		黄纬			星等
	度	分		度	分	
在头发中，偏北	5	30	南	6	20	4
在鬃毛中，偏西	1	0	南	4	10	4
在胸部四星中偏西两星的北面一颗	355	20	南	24	30	4
南面一颗	356	40	南	28	0	4
偏东两星的北面一颗	0	0	南	25	10	4
南面一颗	0	20	南	27	30	3
在鱼身三星的中间一颗	345	20	南	25	20	3
南面一颗	346	20	南	30	30	4
三星中北面一颗	348	20	南	20	0	3
靠近尾部两星中东面一颗	343	0	南	15	20	3
西面一颗	338	20	南	15	40	3
在尾部四边形中东面两星偏北一颗	335	0	南	11	40	5
偏南一颗	334	0	南	13	40	5
西面其余两星中偏北一颗	332	40	南	13	0	5
偏南一颗	332	20	南	14	0	5
在尾巴北梢	327	40	南	9	30	3
在尾巴南梢	329	0	南	20	20	3
共 22 颗星：10 颗为 3 等，8 颗为 4 等，4 颗为 5 等						
猎户						
在头部的云雾状星	50	20	南	16	30	云雾状
在右肩的亮红星	55	20	南	17	0	1
在左肩	43	40	南	17	30	亮于 2
在前面一星之东	48	20	南	18	0	暗于 4
在右肘	57	40	南	14	30	4
在右前臂	59	40	南	11	50	6
在右手四星的南边两星中偏东一颗	59	50	南	10	40	4
偏西一颗	59	20	南	9	45	4

续表 2

星座	黄经		黄纬			星等
	度	分		度	分	
北边两星中偏东一颗	60	40	南	8	15	6
同一边偏西一颗	59	0	南	8	15	6
在棍子上两星中偏西一颗	55	0	南	3	45	5
偏东一颗	57	40	南	3	15	5
在背部成一条直线的四星中东面一颗	50	50	南	19	40	4
向西，第二颗	49	40	南	20	0	6
向西，第三颗	48	40	南	20	20	6
向西，第四颗	47	30	南	20	30	5
在盾牌上九星中最偏北一颗	43	50	南	8	0	4
第二颗	42	40	南	8	10	4
第三颗	41	20	南	10	15	4
第四颗	39	40	南	12	50	4
第五颗	38	30	南	14	15	4
第六颗	37	50	南	15	50	3
第七颗	38	10	南	17	10	3
第八颗	38	40	南	20	20	3
这些星中余下的最偏南一颗	39	40	南	21	30	3
在腰带上三颗亮星中偏西一颗	48	40	南	24	10	2
中间一颗	50	40	南	24	50	2
在成一直线的三星中偏东一颗	52	40	南	25	30	2
在剑柄	47	10	南	25	50	3
在剑上三星中北面一颗	50	10	南	28	40	4
中间一颗	50	0	南	29	30	3
南面一颗	50	20	南	29	50	暗于 3
在剑梢两星中东面一颗	51	0	南	30	30	4
西面一颗	49	30	南	30	50	4
在左脚的亮星，也在波江座	42	30	南	31	30	1

续表 3

星　　座	黄　经		黄　纬			星等
	度	分		度	分	
在左胫	44	20	南	30	15	亮于 4
在左脚后跟	46	40	南	31	10	4
在右膝	53	30	南	33	30	3
共 38 颗星：2 颗为 1 等，4 颗为 2 等，8 颗为 3 等，15 颗为 4 等，3 颗为 5 等，5 颗为 6 等，还有 1 颗为云雾状						
波江						
在猎户左脚外面，在波江的起点	41	40	南	31	50	4
在猎户腿弯处，最偏北的一颗星	42	10	南	28	15	4
在上面一颗星东面两星中偏东一颗	41	20	南	29	50	4
偏西一颗	38	0	南	28	15	4
在其次两星中偏东一颗	36	30	南	25	15	4
偏西一颗	33	30	南	25	20	4
在上面一颗星之后三星中偏东一颗	29	40	南	26	0	4
中间一颗	29	0	南	27	0	4
三星中偏西一颗	26	10	南	27	50	4
在甚远处四星中东面一颗	20	20	南	32	50	3
在上面一星之西	18	0	南	31	0	4
向西，第三颗星	17	30	南	28	50	3
四星中最偏西一颗	15	30	南	28	0	3
在其他四星中，同样在东面的一颗	10	30	南	25	30	3
在上面一星之西	8	10	南	23	50	4
比上面一星更偏西	5	30	南	23	10	3
四星中最偏西一颗	3	50	南	23	15	4
在波江弯曲处，与鲸鱼胸部相接	358	30	南	32	10	4
在上面一星之东	359	10	南	34	50	4
在东面三星中偏西一颗	2	10	南	38	30	4
中间一颗	7	10	南	38	10	4

续表 4

星　　座	黄经		黄纬			星等
	度	分		度	分	
三星中偏东一颗	10	50	南	39	0	5
在四边形西面两星中偏北一颗	14	40	南	41	30	4
偏南一颗	14	50	南	42	30	4
在东边的偏西一颗	15	30	南	43	20	4
这四星中东面一颗	18	0	南	43	20	4
朝东两密接恒星中北面一颗	27	30	南	50	20	4
偏南一颗	28	20	南	51	45	4
在弯曲处两星东面一颗	21	30	南	53	50	4
西面一颗	19	10	南	53	10	4
在剩余范围内三星中东面一颗	11	10	南	53	0	4
中间一颗	8	10	南	53	30	4
三星中西面一颗	5	10	南	52	0	4
在波江终了处的亮星	353	30	南	53	30	1
共 34 颗星：1 颗为 1 等，5 颗为 3 等，27 颗为 4 等，1 颗为 5 等						
天兔						
在两耳四边形西边两星中偏北一颗	43	0	南	35	0	5
偏南一颗	43	10	南	36	30	5
东边两星中偏北一颗	44	40	南	35	30	5
偏南一颗	44	40	南	36	40	5
在下巴	42	30	南	39	40	亮于 4
在左前脚末端	39	30	南	45	15	亮于 4
在兔身中央	48	50	南	41	30	3
在腹部下面	48	10	南	44	20	3
在后脚两星中北面一颗	54	20	南	44	0	4
偏南一颗	52	20	南	45	50	4
在腰部	53	20	南	38	20	4
在尾梢	56	0	南	38	10	4

续表 5

星座	黄经		黄纬			星等
	度	分		度	分	
共 12 颗星：2 颗为 3 等，6 颗为 4 等，4 颗为 5 等						
大犬						
在嘴部最亮的恒星称为“犬星”[1]	71	0	南	39	10	最亮的1等星
在耳朵处	73	0	南	35	0	4
在头部	74	40	南	36	30	5
在颈部两星中北面一颗	76	40	南	37	45	4
南面一颗	78	40	南	40	0	4
在胸部	73	50	南	42	30	5
在右膝两星中北面一颗	69	30	南	41	15	5
南面一颗	69	20	南	41	20	3
在左膝两星中西面一颗	68	0	南	46	30	5
东面一颗	69	30	南	45	50	5
在左肩两星中偏东一颗	78	0	南	46	0	4
偏西一颗	75	0	南	47	0	5
在左臀	80	0	南	48	45	暗于 3
在腹部下面大腿之间	77	0	南	51	30	3
在右脚背	76	20	南	55	10	4
在右脚尖	77	0	南	55	40	3
在尾梢	85	30	南	50	30	暗于 3
共 18 颗星：1 颗为 1 等，5 颗为 3 等，5 颗为 4 等，7 颗为 5 等						
在大犬座附近						
大犬头部北面	72	50	南	25	15	4
在后脚下面一条直线上南面的星	63	20	南	60	30	4
偏北一星	64	40	南	58	45	4
比上面一星更偏北	66	20	南	57	0	4

① 又称天狼星(即大犬座α星)。

续表 6

星　　座	黄　经		黄　纬			星等
	度	分		度	分	
这四星中最后的、最偏北的一颗	67	30	南	56	0	4
在西面几乎成一条直线三星中偏西一颗	50	20	南	55	30	4
中间一颗	53	40	南	57	40	4
三星中偏东一颗	55	40	南	59	30	4
在上面一星之下两亮星中东面一颗	52	20	南	59	40	2
西面一颗	49	20	南	57	40	2
最后一颗，比上述各星都偏南	45	30	南	59	30	4
共 11 颗星：2 颗为 2 等，9 颗为 4 等						
小犬						
在颈部	78	20	南	14	0	4
在大腿处的亮星：南河三①	82	30	南	16	10	1
共 2 颗星：1 颗为 1 等，1 颗为 4 等						
南船						
在船尾两星中西面一颗	93	40	南	42	40	5
东面一颗	97	40	南	43	20	3
在船尾两星中北面一颗	92	10	南	45	0	4
南面一颗	92	10	南	46	0	4
在上面两星之西	88	40	南	45	30	4
盾牌中央的亮星	89	40	南	47	15	4
在盾牌下面三星中偏西一颗	88	40	南	49	45	4
偏东一颗	92	40	南	49	50	4
三星的中间一颗	91	50	南	49	15	4
在舵尾	97	20	南	49	50	4
在船尾龙骨两星中北面一颗	87	20	南	53	0	4
南面一颗	87	20	南	58	30	3
在船尾甲板上偏北一星	93	30	南	53	30	5

① 即小犬座α星。

续表 7

星　　座	黄　经		黄　纬			星等
	度	分		度	分	
在同一甲板上三星中西面一颗	95	30	南	58	30	5
中间一颗	96	40	南	57	15	4
东面一颗	99	50	南	57	45	4
横亘东面的亮星	104	30	南	58	20	2
在上面一星之下两颗暗星中偏西一颗	101	30	南	60	0	5
偏东一颗	104	20	南	59	20	5
在前述亮星之上两星中西面一颗	106	30	南	56	40	5
东面一颗	107	40	南	57	0	5
在小盾牌和樯脚三星中北面一颗	119	0	南	51	30	亮于 4
中间一颗	119	30	南	55	30	亮于 4
三星中南面一颗	117	20	南	57	10	4
在上面一星之下密近两星中偏北一颗	122	30	南	60	0	4
偏南一颗	122	20	南	61	15	4
在桅杆中部两星中偏南一颗	113	30	南	51	30	4
偏北一颗	112	40	南	49	0	4
在帆顶两星中西面一颗	111	20	南	43	20	4
东面一颗	112	20	南	43	30	4
在第三星下面，盾牌东面	98	30	南	54	30	暗于 2
在甲板接合处	100	50	南	51	15	2
在位于龙甲上的桨之间	95	0	南	63	0	4
在上面一星之东的暗星	102	20	南	64	30	0
在上面一星之东，在甲板上的亮星	113	20	南	63	50	2
偏南，在龙骨下面的亮星	121	50	南	69	40	2
在上面一星之东三星中偏西一颗	128	30	南	65	40	3
中间一颗	134	40	南	65	50	3
偏东一颗	139	20	南	65	50	2
在东面接合处两星中偏西一颗	144	20	南	62	50	3

续表 8

星　　座	黄　经		黄　纬			星等
	度	分		度	分	
偏东一颗	151	20	南	62	15	3
在西北桨上偏西一星	57	20	南	65	50	亮于 4
偏东一星	73	30	南	65	40	亮于 3
在其余一桨上西面一星，称为老人星①	70	30	南	75	0	1
其余一星，在上面一星东面	82	20	南	71	50	亮于 3
共 45 颗星：1 颗为 1 等，6 颗为 2 等，8 颗为 3 等，22 颗为 4 等，7 颗为 5 等，1 颗为 6 等						
长蛇						
在头部五星的西面两星中，在鼻孔中的偏南一星	97	20	南	15	0	4
两星中在眼部偏北一星	98	40	南	13	40	4
两星中在张嘴中偏南一星	98	50	南	14	45	4
在上述各星之东，在面颊上	100	50	南	12	15	4
在颈部开端处两星的偏西一颗	103	40	南	11	50	5
偏东一颗	106	40	南	13	30	4
在颈部弯曲处三星的中间一颗	111	40	南	15	20	4
在上面一星之东	114	0	南	14	50	4
最偏南一星	111	40	南	17	10	4
在南面两颗密近恒星中偏北的暗星	112	30	南	19	45	6
这两星中在东南面的亮星	113	20	南	20	30	2
在颈部弯曲处之东三星中偏西一颗	119	20	南	26	30	4
偏东一颗	124	30	南	23	15	4
这三星的中间一颗	122	0	南	26	0	4
在一条直线上三星中西面一颗	131	20	南	24	30	3
中间一颗	133	20	南	23	0	4
东面一颗	136	20	南	22	10	3

① 即船底座α星。

续表 9

星座	黄经		黄纬			星等
	度	分		度	分	
在巨爵底部下面两星中偏北一颗	144	50	南	25	45	4
偏南一颗	145	40	南	30	10	4
在上面一星东面三角形中偏西一颗	155	30	南	31	20	4
这些星中偏南一颗	157	50	南	34	10	4
在同样三星中偏东一颗	159	30	南	31	40	3
在乌鸦东面，靠近尾部	173	20	南	13	30	4
在尾梢	186	50	南	17	30	4
共 25 颗星：1 颗为 2 等，3 颗为 3 等，19 颗为 4 等，1 颗为 5 等，1 颗为 6 等						
在长蛇座附近						
在头部南面	96	0	南	23	15	3
在颈部各星之东	124	20	南	26	0	3
星座外面的 2 颗星均为 3 等						
巨爵						
在杯底，也在长蛇	139	40	南	23	0	4
在杯中两星的南面一颗	146	0	南	19	30	4
这两星中北面一颗	143	30	南	18	0	4
在杯嘴南边缘[116]	150	20	南	18	30	亮于 4
在北边缘	142	40	南	13	40	4
在南柄	152	30	南	16	30	暗于 4
在北柄	145	0	南	11	50	4
共 7 颗星均为 4 等						
乌鸦						
在嘴部，也在长蛇	158	40	南	21	30	3
在颈部	157	40	南	19	40	3
在胸部	160	0	南	18	10	5
在右、西翼	160	50	南	14	50	3
在东翼两星中西面一颗	160	0	南	12	30	3

续表 10

星　　座	黄　经		黄　纬			星等
	度	分		度	分	
东面一颗	161	20	南	11	45	4
在脚尖，也在长蛇	163	50	南	18	10	3
共 7 颗星：5 颗为 3 等，1 颗为 4 等，1 颗为 5 等						
半人马						
在头部四星中最偏南一颗	183	50	南	21	20	5
偏北一星	183	20	南	13	50	5
在中间两星中偏西一颗	182	30	南	20	30	5
偏东一颗，即四星中最后一颗	183	20	南	20	0	5
在左、西肩	179	30	南	25	30	3
在右肩	189	0	南	22	30	3
在背部左边	182	30	南	17	30	4
在盾牌四星的西面两星中偏北一颗	191	30	南	22	30	4
偏南一颗	192	30	南	23	45	4
在其余两星中在盾牌顶部一颗	195	20	南	18	15	4
偏南一颗	196	50	南	20	50	4
在右边三星中偏西一颗	186	40	南	28	20	4
中间一颗	187	20	南	29	20	4
偏东一颗	188	30	南	28	0	4
在右臂	189	40	南	26	30	4
在右肘	196	10	南	25	15	3
在右手尖端	200	50	南	24	0	4
在人体开始处的亮星	191	20	南	33	30	3
两颗暗星中东面一颗	191	0	南	31	0	5
西面一颗	189	50	南	30	20	5
在背部关节处	185	30	南	33	50	5
在上面一星之西，在马背上	182	20	南	37	30	5
在腹股沟三星中东面一颗	179	10	南	40	0	3

续表 11

星　　座	黄　经		黄　纬			星等
	度	分		度	分	
中间一颗	178	20	南	40	20	4
三星中西面一颗	176	0	南	41	0	5
在右臂两颗密近恒星中西面一颗	176	0	南	46	10	2
东面一颗	176	40	南	46	45	4
在马翼下面胸部	191	40	南	40	45	4
在腹部两星中偏西一颗	179	50	南	43	0	2
偏东一颗	181	0	南	43	45	3
在右脚背	183	20	南	51	10	2
在同脚小腿	188	40	南	51	40	2
在左脚背	188	40	南	55	10	4
在同脚肌肉下面	184	30	南	55	40	4
在右前脚顶部	181	40	南	41	10	1
在左膝	197	30	南	45	20	2
在右大腿之下星座外面	188	0	南	49	10	3
共 37 颗星：1 颗为 1 等，5 颗为 2 等，7 颗为 3 等，15 颗为 4 等，9 颗为 5 等						
半人马所捕之兽①						
在后脚顶部，靠近半人马之手	201	20	南	24	50	3
在同脚之背	199	10	南	20	10	3
肩部两星中西面一颗	204	20	南	21	15	4
东面一颗	207	30	南	21	0	4
在兽身中部	206	20	南	25	10	4
在腹部	203	30	南	27	0	5
在臀部	204	10	南	29	0	5
在臀部关节两星中北面一颗	208	0	南	28	30	5
南面一颗	207	0	南	30	0	5
在腰部上端	208	40	南	33	10	5

① 现为豺狼座。

续表 12

星　　座	黄　经		黄　纬			星等
	度	分		度	分	
在尾梢三星中偏南一颗	195	20	南	31	20	5
中间一颗	195	10	南	30	0	4
三星中偏北一颗	196	20	南	29	20	4
在咽喉处两星中偏南一颗	212	40	南	15	20	4
偏北一颗	212	40	南	15	20	4
在张嘴处两星中西面一颗	209	0	南	13	30	4
东面一颗	210	0	南	12	50	4
在前脚两星中南面一颗	240	40	南	11	30	4
偏北一颗	239	50	南	10	0	4
共 19 颗星：2 颗为 3 等，11 颗为 4 等，6 颗为 5 等						
天炉						
在底部两星中偏北一颗	231	0	南	22	40	5
偏南一颗	233	40	南	25	45	4
在小祭坛中央	229	30	南	26	30	4
在火盆中三星的偏北一颗	224	0	南	30	20	5
在密近两星中南面一颗	228	30	南	34	10	4
北面一颗	228	20	南	33	20	4
在炉火中央	224	10	南	34	10	4
共 7 颗星：5 颗为 4 等，2 颗为 5 等						
南冕						
在南边缘外面，向西	242	30	南	21	30	4
在上一颗星之东，在冕内	245	0	南	21	0	5
在上一颗星之东	246	30	南	20	20	5
更偏东	248	10	南	20	0	4
在上一颗星之东，在人马膝部之西	249	30	南	18	30	5
向北，在膝部的亮星	250	40	南	17	10	4
偏北	250	10	南	16	0	4

续表 13

星　　座	黄　经		黄　纬			星等
	度	分		度	分	
更偏北	249	50	南	15	20	4
在北边缘两星中东面一颗	248	30	南	15	50	6
西面一颗	248	0	南	14	50	6
在上面两星之西甚远处	245	10	南	14	40	5
更偏西	243①	0	南	15	50	5
偏南，剩余一星	242	0	南	18	30	5
共 13 颗星：5 颗为 4 等，6 颗为 5 等，2 颗为 6 等						
南鱼						
在嘴部，即在波江边缘	300	20	南	23	0	1
在头部三星中西面一颗	294	0	南	21	20	4
中间一颗	297	30	南	22	15	4
东面一颗	299	0	南	22	30	4
在鳃部	297	40	南	16	15	4
在南鳍和背部	288	30	南	19	30	5
腹部两星偏东一颗	294	30	南	15	10	5
偏西一颗	292	10	南	14	30	4
在北鳍三星中东面一颗	288	30	南	15	15	4
中间一颗	285	10	南	16	30	4
三星中西面一颗	284	20	南	18	10	4
在尾梢	289	20	南	22	15	4
不包括第一颗，共 11 颗星：9 颗为 4 等，2 颗为 5 等						
在南鱼座附近						
在鱼身西面的亮星中偏西一颗	271	20	南	22	20	3
中间一颗	274	30	南	22	10	3
三星中偏东一颗	277	20	南	21	0	3
在上面一星西面的暗星	275	20	南	20	50	5

① 英译本为 343，有误，据俄译本改正。

续表 14

星　　座	黄　经		黄　纬			星等
	度	分		度	分	
在北面其余星中偏南一颗	277	10	南	16	0	4
偏北一颗	277	10	南	14	50	4
共 6 颗星：3 颗为 3 等，2 颗为 4 等，1 颗为 5 等						
在南天区共有 316 颗星：7 颗为 1 等，18 颗为 2 等，60 颗为 3 等，167 颗为 4 等，54 颗为 5 等，9 颗为 6 等，1 颗为云雾状。因此，总共为 1022 颗星：15 颗为 1 等，45 颗为 2 等，208 颗为 3 等，474 颗为 4 等，216 颗为 5 等，50 颗为 6 等，9 颗暗弱，5 颗为云雾状。						

第 三 卷

第一章　二分点与二至点的岁差

描述了恒星的现象以后，接下来该讨论与周年运转有关的问题了。我首先要谈的是二分点的移动，它甚至使人们认为恒星也在运动。(正如我多次指出的[Ⅱ，1]，我总是记得由地球运动产生的圆和极点在天上以类似的形状和相同的方式出现，这些正是这里要讨论的议题。)[这些话是哥白尼在 fol. 71ʳ边缘写下的，后来删掉了。]

我发现古代天文学家没有在从分点或至点量起的回归年或自然年与恒星年之间进行区分。因此他们会认为从南河三升起的地方量起的奥林匹克年与从一个至点量起的年是相等的(因为他们当时还没有发现二者之间的差别)。

但罗得岛的希帕克斯这个思维敏锐的人第一次注意到，这两种年是不等的。在对周年的长度进行更认真的测量时，他发现相对于恒星量出的年要比相对于分点或至点量出的年更长。因此，他认为恒星也在沿着黄道各宫运动，但慢得无法立即察觉[托勒密，《天文学大成》，Ⅲ，1]。然而随着时间的推移，这种运动到了现在已经变得非常明显了。由于这个缘故，目前黄道各宫与恒星的出没已经与古人的描述大相径庭了。我们发现，尽管黄道十二宫在开始的时候与原来的名称和位置相符，但现在它们已经移动很长一段距离了。

不仅如此，这种运动还被发现是不均匀的。为了说明这种不均匀性的原因，天文学家们已经提出了各种不同的解释。有些人认为，处于悬浮状态的宇宙在做着某种振动，就像我们发现的行星黄纬运动一样[Ⅵ，2]。这种振动在两边都有固定极限，先往一个方向前进到头，然后在某一时刻又会返回来，其偏离中心的程度不超过 8°。但这一已经过时的理论不可能再成立，其主要原因是白羊座前额的第一星与春分点的距离现在已经明显超过了 8°的 3 倍(其他恒星也是如此)，而且许多个时代过去了，现在还丝毫没有返回的迹象。还有人认为恒星天球的确向前运动，但速度不均匀，然而却又给不出明确的运动模式。此外，大自然还有一件令人惊奇的事情，那就是现在的黄赤交角并不像托勒密以前那样大。这一点前面已经讲过了。

为了解释这些观测结果，有些人设想出了第九层天球，还有人设想了第十层：他们认为这些现象可以通过这些天球来说明，但他们的努力却以失败而告终。而现在，第十一层天球也即将问世，就好像这么多球仍然不够。借助于地球的运动，通过表明这些球与恒星天球毫无关联，我可以很容易地证明这些球都是多余的。正如我在第一卷[第十一章]已经说明的，这两种运转，即周年赤纬运转和地心的周年运转并非恰好相等，前者的周期要比后者稍短。因此，二分点和二至点似乎都向前运动。这并不是因为恒星天球向东移动了，而是因为赤道向西移动了；赤道对黄道面的倾斜与地轴的偏斜成正比。说赤道倾斜于黄道，这比说较大的黄道倾斜于较小的赤道更合适，因为黄道是在日地距离处由周年运转描出的圆，而赤道则是地球绕轴的周日运动描出的[Ⅰ，11]，黄道要比赤道大得多。于是，那些在二分点的交点和整个黄赤交角会随着时间的流逝而显得超前，而恒星则显得滞后。但以前的天文学家对这种运动的测量及其变化的解释一无所知，原因是没有预见到它慢得出奇，以致这一运转周期仍未测定出来。从人们首次发现它到现在，在这漫长的岁月中它还没有前进一个圆的$\frac{1}{15}$。尽管如此，我将借助于我所了解的整个观测史来阐明这件事情。

第二章　证明二分点与二至点岁差不均匀的观测史

在卡利普斯(Callippus)所说的第一个 76 年周期中的第 36 年，即亚历山大大帝去世后的第30年，第一个关心恒星位置的人——亚历山大城的提摩恰里斯(Timocharis)报告所，室女所持谷穗[即角宿一]与夏至点的经度距离为82 $\frac{1}{3}$°，黄纬为南纬2°；天蝎前额三颗星中最北的一颗亦即天蝎宫的第一星的黄纬为北纬1 $\frac{1}{3}$°，它与秋分点的距离为32°。在同一周期的第48年，他又发现室女所持的谷穗与夏至点的经度距离为82 $\frac{1}{2}$°，黄纬不变。但是在第三个卡利普斯周期的第50年，即亚历山大大帝去世后的第196年，希帕克斯测出狮子胸部的一颗名为轩辕十四的恒星位于夏至点之后29 $\frac{5}{6}$°。接着，在图拉真(Trajan)皇帝在位的第一年，即基督诞生后第99年和亚历山大大帝去世后第422年，罗马几何学家梅内劳斯报告说，室女所持谷穗与夏至点之间的经度距离为86 $\frac{1}{4}$°，而天蝎前额的星与秋分点之间的经度距离为35 $\frac{11}{12}$°。继他们之后，在安敦尼·庇护在位的第二年[Ⅱ，14]，即亚历山大大帝去世后第462年，托勒密测得狮子座的轩辕十四与夏至点之间的经度距离为32 $\frac{1}{2}$°，谷穗与秋分点之间的经度距离为86 $\frac{1}{2}$°，天蝎前额的星与秋分点之间的经度距离为36 $\frac{1}{3}$°，从前面的表可以看出黄纬毫无变化。我是完全按照那些天文学家的报告来回顾这些测量的。

然而，过了很长时间之后，直到亚历山大大帝去世后的第1202年，拉卡(Raqqa)的巴塔尼(al-Battani)才进行了下一次观测，我们对测量结果可以完全信任。在那一年，狮子座的轩辕十四看起来与夏至点之间的经度距离为44°5′，而天蝎额上的星与秋分点之间的经度距离为47°50′。这些恒星的纬度依旧保持不变，所以对此天文学家不再有任何怀疑了。

到了公元1525年，即根据罗马历置闰后的一年，亦即亚历山大大帝去世后的第1849个埃及年，我在普鲁士的弗龙堡(Frombork)对前面多次提及的谷穗作了观测。该星在子午圈上的最大高度约为27°，而我测得弗龙

堡的纬度为 $54°19\frac{1}{2}'$，所以谷穗从赤道算起的赤纬为 $8°40'$。于是它的位置可确定如下：

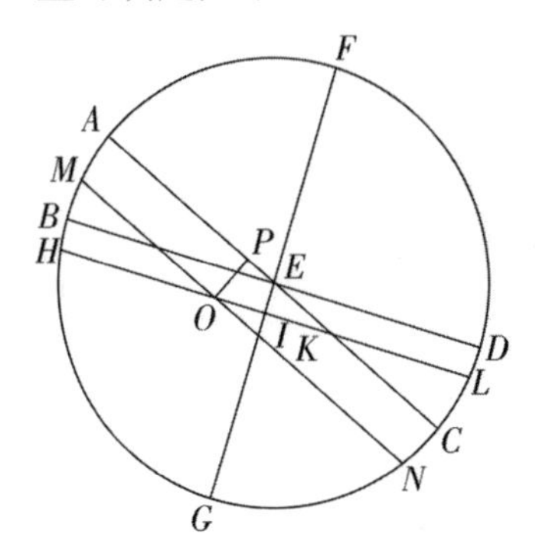

通过黄极和赤极作子午圈 $ABCD$。设它与赤道交于直径 AEC，与黄道面交于直径 BED。设黄道的北极为 F，FEG 为它的轴线。设点 B 为摩羯宫的起点，点 D 为巨蟹宫的起点。设该恒星的南纬弧 $BH=2°$。从点 H 作 HL 平行于 BD。设 HL 截黄道轴于点 L，截赤道于点 K。再根据恒星的南赤纬取弧 $MA=8°40'$。从点 M 作 MN 平行于 AC。MN 将与平行于黄道的 HIL 交于点 O。如果作直线 OP 垂直于 MN 和 AC，则 $OP=\frac{1}{2}$弦 $2AM$。但是，以 FG、HL 和 MN 为直径的圆都垂直于平面 $ABCD$；根据欧几里得《几何原本》Ⅺ，19，它们的交线在点 O 和点 I 垂直于同一平面。因此，根据该书命题 6，这些交线彼此平行。由于点 I 为以 HL 为直径的圆的圆心，所以 OI 等于直径为 HL 的圆上这样一个弧的两倍所对弦的一半，该弧相似于恒星与天秤座起点的经度距离，此弧即为我们所要求的量。

这段弧可以按以下方法求得。由于内错角 $\angle AEB=\angle OKP$，$\angle OPK=90°$，因此，$OP:OK=\frac{1}{2}$弦 $2AB:BE=\frac{1}{2}$弦 $2AH:HIK$，这是因为这些线段所围成的三角形与 OPK 相似。但是弧 $AB=23°28\frac{1}{2}'$，如果取 $BE=100000$，则$\frac{1}{2}$弦 $2AB=39832$。弧 $ABH=25°28\frac{1}{2}'$，$\frac{1}{2}$弦 $2ABH=43010$，赤纬弧 $MA=8°40'$，$\frac{1}{2}$弦 $2MA=15069$。因此，$HIK=107978$，$OK=37831$，相减可得，$HO=70147$。但是，$HOI=\frac{1}{2}$弦 HGL，弧 $HGL=176°$，所以，如果取 BE 为 100000，则 $HOI=99939$。因此，相减可得，$OI=HOI-HO=29792$。但是如果取 $HOI=$半径$=100000$，则 $OI=29810$，与之相应的圆弧约为 $17°21'$。此即室女的谷穗与天秤座起点之间的

距离，恒星的位置可得。

在此之前10年的1515年，我测得其赤纬为8°36′，位于距天秤座起点17°14′处。而托勒密记录的赤纬却仅为$\frac{1}{2}$°[《天文学大成》，Ⅶ，3]，因此它位于室女宫内26°40′处，这比早期的观测要精确一些。

于是，情况看起来足够清楚了，从提摩恰里斯到托勒密的整整432年间，二分点和二至点每100年进动1°，也就是说，如果进动量与时间之比固定不变，那么在此期间二分点和二至点进动了4$\frac{1}{3}$°。而在从希帕克斯到托勒密的266年间，狮子座的轩辕十四与夏至点之间的经度距离移动了2$\frac{2}{3}$°，除以时间也可得，二分点和二至点每100年进动1°。此外，从巴塔尼到梅内劳斯的782年间，天蝎前额上的第一星的经度变化了11°55′。由此可见，移动1°的时间似乎不是100年，而是66年。而从托勒密[到巴塔尼]的741年间，移动1°的时间只需65年。最后，如果把余下的645年与我所测得的9°11′的差值相比较，则移动1°的时间为71年。由此可见，在托勒密之前的400年里，二分点的岁差要小于从托勒密到巴塔尼期间的岁差，而这一时期的岁差也要大于从巴塔尼到现在的岁差。

此外，黄赤交角的运动也会发生变化。萨摩斯的阿里斯塔克求得黄赤交角为23°51′20″，托勒密的结果与此相同，巴塔尼的结果为23°36′，190年后西班牙人查尔卡里(Al-Zarkali)的结果为23°34′，230年后犹太人普罗法修斯(Prophatius)求得的结果大约小了2′。在我们这个时代，它被发现不大于23°28$\frac{1}{2}$′。因此也很清楚，从阿里斯塔克到托勒密的时期变化最小，从托勒密到巴塔尼的时期变化最大。

第三章　用于说明二分点与黄赤交角移动的假说

由上所述，情况似乎已经清楚，二分点与二至点不均匀地移动着。也许没有什么解释能比地轴和赤极有某种飘移运动更好了。根据地球运动的假说，得出这个结论似乎是顺理成章的，因为黄道显然永远不变(恒星的恒定黄纬可以证明这一点)，而赤道却在飘移。正如我已经说过的[Ⅰ，11]，如果地轴的运动与地心运动简单而精确地相符，那么二分点与二至点的岁差就决不会出现。但这两种运动之间的差异是可变的，所以二至点和二分点必然会以一种不均匀的运动超前于恒星的位置。倾角运动也是如此，这种运动会不均匀地改变黄道倾角，尽管这一倾角本来更应当说成是赤道倾角。

由于这个缘故，既然球面上的两极和圆是相互关联和适应的，所以我们应当假定有两种完全由极点完成的振荡运动，就像摆动的天平一样。一种是使极点在交角附近上下起伏来改变圆的倾角，另一种则是通过沿两个方向的交叉运动使二分点与二至点的岁差有所增减。我把这些运动称为“天平动”，因为它们就像在两个端点之间沿同一路径来回摇摆的物体，在中间较快，而在两端最慢。我们以后会看到[Ⅵ，2]，行星的黄纬一般会出现这种运动。此外，这些运动的周期不同，因为二分点非均匀运动的两个周期等于黄赤交角的一个周期。然而每一种看起来不均匀的运动都需要假定一个平均量，从而对这种非均匀运动进行把握，所以这里也有必要假定平均极点、平赤道以及平均二分点和二至点。当地球的两极和赤道圈在固定的极限内转到这些平均位置的任何一边时，那些匀速运动看起来就不均匀了。这两种天平动结合起来，使地球的两极随时间描出的曲线就像是一顶扭曲的小王冠。

但这些单凭语言是很难讲清楚的，仅靠耳朵听也不会理解，还要用眼睛直观。于是，我们在一个球上作出黄道 $ABCD$，设黄道的北极为点 E，摩羯宫的起点为点 A，巨蟹座的起点为点 C，白羊宫的起点为点 B，天秤宫的起点为点 D。过 A、C 两点和极点 E 作圆 AEC。设黄道北极与赤道北极之间的最大距离为 EF，最小距离为 EG，极点的平均位置为点 I，绕点 I 作赤道 BHD，它可称为平赤道，B 和 D 可称为平均二分点。设赤极、二分点和赤道都被带着绕极点 E 不断均匀而缓慢地运动，我已经说过[Ⅲ，

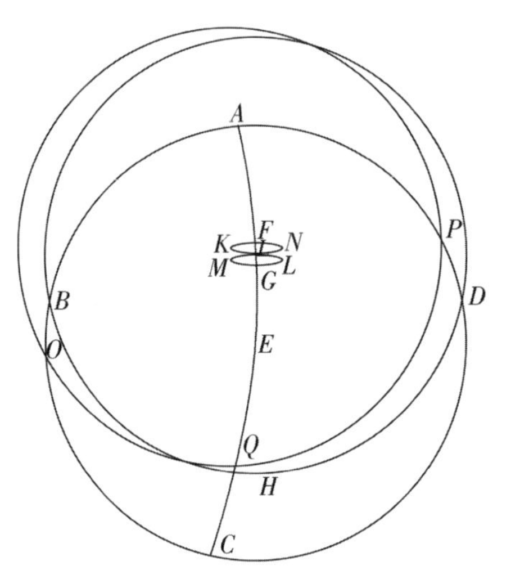

1],这种运动与恒星天球上黄道各宫的次序相反。假定地球两极就像摇摆物体一样有两种相互作用的运动:第一种介于 F 与 G 之间,被称为“近点角的运动”(movement of anomaly),即倾角的非均匀运动;第二种运动东西交替进行,速度是第一种的两倍,我把它称为“二分点的非均匀运动”。这两种运动在地球的两极汇聚,以奇特的方式使极点发生偏转。

首先设地球北极为点 F,绕它所作的赤道将通过圆 $AFEC$ 的两极点 B 和点 D。但这个赤道会使黄赤交角增大一些,增大的量正比于弧 FI。当地极从这个假想的起点 F 向位于 I 处的平均倾角移动时,介入的第二种运动不允许地极沿直线 FI 移动,而是使极点做圆周运动,设偏离的最远点为 K。围绕该点的视赤道 OQP 与黄道的交点不是点 B,而是点 B 后面的点 O,二分点岁差的减小将与弧 BO 成正比。这两种同时进行的运动使极点转而运动到平均位置 I 处。视赤道与均匀赤道或平赤道完全重合。地极到达该点以后,又会向前运行,把视赤道与平赤道分开,并使二分点的岁差增加到另一端点 L。地极到那里以后又会改变方向,它减去刚才二分点岁差所增加的量,直至到达点 G 为止。在这里它使黄赤交角在交点 B 达到最小,二分点和二至点的运动再次变得很慢,情况几乎与在点 F 一样。到了这时,二分点的非均匀运动完成了一个周期,因为它从平均位置先后到达两个端点。但黄赤交角的变化只经过了半个周期,从最大变为最小。随后地极将向后退到最远端点 M,从那里反向后,又会回到平均位置 I,然后又会向前运动到端点 N,最终完成扭线 $FKILGMINF$。因此很明显,在黄赤交角变化的一个周期中,地极向前两次到达端点,向后两次到达端点。

第四章　振荡运动或天平动如何由圆周运动复合出来[①]

我将在后面阐述这一运动是如何与现象相符的。这时有人会问，既然我们当初说[Ⅰ，4]天体的运动是均匀的，或者说是由均匀的圆周运动复合而成的，那么怎样来理解这种天平动的均匀性呢？然而，这里的两种运动看上去都是两端点之间的运动，于是必然会引起运动的停顿。我的确愿意承认它们是成对出现的，但用下面的方法可以证明振荡运动是由均匀运动复合而成的。

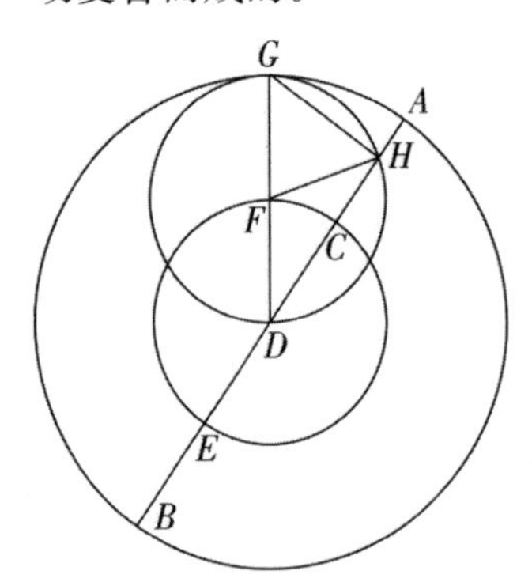

设直线 AB 被 C、D、E 三点四等分。在同一平面绕点 D 作同心圆 ADB 和 CDE，取点 F 为内圆上的任一点。以点 F 为中心、FD 为半径作圆 GHD 交直线 AB 于点 H。作直径 DFG。我们要证明的是，当 GHD 和 CFE 两圆的成对运动共同作用时，可动点 H 将沿同一直线 AB 的两个方向前后滑动。如果点 H 在离开点 F 的相反方向上运动并且移到两倍远处，这种情况就会发生，这是因为$\angle CDF$ 既是圆 CFE 的圆心角，又在 GHD 的圆周上，该角在两个相等的圆上截出两段弧：弧 FC 和两倍于弧 FC 的弧 GH。假设在某一时刻直线 ACD 与 DFG 重合，此时位于点 G 的动点 H 也位于点 A，点 F 位于点 C。然而圆心 F 沿 FC 向右运动，点 H 沿 GH 弧向左移动了两倍于 CF 的距离，或者方向都相反，于是很容易理解，直线 AB 将为点 H 的轨迹，否则就会出

① 在原稿 fol. 75r，第四章原来结尾处有下面一段话，后来被哥白尼删掉了：

有些人称此为“沿圆周宽度的运动”，即沿直径的运动。但稍后我将表明[Ⅲ，5]，它们的周期和大小都可以由圆的周长导出。此外，这里应当顺便指出，如果圆 HG 和圆 CF 不等，其他所有条件保持不变，则它们描出的将不是一条直线，而是一条圆锥或圆柱截线，数学家称之为“椭圆”。不过这些问题我将在别处讨论。

现局部大于整体的情况。但长度等于 AD 的折线 DFH 使点 H 离开了最初的位置点 A 而移动了长度 AH。此距离等于直径 DFG 超过弦 DH 的长度。就这样，点 H 将被带到圆心 D，此时圆 DHG 与直线 AB 相切，GD 与 AB 垂直。随后 H 将到达另一端点 B，并由于同样原因再度从该点返回。

因此明显可见，直线运动是由像这样的两种共同作用的圆周运动复合而成的，振荡运动和不均匀运动是由均匀运动复合而成的。证毕。

由此还可得到，直线 GH 总是垂直于 AB，这是因为直线 DH 和 HG 在一个半圆内张出直角。因此，$GH=\frac{1}{2}$弦 $2AG$，$DH=\frac{1}{2}$弦 $2(90°-AG)$，因为圆 AGB 的直径是圆 HGD 的两倍。

第五章　二分点岁差和黄赤交角不均匀的证明

由于这个缘故，有些人把圆的这种运动称为“沿圆的宽度的运动”，即沿直径的运动。但他们用圆来处理它的周期和均匀性，用弦长来表示它的大小。因此很容易证明，这种运动看起来是不均匀的，在圆心附近较快，而在圆周附近较慢。

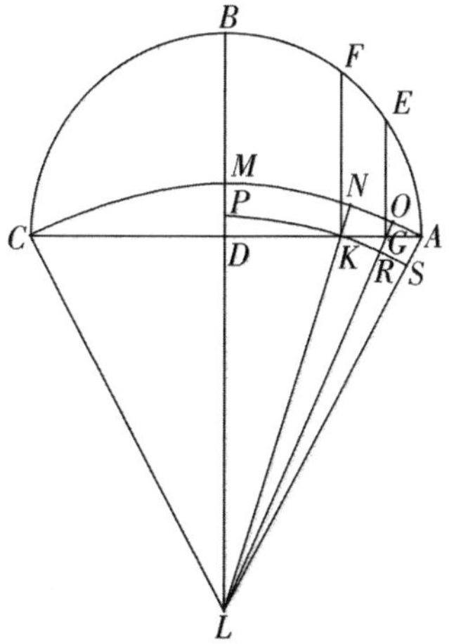

设 ABC 为一个半圆，圆心为点 D，直径为 ADC。把半圆等分于点 B。截取相等的弧 AE 和 BF，从 F、E 两点作 EG 和 FK 垂直于 ADC。由于 $2DK=2$ 弦 BF，$2EG=2$ 弦 AE，所以 $DK=EG$。但根据欧几里得《几何原本》Ⅲ，7，$AG<GE$，因此 $AG<DK$。但因弧 $AE=$弧 BF，所以扫过 GA 和 KD 的时间是一样的，因此在靠近圆周的点 A 处的运动要慢于在圆心 D 附近的运动。

证明了这些以后，取点 L 为地球的中心，于是直线 DL 垂直于半圆面

ABC。以点 L 为中心，过 A、C 两点作弧 AMC。延长直线 LDM。因此半圆 ABC 的极点在 M，ADC 是圆的交线。连接 LA 与 LC，LK 与 LG。把 LK 与 LG 沿直线延长，与弧 AMC 交于点 N 和点 O。$\angle LDK$ 为直角，所以$\angle LKD$ 为锐角，因此 LK 大于 LD，而且在两个钝角三角形中，边 LG 大于边 LK，边 LA 大于边 LG。

因此，以点 L 为圆心，LK 为半径所作的圆会超过 LD，但会与 LG 和 LA 相交。设该圆为 $PKRS$。因为三角形 LDK＜扇形 LPK，而三角形 LGA＞扇形 LRS，所以三角形 LDK：扇形 LPK＜三角形 LGA：扇形 LRS。于是，三角形 LDK：三角形 LGA＜扇形 LPK：扇形 LRS。根据欧几里得《几何原本》Ⅵ，1，三角形 LDK：三角形 LGA＝底边 DK：底边 AG。然而，扇形 LPK：扇形 LRS＝$\angle DLK$：$\angle RLS$＝弧 MN：弧 OA，因此，DK：GA＜MN：OA。但我已经证明了 DK＞GA，于是，MN＞OA。因此，地极在沿近点角的等弧 AE 和 BF 移动时在相等时间内扫过了弧 MN 和弧 OA。证毕。

可是黄赤交角的最大值与最小值之差是如此之小，还不到$\frac{2}{5}$°，因此曲线 AMC 和直线 ADC 之间的区别微乎其微。所以如果我们只用直线 ADC 和半圆 ABC 进行运算，就不会有误差产生。对二分点有影响的地极的另一种运动也是如此，因为它还不到$\frac{1}{2}$°，这一点我们将在下面阐明。

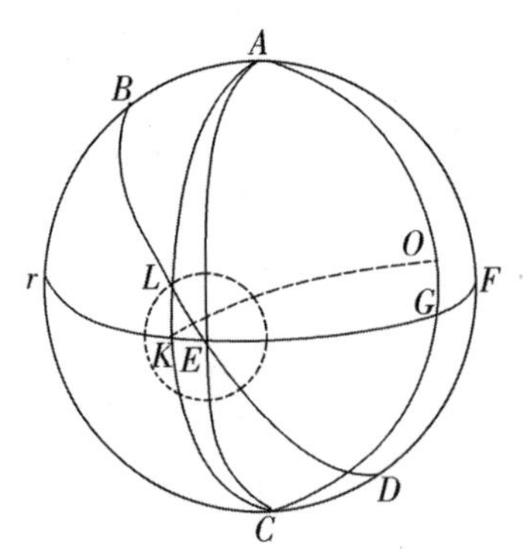

再次设 $ABCD$ 为通过黄极与平赤道极点的圆，我们可以称其为“巨蟹宫的平均分至圈”。设黄道半圆为 DEB，平赤道为 AEC，它们交于点 E，此处即为平均二分点。设赤极为点 F，过该点作大圆 FET，此即平均二分圈或均匀二分圈。为了证明的方便，我们把二分点的天平动与黄赤交角的天平动分开。在二分圈 EF 上截取弧 FG，假设赤道的视极点 G 从平均极点 F 移动了这段距离。以点 G 为极，作视赤道的半圆 $ALKC$ 交黄道于视分点 L，它与平均分点之间的距离由弧 LE 量出，因为弧 EK 与弧 FG 相等。我们可以以点 K 为极作圆 AGC，假定在天平动 FG 发生时，赤极并非保持在位于点 G 的“真”极点不动，而是在第二种天平动的影响下，沿着弧 GO 转向黄道的倾角。因此，尽管黄道 BED 保持固定不动，但真视赤道会根据极点 O 的移动而移动。类似地，视赤道的交点 L 的运动在平均分点 E 附近将较快，在两端点处最慢，这与前已说明的极点天平动大致相符[Ⅲ，3]。这一发现很有价值。

第六章　二分点岁差与黄道倾角的均匀行度

每一种看起来非均匀的圆周运动都占据四个有界区域：在一个区域看来运动很慢，在另一个区域看来运动很快，而在它们中间看来运动为中速。在加速终了而减速开始时，运动的平均速度改变方向，从平均速度增加到最高速度，然后又从高速度降到平均速度，然后在余下部分从平均速度变回到原来的低速度。由此可知，非均匀运动或近点角的位置在某一时刻出现在圆周的哪个部分。从这些性质还可以了解近点角的循环。

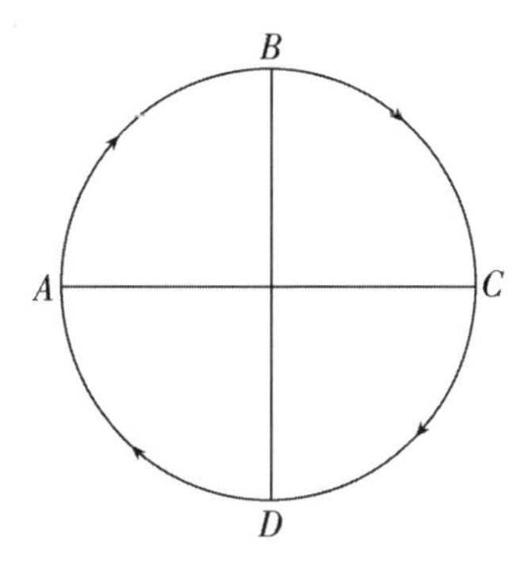

例如，在一个四等分的圆中，设 A 为运动最慢的位置，B 为加速时的平均速度，C 为加速终了而减速开始的速度，D 为减速时的平均速度。前已说过[Ⅲ，2]，与其他时期相比，从提摩恰里斯到托勒密的这段时间里二分点进动的视行度是最慢的。在那段时间的中期，阿里斯蒂洛斯(Aristyllus)、希帕克斯、阿格里帕(Agrippa)和梅内劳斯都曾测得，二分点进动的视行度是规则而匀速的。这证明当时二分点的视行度是最慢的，在那段时间的中期，二分点的视行度开始加速，那时减速的停止与加速的开始相互抵消，使行度看起来是匀速的。因此，提摩恰里斯的观测应当落在圆的最后一部分 DA 内，而托勒密的观测应落在第一象限 AB 内。此外，在从托勒密到拉卡的巴塔尼这第二个时期，发现行度要比第三时期快一些，所以最高速度点 C 是在第二个时期出现的。近点角现在进入了圆的第三象限 CD 内。在从那时起一直到现在的第三时期中，近点角几乎完成了循环，正在返回它在提摩恰里斯时代的起点。如果我们把从提摩恰里斯到现在的 1819 年按照习惯分成 360 份，则根据比例，432 年的弧为 $85\frac{1}{2}°$，742 年为 146°51′，而其余的 645 年为 127°39′。我通过一种简单的推测立即得出了这些结果。但我用更精确的计算重新检验了它们与观测结果的符合程度，发现在 1819 个埃及年中，近点角的行度已经超过了一周 21°24′，一个周期只包含 1717 埃及年。通过这样的计算，我们可以发现第一段圆弧为 90°35′，第二段为 155°34′，而 543 年的第三段将包含余下的 113°51′。

这样得到了结果之后，二分点进动的平均行度也就清楚了。它在同样的 1717 年里为 23°57′，而在这段时期中，整个非均匀性恢复到了初始状态。而在 1819 年里，视行度约为 25°1′。在提摩恰里斯之后的 102 年——1717 年与 1819 年之差——里，视行度必定约为 1°4′，因为当行度尚在减速时，它也许比每 100 年 1°稍大一点。因此，如果从 25°1′中减去 1°4′，则余量就是我所说的 1717 埃及年中的平均均匀行度，该值等于非均匀的视行度 23°57′。因此，二分点进动的整个均匀运转共需 25816 年，在此期间，近点角共完成了大约 $15\frac{1}{28}$圈。

这个计算结果也比二分点的非均匀进动慢一倍[Ⅲ，3]的黄赤交角行度相符。托勒密报告说，自萨摩斯的阿里斯塔克以来到他之前的 400 年间，23°51′20″的黄赤交角根本没有变化，这就表明当时的黄赤交角几乎稳定在最大极限附近，那时当然是二分点进动最慢的时候。目前又接近恢复变慢，然而轴线的倾角并非类似地正在转到最大，而是转到最小。我已经说过[Ⅲ，2]，巴塔尼求得此期间的倾角为 23°35′；在他之后的 190 年，西班牙人查尔卡里求出为 23°34′；而 230 年之后，犹太人普罗法修斯用同样方法求得的数值大约小了 2′；最后，到了我们这个时代，我通过 30 年的反复观测求得它的值约为 $23°28\frac{2}{5}′$，而像格奥尔格·普尔巴赫(George Peurbach)和约翰内斯·雷吉奥蒙塔努斯(Johannes Regiomontanus)这样距离我们最近的前人测定的结果与我的数值相差甚微。[①]

又一桩很清楚的事实，在托勒密之后的 900 年里，黄赤交角的变化要比其他任何时期都大。

因此，既然我们已知岁差非均匀运动的周期为 1717 年，所以在此期间，黄赤交角变化了一半，其整个周期为 3434 年。如果用 3434 年来除 360°，或是用 1717 年来除 180°，则得到的商将是近点角的年行度 6′17″24‴9⁗。把这一数值分配给 365 天，得到日行度为 1″2‴2⁗。

类似地，如果把二分点进动的平均行度——曾经是 23°57′——分配给 1717 年，则得年行度为 50″12‴5⁗；把它分配给 365 天，得到日行度为 8‴15⁗。

为了使这些行度更加清楚，在需要时便于查阅，我将根据年行度的连续等量增加列出它们的表或目录。如果和数超过 60 个单位，则相应的分数或度数就要进 1。为方便起见，我把表扩充到 60 年，因为同一套数字在 60 年之后又会重新出现，只是度和分的名称变了，比如原来是秒的现在成了分，等等。通过这种简化形式的简表，我们仅用两个条目就能获得和推出 3600 年间任何时段的均匀行度。日数也是如此。

在对天体运动进行计算时，我将在各处使用埃及年。在各种历年中，只有埃及年是均等的。测量单位应与被测量量相协调，但对于罗马年、希腊年和波斯年来说，却并没有这种和谐，因为其置闰并不是按照同一种方

---

① 此段的早期草稿为：

1460 年，格奥尔格·普尔巴赫报告说，倾角为 23°，这与前面提到的天文学家们的结果相符，只需加上 28′；1491 年，多米尼科·马利亚·达·诺瓦拉(Domenico Maria da Novara)报告说，整度数加上的分数大于 29′；根据约翰内斯·雷吉奥蒙塔努斯(Johannes Regiomontanus)的说法，为 $23°28\frac{1}{2}′$。(哥白尼本来在正文中引用了普尔巴赫和诺瓦拉的结果，随后在页边空白处加上了对雷吉奥蒙塔努斯的评论。后来他删掉了普尔巴赫—诺瓦拉一段，但忘了删掉雷吉奥蒙塔努斯一段。)

式进行的，而是依照各民族的意愿自行制定的。然而埃及年有确定的365天，毫无含糊之处，它们构成了12个等长的月份。根据埃及人的说法，这些月份依次为：Thoth，Phaophi，Athyr，Chiach，Tybi，Mechyr，Phamenoth，Pharmuthi，Pachon，Pauni，Epiphi和Mesori，它们共包含六组60天和其余的5天闰日。因此，埃及年对于均匀行度的计算最为方便。通过日期的转换，其他任何年份都容易化归为埃及年。

按年份和60年周期计算的二分点岁差的均匀行度[60]基督纪元50°32′

年	黄经					年	黄经				
	60°	°	′	″	‴		60°	°	′	″	‴
1	0	0	0	50	12	31	0	0	25	56	14
2	0	0	1	40	24	32	0	0	26	46	26
3	0	0	2	30	36	33	0	0	27	36	38
4	0	0	3	20	48	34	0	0	28	26	50
5	0	0	4	11	0	35	0	0	29	17	2
6	0	0	5	1	12	36	0	0	30	7	15
7	0	0	5	51	24	37	0	0	30	57	27
8	0	0	6	41	36	38	0	0	31	47	38
9	0	0	7	31	48	39	0	0	32	37	51
10	0	0	8	22	0	40	0	0	33	28	3
11	0	0	9	12	12	41	0	0	34	18	15
12	0	0	10	2	25	42	0	0	35	8	27
13	0	0	10	52	37	43	0	0	35	58	39
14	0	0	11	42	49	44	0	0	36	48	51
15	0	0	12	33	1	45	0	0	37	39	3
16	0	0	13	23	13	46	0	0	38	29	15
17	0	0	14	13	25	47	0	0	39	19	27
18	0	0	15	3	37	48	0	0	40	9	40
19	0	0	15	53	49	49	0	0	40	59	52
20	0	0	16	44	1	50	0	0	41	50	4
21	0	0	17	34	13	51	0	0	42	40	16
22	0	0	18	24	25	52	0	0	43	30	28
23	0	0	19	14	37	53	0	0	44	20	40
24	0	0	20	4	50	54	0	0	45	10	52
25	0	0	20	55	2	55	0	0	46	1	4
26	0	0	21	45	14	56	0	0	46	51	16
27	0	0	22	35	26	57	0	0	47	41	28
28	0	0	23	25	38	58	0	0	48	31	40
29	0	0	24	15	50	59	0	0	49	21	52
30	0	0	25	6	2	60	0	0	50	12	5

按日和60日周期计算的二分点岁差的均匀行度

日	行度					日	行度				
	60°	°	′	″	‴		60°	°	′	″	‴
1	0	0	0	0	8	31	0	0	0	4	15
2	0	0	0	0	16	32	0	0	0	4	24
3	0	0	0	0	24	33	0	0	0	4	32
4	0	0	0	0	33	34	0	0	0	4	40
5	0	0	0	0	41	35	0	0	0	4	48
6	0	0	0	0	49	36	0	0	0	4	57
7	0	0	0	0	57	37	0	0	0	5	5
8	0	0	0	1	6	38	0	0	0	5	13
9	0	0	0	1	14	39	0	0	0	5	21
10	0	0	0	1	22	40	0	0	0	5	30
11	0	0	0	1	30	41	0	0	0	5	38
12	0	0	0	1	39	42	0	0	0	5	46
13	0	0	0	1	47	43	0	0	0	5	54
14	0	0	0	1	55	44	0	0	0	6	3
15	0	0	0	2	3	45	0	0	0	6	11
16	0	0	0	2	12	46	0	0	0	6	11
17	0	0	0	2	20	47	0	0	0	6	27
18	0	0	0	2	28	48	0	0	0	5	36
19	0	0	0	2	36	49	0	0	0	6	44
20	0	0	0	2	45	50	0	0	0	6	52
21	0	0	0	2	53	51	0	0	0	7	0
22	0	0	0	3	1	52	0	0	0	7	9
23	0	0	0	3	9	53	0	0	0	7	17
24	0	0	0	3	18	54	0	0	0	7	25
25	0	0	0	3	26	55	0	0	0	7	33
26	0	0	0	3	34	56	0	0	0	7	42
27	0	0	0	3	42	57	0	0	0	7	50
28	0	0	0	3	51	58	0	0	0	7	58
29	0	0	0	3	59	59	0	0	0	8	6
30	0	0	0	4	7	60	0	0	0	8	15

按年份和60年周期计算的二分点非均匀行度 基督纪元 $6°45'$											
年	行度					年	行度				
	60°	°	′	″	‴		60°	°	′	″	‴
1	0	0	6	17	24	31	0	3	14	59	28
2	0	0	12	34	48	32	0	3	21	16	52
3	0	0	18	52	12	33	0	3	27	34	16
4	0	0	25	9	36	34	0	3	33	51	41
5	0	0	31	27	0	35	0	3	40	9	5
6	0	0	37	44	24	36	0	3	46	26	29
7	0	0	44	1	49	37	0	3	52	43	53
8	0	0	50	19	13	38	0	3	59	1	17
9	0	0	56	36	36	39	0	4	5	18	42
10	0	1	2	54	1	40	0	4	11	36	6
11	0	1	9	11	25	41	0	4	17	53	30
12	0	1	15	28	49	42	0	4	24	10	54
13	0	1	21	46	13	43	0	4	30	28	18
14	0	1	28	3	38	44	0	4	36	45	42
15	0	1	34	21	2	45	0	4	43	3	0
16	0	1	40	38	26	46	0	4	49	20	31
17	0	1	46	55	50	47	0	4	55	37	55
18	0	1	53	13	14	48	0	5	1	55	19
19	0	1	59	30	38	49	0	5	8	12	43
20	0	2	5	48	3	50	0	5	14	30	7
21	0	2	12	5	27	51	0	5	20	47	31
22	0	2	18	22	51	52	0	5	27	4	55
23	0	2	24	40	15	53	0	5	33	22	20
24	0	2	30	57	39	54	0	5	39	39	44
25	0	2	37	15	3	55	0	5	45	57	8
26	0	2	43	32	27	56	0	5	52	14	32
27	0	2	49	49	52	57	0	5	58	31	56
28	0	2	56	7	16	58	0	6	4	49	20
29	0	3	2	24	40	59	0	6	11	6	45
30	0	3	8	42	4	60	0	6	17	24	9

按日和 60 日周期计算的二分点非均匀行度											
日	行度					日	行度				
	60°	°	′	″	‴		60°	°	′	″	‴
1	0	0	0	1	2	31	0	0	0	32	3
2	0	0	0	2	4	32	0	0	0	33	5
3	0	0	0	3	6	33	0	0	0	34	7
4	0	0	0	4	8	34	0	0	0	35	9
5	0	0	0	5	10	35	0	0	0	36	11
6	0	0	0	6	12	36	0	0	0	37	13
7	0	0	0	7	14	37	0	0	0	38	15
8	0	0	0	8	16	38	0	0	0	39	17
9	0	0	0	9	18	39	0	0	0	40	19
10	0	0	0	10	20	40	0	0	0	41	21
11	0	0	0	11	22	41	0	0	0	42	23
12	0	0	0	12	24	42	0	0	0	43	25
13	0	0	0	13	26	43	0	0	0	44	27
14	0	0	0	14	28	44	0	0	0	45	29
15	0	0	0	15	30	45	0	0	0	46	31
16	0	0	0	16	32	46	0	0	0	47	33
17	0	0	0	17	34	47	0	0	0	48	35
18	0	0	0	18	36	48	0	0	0	49	37
19	0	0	0	19	38	49	0	0	0	50	39
20	0	0	0	20	40	50	0	0	0	51	41
21	0	0	0	21	42	51	0	0	0	52	43
22	0	0	0	22	44	52	0	0	0	53	45
23	0	0	0	23	46	53	0	0	0	54	47
24	0	0	0	24	48	54	0	0	0	55	49
25	0	0	0	25	50	55	0	0	0	56	51
26	0	0	0	26	52	56	0	0	0	57	53
27	0	0	0	27	54	57	0	0	0	58	55
28	0	0	0	28	56	58	0	0	0	59	57
29	0	0	0	29	58	59	0	0	1	0	59
30	0	0	0	31	1	60	0	0	1	2	2

第七章　二分点的平均岁差与视岁差的最大差值有多大?[①]

阐明了平均行度以后，我现在要探讨二分点的均匀行度与视行度之间的最大差值，或者近点角的运动所绕小圆的直径。如果已知这些，就可以很容易地定出这些行度之间的其他差值了。正如前面已经指出的[Ⅲ，2]，从提摩恰里斯的首次观测到托勒密于安敦尼·庇护 2 年的观测，共历时 432 年。在此期间，平均行度为 6°，视行度为 4°20′，它们相差 1°40′，二倍近点角的行度为 90°35′。此外，我们已经看到[Ⅲ，6]，在这一时段的中期左右视运动达到最慢，此时视行度必定与平均行度相符，真二分点和平均二分点都必定位于大圆的相同交点上。因此，如果把行度和时间都分成相等的两半，则每一边的非均匀与均匀行度的差值将等于$\frac{5}{6}$°。这些差值在每一边都在近点角圆弧的 45°17 $\frac{1}{2}$′之内。

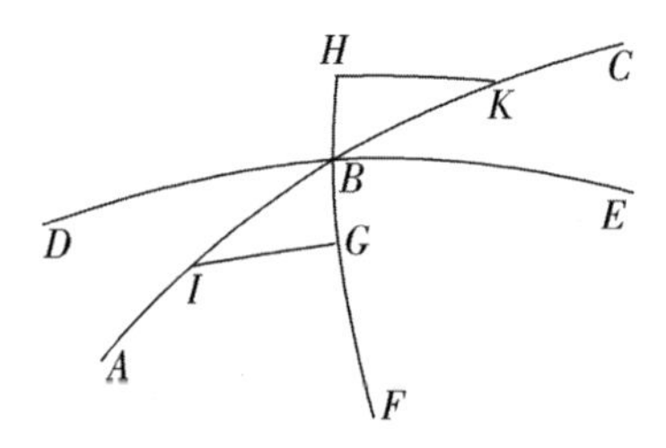

确定了这些之后，设 *ABC* 为黄道的一段弧，*DBE* 为平赤道，点 *B* 为视二分点(或白羊宫或天秤宫)的平均交点。过 *DBE* 的两极作 *BF*。沿弧 *ABC* 截取弧 *BI*＝弧 *BK*＝1°10′，于是相加可得，弧 *IBK*＝1°40′。再引两视赤道弧 *IG* 和 *HK* 与 *FB*(延长到 *FBH*)成直角。尽管 *IG* 和 *IK* 的极点通常都在圆 *BF* 之外，但我还是说“成直角”，这是因为从假说可以看出

① 早期草稿：哥白尼起初用下面这段话作为Ⅲ，7 的开始，但后来删掉了。

既然我已经尽可能解释了二分点岁差的均匀行度和平均行度，我必须追问它与视行度之间的最大差值有多大。通过这个最大差值，我很容易求得个别差值。二倍近点角的运动(即从提摩恰里斯到托勒密的 432 年中二分点的非均匀运动)显然为 90°35′[Ⅲ，6]。但岁差的平均行度为 6°，视行度为 4°20′，二者之间的差值为 1°40′。我已经确定慢行度的最后阶段和加速的开始是在这一时段的中期。因此在这一时段，平均行度应与视行度相一致，视分点与平均分点相一致。于是在那个界限的两边，各有一半的相等距离，我指的是 45°17 $\frac{1}{2}$′。类似可得视分点与平均分点的差值为 50′。

[Ⅲ，3]，倾角的行度混合了进来。但由于距离非常小，最大不超过一个直角的$\frac{1}{450}$[=12′]，所以把这些角度当作直角，从感觉上是不会产生误差的。在三角形 *IBG* 中，∠*IBG*=66°20′，这是因为平均黄赤交角即它的余角∠*DBA*=23°40′。而∠*BGI*=90°，∠*BIG*≈其内错角∠*IBD*，边 *IB*=70′，因此，平赤道与视赤道的极点之间的距离 *BG*=20′。类似地，在三角形 *BHK* 中，∠*BHK*=∠*IGB*，∠*HBK*=∠*IBG*，边 *BK*=边 *BI*，*BH*=*BG*=20′。但所有这一切都与不超过黄道的 $1\frac{1}{2}$°的非常小的量有关。对于这些量而言，直线几乎等于它们所对的圆弧，偏差几乎不超过 1 秒的 60 分之几。但我满足于分，因此如果我用直线来代替圆弧，也不会出错。因为 *GB*∶*IB*=*BH*∶*BK*，无论是极点的行度还是交点的行度，同样的比例都成立。

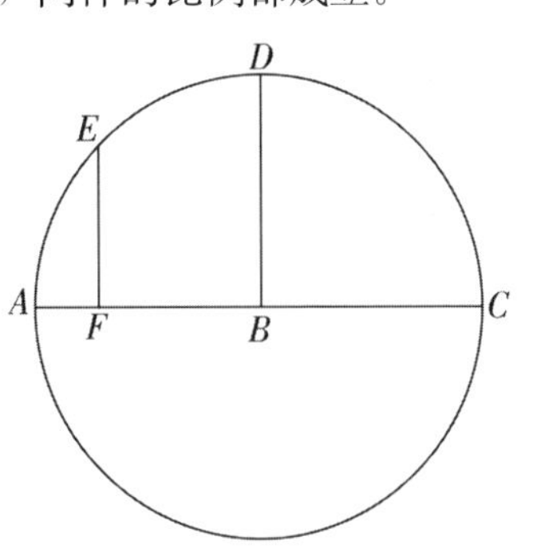

设 *ABC* 为黄道的一部分，点 *B* 为平均二分点。以点 *B* 为极点作半圆 *ADC* 交黄道于点 *A* 和点 *C*。从黄道极点引 *DB* 平分半圆于点 *D*。设点 *D* 为减速的终点和加速的起点。在象限 *AD* 中，截取弧 *DE*=45°17 $\frac{1}{2}$′。过点 *E* 从黄极作 *EF*，并设 *BF*=50′。我们要由此求得整个 *BFA*。显然，2*BF* 与两倍的弦 *DE* 相对。但是 *FB*∶*AFB*=7107∶10000=50′∶70′，因此，*AB*=1°10′，即为我们所要求的二分点的平均行度与视行度之间的最大差值。这就是我们所要求的结果，该结果也可由极点的最大偏离 28′得出。在赤道的交点，这 28′对应于二分点非均匀运动(我称之为“二倍近点角”，而不是黄赤交角的其他“简单非均匀运动”)的 70′。

第八章　这些行度之间的个别差值和表示这些差值的表

由于弧 *AB*=70′，且弧 *AB* 与它所对的弦长无甚区别，所以平均行度与视行度之间的任何其他个别差值都不难求得。这些差值相减或相加可以确定出现的次序。希腊人把这些差值称为“行差”(prosthaphaereses)，现代人则称之为“差”(equations)。我将采用更为适宜的希腊词。

如果弧 $ED=3^{\circ}$，那么根据 AB 与弦 BF 之比可得行差弧 $BF=4'$；如果 $ED=6^{\circ}$，则弧 $BF=7'$；如果 $ED=9^{\circ}$，则弧 $BF=11'$，等等。我认为对最大值和最小值之差为 24′[Ⅲ，5]的黄赤交角的移动也应这样计算。这 24′每 1717 年经过近点角的一个半圆。在圆周的一个象限中，该差值的一半为 12′。如果取黄赤交角为 23°40′，则该近点角的小圆的极点将位于此处。正如我已经说过的，我将用几乎与前面相同的方法求出差值的其余部分，结果如附表所示。

通过这些论证，视运动可用各种不同方式复合出来。然而，最令人满意的办法是把个别行差分别考虑。这样会使行度的计算更容易理解，而且也更与前已论证的解释更为相符。于是我编了一个六十行的表，每增加 3°排一行。这样编排不会占大量篇幅，也不会过于简略，其他类似情形我也将如法炮制。该表仅有四列，前两列为两个半圆的度数，我称它们为“公共数”，因为该数给出了黄赤交角，而该数的两倍给出了二分点行度的行差，加速一开始它就产生了。第三列为与每隔 3°相应的二分点行差。应把位于春分点白羊宫额头第一星开始算起的平均行度加上或从中减去这些行差。负行差与较小半圆的近点角或第一列有关，而正行差则与第二列和第二个半圆有关。最后一列包含分数，称为“黄赤交角比例之间的差值”，最大可达 60，因为我用 60 来代替最大与最小黄赤交角之差 24′，其余交角差值也根据相同比例作出调整。因此，我把近点角的起点和终点都取为 60。但是当超过部分达到 22′(近点角为 33°)时，我用 55 来代替 22′；当黄赤交角差值等于 20′，近点角为 48°时，我取 50′，余此类推。附表如下。

二分点行差与黄赤交角表									
公共数		二分点行差		黄赤交角比例	公共数		二分点行差		黄赤交角比例
度	度	度	分	分数	度	度	度	分	分数
3	357	0	4	60	93	267	1	10	28
6	354	0	7	60	96	264	1	10	27
9	351	0	11	60	99	261	1	9	25
12	348	0	14	59	102	258	1	9	24
15	345	0	18	59	105	255	1	8	22
18	342	0	21	59	108	252	1	7	21
21	339	0	25	58	111	249	1	5	19
24	336	0	28	57	114	246	1	4	18
27	333	0	32	56	117	243	1	2	16
30	330	0	35	56	120	240	1	1	15
33	327	0	38	55	123	237	0	59	14
36	324	0	41	54	126	234	0	56	12
39	321	0	44	53	129	231	0	54	11
42	318	0	47	52	132	228	0	52	10
45	315	0	49	51	135	225	0	49	9
48	312	0	52	50	138	222	0	47	8
51	309	0	54	49	141	219	0	44	7
54	306	0	56	48	144	216	0	41	6
57	303	0	9	46	147	213	0	38	5
60	300	1	1	45	150	210	0	35	4
63	297	1	2	44	153	207	0	32	3
66	294	1	4	42	156	204	0	28	3
69	291	1	5	41	159	201	0	25	2
72	288	1	7	39	162	198	0	21	1
75	285	1	8	38	165	195	0	18	1
78	282	1	9	36	168	192	0	14	1
81	279	1	9	35	171	189	0	11	0
84	276	1	10	33	174	186	0	7	0
87	273	1	10	32	177	183	0	4	0
90	270	1	10	30	180	180	0	0	0

第九章　二分点岁差讨论的回顾与修正

根据我的猜想和假设，非均匀行度的加速是在第一卡利普斯周期的第36年到安敦尼2年当中发生的，我把它当作近点角行度的开始。因此还需考察我的猜想是否正确以及是否与观测相符。

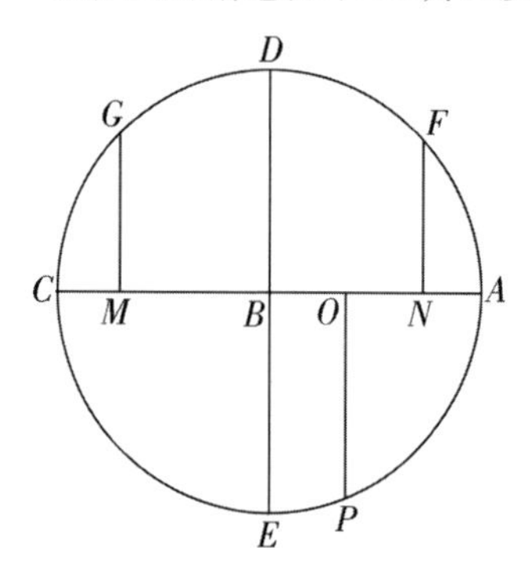

我们回忆一下提摩恰里斯、托勒密和拉卡的巴塔尼所观测的三颗星。显然，第一个时段(从提摩恰里斯到托勒密)共历时432埃及年，第二时段(从托勒密到巴塔尼)共历时742埃及年。第一时段中的均匀行度为6°，非均匀行度为4°20′，即从均匀行度中减去1°40′，而二倍近点角为90°35′。在第二时段内，均匀行度为10°21′，非均匀行度为11 $\frac{1}{2}$°，即均匀行度加上1°9′，而二倍近点角为155°34′。

同以前一样，设ABC为黄道的一段弧，点B为平春分点。以点B为极点作小圆$ADCE$，设弧$AB=1°10′$。设B朝A(即向前)作均匀运动，A为距可变分点最远的西边极限，C为距可变分点最远的东边极限。从黄极过点B作直线DBE，它与黄道共同把圆$ADCE$四等分，因为过彼此极点的两个圆相互正交。由于在半圆ADC上的运动向后，在半圆CEA上的运动向前。视分点运动减速运动的中点将位于D，因为与B的前进方向相反；而最大速度将出现在E，因为同一方向的运动相互增强。此外，在点D前后各取弧FD=弧DG=45°17 $\frac{1}{2}$′。设F为近点角运动的第一终点，即提摩恰里斯观测的终点；G为第二终点，即托勒密观测的终点；P为第三终点，即巴塔尼观测的终点。过这些点和黄极作大圆FN、GM和OP，它

们在小圈 $ADCE$ 之内都很像直线。于是，如果取小圆 $ADCE=360°$，则弧 $FDG=90°35'$，这使平均行度减少 MN 的 $1°40'$，而 $ABC=2°20'$。弧 $GCEP=155°34'$，这使平均行度增加 MO 的 $1°9'$。因此相减可得，剩余部分弧 $PAF=113°51'[=360°-(90°35'+155°34')]$，这使平均行度增加 ON 的 $31'[=MN-MO=1°40'-1°9']$，与此相似，$AB=70'$。整个弧 $DGCEP=200°51'\left[=45°17\frac{1}{2}'+155°34'\right]$，而超出半圆部分 $EP=20°51'$。所以根据圆周弦长表，如果取 $AB=1000$，则直线 $BO=356$。但如果 $AB=70'$，则 $BO\approx24'$，$BM=50'$。因此整个 $MBO=74'$，余量 $NO=26'$。但根据前面的结果，$MBO=1°9'$，余量 $NO=31'$，于是 NO 有 $5'$的亏缺，MO 有 $5'$的盈余。因此必须旋转圆周 $ADCE$，直到两者平衡为止。如果取弧 $DG=42\frac{1}{2}°$，于是另一段弧 $DF=48°5'$，这时就会出现上述情况。用这种方法可以改正这两种误差，其他数据也是如此。从减速运动的极限点 D 开始，第一时段的非均匀行度将包含整个弧 $DGCEPAF=311°55'$，第二时段为弧 $DG=42\frac{1}{2}°$，第三时段为弧 $DGCEP=198°4'$。由前所述，$AB=70'$，在第一时段中，正行差 $BN=52'$，在第二时段中，负行差 $MB=47\frac{1}{2}'$，在第三时段中，正行差 $BO\approx21'$，因此在第一时段中，整个弧 $MN=1°40'$，在第二时段中，整个弧 $MBO=1°9'$，它们都与观测精确相符。于是在第一时段中，近点角显然为 $155°57\frac{1}{2}'$，第二时段为 $21°15'$，第三时段为 $99°2'$。证毕。

第十章　黄赤交角的最大变化有多大?

我将用同样方法证明我关于黄赤交角变化的讨论是正确的。根据托勒密的记载，在安敦尼·庇护 2 年，修正后的近点角为 $21\frac{1}{4}°$，由此可得最大黄赤交角为 23°51′20″。从那时起到现在我来进行观测，时间已经过去了 1387 年，可以算出在此期间的近点角为 144°4′，而此时求出的黄赤交角约为 $23°28\frac{2}{5}'$。

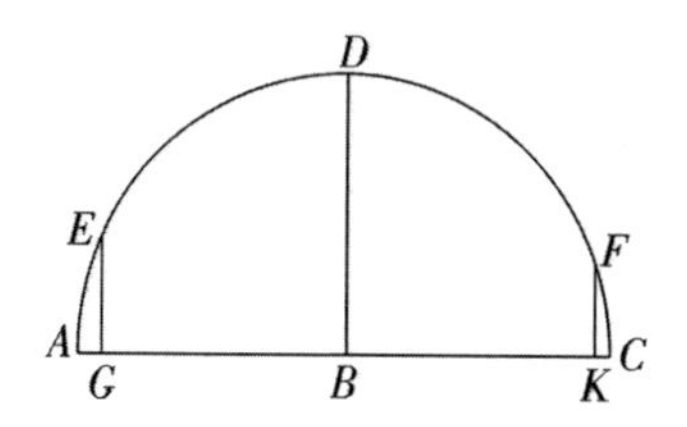

在此基础上重新绘出黄道弧 ABC，由于它很短，也视之为直线。和前面一样，围绕极点 B 作近点角的小半圆。设点 A 为最大黄赤交角的极限，点 C 为最小黄赤交角的极限，我们所要求的正是它们之差。于是在小圆上取 $AE=21°15'$，弧 $ED=AD-AE=68°45'$，可以算出整个弧 $EDF=144°4'$，弧 $DF=EDF-DF=75°19'$。作 EG 和 FK 垂直于直径 ABC。由于从托勒密时代至今的黄赤交角变化，可以把 GK 看成长度为 22′56″的大圆弧。但由于与直线相似，所以如果取直径 $AC=2000$，则 $GB=\frac{1}{2}$弦 $2ED=932$，$KB=\frac{1}{2}$弦 $2DF=967$。如果取 $AC=2000$，则 $GK=1899$。但如果取 $GK=22'56''$，则最大与最小黄赤交角之差 $AC\approx24'$。因此，从提摩恰里斯到托勒密之间的黄赤交角最大，为 23°52′，而现在它正在接近其最小值 23°28′。通过上述解释岁差时的同样方法[Ⅲ，8]，还可得出任何中间时期的黄赤交角。

第十一章　二分点均匀行度的历元与近点角的测定

在以这种方式解释了所有这些问题之后，我还要测定春分点行度的位置，有些科学家把这些位置称为“历元”(epochs)，对于任一时刻都可以用它们进行计算。托勒密把这种计算的绝对起点确定为巴比伦的纳波纳萨尔

(Nabonassar)开始统治的时候[《天文学大成》，Ⅲ，7]。由于名字的相似性所产生的误导，大多数学者都把他当成了尼布甲尼撒(Nebuchadnezzar)。而细查年表并且根据托勒密的计算，尼布甲尼撒的年代要晚得多。历史学家们认为，在纳波纳萨尔之后继位的是迦勒底国王夏尔曼涅瑟(Shalmaneser)。但我们还是采用人们更熟悉的时间为好，我认为从第一个奥林匹克运动会期算起是合适的，这个时间在纳波纳萨尔之前 28 年。根据森索里努斯(Censorinus)和其他公认权威的记载，那届运动会从夏至日开始举行，希腊人看到天狼星在那一天升起，奥林匹克运动会被庆祝。根据推算天体行度所必需的更为精确的年代计算，从第一个奥林匹克运动会期希腊历 1 月(Hecatombaeon)第一天中午起到纳波纳萨尔统治时期埃及历元旦的中午为止，共历时 27 年 247 天。从那时起到亚历山大大帝去世历时 424 埃及年。从亚历山大大帝去世到尤利乌斯·恺撒(Julius Caesar)所开创的恺撒元年 1 月 1 日前的午夜，共历时 278 埃及年 118 $\frac{1}{2}$ 日。作为大祭司长，恺撒担任第三任执政官时确立了这一年，他的同僚是马库斯·埃密利乌斯·李必达(Marcus Aemilius Lepidus)。根据恺撒的命令，以后的年份都被称为“尤利乌斯年”。从恺撒第四次出任执政官到屋大维(Octavian)即奥古斯都(Augustus)的 1 月 1 日，共历时罗马历 18 年。尽管是在 1 月 17 日，根据努马蒂乌斯·普朗库斯(Numatius Plancus)的建议，尤利乌斯·恺撒的儿子被元老院和其他公民授予奥古斯都皇帝的尊号。此时奥古斯都担任第七任行政官，他的同僚是马库斯·维普萨尼乌斯·阿格里帕(Marcus Vipsanius Agrippa)。由于在此之前两年，埃及人在安东尼(Antony)和克莱奥帕特拉(Cleopatra)去世后归罗马人统治，所以埃及人算得的[从恺撒担任第四任执政官到奥古斯都]1 月 1 日或罗马历的 8 月 30 日正午的时长为 15 年 246 $\frac{1}{2}$天。因此，从奥古斯都到基督纪年(也是从 1 月份起始)，共历时罗马历 27 年或埃及历 29 年 130 $\frac{1}{2}$天。从那时起到安敦尼 2 年(托勒密在这一年把他观测的恒星位置编成了表)，共历时 138 罗马年 55 天。埃及历的结果还要加上 34 天。从第一个奥林匹克运动会期到这个时候，共历时 913 年 101 天。在此期间，二分点的均匀岁差为 12°44′，近点角为 95°44′。但是现在已经知道[托勒密，《天文学大成》，Ⅲ，7]，在安敦尼 2 年，春分点位于白羊座头部第一星前面 6°40′。因为那时二倍近点角为 42 $\frac{1}{2}$°[Ⅲ，9]，均匀行度与视行度之间的负差值为 48′。当这一差值被恢复到视行度 6°40′时，春分点的平位置可定为 7°28′。如果把它加上一个圆的 360°并从和数中减去 12°44′，则在开始于雅典历 1 月第一天正午的第一个奥林匹克运动会期时，春分点的平位置位于 354°44′，也就是说，它落后于白羊座第一星 5°16′[＝360°－354°44′]。类似地，如果从近点角 21°15′中减去 95°45′，则余下的 285°30′即为同一个奥林匹克运动会期开始时的近点角位置。再把各个时期的行度加起来(当和数超过 360°时将其扣除)，我们可以算得下列位置或历元：亚历山大大帝时期的均匀行度为 1°2′，近点角为 332°52′；恺撒大帝时期的均匀行度为 4°55′，近点角为 2°2′；基督纪元的均匀行度位置为 5°32′，近点角为 6°45′；我们也可用同样方法求得其他时间起点的行度的历元。

第十二章　春分点岁差和黄赤交角的计算

因此，每当我们希望获得春分点位置时，如果从给定起点到已知时间的各年份不等长，比如我们通常使用的罗马历，那么就应把它换算成等长年或埃及年。根据我已讲过的理由[Ⅲ，6 结尾处]，我在计算均匀行度时将只使用埃及年。

如果年数超过 60，则要将它划分成 60 年一轮的周期；当我们通过这样的 60 年周期查二分点行度表时，可以把行度项下的第一列视作多余而不顾；从第二列即度数列开始，如果其中有任何数值，则可以读出 60°数以及其余度数和分数的 60 倍。然后再次查表，对于去掉 60 年整个周期之后剩余的年数，我们可以取成组的 60 再加上从第一列起所载的度数和分数。

对于日数和60日的周期，也可采用同样方法，因为我们想根据日数分数表给它们加上均匀行度。不过在进行这一运算时，日子的分数甚至整个日数都可以忽略不计，因为它们运动很慢，周日行度只有若干秒或若干毫秒。于是，如果把所有各项连同其历元分别相加(如果超过360°，就不计每一组的6个60°)，就可以得到给定时刻春分点的平位置、它超前于白羊宫第一星的距离或者这颗星落后于春分点的距离。

我们也可用同样方法求得近点角。由近点角可求出行差表[Ⅲ，8之后]最后一列所载的比例分数，这些值我们先暂时不用。然后，用二倍近点角可由同一表中的第三列求出行差，即真行度与平均行度相差的度数和分数。如果二倍近点角小于半圆，则应从平均行度中减去行差。但如果二倍近点角行度大于180°即半圆，则应把行差与平均行度相加。这样得到的和或差将包含春分点的真岁差和视岁差，或者当时白羊宫的第一星与春分点的距离。但如果要求的是其他某颗恒星的位置，则要加上星表中这颗星的黄经值。

举例往往可以使操作变得更加清楚。假设我们需要求出公元1525年4月16日春分点的真位置、黄赤交角以及它与室女宫谷穗之间的距离。从基督纪元开始到现在共历时1524罗马年106天，在此期间共有381个闰日，即1年零16天；而以等长年计算，则应为1525年122天，即25个60年周期加25年，以及两个60日周期加2天。在平均行度表[Ⅲ，6末尾]中，25个60年周期对应于20°55′2″，25年对应20′55″，2个60日周期对应16″，剩下的2天对应几毫秒。所有这些值与等于5°32′的历元[Ⅲ，11结尾]加在一起等于26°48′，即为春分点的平均岁差。

类似地，在25个60年周期中，近点角的行度为2个60°加37°15′3″，在25年中为2°37′15″，在2个60日周期中为2′4″，在2天中为2″。把这些数值与等于6°45′的历元[Ⅲ，11结尾]加在一起，得到的和为2个60°加上46°40′，此即为近点角。我将把行差表[Ⅲ，8结尾]的最后一列中与该近点角数值相对应的比例分数保留下来，以确定黄赤交角的大小，在这一例子中，它仅为1′。对应于二倍近点角5个60°加上33°20′，我求得行差为32′。

因为该二倍近点角的值大于半圆，所以这一行差为正行差。把它与平均行度相加，就得到春分点的真岁差和视岁差为 27°21′。最后，把这个数值与 170°(室女宫的谷穗与白羊宫第一星的距离)相加，就得到室女宫谷穗位于春分点以东的天秤宫内 17°21′。在我观测时它大致就在这个位置[Ⅲ，2 已报告过]。

黄赤交角和赤纬都遵循以下规则，即当比例分数达到 60 时，应把赤纬表[Ⅲ，3 结尾]所载的增加量(我指的是最大与最小黄赤交角之差)与赤纬度数相加。但在本例中，一个比例分数仅给黄赤交角增加了 24″。因此，表中所载黄道分度的赤纬始终保持不变，因为目前的黄赤交角正在接近最小，而在其他某些时候赤纬会发生比较明显的变化。

例如，如果近点角为 99°(比如基督纪元后的第 880 个埃及年就是如此)，与之相应的比例分数是 25。但是最大与最小黄赤交角之差为 24′，且 60′：24′＝25′：10′，把这个 10′与 28′相加，得到当时的黄赤交角为 23°38′。如果我还想知道黄道上任一分度，比如距春分点 33°的金牛宫内 3°的赤纬，我在黄道分度赤纬表[Ⅲ，3 结尾]中查得为 12°32′，差值为 12′。但是 60′：25′＝12′：5′，把这 5′加到赤纬度数 32′中，就对黄道的 33°得到总和为 12°37′。对黄赤交角所使用的方法也可应用于赤经(除非我们更倾向于球面三角形的比例)，只是每次都应从赤经中减去与黄赤交角相加的量，以使结果更精确地符合它们的年代。

第十三章　太阳年的长度和变化

同样，二分点和二至点的岁差(我已说过[Ⅲ，3 开始]，这是地轴倾斜的结果)也可由地心的周年运动(这可在太阳的运行中表现出来)来说明。我现在就来讨论这个问题。如果用二分点或二至点来推算，周年的长度必然在变化，因为这些基点都在不均匀地移动。这些现象是彼此相关的。

因此，我们必须区分“季节年”与“恒星年”并对其进行定义。我把一年四季称为“自然年”或“季节年”，而把回返某一恒星的年称为“恒星年”。

“自然年”又称“回归年”，古人的观测已经清楚地表明它是非均匀的。卡利普斯、萨摩斯的阿里斯塔克以及叙拉古的阿基米德(Archimedes)根据雅典的做法取夏至为一年的开始，测得一年包括 365 $\frac{1}{4}$天。但托勒密认识到，测定至点是困难而没有把握的，他并不过分相信他们的观测结果，而是信赖了希帕克斯，因为后者留下了在罗得岛进行的不仅对太阳至点而且对分点的大量观测记录，并且宣称$\frac{1}{4}$天其实缺了一点。后来托勒密以如下方式定出它的值为$\frac{1}{300}$天[《天文学大成》，Ⅲ，1]。

他采用希帕克斯于亚历山大大帝去世后第 177 年的埃及历第三个闰日(之后是第四个闰日)的午夜在亚历山大城非常精确地观测到的秋分点，然后又把它与他自己于安敦尼 3 年即亚历山大大帝去世后的第 463 年埃及历 3 月 9 日日出后约 1 小时在亚历山大城观测的另一个秋分点进行比较。于是这次观测与希帕克斯的观测之间共历时 285 埃及年 70 天 7 $\frac{1}{5}$小时；如果 1 回归年比 365 天多出整整$\frac{1}{4}$天，那么就应当是 71 天 6 小时。所以 285 年中少了 1 天的$\frac{19}{20}$，从而 300 年中应去掉 1 天。

托勒密还从春分点导出了类似结果。他回想起希帕克斯于亚历山大大帝去世之后的第 178 年埃及历 6 月 27 日日出时所报告的那一春分点，他本人则于亚历山大大帝去世之后的第 463 年埃及历 9 月 7 日午后 1 小时多一点观测了春分点。根据同样的方法，他得出 285 年也少了 1 天的$\frac{19}{20}$。借助于这些结果，托勒密定出 1 回归年包含 365 天 14 分 48 秒。

后来巴塔尼于亚历山大大帝去世后的第 1206 年埃及历 9 月 7 日夜间约 7 $\frac{2}{5}$小时，即 8 日黎明前 4 $\frac{3}{5}$小时在叙利亚的拉卡同样细心观测了秋分点，并把他自己的观测结果与托勒密于安敦尼 3 年日出后 1 小时在位于拉卡以西 10°的亚历山大城进行的观测加以对比。他把托勒密的观测结果化归到自己在拉卡的经度，发现在该处托勒密的秋分应当在日出后 $1\frac{2}{3}$ 小时发生。因此，在 743[1206－463]个等长年中多出了 178 天 $17\frac{3}{5}$ 小时，而不是由 $\frac{1}{4}$ 天积累出的总数 $185\frac{3}{4}$ 天。由于少了 7 天 $\frac{2}{5}$ 小时 $\left[185^d 18^h - 178^d 17\frac{3}{5}^h\right]$，所以 $\frac{1}{4}$ 天应减少 1 天的 $\frac{1}{106}$。于是他从 $\frac{1}{4}$ 天中减去 7 天 $\frac{2}{5}$ 小时的 $\frac{1}{743}$[即 13 分 36 秒]，得出 1 自然年包含 365 天 5 小时 46 分 24 秒[$+13^m 36^s = 6^h$]。

我于公元 1515 年 9 月 14 日即亚历山大大帝去世后的第 1840 年埃及历 2 月 6 日日出后 $\frac{1}{2}$ 小时在弗龙堡[亦称“吉诺波利斯”(Gynoplis)]也观测了秋分点。由于拉卡位于我所在地点以东约 25°，这相当于 $1\frac{2}{3}$ 小时。因此，在我和巴塔尼观测秋分点之间共历时 633 埃及年 153 天 $6\frac{3}{4}$ 小时，而不是 633 埃及年 158 天 6 小时。由于亚历山大城与我这里的时间大约相差 1 小时，所以如果换算到同一地点，则从托勒密在亚历山大城所进行的那次观测到我的这次观测共历时 1376 埃及年 332 天 $\frac{1}{2}$ 小时。因此，从巴塔尼的时代到现在的 633 年少了 4 天 $22\frac{3}{4}$ 小时，或者说每 128 年少 1 天；而从托勒密以来的 1376 年大约少了 12 天，即每 115 年少 1 天。这两个例子都说明年份是不等长的。

我还于公元 1516 年 3 月 11 日前的午夜后 $4\frac{1}{3}$ 小时观测了春分点。从托勒密的春分点(亚历山大城的经度已与我这里作了比较)到那时，共历时 1376 埃及年 332 天 $16\frac{1}{3}$ 小时，于是显然，春分点与秋分点之间的时间间隔也并非等长。因此，这样所得到的太阳年就远非等长了。

至于秋分点的情况，正如我已经指出的，通过与年的平均分布相比较，从托勒密到现在，$\frac{1}{4}$ 天少 1 天的 $\frac{1}{115}$，这一短缺与巴塔尼的秋分点相差半天；而从巴塔尼到我的观测，$\frac{1}{4}$天应当少1天的$\frac{1}{128}$，这与托勒密的结果不符，计算结果比他所观测到的分点超前了一天多，而比希帕克斯的结果超前了两天多。类似地，从托勒密到巴塔尼这段时期，计算结果比希帕克斯的分点超前了两天。

因此，从恒星天球可以更精确地测出太阳年的长度，这是萨比特·伊本·库拉(Thabit ibn Qurra)首先发现的，其长度为365天15分23秒(约为6小时9分12秒)。他的论证也许是根据以下事实，即当二分点和二至点重现较慢时，年似乎要比它们重现较快时长一些，而且符合确定的比值。除非相对恒星天球有一个均匀的长度，否则这种情况不可能发生。因此在这方面我们不必理会托勒密，他认为用太阳返回某一恒星来测量太阳的周年均匀行度是荒唐而古怪的，这与用木星或土星进行此项测量一样都是不妥的[《天文学大成》，Ⅲ，1]。于是就可以解释，为什么在托勒密之前回归年长一些，而在他之后缩短了一些，而且减小的程度也在变化。

但是在恒星年的情况下也可能产生一种变化，不过它很有限，远比我刚才解释的变化小得多。它出现的原因是地心绕太阳的同一运动由于另一种双重的变化而显得不均匀。第一种变化是简单的，以一年为周期；第二种变化可以引起第一种变化的不均等，它不能立即察觉，而是需要很长时间才能发现。因此等长年的计算既非易事，又难以理解。假设有人想仅凭与某颗位置已知的恒星的距离求出等长年——这可以利用一个星盘并以月亮为中介做到，我在谈到狮子座的轩辕十四时已经解释过这种方法[Ⅱ，14]——那么就不可能完全避免变化，除非当时太阳由于地球的运动而没有行差，或者在两个基点都有相似且相等的行差。但如果不出现这种情况，如果基点的非均匀性有某种变化，那么在相等时间内必定不会出现均匀的运转。而如果在两个基点把整个变化都成比例地相减或相加，那么这样做就不会出现什么变化。

此外，了解变化需要预先知道平均行度。我们对此的熟悉程度就像阿基米德对化圆为方的熟悉程度一样。但是为了最终解决这个棘手的问题，我发现视不均匀性共有四种原因。第一种是我已经解释过的二分点岁差的不均匀性[Ⅲ，3]；第二种是太阳看起来每年通过黄道上不等的弧；它还受制于第三种原因所引起的变化，我称这种原因为“第二种不均匀性”；第四种原因使地心的高低拱点发生移动，我们将在后面予以说明[Ⅲ，20]。在这四种原因中，托勒密[《天文学大成》，Ⅲ，4]只知道第二种。此原因本身并不足以引起年的不均匀性，而只有与其他原因一起才能做到这一点。然而，为了表明太阳的均匀行度与视行度之间的差别，似乎没有必要对年的长度作绝对精确的测量，而只要把一年取为 365 $\frac{1}{4}$天就够了。在此期间，第一种偏差的运行可以完成，因为当取的数量较小时，一个整圆所缺的那一点就完全消失了。但为了使顺序合理、便于理解，我现在先来阐述地心周年运转的均匀运动，然后我将基于所需的证明[Ⅲ，15]对均匀运动与视运动加以区分，对均匀运动进行补充。

第十四章　地心运转的均匀与平均行度

我已经发现，一个均匀年的长度只比萨比特·伊本·库拉的值[Ⅲ，13]长 1 $\frac{10}{60}$日秒，所以它是 365 天 15 日分 24 日秒 10 毫日秒，即 6 均匀小时 9 分 40 秒，其准确的均匀性显然与恒星天球有关。因此，如果把一个圆周的 360°乘上 365 天，并把所得的积除以 365 天 15 日分 24 $\frac{10}{60}$日秒，我们就得到了一个埃及年中的行度为 $5\times60^{\circ}+59^{\circ}44'49''7'''4''''$，60 年的行度(除去整圆后)为 $5\times60^{\circ}+44^{\circ}49'7''4'''$。如果用 365 天去除年行度，则得日行度为 $59'8''11'''22''''$。如果把这个值加上二分点的平均和均匀岁差[Ⅲ，6]，就可得到一个回归年中的均匀年行度为 $5\times60^{\circ}+59^{\circ}45'39''19'''9''''$，日行度为 $59'8''19'''37''''$。因此，我们可以习惯地把太阳的前一行度称为“简单均匀的行度”，后一行度称为“复合均匀的行度”。像二分点岁差那样[Ⅲ，6 结尾],我把它们也制成了表。赋予其后的是太阳近点角的均匀行度,我将在后面进行讨论[Ⅲ,18]。

逐年和60年周期的太阳简单均匀行度表

基督纪元 272°31′

年	行度					年	行度				
	60°	°	′	″	‴		60°	°	′	″	‴
1	5	59	44	49	7	31	5	52	9	22	39
2	5	59	29	38	14	32	5	51	54	11	46
3	5	59	14	27	21	33	5	51	39	0	53
4	5	58	59	16	28	34	5	51	23	50	0
5	5	58	44	5	35	35	5	51	8	39	7
6	5	58	28	54	42	36	5	50	53	28	14
7	5	58	13	43	49	37	5	50	38	17	21
8	5	57	58	32	56	38	5	50	23	6	28
9	5	57	43	22	3	39	5	50	7	55	35
10	5	57	28	11	10	40	5	49	52	44	42
11	5	57	13	0	17	41	5	49	37	33	49
12	5	56	57	49	24	42	5	49	22	22	56
13	5	56	42	38	31	43	5	49	7	12	3
14	5	56	27	27	38	44	5	48	52	1	10
15	5	56	12	16	46	45	5	48	36	50	18
16	5	55	57	5	53	46	5	48	21	39	25
17	5	55	41	55	0	47	5	48	6	28	32
18	5	55	26	44	7	48	5	47	51	17	39
19	5	55	11	33	14	49	5	47	36	6	46
20	5	54	56	22	21	50	5	47	20	55	53
21	5	54	41	11	28	51	5	47	5	45	0
22	5	54	26	0	35	52	5	46	50	34	7
23	5	54	10	49	42	53	5	46	35	23	14
24	5	53	55	38	49	54	5	46	20	12	21
25	5	53	40	27	56	55	5	46	5	1	28
26	5	53	25	17	3	56	5	45	49	50	35
27	5	53	10	6	10	57	5	45	34	39	42
28	5	52	54	55	17	58	5	45	19	28	49
29	5	52	39	44	24	59	5	45	4	17	56
30	5	52	24	33	32	60	5	44	49	7	4

逐日、60日周期和1日中分数的太阳简单均匀行度表											
日	行度					日	行度				
	60°	°	′	″	‴		60°	°	′	″	‴
1	0	0	59	8	11	31	0	30	33	13	52
2	0	1	58	16	22	32	0	31	32	22	3
3	0	2	57	24	34	33	0	32	31	30	15
4	0	3	56	32	45	34	0	33	30	38	26
5	0	4	55	40	56	35	0	34	29	46	37
6	0	5	54	49	8	36	0	35	28	54	49
7	0	6	53	57	19	37	0	36	28	3	0
8	0	7	53	5	30	38	0	37	27	11	11
9	0	8	52	13	42	39	0	38	26	19	23
10	0	9	51	21	53	40	0	39	25	27	34
11	0	10	50	30	5	41	0	40	24	35	45
12	0	11	49	38	16	42	0	41	23	43	57
13	0	12	48	46	27	43	0	42	22	52	8
14	0	13	47	54	39	44	0	43	22	0	20
15	0	14	47	2	50	45	0	44	21	8	31
16	0	15	46	11	1	46	0	45	20	16	42
17	0	16	45	19	13	47	0	46	19	24	54
18	0	17	44	27	24	48	0	47	18	33	5
19	0	18	43	35	35	49	0	48	17	41	16
20	0	19	42	43	47	50	0	49	16	49	28
21.	0	20	41	51	58	51	0	50	15	57	39
22	0	21	41	0	9	52	0	51	15	5	50
23	0	22	40	8	21	53	0	52	14	14	2
24	0	23	39	16	32	54	0	53	13	22	13
25	0	24	38	24	44	55	0	54	12	30	25
26	0	25	37	32	55	56	0	55	11	38	36
27	0	26	36	41	6	57	0	56	10	46	47
28	0	27	35	49	18	58	0	57	9	54	59
29	0	28	34	57	29	59	0	58	9	3	10
30	0	29	34	5	41	60	0	59	8	11	22

逐年和60年周期的太阳复合均匀行度表

埃及年	行度					埃及年	行度				
	60°	°	′	″	‴		60°	°	′	″	‴
1	5	59	45	39	19	31	5	52	35	18	53
2	5	59	31	18	38	32	5	52	21	58	12
3	5	59	16	57	57	33	5	52	6	37	31
4	5	59	2	37	16	34	5	51	52	16	51
5	5	58	48	16	35	35	5	51	38	56	10
6	5	58	33	55	54	36	5	51	23	35	29
7	5	58	19	35	14	37	5	51	9	14	48
8	5	58	5	14	33	38	5	50	55	54	7
9	5	57	50	53	52	39	5	50	40	33	26
10	5	57	36	33	11	40	5	50	26	12	46
11	5	57	22	12	30	41	5	50	11	52	5
12	5	57	7	51	49	42	5	49	57	31	24
13	5	56	53	31	8	43	5	49	43	10	43
14	5	56	39	10	28	44	5	49	28	50	2
15	5	56	24	49	47	45	5	49	14	29	21
16	5	56	10	29	6	46	5	49	0	8	40
17	5	55	56	8	25	47	5	48	45	48	0
18	5	55	41	47	44	48	5	48	31	27	19
19	5	55	27	27	3	49	5	48	17	6	38
20	5	55	13	6	23	50	5	48	2	45	57
21	5	54	58	45	42	51	5	47	48	25	16
22	5	54	44	25	1	52	5	47	34	4	35
23	5	54	30	4	20	53	5	47	19	43	54
24	5	54	15	43	39	54	5	47	5	23	14
25	5	54	1	22	58	55	5	46	51	2	33
26	5	53	47	2	17	56	5	46	36	41	52
27	5	53	32	41	37	57	5	46	22	21	11
28	5	53	18	20	56	58	5	46	8	0	30
29	5	53	4	0	15	59	5	45	53	39	49
30	5	52	48	39	34	60	5	45	39	19	9

逐日、60日周期和1日中分数的太阳复合均匀行度表											
日	行　度					日	行　度				
	60°	°	′	″	‴		60°	°	′	″	‴
1	0	0	59	8	19	31	0	30	33	18	8
2	0	1	58	16	39	32	0	31	32	26	27
3	0	2	57	24	58	33	0	32	31	34	47
4	0	3	56	33	18	34	0	33	30	43	6
5	0	4	55	41	38	35	0	34	29	51	26
6	0	5	54	49	57	36	0	35	28	59	46
7	0	6	53	58	17	37	0	36	28	8	5
8	0	7	53	6	36	38	0	37	27	16	25
9	0	8	52	14	56	39	0	38	26	24	45
10	0	9	51	23	16	40	0	39	25	33	4
11	0	10	50	31	35	41	0	40	24	41	24
12	0	11	49	39	55	42	0	41	23	39	43
13	0	12	48	48	15	43	0	42	22	58	3
14	0	13	47	56	34	44	0	43	22	6	23
15	0	14	47	4	54	45	0	44	21	14	42
16	0	15	46	13	13	46	0	45	20	23	2
17	0	16	45	21	33	47	0	46	19	31	21
18	0	17	44	29	53	48	0	47	18	39	41
19	0	18	43	38	12	49	0	48	17	48	1
20	0	19	42	46	32	50	0	49	16	56	20
21	0	20	41	54	51	51	0	50	16	4	40
22	0	21	41	3	11	52	0	51	15	13	0
23	0	22	40	11	31	53	0	52	14	21	19
24	0	23	39	19	50	54	0	53	13	29	39
25	0	24	38	28	10	55	0	54	12	37	58
26	0	25	37	36	30	56	0	55	11	46	18
27	0	26	36	44	49	57	0	56	10	54	38
28	0	27	35	53	9	58	0	57	10	2	57
29	0	28	35	1	28	59	0	58	9	11	17
30	0	29	34	9	48	60	0	59	8	19	37

逐年和60年周期的太阳近点角均匀行度表 基督纪元211°19′											
埃及年	行度					埃及年	行度				
	60°	°	′	″	‴		60°	°	′	″	‴
1	5	59	44	24	46	31	5	51	56	48	11
2	5	59	28	49	33	32	5	51	41	12	58
3	5	59	13	14	20	33	5	51	25	37	45
4	5	58	57	39	7	34	5	51	10	2	32
5	5	58	42	3	54	35	5	50	54	27	19
6	5	58	26	28	41	36	5	50	38	52	6
7	5	58	10	53	27	37	5	50	23	16	52
8	5	57	55	18	14	38	5	50	7	41	39
9	5	57	39	43	1	39	5	49	52	6	26
10	5	57	24	7	48	40	5	49	36	31	13
11	5	57	8	32	35	41	5	49	20	56	0
12	5	56	52	57	22	42	5	49	5	20	47
13	5	56	37	22	8	43	5	48	49	45	33
14	5	56	21	46	55	44	5	48	34	10	20
15	5	56	6	11	42	45	5	48	18	35	7
16	5	55	50	36	29	46	5	48	2	59	54
17	5	55	35	1	16	47	5	47	47	24	41
18	5	55	19	26	3	48	5	47	31	49	28
19	5	55	3	50	49	49	5	47	16	14	14
20	5	54	48	15	36	50	5	47	0	39	1
21	5	54	32	40	23	51	5	46	45	3	48
22	5	54	17	5	10	52	5	46	29	28	35
23	5	54	1	29	57	53	5	46	13	53	22
24	5	53	45	54	44	54	5	45	58	18	9
25	5	53	30	19	30	55	5	45	42	42	55
26	5	53	14	44	17	56	5	45	26	7	42
27	5	52	59	9	4	57	5	45	11	32	29
28	5	52	43	33	51	58	5	44	55	57	16
29	5	52	27	58	38	59	5	44	40	22	3
30	5	52	12	23	25	60	5	44	24	46	50

逐日、60日周期的太阳近点角											
日	行 度					日	行 度				
	60°	°	′	″	‴		60°	°	′	″	‴
1	0	0	59	8	7	31	0	30	33	11	48
2	0	1	58	16	14	32	0	31	32	19	55
3	0	2	57	24	22	33	0	32	31	28	3
4	0	3	56	32	29	34	0	33	30	36	10
5	0	4	55	40	36	35	0	34	29	44	17
6	0	5	54	48	44	36	0	35	28	52	25
7	0	6	53	56	51	37	0	36	28	0	32
8	0	7	53	4	58	38	0	37	27	8	39
9	0	8	52	13	6	39	0	38	26	16	47
10	0	9	51	21	13	40	0	39	25	24	54
11	0	10	50	29	21	41	0	40	24	33	2
12	0	11	49	37	28	42	0	41	23	41	8
13	0	12	48	45	35	43	0	42	22	49	16
14	0	13	47	53	43	44	0	43	21	57	24
15	0	14	47	1	50	45	0	44	21	5	31
16	0	15	46	9	57	46	0	45	20	13	38
17	0	16	45	18	5	47	0	46	19	21	46
18	0	17	44	26	12	48	0	47	18	29	53
19	0	18	43	34	19	49	0	48	17	38	0
20	0	19	42	42	27	50	0	49	16	46	8
21	0	20	41	50	34	51	0	50	15	54	15
22	0	21	40	58	42	52	0	51	15	2	23
23	0	22	40	6	49	53	0	52	14	10	30
24	0	23	39	14	56	54	0	53	13	18	37
25	0	24	38	23	4	55	0	54	12	26	45
26	0	25	37	31	11	56	0	55	11	34	52
27	0	26	36	39	18	57	0	56	10	42	59
28	0	27	35	47	26	58	0	57	9	51	7
29	0	28	34	55	33	59	0	58	8	59	14
30	0	29	34	3	41	60	0	59	8	7	22

第十五章　论证太阳视运动不均匀性的预备定理

然而，为了更好地确定太阳视运动的不均匀性，我现在要更清楚地表明，如果太阳位于宇宙的中心，地球以它为中心旋转，而且如我已经说过的那样[Ⅰ，5，10]，日地距离与庞大的恒星天球相比是微乎其微的，那么相对于恒星天球上任一点或任一颗恒星，太阳的视运动都是均匀的。

设 AB 为黄道位置上宇宙的大圆，点 C 为它的中心，太阳就坐落于此。与日地距离 CD 相比，宇宙极为广大。以 CD 为半径，在同一黄道面内作地心周年运转的圆 CDE。我要证明的是，相对于圆 AB 上的任意一点或恒星来说，太阳的运动看起来都是均匀的。设该点为 A，即从地球上看见太阳的位置。设地球在 D，作 ACD。设地球沿任一弧 DE 运动，从地球运动的终点 E 引 AE 和 BE，所以从点 E 看去，太阳位于点 B。由于 AC 要比 CD 或 CE 大得多，所以 AE 也将远大于 CE。设点 F 为 AC 上任一点，连接 EF。由于从底边的两端点 C 和 E 向点 A 所引的两条直线都落在了三角形 EFC 以外，所以根据欧几里得《几何原本》Ⅰ，21 的逆定理，$\angle FAE < \angle EFC$。两条无限延长的直线最后形成的夹角 $\angle CAE$ 小到无法察觉，$\angle CAE = \angle BCA - \angle AEC$。由于这一差值非常小，所以 $\angle BCA$ 和 $\angle AEC$ 几乎相等。AC 和 AE 两线似乎平行，于是相对于恒星天球上任一点来说，太阳似乎在均匀地运动，就好像它在围绕中心 E 运转。证毕。

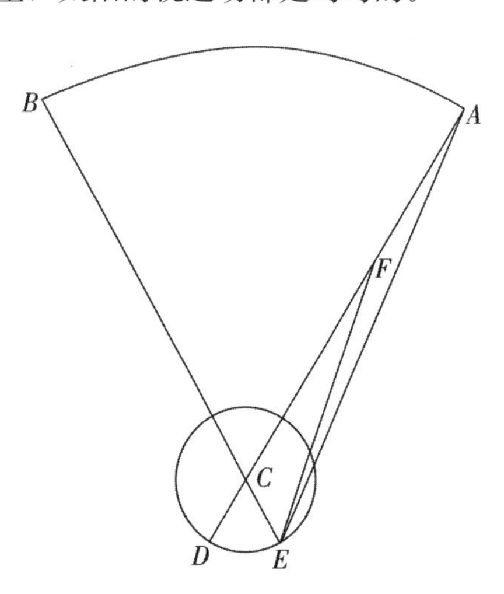

然而，太阳的运动可以证明为非均匀的，因为地心在周年运转中并非正好围绕太阳中心运动。这当然可以用两种方法来解释：或者通过一个偏

心圆即中心不是太阳中心的圆来说明，或者通过一个同心圆上的本轮来说明。[①②]

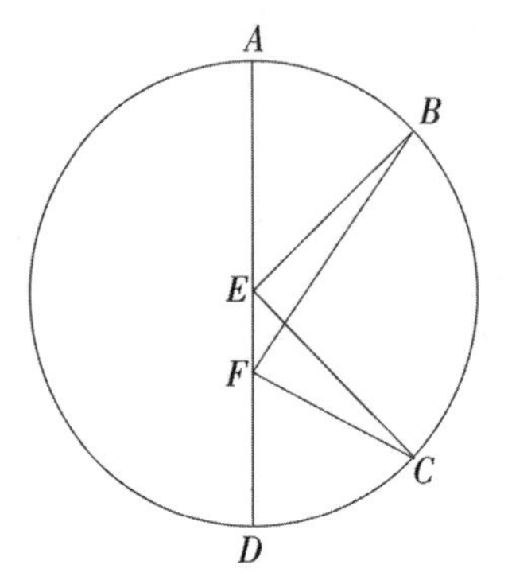

利用偏心圆可作如下解释。设 $ABCD$ 为黄道面上的一个偏心圆，它的中心点 E 与太阳或宇宙的中心点 F 之间的距离不可忽略不计。设偏心圆 $ABCD$ 的直径 $AEFD$ 过这两个中心。点 A 为远心点（拉丁文称之为“高拱点”），即距离宇宙中心最远的位置，D 为近心点，即距离宇宙中心最近的地方。于是，当地球沿其轨道圆 $ABCD$ 围绕地心 E 均匀运转时，正如我已经说过的，从点 F 看去，它的运动是不均匀的。设弧 AB=弧 CD，作直线 BE、CE、BF 和 CF。$\angle AEB=\angle CED$，因为$\angle AEB$ 和$\angle CED$ 围绕中心 E 截出相等的弧。然而$\angle CFD$ 是一个外角，外角 $\angle CFD>$ 内角 $\angle CED$。而 $\angle AEB=\angle CED$，因此，$\angle CFD>\angle AEB$。但是，外角 $\angle AEB>$ 内角 $\angle AFB$，因此 $\angle CFD>\angle AFB$。但因弧 AB=弧 CD，所以$\angle CFD$ 和$\angle AFB$ 是在相等时间内形成的。因此，该运动从点 E 看去是均匀的，从点 F 看去将是非均匀的。

同样结果还可用更简单的方法得出。因为弧 AB 距离点 F 比弧 CD 更远，根据欧几里得《几何原本》Ⅲ，7，与弧 AB 相截的直线 AF 和 BF 要比 CF 和 DF 长一些。在光学中已经证明，同样大小的物体看起来近大远小。因此，关于偏心圆的那些命题成立。

如果地球静止于 F，而太阳在圆周 ABC 上运动，则证明完全相同。托勒密和其他作者都如此论述。[③]

同样结果也可用同心圆上的本轮得出。设同心圆 $ABCD$ 的中心亦即太

---

① 此段的删节本为：

然而，其非均匀性可以用两种方式来解释。或者是地心的圆周轨道并非与太阳同心，或者是宇宙……

② 同心圆的中心与太阳中心相合，充当着本轮的均轮。

③ 此附注插到了错误的位置，后来删去了，但被编者恢复。

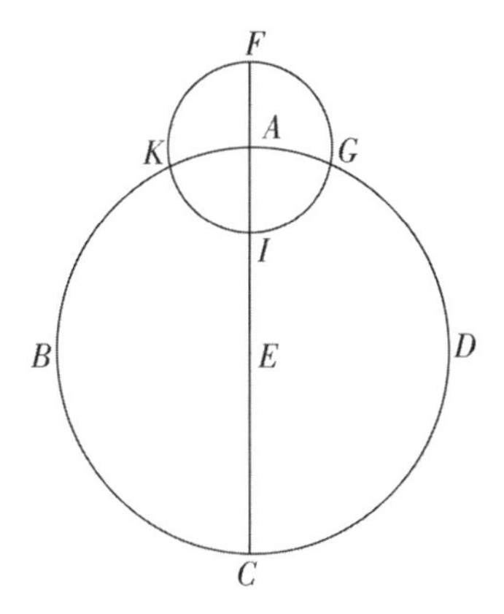

阳所在的宇宙中心位于点 E。设点 A 为同一平面上的本轮 FG 的中心。过两个中心作直线 $CEAF$。设点 F 为本轮的远心点，点 I 为近心点。于是在 A 处的运动看起来是均匀的，而本轮 FG 上的运动看起来是不均匀的。如果 A 沿 B 的方向即黄道各宫的方向运动，地心从远心点 F 沿相反方向运动，那么在近心点 I 看来，点 E 的运动将显得快一些，因为 A 和 I 是在相同方向上运动；而在远心点 F 看来，点 E 的运动将显得慢一些，因为它是由两种反方向运动之差形成的。当地球位于点 G 时，它会超过均匀运动；而当位于点 K 时，它会落后于均匀运动。在这两种情况下，差额分别为弧 AG 或 AK，太阳的运动由此看起来是不均匀的。

然而通过本轮可以实现的，通过偏心圆也可同样实现。当行星在本轮上运转时，它在同一平面描出与同心圆相等的偏心圆。偏心圆中心与同心圆中心之间的距离等于本轮半径。而这种情况可用三种方法实现。

如果同心圆上的本轮和本轮上的行星所作的旋转相等，但方向相反，那么行星的运动将描出一个远心点与近心点的位置不变的固定的偏心圆。设 ABC 为一同心圆，点 D 为宇宙中心，直径为 ADC。假定当本轮位于点 A 时，行星位于本轮的远心点 G，其半径落在直线 DAG 上。取同心圆弧 AB，以点 B 为中心、AG 为半径作本轮 EF。连接 BD 和 BE。取弧 EF 与弧 AB 相似，但方向相反。设行星或地球位于点 F，连接 BF。在直线 AD 上取 $DK=BF$。由于$\angle EBF=\angle BDA$，因此 BF 与 DK 既平行又相等，因为根据《几何原本》Ⅰ，33，与平行且相等的直线相连接的直线也平行且相等。由于 $DK=AG$，AK 为其共同的附加线段，所以 $GAK=AKD$，$GAK=KF$。于是以 K 为中心，KAG 为半径

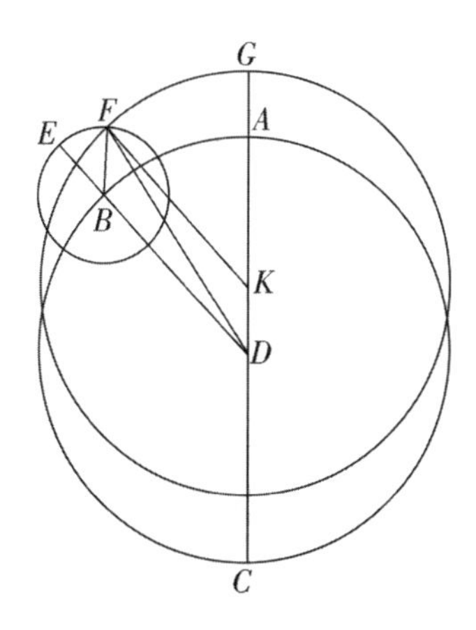

所作的圆将通过点 F。由于 AB 与 EF 的复合运动，点 F 描出一个与同心圆相等的同样固定的偏心圆。因为当本轮的运转与同心圆相等时，这样描出的偏心圆的拱点必然保持不变的位置。（因为$\angle EBF=\angle BDK$，BF 总是平行于 AD[这句话后来被删掉]。）

但是如果本轮的中心和圆周所作的运转不等，则行星的运动所表现出的就不再是一个固定的偏心圆，而是一个中心与拱点沿着与黄道各宫相反或相同方向移动（视行星运动与其本轮中心的相对快慢而定）的偏心圆。如果$\angle EBF>\angle BDA$，设$\angle BDM=\angle EBF$。同样可以表明，如果在直线 DM 上取 DL 与 BF 相等，则以点 L 为中心，以等于 AD 的 LMN 为半径所作的圆将通过行星所在的点 F。因此，行星的复合运动显然描出偏心圆上的弧 NF，而与此同时，偏心圆的远心点从点 G 开始沿着与黄道各宫相反的方向沿弧 GN 运动。与此相反，如果行星在本轮上的运动比本轮中心的运动慢，则偏心轮中心将随本轮中心沿着黄道各宫方向运动。例如，如果$\angle EBF=\angle BDM<\angle BDA$，那么就会出现上述情况。

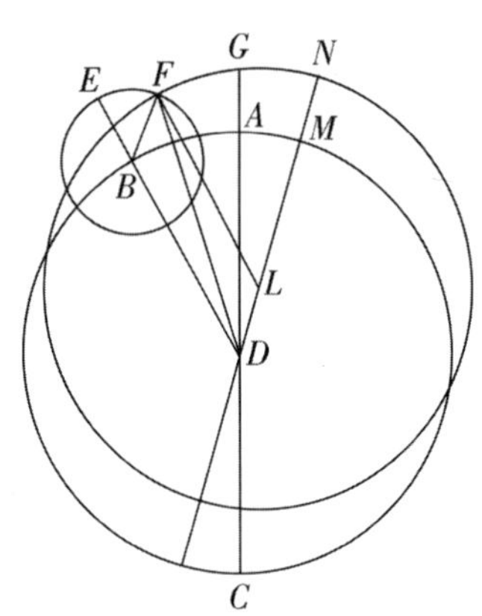

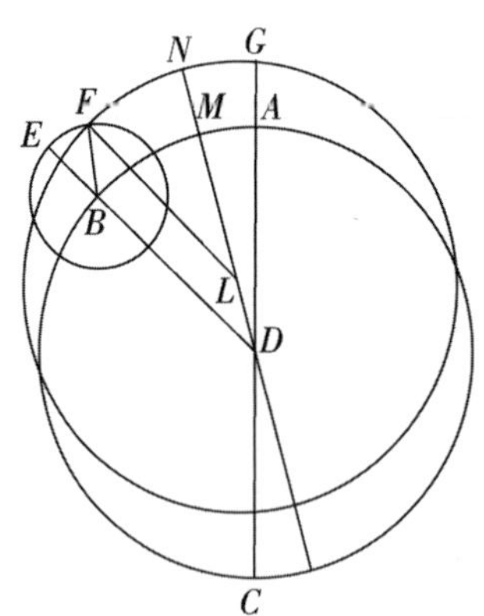

由此可知，同样的视不均匀性既可用一个同心圆上的本轮，也可用一个与同心圆相等的偏心圆得出。只要同心圆与偏心圆的中心之间的距离等于本轮半径，它们之间就没有差别。

因此要确定天界实际存在的是哪种情形并非易事。托勒密认为偏心圆模型是适宜的。在他看来[《天文学大成》，Ⅲ，4]，不均匀性是简单的，拱点的位置固定不变，太阳的情况就是如此，但他却对以双重或多重不均匀性运行的月球和五颗行星采用了偏心本轮。而且容易说明，对于偏心圆模型来说，均匀行度与视行度之差在行星位于高低拱点之间时达到最大，而对于本轮模型来说，它在行星与均轮相接触时达到最大。这是托勒密所阐明的[《天文学大成》，Ⅲ，3]。

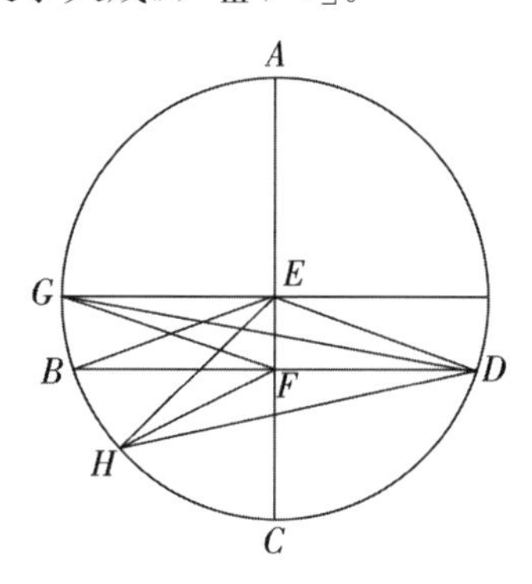

偏心圆的情况可证明如下：设偏心圆 $ABCD$ 的中心为点 E，AEC 是过太阳(位于不在中心的点 F)的直径。过点 F 作直线 BFD 垂直于直径 AEC。连接 BE 和 ED。设 A 为远日点，C 为近日点，B 和 D 为它们之间的视中点。显然，三角形 BEF 的外角代表均匀运动，内角 $\angle EFB$ 代表视运动，它们之差为 $\angle EBF$。我要证明的是，顶点位于圆周、EF 为其底边的角不可能大于 $\angle B$ 或 $\angle D$。在点 B 两边各取一点 G 和 H。连接 GD、GE、GF 以及 HE、HF、HD。由于 FG 比 DF 距离中心更近，线段 $FG>$ 线段 DF，所以 $\angle GDF>\angle DGF$。但因为与底边 DG 有夹角的两边 EG 和 ED 相等，$\angle EDG=\angle EGD$，因此 $\angle EDF=\angle EBF>\angle EGF$。同样可以证明，线段 $DF>$ 线段 FH，$\angle FHD>\angle FDH$。但由于 $EH=ED$，$\angle EHD=\angle EDH$，因此相减可得，$\angle EDF=\angle EBF>\angle EHF$。由此可见，以 EF 为底边所成的角不可能大于在 B、D 两点所成的角。所以均匀运动与视运动之差在远日点与近日点之间的视中点达到最大。

第十六章　太阳的视不均匀性

以上一般论证不仅适用于太阳现象，而且也适用于其他天体的不均匀性。现在我将讨论日地现象。就此论题而言，我首先来谈托勒密及其他古代学者传授给我们的知识，然后再谈更近的时期从经验学到的东西。

托勒密发现，从春分到夏至为 $94\frac{1}{2}$ 日，从夏至到秋分为 $92\frac{1}{2}$ 日[《天文学大成》，Ⅲ，4]。由时间长度可知，第一时段的平均和均匀行度为 $93°9'$，第二时段为 $91°11'$。设 $ABCD$ 为这样划分的一年的圆周，点 E 为

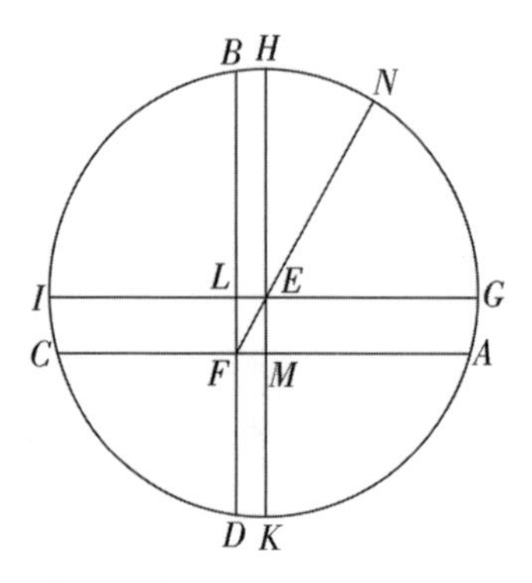

它的中心。设弧 $AB=93°9'$表示第一时段，弧 $BC=91°11'$表示第二时段。设春分点从点 A 观测，夏至点从点 B 观测，秋分点从点 C 观测，冬至点从点 D 观测。连接 AC 与 BD，这两条直线在太阳所在的点 F 相互正交。由于弧 $ABC>180°$，弧 $AB>$弧 BC，所以托勒密认为[《天文学大成》，Ⅲ，4]，圆心 E 位于直线 BF 与 FA 之间，远日点位于春分点与夏至点之间。过中心 E 作平行于 AFC 的 IEG 交 BFD 于点 L，作平行于 BFD 的 HEK 交 AF 于点 M。由此形成矩形 $LEMF$，其对角线 FE 可延长为直线 FEN，它标明了地球与太阳的最大距离以及远日点的位置 N。因为弧 $ABC=184°20'$[$=93°9'+91°11'$]，弧 $AH=\frac{1}{2}$弧 $ABC=92°10'$，弧 $HB=$弧 $AGB-$弧 $AH=59'$[$=93°9'-92°10'$]，弧 $AG=$弧 $AH-$弧 $HG=92°10'-90°=2°10'$。如果取半径$=10000$，则 $LF=\frac{1}{2}$弦 $2AG=378$。但是 $EL=\frac{1}{2}$弦 $2BH=172$，因此三角形 ELF 的两边已知，如果取半径 $NE=10000$，则边 $EF=414\approx\frac{1}{24}NE$。但是 $EF:EL=NE:\frac{1}{2}$弦 $2NH$，因此，弧 $NH=24\frac{1}{2}°$，这即是$\angle NEH$，视行度$\angle LFE=\angle NEH$。这就是在托勒密之前高拱点超过夏至点的距离。

但是，弧 $IK=90°$，弧 $IC=$弧 AG[$=2°10'$]，弧 $DK=$弧 HB[$=59'$]，因此，弧 $CD=$弧 $IK-$（弧 $IC+$弧 DK）$=86°51'$，弧 $DA=$弧 CDA[$=175°40'=360°-184°20'$]$-$弧 $CD=88°49'$。但是 $86°51'$对应着 $88\frac{1}{8}$天，$88°49'$对应着 $90\frac{1}{8}$天$=3$ 小时。在这些时段内，可以看到太阳由于地球的均匀运动而由秋分点移到冬至点，并且在一年中余下的时间里由冬至点返回春分点。

托勒密证明了[《天文学大成》，Ⅲ，4]他所求得的这些结果与他之前的希帕克斯并无差异。因此他认为，高拱点后来仍会留在夏至点前 $24\frac{1}{2}$°处不动，而偏心率$\left(我说过为半径的\frac{1}{24}\right)$则将永远保持不变。现已发现，这两个数值都发生了明显改变。

根据巴塔尼的记录，从春分到夏至为 93 天 35 日分，从春分到秋分为 186 天 37 日分。他用这些数值并根据托勒密的方法推出的偏心率不大于 346 单位(半径取为 10000)。西班牙人查尔卡里求得的偏心率与他相同，但远日点是在至点前 12°10′，而巴塔尼则认为是在同一至点前 7°43′。由此可以推断，地心的运动还有另一种不均匀性，我们现代的观测也证实了这一点。

在我致力于这些课题研究的十几年间，尤其是在公元 1515 年，我求得从春分点到秋分点共有 186 天 $5\frac{1}{2}$日分。为了避免在确定二至点时出差错(有些人怀疑我的前人在这方面犯过错误)，我在此项研究中还补充考虑了太阳的其他几个位置。这些位置与二分点一样都不难测定，比如金牛宫、室女宫、狮子宫、天蝎宫和宝瓶宫的中点。由此我求得从秋分点到天蝎宫中点为 45 天 16 日分，从秋分点到春分点为 178 天 $53\frac{1}{2}$日分。

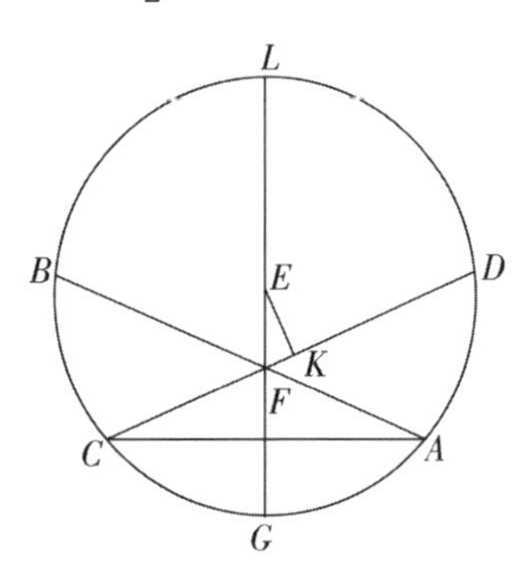

第一时段中的均匀行度为 44°37′，第二时段为 176°19′。以这些资料为基础，重新绘制圆 $ABCD$，设点 A 为春分时太阳的视位置，点 B 为观测到秋分的点，点 C 为天蝎宫的中点。连接 AB 与 CD，它们相交于太阳中心 F。作弦 AC。由于弧 CB=44°37′，如果取两直角=360°，则∠BAC = 44° 37′。如果取四直角 = 360°，则视行度∠BFC=45°；但若取两直角=360°，则∠BFC=90°。于是截出弧 AD 的剩余∠ACD[=∠BFC−∠BAC]为 45°23′[=90°−44°37′]。但是弧 ACB=176°19′，弧 AC=弧 ACB−弧 BC=131°42′[=176°19′−

$44°37'$]，弧 CAD=弧 AC+弧 AD[$=45°23'$]$=177°5\frac{1}{2}'$。因此，由于弧 ACB[$=176°19'$]$<180°$，弧 $CAD<180°$，所以圆心显然位于圆周的其余部分 BD 之内。设圆心为 E，过 F 引直径 $LEFG$。设点 L 为远日点，点 G 为近日点。作 EK 垂直于 CFD。如果取直径=200000，则由表可查出已知弧所对的弦 $AC=182494$，$CFD=199934$。于是三角形 ACF 的各角都可知。根据平面三角形的定理一[Ⅰ，13]，各边之比可得：取 $AC=182494$，则 $CF=97697$。因此，FD[$CFD-CF=199934-97697=101967$]超过 CDF 的一半[$=199934\div 2$ 或 99967]的部分为 $FK=2000$[$=101967-99967$]。由于 $180°-$弧 CAD[$\approx 177°6'$]$=2°54'$，$EK=\frac{1}{2}$弦 $2°54'=2534$，所以在三角形 EFK 中，两直角边 FK 和 KE 都已知，三角形的各边角均可知：如果取 $EL=10000$，则 $EF=323$；如果取四直角$=360°$，则$\angle EFK=51\frac{2}{3}°$。因此，相加可得，$\angle AFL$[$=\angle EFK+(\angle AFD=\angle BFC=45°)$]$=96\frac{2}{3}°$[$=51\frac{2}{3}°+45°$]，补角$\angle BFL$[$=180°-\angle AFL$]$=83\frac{1}{3}°$。但如果取 $EL=60^p$，则 $EF\approx 1^p56'$。此即太阳与圆心之间过去的距离，现在它已变为还不到$\frac{1}{31}$，而对托勒密来说似乎是$\frac{1}{24}$。此外，远日点那时是在夏至点之前 $24\frac{1}{2}°$，现在是在夏至点之后 $6\frac{2}{3}°$。

第十七章　太阳的第一种周年非均匀性及其特殊变化的解释

既然我们已经发现太阳的非均匀运动有若干种变化，我想首先应当说明的是最为人所知的周年变化。为此目的，重新绘制圆 ABC，其中心为

E，直径为 AEC，远日点为点 A，近日点为点 C，太阳位于点 D。前已证明[Ⅲ，15]，均匀行度与视行度的最大差值出现在两拱点之间的视中点。为此，作 BD 垂直于 AEC 交圆周于点 B。连接 BE。于是在直角三角形 BDE 中两边已知，即圆的半径 BE 以及太阳与圆心的距离 DE。因此三角形的各角均可知，其中 $\angle DBE$ 为均匀行度 $\angle BEA$ 与视行度角即直角 $\angle EDB$ 之差。

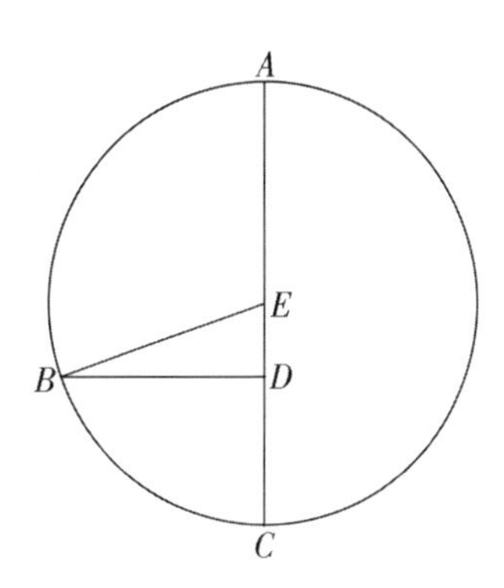

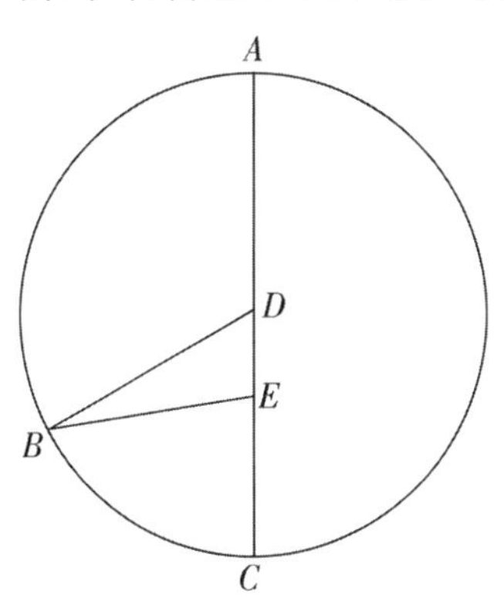

然而当 DE 发生增减变化时，三角形的整个形状会随之发生改变。在托勒密以前，$\angle B=2°23'$，在巴塔尼和查尔卡里的时代，$\angle B=1°59'$，而目前 $\angle B=1°51'$。托勒密测出[《天文学大成》，Ⅲ，4]，$\angle AEB$ 截出的弧 $AB=92°23'$，弧 $BC=87°37'$；巴塔尼测出弧 $AB=91°59'$，弧 $BC=88°1'$；而目前弧 $AB=91°51'$，弧 $BC=88°9'$。

有了这些事实，其余的变化也就显然可得了。在第二幅图中任取一弧 AB，使 $\angle AEB$、$\angle BED$ 以及两边 BE 和 ED 已知。通过平面三角形的定理，行差角 $\angle EBD$ 以及均匀行度与视行度之差均可得。由于前已提到的 ED 边的变化，这些差值也必定会变化。

第十八章　黄经均匀行度的分析

以上解释了太阳的周年不均匀性，但这种解释不是基于前已说明的简单变化，而是基于一种在长时间内发现的与简单变化混合的变化。我将在后面[Ⅲ，20]对这两种变化做出区分。同时，地心的平均和均匀行度可以用更精确的数值定出。它与非均匀变化区分得越好，延续的时间就越长。

这项研究如下。

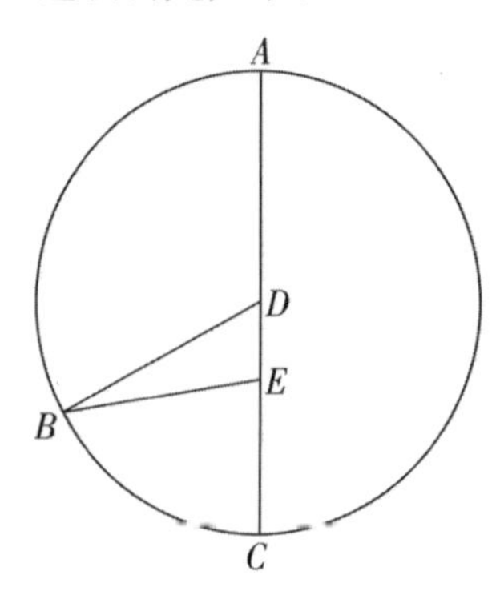

我采用了希帕克斯于第三卡利普斯周期的第32年——前已提到[Ⅲ，13]，这是在亚历山大大帝去世后的第177年——第五个闰日的第三个午夜在亚历山大城观测到的秋分点。但因亚历山大城的经度大约位于克拉科夫（Krakow）以东，经度差约1小时，所以那时克拉科夫的时间约为午夜前1小时。因此，根据上面的计算，秋分点在恒星天球上的位置距白羊宫起点176°10′，这就是太阳的视位置，它与高拱点相距$114\frac{1}{2}$°[＝24°30′＋90°]。为了描绘这一情况，绕中心点D作地心所描出的圆ABC，设ADC为直径，太阳位于直径上的点E，远日点为点A，近日点为点C。设点B太阳在秋分时所在的位置。连接BD与BE。由于太阳与远日点的视距离$\angle DEB=144\frac{1}{2}$°，如果取$BD=10000$，则边$DE=414$。因此，根据平面三角形的定理四[Ⅱ，$E$]，三角形$BDE$的各边角均可求得。$\angle DBE=\angle BDA-\angle BED=2°10'$。而$\angle BED=114°30'$，所以$\angle BDA=116°40'$[114°30′＋2°10′]。太阳在恒星天球上的平均或均匀位置与白羊宫起点的距离为178°20′[176°10′＋2°10′]。

我把我于公元1515年9月14日即亚历山大大帝去世后第1840年埃及历2月6日日出后半小时在与克拉科夫位于同一条子午线上的弗龙堡观测到的秋分点[Ⅲ，13]与这次观测进行对比。根据计算和观测，当时秋分点位于恒星天球上的152°45′处，它与高拱点的距离为83°20′，这与前面的论证相符[Ⅲ，16结尾]。取两直角＝180°，设$\angle BEA=83°20'$，且三角形BDE的两边已知：$BD=10000$，$DE=323$。根据平面三

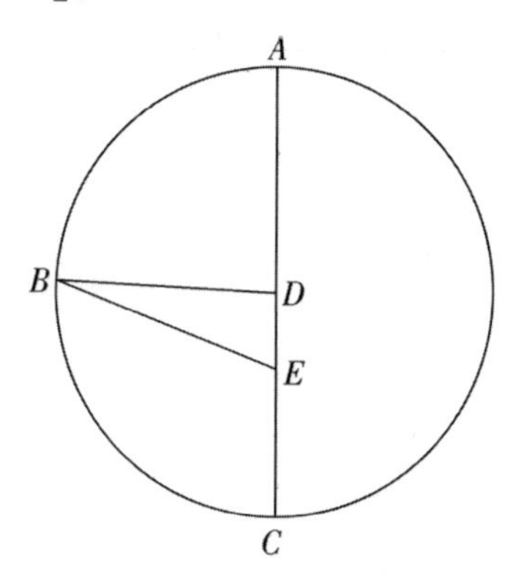

角形的定理四[Ⅱ，E]，$\angle DBE \approx 1°50'$。如果三角形 BDE 有一外接圆，取两直角＝360°，则$\angle BED = 166°40'$。如果取直径＝20000，则弦 BD＝19864。因为 BD∶DE 已知，所以弦 $DE \approx 640$。DE 在圆周上所张的角$\angle DBE = 3°40'$，但中心角为 1°50′[＝3°40′÷2]。这就是当时均匀行度与视行度之间的行差。把这个值与$\angle BED = 83°20'$相加，即得$\angle BDA$ 和弧 AB＝85°10′[＝83°20′＋1°50′]，这是从远日点算起的均匀行度距离。因此太阳在恒星天球上的平位置为 154°35′[＝152°45′＋1°50′]。两次观测之间共历时 1662 埃及年 37 天 18 日分 45 日秒。除 1660 次完整旋转以外，平均和均匀行度约为 336°15′，这与我在均匀行度表中[Ⅲ，14 后面]所确定的数值相符。

第十九章　太阳均匀行度的位置与历元的确定

从亚历山大大帝去世到希帕克斯的观测，共历时 176 年 362 日 27 $\frac{1}{2}$ 分，通过计算可以得到在此期间的平均行度为 312°43′。把这一数值从希帕克斯所测出的 178°20′[Ⅲ，18]中减去，再补上圆周的 360°，得到的 225°37′[360°＋178°20′＝538°20′－312°43′＝225°37′]即为克拉科夫子午线和我的观测地弗龙堡在亚历山大大帝去世之初的埃及历 1 月 1 日正午所处的位置。从那时起到尤利乌斯・恺撒的罗马纪元的 278 年 118 $\frac{1}{2}$ 日中，去掉整周旋转后的平均行度为 46°27′。把这一数值加到亚历山大大帝时的位置，得到的 272°4′[＝225°37′＋46°27′]即为 1 月 1 日前的午夜(罗马人习惯于把这时算作年和日的开始)对恺撒时代求得的位置。又过了 45 年 12 天，即亚历山大大帝去世后 323 年 130 $\frac{1}{2}$ 日$\left[278^{y}118\frac{1}{2}^{d}+45^{y}12^{d}\right]$，基督纪元的位置为 272°31′。因为基督诞生于第 194 个奥林匹克运动会期的第 3 年[193×4＝772＋3]，所以从第一个奥林匹克运动会期的起点到基督诞生年

1月1日前的午夜，共历时775年$12\frac{1}{2}$日。由此还可以定出第一个奥林匹克运动会期时的位置在96°16′，这是在1月的第一天中午，现在与这一天相当的日子是罗马历7月1日。这样便把简单太阳行度的历元与恒星天球关联起来了，而且通过使用二分点岁差还可以得出复合行度的位置。在奥林匹克运动会之初，与简单位置相应的复合行度的位置为90°59′[=96°16′−5°16′]；在亚历山大时期之初为226°38′[=225°37′+1°2′]；在恺撒时期之初为276°59′[=272°4′+4°55′]；在基督纪元之初为278°2′[=272°31′+5°32′]。正如我已说过的，所有这些位置均已化归为克拉科夫的子午线。

第二十章　拱点飘移给太阳造成的第二种双重不均匀性

现在还有一个更严重的问题与太阳拱点的飘移有关。尽管托勒密认为拱点是固定的，但其他人却根据恒星也在运动的学说，认为它也随着恒星天球运动。查尔卡里认为这种运动是不均匀的，有时甚至会发生逆行。他的根据是，正如前已提到的[Ⅲ，16]，巴塔尼发现远日点位于至点前7°43′处(因为在托勒密之后的740年里它大约前进了17°[≈24°30′−7°43′])，过了193年，到了查尔卡里的时代，它大约后退了$4\frac{1}{2}$°[≈12°10′−7°43′]。因此他相信，还存在着周年轨道圆的中心沿一个小圆所作的另外一种运动，这种运动使得远地点前后摆动，轨道中心与宇宙中心的距离也在不断变化。

查尔卡里的这一想法很不错，但并没有因此而得到承认，因为它与其他发现并不相符。让我们考虑那种运动的各个阶段：在托勒密之前的一段时间里，它停止不动；在740年左右的时间里，它前进了17°；然后在200年里它又退行了4°或5°；从那时起直到现在，它一直向前运动，从未发生过逆行，也没有出现若干留点。当运动方向发生反转时，留点必定出现在运动轨道的两个边界处。既然逆行和留点都没有，这说明它不可能是规则的圆周运动。因此许多专家认为，那些天文学家[即巴塔尼和查尔卡里]的观测有误。但这两位天文学家都认真细致，技艺娴熟，因此很难确定应当遵循哪种说法。

我承认，测定太阳的远地点是最困难的，因为对于这个位置，我们是由小到几乎无法察觉的量去推算很大的量。在近地点和远地点附近，1°仅能引起$2'$左右的行差，而在中间距离处，$1'$就可以引起5°或6°的行差变化。如果失之毫厘，则谬以千里。所以，即使把远地点取在巨蟹宫内$6\frac{2}{3}^\circ$处[Ⅲ，16]，测时仪器也是不能令我满意的，除非我的结果也能被日月食所证实。因为潜藏在仪器中的任何误差都可以由日月食显示出来。因此，从运动的一般结构可以推断，运动很可能是顺行但不均匀的。因为从希帕克斯到托勒密之间的那个停留间隔之后，远地点直到现在一直在连续而有规则地向前运动，除了在巴塔尼与查尔卡里之间运动出了错(一般认为如此)，其余似乎都符合。类似地，太阳的行差也没有停止减小。它似乎遵循同样的圆周模式，两种非均匀性都与黄赤交角的第一种简单近点角变化或类似的不规则性相一致。

为了把这一点说得更清楚，在黄道面上作以点C为中心的圆AB，设其直径为ACB，ACB上的点D为太阳所在的宇宙中心。以点C为中心，作一个不包含太阳的小圆EF。设地球周年运转的中心沿这个小圆缓慢前行。因为小圆EF与直线AD一同缓慢前行，而周年运转的中心沿圆EF缓慢顺行，所以周年轨道圆的中心与太阳的距离时而为最大的DE，时而为最小的DF。它在E处较慢，在F处较快。在小圆的中间弧段，周年轨道的中心使两中心的距离时增时减，并使高拱点交替超前或落后于直线ACD上的拱点或远日点(它可充当平远日点)。取弧EG，以点G

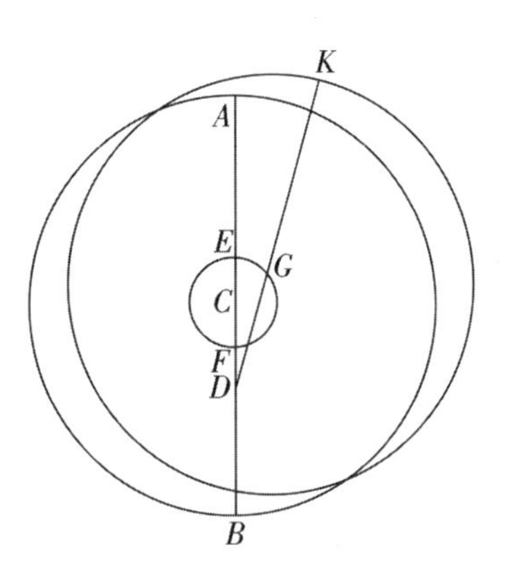

为中心作一个与AB相等的圆，则高拱点将位于直线DGK上，根据《几何原本》Ⅲ，8，DG将比DE短。这些关系可以通过上述偏心圆的一个偏心圆来说明，也可以用本轮的本轮来说明。

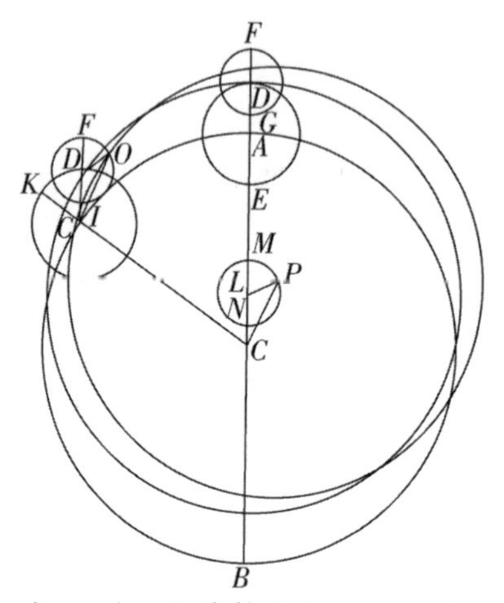

设圆AB与宇宙和太阳同心，ACB为高拱点所在的直径。以点A为中心作本轮DE，以点D为中心作地球所在的小本轮FG。这些图形都位于同一黄道面上。设第一本轮是顺行的，周期大约为一年，第二本轮D也是如此，只不过是逆行。设两个本轮相对于直线AC的运转次数相等，并且地心在逆行离开F时使D的运动有所增加。因此，当地球位于点F时，它将使太阳的远地点最远；当位于点G时，太阳远地点最近；而当位于小本轮FG的中间弧段时，它将使远地点朝着平远地点顺行或逆行，加速或减速，更远或更近。于是运动看起来将是不均匀的，一如我前面用本轮和偏心圆所证明的情况。

取圆弧AI。以点I为中心重新绘制本轮上的本轮。连接CI，沿直线CIK延长。由于转动数相等，$\angle KID=\angle ACI$，因此，正如我在前面已经证明的[Ⅲ，15]，点D将围绕点L描出一个偏心率$CL-DI$、半径等于同心圆AB的偏心圆；点F将描出一个偏心率$CLM=IDF$的偏心圆；点G也将描出一个偏心率$IG=CN$的偏心圆。如果在这段时间内，地心在它自己的本轮即第二本轮上已经走过了任意一段弧FO，则点O将描出这样一个偏心圆，它的中心不在直线AC上，而是在一条与DO平行的直线例如LP上。如果连接OI与CP，则$OI=CP$，但$OI<IF$，$CP<CM$。根据《几何原本》Ⅰ，8，$\angle DIO=\angle LCP$，所以，位于直线CP上的太阳的远地点看起来要超前于点A。

由此也很清楚，用偏心本轮得到的是同样结果。在前面的图形中，小本轮D绕着中心点L描出偏心圆。设地心在前述条件下（即略微超过周年运转)通过弧 FO。它将围绕中心点 P 描出另一个偏心于第一个偏心圆的偏心圆，此后还会出现相同现象。由于种种方法都导向同样的结果，我无法轻易肯定哪一种是真实的，除非计算结果与现象永远相符，迫使我们相信它是其中一种。

第二十一章　太阳不均匀性的第二种变化有多大

我们已经看到[Ⅲ，20]，除黄赤交角或其类似量的第一种简单近点角变化之外，还有第二种不均匀性。因此，只要前人的观测误差不会造成影响，我就可以准确地求出它的变化。通过计算，我得出公元 1515 年的近点角约为 $165°39'$，其起点大约在公元前 64 年，从那时到现在共历时 1580 年。我发现，近点角起始时偏心率达到最大，为 417(取半径＝10000)。而我们这时的偏心率为 323。

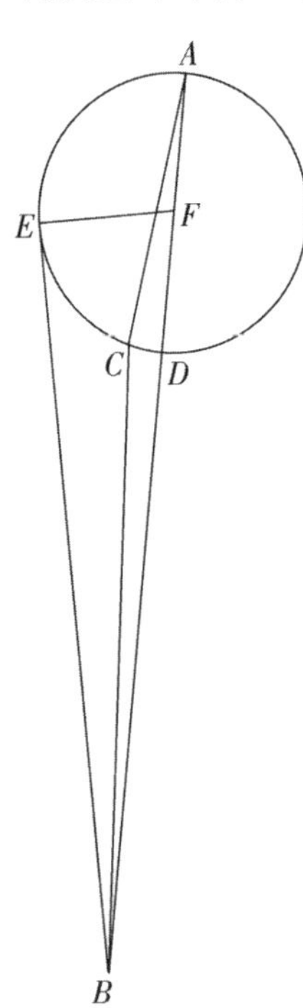

设直线 AB 上的点 B 为宇宙的中心即太阳。设 AB 为最大偏心率，BD 为最小偏心率。以 AD 为直径作一个小圆，在它之上取弧 $AC=165°39'$，它表示第一种简单近点角。在近点角的起点 A 已经求得 $AB=417$，而现在 $BC-323$，于是在三角形 ABC 中，边 AB 与边 BC 均已知。因为 CD 是半圆余下的弧，弧 $CD=14°21'$，所以$\angle CAD$ 也已知。因此，根据我已讲过的平面三角形的定理，余下的边 AC 以及远日点的平均行度与非均匀行度之差即$\angle ABC$ 也可知。由于线段 AC 所对的弧已知，所以圆 ACD 的直径 AD 也可求得。如果取三角形外接圆的直径＝200000，则由$\angle CAD=14°21'$，得到 $CB=2486$。因为 $BC:AB$ 已知，$AB=3225$，AB 所对的角$\angle ACB=341°26'$，因此如果取两直角＝360°，则剩下的角为$\angle CBD=4°13'$[＝360°－

$(341°26'+14°21'=355°47')$]，这是 $AC=735$ 所对的角。因此，如果 $AB=417$，则 $AC\approx95$。由于 AC 所对的弧已知，它与直径 AD 的比值可知。因此，如果 $ADB=417$，则 $AD=96$，剩余部分 $DB[=ADB-AD=417-96]=321$，即为最小偏心率。$\angle CBD$ 在圆周上所成的角为 $4°13'$，在圆心所成的角为 $2°6\frac{1}{2}'$，它是从 AB 绕中心 B 的均匀行度所应减去的行差。

现在作直线 BE 与圆周相切于点 E。以点 F 为中心，连接 EF。于是在直角三角形 BEF 中，边 $EF=48\left[=\frac{1}{2}\times96=\text{直径 }AD\right]$，$BDF=369[FD=48+321=DB]$，如果取半径 $FB=10000$，则 $EF=1300$。$EF=\frac{1}{2}$弦 $2EBF$。如果取四直角$=360°$，则$\angle EBF=7°28'$，此即均匀行度 F 与视行度 E 之间的最大行差。

于是其余个别差值就可以求得了。设$\angle AFE=6°$。我们有这样一个三角形，它的边 EF、边 FB 以及$\angle EFB$ 均已知，因此行差角 $EBF=41'$。但如果$\angle AFE=12°$，则行差$=1°23'$；如果$\angle AFE=18°$，则行差$=2°3'$；用同样的方法可以其余类推。这在前面论述周年行差时[Ⅲ，17]已经讲过了。

第二十二章　怎样推算太阳远地点的均匀与非均匀行度

根据埃及人的记载，最大偏心率与近点角起点相吻合的时间是在第 178 个奥林匹克运动会期的第 3 年，即亚历山大大帝去世后的第 259 年[公元前 64 年；Ⅲ，21]，所以当时远地点的真位置和平位置都在双子宫内 $5\frac{1}{2}°$处，即距春分点 $65\frac{1}{2}°$处。由于真春分点岁差——它与当时的平岁差相符——为 $4°38'$，所以从 $65\frac{1}{2}°$减去 $4°38'$，得到的余量 $60°52'$即为从白羊宫起点量起的远地点位置。然而，在第 573 个奥林匹克运动会期的第 2 年即公元1515年，发现远地点位置位于巨蟹宫内$6\frac{2}{3}^{\circ}$处，而算得的春分点岁差为$27\frac{1}{4}^{\circ}$。从96°40′减去$27\frac{1}{4}^{\circ}$得到69°25′。当时的第一近点角为165°39′，行差即真位置超前于平位置的量等于2°7′$\left[\approx 2^{\circ}6\frac{1}{2}'\right.$；Ⅲ，21$\left.\right]$，因此太阳远地点的平位置为71°32′[=69°25′+2°7′]。因此，在1580个均匀埃及年中，远地点的平均和均匀行度为10°41′[≈71°32′−60°52′]。用年份去除这个数，就得到年均为24″20‴14⁗。

第二十三章　太阳近点角及其位置的测定

如果从以前的简单周年行度359°44′49″7‴4⁗[Ⅲ，14]中减去上面的数24″20‴14⁗，得到的359°44′24″46‴50⁗就是周年均匀近点角行度。再把359°44′24″46‴50⁗平均分配给365天，就得到日均为59′8″7‴22⁗，这与前面表中[Ⅲ，14结尾]所载的值相符。于是可以得出从第一个奥林匹克运动会期开始的各种历元的位置。前已说过，在第573个奥林匹克运动会期第2年9月14日日出后半小时的平太阳远地点位于71°32′，由此可得当时的平太阳距离为83°3′[71°32′+83°3′=154°35′；Ⅲ，18]。从第一个奥林匹克运动会期到现在，时间已经过去了2290埃及年281日46日分。在此期间，近点角行度——不算整圈——为42°49′。从83°3′中减去42°49′，得到的40°14′即为第一个奥林匹克运动会期时近点角的位置。根据与前面一样的方法，我们还可求得在亚历山大大帝时的位置为166°38′，恺撒时为211°11′，基督时为211°19′。

第二十四章 太阳均匀行度与视行度变化的表格显示

为了使前面论述的太阳均匀行度与视行度的变化更便于使用，我将为它们制一个共有60行和6列的表格。前两列为周年近点角在两个半圆——即从0°到180°的上升半圆和从360°到180°的下降半圆——的度数，与前面讨论二分点行差的做法一样［Ⅲ，8结尾］，这里也以3°为间距列出。第三列为太阳远地点行度或近点角变化的度数与分数。该变化最大约为$7\frac{1}{2}$°，也是每隔3°有一个变化值。第四列为最大为60的比例分数。当周年近点角行差大于由太阳与宇宙中心的最小距离所产生的行差时，比例分数应与第六列所载周年近点角行差的增加值一起计算。因为这些行差的最大增加值为32′，其六十分之一为32″，利用前已阐明的方法［Ⅲ，21］，我将从偏心率导出增加值的大小，并根据这些值每隔3°给出60分之几的数。第五列是根据太阳与宇宙中心的最小距离所求得的个别行差的周年变化和第一种变化。最后，第六列为偏心率最大时这些行差的增加值。表格如下：

太阳行差表							
公共数		中心行差		比例分数	轨道行数		增加值
度	度	度	分		度	分	分
3	357	0	21	60	0	6	1
6	354	0	41	60	0	11	3
9	351	1	2	60	0	17	4
12	348	1	23	60	0	22	6
15	345	1	44	60	0	27	7
18	342	2	5	59	0	33	9
21	339	2	25	59	0	38	11
24	336	2	46	59	0	43	13
27	333	3	5	58	0	48	14

续表 1

公共数		中心行差		比例分数	轨道行数		增加值
度	度	度	分		度	分	分
30	330	3	24	57	0	53	16
33	327	3	43	57	0	58	17
36	324	4	2	56	1	3	18
39	321	4	20	55	1	7	20
42	318	4	37	54	1	12	21
45	315	4	53	53	1	16	22
48	312	5	8	51	1	20	23
51	309	5	23	50	1	24	24
54	306	5	36	49	1	28	25
57	303	5	50	47	1	31	27
60	300	6	3	46	1	34	28
63	297	6	15	44	1	37	29
66	294	6	27	42	1	39	29
69	291	6	37	41	1	42	30
72	288	6	46	40	1	44	30
75	285	6	53	39	1	46	30
78	282	7	1	38	1	48	31
81	279	7	8	36	1	49	31
84	276	7	14	35	1	49	31
87	273	7	20	33	1	50	31
90	270	7	25	32	1	50	32
93	267	7	28	30	1	50	32
96	264	7	28	29	1	50	33
99	261	7	28	27	1	50	32
102	258	7	27	26	1	49	32

续表 2

公共数		中心行差		比例分数	轨道行数		增加值
度	度	度	分		度	分	分
105	255	7	25	24	1	48	31
108	252	7	22	23	1	47	31
111	249	7	17	21	1	45	31
114	246	7	10	20	1	43	30
117	243	7	2	18	1	40	30
120	240	6	52	16	1	38	29
123	237	6	42	15	1	35	28
126	234	6	32	14	1	32	27
129	231	6	17	12	1	29	25
132	228	6	5	11	1	25	24
135	225	5	45	10	1	21	23
138	222	5	30	9	1	17	22
141	219	5	13	7	1	12	21
144	216	4	54	6	1	7	20
147	213	4	32	5	1	3	18
150	210	4	12	4	0	58	17
153	207	3	48	3	0	53	14
156	204	3	25	3	0	47	13
159	201	3	2	2	0	42	12
162	198	2	39	1	0	36	10
165	195	2	13	1	0	30	9
168	192	1	48	1	0	24	7
171	189	1	21	0	0	18	5
174	186	0	53	0	0	12	4
177	183	0	27	0	0	6	2
180	180	0	0	0	0	0	0

第二十五章　视太阳的计算

应该怎样用上面的表计算任一给定时刻太阳的视位置，我想现在已经很清楚了。正如我已经解释的[Ⅲ，12]，我们先与第一种简单近点角一起查出当时春分点的真位置或其岁差，然后通过均匀行度表[Ⅲ，14 结尾]找出地心的平均简单行度(或称其为太阳行度)以及周年近点角。把这些数值加上它们已经确定的历元[Ⅲ，23]。从上表第一列或第二列中可以查出第一种简单近点角的值或临近数值，从第三列中可以查出周年近点角的相应行差。查出列在旁边的比例分数。如果周年近点角的原始值小于半圆或出现在第一列中，则把行差与周年近点角相加，否则就从中减去行差。由此得到的差或和即为经过修正的太阳近点角。由此便可得出第五列所载的周年轨道的行差以及相伴随的增加值。把这一增加值与业已查出的比例分数结合起来，可得到一值。把这个值与轨道行差相加，便可得到修正行差。如果周年近点角可在第一列中查到或者小于半圆，就应把修正行差从太阳平位置中减去；反之，如果周年近点角大于半圆或出现在第二列中，则应把修正行差与太阳平位置相加。如此得到的差或和给出从白羊座起始处量起的太阳真位置。最后，如果与这个太阳真位置相加，则春分点的真岁差将立即给出太阳在黄道各宫和黄道弧上相对于分点的位置。

但如果你想采用另一种方法得出这一结果，那么可以用均匀复合行度来代替简单行度。进行以上所有操作，只是要用春分点岁差的行差而不是岁差本身，加或减视情况而定。这样，通过地球运动而对视太阳所进行的计算与古代和现代的记录相符，将来的运动大概已经被预见到。

然而我也并非不知道，如果有人认为周年运转的中心静止于宇宙的中心，而太阳的运动却与我关于偏心圆中心所论证的[Ⅲ，20]两种运动相似且相等，那么无论是数值还是证明，所有现象都将与前面一样。因为除了位置，尤其是与太阳有关的现象，没有什么会发生变化。于是地心绕宇宙中心的运动将是规则的和简单的(其余两种运动都被归于太阳)。因此，当我开始时含糊地说，宇宙的中心位于太阳[Ⅰ，9，10]或太阳附近[Ⅰ，10]时，这些位置当中到底哪一个是宇宙的中心仍然是有疑问的。不过在讨论五颗行星时[Ⅴ，4]，我将进一步讨论这个问题。在那里我将尽我所能对此做出回答，并认为如果我把可靠的、值得信赖的计算应用于视太阳，这就足够了。

第二十六章　NUCHTHEMERON，即可变的自然日

关于太阳，还应讨论自然日的变化。自然日是包含24个相等小时的周期，直到现在，我们仍然常用它对天体运动进行普遍和精确的度量。然而不同民族对它有不同的定义：巴比伦人和古希伯来人把一自然日定义为两次日出之间的时间，雅典人定义为两次日没之间的时间，罗马人定义为从午夜到午夜，埃及人则定义为从正午到正午。

在此期间，除地球本身旋转一次所需时间外，显然还应加上它对太阳视运动周年运转的时间。但这段附加时间是可变的，这首先是因为太阳的视行度在变，其次是因为自然日与地球绕赤极的旋转有关，而周年运转沿黄道进行。因此，不能用这段视时间对运动进行普遍而精确的度量，因为自然日与自然日在任何细节上都不一致。因此便需要从中挑选出某种平均和均匀的日子，用它来精确地测定均匀行度。

由于在一整年中地球绕两极共作365次自转，此外，由于太阳的视运动使日子加长，所以还须增加大约一次完整的自转，因此自然日要比均匀日长出这一附加自转周的$\frac{1}{365}$。于是，我们应当定义出均匀日，并把它与非均匀的视日区分开来。我把赤道的一次完整自转加上在此期间太阳看起来均匀运动的部分称为“均匀日”，而把赤道转一周的360°加上与太阳视运动一起在地平圈或子午圈上升起的部分称为“非均匀视日”。虽然这些日之

间的差别小到无法立即察觉，但若干天后它就很明显了。

这种现象有两种原因，即太阳视运动的非均匀性以及倾斜黄道的非均匀升起。第一种原因是由太阳的非均匀视行度造成的，前面已经阐明[Ⅲ，16—17]。托勒密认为[《天文学大成》，Ⅲ，9]，在两个平拱点之间，对于中点为高拱点的半圆来说，度数比黄道少了 $4\frac{3}{4}$时度，而在包含低拱点的另一个半圆上，度数却比黄道多出了同一数目。因此一个半圆比另一个半圆总共超出 $9\frac{1}{2}$时度。

但是对于与出没有关的第二种原因，各包含一个至点的两个半圆之间有着极大的差异。这是最短日与最长日之间的差异，它的变化很大，每一地区都不一样。而从中午或午夜量出的差值在任何地方都在四个极限点以内。从金牛宫 16°处到狮子宫 14°处，黄道的 88°共越过子午圈的约 93 时度；从狮子宫 14°到天蝎宫 16°，黄道的 92°共越过子午圈的 87 时度，所以后者少了 5 时度[92°－87°]，前者多了 5 时度[93°－88°]。于是第一时段的日子比第二时段超出了 10 时度$=\frac{2}{3}$小时。另一半圆的情况与此相似，只是两个完全相对的极限点反了过来。

现在天文学家们决定取正午或午夜而不是日出或日没来作为自然日的起点，这是因为与地平圈有关的非均匀性较为复杂，它可长达数小时，而且各地的情况不一样，它会根据地球的倾角复杂地变化。而与子午圈有关的非均匀性则是到处都一样，所以较为简单。

因此，由前述原因即太阳视运动的不均匀性以及黄道不均匀地通过子午圈所引起的总的差值，在托勒密以前达到 $8\frac{1}{3}$时度[《天文学大成》，Ⅲ，9]；现在减少是从宝瓶宫 20°左右扩展到天蝎宫 10°，增加是从天蝎宫 10°扩展到宝瓶宫 20°，差值已经缩小为 7°48′时度。由于近地点和偏心率也是随时间变化的，所以这些现象也将随时间变化。

最后，如果把二分点岁差的最大变化也考虑在内，则自然日的整个变化可以在几年内超过 10 时度。直到现在，自然日非均匀性的第三种原因仍然隐而未现，因为相对于平均和均匀分点而不是并非完全均匀的二分点（这一点已经足够清楚了）来说，赤道的旋转已经被发现是均匀的，所以有时较长的日会比较短的日超出 10 时分的两倍即 $1\frac{1}{3}$ 小时。由于太阳的周年视行度以及恒星相当缓慢的行度，这些现象也许可以忽视而不致产生明显的误差，然而由于月球的快速运动（可以引起太阳行度的 $\frac{5}{6}°$ 的误差），它们决不能被完全忽略。

根据以下把所有变化联系起来的方法，可以比较均匀时和视非均匀时。对于任一段给定时间来说，对该时段的两个极限点——即起点和终点——来说，可以根据我所说的太阳复合均匀行度求出太阳相对于平春分点的平位移，以及相对于真春分点的真视位移。测定在正午或午夜赤经走过了多少时度，或者定出第一真位置与第二真位置的赤经之间有多少时度。如果它们等于两平位置之间的度数，则已知的视时间等于平时间；如果时度较大，就把多余量与已知时间相加；如果较小，就从视时间中减去差值。由这样得到的和或差出发，并取 1 时度等于 1 小时的 4 分钟或 1 日分的 10 秒[10^{ds}]，我们就可以得到归化为均匀时的时间。而如果均匀时已知，你想求得与之相应的视时间是多少，则可遵循相反程序。

对于第一个奥林匹克运动会期，我们求得在雅典历 1 月 1 日正午，太阳与平春分点的平均距离为 90°59′[Ⅲ，19]，而与视分点的平均距离位于巨蟹宫内 0°36′。从基督纪元以来，太阳的平均行度位于摩羯宫内 8°2′[＝278°2′；Ⅲ，19]，真行度位于摩羯宫内 8°48′。因此，在正球上从巨蟹宫 0°36′到摩羯宫 8°48′共升起了 178 时度 54′，这超过了平位置之间的距离 1 时度 51′＝7 分钟。对其余部分程序相同，由此可以非常精确地考察月球的运动，我将在下一卷对此进行讨论。

第四卷

引　　言

在上一卷中，我尽自己所能解释了地球绕日运动所引起的现象，并试图用同样的方式来确定所有行星的运动。首先摆在我面前的必然是月球的运动，因为主要是通过昼夜可见的月球，星体的位置才得以确定和验证。其次，在所有天体中，只有月球的运转(尽管非常不规则)直接与地心有关，月球与地球有着最密切的关系。因此，月球本身并不能表明地球在运动(也许周日旋转除外)，正因如此，古人相信地球位于宇宙的中心，并且是一切旋转的中心。在阐释月球的运动时，我并不反对古人关于月球绕地球运转的观念，不过我将提出某些与前人相左但却更加可靠的观点，并用它们尽可能更有把握地确定月球的运动，以便更清楚地理解月球的奥秘。

第一章　古人关于月球圆周的假说

月球的运动具有下列性质：它不是沿着黄道的中圆运行，而是沿着一个倾斜于中圆且与之彼此平分的自己的圆周运行，月球可以从这条交线进入两种纬度中的任何一种。这些现象很像太阳周年运行中的回归线，因为年之于太阳有如月之于月球。有些天文学家把交点的平均位置称为“食点”，另一些人则称之为“节点”。太阳和月球在这些点上出现的合与冲被称为“食”，日月食都出现在这些点上。除这些点外，这两个圆没有其他公共点，因为当月球走向其他位置时，其结果是太阳和月球的光线不会彼此遮挡。而当它们掠过时，并不会阻挡对方。

此外，这个倾斜的月球圆周连同它的四个基点一起围绕地心均匀运行，每天大约移动 3′，19 年运转一周。因此，我们看到月球总是沿自己的圆周在其平面上向东运动，只是有时运动较慢，有时运动较快。月球运行越慢，离地球就越远；运行越快，离地球就越近。由于距地球较近，月球的这一变化要比其他任何天体都更容易察觉。

古人认为这一现象是由一个本轮引起的。当月球沿本轮的上半部分运行时，其速度小于平均速度；而当月球沿本轮的下半部分运行时，其速度大于平均速度。然而前已证明[Ⅲ，15]，由本轮所取得的结果，借助于偏心圆也能得出。但古人之所以会选择本轮，是因为月球看起来显示出双重的不均匀性。当月球位于本轮的高低拱点时，看不出与均匀运动什么差别；而当它位于本轮与均轮的交点附近时，就与均匀运动有了很大差别。这种差别对于或盈或亏的半月来说要比满月大得多，而这种变化的出现是确定的和有规则的。因此，他们认为本轮行于其上的均轮并非与地球同心，而是有这样一个偏心本轮，月球按照如下规则在本轮上运动：当太阳与月球是在平均的冲与合时，本轮位于偏心圆的远地点；而当月球位于合与冲之间，与它们相距一个象限时，本轮位于偏心圆的近地点。于是，他们就设想出两种相等但方向相反的围绕地心的均匀运动，即本轮向东运动，偏心圆的中心及其两拱点向西运动，而太阳的平位置线总是介于它们之间。这样，本轮每个月在偏心圆上运转两次。

为了更直观地说明这些事情，设 $ABCD$ 是与地球同心的偏斜的月球圆周，它被直径 AEC 和 BED 四等分。设点 E 为地心，日月的平均合点位于直线 AC 上，中心为点 F 的偏心圆的远地点和本轮 MN 的中心同时在同一位置。设偏心圆的远地点向西运动的距离等于本轮向东运动的距离。用与太阳的平合或对太阳的平冲来测量，它们都绕点 E 作相等的周月均匀运转。设太阳的平位置线 AEC 总是介于它

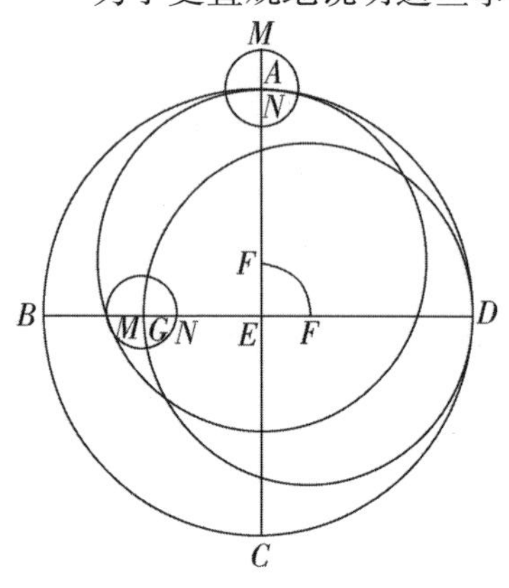

们之间，月球从本轮的远地点向西运动。天文学家们认为这种安排是与现象相符的。本轮在半个月的时间里远离太阳移动了半周，但从偏心圆的远地点运转了一整周。结果，在这段时间的一半即大约半月的时候，本轮和偏心圆的远地点正好沿直径 BD 相对，同时偏心圆上的本轮位于近地点 G，此处距地球较近，不均匀性的变化较大，因为在不同距离处看同样大小的物体，离得越近物体就显得越大。因此，当本轮位于点 A 时变化最小，位于点 G 时变化最大。本轮直径 MN 与线段 AE 之比最小，而与 GE 之比则要大于它与其余位置所有线段之比，这是因为在从地心向偏心圆所作的所有线段中，GE 最短，而 AE 或与之等长的 DE 最长。

第二章　那些假设的缺陷

我们的前人认为这样一种圆周的组合可以与月球现象取得一致，但如果我们更认真地分析一下，就会发现这个假设并非完全适宜和妥当，我们可以用推理和感官来证明这一点。因为当我们的前人宣称本轮中心绕地心均匀运转的时候，也应当承认它在自己所描出的偏心圆上的运动是不均匀的。

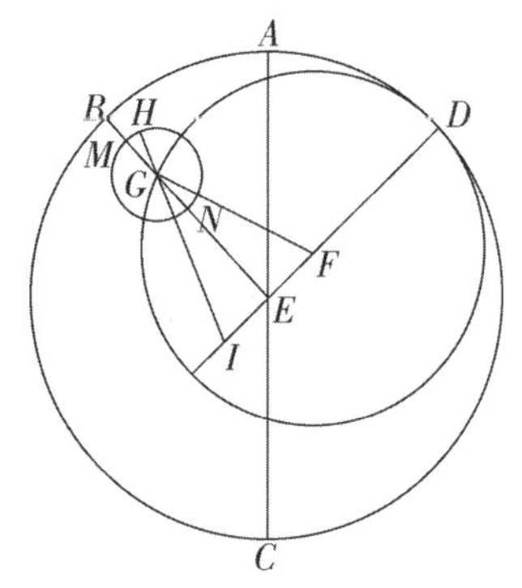

比如说，假定$\angle AEB = \angle AED = 45^\circ$，使得$\angle BED = 90^\circ$。把本轮中心取在点 G，连接 GF。于是显然，$\angle GFD > \angle GEF$，因为外角大于与之相对的内角。因此，在同一时间内描出来的两弧 DAB 和 DG 是不等的。既然弧 $DAB = 90^\circ$，则本轮中心同时扫出的弧 $DG > 90^\circ$。但是已经证明[Ⅳ，1 结尾]，在半月时弧 DAB = 弧 $DG = 180^\circ$，因此，本轮在它所描出的偏心圆上的运动是不均匀的。但如果是这样，我们该怎样对以下公理，即“天体的运动是均匀的，只不过看起来似乎是非均匀的罢了”做出回应呢？看起来均匀运行的本轮实际上是不均匀的，这难道不是正好与一个既定的原则和假设相抵触吗？但假定你说本轮绕地心均匀运转，并说这足以保证均匀性，那么这样一种在本轮之外的一个圆上不出现，而在本轮自身的偏心圆上却出现的均匀性是怎样一种均匀性呢？

我对月球在本轮上的均匀运动也感到困惑。我的前人决定把它解释成与地心无关，而用本轮中心量出的均匀运动理应与地心有关，即与直线 *EGM* 有关。而他们却把月球在本轮上的均匀运动与其他某一点联系起来了。地球位于该点与偏心圆中点之间，而直线 *IGH* 充当着月球在本轮上均匀运动的指示器。由于这种现象部分依赖于这种假设，所以这本身也足以证明这种运动是非均匀的。于是，月球在其自身的本轮上的运动也是非均匀的。如果我们想把视不均匀性建立在真不均匀性的基础上，我们推理的实质也就很清楚了。除了不给那些诋毁这门科学的人提供机会，我们还能做什么呢？

其次，经验和感官知觉本身都向我们表明，月球的视差与各圆的比值所给出的视差不一致。这种被称为“交换”的视差是由于地球的大小在月球附近不容忽视而产生的。从地心和地球表面到月球所引直线并不平行，而是在月球上相交成一个明显的角度，所以它们必然会导致月球视运动的差异。在那些从弯曲的地面上斜着观月的人看来，月球的位置与那些从地心或地球的天顶观月的人所看到的位置是不同的。因此这种视差随月地距离的不同而不同。天文学家们一致认为，如果取地球半径＝1，则最大距离为 $64\frac{1}{6}$。根据我们前人的模型，最小距离应为 $33^{p}33'$，从而月球可以向我们靠近到大约一半距离处。根据由此得到的比值，最远和最近距离处的视差将彼此相差大约 1∶2。但我发现，那些出现于盈亏的半月(甚至当它处于本轮的近地点时)的视差，与日月食时出现的视差相差很小或没有什么差别，对此我将在适当的地方[Ⅳ，22]给出令人信服的说明。月球这个天体最能清楚地显示这一偏差，因为月球直径有时看来会大一倍，有时又会小一半。由于圆面积之比等于直径平方之比，所以如果假设月球的整个圆面发光，那么在方照即距地球最近时，月球看起来应为与太阳相冲时的 4

倍大。但由于此时月球有一半圆面发光，所以它仍应发出比在该处的满月多一倍的光。尽管与此相反的情况是显然的，如果有人不满足于通常的肉眼观测，而想用一架希帕克斯的屈光镜或其他仪器来测量月球的直径，那么他就会发现月球的直径变化只有无偏心圆的本轮所要求的那样大。因此，在通过月球的位置来研究恒星时，梅内劳斯和提摩恰里斯总是毫不犹豫地把月球直径取为通常呈现出来的$\frac{1}{2}$°。

第三章　关于月球运动的另一种观点

因此情况很清楚，本轮看起来时大时小并非是因为偏心圆，而是与另一套圆周有关。设 AB 为一个本轮，我称其为第一本轮和大本轮。设点 C 为它的中心，点 D 为地心，从点 D 延长 DC 至本轮的高拱点 A。以点 A 为圆心作另一个小本轮 EF。设所有这些图形都位于月球的偏斜圆面上。设点 C 向东运动，点 A 向西运动。月球从 EF 上部的点 F 向东运动，并保持这样一种图像：当 DC 与太阳的平位置线重合时，月球总是位于点 E，离中心点 C 最近，而在方照时却位于点 F，距点 C 最远。

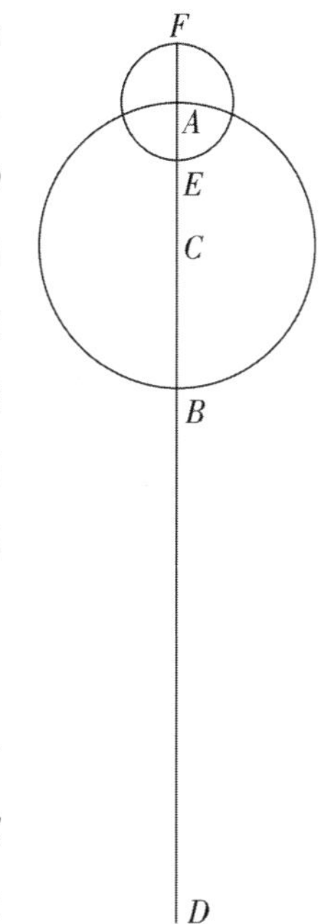

我要说明，月球现象与这个模型相符。由此可知，月球每个月在小本轮 EF 上运转两周，在此期间，C 有一次回到太阳处。朔望时，月球看起来描出半径为 CE 的最小的圆；但在方照时，月球描出半径为 CF 的最大的圆；于是，随着月球绕中心 C 通过相似却不相等的弧段，月球的均匀行度与视行度之差在前面的位置上较小，在后面的位置上较大。第一本轮的中心 C 总是位于一个与地球同心的圆上，所以月球呈现的视差没有很大变化，而是只与本轮有关。由此便很容易解释，为什么月球的大小看起来几乎不发生变化。其他一切与月球运动有关的现象都将按照观测情况出现。

后面我将用自己的假说来证明这种一致性，尽管如果保持所需的比值，同样的现象也可用偏心圆来解释，一如太阳的情形[Ⅲ，15]。不过和前面一样[Ⅲ，13－14]，我仍将从均匀运动谈起，因为如果不讲均匀运动，非均匀运动也无法确定。因为存在着前面讲过的视差，这里产生的困难并不小，视差使得月球的位置不能通过星盘或其他类似仪器来测定。然而在这里，大自然的慷慨仁厚也照顾到了人类的愿望，因为通过月食来测定月球的位置要比通过仪器来测定更为可靠，而且不必怀疑有任何误差。当宇宙的其他部分明亮而且充满阳光时，黑夜显然只是地球的阴影，这个影子呈终止于一点的锥形。当月球与这个锥影相遇时，它就变暗了；而当它沉浸在阴影之中时，它无疑到达了与太阳相对的位置上。而由月球位于日地之间所引起的日食，却不能用来精确地测定月球的位置。因为尽管有时我们看到了太阳与月球的合，但相对于地心，由于存在着前面所说的视差，其实合已成过去或尚未发生。因此，在各个国家看来，同一次日食的食分和持续时间都不一样，其他细节也不类似。然而月食却不存在此种障碍，在各地看来它们都一样，因为阴影的轴线是沿着从地心到太阳的方向上的。所以月食最适于用最高精度的计算确定月球的运动。

第四章　月球的运转及其行度详情

在最早的天文学家中，力求通过数学知识来把这一主题流传后世的是雅典人默冬(Meton)，他的盛年大约在第 87 个奥林匹克运动会期左右。他宣称 19 个太阳年包含 235 个月。于是这个长周期被称为“默冬章”，即 19 年周期(enneadekaeteris)。这个数字广为流传，它曾在雅典和其他著名城市的市场上公开展示，甚至到现在还被普遍接受，因为人们认为借助于它，月份的起点和终点就可以以一种严密的次序确定下来，并且太阳年的

365 $\frac{1}{4}$日也可以与月份相公度。由此得到的76年的卡利普斯周期中有19个闰日，该周期被称为“卡利普斯章”。然而希帕克斯通过认真的研究发现，每304年中就多出了一整天，只有把太阳年缩短$\frac{1}{300}$天，才能对卡利普斯章加以修正。于是有些天文学家把这个包含3760个月的长周期称为“希帕克斯章”。

如果同时也研究近点角和黄纬的周期，上面这些计算的描述就过于简单和粗略了。为此，希帕克斯做了进一步研究[《天文学大成》，Ⅳ，2—3]。他把自己非常精确的月食观测记录与巴比伦人流传下来的记录进行对比，定出了月份与近点角循环同时完成的周期为345埃及年82天1小时，在此期间共有4267个月和4573次近点角循环。把这些月份转换成日数，得到126007日1小时，再除以月份数，得到1月＝29日31′50″8‴9⁗20⁗′。根据这一结果还可求得任何时刻的行度。把一个月内运转的360°除以一个月的天数，就得到月球离开太阳的日行度为12°11′26″41‴20⁗18⁗′。把它乘以365，便得到年行度为12周加上129°37′21″28‴29⁗。此外，由于4267月与4573次近点角循环的两个数字有公约数17，所以化为最小项以后的比值为251∶269。根据《几何原本》，Ⅴ，15，我们可以得出月球行度与近点角行度之比。把月球行度乘以269，再把乘积除以251，得到的商即为近点的年行度，它的值为13周加88°43′8″40‴20⁗。因此，日行度为13°3′53″56‴29⁗。

而黄纬的循环却是另一种节奏，因为它与近点角回归的精确时间不相符。只有当前后两次月食在一切方面都相似和相等(例如在同一边的两个阴影区相等)，我指的是食分与食延时间均相等，我们才能说月球又回到了原来的纬度。这出现在月球与高低拱点的距离相等的时候，因为这时月球被认为在相等时间内穿过了相等的阴影。根据希帕克斯的计算，这种情况每5458个月发生一次，这段时间对应着5923次黄纬循环。和其他行度一样，通过这一比值也可定出以年和日量出的确切的黄纬行度。把月球离开太阳的行度乘以5923个月，再把乘积除以5458，便可得到月球的年黄纬行度为13周加148°42′46″49‴3⁗，日行度为13°13′45″39‴40⁗。希帕克斯用这种方法算出了月球的均匀行度，而在他之前尚没有人得到过更为准确的结果。然而后来，人们发现这些结果并非完全准确。托勒密求得的远离太阳的平均行度与希帕克斯相同，但近点角的年行度却比希帕克斯的少了1″11‴39⁗，黄纬年行度则多了53‴41⁗。又过了很长时间，我也发现希帕克斯的平均年行度少了1″2‴49⁗，近点角行度只少了24‴49⁗，黄纬行度则多了1″1‴42⁗。因此，月球与地球的年平均行度相差129°37′22″32‴40⁗，近点角行度相差88°43′9″5‴9⁗，而黄纬行度相差148°42′45″17‴21⁗。

60年周期内逐年的月球行度

基督纪元209°58′

埃及年	行度					埃及年	行度				
	60°	°	′	″	‴		60°	°	′	″	‴
1	2	9	37	22	36	31	0	58	18	40	48
2	4	19	14	45	12	32	3	7	56	3	25
3	0	28	52	7	49	33	5	17	33	26	1
4	2	38	29	30	25	34	1	27	10	48	38
5	4	48	6	53	2	35	3	36	48	11	14
6	0	57	44	15	38	36	5	46	25	33	51
7	3	7	21	38	14	37	1	56	2	56	27
8	5	16	59	0	51	38	4	5	40	19	3
9	1	26	36	23	27	39	0	15	17	41	40
10	3	36	13	46	4	40	2	24	55	4	16
11	5	45	51	8	40	41	4	34	32	26	53
12	1	55	28	31	17	42	0	44	9	49	29
13	4	5	5	53	53	43	2	53	47	12	5
14	0	14	43	16	29	44	5	3	24	34	42
15	2	24	20	39	6	45	1	13	1	57	18
16	4	33	58	1	42	46	3	22	39	19	55
17	0	43	35	24	19	47	5	32	16	42	31
18	2	53	12	46	55	48	1	41	54	5	8
19	5	2	50	9	31	49	3	51	31	27	44
20	1	12	27	32	8	50	0	1	8	50	20
21	3	22	4	54	44	51	2	10	46	12	57
22	5	31	42	17	21	52	4	20	23	35	33
23	1	41	19	39	57	53	0	30	0	58	10
24	3	50	57	2	34	54	2	39	38	20	46
25	0	0	34	25	10	55	4	49	15	43	22
26	2	10	11	47	46	56	0	58	53	5	59
27	4	19	49	10	23	57	3	8	30	28	35
28	0	29	26	32	59	58	5	18	7	51	12
29	2	39	3	55	36	59	1	27	45	13	48
30	4	48	41	18	12	60	3	37	22	36	25

60日周期内逐日和日-分的月球行度											
日	行度					日	行度				
	60°	°	′	″	‴		60°	°	′	″	‴
1	0	12	11	26	41	31	6	17	54	47	26
2	0	24	22	53	23	32	6	30	6	14	8
3	0	36	34	20	4	33	6	42	17	40	49
4	0	48	45	46	46	34	6	54	29	7	31
5	1	0	57	13	27	35	7	6	40	34	12
6	1	13	8	40	9	36	7	18	52	0	54
7	1	25	20	6	50	37	7	31	3	27	35
8	1	37	31	33	32	38	7	43	14	54	17
9	1	49	43	0	13	39	7	55	26	20	58
10	2	1	54	26	55	40	8	7	37	47	40
11	2	14	5	53	36	41	8	19	49	14	21
12	2	26	17	20	18	42	8	32	0	41	3
13	2	38	28	47	0	43	8	44	12	7	44
14	2	50	40	13	41	44	8	56	23	34	26
15	3	2	51	40	22	45	9	8	35	1	7
16	3	15	3	7	4	46	9	20	46	27	49
17	3	27	14	33	45	47	9	32	57	54	30
18	3	39	26	0	27	48	9	45	9	21	12
19	3	51	37	27	8	49	9	57	20	47	53
20	4	3	48	53	50	50	10	9	32	14	35
21	4	16	0	20	31	51	10	21	43	41	16
22	4	28	11	47	13	52	10	33	55	7	58
23	4	40	23	13	54	53	10	46	6	34	40
24	4	52	34	40	36	54	10	58	18	1	21
25	5	4	46	7	17	55	11	10	29	28	2
26	5	16	57	33	59	56	11	22	40	54	43
27	5	29	9	0	40	57	11	34	52	21	25
28	5	41	20	27	22	58	11	47	3	48	7
29	5	53	31	54	3	59	11	59	15	14	48
30	6	5	43	20	45	60	12	11	26	41	31

60 年周期逐年的月球近点角行度

年份	行度					年份	行度				
	60°	°	′	″	‴		60°	°	′	″	‴
1	1	28	43	9	7	31	3	50	17	42	44
2	2	57	26	18	14	32	5	19	0	51	52
3	4	26	9	27	21	33	0	47	44	0	59
4	5	54	52	36	29	34	2	16	27	10	6
5	1	23	35	45	36	35	3	45	10	19	13
6	2	52	18	54	43	36	5	13	53	28	21
7	4	21	2	3	50	37	0	42	36	37	28
8	5	49	45	12	58	38	2	11	19	46	35
9	1	18	28	22	5	39	3	40	2	55	42
10	2	47	11	31	12	40	5	8	46	4	50
11	4	15	54	40	19	41	0	37	29	13	57
12	5	44	37	49	27	42	2	6	12	23	4
13	1	13	20	58	34	43	3	34	55	32	11
14	2	42	4	7	41	44	5	3	38	41	19
15	4	10	47	16	48	45	0	32	21	50	26
16	5	39	30	25	56	46	2	1	4	59	33
17	1	8	13	35	3	47	3	29	48	8	40
18	2	36	56	44	10	48	4	58	31	17	48
19	4	5	39	53	17	49	0	27	14	26	55
20	5	34	23	2	25	50	1	55	57	36	2
21	1	3	6	11	32	51	3	24	40	45	9
22	2	31	49	20	39	52	4	53	23	54	17
23	4	0	32	29	46	53	0	22	7	3	24
24	5	29	15	38	54	54	1	50	50	12	31
25	0	57	58	48	1	55	3	19	33	21	38
26	2	26	41	57	8	56	4	48	16	30	46
27	3	55	25	6	15	57	0	16	59	39	53
28	5	24	8	15	23	58	1	45	42	49	0
29	0	52	51	24	30	59	3	14	25	58	7
30	2	21	34	33	37	60	4	43	9	7	15

60日周期内逐日和日-分的月球近点角行度											
日	行　度					日	行　度				
	60°	°	′	″	‴		60°	°	′	″	‴
1	0	13	3	53	56	31	6	45	0	52	11
2	0	26	7	47	53	32	6	58	4	46	8
3	0	39	11	41	49	33	7	11	8	40	4
4	0	52	15	35	46	34	7	24	12	34	1
5	1	5	19	29	42	35	7	37	16	27	57
6	1	18	23	23	39	36	7	50	20	21	54
7	1	31	27	17	35	37	8	3	24	15	50
8	1	44	31	11	32	38	8	16	28	9	47
9	1	57	35	5	28	39	8	29	32	3	43
10	2	10	38	59	25	40	8	42	35	57	40
11	2	23	42	53	21	41	8	55	39	51	36
12	2	36	46	47	18	42	9	8	43	45	33
13	2	49	50	41	14	43	9	21	47	39	29
14	3	2	54	35	11	44	9	34	51	33	26
15	3	15	58	29	7	45	9	47	55	27	22
16	3	29	2	23	4	46	10	0	59	21	19
17	3	42	6	17	0	47	10	14	3	15	15
18	3	55	10	10	57	48	10	27	7	9	12
19	4	8	14	4	53	49	10	40	11	3	8
20	4	21	17	58	50	50	10	53	14	57	5
21	4	34	21	52	46	51	11	6	18	51	1
22	4	47	25	46	43	52	11	19	22	44	58
23	5	0	29	40	39	53	11	32	26	38	54
24	5	13	33	34	36	54	11	45	30	32	51
25	5	26	37	28	32	55	11	58	34	26	47
26	5	39	41	22	29	56	12	11	38	20	44
27	5	52	45	16	25	57	12	24	42	14	40
28	6	5	49	10	22	58	12	37	46	8	37
29	6	18	53	4	18	59	12	50	50	2	33
30	6	31	56	58	15	60	13	3	53	56	30

60 年周期内逐年的月球黄纬行度

基督元年 129°45′

年份	行度					年份	行度				
	60°	°	′	″	‴		60°	°	′	″	‴
1	2	28	42	45	17	31	4	50	5	23	57
2	4	57	25	30	34	32	1	18	48	9	14
3	1	26	8	15	52	33	3	47	30	54	32
4	3	54	51	1	9	34	0	16	13	39	48
5	0	23	33	46	26	35	2	44	56	25	6
6	2	52	16	31	44	36	5	13	39	10	24
7	5	20	59	17	1	37	1	42	21	55	41
8	1	49	42	2	18	38	4	11	4	40	58
9	4	18	24	47	36	39	0	39	47	26	16
10	0	47	7	32	53	40	3	8	30	11	33
11	3	15	50	18	10	41	5	37	12	56	50
12	5	44	33	3	28	42	2	5	55	42	8
13	2	13	15	48	45	43	4	34	38	27	25
14	4	41	58	34	2	44	1	3	21	12	42
15	1	10	41	19	20	45	3	32	3	58	0
16	3	39	24	4	37	46	0	0	46	43	17
17	0	8	6	49	54	47	2	29	29	28	34
18	2	36	49	35	12	48	4	58	12	13	52
19	5	5	32	20	29	49	1	26	54	59	8
20	1	34	15	5	46	50	3	55	37	44	26
21	4	2	57	51	4	51	0	24	20	29	44
22	0	31	40	36	21	52	2	53	3	15	1
23	3	0	23	21	38	53	5	21	46	0	18
24	5	29	6	6	56	54	1	50	28	45	36
25	1	57	48	52	13	55	4	19	11	30	53
26	4	26	31	37	30	56	0	47	54	16	10
27	0	55	14	22	48	57	3	16	37	1	28
28	3	23	57	8	5	58	5	45	19	46	45
29	5	52	39	53	22	59	2	14	2	32	2
30	2	21	22	38	40	60	4	42	45	17	21

60 日周期内逐日和日-分的月球黄纬行度

日	行度					日	行度				
	60°	°	′	″	‴		60°	°	′	″	‴
1	0	13	13	45	39	31	6	50	6	35	20
2	0	26	27	31	18	32	7	3	20	20	59
3	0	39	41	16	58	33	7	16	34	6	39
4	0	52	55	2	37	34	7	29	47	52	18
5	1	6	8	48	16	35	7	43	1	37	58
6	1	19	22	33	56	36	7	56	15	23	37
7	1	32	36	19	35	37	8	9	29	9	16
8	1	45	50	5	14	38	8	22	42	54	56
9	1	59	3	50	54	39	8	35	56	40	35
10	2	12	17	36	33	40	8	49	10	26	14
11	2	25	31	22	13	41	9	2	24	11	54
12	2	38	45	7	52	42	9	15	37	57	33
13	2	51	58	53	31	43	9	28	51	43	13
14	3	5	12	39	11	44	9	42	5	28	52
15	3	18	26	24	50	45	9	55	19	14	31
16	3	31	40	10	29	46	10	8	33	0	11
17	3	44	53	56	9	47	10	21	46	45	50
18	3	58	7	41	48	48	10	35	0	31	29
19	4	11	21	27	28	49	10	48	14	17	9
20	4	24	35	13	7	50	11	1	28	2	48
21	4	37	48	58	46	51	11	14	41	48	28
22	4	51	2	44	26	52	11	27	55	34	7
23	5	4	16	30	5	53	11	41	9	19	46
24	5	17	30	15	44	54	11	54	23	5	26
25	5	30	44	1	24	55	12	7	36	51	5
26	5	43	57	47	3	56	12	20	50	36	44
27	5	57	11	32	43	57	12	34	4	22	24
28	6	10	25	18	22	58	12	47	18	8	3
29	6	23	39	4	1	59	13	0	31	53	43
30	6	36	52	49	41	60	13	13	45	39	22

第五章　在朔望出现的月球第一种不均匀性的分析

我已经就自己目前所能掌握的程度定出了月球的均匀行度。现在我将通过本轮来探讨关于不均匀性的理论，首先是与太阳发生合与冲时的不均匀性。古代天文学家凭借令人惊讶的技巧通过三次一组的月食对这种不均匀性进行了研究。我也将遵循他们为我们开辟的这一道路，采用托勒密做过认真观测的三次月食，并把它们与另外三次观测同样认真的月食进行比较，以检验上述均匀行度是否正确。在研究它们时，我将效仿古人的做法，把太阳和月球远离春分点位置的平均行度取作均匀的，因为别说是在这么短的时间里，就是在10年里，二分点的不均匀岁差所引起的不规则性也是察觉不到的。

托勒密[《天文学大成》，Ⅳ，6]所取的第一次月食发生在哈德良17年埃及历10月20日结束之后，即公元133年5月6日或5月7日的前一天。这次月食为全食，它的食甚出现在亚历山大城的午夜之前$\frac{3}{4}$均匀小时。但是在弗龙堡或克拉科夫，它应在5月7日前的午夜前的$1\frac{3}{4}$小时。太阳当时位于金牛宫内$13\frac{1}{4}°$，然而根据平均行度应位于金牛宫内12°21′。

托勒密所说的第二次月食发生在哈德良19年埃及历4月2日结束之后，即公元134年10月20日。阴影区从北面开始扩展到月球直径的$\frac{5}{6}$。在亚历山大城，食甚出现在午夜前1均匀小时，而在克拉科夫则为午夜前2小时。当时太阳位于天秤宫内$25\frac{1}{6}°$，但根据平均行度应位于天秤宫内26°43′。

第三次月食发生在哈德良20年埃及历8月19日结束之后，即公元136年3月6日结束后。阴影区又一次从北边开始扩展到月球直径的一半处。在亚历山大城的食甚出现在3月7日午夜后4均匀小时，而在克拉科夫则为午夜后3小时。当时太阳位于双鱼宫内14°5′，但根据平均行度应位于双鱼宫内11°44′。

在第一次与第二次月食之间的那段时间，月球移动的距离与太阳的视运动移动的距离是相等的(不算整圈)，即161°55′；在第二次与第三次月食之间为138°55′。根据视行度计算，第一段时间为1年166日23 $\frac{3}{4}$ 均匀小时，但修正后的时间为23 $\frac{5}{8}$ 小时；第二段时间为1年137日5小时，但修正后的时间为5 $\frac{1}{2}$ 小时。在第一段时间中，太阳和月球的联合均匀行度(不算整圈)为169°37′，月球的近点角行度为110°21′；类似地，在第二段时间中，太阳与月球的联合均匀行度(不算整圈)为137°34′，月球的近点角行度为81°36′。于是显然，在第一段时间中，本轮的110°21′从月球平均行度中减去了7°42′；而在第二段时间中，本轮的81°36′给月球的平均行度加上了1°21′。

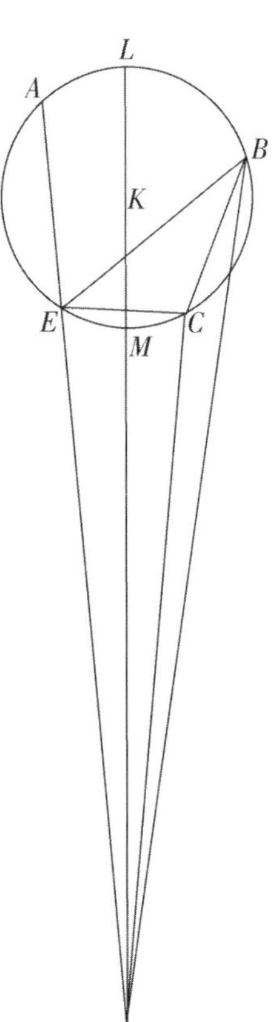

有了这些以后，作月球的本轮 ABC。在它上面设第一次月食出现在点 A，第二次出现在点 B，最后一次出现在点 C。和前面一样，假设月球也是在本轮上部向西运行，并设弧 $AB=110°21'$，正如我已说过的，它从月球在黄道上的平均行度减去7°42′。设弧 $BC=81°36'$，它给月球在黄道上的平均行度加上1°21′。圆周的其余部分弧 $CA=168°3'$[$=360°-(110°21'+81°36')$]，它使行差的余量6°21′增大[$1°21'+6°21'=7°42'$]。本轮的高拱点不在弧 BC 和弧 CA 上，因为它们是附加的，而且都小于半圆。因此它应在 AB 上。

设点 D 为地心，本轮绕它均匀运转。从点 D 向月食点引直线 DA、DB 和 DC。连接 BC、BE 和 CE。

如果取两直角=180°，则弧 AB 在黄道上所对的 $\angle ADB=7°42'$，但如果取两直角=360°，则 $\angle ADB=15°24'$[$=2\times7°42'$]。用类似的度数，三角形 BDE 的外角 $AEB=110°21'$，所以 $\angle EBD=94°57'$[$=110°21'-15°24'$]。然而当三角形各角已知时，其各边也可求得。取三角形外接圆的直径=200000，则 $DE=147396$，$BE=26798$。此外，如果取两直角=180°，则因弧 $AEC=6°21'$，所以 $\angle EDC=6°21'$，然而如果取两直角=360°，则 $\angle EDC=12°42'$。以这样的度数表示，$\angle AEC=191°57'$[$=110°21'+81°36'$]。$\angle ECD=\angle AEC-\angle CDE=179°15'$[$=191°57'-12°42'$]。因此，如果取外接圆直径=200000，则 $DE=199996$，$CE=22120$。但是如果取 $DE=147396$，$BE=26798$，则 $CE=16302$。由于在三角形 BEC 中，边 BE 已知，边 EC 已知，$\angle E=81°36'$=弧 BC，于是根据平面三角定理可得，第三边 $BC=17960$。如果取本轮直径=200000，则弧 $BC=81°36'$，弦 $BC=130684$。对于已知比例的其他直线，$ED=1072684$，$CE=118637$，弧 $CE=72°46'10''$。但是根据图形，弧 $CEA=168°3'$，因此相减可得，弧 $EA=95°16'50''$[$=168°3'-72°46'10''$]，弦 $EA=147786$。于是以相同单位表示，整个直线 $AED=1220470$[$=147786+1072684$]。但因弧段 EA 小于半圆，本轮中心将不在它上面，而在其余弧段 $ABCE$ 上。

设点 K 为本轮中心，过两个拱点作 $DMKL$。设点 L 为高拱点，点 M 为低拱点。根据《几何原本》，Ⅲ，36，$AD\times DE=LD\times DM$。但点 K 为圆的直径 LM 的中点，DM 为延长的直线，所以 $LD\times DM+(KM)^2=(DK)^2$。于是，如果取 $KL=100000$，则 $DK=1148556$。如果取 $DKL=100000$，则本轮的半径 $LK=8706$。

完成这些步骤之后，再作 KNO 垂直于 AD。因为 KD、DE 和 EA 相互之间的比值都是用 $LK=100000$ 的单位表示的，并且 $NE=\frac{1}{2}(AE$[$=147786$]$)=73893$，所以整个直线 $DEN=1146577$[$=DE+EN=1072684+73893$]。但是在三角形 DKN 中，边 DK 已知，边 ND 已知，$\angle N=90°$，所以圆心角 $\angle NKD=86°38\frac{1}{2}'$=弧 MEO。于是，半圆的其余弧段弧

$LAO=93°21\frac{1}{2}'\left[=180°-86°38\frac{1}{2}'\right]$。而弧 $OA=\frac{1}{2}$ 弧 $AOE=47°38\frac{1}{2}'$，所以，当第一次月食发生时，月球的近点角，即它与本轮高拱点的距离弧 $LA=$ 弧 $LAO-$ 弧 $OA=93°21\frac{1}{2}'-47°38\frac{1}{2}'=45°43'$。但整个弧 $AB=110°21'$，因此，相减可得第二次月食发生时的近点角弧 $LB=64°38'[=110°21'-45°43']$。相加可得，第三次月食发生时，弧 $LBC=146°14'[=64°38'+81°36']$。如果取四直角 $=360°$，则 $\angle DKN=86°38'$，$\angle KDN=90°-\angle DKN=3°22'$。此即为第一次月食发生时由近点角所增加的行差。由于 $\angle ADB=7°42'$，所以相减可得，第二次月食发生时弧 LB 从月球均匀行度中减去的量弧 $LDB=4°20'$。因为 $\angle BDC=1°21'$，所以相减可得，第三次月食发生时弧 LBC 所减去的行差角 $CDM=2°59'$。因此，当第一次月食发生时，月球的平位置(即中心点 K)位于天蝎宫内 $9°53'[=13°15'-3°22']$，因为它的视位置是在天蝎宫内 $13°15'$。这正好与太阳在金牛宫里的位置相对。同样，当第二次月食发生时，月球的平位置位于白羊宫内 $29\frac{1}{2}°[=$ 天秤宫 $25\frac{1}{6}°+180°+4°20']$，第三次月食发生时位于室女宫内 $17°4'[=$ 双鱼宫 $14°5'+180°+2°59']$。当第一次月食发生时，月球与太阳的均匀距离为 $177°33'$，第二次为 $182°47'$，最后一次为 $185°20'$。以上就是托勒密的步骤[《天文学大成》，Ⅳ，6]。

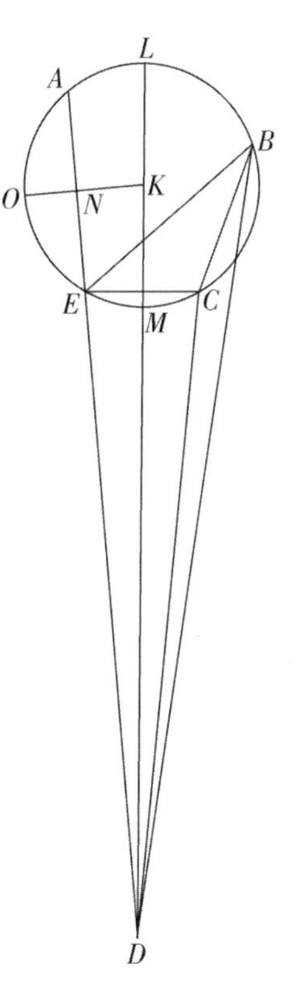

让我们仿效他的例子，研究我同样认真观测的第二组三次月食。第一次发生在公元 1511 年 10 月 6 日结束时。月球在午夜前 $1\frac{1}{8}$ 均匀小时开始被掩食，在午夜后 $2\frac{1}{3}$ 小时完全复圆，于是食甚出现在 10 月 7 日前的午夜后$\frac{7}{12}$小时。这是一次月全食，当时太阳位于天秤宫内 22°25′，但根据均匀行度应位于天秤宫内 24°13′。

我于公元 1522 年 9 月 5 日结束时观测到了第二次月食。这也是一次全食，它开始于午夜前$\frac{2}{5}$均匀小时，食甚出现在 9 月 6 日之前的午夜后 1 $\frac{1}{3}$小时。当时太阳位于室女宫内 22 $\frac{1}{5}$°，但根据均匀行度应位于室女宫内 23°59′。

我于公元 1523 年 8 月 25 日结束时观测到了第三次月食。这也是一次全食，它开始于午夜后 2 $\frac{4}{5}$小时，食甚出现在 8 月 26 日之前的午夜后 4 $\frac{5}{12}$小时。当时太阳位于室女宫内 11°21′，但根据平均行度应位于室女宫内 13°2′。

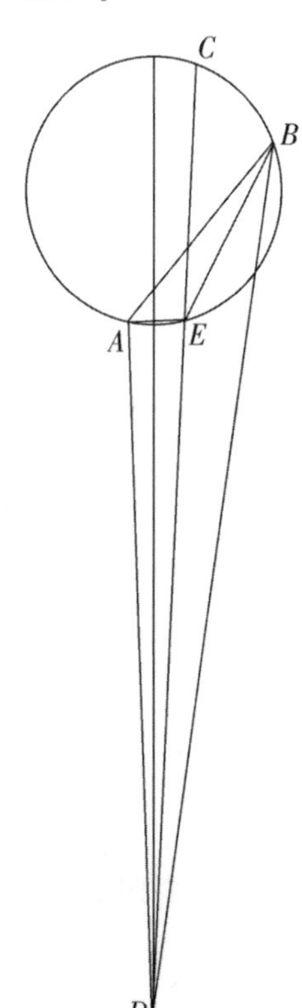

从第一次到第二次月食，太阳和月球的真位置移动的距离显然为329°47′，而从第二次到第三次月食则为 349°9′。从第一次到第二次月食的时间为 10 均匀年 337 日，根据视时间再加$\frac{3}{4}$小时，而根据修正的均匀时则为$\frac{4}{5}$小时。从第二次到第三次月食的时间为 354 日 3 小时 5 分，而根据均匀时则为 3 小时 9 分。在第一段时间中，太阳和月球的联合平均行度(不算整圈)为 334°47′，月球近点角行度为 250°36′，从均匀行度中大约减去了 5°[＝334°47′－329°47′]。在第二段时间中，太阳和月球的联合平均行度为 346°10′，月球近点角行度为 306°43′，需要给平均行度加上 2°59′[＋346°10′＝349°9′]。

现在设 ABC 为本轮，点 A 为在第一次月食食甚时月球的位置，点 B 为第二次的位置，点 C 为第三次的位置。假设本轮从点 C 运行到点 B，又从点 B 运行到点 A，即上面向西，下面向东，且弧 $ACB=250°36'$。正如我已经说过的，它在第一段时间中从月球的平均行度中减去了 5°；而弧 $BAC=306°43'$，它给月球的平均行度加上了 $2°59'$；因此，剩下的弧 $AC=197°19'$，它减去了剩余的 $2°1'$。由于弧 AC 大于半圆并且是减去的，所以它必然包含高拱点。因为这不可能在弧 BA 或 CBA 上，它们每一个都小于半圆并且是增加的，而最慢的运动出现在远地点附近。

在与它相对的地方取点 D 为地心。连接 AD、DB、DEC、AB、AE 和 EB。因为在三角形 DBE 中，截出弧 CB 的外角$\angle CEB=53°17'$，弧 $CB=360°-$弧 BAC，在中心，$\angle BDE=2°59'$，但在圆周上，$\angle BDE=5°58'$。因此剩下的$\angle EBD=47°19'[=53°17'-5°58']$。因此，如果取三角形外接圆的半径$=10000$，则边 $BE=1042$，边 $DE=8024$。类似地，截出弧 AC 的$\angle AEC=197°19'$，在中心，$\angle ADC=2°1'$，但在圆周上，$\angle ADC=4°2'$。因此，如果取两直角$=360°$，则相减可得，三角形 ADE 中剩余的$\angle DAE=193°17'$。于是各边也可知。如果取三角形 ADE 的外接圆半径$=10000$，则 $AE=702$，$DE=19865$。然而，如果取 $DE=8024$，$EB=1042$，则 $AE=283$。

于是在三角形 ABE 中，边 AE 已知，边 EB 已知，而且如果取两直角$=360°$，已知$\angle AEB=250°36'$，于是根据平面三角形定理，如果取 $EB=1042$，则 $AB=1227$。这样，我们就求出了 AB、EB 和 ED 这三条线段的比值。它们可以用本轮半径$=10000$ 的单位表示出来：弦 $AB=16323$，$ED=106751$，弦 $EB=13853$。于是弧 $EB=87°41'$，弧 $EBC=$弧 $EB+$弧 $BC[=53°17']=140°58'$。弦 $CE=18851$，相加可得，$CED=125602[=ED+CE=106751+18851]$。

考虑本轮中心。因为 EAC 大于半圆，所以本轮中心必然落在该弧上。设点 F 为中心，点 I 为低拱点，点 G 为高拱点，过这两个拱点作直线 $DIFG$。于是显然，$CD\times DE=GD\times DI$。但是，$GD\times DI+(FI)^2=(DF)^2$。所以，如果取 $FG=10000$，则 $DIF=116226$。因此，如果取 $DF=$

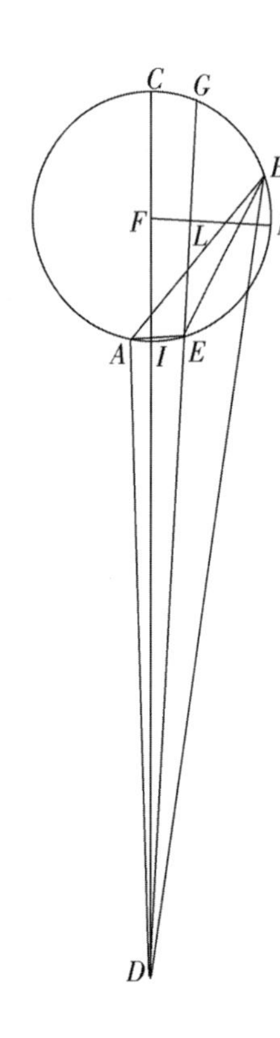

100000，则 $FG=8604$。这与自托勒密以来在我之前的大多数天文学家报告的结果相符。

从中心点 F 作 FL 垂直于 EC，并把它延长为直线 FLM，且等分 CE 于点 L。由于线段 $ED=106751$，$\frac{1}{2}CE=LE=9426$，所以如果取 $FG=10000$，$DF=116226$，则 $DEL=116177$。于是在三角形 DFL 中，边 DF 已知，边 DL 已知，$\angle DFL=88°21'$，相减可得，$\angle FDL=1°39'$。类似地，弧 $IEM=88°21'$，弧 $MC=\frac{1}{2}$弧 $EBC=70°29'$。因此相加可得，弧 $IMC=158°50'[=88°21'+70°29']$，半圆的剩余部分弧 $GC=180°-$弧 $IMC=21°10'$。

此即第三次月食发生时月球与本轮远地点之间的距离，或近点角的位置。在第二次月食发生时，弧 $GCB=74°27'[=GC+CB=21°10'+53°17']$；在第一次月食发生时，弧 $GBA=183°51'[=GB+BA=74°27'+109°24'(=360°-250°36')]$。在第三次月食发生时，中心角$\angle IDE=1°39'$，此为负行差。在第二次月食发生时，$\angle IDB=4°38'$，它也是一个负行差，因为$\angle IDB=\angle GDC+\angle CDB=1°39'+2°59'$。因此，$\angle ADI=\angle ADB-\angle IDB=5°-4°38'=22'$，它在第一次月食发生时加到均匀行度中去。于是当第一次月食发生时，月球均匀行度的位置位于白羊宫内 22°3′，但其视位置在 22°25′；而太阳当时位于与之相对的天秤宫内相同度数。用这种方法还可以求得，当第二次月食发生时，月球的平位置位于双鱼宫内 26°50′，第三次月食发生时位于双鱼宫内 13°。与地球的年行度相分离的月球的平均行度分别是：第一次月食为 177°51′，第二次月食为 182°51′，第三次月食为 179°58′。

第六章　对月球黄经和近点角均匀行度的验证

通过这些有关月食的内容，我们可以检验前面关于月球均匀行度的论述是否正确。在第一组月食中，当第二次月食发生时，月球与太阳的距离为182°47′，近点角为64°38′。在第二组月食中，当第二次月食发生时，月球离开太阳的行度为182°51′，近点角为74°27′。于是明显可知，在此期间共历时17166个月加大约4分，近点角行度(不算整圈)为9°49′[=74°27′−64°38′]。从哈德良19年埃及历4月2日午夜前2小时到公元1522年9月5日午夜后1$\frac{1}{3}$小时，共历时1388个埃及年302日加上视时间3$\frac{1}{3}$小时=均匀时3小时34分。在此期间，除17165个均匀月的完整旋转以外，希帕克斯和托勒密都认为还应有359°38′。不过希帕克斯认为近点角为9°39′，托勒密认为是9°11′。因此，希帕克斯和托勒密都认为月球行度少了26′[=360°4′−359°38′]，而托勒密那里的近点角少了38′[=9°49′−9°11′]，希帕克斯那里的近点角行度少了10′[=9°49′−9°39′]。在这些差值补上之后，结果与前面的计算结果相符。

第七章　月球黄经和近点角的历元

和前面[Ⅲ，23]一样，这里我将对奥林匹克运动会纪元、亚历山大纪元、恺撒纪元、基督纪元以及其他任何我们所需的纪元的开端确定月球黄经和近点角的位置。让我们考虑三次古代月食中的第二次。它于哈德良19年埃及历4月2日午夜前1均匀小时在亚历山大城发生，而对于克拉科夫经度圈上的我们来说则为2小时。我发现从基督纪元开始到这一时刻，共历时133埃及年325日再加约数22小时，精确数为21小时37分。根据我的计算，在此期间月球的行度为 332°49′，近点角行度为 217°32′。把这两个数分别从月食发生时对应的数中减去，便可得到在基督纪元开始时 1 月 1 日前的午夜，对月球与太阳的平距离来说余数为 209°58′，对近点角来说为 207°7′。

从第一个奥林匹克运动会期到这个基督纪元开始，共历时 193 个奥林匹克运动会期 2 年 194 $\frac{1}{2}$ 日即 775 埃及年 12 日加上 $\frac{1}{2}$ 日，但精确时间为 12 小时 11 分。类似地，从亚历山大大帝去世到基督诞生，共历时 323 埃及年 130 日外加视时间 $\frac{1}{2}$ 日，但精确时间为 12 小时 16 分。从恺撒到基督历时 45 埃及年 12 日，其均匀时与视时的计算结果是相符的。

与这些时间间隔对应的行度可以按照各自的类别从基督诞生时的位置减去。我们求得在第一个奥林匹克运动会期 1 月 1 日正午，月球与太阳的均匀距离为 39°48′，近点角为 46°20′。在亚历山大纪元 1 月 1 日正午，月球与太阳的距离为 310°44′，近点角为 85°41′。在尤里乌斯·恺撒纪元 1 月 1 日前的午夜，月球与太阳的距离为 350°39′，近点角为 17°58′。所有这些数值都已化归为克拉科夫经度圈，因为我的观测地——位于维斯图拉(Vistula)河口的吉诺波里斯(Gynopolis)(通常被称为弗龙堡)——处在这条经度圈上。这是我从这两个地方可以同时观测到日月食了解到的。马其顿的底耳哈琴(Dyrrhachium)——古代称为埃皮达努斯(Epidamnus)——也位于这条经度圈上。

第八章　月球的第二种不均匀性以及第一本轮与第二本轮之比

关于月球的均匀行度及其第一种不均匀性，我们前面已经作了解释。现在我要研究第一本轮与第二本轮之比以及它们与地心之间的距离。正如我已说过的，月球的平均行度与视行度之间的最大差值出现在高低拱点之间，即在平均方照处，此时盈月或亏月皆为半月。古人[托勒密，《天文学大成》，V，3]也报告说，此差值达到了 $7\frac{2}{3}°$。他们测定了半月最接近本轮平距离的时刻，通过前面所讨论的计算很容易得知，这出现在由地心所引的切线附近。因为此时月球与出没处大约相距黄道的 90°，所以就避免了视差可能导致的黄经行度误差。这时过地平圈天顶的圆与黄道正交，不会引起黄经变化，但变化完全发生在黄纬上。因此他们借助于星盘测定了月球与太阳的距离。进行比较之后，他们发现月球偏离平均行度的变化为我所说的 $7\frac{2}{3}°$，而不是 5°。

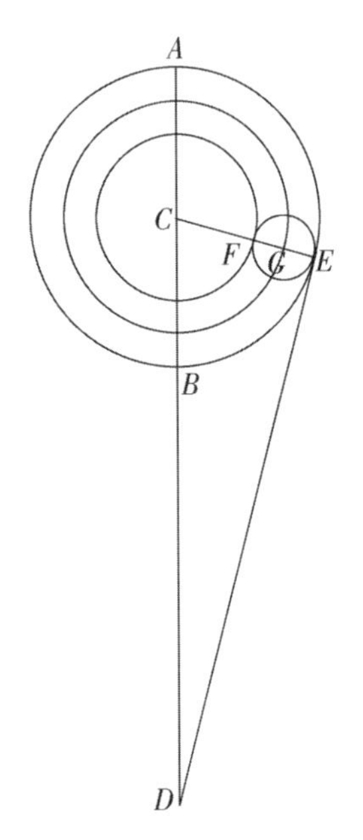

现在作本轮 AB，其中心为点 C。设地心为点 D，从点 D 作直线 $DBCA$。设点 A 为本轮的远地点，点 B 为近地点。作 DE 与本轮相切，连接 CE。由于最大行差出现在切线处，这里为 7°40′，所以∠BDE＝7°40′，圆 AB 的切点处的∠CED＝90°。因此，如果取半径 CD＝10000，则 CE＝1334。但在满月时，这个距离要小得多，CE≈861。把 CE 分开，设 CF＝860。点 F 绕同一中心描出新月和满月所在的圆。于是相减可得，第二本轮的直径 FE＝474[＝1334－860]。设 FE 被中点 G 平分。于是相加可得，第二本轮中心所描出的圆的半径 CFG＝CF＋FG＝1097。因此，如果取 CD＝10000，则 CG∶GE＝1097∶237。

第九章　表现为月球非均匀远离其第一本轮高拱点的剩余变化

上述论证使我们理解了月球如何在其第一本轮上不均匀地运动，以及

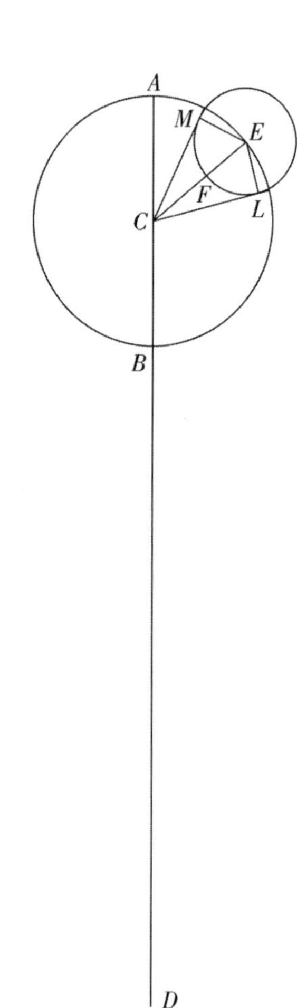

它的最大差值出现在月亮为新月、凸月和半月的时候。再次设 AB 为第二本轮中心的平均运动所描出的第一本轮，点 C 为中心，点 A 为高拱点，点 B 为低拱点。在圆周上任取一点 E，连接 CE。设 CE∶EF＝1097∶237。以 EF 为半径，绕中心点 E 作第二本轮。在两边作与之相切的直线 CL 与 CM。设小本轮从 A 向 E 即在第一本轮的上半部分向西运动，月球从 F 向 L 也是向西运动。沿 AE 的运动是均匀的，第二本轮通过 FL 的运动显然给均匀行度加上了弧段 FL，而当它通过 MF 时从均匀行度中减去这一段。但由于在三角形 CEL 中，$\angle L=90°$，如果取 $CE=1097$，则 $EL=237$，因此，如果取 $CE=10000$，则 $EL=2160$。由于三角形 ECL 与 ECM 相似且相等，所以由表可得，$EL=\frac{1}{2}$弦 $2ECL$，$\angle ECL=\angle MCF=12°28'$。此即月球在其运动中偏离第一本轮高拱点的最大差值，它出现在月球平均行度偏离地球平均行度线两侧 $38°46'$的时候。因此显然，最大行差发生在日月之间的平距离为 $38°46'$，且月球位于平冲任一边同样距离处时。

第十章　如何由给定的均匀行度推导出月球的视行度

处理了这些主题之后，我现在想通过图形来说明，如何能由月球的那些给定的均匀行度推导出月球的视行度来。以希帕克斯的一次观测为例，看看我的理论能否为经验所证实[托勒密，《天文学大成》，Ⅴ，5]。

希帕克斯于亚历山大大帝去世后的第 197 年埃及历 10 月 17 日白天

$9\frac{1}{3}$小时在罗得岛用一个星盘观测太阳和月球，测出月球位于太阳以东$48\frac{1}{10}°$。由于他认为当时太阳位于巨蟹宫内$10\frac{9}{10}°$，所以月球位于狮子宫内29°。当时天蝎宫29°正在升起，罗得岛上方的室女宫10°正位于中天，此处北天极的高度为36°[托勒密，《天文学大成》，Ⅱ，2]。由此可见，当时位于黄道上并且距地平圈约90°的月球在黄经上没有视差，或者至少小到无法察觉。这次观测是在17日午后$3\frac{1}{3}$小时——在罗得岛对应着4均匀小时——进行的。由于罗得岛与我们之间的距离要比亚历山大城近$\frac{1}{6}$小时，所以在克拉科夫应为午后$3\frac{1}{6}$均匀小时。自从亚历山大大帝去世，时间已经过去了196年286日加上$3\frac{1}{6}$简单小时，但约为$3\frac{1}{3}$相等小时。这时太阳按照其平均行度到达了巨蟹宫内12°3′，而按照其视行度到达了巨蟹宫内10°40′，因此月球实际上位于狮子宫内28°37′。根据我的计算，月球周月运转的均匀行度为45°5′，远离高拱点的近点角为333°。

根据这个例子，以点C为中心作第一本轮AB。设ACB为它的直径，把ACB延长为直线ABD至地心。在本轮上，设弧$ABE=333°$。连接CE，并在点F把它分开，使得$EC=1097$，$EF=237$。以点E为中心，EF为半径，作本轮上的小本轮FG。设月球位于点G，弧$FG=90°10'$，它等于离开太阳的均匀行度45°5′的两倍。连接CG、EG和DG。于是在三角形CEG中，两边已知：$CE=1097$，$EG=EF=237$，$\angle GEC=90°10'$。因此，根据我们已经讲过的平面三角形定理，边$CG=1123$，$\angle ECG=12°11'$。由此还可得出弧EI以及近点角的正行差，相加可得，弧$ABEI=345°11'$[$ABE+EI=333°+12°11'$]。相减可得，$\angle GCA=14°49'$[$=360°-345°11'$]，此即月球与本轮AB的高拱点之间的真距离；$\angle BCG=165°11'$[$=180°-14°49'$]，于是在三角形GDC中，也有两边已知。如果取$CD=10000$，则$GC=1123$，$\angle GCD=165°11'$。由此可求得$\angle CDG=1°29'$以及与月球平均

行度相加的行差。于是月球与太阳平均行度的真距离为 46°34′[=45°5′+1°29′]，月球的视位置位于狮子宫内 28°37′处，与太阳的真位置相距 47°57′，这比希帕克斯的观测结果少了 9′[=48°6′−47°57′]。

然而，不要因此而猜想不是他的研究出了错，就是我的研究出了错。虽然有非常小的差异，但我将表明无论他还是我都没有犯错，真实的情况就是如此。我们应当记得，月球运转的圆周是倾斜的，于是我们会承认，月球在黄道上，特别是在黄纬南北两限和黄道交点的中点附近，会产生某种黄经的不均匀性。这种情况非常类似于我在讨论自然日的非均匀性时[Ⅲ，26]所讲的黄赤交角。如果我们把上述关系赋予月球的轨道圆(托勒密认为它倾斜于黄道[托勒密，《天文学大成》，Ⅴ，5])，就会发现在那些位置上，这些关系在黄道上引起了 7′的黄经差，它的两倍是 14′。这一差值作为增加量或减少量类似地发生。当太阳和月球相距一个象限，黄纬南北两限位于日月的中点时，在黄道上截出的弧将比月球轨道上的一个象限大 14′；相反地，在交点是中点的另一个象限，通过黄极的圆截出的弧将比一个象限少相同数量的弧段。目前的情况就是如此。由于月球当时是在黄纬南限与黄道升交点(现代人称之为“天龙之头”)之间的中点附近，而太阳已经通过另一个降交点(现代人称之为“天龙之尾”)，因此，如果月球在其倾斜轨道圆上的距离 47°57′相对黄道至少增加了 7′，尽管接近沉没的太阳也引起某种相减的视差，这是不奇怪的。我将在解释视差时[Ⅳ，16]对这些问题作进一步讨论。希帕克斯用仪器测出的日月两发光体之间的距离 48°6′与我的计算结果符合得相当好，可以说是完全一致。

第十一章　月球行差或归一化的表格显示

我相信，从这个例子可以一般地理解计算月球运动的方法。在三角形 CEG 中，GE 和 CE 两边总是不变的。根据总在变化的已知 $\angle GEC$，可以求得剩下的边 GC 和用来使近点角归一化的 $\angle ECG$。其次，当在三角形

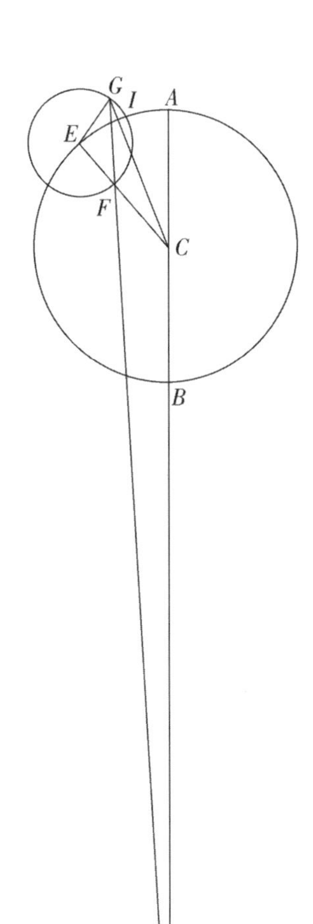

CDG 中，*DC* 和 *CG* 两边以及∠*DCE* 的值已经确定时，我们可以用同样程序求得在地心所成的∠*D*，即均匀行度与真行度之差。

为了使这些数值便于查找，我编了一张六列的行差表。前两列是均轮的公共数。第三列是小本轮每月两次运转所产生的行差，它改变了第一近点角的均匀性。第四列先暂时空着，以后再填进数值。第五列是当太阳与月球平合冲时较大的第一本轮的行差，其最大值为 4°56′。倒数第二列是半月时出现的行差超过第四列中行差的值，其最大值为 2°44′[＝7°40′－4°56′]。为了确定其他的超出量，比例分数已经根据如下比例算出来了，即相对于小本轮与从地心所引直线的切点处出现的任何其他超出量，取最大超出值 2°44′为 60′。于是在这个例子中[Ⅳ，10]，如果取 *CD*＝10000，则 *CG*＝1123。这使小本轮切点处的最大行差成为 6°29′，它超出了第一本轮的最大行差 1°33′[＋4°56′＝6°29′]。而 2°44′：1°33′＝60′：34′，于是我们就得到了在小本轮半圆处出现的超出量与给定的 90°10′弧所对应的超出量之比。因此，我将在表中与 90°相对的地方写上 34′。用这样的方法即可就同一圆中任一弧段求得比例分数，我把它们写在空着的第四列中。最后，我在最后一列加上南北黄纬度数，这将在后面讨论[Ⅳ，13－14]。为了方便易用，我把它们排成这种顺序。

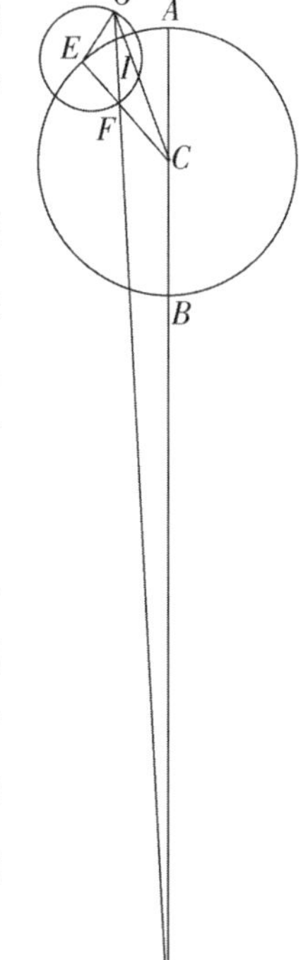

月球行差表											
公共数		第二本轮行差		比例分数	第一本轮行差		增加量		北纬		
°	′	°	′		°	′	°	′	°	′	
3	357	0	51	0	0	14	0	7	4	59	
6	354	1	40	0	0	28	0	14	4	58	
9	351	2	28	1	0	43	0	21	4	56	
12	348	3	15	1	0	57	0	28	4	53	
15	345	4	1	2	1	11	0	35	4	50	
18	342	4	47	3	1	24	0	43	4	45	
21	339	5	31	3	1	38	0	50	4	40	
24	336	6	13	4	1	51	0	56	4	34	
27	333	6	54	5	2	5	1	4	4	27	
30	330	7	34	5	2	17	1	12	4	20	
33	327	8	10	6	2	30	1	18	4	12	
36	324	8	44	7	2	42	1	25	4	3	
39	321	9	16	8	2	54	1	30	3	53	
42	318	9	47	10	3	6	1	37	3	43	
45	315	10	14	11	3	17	1	42	3	32	
48	312	10	30	12	3	27	1	48	3	20	
51	309	11	0	13	3	38	1	52	3	8	
54	306	11	21	15	3	47	1	57	2	56	
57	303	11	38	16	3	56	2	2	2	44	
60	300	11	50	18	4	5	2	6	2	30	
63	297	12	2	19	4	13	2	10	2	16	
66	294	12	12	21	4	20	2	15	2	2	
69	291	12	18	22	4	27	2	18	1	47	
72	288	12	23	24	4	33	2	21	1	33	
75	285	12	27	25	4	39	2	25	1	18	
78	282	12	28	27	4	43	2	28	1	2	
81	279	12	26	28	4	47	2	30	0	47	
84	276	12	23	30	4	51	2	34	0	31	
87	273	12	17	32	4	53	2	37	0	16	
90	270	12	12	34	4	55	2	40	0	0	

月球行差表											
公共数		第二本轮行差		比例分数	第一本轮行差		增加量		南纬		
°	′	°	′		°	′	°	′	°	′	
93	267	12	3	35	4	56	2	42	0	16	
96	264	11	53	37	4	56	2	42	0	31	
99	261	11	41	38	4	55	2	43	0	47	
102	258	11	27	39	4	54	2	43	1	2	
105	255	10	10	41	4	51	2	44	1	18	
108	252	10	52	42	4	48	2	44	1	33	
111	249	10	35	43	4	44	2	43	1	47	
114	246	10	17	45	4	39	2	41	2	2	
117	243	9	57	46	4	34	2	38	2	16	
120	240	9	35	47	4	27	2	35	2	30	
123	237	9	13	48	4	20	2	31	2	44	
126	234	8	50	49	4	11	2	27	2	56	
129	231	8	25	50	4	2	9	22	3	9	
132	228	7	59	51	3	53	2	18	3	21	
135	225	7	33	52	3	42	2	13	3	32	
138	222	7	7	53	3	31	2	8	3	43	
141	219	6	38	54	3	19	2	1	3	53	
144	216	6	9	55	3	7	1	53	4	3	
147	213	5	40	56	2	53	1	46	4	12	
150	210	5	11	57	2	40	1	37	4	20	
153	207	4	42	57	2	25	1	28	4	27	
156	204	4	11	58	2	10	1	20	4	34	
159	201	3	41	58	1	55	1	12	4	40	
162	198	3	10	59	1	39	1	4	4	45	
165	195	2	39	59	1	23	0	53	4	50	
168	192	2	7	59	1	7	0	43	4	53	
171	189	1	36	60	0	51	0	33	4	56	
174	186	1	4	60	0	34	0	22	4	58	
177	183	0	32	60	0	17	0	11	4	59	
180	180	0	0	60	0	0	0	0	5	0	

第十二章　计算月球行度

由上所述，月球视行度的计算方法就很清楚了，兹叙述如下。首先要把我们求月球位置所提出的时间化为均匀时。同太阳的情形[Ⅲ，25]一样，利用均匀时，我们可以从基督纪元或任何其他历元导出月球黄经、近点角以及黄纬的平均行度，这一点我很快就会解释[Ⅳ，13]。我们将确定每种行度在已知时刻的位置。然后，在表中查出月球的均匀距角即它与太阳距离的两倍，并且在第三列中查出相应行差以及伴随的比例分数。如果我们开始所用数值载于第一列或者说小于180°，则应把行差与月球近点角相加；如果该数大于180°或者说在第二列，则应将行差从近点角中减去。这样，我们就得到了月球的归一化近点角及其与第一本轮高拱点之间的真距离。用此距离值再次查表，从第五列得出与之相应的行差，从第六列中得到超出量，即第二小本轮给第一本轮增加的超出量。由求得的分数与60分之比算出的比例部分总是与该行差相加。如果归一化近点角小于180°或半圆，则应将如此求得的和从黄经或黄纬的平均行度中减去；如果归一化近点角大于180°，则应将它加上。我们用这种方法可以求得月球与太阳平位置之间的真距离，以及月球黄纬的归一化行度。因此，无论是从白羊宫第一星通过太阳的简单行度计算，还是从受岁差影响的春分点通过太阳的复合行度计算，月球的真距离都可以确定。最后，利用表中第七列即最后一列所载的归一化黄纬行度，我们就得到了月球偏离黄道的黄纬度数。当黄纬行度可在表的第一部分找到，即当它小于90°或大于270°时，该黄纬为北纬；否则即为南纬。因此，月球会从北面下降至180°，再从南限上升，直至走完圆周上的其余度数。于是，就像地球绕太阳运行一样，月球的视运动在许多方面也是与绕地心运行有关的。

第十三章　如何分析和论证月球的黄纬行度

我现在还应当解释月球的黄纬行度。由于受到更多情况的限制，这种行度更难发现。正如我以前讲过的[Ⅳ，4]，假定两次月食在一切方面都相似和相等，亦即黑暗区域占据着北边或南边的相同位置，月球位于同一个升交点或降交点附近，它与地球或与高拱点的距离是相等的。如果这两次月食如此相符，则月球必定已经在其真运动中走完了完整的黄纬圈。地影是圆锥形的，如果一个直立圆锥被一个平行于底面的平面切开，截面将为圆形。该平面离底面越远，截出的圆就越小；离得越近，截出的圆就越大；距离相等，截出的圆也相等。因此，月球在与地球相等距离处穿过相等的阴影圆周，于是就会向我们呈现出相等的月面。结果，当月球在同一边与阴影中心距离相等处呈现出相等部分时，我们就可以判定月球黄纬是相等的。由此必然得出，月球已经返回了原来的纬度位置，尤其是两个位置相符时，月球与同一黄道交点的距离那时也相等。月球或地球的靠近或远离会改变阴影的整个大小，不过这种改变小到基本察觉不到。因此，就像前面所讲的太阳的情况[Ⅲ，20]，两次月食之间的时间间隔越长，我们就越能准确地定出月球的黄纬行度。但与这些方面都符合的两次食是很罕见的(我至今也没遇到过一次)。

不过我知道，还有另一种方法可以做到这一点。假定其他条件不变，月球在相反的两边和相对的交点附近被掩食，那么这将表明在第二次食发生时，月球已经到达了一个与前一次正好相对的位置，而且除整圈外还多走了半圈。这似乎可以满足我们的研究需要。于是，我找到了两次几乎正好有这些关系的月食。

据克劳迪乌斯·托勒密记载[《天文学大成》，Ⅵ，5]，第一次月食发生在托勒密·费洛米特(Ptolemy Philometer)7 年即亚历山大大帝去世后第 150 年的埃及历 7 月 27 日后和 28 日前的夜晚。用亚历山大城夜晚季节时来表示，月食从第 8 小时初开始，到第 10 小时末结束。这次月食发生在降交点附近，食分最大时月球直径有$\frac{7}{12}$从北面被掩住。因为当时太阳位于金牛宫内 6°，所以托勒密说食甚出现在午夜后 2 季节时即 $2\frac{1}{3}$均匀时，而在克拉科夫应为午夜后均匀时 $1\frac{1}{3}$小时。

我于公元 1509 年 6 月 2 日在同一条克拉科夫经度圈上观测到了第二次月食，当时太阳位于双子宫内 21°处。食甚出现在午后 $11\frac{3}{4}$均匀时，月球直径约有$\frac{8}{12}$从南面被掩住。月食出现在升交点附近。

因此，从亚历山大纪元开始到第一次月食，共历时 149 埃及年 206 日，在亚历山大城再加 $14\frac{1}{3}$小时，而在克拉科夫根据地方时为 $13\frac{1}{3}$小时，均匀时为 $13\frac{1}{2}$小时。根据我的计算，当时近点角的均匀位置 163°33′与托勒密的结果[=163°40′]几乎完全相符，行差为 1°23′，月球的真位置比其均匀位置少了这个数值。从同样已经确定的亚历山大纪元到第二次月食，共历时 1832 埃及年 295 日，再加上视时间 11 小时 45 分=均匀时 11 小时 55 分。因此，月球的均匀行度为 182°18′，近点角位置为 159°55′，归一化之后为 161°13′，均匀行度小于视行度的行差为 1°44′。

因此，月地距离在两次月食发生时是相等的，太阳都位于远地点附近，但掩食区域有一个食分之差。我以后将会说明[Ⅳ，18]，月球直径通常约为$\frac{1}{2}$°。一个食分=直径的$\frac{1}{12}$=$2\frac{1}{2}$′，这在交点附近的月球倾斜圆周上大约对应着$\frac{1}{2}$°。月球在第二次食时离开升交点的距离要比第一次食时离开降交点的距离远$\frac{1}{2}$°。因此，如果不算整圈，则月球的真黄纬行度显然为 $179\frac{1}{2}$°。但是在两次月食之间，月球的近点角给均匀行度增加了 21′(这也是两行差之差[1°44′－1°23′])，所以除整圈外，月球的均匀黄纬行度为179°51′[＝179°30′＋21′]。两次月食之间时隔1683年88日再加视时间22小时25分，均匀时间与此相同。在此期间，共完成了22577次完整的均匀运转加上179°51′，这与我刚才提到的值相符。

第十四章　月球黄纬近点角的位置

为了也对前面采用的历元确定这个行度的位置，我在这里也采用两次月食。和前面一样[Ⅳ，13]，它们既不出现在同一交点，也不出现在恰好相对的区域，而是出现在北面或南面的相同区域(如我所说，其他一切条件均满足)。按照托勒密所采取的步骤[《天文学大成》，Ⅳ，9]，我们用这些月食可以不出差错地达到目的。

至于第一次月食，我在研究月球的其他行度时已经采用过[Ⅳ，5]，那就是我已经说过的托勒密于哈德良19年埃及历4月2日末3日前的午夜之前1均匀小时在亚历山大城所观测到的月食，而在克拉科夫则应为午夜前2小时。食甚出现时，月球在北面食掉了直径的$\frac{5}{6}$＝10食分，太阳则位于天秤宫内25°10′处，月球近点角的位置为64°38′，其负行差为4°21′。月食发生在降交点附近。

第二次月食是我在罗马认真观测的。它发生于公元1500年11月6日午夜后两小时，而在东面5°的克拉科夫则是在午夜后2$\frac{1}{3}$小时。太阳当时位于天蝎宫内23°16′处，也是月球在北面被食掉了10食分。因此，从亚历山大大帝去世到那时，共历时1824埃及年84日再加视时间14小时20分，而均匀时为14小时16分。月球的平均行度为174°14′，月球近点角为294°44′，归一化后为291°35′。正行差为4°28′。

因此显然，这两次月食发生时，月球与高拱点的距离几乎相等。太阳都位于其中拱点附近，阴影的大小相等，均为10食分。这些事实表明，月球的纬度为南纬，并且黄纬相等，所以月球与交点的距离相等，只是第二次月食时交点为升交点，第一次为降交点。两次月食之间时隔1366埃及年358日再加视时间4小时20分，而均匀时为4小时24分。在此期间，黄纬的平均行度为159°55′。

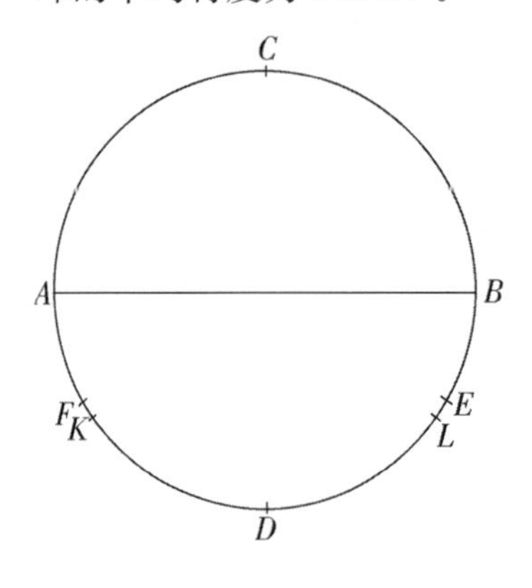

设$ABCD$为月球的倾斜圆周，直径AB为它与黄道的交线。设点C为北限，点D为南限；点A为降交点，点B为升交点。在南面区域取两段相等的弧AF与BE，第一次食发生在点F，第二次食发生在点E。设FK为第一次食时的负行差，EL为第二次食时的正行差。由于弧$KL=159°55'$，弧$FK=4°20'$，弧$EL=4°28'$，所以弧$FKLE$=弧FK+弧KL+弧$LE=168°43'$，半圆的其余部分$=11°17'$。弧AF=弧$BE=\frac{1}{2}(11°18')=5°39'$，即为月球与交点$A$、$B$之间的真距离。因此，弧$AFK=9°59'[=4°20'+5°39']$。于是显然，黄纬平位置与北限之间的距离$CAFK=99°59'[=90°'+9°59']$。从亚历山大大帝去世到托勒密进行这次观测，共历时457埃及年91日再加视时间10小时，而均匀时为9小时54分。在此期间，平均黄纬行度为50°59′。把50°59′从99°59′中减去，得到49°。这就是亚历山大纪元开始时的埃及历1月1日正午在克拉科夫经度圈上的位置。

于是对于其他任何纪元，可以根据时间差求出从北限算起的月球黄纬行度的位置。从第一个奥林匹克运动会期到亚历山大大帝去世，共历时451埃及年247日，为使时间归一化，需要从中减去7分钟。在此期间，黄纬行度=136°57′。从第一个奥林匹克运动会期到恺撒纪元共历时730埃及年12小时，为使时间归一化，需要加上10分钟。在此期间，均匀行度为206°53′。从那时起到基督纪元历时45年12日，把136°57′从49°中减去，再加上一整圆的360°，得到的272°3′即为第一个奥林匹克运动会期第一年1月1日正午的位置。给272°3′加上206°53′，得到的和118°56′即为尤里乌斯纪元1月1日前午夜的位置。最后，给118°56′加上10°49′，得到的和129°45′即为基督纪元1月1日前的午夜的位置。

第十五章　视差观测仪的构造

如果取圆周等于360°，则月球的最大黄纬(对应于月球的轨道圆即白道与黄道的交角)为5°。同托勒密一样，由于月球视差的影响，命运没有赐予我机会进行这种观测。在北极高度等于30°58′的亚历山大城，他等待着月球距天顶最近，即月球位于巨蟹宫的起点和北限的时刻，他能够通过计算预测出来[《天文学大成》，V，12]。借助于一种被称为“视差仪”的专门用来测定月球视差的仪器，他当时发现月球与天顶的最小距离仅为$2\frac{1}{8}$°。即使在这个距离处会受到任何视差的影响，它对如此短的距离来说也必定非常小。于是，从30°58′中减去$2\frac{1}{8}$°，余数为28°50$\frac{1}{2}$′，它比最大的黄赤交角(当时为23°51′20″)大了约5°。最后，直到现在此月球黄纬被发现仍与其他细节相符。

这种视差观测仪由三把标尺构成。其中两把长度相等，至少有4腕尺，第三把标尺稍长一些。后者与前两者之一分别通过轴钉或栓与剩下那把尺子的两端相连。钉孔或栓孔制得非常精细，使得尺子即使可以在同一平面内移动，也不会在连接处摇晃。从接口中心作一条贯穿整个长尺的线段，使这条线段尽可能精确地等于两接口之间的距离。把该线段分成1000等份(如果可能，还可以分得更多)，并以同样单位把其余部分也等分，直至得到半径为1000单位的圆的内接正方形的边长即1414单位。标尺的其余部分是多余的，可以截去。在另一标尺上，也从接口中心作一条长度等于

1000 单位或两接口中心距离的线段。和屈光镜一样，这把标尺的一边应装有让视线通过的目镜。应把目镜调节到使视线在通过目镜时不会偏离沿标尺已经作好的直线，而是一直保持等距；还应确保当这条线向长尺移动时，它的断点可以触到刻度线。这样，三根标尺就形成了一个底边为刻度线的等腰三角形。这样便竖起了一根已经刻度和打磨得很好的牢固的标杆。用枢轴把有两个接口的标尺固定在这根标杆上，仪器可以像门一样绕枢轴旋转，但是通过接口中心的直线总是对应着标尺的铅垂线并且指向天顶，就像地平圈的轴线一样。如果你想得到某颗星与天顶之间的距离，便可沿着通过目镜的直线观测这颗星。把带有分度线的标尺放在下面，就可以知道视线与地平圈轴线之间的夹角所对的长度有多少个单位(取圆周直径为 20000)。然后查圆周弦长表便可得出恒星与天顶之间大圆的弧长。

第十六章　如何确定月球视差

正如我已经说过的[Ⅳ，15]，托勒密用这个仪器测出月球的最大黄纬为 5°。接着，他转而观测月球视差，并说[《天文学大成》，Ⅴ，13]他在亚历山大城发现月球视差为 1°7′，太阳位于天秤宫内 5°28′处，月球与太阳的平距离为 78°13′，均匀近点角为 262°20′，黄纬行度为 354°40′，正行差为 7°26′，因此，月球位于摩羯宫中 3°9′处，归一化的黄纬行度为 2°6′，月球的北黄纬为 4°59′，赤纬为 23°49′，亚历山大城的纬度为 30°58′。他说，通过仪器测得月球位于子午圈附近距天顶约 50°55′的位置，即比计算所需的值多了 1°7′。然后，他又根据古人的偏心本轮月球理论，求得当时月球与地心的距离为 $39^{p}45'$(取地球半径为 1^{p})，并且论证了由圆周比值所能导出的结果。例如，地月之间的最大距离(他们认为出现于本轮远地点处的新月和满月)为 64^{p}再加 $10'\left(=1^{p}的\frac{1}{6}\right)$，最小距离(出现于本轮近地点处的半月方照)为 $33^{p}33'$。他还求得出现在距天顶 90°处的视差：最小值＝53′34″，最大值=1°43′。(从他由此推出的结果，对此可以有更完整的了解。)

然而正如我已多次发现的，对于现在考虑这一问题的人来说，情况显然已经非常不同了。不过，我还是要对两次观测进行考察，它们再次表明我关于月球的假设比他们的更为精确，因为我的假设与现象符合得更好，而且不会留下任何疑问。

公元1522年9月27日午后5 $\frac{2}{3}$ 均匀小时，在弗龙堡日没时分，我通过视差仪发现子午圈上的月球中心与天顶之间的距离为82°50′。从基督纪元开始到那时，共历时1522埃及年284日再加视时间17 $\frac{2}{3}$ 小时，而均匀时为17小时24分。由此可以算出太阳的视位置为天秤宫内13°29′处，月球与太阳的均匀距离为87°6′，均匀近点角为357°39′，真近点角为358°40′，正行差为7′，于是月球的真位置为摩羯宫内12°32′处。从北限算起的平均黄纬行度为197°1′，真黄纬行度为197°8′[=197°1′+7′]，月球的南黄纬为4°47′，赤纬为27°41′，我的观测地的纬度为54°19′。把54°19′与月球赤纬相加，可得月球与天顶的真距离为82°[=54°19′+27°41′]。因此，视天顶距82°50′中多出的50′为视差，而按照托勒密的学说，该视差应该等于1°17′。

我还于公元1524年8月7日午后6小时在同一地点进行了另一次观测。我用同一架仪器测得月球距离天顶81°55′。从基督纪元开始到那时，共历时1524埃及年234日再加视时间18小时，均匀时也是18小时。可以算出太阳当时位于狮子宫内24°14′处，月球与太阳的平均距离为97°5′，均匀近点角为242°10′，修正近点角为239°40′，平均行度大约增加了7°。于是，月球的真位置为人马宫内9°39′处，平均黄纬行度为193°19′，真黄纬行度为200°17′，月球的南黄纬为4°41′，南赤纬为26°36′。把26°36′与观测地的纬度54°19′相加，便得到月球与地平圈极点之间的距离为80°55′[=26°36′+54°19′]，然而实际看到的却是81°55′，因此多余的1°来自月球视差。而按照托勒密和我的前人们的理论，月球视差应为1°38′，才能与他们的理论所要求的结果相符。

第十七章　月地距离及其取地球半径=1时的值

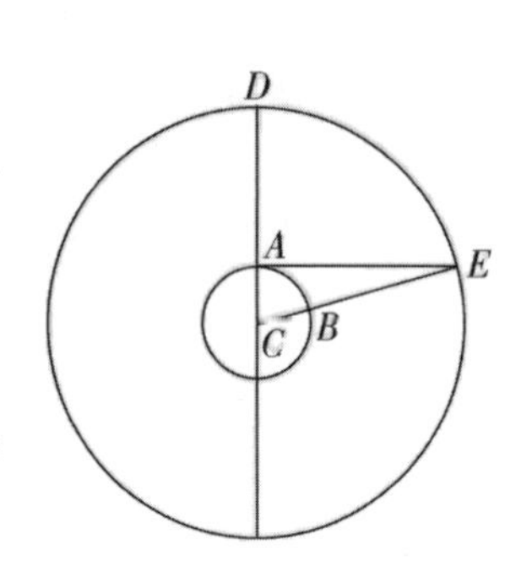

由上所述，月地距离的大小就显然可得了。没有这个距离，就无法求出视差的确定值，因为这两个量彼此相关。月地距离可以测定如下。

设 AB 为地球的一个大圆，点 C 为它的中心。绕点 C 作另一圆 DE，地球的圆要比这个圆大很多。设点 D 为地平圈的极点，月球中心位于点 E，于是它与天顶的距离 DE 已知。在第一次观测中[Ⅳ，16]，$\angle DAE=82°50'$，根据计算，$\angle ACE=82°$，因此，$\angle ACE=\angle DAE-\angle ACE=50'$，即为视差的大小。于是三角形 ACE 的各角已知，因而各边可知。因为 $\angle CAE$ 已知[$97°10'=180°-82°50'$]，如果取三角形 AEC 的外接圆直径=100000，则边 $CE=99219$。$AC=1454\approx\frac{1}{68}CE$。如果取地球半径 $AC=1^{p}$，则 $CE\approx68$。这就是第一次观测时月球距地心的距离。

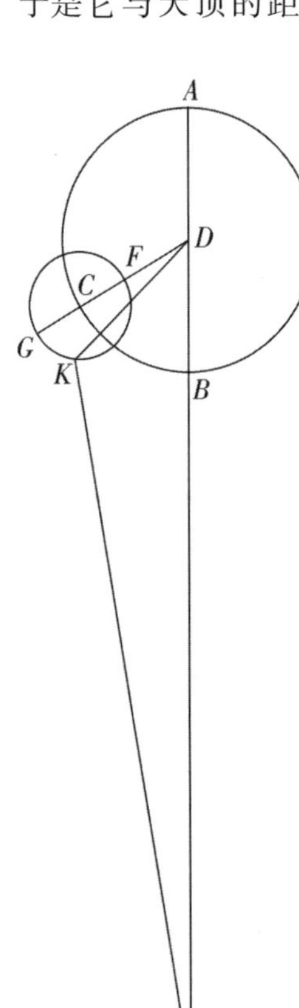

在第二次观测中[Ⅳ，16]，视行度角 $DAE=81°55'$，计算可得，$\angle ACE=80°55'$，相减可得，$\angle AEC=60'$。因此，如果取三角形的外接圆直径=100000，则边 $EC=99027$，边 $AC=1891$。所以，如果取地球半径 $AC=1$，则 $CE=56^{p}42'$，即为月球与地心之间的距离。

现在设 ABC 为月球的较大本轮，其中心为点 D。取点 E 为地心，从它引直线 $EBDA$，使得远地点为点 A，近地点为点 B。根据[Ⅳ，16]的第二次观测中计算出的月球均匀近点角，量出弧 $ABC=242°10'$。以点 C 为中心，作第二本轮 FGK，在它上面取弧 $FGK=194°10'$，它等于月球与太阳之间距离的两倍[$=2\times97°5'$]。连接 DK，它使近点角减少 $2°27'$，于是，归一化的近点角 $KDB=59°43'$。整个角 $CDB=62°10'$[$=59°43'+2°27'$]，为超出一个半圆的部分[因为 $ABC=242°10'=62°10'+180°$]。角 $BEK=7°$，因此，在三角形 KDE 中各角均已知，其度数按照两直角$=180°$给出。如果取三角形 KDE 的外接圆直径$=100000$，则各边长度也可知：$DE=91856$，$EK=86354$。但是如果取 $DE=100000$，则 $KE=94010$。前已证明，$DF=8600$，$DFG=13340$，所以由前面已经给出的比值，如果取地球半径$=1^p$，则 $EK=56\frac{42}{60}^p$。于是用同样单位可得，$DE=60\frac{18}{60}^p$，$DF=5\frac{11}{60}^p$，$DFG=8\frac{2}{60}^p$；如果连成一条直线，则 $EDG=68\frac{1}{3}^p$[$=60^p18'+8^p2'$]，此即半月的最大高度。此外，$ED-DG$[$=60^p18'-8^p2'$]$=52\frac{17}{60}^p$，此即半月与地球的最小距离。于是满月和新月的高度整个 EDF 在最大时$=65\frac{1}{2}^p$[$60^p18'+5°11'\approx65°30'$]；在最小时，$EDF-DF=55\frac{8}{60}^p$[$60^p18'-5^p11'$]。有一些人，尤其是那些由于居住地的缘故而只能对月球视差一知半解的人，认为新月和满月与地球之间的最大距离竟达 $64\frac{10}{60}^p$[Ⅳ，16]，我们不必对此感到惊奇。当月球靠近地平圈时(此时视差显然接近完整值)，我可以更完整地了解月球视差。但我发现，由月球靠近地平圈所引起的视差变化不曾超过 $1'$。

第十八章　月球的直径以及月球通过处地影的直径

既然月球和地影的视直径也随着月地距离的变化而变化，因此，对这些问题的讨论也很重要。诚然，用希帕克斯的屈光镜可以正确地测定太阳与月球的直径，但天文学家们认为，利用月球与其高低拱点等距的几次特殊的月食，可以更加精确地测出月球的直径。特别是，如果当时太阳也处于相似的位置，从而月球两次穿过的影圈相等(除非被掩食区域占据着不等的区域)，则情况就尤其如此。显然，当把阴影与月球宽度相互比较时，其差异显示了月球直径在绕地心的圆周上所对的弧有多大。知道了这个数值，就可以求出阴影半径了。用一个例子可以说得更清楚。

假设在较早的一次月食的食甚时，月球直径有$\frac{3}{12}$被掩食，此时月球的宽度为 $47'54''$；而在第二次月食时，月球直径的$\frac{10}{12}$被掩食，月球的宽度为 $29'37''$。这两次阴影区域之差为月球直径的$\frac{7}{12}$，宽度差为 $18'17''$[$47'54''-29'37''$]。而$\frac{12}{12}$对应着月球直径所对的角 $31'20''$，所以在第一次月食的食甚时，月球中心位于阴影区之外约$\frac{1}{4}$月球直径或 $7'50''$[$=31'20''\div 4$]的宽度处。如果把 $7'50''$从整个宽度 $47'54''$中减去，得到的余数 $40'4''$[$=47'54''-7'50''$]即为地影半径。类似地，在第二次月食时，阴影区比月球宽度多出了 $10'27''$[$\approx 31'20''\div 3$]$\left(\text{月球直径的}\frac{1}{3}\right)$。把 $29'37''$与 $10'27''$相加，得到的和仍为地影半径 $40'4''$。托勒密认为，当太阳与月球在距地球最远处相合或相冲时，月球直径为 $31\frac{1}{3}'$(他说用希帕克斯的屈光镜所求得太阳直径与此相等，但地影直径为 $1°21'20''$)。他认为这两个直径之比等于$13:5=2\frac{3}{5}:1$[《天文学大成》，V，14]。

第十九章　如何同时求出日月与地球的距离、它们的直径以及月球通过处地影的直径和轴

太阳也显示出一定的视差。由于它非常小，所以不容易发觉，除非日月与地球的距离、它们的直径以及月球通过处地影的直径和轴线相互有关联。因此，这些量在论证中可以相互推得。我先来考察托勒密关于这些量的结论以及他的论证步骤[《天文学大成》，Ⅴ，15]，我将从中选择看起来完全正确的部分。

他一成不变地把太阳的视直径取为 $31\frac{1}{3}'$，并设它等于位于远地点的满月和新月的直径。如果取地球半径＝1^{p}，则他说这时的月地距离为 $64\frac{10^{p}}{60}$。于是他用以下方法求出其他数量。

设 ABC 为以点 D 为中心的太阳球体上的一个圆。设 EFG 为以点 K 为中心的地球上的一个圆，它与太阳的距离最远。设 AG 和 CE 为与两个圆都相切的直线，它们的延长线交于地影的端点 S。过太阳与地球的中心作直线 DKS，引 AK 和 KC。连接 AC 和 GE，由于距离遥远，它们与直径几乎没有什么差别。当满月和新月时，根据远地点处月球与地球之间的距离，在 DKS 上取相等的弧段 LK 和 KM：托勒密认为，如果取 EK＝1^{p}，则远地点处的月地距离为 $64\frac{10^{p}}{60}$。设 QMR 为同样条件下月球通过处地影的直径，NLO 为与 DK 垂直的月球直径，把它延长为 LOP。

第一个问题是要求出 $DK:KE$。如果取四直角＝360°，则$\angle NKO$＝$31\frac{1}{3}'$，$\angle LKO=\frac{1}{2}\angle NKO=15\frac{2}{3}'$。$\angle L=90°$，所以在各角已知的三角形 LKO 中，$KL:LO$ 可知。如果取 $LK=64^{p}10'$或 $KE=1^{p}$，则 LO＝$17'33''$。因为 $LO:MR=5:13$，$MR=45'38''$。LOP 和 MR 平行于 KE，

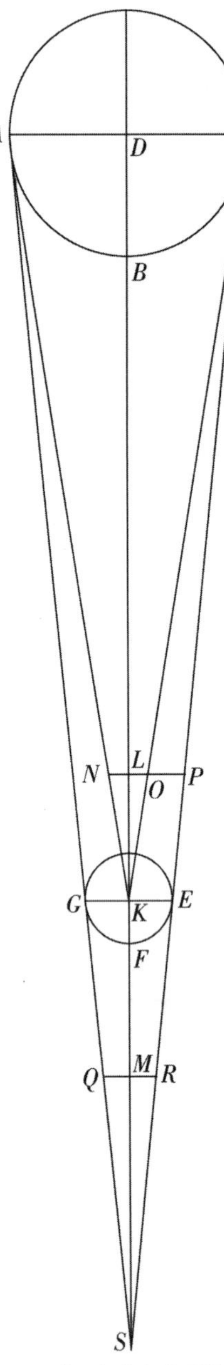

且间距相等，所以 $LOP+MR=2KE$。$OP=2KE$ [$=2^p$]$-(MR+LO)$[$45'38''+17'33''=1^p3'11''$]$=56'49''$。根据《几何原本》，Ⅵ，2，$EC:PC=KC:OC=KD:LD=KE:OP=60':56'49''$。类似地，如果取 $DLK=1^p$，则 $LD=56'49''$。于是相减可得，$KL=3'11''$[$=1^p-56'49''$]。但如果取 $KL=64^p10'$和 $FK=1^p$，则 $KD=1210^p$。由于已经知道，$MR=45'38''$，所以 $KE:MR$⌊$60':45'38''$⌋可得，$KMS:MS$ 可得。在整个 KMS 中，$KM=14'22''$[$=60'-45'38''$]。或者如果取 $KM=64^p10'$，则 $KMS=268^p$。以上就是托勒密的做法。

但在托勒密之后，其他天文学家发现这些结果并非与现象十分相符，他们还就此报道了其他一些发现。不过他们承认，满月和新月与地球的最大距离为 $64^p10'$，太阳在远地点的视直径为 $31\frac{1}{3}'$。他们也同意托勒密所说的，在月球通过处地影直径与月球直径之比为 13∶5。但他们否认当时月球的视直径大于 $29\frac{1}{2}'$。因此，他们把地影直径取为 $1°16\frac{3}{4}'$左右。他们认为，由此可知远地点处的日地距离为 1146^p，地影轴长为 254^p(地球半径$=1^p$)。他们把这些数值的发现归功于拉卡的科学家巴塔尼，尽管这些数值无论如何也无法协调起来。

为了进行调整和修正，我取远地点处的太阳视直径为 $31'40''$(因为它现在应比托勒密之前大一些)，高拱点处的满月或新月的视直径为 $30'$，月球通过处地影的直径为 $80\frac{3}{5}'$。现在了解到，它们之间的比值略大于 5∶13，即 150∶403$\left[\approx 5:13\frac{2}{5}\right]$。只要月地距离不小于 62 个地球半径，远地点处的太阳就不可能被月球全部掩住。采用这些数值时，它们似乎不仅彼此之间联系了起来，而且与其他现象以及观测到的日月食相符。于是，根据以上论证，如果取地球半径 $KE=1^p$，则 $LO=17'8''$。因此，$MR=46'1''$ $[\approx 17'8''\times 2.7]$，$OP=56'51''[=2^p-(17'8''+46'1'')]$。若取 $LK=65\frac{1}{2}^p$，则 $DLK=1179^p$，即为太阳位于远地点时与地球的距离；$KMS=265^p$，即为地影的轴长。

第二十章　太阳、月亮、地球这三个天体的大小及其比较

于是也可得出，$KL:KD=1:18$，$LO:DC=1:18$。而如果取 $KE=1^p$，则 $18\times LO\approx 5^p27'$。或者，由于各边的比值相等，所以 $SK:KE=265:1=SKD:DC=1444^p:5^p27'$，此即太阳直径与地球直径之比。而球体体积之比等于其直径的立方之比，而$(5^p27')^3=161\frac{7}{8}$，所以太阳是地球的 $161\frac{7}{8}$倍。

此外，如果取 $KE=1^p$，月球半径$=17'9''$，所以地球直径∶月球直径$=7:2=3\frac{1}{2}:1$[这是 3.498∶1 的近似值]。取这个比值的立方，便可知地球是月球的 $42\frac{7}{8}$倍。因此，太阳是月球的 6937 倍。

第二十一章　太阳的视直径和视差

由于同样大小的物体看起来近大远小，所以和视差一样，日、月和地

影都随着与地球距离的改变而改变。由前所述，对任何距离都容易测出所有这些变化。首先是太阳。我已经说明[Ⅲ，21]，如果取周年运转轨道圆的半径＝10000^{p}，则地球与太阳的最大距离为10322^{p}，而在直径的另一部分，地球与太阳的最小距离为9678^{p}[＝10322－322]。因此，如果取高拱点＝1179地球直径[Ⅲ，19]，则低拱点为1105^{p}，平拱点为1142^{p}。而1000000÷1179＝848，在直角三角形中，848^{p}所对的最小角＝2′55″，即为出现在地平圈附近的最大视差角。类似地，因为最小距离为1105^{p}，而1000000÷1105＝905^{p}，所张角3′7″即为在低拱点的最大视差。但我已经说过[Ⅳ，20]，太阳直径＝$5\frac{27}{60}$地球直径，它在高拱点所张角为31′48″。因为1179∶$5\frac{27}{60}$＝2000000∶9245＝圆的直径∶31′48″所对边长，因此在最短距离(＝1105地球直径)处，太阳的视直径为33′54″。它们之间相差2′6″[33′54″－31′48″]，而视差之间仅仅相差12″[3′7″－2′55″]。由于这两个值很小，凭借感官很难察觉1′或2′，而对于弧秒来说就更是如此，所以托勒密[《天文学大成》，Ⅴ，17]认为这两个值都可以忽略不计。因此，如果我们把太阳的最大视差处处都取作3′，似乎不会出现明显误差。但我将从太阳的平均距离，或者像某些天文学家那样从太阳的小时视行度(他们认为它与太阳直径之比等于5∶66＝1∶$13\frac{1}{5}$)求出太阳的平均视直径，因为太阳的小时视行度与其距离近似成正比。

第二十二章　月球的可变视直径及其视差

作为距离最近的行星，月球的视直径和视差显然有更大的变化。当月球为新月和满月时，它与地球之间的最大距离为$65\frac{1}{2}$地球半径，根据前面的论证[Ⅳ，17]，最小距离为$55\frac{8}{60}$；半月的最大距离为$68\frac{21}{60}$地球半径，

最小距离为 $52\frac{17}{60}$ 地球半径。于是，用地球的半径除以月球在四个极限位置处的距离，便得到月球出没时的视差：月球最远时，对半月为 $50'18''$，对新月和满月为 $52'24''$；月球最近时，对满月或新月为 $62'21''$，对半月为 $65'45''$。

这样，月球的视直径就可以定出来了。前已说明[Ⅳ，20]，地球直径：月球直径＝7：2，于是地球半径：月球直径＝7：4，视差与月球视直径之比也等于这个值，因为在同一次月球经天时，夹出较大视差角的直线与夹出视直径的直线完全没有区别。而角度与它们所对的弦近似成正比，它们之间的差别感觉不到。由此明显可知，在上述视差的第一极限处，月球的视直径为 $28\frac{3}{4}'$；在第二极限处约为 $30'$；在第三极限处为 $35'38''$；在最后一个极限处为 $37'34''$。根据托勒密和其他人的理论，最后一个值应当近似为 $1°$，而且一半表面发光的月亮投射到地球上的光应当与满月一样多。

第二十三章　地影的变化程度有多大?

我也曾说过[Ⅳ，19]，地影直径：月球直径＝430：150。因此，当太阳在远地点时，对于满月和新月来说，地影的最小直径为 $80'36''$，最大直径为 $95'44''$，所以最大差异＝$15'8''$[＝$95'44''-80'36''$]。甚至当月球通过相同位置时，地影也会由于日地距离的不同而发生以下变化。

和前图一样，再次过日心和地心作直线 DKS 以及切线 CES。连接 DC 和 KE。正如已经阐明的，当 DK＝1179 地球半径，KM＝62 地球半径时，地影半径 MR＝地球半径 KE 的 $46\frac{1}{60}'$，连接 KR，则 $\angle MKR$＝地影视角＝$42'32''$，而地影轴长 KMS＝265 地球半径。

但是当地球最接近太阳时，DK＝1105 地球半径，我们可以按照如下方法计算在同一月球通过处的地影：作 EZ 平行于 DK，则 CZ：ZE＝

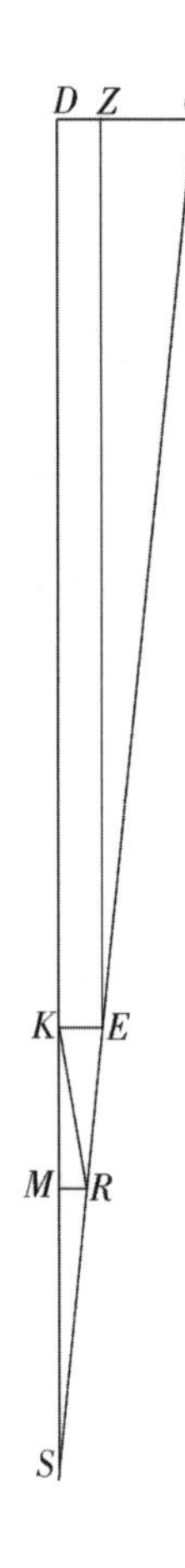

$EK:KS$。但是，$CZ=4\frac{27}{60}$地球半径，$ZE=1105$ 地球半径。因为 KZ 是平行四边形，ZE 与余量 $DZ\left[=CD-CZ=5\frac{27}{60}-4\frac{27}{60}\right]$各等于 DK 与 $KE[=1]$，于是 $KS=248\frac{19}{60}$地球半径。但 $KM=62$ 地球半径，因此余量 $MS=186\frac{19}{60}$地球半径$[=248^{p}19'-62^{p}]$。但由于 $SM:MR=SK:KE$，所以 $MR=$地球半径的 $45\frac{1}{60}'$，地球视角半径 $MKR=41'35''$。

由于这个原因，如果取 $KE=1^{p}$，那么在同一月球通过处，由太阳接近或远离地球所引起的地影直径的最大变化为$\frac{1}{60}'$。如果取四直角$=360°$，那么它看起来为 $57''$。此外，在第一种情况下$[46'1'']$，地影直径：月球直径$>13:5$；而在第二种情况下$[45'1'']$，地影直径：月球直径$<13:5$。可以认为 $13:5$ 是平均值，所以如果我们在各处都采用同一数值，从而减轻工作量和沿袭古人的观点，产生的误差是可以忽略的。

第二十四章　地平经圈上的日月视差表

现在再来确定太阳和月球的每一个视差就有把握了。过地平圈的极点重作地球轨道圆上的弧段 AB，点 C 为地心。在同一平面上，设 DE 为月球的轨道圆[白道]，FG 为太阳的轨道圆，CDF 为过地平圈极点的直线，作直线 CEG 通过太阳与月球的真位置。连接视线 AG 和 AE。

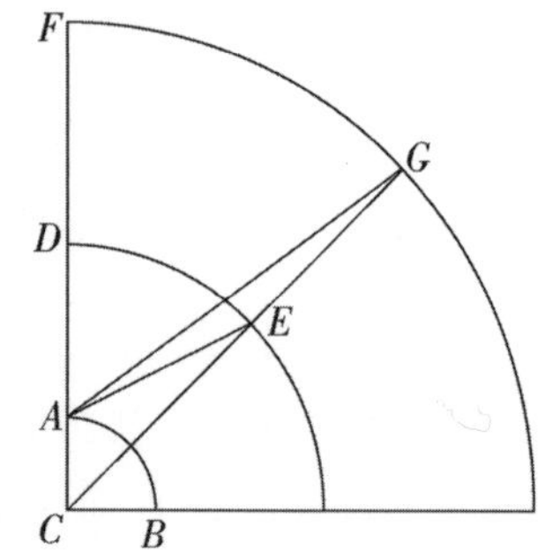

于是，太阳的视差由$\angle AGC$ 量出，月球视

差由$\angle AEC$量出。太阳和月球的视差之差为$\angle AGC$与$\angle AEC$之差即$\angle GAE$。现在把$\angle ACG$取作与那些角进行比较的角，比如设$\angle ACG=30°$。根据平面三角形定理，如果取$AC=1^{p}$，线段$CG=1142^{p}$，则显然可得$\angle AGC=1\frac{1}{2}'$，即为太阳的真高度与视高度之差。而当$\angle ACG=60°$时，$\angle AGC=2'36''$。对于$\angle ACG$的其他数值，太阳视差也可类似地得出。

但是对月球来说，我们用它的四个极限位置。当月地距离最大时，取$CA=1^{p}$，则我已说过[Ⅳ，22]$CE=68^{p}21'$，如果取四直角$=360°$，则$\angle DCE$或弧$DE=30°$。于是在三角形ACE中，AC与CE两边以及$\angle ACE$已知。由此可以求得，视差$\angle AEC=25'28''$。当$CE=65\frac{1}{2}^{p}$时，$\angle AEC=26'36''$。类似地，在第三极限处，当$CE=55^{p}8'$时，视差$\angle AEC=31'42''$。最后，在月球与地球的最小距离处，当$CE=52^{p}17'$时，$\angle AEC=33'27''$。进而，如果弧$DE=60°$，则同样次序的视差可以排列如下：对于第一个极限位置，视差$=43'55''$，对于第二个极限位置，视差$=45'51''$，对于第三个极限位置，视差$=54\frac{1}{2}'$，对于第四个极限位置，视差$=57\frac{1}{2}'$。

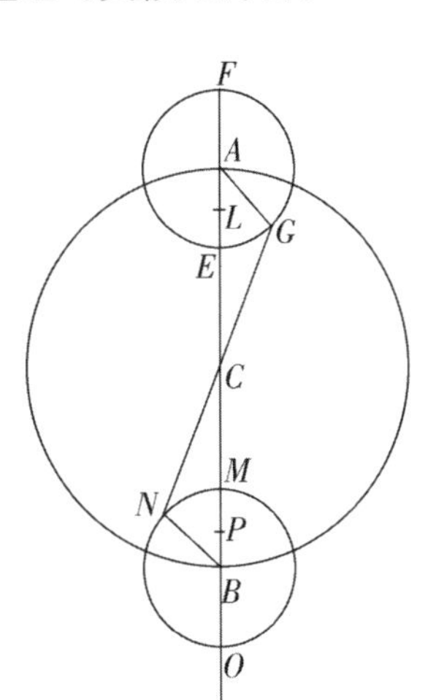

我将按照附表的顺序列入所有这些数值。为方便起见，我将像其他表那样把它排成三十行，间距为6°。这些度数可以理解为从天顶算起的弧(其最大值为90°)的两倍。我把表排成了九列。第一列和第二列是圆周的公共数。我把太阳视差排在第三列，然后是月球视差[第四列至第九列]，第四列是最小视差(当半月在远地点时出现)小于下一列中视差(在满月和新月时出现)的量。第六列是在近地点的满月和新月所产生的视差。第七列是当月球离我们最近时半月的视差超过在它们附近的视差的量。最后两列是用来计算四个极限位置之间视差的比例分数。我还将解释这些分数，首先是远地点附近的视差，然后是落在前两个极限位置[月亮分别位于方照和朔望的远地点]之间的视差。解释如下。

设圆 AB 为月球的第一本轮，点 C 为它的中心。取点 D 为地球的中心，作直线 $DBCA$。以远地点 A 为中心作第二本轮 EFG。设弧 $EG=60°$，连接 AG 与 CG。由前所述[Ⅳ，17]，如果取地球半径$=1^p$，则线段 $CE=5^p11'$，线段 $DC=60^p18'$，线段 $EF=2^p51'$，所以在三角形 ACG 中，边 $GA=1^p25'$，边 $AC=6^p36'$，GA 和 AC 两边所夹的角$\angle CAG$ 已知。因此，根据平面三角形定理，第三边 $CG=6^p7'$。于是，如果排成一条直线，则

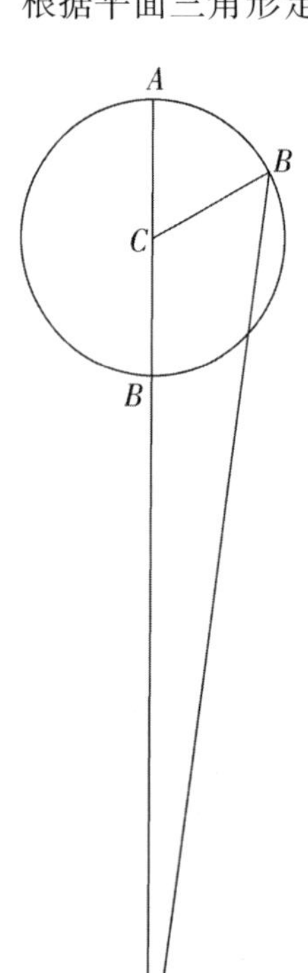

$DCG=DCL=66^p25'$[$=60^p18'+6^p7'$]。然而 $DCE=65\frac{1}{2}^p$[$=60^p18'+5^p11'$]，于是相减可得，超出量 $DCL-DCE=EL\approx55\frac{1}{2}'$[$\approx66^p25'-65^p30'$]。根据这个已经得到的比值，当 $DCE=60^p$ 时，$EF=2^p37'$，$EL=46'$。因此，如果 $EF=60'$，则超出量 $EL\approx18'$。我将把这个数值列在表中与第一列的 60°相对的第八列。

对于近地点 B，我也将做类似的论证。以点 B 为中心作第二本轮 MNO，并取$\angle MBN=60°$。和前面一样，三角形 BCN 的各边角也可得。类似地，如果取地球半径$=1^p$，则超出量 $MP\approx55\frac{1}{2}'$，$DBM=55^p8'$。如果 $DBM=60^p$，则 $MBO=3^p7'$，超出量 $MP=55'$。而 $3^p7':55'=60:18$，于是我们就得到了与前面远地点的情形相同的结果，尽管两者之间有几秒的差值。对其他情况我也将这样做，并把得到的结果写进表中第八列。

但如果我们用的不是这些值，而是行差表[Ⅳ，11 结尾]中所列的比例分数，也不会出任何差错，因为它们几乎是相同的，彼此之间相差极小。

剩下要考虑的是在中间极限位置，即第二与第三极限位置之间的比例分数。设圆 AB 为满月和新月描出的第一本轮，其中心为点 C。取点 D 为地球的中心，作直线 $DBCA$。从远地点 A 取一段弧，比如设弧 $AE=60°$。连接 DE 与 CE。于是三角形 DCE 有两边已知：$CD=60^{p}19'$，$CE=5^{p}11'$。$\angle DCE$ 为内角，且 $\angle DCE=180°-\angle ACE$，根据三角形定理，$DE=63^{p}4'$。而 $DBA=65\frac{1}{2}^{p}$，$DBA-ED=2^{p}27'[\approx 65^{p}30'-63^{p}4']$。但$[2\times CE=]AB=10^{p}22'$，$10^{p}22':2^{p}26'=60':14'$。它们被列入表中与 60°相对的第九列。以此为例，我完成了余下的工作并制成了下表。我还要补充一个日、月和地影半径表，以便它们能够尽可能地被使用。

第二十五章　日月视差的计算

我还要简要解释一下用表来计算日月视差的方法。从表中查出与太阳的天顶距或月球的两倍天顶距相应的视差(对于太阳只需查一个值，而对月球则须对四个极限位置分别查出)。此外，对于月球行度或与太阳距离的两倍，从比例分数的第一列即表中第八列查出比例分数。有了这些比例分数，我们就可以就第一个和最后一个极限位置获得超出量(用 60 的比例部分来表示)。从下一个视差[即在第二极限位置的视差]中减去第一个 60 的比例部分，并把第二个与倒数第二个极限位置的视差相加，就可以得出化归为远地点和近地点的两个月球视差，小本轮使这些视差增大或减小。然后从表中最后一列查出与月球近点角相应的比例分数，用它们可以对刚才求出的视差之差求出比例部分。把这个 60 的比例部分与第一个化归的视差(即在远地点的视差)相加，所得结果即为对应于给定地点和时间的月球视差。下面是一个例子。

日月视差表													
公共数		太阳视差		为求得在第一极限的视差，应从在第二极限的月球视差减去的差值		在第二极限的月球视差		在第三极限的月球视差		为求得在第四极限的视差应从在第三极限的月球视差加上的差值		比例分数	
												小本轮	大本轮
6	354	0	10	0	7	2	46	3	18	0	12	0	0
12	348	0	19	0	14	5	33	6	36	0	23	1	0
18	342	0	29	0	21	8	19	9	53	0	34	3	1
24	336	0	38	0	28	11	4	13	10	0	45	4	2
30	330	0	47	0	35	13	49	16	26	0	56	5	3
36	324	0	56	0	42	16	32	19	40	1	6	7	5
42	318	1	5	0	48	19	5	22	47	1	16	10	7
48	312	1	13	0	55	21	39	25	47	1	26	12	9
54	306	1	22	1	1	24	9	28	49	1	35	15	12
60	300	1	31	1	8	26	36	31	42	1	45	18	14
66	294	1	39	1	14	28	57	34	31	1	54	21	17
72	288	1	46	1	19	31	14	37	14	2	3	24	20
78	282	1	53	1	24	33	25	39	50	2	11	27	23
84	276	2	0	1	29	35	31	42	19	2	19	30	26
90	270	2	7	1	34	37	31	44	40	2	26	34	29
96	264	2	13	1	39	39	24	46	54	2	33	37	32
102	258	2	20	1	44	41	10	49	0	2	40	39	35
108	252	2	26	1	48	42	50	50	59	2	46	42	38
114	246	2	31	1	52	44	24	52	49	2	53	45	41
120	240	2	36	1	56	45	51	54	30	3	0	47	44
126	234	2	40	2	0	47	8	56	2	3	6	49	47
132	228	2	44	2	2	48	15	57	23	3	11	51	49
138	222	2	49	2	3	49	15	58	36	3	14	53	52
144	216	2	52	2	4	50	10	59	39	3	17	55	54
150	210	2	54	2	4	50	55	60	31	3	20	57	56
156	204	2	56	2	5	51	29	61	12	3	22	58	57
162	198	2	58	2	5	51	56	61	47	3	23	59	58
168	192	2	59	2	6	52	13	62	9	3	23	59	59
174	186	3	0	2	6	52	22	62	19	3	24	60	60
180	180	3	0	2	6	52	24	62	21	3	24	60	60

日、月和地影半径表								
公共数		太阳半径		月球半径		地影半径		地影的变化
°	°	′	″	′	″	′	″	分数
6	354	15	50	15	0	40	18	0
12	348	15	50	15	1	40	21	0
18	342	15	51	15	3	40	26	1
24	336	15	52	15	6	40	34	2
30	330	15	53	15	9	40	42	3
36	324	15	55	15	14	40	56	4
42	318	15	57	15	19	41	10	6
48	312	16	0	15	25	41	26	9
54	306	16	3	15	32	41	44	11
60	300	16	6	15	39	42	2	14
66	294	16	9	15	47	42	24	16
72	288	16	12	15	56	42	40	19
78	282	16	15	16	5	43	13	22
84	276	16	19	16	13	43	34	25
90	270	16	22	16	22	43	58	27
96	264	16	26	16	30	44	20	31
102	258	16	29	16	39	44	44	33
108	252	16	32	16	47	45	6	36
114	246	16	36	16	55	45	20	39
120	240	16	39	17	4	45	52	42
126	234	16	42	17	12	46	13	45
132	228	16	45	17	19	46	32	47
138	222	16	48	17	26	46	51	49
144	216	16	50	17	32	47	7	51
150	210	16	53	17	38	47	23	53
156	204	16	54	17	41	47	31	54
162	198	16	55	17	44	47	39	55
168	192	16	56	17	46	47	44	56
174	186	16	57	17	48	47	49	56
180	180	16	57	17	49	47	52	57

设月球的天顶距为 54°，平均行度为 15°，归一化的近点角行度为 100°。我希望用表求出月球视差。把月球的天顶距度数加倍，得到 108°，表中与此相对应的第二极限位置超过第二极限位置的量为 1′48″，在第二极限位置的视差为 42′50″，在第三极限位置的视差为 50′59″，第四极限位置超过第三极限位置的量为 2′46″。逐一记下这些数值。把月球的行度加倍，得到 30°。表中第一列与此相对应的比例分数为 5′。而对于 5′，第二极限位置比第一极限位置超出量的 60 分的比例部分为 9″[$1'48''\times\frac{5}{60}=9''$]。把 9″从第二极限位置的视差 42′50″中减去，得到 42′41″。类似地，对于第二个超出量=2′46″，比例部分为 14″[$2'46''\times\frac{1}{12}=14''$]。把 14″与在第三极限位置的视差 50′59″相加，得到 51′13″。这些视差之间相差 8′32″[=51′13″−42′41″]。然后，对于归一化近点角的度数[100]，在最后一列查得比例分数为 34。由此求得差值 8′32″的比例部分为 4′50″[$=8'32''\times\frac{34}{60}$]。把 4′50″与第一个修正视差[42′41″]相加，得到的和为 47′31″。此即所求的在地平经圈上的月球视差。

然而，任何其他月球视差都与满月和新月的视差相差很少，所以我们只要处处都取中间极限位置间的数值就足够了。它们对于日月食的预测特别重要。其余的则不值得做如此广泛的考察，这样的研究也许会被认为不是为了实用，而是为了满足好奇心。

第二十六章　如何分开黄经视差与黄纬视差

视差很容易被分成黄经视差和黄纬视差，日月之间的距离可以用相交的黄道与地平经圈上的弧和角来度量。因为当地平经圈与黄道正交时，它显然不会产生黄经视差，而是全都转到了黄纬上，因为地平经圈完全是一个纬度圈。而另一方面，当黄道与地平圈正交并与地平经圈相合时，如果月球黄纬为零，那么它只有黄经视差。但如果它的黄纬不为零，则它在黄纬上也有一定的视差。于是，设圆 ABC 为与地平圈正交的黄道，点 A 为地平圈的极点。于是圆 ABC 与黄纬为零的月球的地平经圈相同。设点 B 为月球的位置，它的整个视差 BC 都是黄经视差。

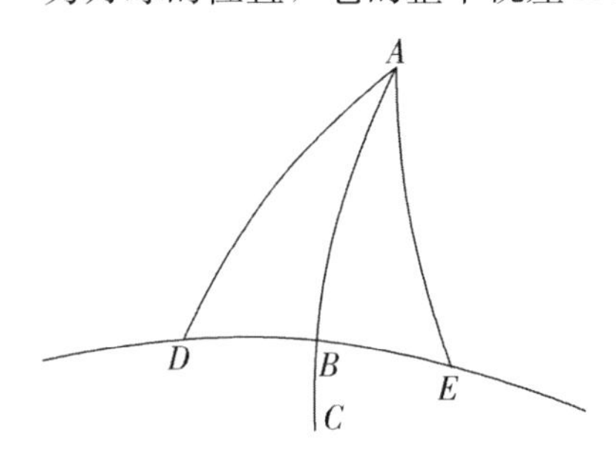

但假定月球黄纬不为零。过黄极作圆 DBE，并取 DB 或 BE 为月球的黄纬。显然，AD 或 AE 两边都不等于 AB。$\angle D$ 和$\angle E$ 都不是直角，因为 DA 与 AE 两圆都不过 DBE 的极点。视差与黄纬有关，月球距天顶越近，这种关系也就越明显。设三角形 ADE 的底边 DE 不变，则 AD 与 AE 两边越短，它们与底边所成的锐角就越小；月球距天顶越远，这两个角就越像直角。

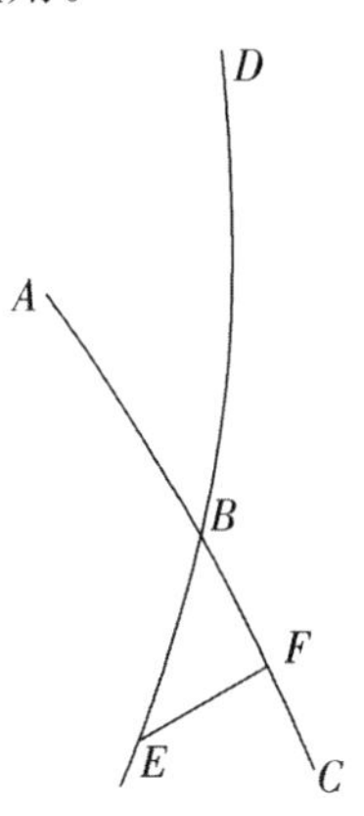

现在设 ABC 为黄道，DBE 为与之斜交的月球的地平经圈。设月球的黄纬为零，比如当它位于与黄道的交点时就是如此。设点 B 为与黄道的交点，BE 为在地平经圈上的视差。在通过 ABC 两极的圆上作弧 EF。于是在三角形 BEF 中，$\angle EBF$ 已知(前已证明)，$\angle F=90°$，边 BE 也可知。根据球面三角形的定理，其余两边也可求得，即黄经 BF 以及与视差 BE 相应的黄纬 FE。由于 BE、EF 和 FB 都很短，所以与直线相差极小。因此如果把这个直角三角形当成直线三角形，计算将会容易许多，而我们也不会出什么差错。

当月球黄经不为零时，计算要更为困难。重作黄道 ABC，它与过地平圈两极的圆 DB 斜交。设点 B 为月球在经度上的位置，FB 为北黄纬，BE 为南黄纬。从天顶点 D 向月球作地平经圈 DEK 和 DFC，其上有视差 EK 和 FG。月球的黄经和黄纬真位置在 E、F 两点，而视位置将在 K、G 两点。从点 K 和点 G 作弧 KM 和弧 LG 垂直于黄道 ABC。由于月球的黄经、黄纬以及所在区域的纬度均已知，所以在三角形 DEB 中，DB 和 BE 两边以及黄道与地平经圈的交角 ABD 均可知。而$\angle DBE=\angle ABD+$直角

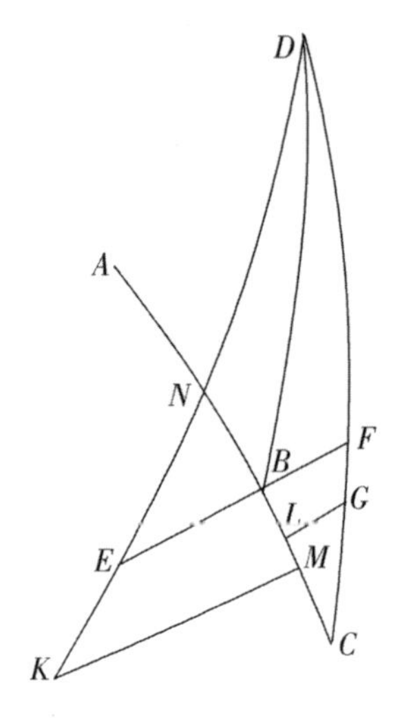

∠*ABE*，所以剩下的边 *DE* 和∠*DEB* 都可求得。

类似地，在三角形 *DBF* 中，由于 *DB* 与 *BF* 两边以及与∠*ABD* 组成一个直角的∠*DBF* 均已知，所以 *DF* 和∠*DFB* 也可求得。因此，*DE*、*DF* 两弧上的视差 *EK* 和 *FG* 可以由表得出，月球的真天顶距 *DE* 或 *DF* 以及视天顶距 *DEK* 或 *DFG* 也可用类似方法求得。

但是在三角形 *EBN*（*DE* 与黄道相交于点 *N*）中，∠*NEB* 已知，∠*NBE* 为直角，于是底边 *BE* 已知，所以剩下的角 *BNE* 以及余下的两边 *BN* 和 *NE* 均可求得。类似地，在三角形 *NKM* 中，由于∠*M*、∠*N* 以及整条边 *KEN* 已知，所以底边 *KM* 即月球的视南纬可以求得，它超过 *EB* 的量为黄纬视差。剩下的边 *NBM* 可知。从 *NBM* 中减去 *NB*，得到的余量 *BM* 即为黄经视差。

类似地，在北面的三角形 *BFC* 中，边 *BF* 与∠*BFC* 已知，∠*B* 为直角，所以剩下的 *BLC*、*FGC* 两边以及剩下的∠*C* 均可知。从 *FGC* 中减去 *FG*，可得三角形 *GLC* 中余下的边 *GC* 以及∠*LCG*，而∠*CLG* 为直角，所以剩下的 *GL*、*LC* 两边可知。*BC* 减去 *LC* 的余量即黄经视差 *BL* 也可求得。视黄纬 *GL* 亦可知，其视差为真黄纬 *BF* 超出 *GL* 的量。

然而正如你所看到的，这种对很小的量进行的计算用功甚多而收效甚微。如果我们用∠*ABD* 来代替∠*DCB*，用∠*DBF* 来代替∠*DEB*，并且像前面那样忽略月球黄纬，而用平均弧 *DB* 来代替弧 *DE* 和弧 *EF*，那么结果已经足够精确了。特别是在北半球地区，这样做不会导致任何明显误差；但是在很靠南的地区，当 *B* 接近天顶，月球黄纬为最大值 5°，月球距离地球最近时，会产生大约 6′的差值。但在食时，月球与太阳相合，月球黄纬不超过 $1\frac{1}{2}°$，差值仅可能有 $1\frac{3}{4}'$。由此显然可知，在黄道的东象限，黄经视差应与月球的真位置相加；而在另一象限，则应从月球真位置中减去黄经视差，才能得到月球的视黄经。我们还可以通过黄纬视差求出月球的视黄纬。如果真黄纬与视差位于黄道同侧，就把它们相加；如果位于黄道的相反两侧，就从较大量中减去较小量，余量即为与较大量位于同一侧的视黄纬。

第二十七章　关于月球视差断言的证实

我们可以通过许多其他的观测(如下例)来证实，前面[Ⅳ，22，24—26]所讲的月球视差与现象是相符的。我于公元1497年3月9日日没之后在博洛尼亚(Bologna)做了一次观测。当时月球正要掩食毕星团中的亮星[毕宿五](罗马人称为“帕利里修姆”[Palilicium])。稍后，我看到这颗星与月轮的暗边相接触，并且在夜晚第五小时[＝午后11点钟]结束时，星光在月球两角之间消失。它靠近了南面的角月球宽度或直径的$\frac{1}{3}$左右。可以算出，它在双子宫内2°36′，南纬$5\frac{1}{6}$°。于是显然，月球中心看起来位于恒星以西半个月球直径处，它的视位置为黄经2°36′[在双子宫内＝2°52′－$\frac{1}{2}$(32′)]，黄纬约5°6′。因此，从基督纪元开始到那时，共历时1497埃及年76日，在博洛尼亚再加23小时，而在偏东近乎8°的克拉科夫则要加23小时36分，均匀时则要加4分，因为太阳位于双鱼宫内$28\frac{1}{2}$°处。于是，月球与太阳的均匀距离为74°，月球的归一化近点角为111°10′，月球的真位置位于双子宫内3°24′，南纬4°35′，黄纬真行度为203°41′。此外，在博洛尼亚，天蝎宫内26°当时正以$57\frac{1}{2}$°的角度升起，月球距天顶84°，地平经圈与黄道的交角约为29°，月球的黄经视差为1°51′，黄纬视差为30′。这些结果与观测符合得相当好，所以任何人都不必怀疑我的假设以及由之所得结论的正确性。

第二十八章　日月的平合与平冲

由前面关于日月运行的论述，可以建立研究它们的合与冲的方法。对于我们认为冲或合即将发生的任何时刻，需要查出月球的均匀行度。如果我们发现均匀行度已经完成了一整圈，那么就有一次合；如果为半圈，那么月球在冲时为满月。但由于这样的精度很少能够遇到，所以我们只好测定日月之间的距离。把这个距离除以月球的周日行度，便可根据行度是有余还是不足，得到自上次朔望以来或到下次朔望之间的时间。然后对这个时间查出行度与位置，并由此计算真的新月和满月。后面我将会说明[Ⅳ，30]，如何把有食发生的合与其他合区分开来。确定了这些以后，便可把它们推广到其他任何月份，并通过十二月份表对若干年连续进行。该表载有分部时刻、日月近点角的均匀行度以及月球黄纬的均匀行度，其中每一个值都与前面得到的个别均匀值有联系。但是我将把太阳近点角归一化形式的值记录下来，以便能够立即得到它的值。由于它在起点即高拱点处运动缓慢，所以在一年甚至几年内都察觉不出它的不均匀性。

第二十九章　日月真合与真冲的研究

在像上面那样求得这些天体的平合或平冲的时间以及它们的行度之后，为了求出它们的真朔望点，还需要知道它们彼此在东面或西面的真距离。如果在平合或平冲时，真月球在太阳西面，则将来显然会出现一次真朔望；而如果太阳在月球西面，则我们所求的真朔望已经出现过了。这一结果可以从两天体的行差看出来，如果没有行差，或者行差相等且性质相同(即都是正的或负的)，则真合或真冲显然与平均朔望在同一时刻出现；而如果行差同号且不等，则它们的差指示出两天体之间的距离，以及具有正

日月合冲表

月份	分部时间				月球近点角行度				月球黄纬行度			
	日	日分	日秒	六十分之日秒	60°	°	′	″	60°	°	′	″
1	29	31	50	9	0	25	49	0	0	30	40	14
2	59	3	40	18	0	51	38	0	1	1	20	28
3	88	35	30	27	1	17	27	1	1	32	0	42
4	118	7	20	36	1	43	16	1	2	2	40	56
5	147	39	10	45	2	9	5	2	2	33	21	10
6	177	11	0	54	2	34	54	2	3	4	1	24
7	206	42	51	3	3	0	43	2	3	34	41	38
8	236	14	41	12	3	26	32	3	4	5	21	52
9	265	46	31	21	3	52	21	3	4	36	2	6
10	295	18	21	30	4	18	10	3	5	6	42	20
11	324	50	11	39	4	43	59	4	5	37	22	34
12	354	22	1	48	5	9	48	4	0	8	2	48
满月与新月之间的半个月												
	14	45	55	$4\frac{1}{2}$	3	12	54	30	3	15	20	7

太阳近点角行度

月份	60°	°	′	″	月份	60°	°	′	″	
1	0	29	6	18		7	3	23	44	7
2	0	58	12	36		8	3	52	50	25
3	1	27	18	54		9	4	21	56	43
4	1	56	25	12		10	4	51	3	1
5	2	25	31	31		11	5	20	9	20
6	2	54	37	49		12	5	49	15	38
半个月										
						$\frac{1}{2}$	0	14	33	9

行差或负行差的天体在另一天体的西边还是东边。但是当行差反号时，具有负行差的天体更偏西，这是因为行差之和给出了天体之间的距离。我将确定月球在多少个完整小时内可以通过这段距离(对每一度距离取 2 小时)。

这样一来，如果两天体之间距离约为 6°，则可以认为这个度数对应着 12 小时。然后在这个时间间隔内求出月球与太阳的真距离。这是容易做到的，因为我们已知月球每 2 小时的平均行度为 1°1′，而在满月与新月附近，月球近点角每小时的真行度约为 50′。在 6 小时内，均匀行度为 3°3′[=3×1°1′]，近点角真行度为 5°[=6×50′]。用这些数，可以由月球行差表[Ⅳ，11 后]查出行差之间的差值。如果近点角在圆周的下半部分，则将差值与平均行度相加；如果在上半部分，则将差值减去。由此得到的和或差即为月球在给定时间内的真行度。如果这个行度等于前面的距离，它就已经足够精确了。否则应把这一距离与估计的小时数相乘，并除以该行度，或者把距离除以每小时的真行度，这样得到的商即为以小时和分钟计的平均合冲与真合冲的真时间差。如果月球位于太阳以西(或者正好与太阳相对)，则把这个时间差与平均合或冲的时间相加；如果月球位于太阳以东，则应减去这一差值。如此便得到了真合或真冲的时刻。

不过我必须承认，太阳的不均匀性也会引起一定数量的增减。但这个量完全可以忽略，因为在整个时间段中，甚至在朔望期间两天体的距离达到最大(超过了 7°)时，它也不到 1′。这种确定朔望月的方法更为可靠。由于月球的行度并不固定，甚至每小时都在变化，所以那些纯粹依靠月球每小时行度(被称为“小时盈余”)进行计算的人有时会出错，于是不得不重复计算。因此，为了求出真合或真冲的时刻，应当确定黄纬真行度以得出月球黄纬，还要确定太阳与春分点的真距离，即太阳在与月球位置所在的黄道宫或与之直径相对的黄道宫中的距离。

由此可以求得相对于克拉科夫经度圈的平均时或均匀时，我们根据前述方法把它化为视时。但如果要对克拉科夫以外的地方测定这些现象，则应考虑那里的经度，并对经度的每一度取 4 分钟，对每一分取 4 秒钟。如果那里偏东，则把这些时间与克拉科夫时间相加；如果偏西，则减去这些时间。得到的和或差即为日月真合或真冲的时刻。

第三十章　如何把食时出现的日月合冲与其他的区分开来

对于月球来说，在朔望时是否出现食是容易确定的，因为如果月球黄纬小于月球直径与地影直径之和的一半，就会出现食；反之则不出现。

然而对于太阳来说，情况却使人困惑，因为它涉及太阳和月球的视差，一般会使视合区别于真合。因此，我们研究真合时太阳与月球的黄经差。类似地，我们在真合前一小时于黄道东面象限内，或者在真合后一小时于黄道西面象限内，测定月球与太阳的视黄经距离，以便求出月球在一小时内看起来远离了太阳多少。用这一小时的行度去除经度差，便可得到真合与视合的时间差。在黄道东部，从真合时间中减去这个时间差，或者在黄道西部加上这个时间差(因为在东部视合早于真合，而在西部视合晚于真合)，得到的结果即为所求的视合时间。在减去太阳视差以后，计算此时月球与太阳视黄纬距离，或者视合时日心与月心之间的距离。如果这一纬度大于日月直径之和的一半，则不会有日食出现；如果这一纬度小于日月直径之和的一半，则会有日食发生。由此可知，如果在真合时月球没有黄经视差，则真合与视合一致。从东边或西边量起，这次合出现在黄道上大约90°处。

第三十一章　日月食的食分

了解到一次日食或月食即将发生之后，我们也很容易知道食分有多大。对于太阳来说，可以取视合时日月之间的视黄纬差。如果把这一纬度从日月直径之和的一半中减去，得到的差即为沿直径测量的太阳被掩食部分。如果把它乘以12，并把乘积除以太阳直径，则得到太阳的食分数。但是如果日月之间没有纬度差，则太阳将出现全食，或者被月球掩食到最大程度。

对于月食，我们可以用近似相同的方法来处理，只是用的不再是视黄纬而是简单黄纬。把该黄纬从月球直径与地影直径之和的一半中减去，如果月球黄纬不比这两个直径之和的一半小一个月球直径，则得到的差值为月球的被食部分；如果月球黄纬比这个和的一半小一个月球直径，则发生的是全食。此外，黄纬越小，月球滞留在地影中的时间就越长。当黄纬为零时，滞留时间达到最大。我相信这一点对于思考这个问题的人来说是显然的。就像我们在解释太阳时一样，对于月偏食来说，把被食部分乘以12，并把乘积除以月球直径，我们就得到了食分数。

第三十二章　预测食延时间

接下来要看看一次食会延续多久。在这方面应当注意的是，我把太阳、月球和地影之间的圆弧都当成了直线来处理，因为它们都小到几乎与直线没有什么差别。

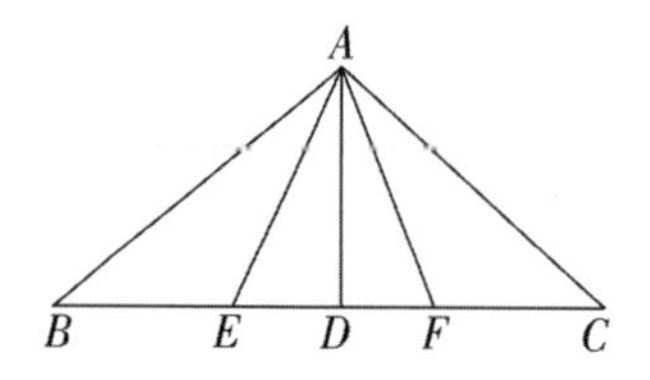

于是设点 A 为太阳或地影的中心，直线 BC 为月球所经过的路径。设点 B 为初亏即月球刚与太阳或地影接触时月球的中心，点 C 为复圆时的月心。连接 AB 与 AC，作 AD 垂直于 BC。于是当月心位于点 D 时，它显然是食中点。AD 是从 A 向 BC 所引线段中最短的。由于 $AB=AC$，所以 $BD=DC$。日食发生时，AB 或 AC 都等于日月直径之和的一半；而月食发生时，它们都等于月球与地影直径之和的一半。AD 为食甚时月球的真黄纬或视黄纬。$(AB)^2-(AD)^2=(BD)^2$，因此 BD 的长度可得。把这个长度除以月食发生时月球的真小时行度，或除以日食发生时月球的视小时行度，我们就得到了食延时间长度的一半。

但月球经常会在地影中间滞留。我已说过[Ⅳ，31]，这种情况出现在月球与地影直径之和的一半超过月球黄纬的量大于月球直径的时候。于是，取点 E 为月球开始完全进入地影时(即月球从内部接触地影圆周时)的月球中心，点 F 为月球开始从地影中显现时(即月球从内部第二次接触地影圆周时)的月球中心。连接 AE 和 AF。和前面一样，ED 与 DF 显然为滞留在地影中的时间的一半。由于 AD 为已知的月球黄纬，AE 或 AF 为地影半径超过月球半径的量，因此可以定出 ED 或 DF。再次把它们中的任何一个除以月球的真小时行度，我们就得到了所要求的滞留在地影中的延续时间之半。

然而应当注意，月球在白道上运行时，它在黄道上截出的黄经弧段并非绝对等于(由通过黄极的圆量出的)白道上的弧段。不过这个差值非常小，在接近日月食的最远极限，即距黄道交点最远的 $12°$ 处，这两个圆上的弧长彼此相差不到 $2'=\frac{1}{15}$小时。因此，我经常用其中的一个来代替另一个，就好像它们是完全一样的。类似地，虽然月球黄纬总在增加或减少，但我对食的极限点和中点也用同一个月球黄纬。由于月球黄纬的增减变化，掩始区与掩终区并非绝对相等，但它们的差异极小，因此花时间更精确地研究它们似乎徒劳无益。通过以上方式，食的时间、食延和食分都已经根据直径求得了。

但许多天文学家认为，掩食区域不应根据直径来确定，而应根据表面来确定，因为被食的不是直线而是表面。因此，设 $ABCD$ 为太阳或地影的圆周，点 E 为其中心。设 $AFCG$ 为月球圆周，点 I 为中心。设这两个圆交于 A、C 两点。过两圆心作直线 $BEIF$。连接 AE、EC、AI 和 IC。作 AKC 垂直于 BF。我们希望由此可以定出被食表面 $ADCG$ 的大小，或偏食时被食部分占太阳或月球整个表面的十二分之几。

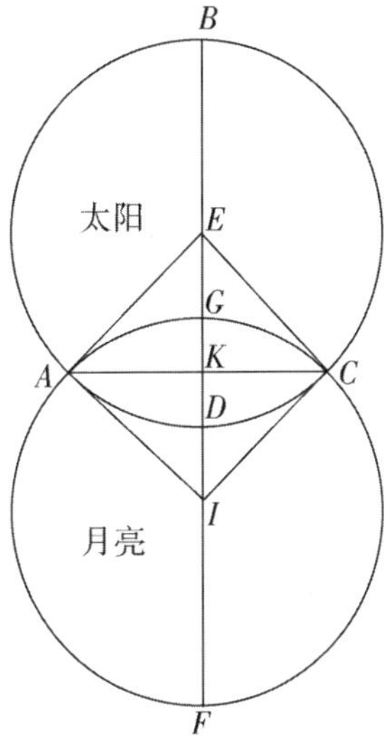

由上所述，两圆半径 AE 和 AI 均已知，两圆

心的距离或月球黄纬 *EI* 也已知，所以三角形 *AEI* 的各边均可求得，根据前面的证明，它的各角也可求得。∠*EIC* 与∠*AEI* 相似且相等。因此，如果取周长＝360°，则弧 *ADC* 与 *AGC* 的度数可以求得。根据叙拉古的阿基米德在其《圆的度量》(*Measurement of the Circle*)中的说法，周长∶直径<$3\frac{1}{7}$∶1，但周长∶直径>$3\frac{10}{71}$∶1。托勒密在这两个值之间取了 $3^{p}8'30''$∶1^{p}。根据这一比值，弧 *AGC* 与 *ADC* 也可用两直径 *AE* 和 *AI* 的单位表出。*EA* 与 *AD* 以及 *IA* 与 *AG* 所包含的面积，分别等于扇形 *AEC* 和 *AIC*。

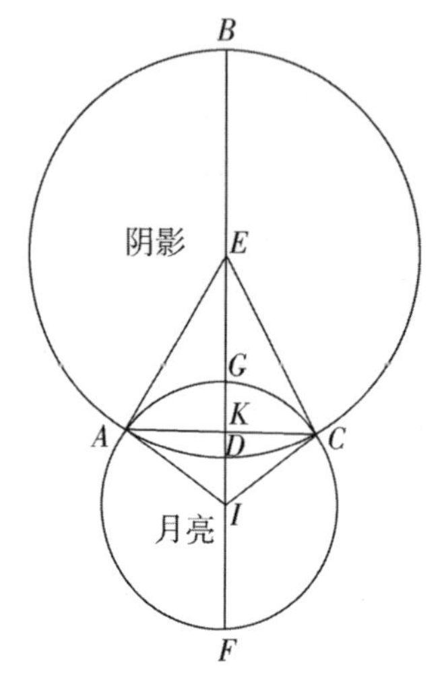

而在等腰三角形 *AEC* 与 *AIC* 中，公共底边 *AKC* 和两条垂线 *EK*、*KI* 已知，因此，*AK*×*KE* 为三角形 *AEC* 的面积，*AK*×*KI* 为三角形 *ACI* 的面积。将两个三角形从其扇形中减去[扇形 *EADC*－三角形 *AEC*，扇形 *AGCI*－三角形 *ACI*]，得到的余量 *AGC* 和 *ACD* 为两个圆的弓形，这两部分之和为所求的整个 *ADCG*。此外，日食发生时由 *BE* 与 *BAD* 或月食发生时由 *FI* 与 *FAG* 所定出的整个圆面积也可求得，于是被食区域 *ADCG* 占据了太阳或月球整个圆面的十二分之几也就很清楚了。

以上关于月球的讨论对于目前来说已经足够了，其他天文学家对此作了更详尽的讨论。我现在要赶紧讨论其他五颗行星的运行，这便是以下两卷的主题。

《天球运行论》第四卷终

第五卷

到现在为止，我已尽我所能讨论了地球绕太阳的运行[第三卷]，以及月球绕地球的运行[第四卷]。现在我来讨论五颗行星的运动。我曾在第一卷中[第九章]一般性地指出，诸行星天球的中心并非在地球附近，而是在太阳附近，由于地球的运动，这些天球的次序和大小和谐一致且精确对称地相互关联着。所以现在我要更清楚地一一证明所有这些论断，以努力履行我的诺言。特别是，我不仅要利用古代的而且也要利用现代的天象观测，以使关于这些运动的理论更加可靠。在柏拉图的《蒂迈欧篇》中，这五颗行星中的每一颗都是按照其特征命名的：土星叫作“费农”(Phaenon)，犹如称它为“明亮”或“可见”，这是因为它看不见的时候要比其他行星少，而且它被太阳遮住之后不久又会重新出现；木星因其光彩夺目而被称为“费顿”(Phaeton)；火星因其火焰般的光辉而被称为“派罗伊斯”(Pyrois)；金星有时被称为“启明星”(Phosphorus)，有时被称为“长庚星”(Hesperus)，即“晨星”或“昏星”，视其在清晨或黄昏出现而定；最后，水星因发出闪烁而微弱的光而被称为“斯蒂尔邦”(Stilbon)。

这些行星在黄经和黄纬上的运行比月球更不规则。

第一章　行星的运转与平均行度①

行星在黄经上显示出两种完全不同的运动。一种是由前面已经说过的地球的运动引起的，另一种则是每颗行星的自行。我们也许可以恰当地把前一种运动称为视差动，因为正是它使得行星显现出留、[继续]顺行和逆行等现象。这些现象之所以可能，并非由于行星向前自行时出了差错，而是由地球运动所产生的一种因行星天球大小而异的视差所引起。

于是显然，只有当土星、木星和火星在日出时升起时，我们才能看到它们的真位置。这发生在它们逆行的中点附近。因为在那个时候，它们落在一条过太阳平位置与地球的直线上，而且不受视差的影响。然而，金星和水星受另一种关系的支配。因为当它们与太阳相合时，它们完全被太阳光掩盖了，而只有处于太阳两侧大距的位置上时，我们才能看到它们。因此，我们决不可能在没有视差的情况下发现它们。

因此，每颗行星都有自己的视差运转(我指的是地球相对于行星的运动)，这种视差运转是行星与地球相互造就的。②

我认为视差运动不是别的，而是地球的均匀运动超过行星的运动(比如土星、木星和火星)，或者地球的运动被行星运动所超过(比如金星和水星)的差值。但由于发现这些视差动周期不均匀，有显著的非规则性，所以古人们认识到，这些行星的运行也是不均匀的，它们的轨道圆具有非均

---

① Ⅴ，1开始处的较早版本：

行星以不同方式沿黄经和黄纬运行，其变化是不均匀的，在其均匀运行的两边都可以观测到。因此阐明行星的平均和均匀运行是值得的，以确定其非均匀变化。然而，要想确定均匀运行，就必须知道运转周期。由运转周期可以推断，一种非均匀性已经回到了与之前状态相似的状态。我在前面对太阳和月球正是这样做的[Ⅲ，13；Ⅳ，3]。

② 原稿中此处删去的段落：

以这种方式结合起来的两个天体的运动显示出了相互关联，它们包含了地球(你也可以说是太阳)的简单运动，因为在整本书中，首先要记住，以通常方式就太阳运动所说的一切都要理解为指地球。

匀性开始出现的拱点，并相信这些拱点在恒星天球上具有永远不变的位置。这种想法为研究行星的平均行度和均匀周期开辟了道路。当他们把某颗行星位于与太阳或某恒星某一精确距离处的位置记录下来，并了解到该行星在一段时间之后到达与太阳相似距离的同一位置时，便认为行星已经经历了全部的非均匀性，并且在一切方面重新回到了它先前与地球的关系。于是凭借这段时间，他们可以计算出完整均匀运转的次数，从而求得行星运行的详细情况。

托勒密[《天文学大成》，Ⅸ，3]是用太阳年来描述这些运转的，他声称自己是从希帕克斯那里得到这些资料的。但他当时把太阳年理解为从一个分点或至点量起的年份，而现在已经很清楚，这样的年份并非完全均匀。有鉴于此，我将采用通过恒星测得的年份，并且用这样的年份更加准确地重新测定了这五颗行星的行度。我发现，这些行度多少有些盈余或不足，情况如下：

在我所谓的视差动中，地球在 59 个太阳年加 1 日、6 日分和大约 48 日秒内，相对土星旋转 57 周。在这段时间里，行星自行运转两周加$1°6'6''$；木星在 71 个太阳年减 5 日、45 日分和 27 日秒内，被地球经过 65 次。在这段时间里，行星自行运转 6 周减 $5°4'1\frac{1}{2}''$；火星在 79 个太阳年加 2 日、27 日分和 3 日秒内，视差运转共 37 次。在这段时间里，行星自行运转 42 周加 $2°24'56''$；金星在 8 个太阳年减 2 日、26 日分和 46 日秒内，经过运转的地球 5 次。在这段时间里，行星绕太阳转动 13 周减 $2°24'40''$；最后，水星在 46 个太阳年加 34 日分和 23 日秒内，赶上地球 145 次。在这段时间里，行星绕太阳转动 191 周加大约 $31'23''$。因此对每颗行星来说，一次视差运转所需的时间为：

土星——378 日5 日分	32 日秒	11 日毫秒
木星——398 日23 日分	2 日秒	56 日毫秒
火星——779 日56 日分	19 日秒	7 日毫秒
金星——583 日55 日分	17 日秒	24 日毫秒

水星——115 日52 日分　42 日秒　12 日毫秒

如果我们把上列数值换算成圆周的度数，乘以 365，再把乘积除以已知的日数和日数的分数，则可得年行度为：

土星——347°　32′　2″　54‴　12⁗
木星——329°　25′　8″　15‴　6⁗
火星——168°　28′　29″　13‴　12⁗
金星——225°　1′　48″　54‴　30⁗
水星——53°　56′　46″　54‴　40⁗(在三次运转之后)

取以上数值的$\frac{1}{365}$，即得日行度为

土星——0°　57′　7″　44‴　0⁗
木星——0°　54′　9″　3‴　49⁗
火星——0°　27′　41″　40‴　8⁗
金星——0°　36′　59″　28‴　35⁗
水星——3°　6′　24″　7‴　43⁗

仿照太阳和月亮的平均行度表[Ⅲ，14 和Ⅳ，4 结尾]，可以作出以下行星行度表。但我想没有必要也用这种方式把行星的自行列成表，因为把表中行度从太阳的平均行度中减去，便可得到行星的自行。正如我[在Ⅴ，1 中]所说，行星的自行是太阳平均行度的一部分。然而，如果有人不满足于这种安排，他可以按照自己的意愿制定其他表格。以下行星相对于恒星天球的年自行度为：

土星——12°　12′　46″　12‴　52⁗
木星——30°　19′　40″　51‴　58⁗
火星——191°　16′　19″　53‴　52⁗

但对于金星和水星，由于看不到它们的年自行度，所以我们使用太阳的行度，并提出一种测定和显示这两颗行星视运动的方法。情况如下表。

木星在60年周期内逐年的视差动

基督纪元 205°49′

埃及年	黄经					埃及年	黄经				
	60°	°	′	″	‴		60°	°	′	″	‴
1	5	47	32	3	9	31	5	33	33	37	59
2	5	35	4	6	19	32	5	21	5	41	9
3	5	22	36	9	29	33	5	8	37	44	19
4	5	10	8	12	38	34	4	56	9	47	28
5	4	57	40	15	48	35	4	43	41	50	38
6	4	45	12	18	58	36	4	31	13	53	48
7	4	32	44	22	7	37	4	18	45	56	57
8	4	20	16	25	17	38	4	6	18	0	7
9	4	7	48	28	27	39	3	53	50	3	17
10	3	55	20	31	36	40	3	41	22	6	26
11	3	42	52	34	46	41	3	28	54	9	36
12	3	30	24	37	56	42	3	16	26	12	46
13	3	17	56	41	5	43	3	3	58	15	55
14	3	5	28	44	15	44	2	51	30	19	5
15	2	53	0	47	25	45	2	39	2	22	15
16	2	40	32	50	34	46	2	26	34	25	24
17	2	28	4	53	44	47	2	14	6	28	34
18	2	15	36	56	54	48	2	1	38	31	44
19	2	3	9	0	3	49	1	49	10	34	53
20	1	50	41	3	13	50	1	36	42	38	3
21	1	38	13	6	23	51	1	24	14	41	13
22	1	25	45	9	32	52	1	11	46	44	22
23	1	13	17	12	42	53	0	59	18	47	32
24	1	0	49	15	52	54	0	46	50	50	42
25	0	48	21	19	1	55	0	34	22	53	51
26	0	35	53	22	11	56	0	21	54	57	1
27	0	23	25	25	21	57	0	9	27	0	11
28	0	10	57	28	30	58	5	56	59	3	20
29	5	58	29	31	40	59	5	44	31	6	30
30	5	46	1	34	50	60	5	32	3	9	40

木星在 60 日周期内逐日和日分数的视差动											
日	行度					日	行度				
	60°	°	′	″	‴		60°	°	′	″	‴
1	0	0	57	7	44	31	0	29	30	59	46
2	0	1	54	15	28	32	0	30	28	7	30
3	0	2	51	23	12	33	0	31	25	15	14
4	0	3	48	30	56	34	0	32	22	22	58
5	0	4	45	38	40	35	0	33	19	30	42
6	0	5	42	46	24	36	0	34	16	38	26
7	0	6	39	54	8	37	0	35	13	46	1
8	0	7	37	1	52	38	0	36	10	53	55
9	0	8	34	9	36	39	0	37	8	1	39
10	0	9	31	17	20	40	0	38	5	9	23
11	0	10	28	25	4	41	0	39	2	17	7
12	0	11	25	32	49	42	0	39	59	24	51
13	0	12	22	40	33	43	0	40	56	32	35
14	0	13	19	48	17	44	0	41	53	40	19
15	0	14	16	56	1	45	0	42	50	48	3
16	0	15	14	3	45	46	0	43	47	55	47
17	0	16	11	11	29	47	0	44	45	3	31
18	0	17	8	19	13	48	0	45	42	11	16
19	0	18	5	26	57	49	0	46	39	19	0
20	0	19	2	34	41	50	0	47	36	26	44
21	0	19	59	42	25	51	0	48	33	34	28
22	0	20	56	50	9	52	0	49	30	42	12
23	0	21	53	57	53	53	0	50	27	49	56
24	0	22	51	5	38	54	0	51	24	57	40
25	0	23	48	13	22	55	0	52	22	5	24
26	0	24	45	21	6	56	0	53	19	13	8
27	0	25	42	28	50	57	0	54	16	20	52
28	0	26	39	36	34	58	0	55	13	28	36
29	0	27	36	44	18	59	0	56	10	36	20
30	0	28	33	52	2	60	0	57	7	44	5

土星在60年周期内逐年的视差动											
								基督纪元98°16′			
埃及年	行度					埃及年	行度				
	60°	°	′	″	‴		60°	°	′	″	‴
1	5	29	25	8	15	31	2	11	59	15	48
2	4	58	50	16	30	32	1	41	24	24	3
3	4	28	15	24	45	33	1	10	49	32	18
4	3	57	40	33	0	34	0	40	14	40	33
5	3	27	5	41	15	35	0	9	39	48	48
6	2	56	30	49	30	36	5	39	4	57	33
7	2	25	55	57	45	37	5	8	30	5	18
8	1	55	21	6	0	38	4	37	55	13	33
9	1	24	46	14	15	39	4	7	20	21	48
10	0	54	11	22	31	40	3	36	45	30	4
11	0	23	36	30	46	41	3	6	10	38	19
12	5	53	1	39	1	42	2	35	35	46	34
13	5	22	26	47	16	43	2	5	0	54	49
14	4	51	51	55	31	44	1	34	26	3	4
15	4	21	17	3	46	45	1	3	51	11	19
16	3	50	42	12	1	46	0	33	16	19	34
17	3	20	7	20	16	47	0	2	41	27	49
18	2	49	32	28	31	48	5	32	5	36	4
19	2	18	57	36	46	49	5	1	31	44	19
20	1	48	22	45	2	50	4	30	56	52	34
21	1	17	47	53	17	51	4	0	22	0	50
22	0	47	13	1	32	52	3	29	47	9	5
23	6	16	38	9	47	53	2	59	12	17	20
24	5	46	3	18	2	54	2	28	37	25	35
25	5	15	28	26	17	55	1	58	9	33	50
26	4	44	53	34	32	56	1	27	27	42	5
27	4	14	18	42	47	57	0	56	52	50	20
28	3	43	43	51	2	58	0	26	17	58	35
29	3	13	8	59	17	59	5	55	43	6	50
30	2	42	34	7	33	60	5	25	8	15	6

土星在60日周期内逐日和日分数的视差动

日	行度					日	行度				
	60°	°	′	″	‴		60°	°	′	″	‴
1	0	0	54	9	3	31	0	27	58	40	58
2	0	1	48	18	7	32	0	28	52	50	2
3	0	2	42	27	11	33	0	29	46	59	5
4	0	3	36	36	15	34	0	30	41	8	9
5	0	4	30	45	19	35	0	31	35	17	13
6	0	5	24	54	22	36	0	32	29	26	17
7	0	6	19	3	26	37	0	33	23	35	21
8	0	7	13	12	30	38	0	34	17	44	35
9	0	8	7	21	34	39	0	35	11	53	29
10	0	9	1	30	38	40	0	36	6	2	32
11	0	9	55	39	41	41	0	37	0	11	36
12	0	10	49	48	45	42	0	37	54	20	40
13	0	11	43	57	49	43	0	38	48	29	44
14	0	12	38	6	53	44	0	39	42	38	47
15	0	13	32	15	57	45	0	40	36	47	51
16	0	14	26	25	1	46	0	41	30	56	55
17	0	15	20	34	4	47	0	42	25	5	59
18	0	16	14	43	8	48	0	43	19	15	3
19	0	17	8	52	12	49	0	44	13	24	6
20	0	18	3	1	16	50	0	45	7	33	10
21	0	18	57	10	20	51	0	46	1	42	14
22	0	19	51	19	23	52	0	46	55	51	18
23	0	20	45	28	27	53	0	47	50	0	22
24	0	21	39	37	31	54	0	48	44	9	26
25	0	22	33	46	35	55	0	49	38	18	29
26	0	23	27	55	39	56	0	50	32	27	33
27	0	24	22	4	43	57	0	51	26	36	37
28	0	25	16	13	46	58	0	52	20	45	41
29	0	26	10	22	50	59	0	53	14	54	45
30	0	27	4	31	54	60	0	54	9	3	49

火星在60年周期内逐年的视差动

基督纪元 238°22′

埃及年	行度					埃及年	行度				
	60°	°	′	″	‴		60°	°	′	″	‴
1	2	48	28	30	36	31	3	2	43	48	38
2	5	36	57	1	12	32	5	51	12	19	14
3	2	25	25	31	48	33	2	39	40	49	50
4	5	13	54	2	24	34	5	28	9	20	26
5	2	2	22	33	0	35	2	16	37	51	2
6	4	50	51	3	36	36	5	5	6	21	38
7	1	39	19	34	12	37	1	53	34	52	14
8	4	27	48	4	48	38	4	42	3	22	50
9	1	16	16	35	24	39	1	30	31	53	26
10	4	4	45	6	0	40	4	19	0	24	2
11	0	53	13	36	36	41	1	7	28	54	38
12	3	41	42	7	12	42	3	55	57	25	14
13	0	30	10	37	48	43	0	44	25	55	50
14	3	18	39	8	24	44	3	32	54	26	26
15	0	7	7	39	1	45	0	21	22	57	3
16	2	55	36	9	37	46	3	9	51	27	39
17	5	44	4	40	13	47	5	58	19	58	15
18	2	32	33	10	49	48	2	46	48	28	51
19	5	21	1	41	25	49	5	35	16	59	27
20	2	9	30	12	1	50	2	23	45	30	3
21	4	57	58	42	37	51	5	12	14	0	39
22	1	46	27	13	13	52	2	0	42	31	15
23	4	34	55	43	49	53	4	49	11	1	51
24	1	23	24	14	25	54	1	37	39	32	27
25	4	11	52	45	1	55	4	26	8	3	3
26	1	0	21	15	37	56	1	14	36	33	39
27	3	48	49	46	13	57	4	9	5	4	15
28	0	37	18	16	49	58	0	51	33	34	51
29	3	25	46	47	25	59	3	40	2	5	27
30	0	14	15	18	2	60	0	28	30	36	4

火星在60日周期内逐日和日分数的视差动											
日	行度					日	行度				
	60°	°	′	″	‴		60°	°	′	″	‴
1	0	0	27	41	40	31	0	14	18	31	51
2	0	0	55	23	20	32	0	14	46	13	31
3	0	1	23	5	1	33	0	15	14	55	12
4	0	1	50	46	41	34	0	15	41	36	52
5	0	2	18	28	21	35	0	16	9	18	32
6	0	2	46	10	2	36	0	16	37	0	13
7	0	3	13	51	42	37	0	17	4	41	53
8	0	3	41	33	22	38	0	17	32	23	33
9	0	4	9	15	3	39	0	18	0	5	14
10	0	4	36	56	43	40	0	18	27	46	54
11	0	5	4	38	24	41	0	18	55	28	35
12	0	5	32	20	4	42	0	19	23	10	15
13	0	6	0	1	44	43	0	19	50	51	55
14	0	6	27	43	25	44	0	20	18	33	36
15	0	6	55	25	5	45	0	20	46	15	16
16	0	7	23	6	45	46	0	21	13	56	56
17	0	7	50	48	26	47	0	21	41	38	37
18	0	8	18	30	6	48	0	22	9	20	17
19	0	8	46	11	47	49	0	22	37	1	57
20	0	9	13	53	27	50	0	23	4	43	38
21	0	9	41	35	7	51	0	23	32	25	18
22	0	10	9	16	48	52	0	24	0	6	59
23	0	10	36	58	28	53	0	24	27	48	39
24	0	11	4	40	8	54	0	24	55	30	19
25	0	11	32	21	49	55	0	25	23	12	0
26	0	12	0	3	29	56	0	25	50	53	40
27	0	12	27	45	9	57	0	26	18	35	20
28	0	12	55	26	49	58	0	26	46	17	1
29	0	13	23	8	30	59	0	27	13	58	41
30	0	13	50	50	11	60	0	27	41	40	22

金星在60年周期内逐年的视差动											
								基督纪元126°45′			
埃及年	行度					埃及年	行度				
	60°	°	′	″	‴		60°	°	′	″	‴
1	3	45	1	45	3	31	2	15	54	16	53
2	1	30	3	30	7	32	0	0	56	1	57
3	5	15	5	15	11	33	3	45	57	47	1
4	3	0	7	0	14	34	1	30	59	32	4
5	0	45	8	45	18	35	5	16	1	17	8
6	4	30	10	30	22	36	3	1	3	2	12
7	2	15	12	15	25	37	0	46	4	47	15
8	0	0	14	0	29	38	4	31	6	32	19
9	3	45	15	45	33	39	2	16	8	17	23
10	1	30	17	30	36	40	0	1	10	2	26
11	5	15	19	15	40	41	3	46	11	47	30
12	3	0	21	0	44	42	1	31	13	32	34
13	0	45	22	45	47	43	5	16	15	17	37
14	4	30	24	30	51	44	3	1	17	2	41
15	2	15	26	15	55	45	0	46	18	47	45
16	0	0	28	0	58	46	4	31	20	32	48
17	3	45	29	46	2	47	2	16	22	17	52
18	1	30	31	31	6	48	0	1	24	2	56
19	5	15	33	16	9	49	3	46	25	47	59
20	3	0	35	1	13	50	1	31	27	33	3
21	0	45	36	46	17	51	5	16	29	18	7
22	4	30	38	31	20	52	3	1	31	3	10
23	2	15	40	16	24	53	0	46	32	48	14
24	0	0	42	1	28	54	4	31	34	33	18
25	3	45	43	46	31	55	2	16	36	18	21
26	1	30	45	31	35	56	0	1	38	3	25
27	5	15	47	16	39	57	3	46	39	48	29
28	3	0	49	1	42	58	1	31	41	33	32
29	0	45	50	46	46	59	5	16	43	18	36
30	4	30	52	31	50	60	3	1	45	3	40

金星在60日周期内逐日和日分数的视差动

日	行度					日	行度				
	60°	°	′	″	‴		60°	°	′	″	‴
1	0	0	36	59	28	31	0	19	6	43	46
2	0	1	13	58	57	32	0	19	43	43	14
3	0	1	50	58	25	33	0	20	20	42	43
4	0	2	27	57	54	34	0	20	57	42	11
5	0	3	4	57	22	35	0	21	34	41	40
6	0	3	41	56	51	36	0	22	11	41	9
7	0	4	18	56	20	37	0	22	48	40	37
8	0	4	55	55	48	38	0	23	25	40	6
9	0	5	32	55	17	39	0	24	2	39	34
10	0	6	9	54	45	40	0	24	39	39	3
11	0	6	46	54	14	41	0	25	16	38	31
12	0	7	23	53	43	42	0	25	53	38	0
13	0	8	0	53	11	43	0	26	30	37	29
14	0	8	37	52	40	44	0	27	7	36	57
15	0	9	14	52	8	45	0	27	44	36	26
16	0	9	51	51	37	46	0	28	21	35	54
17	0	10	28	51	5	47	0	28	58	35	23
18	0	11	5	50	34	48	0	29	35	34	52
19	0	11	42	50	2	49	0	30	12	34	20
20	0	12	19	49	31	50	0	30	49	33	49
21	0	12	56	48	59	51	0	31	26	33	17
22	0	13	33	48	28	52	0	32	3	32	46
23	0	14	10	47	57	53	0	32	40	32	14
24	0	14	47	47	26	54	0	33	17	31	43
25	0	15	24	46	54	55	0	33	54	31	12
26	0	16	1	46	23	56	0	34	31	30	40
27	0	16	38	45	51	57	0	35	8	30	9
28	0	17	15	45	20	58	0	35	45	29	37
29	0	17	52	44	48	59	0	36	22	29	6
30	0	18	29	44	17	60	0	36	59	28	35

水星在60年周期内逐年的视差动											
基督纪元 46°24′											
埃及年	行度					埃及年	行度				
	60°	°	′	″	‴		60°	°	′	″	‴
1	0	53	57	23	6	31	3	52	38	56	21
2	1	47	54	46	13	32	4	46	36	19	28
3	2	41	52	9	19	33	5	40	33	42	34
4	3	35	49	32	26	34	0	34	31	5	41
5	4	29	46	55	32	35	1	28	28	28	47
6	5	23	44	18	39	36	2	22	25	51	54
7	0	17	41	41	45	37	3	16	23	15	0
8	1	11	39	4	52	38	4	10	20	38	7
9	2	5	36	27	58	39	5	4	18	1	13
10	2	59	33	51	5	40	5	58	15	24	20
11	3	53	31	14	11	41	0	52	12	47	26
12	4	47	28	37	18	42	1	46	10	10	33
13	5	41	26	0	24	43	2	40	7	33	39
14	0	35	23	23	31	44	3	34	4	56	46
15	1	29	20	46	37	45	4	28	2	19	52
16	2	23	18	9	44	46	5	21	59	42	59
17	3	17	15	32	50	47	0	15	57	6	5
18	4	11	12	55	57	48	1	9	54	29	12
19	5	5	10	19	3	49	2	3	51	52	18
20	5	59	7	42	10	50	2	57	49	15	25
21	0	53	5	5	16	51	3	51	46	38	31
22	1	47	2	28	23	52	4	45	44	1	38
23	2	40	59	51	29	53	5	39	41	24	44
24	3	34	57	14	36	54	0	33	38	47	51
25	4	28	54	37	42	55	1	27	36	10	57
26	5	22	52	0	49	56	2	21	33	34	4
27	0	16	49	23	55	57	3	15	30	57	10
28	1	10	46	47	2	58	5	9	28	20	17
29	2	4	44	10	8	59	5	3	25	43	23
30	2	58	41	33	15	60	5	57	79	6	30

水星在60日周期内逐日和日分数的视差动											
日	行度					日	行度				
	60°	°	′	″	‴		60°	°	′	″	‴
1	0	3	6	24	13	31	1	36	18	31	3
2	0	6	12	48	27	32	1	39	24	55	17
3	0	9	19	12	41	33	1	42	31	19	31
4	0	12	25	36	54	34	1	45	37	43	44
5	0	15	32	1	8	35	1	48	44	7	58
6	0	18	38	25	22	36	1	51	50	32	12
7	0	21	44	49	35	37	1	54	56	56	25
8	0	24	51	13	49	38	1	58	3	20	39
9	0	27	57	38	3	39	2	1	9	44	53
10	0	31	4	2	16	40	2	4	16	9	6
11	0	34	10	26	30	41	2	7	22	33	20
12	0	37	16	50	44	42	2	10	28	57	34
13	0	40	23	14	57	43	2	13	35	21	47
14	0	43	29	39	11	44	2	16	41	46	1
15	0	46	36	3	25	45	2	19	48	10	15
16	0	49	42	27	38	46	2	22	54	34	28
17	0	52	48	51	52	47	2	26	0	58	42
18	0	55	55	16	6	48	2	29	7	22	56
19	0	59	1	40	19	49	2	32	13	47	9
20	1	2	8	4	33	50	2	35	20	11	23
21	1	5	14	28	47	51	2	38	26	35	37
22	1	8	20	53	0	52	2	41	32	59	50
23	1	11	27	17	14	53	2	44	39	24	4
24	1	14	33	41	28	54	2	47	45	48	18
25	1	17	40	5	41	55	2	50	52	12	31
26	1	20	46	29	55	56	2	53	58	36	45
27	1	23	52	54	9	57	2	57	5	0	59
28	1	26	59	18	22	58	3	0	11	25	12
29	1	30	5	42	36	59	3	3	17	49	26
30	1	33	12	6	50	60	3	6	24	13	40

第二章　古人的理论对行星的均匀行度与视行度的解释

以上就是行星的平均行度。现在我们讨论它们的非均匀视行度。认为地球静止的古代天文学家们[例如托勒密，《天文学大成》，Ⅸ，5]想象土星、木星、火星与金星都各有一个偏心本轮和一个偏心圆，本轮相对于该偏心圆均匀运动，而行星又在本轮上均匀运动。

于是，设 AB 为偏心圆，中心为点 C。又设 ACB 为其直径，在这条直线上有地球中心 D，点 A 为远地点，点 B 为近地点。设点 E 平分 DC。以 E 为圆心作第二个偏心圆 FG 与第一偏心圆[AB]相等。设点 H 为 FG 上任意一点，以 H 为圆心作本轮 IK。过 IK 的中心作直线 $IHKC$ 和 $LHME$。根据行星的黄纬，应当认为这两个偏心圆相对于黄道面是倾斜的，本轮相对于偏心圆平面也是倾斜的。但为了简化解释，这里设所有这些圆都处于同一平面内。根据古代天文学家的说法，这整个平面连同点 E 和点 C 一起，都随着恒星一起围绕黄道中心 D 旋转。通过这种安排，他们希望将其理解为，这些点在恒星天球上都有固定不变的位置。虽然本轮在圆 FHG 上朝东运动，但可由直线 IHC 调节。相对于该直线，行星在本轮 IK 上也在均匀运转。

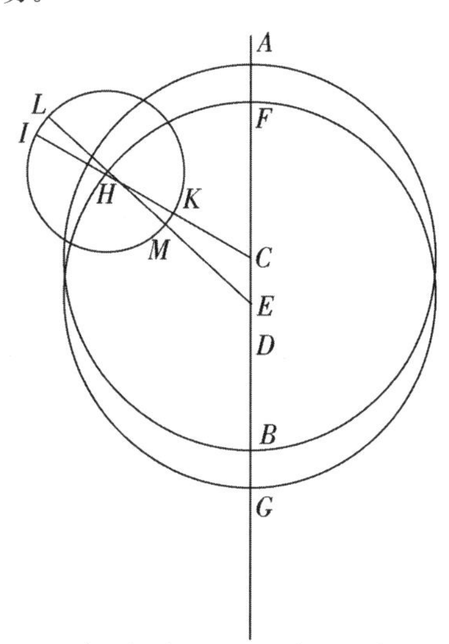

然而，本轮上的运动相对于均轮中心 E 显然应当是均匀的，而行星的运转相对于直线 LME 应当是均匀的。因此他们承认，圆周运动相对于一个并非其自身中心的另外的中心而言也可以是均匀的，这个概念是西塞罗著作中的西庇阿(Scipio)所难以想象的。现在，水星的情况也是一样，甚或更加如此。但是(在我看来)，我已经结合月亮的情况充分驳斥了这种想法[Ⅳ，2]。这类情况使我有机会思考地球的运动以及如何保持均匀运动的其他方式和科学原理，并使视不均匀运动的计算更经得起考验。

第三章　由地球运动引起的视不均匀性的一般解释

为什么行星的均匀运动会显得不均匀，这有两个原因：地球的运动以及行星本身的运动。我将对每种非均匀性给出一般性的说明，并分别用视觉的证据来阐明它们，以将其更好地彼此区分开来。我先从它们都含有的那种由地球的运动引起的非均匀性讲起，并从被包含在地球轨道圆之内的金星和水星开始。

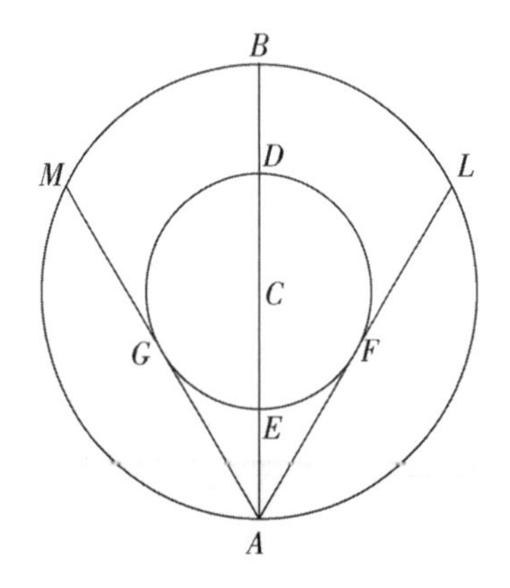

设地心在前面所述的[Ⅲ，15]周年运转中描出圆 AB，它对太阳是偏心的。设 AB 的中心为点 C。现在让我们假定，行星除与 AB 同心之外没有其他的不规则性。设金星或水星的同心圆为 DE。由于它们的黄纬不等于零，所以圆 DE 必定倾斜于圆 AB。但为了解释的方便，可以设想它们在同一平面内。将地球置于点 A，从这里作视线 AFL 和 AGM，并与行星的轨道圆相切于点 F 和点 G。设 ACB 为两圆的公共直径。

假定地球和行星这两个天体都沿同一方向即朝东运动，但行星比地球要快。于是在一个随 A 行进的观测者看来，点 C 和直线 ACB 是以太阳的平均行度运动的。而在圆 DFG(它被想象为一个本轮)上，行星朝东经过弧 FDG 的时间，要比朝西经过剩余弧段 GEF 的时间更长。在弧 FDG 上，它将给太阳的平均行度加上整个角度 FAG，而在弧 GEF 上则要减去同一角度。因此，在行星的相减行度超过点 C 的相加行度的地方，尤其是在近地点 E 附近，对于 A 点的观测者来说，它似乎在逆行，其程度视超过量的大小而定，正如这些行星发生的情形那样。后面我们会讲到[V，35]，根据佩尔加(Perga)的阿波罗尼奥斯(Apollonius)的定理，在这些情形中，线段 CE 与线段 AE 之比应当大于 A 的行度与行星的行度之比。而当相加行度等于相减行度(相互抵消)时，行星看上去将是静止不动的。所有这些情况都与现象相一致。

因此，如果像阿波罗尼奥斯所认为的那样，行星的运动中没有其他不均匀性，那么这些论述就已经足够了。但是，这些行星在清晨和傍晚与太阳平位置的最大距角(如$\angle FAE$ 和$\angle GAE$ 所示)并非到处相等。这两个最大距角既非彼此相等，也不是两者之和彼此相等。其推论是显然的：行星并不在与地球(公转轨道)圆同心的圆周上运动，而是沿着另外的圆运动，这便产生了第二种不均匀性。

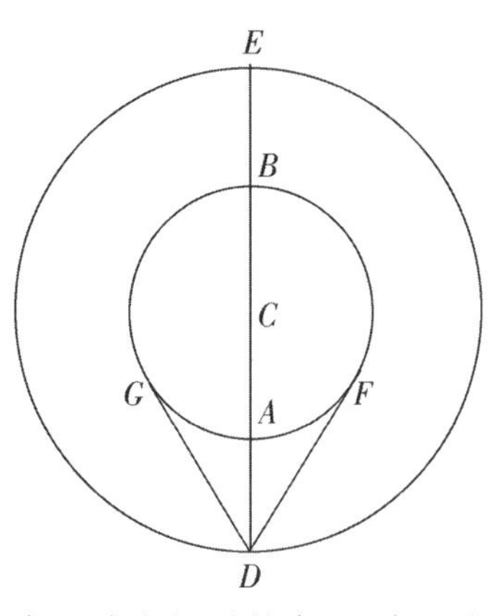

对于土星、木星和火星这三颗外行星来说，也可证明有同一结论。重新绘制上图中的地球轨道。设 DE 为同一平面上在它之外与之同心的圆，取行星位于 DE 上任一点 D，从它作直线 DF 和 DG 与地球的轨道圆相切于点 F 和点 G，并从点 D 作两圆的公共直径 $DACBE$。当行星在日落时升起并且最靠近地球时，它在太阳的行度线 DE 上的真位置将是明显可见的(仅对 A 处的观测者而言)。而当地球在相对的点 B 时，虽然行星在同一条线上，我们也看不到它，因为太阳靠近点 C 而把它掩盖住了。但是由于地球的运动超过了行星的运动，所以在整个远地弧 GBF 上，它似乎会将整个$\angle GDF$ 加到行星的运动上，而在较短时间内在剩余的较小弧段 FAG 上则是减去这个角。在地球的相减行度超过了行星的相加行度的地方(特别在 A 点附近)，行星就好像被地球抛在后面而向西运动，并且在观测者看到这两种相反行度相差最小的地方停住不动。

于是，所有这些视运动——古代天文学家试图通过每颗行星都有一个本轮来解释——皆由地球的运动所引起，这再一次被表明。然而和阿波罗尼奥斯和古代人的观点相反，行星的运动并不是均匀的，这可由地球相对于行星的不规则运转而看出。因此，行星并不在同心圆上运动，而是以其他方式运动。这一点我也将在后面解释。

第四章　为什么行星的自行看起来不均匀？

行星在经度上的自行几乎具有相同的模式，只有水星是例外，它看上去与其他行星不同。因此可把那四颗行星合在一起讨论，水星则分开来讲。正如前面已经谈到的那样[Ⅴ，2]，古人以两个偏心圆为基础来讨论一个单独的运动，而我却认为视不均匀性由两个均匀运动复合而成：可能是两个偏心圆，或者是两个本轮，或者是一个混合的偏心本轮。正如我前面对太阳和月亮所证明的那样[Ⅲ，20；Ⅳ，3]，它们都能产生相同的不均匀性。

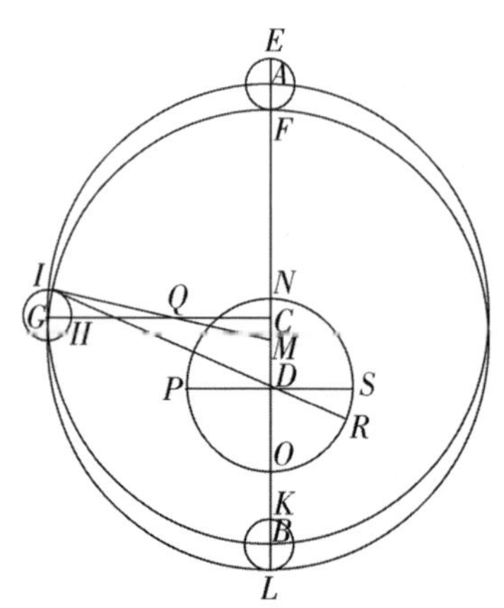

于是，设 AB 是一个偏心圆，其中心为点 C。设过行星高低拱点的直径为 ACB，它是太阳平位置所在的直线。设 ACB 上的点 D 为地球轨道圆的中心。以高拱点 A 为中心，CD 距离的 $\frac{1}{3}$ 为半径作小本轮 EF，设行星位于它的近地点 F。设该小本轮沿着偏心圆 AB 朝东运动，行星在小本轮的上半周也朝东运动，但在小本轮圆周的其余部分则朝西运动。设小本轮与行星的运转周期相等。于是，当小本轮位于偏心圆的高拱点，而行星位于小本轮的近地点，而且二者均已各自转了半周时，它们彼此的关系转换了。但在高低拱点之间的两个方照上，本轮和行星各自位于中拱点上。只有在前一种情况下[在高低拱点处]，小本轮的直径才在直线 AB 上；而在高低拱点之间的中点上，小本轮的直径将垂直于 AB；

在其他地方则总是接近或远离 AB，不断摇摆。所有这些现象都很容易从运动的序列来理解。

于是还要证明，由于这种复合运动，行星并不是描出一个正圆。这种与正圆的偏离是和古代天文学家的想法相一致的，但它们的差别小到几乎无法察觉。重新作一个同样的小本轮，设它为 KL，圆心为 B。取 AG 为偏心圆的一个象限，以 G 为中心作小本轮 HI。将 CD 三等分，设 $\frac{1}{3}CD=CM=GI$。连接 GC 与 IM，二者相交于点 Q。因此，根据假设，弧 AG 相似于弧 HI，$\angle ACG=90°$，所以 $\angle HGI=90°$。而对顶角 $\angle IGQ=\angle MQC$，所以三角形 GIQ 和三角形 QCM 的对应角均相等。而根据假设，底边 $GI=$ 底边 CM，所以它们的对应边也相等。而 $QI>GQ$，$QM>QC$，所以 $IQM>GQC$。但是 $FM=ML=AC=CG$，所以以 M 为圆心过 F 和 L 两点所作的圆与圆 AB 相等，并与直线 IM 相交。在与 AG 相对的另一个象限中，可用同样方式加以论证。因此，小本轮在偏心圆上的均匀运动以及行星在本轮上的均匀运动，使行星描出的圆不是一个正圆，但却近乎正圆。证毕。

现在以 D 为圆心作地球的周年轨道圆 NO。作直线 IDR，以及 PDS 平行于 CG。于是，IDR 为行星的真行度线，而 GC 为其平均的均匀行度线。地球在 R 点时，位于与行星真的最大距离处，而在 S 点时，处在平均最大距离处。因此，$\angle RDS$ 或 IDP 是均匀行度与视行度之差，即 $\angle ACG$ 与 $\angle CDI$ 之差。又假设我们不用偏心圆 AB，而取一个以 D 为圆心的与它相等的同心圆作为半径等于 CD 的小本轮之均轮。在这第一个小本轮上还应有第二个小本轮，其直径等于半个 CD。设第一个本轮朝东运动，而第二个本轮以相等速度朝相反方向运动。最后，设行星在第二个本轮上以两倍速度运行。这就会得出与上面所述相同的结果。这些结果与月亮的现象相差不大，甚至与根据前面提到的任何一种安排所得出的现象都没有很大差别。

但是我在这里选择了一个偏心本轮。虽然太阳与 C 之间的距离总是保持不变，但 D 却会有位移，这在讨论太阳现象时已经说明[Ⅲ，20]。但其他行星并没有同等地伴随着这种位移，因此它们一定会有某种不规则性。我们将在后面适当的地方[Ⅴ，16，22]谈到，尽管这种不规则性非常微小，但对于火星与金星来说还是可以察觉的。

因此，我现在要用观测来证明，这些假设能够满足解释现象的要求。我首先要对土星、木星和火星作出证明，对于它们来说，最主要和最艰巨的任务是求得远地点的位置和距离 CD，因为其他数值都很容易由它们求出。对于这三颗行星，我使用的方法实际上与以前对月亮所作的处理相同[Ⅳ，5]，即把古代的三次冲与现代相同数目的冲进行比较。希腊人把这种现象称为"日没星出"，而我们则称之为"夜终"(出没)。在那些时候，行星与太阳相冲，并与太阳平均行度线相交。行星于此处摆脱了地球运动带给它的所有不规则性。正如我们前面已经说明的[Ⅱ，14]，这些位置可以通过星盘的观测获得，也可以对太阳进行计算，直到行星明显到达冲日位置为止。

第五章　土星运动的推导

让我们首先从托勒密曾经观测到的土星的三次冲[《天文学大成，Ⅺ，5》]开始谈起。第一次出现在哈德良 11 年埃及历 9 月 7 日的夜间 1 时。归化到距亚历山大港 1 小时的克拉科夫子午圈上，这是公元 127 年 3 月 26 日午夜后 17 均匀小时。我们把所有这些数值都归化到恒星天球上，并把它当作均匀运动的基准。行星在恒星天球上的位置约为 174°40′，其原因是，那时太阳依其简单行度在 354°40′[－180°＝174°40′]与土星相对(取白羊宫之角为零点)。

第二次冲发生在哈德良 17 年埃及历 11 月 18 日，即公元 133 年罗马历 6 月 3 日午夜后 15 均匀小时。托勒密发现行星位于 243°3′，而此时太阳按其平均行度是在 63°3′[＋180°＝243°3′]。

他报告的第三次冲发生在哈德良20年埃及历12月24日。同样归化到克拉科夫子午圈，是在公元136年7月8日午夜后11小时。这时行星在277°37′，而太阳依其平均行度是在97°37′[+180°=277°37′]。

因此，第一时段共有6年70日55日分，在此期间行星的视行度为68°23′[=243°3′−174°40′]，地球相对于行星的平均行度即视差动为352°44′。于是把一个圆周所缺的7°16′加上，即得行星的平均行度为75°39′[=7°16′+68°23′]。第二时段有3埃及年35日50日分，在此期间行星的视行度为34°34′[=277°37′−243°3′]，而视差动为356°43′。将一个圆周所余的3°17′[=360°−356°43′]加上，即得行星的平均行度为37°51′[=3°17′+34°34′]。

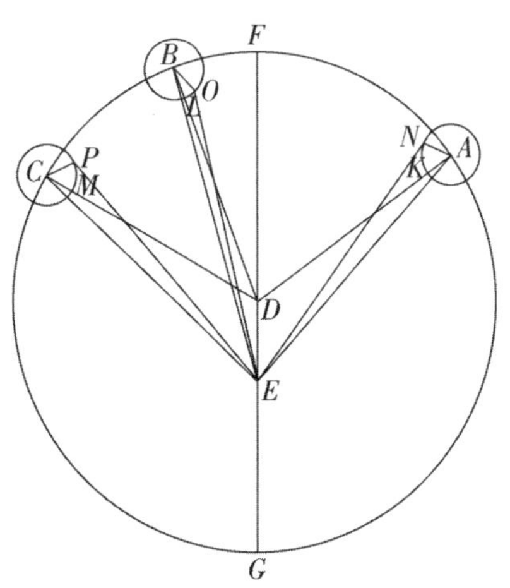

回顾了这些数据之后，以点 D 为圆心作行星的偏心圆 ABC，直径为 FDG，地球大圆的中心在此直径上。设 A 为第一次冲时小本轮的中心，B 为第二次冲时小本轮的中心，C 为第三次冲时小本轮的中心。以这些点为中心，以 $\frac{1}{3}DE$ 为半径作该本轮。用直线把 A、B、C 三个中心与 D、E 相连，这些直线与小本轮圆周相交于 K、L、M 三点。取弧 KN 与弧 AF 相似，弧 LO 与弧 BF 相似，弧 MP 与弧 FBC 相似。连接 EN、EO 和 EP。于是计算可得：弧 AB=75°39′，弧 BC=37°51′，视行度角=∠NEO=68°23′，∠OEP=34°34′。

我们的第一项任务是确定高低拱点 F 和 G 的位置，以及行星偏心圆和地球大圆中心之间的距离 DE。如果做不到这一点，那么就无法区分均匀行度与视行度。但在这里，我们遇到了与托勒密在探讨这一问题时遇到的同样大的困难。因为如果已知∠NEO 包含已知弧 AB，而∠OEP 包含弧 BC，那么就可以推导出我们所需要的数值。然而已知弧 AB 所对的是未知角∠AEB，类似地，已知弧 BC 所对的∠BEC 也是未知的。∠AEB 和

$\angle BEC$两角都应当求出。但如果没有确定与小本轮上的弧段相似的弧AF、FB与FBC，那么就无法求得$\angle AEN$、$\angle BEO$和$\angle CEP$这些视行度与平均行度之差。这些量值彼此密切相关，只能同时已知或未知。于是，由于直接的先验(a priori)方法行不通，比如化圆为方和其他许多问题，在无计可施的情况下，天文学家只好求助于后验的(a posteriori)方法。所以托勒密在这项研究中详细阐述了一种冗长的处理方法并进行了浩繁的计算。在我看来，重述这些说法和数值既枯燥又没有必要，因为我在下面的计算中采用的大致是同一种做法。

回顾他的计算，他在最后[《天文学大成》，Ⅺ，5]求得弧$AF=57°1'$，弧$FB=18°37'$，弧$FBC=56\frac{1}{2}°$。如果取$DF=60^p$，则DE=两中心之间的距离$=6^p50'$，如果取$DF=10000$，则$DE=1139$。现在$\frac{3}{4}DE=854$，其余的$\frac{1}{4}DE=285$给小本轮。利用这些数值，并把它们用于我的假设，我将表明它们与观测现象一致。

对于第一次冲，在三角形ADE中，边$AD=10000^p$，边$DE=854^p$，$\angle ADE$为$\angle ADF[=57°1']$的补角。因此，根据平面三角形定理，我们可以求得边$AE=10489^p$，而如果取四直角$=360°$，则$\angle DEA=53°6'$，$\angle DAE=3°55'$。但是$\angle KAN=\angle ADF=57°1'$，因此相加可得$\angle NAE=60°56'[=57°1'+3°55']$。由此可知，如果取$AD=10000^p$，则三角形$NAE$的两边均为已知：边$AE=10489^p$，边$NA=285^p$，且$\angle NAE$也可知。如果取四直角$=360°$，则其余角$\angle NED[=\angle AED-\angle AEN]=51°44'[=53°6'-1°22']$。

与此类似，对于第二次冲，在三角形BDE中，取$BD=10000^p$，则边$DE=854^p$，而$\angle BDE=180°-\angle BDF=161°22'[=180°-18°38']$，所以三角形$BDE$的边角均可知：取$BD=10000^p$时，边$BE=10812^p$，$\angle DBE=1°27'$，$\angle BED=17°11'[=180°-(161°22'+1°27')]$。但是$\angle OBL=\angle BDF=18°38'$，所以相加可得，$\angle EBO[=\angle DBE+\angle OBL]=20°5'[=18°38'+$

1°27′]。于是在三角形 EBO 中，除∠EBO 外还可知以下两边：BE＝10812^{p}以及 BO＝285^p。根据平面三角形定理，∠BEO＝32′，因此∠OED＝∠BED－∠BEO＝16°39′[＝17°11′－32′]。

而对于第三次冲，在三角形 CDE 中，和前面一样，边 CD 已知，边 DE 已知，而且∠CDE＝180°－56°29′[＝123°31′]，根据平面三角形的定理四，在取 CE＝10000^{p}时，可得底边 CE＝10512^p，∠DCE＝3°53′，相减可得，∠CED＝52°36′[＝180°－(3°53′＋123°31′)]。因此，如果取四直角＝360°，则相加可得，∠ECP＝60°22′[＝3°53′＋56°29′]。于是在三角形 ECP 中，除∠ECP 外有两边已知。而且∠CEP＝1°22′，因此相减可得，∠PED[＝∠CED－∠CEP]＝51°14′[＝52°36′－1°22′]。由此可知，视行度的整个∠OEN[＝∠NED＋∠BED－∠BEO]＝68°23′[＝51°44′＋17°11′－32′]，而∠OEP＝34°35′[∠PED－∠OED＝51°14′－16°39′]，与观测相符。偏心圆高拱点的位置 F 与白羊头部相距 226°20′。由于当时的春分点岁差为 6°40′，所以拱点到达天蝎宫内 226°20′＋6°40′＝233°，这与托勒密的结果[《天文学大成》，Ⅺ，5]相符。我们曾经说过，第三次冲时行星的视位置为 277°37′，从这个数值中减去视行度角 51°14′＝∠PEF，则余量 226°23′为偏心圆高拱点的位置。

作地球的周年轨道圆 RST，它与直线 PE 交于点 R。作与行星平均行度线 CD 平行的直径 SET。由于∠SED＝∠CDF，所以视行度与平均行度之差，即∠CDF 与∠PED 之差角∠SER＝5°16′[＝56°30′－51°14′]。视差的平均行度与真行度之差与此相同。弧 RT＝180°－弧 SER＝174°44′[＝180°－5°16′]，即为从假设的起点 T(即太阳与行星的平均会合点)到第三次“夜末”(即地球和行星的真冲点)之间视差的均匀行度。

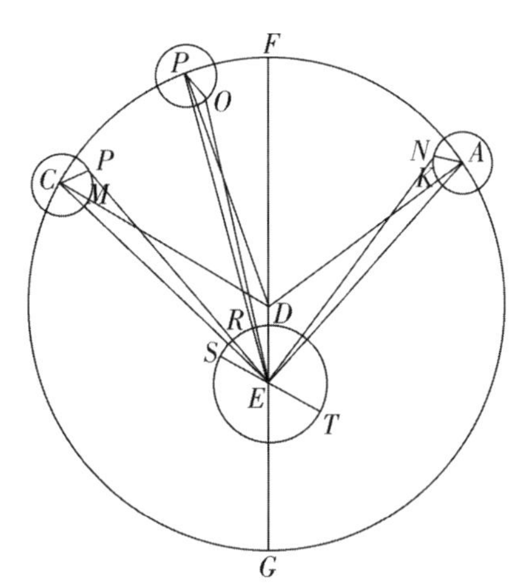

因此，在这次观测的时候，即哈德良 20 年(即公元 136 年)7 月 8 日午夜后 11 小时，土星距其偏心圆高拱点的近点角行度为 $56\frac{1}{2}°$，而视差的平均行度为 174°44′。确定这些数值对于以下内容是有用的。

第六章　新近观测到的土星的另外三次冲

然而，托勒密所计算出的土星行度与现代数值相差并不少，而且一时弄不清楚误差的来源，所以我不得不作新的观测，即重新测定土星的另外三次冲。第一次冲发生在公元 1514 年 5 月 5 日午夜前 $1\frac{1}{5}$小时，当时土星位于 205°24′。第二次冲发生在公元 1520 年 7 月 13 日正午，当时土星位于 273°25′。第三次冲发生在公元 1527 年 10 月 10 日午夜后 $6\frac{2}{5}$小时，当时土星位于白羊角以东 7′。因此，第一次冲与第二次冲之间相隔 6 埃及年 70 日 33 日分，在此期间土星的视行度为 68°1′[＝273°25′－205°24′]。第二次冲与第三次冲之间相隔 7 埃及年 89 日 46 日分，在此期间土星的视行度为 86°42′[＝360°7′－273°25′]。土星在第一段时间内的平均行度为 75°39′，在第二段时间内的平均行度为 88°29′。因此在计算高拱点和偏心率时，我们应首先遵循托勒密的做法[《天文学大成》，Ⅹ，7]，认为行星仿佛在一个简单的偏心圆上运行。尽管这种安排并非恰当，但由此更容易达到真相。

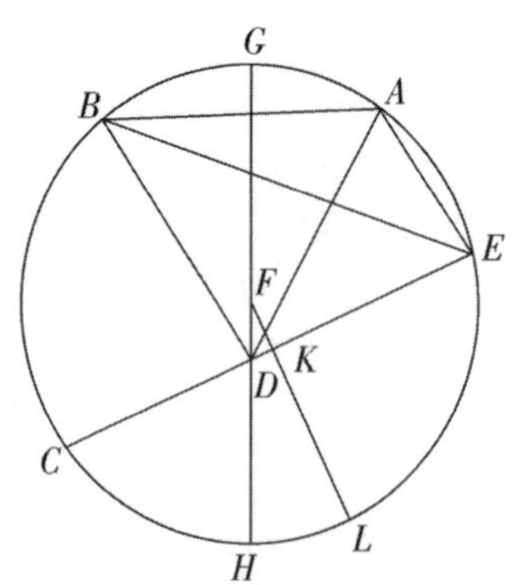

于是，设 ABC 为行星沿其均匀运行的圆周，并设第一次冲出现在点 A，第二次在点 B，第三次在点 C。在 ABC 内，设地球轨道圆的中心为点 D。连接 AD、BD 和 CD，并把每一直线延长到对面的圆周上，比如 CDE。连接 AE 与 BE。于是$\angle BDC＝86°42′$。取两直角=180°时，$\angle BDE$=93°18′[=180°−86°42′]，但是取两直角=360°时，$\angle BDE$=186°36′，而截出弧 BC 的$\angle BED$=88°29′，于是在三角形 BDE 中，余下的$\angle DBE$=84°55′[=360°−(186°36′+88°29′)]，因此三角形 BDE 中的各角均已知，取三角形外接圆的直径=20000，则各边边长可由圆周弦长表得出：BE=19953^p，DE=13501^p。类似地，在三角形 ADE 中，取两直角=180°时，已知$\angle ADC$=154°43′[=68°1′+86°42′]，$\angle ADE$=25°17′[=180°−154°43′]。但如果取两直角=360°，$\angle ADE$=50°34′，截出弧 ABC 的$\angle AED$=164°8′[=75°39′+88°29′]，余下的$\angle DAE$=145°18′[=360°−(50°34′+164°8′)]，因此各边也可知：如果取三角形 ADE 的外接圆直径=20000^p，则 DE=19090^p，AE=8542^p。但如果取 DE=13501^p，BE=19953^p，则 AE=6041^p。所以在三角形 ABE 中，BE 和 EA 两边可知；截出弧 AB 的$\angle AEB$=75°39′。因此根据平面三角形的定理，如果取 BE=19968^p，则 AB=15647^p。但如果取偏心圆直径=20000^p，则弦 AB=12266^p，EB=15664^p，DE=10599^p。于是，通过弦 BE 可得弧 BAE=103°7′。因此整个弧 $EABC$=191°36′[=103°7′+88°29′]，圆的其余部分弧 CE=360°−弧 $EABC$=168°24′。因此弦 CDE=19898^p，CD=CDE−DE=9299^p。

如果 CDE 是偏心圆的直径，那么高低拱点的位置显然都会落在这条直径上面，而且偏心圆与地球大圆两个中心的距离可得。但因弧 $EABC$ 大于半圆，所以偏心圆的中心将落到它里面。设该中心为点 F，过点 F 和点 D 作直径 $GFDH$，作 FKL 垂直于 CDE。

显然，矩形 $CD\times DE$=矩形 $GD\times DH$。但矩形 $GD\times DH+(FD)^2=\left(\frac{1}{2}GDH\right)^2=(FDH)^2$，所以$\left(\frac{1}{2}\text{直径}\right)^2$−矩形 $GD\times DH$ 或矩形 $CD\times DE$=$(FD)^2$。因此，如果取半径 GF=10000^p，则 FD=1200^p。但如果取半径 FG=60^p，则 FD=7^{p}12′，这与托勒密的值[《天文学大成》，Ⅺ，6：6^{p}50′]差别不大。但 $CDK=\frac{1}{2}CDE$=9949^p，且 CD=9299^p，所以余下的 DK=650^p[=9949^p−9299^p]，这里 GF=10000^p，FD=1200^p。但如果取 FD=

10000^p，则 $DK=5411^p=\frac{1}{2}$弦 $2DFK$。如果取四直角$=360°$，则$\angle DFK=32°45'$。这是在圆心所张的角，它所对的弧 HL 与此量相似。但整个弧 $CHL=\frac{1}{2}CLE[168°24']\approx 84°13'$，所以余下的弧 $CH=CHL-HL=84°13'-32°45'=51°28'$，此即为第三次冲点到近地点的距离。而弧 $CBG=180°-51°28'=128°32'$，即为高拱点与第三次冲点的距离。由于弧 $CB=88°29'$，所以弧 $BG=CBG-CB=128°32'-88°29'=40°3'$，即为高拱点与第二次冲点的距离。由于弧 $BGA=75°39'$，所以从第一次冲点到远地点 G 的距离弧 $AG=BGA-BG=75°39'-40°3'=35°36'$。

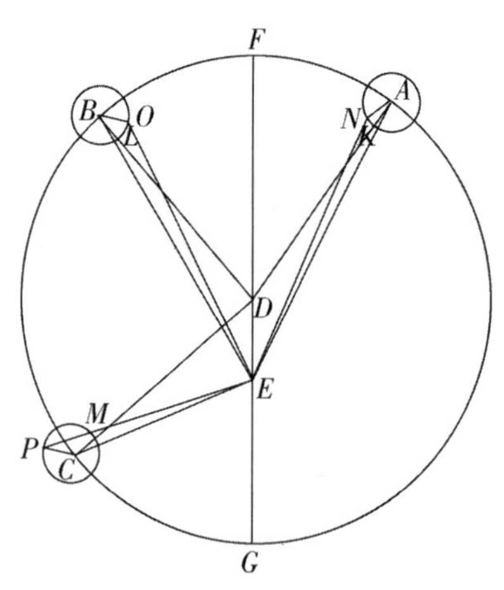

现在设 ABC 为一个圆，$FDEG$ 为直径，圆心为点 D，远地点为点 F，近地点为点 G。设弧 $AF=35°36'$，弧 $FB=40°3'$，弧 $FBC=128°32'$。取土星偏心圆半径 $FD=10000^p$，设 DE 等于前已求得的土星偏心圆与地球大圆两中心间的距离$[1200^p]$的$\frac{3}{4}$，即设 $DE=900^p$，且以其余的$\frac{1}{4}$即 300^p 为半径，以 A、B、C 三点为圆心作小本轮。根据上述条件绘出图形。

如果我们希望根据这一图形，采用前面解释过并且即将重述的方法求出土星的观测位置，那么我们就会发现一些不相符之处。简要说来，为了不使读者负担过重，或者不在偏僻小径中耗费精力，而是直指光明大道，根据我们已经讲过的三角形定理，由上述数值我们必定会得出以下结果：$\angle NEO=67°35'$，$\angle OEM=87°12'$。但$\angle OEM$ 要比视角$[=86°42']$大$\frac{1}{2}°$，$\angle NEO$ 要比 $68°1'$ 小 $26'$。要使它们彼此相符，只有使远地点略微前移$[3°14']$，并取弧 $AF=38°50'$[而不是 $35°36'$]，于是弧 $FB=36°49'[=40°3'-3°14']$，弧 $FBC=125°18'[=128°32'-3°14']$，两中心间的距离 $DE=$

854^p[而不是 900^p]，并且当 $FD=10000^p$时，小本轮的半径$=285^p$[而不是 300^p]。这些数值与前面托勒密所得结果[V，5]近乎一致。

由此可以发现，这些值与现象和观测到的三次冲相符。因为对于第一次冲，若取 $AD=10000^p$，则在三角形 ADE 中，边 $DE=854^p$，$\angle ADE=141°10'$，且与$\angle ADF=38°50'$在中心合为两直角。如果取半径 $FD=10000^p$，则其余的边 $AE=10679^p$，$\angle DAE=2°52'$，$\angle DEA=35°58'$。类似地，在三角形 AEN 中，由于$\angle KAN=\angle ADF[=38°50']$，整个$\angle EAN=41°42'[=\angle DAE+\angle KAN=2°52'+38°50']$，且当 $AE=10679^p$时，边 $AN=285^p$。所以$\angle AEN=1°3'$。但整个$\angle DEA=35°58'$，于是相减可得，$\angle DEN=\angle DEA-\angle AEN=34°55'[=35°58'-1°3']$。

类似地，对于第二次冲，三角形 BED 的两边为已知：如果取 $BD=10000^p$，则 $DE=854^p$，$\angle BDE[=180°-(\angle BDF=36°49')]=143°11'$。因此 $BE=10679^p$，$\angle DBE=2°45'$，余下的$\angle BED=34°4'$。但是，$\angle LBO=\angle BDF[=36°49']$，因此，整个$\angle EBO=39°34'[=\angle DBO+\angle DBE=36°49'+2°45']$。此角的两夹边为 $BO=285^p$，$BE=10697^p$。因此，$BEO=59'$，$\angle OED=\angle BED[=34°4']-\angle BEO=33°5'$。而对于第一次冲，我们已经表明$\angle DEN=34°55'$，于是相加可得，整个$\angle OEN[=\angle DEN+\angle OED]=68°[=34°55'+33°5']$。它给出了第一次冲与第二次冲的距离，且与观测[$=68°1'$]相符。

类似的证明也适用于第三次冲。在三角形 CDE 中，已知$\angle CDE=54°42'[=180°-(\angle FDC=125°18')]$，边 $CD=10000^p$，边 $DE=854^p$，因此第三边 $EC=9532^p$，$\angle CED=121°5'$，$\angle DCE=4°13'$，因此相加可得，整个$\angle PCE=129°31'[=4°13'+125°18']$。所以在三角形 EPC 中，边 $CE=9532^p$，边 $PC=285^p$，$\angle PCE=129°31'$，所以$\angle PEC=1°18'$。$\angle PED=\angle CED-\angle PEO=119°47'$，即为从偏心圆

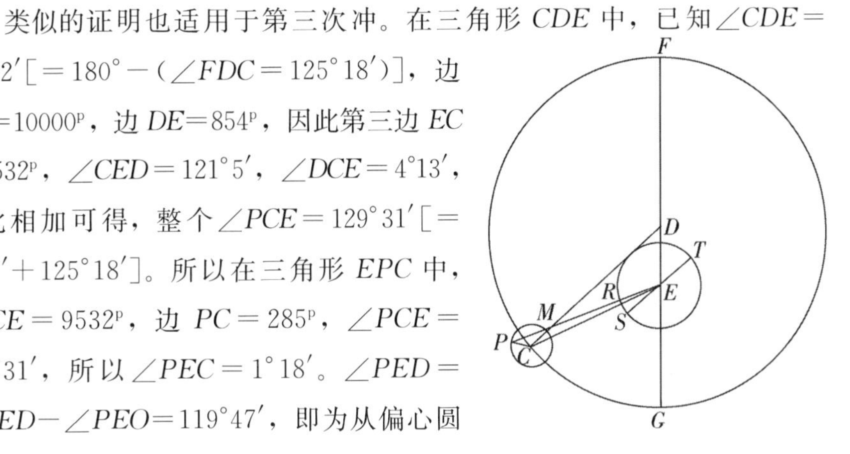

高拱点到第三次冲时行星位置的距离。然而已经阐明，第二次冲时从偏心圆高拱点到行星位置为 33°5′，因此土星的第二冲点与第三冲点之间应为 86°42′[＝119°47′－33°5′]，这一数值也与观测相符。由观测可知，当时土星位于距取作零点的白羊宫第一星以东 8′处。已经求得从土星到偏心圆低拱点的距离为 60°13′[＝180°－119°47′]，因此低拱点大致位于 $60\frac{1}{3}$°[≈60°13′＋8′]处，而高拱点的位置则刚好与此相对，即位于 $240\frac{1}{3}$°处。

现在以点 E 为中心作地球的轨道圆 RST。设直径 SET 平行于行星的平均行度线 CD（取∠FDC＝∠DES），于是地球和我们的观测位置应位于直线 PE 上，譬如在点 R。∠PES[＝∠EMD]或弧 RS＝∠FDC 与∠DEP 之差＝行星的均匀行度与视行度之差＝5°31′[（∠CES＝∠DCE）＋∠PEC＝4°13′＋1°18′]。弧 RT＝180°－5°31′＝174°29′，即为行星与轨道圆远地点 T 的距离＝太阳的平位置。这样我们就证明了，在公元 1527 年 10 月 10 日午夜后 $6\frac{2}{5}$小时，土星距离偏心圆高拱点的近点角行度为 125°18′，视差行度为 174°29′，高拱点位于恒星天球上距白羊宫第一星 240°21′处。

第七章　土星运动的分析

前已说明[Ⅴ，5]，在托勒密三次观测的最后一次，土星的视差行度为 174°44′，土星偏心圆高拱点的位置距白羊宫起点为 226°23′。因此显然，在两次观测[托勒密的最后一次观测与哥白尼的最后一次观测]之间，土星视差均匀运动共运转 1344 周减$\frac{1}{4}$°。从哈德良 20 年埃及历 12 月 24 日午前 1 小时到公元 1527 年 10 月 10 日 6 时的最后一次观测，共历时 1392 埃及年 75 日 48 日分。此外，如果我们想用土星视差运动表对这一时段求得行度，那么我们可以类似地得出视差运转为 1343 周加上 359°45′。所以前面关于土星平均行度的叙述[V，1]是正确的。

再者，在这段时间中，太阳的简单行度为 82°30′。如果从 82°30′中减去 359°45′，余数 82°45′即为土星的平均行度，这个值现已累积在了土星的第 47 次[恒星]旋转中，这与计算相符。与此同时，偏心圆高拱点的位置也在恒星天球上前移了 13°58′[＝240°21′－226°23′]。托勒密认为拱点[与恒星]一样是固定的，但现在已经清楚，拱点每 100 年移动大约 1°。

第八章　土星位置的测定

从基督纪元到哈德良 20 年埃及历 12 月 24 日午前 1 小时即托勒密进行观测的时刻，共历时 135 埃及年 222 日 27 日分。在这段时间内土星的视差行度为 328°55′。从 174°44′中减去这个值，余下的 205°49′为太阳的平位置与土星的平位置之间的距离，即土星在公元元年元旦前午夜的视差行度。从第一个奥林匹克运动会期到这一时刻的 775 埃及年 12 $\frac{1}{2}$ 日中，土星的行度除了完整运转外还有 70°55′。从 205°49′中减去 70°55′，余下的134°54′表示在 1 月 1 日正午奥林匹克运动会的开始。又过了 451 年 247 日，[土星的行度]除完整运转外还有 13°7′。把它与 134°54′相加，得到的和 148°1′即为埃及历元旦正午亚历山大大帝纪元开始时的位置。对于恺撒纪元，在 278 年 118 $\frac{1}{2}$ 日内，土星的行度为 247°20′。由此可以确定公元前 45 年元旦前午夜时[土星]的位置。

第九章　由地球周年运转引起的土星视差以及土星[与地球]的距离

土星在黄经上的均匀行度和视行度如上所述。由地球的周年运动所引起的土星的另一种现象是我所谓的视差[V，1]。正如地球的大小在与地月距离的对比之下能够引起视差，地球周年运转的轨道也能引起五颗行星的视差。但是由于轨道的尺寸，行星的视差要明显得多。然而除非已经知道行星的高度(它可以通过任何一次视差观测而得到)，否则就无法确定这些视差。

我在公元1514年2月24日午夜后5小时对土星作了这样一次观测，这时土星看起来与天蝎额部的两颗星(即该星座的第二颗星和第三颗星)排成了一条直线，它们在恒星天球上有相同的黄经，即都是209°。所以由此可得土星的位置。从基督纪元开端到这一时刻共历时1514埃及年67月13日分，由计算可得太阳的平位置为315°41′，土星的视差近点角为116°31′，因此土星的平位置为199°10′，偏心圆高拱点的位置约为240 $\frac{1}{3}$°。

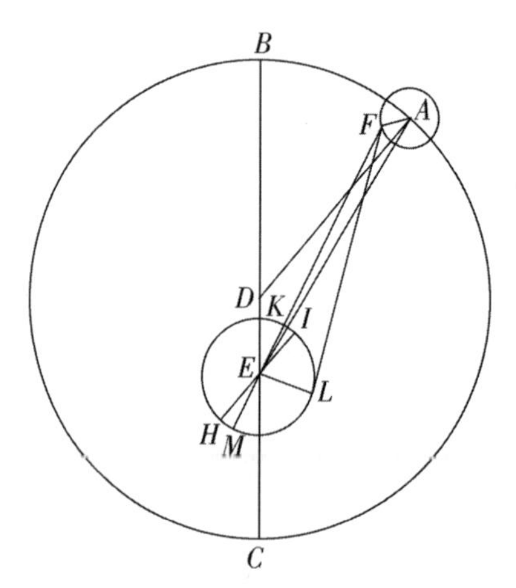

根据前面的模型，设 ABC 为偏心圆，点 D 为圆心。在其直径 BDC 上，设点 B 为远地点，点 C 为近地点，点 E 为地球轨道的中心。连接 AD 与 AE。以 A 为圆心、$\frac{1}{3}DE$ 为半径作小本轮。设小本轮上的点 F 为行星的位置，并设 $\angle DAF=\angle ADB$。经过地球轨道的中心 E 作 HI，假定这条线与圆周 ABC 位于同一平面。轨道直径 HI 平行于 AD，所以可以认为轨道的远地点为 H，近地点为 I。根据对视差近点角的计算，在轨道上取弧 $HL=116°31′$。连接 FL 和 EL，设 $FKEM$ 与轨道圆周的两边相交。根据假设，$\angle ADB=41°10′=\angle DAF$，补角 $\angle ADE=180°-\angle ADB=138°50′$。如果取 $AD=10000^p$，则 $DE=854^p$。这些数据表明，在三角形 ADE 中，第三边 $AE=10667^p$，$\angle DEA=38°9′$，$\angle EAD=3°1′$。因此整个 $\angle EAF[=\angle EAD+\angle DAF]=44°11′[=3°1′+41°10′]$。于是在三角形 FAE 中，如果 $AE=10667^p$，则边

$FA=285^p$，边 $FKE=10465^p$，$\angle AEF=1°5'$。因此显然，$\angle DAE+\angle AEF=4°6'$，此即为行星平位置与真位置之间的全部差值或行差。因此，如果地球的位置为 K 或 M，那么土星的位置看起来将会位于距白羊座 203°16′处，就好像是从中心 E 对它进行观测的一样。但如果地球位于 L，则土星看起来是在 209°处。差值 5°44′[＝209°－203°16′]为$\angle KFL$ 所表示的视差。但在地球的均匀运动中，弧 $HL=116°31'$[＝土星的视差近点角]，弧 ML＝弧 HL－行差 $HM=112°25'$[＝116°31′－4°6′]。半圆的其余弧 $LIK=67°35'$[＝180°－112°25′]。由此可得$\angle KEL=67°35'$。于是在三角形 FEL 中，各角均已知[$\angle EFL=5°44'$，$\angle FEL=67°35'$，$\angle ELF=106°41'$]，如果 $EF=10465^p$，各边的比值也已知。若取 $AD=BD=10000^p$，则 $EL=1090^p$。但如果遵循古人的做法取 $BD=60^p$，则 $EL=6^p32'$，这与托勒密的结果相差甚微。因此整个 $BDE=10854^p$，直径的其余部分 $CE=9146^p$[＝20000－10854]。但由于当小本轮位于点 B 时总要从行星高度中减去直径的$\frac{1}{2}$即 285^p，而位于点 C 时则要加上同一数量，所以如果取 $BD=10000^p$，则土星距离中心 E 的最大距离为 10569^p[＝10854－285]，最小距离为 9431^p[＝9146＋285]。按照这样的比例，如果取地球的轨道圆半径＝1^p，则土星远地点高度为 $9^p42'$，近地点高度为 $8^p39'$。利用这些数值，并且根据前面联系月亮的小视差所阐述的做法[Ⅳ，22，24]，土星的较大视差显然可以求得。当土星位于远地点时，其最大视差＝$5^p55'$，位于近地点时，其最大视差＝$6^p39'$，这两个数值彼此相差 44′，这一情形出现在来自土星的两条直线与地球轨道相切的时候。通过这个例子，土星运动中的每一个别变化就找到了。我在后面[Ⅴ，33]要对五颗行星同时描述这些变化。

第十章　对木星运动的说明

在解决了土星的问题之后，我还要把同样的做法和次序用于阐明木星的运动。首先，我要重复一下托勒密报告和分析过的三个位置[《天文学大成》，XI，1]。通过前面讲过的圆的转换，我将重建这些位置，使其与托勒密的位置相同或相差无几。

他所报告的第一次冲发生在哈德良 17 年埃及历 11 月 1 日之后的午夜前 1 小时，据托勒密称是在天蝎宫内 23°11′[=223°11′]，但减掉二分点岁差[=6°38′]之后是在 226°33′处；他所报告的第二次冲发生在哈德良 21 年埃及历 2 月 13 日之后的午夜前 2 小时的双鱼宫内 7°54′，而在恒星天球上是 331°16′[=337°54′−6°38′] 处；第三次冲发生在安敦尼元年 3 月 20 日之后的午夜后 5 小时，在恒星天球上是 7°45′[=14°23′−6°38′]。

因此，从第一次冲到第二次冲历时 3 埃及年 106 日 23 小时，行星的视行度为 104°43′[=331°16′−226°33′]。从第二次冲到第三次冲历时 1 年 37 日 7 小时，行星的视行度为 36°29′[=360°+7°45′−331°16′]。在第一段时间内行星的平均行度为 99°55′，在第二段时间内行星的平均行度为 33°26′。托勒密发现偏心圆上从高拱点到第一冲点的弧长为 77°15′，从第二冲点到低拱点的弧长为 2°50′，从低拱点到第三冲点的弧长为 30°36′。若取半径为 60^{p}，则整个偏心率为 $5\frac{1}{2}^{p}$，但如果取半径为 10000^{p}，则偏心率为 917^{p}。所有这些值与观测结果都大致吻合。

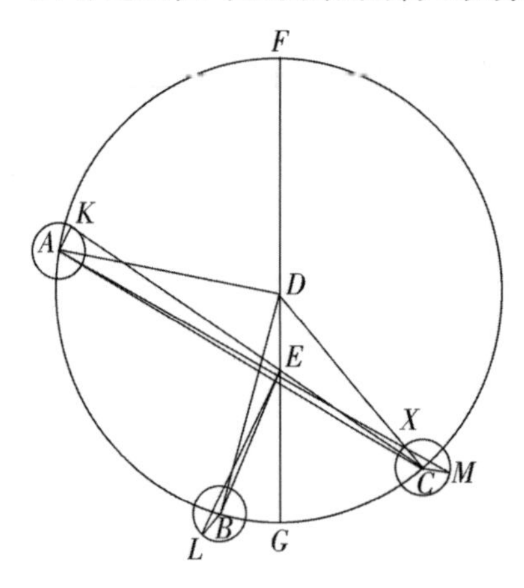

现在，设 ABC 为一圆，从第一冲点到第二冲点的弧 AB=99°55′，弧 BC=33°26′。过圆心 D 作直径 FDG，使得从高拱点 F 起，FA = 77° 15′，FAB = 177°10′[= 180° − 2° 50′]，GC = 30° 36′。设点 E 为地球轨道圆的中心，两中心之间的距离为 917^{p} 的 $\frac{3}{4}$，即 DE=687^{p}=托勒密偏心率。以 917^{p} 的 $\frac{1}{4}$ 即 229^{p} 为半径，绕 A、B、C 三点分别作小本轮。连接 AD、BD、CD、AE、BE 和 CE。

在各小本轮中连接 AK、BL 和 CM，使得$\angle DAK=\angle ADF$，$\angle DBL=\angle FDB$，$\angle DCM=\angle FDC$。最后，用直线把 K、L 和 M 分别与 E 连接起来。

由于$\angle ADF$已知[$=77°15'$]，所以在三角形 ADE 中，其补角$\angle ADE=102°45'$；如果取 $AD=10000^p$，则边 $DE=687^p$，第三边 $AE=10174^p$，$\angle EAD=3°48'$，余下的$\angle DEA=73°27'$，整个$\angle EAK=81°3'$[$=\angle EAD+(\angle CAK=\angle ADF)=3°48'+77°15'$]。因此在三角形 AEK 中两边已知：$AK=229^p$时，$EA=10174^p$，又因其夹角$\angle EAK=81°3'$，由此可得$\angle AEK=1°17'$。相减可得，余下的$\angle KED=72°10'$[$=\angle DEA-\angle AEK=73°27'-1°17'$]。

三角形 BED 的情况可作类似证明。BD 与 DE 两边仍与前一三角形中的相应各边相等，但$\angle BDE=2°50'$[$=180°-(\angle FDB=177°10')$]，所以如果取 $DB=10000^p$，则底边 $BE=9314^p$，$\angle DBE=12'$。于是同样，在三角形 ELB 中，两边[BE、BL]已知，而整个$\angle EBL$[$=(\angle DBL=\angle FDB)+\angle DBE$]$=177°22'$[$=177°10'+12'$]，$\angle LEB=4'$。但$\angle FEL=\angle FDB$[$=177°10'$]$-16'$[$=12'+4'$]$=176°54'$，$\angle KEL=\angle FEL-\angle KED=176°54'-72°10'=104°44'$，这与观测到的第一和第二端点之间的视行度角[$=104°43'$]几乎完全相符。

第三个位置也类似，在三角形 CDE 中，CD 和 DE 两边已知[$=10000$；687]，且$\angle CDE=30°36'$，用同样方法可得底边 $EC=9410^p$，$\angle DCE=2°8'$。于是在三角形 ECM 中，$\angle ECM=147°44'$，由此可得$\angle CEM=39'$。又因为外角$\angle DXE$=内角$\angle ECX$+相对内角$\angle CEX=2°47'$[$=2°8'+39'$]$=\angle FDC-\angle DEM$[$\angle FDC=180°-30°36'=149°24'$；$\angle DEM=149°24'-2°47'=146°37'$]，因此$\angle GEM=180°-\angle DEM=33°23'$。整个$\angle LEM=36°29'$，即为第二冲点与第三冲点之间的距离，它也与观测结果相符。但(前已证明)位于低拱点以东 $33°23'$的第三冲点位于[恒星天球上]$7°45'$处，所以由半圆的剩余部分可得高拱点位于恒星天球上$154°22'$[$=180°-(33°23'-7°45')$]处。

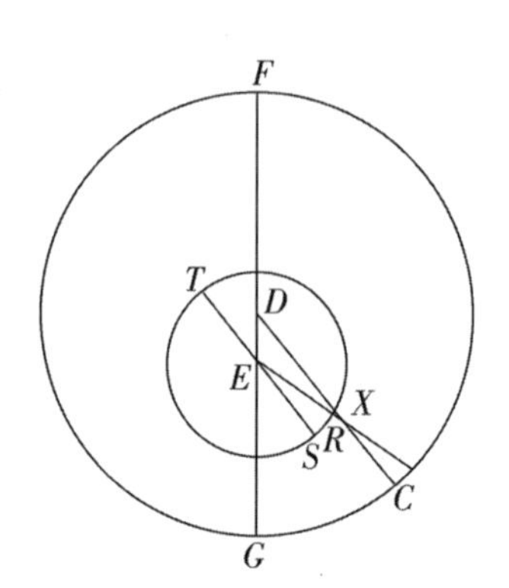

现在围绕点 E 作地球的周年轨道 RST，其直径 SET 与直线 DC 平行。前已求得$\angle GDC=\angle GER=30°36'$，$\angle DXE=\angle RES=$弧 $RS=2°47'$，即行星与轨道平近地点之间的距离。由此可得，整个弧 $TSR=182°47'$，即为行星与轨道高拱点之间的距离。

这样我们就证明了，在安敦尼元年埃及历 3 月 20 日之后午夜后 5 小时木星的第二次冲时，其视差近点角为 182°47′，其经度均匀位置为 4°58′[=7°45′−2°47′]，偏心圆高拱点位于 154°22′。所有这些结果都与我关于地球运动以及运动均匀性的假说完全符合。

第十一章　新近观测到的木星的其他三次冲

在这样对以前报告的木星的三个位置作出分析之后，我还要补充我观测得极为仔细的木星的三次冲。第一次冲发生于公元 1520 年 4 月 30 日之前的午夜过后 11 小时，在恒星天球上 200°28′。第二次冲发生于公元 1526 年 11 月 28 日午夜后 3 小时，在恒星天球上 48°34′。第三次冲发生于公元 1529 年 2 月 1 日午夜后 19 小时，在恒星天球上 113°44′。从第一次冲到第二次冲历时 6 年 212 日 40 日分，在此期间木星的行度为 208°6′[=360°+48°34′−200°28′]。从第二次冲到第三次冲历时 2 埃及年 66 日 39 日分，在此期间木星的视行度为 65°10′[=113°44′−48°34′]。木星在第一段时间内的均匀行度为 199°40′，在第二段时间内的均匀行度为 66°10′。

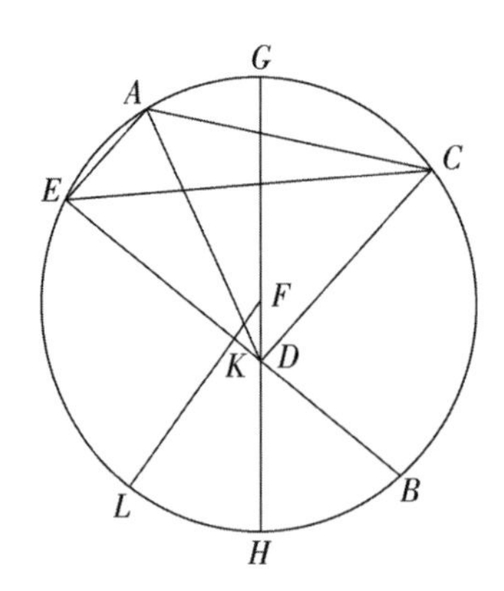

为了说明这一情况，作偏心圆 ABC，假设行星在它上面作简单均匀的运动。设观测到的三个位置以字母次序排列为 A、B 和 C，使

得弧 $AB=199°40'$，弧 $BC=66°10'$，因此弧 $AC=360°-(AB+BC)=94°10'$。设点 D 为地球周年轨道的中心。连接 AD、BD 与 CD。延长其中任一直线如 DB 至两圆弧的直线 BDE。连接 AC、AE 和 CE。

如果取四直角 $=360°$，则视运动角 $\angle BDC=65°10'$。补角 $\angle CDE=180°-65°10'=114°50'$。但如果取圆周上的二直角 $=360°$，则 $\angle CDE=229°40'[=2\times114°50']$。截出弧 BC 的 $\angle CED=66°10'$。因此在三角形 CDE 中，余下的 $\angle DCE=64°10'[=360°-(229°40'+66°10')]$。于是，三角形 CDE 的各角已知，所以各边也可求得：如果取三角形外接圆直径 $=20000^p$，则 $CE=18150^p$，$ED=10918^p$。

三角形 ADE 的情况也是类似。由于圆周在减去从第一次冲到第二次冲的距离 $[=208°6']$ 后剩余的 $\angle ADB=151°54'$，所以补角 $\angle ADE=$ 中心角 $28°6'=[180°-151°54']$，而在圆周上 $\angle ADE=56°12'[=2\times28°6']$。截出弧 $BCA[=BC+CA]$ 的 $\angle AED=160°20'[=66°10'+94°10']$。[三角形 ADE 中]余下的[内接] $\angle EAD=143°28'[=360°-(56°12'+160°20')]$。因此，如果取三角形 ADE 的外接圆直径 $=20000^p$，则边 $AE=9420^p$，边 $ED=18992^p$。但如果 $ED=10918^p$，用 $AE=5415^p$ 的单位，则 $CE=18150^p$。

于是在三角形 EAC 中，EA 和 EC 两边再次已知[5415；18150]，它们截出弧 AC 的夹角 $\angle AEC=94°10'$ 也已知，所以可以求得，截出弧 AE 的 $\angle ACE=30°40'$。$\angle ACE$ +弧 $AC=124°50'[=94°10'+30°40']$，如果取偏心圆直径 $=20000^p$，则 $CE=17727^p$。根据前面的比例，用同样单位可得 $DE=10665^p$。但整个弧 $BCAE=191°[=BC+CA+AE=66°10'+94°10'+30°40']$。由此可得，圆周的其余部分弧 $EB[=360°-(BCAE=191°)]=169°$，此为整个 BDE 所对的弧。$BD=BDE-DE=19908^p-10665^p=9243^p$。因此，由于 $BCAE$ 为较大的弧段，偏心圆的中心 F 将在它之内。

作直径 $GFDH$。显然，由于矩形 $ED\times DB=$ 矩形 $GD\times DH$，所以后者也可知。但是，矩形 $GD\times DH+(FD)^2=(FDH)^2$，即 $(FDH)^2-GD\times DH=(FD)^2$，因此如果取 $FG=10000^p$，则 $FD=1193^p$。但如果取 $FG=60^p$，则 $FD=7^p9'$。设 BE 被点 K 等分，作与 BE 垂直的 FKL。因为

$BDK=\frac{1}{2}[BDE=19908^{p}]=9954^{p}$，$DB=9243^{p}$，所以相减可得，$DK=BDK-DB=711^{p}$。于是在直角三角形 DFK 中，各边已知$[FD=1193, DK=711, (FK)^2=(FD)^2-(DK)^2]$，$\angle DFK=36°35'$，与之相同的弧 $LH=36°35'$。但是弧 $LHB=84\frac{1}{2}°\left[=\frac{1}{2}\text{弧 }EB(\text{弧 }EB=169°)\right]$。相减可得，弧 $BH=$弧 $LHB-$弧 $LH=84\frac{1}{2}°-36°35'=47°55'$，此即第二冲点与近地点之间的距离。而弧 $BCG=180°-47°55'=132°5'$，即为从远地点到第二冲点的距离。弧 $BCG[=132°5']-$弧 $BC[=66°10']=65°55'=CG$，即为从第三冲点到远地点的距离。$94°10'[=CA]-65°55'=28°15'=GA$，即为从远地点到小本轮第一位置的距离。

上述结果与观测到的现象无疑很不相符，因为行星并不沿着前面提到的偏心圆运动。因此，这种建立在错误基础上的证明方法不能得出任何可靠的结果。证明其错误的诸多证据之一是，托勒密用它求得的土星的偏心率太大，而木星的偏心率又太小，可我用它求得的木星偏心率又太大。所以显然，如果对同一颗行星采用圆上的不同弧段，则所求结果不会以同一方式得出。倘若我不接受托勒密所报告的偏心圆半径为 60^{p} 时的偏心率 $5^{p}30'$，那么就不可能对上述三个端点以及一切位置比较木星的均匀行度和视行度。若取半径为 10000^{p} 时的偏心率 917^{p}[Ⅴ，10]，则从高拱点到第一冲点的弧长为 $45°2'$[而不是 $28°15'$]，从低拱点到第二冲点的弧长为 $64°42'$[而不是 $47°55'$]，从第三冲点到高拱点的弧长为 $49°8'$[而不是 $65°55'$]。

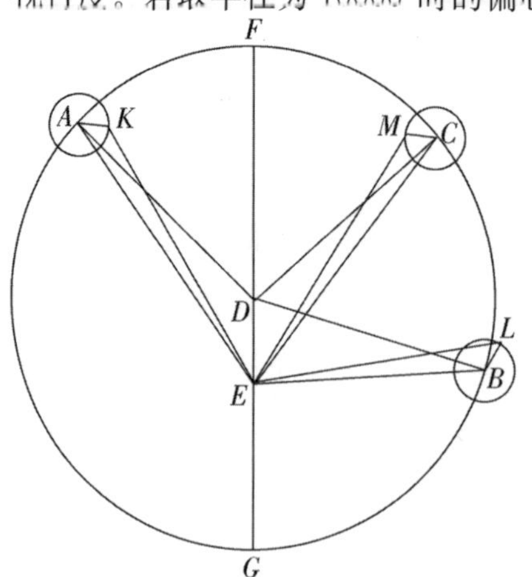

重绘前面的偏心本轮图，使之符合这里的情况。根据我的假设，圆心之间的整个距离[是 916 而不是 1193]的 $\frac{3}{4}=687^{p}=DE$，如果取 $FD=$

10000^p，则小本轮获得了剩下的$\frac{1}{4}=229^p$。由于∠$ADF=45°2'$，所以在三角形 ADE 中，AD 和 DE 两边已知[10000^p，687^p]，其夹角∠ADE 也已知[$=134°58'=180°-$(∠$ADF=45°2'$)]，所以如果取 $AD=10000^p$，则第三边 $AE=10496^p$，∠$DAE=2°39'$。由于假定∠$DAK=$∠ADF[$=45°2'$]，所以整个∠$EAK=47°41'$[$=$∠$DAK+$∠$DAE=45°2'+2°39'$]。而在三角形 AEK 中，AK 和 AE 两边也已知[229^p；10496^p]，由此可得，∠$AEK=57'$。∠$KED=$∠ADF[$=45°2'$]$-$(∠$AEK+$∠DAE[$=2°39'$])$=41°26'$，即为第一次冲时的视行度角。

三角形 BDE 中也可表明类似结果。BD 和 DE 两边已知[10000^p，687^p]，其夹角∠$BDE=64°42'$，如果取 $BD=10000^p$，则第三边 $BE=9725^p$，∠$DBE=3°40'$。因此在三角形 BEL 中，BE 及 BL 两边也已知[9725^p；229^p]，夹角∠$EBL=118°58'$[$=$∠$DBE=3°40'+$∠$DBL=$∠$FDB=180°-$(∠$BDG=64°42'$)$=115°18'$]。∠$BEL=1°10'$，所以∠$DEL=110°28'$。但我们已经求得∠$KED=41°26'$，因此整个∠KEL[$=$∠$KED+$∠DEL]$=151°54'$[$=110°28'+41°26'$]。于是，$360°-151°54'=208°6'$，即为第一次和第二次冲之间的视行度角，与[修正的]观测结果相符。

最后，对于第三个位置，在三角形 CDE 中，DC 和 DE 两边可用同一方式给出[10000^p，687^p]。此外，由于∠FDC 已知[$=49°8'=$第三次冲到高拱点的距离]，所以 DC 和 DE 的夹角∠$CDE=130°52'$。如果取 $CD=10000^p$，则第三边 $CE=10463^p$，∠$DCE=2°51'$。因此，整个∠$ECM=51°59'$[$=2°51'+49°8'=$∠$DCE+$(∠$DCM=$∠FDC)]。于是，在三角形 ECM 中，CM 和 CE 两边[229^p；10463^p]及其夹角∠MCE[$=51°59'$]已知。而∠$MEC=1°$，前已求得∠$MEC+$∠DCE[$=2°51'$]$=$∠$FDC-$∠DEM，其中∠FDC 和∠DEM 分别为均匀行度和视行度。因此在第三次冲时，∠$DEM=45°17'$。但我们已经求得∠$DEL=110°28'$，因此，∠$LEM=$∠$DEL-$∠$DEM=65°10'$，即为观测到的第二次冲与第三次冲之间的角度，这与观测结果[$=180°-(64°42'+49°8'=113°50')=66°10'$]相符。但

由于木星的第三次冲的位置看上去位于恒星天球上 113°44′处，所以木星高拱点的位置大约在 159°[113°44′+45°17′=159°1′]。

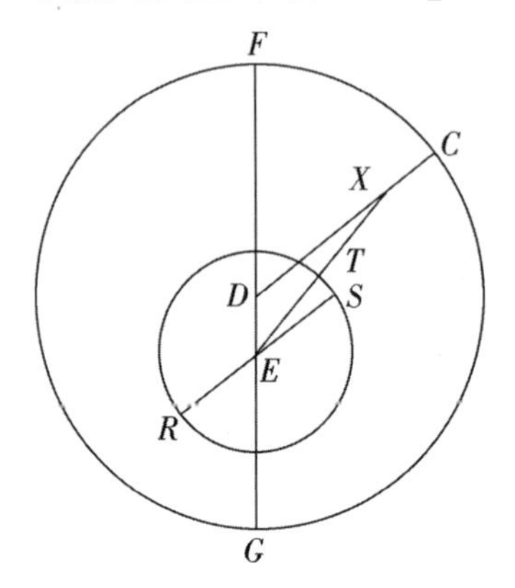

现在，绕点 E 作地球轨道 RST，其直径 RES 平行于 DC，那么显然，当木星发生第三次冲时，$\angle FDC=49°8'=\angle DES$，视差均匀运动的远地点位于 R。但在地球已经走过 180°加上弧 ST 之后，它与太阳相冲并与木星相合。而已知弧 $ST=3°51'$[在上图中，$\angle DCE=2°51'+\angle MEC$($\angle MEC=1°$)]，所以弧 $ST=3°51'=\angle SET$。这些结果表明，在公元 1529 年 2 月 1 日午夜之后 19 小时，木星视差的均匀近点角为 183°51′[弧 RS+弧 ST=180°+3°51′]，木星的真行度为 109°52′，现在偏心圆的远地点大约距白羊座的角 159°。此即为我们所要求的结果。

第十二章　木星均匀行度的证实

我们在前面已经看到[Ⅴ，10]，在托勒密观测的三次冲的最后一次，就平均行度而言，木星在 4°58′处，视差近点角为 182°47′。于是在两次观测[托勒密的最后一次和哥白尼的最后一次]期间，木星的视差行度除整圈运转外显然还有 1°5′[≈183°51′−182°47′]，它的自行约为 104°54′[=109°52′−4°58′]。从安敦尼元年埃及历 3 月 20 日之后的午夜后 5 小时到公元 1529 年 2 月 1 日之前的午夜后 19 小时，共历时 1392 埃及年 99 日 37 日分。根据上述计算，在此期间，视差行度除整圈运转外同样还有 1°5′，同时地球在其均匀运动中赶上木星 1267 次。由于计算值与观测结果符合得相当好，可以认为计算是可靠的和得到确证的。此外，在这段时间内偏心圆的高低拱点明显向东移动了 $4\frac{1}{2}$°[≈159°−154°22′]。把行度平均分配，结果约为每300年1°。

第十三章　木星运动位置的测定

从托勒密三次观测中的最后一次，即安敦尼元年3月20日之后的午夜后5小时，追溯到基督纪元的开始，即136埃及年314日10日分为止，在这段时间里，视差的平均行度为84°31′。从182°47′[托勒密的第三次观测]中减去84°31′，得到98°16′，即为基督纪元开始时1月1日之前午夜时的值。追溯到第一个奥林匹克运动会期，即775埃及年$12\frac{1}{2}$日，则可算出在此期间，除整圈外的行度为70°58′。从98°16′[基督纪元]中减去70°58′，得到的余量27°18′即为奥林匹克运动会开始时的值。在此后的451年247日里，行度为110°52′。把它与第一个奥林匹克运动会期时的值相加，得到的和为138°10′，即为在埃及历元旦中午亚历山大纪元开始时的值。这个方法对其他历元也适用。

第十四章　木星视差及其相对于地球运转轨道的高度的测定

为了确定与木星有关的其他现象，即它的视差，我于公元1520年2月19日中午前6小时仔细观测了它的位置。我通过仪器看见木星位于天蝎前额第一颗亮星以西4°31′处。因为该恒星位于209°40′，所以木星显然位于恒星天球上205°9′处。从基督纪元开始到这次观测共历时1520均匀年62日15日分，由此可导出，太阳的平均行度为309°16′，[平均]视差近点角为111°15′，因此木星的平位置为198°1′[=309°16′−111°15′]。在我们这个时代，偏心圆高拱点已被发现位于159°，所以木星偏心圆的近点角为

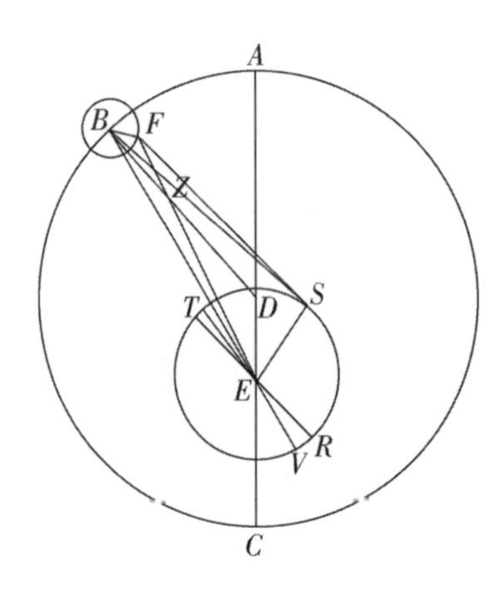

39°1′[=198°1′−159°]。

为了说明这种情况，以点 D 为中心，ADC 为直径作偏心圆 ABC。设远地点为点 A，近地点为点 C，地球周年轨道的中心 E 位于 DC 上。现在，设弧 AB=39°1′。以点 B 为中心，以 $BF=\frac{1}{3}DE$=两个圆心之间的距离为半径作小本轮。设∠DBF=∠ADB。连接直线 BD、BE 和 FE。

在三角形 BDE 中两边已知：如果取 BD=10000ᵖ，则 DE=687ᵖ。而这两条边所夹的∠BDE=140°59′=[180°−(∠ADB=39°1′)]。由此可得，底边 BE=10543ᵖ，∠DBE=∠ADB−∠BED=2°21′。因此，整个∠EBF=41°22′[=(∠DBE=2°21′)+(∠DBF=∠ADB=39°1′)]。于是在三角形 EBF 中，∠EBF 以及该角的两夹边已知：如果取 BD=10000ᵖ，则 EB=10543ᵖ，$BF=\frac{1}{3}$(DE=两个圆心之间的距离)=229ᵖ。由此可得，其余的边 FE=10373ᵖ，∠BEF=50′。直线 BD 和 FE 相交于点 X，所以∠DXE=∠BDA−∠FED=平均行度−真行度。∠DXE=∠DBE+∠BEF[=2°21′+50′]=3°11′。现在，∠FED=39°1′[=∠ADB]−3°11′=35°50′，即为偏心圆高拱点与行星的距离。但由于高拱点位于159°[Ⅴ，11]，所以159°+35°50′=194°50′，即为木星相对于中心 E 的真位置，但其视位置位于205°9′[Ⅴ，14]，所以差值=10°19′属于视差。

现在，设 RST 为围绕中心 E 作的地球轨道，其直径 RET 平行于 BD，点 R 为视差远地点。根据视差平近点角的测定[Ⅴ，14 开头]，取弧 RS=111°15′。延长直线 FEV 至地球轨道两边。行星的真远地点将位于点 V，∠REV=平远地点与真远地点之角度差=∠DXE，由此可得整个弧 VRS=114°26′[=RS+RV=111°15′+3°11′]，∠FES=180°−∠SEV[=114°26′]=65°34′。但由于视差角 EFS=10°19′，所以在三角形 EFS 中，

其余的角 FSE—104°7′。因此三角形 EFS 各角已知，边长之比也可求得：FE：ES=9698：1791。因此，如果取 BD=10000，则当 FE=10373^{p}时，ES=1916。然而托勒密的结果是，如果取偏心圆半径＝60^p[《天文学大成》，Ⅺ，2]，则 ES＝11^{p}30′，这几乎与 1916：10000 具有同一比值。因此在这方面我似乎与他并没有什么不同。

于是，直径 ADC：直径 RET=5^{p}13′：1^p。类似地，AD：ES=AD：RE=5^{p}13′9″：1^p。同样，DE=21′29″，BF=7′10″。因此，当木星位于远地点时，设地球轨道半径=1^p，则整个 ADE−BF=5^{p}27′29″[=5^{p}13′9″+21′29″−7′9″]；当木星位于近地点时，其余的 EC+BF[=5^{p}13′9″−21′29″+7′9″]=4^{p}58′49″；而当木星位于远地点和近地点之间时，其值也可相应求得。由此可得，木星在远地点时的最大视差为 10°35′，在近地点时为 11°35′，这两个极值之间相差 1°。这样，木星的均匀行度及其视行度就确定下来了。

第十五章　火　　星

我现在要用火星在古代的三次冲来分析它的运转，并将再次把地球在古代的运动与行星的冲联系起来。在托勒密报告的三次冲中[《天文学大成》，Ⅹ，7]，第一次发生于哈德良 15 年埃及历 5 月 26 日之后的午夜后 1 个均匀小时。根据托勒密的说法，火星当时位于双子宫内 21°处，相对恒星天球位于 74°20′[双子宫 21°=81°0′(−6°40′)=74°20′]；他记录到第二次冲发生在哈德良 19 年埃及历 8 月 6 日之后的午夜前 3 小时，当时行星位于狮子宫内 28°50′，相对恒星天球位于 142°10′[狮子宫 28°50′=148°50′(−6°40′)=142°10′]；第三次冲发生在安敦尼 2 年埃及历 11 月 12 日之后的午夜前 2 均匀小时，当时行星位于人马宫内 2°34′处，相对恒星天球位于 235°54′[人马宫 2°34′=242°34′(−6°40′)=235°54′]。

因此，从第一次冲到第二次冲历时 4 埃及年 69 日加 20 小时=50 日分，除整圈运转外，行星的视行度为 67°50′[＝142°10′－74°20′]。从第二次到第三次冲历时 4 年 96 日 1 小时，行星的视行度为 93°44′[＝235°54′－142°10′]。在第一时段中，除整圈运转外，平均行度为 81°44′；在第二时段中为 95°28′。如果取偏心圆半径为 60ᵖ，托勒密发现[《天文学大成》，Ⅹ，7]两个中心间的全部距离为 12ᵖ；如果取半径为 10000ᵖ，则相应距离为 2000ᵖ。从第一冲点到高拱点的平均行度为 41°33′，从高拱点到第二冲点的平均行度为 40°11′，从第三冲点到低拱点的平均行度为 44°21′。

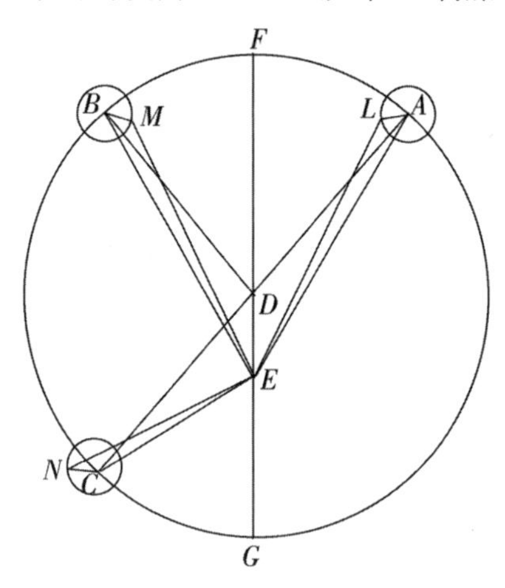

然而根据我的均匀运动假设，偏心圆与地球轨道的中心之间的距离＝1500ᵖ＝[托勒密偏心率＝2000ᵖ的]$\frac{3}{4}$，而其余的$\frac{1}{4}$＝500 为小本轮的半径。现在，以点 D 为中心作偏心圆 ABC，FDG 为通过两个拱点的直径，点 E 为周年运转轨道圆的中心。设 A、B、C 分别为三个冲点的位置，并设弧 AF＝41°33′，弧 FB＝40°11′，弧 CG＝44°21′。分别绕 A、B 和 C 各点以 DE 的$\frac{1}{3}$为半径作小本轮。连接 AD、BD、CD、AE、BE 和 CE。在这些小本轮中作 AL、BM 和 CN，使得$\angle DAL=\angle ADF$，$\angle DBM=\angle BDF$，$\angle DCN=\angle CDF$。

由于在三角形 ADE 中，因为$\angle FDA$ 已知[＝41°33′]，所以$\angle ADE$＝138°27′。此外，两边已知：如果取 AD＝10000ᵖ，则 DE＝1500ᵖ。由此可知，其余的边 AE＝11172ᵖ，$\angle DAE$＝5°7′。于是整个$\angle EAL$[＝$\angle DAE$＋$\angle DAL$＝5°7′＋41°33′]＝46°41′。在三角形 EAL 中，$\angle EAL$[＝46°40′]和两边也已知：如果取 AD＝10000ᵖ，则 AE＝11172ᵖ，AL＝500ᵖ。而且$\angle AEL$＝1°56′，$\angle AEL+\angle DAE$＝7°3′，即为$\angle ADF$ 与$\angle LED$ 之间的差值，$\angle DEL$＝34 $\frac{1}{2}$°。

类似地，对于第二次冲：在三角形 BDE 中，$\angle BDE=139°49'[=180°-(FDB=40°11')$，如果取 $BD=10000^{p}$，则边 $DE=1500^{p}$。因此，边 $BE=11188^{p}$，$\angle BED=35°13'$，$\angle DBE[=180°-(139°49'+35°13')]=4°58'$。因此，已知边 $BE[=11188]$ 和 $BM[=500]$ 所夹的 $\angle EBM[=\angle DBE+(\angle DBM=\angle BDF)=4°58'+40°11']=45°9'$，由此可得 $\angle BEM=1°53'$，余下的 $\angle DEM[=\angle BED-\angle BEM=35°13'-1°53']=33°20'$。因此整个 $\angle MEL[=\angle DEM+\angle DEL=33°20'+34\frac{1}{2}°]=67°50'$，即为从第一次冲到第二次冲时行星的视行度，这个值与观测结果[=67°50′]相符。

同样，对于第三次冲，三角形 CDE 的两边 $CD[=10000^{p}]$ 和 $DE[=1500^{p}]$ 已知，它们的夹角 $\angle CDE$[=弧 CG]$=44°21'$。因此，如果取 $CD=10000^{p}$ 或 $DE=1500^{p}$，则底边 $CE=8988^{p}$，$\angle CED=128°57'$，其余的 $\angle DCE=6°42'[=180°-(44°21'+128°57')]$。在三角形 CEN 中，整个 $\angle ECN[=(\angle DCN=\angle CDF=180°-44°21'=135°39')+(\angle DCE=6°42')]=142°21'$，它的夹边为已知的 $EC[=8988^{p}]$ 和 $CN[=500^{p}]$，因此 $\angle CEN=1°52'$。于是在第三次冲时剩余的 $\angle NED[=\angle CED-\angle CEN=128°57'-1°52']=127°5'$。但是已经求得 $\angle DEM=33°20'$。因此 $\angle MEN[=\angle NED-\angle DEM=127°5'-33°20']=93°45'$，即为第二次冲与第三次冲之间的视行度角。此计算结果也与观测结果[93°44′]符合得很好。前面已经说过，当这最后一次观测冲日发生时，火星看起来位于 235°54′，它与偏心圆远地点相距 $127°5'[=NEF]$，因此火星偏心圆的远地点当时位于恒星天球上 $108°49'[=235°54'-127°5']$处。

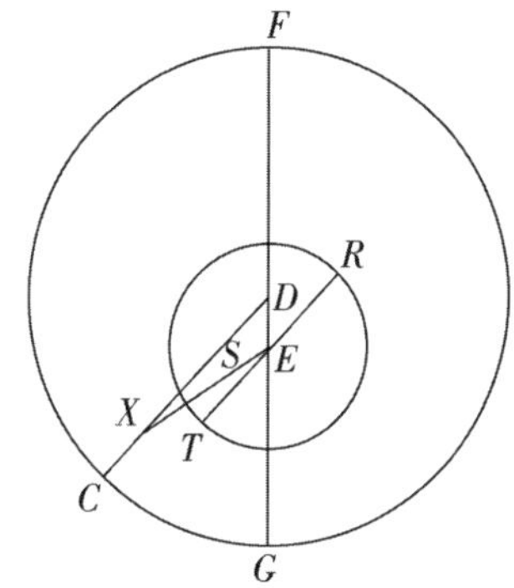

现在，绕中心点 E 作地球的周年轨道 RST，其直径 RET 平行于 DC，点 R 为视差远地点，点 T 为近地点。行星沿 EX 看起来位于黄经 235°54′处。我已经表明，均匀行度与视行度之差 $=\angle DXE[=\angle DCE+\angle CEN=6°42'+1°52'$，见前图$]=8°34'$。因此，平均行度＝

$244\frac{1}{2}$°[≈235°54′+8°34′=244°28′]。但∠DXE=圆心角∠SET=8°34′，因此弧 RS=弧 RT-弧 ST=180°-8°34′=171°26′，即为行星的平均视差行度。不仅如此，我还用地球运动的假设证明了，在安敦尼 2 年埃及历 11 月 12 日午后 10 均匀小时，火星沿黄经的平均行度为 $244\frac{1}{2}$°，视差近点角为 171°26′。

第十六章　新近观测到的其他三次火星冲日

我把托勒密对火星的三次观测与我比较仔细地做的另外三次观测再次进行了对比。第一次发生在公元 1512 年 6 月 5 日午夜 1 小时，当时火星位于 235°33′，它与同恒星天球的起点即白羊宫第一星相距 55°33′的太阳正好相冲。第二次发生在公元 1518 年 12 月 12 日午后 8 小时，当时火星位于 63°2′。第三次发生在公元 1523 年 2 月 22 日午前 7 小时，当时火星位于 133°20′。因此，从第一次观测到第二次观测历时 6 埃及年 191 日 45 日分，从第二次观测到第三次观测历时 4 年 72 日 23 日分。在第一时段中，视行度为 187°29′[=63°2′+360°-235°33′]，均匀行度为 168°7′；而在第二时段中，视行度为 70°18′[=133°20′-63°2′]，均匀行度为 83°。

现在重作火星的偏心圆，只是弧 AB=168°7′，弧 BC=83°。凭借我在土星和木星的情形中所使用的方法(在此略过那些浩繁、复杂、枯燥的计算)，我最终发现火星的远地点位于弧 BC 上。它显然不可能在弧 AB 上，因为在那里视行度比平均行度大 19°22′[=187°29′-168°7′]。远地点也不可能在弧 CA 上，因为尽管在该处视行度 102°13′[=360°-(187°29′+70°18′)]比平均行度 108°53′[=360°-(168°7′+83°=251°7′)]小一些，但在 CA 之前的弧 BC 上，平均行度=83°超过视行度[=70°18′]的量[12°42′]要比在弧 CA 上[此处平均行度 108°53′-视行度 102°13′=6°40′]大一些。

但前已说明[Ⅴ，4]，在偏心圆上，较小和缩减的[视]行度发生在远地点附近。因此，远地点将被正确地视为位于弧 BC 上。

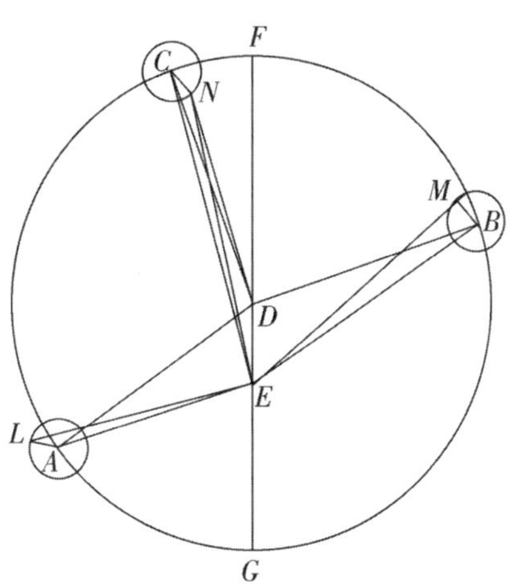

设远地点为点 F，FDG 为圆的直径。地球轨道的中心 E 以及偏心圆的中心 D 都位于这条直径上。由此我求得弧 $FCA=125°59'$，弧 $BF=66°25'$，弧 $FC=16°36'$，如果取半径 $=10000^p$，则两中心之间的距离 $DE=1460^p$，用同样单位表示，小本轮半径 $=500^p$。这些数值表明，视行度与均匀行度相互一致，并与观测结果完全符合。

根据以上所述作出图形。在三角形 ADE 中，AD 和 DE 两边已知[10000^p，1460^p]，从火星的第一冲点到近地点的 $\angle ADE=54°31'$[$=$弧 $AG=180°-(FCA=125°59')$]。因此，$\angle DAE=7°24'$，其余的角 $\angle AED=118°5'$[$=180°-(\angle ADE+\angle DAE=54°31'+7°24')$]，第三边 $AE=9229^p$。但根据假设，$\angle DAL=\angle FDA$。因此，整个 $\angle EAL$[$=\angle DAE+\angle DAL=7°24'+125°59'$]$=132°53'$。于是在三角形 EAL 中，EA 与 AL 两边[9229^p，500^p]以及它们所夹的 $\angle A$[$=132°53'$]也已知，因此其余的 $\angle AEL=2°12'$，剩余 $\angle LED=115°53'$[$=\angle AED-\angle AEL=118°5'-2°12'$]。

类似地，对于第二次冲，由于三角形 BDE 的两边 DB 和 DE 已知[10000^p，1460^p]，它们的夹角 $\angle BDE$[$=$弧 $BG=180°-$(弧 $BF=66°25'$)]$=113°35'$，所以根据平面三角定理可得，$\angle DBE=7°11'$，其余的 $\angle DEB=59°14'$[$=180°-(113°35'+7°11')$]，如果取 $DB=10000^p$，$BM=500^p$，则底边 $BE=10668^p$，整个 $\angle EBM$[$=\angle DBE+(\angle DBM=$弧 $BF)=7°11'+66°25'$]$=73°36'$。

在三角形 EBM 中也是如此，它的已知角[$\angle EBM=73°36'$]的两夹边已知[$BE=10668$，$BM=500$]，可以得到 $\angle BEM=2°36'$。相减可得，$\angle DEM=\angle DEB$[$=59°14'$]$-\angle BEM=56°38'$。于是，从近地点到第二冲

点的外角$\angle MEG=180°-\angle DEM[=56°38']=123°22'$。但我们已经求得$\angle LED=115°53'$，其补角$\angle LEG=64°7'$。如果取四直角$=360°$，则$\angle LEG+\angle GEM[=123°22']=187°29'$。这与从第一冲点到第二冲点的视距离[$=187°29'$]相符。

第三次冲的情况也可用同样方法作类似分析。我们已经求得$\angle DCE=2°6'$，如果取$CD=10000^{p}$，则边$EC=11407^{p}$。因此，整个$\angle ECN$[$=\angle DCE+(\angle DCN=\angle FDC)=2°6'+16°36'$]$=18°42'$。在三角形$ECN$中，$CE$、$CN$两边已知[$11407^{p}$，$500^{p}$]，所以$\angle CEN=50'$，$\angle CEN+\angle DCE=2°56'$，即为视行度角$DEN$小于均匀行度角$FDC$[$=$弧$FC=16°36'$]的量。因此，$\angle DEN=13°40'$。这些值[$\angle DEN+\angle DEM=13°40'+56°38'=70°18'$]再次与观测到的第二次冲与第三次冲之间的视行度[$=70°18'$]精确相符。

正如我所说[近Ⅴ，16开头处]，在第三次冲时火星出现在距白羊座头部133°20′处，并已经求得$\angle FEN\approx13°40'$，因此往后计算可得，最后一次观测时偏心圆远地点的位置显然在恒星天球上119°40′[$=133°20'-13°40'$]处。在安敦尼时代，托勒密发现远地点位于108°50′处[《天文学大成》，Ⅹ，7：巨蟹宫$25°30'=115°30'-6°40'$]。因此，从那时起到现在，它已经向东移动了10°50′[$=119°40'-108°50'$]。此外，如果取偏心圆半径为10000^{p}，我还求得两圆心间的距离小了40^{p}[1460^{p}与1500^{p}相比]。这并不是因为托勒密或我出了差错，而是正如已经清楚证明的，地球轨道圆的中心接近了火星轨道的中心，而太阳此时却静止不动。这些结论彼此高度一致，下面将会看得更清楚[Ⅴ，19]。

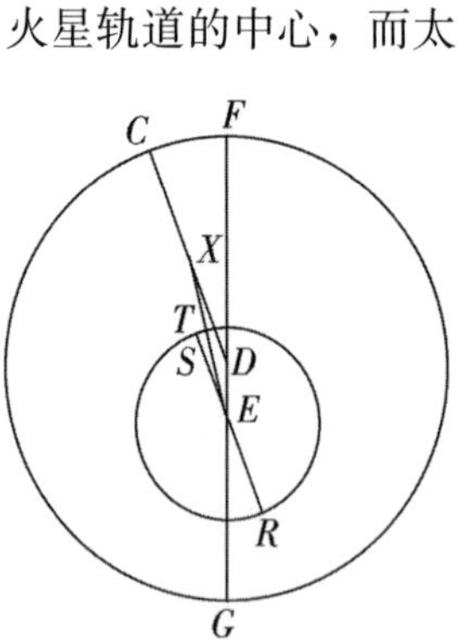

现在，围绕中心点E作地球的周年轨道[RST]，由于运转相等，所以其直径SER平行于CD。设点R为相对于行星的均匀远地点，点S为近地点。地球位于点T。延长行星的视线ET，与CD交于点X。我已经说过[近Ⅴ，16开头处]，在最后一个位置，行星看起来在ETX上，其经度为 133°20′。此外，我们已经求得，均匀行度角$\angle XDF$超过视行度角$\angle XED$的差值角$\angle DXE$[=上图中$\angle CEN$+$\angle DCE$]=2°56′，但$\angle SET$=内错角$\angle DXE$=视差行差，$\angle STR$[=180°]−2°56′=177°4′，即为从均匀运动的远地点R算起的均匀视差近点角。于是我们在这里再次确定，在公元 1523 年 2 月 22 日午前 7 均匀小时，火星的黄经平均行度为 136°16′[=2°56′+(133°20′=视位置)]，其均匀视差近点角为 177°4′[=180°−2°56′]，偏心圆的高拱点位于 119°40′。证毕。

第十七章 火星行度的证实

前已说明[Ⅴ，15]，在托勒密三次观测中的最后一次，火星的[黄经]平均行度为 244 $\frac{1}{2}$°，视差近点角为 171°26′。因此，在[托勒密的最后一次观测与哥白尼的最后一次观测之间的]这段时间中，火星的行度除整圈运转外还有 5°38′[+171°26′=177°4′]。从安敦尼 2 年埃及历 11 月 12 日午后 9 小时(相对于克拉科夫经度为午夜前 3 均匀小时)到公元 1523 年 2 月 22 日午前 7 小时，共历时 1384 埃及年 251 日 19 日分。根据上面的计算，在这段时间中，视差近点角除 648 整圈外还有 5°38′。预期的太阳均匀行度为 257 $\frac{1}{2}$°，从 257 $\frac{1}{2}$°减去视差行度 5°38′，得到的 251°52′即为火星的黄经平均行度。所有这些结果都与刚才的结果相符得较好。

第十八章 火星位置的测定

从基督纪元开始到安敦尼 2 年埃及历 11 月 12 日午夜前 3 小时，共历时 138 埃及年 180 日 52 日分，在此期间，视差行度为 293°4′。把 293°4′从托勒密的最后一次观测[Ⅴ，15 结尾]的 171°26′(另加一整圈)[171°26′+360°=531°26′]中减去，则对公元元年元旦午夜求得余量 238°22′[=531°26′−293°4′]。从第一个奥林匹克运动会期到这一时刻共历时 775 埃及年 12 $\frac{1}{2}$ 日。在此期间，视差行度为 254°1′。同样，把 254°1′从 238°22′(另加一整圈)[238°22′+360°=598°22′]中减去，则对第一个奥林匹克运动会期求得余量 344°21′。类似地，对其他纪元分离出行度，我们可以求得亚历山大纪元的起点为 120°39′，恺撒纪元的起点为 211°25′。

第十九章　以地球周年轨道为单位的火星轨道大小

此外，我还观测到火星掩了被称为"氐宿一"的天秤座中第一颗亮星，我是在公元 1512 年元旦作这次观测的。那天早晨，在中午之前 6 个均匀小时，我看到火星距该恒星$\frac{1}{4}$°，但是在冬至日出的方向[即东北方]，这表明就经度而言火星在该恒星以东$\frac{1}{8}$°，就纬度而言在该恒星以北$\frac{1}{5}$°。已知该恒星的位置为距白羊宫第一星 191°20′，纬度为北纬 40′，所以火星显然位于 191°28′[≈191°20′+$\frac{1}{8}$°]，北纬 51′[≈40′+$\frac{1}{5}$°]。由计算可得，当时的视差近点角为 98°28′，太阳的平位置为 262°，火星的平位置为 163°32′，偏心圆近点角为 43°52′。

由此，作偏心圆 ABC，其中心为点 D，直径为 ADC，点 A 为远地点，点 C 为近地点，如果取 $AD=10000^p$，则偏心率 $DE=1460^p$。已知弧 $AB=43°52′$，以点 B 为中心，取 AD 为 10000^p 时半径 BF 为 500^p 作小本轮，使 $\angle DBF=\angle ADB$。连接 BD、BE 和 FE。此外，绕中心 E 作地球的大圆 RST。在与 BD 平行的直径 RET 上，取点 R 为行星视差的[均匀]远地点，点 T 为行星均匀行度的近地点。设地球位于点 S，弧 RS 为均匀视差近点

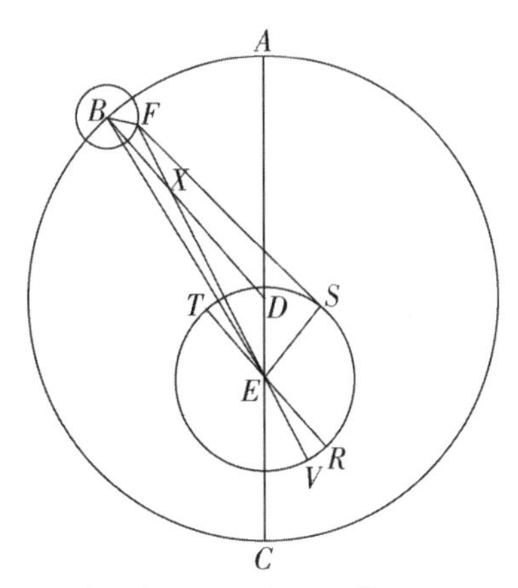

角，其计算值为 98°28′。把直线 FE 延长为 FEV，交 BD 于点 X，交地球轨道的凸圆周于视差的真远地点 V。

三角形 BDE 的两边已知：如果取 $BD=10000^p$，则 $DE=1460^p$，它们的夹角为 $\angle BDE$。而 $\angle ADB=43°52'$，所以 $\angle BDE=180°-43°52'=136°8'$。由此可以求得，底边 $BE=11097^p$，$\angle DBE=5°13'$。但根据假设，$\angle DBF=\angle ADB$，相加可得，两已知边 EB 和 BF［11097^p，500^p］的整个夹角 $\angle EBF=49°5'$［$=\angle DBE+\angle DBF=5°13'+43°52'$］。因此，在三角形 BEF 中，我们有 $\angle BEF=2°$，如果取 $DB=10000^p$，则其余的边 $FE=10776^p$。于是，$\angle DXE=7°13'=\angle XBE+\angle XEB=$两相对内角之和［$=5°13'+2°$］。$\angle DXE$ 为负行差，即 $\angle ADB$ 超过 XED 的量［$=36°39'=43°52'-7°13'$］，或者火星平位置超过其真位置的量。现在我们已经计算出火星的平位置为 163°32′，因此真位置位于偏西 156°19′［$+7°13'=163°32'$］处。但在那些在点 S 附近进行观测的观测者看来，火星出现在 191°28′处。因此它的视差或位移为偏东 35°9′［$=191°28'-156°19'$］。于是显然，$\angle EFS=35°9'$。因 RT 平行于 BD，所以 $\angle DXE=\angle REV$，类似地，弧 $RV=7°13'$。于是整个弧 VRS［$=RV+RS=7°13'+98°28'$］$=105°41'$，即为归一化的视差近点角。由此可得三角形 FES 的外角 $\angle VES$［$=105°41'$］。于是，如果取两直角 $=180°$，则可求得相对内角 $\angle FSE=70°32'$［$=\angle VES-\angle EFS=105°41'-35°9'$］。

但三角形的各角已知，其各边比值也可求得。因此，如果取三角形外接圆的直径 $=10000^p$，则 $FE=9428^p$，$ES=5757^p$。于是，如果取 $BD=10000^p$，已知 $EF=10776^p$，则 $ES\approx6580^p$，这与托勒密得到的结果［《天文学大成》，Ⅹ，8；$39\frac{1}{2}°:60$］同样相差甚微，与之几乎相等［$39\frac{1}{2}°:60=6583\frac{1}{3}°:10000^p$］。以同样单位来表示，$ADE=11460^p$［$=AD+DE=$

10000＋1460]，余量 $EC=8540^p$[$ADEC=20000^p$]。在偏心圆的低拱点，小本轮要加上 500^p，而在高拱点 A 则要减去 500^p，于是在高拱点的余数为 10960^p[＝11460－500]，在低拱点的和为 9040^p[＝8540＋500]。因此，如果取地球轨道半径为 1^p，则火星在远地点的最大距离为 $1^p39'57''$，最小距离为 $1^p22'26''$，平均距离为 $1^p31'11''$[$1^p39'57''-1^p22'26''=17'31''$；$17'31''\div 2\approx 8'45''$；$8'45''+1^p22'26''\approx 1^p39'57''-8'45''$]。于是对于火星，其行度的大小和距离也已经通过地球的运动并通过可靠的计算加以解释了。

第二十章　金　　星

在解释了环绕地球的三颗外行星——土星、木星与火星——的运动之后，现在要讨论被地球所环绕的那些行星。首先是金星，只要不缺乏在某些位置的必要观测结果，金星的运动就比水星更容易和更清楚地说明。因为如果求得它在晨昏时与太阳平位置的最大距角相等，我们就可以肯定，金星偏心圆的高、低拱点正好在太阳这两个位置之间。这些拱点可以通过以下事实区分开，即当成对出现的[最大]距角较小时，它们在远地点附近发生；而在相对的拱点附近，成对的距角较大。最后，在[拱点之间的]所有其他位置，我们出距角的相对大小可以完全确定地求出金星球体与高低拱点的距离以及金星的偏心率。这些主题托勒密都已经非常清楚地研究了[《天文学大成》，Ⅹ，1—4]，因此不必再对它们逐一进行重复，除非可以用我关于地球运动的假说并由托勒密的观测对其进行解释。

他所采用的第一项观测是由亚历山大城的天文学家[士麦那(Smyrna)的?]西翁(Theon)于哈德良 16 年埃及历 8 月 21 日之后的夜间第一小时，即公元 132 年 3 月 8 日黄昏做出的。托勒密说[《天文学大成》，Ⅹ，1]，当时金星呈现出的最大黄昏距角与太阳的平位置相距 $47\frac{1}{4}$°，而可以算出太阳的平位置在恒星天球上 337°41′处。托勒密把这次观测与他在安敦尼 4 年

1月12日破晓即公元140年7月30日的黎明所作的另一次观测相比较，指出当时金星的最大清晨距角=47°15′=以前与太阳平位置的距离，该平位置在恒星天球上119°处，而以前为337°41′。于是显然，这两个平位置之间的中点为彼此相对的两个拱点，其位置分别为48 $\frac{1}{3}$°和228 $\frac{1}{3}$°[337°41′−119°=218°41′；218°41′÷2≈109°20′；109°20′+119°=228°20′；228°20′−180°=48°20′]。当把二分点岁差6 $\frac{2}{3}$°加到这两个值上之后，根据托勒密的说法[《天文学大成》，Ⅹ，1]，两个拱点分别位于金牛宫内25°$\left[=55°=48\frac{1}{3}°+6\frac{2}{3}°\right]$以及天蝎宫内25°$\left[=235°=228\frac{1}{3}°+6\frac{2}{3}°\right]$处。金星的高、低拱点在这两个位置上必然完全相对。

不仅如此，为了更有力地证实这一结果，他采用了西翁于哈德良12年3月20日破晓，即公元127年10月12日清晨所作的另一次观测结果。当时金星呈现出的最大距角与太阳的平位置191°13′相距47°32′。除此之外，托勒密还补充了他本人于哈德良21年即公元136年埃及历6月9日或罗马历12月25日下一夜的第一小时所作的一次观测，当时金星呈现出的黄昏距角与太阳的平位置265°再次相距47°32′。但在上一次西翁所作的观测中，太阳的平位置为191°13′。这些位置的中点[265°−191°13′=73°47′；73°47′÷2≈36°53′；36°53′+191°13′=228°6′；228°6′−180°=48°6′]又一次≈48°20′，228°20′，远地点和近地点必定位于这里。从二分点量起，这些点分别位于金牛宫内25°和天蝎宫内25°处。托勒密通过另外两次观测来区分它们，如下所述[《天文学大成》，Ⅹ，2]。

第一次是西翁于哈德良13年11月3日，即公元129年5月21日破晓时的观测。当时他测得金星的最大清晨距角为44°48′，而太阳的平均行度为48 $\frac{5}{6}$°，金星出现在恒星天球上4°[≈48°50′−44°48′]处。托勒密本人于哈德良21年埃及历5月2日或罗马历公元136年11月18日之后夜晚第一小时作了另一次观测，次日夜晚1小时，太阳的平均行度为228°54′，金星距离它的黄昏最大距角为 $47°16'$，行星本身出现在 $276\frac{1}{6}°$[$=228°54'+47°16'$]处。通过这些观测，两个拱点就彼此区分开了，即高拱点位于 $48\frac{1}{3}°$，金星在这里的最大距角较小；低拱点位于 $228\frac{1}{3}°$，金星在这里的最大距角较大。证毕。

第二十一章　地球和金星的轨道直径之比

由此也能求得地球与金星的轨道直径之比。以点 C 为中心作地球轨道 AB。过两个拱点作直径 ACB，在 ACB 上取点 D 为相对圆 AB 为偏心的金星轨道的中心。设点 A 为远日点的位置。当地球位于远日点时，金星轨道的中心距离地球最远。AB 为太阳的平均行度线——点 A 为 $48\frac{1}{3}°$，点 B 为金星的近日点，在 $228\frac{1}{3}°$。作直线 AE 和 BF 与金星轨道切于点 E 和点 F。连接 DE 和 DF。

由于圆心角 DAE 所对的弧$=44\frac{4}{5}°$[=西翁第三次观测中的最大距角，见Ⅴ，20]，$\angle AED=90°$，所以三角形 DAE 的各角已知，于是它的各边也可求得：如果取 $AD=10000^p$，则 $DE=\frac{1}{2}$弦 $2DAE=7046^p$。同样，在

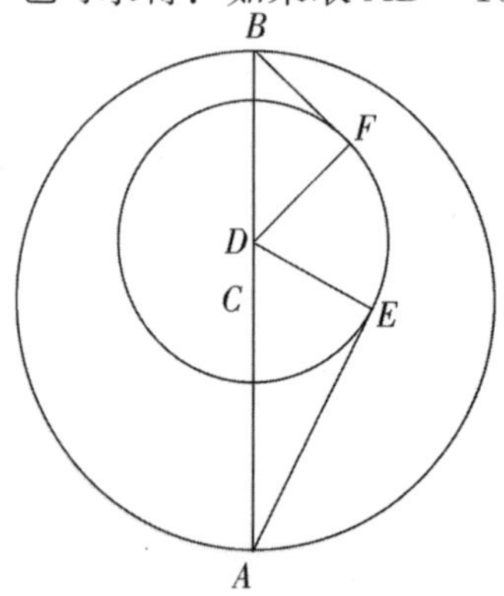

直角三角形 BDF 中，$\angle DBF=47°16'$，如果取 $BD=10000^p$，则弦 $DF=7346^p$。因此，如果取 $DF=DE=7046^p$，则 $BD=9582^p$。于是整个 $ACB=19582^p$[$=BD+AD=9582^p+10000^p$]，$AC=\frac{1}{2}ACB=9791^p$，相减可得，CD[$=BC(=AC)-BD$]$=209^p$。因此，如果

取 $AC=1^p$，则 $DE=43\frac{1}{6}'$，$CD\approx1\frac{1}{4}'$。如果取 $AC=10000^p$，则 $DE=DF=7193^p$，$CD\approx208^p$。证毕。

第二十二章 金星的双重运动

然而正如托勒密的两次观测所特别证明的[《天文学大成》，Ⅹ，3]，金星围绕点 D 并非作简单的均匀运动。他所作的第一次观测是在哈德良 18 年埃及历 8 月 2 日，即罗马历公元 134 年 2 月 18 日。当时太阳的平均行度为 $318\frac{5}{6}°$，清晨出现在黄道 $275\frac{1}{4}°$处的金星已经达到了距角的最外极限 $=43°35'[+275°15'=318°50']$。托勒密的第二次观测是在安敦尼 3 年埃及历 8 月 4 日，即罗马历公元 140 年 2 月 19 日清晨。当时太阳的平位置也是 $318\frac{5}{6}°$，金星在其黄昏的最大距角与之相距 $48\frac{1}{3}°$，出现在黄经 $7\frac{1}{6}°[=48°20'+318°50'-360°]$。

知道了这些之后，在同一地球轨道上取地球所在位置点 G，使弧 AG 为圆的一个象限。太阳因其平均运动而在两次观测时看来各在直径两端，太阳位于金星偏心圆远地点以西的距离即为 $AG\left[48\frac{1}{3}°+360°-90°=318°20'\approx318\frac{5}{6}°\right]$。连接 GC，作 DK 平行于 GC。作 GE 和 GF 与金星轨道相切。连接 DE、DF 和 DG。

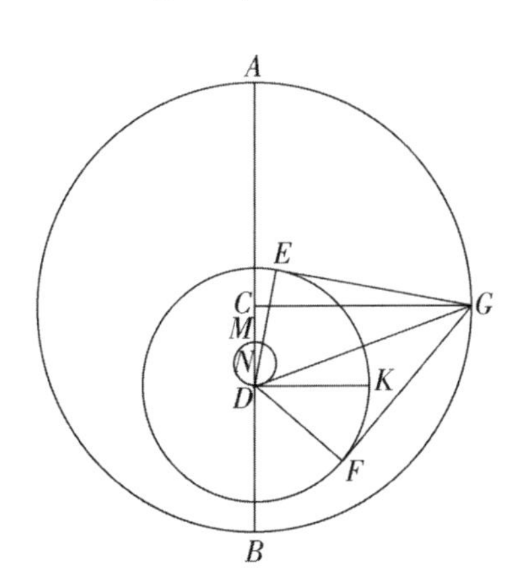

第一次观测时的清晨距角 $\angle EGC=43°35'$，第二次观测时的黄昏距角 $\angle CGF=48\frac{1}{3}°$，整个 $\angle EGF=\angle EGC+\angle CGF=91\frac{11}{12}°$。因此，$\angle DGF=\frac{1}{2}\angle EGF=$

$45°57\frac{1}{2}'$。相减可得，$\angle CGD\left[=\angle CGF-\angle DGF=48\frac{1}{3}°-45°57\frac{1}{2}'=2°22\frac{1}{2}'\right]\approx 2°23'$。但$\angle DCG=90°$，因此直角三角形 CGD 中的各角已知，各边之比也可知，所以如果取 $CG=10000^{p}$，则 $CD=416^{p}$。我们已经求得，两圆心距离为 208^{p}[Ⅴ，21]。现在它正好增大了一倍。于是，如果 CD 被点 M 等分，类似地，整个这一进退变化为 $DM=208^{p}$。如果 DM 又被点 N 等分，则该点为此行度的中点和归一化点。于是，和三颗外行星的情况一样，金星的运动也是由两种均匀运动组合而成的，无论是通过那些情况下的偏心本轮[Ⅴ，4]，还是如前所述的任何其他方式。

然而，这颗行星在其运动的样式和度量上与其他行星有所不同。依我之见，通过一个偏心圆可以更容易和方便地说明这一点。以点 N 为中心，DN 为半径作一个小圆，金星的圆心在其上按照下面规则运转和移动。每当地球落在偏心圆高、低拱点所在的直径 ACB 上时，行星轨道圆的中心将总是距离地球轨道中心 C 最近，即位于点 M；而当地球落在中拱点比如点 G 时，行星轨道圆的中心将到达点 D，与地球轨道中心 C 的距离达到最大。由此可以推出，当地球沿其轨道运行一周时，行星轨道圆的中心已经绕中心点 N 沿着与地球运动相同的方向即往东旋转了两周。根据金星的这一假设，其均匀行度和视行度与所有情况下的观测结果都符合，这一点很快就会予以说明。到此为止，我们已经证明的有关金星的所有结果都与现代数值符合，只是偏心率减小了大约$\frac{1}{6}$，以前它是 $416^{p}$$\left[\text{《天文学大成》，Ⅹ，3；}2\frac{1}{2}^{p}:60^{p}=416\frac{2}{3}\right]$，但多次观测表明它现在是 $350^{p}$$\left[416\times\frac{5}{6}=347\right]$。

第二十三章　对金星运动的分析

从这些观测中，我采用了两个以最高精度观测的位置[《天文学大成》，

Ⅹ，4]。①

一次观测是提摩恰里斯于托勒密・费拉德尔弗斯(Ptolemy Philadelphus)13 年，即亚历山大去世后 52 年埃及历 12 月 18 日清晨进行的。在这

① 此段至结尾段间内容的较早版本：

一次是托勒密于安敦尼 2 年 5 月 29 日破晓前所作的观测。在月亮与天蝎前额最北面[三颗星中]第一颗亮星之间的直线上，托勒密看见金星与月球的距离是与该恒星距离的 $1\frac{1}{2}$ 倍。已知该恒星的位置为[黄经]209°40′和北纬 $1\frac{1}{3}$°。为了确定金星的位置，弄清楚观测到的月亮位置是值得的。

从基督诞生到这次观测的时刻，共历时 138 埃及年 18 日，在亚历山大城为午夜后 $4\frac{3}{4}$ 小时，而在克拉科夫则为地方时 $3\frac{3}{4}$h 或均匀时 $3^{h}41^{m}=9^{dm}23^{ds}$。太阳以其平均均匀行度当时在 $255\frac{1}{2}$°，以其视行度在人马宫内 23°[=263°]处。因此，月亮与太阳的均匀距离为 319°18′，其平均近点角为 87°37′，距其北限的平均黄纬近点角为 12°19′。由此可以计算出月球的真位置为 209°4′和北纬 4°58′。加上当时的两分点岁差 6°41′，月亮位于天蝎宫内 5°45′[=215°45′=209°4′+6°41′]。用仪器可以测出，在亚历山大城室女宫内 2°位于中天，而天蝎宫内 25°正在升起。因此根据我的计算，月球的黄经视差为 51′，黄纬视差为 16′。于是在亚历山大城观测到并且修正的月亮位置为 209°55′[=209°4′+51′]和北纬 4°42′[=4°58′−16′]。由此可以确定金星的位置为 209°46′和北纬 2°40′。

现在设地球轨道为 AB，其中心在点 C，直径 ACB 过两拱点。设从点 A 看去金星位于其远地点 $=48\frac{1}{3}$°，而点 B 为相对的点 $=228\frac{1}{3}$°。取 $AC=10000^{p}$，在直径上取距离 $CD=312^{p}$。以点 D 为圆心，半径 $DF=\frac{1}{3}CD$ 即 104 作一个小圆。

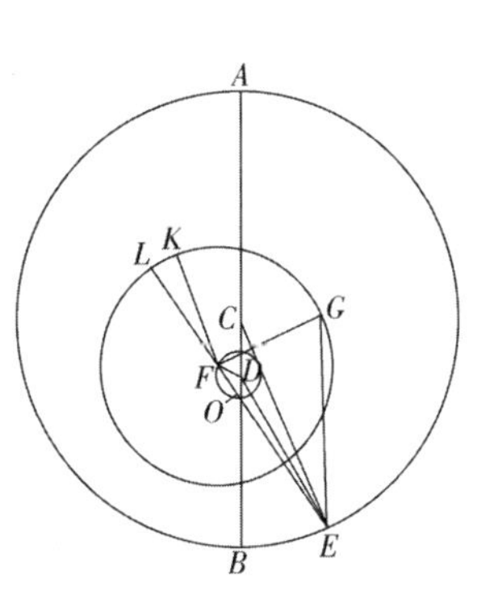

既然太阳的平位置 $=255\frac{1}{2}$°，所以地球与金星低拱点的距离为 27°10′[$+228\frac{1}{3}$°$=255\frac{1}{2}$°]。因此设弧 $BE=27°10'$。连接 EC、ED 和 DF，使 $\angle CDF=2\times\angle BCE$。然后以点 F 为中心描出金星的轨道。直线 EF 与直径 AB 相交于点 O，延长 EF 与金星的凹面圆周相交于点 L。向该圆周引 FK 平行于 CE。设行星位于点 G。连接 GE 与 GF。

这些准备工作完成后，我们的任务是求出弧 KG=行星与其轨道平均远地点 K 的距离以及 $\angle CEO$。在三角形 CDE 中，$\angle DCE=27°10'$，而如果取 $CE=10000^{p}$，则边 $CD=312^{p}$。于是其余的边 $DE=9724^{p}$，而 $\angle CED=50'$。相似地，在三角形 DEF 中，两边已知：如果 $DF=104^{p}$ 和 $CE=10000^{p}$，则 $DE=9724^{p}$。ED 与 DF 两边所夹的角[$\angle EDF$]已知。已知 $\angle CDF=54°20'$[$=2\times(\angle BCE=27°10')$]，$\angle FDB$=半圆[减去($\angle CDF=54°20'$)]的余量 $=125°40'$。因此整个 $\angle FDE=153°40'$。于是采用同样单位，边 $EF=9817^{p}$，$\angle DEF=16'$。

整个 $\angle CEF$[$=\angle DEF+\angle CED=16'+50'$]$=1°6'$，即为平均行度与绕中心 F 的视行度之差，即 $\angle BCE$ 与 $\angle EOB$ 之差。因此可得 $\angle BOE=28°16'$[$=27°10'+1°6'$]，这是我们的第一项任务。

次观测中，据说金星当时被看到掩食了室女左翼四颗恒星中最偏西的一颗。在对此星座的描述中，该星为第六颗星，其经度为 $151\frac{1}{2}°$，纬度为北纬 $1\frac{1}{6}°$，星等为 3。这样金星的位置就显然可得了[$=151\frac{1}{2}°$]，太阳的平位置也可算出是 194°23′。

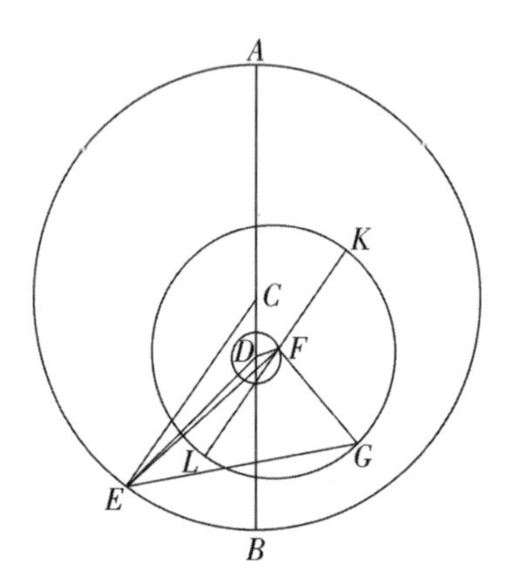

当时的情况如图所示，点 A 位于 48°20′ 处，弧 AE=146°3′[=194°23′−48°20′]，弧 BE=[从半圆中减去 AE=180°−146°3′的]余量=33°57′，∠CEG=42°53′[=194°23′−$151\frac{1}{2}°$]，即为行星与太阳平位置之间的角距离。如果取 $CE=10000^p$，则线段 $CD=312^p$[$=208^p+104^p$]，∠BCE[=弧 BE]=33°57′。因此在三角形 CDE 中，其余的∠CED=1°1′[和∠CDE=145°2′]，第三边 $DE=9743^p$。但∠CDF=2×∠BCE[=33°57′]=67°54′，∠BDF=180°−∠CDF[=67°54′]=112°6′。三角形 CDE 的一个外角∠BDE[=∠CED+(∠DCE=∠BCE)]=34°58′。因此，整个角∠EDF[=∠BDE+∠BDF=34°58′+112°6′]=147°4′。如果取 $DE=9743^p$，则已知 $DF=104^p$。此外在三角形 DEF 中，∠DEF=20′，整个∠CEF[=∠CED+∠DEF=1°1′+20′]=1°21′，边 $EF=9831^p$。但我们已经表明，整个

其次，∠CEG=45°44′=行星与太阳平位置的距离[$=255\frac{1}{2}°$−209°46′]。于是整个∠FEG[=∠CEG+∠FEC=45°44′+1°6′]≐46°50′。但如果取 $AC=10000^p$，已知 $EF=9817^p$，而且以上述单位来表示已知 $FG=1193^p$，因此在三角形 EFG 中，可知 EF 和 FG 两边之比[9817∶7193]和∠FEG[=46°50′]。∠EFG=84°19′也可知。由此可得外角∠LFG=131°6′=弧 LKG=行星与其轨道的视远地点的距离。但已经表明，∠KFL=∠CEF=平拱点与真拱点之差=1°6′。行星至平拱点的距离弧 KG=131°6′−1°6′=130°。圆的其余部分=230°=从点 K 量起的均匀近点角。于是对于安敦尼 2 年(=公元 138 年)12 月 16 日午夜后 3 小时 45 分，我们得到在克拉科夫的金星均匀近点角=230°，即为我们所求的量。

$\angle CEG=42°53'$，因此，$\angle FEG[=\angle CEG(=42°53')-\angle CEF(=1°21')]=41°32'$。如果取 $EF=9831^p$，则金星轨道的半径 $FG=7193^p$。因此在三角形 EFG 中，$\angle FEG$ 和各边之比均已知，所以其余两角也可求得，$\angle EFG=72°5'$，弧 $KLG=180°+\angle EFG=252°5'$，即为从金星轨道高拱点量起的弧。这样我们又一次定出，在托勒密·费拉德尔弗斯 13 年 12 月 18 日清晨，金星的视差近点角为 252°5′。

我自己在公元 1529 年 3 月 12 日午后第 8 小时之初日没后 1 小时对金星的第二个位置进行了观测。我看见金星开始被月亮两角之间的阴暗部分所掩食，这次掩星延续到该小时之末或稍迟一些，直到行星被观察到从月球的另一面在两角之间弯曲部分的中点向西闪现出来为止。因此在该小时的一半处左右，显然有一个月亮与金星的中心会合，我在弗龙堡曾目睹过这一景象。金星的黄昏距角仍在继续增大，尚未达到与其轨道相切的程度。从基督纪元开始算起，共历时 1529 埃及年 87 日再加视时间 $7\frac{1}{2}$ 小时或均匀时间 7 小时 34 分。太阳以其简单行度的平位置为 332°11′，二分点岁差为 27°24′，月亮离开太阳的均匀行度为 33°57′，均匀近点角为 205°1′，黄纬行度为 71°59′。由此算得月亮的真位置为 10°，但相对于分点为金牛宫内 7°24′，北纬 1°13′。由于天秤宫内 15°正在升起，月亮的黄经视差为 48′，黄纬视差为 32′，所以月亮的视位置位于金牛宫内 6°36′[=7°24′−48′]。但它在恒星天球上的经度为 9°12′[=10°−48′]，纬度为北 41′[=1°13′−32′]。金星在黄昏时的视位置与太阳的平位置相距 37°1′[332°11′+37°1′=369°12′=9°12′]，地球与金星高拱点的距离为偏西 76°9[+332°11′=408°20′−360°=48°20′]。

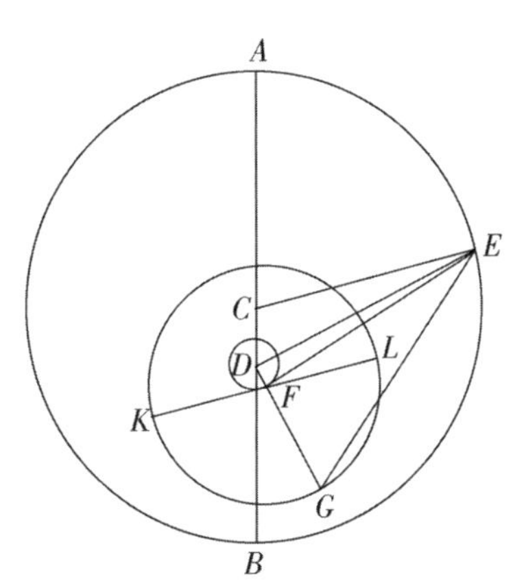

现在根据前面结构的模型重新绘图，只不过弧 EA 或 $\angle ECA=76°9'$，$\angle CDF=$

$2\times\angle ECA=152°18'$。如果取 $CE=10000^p$，则如今的偏心率 $CD=246^p$，$DF=104^p$。因此在三角形 CDE 中，两已知边[$CD=246^p$，$CE=10000^p$]所夹的角 $DCE[=180°-\angle ECA=76°9']=103°51'$。由此可得，$\angle CED=1°15'$，第三边 $DE=10056^p$，其余的 $\angle CDE=74°54'[=180°-(\angle DCE+\angle CED=103°51'+1°15')]$。但是 $\angle CDF=2\times\angle ACE[=76°9']=152°18'$，$\angle EDF=\angle CDF[=152°18']-\angle CDE[=74°54']=77°24'$。所以在三角形 DEF 中，两边已知，如果取 $DE=10056^p$，则 $DF=104^p$，它们的夹角为已知 $\angle EDF[=77°24']$。$\angle DEF$ 也已知 $=35'$，其余的边 $EF=10034^p$，所以整个 $\angle CEF[=\angle CED+\angle DEF=1°15'+35']=1°50'$。进而，整个 $\angle CEG=37°1'$，即为行星与太阳平位置之间的视距离。$\angle FEG=\angle CEG-\angle CEF[=37°1'-1°50']=35°11'$。同样，在三角形 EFG 中，$\angle E$ 也已知[$=35°11'$]，两边已知：如果取 $FG=7193^p$，则 $EF=10034^p$。所以其他两角也可确定：$\angle EGF=53\frac{1}{2}°$，$\angle EFG=91°19'$，即为行星与其轨道的真近地点之间的距离。

但由于直径 KFL 平行于 CE，点 K 为[行星]均匀运动的远地点，点 L 为近地点。且 $\angle EFL=\angle CEF[=1°50']$，所以 $\angle LFG=$ 弧 $LG=\angle EFG-\angle EFL=89°29'$，弧 $KG=180°-$ 弧 $LG[=89°29']=90°31'$，即为从轨道均匀运动的高拱点量起的行星视差近点角。这就是对于我这次观测的时刻所求的量。

然而在提摩恰里斯的观测中，相应的值为 $252°5'$，因而在此期间，行度除 1115 整圈外还有 $198°26'26'[=(90°31'+360°=450°31')-252°5']$。从托勒密·费拉德尔弗斯 13 年 12 月 18 日破晓到公元 1529 年 3 月 12 日午后 $7\frac{1}{2}$ 小时，共历时 1800 埃及年 236 日加上大约 40 日分。因此，如果把 1115 圈加上 $198°26'$ 的行度乘以 365 日，并把乘积除以 1800 年 236 日 40 日分，我们将得到 $3\times60°$ 加上 $45°1'45''3'''40''''$ 的年行度。再把这个年行度平均分配给 365 日，就得到 $36'59''28'''$ 的日行度。前面的表[Ⅴ，1 结尾]正是以此为根据编制的。[①]

第二十四章　金星近点角的位置[②]

从第一个奥林匹克运动会期到托勒密·费拉德尔弗斯13年12月18日破晓，共历时503埃及年228日40日分。可以算出在此期间的行度为290°39′。把这一数值从252°5′中减去，再加上360°[612°5′－290°39′]，得到的余量321°26′即为第一个奥林匹克运动会期开始时的运动位置。从这一位置，其余的位置可以通过计算经常提到的行度和时间而得到：亚历山大纪元为81°52′，恺撒纪元为70°26′，基督纪元为126°45′。

第二十五章　水　　星

我已经说明了金星是如何与地球的运动相关联的，以及各个圆之比低

① Ⅴ，23结束段的较早版本：

然而，在托勒密的前一次观测中，这个值为230°。因此在此期间，除整圈外还有220°31′[＝(90°31′＋360°＝450°31′)－230°]。从安敦尼2年5月20日克拉科夫时间午前8 $\frac{1}{4}$ 小时到公元1529年3月12日午后7 $\frac{1}{2}$ 小时，共历时1391埃及年69日39日分23日秒。同样可以算出，在此期间除整圈外还有220°31′。根据[Ⅴ，1结尾的]平均行度表，整圈数为859，因此它是正确的。与此同时，偏心圆两拱点的位置保持不变，仍在48 $\frac{1}{3}$°和228°20′。

② 较早版本：

金星平近点角的位置

于是很容易确定金星视差近点角的位置。从基督诞生到托勒密的观测共历时138埃及年18日9 $\frac{1}{2}$ 日分。与这段时间相对应的行度为105°25′。把这个值从托勒密的观测结果230°中减去，余数124°35′[＝230°－105°25′]为[公元1年]元旦前午夜时的金星近点角。于是，根据经常重复的行度与时间的计算，可求得其余的位置对第一个奥林匹克运动会期为318°9′，对亚历山大大帝为79°14′，对恺撒为70°48′。

于什么值时它的均匀运动被掩藏起来。现在还剩下水星，尽管它的运行比金星或前面讨论的任何其他行星都更复杂，但它无疑也将服从同样的基本假设。古代观测者的经验已经表明，水星与太阳的最大距角在天秤宫最小，而在对面的白羊宫最大距角较大(这是应当的)。但水星最大距角的最大值并不出现在这个位置，而是出现在白羊宫某一侧的某些其他位置，即双子宫和宝瓶宫中，根据托勒密的结论[《天文学大成》，Ⅸ，8]，在安敦尼时代情况尤其如此。其他行星都没有这种移动。

古代天文学家认为产生这个现象的原因是地球不动，而水星沿着由一个偏心圆所载的大本轮运动。他们意识到，单纯一个简单的偏心圆不可能解释这些现象(即使他们让偏心圆不是围绕它自己的中心，而是围绕另一个中心旋转)。他们还不得不承认，携带本轮的同一偏心圆还沿着另一个小圆运动，就像他们对月亮的偏心圆所承认的情况一样[Ⅳ，1]。这样便有了三个中心：第一个属于携带本轮的偏心圆，第二个属于小圆，第三个属于晚近的天文学家所说的“偏心均速圆”(equant)。古人忽略了前两个中心，而只让本轮围绕偏心均速圆的中心均匀运转。这种做法与本轮运动的真正中心、它的相对距离以及之前另外两个圆的中心有严重冲突。古人确信，这颗行星的现象只能用托勒密在《天文学大成》[Ⅳ，6]中详细阐述的模式来解释。

但为了使这最后一颗行星也能不再受到其贬低者的冒犯和伪装，并使其均匀运动与地球运动的关系能够和前述其他行星一样得到揭示，我将在它的偏心圆上也指定一个偏心圆，而不是古代所承认的本轮。但与金星的模式[Ⅴ，22]不同，尽管确有一个小本轮在外偏心圆上运动，但行星并非沿着小本轮的圆周运转，而是沿着它的直径作起伏运动：我们在前面讨论二分点岁差时[Ⅲ，4]已经阐明，这种沿一条直线的运动可由均匀的圆周运动复合而成。这并不足为奇，因为普罗克洛斯在其关于《欧几里得〈几何原本〉评注》中也曾宣称，一条直线也可由多重运动复合而成。水星的现象可根据所有这些手段加以论证。但为了把这些假设说得更清楚，设 AB 为中心在点 C、直径为 ACB 的地球的大圆。在 ACB 上，以 B、C 两点之间的点D为圆心，以$\frac{1}{3}CD$为半径作小圆EF，使点F距点C最远，点E距点C最近。绕中心点F作水星的外偏心圆HI。然后以高拱点I为圆心，增作行星所在的小本轮KL。设偏心圆HI起着偏心圆上本轮的作用。

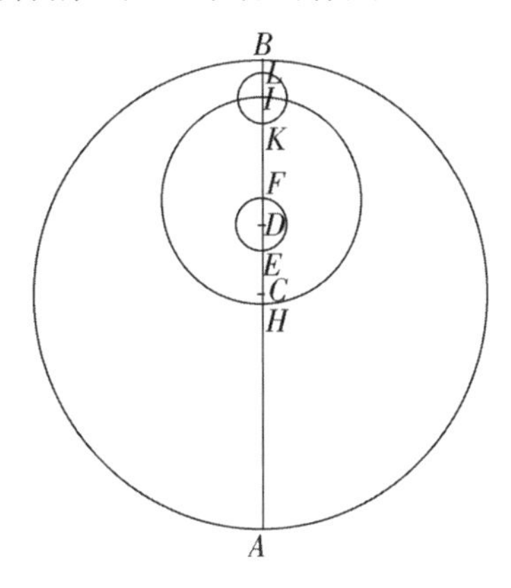

这样作图之后，所有点将依次落在直线$AHCEDFKILB$上。与此同时，设行星位于点K，它与点F的距离为最短，点F为携带小本轮的圆的圆心。取点K为水星运转的起点。设地球每运转一周，圆心F就沿同一方向即向东运转两周，行星在KL上也以同样的速度运行，但沿直径相对于圆HI的中心作起伏运动。

由此可知，每当地球位于点A或点B时，水星外偏心圆的中心就在与点C相距最远的点F；而当地球位于A与B的中点并与它们相距一个象限时，水星外偏心圆的中心就位于与点C相距最近的点E。根据这个次序所得出的图像与金星相反[Ⅴ，22]。此外，由于这个规则，当地球跨过直径AB时，穿过小本轮直径KL的水星距离携带小本轮的轨道圆的中心最近，即水星位于K；而当地球位于AB的中点时，行星将到达携带小本轮的轨道圆的中心最远的位置L。这样一来就出现了双重运转，一个是外偏心圆的中心在小圆EF圆周上的运动，另一个是行星沿直径LK的运转，它们彼此相等，并与地球的周年运动周期成比例。

而与此同时，设小本轮或直线FI围绕圆HI自行，其中心作均匀运动，相对恒星天球大约88天独立运转一周。但这种超过了地球运动的所谓“视差运动”使小本轮在116日内赶上地球，这可以由平均行度表[Ⅴ，1结尾]更精确地得出。因此，水星的自行并不总是描出同一圆周，而是根据与其均轮中心距离的不同，描出尺寸相差极大的圆周：在点K最小，在点L最大，在点I附近则居中，这种变化与月亮的小本轮的情况[Ⅳ，3]几乎相同。但月亮是在圆周上运行，而水星则是在直径上作由均匀运动叠加而成的往返运动。我已经在前面讨论二分点岁差时解释了这是怎么发生的[Ⅲ，4]。不过后面讨论黄纬时[Ⅵ，2]，我还要就这一主题补充一些内容。上述假设足以说明水星的一切现象，回顾托勒密等人的观测就可以清楚地看出这一点。

第二十六章　水星高低拱点的位置

托勒密对水星的第一次观测是在安敦尼元年11月20日日没之后，当时水星位于与太阳平位置的黄昏距角为最大处[《天文学大成》，Ⅸ，7]。这是在克拉科夫时间公元138年188日42 $\frac{1}{2}$日分，因此根据我的计算，太阳的平位置为63°50′，而托勒密说用仪器观察该行星是在巨蟹宫内7°[＝97°]处。但在减去了春分点岁差(当时为6°40′)之后，水星的位置显然位于恒星天球上从白羊宫起点量起的90°20′[＝97°－6°40′]，它与平太阳的最大距角为26 $\frac{1}{2}$°[＝90°20′－63°50′]。

第二次观测是在安敦尼4年7月19日黎明，即基督纪元开始后的140年67日加上约12日分，此时平太阳在303°19′处。通过仪器看到水星在摩羯宫内13 $\frac{1}{2}$°$\left[=283\ \frac{1}{2}°\right]$处，但在恒星天球上从白羊宫量起约为276°49′$\left[\approx 283\ \frac{1}{2}°-6°40'\right]$。因此，它的最大清晨距角为26 $\frac{1}{2}$°[＝303°19′－276°49′]。由于它在太阳平位置的距角边界的两边是相等的，所以水星的两个拱点必然位于这两个位置即276°49′与90°20′的中间，亦即为3°34′和与之沿直径相对的183°34′[276°49′－90°20′＝186°29′；186°29′÷2≈93°15′；276°49′－93°15′＝183°34′；183°34′－180°＝3°34′]，水星高、低拱点必然位于这里。

和金星一样[Ⅴ，20]，这些拱点可由两次观测区分开来。托勒密的第一次观测是在哈德良 19 年 3 月 15 日破晓时进行的[《天文学大成》，Ⅸ，8]，当时太阳的平位置为 182°38′。水星距离太阳的最大清晨距角为 19°3′，这是因为水星的视位置为 163°35′[+19°3′=182°38′]。第二次观测同样是在哈德良 19 年即公元 135 年的埃及历 9 月 19 日黄昏时，他通过仪器发现水星位于恒星天球上 27°43′处，而按照平均行度，太阳位于 4°28′。于是又一次[和金星一样，Ⅴ，20]，行星的最大黄昏距角为 23°15′(大于此前的[清晨距角=19°3′])。于是情况已经很清楚，当时水星的远地点只可能位于 $183\frac{1}{2}$°[≈183°34′]附近，而不在别处。证毕。

第二十七章　水星偏心率的大小及其圆周的比值

利用这些观测结果，我们可以同时证明圆心之间的距离以及各轨道圆的大小。设 AB 为通过水星的高拱点 A 和低拱点 B 的直线，同时也是中心为点 C 的[地球]大圆的直径。以点 D 为中心作行星的轨道。然后作直线 AE 和 BF 与轨道相切。连接 DE 和 DF。

由于在两次观测中的第一次看到最大清晨距角为 19°3′，所以 $\angle CAE=$ 19°3′。但在第二次观测中，最大黄昏距角为 $23\frac{1}{4}$°。所以在两个直角三角形 AED 与 BFD 中，各角已知，各边之比也可求得。如果取 $AD=$ 100000ᵖ，则轨道半径 $ED=$ 32639ᵖ。而如果取 $BD=$ 100000ᵖ，则 $FD=$ 39474ᵖ。但由于 $FD=ED$，如果取 $AD=$ 100000ᵖ，则轨道半径 $FD=$ 32639ᵖ。相减可得，$DB=AB-AD=$ 82685ᵖ。因此，$AC=\frac{1}{2}$[$AD+DB=$ 100000ᵖ+82685ᵖ=182685ᵖ]=91342ᵖ，$CD=AD-AC=$ 100000ᵖ−91342ᵖ=8658ᵖ，即为地球轨道与水星轨道两圆心之间的距离。如果取 $AC=$ 1ᵖ或 60′，则水星的轨道半径为 21′26″，$CD=$ 5′41″，如果取 $AC=$ 100000ᵖ，则 $DF=$ 35733ᵖ，$CD=$ 9479ᵖ。证毕。

但这些长度并非到处都相同，而与平均拱点附近的值非常不同。西翁和托勒密[《天文学大成》，Ⅸ，9]在这些位置观测并记录下来的晨昏距角就说明了这一点。西翁于哈德良 14 年 12 月 18 日日没后，即基督诞生后 129 年 216 日 45 日分观测到了水星的最大黄昏距角，当时太阳的平位置为 $93\frac{1}{2}°$，即在水星平拱点$\left[\approx\frac{1}{2}(183°34'-3°34')=90°+3°34'\right]$附近。而通过仪器看到的水星是在狮子宫第一星以东 $3\frac{5}{6}°$处。因此它的位置为 $119\frac{3}{4}°[\approx 3°50'+115°50']$，而最大黄昏距角则是 $26\frac{1}{4}°\left[=119\frac{3}{4}°-93\frac{1}{2}°\right]$。据托勒密所说，他于安敦尼 2 年 12 月 21 日破晓，即公元 138 年 219 日 12 日分观测到了另一个最大距角，太阳的平位置为 93°39′。他求得水星的最大清晨距角为 $20\frac{1}{4}°$，因为他看见水星位于恒星天球上 $73\frac{2}{5}°[73°24'+20°15'=93°39']$处。

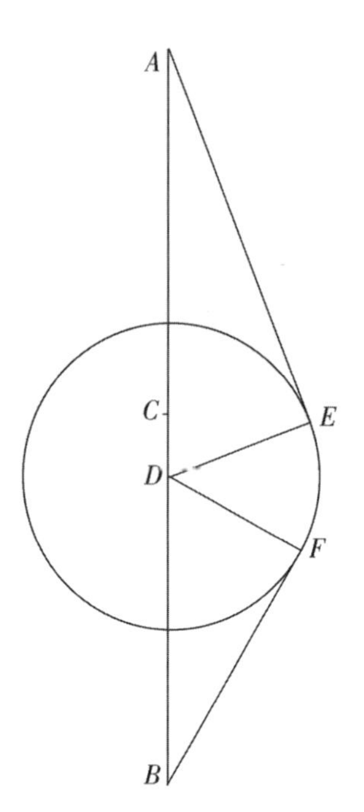

重作 $ACDB$ 为通过水星两拱点的[地球]大圆直径。过点 C 作太阳的平均行度线 CE 垂直[于直径]。在 C、D 两点之间取点 F。绕点 F 作水星轨道，直线 EH 和 EG 与之相切。连接 FG、FH 和 EF。

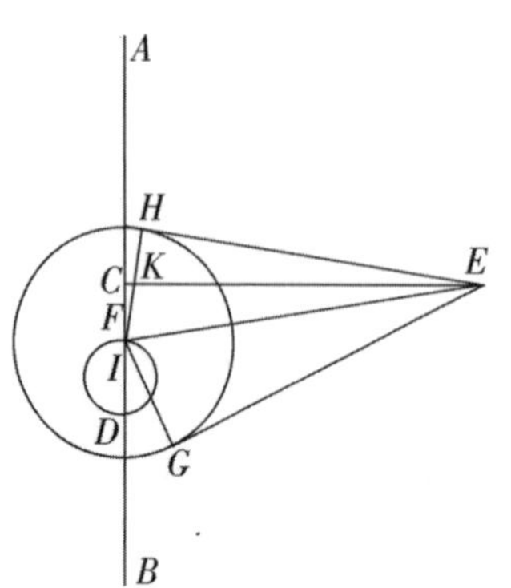

我们需要再次找到点 F 以及半径 FG 与 AC 之比。已知 $\angle CEG=26\frac{1}{4}°$，$\angle CEH=20\frac{1}{4}°$，所以整个 $\angle HEG[=\angle CEH+\angle CEG=20°15'+26°15']=46\frac{1}{2}°$。$\angle HEF=\frac{1}{2}\left[\angle HEG=46\frac{1}{2}°\right]=23\frac{1}{4}°$。$\angle CEF\left[=\angle HEF\right.$

$-\angle CEH=23\frac{1}{4}^{\circ}-20\frac{1}{4}^{\circ}$]$=3^{\circ}$。因此在直角三角形 CEF 中，如果取 $CE=AC=10000^{p}$，已知 $CF=524^{p}$，则 $FE=10014^{p}$。当地球位于该行星的高低拱点时，我们已经求得[Ⅴ，27 前面部分]$CD=948^{p}$。因此，DF=水星轨道的中心所描出的小圆直径=[$CD=948^{p}$超过 $CF=524^{p}$的量]$=424^{p}$，半径 $IF=212^{p}$[=直径 DF 的$\frac{1}{2}$]。因此，整个 CFI=[$CF+FI=524^{p}+212^{p}$]$\approx 736\frac{1}{2}^{p}$。

类似地，由于在三角形 HEF 中，$\angle H=90^{\circ}$，$\angle HEF=23\frac{1}{4}^{\circ}$，因此，如果取 $EF=10000^{p}$，则 $FH=3947^{p}$。但如果取 $CE=10000^{p}$，$EF=10014^{p}$，则 $FH=3953^{p}$。而我们前面已经求得 FH [Ⅴ，27 开始，那里使用的字母为 DF]$=3573^{p}$。设 $FK=3573^{p}$，于是相减可得，HK[=这个 $FH-FK=3953^{p}-3573^{p}$]$=380^{p}$，即为行星与行星轨道中心 F 之间距离的最大变化，当行星运行到高低拱点之间的平拱点时达到这个值。由于这个距离及其变化，行星围绕轨道中心 F 描出各不相等的圆，这些圆依赖于各不相同的距离：最小距离为 3573^{p}[$=FK$]，最大距离为 3953^{p}[$=FH$]，它们的平均值为 3763^{p}[$380^{p}\div 2=190^{p}$；$190^{p}+3573^{p}$；$3953^{p}-190^{p}$]。证毕。

第二十八章　为什么水星在六边形一边(离近地点=60°)附近的距角看起来大于在近地点的距角

因此，水星在一个六边形的边与一个外接圆的交点附近的距角要大于在近地点的距角，就不足为奇了。这些在距离近地点 60°的距角甚至超过了我[在Ⅴ，27 结尾]已经求得的距角。因此古人认为，地球每运转一周，水星轨道要有两次最接近地球。

作$\angle BCE=60^{\circ}$。由于假定地球 E 每运转一周，F 就运转两周，所以

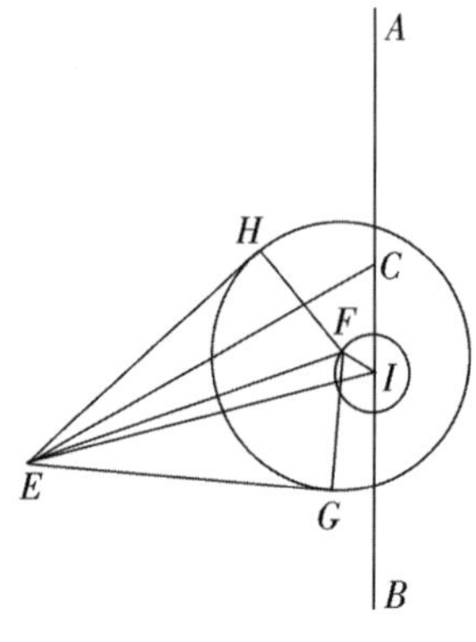

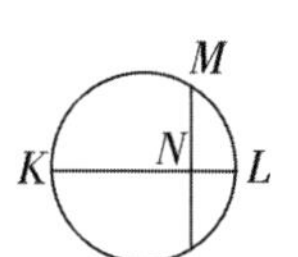

$\angle BIF=120^\circ$。连接 EF 和 EI。如果取 $EC=10000^p$，我们[在Ⅴ，27]已经求得 $CI=736\frac{1}{2}^p$，$\angle ECI=60^\circ$。因此，在三角形 ECI 中，其余的边 $EI=9655^p$，$\angle CEI\approx 3^\circ 47'$。而 $\angle CEI=\angle ACE-\angle CIE$，已知 $\angle ACE=120^\circ$[$=\angle BEC(=60^\circ)$的补角]，因此 $\angle CIE=116^\circ 13'$[$=\angle ACE-\angle CIE=120^\circ-3^\circ 47'$]。但 $\angle FIB=120^\circ=2\times\angle ECI$[$=60^\circ$][与 $\angle FIB=120^\circ$]合成一个半圆的 $\angle CIF=60^\circ$，$\angle EIF$[$=\angle CIE-\angle CIF=116^\circ 13'-60^\circ$]$=56^\circ 13'$。但我们[在Ⅴ，27]已经求得，如果取 $EI=9655^p$[Ⅴ，28 前面]，则 $IF=212^p$。这两边夹出已知 $\angle EIF$[$=56^\circ 13'$]。由此可得，$\angle FEI=1^\circ 4'$，相减可得，$\angle CEF$[$=\angle CEI-\angle FEI=3^\circ 47'-1^\circ 4'$]$=2^\circ 43'$，即为行星轨道的中心与太阳平位置的差。[三角形 EFI 中]其余的边 $EF=9540^p$。

现在，绕中心 F 作水星轨道 GH。从点 E 作 EG 和 EH 与轨道相切。连接 FG 和 FH。我们必须首先确定这种情况下半径 FG 或 FH 的大小。方法如下：如果取 $AC=10000^p$，作一个直径 $KL=380^p$[=最大变化；Ⅴ，27]的小圆。假定直线 FG 或 FH 上的行星沿直径或与之相当的直线靠近或远离圆心 F，就像我们前面谈论的二分点岁差的情况[Ⅲ，4]一样。根据假设，$\angle BCE$ 截出 60°的弧段，设弧 $KM=120^\circ$，作 MN 垂直于 KL。由于 $MN=\frac{1}{2}$弦 $2ML=\frac{1}{2}$弦 $2KM$，所以由欧几里得《几何原本》XIII，12 和Ⅴ，15 可得，MN 所截的 $LN=$直径的$\frac{1}{4}=95^p$[$=\frac{3}{4}\times 380^p$]。因此，$KN=$直径的其余$\frac{3}{4}=285^p$。KN 与行星的最小距离[$=3573^p$；Ⅴ，27]相加即为我们所要求的距离，即如果取 $AC=10000^p$，已知 $EF=9540^p$[Ⅴ，28 前面]，则 $FG=FH=3858^p$[$=3573^p+285^p$]。于是在直角三角形 FEG 或 FEH

中，[EF 与 FG 或 FH]两边已知，所以$\angle FEG$ 或$\angle FEH$ 也可求得。如果取 $EF=10000^{p}$，则 FG 或 $FH=4044^{p}$，其所张的角$=23°52\frac{1}{2}'$，所以整个$\angle GEH[=\angle FEG+\angle FEH=2\times 23°52\frac{1}{2}']=47°45'$。但在低拱点看到的只有 $46\frac{1}{2}°$，而在平拱点也是同样的 $46\frac{1}{2}°$[Ⅴ，27 前面]。因此，此处的距角比这两种情况都大 1°14′[≈47°45′－46°30′]。这并不是因为行星轨道比在近地点时更靠近地球，而是因为行星在这里描出了一个比在近地点更大的圆。所有这些结果都与过去和现在的观测相符，它们都由均匀运动所产生。

第二十九章　水星平均行度的分析

在更早的观测中[《天文学大成》，Ⅸ，10]有一次水星出现的记录，即托勒密·费拉德尔弗斯 21 年埃及历 1 月 19 日破晓时，水星出现在穿过天蝎前额第一和第二颗星的直线偏东两个月亮直径和第一星偏北一个月亮直径处。现在已知第一颗星位于黄经 209°40′，北纬 $1\frac{1}{3}°$，第二颗星位于黄经 209°，南纬 $1\frac{1}{2}°\frac{1}{3}°=1\frac{5}{6}°$。由此可得，水星位于经度 210°40′$\left[=209°40'+\left(2\times\frac{1}{2}°\right)\right]$，北纬约为 $1\frac{5}{6}°\left[=1\frac{1}{3}°+\frac{1}{2}°\right]$。那时距亚历山大大帝之死已经有 59 年 17 日 45 日分，根据我的计算，太阳的平位置为 228°8′，行星的清晨距角为 17°28′。且在此后四天中，距角仍在增加。因此行星肯定尚未达到其最大清晨距角或轨道的切点，而是仍然沿着距地球较近的低弧段运行。由于高拱点位于 183°20′[Ⅴ，26]，所以它与太阳平位置的距离为44°48′[＝228°8′－183°20′]。

和前面一样[Ⅴ，27]，设 ACB 为大圆直径。绕大圆中心 C 作太阳的平均行度线CE，使得$\angle ACE=44°48'$。以点I为中心，作携带着偏心圆中心F的小圆。根据假设，取$\angle BIF=2\times\angle ACE[=2\times44°48']=89°36'$。连接$EF$和$EI$。

于是在三角形ECI中，两边已知：如果取$CE=10000^p$，则$CI=736\frac{1}{2}^p$[Ⅴ，27]。这两边夹出已知$\angle ECI=180°-\angle ACE[=44°48']=135°12'$，边$EI=10534^p$，$\angle CEI=\angle ACE-\angle EIC=2°49'$。因此，$\angle CIE=41°59'[=44°48'-2°49']$。但$\angle CIF=180°-\angle BIF[=89°36']=90°24'$，所以整个$\angle EIF[=\angle CIF+\angle EIC=90°24'+41°59']=132°23'$。

$\angle EIF$是三角形EFI的两已知边EI和IF的夹角，如果取$AC=10000^p$，则边$EI=10534^p$，边$IF=211\frac{1}{2}^p$，因此$\angle FEI=50'$，其余的边$EF=10678^p$。相减可得，$\angle CEF[=\angle CEI-\angle FEI=2°49'-50']=1°59'$。

现在作小圆LM。如果取$AC=10000^p$，设直径$LM=380^p$。根据假设，设弧$LN=89°36'$。作弦LN，设NR垂直于LM。于是$(LN)^2=LM\times LR$。如果取直径$LM=380^p$，则$LR\approx189^p$。线段LR量出行星从其轨道中心F到EC扫出$\angle ACE$时的距离。因此，把这段长度[189^p]与3573^p=最小距离[Ⅴ，27]相加，其和为3762^p。

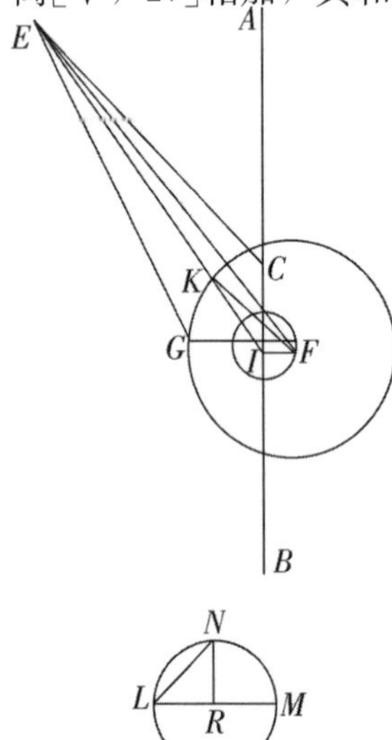

因此，以点F为圆心，半径为3762^p作一个圆。作直线EG与[水星轨道的]凸圆周交于点G，并使行星距离太阳平位置的视距$\angle CEG=17°28'[=228°8'-210°40']$。连接$FG$，作$FK$平行于$CE$。现在，$\angle FEG=\angle CEG-\angle CEF=15°29'[=17°28'-1°59']$，于是在三角形$EFG$中，两边已知：$EF=10678^p$，$FG=3762^p$，$\angle FEG=15°29'$。因此，$\angle EFG=33°46'$。由于$\angle EFK=\angle CEF$，$\angle KFG=\angle EFG-\angle EFK=31°47'[=33°46'-1°59']$=弧$KG$，即为行星与其轨道平均

近地点 K 的距离。弧 $KG[=31°47']+180°=211°47'$，即为这次观测中视差近点角的平均行度。证毕。

第三十章　对水星运动的更多新近观测

这种分析水星运动的方法是古人传下来的，但他们得益于尼罗河流域较为晴朗的天空。据说那里不像维斯图拉(Vistula)河那样冒出滚滚浓雾。我们居住的地域条件较差，大自然没有赋予我们那种有利条件。此地空气常常不太宁静，加之天球倾角很大，所以我们更少能看见水星，即使它与太阳的距角达到最大也是如此。当水星在白羊宫或双鱼宫升起以及在室女宫及天秤宫沉没时，它都不会被我们看见。事实上，在晨昏时分，它不会出现在巨蟹宫或双子宫的任何位置，而且除非太阳已经退入狮子宫，它从不在夜晚出现。因此，研究这颗行星的运行使我们走了许多弯路，耗费了大量精力。

因此，我从在纽伦堡所作的认真观测中借用了三个位置。第一个位置是雷吉奥蒙塔努斯的学生贝恩哈特·瓦尔特(Bernhard Walther)于公元1491年9月9日午夜后5个均匀小时测定的。他用环形星盘指向毕宿五进行观测，看见水星位于室女宫内 $13\frac{1}{2}°\left[=163\frac{1}{2}°\right]$，北纬 $1°50'$ 处。当时该行星刚开始晨没，而在这之前的几日里，它在清晨出现的次数逐渐减少。因此，从基督纪元开始到那时，共历时1491埃及年258日 $12\frac{1}{2}$ 日分。太阳的平位置为 $149°48'$，但从春分点算起为室女宫内 $26°47'[=176°47']$，于是水星的距角大约为 $13\frac{1}{4}°[176°47'-163°50'=13°17']$。

第二个位置是约翰·勋纳(Johann Schöner)于公元1504年1月9日午夜后 $6\frac{1}{2}$ 小时测定的，当时天蝎座内 $10°$ 正位于纽伦堡上空的中天位置。

他看到行星当时位于摩羯宫内 $3\frac{1}{3}^{\circ}$，北纬 0°45′处。由此可以算出从春分点量起的太阳平位置位于摩羯宫内 27°7′[=297°7′]，而清晨时水星位于该处以西 23°47′处。

第三个位置也是约翰·勋纳于同年即 1504 年 3 月 18 日测定的。他发现水星当时位于白羊宫内 26°55′，北纬约 3°处，当时巨蟹宫内 25°正通过纽伦堡的中天。他用星盘于午后 $12\frac{1}{2}$小时指向同一颗星即毕宿五。当时太阳相对于春分点的平位置位于白羊宫内 5°39′，而黄昏时水星与太阳的距角为 21°17′[≈26°55′−5°39′]。

从第一次到第二次位置观测，共历时 12 埃及年 125 日 3 日分 45 日秒。在此期间，太阳的简单行度为 120°14′，而水星的视差近点角为 316°1′。从第二次到第三次位置观测，共历时 69 日 31 日分 45 日秒，太阳简单平均行度为 68°32′，而水星的平均视差近点角为 216°。

我希望根据这三次观测来分析目前水星的运动。我认为必须承认，各个圆的比例从托勒密时代到现在仍然有效，因为对于其他行星，早期研究者在这方面并未误入歧途。如果除这些观测以外，我们还有偏心圆拱点的位置，那么对于这颗行星的视运动也不再缺少什么东西了。我取高拱点的位置为 $211\frac{1}{2}^{\circ}$，即天蝎宫内 $18\frac{1}{2}^{\circ}$，因为我无法取更小的值而不影响观测。这样，我们就得到了偏心圆的近点角，即太阳的平位置与远地点之间的距离：第一次测定时为 298°15′，第二次测定时为 58°29′，第三次测定时为 127°1′。

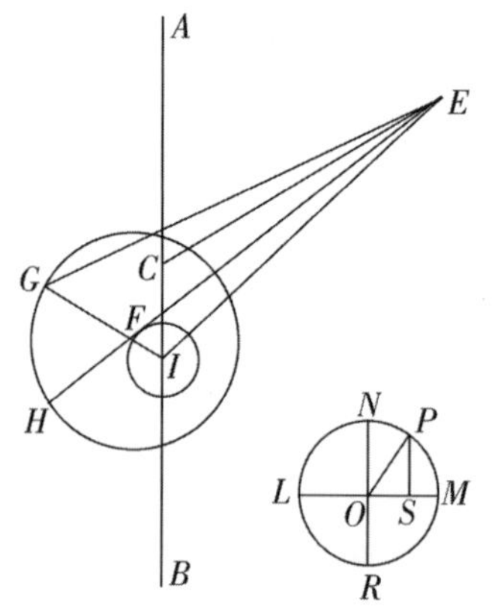

现在根据以前的模型作图，只是要取第一次观测时太阳的平均行度线在远地点以西的距离$\angle ACE$=61°45′[=360°−298°15′]。设由此得出的一切都与假设相符。如果取 $AC=10000^{p}$，已知 IC[Ⅴ，29]$=736\frac{1}{2}^{p}$，在三角

形 ECI 中，已知$\angle ECI$[$=180°-(\angle ACE=61°45')=118°15'$]，所以$\angle CEI=3°35'$，如果取 $EC=10000^p$，则边 $IE=10369^p$，$IF=211\frac{1}{2}^p$[V，29]。

于是在三角形 EFI 中，两边的比值也已知[$IE:IF=10369^p:211\frac{1}{2}^p$]。根据所绘图形，$\angle BIF=123\frac{1}{2}°=2\times\angle ACE$[$=61°45'$]，$\angle CIF=180°-BIF$[$=123\frac{1}{2}°$]$=56\frac{1}{2}°$。因此整个$\angle EIF$[$(\angle CIF+\angle EIC)=56\frac{1}{2}°+(\angle EIC=\angle ACE-\angle CEI=61°45'-3°35'=58°10')$]$=114°40'$。由此可知，$\angle IEF=1°5'$，边 $EF=10371^p$。于是$\angle CEF=2\frac{1}{2}°$[$=\angle CEI-\angle IEF=3°35'-1°5'$]。

然而，为了确定进退运动可使中心为 F 的轨道圆与远地点或近地点的距离增加多少，我们作一个小圆，它被直径 LM 和 NR 在圆心点 O 四等分。设$\angle POL=2\times\angle ACE$[$=61°45'$]$=123\frac{1}{2}°$。由点 P 作 PS 垂直于 LM。因此，根据已知比例，$OP:OS=LO:OS=10000^p:5519^p=190:150$。因此，如果取 $AC=10000^p$，则 $LS=295^p$，即为行星距中心 F 更远的限度。由于最小距离为 3573^p[V，27]，$LS+3573^p=3868^p$，即为现在的值。以 3868^p 为半径，点 F 为圆心作圆 HG。连接 EG，延长 EF 为直线 EFH。我们已经求得$\angle CEF=2\frac{1}{2}°$，根据观测，$\angle GEC=13\frac{1}{4}°$，即为瓦尔特观测到的行星与平太阳之间的清晨角距。因此，整个$\angle FEG$[$=\angle GEC+\angle CEF=13°15'+2°30'$]$=15\frac{3}{4}°$。但是在三角形 EFG 中，$EF:FG=10371^p:3868^p$，$\angle E$ 也已知[$=15°45'$]。所以$\angle EGF=49°8'$，外角$\angle GFH$[$=\angle EGF+\angle GEF=49°8'$

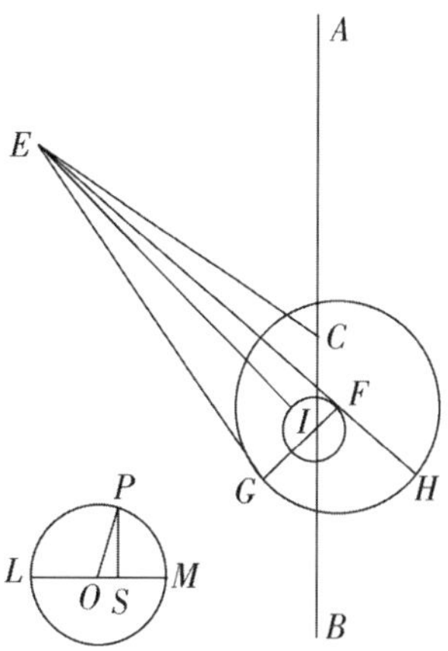

+15°45′]=64°53′。360°−∠*GFH*=295°7′，即为真视差近点角。而295°7′+∠*CEF*[=2°30′]=297°37′，即为平均和均匀视差近点角，这就是我们所要求的结果。297°37′+316°1′[=第一次与第二次观测之间的视差近点角]=253°38′[=297°37′+316°1′=613°38′−360°]，即为第二次观测的均匀视差近点角。我将证明这个值是正确的并且与观测相符。

取∠*ACE*=58°29′作为第二次观测时的偏心圆近点角。于是在三角形*CEI*中同样两边已知：如果取*EC*=10000ᵖ，则*IC*=736ᵖ$\left[\text{之前和之后为}736\frac{1}{2}^{p}\right]$，∠*ECI*[即∠*ACE*=58°29′的补角]=121°31′。因此，第三边*EI*=10404ᵖ，∠*CEI*=3°28′。类似地，在三角形*EIF*中，∠*EIF*=118°3′，如果取*IE*=10404ᵖ，则边*IF*=$211\frac{1}{2}^{p}$，边*EF*=10505ᵖ，∠*IEF*=61′，于是相减可得，∠*FEC*[=∠*CEI*−∠*IEF*=3°28′−1°1′]=2°27′，即为偏心圆的正行差。把∠*FEC*与平均视差行度相加，就得到真视差行度为256°5′[=2°27′+253°38′]。

现在，我们在引起进退运动的小本轮上取弧*LP*或∠*LOP*=2×∠*ACE*[=58°29′]=116°58′。于是，在直角三角形*OPS*中，已知*OP*∶*OS*=10000ᵖ∶455ᵖ，如果取*OP*或*LO*=190ᵖ，则*OS*=86ᵖ。整个*LOS*[=*LO*+*OS*=190ᵖ+86ᵖ]=276ᵖ。把*LOS*与最小距离3573ᵖ[Ⅴ，27]相加得到3849ᵖ。

以3849ᵖ为半径，绕中心*F*作圆*HG*，使视差的远地点为点*H*。设行星与点*H*之间的距离为向西延伸103°55′的弧*HG*，它是一次完整运转与经过修正的视差行度[=平均行度+正行差=真行度]=256°5[+103°55′=360°]之差。因此，∠*EFG*=180°−∠*HFG*[=103°55′]=76°5′。于是在三角形*EFG*中，再次两边已知：如果取*EF*=10505ᵖ，则*FG*=3849ᵖ。因此∠*FEG*=21°19′，∠*CEG*=∠*FEG*+∠*CEF*[=2°27′]=23°46′，即为大圆中心*C*与行星*G*之间的距离。它与观测到的距角[=23°47′]相差极小。

如果我们取∠*ACE*=127°1′，或者∠*BCE*=180°−127°1′=52°59′，则可以第三次进一步证实这种符合。我们再次有一个两边已知的三角形

[CEI]：如果取 $EC=10000^p$，则 $CI=736\frac{1}{2}^p$。这两边所夹的$\angle ECI=52°59'$。由此可知，$\angle CEI=3°31'$，边 $IE=9575^p$。根据构造，已知$\angle EIF=49°28'$，$\angle EIF$ 的两边也可知：如果取 $EI=9575^p$，则 $FI=211\frac{1}{2}^p$。因此在三角形 EIF 中，其余的边 $EF=9440^p$，$\angle IEF=59'$，$\angle FEC=\angle IEC$[$=3°31'$]$-59'=2°32'$，即为偏心圆近点角的负行差。我曾把第二时段的[平均视差近点角]216°与[第二次观测时的均匀视差近点角]相加，测出平均视差近点角为[$=216°+253°38'=469°38'-360°=$]109°38′，于是可求得真视差近点角为 112°10′[$=2°32'+109°38'$]。

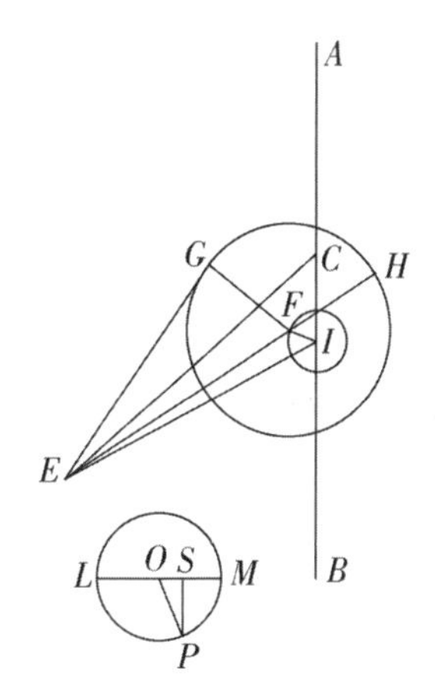

现在在小本轮上取$\angle LOP=2\times\angle ECI$[$=52°59'$]$=105°58'$。此处同样根据 $PO:OS$ 的比值，可得 $OS=52^p$，所以整个 $LOS=242^p$[$=LO+OS=190^p+52^p$]。现在最小距离为 3573^p，所以修正的距离为 $3573^p+242^p=3815^p$。以 3815^p 为半径，点 F 为圆心作圆，圆上的视差高拱点为点 H，点 H 位于延长的直线 EFH 上。取真视差近点角为弧 $HG=112°10'$，连接 GF。于是补角$\angle GFE=180°-112°10'=67°50'$。此角的夹边已知：若 $EF=9440^p$，则 $GF=3815^p$。因此，$\angle FEG=23°50'$。$\angle CEF$ 为行差[$=2°32'$]，$\angle CEG=\angle FEG-\angle CEF=21°18'$，即为昏星 G 与大圆中心 C 之间的视距离。这与观测得到的距离[$=21°17'$]几乎相等。

因此，这三个与观测相符的位置无疑证实了我的假设，即偏心圆高拱点目前位于恒星天球上 $211\frac{1}{2}°$处，并且由此得出的推论也是正确的，即在第一个位置的均匀视差近点角为 297°37′，第二个位置的均匀视差近点角为 253°38′，第三个位置的均匀视差近点角为 109°38′。这就是我们所要求的结果。

在那次于托勒密·费拉德尔弗斯 21 年埃及历 1 月 19 日破晓所进行的

古代观测中，在托勒密看来，偏心圆高拱点的位置位于恒星天球上 183°20′处，而平均视差近点角为 211°47′[Ⅴ，29]。最近一次观测与古代那次观测之间共历时 1768 埃及年 200 日 33 日分，在此期间，偏心圆的高拱点在恒星天球上移动了 28°10′[＝211°30′－183°20′]，除 5570 整圈外视差行度为 257°51′[＋211°47′＝469°38′；469°38′＋360°＝第三次观测的 109°38′]。因为 20 年中大约完成 63 个周期，所以在[20×88＝]1760 年中共完成[88×63＝]5544 周期，在其余的 8 年 200 日中可以完成 26 个周期$\left[20:8\frac{1}{2}\approx 63:26\right]$。因此，在 1768 年 200 日 33 日分中可以完成 5570[5544＋26]个周期外加 257°51′，这就是第一次古代观测与我们观测的位置之差。这个差值也与我的表中[Ⅴ，1 结尾]所列的数值相符。如果把这一时段与偏心圆远地点的移动量 28°10′相比，则只要它是均匀的，可知每 63 年$\left[1768\frac{1}{2}^{y}:28\frac{1}{6}=63^{y}\right]$中偏心圆远地点的行度为 1°。

第三十一章　水星位置的测定

从基督纪元开始到最近的一次观测，共历时 1504 埃及年 87 日 48 日分。在此期间，如果不计整圈，则水星近点角的视差行度为 63°14′。如果把这个值从[第三次现代观测的近点角]109°38′中减去，则余下的 46°24′即为基督纪元开始时水星视差近点角的位置。从那时回溯到第一次奥林匹克运动会的起点，共历时 775 埃及年 $12\frac{1}{2}$日。在此期间，如果不计整圈，计算值为 95°3′。如果把 95°3′(再借用一整圈)从基督纪元的起点减去，则余下的 311°21′[46°24′＋360°＝406°24′－95°3′]即为第一个奥林匹克运动会期时的位置。此外，对从这一时刻到亚历山大大帝去世的 451 年 247 日进行计算，可求得当时的位置为 213°3′。

第三十二章　对进退运动的另一种解释

在结束对水星的讨论之前，我决定考察另一种用来产生和解释进退运动的同样合理的方法。设圆 $GHKP$ 在中心点 F 被四等分。以点 F 为圆心作小同心圆 LM。以点 L 为圆心，等于 FG 或 FH 的 LFO 为半径作另一圆 OR。假定这一整套圆周的组合与其交线 GFR 和 HFP 一起围绕中心点 F 远离行星偏心圆远地点每天向东移动约 $2°7'$，即行星的视差行度超过地球黄道行度的量。设行星在其自身的圆 OR 上离开点 G 的视差行度大致等于地球的行度。还假设在这同一周年运转中，携带行星的圆 OR 的中心沿着比以前假定的大一倍的直径 LFM 来回作前面所说的[Ⅴ，25]天平动。

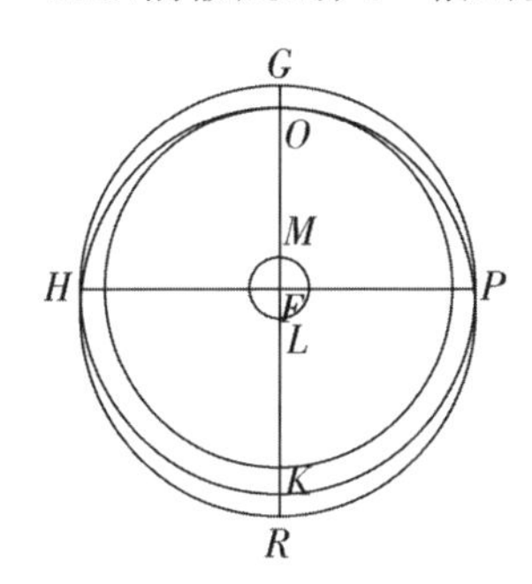

作出这些安排之后，根据地球的平均行度把地球置于行星偏心圆远地点的对面。设携带行星的圆的中心在点 L，行星本身在点 O。由于此时行星距点 F 最近，所以在整个[构形]运动时，行星会描出最小的圆，其半径为 FO。此后，当地球位于中拱点附近时，到达距点 F 最远的点 H 的行星将沿着以点 F 为中心的圆描出最大弧。这时均轮 OR 与圆 GH 重合，因为它们的中心在 F 会合。当地球从这个位置沿着行星偏心圆近地点的方向行进，圆 OR 的中心向着另一极限 M[振荡]时，圆本身升到 GK 之上，而位于点 R 的行星会再次到达距离点 F 最近的位置，走过起初指定给它的路径。三种相等的运转在这里重合，即地球回到水星偏心圆的远地点，圆心沿直径 LM 的天平动，以及行星从 FG 到同一条线的巡回。正如我所说[Ⅴ，32 前面]，与这些运转唯一的偏离是交点 G、H、K、P 远离偏心圆拱点的运动[≈每天 $2°7'$]。

因此，大自然赋予了这颗行星以奇妙的变化，这种变化被一种永恒的、精确的、不变的秩序所证实。不过这里应当指出，这颗行星并不是没有经度偏离地通过 GH 与 KP 两象限的中间区域。只要两个中心有变化，就必然会产生行差。但中心的非永久性却设置了障碍。例如，假定中心在点 L 时，行星从点 O 开始运行。当它运行到点 H 附近时，由偏心率 FL 所量出的偏离会达到最大。但是由假设可知，当行星远离点 O 时，它使两中心间的距离 FL 所产生的偏离开始出现和增加。然而当中心接近其在 F 的平均位置时，预期的偏离会越来越小，并且在中间交点 H 和 P 附近完全消失，而我们本来预期在这些地方的偏离会达到最大。然而(正如我所承认的)，甚至当偏离变小时，行星被遮掩在太阳光之中，于是当行星于晨昏出没时，它沿着圆周根本无法被察觉。我不愿忽视这个模型，它与前述模型同样合理，而且非常适用于对黄纬变化的研究[Ⅵ，2]。

第三十三章　五颗行星的行差表

前面已经论证了水星以及其他行星的均匀行度和视行度，并用计算加以阐述。通过这些例子，对其他任何位置如何计算这两种行度之差就很清楚了。然而为简便起见，我对每颗行星都列出了专门的表，按照通常的做法，每张表有六列、三十行，行与行之间相距 3°。前两列为偏心圆近点角以及视差的公共数，第三列是在各轨道圆的均匀行度与非均匀行度之间出现的偏心圆的集合差值——我指的是总差值。第四列是按六十分位算出的比例分数，根据与地球距离的不同，视差按照比例分数增减。第五列是行差本身，即出现在行星偏心圆高拱点处相对于大圆的视差。最后的第六列是出现在偏心圆低拱点处的视差超过高拱点视差的量。各表如下。

土星行差表								
公共数		偏心圆改正量		比例分数	〔在高拱点的〕大圆视差		〔在低拱点的〕视差超出量	
°	°	°	′		°	′	°	′
3	357	0	20	0	0	17	0	2
6	354	0	40	0	0	34	0	4
9	351	0	58	0	0	51	0	6
12	348	1	17	0	1	7	0	8
15	345	1	36	1	1	23	0	10
18	342	1	55	1	1	40	0	12
21	339	2	13	1	1	56	0	14
24	336	2	31	2	2	11	0	16
27	333	2	49	2	2	26	0	18
30	330	3	6	3	2	42	0	19
33	327	3	23	3	2	56	0	21
36	324	3	39	4	3	10	0	23
39	321	3	55	4	3	25	0	24
42	318	4	10	5	3	38	0	26
45	315	4	25	6	3	52	0	27
48	312	4	39	7	4	5	0	29
51	309	4	52	8	4	17	0	31
54	306	5	5	9	4	28	0	33
57	303	5	17	10	4	38	0	34
60	300	5	29	11	4	49	0	35
63	297	5	41	12	4	59	0	36
66	294	5	50	13	5	8	0	37
69	291	5	59	14	5	17	0	38
72	288	6	7	16	5	24	0	38
75	285	6	14	17	5	31	0	39
78	282	6	19	18	5	37	0	39
81	279	6	23	19	5	42	0	40
84	276	6	27	21	5	46	0	41
87	273	6	29	22	5	50	0	42
90	270	6	31	23	5	52	0	42

续表

土星行差表								
公共数		偏心圆改正量		比例分数	〔在高拱点的〕大圆视差		〔在低拱点的〕视差超出量	
°	°	°	′		°	″	°	′
93	267	6	31	25	5	52	0	43
96	264	6	30	27	5	53	0	44
99	261	6	28	29	5	53	0	45
102	258	6	26	31	5	51	0	46
105	255	6	22	32	5	48	0	46
108	252	6	17	34	5	45	0	45
111	249	6	12	35	5	40	0	45
114	246	6	6	36	5	36	0	44
117	243	5	58	38	5	29	0	43
120	240	5	49	39	5	22	0	42
123	237	5	40	41	5	13	0	41
126	234	5	28	42	5	3	0	40
129	231	5	16	44	4	52	0	39
132	228	5	3	46	4	41	0	37
135	225	4	48	47	4	29	0	35
138	222	4	33	48	4	15	0	34
141	219	4	17	50	4	1	0	32
144	216	4	0	51	3	46	0	30
147	213	3	42	52	3	30	0	28
150	210	3	24	53	3	13	0	26
153	207	3	6	54	2	56	0	24
156	204	2	46	55	2	38	0	22
159	201	2	27	56	2	21	0	19
162	198	2	7	57	2	2	0	17
165	195	1	46	58	1	42	0	14
168	192	1	25	59	1	22	0	12
171	189	1	4	59	1	2	0	9
174	186	0	43	60	0	42	0	7
177	183	0	22	60	0	21	0	4
180	180	0	0	60	0	0	0	0

木星行差表									
公共数		偏心圆改正量		比例分数		〔在高拱点的〕大圆视差		〔在低拱点的〕视差超出量	
°	°	°	′	分	秒	°	′	°	′
3	357	0	16	0	3	0	28	0	2
6	354	0	31	0	12	0	56	0	4
9	351	0	47	0	18	1	25	0	6
12	348	1	2	0	30	1	53	0	8
15	345	1	18	0	45	2	19	0	10
18	342	1	33	1	3	2	16	0	13
21	339	1	48	1	23	3	13	0	15
24	336	2	2	1	48	3	40	0	17
27	333	2	17	2	18	4	6	0	19
30	330	2	31	2	50	4	32	0	21
33	327	2	44	3	26	4	57	0	23
36	324	2	58	4	10	5	22	0	25
39	321	3	11	5	40	5	47	0	27
42	318	3	23	6	43	6	11	0	29
45	315	3	35	7	48	6	34	0	31
48	312	3	47	8	50	6	56	0	34
51	309	3	58	9	53	7	18	0	36
54	306	4	8	10	57	7	39	0	38
57	303	4	17	12	0	7	58	0	40
60	300	4	26	13	10	8	17	0	42
63	297	4	35	14	20	8	35	0	44
66	294	4	42	15	30	8	52	0	46
69	291	4	50	16	50	9	8	0	48
72	288	4	56	18	10	9	22	0	50
75	285	5	1	19	17	9	35	0	52
78	282	5	5	20	40	9	47	0	54
81	270	5	9	22	20	9	59	0	55
84	276	5	12	23	50	10	8	0	56
87	273	5	14	25	23	10	17	0	57
90	270	5	15	26	57	10	24	0	58

续表

木星行差表									
公共数		偏心圆改正量		比例分数		〔在高拱点的〕大圆视差		〔在低拱点的〕视差超出量	
°	°	°	′	分	秒	°	′	°	′
93	267	5	15	28	33	10	25	0	59
96	264	5	15	30	12	10	33	1	0
99	261	5	14	31	43	10	34	1	1
102	258	5	12	33	17	10	34	1	1
105	255	5	10	34	50	10	33	1	2
108	252	5	6	36	21	10	29	1	3
111	249	5	1	37	47	10	23	1	3
114	246	4	55	39	0	10	15	1	3
117	Z43	4	49	40	25	10	5	1	3
120	240	4	41	41	50	9	54	1	2
123	237	4	32	43	18	9	41	1	1
126	234	4	23	44	46	9	25	1	0
129	231	4	13	46	11	9	8	0	59
132	228	4	2	47	37	8	56	0	58
135	225	3	50	49	2	8	27	0	57
138	222	3	38	50	22	8	5	0	55
141	219	3	25	51	46	7	39	0	53
144	216	3	13	53	6	7	12	0	50
147	213	2	59	54	10	6	43	0	47
150	210	2	45	55	15	6	13	0	43
153	207	2	30	56	12	5	41	0	39
156	204	2	15	57	0	5	7	0	35
159	201	1	59	57	37	4	32	0	31
162	198	1	43	58	6	3	56	0	27
156	195	1	27	58	34	3	18	0	23
168	192	1	11	59	3	2	40	0	19
171	189	0	53	59	36	2	0	0	15
174	186	0	35	59	58	1	20	0	11
177	183	0	17	60	0	0	40	0	6
180	180	0	0	60	0	0	0	0	0

火星行差表									
公共数		偏心圆改正量		比例分数		〔在高拱点的〕大圆视差		〔在低拱点的〕视差超出量	
°	°	°	′	分	秒	°	′	°	′
3	357	0	32	0	0	1	8	0	8
6	354	1	5	0	2	2	16	0	17
9	351	1	37	0	7	3	24	0	25
12	348	2	8	0	15	4	31	0	33
15	354	2	39	0	28	5	38	0	41
18	342	3	10	0	42	6	45	0	50
21	339	3	41	0	57	7	52	0	59
24	336	4	11	1	13	8	58	1	8
27	333	4	41	1	34	10	5	1	16
30	330	5	10	2	1	11	11	1	25
33	327	5	38	2	31	12	16	1	34
36	324	6	6	3	2	13	22	1	43
39	321	6	32	3	32	14	26	1	52
42	318	6	58	4	3	15	31	2	2
45	315	7	23	4	37	16	35	2	11
48	312	7	47	5	16	17	39	2	20
51	309	8	10	6	2	18	42	2	30
54	306	8	32	6	50	19	45	2	40
57	303	8	53	7	39	20	47	2	50
60	300	9	12	8	30	21	49	3	0
63	297	9	30	9	27	22	50	3	11
66	294	9	47	10	25	23	48	3	22
69	291	10	3	11	28	24	47	3	34
72	288	10	19	12	33	25	44	3	46
75	285	10	32	13	38	26	40	3	59
78	282	10	42	14	46	27	35	4	11
81	279	10	50	16	4	28	29	4	24
84	276	10	56	17	24	29	21	4	36
87	273	11	1	18	45	30	12	4	50
90	270	11	5	20	8	31	0	5	5

续表

火星行差表									
公共数		偏心圆改正量		比例分数		〔在高拱点的〕大圆视差		〔在低拱点的〕视差超出量	
°	°	°	′	分	秒	°	′	°	′
93	267	11	7	21	32	31	45	5	20
96	264	11	8	22	58	32	30	5	35
99	261	11	7	24	32	33	13	5	51
102	258	11	5	26	7	33	53	6	7
105	255	11	1	27	43	34	30	6	25
108	252	10	56	29	21	35	3	6	45
111	249	10	45	31	2	35	34	7	4
114	246	10	33	32	46	35	59	7	25
117	243	10	11	34	31	36	21	7	46
120	240	10	7	36	16	36	37	8	11
123	237	9	51	38	1	36	49	8	34
126	234	9	33	39	46	36	54	8	59
129	231	9	13	41	30	36	53	9	24
132	228	8	50	43	12	36	45	9	49
135	225	8	27	44	50	36	25	10	17
138	222	8	2	46	26	35	59	10	47
141	219	7	36	48	1	35	25	11	15
144	216	7	7	49	35	34	30	11	45
147	213	6	37	51	2	33	24	12	12
150	210	6	7	52	22	32	3	12	35
153	207	5	34	53	38	30	26	12	54
156	204	5	0	54	50	28	5	13	28
159	201	4	25	56	0	26	8	13	7
162	198	3	49	57	6	23	28	12	47
165	195	3	12	57	54	20	21	12	12
168	192	2	35	58	22	16	51	10	59
171	189	1	57	58	50	13	1	9	1
174	186	1	18	59	11	8	51	6	40
177	183	0	39	59	44	4	32	9	28
180	180	0	0	60	0	0	0	0	0

金星行差表									
公共数		偏心圆改正量		比例分数		〔在高拱点的〕大圆视差		〔在低拱点的〕视差超出量	
°	°	°	′	分	秒	°	′	°	′
3	357	0	6	0	0	1	15	0	1
6	354	0	13	0	0	2	30	0	2
9	351	0	19	0	10	3	45	0	3
12	348	0	25	0	39	4	59	0	5
15	345	0	31	0	58	6	13	0	6
18	342	0	36	1	20	7	28	0	7
21	339	0	42	1	39	8	42	0	9
24	336	0	48	2	23	9	56	0	11
27	333	0	53	2	59	11	10	0	12
30	330	0	59	3	38	12	24	0	13
33	327	1	4	4	18	13	37	0	14
36	324	1	10	5	3	14	50	0	16
39	321	1	15	5	45	16	3	0	17
42	318	1	20	6	32	17	16	0	18
45	315	1	25	7	22	18	28	0	20
48	312	1	29	8	18	19	40	0	21
51	309	1	33	9	31	20	52	0	22
54	306	1	36	10	48	22	3	0	24
57	303	1	40	12	8	23	14	0	26
60	300	1	43	13	32	24	24	0	27
63	297	1	46	15	8	25	34	0	28
66	294	1	49	16	35	26	43	0	30
69	291	1	52	18	0	27	52	0	32
72	288	1	54	19	33	28	57	0	34
75	285	1	56	21	8	30	4	0	36
78	282	1	58	22	32	31	9	0	38
81	279	1	59	24	7	32	13	0	41
84	276	2	0	25	30	33	17	0	43
87	273	2	0	27	5	34	20	0	45
90	270	2	0	28	28	35	21	0	47

续表

金星行差表									
公共数		偏心圆改正量		比例分数		〔在高拱点的〕大圆视差		〔在低拱点的〕视差超出量	
°	°	°	′	分	秒	°	′	°	′
93	267	2	0	29	58	36	20	0	50
96	264	2	0	31	28	37	17	0	53
99	261	1	59	32	57	38	13	0	55
102	258	1	58	34	26	39	7	0	58
105	255	1	57	35	55	40	0	1	0
108	252	1	55	37	23	40	49	1	4
111	249	1	53	38	52	41	36	1	8
114	246	1	51	40	19	42	18	1	11
117	243	1	48	41	45	42	59	1	14
120	240	1	45	43	10	43	35	1	18
123	237	1	42	44	37	44	7	1	22
126	234	1	39	46	6	44	32	1	26
129	231	1	35	47	36	44	49	1	30
132	228	1	31	49	6	45	4	1	36
135	225	1	27	50	12	45	10	1	41
138	222	1	22	51	17	45	5	1	47
141	219	1	17	52	33	44	51	1	53
144	216	1	12	53	48	44	22	2	0
147	213	1	7	54	28	43	36	2	6
150	210	1	1	55	0	42	34	2	13
153	207	0	55	55	57	41	12	2	19
156	204	0	49	56	47	39	20	2	34
159	201	0	43	57	33	36	58	2	27
162	198	0	37	58	16	33	58	2	27
165	195	0	31	58	59	30	14	2	27
168	192	0	25	59	39	25	42	2	16
171	189	0	19	59	48	20	20	1	56
174	186	0	13	59	54	14	7	1	26
177	183	0	7	59	58	7	16	0	46
180	180	0	0	60	0	0	16	0	0

水星行差表									
公共数		偏心圆改正量		比例分数		〔在高拱点的〕大圆视差		〔在低拱点的〕视差超出量	
°	°	°	′	分	秒	°	′	°	′
3	357	0	8	0	3	0	44	0	8
6	354	0	17	0	12	1	28	0	15
9	351	0	26	0	24	2	12	0	23
12	348	0	34	0	50	2	56	0	31
15	345	0	43	1	43	3	41	0	38
18	342	0	51	2	42	4	25	0	45
21	339	0	59	3	51	5	8	0	53
24	336	1	8	5	10	5	51	1	1
27	333	1	16	6	41	6	34	1	8
30	330	1	24	8	29	7	15	1	16
33	327	1	32	10	35	7	57	1	24
36	324	1	39	12	50	8	38	1	32
39	321	1	46	15	7	9	18	1	40
42	318	1	53	17	26	9	59	1	47
45	315	2	0	19	47	10	38	1	55
48	312	2	6	22	8	11	17	2	2
51	309	2	12	24	31	11	54	2	10
54	306	2	18	26	17	12	31	2	18
57	303	2	24	29	17	13	7	2	26
60	300	2	29	31	39	13	41	2	34
63	297	2	34	33	59	14	14	2	42
66	294	2	38	36	12	14	46	2	51
69	291	2	43	38	29	15	17	2	59
72	288	2	47	40	45	15	46	3	8
75	285	2	50	42	58	16	14	3	16
78	282	2	53	45	6	16	40	3	24
81	279	2	56	46	59	17	4	3	32
84	276	2	58	48	50	17	27	3	40
87	273	2	59	50	36	17	48	3	48
90	270	3	0	52	2	18	6	3	56

续表

水星行差表									
公共数		偏心圆改正量		比例分数		〔在高拱点的〕大圆视差		〔在低拱点的〕视差超出量	
°	°	°	′	分	秒	°	′	°	′
93	267	3	0	53	43	18	23	4	3
96	264	3	1	55	4	18	37	4	11
99	261	3	0	56	14	18	48	4	19
102	258	2	59	57	14	18	56	4	27
105	255	2	58	58	1	19	2	4	34
108	252	2	56	58	40	19	3	4	42
111	249	2	55	59	14	19	3	4	49
114	246	2	53	59	40	18	59	4	54
117	243	2	49	59	57	18	53	4	58
120	240	2	44	60	0	18	42	5	2
123	237	2	39	59	49	18	27	5	4
126	234	2	34	59	35	18	8	5	6
129	231	2	28	59	19	17	44	5	9
132	228	2	22	58	59	17	17	5	9
135	225	2	16	58	32	16	44	5	6
138	222	2	10	57	56	16	7	5	3
141	219	2	3	56	41	15	25	4	59
144	216	1	55	55	27	14	38	4	52
147	213	1	47	54	55	13	47	4	41
150	210	1	38	54	25	12	52	4	26
153	207	1	29	53	54	11	51	4	10
156	204	1	19	53	23	10	44	3	53
159	201	1	10	52	54	9	34	3	33
162	198	1	0	52	33	8	20	3	10
165	195	0	51	52	18	7	4	2	43
168	192	0	41	52	8	5	43	2	14
171	189	0	31	52	3	4	19	1	43
174	186	0	21	52	2	2	54	1	9
177	183	0	10	52	2	1	27	0	35
180	180	0	0	52	2	0	0	0	0

第三十四章　怎样计算这五颗行星的黄经位置

我们将根据我所列的这些表，毫无困难地计算这五颗行星的黄经位置，因为对它们几乎可以运用相同的计算程序。不过在这方面，三颗外行星与金星和水星有所不同。

因此，我先来说土星、木星和火星，其计算如下。用前述方法[Ⅲ，14；Ⅴ，1]，对任一给定时刻求出平均行度，即太阳的简单行度和行星的视差行度。然后从太阳的简单位置减去行星偏心圆高拱点的位置。再从余量中减去视差行度。最后得到的余量即为行星偏心圆的近点角。从表中前两列的某一列的公共数中找到这个数。对着这个数，我们从表的第三列取偏心差的归一化，并从下一列查出比例分数。如果我们查表所用的数在第一列，则把这一修正值与视差行度相加，并将它从偏心圆近点角中减去。反之，如果[初始的]数在第二列，则从视差近点角中减去它，并把它与偏心圆近点角相加。这样得到的和或差即为视差和偏心圆的归一化近点角，而比例分数则用于其他目的，我们很快就会对此作出说明。

然后，我们从前面[两列]的公共数中找到这个归一化的视差近点角，并在第五列中找出与之相应的视差行差，并从最后一列查出它的超出量。我们按照比例分数取此超出量的比例部分，并且总是把这个比例部分与行差相加，其和即为行星的真视差。如果归一化视差近点角小于半圆，则应从归一化视差近点角中减去行星的真视差；如果归一化视差近点角大于半圆，则应把归一化视差近点角与行星的真视差相加。这样我们即可求得行星从太阳的平位置向西的真距离和视距离。从太阳[的位置]减去这个距离，余量则为所要求的行星在恒星天球上的位置。最后，如果把二分点的岁差与行星位置相加，即可求得行星与春分点之间的距离。

对于金星和水星，我们用高拱点与太阳平位置的距离来代替偏心圆的近点角。正如前面已经解释的，我们借助于这个近点角把视差行度和偏心圆近点角归一化。但如果偏心圆的行差和归一化视差在同一方向上或为同一类型，则要从太阳平位置中同时加上或减去它们。但如果它们为不同类型，则要从较大量中减去较小量。根据我前面对较大量的相加或相减性质所作的说明，用余量进行运算，所得的结果即为所要求的行星的视位置。

第三十五章　五颗行星的留和逆行

如何理解行星的留、回和逆行以及这些现象出现的位置、时刻和范围，这与解释行星的经度运动显然有某种联系。天文学家们，尤其是佩尔加的阿波罗尼奥斯，对这些主题做过不少讨论[托勒密，《天文学大成》，Ⅻ，1]。但他们认为行星运动时似乎只有一种非均匀性，即相对于太阳出现的非均匀性，我把这种非均匀性称为由地球的大圆运动所产生的视差。

假定地球的大圆与行星的圆同心，所有行星都在各自的圆上以不等的速度同向运行，也就是向东运行。又假设像金星和水星位于地球大圆内的行星，在其自身轨道上的运动比地球的运动更快。从地球作一直线与行星轨道相交，并把轨道内的线段二等分。使这一半线段与从我们的观测点[即地球]到被截轨道的下凸弧的距离之比，等于地球运动与该行星速度之比。这样一来，如此作出的线段与行星圆近地弧的交点便将行星的逆行与顺行分开了。于是，当行星位于该处时，它看起来静止不动。

对于其余三颗运动比地球慢的外行星，情况与此类似。过我们的眼睛作一条直线与地球的大圆相交，使该圆内的一半线段与从行星到位于大圆较近凸弧上的我们眼睛的距离之比，等于行星运动与地球速度之比。在我们的眼睛看来，行星在此时此地停止不动。

但是，如果在上述[内]圆里的这一半线段与剩下的外面一段之比超过了地球速度与金星或水星速度之比，或是超过了三颗外行星中任何一颗的运动与地球速度之比，则行星将继续向东前进。另一方面，如果第一个比值小于第二个比值，则行星将向西逆行。

为了证明上述论断，阿波罗尼奥斯还引用了一条辅助定理。虽然它符合地球静止的假说，但也与我基于地球运动而提出的原理是相容的，所以我也将使用它。我可以用下述方式来说明它：假定在一个三角形中，将长边分成两段，使其中一段不小于它的邻边，则该段与剩下一段之比将会大于被分割一边的两角之比的倒数[剩下一段的角：临边的角]。在三角形 ABC 中，设长边为 BC。在边 BC 上取 CD 不小于 AC，则我说 $CD:BD>\angle ABC:\angle BCA$。

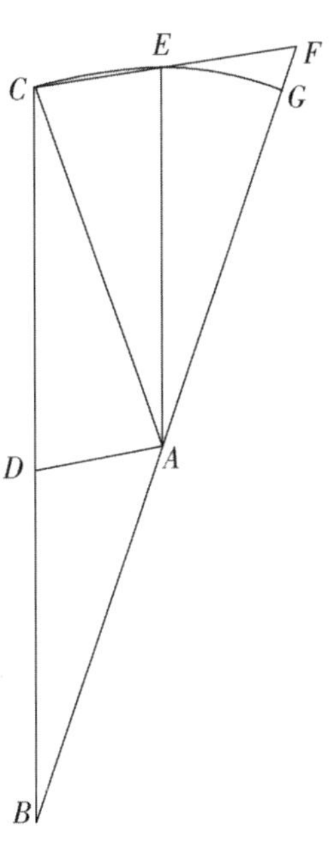

其证明如下。作平行四边形 $ADCE$。延长 BA 和 CE，使之相交于点 F。以点 A 为中心，AE 为半径作圆。因 AE[$=CD$]不小于 AC，所以这个圆将通过或超过点 C。现在设这个圆通过点 C，并设它为 GEC。由于三角形 $AEF>$扇形 AEG，但三角形 $AEC<$扇形 AEC，所以三角形 AEF : 三角形 $AEC>$扇形 AEG : 扇形 AEC。但是三角形 AEF : 三角形 $AEC=$底边 FE : 底边 EC，所以 $FE:EC>\angle FAE:\angle EAC$。但因$\angle FAE=\angle ABC$，且$\angle EAC=\angle BCA$，所以 $FE:EC=CD:DB$。因此 $CD:DB>\angle ABC:\angle ACB$。而且，如果假定 CD 不等于 AC，但取 $AE>CD$，则[第一个]比值显然会大得多。

现在设以点 D 为中心的 ABC 为金星或水星的圆。设地球 E 在该圆外面绕同一中心 D 运转。从我们在点 E 的观察处作直线 $ECDA$ 通过该圆中心。设点 A 是离地球最远的点，点 C 是离地球最近的点。假设 DC 与 CE 之比大于观测者的运动与行星速度之比。因此可以找到一条直线 EFB，使 $\frac{1}{2}BF:FE=$观测者的运动 : 行星速度。当 EFB 远离中心 D 时，它将沿 FB 不断缩短而沿 EF 不断伸长，直至所需条件出现为止。我要说，当行星位于点 F 时，它看起来将静止不动。无论我们在 F 任一边所取的弧多么

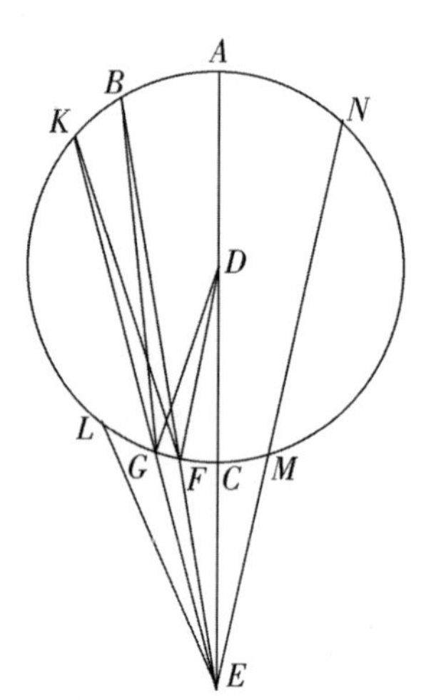

短，我们将发现它在远地点方向上是顺行的，而在近地点方向是逆行的。

首先，取弧 FG 朝着远地点延伸。延长 EGK。连接 BG、DG 和 DF。在三角形 BGE 中，由于长边 BE 上的线段 BF 大于 BG，所以 $BF:EF>\angle FEG:\angle GBF$。

因此 $\frac{1}{2}BF:FE>\angle FEG:2\times\angle GBF=\angle GDF$。但是 $\frac{1}{2}BF:FE$＝地球运动∶行星运动，因此 $\angle FEG:\angle GDF<$ 地球速度∶行星速度。因此，设有一 $\angle FEL:\angle FDG$＝地球运动∶行星运动，则 $\angle FEL>\angle FEG$。于是，当行星在此圆的弧 GF 上运动时，可以认为我们的视线扫过了直线 EF 与 EL 之间的一段相反的距离。显然，当弧 GF 将行星从 F 送到 G 时，即在我们看来它向西扫过较小角度 FEG 时，地球在同一时间内的运行将使行星看上去向东后退，通过了较大的 $\angle FEL$。结果，行星还是退行了角度 GEL，并且似乎是前进了，而不是保持静止不动。

与此相反的命题显然可以用同样的方法加以证明。在同一图上，假设取 $\frac{1}{2}GK:GE$＝地球运动∶行星速度。设弧 GF 从直线 EK 向近地点延伸。连接 KF，形成三角形 KEF。在这个三角形中，$GE>EF$，$KG:GE<\angle FEG:\angle FKG$，于是也有 $\frac{1}{2}KG:GE<\angle FEG:2\times\angle FKG=\angle GDF$。这个关系与上面所述相反。用同样的方法可以证明 $\angle GDF:\angle FEG<$ 行星速度∶视线速度。于是，当这些比值随着 $\angle GDF$ 变大而变得相等时，行星向西的运行将会大于向前运动要求的量。

这些考虑也清楚地说明，如果我们假设弧 FC＝弧 CM，则第二次留应出现在点 M。作直线 EMN。和 $\frac{1}{2}BF:FE$ 一样，$\frac{1}{2}MN:ME$ 也等于地球速度∶行星速度。因此 F 与 M 两点都为留点，以它们为端点的整个弧

FCM 为逆行弧，圆的剩余部分则为顺行弧。还可以得出，无论在什么距离处，$DC:CE$ 都不超过地球速度∶行星速度，不可能作另外一条直线，使它的比等于地球速度∶行星速度，于是在我们看来行星既不会静止也不会逆行。在三角形 DGE 中，如果假定 DC 不小于 EG，则 $\angle CEG:\angle CDG<DC:CE$。但 $DC:CE$ 并不超过地球速度∶行星速度，因此 $\angle CEG:\angle CDG<$ 地球速度∶行星速度。这种情况发生时，行星将向东运动，在行星轨道上找不到任何使行星看起来会逆行的弧段。以上讨论适用于[地球]大圆之内的金星和水星。

对于另外三颗外行星，可采用同样的图形(只是符号改变)以同一方法加以证明。设 ABC 为地球的大圆和我们观测点的轨道。把行星置于点 E，它在其自身轨道上的运动要比我们的观测点在大圆上的运动慢。至于其他，所有方面都可以与前面一样进行论证。

第三十六章　怎样测定逆行的时间、位置和弧段

现在，如果携带行星的圆与地球的大圆同心，那么前面所论证的结论很容易得到证实(因为行星速度与观测点速度之比始终保持不变)。然而，这些圆是偏心的，这就是视运动不均匀的原因。因此，我们必须处处假定速度变化各不相同的归一化行度，而不是简单的均匀行度，并将它们用于我们的证明中，除非行星恰好处于其中间经度附近，似乎只有在其轨道上的这些地方，行星才能按照平均行度运行。

我将以火星为例来证明这些命题，这也将阐明其他行星的逆行。设地球的大圆为 ABC，我们的观测点就在此大圆上。把行星置于点 E，从点 E 通过大圆中心作直线 $ECDA$，并作直线 EFB 以及与之垂直的 DG。$\frac{1}{2}BF=GF$。$GF:EF=$ 行星的瞬时速度∶观测点的速度，而观测点的速度大于行星速度。

我们的任务是求出逆行弧段的一半即 FC，或者 ABF[180°$-FC$]，从而得知行星留时与点 A 的最大[角]距离，以及∠FEC 的值，由此可以预测这一行星现象的时间和位置。设行星位于偏心圆的中拱点附近，在这里，观测到的行星黄经行度和近点角行度与均匀行度相差甚微。

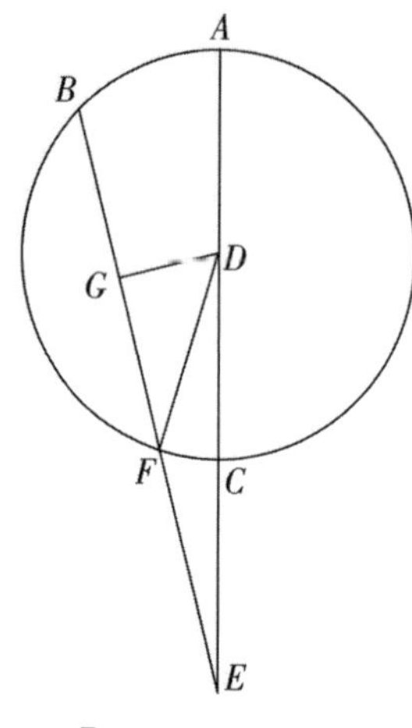

对于火星来说，当它的平均行度＝$1^p8'7''$＝直线 GF 时，它的视差行度即我们视线的运动为：行星的平均行度＝1^p＝直线 EF。因此整个 $EB=3^p16'14''$[＝$2\times1^p8'7''$（＝$2^p16'14''$）＋1^p]，类似地，矩形 $BE\times EF=3^p16'14''$。但我已经表明[Ⅴ，19]，如果取 $DE=10000^p$，则半径 $DA=6580^p$。

然而，若取 $DE=60^p$，则以此单位来表示，$AD=39^p29'$。[$DE+AD=60^p+39^p29'=$]整个 $AE:EC=99^p29':20^p31'$[$=60^p-39^p29'=DE-DC$]。而矩形 $AE\times EC=BE\times EF=2041^p4'$，因此，$2041^p4'\div3^p16'14''$[＝以前 $BE\times EF$ 的值]$=624^p4'$，如果取 DE 等于 60^p，则它的边[＝平方根]$=24^p58'52''=EF$。然而，如果取 $DE=10000^p$，则 $EF=4163^p$，其中 $DF=6580^p$。

由于三角形 DEF 的各边均已知，我们得到行星的逆行角 $DEF=27°15'$，视差近点角 $CDF=16°50'$。在第一次留时，行星出现在直线 EF 上，冲时则在直线 EC 上。如果行星完全没有东移，则弧 $CF=16°50'$将构成在∠AEF 中求得的逆行 27°15′。然而，根据已经确定的行星速度与观测点速度之比，与 16°50′的视差近点角相应的行星黄经约为 19°6′39″。而 $27°15'-19°6'39''\approx8°8'$，即为从第二个留点到冲点的距离，约为 $36\frac{1}{2}$日。在这段时间中，行星走过的经度为 19°6′39″，因此整个 16°16′[$=2\times8°8'$]的逆行是在 73 天内完成的。

以上分析是对偏心圆的中间经度进行的。

对于其他位置，步骤是类似的，但正如我已经指出的那样[近Ⅴ，36

开始处]，运用的始终是由这些位置确定的行星瞬时速度。

因此，只要我们把观测点置于行星的位置，把行星置于观测点的位置，则同样的分析方法不仅适用于金星和水星，也适用于土星、木星和火星。自然，在由地球所围住的这些轨道上发生的情况正好与包围地球的那些轨道上发生的情况相反。因此可以认为前面所说已能满足需要，我不必在这里一遍遍地老调重弹了。

然而，由于行星的行度随视线而变化，所以关于留会产生不小的困难和不确定性。阿波罗尼奥斯的那个假设[Ⅴ，35]并没有使我们摆脱困境。因此，我不知道单纯相对于最近的位置来研究留是否会好一些。类似地，我们可以由行星与太阳平均运动线的接触来寻求行星的冲，或者由行星已知的行度量来求任何行星的合。我将把这个问题留给读者，直到他的研究令自己感到满意为止。

《天球运行论》第五卷终

第六卷

引　　言

我已尽我最大的努力论证了，假定的地球运转是如何影响行星在黄经上的视运动，并迫使所有这些现象都服从一种精确而必然的规则性的。接下来，我还要考虑引起行星黄纬偏离的那些运动，表明地球的运动也支配着这些现象，在这一领域也为它们确立规则。科学的这一领域是不可或缺的，因为诸行星的黄纬偏离对于升、落、初现、掩星以及前面已经作过一般解释的其他现象都造成了不小的改变。事实上，当行星的黄经连同它们与黄道的黄纬偏离都已测出时，才能说知道了行星的真位置。对于古代天文学家们认为通过静止的地球所能论证的事情，我将通过假设地球运动来做到，而我的论证或许更为简洁和恰当。

第一章　对五颗行星黄纬偏离的一般解释

古人在所有这些行星中都发现了双重的黄纬偏离，对应于每颗行星的两种黄经不均匀性。在古人看来，在这些黄纬偏离中，一种是由偏心圆造成的，另一种则是由本轮造成的。我没有采用这些本轮，而是采用了地球的一个大圆(对此我们前文已经多次提及)。我之所以采用这个大圆，并非是因为它与黄道面有某种偏离，实际上两者永远结合在一起，是完全等同的；而是因为行星轨道与黄道面有一个不固定的倾角，这一变化是根据地球大圆的运动和运转而调整的。

然而，土星、木星和火星这三颗外行星的黄经运动所遵循的某些原理却不同于支配其他两颗行星黄经运动的原理，而且这些外行星就其黄纬运动而言也有不小的差别。于是，古人首先考察了它们北黄纬极限的位置和量。托勒密发现，对于土星和木星，这些极限接近天秤宫的起点，而对于火星，则在靠近偏心圆远地点的巨蟹宫终点附近[《天文学大成》，XⅢ，1]。

然而到了我们这个时代，我发现土星的北限在天蝎宫内7°处，木星的北限在天秤宫内27°，火星的北限在狮子宫内27°。从那时到现在，它们的远地点也已经移动[Ⅴ，7，12，16]，这是因为那些圆的运动会引起倾角和黄纬基点的变化。不论地球当时位于何处，在与这些极限相距一个归一化象限或视象限的距离处，这些行星似乎在黄纬上绝对没有任何偏离。于是在这些中间经度处，可以认为这些行星位于它们的轨道与黄道的交点上，就像月亮位于它的轨道与黄道的交点上一样。托勒密[《天文学大成》，XⅢ，1]把这些相交处称为"交点"(nodes)。行星从升交点进入北天区，从降交点进入南天区。这些偏离的产生并不是因为地球的大圆(它永远位于黄道面内)在这些行星中造成了任何黄纬。相反地，所有黄纬偏离均来自交点，而且在两交点的中间位置达到最大。当人们看到行星在那里与太阳相冲并于午夜到达中天时，随着地球的靠近，行星在北天区向北移动和在南天区向南移动时发生的偏离总要比地球在其他任何位置时更大。这一偏离比地球的靠近和远离所要求的更大。这种情况使人认识到，行星轨道的倾角并不是固定不变的，而是与地球大圆的旋转相对应地在某种天平动中发生变化。我们稍后[Ⅵ，2]会对此进行解释。

然而，尽管金星与水星服从一种与其中拱点、高拱点和低拱点相关的精确规则，但它们似乎是以其他某些方式发生偏离的。在它们的中间经度区，即当太阳的平均行度线与它们的高拱点或低拱点相距一个象限时，亦即当行星于晨昏时与同一条太阳的平均行度线相距行星轨道的一个象限时，古人发现它们与黄道并无偏离。通过这一情况古人认识到，这些行星当时正位于它们的轨道与黄道的交点处。由于当行星远离或接近地球时，这一交点分别通过它们的远地点和近地点，所以在那些时刻它们呈现出明显的偏离。但是当行星距地球最远时，亦即在黄昏初现或晨没时(此时金星看起来在最北方，水星在最南方)，这些偏离达到最大。

另一方面，在距地球较近的一个位置上，当行星于黄昏沉没或于清晨升起时，金星在南而水星在北。反之，当地球位于这一点对面的另一个中拱点，即偏心圆的近点角等于 270°时，金星看起来位于南面距地球较远处，而水星位于北面。在距地球较近的一个位置上，金星看起来在北而水星在南。

但托勒密发现，当地球靠近这些行星的远地点时，金星在清晨时的黄纬为北纬，黄昏时的黄纬为南纬。而水星的情况正好相反，清晨时为南纬，黄昏时为北纬。在相反的位置，当地球在这些行星的近地点附近时，这些方向都作类似的反转，于是金星从南面看时是晨星，从北面看时是昏星，而水星在北面于清晨出现，在南面于黄昏出现。然而，当地球位于这两点[这些行星的远地点和近地点]时，古人发现金星的偏离在北面总比在南面大，而水星的偏离在南面总比在北面大。

由于这一事实，针对[地球位于行星的远地点和近地点]这一情况，古人设想出双重的黄纬，而在一般情况下为三重黄纬。第一种发生在中间经度区，他们称之为“赤纬”(declination)；第二种发生在高、低拱点，他们称之为“偏斜”(obliquation)；最后一种与第二种有关，他们称之为“偏离”(deviation)，金星的“偏离”永远偏北，而水星的“偏离”永远偏南。在这四个极限点[高、低拱点和两个中拱点]之间，各黄纬相互混合，轮流增减和彼此让位。我将为所有这些现象指定适当的情况。

第二章　表明这些行星在黄纬上运动的圆理论

于是必须认为，这五颗行星的轨道圆都倾斜于黄道面(它们的交线是黄道的一条直径)，倾角可变但有规则。对土星、木星和火星而言，如同我对二分点岁差所证明的那样[Ⅲ，3]，交角以交线为轴作着某种振动。

然而对这三颗行星而言，这种振动是简单的，且与视差运动相对应，它在一个确定周期内随视差运动一起增减。于是，每当地球距行星最近，即行星于午夜过中天时，该行星轨道的倾角达到最大，在相反位置最小，在中间位置则取平均值。结果，当行星位于它的北纬或南纬的极限位置时，它的黄纬在地球靠近时要比地球最远时大得多。尽管根据物体看起来近大远小的原理，这种变化的唯一原因只能是地球的远近不同，但这些行星黄纬的增减[较之仅由地球远近改变所引起的]变化更大。除非行星轨道的倾角也在起伏振动，否则这种情况不可能发生。但正如我已经说过的[Ⅲ，3]，对于振荡运动，我们必须取两个极限之间的平均值。

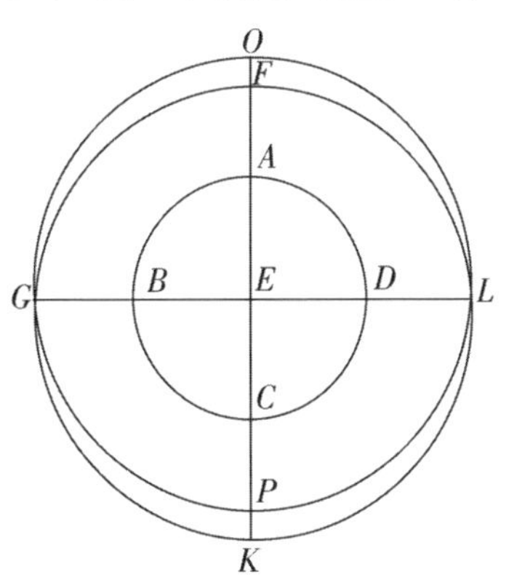

为了说明这些情况，设 $ABCD$ 为黄道面上以 E 为圆心的地球大圆。设行星轨道与这一大圆斜交。设 $FGKL$ 为行星轨道的平均固定赤纬，点 F 位于黄纬的北限，点 K 位于南限，点 G 位于交线的降交点，点 L 位于升交点。设[行星轨道与地球大圆的]交线为 BED。沿直线 GB 和 DL 延长 BED。除了拱点的运动，这四个极限点不能移动。然而应当认为，行星的黄经运动并非发生在圆 FG 的平面上，而是发生在与 FG 同心且与之倾斜的另一个圆 OP 上。设这些圆彼此相交于同一条直线 $GBDL$。因此，当行星在圆 OP 上运转时，这个圆有时与平面 FK 重合，并且由于天平动而在 FK 的两个方向上振动，因此黄纬好像在不断变化。

于是，首先设行星位于其黄纬北限处的点 O，且距位于点 A 的地球最近。此时行星的黄纬将随 $\angle OGF$(即轨道 OGP 的最大倾角)而增大。它是一种靠近与远离的运动，因为根据假设，它与视差运动相对应。于是若地球位于点 B，则点 O 将与点 F 重合，行星的黄纬看上去要比以前在同一位置时为小。如果地球位于点 C，那么行星的黄纬看上去还会小得多。因为 O 会跨到其振动的最外的相对部分，那时其纬度仅为北纬减去天平动后的余量，即等于∠OGF。此后，在通过剩下的半圆 CDA 的过程中，位于点 F 附近的行星的北纬将一直增大，直到地球回到它出发的第一点 A 为止。

当行星位于南方点 K 附近时，如果设地球的运动从点 C 开始，则行星的行为和变化将是一样的。但假定行星位于交点 G 或 L 上，与太阳相冲或相合。即使当时圆 FK 与 OP 彼此之间的倾角可能为最大，我们也察觉不到行星的黄纬，因为它占据着两圆的一个交点。我认为由以上所述不难理解，行星的北纬如何从 F 到 G 减小，而南纬如何从 G 到 K 增大，并且在 L 处完全消失并且跨到北方的。

以上就是三颗外行星的运动方式。金星和水星无论是经向还是纬向的运动都与它们有所不同，这是因为内行星的轨道[与大圆]相交于它们的远地点和近地点。与外行星类似，它们在中拱点的最大倾角也因振动而变化。然而内行星与外行星所不同的是还有另一种振动。两者都随地球运转而变化，但方式不同。第一种振动的性质是，每当地球回到内行星的拱点时，振动就重复两次，其轴为前面提到的过远地点和近地点的固定交线。这样一来，每当太阳的平均行度线位于近地点或远地点时，交角就达到其极大值，而在中间经度区总为极小值。

而叠加在第一种振动上的第二种振动与前者的不同之处在于，它的轴线是可移动的。结果，当地球位于金星或水星的中间经度时，行星总是在轴线上，即位于这一振动的交线上。反之，当地球与行星的远地点或近地点排成一条直线时，行星与第二种振动的轴的偏离最大，正如我已说过的[Ⅵ，1]，金星总是向北倾斜，水星总是向南倾斜。不过在这些时刻，这些行星不会有由第一种简单赤纬所产生的纬度。

于是举例来说，假定太阳的平均运动在金星的远地点，并且该行星也在同一位置。由于此时行星位于其轨道与黄道面的交点上，所以它显然不会因为简单赤纬或第一种振动而产生纬度。但交线或轴线沿着偏心圆横向直径的第二种振动，却给行星叠加了最大偏离，因为它与通过高、低拱点的直径相交成直角。而另一方面，假定行星位于[距其远地点]一个象限的两点中任何一点，并且在其轨道的中拱点附近。这[第二种]振动的轴将与太阳的平均行度线重合。金星将把最大偏离加在北纬偏离上，而南纬偏离则由于减去了最大偏离而变小了。偏离的振动就是这样与地球的运行相对应的。①

为使以上论述更容易理解，我们重作大圆 $ABCD$ 以及金星或水星的轨道 $FGKL$（它是圆 ABC 的偏心圆，且两者之间的倾角为平均偏斜）。它们的交线 FG 通过轨道的远地点 F 和近地点 G。为了便于论证，我们首先把偏心圆轨道 GKF 的倾角看成简单恒定的，或者介于极小值和极大值之间，只不过它们的交线

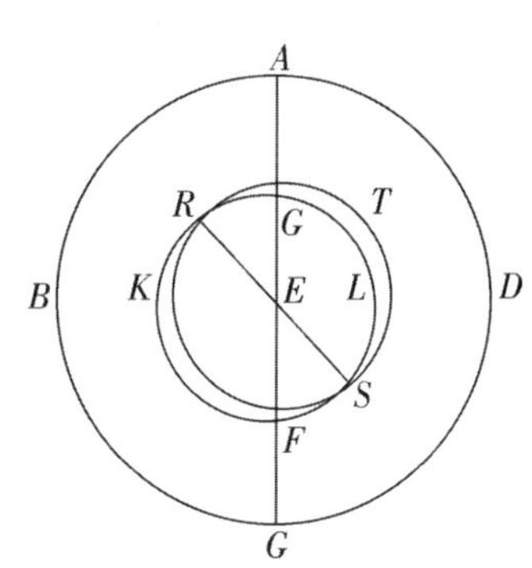

FG 随着近地点和远地点的运动而移动。当地球位于交线上即在 A 或 C 处，且行星也在同一条线上时，它当时显然没有黄纬，因为它的整个纬度都在半圆 GKF 和 FLG 的两侧。如前所述[Ⅵ，2 前面]，行星在该处北偏或南偏取决于圆 FKG 与黄道面的倾角。有些天文学家把行星的这种偏离称为“偏斜”，另一些人则称之为“偏转”(reflexion)。另一方面，当地球位于 B 或 D，即位于行星的中拱点时，被称作“赤纬”的 FKG 和 GLF 将分别为上下相等的纬度。因此它们与前者只有名称上的不同而并无实质性的差别，在中间位置上甚至连名称也可以互换。

然而，这些圆的倾角就“偏斜”而言要比“赤纬”大。因此，正如我们已经说过的[Ⅵ，2]，这种不等被认为源于以交线 FG 为轴的振动。于是，当我们知道两边的交角时，我们很容易根据其差值推出从最小值到最大值的振动量。

现在设想另一个倾斜于 $GKFL$ 的偏离圆。设该圆对金星而言是同心的，而对水星而言是偏偏心圆，这一点我们将在后面说明[Ⅵ，2]。设它

---

① 该段较早版本为：

于是，当太阳的平均行度线通过行星远地点或近地点时，无论行星位于其轨道上的哪个部分，它的偏离都为最大；而[当太阳的平均行度线]在[行星的]中拱点附近时，它将没有偏离。

们的交线 RS 为振动轴，此轴按照以下规则沿一个圆运动：当地球位于点 A 或点 B 时，行星位于其偏离的极限处，比如在点 T。地球离开 A 前进多远，可以认为行星也离开 T 多远。在此期间，偏离圆的倾角减小，结果当地球走过象限 AB 时，可以认为行星已经到达了该纬度的交点 R。然而此时，两平面在振动的中点重合，并且反向运动。因此，原来在南面的一半偏离圆向北转移。当金星进入这个半圆时，它离开南纬北行，由于这种振动而不再转向南方。与此类似，水星沿相反方向运行，留在南方。水星与金星还有一点不同，即它不是在偏心圆的同心圆上，而是在一个偏偏心圆上摇摆。我曾经用一个小本轮来论证其黄经运动的不均匀性[Ⅴ，25]。不过在那里，它的黄经是抛开其黄纬来考虑的，而这里是抛开黄经来研究黄纬。它们都包含在同一运转中从而相等地完成。因此很显然，这两种变化可以由单一的运动和同样的振动所产生，此运动既是偏心的又是倾斜的。除了我刚才描述的以外，再没有其他安排了。对此我将在后面作进一步讨论[Ⅵ，5—8]。

第三章　土星、木星和火星轨道的倾斜度有多大?

解释了五颗行星黄纬的理论之后，我现在必须转向事实并对细节作出分析。首先[我应确定]各个圆的倾角有多大。凭借过倾斜圆两极并与黄道正交的大圆计算出这些倾角。纬度偏离值是在这个大圆上测定的。理解了这些安排，我们就可以确定每颗行星的黄纬了。

让我们再一次从三颗外行星开始。根据托勒密的表[《天文学大成》，XIII，5]，当行星与太阳相冲，纬度为最南限时，土星偏离 $3°5'$，木星偏离 $2°7'$，火星偏离 $7°7'$。而当行星位于相反位置即与太阳相合时，土星偏离 $2°2'$，木星偏离 $1°5'$，而火星仅偏离 $5'$，所以它几乎掠过黄道。黄纬的这些值可以从托勒密在行星消失和初现前后所测的纬度推出来。

得到这些结果之后，设一个与黄道垂直的平面通过黄道中心，AB 为

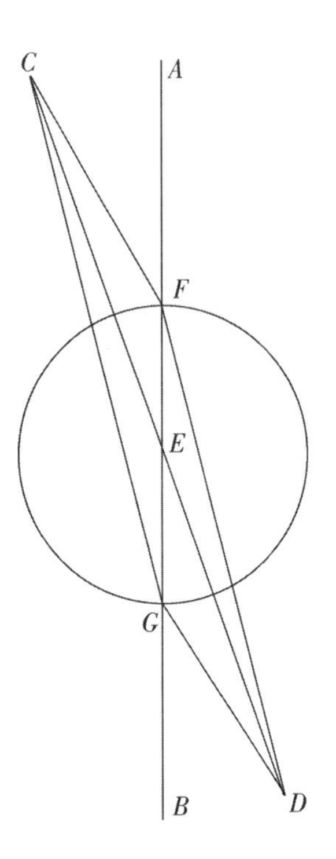

此平面与黄道的交线，CD 为此平面与三颗外行星偏心圆中任何一个的交线，此交线通过最南限和最北限。再设黄道中心为点 E，地球大圆的直径为 FEG，D 为南纬，C 为北纬。连接 CF、CG、DF 和 DG。

对于每颗行星而言，地球大圆[的半径]EG 与行星偏心圆[的半径]ED 之比在前面已经就地球和行星任何已知的位置求出来了，而最大黄纬的位置也已由观测给出。因此，最大南纬角 BGD 作为三角形 EGD 的外角已知。根据平面三角形定理，与之相对的内角，即偏心圆相对黄道面的最大南面倾角 GED 也可求出。类似地，我们可以通过最小南黄纬如$\angle EFD$ 求得最小倾角。在三角形 EFD 中，边 EF 与边 ED 之比以及$\angle EFD$ 均已知，所以最小南面倾角即外角 GED 也可求得。这样，由两倾角之差可以求出偏心圆相对于黄道的整个振动量。不仅如此，用这些倾角还可以计算出相对的北纬，比如$\angle AFC$ 和$\angle EGC$。如果所得结果与观测相符，就表明我们没有出错。

然而，我将以火星为例，因为它的黄纬超过了所有其他行星。当火星位于近地点时，托勒密指出[《天文学大成》，XIII，5]其最大南黄纬约为 $7°$，而当位于远地点时，最大北黄纬为 $4°20'$。但在确定了$\angle BGD=6°50'$ 之后，我发现相应的$\angle AFC\approx 4°30'$。由于已知 $EG:ED=1^p:1^p22'26''$[V，19]，由这些边和$\angle BGD$ 可以求得，最大南面倾角 $DEG\approx 1°51'$。由于 $EF:CE=1^p:1^p39'57''$[V，19]，$\angle CEF=\angle DEG=1°51'$，所以当行星与太阳相冲时，上面提到的外角$\angle CFA=4\frac{1}{2}°$。

类似地，当火星位于相反位置即与太阳相合时，假定$\angle DFE=5'$，那么由于边 DE 和 EF 以及$\angle EFD$ 均已知，所以可得$\angle EDF$ 以及表示最小倾斜度的外角$\angle DEG\approx 9'$。由此还可求得北纬度角$\angle CGE\approx 6'$。从最大倾角中减去最小倾角，可得这个倾角的振动量为$1°51'-9'\approx 1°41'$。于是，[振动量的]$\frac{1}{2}\approx 50\frac{1}{2}'$。

对于其他两颗行星，即木星和土星，我们也可以用类似的方法求出倾角和黄纬。由于木星的最大倾角为1°42′，最小倾角为1°18′，所以它的整个振动量不超过24′。而土星的最大倾角为2°44′，最小倾角为2°16′，所以二者之间的振动量为28′。因此，当行星与太阳相合时，通过在相反位置出现的最小倾角，可以求出以下相对黄道的纬度偏离值：土星为2°3′，木星为1°6′。这些值必须测定出来，我们要用它们来编制后面的表[Ⅵ，8结尾]。

第四章　对这三颗行星其他任何黄纬的一般解释

由上述内容，这三颗行星的特定纬度一般来说便可清楚。和前面一样，设AB为与黄道垂直且过行星最远偏离极限的平面的交线，北限为点A。设直线CD为行星轨道[与黄道]的交线，并与AB相交于点D。以点D为圆心作地球大圆EF。冲时行星与地球所在的点E排成一线，取任一已知弧EF。从点F和行星位置点C向AB引垂线CA和FG。连接FA与FC。

在这种情况下，我们先求偏心圆倾角ADC的大小。我们已经表明[Ⅵ，3]，地球位于点E时倾角为极大，而且振动的性质要求，它的整个振动量与地球在由直径BE决定的圆EF上的运转成比例。因此，由于弧EF已知，所以可求得ED与EG之比，这就是整个振动量与刚刚由$\angle ADC$分离出的振动之比。于是在目前情况下$\angle ADC$可知。

这样，三角形ADC的各边角均已知。但CD与ED之比已知，CD与[ED减去EG的]余量DG之比也已知，所以CD和AD二者与GD之比也

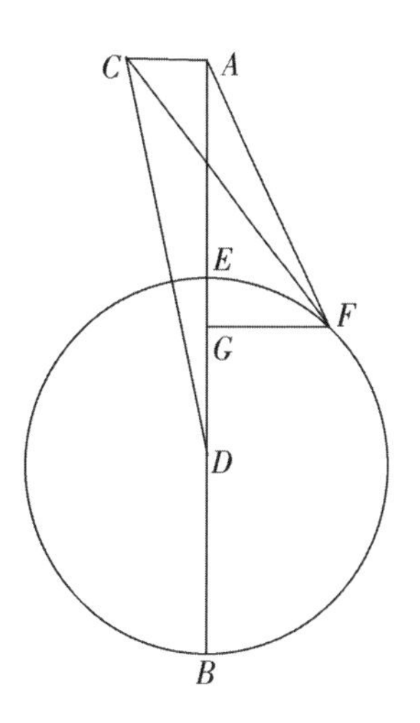

可求得。于是[AD减去GD的]余量AG可得。由此同样可得FG，因为$FG=\frac{1}{2}$弦$2EF$。因此在直角三角形AGF中，[AG与FG]两边已知，所以斜边AF以及AF与AC之比也可知。最后，在直角三角形ACF中，[AF和AC]两边已知，所以$\angle AFC$可知，此即我们所要求的视纬度角。

我将再次以火星为例进行分析。设其最大南纬极限位于其低拱点附近，而低拱点在点A附近。设行星位于点C，当地球位于点E时，前已证明[Ⅵ，3]倾角达到其最大值，即$1°50'$。现在我们把地球置于点F，于是沿弧EF的视差行度为$45°$。因此，如果取$ED=10000^p$，则直线$FG=7071^p$，把$GD=FG=7071^p$从半径[$=ED=10000^p$]中减去，余量$GE=10000^p-7071^p=2929^p$。我们已经求得$\frac{1}{2}$振动$\angle ADC=0°50\frac{1}{2}'$[Ⅵ，3]，在此情况下，它的增减量之比$=DE:GE\approx 50\frac{1}{2}':15'$。现在，倾角$ADC=1°50'-15'=1°35'$。因此，三角形$ADC$的各边角均可知。如果取$ED=6580^p$，前已求得$CD=9040^p$[Ⅴ，19]。因此以相同单位来表示，$FG=4653^p$，$AD=9036^p$，相减可得，$AEG=AD-GD[=FG]=4383^p$，$AC=249\frac{1}{2}^p$。因此在直角三角形$AFG$中，垂边$AG=4383^p$，底边$FG=4653^p$，于是斜边$AF=6392^p$，于是在三角形$ACF$中，$\angle CAF=90°$，边$AC$与边$AF$已知[$=249\frac{1}{2}^p$，$6392^p$]，于是可知$\angle AFC=2°15'$，即为地球位于点$F$时的视纬度角。对于土星和木星，我们也将作同样的分析。

第五章　金星和水星的黄纬

还剩下金星和水星。我已经说过[Ⅵ，1]，它们的黄纬偏离可以通过三种相互关联的黄纬偏移共同来说明。为使它们可以彼此分离，我将从古人所说的“赤纬”开始谈起，因为它比较容易处理。在这三种偏移当中，只有它有时会脱离其他偏移而发生。这[种分离]发生在中间经度区和交点附近，根据修正的黄经行度计算，此时地球与行星的远地点和近地点相距一个象限。当地球在行星附近时，[古人]求得金星的南黄纬或北黄纬为6°22′，水星为4°5′；而当地球距行星最远时，金星的南黄纬或北黄纬为1°2′，水星为1°45′[托勒密，《天文学大成》，XIII，5]。用已经编制的修正表[VI，8结尾]可以查出行星在这些情况下的倾角。而当金星距地球最远而纬度为1°2′，以及距地球最近而纬度为6°22′时，约为$2\frac{1}{2}$°的轨道倾角适合这两种情况。当水星距地球最远而纬度为1°45′，以及距地球最近而纬度为4°5′时，都要求$6\frac{1}{4}$°的弧作为其轨道的倾角。因此，如果取四直角等于360°，则金星轨道的倾角等于2°30′，水星轨道的倾角等于$6\frac{1}{4}$°。我现在要证明，在这些情况下，它们赤纬的每一个特定数值都可以解释。我们先来看金星。

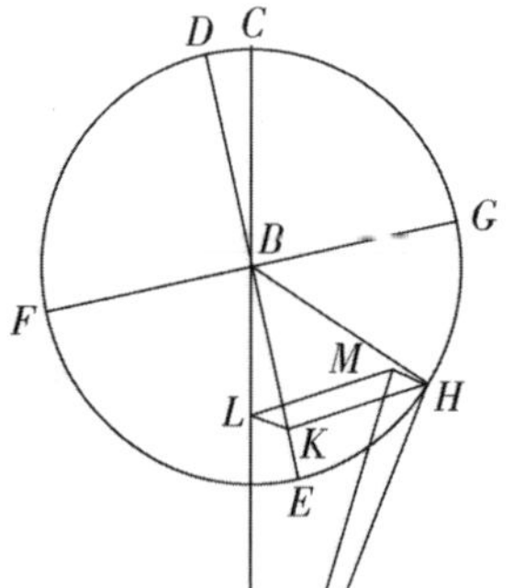

取黄道面为参考平面。设一个与之垂直且过其中心的平面与之交于直线ABC，[黄道面]与金星轨道平面的交线为DBE。设点A为地球的中心，点B为行星轨道的中心，$\angle ABE$为行星轨道对黄道的倾角。以点B为中心作轨道$DFEG$，作直径FBG垂直于直径DE。设想轨道平面与所取垂直面之间的关系是，在轨道平面中垂直于DE的直线都彼此平行且与黄道面平行，其中只画出了FBG是这样一条垂线。

利用已知直线AB和BC以及已知的倾角ABE，可以求出行星的黄纬偏离为多少。因此，比如设行星与最靠近地球的点E相距45°。我之所以要仿效托勒密的做法[《天文学大成》，XIII，4]

选取此点，是为了弄清楚轨道的倾角是否会引起金星或水星的经度改变，这些改变应该在基点 D、F、E 与 G 之间的大约一半处达到最大。其主要原因是，当行星位于这四个基点时，它的经度与没有"赤纬"时是一样的，这是自明的。

因此如前所述，取弧 $EH=45°$。作 HK 垂直于 BE，作 KL 和 HM 垂直于作为参考平面的黄道面。连接 HB、LM、AM 和 AH。由于 HK 平行于黄道面[而 KL 和 HM 已画成垂直于黄道]，所以我们得到了一个四角为直角的平行四边形 $LKHM$。平行四边形的边 LM 为经度行差角 LAM 所包围。由于 HM 也垂直于同一黄道面，所以$\angle HAM$ 包含了黄纬偏离。已知$\angle HBE=45°$，所以如果取 $EB=10000^p$，则 $HK=\frac{1}{2}$弦 $HE=7071^p$。

类似地，在三角形 BKL 中，已知$\angle KBL=2\frac{1}{2}°$[Ⅵ，5 前面]，$\angle BLK=90°$，如果取 $BE=10000^p$，则斜边 $BK=7071^p$，所以以同样单位来表示，其余的边 $KL=308^p$，边 $BL=7064^p$。但前已求得[Ⅴ，21]，$AB:BE\approx10000^p:7193^p$，所以其余的边 $HK=5086^p$，$HM=KL=221^p$，以及 $BL=5081^p$。于是相减可得，$LA=AB-BL=10000^p-5081^p=4919^p$。现在，在三角形 ALM 中，边 AL 和 $LM=HK$ 已知[4919^p，5086^p]，$\angle ALM=90°$，所以斜边 $AM=7075^p$，$\angle MAL=45°57'$为计算出来的金星的行差或大视差。

类似地，在三角形 MAH 中，已知边 $AM=7075^p$，边 $MH=KL$[$=221^p$]，于是可得$\angle MAH=1°47'=$赤纬。如果我们还想不厌其烦地考察金星的这一赤纬能够引起多大的经度变化，可取三角形 ALH，边 LH 为平行四边形 $LKHM$ 的一条对角线。当 $AL=4919^p$ 时，$LH=5091^p$，且$\angle ALH=90°$，由此可得，斜边 $AH=7079^p$。因此，由于两边之比已知，所以$\angle HAL=45°59'$，但前已求得$\angle MAL=45°57'$，所以多出的量仅为 $2'$。证毕。

对于水星，我仍将采用与前面类似的构造求出其赤纬。设弧 $EH=$

45°，使得若取斜边 $HB=10000^p$，那么和以前一样，$HK=KB=7071^p$。因此，由前面所求得的经度差[Ⅴ，27]可以推出，半径 $BH=3953^p$，半径 $AB=9964^p$。用这样的单位来表示，$BK=KH=2795^p$。如果取四直角＝360°，则已求得倾角 $ABE=6°15'$[Ⅵ，5 前面]。由于直角三角形 BKL 中的各角已知，所以以同样单位来表示，底边 $KL=304^p$，垂边 $BL=2778^p$。相减可得，$AL=AB-BL=9964^p-2778^p=7186^p$。但是 $LM=HK=2795^p$，因此在三角形 ALM 中，$\angle L=90°$，而边 AL 和边 LM 已知[$=7186^p$，2795^p]，因此可求得斜边 $AM-7710^p$，$\angle LAM=21°16'$，即为算出的行差。

类似地，在三角形 AMH 中两边已知：AM[$=7710^p$]，$MH=KL$[$=304^p$]，边 AM 和边 MH 所夹的$\angle M$ 为直角。由此可得$\angle MAH=2°16'$，即为我们所要求的纬度。但如果我们想知道[这个纬度]在多大程度上是由真行差和视行差引起的，那么作平行四边形的对角线 LH，由[平行四边形的]边长可得，$LH=2811^p$，$AL=7186^p$，所以$\angle LAH=21°23'$，即为视行差。它大约比前面[$\angle LAM$]的计算结果[21°16′]大 7′。证毕。

第六章　金星与水星的第二种黄纬偏移，依赖于远地点或近地点处的轨道倾角

以上谈论的是在行星轨道的中间经度区发生的黄纬偏移。我曾经说过[Ⅵ，1]，这些黄纬被称为“赤纬”。现在，我必须讨论在近地点与远地点附近发生的黄纬，它与“偏离”或第三种[黄纬]偏移混合在一起。三颗外行星并不发生这种偏移，但[对于金星和水星，]它更容易在思想中被区分和分离开。如下所示。

托勒密曾经观测到[《天文学大成》，XIII，4]，当行星位于从地球中心向它们的轨道所引的切线上时，这些[近地点和远地点的]黄纬达到最大值。正如我已说过的[Ⅴ，21，27]，这种情况发生在行星于晨昏时距太阳

最远的时候。托勒密还发现[《天文学大成》，XIII，3]，金星的北纬比南纬大$\frac{1}{3}°$，而水星的南纬约比北纬大$1\frac{1}{2}°$。但是为了减少计算的难度和繁杂，他对于不同的黄纬值取了$2\frac{1}{2}°$作为平均值，主要是因为他相信这样做不会导致可觉察的误差，这一点我很快也会说明[VI，7]。这些度数是环绕地球并与黄道正交的圆上的纬度，而纬度正是在这个圆上测量的。现在，如果我们取$2\frac{1}{2}°$作为对黄道每一边的偏移角，并且在求得偏斜以前暂时排除偏离，那么我们的论证会更为简易一些。

于是，我们必须首先表明，此黄纬偏移在偏心圆切点附近达到最大，经度行差也在这里达到最大。设黄道面与金星或水星偏心圆相交于通过[行星的]远地点和近地点的直线。在交线上取点 A 为地球的位置，与黄道相倾斜的偏心圆 $CDEFG$ 的中心为点 B。于是，[在偏心圆中]画出的与 CG 垂直的任何直线所形成的角都等于[偏心圆对黄道的]倾角。作 AE 与偏心圆相切，AFD 为任一条割线。从 D、E、F 各点作 DH、EK、FL 垂直于 CG，作 DM、EN 和 FO 垂直于黄道水平面。连接 MH、NK 和 OL 以及 AN 和 AOM。AOM 为一直线，因为它的三个点在两个平面(即黄道面和与之垂直的 ADM 平面)上。对于假设的倾角来说，$\angle HAM$ 和 $\angle KAN$ 包含了这两颗行星的经度行差，而 $\angle DAM$ 和 $\angle EAN$ 则包含了它们的黄纬偏移。

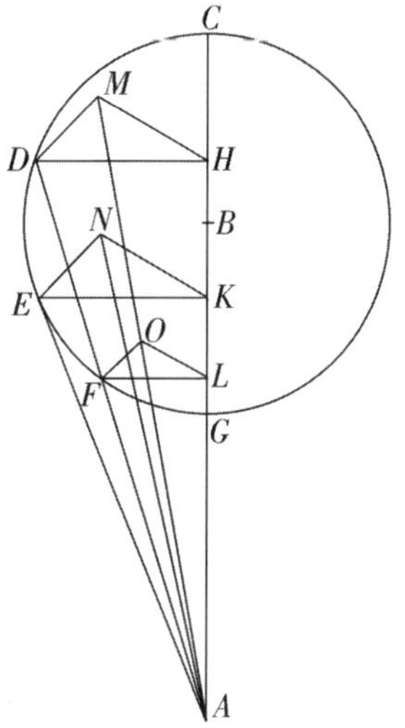

我首先要说，在切点处形成的 $\angle EAN$ 为最大的纬度角，而此处的经度行差也几乎达到其最大值。由于 $\angle EAK$ 是所有[经度角]中最大的，所以 $KE:EA>HD:DA$，$KE:EA>LF:FA$。但是 $EK:EN=HD:DM=LF:FO$，因为正如我所说，$\angle EKN=\angle HDM=\angle LFO$。此外，$\angle M=\angle N=\angle O=90°$，所以 $NE:EA>MD:DA$，$NE:EA>OF:FA$。由于 $\angle DMA$、

$\angle ENA$ 和$\angle FOA$ 都是直角，所以$\angle EAN > \angle DAM$，而且$\angle EAN$ 大于所有其他以这种方式构造的角。

因此，在由这一偏斜所引起的经度行差的差值中，最大值显然也出现在点 E 附近的最大距角处。因为[在相似三角形中]对应角相等，所以 $HD:HM=KE:KN=LF:LO$。由于它们的差值也具有相等的比例，所以它们的差值[$HD-HM$，$KE-KN$，$LF-FO$]也具有相等的比例。因此，$EK-KN$ 与 EA 之比要大于其他差值与 AD 这样的边长之比。于是，最大经度行差与最大黄纬偏移之比等于偏心圆弧段的经度行差与黄纬偏移之比，这也是很清楚的。因为，KE 与 EN 之比等于所有类似于 LF 和 HD 的边与类似于 FO 和 DM 的边之比。证毕。

第七章　金星和水星这两颗行星的偏斜角的大小

作了上述初步论述之后，让我们看看这两颗行星平面的倾角有多大。让我们回忆一下前面所说的内容[Ⅵ，5]：每颗行星当[与太阳]的距离介于最大和最小之间时，最多偏北或偏南 5°，相反方向取决于它在轨道上的位置。因为在偏心圆的远地点和近地点，金星的偏移与 5°相差极小，而水星却与 5°相差 $\frac{1}{2}$°左右。

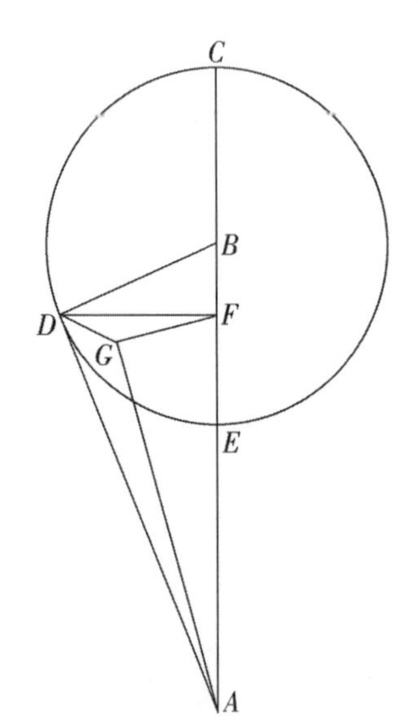

和前面一样，设 ABC 为黄道与偏心圆的交线。按照前已解释的方式，以点 B 为中心作倾斜于黄道面的行星轨道。从地球中心作直线 AD 切[行星的]轨道于点 D。从点 D 作 DF 垂直于 CBE，DG 垂直于黄道的水平面。连接 BD、FG 和 AG。取四直角＝360°，并设前已提到的每颗行星的纬度差之半 $DAG=2\frac{1}{2}°$。我们的任务是求出两平面的倾角即$\angle DFG$ 的大小。

对于金星而言，如果取轨道半径＝7193^p，那么以此为单位，我们已经求得位于远地点处的最大距离＝10208^p，位于近地点处的最小距离＝9792^p[Ⅴ，21—22：10000±208]。这两个值的平均值＝10000^p，我为这一论证而采用了这个值。考虑到计算的繁难，托勒密试图走捷径[《天文学大成》，XIII，3 结尾]。在这两个极值不会造成很大差别的地方，采用平均值是比较好的。

于是，$AB:BD=10000^p:7193^p$，而$\angle ADB=90°$，由此可得边$AD=6947^p$。类似地，$BA:AD=BD:DF$，我们有$DF=4997^p$。由于$\angle DAG=2\frac{1}{2}°$，$\angle AGD=90°$，所以在三角形ADG中，各角均已知，如果取$AD=6947^p$，则边$DG=303^p$，于是[在三角形DFG中，]DF和DG两边均已知[＝4997；303]，且$\angle DGF=90°$，所以$\angle DFG=3°29'$，即为倾角或偏斜角。由于$\angle DAF$超出$\angle FAG$的量为经度视差之差，所以此差值必定可以由各已知角的大小导出。

如果取$DG=303^p$，我们已经求得斜边$AD=6947^p$，$DF=4997^p$，现在$(AD)^2-(DG)^2=(AG)^2$，且$(FD)^2-(DG)^2=(GF)^2$，所以$AG=6940^p$，$FG=4988^p$。如果取$AG=10000^p$，则$FG=7187^p$，$\angle FAG=45°57'$。如果取$AD=10000^p$，则$DF=7193^p$，$\angle DAF\approx 46°$。因此当偏斜角最大时，视差行差大约减少了3′[＝46°－45°57′]。然而在中拱点处，两圆之间的倾角显然为$2\frac{1}{2}°$，但在此处它却增加了将近1°[达3°29′]，这是我所说的第一种天平动加给它的。

对于水星，论证方式也是类似的。如果取轨道半径为3573^p，那么轨道与地球的最大距离为10948^p，最小距离为9052^p，这两个值的平均值为10000^p[Ⅴ，27]。$AB:BD=10000^p:3573^p$。于是在三角形ABD中，第三边$AD=9340^p$。由于$AB:AD=BD:DF$，所以$DF=3337^p$。根据假设，纬度角$\angle DAG=2\frac{1}{2}°$，所以如果取$DF=3337^p$，则$DG=407^p$。于是在三角形DFG中，这两边之比为已知，而$\angle G=90°$，于是$\angle DFG\approx 7°$。

这就是水星轨道相对于黄道面的倾角或偏斜角。然而我们已经求得，在[与远地点和近地点的距离为]一个象限的中间经度区，倾角为 6°15′[Ⅵ，5]，所以第一种天平动给它增加了 45′[=7°−6°15′]。

类似地，为了确定行差角及其差值，可以注意，如果取 $AD=9340^p$，$DF=3337^p$，则已知 $DG=407^p$。而$(AD)^2-(DG)^2=(AG)^2$，$(DF)^2-(DG)^2=(FG)^2$，所以 $AG=9331^p$，$FG=3314^p$。由此可得行差角 $GAF=20°18'$，$\angle DAF=20°56'$，依赖于偏斜角的$\angle GAF$ 大约比$\angle DAF$ 小 8′。

接下来，我们还要看看这些与轨道[距地球]的最大和最小距离有关的偏斜角和黄纬是否与观测值相一致。为此，在同样的图形中我们仍然假定，对于金星轨道与地球的最大距离，$AB:BD=10208^p:7193^p$。由于$\angle ADB=90°$，用同样的单位来表示，$AD=7238^p$。$AB:AD=BD:DF$。于是用同样的单位来表示，$DF=5102^p$。但已求得偏斜角 $DFG=3°29'$[Ⅵ，7 前面]。如果取 $AD=7238^p$，则剩余的边 $DG=309^p$。于是，如果取 $AD=10000^p$，则 $DG=427^p$。由此可知，在行星与地球的最大距离处，$\angle DAG=2°27'$。而在行星与地球的最小距离处，如果取 BD=轨道半径=7193^p，则 $AB=9792^p$[10000−208]，垂直于 BD 的 $AD=6644^p$。$AB:AD=BD:DF$。类似地，$DF=4883^p$。但已经取$\angle DFG=3°29'$，所以如果取 $AD=6644^p$，则 $DG=297^p$。于是三角形 ADG 的各边均已知，所以$\angle DAG=2°34'$。然而，无论 3′还是 4′[2°30′−3′+2°27′−2°34′−4′]都不够大，很难用星盘这样的仪器测量出来。因此，前面对金星所取的最大黄纬偏移仍然有效。

类似地，设水星轨道与地球的最大距离与水星半径之比 $AB:BD=10948^p:3573^p$[Ⅴ，27]，则通过与前面类似的论证，我们可以求得 $AD=9452^p$，$DF=3085^p$。但我们这里再次求得水星轨道与黄道面的倾角 $DFG=7°$，并且如果取 $DF=3085^p$或 $DA=9452^p$，则 $DG=376^p$，因此直角三角形 DAG 的各边已知，所以$\angle DAG\approx 2°17'$，即为最大黄纬偏移。

但在轨道与地球的最小距离处，$AB:BD=9052^p:3573^p$，因此用同样单位来表示，$AD=8317^p$，$DF=3283^p$。由于倾角相同[=7°]，如果取

$AD=8317^p$，则 $DF:DG=3283^p:400^p$。所以$\angle DAG=2°45'$。

这里也假设，与[水星轨道与地球距离的]平均值相联系时的黄纬偏移角$=2\frac{1}{2}°$，这个量与远地点处达到最小的黄纬偏离角相差 13′[$=2°30'-2°17'$]，而与在近地点处达到最大的黄纬偏离角相差 15′[$=2°45'-2°30'$]。我在计算中不使用这些[远地点和近地点的差值]，而将以平均值为基础，上下取$\frac{1}{4}°$，这与观测结果并无可觉察的差异。

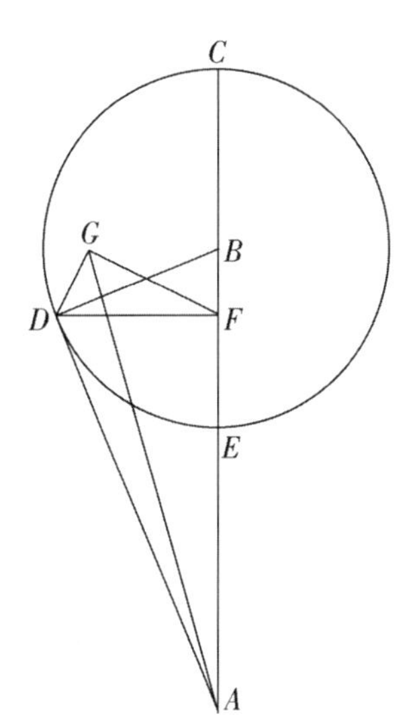

由于以上的论证，也因为最大经度行差与最大黄纬偏离之比等于轨道其余部分的行差与几个黄纬偏移之比，我们将求得金星和水星的轨道倾角所引起的所有黄纬量。但正如我已经说过的[Ⅵ，5]，我们只能得到介于远地点和近地点之间的黄纬。我们已经表明，这些纬度的最大值为$2\frac{1}{2}°$[Ⅵ，6]，此时金星的最大行差为 46°，水星的最大行差约为 22°[Ⅵ，5：45°57′，21°16′]。我们已经在它们的非均匀行度表中[Ⅴ，33 结尾]就轨道的个别部分列出了行差。我将分别对每颗行星从$2\frac{1}{2}°$中取出最大行差值比最小行差值多出来的那部分，并在下面的表中列出这部分数值[Ⅵ，8 结尾]。通过这种方法，我们可以求出当地球位于这些行星的高、低拱点时每一特定偏斜纬度的精确值。类似地，我已经记录了[当地球与行星的远地点和近地点之间]距离一个象限而[行星]位于中间经度区时行星的赤纬。这四个临界点[高低拱点和两个中拱点]之间出现的情况可以运用数学技巧由业已提出的圆周体系导出，不过需要费些气力。然而，托勒密在处理任何问题时都力求简洁。他发现[《天文学大成》，ⅩⅢ，4 结尾]，这两种纬度[赤纬和偏斜]本身无论是整体还是各个部分都像月球纬度那样成比例地增减。因为它们的最大纬度为$5°=\frac{1}{12}\times 60°$，所以他把每一部分都乘以 12，并把乘积做成比例分数，想把它们不仅用于这两颗行星，而且还用于另外三颗外行星，这一点我们后面会予以解释[Ⅵ，9]。

第八章　金星和水星的第三种黄纬即所谓的“偏离”

阐述了上述主题之后，我们还要讨论第三种黄纬运动即“偏离”。古人把地球置于宇宙的中心，认为偏离是由偏心圆的振动造成的，它与围绕地球中心旋转的本轮的振动同步，而且当本轮位于偏心圆的远地点或近地点时偏离达到最大[托勒密，《天文学大成》，XIII，1]。正如我在前面所说，金星总是向北偏$\frac{1}{6}$°，而水星总是向南偏$\frac{3}{4}$°。

但我们并不很清楚，古人是否把轨道圆的这个倾角看成固定不变。因为他们总是取比例分数的$\frac{1}{6}$作为金星的偏离，取比例分数的$\frac{3}{4}$作为水星的偏离[托勒密，《天文学大成》，XIII，6]。这些数值表明了这种不变性。但如果倾角并非总是像基于此角的比例分数的分布所要求的那样总是保持不变，那么这些分数就不继续有效了。而且即使倾角保持不变，我们依然无法理解那些行星的这一纬度如何会突然从交点返回它原先的纬度值。你也许会说，这种返回就如同光学中所讲的光线的反射那样发生。但我们这里讨论的运动并不是瞬时的，而是依其本性就会持续一段可测量的时间。

因此必须承认，这些行星有一种类似于我所解释的天平动[Ⅵ，2]。它使圆的各个部分纬度反向。它也是它们数值变化的一个必然结果，对水星而言这个变化为$\frac{1}{5}$°。如果根据我的假设，这个纬度是可变的，并非绝对常数，那么这不应使人感到惊奇。然而它不会引起可在一切变化中区分出来的可觉察的不规则性。

设水平面垂直于黄道。在这两个平面的交线上，设点 A 为地球的中心，点 B 为距地球最远或最近处的通过倾斜轨道两极的圆 CDF 的中心。

当轨道中心位于远地点或近地点即在 AB 上时，无论行星位于与轨道平行的圆上的任何地方，它的偏离都为最大。在这个平行于轨道的圆上，直径 DF 平行于轨道直径 CBE。这两个平行的圆垂直于 CDF 平面，取这些直径[DF 和 CBE]为与 CDF 的交线。设 DF 被平分于点 G，即[与轨道]平行的[圆]的中心。连接 BG、AG、AD 与 AF。取 $\angle BAG=10'$ 为金星的最大偏离。于是在三角形 ABG 中，$\angle B=90°$，由此可知两边之比 $AB:BG=10000^p:29^p$。但整个 $ABC=17193^p$[$CB=CA-BA=17193^p-10000^p=7193^p$；$CE=2\times7193^p=14386^p$]，$AE=AC-CE=17193^p-14386^p=2807^p$，$\frac{1}{2}$弦 $2CD=\frac{1}{2}$弦 $EF=BG$。因此 $\angle CAD=6'$，$\angle EAF\approx15'$。而 $\angle BAG[=10']-\angle CAD=4'$，$\angle EAF-\angle BAG=5'$，这些差值小到可以忽略不计。因此，当地球位于远地点或近地点时，无论金星位于轨道的任何地方，其视偏离都在 $10'$左右。

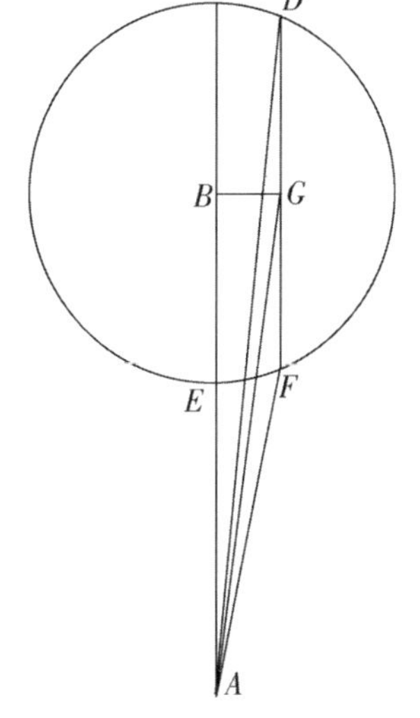

然而对水星而言，我们取 $\angle BAG=\frac{3}{4}°$，$AB:BG=10000^p:131^p$，$ABC=13573^p$，相减可得，$AE=6427^p[=AB-BE=10000^p-3573^p]$。于是 $\angle CAD=33'$，$\angle EAF\approx70'$。因此 $\angle CAD$ 少了 $12'[=45'-33']$，而 $\angle EAF$ 多了 $25'[=70'-45']$。不过在我们看到火星之前，这些差值实际上被太阳光遮住了。因此古人只研究过水星的视偏离，就好像它是固定不变的一样。

然而，如果有人想不辞辛苦地弄清楚当行星为太阳所掩藏时的那些偏离有多大，我将在下面阐述如何做到这一点。

我将以水星为例，因为它的偏离比金星更显著。设直线 AB 位于行星轨道与黄道的交线上。地球位于行星轨道的远地点或近地点 A。和前面对偏斜的处理一样[Ⅵ，7]，仍取线段 $AB=10000^p$，把它当作最大距离和最小距离的平均值。以点 C 为中心作圆 DEF 与偏心轨道平行，且与之相距 CB。设想行星此时正在这个平行圆上发生其最大偏离。设此圆的直径为 DCF，它也必然平行于 AB，且 DCF 和 AB 都位于与行星轨道垂直的同一平面上。举例说来，设弧 $EF=45°$，我们研究行星在此弧段的偏离。作 EG 垂直于 CF，EK 和 GH 垂直于轨道的水平面。连接 HK，完成矩形。再连接 AE、AK 和 EC。

根据水星的最大偏斜，如果取 $AB=10000^p$，则 $BC=131^p$，$CE=3573^p$。直角三角形 EGC 的各角已知，边 $EG=KH=2526^p$。由于 $BH=EG=CG$[$=2526^p$]，$AH=AB$[$=10000^p$]$-BH=7474^p$，因此在三角形 AHK 中，直角 H 的夹边已知[$=7474^p$，2526^p]，所以斜边 $AK=7889^p$。但已经取[$KE=$]$CB=GH=131^p$，于是在三角形 AKE 中，直角 K 的两夹边 AK 和 KE 已知，所以 $\angle KAE$ 可以求得，此即为我们所要求的在所假设弧段 EF 的偏离，它与实际观测角度相差极小。对水星的其他偏离以及对金星作类似的计算，我将把结果列入附表。

做了上述说明之后，我将对金星和水星在这些极限之间的偏离校准六十分位或比例分数。设圆 ABC 为金星或水星的偏心轨道，点 A 和点 C 为该纬度上的交点，点 B 为最大偏离的极限。以点 B 为中心，作小圆 DFG，其横向直径是 DBF。设偏离的天平动沿着直径 DBF 发生。我已经说过，当地球位于行星偏心轨道的远地点或近地点时，行星位于其最大偏离点 F，行星的均轮与小圆在该点相切。

现在设地球位于与行星偏心圆的远地点或近地点的任意距离处。根据这一行度，取 FG 为小圆上的相似弧段。作行星的均轮 AGC 与小圆相交，并且截其直径 DF 于点 E。把行星置于 AGC 上的点 K，而根据假设，弧 EK 与弧 FG 相似。作 KL 垂直于圆 ABC。

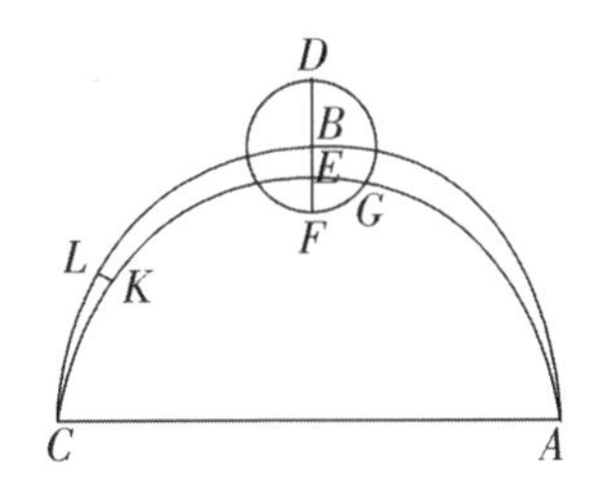

我们的任务是由 FG、EK 和 BE 求得 KL 的长度，即行星与圆 ABC 的距离。根据弧 FG 可以求得弧 EG，它就好像是一条几乎与圆弧或凸线无甚区别的直线。类似地，EF 也可用与整个 BF 和 BE[$=BF-EF$]相同的单位表示出来。$BF:BE=$ 弦 $2CE$：弦 $2CK=BE:KL$。因此，如果把 BF 和半径 CE 都与 60 这个数相比，则可得 BE 的值。把这个数平方，并把得到的积除以 60，我们便可得到 $KL=$ 所求的弧 EK 的比例分数。我也类似地把它们列入下表的第五列即最后一列。

第九章　五颗行星黄纬的计算

通过以上诸表计算五颗行星黄纬的方法如下。对于土星、木星和火星，我们可以由校准的或归一化的偏心圆近点角求得公共数：使火星的近点角保持不变，木星先减去 20°，土星则先加上 50°。然后，把结果用六十分位或比例分数列入最后一列。

类似地，利用校准的视差近点角，我们取每颗行星的数为与之相关的黄纬。如果比例分数由高变低，则取第一纬度即北黄纬，此时偏心圆的近点角小于 90°或大于 270°；如果比例分数由低变高，即如果表中所列的偏心圆近点角大于 90°或小于 270°，则取第二纬度即南黄纬。因此，如果把其六十分位值乘以这两个纬度中的任何一个，则乘积即为黄道以北或以南的距离，这取决于所取数的类型。

而对于金星和水星，应首先从校准的视差近点角中取发生的赤纬、偏斜和偏离这三种黄纬。将它们分别记录下来。一个例外是，对于水星，如果偏心圆近点角及其数是在表的上部找到的，则应减掉偏斜的十分之一；而如果偏心圆近点角及其数是在表的下部找到的，则应加上偏斜的十分之一。把由这些运算所得到的差或和保留下来。

然而，必须把这些黄纬明确区分成南北两类。假设校准的视差近点角位于远地点所在的半圆中，即小于 90°或大于 270°，而且偏心圆近点角小于半圆，或者假设视差近点角位于近地点圆弧上，即大于 90°且小于 270°，而且偏心圆的近点角大于半圆。那么，金星的赤纬在北，而水星的赤纬在南。另一方面，假设视差近点角位于近地点圆弧上，而且偏心圆近点角小于半圆，或者假设视差近点角位于远地点圆弧上，而且偏心圆近点角大于半圆。那么相反地，金星的赤纬在南，而水星的赤纬在北。然而，在偏斜的情况下，如果视差近点角小于半圆，而且偏心圆近点角为远地的，或者，如果视差近点角大于半圆，而且偏心圆近点角为近地的，那么金星的偏斜是向北的，而水星的偏斜是向南的。反之亦然。然而，金星的偏离总是向北，水星的偏离总是向南。

然后，根据校准的偏心圆近点角查到所有五颗行星公共的比例分数。尽管这些比例分数是属于三颗外行星的，我们仍然先把它们应用于偏斜，其余的应用于偏离。然后，给同一偏心圆近点角加上 90°，与这个和有关的共同的比例分数再次被应用于赤纬。

当所有这些量都已按次序排好之后，把已确定的三种黄纬值分别与其比例分数相乘，由此得到的结果即为对时间和位置均已修正的黄纬值，于是我们终于得到了关于这两颗行星三种黄纬的完整说明。如果所有这些纬度都属于同一类型，那么就把它们加在一起。但如果不是同一类，就只把属于同一类型的两种纬度加起来。根据这样得到的和是否大于属于相反类型的第三种黄纬，可以从前者中减去后者，或者从后者中减去前者，得到的余量即为我们所要求的黄纬。

《天球运行论》第六卷终

（张卜天译）

土星、木星和火星的黄纬															
公共数		土星黄纬				木星黄纬				火星黄纬				比例分数	
		北		南		北		南		北		南			
°	°	°	′	°	′	°	′	°	′	°	′	°	′	分	秒
3	357	2	3	2	2	1	6	1	5	0	6	0	5	59	48
6	354	2	4	2	2	1	7	1	5	0	7	0	5	59	36
9	351	2	4	2	3	1	7	1	5	0	9	0	6	59	6
12	348	2	5	2	3	1	8	1	6	0	9	0	6	58	36
15	345	2	5	2	3	1	8	1	6	0	10	0	8	57	48
18	342	2	6	2	3	1	8	1	6	0	11	0	8	57	0
21	339	2	6	2	4	1	9	1	7	0	12	0	9	55	48
24	336	2	7	2	4	1	9	1	7	0	13	0	9	54	36
27	333	2	8	2	5	1	10	1	8	0	14	0	10	53	18
30	330	2	8	2	5	1	10	1	8	0	14	0	11	52	0
33	327	2	9	2	6	1	11	1	9	0	15	0	11	50	12
36	324	2	10	2	7	1	11	1	9	0	16	0	12	48	24
39	321	2	10	2	7	1	12	1	10	0	17	0	12	46	24
42	318	2	11	2	8	1	12	1	10	0	18	0	13	44	24
45	315	2	11	2	9	1	13	1	1	0	19	0	15	42	12
48	312	2	12	2	10	1	13	1	11	0	20	0	16	40	0
51	309	2	13	2	11	1	14	1	12	0	22	0	18	37	36
54	306	2	14	2	12	1	14	1	13	0	23	0	20	35	12
57	303	2	15	2	13	1	15	1	14	0	25	0	22	32	36
60	300	2	16	2	15	1	16	1	16	0	27	0	24	30	0
63	297	2	17	2	16	1	17	1	17	0	29	0	25	27	12
66	294	2	18	2	18	1	18	1	18	0	31	0	27	24	24
69	291	2	20	2	19	1	19	1	19	0	33	0	29	21	21
72	288	2	21	2	21	1	21	1	21	0	35	0	31	18	18
75	285	2	22	2	22	1	22	1	22	0	37	0	34	15	15
78	282	2	24	2	24	1	24	1	24	0	40	0	37	12	12
81	279	2	25	2	26	1	25	1	25	0	42	0	39	9	9
84	276	2	27	2	27	1	27	1	27	0	45	0	41	6	24
87	273	2	28	2	28	1	28	1	28	0	48	0	45	3	12
90	270	2	30	2	30	1	30	1	30	0	51	0	49	0	0

续表

土星、木星和火星的黄纬															
公共数		土星黄纬				木星黄纬				火星黄纬				比例分数	
		北		南		北		南		北		南			
°	°	°	′	°	′	°	′	°	′	°	′	°	′	分	秒
93	267	2	31	2	31	1	31	1	31	0	55	0	52	3	12
96	264	2	33	2	33	1	33	1	33	0	59	0	56	6	24
99	261	2	34	2	34	1	34	1	34	1	2	1	0	9	9
102	258	2	36	2	36	1	36	1	36	1	6	1	4	12	12
105	255	2	37	2	37	1	37	1	37	1	11	1	8	15	15
108	252	2	39	2	39	1	39	1	39	1	15	1	12	18	18
111	249	2	40	2	40	1	40	1	40	1	19	1	17	21	21
114	246	2	42	2	42	1	42	1	42	1	25	1	22	24	24
117	243	2	43	2	43	1	43	1	43	1	31	1	28	27	12
120	240	2	45	2	45	1	45	1	44	1	36	1	34	30	0
123	237	2	46	2	46	1	46	1	46	1	41	1	40	32	36
126	234	2	47	2	48	1	47	1	47	1	47	1	47	35	12
129	231	2	49	2	49	1	49	1	49	1	54	1	55	37	36
132	228	2	50	2	51	1	50	1	51	2	2	2	5	40	0
135	225	2	52	2	53	1	51	1	53	2	10	2	15	42	12
138	222	2	53	2	54	1	52	1	54	2	19	2	26	44	24
141	219	2	54	2	55	1	53	1	55	2	29	2	38	46	24
144	216	2	55	2	56	1	55	1	57	2	37	2	48	48	24
147	213	2	56	2	57	1	56	1	58	2	47	3	4	50	12
150	210	2	57	2	58	1	58	1	59	2	51	3	20	52	0
153	207	2	58	2	59	1	59	2	1	3	12	3	32	53	18
156	204	2	59	3	0	2	0	2	2	3	23	3	52	54	36
159	201	2	59	3	1	2	1	2	3	3	34	4	13	55	48
162	198	3	0	3	2	2	2	2	4	3	46	4	36	57	0
165	195	3	0	3	2	2	2	2	5	3	57	5	0	57	48
168	192	3	1	3	3	2	3	2	5	4	9	5	23	58	36
171	189	3	1	3	3	2	3	2	6	4	17	5	48	59	6
174	186	3	2	3	4	2	4	2	6	4	23	6	15	59	36
177	183	3	2	3	4	2	4	2	7	4	27	6	35	59	48
180	180	3	2	3	5	2	4	2	7	4	30	6	50	60	0

金星和水星的黄纬															
公共数		金星				水星				金星		水星		偏离的比例分数	
		赤纬		倾角		赤纬		倾角		偏离		偏离			
°	°	°	′	°	′	°	′	°	′	°	′	°	′	分	秒
3	357	1	2	0	4	1	45	0	5	0	7	0	33	59	36
6	354	1	2	0	8	1	45	0	11	0	7	0	33	59	12
9	351	1	1	0	12	1	45	0	16	0	7	0	33	58	25
12	348	1	1	0	16	1	44	0	22	0	7	0	33	57	14
15	345	1	0	0	21	1	44	0	27	0	7	0	33	55	41
18	342	1	0	0	25	1	43	0	33	0	7	0	33	54	9
21	339	0	59	0	29	1	42	0	38	0	7	0	33	52	12
24	336	0	59	0	33	1	40	0	44	0	7	0	34	49	43
27	333	0	58	0	37	1	38	0	49	0	7	0	34	47	21
30	330	0	57	0	41	1	36	0	55	0	8	0	34	45	4
33	327	0	56	0	45	1	34	1	0	0	8	0	34	42	0
36	324	0	55	0	49	1	30	1	6	0	8	0	34	39	15
39	321	0	53	0	53	1	27	1	11	0	8	0	35	35	53
42	318	0	51	0	57	1	23	1	16	0	8	0	35	32	51
45	315	0	49	1	1	1	19	1	21	0	8	0	35	29	41
48	312	0	46	1	5	1	15	1	26	0	8	0	36	26	40
51	309	0	44	1	9	1	11	1	31	0	8	0	36	23	34
54	306	0	41	1	13	1	8	1	35	0	8	0	36	20	39
57	303	0	38	1	17	1	4	1	40	0	8	0	37	17	40
60	300	0	35	1	20	0	59	1	44	0	8	10	38	15	0
63	297	0	32	1	24	0	54	1	48	0	8	0	38	12	20
66	294	0	29	1	28	0	49	1	52	0	9	0	39	9	55
69	291	0	26	1	32	0	44	1	56	0	9	0	39	7	38
72	288	0	23	1	35	0	38	2	0	0	9	0	40	5	39
75	285	0	20	1	38	0	32	2	3	0	9	0	41	3	57
78	282	0	16	1	42	0	26	2	7	0	9	0	42	2	34
81	279	0	12	1	46	0	21	2	10	0	9	0	42	1	28
84	276	0	8	1	50	0	16	2	14	0	10	0	43	0	40
87	273	0	4	1	54	0	8	2	17	0	10	0	44	0	10
90	270	0	0	1	57	0	0	2	20	0	10	0	45	0	0

续表

金星和水星的黄纬															
公共数		金星				水星				金星		水星		偏离的比例分数	
		赤纬		倾角		赤纬		倾角		偏离		偏离			
°	°	°	′	°	′	°	′	°	′	°	′	°	′	分	秒
93	267	0	5	2	0	0	8	2	23	0	10	0	45	0	10
96	264	0	10	2	3	0	15	2	25	0	10	0	46	0	40
99	261	0	15	2	6	0	23	2	27	0	10	0	47	1	28
102	258	0	20	2	9	0	31	2	28	0	11	0	48	2	34
105	255	0	26	2	12	0	40	2	29	0	11	0	48	3	57
108	252	0	32	2	15	0	48	2	29	0	11	0	49	5	39
111	249	0	38	2	17	0	57	2	30	0	11	0	50	7	38
114	246	0	44	2	20	1	6	2	30	0	11	0	51	9	55
117	243	0	50	2	22	1	16	2	30	0	11	0	52	12	20
120	240	0	59	2	24	1	25	2	29	0	12	0	52	15	0
123	237	1	8	2	26	1	35	2	28	0	12	0	53	17	40
126	234	1	18	2	27	1	45	2	26	0	12	0	54	20	39
129	231	1	28	2	29	1	55	2	23	0	12	0	55	23	34
132	228	1	38	2	30	2	6	2	20	0	12	0	56	26	40
135	225	1	48	2	30	2	16	2	16	0	13	0	57	29	41
138	222	1	59	2	30	2	27	2	11	0	13	0	57	32	51
141	219	2	11	2	29	2	37	2	6	0	13	0	58	35	53
144	216	2	25	2	28	2	47	2	0	0	13	0	59	39	15
147	213	2	43	2	26	2	57	1	53	0	13	1	0	42	0
150	210	3	3	2	22	3	7	1	46	0	13	1	1	45	4
153	207	3	23	2	18	3	17	1	38	0	13	1	2	47	21
156	204	3	44	2	12	3	26	1	29	0	14	1	3	49	43
159	201	4	5	2	4	3	34	1	20	0	14	1	4	52	12
162	198	4	26	1	55	3	42	1	10	0	14	1	5	54	9
165	195	4	49	1	42	3	48	0	59	0	14	1	6	55	41
168	192	5	13	1	27	3	54	0	48	0	14	1	7	57	14
171	189	5	36	1	9	3	58	0	36	0	14	1	7	58	25
174	186	5	52	0	48	4	2	0	24	0	14	1	8	59	12
177	183	6	7	0	25	4	4	0	12	0	14	1	9	59	36
180	180	6	22	0	0	4	5	0	0	0	14	1	10	60	0

伽利略·伽利莱(1564—1642)

生平与成果

1633年，在哥白尼去世90年以后，意大利天文学家和数学家伽利略·伽利莱被带到了罗马，在宗教法庭接受异端罪的审判。指控起源于伽利略的《关于两大世界体系的对话：托勒密体系和哥白尼体系》(*Dialogo sopra Ii due massimi sistemi del*：*Ttolemaico e Ccopernicono*)一书的问世。在这本书中，伽利略违反1616年禁止传播哥白尼学说的诏令，有力地论证了日中心体系不仅是一个假说而且是真理。审判的结果是毫无疑问的。伽利略招供了他在为哥白尼体系辩护时可能做得太过分了，尽管罗马教廷在以前曾经警告过他。法庭中的多数红衣主教认为他因为支持并传授地球并非宇宙中心的想法而有强烈异端嫌疑，于是他们判决他终身监禁。

伽利略还被迫签署了一份手写的认罪书，并公开否认他的信念。他跪

在地上，双手放在《圣经》上，宣读了拉丁文的悔过书：[①]

我，伽利略·伽利莱，系佛罗纶萨已故的文森齐奥·伽利莱之子。现年70岁，今亲身接受了本法庭的审判。现谨跪在诸位最杰出、最尊贵的红衣主教，全基督教社会反对异端、反对腐败堕落的主审官们面前，面对最神圣的福音，将双手放于其上而发誓曰：我一直坚信，而且现在仍坚信，而且在上帝的救助下将来也坚信，神圣的天主教廷所主张、所宣讲和所教导的一切。

我曾受到神圣教廷的告诫，必须完全放弃一种谬见，不得认为太阳是不动的宇宙中心而地球则并非宇宙中心而且是运动的。我被告诫，不得以语言、文字等任何方式来主张、捍卫或传授该谬论，因为该谬论是和《圣经》相反的。但是我却违反教诲，写了并出版了一本书，书中处理了上述已被否定的谬论，并提出了对该谬论大力有利的论点而未得出任何解答。因此我受到严厉审讯，被判为有强烈的异端嫌疑，即被怀疑为曾经主张并相信太阳是静止的宇宙中心，而地球则既不是宇宙中心，也不是静止的。

然而，我既希望从各位首长和一切虔诚的教徒们心中消除此种合理地对我的强烈怀疑，现谨以诚恳之心和忠实之态在此宣称，我诅咒并厌弃上述的谬误和邪说，以及一切和神圣教廷相反的错误宗派，而且我宣誓，我将来也绝不以语言或文字去议论或支持可能给我带来类似的嫌疑的一切事物，而且若得悉任何异端分子或有异端嫌疑之人，我必将向神圣法庭或所在地的宗教裁判官及大主教进行举报。

我也发誓并保证，将完全接受并注意已由或将由神圣法庭加给我的一切惩罚。若有违上述此种保证和誓言（上帝恕我）中的任意一条，我愿亲身承受神圣教规或其他任何反对此种罪行的条令所将加给我的一切痛楚和刑罚。立誓如上，愿上帝和我双手所抚的神圣福音赐我以拯救。

我，伽利略·伽利莱，业已发誓、悔过并承诺如上，而且为表诚意，

---

① 我译完这份“悔过书”后，不敢自信，因此又请老友乔倓教授另译一遍，此处所用是两份译文的互参本。

已亲手签名于此悔过书上，并已逐字宣读一遍。1633 年 6 月 22 日，于罗马米涅瓦修道院。伽利略·伽利莱亲署。

根据传说，当伽利略站起身时，他轻轻地嘟囔说："它还是运动着的(Eppur si mouve)。"这句话征服了科学家们和学者们达若干世纪之久，因为它代表了在最严酷的逆境中寻求真理的那种目的对蒙昧主义和高高在上者的有力抗辩。虽然人们曾经发现一幅 1640 年的伽利略油画像上题有"Eppur si mouve"字样，但是多数史学家还是认为这个故事是虚构的。不过，从伽利略的性格来看，他还是完全可能在他的悔过书中只对教会的要求做出一些口不应心的保证，然后就回到他的科学研究中去，而不管那些研究是否符合非哥白尼的原理。归根结底，把伽利略带到宗教法庭上去的是他的《关于两大世界体系的对话》的发表，那是对教会禁止他把哥白尼关于地球绕太阳而运动的学说不仅仅作为假说来传授的 1616 年教会诏令的一种直接挑战。"Eppur si mouve"这句话，可能并没有结束他的审判和悔过，但它肯定着重显示了伽利略的生活和成就。

伽利略于 1564 年 2 月 18 日生于意大利比萨，是音乐家和数学家文森齐奥·伽利莱之子。当伽利略还很小时，他家迁到了佛罗伦萨，他在那里开始在一个修道院中受了教育。虽然从很小的年龄伽利略就显示了一种对数学和机械研究的爱好，他的父亲却坚持让他进入一个更有用的领域，因此伽利略就在 1581 年进了比萨大学去学习医学和亚里士多德哲学。正是在比萨，伽利略的叛逆性格滋长了起来。他对医学兴趣很小或毫无兴趣，于是就开始热情地学起数学来。人们相信，当在比萨大教堂中观察一个吊灯的摆动时、伽利略发现了摆的等时性——摆动周期和其振幅无关——半个世纪以后，他就把这种等时性应用到了一个天文钟的建造中。

伽利略说动了他的父亲，允许他不拿学位就离开大学。于是他就回到了佛罗伦萨去研究并讲授数学。到了 1586 年，他就已经开始怀疑亚里士多德的科学和哲学，而宁愿重新考察伟大数学家阿基米德的工作了；阿基米德也以发现和改进了面积和体积的求积法而闻名。阿基米德因为发明了许多机器而获得了荣誉；这些机器最后被用为战争器械，例如用来向前进的敌军投掷石块的巨大投石器，用来弄翻船只的巨大起重机。伽利略主要是受到了阿基米德的数学天才的启示，但他也受到了发明精神的激励，他设计了一种水静力学天平，用来在水中称量物体的重量以测定其密度。[①]

1589年，伽利略成为比萨大学的数学教授，他被要求在那里讲授托勒密天文学——认为太阳及各行星绕地球而转动的那种学说。正是在比萨，在25岁的年龄，伽利略对天文学获得了更深的理解，并开始和亚里士多德及托勒密分道扬镳。重新发现的这一时期的讲稿表明，伽利略曾经采用了阿基米德对运动的处理方法；特别说来，他教导说，下落物体的密度，而不是亚里士多德所主张的它的重量，是和它的下落速度成正比的。据说伽利略曾从比萨斜塔的顶上扔下重量不同而密度相同的物体，以演证他的理论。[②] 也是在比萨，伽利略写了《论运动》(*De motu*)一书，书中反驳了亚里士多德关于运动的理论，并使他成为科学改革之先驱。

在他父亲于1592年去世以后，伽利略觉得他自己在比萨没什么前途。报酬是低微的，因此在他的通家友人圭道巴耳道·代耳·蒙特的帮助下，伽利略被任命到威尼斯共和国的帕多瓦大学当了数学教授。伽利略在那里声名鹊起。他在帕多瓦停留了18年，讲授着几何学和天文学，而且在宇宙志学、光学、算术以及两脚规在军事工程中的应用等方面进行私人教学。1593年，他为他的私人门徒们编辑了关于筑城学和力学方面的著作，并且发明了一种抽水机，可以利用一匹马的力量把水抽起。

1597年，伽利略发明了一种计算器，这被证实为对机械工程师和军事人员是有用的。他也开始了和约翰内斯·开普勒的通信，开普勒的《宇宙的奥秘》(*Mysterium cosmographicum*)一书是伽利略曾经读过的。伽利略同情开普勒的哥白尼式观点，而且开普勒也希望伽利略公开支持日中心式地球的学说。但是伽利略的科学兴趣当时仍然集中在机械理论方面，从而他并没有满足开普勒的愿望。也是在此期间，伽利略和一位威尼斯女子玛

---

① 按：此处似应为“比重”(specific weight)而非“密度”(density)。

② 从今天看来，这种理论当然也是不对的。此事值得向科学史的初学者认真指出。

廷娜·伽姆巴产生了爱情，他和她生了一个儿子和两个女儿，大女儿佛几尼亚生于1600年，主要通过通信而与父亲保持了一种十分亲密的关系，因为她那短促的成年岁月大部分是在一个修道院中度过的，其法名为玛丽亚·塞莱斯蒂，以表示她父亲的兴趣主要是在天际的问题上。

在17世纪的最初几年，伽利略用摆做了实验并探索了它和自然加速度现象的联系。他也开始了关于描述落体运动的一种数学模型的工作，他通过测量球从斜面滚下不同距离所需要的时间来研究了那种运动。1604年，在帕多瓦上空观察到的一颗超新星，重新唤起了他对亚里士多德不改变的天界模型的疑问。伽利略投身到了论战的前沿，发表了多次干犯禁忌的演讲，但他在出版自己的学说方面却是犹豫不决的。1608年10月，一个名叫汉斯·里波尔希（Hans Liperhey)的荷兰人申请了一种窥视镜的专利，该镜可以使远处的物件显得较近一些。当听到了这种发明时，伽利略就开始试图改进它。他不久就设计了一种9倍的望远镜，比里波尔希的窥视镜高出两倍，而且在一年之内，他就制成了一架30倍的望远镜。当他在1610年的1月份把望远镜指向天空时，天空就真正对人类敞开了。月亮不再显现为一个完全明亮的圆盘而显现为有山，并且充满了缺口的地方。通过他的望远镜，伽利略确定了银河实际上是为数甚多的分离的群星。但最重要的却是，他看到了木星的四个“月亮”，这是对许多倾向于地中心学说的人发生了巨大影响的一种发现；那些人本来主张，所有的天体都只绕地球而转动。同年，他出版了《星使》(*Sidereus Nuncius*)，他在书中宣布了自己的发现，而此书就把他带到了当时天文学的前锋。他觉得不能继续讲授亚里士多德学说，而且他的名声使他在佛罗伦萨成了托斯卡纳大公的数学家和哲学家。

一旦从教学任务中解放出来，伽利略就能全力从事望远镜的研究了。他很快就观察到了金星的各相，这就肯定了哥白尼关于行星绕日运转的学说。他也注意到了土星的非球形状，他认为这种形状起源于绕土星而转的许多卫星，因为他的望远镜还不能发现土星的环。

罗马教廷赞赏了伽利略的这些发现，但是并不同意他对这些发现的解释。1613年，伽利略出版了《关于太阳黑子的书信》(*Letters on Sunspots*)，标志了他对哥白尼的日中心宇宙体系第一次以出版物的形式进行了捍卫。这一著作立即受到了攻击，其他作者也受到了谴责，而神圣宗教法庭也很快注意到了。当伽利略在1616年发表了一种潮汐理论，而他确信这种理论就是地球运动的证明时，他被叫到了罗马去为他的观点进行答辩。一个委员会发出了一份诏令，表示伽利略在作为事实来讲授哥白尼体系时，他是在实行坏的科学。但是伽利略从未受到正式的判罪。和教皇保罗五世的一次会见使他相信教皇仍然尊敬他，而且他在教皇的庇护下也可以继续讲学。然而他却受到了强烈的警告，表明哥白尼那些学说是和《圣经》相反的，它们只能作为假说而被提出。

当保罗在1623年去世而伽利略的朋友和支持者之一红衣主教巴尔伯里尼(Barberini)被选为教皇并更名为乌尔班八世(Urban Ⅷ)时，伽利略认为1616年的诏令将被废除。乌尔班告诉伽利略，他（乌尔班）本人将对从诏令中删去"异端"一词负责，而且只要伽利略作为一种假说而不是作为真理来对待哥白尼学说，他就可以随便出书。有了这种保障，伽利略就在随后的六年中，为写作《关于两大世界体系的对话》而进行了工作，而该书则终于导致了他的终身监禁。

《关于两大世界体系的对话》采取了一个亚里士多德及托勒密的倡导者和一个哥白尼的支持者之间的辩论的形式，双方都试图说服一个受过教育的普通人来信服相应的哲学。伽利略在书前声称支持1616年反对他的那份诏令，而且表示，通过书中的人物来提出各家学说，他就能避免声明自己对任何一方的认同。尽管如此，公众却清楚地意识到，在《关于两大世界体系的对话》中，伽利略是在贬抑亚里士多德主义。在论辩中，亚里士多德宇宙学仅仅受到了其头脑简单的支持者软弱无力的辩护，而却受到了有力而能说服人的哥白尼派的猛烈攻击。此书得到了巨大的成功，尽管一出版就成了众矢之的。通过用本国的意大利文而不是用拉丁文来写作，伽利略就使此书可以被广大范围的识字的意大利人所读懂，而不仅仅是被教会人士和学者们所读懂。伽利略的托勒密派对手们因为他们的科学所受到的轻蔑对待而怒不可遏了。在托勒密体系的辩护者辛普里修身上，许多读者认出了一位16世纪的亚里士多德阐释者辛普里西斯的漫画像。同时，教皇乌尔班八世则认为，辛普里修是给他本人画的漫画像。他感到受了伽利略的误导，觉得他在伽利略寻求写书的准许时显然忽视了把1616年诏令中对伽利略的限令告诉他。

到了1632年3月份，教会已经命令出版者停止印书，而伽利略则接到命令到罗马去为自己辩护。伽利略声称患病甚重，不肯前往，但是教皇却不肯罢休，以“锁拿”相威胁。11个月以后，伽利略为受审而出现在罗马。他被迫承认哥白尼学说是异端邪说，并被判终身监禁。伽利略的终身监禁判决很快就减缓为和缓的在家居留，由他从前的学生、大主教阿斯卡尼奥·皮考劳米尼(Ascanio Piccolomini)负责监管。皮考劳米尼允许甚至鼓励了伽利略恢复写作。在那里，伽利略开始了他的最后著作——《关于两门新科学的对话》(*Discorsi e Disnmstrazioni Matematiche*, *intorno à due nuoue scienze*)[①]，这是他在物理学中的成就的一次检验。但是在次年，当罗马教廷听到了伽利略受到皮考劳米尼良好待遇的风声时，他们就把伽利略搬到了另一个地方，其地在佛罗伦萨的山区。某些史学家相信，正是在这次转移时，而不是在审判以后当众认罪时，伽利略实际上说了“Eppur si mouve”这句话。

这次转移把伽利略带到了离他女儿佛儿尼亚更近的地方，但是她在患了不长的一段病后就很快在1634年逝去了。这一损失压倒了伽利略，但他终于还能恢复工作来写《关于两门新科学的对话》，并在一年之内写完了这本书。然而，教会的审查机关“禁书目录委员会”却不许伽利略出版这本书，书稿只好由一位荷兰出版家路易·艾耳斯维从意大利私运到北欧新教地区的莱顿，才终于在1638年出版。提出了支配着落体的加速运动定律的

① 虽然本书书名的意大利原文的第一个单词(Discorsi)与《关于两大世界体系的对话》的意大利原文的第一个单词(Dialogo)不同，但英译者都将它们译成了“Dialogues”，我国科学界也将它们约定俗成为“对话”，所以在此也译成“对话”。

《关于两门新科学的对话》一书，被广泛地认为是近代物理学的基柱之一。在此书中，伽利略重温并改进了他以前对运动的研究，以及力学的原理。伽利略所集中注意的两门新科学，就是材料强度的研究（工程学的一个分支）和运动的研究（运动学，数学的一个分支）。在书的前半部，伽利略描述了他的加速运动中的斜面实验。在后半部中，伽利略考虑了很难把握的问题，即从大炮射出的炮弹的路线计算问题。起初曾经认为，为了和亚里士多德的原理相一致，一个抛射体将沿直线运动，直到失去了它的"原动力"（impetus），然后就沿直线落到地上。后来观察者们注意到，它实际上是沿弯曲路线回到地上的，但是，发生这种情况的原因，以及该曲线的确切描述，却谁也说不上来——直到伽利略。他得出结论说，抛射体的路径是由两种运动确定的——由重力引起的竖直运动，它迫使抛射体下落，以及由惯性原理来支配的水平运动。

伽利略演示了，这两种独立运动的组合就决定了抛射体的运动是沿着一条可以数学地加以描述的曲线。他用了一个表面涂有墨水的青铜球来证实这一点。铜球从一个斜面上滚到桌子上，然后就从桌子边上自由下落到地板上。涂有墨水的球在它所落到的一点留下一个痕迹，该点永远距桌沿有一个距离。这样，伽利略就证明了球在被重力拉着竖直下降时仍将继续以一个恒定速度而水平地前进。他发现这个水平距离是按所用时间的平方而增加的。曲线得到了一种准确的数学形象，古希腊人曾称之为 parabola（后人称之为"抛物线"）。

《关于两门新科学的对话》对物理学的贡献是如此之大，以至于长期以来学者们就主张此书开了伊萨克·牛顿（Isaac Newton）的运动定律的先河。然而，当此书出版时，伽利略已经双目失明了。他在阿切特里度过了自己的余年，并于 1642 年 1 月 8 日在该地逝世。伽利略对人类的贡献从来没有被低估。当阿尔伯特·爱因斯坦论及伽利略时，他是认识到这一点的。他写道："纯粹用逻辑手段得到的陈述，对实在而言是完全空虚的。因为伽利略明白这一点，特别是因为他在科学界反复鼓吹了这一点，所以他就是近代物理学之父——事实上是近代科学之父。"

1979年，教皇约翰·保罗二世说，罗马教廷可能错判了伽利略，于是他就专门成立了一个委员会来重新审议此案。四年以后，委员会报告说伽利略当年不应该被判罪，而教廷就发表了与此案有关的所有文件。1992年，教皇批准了委员会的结论。

关于两门新科学的对话

第 一 天

对话人：萨耳维亚蒂(简称“萨耳”)
萨格利多(简称“萨格”)
辛普里修(简称“辛普”)

萨耳：你们威尼斯人在你们颇负盛名的兵工厂中所显示的经常活动，向有研究精神的人提示了一个广大的探索领域，特别是工厂中涉及力学的那一部分；因为在那一部分中，所有类型的仪器及机器正在不断地由许多技师制造出来，其中必定有些人，部分地由于固有的经验而部分地由于他们自己的观察，已经在解释方面变成高度地熟练和精明了。

萨格：你说得完全不错。事实上，我自己由于生性好奇，常常只因喜欢观察一些人的工作而到那地方去；那些人，由于比其他工匠更高明，被我们视为“头等的人”。和他们的商讨已经多次在探索某些效应方面帮助过我；那些效应不仅包括一些惊人的，而且包括一些难以索解的和难以置信的东西。有些时候，为了解释某些东西，我曾经被弄得糊里糊涂或不知所措；那些东西我无法说出，但是我的感觉告诉我那是真的。而且，尽管某一事物是老头儿在不久以前告诉我们说它是众所周知的和普遍接受了的，但是在我看来那却完全是虚假的，正如在无知人士中流行着的许多别的说法那样，因为我认为他们引用这些说法，只是为了给人一种外表，就仿佛他们知道有关某事的什么东西一样，而事实上他们对那事是并不理解的。

萨耳：你也许指的是他刚才那句话？当我们问他，他们为什么要用尺寸较大的平台、支架和支柱来使一艘大船下水，即比使小船下水时用的东西更大时，他回答说。他们这样做，是为了避免大船在它自己的“vasta mole”（意即“很重的重量”）下破裂的危险，而小船是没有这种危险的。

萨格：是的，这就是我所指的。而且我特别指的是他那最后的论断，我一直认为那是一种虚假的意见，尽管它是很流行的。就是说，在谈论这些机器和另一些相似的机器时，你不能从小的推论到大的，因为许多在小尺寸下成功的装置在大尺寸下却不能起作用。喏，既然力学在几何学中有其基础，而在几何学中，单纯的大小是不影响任何图形的，我就看不出圆、三角形、圆柱体、圆锥体以及其他的立体图形的性质将随其尺寸的变化而变化。因此，如果一个大机器被造得各部件之间的比例和在一部较小机器中的比例相同，而且如果小的在完成它所预计的目的时是足够结实的，我就看不出较大的机器为什么不能经受它可能受到的严格而有破坏性的考验。

萨耳：普通的见解在这儿是绝对错的。事实上，它错得如此厉害，以致正好相反的见解竟是正确的；就是说，许多机器可被在大尺寸下造得甚至比在小尺寸下更加完美；例如，一个指示时间和报时的钟可以在大尺寸下造得比在小尺寸下更加准确。有些很理智的人也持有这一相同的见解，但却依据的是更加合理的理由；当他们脱离了几何学的束缚而论证说，大机器的较好性能是由于材料的缺陷和变化时，他就是更合理的。[①] 在这儿，我[51][②]相信你不会责我为傲慢，如果我说，材料中的缺陷，即使那些大得足以破坏清楚的数学证明的缺陷，也不足以说明所观察到的具体的机器和抽象的机器之间的偏差。不过，我还是要这样说并且将断定说，即使那些缺陷并不存在而物质是绝对理想的、不改变的和没有任何意外的改变的，单单它是物质这一事实，就会使得用相同的材料、按和较小机器相同的比例造成的较大的机器在每一方面都严格地和较小机器相对应，只除了

① 这句话在逻辑上是讲不通的，恐英文(也是译文)有误。

② 方括号中的数字为《关于两门新科学的对话》首次出版时的页码。下同。

它将不是那么结实或那么能抵抗强烈的对待；机器越大，它就越软弱。既然我假设物质是不变的和永远相同的，那就很显然，我们也同样可以用一种比它属于简单而纯粹的数学时更加僵固的方式来对待这种恒定的和不变的性质。因此，萨格利多，你将很容易改变你以及或许还有许多其他研究力学的人们在机器和结构抵抗外界扰乱方面所曾抱有的那种见解，即认为当它们是用相同的材料而各部件之间保持着相同的比例被制成时，它们就会同样地或者不如说是成比例地反抗或抵不住这样的外界干扰或外界打击。因为我们可以利用几何学来演证，大机器并不是成比例地比小机器更结实。最后我们可以说，对于每一种机器或结构来说，不论是人造的还是天然的，都存在一个人工和天然都不能越过的必然界限；这里我们的理解当然是，材料相同而比例也得到保持。

萨格：我的头已经晕了。我的思想像一片突然被一道闪电照亮的云那样在片刻之间充满了不寻常的光，它现在时而向我招手，时而又混入并掩映着一些奇特的、未经雕饰的意念。根据你所说的，我觉得似乎不可能建造两个材料相同而尺寸不同的相似的结构并使它们成比例地结实；而且假如真是这样，那就会无[52]法找到用同样木材做成的两根单独的杆子，而它们在强度和抵抗力方面是相似的而其尺寸却是不同的。

萨耳：正是如此，萨格利多。而且为了确保我们互相理解，我要说，如果我们拿一根长度和粗细都已知的木棒，而把它例如成直角插入墙中，即和水平面平行，它可以减短到一个长度，使它恰恰可以支持住它自己；因此，如果把它的长度再增加一头发丝的宽度，它就会在自己的重量影响下断掉。而这就会是世界上唯一的一根这样的木棒。① 于是，例如，如果它的长度是它的直径的100倍，那么你就将不能找到另一根棒，它的长度也是它的直径的100倍，而且它也像前一根棒那样恰好能够支持它自己的重量，一点也不能再多：所有更长的棒都会断掉，而所有更短的棒都会结实得足以支持比它自身的重量更重的东西。而且我刚才所说的关于支持本

① 作者在这儿显然是表示：解是唯一的。——英译本注

身重量的能力的问题必须理解为也适用于别的测试；因此，如果一小块材料（conrrente)能够支撑10块和它相同的东西，有着相同比例的一根横梁(trave)却将不能支撑10根同样的横梁。

先生们，请注意一些初看起来毫无可能的事实即使只经过很粗浅的解释就会扔掉曾经掩盖它们的外衣而在赤裸而简单的美中站出来。谁不知道呢？一匹马从三四腕尺①的高处掉下来就会摔断骨头，而一只狗从相同的高处掉下来，或一只猫从8腕尺或10腕尺的高处掉下来却都不会受伤。同样，一个蚱蜢从塔上落下或一只蚂蚁从月亮上落下，也不会受伤。不是吗？小孩们从高处掉下来不会受伤，而同样的高度却会使他们的家长摔断腿或也许摔碎头骨。而且正如较小的动物是成比例地比较大的动物更坚强和更结实一样，较小的植物也比较大的植物站立得更稳。我确信你们两位都知道，一株200腕尺(*braccia*)高的橡树将不能支持自己的枝叶，如果那些枝叶是像在一株普通大小的树上那样分布的话；而且，大自然也不能产生一匹有普通马20倍大的马或是一个比普通人高10倍的巨人，除非通过奇迹，[53]或是通过大大地改变其四肢的比例，特别是改变其骨骼的比例；那些骨骼将必须比普通的骨骼大大地加粗。同样，通常人们的信念认为在人造的机器的情况下很大的和很小的机器是一样可用的和耐久的，这种信念是一种明显的错误。例如，一个尖顶方锥或一个圆柱或其他立体形状的东西肯定可以竖放或横放而并无破裂的危险，而非常大的方锥等等则将在很小的扰动下乃至纯粹在它自身的重量下裂成碎片。在这里我也必须提到一种值得你们注意的情况，正像一切发生得和人们的预料相反的情况那样，特别是当人们采用的防备措施被证实为灾难的原因时。一根很大的大理石柱被放倒了，它的两端各自放在一根横梁上。不久以后，有一位技师想到，为了加倍地保险，免得它由于自身的重量而在中间断开，也许最好在中间加上第三根横梁。这在所有的人们看来都是一个绝妙的主意。但是结果证明情况完全相反，因为没过几个月，人们就发现石柱裂开了，并

---

① 腕尺(cubit)，长度单位，45～56厘米。书中各单位比较混乱，读者可理解大意。

且正好在中间支撑物的上方断掉了。

辛普：一次相当惊人和完全没有料到的事故，特别是如果这是由于在中间增加了新的支撑物而引起的话。

萨耳：这恰恰就是解释，而且一旦知道了原因，我们的惊讶就消失了，因为当把两段石柱平放在地上时，人们就发现，端点横梁中的一个在一段长时间以后已经腐烂了并且沉到地里面去了，但是中间的横梁却仍然坚硬而有力，这就使得石柱的一半伸在空气中而没有任何支撑。在这些情况下，物体因此就和只受到起初那些支撑时表现得不一样；因为，不论以前那些支撑物下沉了多少，柱体也是将和它们一起下沉的。这就是不会发生在小柱体上的一起事故，即使它是用相同的石料制成的，而且具有和直径相对应的长度，就是说和大石柱相同的长度与直径之比。[54]

萨格：我十分相信这一事例中的那些事实，但是我不明白，为什么强度和抵抗力不是按材料的同样倍数而增加，而且我更加迷惑，因为相反地我在一些事例中曾经注意到，强度和对折断的抵抗力是按照比材料量之比更大的比率而增大的。例如，如果把两个钉子钉入墙中，比另一个大 1 倍的那个钉子就将支持比另一个钉子所支持的重量大 1 倍以上的重量，即支持 3 倍或 4 倍的重量。

萨耳：事实上你不会错得太厉害，如果你说 8 倍的重量；而且这一现象和其他现象也并不矛盾，即使它们在表面上显得是如此的不同。

萨格：那么，萨耳维亚蒂，如果可能，你能否消除这些困难并清除这些含糊性呢？因为可以设想，这一抵抗力问题将打开一个美好而有用的概念领域，而且如果你愿意把这一问题当作今天交谈的课题，你就将会受到辛普里修和我的许多感谢。

萨耳：我愿意听你们的吩咐，只要我能想起我从咱们的院士先生[①]那里学到的东西；他曾经对这一课题考虑了很多，而且按照他的习惯，他已经用几何学的方法演证了每一件事，因此人们可以相当公正地把这种研究

---

① “院士先生”即指伽利略，作者多次用此名称来指他自己。——英译本注

称为一门新科学。因为，虽然他的某些结论曾经由别人得出，首先是由亚里士多德得出，但是这些结论并不是最美好的，而且更重要的是，它们不曾按照一种严格的方式由基本原理来证明。现在，既然我希望通过演示性的推理来说服你们，而不是仅仅通过或然性来劝导你们，我就将假设你们已经熟悉今日的力学，至少是熟悉我们在讨论中必须用到的那些部分。首先必须考虑当一块木头或任何牢固凝聚的其他固体裂开时所发生的情况，因为这是牵涉第一性的和简单的原理的基本事实，而该原理则必须被理所当然地看成是已知的。

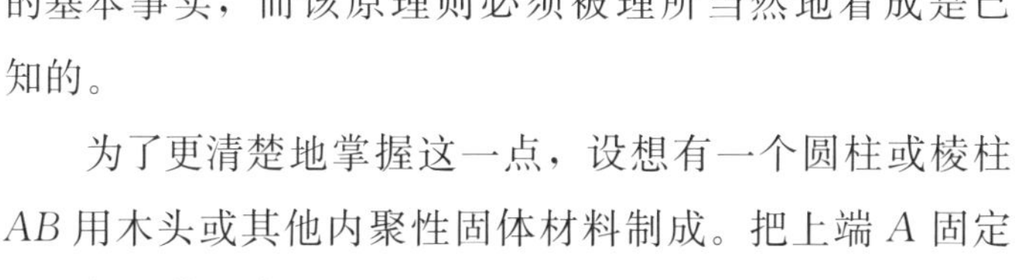

为了更清楚地掌握这一点，设想有一个圆柱或棱柱 AB 用木头或其他内聚性固体材料制成。把上端 A 固定住，使柱体竖直地挂着。在下端 B 上加一个砝码 C。很显然，不论这一固体各部分之间的黏固力和内聚力(tenacità e[55]coerenza)有多大，只要它们不是无限大，它们就可以被砝码的拉力所克服；砝码的重量可以无限地增大，直到固体像一段绳子似的断掉。绳子是由许多麻线组成的，我们知道它的强度来自那些麻线。同样，在木头的事例中，我们也看到沿着它的长度有些纤维和丝缕，它们使木柱比同样粗细的麻绳结实了许多。但在一个石柱或金属的事例中，内聚力似乎更大，而把各部分保持在一起的那种凝聚物想必是和纤维及丝缕有所不同的，但是这种柱子仍然可以被一个很强的拉力所拉断。

辛普：如果这件事像你说的一样，我可以很好地理解，木头的纤维既然和木头本身一样长，它们就能使木头很结实并能抵抗要使它断掉的很大的力。但是，人们怎么能够用不过二三腕尺长的麻纤维做成 100 腕尺长的绳子而仍然使它那么结实呢？另外，我也喜欢听听你关于金属、石头和其他不显示纤维结构的物质的各部分被连接在一起的那种方式的看法，因为，如果我没弄错，这些物质显示甚至更大的凝聚力。

萨耳：要解决你所提出的问题，那就必须插入一些关于其他课题的议论，那些课题和我们当前的目的关系不大。

萨格：但是，如果通过插话我们可以达到新的真理，现在就插入一段话又有什么害处呢？因此，我们可不要失去这种知识，要记得，这样一个机会一旦被忽略，就可能不会再来了；另外也要记得，我们并没有被限制在一种固定的和简略的方法上，而我们的聚会只是为了自己的兴趣。事实上，谁知道呢？我们[56]这样就常常能发现东西，比我们起初所要寻求的解答更加有趣和更加美丽。因此我请求你答应辛普里修的要求，那也是我的要求呢！因为我并不比他更不好奇和更不盼望知道把固体的各部分约束在一起的是什么方式，才能使它们很难被分开。为了理解构成某些固体的那些纤维本身的各部分的内聚性，这种知识也是必要的。

萨耳：既然你们要听，我无不从命。首先一个问题就是，每一根纤维不过二三腕尺长，它们在一根 100 腕尺长的绳子的情况下是怎样紧紧地束缚在一起，以致要用很大的力(*violenza*)才能把绳子拉断呢？

现在，辛普里修，请告诉我，你能不能用手指把一根麻纤维紧紧地捏住，以致当我从一端拉它时，在把它从你手中拉出以前就把它拉断呢？当然你能。现在，当麻纤维不仅仅是在一端被固定住，而是从头到尾被一种瓦状环境固定住时，是不是把它们从黏合物中拉松出来显然比把它们拉断更困难呢？但是在绳子的事例中，缠绕动作本身就会使那些线互相纠结在一起，以致当用一个大力拉伸绳了时，那些纤维就会断掉而不是互相分开。

在绳子断掉的那一点上每个人都知道那些纤维是很短的，绝不像绳子的断开不是通过各纤维的被拉断而是通过它们互相滑脱时那样长达 1 腕尺左右。

萨格：为了肯定这一点，可以提到，绳子有时不是被沿长度方向的力所拉断，而是由于过度扭绕而扭断的。在我看来，这似乎是一种结论式的论证，因为纠缠的线互相缠得很紧，以致挤压着的纤维不允许那些被挤的纤维稍微伸长其螺距一点儿，以便绕过那在扭绞中变得稍短而稍粗的绳子。[57]

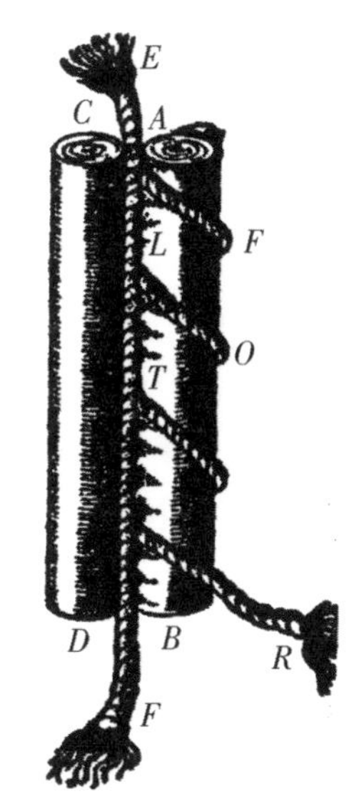

萨耳：你说得挺对。现在来看一个事实怎样指示另一事实。被捏在手指间的线不会对打算把它拉出来的人屈服，即使被一个相当大的力拉时也是如此，因为它是被一个双倍的压力往回拉的，请注意，上面的手指用力压住下面的手指，而下面的手指也用同样大小的力压住上面的手指。现在，假如我们能够只保留原来压力的二分之一，则毫无疑问只有原来抵抗力的二分之一会留下来。但是，既然我们不能例如通过抬起上面的手指来撤去一个压力而并不撤去另一个压力，那就必须用一个新的装置来保持其中一个压力；这个装置将使麻线压在手指上或压在某个它停留于其上的另外的固体上。这样一来，为了把它取走而拉它的那个力就随着拉力的增大而越来越强地压它。这一点，可以通过把线按螺旋方式绕在那个固体上表达成。这可以通过一个图来更好地理解。设 AB 和 CD 是两个圆柱，线 EF 夹在二者之间。为了更加清楚一些，我们将把这条线设想成一根小绳，如果这两个圆柱很紧地挤在一起，则当小绳 EF 在 E 端被拉时，则当它在两个压缩固体之间滑动之前，小绳无疑会受到相当大的拉力。但是，如果我们把其中一个圆柱取走，则绳子虽然仍旧和另一个圆柱相接触，却不会在自由滑动时受到任何的阻碍。另一方面，如果把绳子在圆柱的上端 A 处轻轻按住，并把它在柱上绕成螺旋 $AFLOTR$，然后再在 R 端拉它，则绳子显然会开始束紧圆柱；当拉力已定时，绕的圈数越多绳子就对圆柱束得越紧。于是当圈数增加时，接触线就会更长，从而抵抗力就更大，于是绳子就更加难以克服阻力而滑走。[58]

这岂不很显然就是人们在粗麻绳的事例中遇到的那种抵抗力吗？在粗麻绳中，各纤维是绕成了千千万万个螺旋的。事实上，这些圈数的束缚力是那样地大，以致几根短绳编到一起形成互相交织的螺旋就构成最结实的绳索之一种，我想人们把这种东西叫作"打包绳"（susta）。

萨格：你的说法解决了我以前不懂的两个问题。第一个事实就是，绕

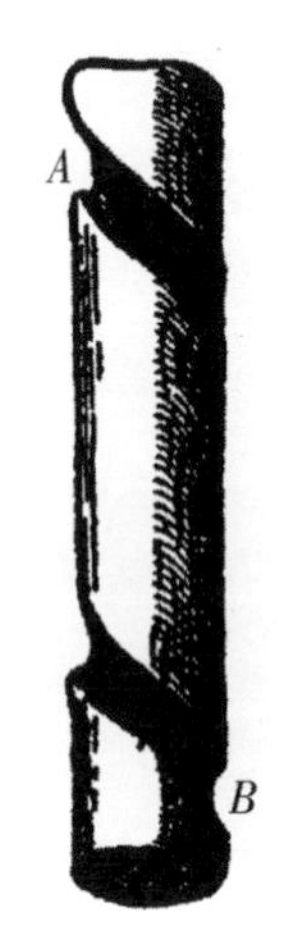

在绞盘的轴上的两圈或最多三圈绳子，怎么就不但能够把它收紧，而且还能够在受很大的重物力(forza del peso)的拉扯时阻止它滑动；另外就是，通过转动绞盘，这同一个轴怎么仅仅通过绕在轴上的绳子的摩擦力就能把巨大的石头吊起来。而一个小孩子也能摆弄绳子的松动处。另一个事实和一件简单的但却聪明的装置有关；这是我的一个青年亲戚发明的，其目的是要利用一根绳子从窗口坠下去而不会磨破他的手掌，因为不久以前就曾因此而磨破过他的手掌使他很难受。一次简短的描述将能说明此事。他拿了一根木柱 AB，大约像手杖那么粗，约 1 “拃”(“拃”指手掌张开时拇指尖和食指尖之间的距离)长。在这根木柱上，他刻了一个螺旋形的槽，约一圈半，而且足够宽，可以容得下他要用的绳子。在 A 点将绳子塞入并在 B 点再将它引出以后，他把木柱和绳子一起装在了一个木盒或锡盒中。盒子挂在旁边，以便很容易打开和盖上。把绳子固定在上面一个坚固的支撑物上以后，他就可以抓住盒子并用双手挤压它。这样他就可以用双臂挂在空中了。夹在盒壁和木柱之间，绳子上的压力可以控制。当双手抓得较紧时，压力可以阻止他向下滑；将双手放开一点，他就可以慢慢下降，要多慢就多慢。[59]

萨耳：真是一个巧妙的装置！然而我觉得，为了得到完全的解释，很可以再进行一些其他的考虑，不过我现在不应该在这一特殊课题上扯得太远，因为你们正在等着听我关于另外一些关于材料破裂强度的想法；那些材料和绳子及多数木材不同，是并不显示纤维结构的。按照我的估计，这些材料的内聚力是由一些其他原因造成的。这些原因可以分为两类。一类是人们谈得很多的所谓大自然对真空的厌恶。但是这种“真空恐惧”还不够，还必须在一种胶性物质或黏性物质的形式下引入另一种原因；这种物质把物体的各组成部分牢牢地束缚在一起。

首先我将谈谈真空，用确定的实验来演证它的力(virtù)的质和量。如果你们拿两块高度磨光的和平滑的大理石板、金属板或玻璃板并把它们面对面地放在一起，其中一块就会十分容易地在另外一块上滑动，这就肯定地证明它们之间并不存在任何黏滞性的东西。但是当你试图分开它们并把它们保持在一个固定的距离上时，你就会发现二板显示出那样一种对分离的厌恶性，以致上面一块将把下面一块带起来，并使它无限期地悬在空中，即使下面一块是大而重的。

这个实验表示了大自然对空虚空间的厌恶，甚至在外边的空气冲进来填满二板间的区域所需要的短暂时间内也是厌恶的。人们也曾观察到，如果二板不是完全磨光的，它们的接触就是不完全的，因此当你试图把它们慢慢分开时，唯一的阻力就是由重量的力提供的。然而，如果拉力是突然的，则下板也将升起，然后又很快地落回，这时它已跟随了上板一小段时间，这就是由于二板的不完全接触而留在二板之间的少量空气在膨胀中以及周围的空气在冲进来填充时所需的时间。显示于二板之间的这种阻力，无疑也存在于一个固体的各部分之间，而且也包含在它们的内聚力之中，至少是部分地并作为一种参与的原因而被包含在内聚力之中。[60]

萨格：请让我打断你一下，因为我要说说我刚刚偶然想到的一些东西，那就是，当我看到下面的板怎样跟随上面的板，以及它是多么快地被抬起时，我觉得很肯定的是，和也许包括亚里士多德本人在内的许多哲学家的见解相反，真空中的运动并不是瞬时的。假若它是瞬时的，以上提到的二板就会毫无任何阻力地互相分开，因为同一瞬间就将足以让它们分开并让周围的媒质冲入并充满它们之间的真空了。下板随上板升起的这一事实就允许我推想，不仅真空中的运动不是瞬时的，而且在两板之间确实存在一个真空，至少是存在了很短的一段时间，足以允许周围的媒质冲入并填充这一真空；因为假若不存在真空，那就根本不需要媒质的任何运动了。于是必须承认，有时一个真空会由激烈的运动(violenza)所引起，或者说和自然定律相反(尽管在我看来任何事情都不会违反自然而发生，只除了那永远不会发生的不可能的事情)。

但是这里却出现另一困难。尽管实验使我确信了这一结论的正确性，我的思想却对这一效应所必须归属的原因不能完全满意。因为二板的分离领先于真空的形成，而真空是作为这一分离的后果而产生的；而且在我看来，在自然程序中，原因必然领先于结果，即使它们显得是在时间点与前后相随的，而且，既然每一个正结果必有一个正原因，我就看不出两板的附着及其对分离的阻力(这是实际的事实)怎么可以被认为以一个真空为其原因，而当时真空尚未出现呢。按照哲学家的永远正确的公理，不存在之物不能引起任何结果。

辛普：注意到你接受亚里士多德的这一公理。我几乎不能想象你会拒绝他的另一条精彩而可靠的公理，那就是，大自然只执行那种无阻力地发生的事情；而且在我看来，你可以在这种说法中找到你的困难的解。既然大自然厌恶真空，它就将阻止真空将作为必然后果而出现的那种事情。因此就有，大自然阻止二板的分离。[61]

萨格：现在，如果承认辛普里修所说的就是我的困难的一种合适的解答，那么，如果我可以再提起我以前的论点的话，则在我看来这种对真空的阻力本身就应该足以把不论是石头还是金属还是其各部分更加有力地结合在一起，而对分离阻力更强的任何其他固体的各部分保持在一起了。如果一种结果只有一种原因，或者可以指定更多的原因，而它们可以归结为一种，那么为什么这种确实存在的真空不是一个所有各种阻力的充分原因呢？

萨耳：我不想现在就开始讨论这一真空是否就足以把一个固体的各个部分保持在一起，但是我向你们保证，在两块板子的事例中作为一种充分原因而起作用的真空，只有它并不足以把一个大理石或金属的固体圆柱的各部分保持在一起，如果这个柱体在被猛力拉动时会分散开来的话。那么现在，如果我找出一种方法，可以区分这种依赖于真空的众所周知的阻力和可以增大内聚力的其他种类的阻力，而且我还向你们证明只有前一种阻力并不是差不多足以说明这样一种后果，你们能不能承认我们必须引用另一种原因呢？请帮帮他，辛普里修，因为他不知道回答什么了。

辛普：当然，萨格利多的犹豫想必是由于别的原因，因为对于一个同时是如此清楚和如此合乎逻辑的结论来说，是不可能有任何疑问的。

萨格：你猜对了，辛普里修。我是在纳闷，如果每年从西班牙来的

100 万金币不足以支付军饷的话，是不是必须采用和小金币不同的其他方式来发军饷?[①]

但是，请说下去，萨耳维亚蒂。假设我承认你的结论，请向我们指明你那把真空的作用和其他的原因区分开来的方法，并且请通过测量它来向我们证明它是多么不足以引起所讨论的结果。

萨耳：你的好天使保佑你！我将告诉你们怎样把真空的力和别的力分开。为此目的，让我们考虑一种连续物质，它的各部分缺少对分离的阻力，由真空而来的力除外。例如水就是这种情况，这是我们的院士先生在他的一本著作中已经充分证明了的一件事实。每当一个水柱受到一个拉力并[62]对各部分的分离表现一个阻力时，这个阻力就可以仅仅归因于真空的阻力。为了进行这样一个实验，我曾经发明了一个装置。我可以用一幅草图而不是只用言语来更好地说明它。设 *CABD* 代表一个圆筒的截面，柱体用金属制成，或更合用地用玻璃制成，中空，而且精确地加过工。筒中插入一个完全配合的木柱，其截面用 *EGHF* 来代表，而且木柱可以上下运动。柱体的中轴上钻有一孔，以容纳一根铁丝，铁丝的 *K* 端有一个钩，而其上端 *I* 处装有一个锥形的头。木柱上端有一凹陷，当铁丝在 *K* 端被向下拉时，该凹陷止好容纳锥形头 *I*。

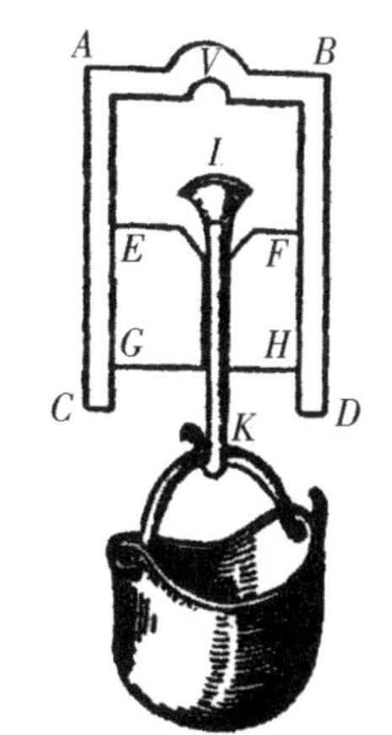

现在把木柱 *EH* 插入中空的柱 *AD* 中，但不要插到头，而是留下三四指宽的空隙。这一空隙要灌上水。其方法是将容器放好，使管口 *CD* 向上，拉下塞子 *EH*，同时使铁丝的锥形头 *I* 离开木柱顶端的凹陷。于是当把木塞推下时，空气立刻就沿着并非密接装配的铁丝逸出。空气逸出以后，将铁丝拉回，于是它就很密切地停在木柱的锥形凹陷中。将容器倒转，其口向下。在钩 *K* 上挂一容器，容器中装上任何重物质的沙粒，其量足以使塞子的上表面 *EF* 和本来仅仅由于真空而与它密接的水的下表面相分离。然

---

① 读了下文萨耳维亚蒂所说的话，就能明白此处的说法了。——英译本注

后，称量带铁丝的塞子以及容器及其内容的重量，我们就得到真空的力（forza del vacuo）。[63]如果在一个大理石柱体或玻璃柱体上连接一个砝码，使它和柱体本身的重量恰恰等于上面提到的重量，而且断裂发生了，那么我们就将有理由说，仅凭真空就把大理石或玻璃的各部分保持在了一起，但是如果砝码不足，而只有在增加了例如 4 倍重量才发生断裂，那么我们就不得不说，真空只提供五分之一的总阻力（resistenza）。

辛普：谁也不能怀疑这一装置的巧妙，不过它还是表现出许多使我怀疑其可靠性的困难。因为，谁能向我们保证空气不会爬到玻璃和塞子之间去呢，即使它们是用亚麻或其他柔软材料很好地垫住的？我也怀疑，用蜡或松脂来润滑锥体 I 是否就足以使它紧贴在底座上。另外，水的各部分会不会膨胀而伸长呢？为什么空气或雾气或一些别的稀薄物质不会穿透到木材的乃至玻璃本身的孔隙中去呢？

萨耳：辛普里修确实很巧妙地给我们指出了困难，他甚至部分地建议了怎样阻止空气穿透木材或通过木材和玻璃之间的间隙。但是现在请让我指出，随着我们经验的增多，我们将了解这些相关的困难是否真的存在。因为，如果正像在空气的事例中那样，水就其本性来说也是可以膨胀的，尽管只有在很严格的处理下才会膨胀，我们就会看到活塞下降；而且如果我们在玻璃器皿的上部加一个小小的凹陷，如图中的 V 所示，那么空气或任何其他有可能穿透玻璃或木材中的小孔的稀薄的气态物质，就将通过水而聚集在这个接收点 V 处，但是如果这些事情并不发生，我们就可以相信我们的实验是很小心地完成了的，从而我们就可以发现水并不伸长而玻璃并不允许无论多么稀薄的物质穿透它。

萨格：谢谢这些讨论。我已经学到了某一结果的原因，这是我考虑了很久而且已经对理解它不抱希望的。有一次我看到一个装有水泵的水槽，而得到的错误印象是水可以比用普通的大桶更省力地，或更大量地被取出。[64]水泵平台的上部装有吸水管和阀门，水就是这样被吸上来的，而不是像在把吸水管装在下部的水泵的情况那样水是被推上来的。这个水泵工作得很好，只要水槽中的水高于某一水平面，但是在这一水平面以下，水泵就无法工作了。当我第一次注意到这个现象时，我认为机器出了毛病，但是当我叫进工人来修它时，他却告诉我说毛病不在机器上而是在水上，水面降得太低了，无法用这样一个水泵把它吸上来；而且他还说，不论用一个水泵还是用任何按吸力原理工作的其他机器，都不可能把水提升到大约比 18 腕尺更高一丝一毫；不论水泵是大是小，这都是提升的极限。直到这时，我一直很糊涂。虽然我知道，一根绳子，或者一根木棒或铁棒，如果够长，则当上端被固定住时都会被自身的重量所拉断，但是我从来没有想到过，同样的事情也会发生在一个水柱上，而且只有发生得更容易。而且事实上难道不是吗？在水泵中被吸引的就是一个上端被固定的水柱，它被拉伸而又拉伸，直到达到一个点，那时它就会像一根绳子那样因为自己的重量而断掉了。

萨耳：这恰恰就是它起作用的方式。这一确定的 18 腕尺的升高对任何水量都是适用的，不论水泵是大是小，乃至像一根稻草那么细。因此我们可以说，通过称量一根 18 腕尺长的管子中的水的重量，不论其直径多大，我们就将得到直径相同的一个任意物质的固体柱的真空阻力。而既已说到这里，那就让我们看看多么容易求得直径任意的金属、石头、木头、玻璃等的圆柱可以被它自己的重量拉伸多长而不断裂。[65]

例如取一根任意长短、粗细的铜丝，把它的上端固定住，而在下端加上一个越来越大的负荷，直到铜丝最后断掉。例如，设最后的负荷是 50 磅。那么就很明显，譬如说铜丝本身的重量是$\frac{1}{8}$盎司，那么，如果把 50 磅加$\frac{1}{8}$盎司的铜拉成同样粗细的丝，我们就得到同样粗细的铜丝可以支持其本身重量的最大长度。假设被拉断的铜丝是 1 腕尺长而$\frac{1}{8}$盎司重，那么，既然它除自重以外还能支持 50 磅，亦即还能支持 4 800 倍的$\frac{1}{8}$盎司，于是可见，所有的铜丝，不论粗细，都能支持自己的重量直到 4 801 腕尺，再长了就不行。那么，既然一根铜棒直到 4 801 腕尺的长度可以支持自己的重量，和其余的阻力因素相比，依赖于真空的那一部分断裂阻力(resistenza)就等于一个水柱的重量，该水柱长为48腕尺，并和铜柱一样粗细。例如，如果铜重为水重的9倍，则任何铜棒的断裂强度(resistenza allo strapparsi)，只要它是依赖于真空的，就等于2腕尺长的同一铜棒的重量。用同样的方法，可以求出任何物质的丝或棒能够支持其本身重量的最大长度，并能同时发现真空在其断裂强度中所占的成分。

萨格：你还没有告诉我们，除了真空部分以外，其余的断裂阻力是依赖于什么的，把固体的各部分黏合在一起的那种胶性或黏性的物质是什么呢？因为我不能想象一种黏胶，在高度加热的炉子中历时两三个月而不会被烧掉，或者说，历时10个月或100个月它就必然会被烧掉。因为，如果金、银或玻璃在一段长时间内被保持在熔化状态，然后从炉子里被取出，那么当冷却时，它们的各部分就会立即重新结合起来并且和以前那样互相结合在一起。不仅如此，而且对于玻璃各部分胶合的过程来说的任何困难，对于胶质各部分胶合的过程来说也存在；换句话说，把它们如此牢固地胶合在一起的到底是什么呢？[66]

萨耳：刚才我表示了希望你的好天使将会帮助你。现在我发现自己的心情仍相同。实验肯定地表明，除非用很大的力，否则两块板不能被分开，其原因就是它们被真空的阻力保持在一起；对于一个大理石柱或青铜柱的两大部分，也可以说同样的话。既然如此，我就看不出为什么同样的原因不能解释这些物质的较小部分之间乃至最小的颗粒之间的内聚力。现在，既然每一结果必须有一个真实而充分的原因而且我找不到其他的胶合物，我是不是有理由试图发现真空是不是一种充分的原因呢？

辛普：但是有鉴于你已经证明大真空对固体两大部分的分离所提供的阻力，比起把各个最小的部分结合在一起的内聚力来事实上是很小的，你为什么还不肯认为后者是某种和前者很不相同的东西呢？

萨耳：当萨格利多指出，每一单个士兵是用由普通纳税得来的大大小小的硬币发饷，而甚至100万金币也可能不够给整个军队发饷时，他已经回答了这个问题。谁晓得有没有一些小真空，正在影响着最小的颗粒，从而把同一块物质中的相邻部分结合在一起呢？让我告诉你某种事情，这是我刚刚想到的，我不能把它作为一种绝对事实而提供出来，而是把它作为一种偶然的想法而提供出来；这还是不成熟的，还需要更仔细的考虑。你们可以随便看待它，并按照你们认为合适的方式来看待其余的问题。有些时候，我曾经观察到火怎样进入这种或那种金属的最小粒子之间，而且我曾经观察到，当把火取走时，这些粒子就以和从前一样的黏性重新结合起来，在金的事例中毫不减少其数量，而在其他金属的事例中也减少很少，即使各部分曾经分离了很久，那时我就曾经想到，此事的解释可能在于一个事实，就是说，极其微细的火粒子，当进入了金属中的小孔时(小孔太小，以致空气或许多其他流体的最小粒子都无法进入)，将充满金属粒子之间的真空地区，将消除同样这些真空作用在各粒子上的吸引力，正是这种吸引力阻止了各粒子的分散。[67]这样一来，各粒子就能自由地运动，于是物体(magsa)就变成液体，而且将保持为液体，只要火粒子还留在里面；但是如果火粒子离开了，把从前的真空地区留下了，那么原来的吸引力 (attrazzione)就会复原，而各部分就又互相黏合起来。

当回答辛普里修所提出的问题时，我们可以说，尽管每单个的真空是极其微小的，从而是很容易被克服的，但是它们的数目却非常地大，以致它们的总阻力可以说几乎没有限度地倍增。通过把很多很多的小力(debolissimi momenti)加在一起而得到的合力的性质和量，显然可以用一个事实来表明，那就是，挂在巨缆上的几百万磅重的重物，当南风吹来时将被克服而举起来，因为风中带着无数的悬浮在薄雾中的水原子，[①] 它们运动着通过空气而透入紧张缆绳的各纤维之间，尽管所悬重物的力是惊人巨大的。当这些微粒进入很小的孔中时，它们就使绳索粗胀起来，这样就使绳索缩短而不可避免地把重物(mole)拉高。

萨格：毫无疑问，任何阻力，只要不是无限大，都可以被很多的小力所克服。例如，数目极多的蚂蚁可以把装有粮食的大船抬上岸来。而且既

① 现代人当然认为“水原子”是不通的，但是当时还没有“分子”的概念。

然经验每天都告诉我们一只蚂蚁可以叼动一粒米，那就很清楚，船上的米粒数目不是无限的，而是低于某一个界限的。如果你取有 4 倍或 6 倍之大的另一个数，而且你让相应数目的蚂蚁开始工作起来，它们就会把那个庞然大物弄上岸来，包括船只在内。这确实需要数目惊人的蚂蚁，但是据我看来，把金属的那些最小粒子结合在一起的那许多真空，情况正是如此。

萨耳：但是即使这要求一个无限大的数目，你们还会认为它是不可能的吗?

萨格：不，如果金属的质量(mole)是无限大的。不然的话…… [68]

萨耳：不然的话怎么样? 现在我们既然达到了一些悖论，让我们看看我们能否证明在一个有限的范围内有可能发现数目无限的真空。与此同时，我们将至少得到亚里士多德本人称之为神奇的那些问题中最惊人的问题的一个解；我指的是他的《力学问题》(*Ouestions in Mechanics*)。这个解可能并不比他本人所给出的更不清楚或更不肯定，而且和最博学的芒西格诺尔·第·几瓦拉①如此巧地钻研过的解十分不同。

首先必须考虑一个命题，这是别人没有处理过的，但是问题的解却依赖于它，而且如果我没弄错的话，由此即将导出其他新的和可惊异的事实。为了清楚起见，让我们画一个准确的图(见下图)。在 G 点周围画一个等边、等角的多边形，边数任意，例如六边形 $ABCDEF$。和这个图相似并和它同心，画另外一个较小的图，我们称之 $IIIKLMN$。将较人图形的 AB 边向 S 点无限延长；同样，将较小图形的对应边 HI 沿相同方向向 T 点延长，于是直线 HT 就平行于 AS，

然后通过中心画直线 GV 平行于另外两条直线。[69]

画完以后，设想大多边形带着小多边形在直线 AB 上滚动。很明显，如果 AB 边的端点 B 在滚动开始时保持不动，则点 A 将上升、点 C 将下降而描绘$\overset{\frown}{CQ}$，直到 BC 边和等于 BC 的直线 BQ 重合时为止。但是在这种滚动中，较小多边形上的点 L 将上升到直线 IT 以上，因为 IB 对 AS 来说是

① Monsignor di Guevara，泰阿诺的主教，生于 1561 年，逝于 1641 年。——英译本注

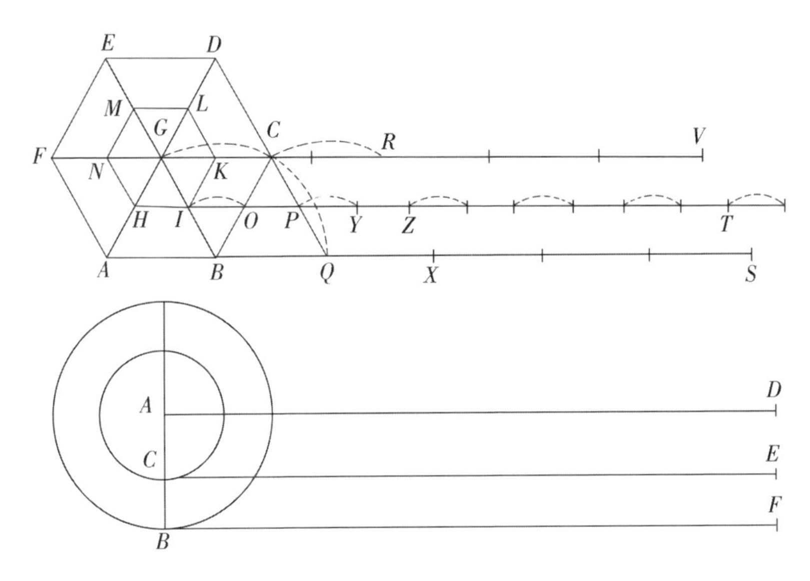

倾斜的；而且它不会回到直线 IT 上来，直到点 C 达到位置 Q 时为止。点 I 在描绘了位于 C 上方的 $\widehat{IO}$ 以后，将在 IK 边达到位置 OP 的同时达到位置 O。在此期间，中心点 G 已经走过了 GV 上方的一段路程，但是直到它走完了 $\widehat{GC}$ 时才会回到直线 GV 上。完成了这一步骤，较大的多边形就已经静止，其 BC 边和直线 BQ 相重合，而较小多边形的 IK 边则和直线 OP 相重合，后者走过了位置 IO 而不曾碰到它；中心点 G 在走过了平行线 GV 上方的全部路程以后也已经达到了位置 C。最后，整个图形将采取和第一个位置相似的位置，于是，如果我们继续进行这种滚动而进入第二个步骤，大多边形的 DC 边就会和位置 QX 相重合，而小多边形的 KL 边在首先越过了 $\widehat{PY}$ 以后也落到了 YZ 上。而仍然留在直线 GV 上方的中心点在跳过了区间 CR 以后也回到了该直线的 R 点。在一次完整滚动的末尾，较大的多边形已在直线 AS 上不间断地经过了等于它的边长的六条直线；较小的多边形也已经印过了等于它的边长的六条直线，但却是由五条中间的弧隔开的，那些弧的弦代表着 HT 上没被多边形接触过的部分；中心点 G 除六个点外从来没有接触直线 GV。由此可以清楚地看出，小多边形所经过的空间几乎等于大多边形所经过的空间；也就是说，直线 HT 近似于直线

AS，所差的只是其中每条弧的弦长，如果我们理解为 HT 包括那些被越过的五条弧的话。[70]

现在，我在这些六边形的事例中已经做出的这些论述，必须被理解为对于其他的多边形也适用，不论边数是多少，只要它们是相似的、同心的和固定连接的就行了；这样，当大多边形滚动时，小多边形也会滚动，不论它是多么小。你们也必须理解，这两个多边形所描绘的直线是近似相等的，如果我们认为小多边形所经过的空间包括那些小多边形的边从来没有接触过的区间的话。

设一个大的多边形，譬如说一个有着 1 000 条边的多边形，完成一次完全的滚动，并画出一段等于它的周长的直线；与此同时，小多边形将经过一段近似相等的距离，由 1 000 段小的线段组成，其中每一线段等于小多边形的一个边长；各线段之间隔着 1 000 个小的间隔；和那些与多边形边长相等的线段相反，我们将把这些间隔叫作“空的”。到此为止，问题没有任何困难或疑问。

但是现在假设，围绕任一中心，例如 A 点，我们画出两个同心的和固定连接的圆，并且假设，在二圆的半径上的点 C 和点 B 上，画它们的切线 CE 和 BF，并且通过中心点 A 画一条直线 AD 和二切线平行；于是，如果大圆沿直线 BF 完成一次完全的滚动，BE 不仅等于大圆的周长，而且也等于其他两条直线 CE 和 AD，那么请告诉我，那个较小的圆将做些什么，而圆心又将做些什么？至于圆心，它肯定通过并接触整个的直线 AD，而小圆的圆周，则将用它的那些接触点来量出整个的直线 CE，正像上面所提到的那些多边形的做法一样。唯一的不同在于，直线 HT 并不是每一点都和较小多边形的边相接触，而是有些空的段落没被触及，其数目等同于和各边相接触的那些线段的数目。但是，在这里的圆的事例中，小圆的圆周从来没离开直线 CE，从而该直线上并没有任何未被触及的部分，而且也没有任何时候是圆上的点不曾和直线相接触的。那么，小圆怎么可能走过一段大于它的周长的距离呢？除非它会跳跃。

萨格： 我觉得似乎可以这样说：正如圆心被它自己携带着沿直线 AD

前进时是一直和该线相接触那样(尽管它是单一的点)，小圆圆周上的各点，当小圆被大圆带着前进时，将滑过直线 CE 上的一些小部分。[71]

萨耳：有两个理由说明不可能是这样。第一，因为没有根据认为某一个接触点，例如 C，将不同于另一个接触点而会滑过直线 CE 上的某一部分。但是，假如沿 CE 的这种滑动确实发生，它们的数目就应该是无限的，因为接触点(既然仅仅是点)的数目是无限的；然而无限多次的有限滑动将构成一条无限长的线，而事实上直线 CE 却是有限的。另一个理由是，当较大的圆在滚动中连续地改变其接触点时，较小的圆必须做相同的事，因为 B 是从那里可以画一条通过 C 而向 A 的直线的唯一的点。由此可见，每当大圆改变其接触点时，小圆也必相应地改变其接触点：小圆上没有任何点和直线 CE 上的多于一个的点相接触。不仅如此，而且甚至在多边形的滚动中，较小多边形的周长上也没有任何一个点和周长所经过的直线上的多于一个的点相重合；当你们想起直线 IK 是和直线 BC 相平行的，从而直线 BC 和 BQ 相重合时 IK 将一直在 IP 的上方，而且除了正当 BC 占据位置 BQ 的那一瞬间以外，IK 将不会落在 IP 上时，这一点立刻就会清楚了；在那一瞬间，整条直线 IK 和 OP 相重合，而随后立刻就上升到 OP 的上方。

萨格：这是一个很复杂的问题，我看不到任何的解。请给我们解释一下吧。

萨耳：让我们回到关于上述那些多边形的讨论；那些多边形的行为是我们已经了解了的。喏，在有着 100 000 条边的多边形的事例中，较大多边形的周长所经过的直线，也就是说，由它的 100 000 条边线一条接一条地展开而成的那条直线，等于由较小多边形的 100 000 条边所描绘而成的那条直线，如果我们把夹在中间的那 100 000 个空白间隔也包括在内的话。那么，在圆的事例中，也就是在有着无限多条边的多边形的事例中，由较大的圆的连续分布的(continuamente disposti)那无限多条边所印成的那条直线，也等于由较小的圆的无限多条边所印成的直线，但是要注意到这后一条直线上是夹杂了一些空白间隔的，而且，既然边数不是有限而是无限的，中间交替夹着的空白间隔的数目也就是无限的。[72]于是较大的圆所画过的直线，就包括完全填满了它的无限多个点，而较小的圆所画出的直线则包括留下空档儿而只是部分地填充了它的无限多个点。在这里我希望你们注意，在把一条直线分成有限多个即可以数出来的那么多个部分以后，是不能把它们排成比它们连续地而无空档地连接起来时更长的直线的。但是，如果我们考虑直线被分成无限多个无限小而不可分割的部分，我们就将能够设想，通过插入无限多个而不是有限多个无限小的和不可分割的空档，直线将无限地延长。

现在，以上所说的关于简单的直线的这些话，必须被理解为也适用于面和体的事例，这时假设，这些面和体是由无限多个而不是有限多个原子所组成的。这样一个物体，一旦被分成有限多个部分，就不能重新组装得比以前占据更大的空间，除非我们在中间插入有限个空的空间，也就是没被构成那个固体的物质所占据的空间。但是如果我们设想，通过某种极端的和最后的分析，物体分解成了它的原始的要素，其数为无限，那么我们就将能够把它们设想为在空间无限扩展的，不是通过插入有限多个，而是通过插入无限多个空虚的空间。例如，可以很容易地设想一个小金球扩展到一个很大的空间中，而未经引入有限数目的空虚空间，这时永远假设金是由无限多个不可分割的部分构成的。

辛普：我觉得你正在走向由某一位古代哲学家所倡导的那种真空。

萨耳：但是你没有提到，“他否认了神圣的造物主”，这是我们院士先生的一位敌手在类似的情况下提出的一种不恰当的说法。

辛普：我注意到了，不无愤慨地注意到了那个坏脾气的敌人的仇恨。我不再多提那些事了，这不仅是为了自己的好形象，而且也因为我知道这些事对一个像你这样虔诚而笃信的、正统而敬神的人的好脾气而有条理的心神来说是多么的不愉快。

但是，回到我们的课题，你的以上论述给我留下了许多我无法解决的困难。其中第一个困难就是，如果两个圆的周长等于两条直线 CE 和 BF，后者被认为是一个“连续区”，而前者则夹有无限多个空点，我就不知道怎么能够说由圆心画出的并由无限多个点构成的直线 AD，等于只是单独一个点的圆心。除此以外，这种由点建成线的方法，由不可分而得出的可分，由无限而得出的有限，给我提供了一种很难避免的困难，而且引入一个被亚里士多德如此决定性的反驳了的真空的必要性，也提供了同样的困难。[73]

萨耳：这些困难是实在的，而且并不是只有这么一些。但是让我们记住，我们对付的是无限之物和不可分割之物，二者都超越了我们有限的理解；前者由于它们的巨大，后者因为它们的微小，尽管如此，人们还是不能避免讨论它们，即使必须用一种纠缠的方式来进行讨论。

因此，我也愿意不揣冒昧地提出我的一些想法；它们虽然不一定是很有说服力的，但是由于它们的新奇性，却可能被证明为使人惊讶的。但是这样一段插话也许会使我们离题太远，从而可能使你们觉得是不合时宜的和不太愉快的。

萨格：请让我们享受那种由和朋友们谈论而得来的益处和特权吧，特别是当谈论的是自由选择的而不是强加给我们的课题时：这种事情大大不同于对付那些僵死的书本，它们引起许多疑问却一个也不能解决。因此，请和我们共享我们的讨论所引发的你的那些思想吧，因为我们并没有什么迫切的事务，从而有的是时间来追究已经提到的那些话题，而辛普里修所提出的反驳更是不应该被忽视的。

萨耳：好的，既然你们这么想听。第一个问题就是，单独一个点怎么可能等于一条直线？既然现在我不能做更多的事，我就将通过引入一种类似的或更大的非或然性来试图消除或至少是减小一种非或然性，正如有时一种惊异会被一种奇迹所冲淡那样。

我的办法是指给你们看两个面和两个固体，固体分别放在作为底座的面上，所有这四者都连续而又均匀地缩小，所取的方式是它们的剩余部分永远保持各自相等，而直到最后，面和固体各自不再相等，一组收缩为一条很长的线，而另一组收缩成单独一个点；也就是说，后者收缩成单独一个点，而前者收缩成无限多个点。[74]

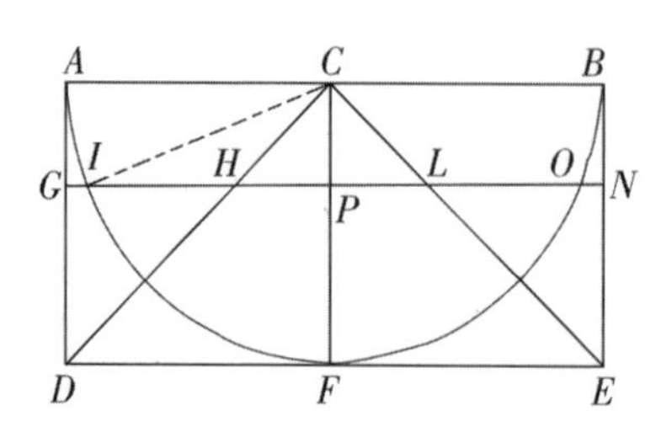

萨格：这种说法使我觉得实在奇妙，但是让我们听听解释和论证。

萨耳：既然证明纯粹是几何性的，我们将需要一个图。设 AFB 是一个半圆，其圆心位于 C。在半圆周围画长方形 $ADEB$，并从圆心向 D 和 E 作直线 CD 和 CE。设想半径 CF 被画得垂直于直线 AB 或 DE，并设想整个图形以此半径为轴而转动。很显然，于是长方形 $ADEB$ 就描绘一个圆柱，半圆 AEB 就将描绘一个半球，而 $\triangle CBE$ 就将描绘一个圆锥。其次让我们把半球取走，而把圆锥和圆柱的其余部分留下；由于它的形状，我们将把留下的部分称为一个“碗”。首先我们将证明，碗和圆锥是相等的；其次我们将证明，平行于碗的底部(即以 DE 为直径而 F 为圆心的那个圆)而画出的一个平面，即其遗迹为 GN 的那个平面，和碗相交于 C、I、O、N 各点，而和锥体相交于 H、L 各点，使得用 CHL 来代表的那一部分锥体永远等于其截面用 $\triangle GAI$ 和 $\triangle BON$ 来代表的那一部分碗。除此以外，我们即将证明，锥体的底，也就是以 HL 为直径的那个圆，等于形成碗的这一部分之底面的那个环形面积，或者也可以说，等于其宽度为 GI 的一条带状面积。(顺便指出，数学定义的性质只在于一些名词的引用，或者如果你愿意，也可以说是语言的简化，其目的是避免你们和我现在遇到那种烦人的啰唆，只因为我们没有约定把这种环形面积叫作“环带”，而把那尖锐的固体部分叫作“锥尖”。)[75]现在，不论你们喜欢把它们叫什么，只要理解一点就够了；那就是，不论在什么高度上画出的平面，只要它平行于底面，亦即平行于以 DE 为其直径的那个圆，它就会永远切割两个固体，使圆锥的 CHL 部分等于碗的上部，同样，作为这些固体之底面的那两个面积，即环形带和圆 HL 也是相等的。在这儿，我们就得到上述的奇迹了：当切割平面向直线 AB 靠近时，两个固体被切掉的部分永远相等，而且它们的底面积也永远相等。而且当切割平面靠近顶部时，两块固体(永远相等)以及它们的底面(面积永远相等)最后就会消失，其中一对退化成一个圆周，而另一对则退化成单独一个点，这就是碗的上沿和锥体的尖。现在，既然当这些固体减小时它们之间的相等性是保持到最后的，我们就有理由说，在这种减小过程的终极和最后，它们仍然相等，而且其中一个不可能无限地大于另一个。因此这就表明，我们可以把一个大圆的圆周和单独一个点等同起来。而且，对二固体为真的这一点，对二者的底面也为真；因为这些底面在减小的整个过程中也保持了它们之间的相等关系，而最后终于消失了，一个消失为一个圆的圆周，而另一个则消失为单独一个点。那么，有鉴于它们是相等之量的最后的痕迹和残余，我们能不能说它们是相等的呢？另外也请注意，即使这些器皿大得足以容得下巨大的天空半球，那里的上沿和锥体的顶部也还是保持相等并最后消失；前者消失为一个具有最大天体轨道尺寸的圆周，而后者消失为单独一个点。因此，不违背以上的论述，我们可以说一切圆周，不论多么不同，都彼此相等，而且都等于单独一个点。

萨格：这种表达使我觉得它是那样的聪明而新颖，以致即使能够，我也不愿意反对它；因为，用一种迟钝的说教式的攻击来破坏这样美丽的一种结构，将不乏犯罪之感。但是，为了使我们完全满意，请给我们几何地证明在那些固体之间以及它们的底面之间永远存在相等的关系；因为我想，有鉴于建筑在这一结果上的哲学论证是何等地微妙，我想那种证明也不会不是很巧妙的。[76]

萨耳：证明既短又容易。参阅着前面的图，我们看到，既然 IPC 是一个直角，半径 IC 的平方就等于两个边 IP、PC 的平方之和，但是半径 IC 既等于 AC 也等于 GP，而 CP 等于 PH。由此可见，直线 GP 的平方就等于 IP 和 PH 的平方和；或者，两端乘以 4，我们就得到直径 GN 的平方就等于 IO 和 HL 的平方和。而且，既然圆的面积正比于它们的直径的平方，那就得到，直径为 GN 的圆的面积等于直径为 IO 和 HL 的两个圆的面积之和。因此，如果我们取掉直径为 IO 的圆的共同面积，剩下来的圆 GN 的面积就将等于直径为 HL 的圆的面积。第一部分就这么多。至于其他部分，我们目前暂不论证，部分地因为想要知道的人们可以参阅当代阿基米德即卢卡·瓦勒里奥[①]所著的 *De centro gravitatis solidorum* 第二卷的命题12，他为了不同的目的使用了这一命题，而且部分地也因为，为了我们的目的，只要看到下述事实也就够了：上述的两个面永远是相等的，而且当它们均匀地缩小时，它们就会退化，一个退化为单独一个点，而另一个则退化为一个比任何可以指定的圆更大的圆的圆周；我们的奇迹就在这里。[②]

萨格：证明是巧妙的，而且由此而得出的推论是惊人的。现在，让我们听听关于辛普里修所提出的其他困难的一些议论，如果你有什么特殊的东西要说的话；然而在我看来，那似乎是不可能的，因为问题已经被那么彻底地讨论过了。[77]

萨耳：但是我确实有些特殊的东西要说，而且首先要重复一下我刚刚说过的话，那就是，无限性和不可分割性就其本性来说是我们所无法理解的；那么试想当结合起来时它们将是什么。不过，如果我们想用一些不可分割的点来建造一条线，我们就必须取无限多个这样的点，从而就必然要同时处理无限的和不可分割的东西。联系到这一课题，许多想法曾经在我的心中闪过。其中有一些可能是更加重要的，我在片刻的激动下无从想起，但是在我们讨论的过程中，有可能我会在你们心中，特别是在辛普里修的心中唤醒一些反对意见和困难问题，而这些意见和问题又会使我记起一些东西；如果没有这样的刺激，那些东西是可能蛰伏在我的心中睡大觉的。因此，请允许我按照习惯的无拘无束来介绍某些我们的人类幻想，因为，和那种超自然的真理相比，我们确实可以这样称呼它们——那种超自然的真理给我们以一种真实而安全的方法来在我们的讨论中做出决定。从而是黑暗而可疑的思想道路上的一种永远可靠的指南。

促使人们反对由不可分的量来构成连续量（continuo d'indivisibili）的主要理由之一就是，一个不可分量和另一不可分量相加，不能得出一个可分

① Luca Valerio，杰出的意大利数学家，约1552年生于弗拉拉，1612年被选入林塞科学院，于1618年逝世。——英译本注

② 参阅上文。——英译本注

量，因为如果可以，那就会使不可分量变成可分的。例如，如果两个不可分量，例如两个点，可以结合起来而形成一个可分量，例如一段可分的线，那么，一段甚至更加可分的线就可以通过把3个、5个、7个或任何奇数个的点结合起来而形成。然而，既然这些线可以分割成两个相等的部分，那就变得可以把恰好位于线中间的那个不可分的点切开了。为了答复这一种或类型相同的其他反对意见，我们的回答是，一个可分的量，不可能由2个或10个或100个或1 000个不可分的量来构成，而是要有无限多个那样的量。

辛普：这里就出现了一个在我看来是无法解决的困难。既然很清楚的是我们可以有一条线比另一条线更长，其中每一条线都包含着无限多个点，我们就不得不承认，在同一个类中，我们可以有某种比无限多还多的东西，因为长线中的无限多个点比短线中的无限多个点更多。这种赋予一个无限的量以比另一个无限的量以更大的值的做法是完全超出了我的理解力的。[78]

萨耳：这就是当我们用自己的有限心思去讨论无限性时即将出现的那些困难之一，这时我们赋予了无限量以一些我们本来赋予有限量的性质，但是我认为这是错误的，因为我们不能说无限的量中某一个大于或小于或等于另一个。为了证明这一点，我想到了一种论证，我愿意把它用一个问题的形式提给提出这一困难的辛普里修。

我相信你知道数中哪些是平方数和哪些不是。

辛普：我完全明白，一个平方数就是另一个数和自己相乘的结果，例如4、9等就是平方数，它们是由2、3等和自己相乘而得出的。

萨耳：很好。而且你也知道，正如这些乘积被称为“平方数”一样，这些因子是被称为“边”或“根”的。另一方面，那些并不包含两个相等因子的数就是非平方数了。因此，如果我断言，所有的数，包括平方数和非平方数在内，比所有的平方数更多，我说的是不是真理呢?

辛普：肯定是的。

萨耳：如果我进一步问有多少个平方数，人们可以回答说和相应的根一样多，因为每一个平方数都有它自己的根，每一个根都有它自己的平方数，而任何平方数都不可能有多于一个的根，而任何根也不可能有多于一个的平方数。

辛普：正是这样。

萨耳：但是如果我问总共有多少个根，那就不可否认是和所有的数一样多，因为任何一个数都是某一平方数的根。承认了这一点，我们就必须说，有多少数就有多少平方数，因为平方数恰好和它们的根数一样多，而且所有的数都是根。不过在开始时我们却说过，所有的数比所有的平方数要多得多，因为大部分数都不是平方数。不仅如此，当我们过渡到较大的数时，平方数所占的比例还越来越小。例如，到100为止，我们有10个平方数，所占的比例为$\frac{1}{10}$；到10 000为止，我们就只有$\frac{1}{100}$的数是平方数了；到100万，就只有$\frac{1}{1\,000}$了；另一方面，在无限多的数中，如果有人能够想象这样的东西的话，他就必须承认有多少数就有多少平方数，二者一样多。[79]

萨格：那么，在这种情况下，人们应该得出什么结论呢？

萨耳：按我所能看到的来说，我们只能推测说所有的数共有无限多个，所有的平方数也有无限多个，而且各平方数的根也有无限多个，既不是平方数的个数少于所有数的个数，也不是后者大于前者；而最后，“等于”、“大于”和“小于”的性质是不适用于无限的量而只适用于有限的量的。因此，当辛普里修引用长度不同的几条线，并且问我怎么可能较长的线并不比较短的线包含更多的点时，我就回答他说，一条线并不比另一条包含更多或更少的点，也不是它们恰好包含数目相同的点，而是每条线都包含着无限多个点。或者，如果我回答他说，一条线上的点数等于平方数的数目，另一条线上的点数大于所有数的个数，而另一条短线上的点数则等于立方数的个数，我能否通过在一条线上比在另一条上摆上更多的点，而同时又在每一条线上保持无限多的点来使辛普里修满意呢？关于第一个困难，就说这么多吧。

萨格：请等一会儿，让我在已经说过的一切上再加一个我刚刚想到的概念。如果以上的说法是对的，那就似乎既不能说一个无限大的数比另一个无限大的数更大，而且甚至不能说它比一个有限的数更大，因为，假如无限大数，例如大于100万，那就会得到结论说，当从100万过渡到越来越大的数时，我们就将接近于无限大；但是情况并非如此，相反地，我们走向的数越大，我们离无限大（这个性质)就越远，因为数越大，它所包含的平方数就(相对地)越少；但是，正如我们刚才同意了的那样，无限大中的平方数的个数，不能少于一切数的总个数，因此，过渡到越来越大的数，就意味着远离无限大。① [80]

萨耳：这样，从你的巧妙论证，我们就被引到一个结论，就是说，"大于"、"小于"和"等于"这些赋性，在无限大量的相互比较或无限大量和有限量的相互比较中是没有地位的。

现在我过渡到另一种考虑。既然线和一切连续的量可以分成本身也是可分的一些部分，而无界限，我就看不出如何避免一个结论，即线是由无限多个不可分的量所构成的，因为可以无限进行的分了又分预先就承认了各部分是无限多的，不然的话分割就会达到一个结尾，而如果各部分的数目是无限大，我们就必须得出结论说它们的大小不是有限的，因为无限多个有限的量将给出一个无限的量。于是我们就得到，一个连续量是由无限多个不可分割的量所构成的。

辛普：但是如果我们可以无限地分成有限的部分，有什么必要引入非有限的部分呢?

萨耳：能够无休止地继续分成有限的部分(in parti quante)这一事实本身，就使我们有必要认为那个量是由无限多个小得无法测量的要素(di infiniti non quanti)所构成的。现在，为了解决这个问题，我将请你们告诉

---

① 此处似乎出现了一点儿思想混乱，因为没能区分一个数 n 和 n 以前那些数所形成的集合，也没能区分作为一个数的无限大和作为所有数之集合的无限大。——英译本注

我，在你们看来，一个连续量可能是由有限多个还是由无限多个有限的量构成的？

辛普：我的答案是，它们的数目既是无限的又是有限的，在趋势上是无限的，但在实际上是有限的(infinite，in potenza；e finite，in atto)；这就是说，在分割以前在趋势上是无限的，但在分割以后就在实际上是有限的了；因为部分不能说是存在于尚未分割或尚未标志出来的物体中；如果还没有分割或标志，我们就说它们在趋势上是存在的。

萨耳：因此，一条线，譬如说20尺长的一条线，就不能被说成实际上包括20个1尺长的部分，除非在被分成了20个相等的部分以后；在分割以前，它就被认为只是在趋势上包含着它们。如果事实像你所说的那样，那么请告诉我，分割一旦完成，原始量的大小是增大了、减小了，还是没有变呢？

辛普：它既不增大也不减小。

萨耳：这也是我的意见。因此，有限的部分(parti quante)在一个连续量中的存在，不论是实际地还是趋势地存在，都不会使该量变大或变小；但是，完全清楚的是，如果实际地包括在整个量中的有限部分的个数是无限多的，它们就会使该量成为无限大。由此可见，有限部分的数目，虽然只是趋势地存在，也不能是无限大，除非包含着它们的那个量是无限大，而且反过来说，如果量是有限的，它就不能包含无限个有限部分，不论是在实际上还是在趋势上。[81]

萨格：那么，怎么可能无限制地把一个连续量分割成其本身永远是可以分割的部分呢？

萨耳：你的关于实际和趋势的区分似乎使得很容易用一种方法做到用另一种方法不能做到的事。但是我将力图用另一种方式把这些问题调和起来；至于一个有限连续量(continuo terminato)的有限部分是有限多个还是无限多个，我却和辛普里修有不同的意见，认为它们的数目既不是有限的又不是无限的。

辛普：我永远想不到这种答案，因为我不曾想到在有限和无限之间会有任何中间步骤以致这种认为事物非有限即无限的分类或区分会是有毛病或有缺陷的。

萨耳：我也觉得是这样。而如果我们考虑分立的量，我就认为在有限量和无限量之间有第三个对应于任一指定数的中间名词，因此，如果像在现在这个事例中一样问起一个连续量的有限部分在数目上是有限的还是无限的，最好的回答就是它们既非有限也非无限，而是对应于任何指定的数目，为了使这一点成为可能的，一个必要条件就是，那些部分不应被包括在一个有限的数中，因为在那种情况下它们就不会对应于一个更大的数，而且它们在数目上也不能是无限的，因为任何指定的数都不可能是无限大，从而我们随着提问者的意愿对任何给定的直线指定100个部分、1 000个部分、10万个部分，而事实上是我们想要的任意多个部分，只要它不是无限大。因此，对哲学家们；我承认连续量包括他们所想要的任意有限个数的部分，而且我也承认，它包括它们，不论是在实际上还是在趋势上，随他们的便。但是我必须接着说，正如一条10呏(canne)长的线包含着10条1呏长的线或40条1腕尺(braccia)长的线或80条半腕尺长的线等。一样，它也包含着无限多个点，随便你说那是在实际上或在趋势上，因为，辛普里修，在这种细节方面，我谨遵你的意见和判断。[82]

辛普：我止不住要赞赏你的议论，但是我只怕一条线中所包含的点和有限部分之间的这种平行论将不能被证实为令人满意，而且你将发现把一条给定的线分割成无限多个点不会像哲学家们把它分成10段1呏长的线或分成40段1腕尺长的线那样容易；不仅如此，而且这样的分割在实际上也是完全不可能的，因此，这就是那种不能归结为实际的趋势之一。

萨耳：一件事情只能很费力地或很费时地做成，并非就是不可能做成，因为，我想你自己并不能很容易地把一条线分成1 000段，而且更不容易把它分成937段或任何很大的质数段。但是，假如我能完成你认为不可能的那种分割，像别人把一条线分成40段那样容易，你是否更愿意在我们的讨论中承认那种分割的可能性呢？

辛普：一般说来，我大大欣赏你的方法；而且对于你的问题，我回答说，如果能够证明把一条线分解为点并不比把它分割成40段更加困难，那就充分得不能再充分了。

萨耳：我现在要谈些也许会使你大吃一惊的事；这指的就是把一条线分成它的无限小的部分的可能性，所用的程序就是人们把同一条线分成40段、60段或100段的程度，那就是把它分成2段、4段……若有人认为按照这种方法就可以达到无限多个点，他就大大地错了；因为，如果把这种程序推行到永远，这里仍然会存在有限个还没有被分割的部分。

事实上，利用这样一种方法，还远远不能达到不可分割性这一目标，相反地，这将离目标越来越远。如果有人认为通过继续实行这种分割并加倍增多那些部分就会接近无限大，在我看来他就是离目标越来越远。我的理由如下：我们在上面的讨论中得出的结论是，在无限多个数中平方数和立方数必须和全部的自然数(tutti i numeri)一样多，因为它们和它们的根一样多，而它们的根就构成全部自然数。其次，我们已经看到，所取的数越大，平方数的分布就越稀少，而立方数的分布就更加稀少，因此就很明显，我们所过渡到的数越大，我们就越从无限大倒退。由此可见，既然这种过程把我们带得离所寻求的结果越来越远，如果向后转，我们就将发现，任何数都可以说是无限大，而无限大就必须是1。在这里，所要求的关于无限大数的条件确实都得到了满足。我的意思就是，1这个数，本身包含着同样多的平方数和立方数以及自然数(tutti i numeri)。[83]

辛普：我不能十分把握这些话的意义。

萨耳：问题中没有任何困难，因为1同时就是一个平方数、一个立方数、一个平方数的平方，以及所有其他的乘幂(dignita)，而且也不存在平方数或立方数的任何本质特点是不属于1的；例如，平方数的一个特点是二数之间有一个比例中项；试任意取一个平方数作为第一项，而取1作为另一个平方数，那么你就永远会找到一个是比例中项的数。试考虑两个平方数9和4，这时3就是9和1之间的比例中项，而2就是4和1之间的比例中项；在9和4之间我们有比例中项6。立方数的一种性质是，它们之间有两个比例中项。以8和27为例，它们之间有12和18，而在1和8之间，我们有 2 和 4；而在 1 和 27 之间，有 3 和 9。因此我们得到结论说，1 是唯一的无限大数，这些就是我们的想象无法把握的那些奇迹中的几种；那些奇迹应该警告我们不要犯某些人的错误，他们企图通过把我们对有限数应用的同样一些性质赋予无限数来讨论无限数，而有限数和无限数的性质是并无共同之处的。

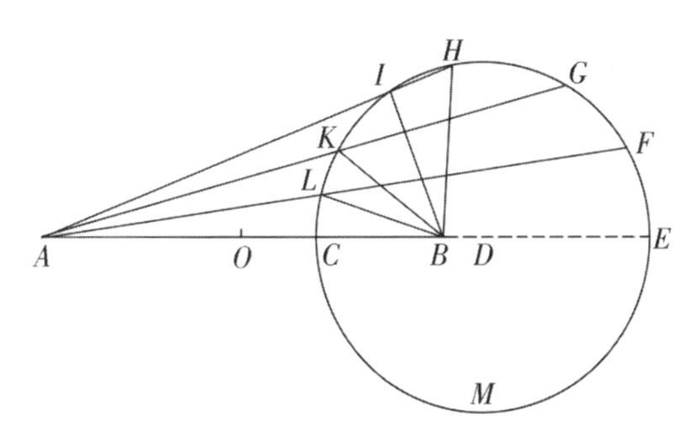

关于这一课题，我必须告诉你们一种惊人的性质，这是我现在刚想到的，而且这将解释当一个有限量过渡到无限时它的品格即将经历的那种巨大的变化。让我们画一条直线 AB，其长度为任意，设点 C 把直线分成不相等的两部分。于是我说，如果从端点 A 和 B 画出一对对的线。而且如果每一对线的长度之比等于线段 AC 和 CB 之比，则各对线的交点将位于同一个圆上。[84]例如，从 A 和 B 画起的线 AL 和 BL 相交于点 L，其长度之比等于 AC 和 BC 之比，而交于点 K，的一对线 AK 和 BK 也互相有相同的比值；同样 AI、BI、AH、BH、AG、BG、AF、BF、AE、BE 等一对一对的线的交点 L、K、I、H、G、E、F 也都位于同一个圆上。因此，如果我们设想点 C 连续地运动，而从它画向固定端点 A 和 B 的直线保持起初那两段直线 AC 和 CB 的长度之比，则我立刻即将证明，点 C 将描绘一个圆。而且 C 趋近于我们可以称之为 O 的中点时，它所描绘的圆就将无限地增大，但是 C 趋近于端点 B 时，圆就将越来越小。因此，如果运动是像以上所描述的那样，则位于线段 OB 上的无限多个点将描述每一种大小的圆，有些圆比虱子的瞳孔还要小；另外一些则比天体的黄道还要大。现在，如果我们挪动位于两端 O 和 B 之间的那些点，它们就都将描绘圆，那些靠O很近的点将描绘很大的圆；但是，如果我们挪动O点本身，而且仍然按照以上所说的规律来挪动它，就是说，从O画向端点A和B的直线保持着原始线段AO和OB之比，那么将得到一条什么种类的线呢？一个圆将画得比其他圆中最大的圆还要大，因此这是一个无限大的圆。但是，从O开始也将画出一条直线，垂直于BA并伸向无限远处，永远不像其他的圆那样转回来和它最初的起点相遇；对点C来说，随着它的有限运动，既已描绘了上面的半圆CHL，就将开始描绘下面的半圆EMC，这样就回到了出发点。[85]但是，点O既已开始像直线AB上的所有各点那样描绘它的圆(因为另一部分OA上的点也描绘它们的圆，最大的圆是由最靠近O的点所描绘的)，就不能回到它的出发点了，因为它所描绘的圆是一切圆中最大的，即无限大圆O；事实上，它描绘的是作为无限大圆之圆周的一条无限长的直线。现在请想想一个有限圆与一个无限大圆之间存在着多大的差异啊，因为后者那样的改变了它的品格，以致它不但失去了它的存在，而且实际上是失去了它的存在的可能性。我们已经清楚地理解，不可能存在像一个无限大圆之类的东西，同样也不可能存在无限大球、无限大体以及任何形状的无限大面。现在，关于从有限过渡到无限时的转变，我们能说些什么呢？而且，既然当我们在数中寻求无限时在1中找到了它，为什么我们应该感到更勉强呢？既已将一个固体打碎成许多部分，既已将它分解成最细的粉末并将它分解成它的无限小的不可分割的原子，我们为什么不能说这个固体已被简化成单独一个连续体(un solo continuo)呢？或许是一种流体像水或水银或甚至是熔化了的金属？我们不是见到过石头熔化成玻璃或玻璃本身在强热下变得比水更像流体吗？

萨格：那么我们就相信物质由于被分解为它们的无限小的和不可分割的成分而变成流体吗？

萨耳：我不能找出更好的方法来解释某些现象；下述的现象就是其中之一。当我拿一种坚硬物质，例如石头或金属，并用一个锤子或细锉把它弄成最细的和无法感受的粉末时，很显然，它的最细的粒子，当一个一个地考虑时，虽然由于它们太小而不是我们的视觉和触觉所能感受的，但却还是大小有限的、具有形状的和可数的。也不错的是，当它们一旦被堆成一堆时，它们就保持为一堆，而且如果在堆上挖一个洞，则在一定限度内这个洞也将保持原状，周围的粒子并不会冲进去填充它；如果受到摇动，各粒子在外界扰动因素被取消后即将很快停止；同样的效果在任何形状甚至是球那样的越来越大的粒子的堆中也被观察到，例如在小米堆、麦子堆、铅弹堆和每一种其他物质的堆中。[86]但是，如果我们试图在水中发现这些性质，我们却找不到它们；因为，一堆起来它们就会坍掉，除非受到某种容器或其他外在阻挡物的限制；当被掏空时，它就立刻冲进来填空；当受到扰动时，它会荡漾很久并向远处发出水波。

注意到水比最细的粉末还更少坚持性(consistenza)，事实上是没有任何坚持性，我觉得我们似乎可以很合理地得出结论说，可以由水分解而成的最小的粒子是和那些有限的、可分割的粒子很不相同的，事实上我所能发现的唯一不同，就在于前者是不可分割的，水的优良透明性也有益于这种看法，因为最透明的水晶当被打碎、被研磨而被分化成粉末时就会失去其透明性，磨得越细损失越大；但是在水的事例中，研磨是最高程度的，而我们却有极度的透明性。金和银当用酸类(acque forti)稀释比用锉刀所能做到的更细时仍然保持其粉末状，① 而且不会变成流体，直到火的最小的粒子 (gl'indivisibili)或太阳的光线消化了它们为止，而且我认为那是消化成它们的最后的、不可分割的和无限小的成分。

萨格：你所提到的光的这一现象，是我曾经多次很惊讶地注意过的现象之一。例如我曾看到，利用直径不过是 3 掌(palmi)长的一个凹面镜，就可以使铅很快地熔化。看到抛光得并不太好而且只是球面形状的一个小凹面镜就能有如此能力去熔化铅和引燃每一种爆炸性物质，我就想到，如果镜面很大，抛光得很好，而且是抛物面形的，它就会同样容易而迅速地熔化任何其他金属。这样的效果使我觉得用阿基米德的镜子所完成的奇迹是

① 伽利略说金和银当用酸类处理了以后仍然保持其粉末状，此语不知是何意。——英译本注

可信的。[87]

萨耳：谈到用阿基米德的镜子所引起的效果，那是他自己的书（我曾经怀着无限的惊讶读过那些书）使我觉得不同作者所描述的一切效果都是可信的。如果还有任何怀疑，布奥纳温特拉·卡瓦利瑞神父①最近发表的关于燃烧玻璃(specchio ustorio)的而且是我怀着赞赏读过的书，将消除最后的困难。

萨格：我也已经见到这部著作并且怀着惊喜读过了，而且因为认识他本人，我已经确证了早先对他的看法，那就是，他注定要成为我们这个时代的一流数学家之一。但是，现在，关于日光在熔化金属方面的惊人效果，我们是必须相信这样一种激烈作用不涉及运动呢，还是必须相信它是和最迅速的运动相伴随的呢?

萨耳：我们注意到其他的爆炸和分解是和运动相伴随的，而且是和最迅速的运动相伴随的；请注意闪电的作用以及水雷和炸药包中火药的作用，也请注意夹杂了沉重而不纯的蒸汽的炭火当受到风箱的扇动时多么快地增大其使金属液化的功力。因此我不理解，光虽然很纯，它的作用怎么可能不涉及运动，乃至最快的运动呢?

萨格：但是我们必须认为光是属于什么种类和多么迅速呢?它是即时性的呢还是也像其他运动一样需要时间呢?我们能不能用实验来决定这一点呢?

辛普：日常的经验证明光的传播是即时性的，因为当我们看到远处一个炮弹被发射时，火光传到我们眼中并不需要时间，而声音却在一个可注意到的时段后才较慢地传入耳中。

萨格：喏，辛普里修，我从这一件熟悉的经验所能推知的唯一结论只是，声音在到达我们的耳朵时传播得比光更慢，这并不能向我说明光的到

① Father Buonaventura Cavalieri，伽利略同时代人中最活跃的研究者之一，1598年生于米兰，1647年殁于博洛尼亚，一位耶稣会的神父，第一位在意大利引用经度的人物，最早地定义了具有不相等的曲率半径的透镜的焦距。他的《不可分量法》(*Method of Indivisibles*)一书被认为是“微分学”的先驱。——英译本注

来是不是即时的，或者，它虽然传得很快却仍然要用时间。这一种观察并不比另一种观察告诉我们更多的东西，在后一种观察中，人们宣称“太阳一升上地平线，它的光就传到了我们的眼中”；但是谁能向我保证这些光线不曾比达到我们的视觉更早地达到这一界限呢？[88]

萨耳：这些以及其他一些类似观察的较小肯定性，有一次引导我设计了一种方法，可以用来准确地确定照明(即光的传播)是否真正即时性的。声音的速度是很快的，这一事实对我们保证光的运动不可能不是非常迅速的。我发明的方法如下：

让两个人各拿一个包含在灯笼中的灯，或拿一种可以接收的光源，而且通过手的伸缩，一个光源可以被遮住或使光射向另一个人的眼中。然后，让他们面对面站在一个几腕尺的距离处，并且练习操作直到熟练得能够启闭他们的光源，使得一个人在看到同伴的光的那一时刻立即打开他自己的光源。在几次试验之后，反应将相当地即时，使得一个光源的打开被另一个光源的打开所应和，而不会有可觉察的误差(svario)，于是，一个人刚露出他的光源时，他就立刻看到另一个光源的显露。当在这种近距离处得到了这种技巧以后，让两个实验者带着上述的装备在一段两三英里的距离站好位置，并且让他们在夜间进行同样的实验，注意光源的启闭是否像在近距离那样发生。如果是的，我们就可以可靠地得出结论说光的传播是即时的；但是如果在 3 英里的距离处需要时间，而如果考虑到一道光的发出和另一道光的返回，这个时间实际是对应于 6 英里的距离，则这种推迟将是很容易观察到的，如果实验在更大的距离，例如在 8 英里或 10 英里的距离处进行，则可以应用望远镜；每一个观察者都在他将在夜间进行实验的地方调节好他自己的望远镜；那么，虽然光不大从而在远距离是不能被肉眼看到的，但它们还是很容易被遮住和被打开，因为借助于已经调好和已经固定的望远镜，它们将变得很容易被看到。

萨格：这个实验使我觉得它是一种巧妙而可靠的发明。但是请告诉我们你从它的结果得出的是什么结论。

萨耳：事实上，我只在不到 1 英里的短距离上进行了实验，我没有能够由此很肯定地断定对面的光的出现是不是即时的，但是如果不是即时的，它也是非常快的——我将说它是瞬间的，而且在目前，我将把它和我们在10英里以外看到的云间闪电的运动相比较。我们看到这种电光的开始，我可以称之为它的头或源，位于一定距离处的云朵之间，但是它立刻就扩展到周围的云朵，这似乎是一个论据，表示传播至少是需要一点时间的；因为如果照明是即时的而不是逐渐的，我们就应该不能分辨它的源(不妨说是它的中心)和它的展开部分。我们在不知不觉中逐渐滑人的是一个什么样的海啊！关于真空和无限，以及不可分割和即时运动，即使借助于1 000次讨论，我们到底能否到达海岸啊？[89]

萨格：确实这些问题离我们的心智颇远。只要想想，当我们试图在数中寻找无限大时，我们在1中找到了它；永远可分割的东西是由不可分割的东西得出的；真空被发现为和充实的东西不可分割地联系着；确实，通常人们对这些问题的本性所持的看法已被如此地倒转，以致甚至一个圆的圆周变成了一条无限长的直线；这个事实，萨耳维亚蒂，如果我的记忆不错的话，是你打算用几何的方法来证明的。因此，请不要岔开，继续往下讲吧。

萨耳：听你的吩咐，但是为了最清楚起见，请让我首先证明下述问题：

已知一直线被分成长度比为任意的不相等的两段，试作一圆，使从直线二端点画到圆周上任一点的直线和上述二线段有相同的长度比，从而从该线两端画出的这些线就都是等比值的。[90]

设AB代表所给直线，被点C分成任意不相等的两段。问题是要作一圆，使得从端点A和B画到圆周上任意点的两段直线与二线段AC和BC具有相同的长度比；于是，从相同的端点画出的那些直线就是等比值的。以C为圆心，以二线段中较短的一段CB为半径作一圆。过点A作直线AD，此线将在点D与圆相切并无限地延长向E。画出半径CD，此半径将垂直于AE。从B作直线垂直于AB，这一垂直线将与AE相交于某点，因为在A处的角是锐角；用E代表此一交点，并从该点作直线垂直于AE，

此线将和 AB 之延长线相交于一点 F。现在我说，这两条垂线段 FE 和 FC 相等。因为，如果把 E 和 C 连接起来，我们就将得到两个三角形$\triangle DEC$ 和$\triangle BEC$。在这两个三角形中，一个三角形的两个边 DE 和 EC 分别等于另一三角形的两个边 BE 和 EC，而 DE 和 EB 都和圆相切于 D、B，而底线 DC 和 CB 也相等；于是二角$\angle DEC$ 和$\angle BEC$ 将相等。现在，既然$\angle BCE$ 和直角相差一个$\angle CEB$，而$\angle CEF$ 则和直角相差一个$\angle CED$，而且，既然所差之角相等，从而就有$\angle FCE$ 等于$\angle CEF$，从而边 FE 和 FC 相等。如果我们以 F 为圆心而以 EF 为半径画一个圆，则它将经过点 C；设 CFG 就是这样的圆。这就是所求的圆。因为，如果我们从端点 A 和 B 到圆周上任意点画二直线，则它们长度比将等于二线段 AC 和 BC 的长度比。后二者会合于点 C。这一结论在交于 E 点的二直线 AE 和 BE 的事例中是显然的，因为$\triangle AEB$ 的$\angle E$ 被直线 CE 所等分，从而就有 $AC:CB=AE:BE$。同样的结果也可以针对终止于点 G 的二线 AG 和 BG 得出。因为，既然$\triangle AEF$ 和$\triangle EFB$ 是相似的，我们就有 $AE:FE=EF:FB$，或 $AF:FC=CF:FE$，从而 dividendo，$AC:CF=CB:BF$，或 $AC:FG=CB:BF$；此外，componendo，[①] 我们有 $AB:BG=CB:BF$ 以及 $AC:GB=CF:FB=AE:FB=AC:BC$。　证毕。[91]

现在，在圆周上任取一点，例如 H，而二直线 AH 和 BH 在该点相交；按照同样方式，我们将有 $AC:CB=AH:HB$。延长 HB 直到它在 I 点与圆周相遇并和 IE 相交；而既然我们已经求得 $AB:BG=CB:BF$，那就可得，$AB\cdot BF$ 等于 $CB\cdot BG$ 或 $IB\cdot BH$。由此即得 $AB:BH=IB:BF$。但是 B 处的角是相等的，从而 $AH:HB=IF:FB=EF:FB=AE:EB$。

此外，我还可以说，从端点 A 和 B 画起并保持上述联系的直线不可能相交于圆 CEG 之内或之外的任何点。因为，假设它们能够；设 AL 和 BL

---

① 英译者在此保留了两个非英文单词，我们也照样保留(不认识，但以为并不影响阅读，下同)。

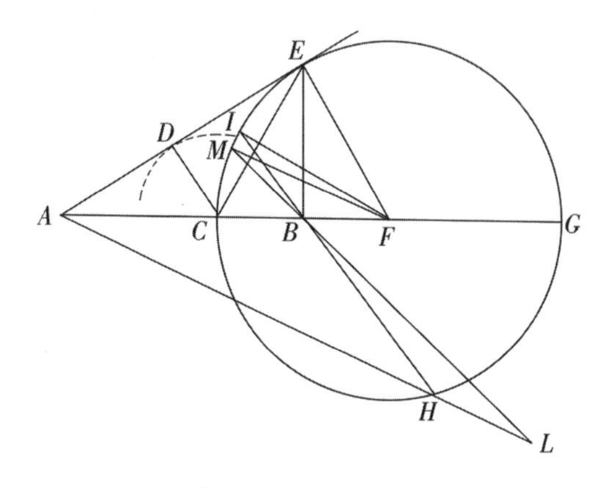

为交于圆外一点 L 的这样两条线，延长 LB 直到它和圆相交于 M 并作直线 MF。如果 $AL:BL=AC:BC=MF:FB$，我们就会有两个三角形 $\triangle ALB$ 和 $\triangle MFB$，其两角旁的各边将互成比例。顶角 $\angle B$ 处的两个角相等，其余的两个角 $\angle FMB$ 和 $\angle LAB$ 都小于直角(因为 M 处的直角以整个直径 CG 而不仅仅是以其一部分 BF 为底；而且点 A 处的另一个角是锐角，因为线 AL 和 AC 为同比值，从而大于和 BL 为同比值的 BC)。由此可见，$\triangle ABL$ 和 $\triangle MBF$ 相似，从而 $AB:BL=MB:BF$，这就使得 $AB\cdot BF=MB\cdot BL$；但是已经证明 $AB\cdot BF=CB\cdot BG$，因此即将得到，$MB\cdot BL=CB\cdot BG$；这是不可能的。因此交点不可能落在圆外。用同样的办法我们可以证明它也不可能落在圆内。因此所有的交点都位于圆周上。

但是，现在是时候了，我们可以回过头去，通过向辛普里修证明不仅并非不可能将一条线分解成无限多个点，而且此事和把它分成有限个部分完全同样容易，来答复他的质疑了。我将在下述的条件下进行此事。这种条件，辛普里修，我确信你是不会不同意的。那就是，你不会要求我把这些点中的每一个都和其他点分开，然后在这张纸上一个接着一个地给你看。因为我将感到满意，如果你并不把一条线的 4 个或 6 个部分互相分开，而是只把分割的记号指给我看，或者把它们折成角度来形成一个正方形或六边形，因为那时我就确信你将认为分割已经清楚而实际地被完成了。[92]

辛普： 我肯定会那样认为。

萨耳： 现在，当你把直线弯出角度以形成多边形，时而是正方形，时而是八边形，时而是一个有 40 条、100 条、1 000 条边的多边形时，如果所发生的变化足以使你认为当它为直线时只是在趋势上存在的那 40 个、100 个和 1 000 个部分成为在实际上存在，我是否同样有理由说，当我把直线弯成一个有着无限多条边的多边形，即一个圆时，我就已经把按照你的说法当还是直线时仅仅在趋势上存在的无限多个部分弄成在实际上存在的了呢？而且也不容否认，无限多个点的分割确实已经完成，正如当四方形已经弯出时四个部分的分割就已完成或当千边形已经弄好时1 000 个部分的分割就已完成一样，因为在这种分割中，和在1 000 条边的或 10 万条边的多边形的事例中的相同的条件已经得到了满足。放在一条直线上的这样一个多边形用它的一条边和直线相接触，也就是用它的 10 万条边中的一条边和直线相接触，而当作为具有无限多条边的多边形的圆和同一条直线相接触时，也是用它的一条边来和它相接触的。那是和邻近各点有所不同的一个单一的点，从而它就是被分离出来的和清楚的，其程度绝不次于多边形的一条边被从其他各边中被分出的程度。而且，正如当一个多边形在一个平面上滚动时会逐个地用它的边的接触来在平面上标志出一条等于它的周长的直线那样，在这样的平面上滚动的一个圆，也会用它逐个出现的无限多个点的接触来在平面上描绘出一条等于它的周长的直线。在开始时，辛普里修，我愿意向逍遥学派承认他们意见的正确性。那就是说，一个连续量 (il continuo)只能分割成一些还能继续分割的部分，因此，不论分割和再分割进行得多远，也永远不会达到最后的结尾。但是我却不那么确信他们会同意我的看法，那就是，他们那些分割中没有一个可能是最后的，因为一个肯定的事实就是，永远还会有“另一次”分割；最后的和终极的分割却是那样一次分割，它把一个连续量分解成无限多个不可分割的量；我承认，这样一种结果永远不能通过逐次分割成越来越多个部分来达成。[93]但是，如果他们应用我所倡议的这种一举而分割和分解整个无限大(tutta la infinità)的方法(这是一种肯定不应该被否认的技巧)，我想他们就会满意地承认，一个连续量是由绝对不可分割的原子构成的，特别是因为也许比任何其他方法更好的这种方法使我们能够避开许多纠缠的歧路，例如已经提到的固体中的内聚力以及膨胀和收缩的问题，而用不着强迫我们承认固体中的真空区域，以及与之俱来的物体的可穿透性问题。在我看来，如果我们采用上述这种不可分割的组成的观点，这两种反驳意见就都可以避免。

辛普：我几乎不知道逍遥学派人士将说些什么，因为你所提出的观点将使他们觉得是全新的，从而我们必须这样考虑他们。然而他们将发现这些问题的答案和解并非不可能，而我由于缺少时间和批判能力，目前是不能解决这些问题的。暂时不讨论这一问题，我愿意听听这些不可分割量的引入将如何帮助我们理解膨胀和收缩而同时又避开真空和物体的可穿透性。

萨格：我也将很有兴趣地听听这一同样的问题，在我的头脑中，这问题是绝非清楚的；如果我被允许听听辛普里修刚刚建议我们略去的东西，那就是亚里士多德所提出的反对真空之存在的理由，以及你必须提出的反驳论证。

萨耳：这二者我都要讲。第一，对于膨胀的产生，我们应用在大圆的一次滚动中由小圆描绘出来的那条线——一条大于小圆周长的直线；同理，为了解释收缩，我们指出，在小圆的一次滚动中，大圆也将描绘一条直线，而这条直线是比该大圆的周长要短的。[94]

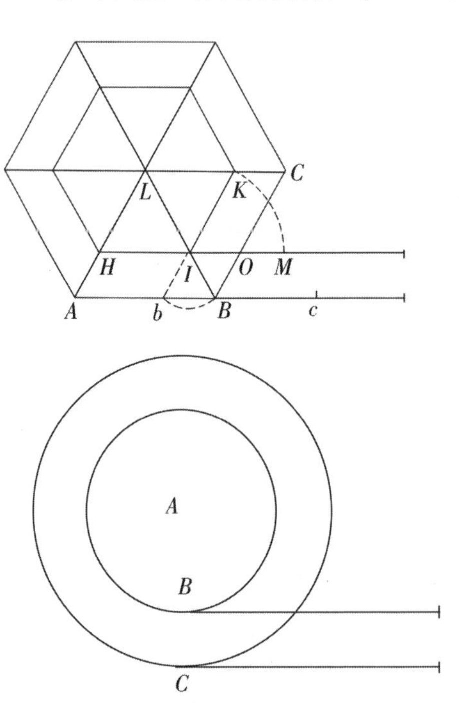

为了更好地理解这一点，我们开始考虑在多边形的事例中发生的情况。现在应用和以前的图相似的一个图。围绕公共中心 L，作两个六边形 ABC 和 HIK，并让它们沿着平行线 HOM 和 ABc 而滚动。现在，固定住顶角 I，让较小的六边形滚动，直到边 IK 到达平行线上；在这次运动中，点 K 将描绘$\overset{\frown}{KM}$，而边 KI 将和 IM 重合。让我们看看，在此期间，大多边形的边 CB 干了些什么。既然滚动是绕着点 I 进行的，直线 IB 的端点 B 就将向后运动而在平行线 cA 下面描绘$\overset{\frown}{Bb}$，于是，当边 KI 和直线 MI 重合时，边 BC 将和 bc 重合，只前进了一个距离 Bc，但是却在直线 BA 上后退了张在$\overset{\frown}{Bb}$上的那一部分。如果我们让小多边形的滚动继续进行，它就将沿着它的平行线走过一条等于它的周长的直线，而大多边形则将走过并画出二条直线，比其周长短 bB 的几倍，即比边的数目少一倍；这条线近似地等于小多边形所描绘的那条线，只比它长出一段距离 bB。现在我们在这儿毫无困难地看到，为什么大多边形在被小多边形带着向前滚动时不会用它的各条边量出一条比小多边形所滚过的直线长得多的直线，这是因为每条边的一部分都重叠在它前面一个紧邻的边上。[95]

其次让我们考虑两个圆，其公共圆心为 A，并位于各自的平行线上，较小的圆和它的平行线相切于点 B；较大的圆相切于点 C。在这儿，当小圆开始滚动时，切点 B 并不会停一会儿。以便让 BC 向后运动并带着 C 点向后运动，就像在多边形的事例中所发生的那样；在该事例中，点 I 保持固定，直到边 KI 和 MI 相重合而直线 IB 把端点 B 带向后方而到 b，使得边 BC 落在 bc 上，从而重叠在直线 BA 的一部分 Bb 上，这时前进了一个距离 Bc，等于 MI，即等于小多边形的一条边。重叠的部分等于大多边形和小多边形的边长之差；由于这些重叠，每次运动的净前进量就等于小多边形的边长，因此，在一次完全的滚动中，这些前进量就得出等于小多边形周长的一条直线。

但是现在，按同样的推理方式考虑圆的滚动，我们就必须注意到，任何多边形的边数都包括在一定的界限之内，而在圆上，边数却是无限大的；前者是有限的和可分割的，而后者是无限的和不可分割的。在多边形的事例中，各顶角在一个时段中保持静止，此时段和一次完整滚动的周期之比，等于一条边和周长之比。同样，在圆的事例中，无限多的顶角中一个顶角的延迟只是一个时刻，因为一个时刻只是一个有限时段中的那样一个分数，就像一个点在包含无限个点的线段中所占的分数一样。较大多边形的各边的后退距离，并不等于各边中的一条边，而是只等于这样一条边比较小多边形的一条边多出的部分，而净前进距离则等于这一较短的边；但是，在圆的事例中，边或点 C 在 B 的瞬时静止中后退一个等于它比边 B 超出之量的一个距离，这就造成一个等于 B 本身的前进量。总而言之，较大圆上的无限多条不可分割的边，通过它们在较小圆上无限多个顶角在无限多次即时的停顿中作出的无限多个不可分割的后退距离，再加上无限多个前进距离，就等于较小圆上那无限多条边——我说，所有这一切就构成一条直线，等于较小圆所画出的距离；这条直线上包括着无限多个无限小的重叠，这就带来一种加密或收缩，而并无任何有限部分的叠加或交叉穿透。[96]

这一结果并不能在被分成有限部分的一条直线的事例中，例如在任何多边形的周长的事例中得出；那种周长在展成一条直线时除了通过各边的重叠和互相穿透以外并不能被缩短。这种并无有限部分之重叠或互相穿透的无限多个无限小部分的收缩，以及前面提到的(见上文)通过不可分割的真空部分的介入而造成的无限多个不可分割部分的膨胀，在我看来就是关于物体的收缩和疏化的能说得最多的东西，除非我们放弃物质的互相穿透性并引入有限的真空区域的概念。如果你们发现这里有些东西是你们认为有价值的，请应用它；如果不然，请把它和我的言论一起看成无稽之谈，但是请记住，我们在这里是在和无限的以及不可分割的事物打交道。

萨格：我坦白地承认，你的想法是灵妙的，而且它给我的印象是新颖而奇特的，但是，作为事实，大自然是否真正按照这样一种规律而活动，我却不能确定；然而，直到我找到更满意的解释时为止，我将坚持这种解释。也许辛普里修能够告诉我们一些东西，那是我还没有听说过的，那就是怎样说明哲学家们对这一艰深问题做出的解释；因为，确实，我迄今所曾读过的一切关于收缩的解释都是那样的凝重，而一切关于膨胀的东西又都是那样的飘忽，以致我这个可怜的头脑既不能参透前者也不能把握后者。

辛普：我完全如入五里雾中，并且发现很难认准任一路径，特别是这个新的路径，因为按照这种理论，1 盎司黄金可以疏化和膨胀到它的体积比地球还要大，而地球却又可以浓缩得比核桃还要小；这种说法我不相信，而且我也不相信你们相信它。你所提出的论证和演示是数学性的、抽象的和离具体物质很远的；而且我也不相信当应用于物理的和自然的世界时这些规律将能成立。[97]

萨耳：我不能把不可见的东西弄成可见的，而且我想你们也不会要求这个。但是你们既然提到了黄金，我们的感官不是告诉我们说金属可以被大大地延伸吗？我不知道你们曾否观察过那些擅长于拉制金丝的人们所用的方法；那种金丝，事实上只有表面才是金的，内部的材料是银。他们拉丝的方法如下：他们取一个银筒，或者如果你愿意也可以用一个银柱，其长度约为半腕尺，其粗细约为我们拇指的 3 倍或 4 倍；他们在这个银柱外面包以金片；金片很薄，几乎可以在空气中飘动；一共包上 8 或 10 层。一旦包好，他们就开始拉它；用很大的力通过一个拉丝板上的小孔一次一次地拉，经过的孔越来越小。拉了多次以后，它就被拉得像女子的头发那样细了，或者甚至更细了，但是它的表面仍然是包了金的。现在请想想这种金材被延展到了何种程度，而且它被弄得多薄了啊！

辛普：我看不出，作为一种后果，这种方法将造成你所暗示的那种金材的奇迹式的薄度：第一，因为原来包的有十来层金叶，它们有一个可觉察的厚度；第二，因为在拉制中银的长度会增大，但是它的粗细同时也减小，因此，既然一方面的尺寸就这样补偿另一方面的尺寸，从而表面积就不会增大得太多，以致在控制中必然会使金层比原来的减小得太多。

萨耳：你大错特错了，辛普里修，因为表面积是和长度的平方根成正比而增加，这是我可以几何地加以证明的一个事实。

萨格：请告诉我们这个证明，不仅是为了我，而且也为了辛普里修，如果你认为我们能听得懂的话。[98]

萨耳：我将看看我在片刻之内能不能想起来。在开始时，很显然，原来的粗银棒和拉出来的很长很长的丝是两个体积相同的圆柱，因为它们是用同一块银料制成的；因此，如果我确定出同一体积的两个圆柱的表面积之比，问题就会解决。

其次我要说，体积相同的圆柱的表面积。忽略底面，相互之间的比值等于它们的长度的平方根之比。

试取体积相同的两个圆柱，其长度为AB和CD；在它们之间，线段E是一个比例中项。于是我就宣称，忽略各圆柱的底面积，圆柱AB的表面积和圆柱CD的表面积之比，等于长度AB和E之比，也就是等于AB的平方根和CD的平方根之比。在F处把圆柱AB截断，使得长度AF等于CD。既然体积相同的圆柱的底面积之比等于它们的长度的反比，那就得到，圆柱CD的圆形底面积和AB的圆形底面积之比，等于长度BA和DC之比；而且，既然圆面积正比于它们的直径的平方，这种平方之比也就等于BA和CD之比。但是BA比CD等于BA的平方比E的平方，因此，这四个平方将构成一个比例式，从而它们的边也是如此；于是AB比E就等于圆C的直径比圆A的直径。但是直径之比又等于圆周之比，而圆周之比又正比于长度相等的圆柱侧面积之比，由此可见直线AB比E就等于圆柱CD的侧面积比圆柱AF的侧面积。现在，既然长度AF比AB就等于AF的侧面积比AB的侧面积，而长度AB比直线E等于CD的侧面积比AF，于是 ex æquali in proportione perturbata,① 就得到，长度AF比E等于CD的面积比AB的面积，而 convertendo，圆柱AB的面积比圆柱CD的面积就等于直线E比AF，也就是比CD，或者说等于AB比E，这就是AB比CD的平方根。 证毕。[99]

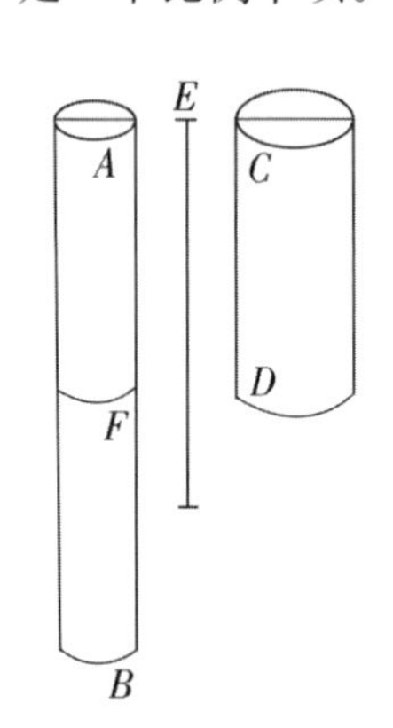

如果我们现在把这一结果应用在手头的事例上，并假设银柱在包金时的长度为半腕尺而其粗细约为人的拇指的 3 倍或 4 倍，我们就会发现，当丝已被抽成像头发一样细并已经抽到 2 万腕尺的长度（而且也许更长）时，

① 见 *Euclid*(《欧几里得》)卷五，定义 20，Tadhunter 版 p. 137(伦敦，1877)。——英译本注

它的表面积已经增大了不少于 200 倍。因此，起初包在它上面的 10 层金叶已经被扩展到了 200 倍以上的面积；这就使我们确信，现在包在这么多腕尺长银丝的表面上的金层，其厚度不可能超过通常打制而成的金叶的二十分之一的厚度。现在试想它会薄到什么程度，并想想除了各部分延伸外是否还有别的方法做到这一点；也请想想这种实验是否意味着物理的物体(materfie fisiche)是由无限小的不可分割的粒子构成的；这是得到更惊人和更有结论性的另外一些实例的支持的一种观点。

萨格：这种演证是如此的美，以致它即使并不具备起初所期望的中肯性(虽然这是我的看法)，它却是很有力的——讨论时所用的短短时间是并非虚掷的。

萨耳：这些几何演证带来明显的收获；既然你这样喜欢它们，我将再给你一个连带的定理，它可以回答一个极其有趣的问题。我们在前面已经看到高度或长度不同的同样圆柱之间的关系如何；这时理解为包括的是侧面积而不考虑上、下底面。定理就是：

侧面积相同的正圆柱的体积，反比于它们的高度。[100]

设圆柱 AE 和 CF 的表面积相等，但是后者的高度 CD 却并不等于前者的高度 AB；那么我就说，圆柱 AF 的体积和圆柱 CF 的体积之比，等于高度 CD 和高度 AB 之比。现在，既然 CF 的表面积等于 AE 的表面积，那么就有，CF 的体积小于 AE 的体积；因为，假如它们是相等的，则由上述命题可知，CF 的表面积将大于 AE 的表面积，而其差值将和圆柱 CF 的体积超过 AE 的体积的差值同样大小。现在让我们取一个圆柱 ID，其体积等于 AE 的体积；于是，按照前面的定理，圆柱 ID 的表面积比圆柱 AE 的体积，就等于 IF 的高度比 IF 和 AB 之间的比例中项。但是，既然问题的一条假设是 AE 的表面积等于 CF 的表面积，而且既然 ID 的表面积比 CF 的表

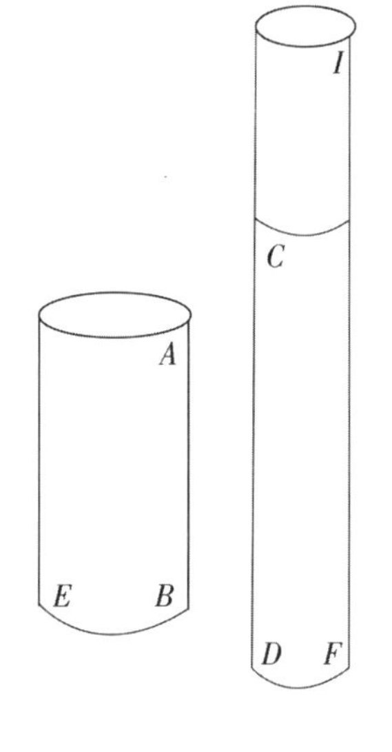

面积等于高度 IF 比高度 CD，那就得到，CD 是 IF 和 AB 之间的一个比例中项。不仅如此，既然圆柱 ID 的体积等于圆柱 AE 的体积，其中每一体积和圆柱 CF 的体积之比都应相同；但是，体积 ID 和体积 CF 之比等于高度 IF 和高度 CD 之比；由此即得，AE 的体积和 CF 的体积之比，等于长度 IF 和高度 CD 之比，也就是等于长度 CD 和长度 AB 之比。　　证毕。

这就解释了一个现象，而一般群众是永远带着惊奇来看待这个现象的；那现象就是，如果我们有一块布料，其一条边的长度大于另一边的长度，那么，利用习见的木板作底，我们就可以用这块料子做成一个粮食口袋，但是，当用布料的短边作为口袋的高度而把长边绕在木头底上时，口袋的容量就大于用另一种办法做成的口袋的容量。例如，设布料一边的长度为 6 腕尺而另一边的长度为 12 腕尺。当把 12 腕尺的一边绕在木头上而制成一个高度为 6 腕尺的口袋时，它就比把 6 腕尺的一边绕在木头上而制成的 12 腕尺高的口袋能装下更多的东西。从以上已经证明的定理，我们不仅可以学到普遍的事实，即一个口袋比另一个口袋装的东西更多，而且也可以得到关于多装多少的更特殊的知识，就是说，容量之增加和高度之减少成比，反之亦然。[101]例如，如果我们利用以上的图形来表示布料长度为其宽度的 2 倍的情况，我们就看到，当用长边作为缝线时，口袋的体积就恰好是另一种安排时的容量的一半。同理，如果我们有块席子，尺寸为7×25 腕尺，而我们用它做成一个篮子；当缝线是沿着长边时，篮子的容量将是缝线沿短边时的 7∶25 倍。

萨格：我们是怀着很大的喜悦继续听讲并从而得到了新的和有用的知识的。但是，就刚刚讨论的课题来说，我确实相信，在那些并非已经熟悉了几何学的人中，你几乎不会在 100 个人中找得到 4 个人不会在初看到时错误地认为有着相等表面积的物体在其他的方面也相同。谈到面积，当人们像很常见的那样试图通过测定它们的边界线来确定各城市的大小时，也是会犯同样错误的，那时人们忘了一个城市的边界线可能等于另一个城市的边界线，而一个城市的面积却远远大于另一个城市的面积。而且这一点不仅对不规则的面来说是对的，而且对规则的面来说也是对的；在规则面的事例中，边数较多的多边形总是比边数较少的多边形包围一个较大的面积，从而最后，作为具有无限多个边的多边形的圆，就在一切等边界的多边形中包围最大的面积。我特别高兴地记得，当借助于一篇博学的评注来研习萨克玻斯考①球时，我曾见过这一演证。[102]

萨耳：很正确！我也见到过同样的论述，这使我想到一种方法来指明可以如何通过一种简短的演示来证明圆是一切等周长图形中具有最大容量的图形；而且，在其他的图形中，边数较多的比边数较少的要包围较大的面积。

萨格：由于特别喜欢特殊而不平常的命题，我请求你让我们听听你的演证。

萨耳：我可以用不多的几句话来做到这一点，即通过证明下述的定理来做到。

一个圆的面积是任意两个相似的正多边形面积的比例中项，其中一个是该圆的外切多边形，而另一个则和该圆等周长。此外，圆的面积小于任何外切多边形的面积而大子任何等周长多边形的面积。再者；在这些外切多边形中，边数较多的多边形的面积小于边数较少的多边形的面积；而具有较多边数的等周长多边形则较大。

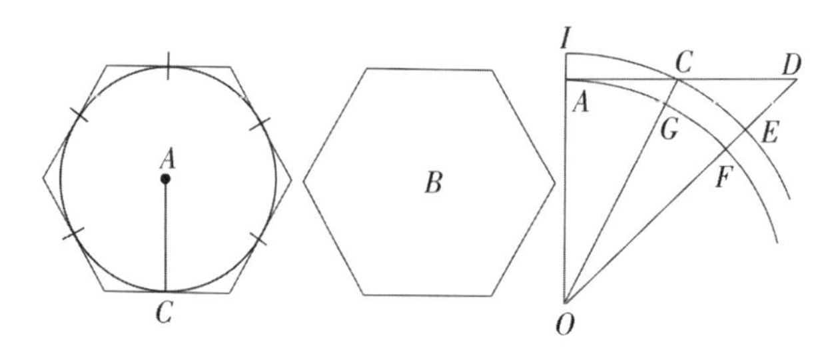

设 A 和 B 为两个相似多边形，其中 A 和所给的圆外切，而 B 和该圆等周长。于是圆的面积就将是两个多边形的面积之间的一个比例中项。因为，如果我们用 AC 来代表圆半径，而且记得圆的面积等于一个直角三角

① Sacrobosco(John Holywood)，小传见《大英百科全书》，第十一版。——英译本注

形的面积，该三角形中直角旁的一条边等于圆的半径 AC，而另一条边等于圆的周长，而且同样我们也记得多边形 A 的面积等于另一个直角三角形的面积，[103]其直角旁的一条边也等于 AC，而另一条边则等于多边形本身的周长；这样就很明显，外切多边形和圆的面积之比就等于它的周长和圆的周长之比，或者说和多边形 B 的周长（按定义即等于圆的周长）之比。但是，既然多边形 A 和 B 是相似的，它们的面积之比就等于它们的周长平方之比；由此可见，圆 A 的面积是两个多边形 A 和 B 的面积之间的一个比例中项。而且既然多边形 A 的面积大于圆 A 的面积，那就很显然，圆 A 的面积大于等周长多边形 B 的面积，从而就大于和圆具有相同周长的任何正多边形的面积。

现在我们证明定理的其余部分，也就是要证明，在和所给圆外切的多边形的事例中，边数较少的多边形比边数较多的多边形面积更大，但是另一方面，在等周长多边形的事例中，边数较多的多边形却比边数较少的多边形面积较大。在以 O 为圆心、以 OA 为半径的圆上画切线 AD，并在切线上取线段，例如 AD，使它等于外切五边形的边长的一半，另取 AC 使它代表一个七边形的边长的一半；画直线 OGC 和 OFD；然后以 O 为圆心、以 OC 为半径画 $\overset{\frown}{ECI}$。现在，既然 $\triangle DOC$ 大于扇形 EOC，而且扇形 COI 和 $\triangle COA$ 之比大于扇形 EOC 和扇形 COI 之比，也就是大于扇形 FOG 和扇形 GOA 之比。因此，componendo et permutando，$\triangle DOA$ 和扇形 FOA 之比就大于 $\triangle COA$ 和扇形 GOA 之比，而且 10 个这样的 $\triangle DOA$ 和 10 个这样的扇形 EOA 之比大于 14 个这样的 $\triangle COA$ 和 14 个这样的扇形 GOA 之比，这就是说，五边形和圆之比大于七边形和圆之比。因此五边形的面积大于七边形的面积。[104]

但是现在让我们假设，五边形和七边形都和所给的圆有相同的周长。这时我要说，七边形将比五边形包围一个更大的面积。因为，既然圆的面积是外切五边形面积和等周长五边形面积之间的一个比例中项，而且它同样也是外切七边形面积和等周长七边形面积之间的一个比例中项，而且我们也已证明外切五边形大于外切六边形[①]，那么由此即得，这个外切五边形和圆之比大于外切七边形和圆之比；这就是说，圆和它的等周长五边形之比大于它和等周长七边形之比。因此，等周长五边形就小于它的等周长七边形。

证毕。

萨格：一种非常巧妙和非常优美的证明！但是，我们是怎样当讨论辛普里修所提出的反对意见时陷入了几何学的呢？他提出的是一种很有力的反对意见，特别是那种涉及密度的意见使我感到特别困难。

萨耳：如果收缩和膨胀(condensazionef e rarefazzione)是相反的运动，那么对于每一次巨大的膨胀，我们就应该找到相应巨大的收缩。但是，当我们天天看到巨大的膨胀在发生，几乎是即时地发生时，我们的惊讶就增大了。试想，当少量的火药燃烧成很大一团火光时，出现的是多大的膨胀啊！也想想它所产生的光是多么厉害地几乎是无限地膨胀啊！也请想想，假如这种火和这种光要重新浓缩回来，那将是多么大的收缩啊！这种浓缩实在是不可能的，因为仅仅在一小会儿以前它们还一起存在于这一很小的空间中呢。你们经过观察将发现上千种这样的膨胀，因为它们比收缩更加明显，既然浓密的物质更加具体而容易被我们的感官所觉察。[105]以木头为例，我们可以看到它燃烧成火和光，但是我们却看不到火和光重新结合起来而形成木头；我们看到果实、花朵以及其他千万种固体大部分解体为气味，但是我们却看不到这些散乱的原了聚集到一起而形成芳香的固体。但是，在感官欺骗了我们的地方，理智必然出来帮忙，因为它将使我们能够理解在极其稀薄而轻微的物质的凝缩中所涉及的运动，正如理解在固体的膨胀和分解中所涉及的运动一样的清楚。此外，我们也要试着发现怎样就能在可以发生胀缩的物体中造成膨胀和收缩，而并不引用真空，也不放弃物质的不可穿透性；但是这并不排除存在一些物质的可能性，那些物质并不具备这一类性质，从而并不会引起你们称之为“不妥当”或“不可能”的那些后果。而且最后，辛普里修，为了照顾你的哲学，我曾经费了

① 此处恐有误，因前后讨论的都是五边形和七边形的比较。

心力来找出关于膨胀和收缩可以怎样发生的一种解释，而并不要求我们承认物质的可穿透性，也不必引用真空，那些性质都是你所否认的和不喜欢的；假若你欣赏它们，我将不会如此起劲地反对你。现在，或是承认这些困难，或是接受我的观点，或是提出些更好的观点吧。

萨格：我在否认物质的可穿透性方面相当同意逍遥派哲学家们。至于真空，我很想听到对亚里士多德论证的一种全面的讨论；在他的论证中，亚里士多德反对了真空，我想听听你，萨耳维亚蒂，在答复时有些什么话要说。我请求你，辛普里修，请告诉我们那位哲学家的确切证明，而你，萨耳维亚蒂，请告诉我们你的答辩。

辛普：就我所能记忆的来说，亚里士多德猛烈反对了一种古代观点，即认为真空是运动的必要先决条件，即没有真空就不可能发生运动。和这种观点相反，亚里士多德论证了，正如我们即将看到的那样，恰恰是运动现象使得真空的概念成为站不住脚的了。他的方法是把论证分成两部分。他首先假设重量不同的物体在同一种媒质中运动，然后又假设同一个物体在不同的媒质中运动。[106]在第一种事例中，他假设重量不同的物体在同一种媒质中以不同的速率而运动，各速率之比等于它们的重量之比；例如，一个重量为另一物体重量的 10 倍的物体，将运动得像另一物体的 10 倍那样快。在第二种事例中，他假设在不同媒质中运动的同一个物体的速率，反比于那些媒质的密度；例如，假如水的密度为空气密度的 10 倍，则物体在空气中的速率将是它在水中的速率的 10 倍。根据这第二条假设，他证明，既然真空的稀薄性和充以无论多稀薄的物质的媒质的稀薄性相差无限多倍，在某时在一个非真空中运动了一段距离的任何物体，都应该即时地通过一个真空；然而即时运动是不可能的，因此一个真空由运动而造成也是不可能的。

萨耳：你们看到，这种论证是 ad hominem(有成见的)，就是说，它是指向那些认为真空是运动之先决条件的人的。现在，如果我承认这种论证是结论性的，并且也同意运动不能在真空中发生，则被绝对地而并不涉及运动地考虑了的真空假设并不能因此而被推翻。但是，为了告诉你们古人的回答有可能是什么样的，也为了更好地理解亚里士多德的论证到底有多可靠，我的看法是咱们可以否认他那两条假设。关于第一条，我大大怀疑亚里士多德曾否用实验来验证过一件事是不是真的；那就是，两块石头，一块的重量为另一块的重量的10倍，如果让它们在同一个时刻从一个高度落下，例如从100腕尺高处落下，它们的速率会如此地不同，以致当较重的石头已经落地时另一块石头还下落得不超过10腕尺。

辛普：他的说法似乎他曾经做过实验，因为他说："我们看到较重的……"喏，"看到"一词表明他曾经做了实验。[107]

萨格：但是，辛普里修，做过实验的我可以向你保证，一个重约一二百磅或更重一些的炮弹不会比一个重不到半磅的步枪子弹超前一手掌落地，如果它们两个同时从200腕尺高处落下的话。

萨耳：但是甚至不必进一步做实验，就能利用简短而肯定的论证来证明，一个较重的物体并不会比一个较轻的物体运动得更快，如果它们是用相同的材料做成的，或者总而言之是亚里士多德所谈到的那种物体的话。但是，辛普里修，请告诉我，你是不是承认每一个下落的物体都得到一个由大自然确定的有限速率，而这是一个除非使用力(violenza)或阻力就不可能增大或减小的速度呢？

辛普：毫无疑问，当同一个物体在单独一种媒质中运动时有一个由大自然决定的确定速度，而且这个速度除非加以动量(impeto)就不会增大，而且除非受到阻力的阻滞也不会减小。

萨耳：那么，如果我们取两个物体，它们的自然速度不相同，很显然，当把这两个物体结合在一起时，较快的那个物体就会部分地受到较慢物体的阻滞，而较慢的物体就会在一定程度上受到较快物体的促进。你同意不同意我这个见解呢？

辛普：你无疑是对的。

萨耳：如果这是对的，而且如果一块大石头以譬如一个速率8而运动，而一块较小的石头以一个速率4而运动，那么，当它们被连接在一起时，体系就将以一个小于8的速率而运动；但是当两块石头被绑在一起时，那就成为一块比以前以速率8而运动的石头更大的石头。这个更重的物体就是以一个比较轻物体的速率更小的速率而运动的，这是一个和你的假设相反的效果。于是，你看，从你那个认为较重物体比较轻物体运动得更快的假设，我怎样就能推断较重物体运动得较慢。[108]

辛普：我完全迷糊了。因为在我看来，当轻小的石头被加在较大的石头上时就增加了它的重量，而通过增加重量，我却看不出怎么不会增大它的速率，或者，起码不会减小它的速率。

萨耳：在这里，辛普里修，你又错了，因为说较小的石头增大较大石头的重量是不对的。

辛普：真的，这我就完全不懂了。

萨耳：当我指出你正在它下面挣扎的那个错误时，你不会不懂的。请注意，必须分辨运动的重物体和静止的同一物体。放在天平上的一块大石头，不仅在有另一块石头放在它上面时会获得附加的重量，而且即使当放上一把麻丝时，它的重量也会增大6盎司或10盎司，就看你放上的麻丝多少而定。但是，如果你把麻丝绑在石头上并让它从某一高度处自由落下，你是相信那麻丝将向下压那石头而使它的运动加速呢，还是认为运动会被一个向上的分压力所减慢呢？当一个人阻止他肩上的重物运动时，他永远会感受到肩上的压力；但是，如果他和重物同样快地下落，那重物怎么能压他呢？难道你看不出来吗？这就像你试图用长矛刺一个人，而他正在用一个速率跑开一样；如果他的速率和你追他的速率一样甚至更大，你怎能刺得到他呢？因此你必须得出结论说，在自由的和自然的下落中，小石头并不压那大石头。从而并不会像在静止时那样增加大石头的重量。[109]

辛普：但是，如果我们把较大的石头放在较小的石头上面，那又怎么样呢？

萨耳：小石头的重量将会增大，如果较大的石头运动得更快的话；但是我们已经得到结论说，当小石头运动得较慢时，它就在一定程度上阻滞那较大石头的速率，于是，作为比两块石头中较大的一块更重的物体，两块石头的组合体就将运动得较慢，这是和你的假设相反的一个结论。因此我们推断，大物体和小物体将以相同的速率而运动，如果它们的比重相同的话。

辛普：你的讨论实在令人赞叹，但是我仍然觉得很难相信一个小弹丸会和一个大炮弹同样快地下落。

萨耳：为什么不说一个沙粒和一扇石磨同样快地下落？但是，辛普里修，我相信你不会学别的许多人的样儿，他们曲解我的讨论，抛开它的主旨而紧紧抓住我的言论中那些毫无真理的部分，并用这种秋毫之末般的疏忽来掩盖另一个缆绳般的错误。亚里士多德说："100 磅重的铁球从 100 腕尺的高处落下，当 1 磅的球还未下落 1 腕尺时就会到达地面。"我说，它们将同时落地。你们根据实验，发现大球比小球超前 2 指。就是说，当大球已经落地时，小球离地还有 2 指的宽度。现在你们不会用这 2 指来掩盖亚里士多德的 99 腕尺了，也不会只提到我的小误差而对亚里士多德的大错误默不作声了。亚里士多德宣称，重量不同的物体在相同的媒质中将以正比于它们的重量的速率而运动(只要它们的运动是依赖于重力的)。他用一些物体来演示了这一点，在那些物体中有可能觉察纯粹的和不掺假的重力效应，而消去了另外一些考虑，例如重要性很小的(minimi momenti)数字，大大依赖于只改变重力效应的媒质的那些影响。例如我们观察到，在一切物质中密度为最大的金，当被打制成很薄的片时，将在空气中飘动，同样的事情也发生在石头上，当它被磨成很细的粉时。但是，如果你愿意保留普遍的比例关系，你就必须证明，同样的速率比在一切重物的事例中都是得到保持的，而一块 20 磅重的石头将 10 倍于 2 磅重的石头那样快地运动。但是我宣称，这是不对的，而且，如果它们从 50 腕尺或 100 腕尺的高处落下，它们将在同一时刻到地。[110]

辛普：假如下落不是从几碗尺的高处而是从几千腕尺的高处开始的，结果也许不同。

萨耳：假如这是亚里士多德的意思，你就可以让他承担另一个可以成为谬误的差错；因为，既然世界上没有那样一个可供应用的纯粹高度，亚里士多德显然就没有做过那样的实验，而正如我们所看到的那样，当他谈到那样一种效应时，他却愿意给我们一种印象，就像他已经做过那实验似的。

辛普：事实上，亚里士多德没有应用这一原理，他用的是另一原理，而我相信，那原理并不受同一些困难的影响。

萨耳：但是这一原理和另一原理同样地不对，而且我很吃惊，你本人并没有看出毛病，而且你也没有觉察到那种说法是不对的；就是说，在密度不同和阻力不同的媒质，例如水和空气中，同一个物体在空气中比在水中运动得要快，其比是空气密度和水密度之比。假如这种说法是对的，那就可以推知，在空气中会下落的任何物体，在水中也必下落。但是这一结论是不对的，因为许多物体是会在空气中下降的，但是在水中不仅不下降而且还会上升。

辛普：我不明白你这种讨论的必要性；除此以外，我愿意说，亚里士多德只讨论了那些在两种媒质中都下降的物体，而不是那些在空气中下降而在水中却上升的物体。[111]

萨耳：你为哲学家提出的这些论证是他本人肯定避免的，以便不会使他的第一个错误更加糟糕。但是现在请告诉我，水或不管什么阻滞运动的东西的密度(corpulenza)是不是和阻滞性较小的空气的密度有一个确定的比值呢？如果是的，请你随便定一个值。

辛普：这样一个比值确实存在；让我们假设它是 10；于是，对于一个在两种媒质中都下降的物体来说，它在水中的速率将是它在空气中的速率的十分之一。

萨耳：我现在考虑一个在空气中下降但在水中并不下降的物体，譬如说一个木球，而且我请你随你高兴给它指定一个在空气中下降的速率。

辛普：让我们假设它运动的速率是 20。

萨耳：很好。那么就很清楚，这一速率和某一较小速率之比等于水的密度和空气的密度之比；而且这个较小的速率是 2。于是，实实在在，如果我们确切地遵循亚里士多德的假设，我们就应该推断，在比水阻滞性差 10 倍的物质，即空气中，将会以一个速率 20 而下降的木球，在水中将以一个速率 2 而下降，而不是像实际上那样从水底浮上水面；除非你或许会愿意回答说(但我不相信你会那样)，木球在水中的升起是和它的下降一样以一个速率 2 而进行的。但是，既然木球并不沉到水底，我想你和我都同意，认为我们可以找到一个不是用木头而是用另一种其他材料制成的球，它确实会在水中以一个速率 2 而下降。

辛普：毫无疑问我们能，但那想必是一种比木头重得多的材料。

萨耳：正是如此。但是如果这第二个球在水中以一个速率 2 而下降，它在空气中下降的速率将是什么呢？如果你坚持亚里士多德的法则，你将回答说它在空气中将以速率 20 而运动；但是 20 是你自己已经指定给木球的速率，由此可见，木球和另一个更重的球将以相同的速率通过空气而运动。但是现在哲学家怎样把这一结果和他的另一结果调和起来呢？那另一结果就是，重量不同的物体以不同的速率通过同一媒质而运动——各该速率正比于各该物体的重量。但是，且不必更深入地进入这种问题，这些平常而又显然的性质是怎样逃过了你的注意的呢？[112]你没有观察过两个物体在水中落下，一个的速率是另一个的速率的 100 倍，而它们在空气中下落的速率却那样的接近相等，以致一个物体不会超前另一个物体到百分之一吗？例如，用大理石制成的卵形体将以鸡蛋速率之 100 倍的速率而在水中下降，但是在空气中从 20 腕尺的高处下降时二者到地的先后会相差不到 1 指。简短地说，在水中用 3 个小时下沉 10 腕尺的一个重物，将只用一两次脉搏的时间在空气中走过 10 腕尺；而且如果该重物是一个铅球，它就很容易在水中下沉 10 腕尺，所用的时间还不到在空气中下降同一距离所用时间的 2 倍。而且在这里，我敢肯定，辛普里修，你找不到不同意或反对的任何依据。因此，我们的结论是，论证的主旨并不在于反对真空的存在；但它如果是的，它也将只把范围相当大的真空反对掉；那种真空，不论是我，还是我相信也有古人，都不相信在自然界是存在的，尽管它们或许可能用强力(Violenza)来造成，正如可以从各式各样的实验猜到的那样；那些实验的描述将占太多的时间。

萨格：注意到辛普里修的沉默，我愿意借此机会说几句话。既然你已经清楚地论证了重量不同的物体并不是以正比于其重量的速度而在同一种媒质中运动，而是全都以相同的速率运动的，这时的理解当然是，各物体都用相同的材料制成，或者至少具有相同的比重，而肯定不是具有不同的比重，因为我几乎不认为你会要我们相信一个软木球和一个铅球以相同的速率而运动；而且，既然你已经清楚地论证了通过阻力不同的媒质而运动着的同一个物体并不会获得反比于阻力的速率，我就很好奇地想知道在这些事例中实际上观察到的比值是什么。[113]

萨耳：这是一些有趣的问题，关于它们我已经考虑了很多。我将告诉你们处理的方法以及我最后得到的结果，既已确定了关于在不同阻滞性媒质中运动的同一物体将获得反比于各媒质之阻力的速率的那一命题的不实性，且已否证了所谓不同重量的物体在同一媒质中将获得正比于物体重量的速度的那种说法(这时的理解是它也适用于只在比重上有所不同的物体)，然后我就开始把这两个事实结合起来，并且考虑如果把重量不同的物体放入阻力不同的媒质中就会出现什么情况；于是我发现，在阻力较大，即较难克服的媒质中，速率的差别也较大。这种差值是这样的：在空气中速率几乎没有差别的两个物体，在水中却发现一个物体的速率等于另一物体的下落速率的10倍。此外，也有一些物体在空气中很快地下落，当被放在水中时，却不仅不会下沉而且还会保持静止或甚至升到水面上来：因为，可以找到一些种类的木头，例如节疤或树根，它们在水中保持静止，而在空气中却很快地下落。

萨格：我曾经很耐心地试着把一些沙粒加在蜡球上，直到它得到和水相同的比重，从而将在这种媒质中保持静止。但是，不论多么小心，我还是没能做到此点。确实，我不知道到底有没有一种固体物质，它的比重本来就和水的比重很近似地相等，以致当被放在水中的任意地方时它都将保持静止。[114]

萨耳：在这种以及上千种其他的操作中，人是被动物所超过的。在你的这一问题中，人们可以从鱼类学到很多东西；鱼是很善于保持它们的平衡的，不仅在一种水中，而且在显著不同的水中——或是由于本身的性质，或是由于某种偶然的泥沙或盐分的混入，都可以引起显著的变化。鱼类保持自身平衡的能力是那样的完美，以致它们能够在任意位置上保持不动。我相信，它们做到这一点是通过大自然专门提供给它们的一种仪器，那是肚子里的一个鳔，有一条细管和嘴相通，通过这个管子，它们能够随意地吐出鳔中的一部分空气；通过上升到水面，它们可以吸进更多的空气；就这样，它们可以随心所欲地让自己比水重一些或轻一些并保持平衡。

萨格：利用另一种方法，我能够骗过我的朋友们。我对他们夸口说，我能做一个蜡球，使它在水中保持平衡。在容器的底部，我放上一些盐水，在盐水上面再放一些净水。然后我向他们演示，球停止在水的中部，而当把它按到水底或拿到水面时，它却不停在那些地方而是要回到中部去。

萨耳：这一实验并不是没有用处的。因为当医师们测试水的质地时，特别是测试它们的比重时，他们就会使用一个这类的球。他们把球调节好，使它在某一种水中既不上升也不下沉。然后，在测试比重(peso)稍有不同的水时，如果这种水较轻球就会下沉，如果水较重球就会上浮。这种实验可以做得相当准确，以致可以在 6 磅水中只多加 2 颗盐粒就足以使沉到水底的球浮到水面上来。为了演示这一实验的准确性，并且清楚地演示水对分割的非阻滞性，我愿意更多地说，比重的显著变化，不但可以通过某种较重物质的溶解来产生，而且也可以通过简单地加热或冷却来产生，而且水对这种过程相当敏感，以致在 6 磅水中简单地加入 4 滴稍热或稍冷的水，就足以使球下沉或上浮：当热水被加入时球就下沉，而当冷水被加入时它就上浮。现在你们可以看出那些哲学家们是何等地错误了：他们赋予水以黏滞性或各部分之间的某种其他的内聚力，它们对各部分的分离和对透入发生阻力。[115]

萨格：关于这个问题，我曾在我们的院士先生的一部著作中看到许多有说服力的论证，但是有一个很大的困难是我自己至今还不能排除的；那就是，假如水的粒子之间并无黏性或内聚力，一些大水珠儿怎么能够独自存在于白菜叶上而不散开或坍掉呢？

萨耳：虽然掌握了真理的人们是能够解决所提出的一切反驳的，我却不想自诩有这样的能力，但是我的无能却不应该被允许去掩蔽真理。在开始时，请允许我承认我并不明白这些大水珠儿怎么就能够独自存在而经久不散，尽管我肯定地知道这不是由于水的粒子之间有什么内在黏性；由此就必能得知，这种结果的原因是外在的。除了已经提出的证明原因并非内在的实验以外，我还可以给出另一个实验，这是很有说服力的。如果在被空气包围时使自己保持在一堆中的那些水粒子是由于一种内在的原因而这样做的，则当被另一种媒质所包围时它们将更加容易得多地保持在一起；在那种媒质中，它们比在空气中显示更小的散开趋势。这样的媒质将是比空气重的任何流体，例如酒；因此，如果把一点儿酒倒在一个水珠儿的周围，那酒就应该逐渐升高直至将它完全淹没，而由内聚力保持在一起的那些水粒子则不会互相散开。[116]

但这并不是事实；因为，酒一碰到水，水不等酒把它盖住就立即散开而展布到了酒的下面，如果那是红酒的话。因此，这一结果的原因是外在的，而且可能要到周围的空气中去寻找。事实上，在空气和水之间，似乎存在一种相当大的对抗性，正如我在下述实验中已经观察到的那样。取一玻璃球，上有小孔，大小如稻草的直径。我在球上浇上水，然后把它翻过来，使孔朝下，尽管水很重而倾向于下降，空气很轻而性好上升，但是二者都不动，一方拒不下降，另一方也不通过水而上升，双方都呈顽固而保守的状态。另一方面，我刚把一杯比水轻得多的红酒倒在玻璃孔附近，立刻就看到一些红色的条纹通过水而缓缓上升，而水也同样缓慢地通过酒而下降，二者并不混合；直到最后，球中灌满了酒，而水则全都到了下面的容器中。现在，除了说水和空气之间有一种我不了解的不可调和性以外，我们还能说什么呢？但是，也许……

辛普：对于萨耳维亚蒂所显示的这种反对使用“反感”一词的巨大反感，我觉得几乎要笑出声来，不过无论如何，对于解释困难，这还是非常适合的。

萨耳：很好，如果使辛普里修高兴，咱们就让“反感”一词算是我们那个困难的解释吧。从这一插话回过头来，让咱们重提我们的课题。我们已经看到，不同比重的物体之间的速率差，在那些阻滞性最强的媒质中最为显著；例如，在水银这种媒质中，金不仅比铅更快地沉到底下，而且还是能够下沉的唯一物质，所有别的金属，以及石头，都将上升而浮在表面。另一方面，在空气中，金球、铅球、铜球、石球以及其他重材料所做之球的速率之差都是那样的小，以致在一次100腕尺的下落中，一个金球不会超前于一个铜球到4指的距离。既已观察到这一点，我就得到结论说，在一种完全没有阻力的媒质中，各物质将以相同的速率下落。

辛普：这是一个惊人的叙述，萨耳维亚蒂。但是我永远不会相信，在真空中，假如运动在那样的地方是可能的，一团羊毛和一块铅将以相同的速度下落。[117]

萨耳：稍微慢一点，辛普里修。你的困难不是那么深奥的，而且我也不是那么鲁莽，以致保证你相信我还没有考虑这个问题并找到它的适当解。因此，为了我的论证并为了你的领悟，请先听听我所要说的话。我们的问题是要弄清楚，什么情况会出现在一种没有阻力的媒质中运动的不同重量的物体上，因此，速率的唯一差值就是由重量的不同而引起的那种差值。既然除了完全没有空气也没有任何不论多么坚韧或柔软的其他物体的空间以外，任何媒质都不可能给我们的感官提供我们所寻求的证据，而且那样的空间又得不到，我们就将观察发生在最稀薄和阻力最小的媒质中的情况，并将它和发生在较浓密和阻力较大的媒质中的情况相对比。因为，如果作为事实，我们发现在不同比重的物体中速率的改变随着媒质的越来越柔和而越来越小，而且到了最后，在一种最稀薄的虽然还不是完全真空的媒质中，我们发现，尽管比重(peso)的差别很大，速率的差值却很小，乃至几乎不可觉察，我们就有理由在很高的或然性下相信，在真空中，一切物体都将以相同的速率下落。注意到这一点，让我们考虑在空气中发生的情况；在这种媒质中，为了确切，设想轻物体就是一个充了气的膀胱。当被空气所包围时，膀胱中气体的重量将很小，乃至可以忽略，因为它只是稍被压缩了一点儿。因此，物体的重量是很小的，只是一块皮的重量，还不到和吹胀的膀胱同样大小的一块铅的重量的千分之一。现在，辛普里修，如果我们让这两个物体从 4 腕尺或 6 腕尺的高处落下，你认为铅块将领先膀胱多远？你可以确信铅块会运动得有膀胱的 3 倍或 2 倍那么快，虽然你也许会认为它运动得有 1 000 倍那样的快。

辛普：在最初 4 腕尺或 6 腕尺的下落中，可能会像你说的那样，但是在运动继续了一段长时间以后，我相信铅块已把膀胱落在后面，距离可能不止是全程的$\frac{6}{12}$，甚至可能是$\frac{8}{12}$或$\frac{10}{12}$。[118]

萨耳：我完全同意你的说法，而且并不怀疑在很长的距离上铅块可能走过了 100 英里而膀胱只走了 1 英里；但是，亲爱的辛普里修，你提出来反对我的说法的这种现象，恰恰正是将会证实我的说法的一个现象。让我再解释一次，在不同比重的物体中观察到的速率的变化，不是由比重之差所引起，而是依赖于外在的情况的，而且特别说来，是依赖于媒质的阻力的，因此，如果媒质被取走，各物体就将以相同的速率下落；而且，我是根据一件事实来推得这一结果的，那事实是你刚才已经承认，而且是很真实的，那就是，在重量相差甚大的物体的事例中，当经过的距离增大时，它们的速率相差越来越大，这是不可能出现的事情，假如效果依赖于比重之差的话。因为，既然这些比重保持恒定，所经距离之间的比值就应该保持恒定，而事实却是，这种比值是随着运动的继续而不断增大的。例如，一个很重的物体在下落 1 腕尺的过程中不会比一个较轻的物体领先全路程的 $\frac{1}{10}$，但是在一次 12 腕尺的下落中，重物体却会比轻物体领先全路程的 $\frac{1}{3}$，而在一次 100 腕尺的下落中，则领先$\frac{90}{100}$，如此等等。

辛普：很好。但是，按照你的论证思路，如果比重不同的物体的重量差不能引起它们的速率之比的变化，其根据是各物体的比重并不变化，那么，我们也假设媒质并不变化，它又怎能引起那些速度之比值的变化呢？

萨耳：你用来反对我的说法的这一意见是巧妙的，从而我必须回答它。我从指出一点开始，各物体有一种固有的倾向，要以一种恒定地和均匀地加速了的运动前往它们的共同重心，也就是前往地球的中心，因此，在相等的时间阶段内，它们就得到相等的动量和速度的增量。你必须了解，这是说的每当一切外界的和偶然的阻力都已被排除时的情况；但是其中有一种阻力是我们永远无法排除的，那就是下落物体所必须通过和排开的媒质。这种沉默的、柔和的、流体的媒质用一种阻力来反对通过它的运动，该阻力正比于媒质必须给经过的物体让路的那种速度，而正如我已经说过的那样，该物体按其本性就是不断加速，因此它在媒质中就遇到越来越大的阻力，从而它的速率增长率就越来越小，直到最后，速率达到那样一点，那时媒质的阻力已经大得足以阻止任何进一步的加速，于是物体的运动就变成一种均匀的运动，而且从那以后就会保持恒定了。因此，媒质的阻力有所增加，不是由于它的基本性质有什么变化，而是由于它给那个加速下落的物体让路的快慢有所变化。[119]

现在，注意到空气对膀胱的微小动量(momento)的阻力是多么大，以及它对铅块之很大重量(peso)的阻力又是多么小，我就确信，假若媒质被完完全全地排除掉，膀胱所得到的好处就会很大，而铅块所得到的好处却会很小，于是它们的速率就会成为相等的了。现在采取这样一个原理：设有一种媒质，由于真空或其他什么原因，对运动的速率并无阻力，则在这种媒质中，一切下落的物体将得到相等的速率。有了这一原理，我们就能够根据它来确定各物体的速率比，不论是相同的还是不同的物体，运动所经过的媒质也可以是同一种媒质，或是不同的充满空间从而有阻力的媒质。这种结果，我们可以通过观察媒质的重量将使运动物体的重量减低多少来求得；那个重量就是下落物体在媒质中为自己开路并把一部分媒质推开时所用的手段；这种情况在真空中是不会发生的，从而在那种地方，不能预期有来自比重差的(速率)差。而且既然已知媒质的作用使物体的重量减小，所减的部分等于被排开的媒质的重量，那么我们就可以按此比减低下落物体的速率来达成我们的目的，那一速率被假设为在无阻力媒质中是相等的。[120]

例如，设铅的重量为空气重量的1万倍，而黑檀木的重量则只是空气重量的1 000倍。在这里，我们有两种物质，它们在无阻力媒质中的下落速率是相等的。但是，当空气是这种媒质时，它就会使铅的速率减小$\frac{1}{10\ 000}$，而使黑檀木的下降速率减小$\frac{1}{1\ 000}$，也就是减小$\frac{10}{10\ 000}$。因此，假如空气的阻力效应被排除，铅和黑檀木就将在相同的时段中下落相同的高度；但是在空气中，铅将失去其原有速率的$\frac{1}{10\ 000}$，而黑檀木将失去其原有速率的$\frac{10}{10\ 000}$。换句话说，如果物体开始下落时的高度被分成1万份，则铅到达地面而黑檀木则落后10份，或至少9份。那么，是不是清楚了？一个铅球从200腕尺高的塔上落下，将比一个黑檀球领先不到4英寸。现在，黑檀木的重量是空气重量的1 000倍，但是这个吹胀了的膀胱则只有4倍；因此，空气将使黑檀球的固有的、自然的速率减小$\frac{1}{1\ 000}$，而使膀胱的自然速率减小$\frac{1}{4}$(在没有阻力时，铅和黑檀木的下落速率相等)。因此，当从塔上下落的黑檀球到达地面时，膀胱将只走过了全程的$\frac{3}{4}$。[①] 铅重是水重的12倍，但象牙重只是水重的2倍。这两种物质的下落速率，当完全不受阻滞时是相等的，而在水中则铅的卜落速率将减小$\frac{1}{12}$，象牙的减小$\frac{1}{2}$。因此，当铅已经穿过了11腕尺的水时，象牙将只穿过了6腕尺的水。利用这一原理，我相信我们将得到实验和计算的符合，比亚里士多德的符合要好得多。

用同样办法，我们可以求得同一物体在不同的流体媒质中的速率比，不是通过比较媒质的不同阻力，而是通过考虑物体的比重对媒质比重的超出量。例如，锡重为空气重的1 000倍，而且是水重的10倍，因此，如果

---

① 按：这一类的议论对于加速运动并不适用，只不过是大致的说法而已。以后不另注。

我们把锡的未受阻速率分成 1 000 份，空气就将夺走其中的 1 份，于是它就将以一个速率 999 下落，而在水中，它的速率就将是 900，注意到水将减少其重量的$\frac{1}{10}$，而空气则只减少其重量的$\frac{1}{1\ 000}$。[121]

再取一个比水稍重的物体来看，例如橡木。一个橡木球，譬如说它的重量为 1 000 打兰。假设同体积的水的重量为 950，而同体积的空气的重量为 2；那么就很清楚，如果此球的未受阻速率为 1 000，则它在空气中的速率将是 998，而在水中的速率则只是 50，注意到水将减少物体重量 1 000 中的 950，只剩下 50。

因此，这样一个物体在空气中将运动得几乎像在水中运动的 20 倍那样快，因为它的比重比水的比重大$\frac{1}{20}$。而且我们在这儿还必须考虑一个事实，那就是，只有比重大于水的比重的那些物质，才能在水中下降——这些物质从而就一定比空气重几百倍。因此，当我们试图得出在空气中和在水中的速率比时，我们可以假设空气并不在任何可观察的程度上减低物体的自由重量(assoluta gravità)从而也就并不减小其未受阻速率(assoluta velocità)，这并不会造成任何可觉察的误差。既已这样容易地得出这些物质的重量比水的重量的超出量，我们就可以说，它们在空气中的速率和它们在水中的速率之比，等于它们的自由重量(totale gravità)和它们的重量对水的重量的超出量之比。例如，一个象牙球重 20 盎司；同体积的水重 17 盎司；由此即得，象牙在空气中的速率和在水中的速率之比近似地等于 20∶3。

萨格：我在这一实在有趣的课题中已经前进了一大步；对于这个课题，我曾经枉自工作了很久，为了把这些理论付诸实用，我们只要找到一个相对于水并从而相对于其他重物质来确定空气比重的方法就可以了。

辛普：但是，如果我们发现空气具有轻量而不是具有重量，我们对以上这种在其他方面是很巧妙的讨论又将怎么说呢?

萨耳：我将说它是空洞的、徒劳的和不足挂齿的。但是你能怀疑空气有重量吗，当你有亚里士多德的清楚证据，证明除了火以外，包括空气在内的所有元素都有重量时？作为这一点的证据，他举出一个事实：一个皮囊当被吹胀时比瘪着时要重一些。

辛普：我倾向于相信，在吹胀的皮囊或膀胱中观察到的重量增量不是起源于空气的重量，而是起源于在这些较低的地方掺杂在空气中的许多浓密蒸汽。我将把皮囊中重量的增量归属于这些蒸汽。[122]

萨耳：我宁愿你没有这样说，尤其不希望你把它归诸亚里士多德，因为如果谈到元素，他曾经用实验来说服我相信空气有重量，而且他要对我说："拿一个皮囊，把它装满重的蒸汽并观察它的重量怎样增加。"我就会回答说，皮囊将会更重，如果里边装了糠的话；而且我会接着说，这只能证明糠和浓蒸汽是有重量的，至于空气，我们仍然处于同样的怀疑中。然而，亚里士多德的实验是好的，命题也是对的，但是对某一种考虑从其表面价值来看却不能说同样的话；这种考虑是由一位哲学家提出的，他的名字我记不起来了，但是我知道我读到过他的论证，那就是说，空气具有比轻量更大的重量，因为它把重物带向下方比把轻物带向上方更加容易。

萨格：真妙！那么，按照这种理论，空气比水要重得多，因为所有的重物通过空气都比通过水更容易下落，而所有的轻物通过水都比通过空气更容易上浮；而且，还有无数的重物是通过空气下落而在水中却上升，并有无数的物质是在水中上升而在空气中下落的。但是，辛普里修，关于皮囊的重量是起源于浓蒸汽还是起源于纯空气的问题却并不影响我们的问题；我们的问题是要发现各物体怎样通过我们的含有蒸汽的大气而运动。现在回到使我更感兴趣的问题，为了知识的更加全面和彻底，我愿意不仅仅是加强我关于空气有重量的信念，而且如果可能也想知道它的比重有多大。因此，萨耳维亚蒂，如果你能在这一点上满足我的好奇，务请不吝赐教。[123]

萨耳：亚里士多德用皮囊做的实验，结论性地证明了空气具有正的重量，而不是像某些人曾经相信的那样具有轻量；"轻量"可能是任何物质都不会具有的一种性质。因为，假若空气确实具有那种绝对的和正的轻量，经过压缩，它就应该显示更大的轻量，从而就显示一种更大的上升趋势，但是实验却肯定地证明了相反的情况。

至于别的问题，即怎样测定空气的比重的问题，我曾经应用了下述方法。我拿了一个细颈的相当大的玻璃瓶，并且给它装了一个皮盖儿。把皮盖儿紧紧地绑在瓶颈上，在盖子的上面我插入并且紧紧地固定了一个皮囊的阀门，通过阀门，我用一个打气筒把很多的空气压入到玻璃瓶中。而既然空气是很容易压缩的，那就可以把 2 倍或 3 倍于瓶子体积的空气压入瓶中。在此以后，我拿一个精密天平，并利用沙粒来调节砝码，很精确地称量了这一瓶压缩空气的重量。然后我打开阀门，让压缩空气逸出，然后再把大瓶子放回到天平上并且根据曾用做砝码的沙粒发现瓶子已经可觉察地减轻了。然后我把沙粒重新取下来放到旁边，并且尽可能地把天平调平。在这些条件下，毫无疑问那些被放在一边的沙粒就代表那些被压入瓶中然后又放走的空气的重量。但是归根结底，这个实验告诉我的只是，压缩空气的重量和从天平上取下的沙粒的重量相同；但是，当进而要求准确而肯定地知道空气的重量和水的重量或和任何沉重物质的重量之比时，没有首先测量压缩空气的体积(quantità)我是不能希望做到这一点的。为了进行这种测量，我设计了如下的两种方法。

按照第一种方法，先取一个和以上所述的瓶子相似的细颈瓶，瓶口内插一皮管，紧紧地绑在瓶口上；皮管的另一端和装在第一个瓶子上的阀门相接，并且紧束于其上。在这第二个瓶子的底上有一个孔，孔中插一铁棒，使得可以任意地打开上述阀门，让第一个瓶中的过量空气一被称过重量就可以逸出。但是第二个瓶子中必须装满水。按上述方式准备好了一切以后，用铁棒打开阀门，于是空气就将冲入装水的瓶中并通过瓶底的孔将其排出。很显然，这样排出的水的体积(quantià)就等于从第一个瓶中逸出的空气的体积 (mole e quantità)。将被排出的水放在旁边，称量空气所由逸出的那个瓶子的重量(在此以前，当压缩空气还在里边时，假设此瓶的重量已被称量过)。按上述方式取走过量的沙粒。于是就很显然，这些沙粒的重量就等于一个体积(mole)的空气的重量，而此体积就等于被排出的和放在旁边的那些水的体积。这些水我们是可以称量的，于是就可以确切地测定同体积的水的重量为空气重量的多少倍。我们将发现，和亚里士多德的意见相反，这不是 10 倍，而是正如我们实验所证实那样，更接近于 400 倍。[124]

第二种方法更加快捷，而且只用上述那样装置的一个容器就可以做成。在这儿，并不向容器所自然包含的空气中添加任何空气，但是水却被压进去而不让任何空气逸出。这样引入的水必然会压缩空气。在尽可能多地向容器中压入水以后，譬如已经占了$\frac{3}{4}$的空间，这是不需要费多大事的，然后把容器放在天平上，精确地测定其重量；然后让容器的口仍然朝上，打开阀门让空气逸出；这样逸出的空气确切地和包含在瓶中的水具有相同的体积。再称量容器的重量。由于空气的逸出，重量应已减小。这种重量的损失，就代表和容器中的水体积相等的那些空气的重量。

辛普：没人能否认你这些设计的聪明和巧妙；但是，它们在显得给了我完全的心智满足的同时，却在另一方面使我迷惑。因为，既然当各元素在它们的正当位置上时是既无重量又无轻量的，那么我就不明白，怎么可能？譬如说，其重量为 4 打兰沙子的这一部分空气竟然在空气中具有和它平衡的那些沙的重量。因此，在我看来，实验不应该在空气中做，而应该在一种媒质中做；在那种媒质中，空气可以显示它的沉重性，如果它真有那种性质的话。[125]

萨耳：辛普里修的反驳肯定是中肯的，因此它就必然不是无法回答的就是需要一个同样清楚的答复的。完全显然的是，在压缩状态下和沙子具有相等重量的空气，一旦被允许逸出到它自己的元素中就失去这一重量，而事实上沙子却还保留着自己的重量。因此，对于这个实验来说，那就有必要选择一个地方，以便空气也像沙子那样在那儿有重量；因为，正如人们常说的那样，媒质将减少浸在它里边的任何物质的重量，其减少之量等于被排开的媒质的重量；因此，空气在空气中就会失去它的全部重量。因此，如果这个实验应该做得很精确，那就应该在真空中做，因为在真空中每一个重物体都显示其动量而不受任何的减弱。那么，辛普里修，如果我们到真空中去称量一部分空气的重量，你会不会满意并确信其结果呢？

辛普：当然是的，但是这却是在希望或要求不可能的事情。

萨耳：那么，如果为了你的缘故，我完成了这种不可能的事，你的感谢想必是很大的了。不过我并不是要向你推销什么我已经给了你的东西；因为在前面的实验中，我们已经在真空中而不是在空气或其他媒质中称过空气了。任何流体媒质都会减小浸入其中的物体的重量，辛普里修，这一事实起源于媒质对它的被打破、被推开和终于被举起所做出的反抗。其证据可以在流体冲过去重新充满起先被物体占据的任何空间时的那种急迫性中看出；假如媒质并不受到这样一种浸入的影响，它就不会对浸入的物体发生反作用。那么现在请告诉我，当你有一个瓶子，在空气中，充有自然数量的空气，然后开始向瓶中压入更多的空气时，这种额外的负担会不会以任何方式分开或分割或改变周围的空气呢？容器是不是或许会胀大，使得周围的媒质被排开，以让出更多的地方呢？肯定不会！[126]因此就可以说，这种额外充入的空气并不是浸在周围的媒质中，因为它没有在那里占据任何空间，正像在真空中一样。事实上，它正是在一个真空中的，因为它扩散到了一些空隙之中，那些空隙并没有被原有的、未压缩的空气所完全填满。事实上，我看不出被包围的媒质和周围的媒质之间的任何不同，因为周围的媒质并没有压迫那被包围的媒质，而且反过来说，被包围的媒质也没有对周围的媒质作用任何压力；同样的关系也存在于真空中任何物质的事例中，同样也存在于压缩到瓶内的额外数量的空气的事例中。因此，被压缩空气的重量就和当它被释放到真空中时的重量相同。当然不错，用做砝码的那些沙子的重量，在真空中要比在自由空气中稍大一些。因此我们必须说，空气的重量稍大于用做砝码的沙子的重量；也就是说，所大的量等于所占的体积和沙子的体积相等的那些空气在真空中的重量。①[127]

辛普：在我看来，上述的实验还有些不足之处；但是我现在完全满足了。

萨耳：我所提出的这些事实，直到这一点为止，而且在原理上还包括另一事实，那就是，重量差，即使当它很大时也在改变下落物体的速率方面并无影响，因此，只要就重量而论，物体都以相等的速率下落。我说，这一想法是如此的新，而且初看起来是离事实如此之远，以致如果我们没有办法把它弄得像太阳光那样清楚，那就还不如不提到它了。但是，一旦把它说出来，我就不能省略用实验和论据来确立它。

萨格：不只是这个事实，而且还有你的许多别的观点都是和普遍被接受了的见解及学说相去如此之远，以致假如你要发表它们，你就将会激起许许多多的敌视，因为人的本性就是不会带着善意来看待他们自己领域中的发现(无论是真理的发现还是谬误的发现)，当那发现是由他们以外的别人做出的时候。他们称他为"学说的革新者"。这是一个很不愉快的称号；他们希望用这个称号来砍断那些他们不能解开的结，并用地雷来摧毁那些耐心的艺术家们用习见的工具建造起来的楼台殿阁。但是，对于并无那种思想的我们来说，[128]你到现在已经举出的实验和论证是完全让人满意

---

① 在这儿，在原版的一个注释本中，发现了伽利略的下列补笔：

[**萨格**：一段解决一个奇妙问题的很巧妙的讨论，因为它简单明了地演示了通过在空气中的简单称量来求得一个物体在真空中的重量的方法。其解释如下：当一个重物体浸在空气中时，它就失去一点儿重量，等于该物体所占体积中的空气的重量。因此，如果不膨胀地在物体上加上它所排开的空气并称量其重量，就能求得该物体在真空中的绝对重量，因为，在不增加体积的条件下，已经补偿了它在空气中失去的重量。

因此，当我们把一些水压入已包含了正常量的空气的容器中而不允许这些空气有任何逸出时，那就很显然，正常量的空气将被压缩而凝聚到一个较小的空间中，以便给压进来的水让出地方；于是就很显然，水的重量将增加一个值，等于同体积的空气的重量。于是，所求得的水和空气的总重量，就等于水本身在真空中的重量。

现在，记下整个容器的重量并让压缩的空气逸出，称量剩余的重量。这两个重量之差就等于与水同体积的压缩空气的重量。其次，求出水本身的重量并加上压缩空气的重量，我们就得到水本身在真空中的重量。为了求得水的重量，我们必须把它从容器中取出并称量容器本身的重量，再从水和容器的总重量中减去这个值。很显然，余数就是水本身在空气中的重量。]——英译本注

的；然而，如果你有任何更直接的实验或更有说服力的论证，我们是乐于领教的。

萨耳：为了确定两个重量相差很大的物体会不会以相同的速率从高处下落而做的实验，带来了某种困难，因为如果高度相当大，下落物体必须穿过和排开的媒质所造成的阻力在很轻物体的小动量的事例就比在重物体的大力(violenza)的事例中更大，以致在很长的距离上，轻物体将被落在后面；如果高度很小，人们就很可能怀疑到底有没有差别；而且如果有的话，差别也将是不可觉察的。

因此我就想到，用一种适当方式来重复观察小高度上的下落，使得重物体和轻物体先后到达共同终点之间的时间差可以被积累起来，以使其总和成为一个不仅可以观察而且易于观察的时间阶段。为了利用尽可能低的速率以减小阻滞性媒质对重力的简单效应所引起的变化，我想到了让各物体沿着一个对水平面稍微倾斜的斜面下落。因为，在这样一个斜面上，正如在一个竖直的高度上一样，是可以发现不同重量的物体如何下落的；而且除此以外，我也希望能排除由运动物体和上述斜面的接触而可能引起的阻力。因此我就取了两个球，一个铅球和一个软木球，前者约比后者重100倍，并且用相等的细线把它们挂起来，每条线长约四五腕尺。[129]

把每一个球从竖直线拉开，我在同一个时刻放开它们，于是它们就沿着以悬线为半径的圆周下落，经过了竖直位置，然后沿着相同的路径返回。这种自由振动(per lor medesime le andate e le tomate)重复100次，清楚地证明了重物体如此相近地保持轻物体的周期，以致在100次乃至1 000次摆动中重球也不会领先于轻球一个瞬间(minimo momento)，它们的步调竟保持得如此完美。我们也可以观察媒质的效应；通过对运动的阻力，媒质减小软木球的振动比减小铅球的振动更甚，但是并不改变二者的频率；甚至当软木球所经过的圆弧不超过5°或6°，而铅球所经过的圆弧则是55°或60°时，振动仍然是在相等的时间内完成的。

辛普：如果是这样，为什么铅球的速率不是大于软木球的速率呢，既然在相同的时段内前者走过了60°的圆弧而后者只走过了几乎不到6°的圆弧?

萨耳: 但是，辛普里修，当软木球被拉开 30°而在一个 60°的弧上运动，铅球被拉开 2°而只在一个 4°的弧上运动时，如果它们在相同的时间内走完各自的路程，你又怎么说呢?那时岂不是软木球运动得成比例地更快一些吗?不过实验的事实就是这样。但是请看这个：在把铅摆拉开了譬如说 50°的一个弧并把它放开以后，它就摆过竖直位置几乎达到 50°，这样它就是在描绘一个将近 100°的弧；在回来的摆动中，它描绘一个稍小的弧，而在很多次这样的振动以后，它最后就归于静止。每一次振动，不论是 90°、55°、20°、10°或 4°，都占用相同的时间；从而运动物体的速率就不断地减小，因为它在相等的时段内走过的弧越来越小。

完全同样的情况也出现在用相同长度的线挂着的软木摆上，只除了使它归于静止所需要的振动次数较少，因为，由于它较轻，它反抗空气阻力的能力就较小；尽管如此，各次振动不论大小却都是在相等的时段内完成的；这一时段不但在它们自己之间是相等的，而且也是和铅摆的相应时段相等的。由此可见，有一点是真实的：如果当铅摆画过一个 55°的弧时软木摆只画过一个 10°的弧，软木摆就运动得比铅摆慢；但是另一方面，而且另一点也是真实的：软木摆也可能画过一个 55°的弧，而铅摆则只画过一个 10°的弧。因此，在不同的时候，我们有时得到的是软木球运动得较慢，有时得到的是铅球运动得较慢。但是，如果这些相同的物体在相等的时间内画过相等的弧，我们就可以完全相信它们的速率是相等的。[130]

辛普: 我在承认这一论证的结论性方面是犹豫的，因为你使两个物体运动得时而快、时而慢、时而很慢，这样就造成了混乱，使我弄不清楚它们的速率是否永远相等。

萨格: 如果你愿意，萨耳维亚蒂，请让我说几句。现在，请告诉我，辛普里修，当铅球和软木球在同一时刻开始运动并且走过相同的斜坡，永远在相等的时间内走过相等的距离时，你是否承认可以肯定地说它们的速率相等呢?

辛普: 这是既不能怀疑也不能否认的。

萨格：现在的情况是，在摆的事例中，每一个摆都时而画一个60°的弧，时而画一个55°，或30°，或10°，或8°，或4°，或2°的弧，如此等等；而且当它们画一个60°的弧时，它们是在相等的时段内这样做的，而且当弧是55°，或30°，或10°，或任何其他度数时，情况也相同。因此我们得出结论说，铅球在一个60°的弧上的速率，等于软木球也在一个60°的弧上振动时的速率；在55°弧的事例中，这些速率也彼此相等；同样在其他弧的事例中也是如此。但这并不是说，出现在60°弧上的速率和出现在55°弧上的速率相同，也不是说55°弧上的速率等于30°弧上的速率；其余类推。但是弧越小速率也越小。观察到的事实是同一个运动物体要求相同的时间来走过一个60°的大弧或是一个55°的弧或甚至很小的10°的弧：所有的这些弧，事实上是在相同的时段内被走过的。因此，确实不错的就是，当它们的弧减小时，铅和软木都成比例地减小各自的速率(moto)，但是这和另一事实并不矛盾，那事实就是，它们在相等的弧上保持相等的速率。[131]

我说这些事情的理由，主要就是因为我想知道我是不是正确地理解了萨耳维亚蒂的意思，而不是我认为辛普里修需要一种比萨耳维亚蒂已经给出的解释更加清楚的解释；他那种解释，就像他的一切东西那样，是极其明澈的；事实上是那样的明澈，以致当他解决一些不仅在外表上而且在实际上和事实上都是困难的问题时，他就用每个人都共有的和熟悉的那些推理、观察和实验来解决。

正如我已经从各种资料得悉的那样，用这样的方式，他曾经向一位受到高度尊敬的教授提供了一个贬低他的发现的机会，其理由就是那些发现都是平凡的，而且是建立在一种低劣和庸俗的基础上的，就仿佛那不是验证科学的一种最可赞叹的和最值得称许的特色一样；而验证科学正是从一切人都熟知、理解和同意的一些原理发源和滋长出来的。

但是，让我们继续这种快意的谈论。如果辛普里修满足于理解并同意不同下落物体的固有重量(interna gravità)和在它们中间观察到的速率差并无关系，而且一切物体，只要在它们的速率依赖于它的程度上，将以相同的速率运动；那么，萨耳维亚蒂，请告诉我们，你怎样解释运动的可觉察的和明显的不等性吧，并请回答辛普里修所提出的反驳(这是我也同意的一种反驳)，那就是，一个炮弹比一个小弹丸下落得更快。从我的观点看来，在质料相同的物体通过任何单一媒质而运动的事例中，可以预期速率差将是很小的，而事实上大物体却将在一次脉搏的时间下降一段距离，而那段距离却是较小的物体在1个小时或4个小时乃至24个小时之内也走不完的；例如在石头和细沙的事例中，特别是那些很细的沙，它们造成浑浊的水，而且在许多个小时内不会下落一两腕尺，那是不太大的石头在一次脉搏的时间内就能走过的。[132]

萨耳：媒质对具有较小的比重的物体产生一种较大的阻力的那种作用，已经通过指明那种物体经受一种重量的减低来解释过了。但是，为了解释同一种媒质怎么会对用同一种物质制成、形状也相同而只是大小不同的物体产生那么不同的阻力，却需要一种讨论，比用来解释一种更膨胀的形状或媒质的反向运动如何阻滞运动物体之速率的那种讨论更加巧妙。我想，现有问题的解，就在于通常或几乎必然在固体表面上看到的那种粗糙性或多孔性。当物体运动时，这些粗糙的地方就撞击空气或周围的其他媒质。此点的证据可以在和一个物体通过空气的快速运动相伴随的那种飕飕声中找到；即使当物体是尽可能的圆滑时，这种飕飕声也是存在的，不但能听到飕飕声，而且可以听到嗞嗞声和呼啸声，当物体上有任何可觉察的凹陷或突起时。我们也观察到，一个在车床上转动的圆形固体会造成一种空气流。但是，我们还需要什么更多的东西呢？当一个陀螺在地上以其最高的速率旋转时，我们不是能听到一种尖锐的嗡嗡声吗？当转动速率渐低时，这种嗡嗡声的调子就会降低，这就是表面上这些小的凹凸不平之处在空气中遇到阻力的证据。因此，毫无疑问，在下落物体的运动中，这些凹凸不平之处就撞击周围的流体而阻滞速率？而且它们是按照表面的大小而成比例地这样做的；这就是小物体和大物体相比的事例。

辛普：请等一下，我又要糊涂了。因为，虽然我理解并且承认媒质对物体表面的摩擦会阻滞它的运动，而且如果其他条件相同，则表面越大受到的阻力也越大，但是我看不出你根据什么说较小物体的表面是较大的。此外，如果像你说的那样，较大的表面会受到较大的阻力，则较大的固体应该运动得较慢，而这却不是事实。但是这一反驳可以很容易地用一种说法来回答，就是说，虽然较大的物体有一个较大的表面，但它也有一个较大的重量，和它相比，较大表面的阻力并不大于较小表面的阻力和物体较小重量的对比，因此，较大物体的速率并不会变得较小起来。因此，只要驱动重量（gravità movente）和表面的阻滞能力(facolta ritardante)成比例地减小，我就看不出预期任何速率差的理由。[133]

萨耳：我将立刻回答你的反驳。当然，辛普里修，你承认，如果有人取两个相等的物体，即相同材料和相同形状的物体，从而它们将以相等的速率下落，如果他按照比例减小其中一个物体的重量和表面(保持其相似的形状)，他就不会因此而减小这个物体的速率。

辛普：这种推断似乎和你的理论并不矛盾，那理论就是说，物体的重量对该物体的加速或减速并无影响。

萨耳：在这方面我和你完全同意；从这个见解似乎可以推知，如果物体的重量比它的表面减小得更快，则运动会受到一定程度的减速，而且这种减速将正比于重量减量超过表面减量的值而越来越大。

辛普：我毫不含糊地同意这一点。

萨耳：现在你必须知道，辛普里修，不可能按照相同的比例减小一个物体的表面和重量而同时又保持其形状的相似性。因为，很显然，在一个渐减的固体的事例中，重量是正比于物体的体积而变小的，而既然体积的减小永远比表面的减小更快，因此，当相同的形状得到保持时，重量就比表面减小得更快。但是，几何学告诉我们，在相似固体的事例中，两个体积之比大于它们的面积之比，而为了更好地理解，我将用一个特例来表明这一点。

例如，试取一个立方体，其各边的长度为 2 英寸，从而每一个面的面积为 4 平方英寸，而总面积即 6 个面的面积之和，应为 24 平方英寸；现在设想立方体被锯开 3 次，于是就被分成 8 个更小的立方体，每边各长 1 英寸，每个面为1平方英寸，从而表面的总面积是6平方英寸而不再是较大立方体的24平方英寸，因此很显然，小立方体的表面积是大立方体表面积的$\frac{1}{4}$，即6和24之比，但是，小立方体的体积却只是大立方体的体积的$\frac{1}{8}$。因此，体积，从而还有重量，比表面减小得要快得多。如果我们再把小立方体分成8个另外的立方体，则这些另外的立方体的总表面积将是1.5平方英寸，这只是原来那个立方体的表面积的$\frac{1}{16}$，但是它的体积却只是原体积的$\frac{1}{64}$。[134]于是，通过两次分割，你们看到，体积的减小就是表面积的减小的4倍。而且，如果分割继续下去，直到把固体分成细粉，我们就会发现，这些最小颗粒之一的重量已经减小了表面积减小量的千千万万倍。而且，我在立方体的事例中已经演证了的这种情况在一切相似物体的事例中也成立；在那种事例中，体积和它的表面积是成1.5次幂比例的。那么就请观察一下由于运动物体的表面和媒质相接触而引起的阻力在小物体的事例中比在大物体的事例中要大多少倍吧。而且当考虑到细尘粒的很小表面上的凹凸不平之处也许并不小于仔细抛光的较大固体表面上的凹凸不平之处时，就会看到一个问题是何等的重要，那就是，媒质应该十分容易流动，对于被推开并不表现阻力，很容易被小力所推开。因此，辛普里修，你看，当我刚才说，相比之下，小固体的表面比大固体的表面要大时，我并没有错。

辛普：我被完全说服了；而且，请相信我，如果我能够重新开始我的学习，我将遵循柏拉图的劝告而从数学开始，因为数学是一种学问，它非常小心地前进，不承认任何东西是已经确立的，除非它已经得到牢固的证明。

萨格：这种讨论给我们提供了很大的喜悦；但是，在接着讨论下去以前，我想听你解释一下我未之前闻的一个说法，就是说，相似的固体是在它们的表面积之间彼此处于1.5次幂的比例关系中的，因为，虽然我已经意识到和理解了那个命题，即相似固体的表面积在它们的边长方面是一种双重比例关系，而它们的体积则是它们的边长的三重比例关系，但是我还不曾听人提到过固体的体积和它的表面积之间的比例关系。[135]

萨耳：你自己已经给你的问题提供了答案，并且排除了任何怀疑。因为，如果一个量是任一事物的立方，而另一个量是这一事物的平方，由此岂不得出，立方量是平方量的 1.5 次幂吗？肯定是如此。现在，如果表面积按线性尺寸的平方而变，而体积按这些尺寸的立方而变，我们岂不是可以说体积与表面积成 1.5 幂次的比例关系吗？

萨格：完全是这样。而现在，虽然关于正在讨论的主题还有一些细节是我可以再提出问题的，但是，如果我们一次又一次岔开，那就会很久才达到主题，它和在固体对破裂的阻力中发现的各种性质有关，因此，如果你们同意，咱们还是回到咱们起初打算讨论的课题上来吧。

萨耳：很好，但是我们已经讨论了的那些问题是如此地数目众多和变化多端，而且已经费了我们的许多时间，以致今天剩下的时间已经不多了，不足以用在还有许多几何证明有待仔细考虑的我们的主题上了。因此，我愿意建议咱们把聚会推迟到明天，这不仅仅是为了刚才提到的理由，而且也是为了我可以带些纸张来，我已经在纸上有次序地写下了处理这一课题下之各个方面的一些定理和命题，那些东西只靠记忆我是不能按照适当的次序给出的。

萨格：我完全同意你的意见，而且更加高兴，因为这样今天就会剩下一些时间，可以用来对付我的一些和我们刚才正在讨论的课题有关的困难。一个问题就是，我们是否应该认为媒质的阻力足以破坏一个由很重的材料制成、体积很大而呈球形的物体的加速度。我说球形，为的是选择一个包围在最小表面之内的体积，从而它所受的阻滞最小。[136]

另一个问题处理的是摆的振动，这可以从多种观点来看待，首先就是，是不是一切的振动，大的、中等的和小的，都是在严格的和确切的相等时间内完成的；另一个问题就是要得出用长度不等的线悬挂着的摆的振动时间之比。

萨耳：这些是有趣的问题，但是我恐怕，在这儿也像在所有其他事实的事例中一样，如果我们开始讨论其中的任何一个，它就会在自己的后面带来许多其他的问题和新奇的推论，以致今天就没有时间讨论所有的问题了。

萨格：如果这些问题也像前面那些问题一样地充满了兴趣，我就乐于花费像从现在到黄昏的小时数一样的天数来讨论它们；而且我敢说，辛普里修也不会对这种讨论感到厌倦。

辛普：当然不会，特别是当问题属于自然科学而且还没有被别的哲学家处理过时。

萨耳：现在，当提起第一个问题时，我可以毫不迟疑地断言，没有任何足够大而其质料又足够紧密的球，致使媒质的阻力虽然很小却能抵消其加速度并且在一定时间以后把它的运动简化成均匀运动；这种说法得到了实验的有力支持。因为，假如一个下落物体随着时间的继续会得到你要多大就多大的速率，没有这样的速率在外力(motore esterno)的作用下可以大得使一个物体将会先得到它然后又由于媒质的阻力而失去它。例如，假如一个炮弹在通过空气下落了一个 4 腕尺的距离并已经得到了譬如说 10 个单位(gradi)的速率以后将会击中水面，而且假如水的阻力不足以抵消炮弹的动量 (impetro)，炮弹就会或是增加速率或是保持一种均匀运动直到它达到了水底。但是观察到的事实却并非如此；相反地，即使只有几腕尺深的水，它也会那样地阻滞并减低那运动，使得炮弹只能对河底或湖底作用微小的冲击。[137]

那么就很清楚，如果水中的一次短程下落就足以剥夺一个炮弹的速率，那么这个速率就不能重新得到，即使通过一次 1 000 腕尺的下落。一个物体怎么可能在一次 1 000 腕尺的下落中得到它将在一次 4 腕尺的下落中失去的东西呢？但是，需要什么更多的东西呢？我们不是观察到，大炮赋予炮弹的那个巨大动量，由于通过了不多几腕尺的水而被大大地减小，以致炮弹远远没有破坏战舰，而只是打了它一下吗？甚至空气，虽然是一种很松软的媒质，也能减低下落物体的速率，正像很容易从类似的实验了解到的那样。因为，如果从一个很高的塔顶上向下开一枪，子弹对地面的打击将比从只有 4 腕尺或 6 腕尺的高处向下开枪时打击要小；这是一个很清楚的证据，表明从塔顶射下的枪弹，从它离开枪管的那一时刻就不断地减小它的动量，直到它到达地面时为止。因此，从一个很大的高度开始的一次下落将不足以使一个物体得到它一度通过空气的阻力而损失的动量，不论那动量起初是怎样得来的。同样，在一个 10 腕尺的距离处从一支枪中发射出来的子弹对一堵墙壁造成的破坏效果，也不能通过同一个子弹从不论多大的高度上的下落来复制。因此我的看法是，在发生在自然界中的情况下，从静止开始下落的任何物体的加速都达到一个终点，而媒质的阻力最后将把它的速率减小到一个恒定值，而从此以后，物体就保持这个速率。

萨格：这些实验在我看来是很能适应目的的；唯一的问题是，一个反对者会不会坚持要在很大而又很重的物体(moli)的事例中反对这个事实，或是断言一个从月球上或从大气边沿上落下的炮弹将比仅仅从炮口射出的炮弹造成更重的打击。[138]

萨耳：许多反驳肯定会被提出，它们并不是全都可以被实验所否定的。然而，在这个特例中，下述的考虑必须被照顾到，那就是，从一个高度下落的一个沉重物体，在到达地面时，很可能正好得到了把它带回原高度所必需的那么多动量；正如在一个颇重的摆的事例中可以清楚地看到的那样，当从竖直位置被拉开 50°或 60°时，它就恰好得到足以把它带回到同一高度的速率和力量，只除了其中一小部分将因在空气中的摩擦而损失掉。为了把一个炮弹放在适当的高度上，使它恰好得到离开炮口时火药给予它的动量，我们只需用同一门炮把它沿竖直方向射上去；然后我们就可以观察它在落回来时是不是给出和在近处从炮中射出时相同的打击力；我的意见是，那打击会弱得多。因此，我想，空气的阻力将阻止它通过从静止开始而从任何高度的自然下落来达到膛口速度。

现在我们来考虑关于摆的其他问题；这是一个在许多人看来都极其乏味的课题，特别是在那些不断致力于大自然的更深奥问题的哲学家们看来，尽管如此，这却是我并不轻视的一个问题。我受到了亚里士多德的榜样的鼓舞，我特别赞赏他。因为他做到了讨论他认为在任何程度上都值得考虑的每一个课题。

在你们的提问下，我可以向你们提出我的一些关于音乐问题的想法。这是一个辉煌的课题，有那么多杰出的人物曾经在这方面写作过，其中包括亚里士多德本人，他曾经讨论过许多有趣的声学问题。因此，如果我在某些容易而可理解的实验的基础上来解释声音领域中的一些可惊异的现象，我相信是会得到你们的允许的。[139]

萨格：我将不仅是感谢地而且是热切地迎接这些讨论。因为，虽然我在每一种乐器上都得到喜悦，而且也曾对和声学相当注意，但是我却从来没能充分理解为什么某些音调的组合比另一些组合更加悦耳，或者说，为什么某些组合不但不悦耳而且竟会高度地刺耳。其次，还有那个老问题，就是说，调好了音的两根弦，当一根被弄响时，另一根就开始振动并发出自己的音；而且我也不理解和声学中的不同比率(forme delle consonanze)，以及一些别的细节。

萨耳：让我们看看能不能从摆得出所有这些困难的一种满意的解答。首先，关于同一个摆是否果真在确切相同的时间内完成它的一切大的、中等的和小的振动，我将根据我已经从我们的院士先生那里听到的叙述来进行回答。他曾经清楚地证明，沿一切弦的下降时间是相同的，不论弦所张的弧是什么，无论是沿一个 180°的弧（即整个直径)还是沿一个 100°、60°、10°、2°、$\frac{1}{2}^\circ$或 $4'$的弧。这里的理解当然是，这些弧全都终止在圆和水平面相切的那个最低点上。

如果现在我们考虑不是沿它们的弦而是沿弧的下降，那么，如果这些弧不超过 90°，则实验表明，它们都是在相等的时间内被走过的；但是，对弦来说，这些时间都比对弧来说的时间要大；这是一种很惊人的效应，因为初看起来人们会认为恰恰相反的情况才应该是成立的。因为，既然两种运动的终点是相同的，而且两点间的直线是它们之间最短的距离，看来似乎合理的就是，沿着这条直线的运动应该在最短的时间内完成，然而情况却不是这样，因为最短的时间(从而也就是最快的运动)是用在以这一直线为弦的弧上的。

至于用长度不同的线挂着的那些物体的振动时间，它们彼此之间的比值是等于线长的平方根的比值；或者，也可以说，线长之比等于时间平方之比；因此，如果想使一个摆的振动时间等于另一个摆的振动时间的2倍，就必须把那个摆的长度做成另一个摆的长度的4倍。同样，如果一个摆的悬线长度是另一个摆的悬线长度的9倍，则第一个摆每振动1次第二个摆就会振动3次；由此即得，各摆的悬线长度之比等于它们在相同时间之内的振动次数的反比。[140]

萨格：那么，如果我对你的说法理解得正确的话，我就很容易量出一条绳子的长度，它的上端固定在任何高处的一个点上，即使那个点是看不到的，而我只能看到它的下端。因为，我可以在这条绳子的下端固定上一个颇重的物体，并让它来回振动起来，如果我请一位朋友数一数它的振动次数，而我则在同一时段内数一数长度正好为1腕尺的一个摆的振动次数，然后知道了每一个摆在同一时段所完成的振动次数，就可以确定那根绳子的长度了。例如，假设我的朋友在一段时间内数了20次那条长绳的振动，而我在相同的时间内数了那条恰好1腕尺长的绳子的240次振动。取这两数即20和240的平方，即400和57 600，于是我说，长绳共包含57 600个单位，用该单位来量我的摆，将得400。既然我的摆长正好是1腕尺，将用400去除57 600，于是就得到144。因此我就说那绳共长144腕尺。

萨耳：你的误差不会超过一个手掌的宽度，特别是如果你们数了许多次振动的话。

萨格：当你从如此平常乃至不值一笑的现象推出一些不仅惊人而新颖，而且常常和我们将会想象的东西相去甚远的事实时，你多次给了我赞赏大自然之富饶和充实的机会。我曾经千百次地观察过振动，特别是在教堂中；那里有许多挂在长绳上的灯，曾经不经意地被弄得动起来；但是我从这些振动能推断的，最多不过是，那些认为这些振动由媒质来保持的人或许是高度不可能的。因为，如果那样，空气就必须具有很大的判断力而且除了通过完全有规律地把一个悬挂的物体推得来回运动来作为消遣以外几乎就无事可做。但是我从来不曾梦到能够知道，同一个物体，当用一根100腕尺长的绳子挂起来并向旁边拉了一个90°的乃至1°或$\frac{1}{2}$°的弧时，将会利用同一时间来经过这些弧中的最小的弧或最大的弧；而且事实上，这仍然使我觉得是不太可能的。现在我正在等着，想听听这些相同的简单现象如何可以给那些声学问题提供解——这种解至少将是部分地令人满意的。[141]

萨耳：首先必须观察到，每一个摆都有它自己的振动时间；这时间是那样确切而肯定，以致不可能使它以不同于大自然给予它的周期(altro periodo)的任何其他周期来振动。因为，随便找一个人，请他拿住系了重物的那根绳子并使他无论用什么方法来试着增大或减小它的振动频率(frequenza)，那都将是白费工夫的。另一方面，却可通过简单的打击来把运动传给一个即使是很重的处于静止的摆；按照和摆的频率相同的频率来重复这种打击，可以传给它以颇大的运动。假设通过第一次推动，我们已经使摆从竖直位置移开了，譬如说移开了半英寸；然后，当摆已经返回并且正要开始第二次移动时，我们再加上第二次推动，这样我们就将传入更多的运动；其他的推动依此进行，只要使用的时刻合适，而不是当摆正在向我们运动过来时就推它(因为那将消减而不是增长它的运动)。用许多次冲击(impulsi)继续这样做，我们就可以传给摆以颇大的动量（impeto)，以致要使它停下来就需要比单独一次冲击更大的冲击（forza)。

萨格：甚至当还是一个孩子时我就看到过，单独一个人通过在适当的时刻使用那些冲击，就能够大大地撞响一个钟，以致当4个乃至6个人抓住绳子想让它停下来时，他们都被它从地上带了起来，他们几个人一起，竟不能抵消单独一个人通过用适当的拉动所给予它的动量。[142]

萨耳：你的例证把我的意思表达得很清楚，而且也很适宜于，正如我才说的一样，用来解释七弦琴(cetera)或键琴(cimbalo)上那些弦的奇妙现象；那就是这样一个事实，一根振动的弦将使另外一根弦运动起来并发出声音，不但当后者处于和弦时是如此，甚至当后者和前者差八度音或五度音时也是如此。受到打击的一根弦开始振动，并且将继续振动，只要音调合适(risonanza)；这些振动使靠近它的周围的空气振动并颤动起来；然后，空气中的这些波纹就扩展到空间中并且不但触动同一乐器上所有的弦，而且甚至也触动邻近的乐器上的那些弦。既然和被打击的弦调成了和声的那条弦是能够以相同频率振动的，那它在第一次冲击时就获得一种微小的振动；当接受到 2 次、3 次、20 次或更多次按适当的间隔传来的冲击以后，它最后就会积累起一种震颤的运动，和受到敲击的那条弦的运动相等，正如它们的振动的振幅相等所清楚地显示的那样。这种振动通过空气而扩展开来，并且不但使一些弦振动起来，而且也会使偶然和被敲击的弦具有相同周期的任何其他物体也振动起来。因此，如果我们在乐器上贴一些鬃毛或其他柔软的物体，我们就会看到，当一部键琴奏响时，只有那些和被敲响的弦具有相同的周期的鬃毛才会响应，其余的鬃毛并不随这条弦而振动，而前一些鬃毛也不对任何别的音调有所响应。

如果用弓子相当强烈地拉响中提琴的低音弦，并把一个和此弦具有相同音调(tuono)的薄玻璃高脚杯拿到提琴附近，那个杯子就会振动而发出可以听到的声音。媒质的振动广阔地分布在发声物体的周围，这一点可以用一个事实来表明。一杯水，可以仅仅通过指尖摩擦杯沿而发出声音，因为在这杯水中产生了一系列规则的波动。同一现象可以更好地观察，其方法是把一只高脚杯的底座固定在一个颇大的水容器的底上，水面几乎达到杯沿；这时，如果我们像前面说的那样用手指的摩擦使高脚杯发声，我们就看到波纹极具规则地迅速在杯旁向远方传去。我经常指出过，当这样弄响一个几乎盛满了水的颇大的玻璃杯时，起初波纹是排列得十分规则的，而当就像有时出现的那样玻璃杯的声调跳离了八度时，我就曾经注意到，就在那一时刻，从前的每一条波纹都分成了两条，这一现象清楚地表明，一个八度音(forma dell'ottava)中所涉及的比率是 2。[143]

萨格：我曾经不止一次地观察到同样的事情，这使我十分高兴而获益匪浅。在很长的一段时间内，我曾经对这些不同的和声感到迷惑，因为迄今为止由那些在音乐方面很有学问的人们给出的解释使我觉得不够确定。他们告诉我们说，全声域，即八度音，所涉及的比率是 2，而半声域，即五度音，所涉及的比率是 3∶2，等等；因为使一个单弦测程器上的开弦发声，然后把一个码桥放在中间而使一半长度的弦发声，就能听到八度音；而如果码桥被放在弦长的$\frac{1}{3}$处，那么，当首先弹响开弦然后弹响$\frac{2}{3}$长度的弦时，就听到五度音；音为如此，他们就说，八度音依赖于一个比率 2∶1 (contenuta tra'l due el'uno)，而五度音则依赖于比率 3∶2。这种解释使我觉得并不足以确定 2 和$\frac{2}{3}$作为八度音和五度音的自然比率，而我这种想法的理由如下：使一条弦的音调变高的方法共有三种，那就是使它变短、把它拉紧和把它弄细。如果弦的张力和粗细保持不变，人们通过把它减短到$\frac{1}{3}$的长度就能得到八度音；也就是说，首先要弹响开弦，其次弹响一半长度的弦。但是，如果长度和粗细保持不变，而试图通过拉紧来产生八度音，却会发现把拉伸砝码只增加一倍是不够的，必须增大成原值的 4 倍；因此，如果基音是用 1 磅的重量得到的，则八度泛音必须用 4 磅的砝码来得到。

最后，如果长度和张力保持不变，而改变弦的粗细，① 则将发现，为了得到八度音，弦的粗细必须减小为发出基音的弦的粗细的$\frac{1}{4}$。而且我已经说过的关于八度音的话，就是说，从弦的张力和粗细得出的比率，是从长度得出的比率的平方，这种说法对于其他的音程(intervalli musici)也同样好地适用。[144]例如，如果想通过改变长度来得到五度音，就发现长度比必须是 2∶3，换句话说，首先弹响开弦，然后弹响长度为原长的$\frac{2}{3}$的

① “粗细”的确切意义请见下文。——英译本注

弦；但是，若想通过弦的拉紧或减细来得到相同的结果，那就必须用$\frac{3}{2}$的平方，也就是要取$\frac{9}{4}$(dupla sesquiquarta)；因此，如果基音需要一个4磅的砝码，则较高的音将不是由6磅的而是由9磅的砝码来引发；同样的规律对粗细也适用；发出基音的弦比发出五度音的弦要粗，其比率为9∶4。

注意到这些事实，我看不出那些明智的哲学家们为什么取2而不取4作为八度音的比率，或者在五度音的事例中他们为什么应用比率$\frac{3}{2}$而不用$\frac{9}{4}$的任何理由。既然由于频率太高而不可能数出一条发音弦的振动次数，我将一直怀疑一条发出高八度音的弦的振动次数是不是为发出基音弦的振动次数的两倍，假若不是有了下列事实的话：在音调跳高八度的那一时刻，永远伴随着振动玻璃杯的波纹分成了更密的波纹，其波长恰好是原波长的$\frac{1}{2}$。

萨耳：这是一个很美的实验，使我们能够一个一个地分辨出由物体的振动所引发的波；这种波在空气中扩展开来，把一种刺激带到耳鼓上，而我们的意识就把这种刺激翻译成声音。但是，既然这种波只有当手指继续摩擦玻璃杯时才在水中持续存在，而且即使在那时也不是恒定不变的而是不断地在形成和消逝中，那么，如果有人能够得出一种波，使它长时间地，乃至成年累月地持续存在，以便我们很容易测量它们和计数它们，那岂不是一件好事吗?

萨格：我向你保证，这样一种发明将使我大为赞赏。[145]

萨耳：这种办法是我偶然发现的，我的作用只是观察它并赏识它在确证某一事情方面的价值，关于那件事情我曾经付出了深刻的思考；不过，就其本身来看，这种办法是相当平常的。当我用一个锐利的铁凿子刮一块黄铜片以除去上面的一些斑点并且让凿子在那上面活动得相当快时，我在多次的刮削中有一两次听到铜片发出了相当强烈而清楚的尖啸声；当更仔细地看看那铜片时，我注意到了长长的一排细条纹，彼此平行而等距地排列着。用凿子一次又一次地再刮下去，我注意到，只有当铜片发出嘶嘶的声音时，它上面才能留下任何记号；当刮削并不引起摩擦声时，就连一点记号的痕迹也没有。多次重复这种玩法并且使凿子运动得时而快、时而慢，啸声的调子也相应地时而高、时而低。我也注意到，当声调较高时，得出的记号就排得较密，而当音调降低时，记号就相隔较远。我也注意到，在一次刮削中，当凿子在结尾处运动得较快时，响声也变得更尖，而条纹也靠得更近，但永远是以那样一种方式发出变化，使得各条纹仍然是清晰而等距的。此外，我也注意到每当刮削造成嘶声时，我就觉得凿子在我的掌握中发抖，而一种颤动就传遍我的手。总而言之，我们在凿子的事例中所看到和听到的，恰好就是在一种耳语继之以高声的事例中所看到和听到的东西。因为，当气体被发出而并不造成声音时，我们不论在气管中还是在嘴中都并不感受到任何运动，这和当发出声音时特别是发出低而强的声音时我们的喉头和气管上部的感受是不相同的。

有几次我也曾经观察到，键琴上有两条弦和上述那种由刮削而产生的两个音相合，而在那些音调相差较多的音中，我也找到了两条弦是恰好隔了一个完美的五度音的音程的。通过测量由这两种刮削所引起的各波纹之间的距离，我也发现包含了一个音的45条波纹的距离上包含了另一个音的30条波纹，二者之间正好是指定给五度音的那个比率。[146]

但是，现在，在进一步讨论下去以前，我愿意唤起你们注意这样一个事实：在那调高音调的三种方法中，你称之为把弦调“细”的那一种应该是指弦的重量。只要弦的质料不变，粗细和轻重就是按相同的比率而变的。例如，在肠弦的事例中，通过把一根弦的粗细做成另一根弦的粗细的4倍，我们就得到了八度音。同样，在黄铜弦的事例中，一根弦的粗细也必须是另一根弦的粗细的4倍。但是，如果我们现在想用铜弦来得到一根肠弦的八度音，我们就必须把它做得不是粗细为4倍，而是重量为肠弦重量的4倍。因此，在粗细方面，金属弦并不是粗细为肠弦的4倍而是重量为肠弦的4倍。因此，金属丝甚至可能比肠弦还要细一些，尽管后者所发的是较高的音。由此可见，如果有两个键琴被装弦，一个装的是金弦而另一个装的是黄铜弦，如果对应的弦各自具有相同长度、直径和张力，就能推知装了金弦的琴在音调上将比装了铜弦的琴约低5度，因为金的密度几乎是铜的密度的2倍。而且在此也应指出，使运动的改变(velocità del moto)受到阻力的，也是物体的重量而不是它的大小，这和初看起来可能猜想到的情况是相反的。因为，似乎合理的是相信一个大而轻的物体在把媒质推开时将受到比一个细而重的物体所受的更大的对运动的阻力，但是在这里，恰恰相反的情况才是真实的。

现在回到原来的讨论课题，我要断言，一个音程的比率，并不是直接取决于各弦的长度、大小或张力，而是直接取决于各弦的频率之比，也就是取决于打击耳鼓并迫使它以相同频率而振动的那种空气波的脉冲数。确立了这一事实，我们就或许有可能解释为什么音调不同的某两个音会引起一种快感，而另外两个音则产生一种不那么愉快的效果，而再另外的两个音则引起一种很不愉快的感觉。这样一种解释将和或多或少完全的谐和音及不谐和音的解释相等价。后者所引起的不愉快感，我想是起源于两个不同的音的不谐和频率，它们不适时地(sproporzionatamente)打击了耳鼓。特别刺耳的是一些音之间的不调和性，各个音的频率是不可通约的。设有两根调了音的弦，把一根弦用做开弦，而在另一根弦上取一段，使它的长度和总长度之比等于一个正方形的边和对角线之比，当把这两根弦同时弹响时就得到一种不谐和性，和增大的四度音及减小的五度音(tritono o semidiapente)相似。[147]

悦耳的谐和音是一对一对的音，它们按照某种规律性来触动耳鼓；这种规律性就在于一个事实，即由两个音在同一时段内发出的脉冲在数目上是可通约的，从而就不会使耳鼓永远因为必须适应一直不调和的冲击来同时向两个不同的方向弯曲而感到难受。

因此，第一个和最悦耳的谐和音就是八度音。因为，对于由低音弦向耳鼓发出的每一个脉冲，高音弦总是发出两个脉冲；因此，高音弦发出的每两个脉冲中，就有一个和低音弦发出的脉冲是同时的，于是就有半数的脉冲是调音的。但是，当两根弦本身是调音的时，它们的脉冲总是重合，而其效果就是单独一根弦的效果，因此我们不说这是谐和音。五度音也是一个悦耳的音程，因为对于低音弦发出的每两个脉冲，高音弦将发出三个脉冲，因此，考虑到从高音弦发出的全部脉冲，其中就有三分之一的数目是调音的，也就是说，在每一对调和振动之间，插入了两次单独的振动；而当音程为四度音时，插入的就是三次单独的振动。如果音程是二度音，其比率为$\frac{9}{8}$，则只有高音弦的每九次振动才能有一次和低音弦的振动同时到达耳畔；所有别的振动都是不谐和的，从而就对耳鼓产生一种不愉快的效果，而耳鼓就把它诠释为不谐和音。

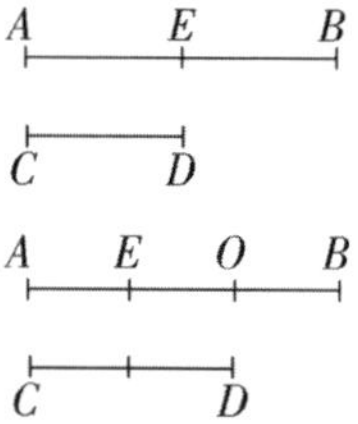

A E B

C D

A E O B

C D

辛普：你能不能费心把这种论证解释得更清楚一些？[148]

萨耳：设 AB 代表由低音弦发射的一个波的长度(lo spazio e la dilatazione d'una vibrazione)，而 CD 代表一个发射 AB 之八度的高音弦的波长。将 AB 在中点 E 处分开。如果两个弦在 A 和 C 处开始运动，则很清楚，当高音振动已经达到端点 D 时，另一次振动将只传到 E；该点因为并非端点，故不会发射任何脉冲，但却在 D 发生一次打击。因此，当一个波从 D 返回到 C 时，另一波就从 E 传向 B；因此，来自 B 和 C 的两个脉冲将同时触及耳鼓。注意到这些振动是以相同的方式重复出现的，我们就可以得出结论说，每隔一次来自 CD 的脉冲，就和来自 AB 的脉冲同音，但是，端点 A 和 B 上的每一次脉动，总是和一个永远从 C 或永远从 D 出发的脉冲相伴随的。这一点是清楚的，因为如果我们假设波在同一时刻到达 A 和 C，那么，当一个波从 A 传到 B 时，另一个波将从 C 传到 D 然后返回到 C，从而两波将同时触及 C 和 B；在波从 B 回到 A 的时间内，C 处的扰动就传向 D 然后再回到 C，于是 A 和 C 处的脉冲就又一次是同时的。

现在，既然我们已经假设第一次脉动是从端点 A 和 C 同时开始的，那就可以推知，在 D 处分出的第二次脉动是在一个时段以后出现的，该时段等于从 C 传到 D 所需的时段，或者同样也可以说等于从 A 传到 O 所需的时段；但是，下一次脉动，即 B 处的脉动，是和前一次脉动只隔了这一时段的一半的，那就是从 O 传到 B 所需的时间。其次，当一次振动从 O 传向 A 时，另一次振动就从 C 传向 D，其结果就是，两次脉动在 A 和 D 同时出现。这样的循环一次接一次地进行，也就是说，低音弦的一个孤立的脉冲，插入在高音弦的两个孤立脉冲之间。现在让我们设想，时间被分成了很小的相等小段，于是，如果我们假设，在头两个这样的小段中，同时发生在 A 和 C 的扰动已经传到了 O 和 D 并且已经在 D 引起了一个脉冲；而且如果我们假设，在第三个时段和第四个时段中，一次扰动从 D 回到了 C，在 C 引起一个脉冲，而另一次扰动则从 O 传到 B 再回到 O，在 B 引起一个脉冲；最后，如果在第五个时段和第六个时段中，扰动从 O 和 C 传到 A 和 C，在后两个点上各自引起一个脉冲，则各脉冲触及人耳的顺序将是这样的：如果我们从两个脉冲为同时的任一时期开始计时，则耳鼓将在过了上述那样的两个时段以后接收到一个孤立的脉冲；在第三个时段结束以后，又接收到另一个孤立的脉冲；同样，在第四个时段的末尾，以及另两时段以后，也就是在第六个时段的末尾，听到两个同音的脉冲。在这儿，循环就结束了，这可以称之为“异常”，然后就一个循环又一个循环地继续进行。[149]

萨格：我不能再沉默了，因为要表示我在听到了你对一些现象如此全面的解释时的巨大喜悦；在那些现象方面，我曾经是在很长的时间内茫无所知的。现在我已经懂得为什么同音和单音并非不同；我理解为什么八度音是主要的谐和音，但它却和同音如此相似，以致常常被误认为同音，而且我也理解它为什么和其他的谐和音一起出现。它和同音相似，因为在同音中各弦的脉动永远是同时的，而八度音中低音弦的那些脉动永远和高音弦的脉动相伴随，而在高音弦的脉动之间却按照相等的间隔插入了低音弦的脉动，而其插入的方式更不会引起扰乱；其结果就是，这样一个谐和音是那样的柔和而缺少火气。但是五度音的特征却是它的变位的节拍以及高音弦的两个孤立节拍和低音弦的一个孤立节拍在每两个同时脉冲之间的插入；这三个孤立节拍是由一些时段分开的，该时段等于分开每一对同时节拍高音弦各孤立节拍的那个时段的一半。于是，五度音的效果就是在耳鼓上引起一种瘙痒的感觉，使它的柔软性变成一种快活感，同时给人以一种轻吻和咬的印象。

萨耳：注意到你已经从这些新鲜事物得到了这么多喜悦，我必须告诉你一种方法，以便可以使眼睛也像耳朵那样欣赏同一游乐。用不同长度的绳子挂起三个铅球或其他材料的重球，使得当最长的摆完成 2 次振动时最短的摆就完成 4 次振动，而中等长度的摆则完成 3 次振动；当最长的摆的长度为 16 个任意单位，中长的摆的长度为 9，而最短的摆的长度为 4，全都用相同的单位时，这种情况就会出现。

现在，把这些摆从竖直位置上拉开，然后在同一时刻放开它们；你将看到各条悬线在以各种方式相互经过时的一种新奇的关系，但是在最长的摆每完成 4 次振动时，所有三个摆将同时到达同一个端点；从那时起，它们就又开始这种循环。这种振动的组合，恰恰就是给出八度音之音程和中间五度音的音程的同样组合。如果我们应用相同的仪器装置而改变悬线的长度，但是却永远改变得使它们的振动和悦耳的音程相对应，我们就会看到这些悬线的不同的相互经过，但却永远是在一个确定的时段以后，而且是在一定次数的振动以后，所有的悬线，不论是三条还是四条，都会在同一时刻到达同一端点，然后又重复这种循环。[150]

然而，如果两条或三条悬线的振动是不可通约的，以致它们永远不会在同一时刻完成确定次数的振动，或者，虽然它们是可通约的，但是它们只有在一个很长的时段中完成了很多次数的振动以后才会同时回来，则眼睛将会被悬线相遇的那种不规则的顺序弄得迷惑起来。同样，耳朵也会因空气波的波动的一种无规则序列不按任何固定的秩序触击耳鼓而感到难受。

但是，先生们，在我们沉迷于各种问题和没有想到的插话的许多个小时中，我们是不是漫无目的的呢？天已晚了，而我们还几乎没有触及本打算讨论的课题。确实，我们已经偏离主题太远，以致我只能不无困难地记起我们的引论以及我们在以后的论证所要应用的假说和原理方面取得的少量进展了。

萨格：那么，今天咱们就到此为止吧，为了使我们的头脑可以在睡眠中得到休息，以便我们明天可以再来，而且如果你们高兴的话，咱们就可以接着讨论许多问题。

辛普：我明天不会不准时到这里来，不仅乐于为你们效劳，而且也乐于和你们做伴。

第一天终

[151]

第 二 天

萨格：当辛普里修和我等着你来到时，我们正在试图回忆你提出来作你打算得出结果的一种原理和基础的那种考虑。这种考虑处理的是一切固体对破裂所显示的抵抗力，它依赖于某种内聚力，此种内聚力把各部分黏合在一起，以致只有在相当大的拉力(potente atrazzione)下它们才会屈服和分开。后来我们又试着寻求了这一内聚力的解释，主要是在真空中寻求的；这就是我们的许多离题议论的时机，这些议论占用了一整天，并且把我们从原有的问题远远地引开了；那原有的问题，正像我已经说过的那样，就是关于各固体对破裂所显示的抵抗力(resistenza)。

萨耳：我很清楚地记得这一切。现在回到咱们的讨论路线。不论固体对很大拉力(violentà attrazione)所显示的这种抵抗力的本性是什么，至少它的存在是没有疑问的，而且，虽然在直接拉力的事例中这种抵抗力是很大的，但是人们却发现，在弯曲力(nel violentargli per traverso)的事例中，一般说来抵抗力是较小的。例如一根钢棒或玻璃棒可以支持 1 000 磅的纵向拉力，而一个 50 磅的重物却将完全足以折断它，如果它是成直角地固定在一堵竖直的墙上的话。[152]

我们必须考虑的正是这第二种类型的抵抗力；我们试图发现它在相同质料而不管形状、长短和粗细是相似还是不相似的棱柱和圆柱中的比例是什么。在这种讨论中，我将认为一条力学原理是充分已知的；该原理已被证实为支配着我们称之为杠杆的一根柱体的性能，就是说，力和抵抗力之比等于从支点分别到力和抵抗力的距离的反比。

辛普：这是由亚里士多德在他的《力学》(*Mechanics*)一书中最初演示了的。

萨耳：在时间方面，我愿意承认他的创始权，但是在严格的演证方面，最高的位子却必须归于阿基米德，因为不仅是杠杆定律，而且还有大多数机械装置的定律，都依赖于阿基米德在他关于平衡的书①中证明了的单独一个命题。

萨格：既然这一原理对于你所要提出的一切证明都是基本的，你是不是最好告诉我们这一命题的一个全面而彻底的证明呢？除非那可能太费时间。

萨耳：是的，那将是相当合适的，但是我想，比较好的办法是用一种和阿基米德所用的方式有些不同的方式来处理我们的课题，那就是首先仅仅假设，相等的重量放在等臂的天平上将形成平衡——这也是由阿基米德假设了的一条原理，然后证明，同样真实的是了，不等的重量当秤的两臂具有和所悬重量成反比的长度时也形成平衡；换言之，这就等于说，不论是在相等的距离处放上相等的重量，还是在不等的距离处放上和距离成反比的重量，都会形成平衡。

为了把这一问题讲清楚，设想有一棱柱或实心圆柱 *AB*，两端各挂在杆(linea)*HI* 上，其悬线为 *HA* 和 *IB*；很显然，如果我在天平梁的中点 *C* 上加一条线，则根据已设定的原理，整个的棱柱将平衡悬挂，因为一半的重量位于悬点 *C* 的这边，而另一半重量则位于悬点 *C* 的那边。[153]现在设想棱柱被一个平面在 *D* 处分成不相等的两部分，并设 *DA* 是较大的部分而 *DB* 是较小的部分；这样分割以后，设想有一根线 *ED* 系在点 *E* 上并且

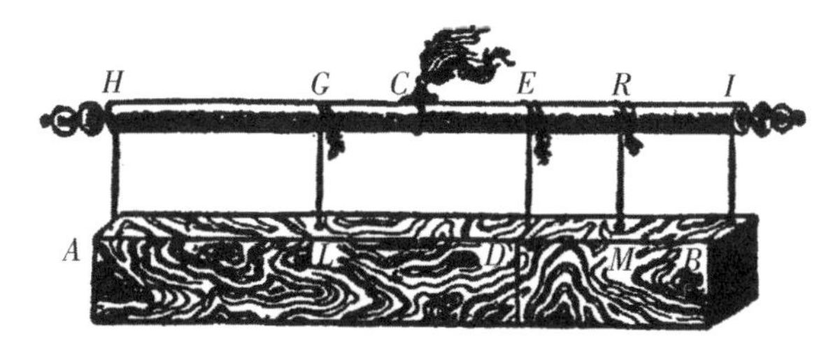

支持着 *AD* 部分和 *DB* 部分，以便这两个部分相对于直线 *HI* 保持原位，而且既然棱柱和梁 *HI* 的相对位置保持不变，那就毫无疑问棱柱将保持其原有的平衡状态。

① *Works of Archimedes*，T. L. Heath 英译本，pp. 189—220。——英译本注

但是，如果现在两端由悬线 AH 和 DE 挂住的这一部分棱柱是在中心处由单独一根线 GL 挂住的，情况将仍然相同；同样，如果另一部分 DB 在它的中心点上被一根线 FM 挂住，它也不会改变位置。假设现在把各线 HA、ED 和 IB 取走，只剩下 GL 和 FM 两条线，则同样的平衡仍然会存在，只要总悬点是位于 C。现在让我们考虑，我们这里有两个重物体 AD 和 DB，挂在一个天平的梁 GF 的两端 C 和 F 上，对点 C 保持平衡，于是线 CG 就是从 C 到重物 AD 之悬点的距离，而 CF 就是另一重物 DB 的悬挂距离。现在剩下来的，只是要证明这些距离之比等于二重量本身的反比；这就是说，距离 GC 比距离 CF 等于棱柱 DB 比棱柱 DA——这一命题我们将证明如下：既然线 GE 是 EH 的一半而 EF 也是 EL 的一半，整个长度 GF 就将是全线 HL 的一半，因此就等于 CI。如果我们现在减去公共部分 CF，剩下的 GC 就将等于剩下的 FI，也就是等于 FE，而且如果我们在这些量上加上 CF，我们就将得到 GF 等于 CF；由此即得 $GE\ 2 \cdot EF = FC\ 2 \cdot CG$。但是 GE 和 FE 之比等于它们的 2 倍之比，即 HE 和 EL 之比，也就是等于棱柱 AD 和 DB 之比。因此，通过把一些比值相等起来，我们就得到，convertendo，距离 GC 和距离 CF 之比等于重量 BD 和重量 DA 之比，这就是我们所要证明的。[154]

如果以上这些都已清楚，我想你们就会毫不迟疑地承认棱柱 AD 和 DB 是相对于 C 点处于平衡的，因为整个物体 AB 的一半是在悬点 C 的右边，而其另一半则在 C 的左边；换句话说，这种装置等价于安置在相等距离处的两个相等的重量。我看不出任何人如何会怀疑：如果两个棱柱 AD 和 DE 被换成立方体、球体或任何其他形状的物体，而且如果 C 和 F 仍然是悬点，则它们仍然会相对于点 C 而处于平衡，因为十分清楚，形状的变化并不会引起重量的变化，只要物质的量（quantità de materià）并不变化。我们由此可以导出普遍的结论：任何两个重物在和它们的重量成反比的距离上都处于平衡。

确定了一原理，在进而讨论任何别的课题以前，我希望请你们注意一个事实，那就是，这些力、抵抗力、动量、形状，等等，既可以从抽象的、脱离物质的方面来考虑，也可以从具体的、联系物质的方面来考虑。由此可见，形状的那些仅仅是几何性的而并非物质的性质，当我们在这些形状中充以物质从而赋予它们以重量时，各该性质就必须加以修改。例如，试考虑杠杆 *BA*，当放在支点 *E* 上时，它是被用来举起一块沉重的石头 *D* 的。刚才证明了的原理就清楚地表明了，加在端点 *B* 上的一个力，将恰好能平衡来自重物 *D* 的抵抗力，如果这个力(momento)和 *D* 处的力(momento)之比等于距离 *AC* 和距离 *CB* 之比的话；而且这是成立的，只要我们仅仅考虑 *B* 处单一力的力矩和 *D* 处抵抗力的力矩，而且把杠杆看成一个没有重量的非物质性的物体。但是，如果我们把杠杆本身的重量考虑在内(杠杆是一种可用木或铁制成的工具)，那就很显然，当这一重量被加在[155]*B* 处的力上时，比值就会改变，从而就必须用不同的项来表示。因此，在继续讨论之前，让我们同意区分这两种观点。当我们考虑抽象意义下的一件仪器，即不讨论它本身的物质重量时，我们将说“在绝对意义上对待它”(prendere assolutamente)，但是，如果我们在一个简单而绝对的图形中充以物质并从而赋予它的重量，我们将把这样一个物质化的形状称为“矩”或“组合力”(momento o forza composta)。

萨格：我必须打破我不想引导你离开正题的决定，因为不消除我心中的某一疑问我就不能集中精力来注意以后的讲述；那疑问就是，你似乎把 *B* 处的力比拟为石头 *D* 的重量，其一部分，也可能是一大部分重量是存在于水平面上的，因此……

萨耳：你不必说下去了，我完全明白。然而请你注意，我并没有提到石头的总重量，而是只谈到了它在杠杆 *BA* 的一端 *A* 点上的力(momento)，这个力永远小于石头的总重量，而且是随着它的形状和升高而变的。

萨格：好的，但是这又使我想起另一个我对它很感好奇的问题。为了完全地理解这一问题，如果可能的话请你告诉我，怎样确定总重量的哪一部分是由下面的平面支撑的，哪一部分是由杠杆的端点 A 支撑的。

萨耳：这个问题的解释费不了多少时间，从而我将很高兴地答应你的要求。在所附的这张图上。让我们理解，重物的重心为 A，它和 B 端都位于水平面上，而其另一端则位于杠杆 CG 上。设 N 是杠杆的支点，而对它的力(potenza)则作用在 C 点上。从重心 A 和端点 C 作竖直线 AO 和 CF。然后我就说，总重量的量值(momento)和加在 C 点上的力的量值(momento della potenza)之比等于距离 GN 和 NC 之比乘以 FB 和 BO 之比。画一段距离 X，使它和 NC 之比等于 BO 和 FB 之比；于是，既然总重量 A 是被 B 处和 C 处的两个力所平衡的，那就可以推知，B 处的力和 C 处的力之比等于距离 FO 和距离 OB 之比。[156]因此，componendo，B 处和 C 处两个力的和，也就是总重量 A(momento di tutto'l peso A)和 C 处的力之比，等于线段 FB 和 BO 之比，也就是等于 NC 和 X 之比，但是作用在 C 上的

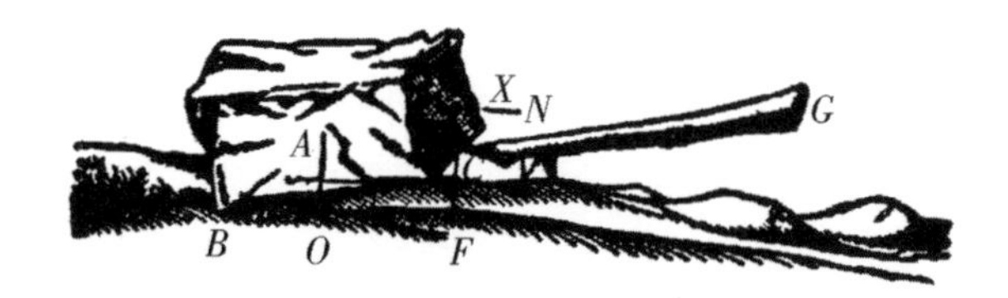

力(momento della potenza)和作用在 G 处的力之比，等于距离 GN 和距离 NC 之比，由此即得，ex æquali in proportione perturbata[①]，总重量 A 和作用在 G 处的力之比等于距离 GN 和 X 之比。但是 GN 和 X 之比等于 GN 和 NC 之比乘以 NC 和 X 之比，亦即乘以 FB 和 BO 之比，因此 A 和 C 处的平衡力之比，等于 GN 和 NC 之比乘以 FB 和 BO 之比。这就是所要证明。

现在让我们回到咱们原来的课题；那么，如果以上所说的一切都已明

① 关于 perturbata(扰动?)的定义，见 *Euclid*(《欧几里得》)，卷五，定义 20，Todhunter 版。——英译本注

白，那就很容易理解下面的命题。

命题 1

用玻璃、钢、木或其他可断裂材料制成的棱柱或实心圆柱，当纵向作用时可以支持很大的重量，但是如上所述，它却很容易被横向作用的一个重量所折断，该重量和纵向断裂重量之比，可以远小于杆件的粗细和长度之比。

让我们设想有一个实心的棱柱 *ABCD*，其一端在 *AB* 处嵌入墙中，其另一端悬一重物 *E*；此外我们还约定，墙是竖直的，而棱柱或圆柱和墙成直角。显而易见，如果圆柱断掉，断裂将发生在 *B* 点；在那儿，榫眼的边沿将对杠杆 *BC* 起一种支点的作用，而力就是作用在这个杠杆上的，固体的粗度 *BA* 就是杠杆的另一臂，沿该臂分布着抵抗力，这一抵抗力阻止墙外的部分 *BD* 和嵌入墙内的部分分开。由以上所述可以推知，作用在 *C* 处的力的量值（momento）和在棱柱的粗度即棱柱的底 *BA* 和相连部分的接触面上发现的抵抗力的量值(momento)之比，等于长度 *CB* 和长度 *BA* 的一半之比；现在，如果我们把对断裂的绝对抵抗力定义为物体对纵向拉力(在那种事例中，拉力和物体的运动方向相同)的抵抗力，那么就得到，棱柱 *BD* 的绝对抵抗力和加在杠杆 *BC* 一端的作用力之比等于长度 *BC* 和另一长度之比；在棱柱的事例中，这后一长度是 *AB* 的一半，而在圆柱的事例中则是它的半径。[157]这就是第一条命题。[①] 请注意，在以上的论述中，固体 *BD* 本身的重量没有考虑在内，或者说，棱柱曾被假设为没有重量的。但是，如果棱柱的重量必须和重量 *E* 一起考虑，我们就必须在重量 *E* 上加上棱柱 *BD* 的重量的一半；因此，若后者重 2 磅而 *E* 为 10 磅，我

---

① 暗中引入到这一命题中并贯穿在第二天的一切讨论中的一个基本错误就在于没有认识到，在这样一根梁中，在任何截面上，必然存在张力和压力之间的平衡。正确的观点似乎是由 E. Mariotte 在 1680 年和由 A. Parent 在 1713 年首次发现的。幸好，这一错误并不影响以后的命题，那些命题只讨论了梁的比例关系而不是实际强度。追随着 K. Pearson (Todhunter 的 *History of Elasticity*)，可以说伽利略的错误在于假设受力梁的纤维是不可拉伸的。或者，承认了时代的影响，也可以说，错误就在于把梁的最低纤维当成了中轴。——英译本注

们就必须把 E 看作似乎重 11 磅。

辛普： 为什么不是 12 磅？

萨耳： 亲爱的辛普里修，重量 E 是挂在端点 C 上的，它以其 10 磅的充分力矩作用在杠杆 BC 上；固体 BD 也会如此，假如它是挂在同一点上并以其 2 磅的充分力矩起作用的话；但是，你知道，这个固体是在它的全部长度 BC 上均匀分布的，因此离 B 端较近的部分就比离 B 端较远的部分效果较小。

于是，如果我们取其平均，整个棱柱的重量就应该被看成集中在它的重心上，其位置即杠杆 BC 的中点。但是挂在 C 端的一个重量作用的力矩等于它挂在中点上时的力矩的 2 倍，因此，如果把二者的重量都看成是挂在端点 C 上的，我们就必须在重量 E 上加上棱柱重量的一半。[158]

辛普： 我完全懂了；而且，如果我没弄错，这样分配着的两个重量 BD 和 E，将作用一个力矩，就像整个的 BD 和双倍的 E 一起挂在杠杆 BC 的中点上的力矩一样。

萨耳： 正是这样，而且这是一个值得记住的事实。现在我们可以很容易地理解。

命题 2

设一杆或应称棱柱的宽度大于厚度，当力沿着宽度的方向作用时，棱柱所显示的对断裂的抵抗力将和力沿厚度作用时它所显示的抵抗力成什么比例？

为了清楚起见，考虑一个直尺 ad，其宽度为 ac，而厚度 cb 远远小于宽度。现在问题是，为什么当直尺像第一个图中那样侧放着时可以支持一个很大的重量 T，而当像第二个图中那样平放着时却不能支持一个比 T 还小的重量 X。答案是明显的。我们只要记得：在一种事例中，支点位于直线 bc 上，而在另一种事例中，支点则在 ca 上，而加力的距离在两种事例中都相同，即都是长度 bd；但是，在第一种事例中，从支点到抵抗力的距离，即直线 ca 的一半，却大于在另一种事例中的距离，因为那距离只是 bc 的一半。因此，重量 T 就大于 X，其比值即宽度 ca 的一半大于厚度 bc 的一半的那个比值，因为前者起着 ca 的杠杆臂的作用，而后者则起着 cb 的杠杆臂的作用，它们都是反对的同一抵抗力，即截面 ab 上所有纤维的强度。因此，我们的结论是，任何给定的宽度大于厚度的直尺，或棱柱，当侧放时都将比平放时对断裂显示较大的抵抗力，而二者之比即等于宽度和厚度之比。

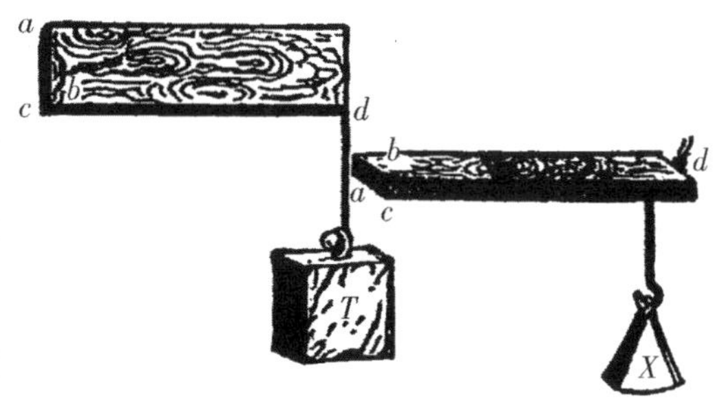

命题 3

现在考虑一个沿水平方向逐渐伸长的棱柱或圆柱，我们必须求出其本身重量的力矩是按什么比例随其对断裂的抵抗力而增加的，我发现这一力矩的增加和长度的平方成比例。[159]

为了证明这一命题，设 AD 是一根棱柱或圆柱，水平放置着，其一端 A 固定在一堵墙中。设通过 BE 部分的加入，棱柱的长度增大得很明显，如果我们忽略它的重量，仅仅杠杆的长度从 AB 增大为 AC，就将增大力(力作用在端点上)的倾向在 A 处造成断裂的力矩，其增长比率为 CA 比 BA。但是，除此以外，固体部分 BE 的重量，加在固体 AB 的重量上也增大了总重量的力矩，其增长比为棱柱 AE 的重量比棱柱 AB 的重量，这与

长度 AC 和 AB 的比值相同。

因此就得到，当长度和重量以任何给定的比例同时增大时，作为此二

者之乘积的力矩就将按上述比例之平方的比率而增大。因此结论就是，对于粗细相同而长度不同的棱柱或圆柱来说，其弯曲力矩之比等于其长度平方之比，或者也可以同样地说成等于长度之比的平方。[160]

其次我们将证明，当棱柱和圆柱的粗细增大而长度不变时，其对断裂的抵抗力（弯曲强度）将按什么比率而增大。在这里，我说：

命题 4

在长度相等而粗细不等的棱柱和圆柱中，对断裂的抵抗力按其底面直径立方的比率而增大。

取 A 和 B 为两个具有相等长度 DG 和 FH 的圆柱，设其底面为圆形但不相等，其直径为 CD 和 EF。那么我就说，圆柱 B 所显示的对断裂的抵抗力和圆柱 A 所显示的对断裂的抵抗力之比，等于直径 FE 的立方和直径 DC 的立方之比。因为，如果我们认为对纵向拉力而言的对断裂的抵抗力是依赖于底面的，即依赖于圆 EF 和 DC 的，则谁也不会怀疑圆柱 B 的强

度(抵抗力)会大于 A 的强度，其比值等于圆 EF 的面积和圆 CD 的面积之比，因为这恰恰就是一个圆柱中和另一个圆柱中将其各部分连接在一起的那些纤维的数目之比。

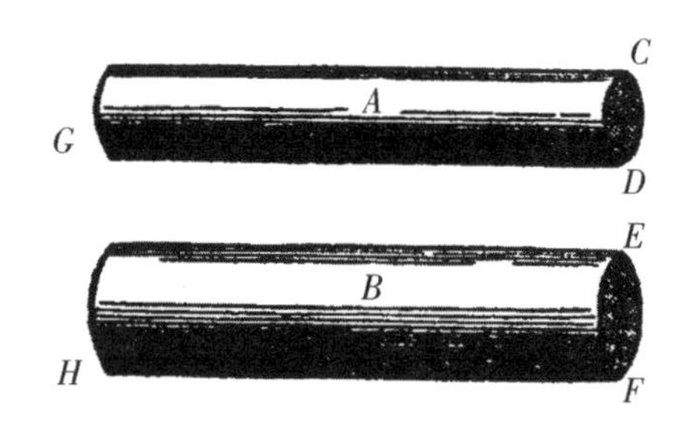

但是，在力沿横向而作用的事例中，却必须记得我们是在利用两个杠杆，这时力是在距离 DG、FH 上作用的，其支点位于点 D 和点 F；但是抵抗力却是作用在等于圆 DC 和 EF 的半径的距离上的，因为分布在整个截面上的那些纤维就如同集中在圆心上那样地起作用。记得这一点，并记得力 G 和力 H 的作用臂 DG 和 FH 相等，我们就可以理解，作用在底面 EF 之圆心上而抵抗 H 点上的力的抵抗力，比作用在底面 CD 之圆心上而反抗力 G 的抵抗力更加有效(maggiore)，二者之比等于半径 FE 和半径 DC 之比。由此可见，圆柱 B 所显示的对断裂的抵抗力大于圆柱 A 所显示的对断裂的抵抗力，二者之比等于圆面积 EF 和 DC 之比乘以它们的半径之比即乘以它们的直径之比；但是圆面积之比等于它们的直径平方之比。因此，作为上述二比值之乘积的抵抗力之比就等于直径立方之比。这就是我要证明的。再者，既然一个立方体的体积正比于它的棱长的立方。我们也可以说，一个长度保持不变的圆柱的抵抗力(强度)随其直径的立方而变。[161]

根据以上所述，我们可以得出推论如下：

推论. 长度不变的棱柱或圆柱的抵抗力(强度)，随其体积的 $\frac{3}{2}$ 次方而变。

这是很明显的，因为具有恒定高度的一个棱柱或圆柱的体积正比于其底面的面积，也就是正比于其边或底面之直径的平方，但是，上面刚刚证明，其抵抗力(强度)，随同一边的长度或其直径的立方而变。因此，抵抗力就随体积的 $\frac{3}{2}$ 次方而变——从而也随其重量的 $\frac{3}{2}$ 次方而变。

辛普：在继续听下去以前我希望解决我的一个困难。直到现在，你没有考虑另外某一种抵抗力，而在我看来，那一种抵抗力是随着固体的增长而减小的，而且这在弯曲的事例中也像在拉伸的事例中一样地正确；情况恰恰就是，在一根绳子的事例中，我们观察到，一根很长的绳子，似乎比一根短绳子更不能支持重物。由此我就相信，一根较短的木棒或铁棒将比它很长时能够支持更大的重量，如果力永远是沿着纵向而不是沿着横向作用的，而且如果我们把随着长度而增加的绳子本身的重量也考虑在内的话。

萨耳：如果我正确地理解了你的意思，辛普里修，我恐怕你在这一特例中正在像别的许多人那样犯同一种错误；那就是，如果你的意思是说，一根长绳子，也许 40 腕尺长，不能像一根短绳子，譬如说 2 腕尺同样的绳子一样吊起那么大的重量。

辛普：我正是这个意思，而且照我所能看到的来说，这种说法很可能是对的。

萨耳：相反地，我认为它不仅是不太可能的而且是错的，而且我想可以很容易地使你承认自己的错误。设 AB 代表绳子，其上端 A 固定，下端挂一重物 C，刚刚足以把绳子拉断。现在，辛普里修，请指出你认为断口所应出现的确切地方。[162]

辛普：让我们说是 D 点。

萨耳：那么为什么是 D 点呢？

辛普：因为在这个地方绳子不够结实，支持不住譬如说由绳子的 DB 部分和石头 C 所构成的 100 磅重量了。

萨耳：如此说来，每当绳子受到 100 磅重的拉伸（violentata）时，它就会在那儿断掉了。

辛普：我想是的。

萨耳：但是，请告诉我，如果不把石头挂在绳子的 B 端，而是把它挂在靠近 D 的一点，譬如 E 点；或者，如果不是把绳子的上端 A 点固定住，而是刚刚在 D 上面的一点 F 处把它固定住，则绳子是不是在 D 点会受到同样的100磅的拉力呢?

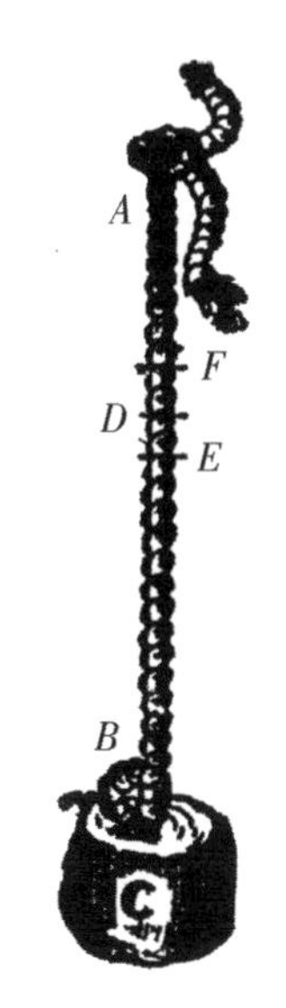

辛普:会的,如果你把绳子的EB段的重量也包括在石头C的重量中的话。

萨耳:因此,让我们假设绳子在D点受到了100磅重量的拉力,那么,根据你自己的承认,它会断掉;但是,FE只是AB的一小段,那么你怎能坚持认为长绳子不如短绳子结实呢?那么,请放弃你和许多很聪明的人士所共同主张的错误观点,并且让我们接着谈下去吧。

既已证明在粗细恒定的(重量均匀分布的)棱柱和圆柱的事例中,倾向于造成断裂的力矩(momento sopra le proprie resistenze)随长度的平方而变,而且同样证明了,当长度恒定而粗细变化时,对断裂的抵抗力随粗细即底面直径的立方而变,现在让我们过渡到长度和粗细同时变化的固体的研究。在这里,我注意到:

命题5

其长度和粗细都不相同的棱柱或圆柱对断裂显示的抵抗力(也就是可以在一端支持的负荷)正比于它们的底面直径的立方而反比于它们的长度。[163]

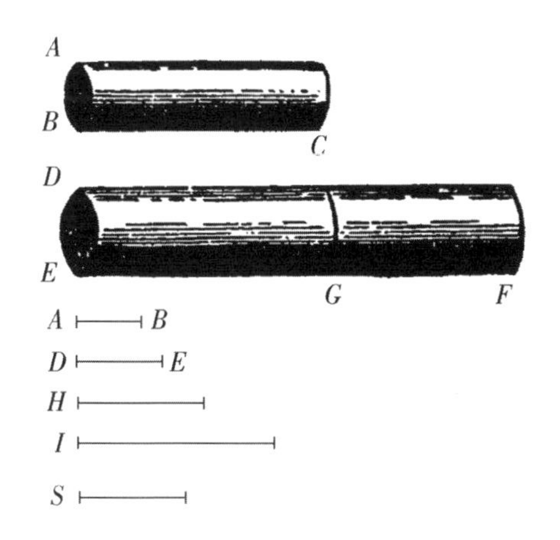

设ABC和DEF是这样两个圆柱,则圆柱AC的抵抗力(弯曲强度)和圆柱DF的抵抗力之比,等于直径AC的立方除以直径DE的立方再乘上长度EF除以长度BC。作EG等于BC:设H为线段AB和DE的第三比例项而I为第四项,($AB:DE=H:I$),并设$I:S=EF:BC$。

现在,既然圆柱AC的抵抗力和圆柱DG的抵抗力之比等于AB的立方和DE的立方之比,也就是说,等于长度AB和长度I之比,而且,既

然圆柱 DG 的抵抗力和圆柱 DF 的抵抗力之比等于长度 FE 和 EG 之比，也就是等于 I 和 S 之比，于是就得到，长度 AB 比 S 等于圆柱 AC 的抵抗力比圆柱 DE 的抵抗力。但是线段 AB 和 S 之比等于 $AB:I$ 和 $I:S$ 的乘积。由此即得圆柱 AC 的抵抗力(强度)和圆柱 DF 的抵抗力之比等于 $AB:I$(即 $AB^3:DE^3$)和 $I:S$($EF:BC$)的乘积。这就是所要证明的。

既已证明了这一命题，其次让我们考虑彼此相似的棱柱和圆柱。关于这些物体，我们将证明：

命题 6

在相似的圆柱和棱柱的事例中，由它们的重量和长度相乘而得出的力矩(也就是由它们的自身重量和长度而形成的力矩，长度起杠杆臂的作用)，相互之间的比值等于它们的底面抵抗力比值的 $\frac{3}{2}$ 次方。

为了证明这一命题，让我们把两个相似的圆柱称为 AB 和 CD。于是，圆柱 AB 中反对其底面 B 上的抵抗力的力(momento)的量值和 CD 中反对其底面 D 上的抵抗力的力的量值(momento)之比，就

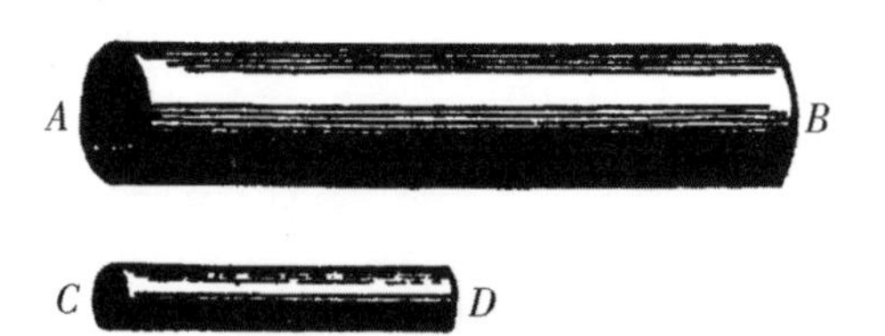

等于[164]底面 B 的抵抗力和底面 D 的抵抗力之比。而既然固体 AB 和 CD 在反抗它们的底面 B 和 D 的抵抗力方面是各自和它们的重量及杠杆臂的机械利益(forze)成正比的，而且杠杆臂 AB 的机械利益(forza)等于杠杆臂 CD 的机械利益(forza)(这是成立的，因为，由于圆柱的相似性，长度 AB 和底面 B 的半径之比等于长度 CD 和底面 D 的半径之比)，于是就得到圆柱 AB 的总力 (momento)和圆柱 CD 的总力之比，等于圆柱 AB 的重量和圆柱 CD 的重量之比，也就是等于圆柱 AB 的体积(l'istesso cilindro AB)和 圆柱 CD 的体积(all'istesso CD)之比；但是这又等于它们的底面 B 和 D 的直径的立方之比；而各底面的抵抗力既然和它们的面积成正比，从而也就和它们的直径平方成正比。因此，各圆柱的力(momenti)之间的相互比

率就是它们的底面的抵抗力之比的$\frac{3}{2}$次方。[①]

辛普：这个命题在我看来是既新颖又出人意料的；初看起来，它和我自己所可能猜想的情况大不相同，因为，既然这些图形在一切其他方面都是相似的，我就肯定地会认为这些圆柱的力（momenti）和抵抗力都将互相成相同的比例。

萨格：正如我在咱们的讨论刚一开始时就提到的那样，这就是此命题的证明之所以使我感到不完全懂的缘故。

萨耳：有一段时间，辛普里修，我总是像你那样认为相似固体的抵抗力是相似的，但是一次偶然的观察却向我证实了，相似的固体并不显示和它们的大小成正比的强度；较大的物体比较不适于粗暴的使用，正如高个子比小孩子更容易被摔伤一样。而且，正如我们在开始时所曾指出的那样，从一个给定的高度上掉下来的梁或柱，[165]可能被摔成碎片，而在相同的情况下，一个小东西或一根小的大理石圆柱却不会被摔断。正是这种观察把我引到了一个事实的研讨，那就是我即将向你们演证的。这是一个很可惊异的事实，那就是，在无限多个相似的固体中，并不存在两个固体使它们的力（momenti）和它们的抵抗力都互相成相同的比率。

辛普：现在你使我想起了亚里士多德的《力学问题》(*Questions in Meclumics*)中的一段话；他在那段话中试图说明为什么一根木梁越长就越不结实而容易折断，尽管短梁较细而长梁较粗。而且如果我记得不错，他正是利用简单的杠杆来解释此事的。

萨耳：很对，但是既然这种解释似乎留下了怀疑的余地，曾以其真正渊博的评注大大丰富和阐明了这一著作的圭瓦拉主教[②]才大量地加入了一些聪明的思索，以期由此而克服所有的困难；尽管如此，甚至连他也在这

---

① 从命题6开始的前面一段比平常更加有趣，因为它例示了伽利略当时流行的名词混乱。此处的译文是照样译出的，只除了注有意大利文的地方。伽利略所想到的那些事实是很明显的，以致很难看出这里怎么可能把“力矩”诠释为“反抗其底面的抵抗力”的力，除非把“杠杆臂 AB 的力”理解为“由 AB 和底面 B 的半径所构成的杠杆的机械利益”。“杠杆臂 CD 的力”也相似。——英译本注

② Bishop di Guevara，泰阿诺的主教，生于1561年，卒于1641年。——英译本注

一特殊问题上弄糊涂了，就是说，当这些立体图形的长度和粗细按给定的比例增加时，它们的力以及对断裂和弯曲的抵抗力是不是保持恒定。对这一课题进行了许多思考以后，我已经得到了下述的结果。首先，我将证明：

命题 7

在所有形状相似的重棱柱和重圆柱中，有一个而且只有一个棱柱和圆柱在它的自身重量下正好处于断裂和不断裂的界限之间，使得每一个较大的柱体都不能支持它自己的重量而断裂，而每一个较小的柱体则能支持更多一点的重量而并不断裂。

设 AB 为能支持本身重量的一个最长的重棱柱，若其长度再稍增一点点便会自动断裂。于是我说，这一棱柱在所有相似的棱柱（其数无限）中在占据断与不断之间的界限方面是唯一的：每一个比它大的棱柱都会在自身的重量下自动断裂，[166]而每一个比它小的棱柱都能不断裂，但是却能承受附加在自身重量上的某一力。

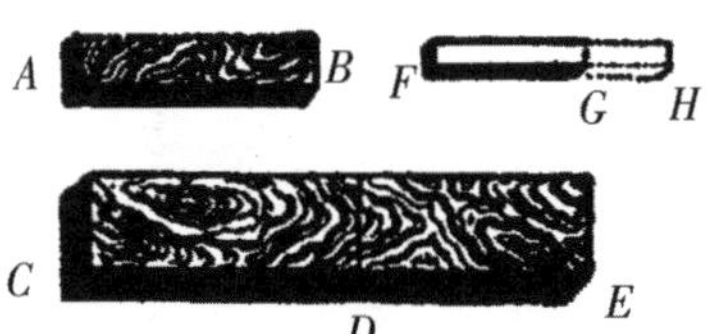

设棱柱 CE 和 AB 相似但大于 AB，于是我说，它不会保持不变，而是将在自身重量作用下断裂。取部分 CD，使其长度等于 AB。于是，既然 CD 的抵抗力（弯曲强度）和 AB 的抵抗力之比等于 CD 的厚度的立方和 AB 的厚度的立方之比，亦即等于棱柱 CE 和相似棱柱 AB 之比，由此即得，CE 的重量就是长度为 CD 的一个棱柱所能承受的最大负荷，但是 CE 的长度是较大的，因此棱柱 CE 就将断裂。现在取另一个小于 AB 的棱柱 FG。设 FH 等于 AB，于是可以用相似的方法证明，FG 的抵抗力(弯曲强度)和 AB 的抵抗力之比等于棱柱 FG 和棱柱 AB 之比，如果距离 AB 即 FH 等于距离 FG 的话，但是 AB 大于 FG，因此作用在 G 点的棱柱 FG 的力矩并不足以折断棱柱 FG。

萨格：证明简单而明白，而初看起来似乎不太可能的这一命题现在却显得既真实而又必然了。因此，为了使棱柱达到这一区分断裂和不断裂的极限条件，就必须改变它的粗细和长度之比，不是增大它的粗细就是减小它的长度。我相信，这种极限事例的研究也是要求同等的巧妙的。

萨耳：呐，甚至需要更巧妙，因为问题是更困难的。我知道这一点，因为我花了许多时间来发现它，现在我愿意和你们共享。

命题 8

已知一圆柱或一棱柱具有满足在自身重量下不会断裂的条件的最大长度；而且给定一更大的长度，试求出另一圆柱或棱柱的直径，使其具有这一较大长度时将成为唯一而且最大的支持其自身重量的圆柱或棱柱。

设 *BC* 为能支持自身重量之最大圆柱，并设 *DE* 为一个大于 *AC* 的长度。问题就是，求出长度为 *DE* 而正好能支持其自身重量的那一最大圆柱的直径。[167]设 *I* 为长度 *DE* 和 *AC* 的第三比例项，设直径 *FD* 和直径 *BA* 之比等于 *DE* 和 *I* 之比，画圆柱 *FE*，于是，在所有具有相同比例的圆柱中，这一圆柱就是恰好能支持其自身重量的唯一最大的圆柱。

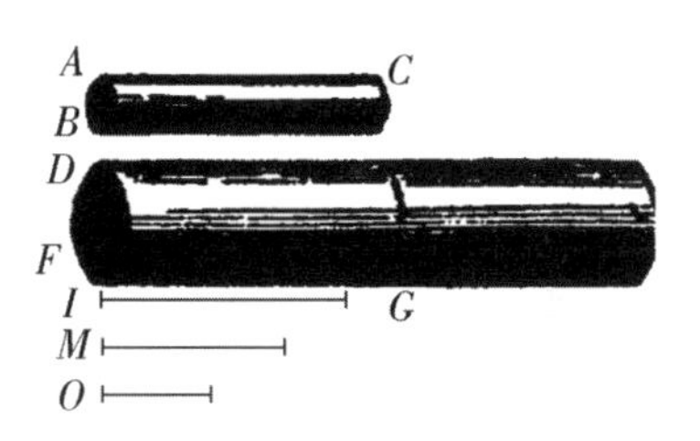

设 *M* 是 *DE* 和 *I* 的一个第三比例项，并设 *O* 是 *DE*、*I* 和 *M* 的第四比例项。作 *FG* 等于 *AC*。现在，既然直径 *FD* 和直径 *AB* 之比等于长度 *DE* 和 *I* 之比，而 *O* 是 *DE*、*I* 和 *M* 的第四比例项，那么就有 $FD^3:BA^3=DE:O$。但是，圆柱 *DG* 的抵抗力(弯曲强度)和圆柱 *BC* 的抵抗力之比等于 *FD* 的立方和 *BA* 的立方之比；由此即得，圆柱 *DG* 的抵抗力和圆柱 *DE* 的抵抗力之比等于长度 *DE* 和 *O* 之比。而且，既然圆柱 *BC* 的力矩是由它的抵抗力来平衡的(e equale alla)，我们将达成我们的目的(即证明圆柱 *FE* 的力矩等于位于 *FG* 上的抵抗力)，如果我们能证明圆柱 *FE* 的力矩和圆柱 *BC* 的力矩之比等于抵抗力 *DF* 和抵抗力 *BA* 之比，也就是等于 *FD* 的立方比 *BA* 的立方，或者说等于长度 *DE* 和 *O* 之比的话。圆柱 *FE* 的力矩和圆柱 *DG* 的力矩之比，等于 *DE* 的平方和 *AC* 的平方之比，也就是等于长度 *DE* 和 *I* 之比；但是圆柱 *DG* 的力矩和圆柱

BC 的力矩之比等于 DF 的平方和 BA 的平方之比，也就是等于 DE 的平方和 I 的平方之比，或者说等于 I 的平方和 M 的平方之比，或者说等于 I 和 O 之比。因此，通过让各比值相等，结果就是圆柱 FE 的力矩和圆柱 BC 的力矩之比等于长度 DE 和 O 之比，也就是等于 DF 的立方和 BA 的立方之比，或者说等于底面 DF 的抵抗力和底面 BA 的抵抗力之比。这就是所要证明的。

萨格：萨耳维亚蒂，这一证明相当长而困难，只听一次很难记住。因此，能不能请你再重讲一次？

萨耳：当然可以；但是我却愿意建议提出一种更直接和更短的证明，然而这却需要另一张图。[168]

萨格：那将好得多；不过我希望你能答应我把刚才给出的论证写下来，以便我在空闲时可以再看。

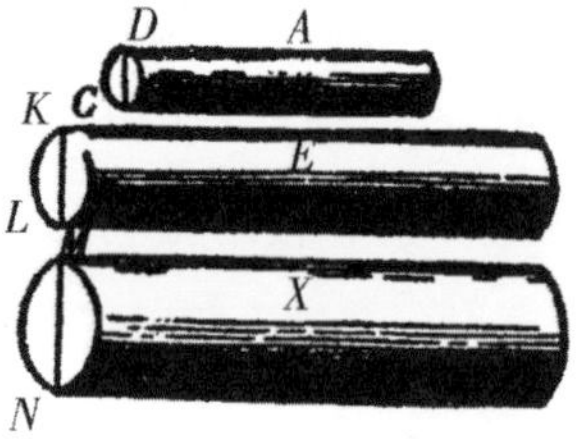

萨耳：我将乐于这样做，设 A 代表一个圆柱，其直径为 DC，而且是能够支持其自身重量的最大圆柱。问题是要确定一个较大的圆柱，使其是能够支持其自身重量的最大而唯一的圆柱。

设 E 是这样一个圆柱，和 A 相似，具有指定的长度，并且有直径 KL，设 MN 为两个长度 DC 和 KL 的一个第三比例项；设 MN 也是另一圆柱 X 的直径，该圆柱的长度和 E 的相同。于是我就说，X 就是所要求的圆柱。现在，既然底面 DC 的抵抗力和底面 KL 的抵抗力之比等于 DC 的平方和 KL 的平方之比，也就是等于 KL 的平方和 MN 的平方之比，或者说等于圆柱 E 和圆柱 X 之比，也就是等于 E 的力矩和 X 的力矩之比；而且，既然也有底面 KL 的抵抗力（弯曲强度）和底面 MN 的抵抗力之比等于 KL 的立方和 MN 的立方之比，也就是等于 DC 的立方和 KL 的立方之比，或者说等于圆柱 A 和圆柱 E 之比，也就是等于 A 的力矩和 E 的力矩之比；由此即得，ex æquali in proportione perturbata,[①] A 的力矩和 X 的力矩之比等于底面 DC 的抵抗力和底面 MN 的抵抗力之比；因此，力矩和

① 此注与前面重复，今不赘。

抵抗力在棱柱 X 中和棱柱 A 中都有确切相同的关系。

现在让我推广这个问题，于是它就将可以叙述如下：

已知一圆柱 AC，柱中的力矩和抵抗力(弯曲强度)有任意给定的关系，设 DE 为另一圆柱的长度，试确定其粗细，以使其力矩和抵抗力之间的关系和圆柱 AC 中的关系相同。

按照和以上相同的方式利用第 543 页的图，我们可以说，既然圆柱 FE 的力矩和 DG 段的力矩之比等于 ED 的平方和 FG 的平方之比，也就是等于长度 DE 和 I 之比，而且，既然圆柱 FG 的力矩和圆柱 AC 的力矩之比等于 FD 的平方和 AB 的平方之比，或者说等于 ED 的平方和 I 的平方之比，或者说等于 I 的平方和 M 的平方之比，也就是等于长度 I 和 O 之比，于是，ex æquali，由此就得，圆柱 FE 的力矩和[169]圆柱 AC 的力矩之比等于长度 DE 和 O 之比，也就是等于 DE 的立方和 I 的立方之比，或者说等于 FD 的立方和 AB 的立方之比，也就是等于底面 FD 的抵抗力和底面 AB 的抵抗力之比。这就是所要证明的。

由以上所证，你们可以清楚地看到不论是人为地还是天然地把结构的体积增加到巨大尺寸的不可能性，同样也看到建造巨大体积的船舰、宫殿或庙宇的不可能性，即不可能使它们的船桨、庭院、梁栋、铁栓，总之是所有各部分保持在一起；大自然也不可能产生奇大的树木，因为树枝会在自己的重量下断掉；同样也不能构造人、马或其他动物的骨架使之保持在一起并完成它们的正常功能，如果这些动物的身高要大大增加的话；因为，这种身高的增加只有通过应用一种比寻常材料更硬和更结实的材料或是通过增大其骨骼而使其外形改变得使它们的相貌如同妖怪一般才能做到。我们的聪慧诗人在描述一个巨人时写道：

“其高无从计，

其大未可量”①

① *Non si può compartir quanto sia lungo*, *Si smisuratamente è tutto grosso*. Ariosto's *Orlando Furioso*, XVII, 30. ——英译本注

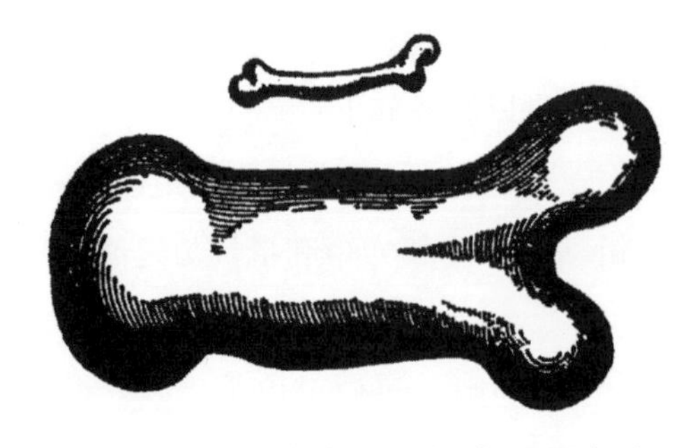

当时他心中所想到的，也许正是此种情况。

为了简单地举例说明，我曾描画了一根骨头，它的自然长度增加了3倍，它的粗细增大得对于一个相应大小的动物可以完成和小骨头在小动物身上所完成的功能相同的功能。从这里出示的这两个图形，你们可以看到这增大了的骨头显得多么的不成比例。于是就很显然，如果有人想在一个巨人中保持一个普通身材的人那样的肢体比例，他就必须或是找到一种更硬和更结实的材料来制造那个巨人的骨骼，或是必须承认巨人的强度[170]比普通身材的人有所减弱；因为，如果他的身高大大增加，他就会在自己的体重作用下跌倒而散架。另一方面，如果物体的尺寸缩小了，这个物体的强度却不会按相同的比例而缩小；事实上，物体越小，其相对强度越大。例如，一只小狗也许背得动它那样大小的两三只狗，但是我相信，一匹马甚至驮不动它那样大小的另一匹马。

辛普：这是可能的；但是我却被某些鱼类所达到的巨大体积引导得有些疑问，例如鲸，我知道它们有象的10倍大，但是它们却全能支持住自己。

萨耳：你的问题，辛普里修，使人想到另外一条原理。这条原理迄今没有引起我的注意，而且它使得巨人们和其他巨大的动物们能够像较小的动物那样支持自己并行动自如。这一结果可以通过两种方式来获得：或是通过增大骨骼和其他不仅负担其本身重量而且负担可能增加的重量的那些部分的强度，或是保持骨骼的比例不变，骨架将照旧或更容易保持在一起，如果按适当的比例减小骨质重、肌肉以及骨架所必须支持其他一切东西的重量的话。正是这第二条原理，被大自然用在了鱼类的结构中，使得它们的骨骼和肌肉不仅很轻，而且根本没有重量。

辛普：萨耳维亚蒂，你的论证思路是显然的。既然鱼类生活在水中，而由于它的密度(corpulenza)或如别人所说的重度 (pavità)，水会减低浸在它里边的各物体的重量(Peso)，于是你的意思就是说，由于这种原因，鱼类的身体将没有重量并将毫发无伤地支持它们的骨骼。但这并不是全部；因为虽然鱼类身体的其余部分可能没有重量，但是绝无问题，它们的骨头是有重量的。就拿鲸的肋骨来说，其大如房梁，谁能否认它的巨大重量或当放在水中时它的一沉到底的趋势呢？因此，人们很难指望这些庞然大物能够支持它们自己。[171]

萨耳：这是巧妙的反驳！那么，作为回答，请告诉我你曾否见过鱼类在水中停着不动，既不沉底又不上游，而且一点儿不费游泳之力呢？

辛普：这是一种众所周知的现象。

萨耳：那么，鱼类能够在水中静止不动这一事实，就是一种决定性的理由使我们想到它们的身体材料和水具有相同的比重；因此，在它们的全身中，如果有些部分比水重，就一定有另一些部分比水轻，因为不然就不会得到平衡。

因此，如果骨骼比较重，则身体的肌肉或其他成分必然较轻，以便它们的浮力可以抵消骨骼的重量。因此，水生动物的情况和陆生动物的情况正好相反；其意义就是，在陆生动物中，骨骼不仅支持自己的重量而且还要支持肌肉的重量，而在水生动物中，却是肌肉不仅支持自己的重量而且还要支持骨骼的重量。因此我们必须不再纳闷这些巨大的动物为什么住在水中而不住在陆上(即空气中)。

辛普：我信服了，我只愿意附带说一句，有鉴于它们生活在空气中，被空气所包围，并且呼吸空气，我们所说的陆生动物其实应该叫作气生动物。

萨格：我欣赏辛普里修的讨论，不但包括所提出的问题，而且包括问题的答案。另外我也可以很容易地理解，这些巨鱼中的一条，如果被拖上岸来，也许自己不会支持多久，而当它们骨骼之间的连接一旦垮掉时就会全身瓦解了。

萨耳：我倾向于你的意见；而且，事实上我几乎认为在很大的船只的事例中也会出现同样的情况；在海上漂浮而不会在货物和武器的负荷下散

架的大船，到了岸上的空气中就可能裂开。但是，让我们继续讲下去吧。其次的问题是：[172]

已知一根棱柱或圆柱，以及它自己的重量和它可能承受的最大负荷，然后就能够求出一个最大长度，该柱体不能延长得超过这一最大长度而并不在自身重量的作用下断裂。

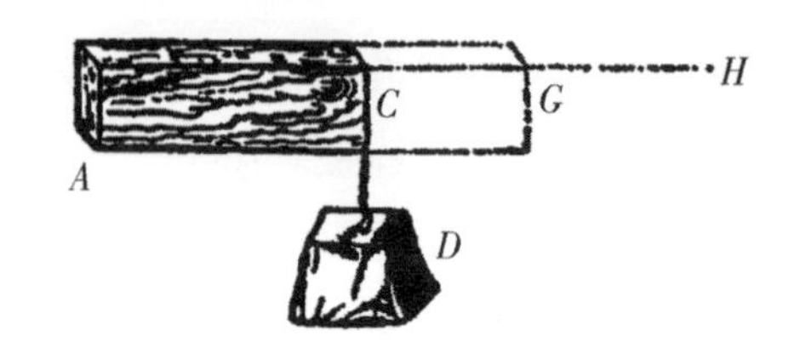

设 AC 既代表棱柱又代表它的自身重量，而 D 则代表此棱柱可以在 C 端支持而不致断裂的最大负荷，要求出该棱柱可以延长而并不断裂的最大长度。作 AH 使其长度适当，以致棱柱 AC 的重量和 AC 及两倍重量 D 之和的比等于长度 CA 和 AH 之比；再设 AC 为 CA 和 AH 之间的一个比例中项；于是我说，AC 就是所求的长度。既然作用在 C 点的重量 D 的力矩(momento gravante)等于作用在 AC 中点上的 2 倍于 D 的力矩，而棱柱 AC 的力矩也作用在中点上，由此即得，位于 A 处的棱柱 AC 之抵抗力的力矩，等价于 2 倍重量 D 加上 AC 的重量同时作用于 AC 中点上的力矩。而且，既然已经约定，这样定位的一些重量，即 2 倍 D 加 AC 的力矩和 AC 的力矩之比等于长度 HA 和 CA 之比，而且 AC 又是这两个长度之间的一个比例中项，那么就有，2 倍 D 加 AC 的力矩和 AC 的力矩之比等于 GA 的平方和 CA 的平方之比。但是，由棱柱 GA 的重量所引起的力矩 (momento premente)和 AC 的力矩之比等于 GA 的平方和 CA 的平方之比，因此，AG 就是所求的最大长度，也就是棱柱延长而仍能支持自己时所能达到的最大长度；超过这一长度棱柱就会断裂。

到此为止，我们考虑了一端固定而有一重力作用于另一端的棱柱或实心圆柱的力矩和抵抗力；共考虑了三种事例，即所加之力是唯一力的事例，棱柱本身的重量也被考虑在内的事例，以及只把棱柱的重量考虑在内的事例。现在让我们考虑同样这些[173]棱柱和圆柱当两端都被支住或在两端之间的某一点上被支住时的情况。

首先我要指出，当两端都被支住或只在中点被支住时，一根只承担自己的重量而又具有最大长度(超过此长度柱体就会断裂)的圆柱，将具有等于它在一端嵌入墙内而只在该端被支住时的最大长度的2倍的长度。这是很显然的，因为，如果我们用 ABC 来代表这根圆柱并假设它的一半即 AB 是当一端固定在 B 时能够支持其本身重量的最大长度，那么，按照同样的道理，

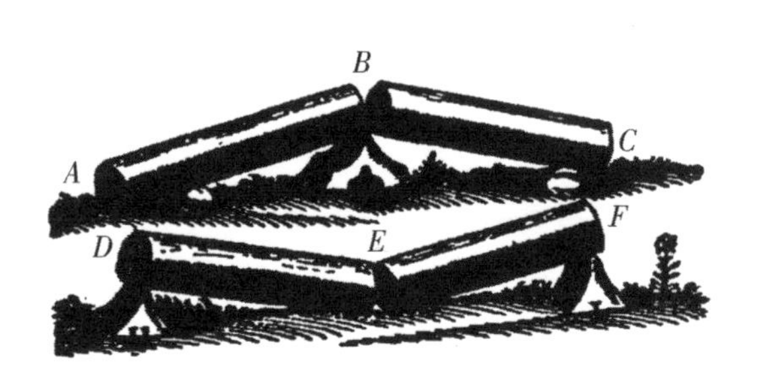

如果圆柱在 C 点被支住，则其前半段将被后半段所平衡。在圆柱 DEF 的事例中情况也相同，如果它的长度使得当 D 端被固定时只能支持其一半长度的重量，或者，当 F 端被固定时只能支持其另一半长度的重量，那么就显而易见，当像 H 和 I 那样的支持物被分别放在 D 和 F 两端下面时，任何作用在 E 处的附加力或重量的力矩都会使它在该点断裂。

一个更复杂而困难的问题是这样：忽略像上述那样的一个固体的重量，试求出当作用在两端被支住的圆柱的中点上即将造成断裂的一个力或重量，当作用在离一端较近而离另一端较远的某一点上时会不会也引起断裂。

例如，如果一个人想折断一根棍子。他两手各执棍子的一端而用膝盖一顶棍子的中点就能折断；那么，如果采用相同的姿势，但是膝盖顶的不是中点而是离某一端较近的一点，是不是要用同样大小的力呢?

萨格：我相信，这个问题曾经由亚里士多德在《力学问题》(*Questions in Meclmnics*)中触及过。[174]

萨耳：然而他的探索并不完全相同，因为他只是想发现为什么一根棍子当用两手握住两端，即握得离膝盖最远时，比握得较近时更容易被折断。他给出了一种普遍的解释，提到了通过用两手握住两端而得到保证的杠杆臂的增长。我们的探索要求得更多一些；我们所要知道的是，当两手仍握住棍子的两端时，是不是无论膝盖顶在何处都需要用同样大小的力来

折断它。

萨格：初看起来似乎会是这样，因为两个杠杆臂以某种方式作用相同的力矩，有鉴于当一个杠杆臂缩短时另一个就增长。

萨耳：呐，你看到人们多么容易陷入错误以及需要多么小心谨慎地去避免它了。刚才你所说的初看起来或许是那样的事实，在仔细考察之下却证实为远远不是那样，因为我们即将看到，膝盖(即两个杠杆臂)之是否顶住中点将造成很大的差别，以致当不在中点时，甚至中点折断力的 4 倍、10 倍、100 倍乃至 1 000 倍的力都可能不足以造成折断。在开始时，我们将提出某些一般的考虑，然后再去确定，为了在一个点而不是在另一个点造成折断，所需要的力将按什么比率而变。

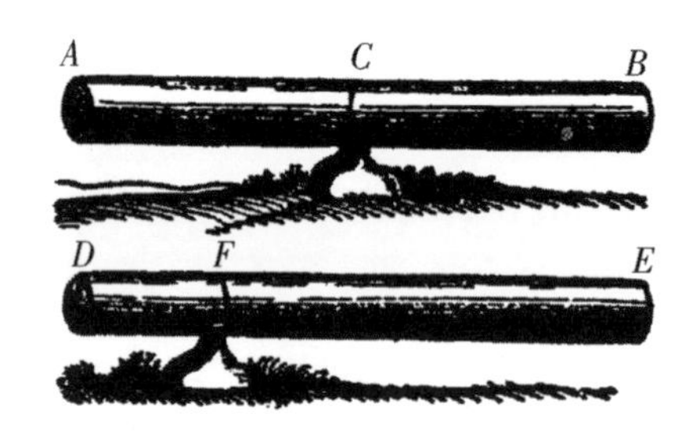

设 AB 是一根木圆柱，需要在中点的支撑物 C 的上方被折断；并设 DE 是一根完全相同的木圆柱，需要在并非在中点上的支撑物 F 的上方被折断。首先，很明显，既然距离 AC 和 CB 相等，加在两个端点 B 和 A 上的力也必然相等。其次，既然距离 DF 小于距离 AC，作用在 D 处的任何力的力矩必然小于作用在 A 处的同力的力矩，也就是小于作用距离 AC 上的同力的力矩；而且二力矩之比等于长度 DF 和 AC 之比；由此可见，为了克服乃至平衡 F 处的抵抗力，必须增大 D 处的力(momento)；但是，和长度 AC 相比，距离 DF 可以无限地缩小；因此，为了抵消 F 处的抵抗力，就必须无限地增大作用在 D 上的力(forza)。[175]另一方面，随着距离 FE 在和 CB 相比之下的增长，我们必须减小为了抵消 F 处的抵抗力而作用在 E 上的力，但是按 CB 的标准来量度的距离 FE 并不能通过向 D 端滑动支点 F 而无限地增长；事实上，它甚至不能被弄得达到 CB 的 2 倍。因此，所需要的作用在 E 上用来平衡 F 处的抵抗力的那个力，将永远大于需要作用在 B 上的那个力的二分之一。于是就很明显，随着支点 F 向 D 端的趋近，我们必将有必要无限地增大作用在 E 和 D 上的二力之和，以便平衡或

克服 F 处的抵抗力。

萨格：我们将说些什么呢，萨耳维亚蒂？我们岂不是必须承认，几何学乃是一切工具中最强有力的磨砺我们的智力和训练我们的心智以使我们正确地思维的工具呀？当柏拉图希望他的弟子们首先要在数学方面打好基础时，他岂不是完全正确的吗？至于我自己，我是相当理解杠杆的性质以及如何通过增大或减小它的长度就可以增大或减小力的力矩和抵抗力的力矩的，而在现在这个问题的解方面，我却并非稍微地而是大大地弄错了。

辛普：确实我开始明白了；尽管逻辑学是谈论事物的一种超级的指南，但是在激励发现方面，它却无法和属于几何学的确切定义的力量相抗衡。

萨格：在我看来，逻辑学教给我们怎样去考验已经发现了和已经完成了的那些论点和证明的结论性，但是我不相信它能教给我们如何去发现正确的论点和证明。但是萨耳维亚蒂最好能够告诉我们，当支点沿着同一根木棍从一点向另一点移动时，为了造成断裂，力必须按什么比例而变化。[176]

萨耳：你所要求的比率是按下述方式来确定的：

如果在一根圆柱上作两个记号，要求在那两个地方造成断裂，则这两个点上的抵抗力之比，等于由每一支点分成的两段圆柱所形成的长方形面积的反比。

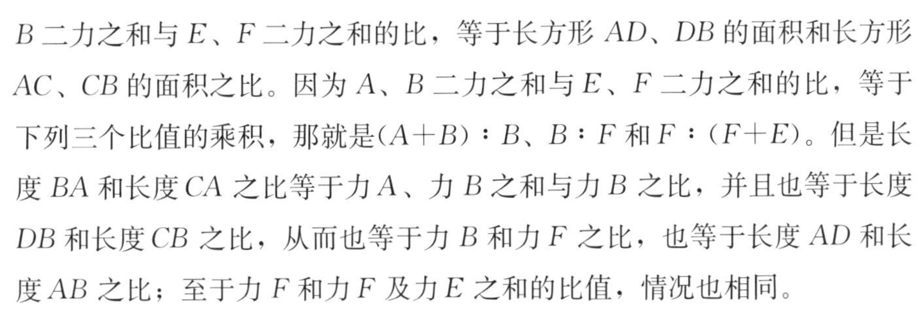

设 A 和 B 是将在 C 处造成圆柱断裂的最小的力，同样，设 E 和 F 是将在 D 处造成圆柱断裂的最小的力。于是我就说，A、B 二力之和与 E、F 二力之和的比，等于长方形 AD、DB 的面积和长方形 AC、CB 的面积之比。因为 A、B 二力之和与 E、F 二力之和的比，等于下列三个比值的乘积，那就是$(A+B):B$、$B:F$ 和 $F:(F+E)$。但是长度 BA 和长度 CA 之比等于力 A、力 B 之和与力 B 之比，并且也等于长度 DB 和长度 CB 之比，从而也等于力 B 和力 F 之比，也等于长度 AD 和长度 AB 之比；至于力 F 和力 F 及力 E 之和的比值，情况也相同。

由此就得到，力A和力B之和比力E和力F之和，等于下列三个比值的乘积，即$BA:CA$、$BD:BC$和$AD:AB$之积。但是，$DA:CA$就是$DA:BA$和$BA:CA$的乘积。因此，力A和力B之和比力E和力F之和，就等于$DA:CA$和$DB:CB$之积。但是长方形AD·长方形DB和长方形AC·长方形CB之比等于$DA:CA$和$DB:CB$的乘积。因此，力A和力B之和比力E和力F之和，就等于长方形AD·长形DB比长方形AC·长方形CB；也就是说，C处对断裂的抵抗力和D处对断裂的抵抗力之比，等于长方形AD·长方形DB和长方形AC·长方形CB之比。

证毕。[177]

另一个相当有趣的问题，可以作为这一定理的推论得到解决。那就是：

已知一圆柱或棱柱在其抵抗力最小的中点上所能支持的最大重量，并给定一较大的重量，试求出柱上的一点，该点所能支持的最大负荷即为该较大重量。

设所给大于圆柱AB之中点所能支持的最大重量的那个较大重量和该最大重量之比等于长度E和长度F之比。问题就是要找出圆柱上的一点，使这一较大重量恰为该点所能支持的最大重量。设G是长度E和F之间的一个比例中项，作AD与S使它们之比等于E和G之比；因此S将小于AD。

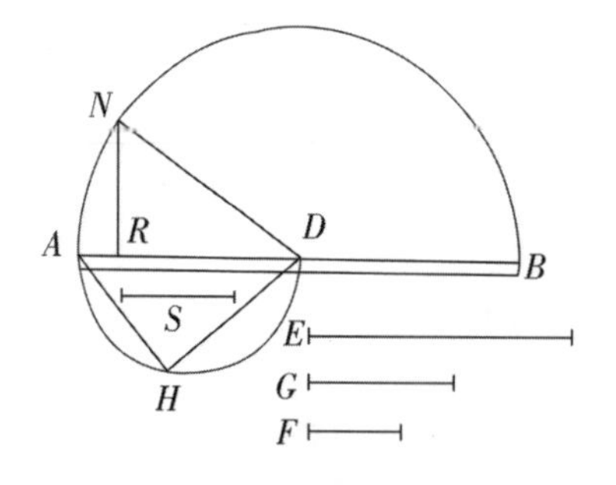

设AD为半圆AHD的直径，在半圆上，取AH等于S。作H和D的连线，并取DR等于HD。于是我说，R就是所求之点；亦即所给的比圆柱D之中点能够支持的最大重量更大的重量，在该点上将是最大负荷。

以AB为直径作半圆ANB，作垂线RN并画N、D二点之连线。现在，既然以NR和RD为边的两个正方形之和等于以ND为边的正方形，亦即等于AD的平方，或者说等于AH的平方和HD的平方之和；而且，既然HD的平方等于DR的平方，我们就有，NR的平方，亦即长方形

$AR \cdot RB$，等于 AH 的平方，从而也等于 S 的平方；但是，S 的平方和 AD 的平方之比等于长度 F 和长度 E 之比，也就是等于在 D 点上所能支持的最大重量和所给重量中的较大重量之比，由此可见，后者将是在 R 点上可以支持的最大负荷。这就是所要求的解。

萨格：现在我完全理解了。而且我正在想，既然棱柱在离中点越远的点上变得越来越坚实而更加能够抵抗负荷的压力，我们在又大又重的梁的事例中或许可以在靠近两端的地方切掉它很大一部分，这将显著地减小其重量，而且在大房屋的架构工作中将被证实很有用和很方便。[178]

如果人们能够发现为了使一个固体在各点上同样强固而所应给予它的适当形状，那将是一件很可喜的事情；在那种事例中，加在中点上的一个负荷将不会比加在任何另外的点上时容易造成断裂。①

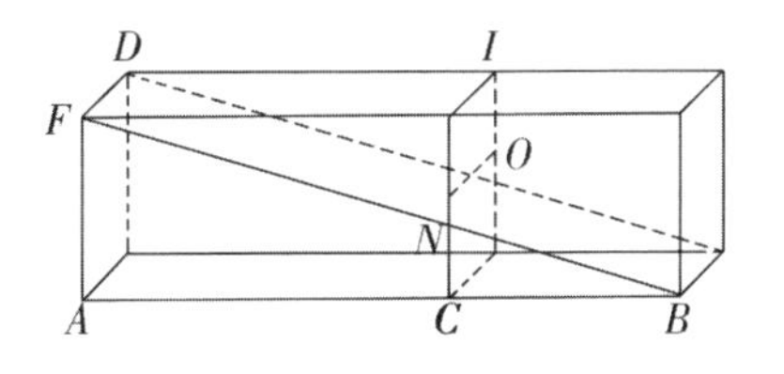

萨耳：我正好在打算提到和这一问题有联系的一个有趣的和值得注意的事实。如果我画一幅图，我的意思就会清楚了。设 DB 代表一个棱柱；那么，正如我们已经证明的那样，由于加在 B 端的一个负荷，棱柱 AD 端对断裂的抵抗力（弯曲强度）就将小于 CI 处的抵抗力，二者之比等于长度 CB 和 AB 之比。现在设想把棱柱沿对角线切成两半，使其相对的两面成为三角形，朝向我们的一面为 FAB。这样的一个固体将和棱柱具有不相同的性质；因为，如果负荷保持于 B，则 C 处对断裂的抵抗力(弯曲强度)将小于 A 处的抵抗力，二者之比等于长度 CB 和长度且 AB 之比。这是容易证明的，因为，如果 CNO 代表一个平行于 AFD 的截面，则△FAB 中长度 FA 和长度 CN 之比，等于长度 AB 和长度 CB 之比。因此，如果我们设想 A 和 C 为所选定的支点位置，则这种事例中的杠杆臂 BA、AF 和

① 读者将注意到，这里涉及了两个不同的问题。萨格利多在上一段议论中提出的问题是：试求一染，当一个恒值负荷从该梁的一端运动到另一端时，梁中的最大胁强将有相同的值。萨耳维亚蒂所要证明的第二个问题是：试求一梁，对于固定点上的恒值负荷，该梁的每一截面上的最大胁强都相同。——英译本注

BC、CN 将互成比例(simili)。因此，作用在 B 处通过臂 BA 而反抗位于距离 AF 上的抵抗力的那个力的力矩，将等于同一个力作用在 B 通过臂 BC 而反抗位于距离 CN 上的同一抵抗力时的力矩。但是，喏，如果力仍然作用在 B，当支点位于 C 时，此力通过臂 CN 而要克服的抵抗力将小于支点位于 A 时的抵抗力，二者之比等于长方形截面 CO 和长方形截面 AD 之比，也就是等于长度 CN 和 AF 之比，或者说等于 CB 和 BA 之比。

由此可知，由 OBC 部分引起的 C 处的对抗断裂的抵抗力小于由整块物体 DAB 引起的 A 处对断裂的抵抗力，二者之比等于长度 CB 和长度 AB 之比。

通过这样对角锯开，我们现在已经从原来的梁或棱柱 DB 上切除了一半，剩下来的是一个楔形体或称三角棱形体 FAB。这样，我们就有了两个具有相反性质的固体：当变短时，一个固体将越来越坚固，而另一个固体则越来越[179]脆弱。情况既已如此，看来不仅合理而且不可避免的就是，存在一条截开线，使得当多余的材料被截去以后，剩下来的固体就具有适当的形状，使得它在所有各点上都显示相同的抵抗力(强度)。

辛普：当从大过渡到小时，显然必将遇到相等。

萨格：但现在的问题是锯子应该沿着什么路线锯下去。

辛普：在我看来这似乎不应该是什么困难的任务；因为，如果通过沿对角线锯开并除去一半材料，剩下来的部分就得到一种和整个棱柱的性质恰好相反的性质，使得在后者强度增大的每一点上前者的强度都减小，那么我就觉得，通过采取一个中间性的路程，即锯掉前一半的一半，或者说通过锯掉整个物体的$\frac{1}{4}$，则剩下来的形状的强度就将在所有那样的点上都为恒量；在那些点上，前两个形状中一个形状的所得等于另一个形状的所失。

萨耳：你弄错了目标，辛普里修。因为，正如我即将向你证明的那样，你可以从棱柱上取掉而不使它变弱的那个数量，不是$\frac{1}{4}$而是$\frac{1}{3}$。现在剩下来的工作就是，正如萨格利多建议的那样，找出锯子必须经过的路线。正如我将证明的那样，这条路线必须是一条抛物线。但是首先必须证明下述的引理：

如果在两个杠杆或天平中支点的位置适当，使得二力所作用的二臂之比等于二抵抗力所作用的二臂的平方之比，而且二抵抗力之比等于它们所作用的二臂之比，则该二作用力将相等。［180］

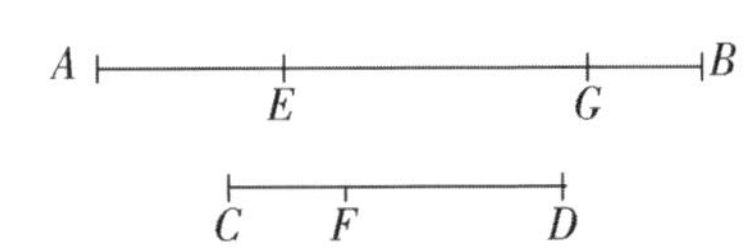

设 AB 和 CD 代表两个杠杆，各被其支点分为两段，使得距离 EB 和距离 FD 之比等于距离 EA 和 FC 之比的平方。设 A 和 C 处的抵抗力之比等于 EA 和 FC 之比。那么我就说，为了和 A 及 C 处的抵抗力保持平衡而必须作用在 B 和 D 上的二力相等。设 EG 为 BE 和 FD 之间的一个比例中项。于是我们就有 $BE:EG=EG:FD=AE:CF$。但是后一比值恰好就是我们假设存在于 A 和 C 处的两个抵抗力之间的比值。而且，既然 $EG:FD=AE:CF$，于是，permutando，就得到 $EG:AC=FD:CP$。注意到距离 DC 和 GA 是由点 F 和 E 分为相同比例的，就得到，当作用在 D 上将和 C 处的抵抗力保持平衡的同一个力作用在 G 上时就将和 A 上的一个抵抗力相平衡，而该抵抗力等于在 C 上看到的那个抵抗力。

但是问题的一个条件就是，A 处的抵抗力和 C 处的抵抗力之比等于距离 AE 和距离 CF 之比，或者说等于 BE 和 EG 之比。因此，作用在 G 上，或者倒不如说作用在 D 上的力，当作用在 B 上时将平衡 A 处的抵抗力。　　证毕。

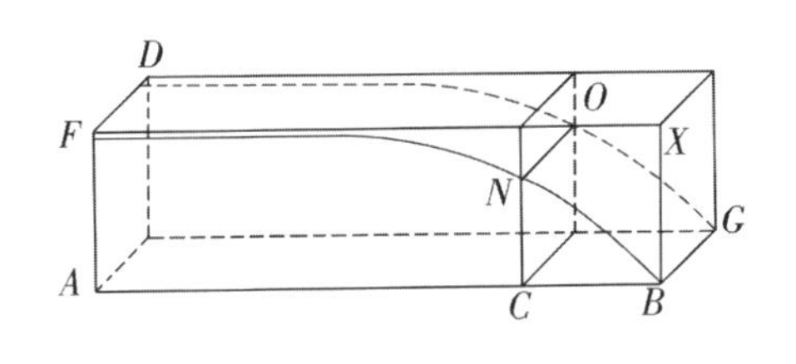

这一点既已清楚，就可以在棱柱 DB 的 FB 面上画一条抛物线，其顶点位于 B。将棱柱沿此抛物线锯开，剩下的固体部分将包围在底面 AD、长方形平面 AG、直线 BG 和曲面 $DGBF$ 之间，该曲面的曲率和抛物线 FNB 的曲率等同。我说，这一固体将在每一点都有相同的强度。设固体

被一个平行于 AD 的平面 CO 所切开。设想点 A 和点 C 是两个杠杆的支点，其中一个杠杆以 BA 和 AF 为臂，而另一个则以 BC 和 CN 为臂。于是，既然在抛物线 FBA 上我们有 $BA : BC = AF^2 : CN^2$，那么就很清楚，一个杠杆的臂 BA 和另一杠杆的臂 BC 之比，等于臂 AF 的平方和另一臂 CN 的平方之比。既然应由杠杆 BA 来平衡的抵抗力和应由杠杆 BC 来平衡的抵抗力之比等于长方形 DA 和长方形 OC 之比，也就是等于长度 AF 和长度 CN 之比，而这两个长度就是各杠杆的另外两个臂，那么，根据刚才证明的那条引理就得到，当作用在 BG 上将平衡 DA 上的抵抗力的那同一个力，也将平衡 CO 上的抵抗力。同样情况对任何其他截面也成立。因此这一抛物面固体各处的强度都是相同的。[181]

现在可以证明，如果棱柱沿着抛物线 FNB 被锯开，它的三分之一就将被锯掉；因为，长方形 FB 和以抛物线为界的抛物平面 $FNBA$，是介于两个平行平面之间(即长方形 FB 和 DG 之间)的两个固体的底面；因此，两个固体的体积之比就等于它们的底面之比。但是，长方形 FB 的面积是抛物线下面的 $FNBA$ 面积的 1.5 倍；由此可见，通过沿着抛物线将棱柱锯开，我们就会锯掉其体积的三分之一。这样就看到了，可以怎样减小一个横梁的重量的百分之三十三而并不降低它的强度；这是一件在大容器的制造方面很有用处的事实，特别是在结构的轻化具有头等重要性的甲板支撑问题上。

萨格：从这一事实引出的益处是那样的数目众多，以致既太烦人也不可能把它们全都提到了。但是，此事不谈，我却愿意知道上述这种重量的减低是怎么发生的。我可以很容易地理解，当沿着对角线切开时，一半重量就会被取走；但是，关于沿抛物线锯开就会取走棱柱的三分之一，我只能接受萨耳维亚蒂的说法，他永远是可以依靠的，然而我却愿意听听别人所讲的第一手知识。

萨耳：那么你将喜欢听听那件事的证明，就是说，一个棱柱的体积比我们称之为抛物面固体的物体的体积大出了棱柱体积的三分之一。这种证明我已经在早先的一个场合告诉过你们，然而我现在将试着回忆一下那个证明。在证明中，我记得曾经用到过阿基米德《论螺线》(On Spinals)①一书中的一条引理；就是说，已知若干条直线，长度不等，彼此之间有一公共差，该差等于其中最短的直线；另外有同样数目的一些直线，每一条的长度都等于前一组直线中最长的一条的长度；那么，第二组中各线长度的平方和，将小于第一组中各线长度的平方和的3倍。但是，第二组中各线长度的平方和，将大于第一组中除最长者外各线长度的平方和。[182]

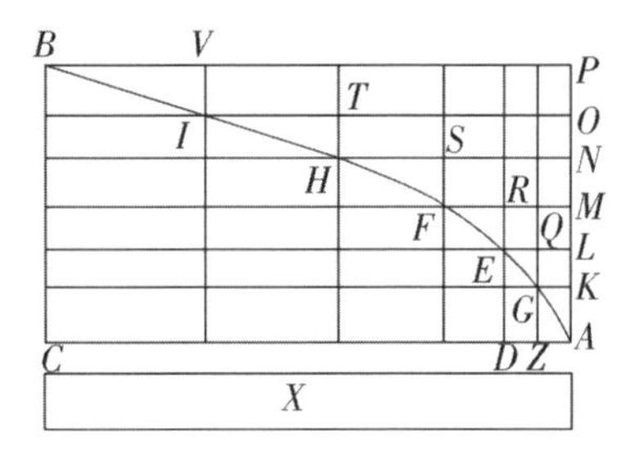

承认了这一点，将抛物线 AB 内接于长方形 $ACBP$ 中。现在我们必须证明，以 BP 和 PA 为边而以抛物线 BA 为底的混合三角形是整个长方形 CP 的三分之一。假如不是这样，它不是大于就是小于三分之一。假设它比三分之一小一个用 X 来代表的面积。通过画一些平行于 BP 和 CA 二边的直线，我们可以把长方形 CP 分成许多相等的部分；而且如果这种过程继续进行，我们最后就可以达到一种分法，使得其中每一部分都小于 X。设长方形 OB 代表其中一个这样的部分。而且通过抛物线和其他各平行线相交的各点，画直线平行于 AP。现在让我们在“混合三角形”周围画一个图形，由一些长方形如 BO、IN、HM、FL、EK 和 GA 构成；这个图也将小于长方形 CP 的三分之一，因为这个图比“混合三角形”多出的部分仍然远小于长方形 BO，而 BO 是被假设为小于 X 的。

萨格：请慢一点儿，因为我看不出在“混合三角形”周围画的这个图的超出部分怎么会远小于长方形 BO。

萨耳：长方形 BO 是不是有一个面积，等于抛物线所经过的各个小长方形的面积之和呢？我指的就是长方形 BI、IH、HF、FE、EG 和 GA，它们各自只有一部分位于“混合三角形”之内。我们是不是已把长方形 BO

① 关于此处所提到的这条定理的证明，见 *Works of Archimedes*”，T. L. Heath 译，(Camb. Univ. Press，1897)p. 107 及 p. 162。——英译本注

取为小于 X 呢？因此，如果正像我们的反对者所可能说的那样，三角形加 X 等于长方形 CP 的三分之一；外接的图形在三角形上增加了一个小于 X 的面积，将仍然小于长方形 CP 的三分之一。然而这是不可能的，因为外接图形大于总面积的三分之一。因此，说我们的“混合三角形”小于长方形的三分之一是不对的。[183]

萨格：你已经清除了我的困难；但是仍然有待证明外接图形大于长方形 CP 的三分之一，我相信这个任务将被证实为不太容易。

萨耳：关于此事没有什么很困难的。既然在抛物线上有 $DE^2:ZG^2=DA:AZ=$长方形 KE∶长方形 AG，注意到这两个长方形的高 AK 和 KL 相等，就得到 $ED^2:ZG=LA^2:AK^2=$长方形 KE∶长方形 KZ。按照完全相同的办法可以证明，其他各长方形 LE、MH、NL、OB 彼此之间也和各线段 MA、NA、OA、PA 的平方成相同的比例关系。

现在让我们考虑外接图形，它由一些面积组成，各该面积之间和一系列线段的平方成相同的比例关系，而各线段长度之公共差等于系列中最短的线段；此外再注意到长方形 CP 是由相等数目的面积组成的，其中每一面积都等于最大的面积并等于长方形 OB。因此，按照阿基米德的引理，外接图形就大于长方形 CP 的三分之一；但它同时又小于三分之一这是不可能的。因此“混合三角形”不小于长方形 CP 的三分之一。

同样，我说它也不能大于长方形 CP 的三分之一。因为，让我们假设它大于长方形 CP 的三分之一，设它超出的面积为 X，将长方形 CP 划分成许多相等的小长方形，直到其中每一个小长方形小于 X，设 BO 代表一个这种小于 X 的长方形。利用上页的图，我们就在“混合三角形”中有一个内接图形，由长方形 VO、TN、SM、RL 和 QK 组成；此图将不小于大长方形 CP 的三分之一。

因为“混合三角形”比内接图形大一个量，而该量小于该三角形大于长方形 CP 三分之一的那个量。为了看出这一点是对的，我们只要记得三角形大于 CP 三分之一的量等于面积 X，而 X 则小于长方形 BO，而 BO 又远小于三角形超出内接图形的量。因为长方形 BO 是由[184]小长方形 AG、

GE、*EF*、*FH*、*HI* 和 *IB* 构成的，而三角形超出内接图形的量则小于这些小长方形的总和的二分之一。于是，既然三角形超出长方形 *CP* 三分之一的量为 *X*，此量大于三角形超出内接图形之量，后者也将超过长方形 *CP* 的三分之一。但是，根据我们已设的引理，它又是较小的。因为长方形 *CP* 是那些最大的长方形之和，它和组成内接图形的长方形之比，等于相同数目的最长线段的平方和，和那些具有公共差的线段的平方之比，后者不包括最长的线段。

因此，正如在正方形的事例中一样，各最大长方形的总和，也就是长方形 *CP*，就大于具有公共差而不包含最大者在内的那些长方形之总和的 3 倍，但是后面这些长方形却构成内接图形。由此可见，“混合三角形”既不大于也不小于长方形 *CP* 的三分之一，因此它只能等于 *CP* 的三分之一。

萨格：这是一种漂亮而巧妙的证明，特别是因为它给了我们抛物线的面积，证明它是内接三角形[①]的三分之四。这个事实曾由阿基米德证明过，他利用了两系列不同的然而却可赞赏的许多命题。这同一个定理近来也曾由卢卡·瓦勒里奥[②]所确立，他是我们这个时代的阿基米德；他的证明见他讨论固体重心的书。

萨耳：那是一本确实不应该放在任何杰出几何学家的作品之下的书，不论是现在的还是过去的几何学家。那本书一入我们的院士先生之手，就立即引导他放弃了他自己沿这些路线的研究，因为他十分高兴地发现每一事物都已经由瓦勒里奥处理了和证明了。[185]

萨格：当院士先生亲自告诉了我此事时，我请求他告诉我他在看到瓦勒里奥的书以前就已经发现了的那种证明，但是我在这方面没有成功。

萨耳：我有一份那些证明并将拿给你们看；因为你们将欣赏这两位作者在达到并证明同一些结论时所用方法的不同；你们也将发现，有些结论是用不同的方式解释了的，虽然二者事实上是同样正确的。

---

① 请仔细区分这一三角形和前面提到的混合三角形。——英译本注

② Luca Valerio，和伽利略同时代的一位杰出的意大利数学家。——英译本注

萨格：我将很高兴地看它们，并将认为它是一大幸事，如果你能把它们带到咱们的例会上来的话。但是在此以前，当考虑通过抛物线切割而由棱柱形成的那个固体的强度时，有鉴于这一事实有可能既有兴趣又在许多机械操作方面很有用处，如果你能给出一些迅速而又容易的法则以供一个机械师用来在一个平面上画一条抛物线，那不也是一件好事吗？

萨耳：有许多方法画这些曲线。我只准备提到其中最快的两种。其中一种是确实可惊异的；因为利用此法我可以画出 30 条或 40 条抛物曲线，而其精密性和准确性并不很次，而且所用的时间比另一个人借助于圆规来在纸上很清楚地画出四五个不同大小的圆所用的时间还要短。我拿一个完全圆的黄铜球，大小如一个核桃，把它沿一个金属镜子的表面扔出，镜子的位置几乎是竖直的；这样，铜球在运动中就轻轻地压那镜面，并在上面画出一条精细而清楚的抛物线；当仰角增大时，这一抛物线将变得更长和更窄。上述实验提供了清楚而具体的证据，表明一个抛射体的路径是一条抛物线，这一事实是由我们的朋友首先观察到并在他有关运动的书中证明了的，关于这些事将在我们下一次的聚会中加以讨论。在这一方法的实施中，最好预先通过在手中滚动那个球而使它稍微变热和湿润一些，以便它在镜面上留下的痕迹更加清楚。[186]在棱柱面上画所要的曲线的第二种方法如下：在适当的高度且在同一水平线上的一面墙上钉两个钉子，使这两个钉子之间的距离等于想在上面画所要求的半边抛物线的那个长方形宽度的 2 倍。在两个钉子上挂一条轻链，其长度使它的下垂高度等于棱柱的长度。这条链子将下垂而成抛物线形。① 因此，如果把这种形式用点子在墙上记下来，我们就将描出一条完整的抛物线；在两个钉子之间的中点上画一条竖直线，就能把这条抛物线分成两个相等的部分。把这条曲线移到棱柱的相对的两个面上是毫无困难的，任何普通技工都知道怎么做。

---

① 现在已经清楚地知道，这条曲线不是抛物线而是悬链线，其方程是在伽利略去世 49 年以后由杰姆斯·伯努利首先给出的。——英译本注

利用画在我们朋友的罗盘上的那些几何曲线,[①] 很容易把那些能够定位这同一曲线的点画在棱柱的同一个面上。

到此为止,我们曾经证明了许多和固体对断裂显示的抵抗力有关的结论。作为这门科学的一个出发点,我们假设了固体对一种纵向拉力的抵抗力是已知的;从这种基础开始,可以进而发现许多其他的结果以及它们的证明;关于这些结果,将在自然界中被发现的是无限多的。但是,为了使我们的逐日讨论有一个结尾,我想讨论一下中空物体的强度;这种物体被应用在人工上——更多地应用在大自然中——的上千种操作中,其目的是大大地增加强度而不必增加重量;这些现象的例子可以在鱼类的骨头和许多种芦苇中见到,它们很轻,但却对弯曲和破碎有很大的抵抗力。因为,假如一根麦秆要支撑比整根秆子还重的麦穗,假如它是用相同数量的材料做成实心的,它就会[187]对弯曲和破碎表现更小的抵抗力。这是在实践中得到验证和肯定的一种经验;在实践中,人们发现一支中空的长矛或一根木管或金属管要比同样长度和同样重量的实心物体结实得多;实心物体必然会较细;因此,人们曾经发现,为了把长矛做得尽可能地又轻又结实,必须把它做成中空的。现在我们将证明:

在体积相同、长度相同的一中空、一实心的两根圆柱的事例中,它们的抵抗力(弯曲强度)之比等于它们的直径之比。

设 AE 代表一中空圆柱,而 IN 代表一重量相同和长度相同的实心圆柱;于是我说,圆管 AE 对断裂显示的抵抗力和实心圆柱 IN 所显示的抵抗力之比,等于直径 AB 和直径 IL 之比。这是很显然的;因为,既然圆管 AE 和实心圆柱 IN 具有相同的体积和长度,圆形底面 IL 的面积

① 伽利略的几何学和军事学的罗盘描述在 Nat. Ed. Vol. 2。——英译本注

就将等于作为管AE之底面的环形AB的面积(此处所说的环形面积是指不同半径的两个同心圆之间的面积)。因此，它们对纵向拉力的抵抗力是相等的；但是，当利用横向拉力来引起断裂时，在圆柱IN的事例中，我们用长度LN作为杠杆臂，用点L作为支点，而用直径LI或其一半作为反抗杠杆臂；而在管子的事例中，起着第一杠杆臂的作用的长度BE等于LN，支点B对应的反抗杠杆臂则是直径AB或其一半。于是很明显，管子的抵抗力(弯曲强度)大于实心圆柱的抵抗力，二者之比等于直径AD和直径IL之比；这就是所求的结果。[188]就这样，中空圆管的强度超过实心圆柱的强度，二者之比等于它们的直径之比，只要它们是用相同的材料制成的，并且具有相同的重量和长度。

其次就可以研究圆管和实心圆柱的普遍事例了，它们的长度不变，但其重量和中空部分却是可变的。首先我们将证明：

给一中空圆管，可以确定一个等于(eguale)它的实心圆柱。

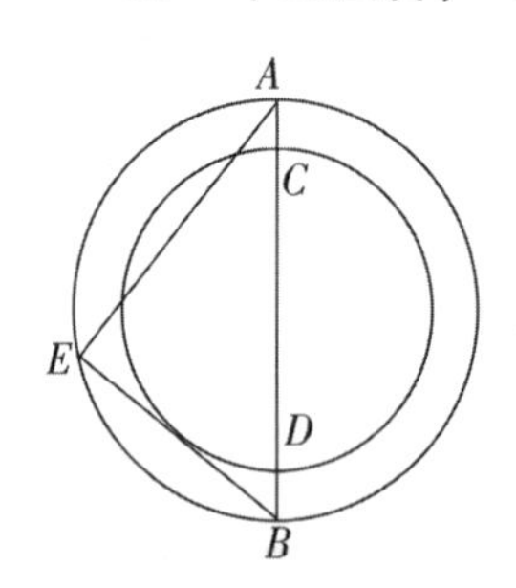

方法很简单。设AB代表管子外直径而CD代表其内直径。在较大的圆上取一点E，使AE的长度等于直径CD。连接E、B二点。现在，既然E处的角内接在一个半圆上，$\angle AEB$就是一个直角。直径为AB的圆的面积等于直径分别为AE和EB的两个圆的面积之和。但是AE就是管子的中空部分的直径。因此，直径为EB的圆的面积就和环形$ACBD$的面积相同。由此可知，圆形底面的直径为EB的一个实心圆柱，就将和等长的管壁具有相同的体积。根据这一定理，就很容易解决：

试求长度相等的任一圆管和任一圆柱的抵抗力(弯曲强度)之比。

设ABE代表一根圆管而RSM代表一根等长的圆柱；现要求找出它们的抵抗力之比。利用上述的命题，确定一根圆柱ILN，使之与圆管具有相同的体积和长度。画一线段V，使其长度RS(圆柱IN底面积的直径)及RM有如下的关系：$V:RS=RS:IL$。于是我就说，圆管AE的抵抗力和圆柱RM的抵抗力之比，等于线段AB的长度和线段V的长度之比。

[189]因为，既然圆管 AE 在体积和长度上都与圆柱 IN 相等，圆管的抵抗力和该圆柱的抵抗力之比就应该等于线段 AB 和 IL 之比；但是圆柱 IN 的抵抗力和圆柱 RM 的抵抗力之比又等于 IL 的立方和 RS 的立方之比，也就是等于长度 IL 和长度 V 之比；因此，ex æquali，圆管 AE 的抵抗力(弯曲强度)和圆柱 RM 的抵抗力之比就等于长度 AB 和 V 之比。

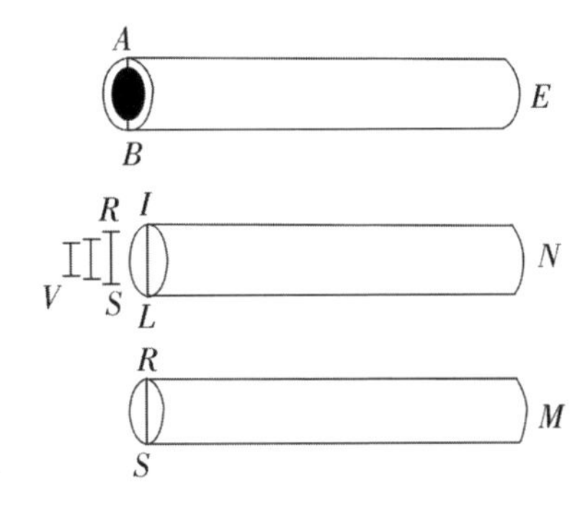

证毕。

第二天终

[190]

第 三 天

位置的改变(De Motu Locali)

我的目的是要推进一门很新的科学，它处理的是一个很老的课题。在自然界中，也许没有任何东西比运动更古老；关于此事，哲学家们写的书是太多太多了；尽管如此，我却曾经通过实验而发现了运动的某些性质，它们是值得知道的，而且迄今还不曾被人们观察过和演示过。有些肤浅的观察曾经经历过，例如，一个重的下落物体的自由运动(naturalem motum)[①]是不断加速的；但是，这种加速到底达到什么程度，却还没人宣布过；因为，就我所知，还没有任何人曾经指出，从静止开始下落的一个物体在相等的时段内经过的距离彼此成从1开始的奇数之间的关系。[②]

曾经观察到，炮弹或抛射体将描绘某种曲线路程，然而却不曾有人指出一件事实，即这种路程是一条抛物线。但是这一事实的其他为数不少和并非不值一顾的事实，我却在证明它们方面得到了成功，而且我认为更加重要的是，现在已经开辟了通往这一巨大的和最优越的科学的道路；我的工作仅仅是开始，一些方法和手段正有待于比我更加头脑敏锐的人们用来去探索这门科学的更遥远的角落。

这种讨论分成三个部分。第一部分处理稳定的或均匀的运动；第二部分处理我们在自然界发现其为加速的运动；第三部分处理所谓“剧烈的”运动以及抛射体。[191]

---

① 在这儿，作者的“natural motion”被译成了“自由运动”，因为这是今天被用来区分文艺复兴时期的“natural motion”和“violent motion”的那个名词。——英译本注

② 这个定理将在下文中证明。——英译本注

均匀运动

在处理稳定的或均匀的运动时，我们只需要一个定义；我给出此定义如下：

定　义

所谓稳定运动或均匀运动是指那样一种运动，粒子在运动中在任何相等的时段中通过的距离都彼此相等。

注　意

旧的定义把稳定运动仅仅定义为在相等的时间内经过相等的距离；在这个定义上，我们必须加上“任何”二字，意思是“所有的”相等时段，因为，有可能运动物体将在某些相等的时段内走过相等的距离，不过在这些时段的某些小部分中走过的距离却可能并不相等，即使时段是相等的。

由以上定义可以得出四条公理如下：

公理 1

在同一均匀运动的事例中，在一个较长的时段中通过的距离大于在一个较短的时段中通过的距离。

公理 2

在同一均匀运动的事例中，通过一段较大距离所需要的时间长于通过一段较小距离所需要的时间。

公理 3

在同一时段中，以较大速率通过的距离大于以较小速率通过的距离。

[192]

公理 4

在同一时段中，通过一段较长的距离所需要的速率大于通过一段较短距离所需要的速率。

定理 1　命题 1

如果一个以恒定速率而均匀运动的粒子通过两段距离，则所需时段之比等于该二距离之比。

设一粒子以恒定速率均匀运动而通过两段距离 AB 和 BC，并设通过 AB 所需要的时间用 DE 来代表，通过 BC 所需要的时间用 EF 来代表；于是我就说，距离 AB 和距离 BC 之比等于时间 DE 和时间 EF 之比。

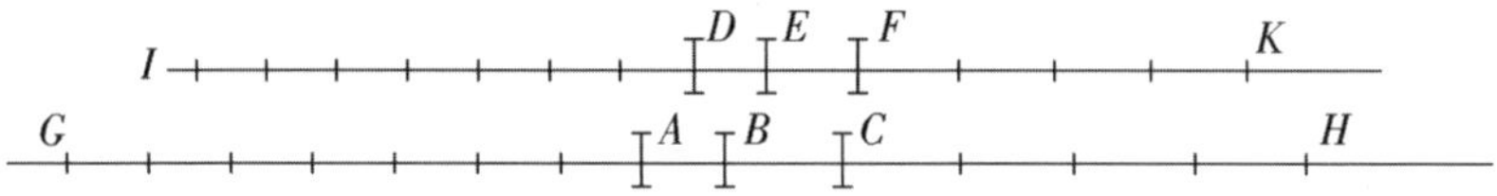

设把距离和时间都向着 G、H 和 I、K 前后延伸。将 AG 分成随便多少个等于 AB 的间隔，而且同样在 DI 上画出数目相同的等于 DE 的时段。另外，再在 CH 上画出随便多少个等于 BC 的间隔，并在 FK 上画出数目正好相同的等于 EF 的时段；这时距离 BG 和时间 EI 将等于距离 BA 和时间 ED 的任意倍数；同样，距离 HB 和时间 KE 也等于距离 CB 和时间 FE 的任意倍数。

而且既然 DE 是通过 AB 所需要的时间，整个的时间 EI 将是通过整个距离 BG 所需要的；而且当运动是均匀的时候，EI 中等于 DE 的时段个数就将和 BG 中等于 BA 的间隔数相等，而且同样可以推知 KE 代表通过 HB 所需要的时间。

然而，既然运动是均匀的，那就可以得到，如果距离 GB 等于距离 BH，则时间 IE 也必等于时间 EK；而且如果 GB 大于 BH，则 IE 也必大

于 EK；而且如果小于，则也小于。①现在共有四个量：第一个是 AB，第二个是 BC，第三个是 DE，而第四个是 EF；时间 IE 和距离 GB 是第一个量和第三个量即距离 AB 和时间 DE 的任意倍。[193]但是已经证明，后面这两个量全都或等于或大于或小于时间 EK 和距离 BH，而 EK 和 BH 是第二个量和第四个量的任意倍数。因此，第一个量和第二个量即距离 AB 和距离 BC 之比，等于第三个量和第四个量即时间 DE 和时间 EF 之比。

证毕。

定理 2　命题 2

如果一个运动粒子在相等的时段内通过两个距离，则这两个距离之比等于速率之比。而且反言之，如果距离之比等于速率之比，则二时段相等。

参照上页图，设 AB 和 BC 代表在相等的时段内通过的两段距离，例如，设距离 AB 是以速度 DE 被通过的，而距离 BC 是以速度 EF 被通过的。那么，我就说，距离 AB 和距离 BC 之比等于速度 DE 和速度 EF 之比。因为，如果像以上那样取相等倍数的距离和速率，即分别取 AB 和 DE 的 GB 和 IE，并同样地取 BC 和 EF 的 HB 和 KE，则可以按和以上同样的方式推知，倍数量 GB 和 IE 将同时小于、等于或大于倍数量 BH 和 EK。由此本定理即得证。

定理 3　命题 3

在速率不相等的事例中，通过一段距离所需要的时段和速率成反比。

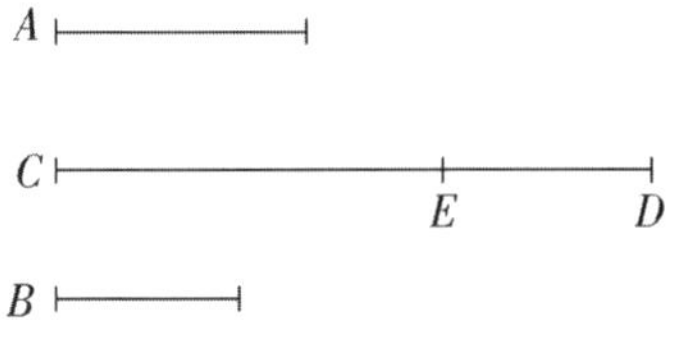

A

C　　E　D

B

设两个不相等的速率中较大的一个用 A 来表示，其较小的一个用 B 来表示，

① 伽利略在此所用的方法，是欧几里得在其《几何原本》(*Elements*)第五卷中著名的定义 5 中提出的方法，参见《大英百科全书》“几何学”条，第十一版，p. 683。——英译本注

并设和二者相对应的运动通过给定的空间 CD。于是我就说，以速率 A 通过距离 CD 所需要的时间和以速率 B 通过同一距离所需要的时间之比等于速率 B 和速率 A 之比。因为，设 CD 比 CE 等于 A 比 B，则由前面的结果可知，以速率 A 通过距离 CD 所需要的时间和以速率 B[194]通过距离 CE 所需要的时间相同；但是，以速率 B 通过距离 CE 所需要的时间和以相同的速率通过距离 CD 所需要的时间之比，等于 CE 和 CD 之比；因此，以速率 A 通过 CD 所需要的时间和以速率 B 通过 CD 所需要的时间之比，就等于 CE 和 CD 之比，也就是等于速率 B 和速率 A 之比。　　证毕。

定理 4　命题 4

如果两个粒子在进行均匀运动，但是可有不同的速率，在不相等的时段中由它们通过的距离之比，将等于速率和时间的复合比。

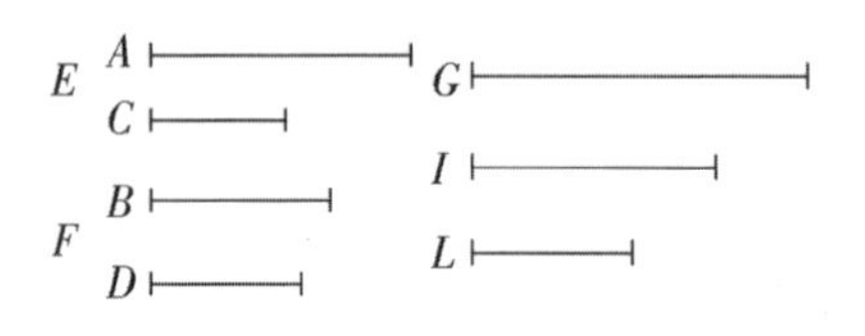

设进行均匀运动的两个粒子为 E 和 F，并设物体 E 的速率和物体 F 的速率之比等于 A 和 B 之比；但是却设 E 的运动所费时间和 F 的运动所费时间之比等于 C 和 D 之比。于是我就说，E 在时间 C 内以速率 A 而通过的距离和 F 在时间 D 内以速率 B 而通过的距离之比，等于速率 A 和速率 B 之比乘以时间 C 和时间 D 之比而得到的乘积。因为，如果 C 是 E 在时段 C 中以速率 A 而通过的距离，而且如果 G 和 I 之比等于速率 A 和速率 B 之比，而且如果也有时段 C 和时段 D 之比等于 I 和 L 之比，那么就可以推知，I 就是在 E 通过 G 的相同时间内 F 所通过的距离，因为 G 比 I 等于速率 A 比速率 B。而且，既然 I 和 L 之比等于时段 C 和 D 之比，如果 I 是 F 在时段 C 内通过的距离，则 L 将是 F 在时段 D 内以速率 B 通过的距离。

但是 G 和 L 之比是 G 和 I 的比值与 I 和 L 的比值的乘积，也就说是速率 A 和速率 B 之比与时段 C 和时段 D 之比的乘积。　　证毕。[195]

定理 5　命题 5

如果两个均匀运动的粒子以不同的速率通过不相等的距离，则所费时间之比等于距离之比乘以速率的反比。

设两个运动粒子用 A 和 B 来代表，并设 A 的速率和 B 的速率之比等于 V 和 T 之比；同样，设所通过的两个距离之比等于 S 和 R 之比；于是我就说，A 的运动所需要的时段和 B 的运动所需要的时段之比，等于速率 T 和速率 V 之比乘以距离 S 和距离 R 之比所得的乘积。

设 C 为 A 的运动所占据的时段，并设时段 C 和时段 E 之比等于速率 T 和速率 V 之比。

而且，既然 C 是 A 以速率 V 在其中通过距离 S 的时段，而且 B 的速率 T 和速率 V 之比等于时段 C 和时段 E 之比，那么 E 就应是粒子 B 通过距离 S 所需要的时间。如果现在我们令时段 E 和时段 G 之比等于距离 S 和距离 R 之比，则可以推知 G 是 B 通过距离 R 所需要的时间。既然 C 和 G 之比等于 C 和 E 之比乘以 E 和 G 之比而得到的乘积(同时也有 C 和 E 之比等于 A 和 B 的速率的反比，这也就是 T 和 V 之比)；而且，既然 E 和 G 之比与距离 S 和 R 之比相同。命题就已证明。[196]

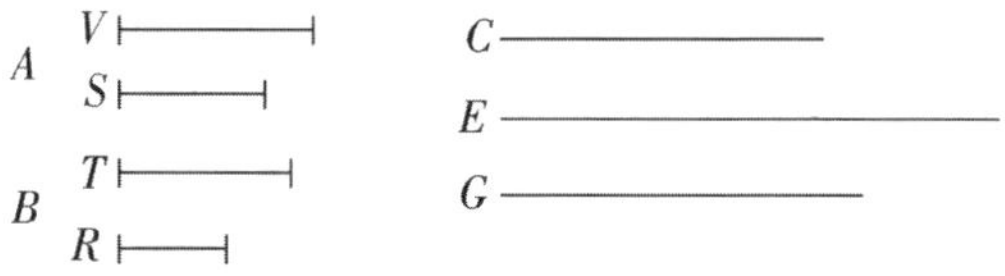

A V S B T R C E G

定理 6　命题 6

如果两个粒子是做均匀运动的，则它们的速率之比等于它们所通过的距离之比乘以它们所占用的时段之反比而得到的乘积。

设 A 和 B 是以均匀速率运动的两个粒子，并设它们各自通过的距离之比等于 V 和 T 之比，

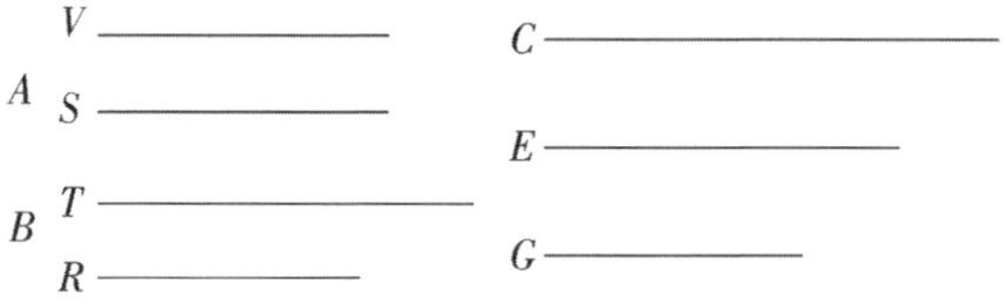

A V S B T R C E G

但是却设各时段之比等于 S 和 R 之比。于是我就说，A 的速率和 B 的速率之比等于距离 V 和距离 T 之比乘以时段 R 和时段 S 之比而得到的乘积。

设 C 是 A 在时段 S 内通过距离 V 的速率，并设速率 C 和另一个速率 E 之比等于 V 和 T 之比；于是 E 就将是 B 在时段 S 内通过距离 T 的速率。如果现在速率 E 和另一个速率 G 之比等于时段 R 和时段 S 之比，则 G 将是 B 在时段 R 内通过距离 T 的速率。于是我们就有粒子 A 在时段 S 内通过距离 V 的速率 C，以及粒子 B 在时段 R 内通过距离 T 的速率 G。C 和 G 之比等于 C 和 E 之比乘以 E 和 G 之比而得出的乘积；根据定义，C 和 E 之比就是距离 V 和距离 T 之比，而 E 和 G 之比就是 R 和 S 之比。由此即得命题。

萨耳：以上就是我们的作者所写的关于均匀运动的内容。现在我们过渡到例如重的下落物体所一般经受到的那种自然加速的运动的一种新的和更加清晰的考虑。下面就是标题和引言。[197]

自然加速的运动

属于均匀运动的性质已经在上节中讨论过了；但是加速运动还有待考虑。

首先，看来有必要找出并解释一个最适合自然现象的定义。因为，任何人都可以发明一种任意类型的运动并讨论其性质。例如，有人曾经设想螺线或蚌线是由某些在自然界中遇不到的运动所描绘的，而且曾经很可称赞地确定了它们根据定义所应具有的性质；但是我们却决定考虑在自然界中实际发生的那种以一个加速度下落的物体的现象，并且把这种现象弄成表现观察到的加速运动之本质特点的加速运动的定义。而且最后，经过反复的努力，我相信我们已经成功地做到了这一点。在这一信念中，我们主要是得到了一种想法的支持，那就是，我们看到实验结果和我们一个接一个地证明了的这些性质相符合和确切地对应。最后，在自然地加速的运动的探索中，我们就仿佛被亲手领着那样去追随大自然本身的习惯和方式，按照她的各种其他过程来只应用那些最平常、最简单和最容易的手段。

因为我认为没人会相信游泳和飞翔能够用比鱼儿们和鸟儿们本能地应用的那种方式更简单的方式来完成。

因此，当我观察一块起初是静止的石头从高处下落并不断地获得速率的增量时，为什么我不应该相信这样的增长是以一种特别简单而在每人看来都相当明显的方式发生的呢？如果现在我们仔细地检查一下这个问题，我们就发现没有比永远以相同方式重复进行的增加或增长更为简单的。当我们考虑时间和运动之间的密切关系时，我们就能真正地理解这一点；因为，正如运动的均匀性是通过相等的时间和相等的空间来定义和想象的那样(例如当相等的距离是在相等的时段中通过的时，我们就说运动是均匀的)，我们也可以用相似的方式通过相等的时段来想象速率的增加是没有任何复杂性地进行的；例如我们可以在心中描绘一种运动是均匀而连续地被加速的，当在任何相等的时段中运动的速率都得到相等的增量时。[198]例如，从物体离开它的静止位置而开始下降的那一时刻开始计时，如果不论过了多长的时间，都是在头两个时段中得到的速率将等于在第一个时段中得到的速率的 2 倍；在三个这样的时段中增加的量是第一时段中的 3 倍，而在四个时段中的增加量是第一时段中的 4 倍。为了把问题说得更清楚些，假若一个物体将以它在第一时段中获得的速率继续运动，它的运动就将比它以在头两个时段中获得的速率继续运动时慢 1 倍。

由此看来，如果我们令速率的增量和时间的增量成正比，我们就不会错得太多；因此，我们即将讨论的这种运动的定义，就可以叙述如下：一种运动被称为均匀加速的，如果从静止开始，它在相等的时段内获得相等的速率增量。

萨格：人们对于这一定义，事实上是对任何作者所发明的任何定义提不出任何合理的反驳，因为任何定义都是随意的，虽然如此，我还是愿意并无他意地表示怀疑，不知上述这种用抽象方式建立的定义是否和我们在自然界的自由下落物体的事例中遇到的那种加速运动相对应并能描述它。

而且，既然作者显然主张他的定义所描述的运动就是自由下落物体的运动，我希望能够排除我心中的一些困难，以便我在以后可以更专心地听那些命题和证明。

萨耳：你和辛普里修提出这些困难是很好的。我设想，这些困难就是我初次见到这本著作时所遇到的那些相同的困难，它们是通过和作者本人进行讨论或在我自己的心中反复思考而被消除了的。[199]

萨格：当我想到一个从静止开始下落的沉重物体时，就是说它从零速率开始并且从运动开始时起和时间成比例地增加速率；这是一种那样的运动，例如在8次脉搏的时间获得8度速率；在第四次脉搏的结尾获得4度；在第二次脉搏的结尾获得2度；在第一次脉搏的结尾获得1度；而且既然时间是可以无限分割的，由所有这些考虑就可以推知，如果一个物体的较早的速率按一个恒定比率而小于它现在的速率，那么就不存在一个速率的不论多小的度(或者说不存在迟慢性的一个无论多大的度)，是我们在这个物体从无限迟慢即静止开始以后不会发现的。因此，如果它在第四次脉搏的末尾所具有的速率是这样的：如果保持均匀运动，物体将在1小时内通过2英里；而如果保持它在第二次脉搏的末尾所具有的速率，它就会在1小时内通过1英里；我们必须推测，当越来越接近开始的时刻时，物体就会运动得很慢，以致如果保持那时的速率，它就在1小时，或1天，或1年，或1 000年内也走不了1英里；事实上，它甚至不会挪动1英寸，不论时间多长；这种现象使人们很难想象，而我们的感官却告诉我们，一个沉重的下落物体会突然得到很大的速率。

萨耳：这是我在开始时也经历过的困难之一，但是不久以后我就排除了它；而且这种排除正是通过给你们带来困难的实验而达成的。你们说，实验似乎表明，在重物刚一开始下落以后，它就得到一个相当大的速率；而我却说，同一实验表明，一个下落物体不论多重，它在开始时的运动都是很迟慢而缓和的。把一个重物体放在一种柔软的材料上，让它留在那儿，除它自己的重量以外不加任何压力；很明显，如果把物体抬高一两英尺再让它落在同样的材料上，由于这种冲量，它就会作用一个新的比仅仅由重量引起的压力更大的压力，而且这种效果是由下落物体(的重量)和在下落中得到的速度所共同引起的；这种效果将随着下落高度的增大而增大，也就是随着下落物体的速度的增大而增大。于是，根据冲击的性质和强度，我们就能够准确地估计一个下落物体的速率。[200]但是，先生们，请告诉我这是不对的：如果一块夯石从 4 英尺的高度落在一个橛子上而把它打进地中 4 指的深度；如果让它从 2 英尺高处落下来，它就会把橛子打得更浅许多；最后，如果只把夯石抬起 1 指高，它将比仅仅被放在橛子上更多打进多大一点儿？当然很小。如果只把它抬起像一张纸的厚度那么高，那效果就会完全无法觉察了。而且，既然撞击的效果依赖于这一打击物体的速度，那么当(撞击的)效果小得不可觉察时，能够怀疑运动是很慢而速率是很小吗？现在请看看真理的力量吧！同样的一个实验，初看起来似乎告诉我们一件事，当仔细检查时却使我们确信了相反的情况。

上述实验无疑是很有结论性的。但是，即使不依靠那个实验，在我看来也应该不难仅仅通过推理来确立这样的事实。设想一块沉重的石头在空气中被保持于静止状态。支持物被取走了，石头被放开了；于是，既然它比空气重，它就开始下落，而且不是均匀地下落，而是开始时很慢，但却是以一种不断加速的运动而下落。现在，既然速度可以无限制地增大和减小，有什么理由相信，这样一个以无限的慢度(即静止)开始的运动物体立即会得到一个 10 度大小的速率，而不是 4 度，或 2 度，或 1 度，或 0.5 度，或 0.01 度，而事实上可以是无限小值的速率呢？请听我说，我很难相信你们会拒绝承认，一块从静止开始下落的石头，它的速率的增长将经历和减小时相同的数值序列；当受到某一强迫力时，石头就会被扔到起先的高度，而它的速率就会越来越小；但是，即使你们不同意这种说法，我也看不出你们怎么会怀疑速率渐减的上升石头在达到静止以前将经历每一种可能的慢度。

辛普：但是如果越来越大的慢度有无限多个，它们就永远不能被历尽，因此这样一个上升的重物体将永远达不到静止，而是将永远以更慢一些的速率继续运动下去，但这并不是观察到的事实。[201]

萨耳：辛普里修，这将会发生，假如运动物体将在每一速度处在任一时间长度内保持自己的速率的话；但是它只是通过每一点而不停留到长于一个时刻；而且，每一个时段不论多么短都可以分成无限多个时刻，这就足以对应于无限多个渐减的速度了。

至于这样一个上升的重物体不会在任一给定的速度上停留任何时间，这可以从下述情况显然看出：如果某一时段被指定，而物体在该时段的第一个时刻和最后一个时刻都以相同的速率运动，它就会从这第二个高度上用和从第一高度上升到第二高度的完全同样的方式再上升一个相等的高度，而且按照相同的理由，就会像从第二个高度过渡到第三个高度那样而最后将永远进行均匀运动。

萨格：从这些讨论看来，我觉得所讨论的问题似乎可以由哲学家来求得一个适当的解；那问题就是，重物体的自由运动的加速度是由什么引起的？在我看来，既然作用在上抛物体上的力(virtù)使它不断地减速，这个力只要还大于相反的重力，就会迫使物体上升；当二力达到平衡时，物体就停止上升而经历它的平衡状态；在这个状态上，外加的冲量(impeto)并未消灭，而只是超过物体重量的那一部分已经用掉了，那就是使物体上升的部分。然后，外加冲量(impeto)的减少继续进行，使重力占了上风，下落就开始了；但是由于反向冲量(virtù impressa)的原因，起初下落得很慢，这时反向冲量的一大部分仍然留在物体中，但是随着这种反向冲量的继续减小，它就越来越多地被重力所超过，由此即得运动的不断加速。

辛普：这种想法很巧妙，不过比听起来更加微妙一些；因为，即使论证是结论性的，它也只能解释一种事例；在那种事例中，一种自然运动以一种强迫运动为其先导，在那种强迫运动中，仍然存在一部分外力(virtù estema)，但是当不存在这种剩余部分而物体从一个早先的静止状态开始时，整个论点的紧密性就消失了。

萨格：我相信你错了，而你所作出的那种事例的区分是表面性的，或者倒不如说是不存在的。但是，请告诉我，一个抛射体能不能从抛射者那里接受一个或大或小的力(virtù)，例如把它抛到 100 腕尺的高度，或甚至是20腕尺，或4腕尺，或1腕尺的高度的那种力呢？[202]

辛普：肯定可以。

萨格：那么，外加的力(virtù impressa)就可能稍微超过重量的阻力而使物体上升1指的高度，而且最后，上抛者的力可能只大得正好可以平衡重量的阻力，使得物体并不是被举高而只是悬空存在。当一个人把一块石头握在手中时，他是不是只给它一个强制力（virtù impellente)使它向上，等于把它向下拉的重量的强度(facoltà)而没有做任何别的事呢？而且只要你还把石头握在手中，你是不是继续在对它加这个力(virtù)呢？在人握住石头的时间之内，这个力会不会或许随着时间在减小呢？

而且，这个阻止石头下落的支持是来自一个人的手，或来自一张桌子，或来自一根悬挂它的绳子，这又有什么不同呢？肯定没有任何不同。因此，辛普里修，你必须得出结论说，只要石头受到一个力(virtù)的作用，反抗它的重量并足以使它保持静止，至于它在下落之前停留在静止状态的时间是长是短乃至只有一个时刻，那都是没有任何相干的。

萨耳：现在似乎还不是考察自由运动之加速原因的适当时刻；关于那种原因，不同的哲学家曾经表示了各式各样的意思，有些人用指向中心的吸引力来解释它，另一些人则用物体中各个最小部分之间的排斥力来解释它，还有一些人把它归之于周围媒质中的一种应力，这种媒质在下落物体的后面合拢起来而把它从一个位置赶到另一个位置。现在，所有这些猜想，以及另外一些猜想，都应该加以检查，然而那却不一定值得。在目前，我们这位作者的目的仅仅是考察并证明加速运动的某些性质(不论这种加速的原因是什么)；所谓加速运动是指那样一种运动，即它的速度的动量(i momenti della sua velocità)在离开静止状态以后不断地和时间成正比而增大；这和另一种说法相同，就是说，在相等的时段，物体得到相等的速度增量；而且，如果我们发现以后即将演证的(加速运动的)那些性质是在自由下落的和加速的物体上实现的，我们就可以得出结论说，所假设的定义包括了下落物体的这样一种运动，而且它们的速率(accelerazione)是随着时间和运动的持续而不断增大的。[203]

萨格：就我现在所能看到的来说，这个定义可能被弄得更清楚一些而不改变其基本想法，就是说，均匀加速的运动就是那样一种运动，它的速率正比于它所通过的空间而增大，例如，一个物体在下落 4 腕尺中所得到的速率，将是它在下落 2 腕尺中所得到的速率的 2 倍，而后一速率则是在下落 1 腕尺中所得到的速率的 2 倍。因为毫无疑问，一个从 6 腕尺高度下落的物体，具有并将以之来撞击的那个动量(impeto)，是它在 3 腕尺末端上所具有的动量的 2 倍，并且是它在 1 腕尺末端上所具有的动量的 3 倍。

萨耳：有这样错误的同伴使我深感快慰；而且，请让我告诉你，你的命题显得那样的或然，以致我们的作者本人也承认，当我向他提出这种见解时，连他也在一段时间内同意过这种谬见。但是，使我最吃惊的是看到两条如此内在地有可能的以致听到它们的每一个人都觉得不错的命题，竟然只用几句简单的话就被证明不仅是错误的，而且是不可能的。

辛普：我是那些人中的一个，他们接受这一命题，并且相信一个下落物体会在下落中获得活力(vires)，它的速度和空间成比地增加，而且下落物体的动量(momento)当从 2 倍高度处下落时也会加倍；在我看来，这些说法应该毫不迟疑和毫无争议地被接受。

萨耳：尽管如此，它们还是错误的和不可能的，就像认为运动应该在一瞬间完成那样的错误和不可能；而且这里有一种很清楚的证明。假如速度正比于已经通过或即将通过的空间，则这些空间是在相等的时段内通过的；因此，如果下落物体用以通过 8 英尺的空间的那个速度是它用以通过前面 4 英尺空间的速度的 2 倍(正如一个距离是另一距离的 2 倍那样)，则这两次通过所需要的时段将是相等的。但是，对于同一个物体来说，在相同的时间内下落 8 英尺和 4 英尺，只有在即时(discontinous)运动的事例中才是可能的；但是观察却告诉我们，下落物体的运动是需要时间的，而且通过 4 英尺的距离比通过 8 英尺的距离所需的时间要少；因此，所谓速度正比于空间而增加的说法是不对的。[204]

另一种说法的谬误性也可以同样清楚地证明。因为，如果我们考虑单独一个下击的物体，则其撞击的动量之差只能依赖于速度之差；因为假如从双倍高度下落的下击物体应该给出一次双倍动量的下击，则这一物体必须是以双倍的速度下击的，但是以这一双倍的速度，它将在相同时段内通过双倍的空间；然而观察却表明，从更大高度下落所需要的时间是较长的。

萨格：你用了太多的明显性和容易性来提出这些深奥问题；这种伟大的技能使得它们不像用一种更深奥的方式被提出时那么值得赏识了。因为，在我看来，人们对自己没太费劲就得到的知识，不像对通过长久而玄秘的讨论才得到知识那样重视。

萨耳：假如那些用简捷而明晰的方式证明了许多通俗信念之谬误的人们被用了轻视而不是感谢的方式来对待，那伤害还是相当可以忍受的；但是，另一方面，看到那样一些人却是令人很不愉快而讨厌的，他们以某一学术领域中的贵族自居，把某些结论看成理所当然。而那些结论后来却被别人很快地和很容易地证明为谬误的了。我不把这样一种感觉说成忌妒，而忌妒通常会堕落为对那些谬误发现者的仇视和恼怒。我愿意说它是一种保持旧错误而不接受新发现的真理的强烈欲望。这种欲望有时会引诱他们团结起来反对这些真理，尽管他们在内心深处是相信那些真理的；他们起而反对之，仅仅是为了降低某些别的人在不肯思考的大众中受到的尊敬而已。确实，我曾经从我们的院士先生那里听说过许多这样的被认为是真理但却很容易被否证的谬说；其中一些我一直记着。[205]

萨格：你务必把它们告诉我们，不要隐瞒，但是要在适当的时候，甚至可以举行一次额外的聚会。但是现在，继续我们的思路，看来到了现在，我们已经确立了均匀加速运动的定义；这定义叙述如下：

一种运动被称为等加速运动或均匀加速运动，如果从静止开始，它的动量(celeritatis momenta)在相等的时间内得到相等的增量。

萨耳：确立了这一定义，作者就提出了单独一条假设，那就是：

同一物体沿不同倾角的斜面滑下，当斜面的高度相等时，物体得到的速率也相等。

所谓一个斜面的高度，是指从斜面的上端到通过其下端的水平线上的竖直距离。例如，为了说明，设直线 AB 是水平的，并设平面 CA 和 CD 为倾斜于它的平面；于是，作者就称垂线 CB 为斜面 CA 和 CD 的“高度”；他假设说，同一物体沿斜面 CA 和 CD 而下滑到 A 端和 D 端时所得到的速率是相等的，因为二斜面的高度都是 CB；而且也必须理解，这个速率就是同一物体从 C 下落到 B 时所将得到的速率。

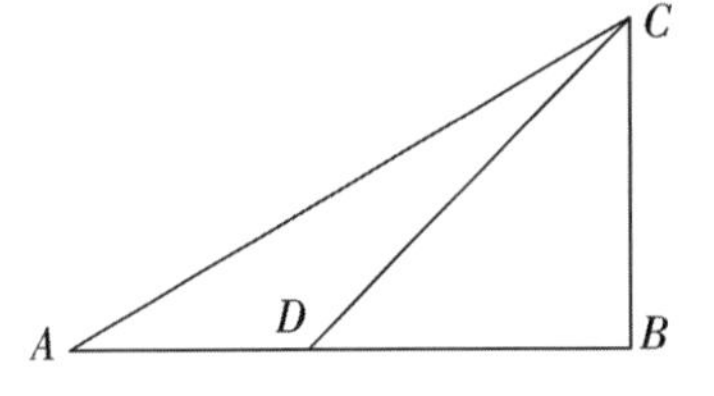

萨格：你的假设使我觉得如此合理，以致它应该被毫无疑问地认同，当然，如果没有偶然的或外在的阻力，而且各平面是坚硬而平滑的，而运动物体的形状也是完全圆滑的，从而平面和运动物体都不粗糙的话。当一切阻力和反抗力都已消除时，我的理智立刻就告诉我，一个重的和完全圆的球沿直线 CA、CD 和 CB 下降时将以相等的动量(impeti eguali)到达终点 A、D、B。[206]

萨耳：你的说法是很可同意的，但是我希望用实验来把它的或然性增大到不缺少严格证明的程度。

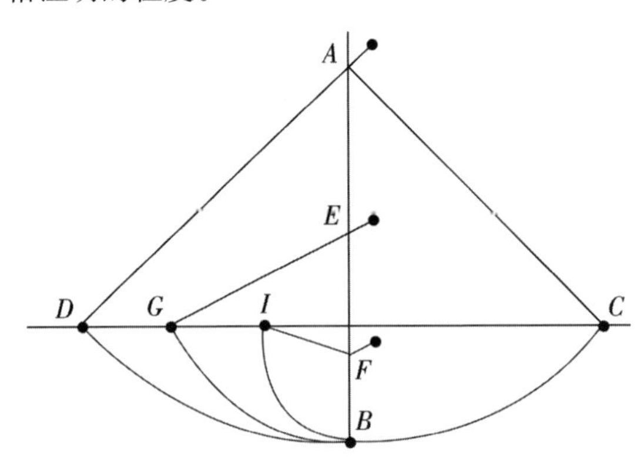

设想纸面代表一堵竖直的墙，有一个钉子钉在上面，钉上用一根竖直的细线挂了一个一两或二两重的弹丸，细线 AB 譬如说有 4～6 英尺长，离墙约有 2 指远近；垂直于竖线在墙上画一条水平线 DC。现在把悬线和小球拿到位置 AC，然后放手；起初我们会看到它沿着 $\overset{\frown}{CBD}$ 下落，通过点 B，

并沿$\widehat{BD}$前进，直到几乎前进到水平线 CD，所差的一点儿高度是由空气的阻力和悬线的阻力引起的；我们由此可以有理由地推测，小球在其沿$\widehat{CB}$下降中，当到 B 时获得了一个动量(impeto)，而这个动量正好足以把它通过一条相似的弧线送到同一高度。多次重复了这个实验以后，现在让我们再在墙上靠近垂直线 AB 处钉一个钉子，例如在 E 或 F 处；这个钉子伸出大约五六指，以便悬线带着小球经过了 CB 时可以碰着钉子，这样就迫使小球经过以 E 为心的 BG。① 由此我们可以看到同一动量(impeto)可以做些什么；它起初是从同一 B 点出发、带着同一物体通过$\widehat{BD}$而走向水平线 CD。现在，先生们，你们将很感兴趣地看到，小球摆向了水平线上的 G 点。而且，如果障碍物位于某一较低的地方，譬如位于 F，你们就将看到同样的事情发生，这时小球将以 F 为心而描绘$\widehat{BI}$，球的升高永远确切地保持在直线 CD 上。但是如果钉子的位置太低，以致剩下的那段悬线达不到 CD 的高度时(当钉子离 B 点的距离小于 AB 和水平线 CD 的交点离 B 的[207]距离时就会发生这种情况)，悬线将跳过钉子并绕在它上面。

这一实验没有留下怀疑我们的假设的余地，因为，既然两个弧$\widehat{CB}$和$\widehat{DB}$相等而且位置相似，通过沿$\widehat{CB}$下落而得到的动量 (momento)就和通过沿$\widehat{DB}$下落而得到的动量(momento)相同；但是，由于沿$\widehat{CB}$下落而在 B 点得到的动量(momento)，却能够把同一物体(mobile)沿着$\widehat{BD}$举起来；因此，沿$\widehat{BD}$下落而得到的动量，就等于把同一物沿同弧从 B 举到 D 的动量；因此，普遍说来，沿一个弧下落而得到的每一个动量，都等于可以把同一物体沿同弧举起的动量。但是，引起沿各$\widehat{BD}$、$\widehat{BG}$和$\widehat{BI}$的上升的所有这些动量 (momenti)都相等，因为它们都是由沿$\widehat{CB}$下落而得到的同一动量引起的，正像实验所证明的那样。因此，通过沿$\widehat{DB}$、$\widehat{GB}$、$\widehat{IB}$下落而得 到的所有各动量全都相等。

萨格：在我看来，这种论点是那样的有结论性，而实验也如此的适合

① 此处原谓小球达到 B 时悬线才碰到钉子；这似乎不可能。不知是伽利略原文之误还是英译本之误。今略为斟酌如此。

于假说的确立，以致我们的确可以把它看成一种证明。

萨耳：萨格利多，关于这个问题，我不想太多地麻烦咱们自己，因为我们主要是要把这一原理应用于发生在平面上的运动，而不是应用于发生在曲面上的运动；在曲面上，加速度将以一种和我们对平面运动所假设的那种方式大不相同的方式而发生变化。

因此，虽然上述实验向我们证明，运动物体沿$\widehat{CB}$的下降使它得到一个动量(momento)，足以把它沿着$\widehat{BD}$、$\widehat{BG}$、$\widehat{BI}$举到相同的高度，但是在一个完全圆的球沿着倾角分别和各弧之弦的倾角相同的斜面下降的事例中，我们却不能用相似的方法证明事件将是等同的。相反地，看来似乎有可能，既然这些斜面在 B 处有一个角度，它们将对沿弦 CB 下降并开始沿弦 BD、BG、BI 上升的球发生一个阻力。

在碰到这些斜面时它的一部分动量(impeto)将被损失掉，从而它将不能再升到直线 CD 的高度；但是，这种干扰实验的障碍一旦被消除，那就很明显，动量(impeto)(它随着[208]下降面增强)就将能够把物体举高到相同的高度。那么，让我们暂时把这一点看成一条公设，其绝对真实性将在我们发现由它得出的推论和实验相对应并完全符合时得以确立。假设了这单独一条原理，作者就过渡到了命题；他清楚地演证了这些命题；其中的第一条如下：

定理 1　命题 1

一个从静止开始做均匀加速运动的物体通过任一空间所需要的时间，等于同一物体以一个均匀速率通过该空间所需要的时间；该均匀速率等于最大速率和加速开始时速率的平均值。

让我们用直线 AB 表示一个物体通过空间 CD 所用的时间，该物体在 C 点从静止开始而均匀加速；设在时段 AB 内得到的速率的末值，即最大值，用垂于 AB 而画的一条线段 EB 来表示；画直线 AE，则从 AB 上任一等价点上平行于 EB 画的线段就将代表从 A 开始的速率的渐增的值。设点 F 将线段 EB 中分为二；画直线 FG 平行于 BA，画 GA 平行于 FB，于是就得到一个平行四边形(实为长方形)$AGFB$，其面积将和△AEB 的面积相等，因为 GF 边在 I 点将 AE 边平分；因为，如果△AEB 中的那些平行线被延长到 GI，就可以看出长方形 $AGFB$ 的面积将等于△AEB 的面积；因为△IEF 的面积等于△GIA 的面积。既然时段中的每一时刻都在直线 AB 上有其对应点，从各该点在△AFG 内部画出的那些平行线就代表速度的渐增的值；而且，既然在长方形 $AGFB$ 中那些平行线代表一个不是渐增而是恒定的值，那就可以看出，按照相同的方式，运动物体所取的动量(momenta)，在加速运动的事例中可以用△AEB 中那些渐增的平行线来代表，而在均匀运动的事例中则可以[209]用长方形 GB 中那些平行线来代表，加速运动的前半段所短缺的动量(所缺的动量用△AGI 中的平行线来代表)由△IEF 中各平行线所代表的动量来补偿。

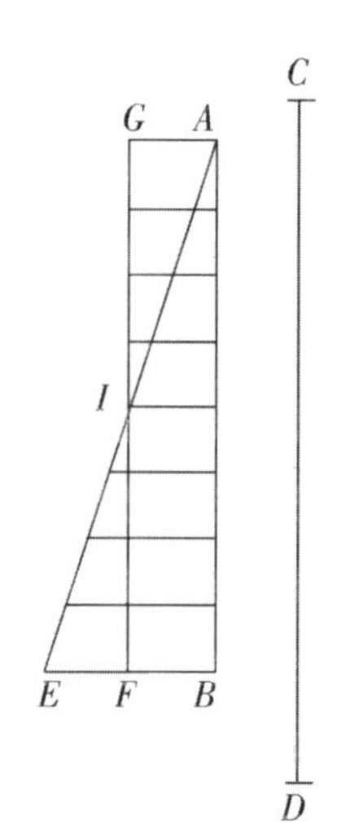

由此可以清楚地看出，相等的空间可以在相等的时间由两个物体所通过，其中一个物体从静止开始而以一个均匀加速度运动，另一个以均匀速度运动的物体的动量则等于加速运动物体的最大动量的一半。 证毕。

定理 2　命题 2

一个从静止开始以均匀加速度而运动的物体所通过的空间，彼此之比等于所用时段的平方之比。

设从任一时刻 A 开始的时间用直线 AB 代表，在该线上，取了两个任意时段 AD 和 AE，设 HI 代表一个从静止开始以均匀加速度由 H 下落的物体所通过的距离。设 HL 代表在时段 AD 中通过的空间，而 HM 代表在时段 AE 中通过的空间，于是就有，空间 MH 和空间 LH 之比，等于时间 AE 和时间 AD 之比的平方，或者，我们也可以简单地说，距离 HM 和 HL 之间的关系与 AE 的平方和 AD 的平方之间的关系相同。

画直线 AC 和直线 AB 成任意交角，并从 D 点和 E 点画平行线 DO 和

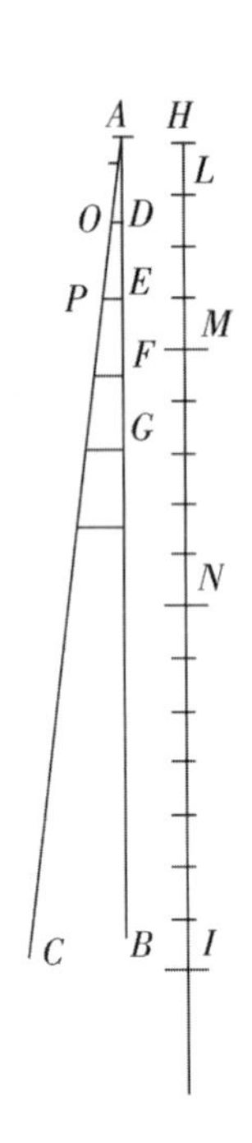

EP；在这两条线中，DO 代表在时段 AD 中达到的最大速度，而 EP 则代表在时段 AE 中达到的最大速度。但是刚才已经证明，只要涉及的是所通过的距离，两种运动的结果就是确切相同的：一种是物体从静止开始以一个均匀的加速度下落，另一种是物体在相等的时段内以一个均匀速率下落，该均匀速率等于加速运动在该时段内所达到的最大速率的一半。由此可见，距离 HM 和 HL 将和以分别等于 DO 和 EP 所代表的速率之一半的均匀速率在时段 AE 和 AD 中所通过的距离相同，因此，如果能证明距离 HM 和 HL 之比等于时段 AE 和 AD 的平方之比，我们的命题就被证明了。 [210]

但是在"均匀运动"部分的命题 4(见上文)中已经证明，两个均匀运动的粒子所通过的空间之比，等于速度之比和时间之比的乘积。但是在这一事例中，速度之比和时段之比相同(因为 AE 和 AD 之比等于 $\frac{1}{2}EP$ 和 $\frac{1}{2}DO$ 之比，或者说等于 EP 和 DO 之比)。由此即得，所通过的空间之比，等于时段之比的平方。 证毕。

那么就很显然，距离之比等于终末速度之比的平方，也就是等于线段 EP 和 DO 之比的平方，因为后二者之比等于 AE 和 AD 之比。

推论Ⅰ. 由此就很显然，如果我们取任何一些相等的时段，从运动的开始数起，例如 AD、DE、EF、FG，在这些时段中，物体所通过的空间是 HL、LM、MN、NI，则这些空间彼此之间的比，将是各奇数 1、3、5、7 之间的比，因为这就是各线段(代表时间)的平方差之间的比，即依次相差一个相同量的差，而其公共差等于最短的线(即代表单独一个时段的线)：或者，我们可以说，这就是从一开始的自然数序列的差。

因此，尽管在一些相等的时段中，各速度是像自然数那样递增的，但是在各相等时段中所通过的那些距离的增量却是像从一开始的奇数序列那样变化的。

萨格：请把讨论停一下，因为我刚刚得到了一个想法；为了使你们和我自己都更清楚，我愿意用作图来说明这个想法。

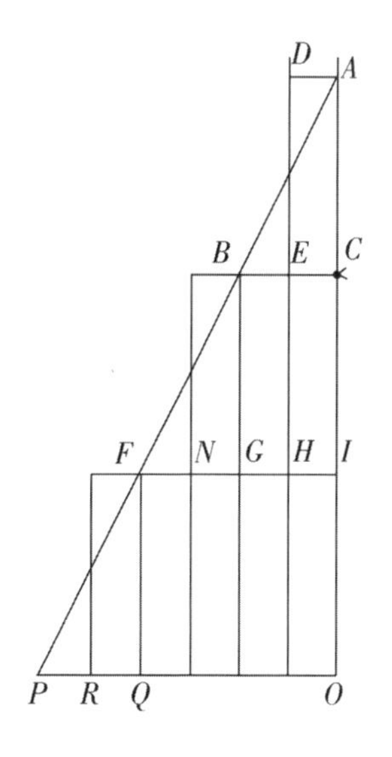

设直线 AI 代表从起始时刻 A 开始的时间的演进；通过 A 画一条和 AI 成任意角的直线 AF，将端点 I 和 F 连接起来；在 C 点将 AI 等分为两段；画 CB 平行于 IF。起初速度为零，然后它就正比于和 BC 相平行的直线和△ABC 的交割段落而增大；或者换句话说，我们假设速度正比于时间而渐增；让我们把 CB 看成速度的最大值。然后，注意到以上的论证，我毫无疑问地承认，按上述方式下落的一个物体所通过的空间，等于同一物体在相同长短的时间内以一个等于 EC(即 BC 的一半)的均匀速率通过的空间。[211]另外，让我们设想，物体已经用加速运动下落，使得它在时刻 C 具有速度 BC。很显然，假如这个物体继续以同一速率 BC 下落而并不加速，在其次一个时段 CI 中，它所通过的距离就将是以均匀速率 EC(等于 BC 的一半)在时段 AC 中通过的距离的 2 倍；但是，既然下落物体在相等的时段内得到相等的速率增量，那就可以推知，速度 BC 在其次一个时段中将得到一个增量，用和△ABC 相等的△BFG 内的平行线来代表。那么，如果在速度 GI 上加上速度 FG 的一半，就得到在时间 CI 中将会通过相同空间的那个均匀速度；此处 FG 是加速运动所得到的、由△BFG 内的平行线来决定的最大速率；而既然这一均匀速度 IN 是 EC 的 3 倍，那就可以知道，在时段 CI 中通过的空间 3 倍于在时段 AC 中通过的空间。让我们设想运动延续到另一个相等的时段 IO，而三角形也扩大为 APO；于是就很显然，如果运动在时段 IO 中以恒定速率 IF(即在时间 AI 中加速而得到的速率)持续进行，则在时段 IO 中通过的空间将是在第一个时段中通过的空间的 4 倍，因为速率 IF 是速率 EC 的 4 倍。但是如果我们扩大三角形使它把等于△ABC 的△FPQ 包括在内，而仍然假设加速度为恒量，我们就将在均匀速度上再

加上等于 EC 的 RQ；于是时段 IO 中的等效均匀速率的值就将是第一个时段 AC 中等效均匀速率的 5 倍；因此所通过的空间也将是在第一个时段 AC 中通过的空间的 5 倍。因此，由简单的计算就可以显然得到，一个从静止开始其速度随时间而递增的物体将在相等的时段内通过不同的距离，各距离之比等于从一开始的奇数 1、3、5、…之比；[①] 或者，若考虑所通过的总距离，则在双倍时间内通过的距离将是在单位时间内所通过距离的 4 倍；而[212]在 3 倍时间内通过的距离将是在单位时间内通过的距离的 9 倍；普遍说来，通过的距离和时间的平方成比例。

辛普：说实话，我在萨格利多这种简单而清楚的论证中得到的快感比在作者的证明中得到的快感还要多；他那种证明使我觉得相当地不明显；因此我相信，一旦接受了均匀加速运动的定义，情况就是像所描述的那样了。但是，至于这种加速度是不是我们在自然界中的下落物体事例中遇到的那种加速度，我却仍然是怀疑的；而且在我看来，不仅为了我，而且也为了所有那些和我抱有同样想法的人们，现在是适当的时刻，可以引用那些实验中的一个了；我了解，那些实验是很多的，它们用多种方式演示了已经得到的结论。

萨耳：作为一位科学人物，你所提出的要求是很合理的；因为在那些把数学证明应用于自然现象的科学中，这正是一种习惯——而且是一种恰当的习惯；正如在透视法、数学、力学、音乐及其他领域的事例中看到的那样，原理一旦被适当选择的实验所确定，就变成整个上层结构的基础。因此，我希望，如果我们相当长地讨论这个首要的和最基本的问题，这并不会显得是浪费时间；在这个问题上，连接着许多推论的后果，而我们在

---

① 作为现代分析方法之巨大优美性和简明性的例示，命题 2 的结果可以直接从基本公式 $s=\frac{1}{2}g(t_1^2-t_1^2)=\frac{g}{2}(t_2+t_1)(t_2-t_1)$ 得出，式中 g 是重力加速度，设各时段为 1 秒，于是在时刻 t_1 和 t_2 之间通过的距离就是 $s=\frac{g}{2}(t_2+t_1)$，此处 t_2+t_1 必须是一个奇数，因为它是自然数序列中相邻的数之和。——英译本注[中译者按：从现代眼光看来，这一问题本来非常简单，似乎不必如此麻烦加此小注，而且注得并非多么明白。]

本书中看到的只是其中的少数几个——那是我们的作者写在那里的，他在开辟一个途径方面做了许多工作，即途径本来对爱好思索的人们一直是封闭的。谈到实验，它们并没有被作者所忽视；而且当和他在一起时，我曾经常常试图按照明确的次序来使自己相信，下落物体所实际经历的加速，就是上面描述的那种。[213]

我们取了一根木条，长约12腕尺，宽约半腕尺，厚约3指，在它的边上刻一个槽，约一指多宽。把这个槽弄得很直、很滑和很好地抛光以后，给它裱上羊皮纸，也尽可能地弄光滑，我们让一个硬的、光滑的和很圆的青铜球沿槽滚动。将木条的一端比另一端抬高1腕尺或2腕尺，使木条处于倾斜位置，我们像刚才所说的那样让铜球在槽中滚动，同时用一种立即会加以描述的办法注意它滚下所需的时间。我们重复进行了这个实验，以便把时间测量得足够准确，使得两次测量之间的差别不超过$\frac{1}{10}$次脉搏跳动时间。完成了这种操作并相信了它的可靠性以后，我们就让球只滚动槽长的四分之一；测量了这种下降的时间，我们发现这恰恰是前一种滚动的时间的一半。其次我们试用了其他的距离，把全长所用的时间，和半长所用的时间，或四分之三长所用的时间，事实上是和任何分数长度所用的时间进行了比较，在重复了整百次的这种实验中，我们发现所通过的空间彼此之间的比值永远等于所用时间的平方之比。而且这对木板的，也就是我们让球沿着它滚动的那个木槽的一切倾角都是对的。我们也观察到，对于木槽的不同倾角，各次下降的时间相互之间的比值，正像我们等一下就会看到的那样，恰恰就是我们的作者所预言了和证明了的那些比值。

为了测量时间，我们应用了放在高处的一个大容器中的水；在容器的底上焊了一条细管，可以喷出一个很细的水柱；在每一次下降中，我们就把喷出的水收集在一个小玻璃杯中，不论下降是沿着木槽的全长还是沿着它的长度的一部分；在每一次下降以后，这样收集到的水都用一个很准确的天平来称了重量。这些重量的差和比值，就给我们以下降时间的差和比值，而且这些都很准确，使得虽然操作重复了许多许多次，所得的结果之间却没有可觉察的分歧。

辛普：我但愿曾经亲自看到这些实验，但是因为对你们做这些实验时的细心以及你叙述它们时的诚实感到有信心，我已经满意了并承认它们是正确而成立的了。

萨耳：那么咱们就可以不必讨论而继续进行了。[214]

推论Ⅱ. 其次就可以得到，从任何起点开始，如果我们随便取在任意两个时段中通过的两个距离，这两个时段之比就等于一个距离和两个距离之间的比例中项之比。

S
T
X
Y

因为，如果我们从起点 S 量起取两段距离 ST 和 SY，其比例中项为 SX，则通过 ST 的下落时间和通过 SY 的下落时间之比就等于 ST 和 SX 之比；或者也可以说，通过 SY 的下落时间和通过 ST 的下落时间之比，等于 SY 和 SX 之比。现在，既已证明所通过的各距离之比等于时间的平方之比，而且，既然空间 SY 和空间 ST 之比是 SY 和 SX 之比的平方，那么就得到，通过 SY 和 ST 的二时间之比等于相应距离 SY 和 SX 之比。

附　注

上一引理是针对竖直下落的事例证明了的；但是，对于倾角为任意值的斜面，它也成立；因为必须假设，沿着这些斜面，速度是按相同的比率增大的，就是说，是和时间成正比而增大的，或者，如果你们愿意，也可以说是按照自然数的序列而增大的。[①]

萨耳：在这儿，萨格利多，如果不太使辛普里修感到厌烦，我愿意打断一下现在的讨论，来对我们已经证明的以及我们已经从咱们的院士先生那里学到的那些力学原理的基础做些补充。我做的这些补充，是为了使我们把以上已经讨论了的原理更好地建立在逻辑的和实验的基础上，而更加

---

① 介于这一附注和下一定理之间的对话，是在伽利略的建议下由维维安尼(Viviani)撰写的。见 National Edition，ⅷ，23。——英译本注

重要的是为了在首先证明了对运动（impeti)的科学具有根本意义的单独一条引理以后，来几何地推导那一原理。

萨格：如果你表示要做出的进展是将会肯定并充分建立这些运动科学的，我将乐于在它上面花费任意长的时间。事实上，[215]我不但得高兴地听你谈下去，而且要请求你立刻就满足你在关于你的命题方面已经唤起的我的好奇心，而且我认为辛普里修的意见也是如此。

辛普：完全不错。

萨耳：既然得到你们的允许，就让我们首先考虑一个值得注意的事实，即同一个物体的动量或速率(i momenti o le velocità)，是随着斜面的倾角而变的。

速率在沿竖直方向时达到最大值，而在其他方向上，则随着斜面对竖直方向的偏离而减小。因此，运动物体在下降时的活力、能力、能量(l'impeto il talento l'energia)或也可称之为动量(il momento)，是由支持它的和它在上面滚动的那个平面所减小了的。

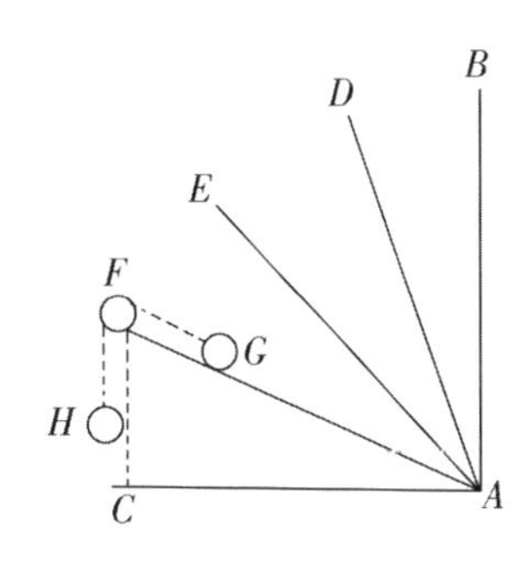

为了更加清楚，画一条直线 AB 垂直于水平线 AC，其次画 AD、AE、AF，等等，和水平线成不同的角度。于是我说，下落物体的全部动量都是沿着竖直方向的，而且当它沿此方向下落时达到最大值；沿着 DA，动量就较小；沿着 EA，动量就更小；而沿着更加倾斜的 FA，则动量还要更小。最后，在水平面上，动量完全消失，物体处于一种对运动或静止漠不关心的状态；它没有向任何方向运动的内在倾向，而在被推向任何方向运动时也不表现任何阻力。因为，正如一个物体或体系不能自己向上运动，或是从一切重物都倾向靠近的中心而自己后退一样，任一物体除了落向上述的中心以外也不可能自发地开始任何运动。因此，如果我们把水平面理解为一个面，它上面的各点都和上述公共中心等距的话，则物体在水平面上没有沿任何方向的动量。[216]

动量的变化既已清楚，我在这里就有必要解释某些事物；这是由我们的院士先生在帕多瓦写出的，载入只供他的学生们使用的一本著作中；他在考虑螺旋这一神奇的机件的起源和本性时详尽而确定地证明了这一情况。他所证明的就是动量(impeto)随斜面倾角而变化的那种方式。例如，图中的平面 FA，它的一端被抬起了一个竖直距离 FC。这个 FC 的方向，正是重物的动量沿着它变为最大的那个方向，让我们找出这一最大动量和同一物体沿斜面 FA 运动时的动量成什么比率。我说，这一比率正是前面提到的那两个长度的反比。这就是领先于定理的那个引理；至于定理本身，我希望等一下就来证明。

显然，作用在下落物体上的促动力(impeto)等于足以使它保持静止的阻力或最小力(resistenza o forza minima)。为了量度这个力和阻力(forza e resistenza)，我建议利用另一物体的重量。让我们在斜面 FA 上放一个物体 G，用一根绕过 F 点的绳子和重物 H 相连。于是，物体 H 将沿着垂直线上升或下降一个距离，和物体 G 沿着斜面 FA 下降或上升的距离相同。但是这个距离并不等于 G 在竖直方向上的下落或上升，只有在该方向上，G 也像其他物体那样作用它的力(resistenza)。这是很显然的。因为，如果我们把物体 G 在△AFC 中从 A 到 F 的运动看成由一个水平分量 AC 和一个竖直分量 CF 所组成，并记得这个物体在水平方向的运动方面并不经受阻力（因为通过这种运动物体离重物体公共中心的距离既不增加也不减少），就可以得到，只有由于物体通过竖直距离 CF 的升高才会遇到阻力。[217]那么，既然物体 G 在从 A 运动到 F 时只在它通过竖直距离的上升时显示阻力，而另一个物体 H 则必须竖直地通过整个距离 FA，而且此种比例一直保持，不论运动距离是大是小，因为两个物体是不可伸缩地连接着的，那么我们就可以肯定地断言，在平衡的事例中(物体处于静止)，二物体的动量、速度或它们的运动倾向(propensioni al moto)，也就是它们将在相等时段内通过的距离，必将和它们的重量成反比。这是在每一种力学运动的事例中都已被证明了的。[①] 因此，为了使重物 G 保持静止，H 必须有

① 此种处理近似于约翰·伯努利于1717年提出的“虚功原理”。——英译本注

一个较小的重量，二者之比等于 CF 和较小的 FA 之比。如果我们这样做。$FA : FC=$ 重量 G : 重量 H，那么平衡就会出现，也就是说重物 H 和 G 将具有相同的策动力(momenti eguali)，从而两个物体将达到静止。

既然我们已经同意一个运动物体的活力、能力、动量或运动倾向等于足以使它停止的力或最小阻力(forza o resistenza minima)，而既然我们已经发现重物 H 能够阻止重物 G 的运动，那么就可以得到，其总力(momento totale)是沿着竖直方向的较小重量 H 就将是较大的重量 G 沿斜面 FA 方向的分力(momento parziale)的一种确切的量度。但是物体 G 自己的总力(total momento)的量度却是它自己的重量，因为要阻止它下落只需用一个相等的重量来平衡它，如果这第二个重量可以竖直地运动的话；因此，沿斜面 FA 而作用在 G 上的分力(momento parziale)和总力之比，将等于重量 H 和重量 G 之比。但是由作图可知，这一比值正好等于斜面高度 FC 和斜面长度 FA 之比。于是我们就得到我打算证明的引理，而你们即将看到。这一引理已经由我们的作者在后面的命题 6 的第二段证明中引用过了。

萨格：从你以上讨论了这么久的问题看来，按照 ex æquali con la proportione perturbata 的论证，我觉得似乎可以推断，同一物体沿着像 FA 和 FI 那样的倾角不同但高度却相同的斜面而运动的那些倾向(momenti)，是同斜面的长度成反比的。[218]

萨耳：完全正确。确立了这一点以后，我将进而证明下列定理：

若一物体沿倾角为任意值而高度相同的一些平滑斜面自由滑下，则其到达底端时的速率相同。

首先我们必须记得一件事实，即在一个倾角为任意的斜面上，一个从静止开始的物体将和时间成正比地增加速率或动量(la quantità dell'impeto)，这是和我们的作者所给出的自然加速运动的定义相一致的。由此即得，正像他在以上的命题中所证明的那样，所通过的距离正比于时间的平方，从而也正比于速率的平方；在这儿，速度的关系和在起初研究的运动(即竖直运动)中的关系相同，因为在每一事例中速率的增大都正比于时间。

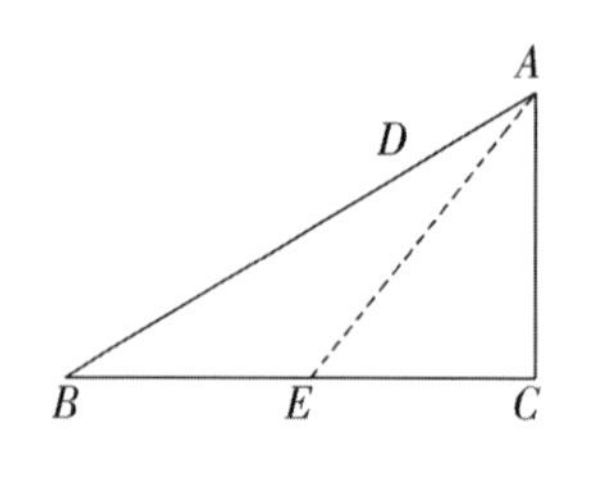

设 AB 为一斜面，其离水平面 BC 的高度为 AC。正如我们在以上所看到的那样，迫使一个物体沿竖直线下落的力(l' impeto)和迫使同一物体沿斜面下滑的力之比，等于 AB 比 AC。在斜面 AB 上，画 AD 使之等于 AB 和 AC 的第三比例项；于是，引起沿 AC 的运动的力和引起沿 AB(即沿 AD)的运动的力之比等于长度 AC 和长度 AD 之比。因此，物体将沿着斜面 AB 通过空间 AD，所用的时间和它下落一段竖直距离 AC 所用的时间相同[因为二力(momenti)之比等于这两个距离之比]；另外，C 处的速率和 D 处速率之比也等于距离 AC 和距离 AD 之比。但是根据加速运动的定义，B 处的物体速率和 D 处的物体速率之比等于通过 AB 所需的时间和通过 AD 所需的时间；而且根据命题 2 的推论Ⅱ，通过距离 AB 所需的时间和通过 AD 所需的时间之比，等于距离 AC(AB 和 AD 的一个比例中项)和 AD 之比。因此，B 和 C 处的两个速率和 D 处的速率有相同的比值，即都等于距离 AC 和 AD 之比，因此可见它们是相等的。这就是我要证明的那条定理。

由以上所述，我们就更容易证明作者的下述命题 3 了；在这种证明中，他应用了下述原理：通过一个斜面所需的时间和通过该斜面的竖直高度所需的时间之比，等于斜面的长度和高度之比。[219]

因为，按照命题 2 的推论Ⅱ，如果 BA 代表通过距离 BA 所需的时间，则通过 AD 所需的时间将是这两个距离之间的一个比例中项，并将由线段 AC 来代表；但是如果 AC 代表通过 AD 所需的时间，它就也将代表下落而通过 AC 所需的时间，因为距离 AC 和 AD 是在相等的时间内被通过的；由此可见，如果 AB 代表 AB 所需的时间，则 AC 将代表 AC 所需的时间。因此，通过 AB 所需的时间和通过 AC 所需的时间之比，等于距离 AB 和 AC 之比。

同样也可以证明，通过 AC 而下落所需的时间和通过任何另一斜面 AE 所需的时间之比，等于长度 AC 和长度 AE 之比；因此，ex æquali，沿斜面 AB 下降的时间和沿斜面 AE 下降的时间之比，等于距离 AB 和距离

AE 之比，等等。[①]

正如萨格利多将很快看到的那样，应用这同一条定理，将可立即证明作者的第六条命题；但是让我们在这儿停止这次离题之言，这也许使萨格利多厌倦了，尽管我认为它对运动理论来说是相当重要的。

萨格：恰恰相反，它使我大为满足，我确实感到这对掌握这一原理是必要的。

萨耳：现在让我们重新开始阅读。[220]

定理 3　命题 3

如果同一个物体，从静止开始，沿一斜面下滑或沿竖直方向下落，二者有相同的高度，则二者的下降时间之比将等于斜面长度和竖直高度之比。

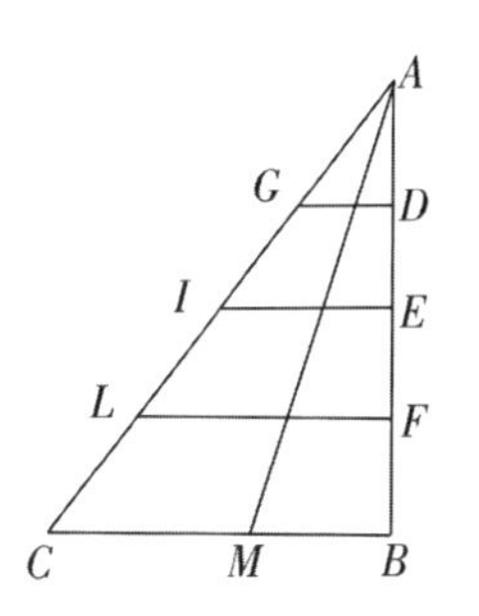

设 AC 为斜面而 AB 为竖直线，二者离水平面的高度 BA 相同；于是我就说，同一物体沿斜面 AC 的下滑时间和它沿竖直距离 AB 的下落时间之比，等于长度 AC 和 AB 之比。[221]设 DG、EI 和 LF 是任意一些平行于水平线 CB 的直线；那么，从前面的讨论就可以得出，一个从 A 点出发的物体将在点 G 和点 D 得到相同的速率，因为在每一事例中竖直降落都是相同的；同样，在 I 点和 F 点，速率也相同；在 L 点和 E 点也是如此。而且普遍地说，在从 AB 上任何点上画到 AC 上对应之点的任意平行线的两端，速率也将相等。[222]

这样，二距离 AC 和 AB 就是以相同速率被通过的。但是已经证明，如果两个距离是由一个以相等的速率运动着的物体所通过的，则下降时间之比将等于二距离本身之比；因此，沿 AC 的下降时间和沿 AB 的下降时

---

① 将这一论证用现代公认的符号表示出来，就有 $AC=\frac{1}{2}gt_c^2$，以及 $AD=\frac{1}{2}\cdot\frac{AC}{AB}gt_d^2$。如果现在 $AC^2=AB\cdot AD$，则立即得到 $t_d=t_c$。证毕。——英译本注

间之比，就等于斜面长度 AC 和竖直距离 AB 之比。 证毕。[223]

萨格： 在我看来，上述结果似乎可以在一条已经证明的命题的基础上清楚而简捷地被证明了；那命题就是，在沿 AC 或 AB 的加速运动的事例中，物体所通过的距离和它以一个均匀速率通过的距离相同，该均匀速率之值等于最大速率 CB 的一半；两个距离 AC 和[224]AB 既然是由相同的均匀速率通过的，那么由命题 1 就显然可知，下降时间之比等于距离之比。

推论. 因此我们可以推断，沿着一些倾角不同但竖直高度相同的斜面的下降时间，彼此之比等于各斜面的长度之比。因为，试考虑任何一个斜面 AM，从 A 延伸到水平面 CB 上，于是，仿照上述方式就可以证明，沿 AM 的下降时间和沿 AB 的下降时间之比，等于距离 AM 和 AB 之比；但是，既然沿 AB 的下降时间和沿 AC 的下降时间之比等于长度 AB 和长度 AC 之比，那么，ex æquali，就得到，沿 AM 的时间和沿 AC 的时间之比也等于 AM 和 AC 之比。

定理 4　命题 4

沿长度相同而倾角不同的斜面的下降时间之比等于各斜面的高度的平方根之比。

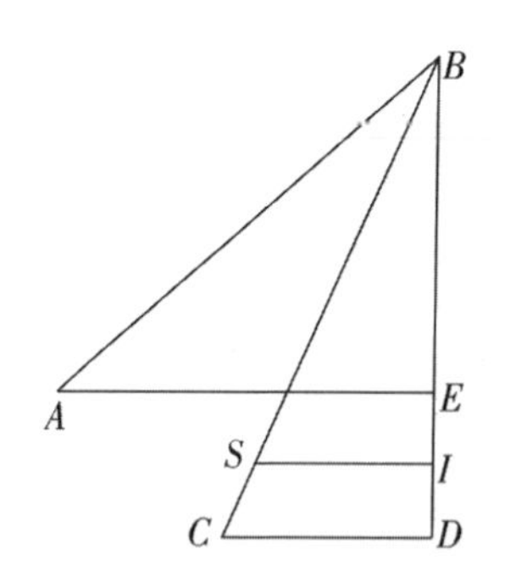

从单独一点 B 画斜面 BA 和 BC，它们具有相同的长度和不同的高度；设 AE 和 CD 是和竖直线 BD 相交的水平线，并设 BE 代表斜面 AB 的高度而 BD 代表斜面 BC 的高度；另外，[225]设 BI 是 BD 和 BE 之间的一个比例中项；于是 BD 和 BI 之比等于 BD 和 BE 之比的平方根。现在我说，沿 BA 和 BC 的下降时间之比等于 BD 和 BE 之比；于是，沿 BA 的下降时间就和另一斜面 BC 的高度联系了起来；就是说，作为沿 BE 的下降时间的 BD 和高度 BI 联系了起来。现在必须证明，沿 BA 的下降时间和沿 BC 的下降时间之比等于长度 BD 和长度 BI 之比。

画 IS 平行于 DC；既然已经证明沿 BA 的下降时间和沿竖直线 BE 的下降时间之比等于 BA 和 BE 之比，而且也已证明沿 BE 的下降时间和沿 BD 的下降时间之比等于 BE 和 BI 之比，而同理也有，沿 BD 的时间和沿 BC 的时间之比等于 BD 和 BC 之比，或者说等于 BI 和 BS 之比；于是，ex æquali，就得到，沿 BA 的时间和沿 BC 的时间之比等于 BA 和 BS 之比，或者说等于 BC 和 BS 之比。然而，BC 比 BS 等于 BD 比 BI，由此即得我们的命题。

定理 5　命题 5

沿不同长度、不同斜角和不同高度的斜面的下降时间，相互之间的比率等于长度之间的比率乘以高度的反比的平方根而得到的乘积。

画斜面 AB 和 AC，其倾角、长度和高度都不相同。我们的定理于是就是，沿 AC 的下降时间和沿 AB 的下降时间之比，等于长度 AC 和 AB 之比乘以各斜面高度之反比的平方根。

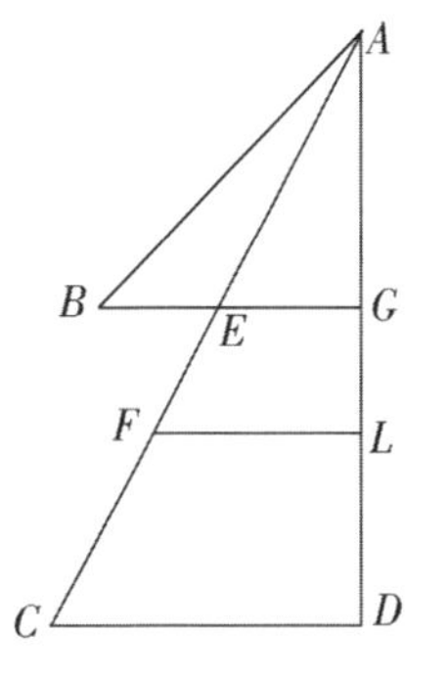

设 AD 为一竖直线，向它那边画了水平线 BG 和 CD，另外设 AL 是高度 AG 和 AD 之间的一个比例中项；从点 L 作水平线和 AC 交于 F；因此 AF 将是 AC 和 AE 之间的一个比例中项。现在，既然沿 AC 的下降时间和沿 AE 的下降时间之比等于长度 AF 和 AE 之比，而且沿 AE 的时间和沿 AB 的时间之比等于 AE 和 AB 之比，即就显然有，沿 AC 的时间和沿 AB 的时间之比等于 AF 和 AB 之比。[226]

于是，剩下来的工作就是要证明 AF 和 AB 之比等于 AC 和 AB 之比乘以 AG 和 AL 之比，后一比值即等于高度 DA 和 GA 之平方根的反比。现在，很显然，如果我们联系到 AF 和 AB 来考虑线段 AC，则 AF 和 AC 之比就与 AL 和 AD 之比或说与 AG 和 AL 之比相同，而后者就是二长度本身之比。由此即得定理。

定理6　命题6

如果从一个竖直圆的最高点或最低点任意画一些和圆周相遇的斜面，则沿这些斜面的下降时间将彼此相等。

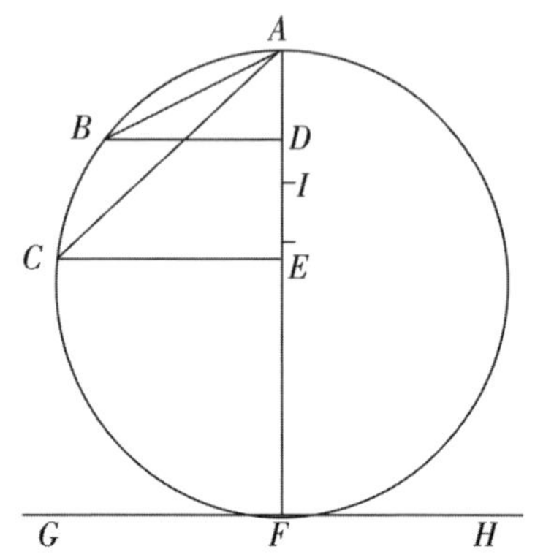

在水平线 *GH* 上方画一个竖直的圆。在它的最低点（和水平线相切之点），画直径 *FA*，并从最高点 *A* 开始，画斜面到 *B* 和 *C*；*B*、*C* 为圆周上的任意点。然后，沿这些斜面的下降时间都相等。画 *BD* 和 *CE* 垂直于直径。设 *AI* 是二斜面的高度 *AE* 和 *AD* 之间的一个比例中项；而且既然长方形 *FA*・*AE* 和 *FA*・*AD* 分别等于正方形 *AC*・ *AC* 和 *AB*・*AB* 之比，而长方形 *FA*・*AE* 和长方形 *FA*・*AD* 之比等于 *AE* 和 *AD* 之比，于是就得到 *AC* 的平方和 *AB* 的平方之比等于长度 *A C* 和长度 *AD* 之比。但是，既然长度 *AE* 和 *AD* 之比等于 *AI* 的平方和 *AD* 的平方之比，那就得到，以线段 *AC* 和 *AB* 为边的两个正方形之比，等于各以 *AI* 和 *AD* 为边的两个正方形之比，于是由此也得到，长度 *AC* 和长度 *AB* 之比等于 *AI* 和 *AD* 之比，但是以前已经证明，沿 *AC* 的下降时间和沿 *AB* 的下降时间之比等于 *AC* 和 *AB* 以及 *AD* 和 *AI* 两个比率之积，而后一比率与 *AB* 和 *AC* 的比的比率相同。因此沿 *AC* 的下降时间和沿 *AB* 的下降时间之比等于 *AC* 和 *AB* 之比乘以 *AB* 和 *AC* 之比。因此这两下降时间之比等于1。由此即得我们的命题。

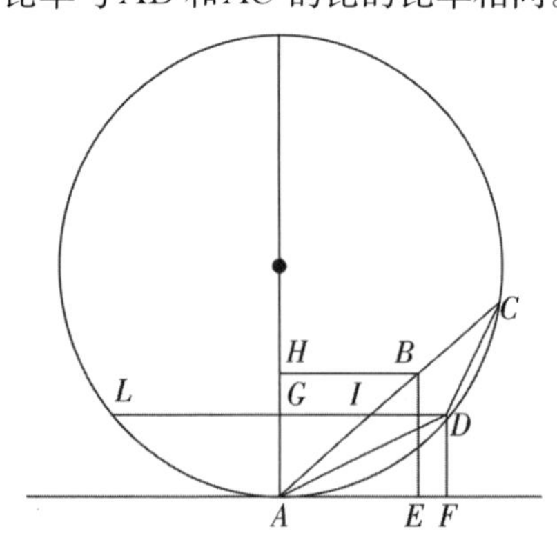

利用力学原理（ex mechanicis）可以得到相同的结果，也就是说一个下降的物体将需要相等的时间来通过[227]下图中所示的距离 *CA* 和 *DA*。沿 *AC* 作 *BA* 等于 *DA*，并作垂线 *BE*

和 DF；由力学原理即得，沿斜面 ABC 作用的分动量(momentum ponderis)和总动量(即自由下落物物体的动量)之比等于 BE 和 BA 之比；同理，沿斜面 AD 的分动量和总动量(即自由下落物体的动量)之比，等于 DF 和 DA 之比，或者说等于 DF 和 BA 之比。因此，同一重物沿斜面 DA 的动量和沿斜面 ABC 的动量之比，等于长度 DF 和长度 BE 之比；因为这种原因，按照命题 2，同一重物将在相等的时间内沿斜面 CA 和 DA 而通过空间；二者之比等于长度 BE 和 DF 之比。但是，可以证明，CA 比 DA 等于 BE 比 DF。因此，下降物体将在相等的时间内通过路程 CA 和 DA。

另外，CA 比 DA 等于 BE 比 DF 这一事实可以证明如下：连接 C 和 D；经过 D 画直线 DGL 平行于 AF 而与 AC 相交于 I；通过 B 画直线 BH 也平行于 AF。于是，$\angle ADI$ 将等于 $\angle DCA$，因为它们所张的 $\overset{\frown}{LA}$ 和 $\overset{\frown}{DA}$ 相等，而既然 $\angle DAC$ 是公共角，$\triangle CAD$ 和 $\triangle DAI$ 中此角的两个边将互成比例；因此 DA 比 IA 就等于 CA 比 DA，亦即等于 BA 比 IA，或者说等于 HA 比 GA，也就是 BE 比 DF。 证毕。

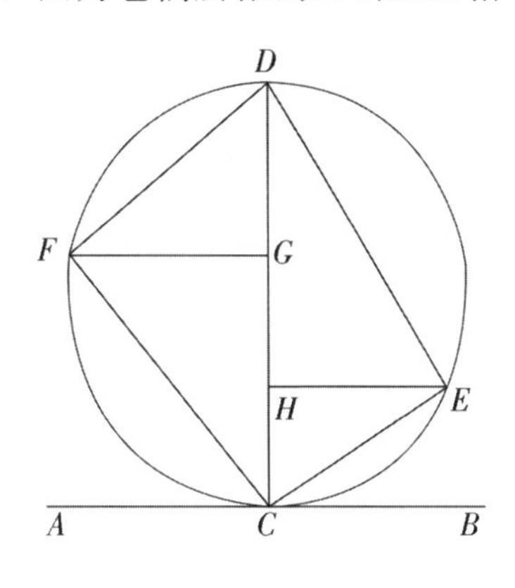

这同一条命题可以更容易地证明如下：在水平线 AB 上方画一个圆，其直径 DC 是竖直的。从这一直径的上端随意画一个斜面 DF 延伸到圆周上；于是我说，一物体沿斜面 DF 滑下所需的时间和沿直径 DC 下落所需的时间相同。因为，画直线 FG 平行于 AB 而垂直于 DC，连接 FC；既然沿 DC 的下落时间和沿 DG 的下落时间之比等于 CD 和 GD 之间的比例中项[228]和 GD 本身之比，而且 DF 是 DC 和 DG 之间的一个比例中项，内接于半圆之内的 $\angle DFC$ 为一直角，而 FG 垂直于 DC，于是就得到，沿 DC 的下落时间和沿 DG 的下落时间之比等于长度 FD 和 GD 之比。但是前已证明，沿 DF 的下降时间和沿 DG 的下降时间之比等于长度 DF 和 DG 之比，因此沿 DF 的下降时间和沿 DC 的下降时间各自和沿 DG 的下降时间之比是相同的，从而它们是相等的。

同样可以证明，如果从直径的下端开始画弦 CE，也画 EH 平行于水平线，并将 E、D 二点连接起来，则沿 EC 的下降时间将和沿 DC 的下降时间相同。

推论Ⅰ. 沿通过 C 点或 D 点的一切弦的下降时间都彼此相等。

推论Ⅱ. 由此可知，如果从任何一点开始画一条竖直线和一条斜线，而沿二者的下降时间相等，则斜线将是一个半圆的弦而竖直线则是该半圆的直径。

推论Ⅲ. 另外，对若干斜面来说，当各斜面上长度相等处的竖直高度彼此之间的比等于各该斜面本身长度之比时，沿各该斜面的下降时间将相等。例如在前页上图中，沿 CA 和 DA 的下降时间将相等，如果 AB(AB 等于 AD)的竖直高度，即 BE，和竖直高度 DF 之比等于 CA 比 DA 的话。

萨格： 请允许我打断一下你的讲话，以便我弄明白刚刚想到的一个概念；这一概念如果不涉及什么谬见，[229]它就至少会使人想到一种奇特而有趣的情况，就像在自然界和在必然推论范围内常常出现的那种情况一样。

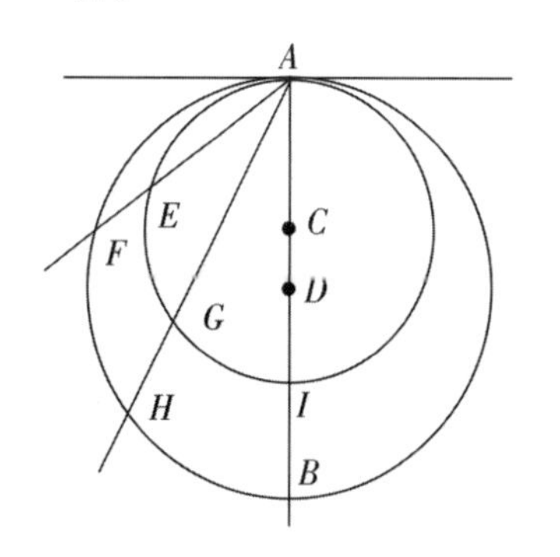

如果从水平面上一个任意定点向一切方向画许多伸向无限远处的直线，而且我们设想沿着其中每一条线都有一个点从给定的点从同一时刻以恒定的速率开始运动，而且运动的速率是相同的，那么就很显然，所有的这些点将位于同一个越来越大的圆周上，永远以上述那个定点为圆心；这个圆向外扩大，完全和一个石子落入静止的水中时水面上波纹的扩展方式相同，那时石子的撞击引起沿一切方向传播的运动，而打击之点则保持为这种越来越扩大的圆形波纹的中心。设想一个竖直的平面，从面上最高的一点沿一切倾角画一些直线通向无限远处，并且设想有一些重的粒子沿着这些直线各自进行自然加速运动，其速率各自适应其直线的倾角。如果这些运动粒子永远是可以看到的，那么它们的位置在任一时刻的轨迹将是怎样的呢？现在，这个问题的答案引起了我的惊讶，因为我被以上这些定理引导着相信这些粒子将永远位于单独一个圆的圆周上；随着粒子离它们的运动开始的那一点越来越远，该圆将越来越大。为了更加确切，设 A 是直线 AF 和 AH 开始画起的那个固定点，二直线的倾角可为任意值。在竖直线 AB 上取任意的点 C 和 D，以二点为心各画一圆通过点 A 并和二倾斜直线相交于点 F、H、B、E、G、I。由以上各定理显然可知，如果各粒子在同一时刻从 A 出发而沿着这些直线下滑，则当一个粒子达到 E 时，另一粒子将达到 G，而另一粒子将达到 I；在一个更晚的时刻，它们将同时在 F、H 和 B 上出现，这些粒子，而事实上是无限多个[230]个沿不同的斜率而行进的粒子，将在相继出现的时刻永远位于单独一个越来越扩大的圆上。因此，发生在自然界中的这两种运动，引起两个无限系列的圆，它们同时是相仿的而又是相互不同的；其中一个序列起源于无限多个同心圆的圆心，而另一个系列则起源于无限多个非同心圆的最高的相切点；前者是由相等的、均匀的运动引起的，而后者则是由一些既不均匀、彼此也不相等而是随轨道斜率而各不相同的运动引起的。

另外，如果从取作运动原点的两个点开始，我们不仅是在水平的和竖直的平面上而是沿一切方向画那些直线，则正如在以上两种事例中那样，从单独一个点开始，产生一些越来越扩大的圆，而在后一种事例中，则在单独一点附近造成无限多的球面，或者，也可以说是造成单独一个其体积无限膨胀的球；而且这是用两种方式发生的，一种的原点在球心，而另一种的原点在球面上。

萨耳：这个概念实在美妙，而且无愧于萨格利多那聪明的头脑。

辛普：至于我，我用一种一般的方法来理解两种自然运动如何引起圆和球；不过关于加速运动引起的圆及其证明，我却还不完全明白；但是可以在最内部的圆上或是在球的正顶上取运动原点这一事实，却引导人想到可能有某种巨大奥秘隐藏在这些真实而奇妙的结果中，这可能是一种和宇宙的创生有关的奥秘(据说宇宙的形状是球形的)，也可能是一种和第一原因(prima causa)的所在有关的奥秘。

萨耳：我毫不迟疑地同意你的看法。但是这一类深奥的考虑属于一种比我们的科学更高级的学术(a più alte dottrine che la nostre)。我们必须满足于属于不那么高贵的工作者，他们从探索中获得大理石，而后那有天才的雕刻家才创作那些隐藏在粗糙而不成模样的外貌中的杰作。现在如果你们愿意，就让咱们继续进行吧。[231]

定理 7　命题 7

如果两个斜面的高度之比等于它们的长度平方之比，则从静止开始的物体将在相等的时间滑过它们的长度。

试取长度不同而倾角也不同的斜面 AE 和 AB，其高度为 AF 和 AD；设 AF 和 AD 之比等于 AE 平方和 AB 平方之比，于是我就说，一个从静止开始的物体将在相等的时间内滑过 AE 和 AB。从竖直线开始画水平的平行线 EF 和 DB，后者和 AE 交于 G 点。既然 $FA:DA=DV:EA^2:BA^2$，① 而且 $EA:DA=EA:GA$，于是即得 $EA:GA=EA^2:BA^2$，因此 BA 就是 EA 和 GA 之间的一个比例中项。现在，既然沿 AB 的下降时间和沿 AG 的下降时间之比等于 AB 和 AG 之比，而且沿 AG 的下降时间和沿 AE 的下降时间之比等于 AG 和 AE、AG 之间的一个比例中项之比，也就是和 AB 之比，因此就得到，ex æquali，沿 AB 的下降时间和沿 AE 的下降时间之比等于 AB 和它自己之比，因此两段时间是相等的。　　证毕。

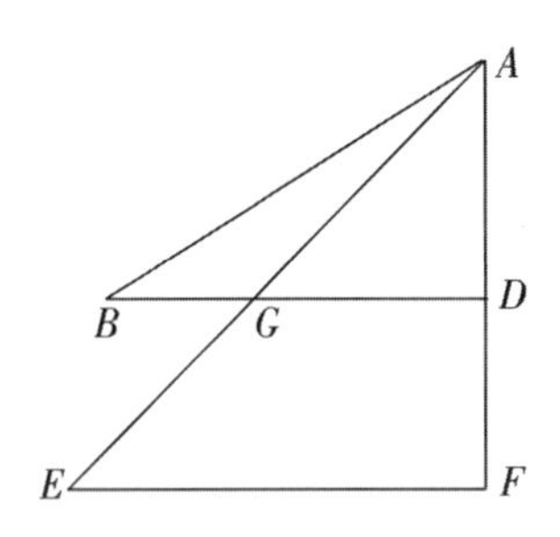

定理 8　命题 8

沿着和同一竖直圆交于最高点或最低点的一切斜面的下降时间都等于沿竖直直径的下落时间；对于达不到直径的那些斜面，下降时间都较短；

① 原文如此，显然有误，似宜作 $FA:DA=EA^2:BA^2$，按图中并无 DV。

而对于和直径相交的那些斜面，则下降时间都较长。

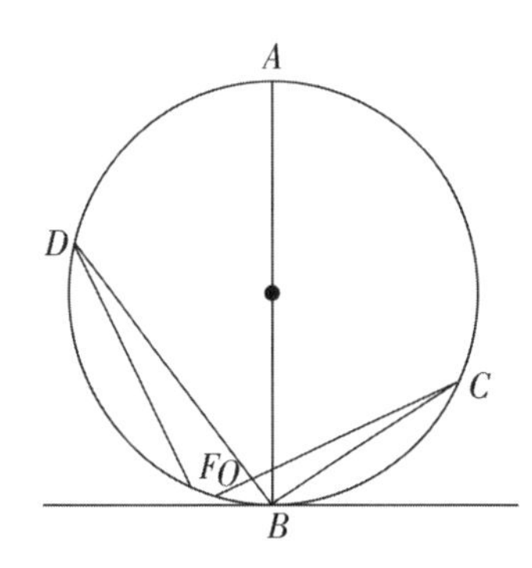

设 AB 为和水平面相切的一个圆的竖直直径。已知证明，在从 A 端或 B 端画到圆周的各个斜面上，下降时间都相等。斜面 DF 没达到直径；为了证明沿该斜面[232]的下降时间较短，我们可以画一斜面 DB，它比 DF 更长，而其倾斜度也较小；由此可知，沿 DF 的下降时间比沿 DB 的下降时间要短，从而也就比沿 AB 下落的时间要短。同样可以证明，在和直径相交的斜面 CO 上，下降时间较长，因为 CO 比 CB 长，而其倾斜度也较小。由此即得所要证明的定理。

定理 9　命题 9

从一条水平线的任意点开始画两个斜面，其倾角为任意值；若两个斜面和一条直线相交，其相交之角各等于另一斜面和水平线的交角，则通过两平面被截出的部分的下降时间相等。

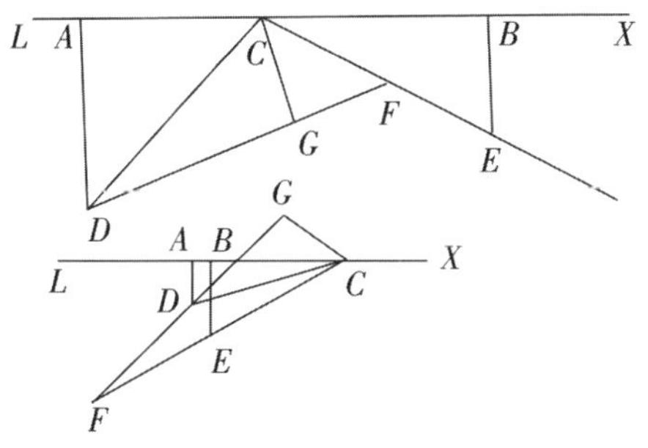

通过水平线上的 C 点画两个斜面 CD 和 CE，其倾角任意；从斜面 CD 上的任一点，画出 $\angle CDF$ 使之等于 $\angle XCE$；设直线 DF 和斜面 CE 相交于 F，于是 $\angle CDF$ 和 $\angle CFD$ 就分别等于 $\angle XCE$ 和 $\angle LCD$，于是我就说，通过 CD 和通过 CF 的下降时间是相等的。现在，既然 $\angle CDF$ 等于 $\angle XCE$，由作图就显然可知 $\angle CFD$ 必然等于 $\angle DCL$，因为，如果把公共角 $\angle DCF$ 从 $\triangle CDF$ 的等于二直角的三个角中减去，则剩下来的三角形中的两个角 $\angle CDF$ 和 $\angle CFD$ 将等于两个角 $\angle XCE$ 和 $\angle LCD$(因为在 LX 下边 C 点附近可以画出的三个角也等于二直角)；但是根据假设，$\angle CDF$ 和 $\angle XCE$ 是相等的，因

此，剩下来的$\angle CFD$就等于剩下来的$\angle DCL$。取CE等于CD；从D、E二点画DA和EB垂直于水平线XL；并从点C作直线CG垂直于DF。现在，既然$\angle CDG$等于$\angle ECB$，而$\angle DGC$和$\angle CBE$为直角，那么就得到$\triangle CDG$和$\triangle CBE$是等角的；于是就有，$DC : CG = CE : EB$，但是DC等于CE，因此CG就等于EB。[233]既然$\triangle DAC$中C处的角和A处的角等于$\triangle CGF$中F处的角和G处的角，我们就有，$CD : DA = FC : CG$，而permutando，就有，$DC : CF = DA : CG = DA : BE$。于是，等长斜面$CD$和$CE$的高度之比，等于其长度$DC$和$CF$之比，因此，根据命题6的推论Ⅰ，沿这两个斜面的下降时间将是相等的。证毕。

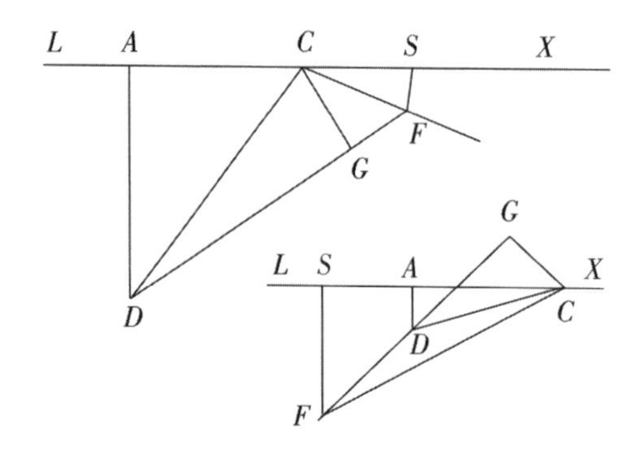

另一种证法如下：画FS垂直于水平线AS。于是，既然$\triangle CSF$和$\triangle DGC$相似，我们就有$SF : FC = GC : CD$，而既然$\triangle CFG$和$\triangle DCA$相似，我们就有$FC : CG = CD : DA$。因此，ex æquali，就有$SF : CG = CC : DA$。因此CG是SF和DA之间的一个比例中项，而$DA : SF = DA^2 : CG^2$。再者，既然$\triangle ACD$和$\triangle CGE$相似，我们就有$DA : DC = GC : CF$，从而，permutando，即得$DA : CG = DC : CF$；另外也有$DA^2 : CG^2 = DC^2 : CF^2$。但是，前已证明$DA^2 : CC^2 = DA : FS$，因此，由上面的命题7，既然斜面$CD$和$CF$的高度$DA$和$FS$之比等于两斜面长度的平方之比，那么就有沿这两个斜面的下降时间将相等。

定理10　命题10

沿高度相同、倾角不同的斜面的下降时间之比等于各该斜面的长度之

比，而不论运动是从静止开始还是先经历了一次从某一高度的下落，这种比例关系都是成立的。

设下降的路程是沿着 ABC 和 ABD 而到达水平面 DC，以在沿 BD 和 BC 下降之前有一段沿 AB 的下落。于是我就说，沿 BD 的下降时间和沿 BC 的下降时间之比，等于长度 BC 和 BD 之比。画水平线 AF 并延长 DB 使它和水平线交于 F；设 FE 为[234] DF 和 FB 之间的一个比例中项；画 EO 平行于 DC；于是 AO 将是 CA 和 AB 之间的一个比例中项。如果我们现在用长度 AB 来代表沿 AB 的下落时间，则沿 FB 的下降时间将用距离 FB 来代表，而通过整个距离 AC 的下落时间也将用比例中项 AO 来代表，而沿整个距离 FD 的下降时间则将用 FE 来代表。于是沿剩余高度 BC 的下落时间将用 BO 来代表，而沿剩余长度 BD 的下降时间将用 BE 来代表；但是，既然 $BE:BO=BD:BC$，那就可以推知，如果我们首先允许物体沿着 AB 和 FB 下降，或者同样地沿着公共距离 AB 下落，则沿 BD 和 BC 的下降时间之比将等于长度 BD 和 BC 之比。

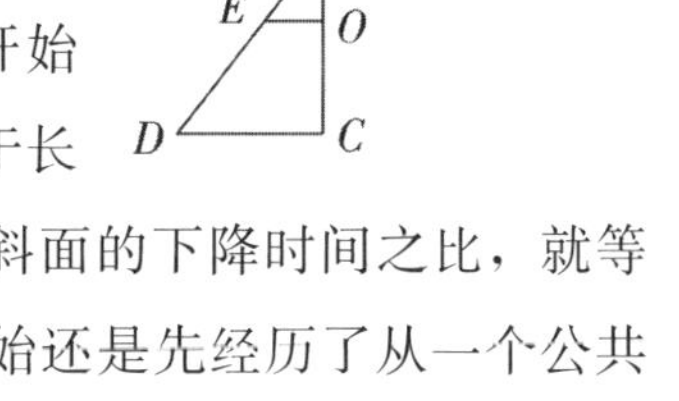

但是我们以前已经证明，在 B 处从静止开始沿 BD 的下降时间和沿 BC 的下降时间之比等于长度 BD 和 BC 的比。因此，沿高度相同的不同斜面的下降时间之比，就等于这些斜面的长度之比，不论运动是从静止开始还是先经历了从一个公共高度上的下落。　　证毕。

定理 11　命题 11

如果一个斜面被分为任意两部分，而沿此斜面的运动从静止开始，则沿第一部分的下降时间和沿其余部分的下降时间之比，等于第一部分的长度和第一部分与整个长度之间的一个比例中项比第一部分超出的超过量之比。

设下落在 A 处从静止开始而通过了整个距离 AB，而此距离在任意 C 处被分成两部分；另外，设 AF 是整个长度 AB 和第一部分 AC 之间的一个比例中项；于是 CF 将代表这一比例中项 FA 比第一部分 AC 多出的部分。现在我说，沿 AC 的下落时间和随后沿 CB 的下落时间之比，等于 AC 和 CF 之比。这是显然的，因为沿 AC 的时间和沿整个距离 AB 的时间之比等于 AC 和比例中项 AF 之比，因此，dividendo，沿 AC 的时间和沿剩余部分 CB 的时间之比，就等于 AC 和 CF 之比。如果我们同意用长度 AC 来代表沿 AC 的时间，则沿 CB 的时间将用 CF 来代表。 证毕。[235]

如果运动不是沿着直线 ACB 而是沿着折线 ACD 到达水平线 BD 的，而且如果我们从 F 画水平线 FE，就可以用相似的方法证明，沿 AC 的时间和沿斜线 CD 的时间之比，等于 AC 和 CE 之比。因为，沿 AC 的时间和沿 CB 的时间之比，等于 AC 和 CF 之比；但是，已经证明，在下降了一段距离 AC 之后，沿 CB 的时间和在下降了同一段距离之后沿 CD 的时间之比，等于 CB 和 CD 之比，或者说等于 CF 和 CE 之比；因此，ex æquali，沿 AC 的时间和沿 CD 的时间之比，就将等于长度 AC 和长度 CE 之比。

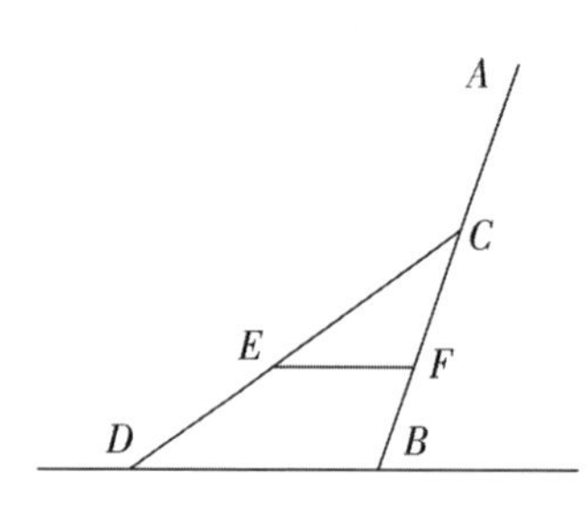

定理 12　命题 12

如果一个竖直平面和任一斜面被两个水平面所限定，如果我们取此二面长度和二面交线与上一水平面之间的两个部分之间的比例中项，则沿竖直面的下降时间和沿竖直面上一部分的下降时间加沿斜面下部的下降时间之比，等于整个竖直面的长度和另一长度之比；后一长度等于竖直面上的比例中项长度加整个斜面和比例中项之差。

设 AF 和 CD 为限定竖直面 AC 和斜面 DF 的两个平面；设后二面相交于 B。设 AR 为整个竖直面和它的上部 AB 之间的一个比例中项，并设 FS 为 FD 和其上部 FB 之间的一个比例中项。于是我就说，沿整个竖直路程 AC 的下落时间和沿其上半部分 AB 的下落时间加沿斜面的下半部分 BD

的下降时间之比，等于长度 AC 和另一长度之比，该另一长度等于竖直面上的比例中项 AR 和长度 SD 之比，而 SD 即整个斜面长度 DF 及其比例中项 FS 之差。

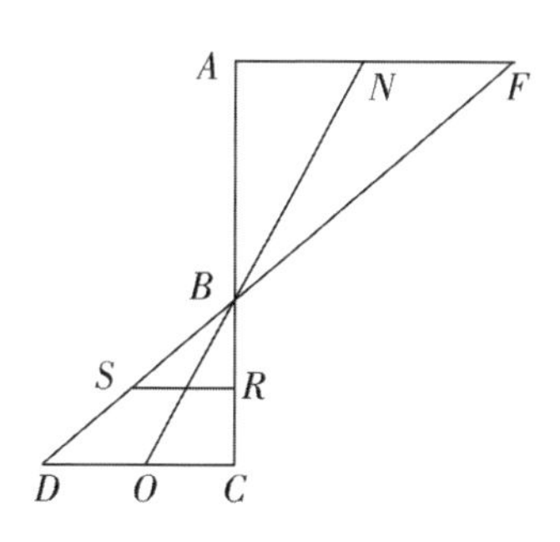

连接 R、S 二点成一水平线 RS。现在，既然通过整个距离 AC 的时间和沿 AB 部分的时间之比等于 CA 和比例中项 AR 之比，那么就有，如果我们同意用距离 AC 来代表通过 AC 的下落时间，则通过距离 AB 的下落时间将用 AR 来代表，而且通过剩余部分 BC 的下落时间将用 RC 来代表。但是，如果沿 AC 的下落时间被认为等于长度 AC，则沿 FD 的时间将等于距离 FD，从而我们可以同样地推知，沿 BD 的下降时间[236]在经过了沿 FB 或 AB 的一段下降以后，将在数值上等于距离 DS。因此，沿整个路程 AC 下落所需的时间就等于 AR 加 RC，而沿折线 ABD 下降的时间则将等于 AR 加 SD。　　证毕。

如果不取竖直平面而代之以另一个任意斜面，例如 NO，同样的结论仍然成立；证明的方法也相同。

问题 1　命题 13

已给一长度有限的竖直线，试求一斜面，其高度等于该竖直线，而且倾角适当，使得一物体从静止开始沿所给竖线下落以后又沿斜面滑下，所用的时间和它竖直下落的时间相等。

设 AB 代表所给的竖直线；延长此线到 C，使 BC 等于 AB，并画出水平线 CE 和 AG，要求从 B 到水平线 CE 画一斜面，使得一个物体在 A 处从静止开始下落一段距离 AB 以后将在相同的时间内完成沿这一斜面的下滑。画 CD 等于 BC，并画直线 BD，作直线 BE 等于 BD 和 DC 之和；于是我说，BE 就是所求的斜面。延长 EB 使之和水平线 AG 相交于 G。设 GF 是 GE 和 GB 之间的一个比例中项，于是就有 $EF : FB = EG : GF$，以及 $EF^2 : FB^2 = EG^2 : GF^2 = EG : GB$。但 EG 等于 GB 的两倍，故 EF 的平

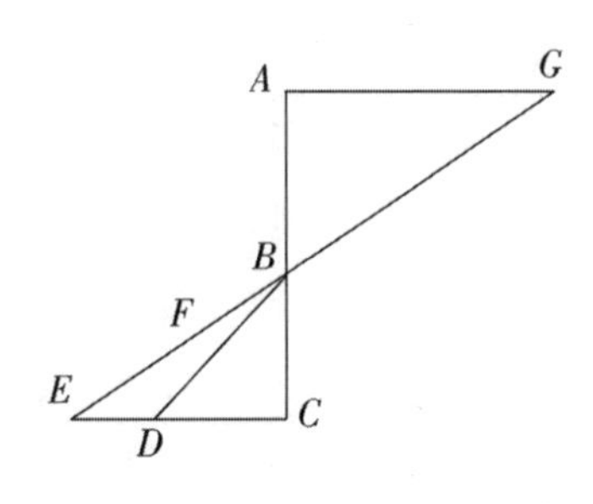

方为FB平方的两倍，而且DB的平方也是BC平方的两倍。因此，$EF:FB=DB:BC$，而 componendo et permutando，就有$EB:(DB+BC)=BF:BC$。但是$EB=DB+BC$；由此即得$BF=BC=BA$。如果我们同意长度AB将代表沿线段AB下落的时间，则GB将代表沿GB的下降时间，而GF将代表沿整个距离GE的下降时间；因此BF将代表从G点或A点下落之后沿此二路径之差即BE的下降时间。

证毕。[237]

问题 2　命题 14

已给一斜面和穿过此面的一根竖直线，试求竖直线上部的一个长度，使得一个物体从静止而沿该长度下落的时间等于物体在上述长度上落下以后沿斜面下降所需的时间。

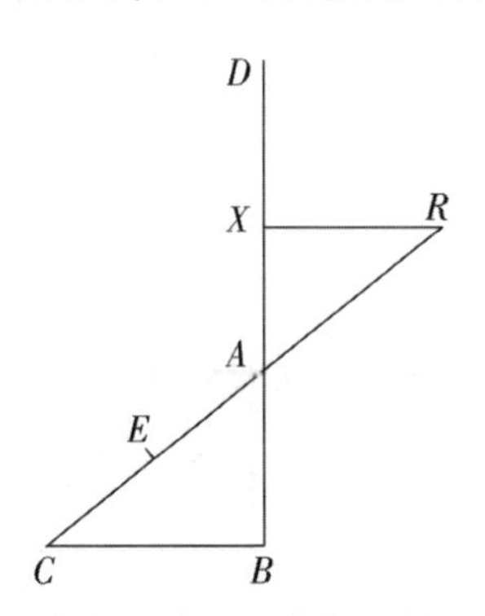

设AC为斜面而DB为竖直线。要求找出竖直线AD上的一段距离，使得物体从静止下落而通过这段距离的时间和它下落之后沿斜面AC下降的时间相等。画水平线CB；取AE，使得$(BA+2AC):AC=AC:AE$，并取AR，使得$BA:AC=EA:AR$。从R作RX垂直于DB；于是我说，X就是所求之点。因为，既然$(BA+2AC):AC=AC:AE$，那么就有，dividendo，$(BA+AC):AC=CE:AE$。而且，既然$BA:AC=EA:AR$，那么，componendo，就有$(BA+AC):AC=ER:RA$。但是$(BA+AC):AC=CE:AE$，于是就有$CE:EA=ER:RA=$前项之和∶后项之和$=CR:RE$。于是RE就应该是CR和RA之间的一个比例中项。另外，既然已经假设$BA:AC=EA:AR$，而且由相似三角形可得$BA:AC=XA:AR$，因此就有$EA:AR=XA:AR$。因此EA和XA相等。但是，如果我们同意通过RA的下落时间将用长度RA来代表，则沿RC的下落时间将由作为RA和RC之间的比例中项的长度RE来代表；同样，AE将代表在沿RA或AX下降之后沿AC的下降时间。但是，沿XA的下落时间是由长度XA来代表的，而RA则代表通过RA的下降时间。但是已经证明XA和AC相等。

证毕。[238]

问题3　命题15

给定一竖直线和一斜面，试在二者交点下方的竖直线上求出一个长度，使它将和斜面要求相等的下降时间；在此两种运动以前，都有一次沿给定竖直线的下落。

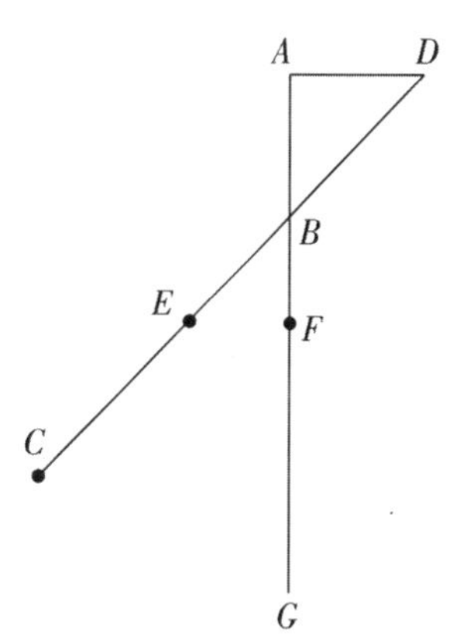

设AB代表此竖直线而BC代表斜面，要求在交点以下的竖直线上找出一个长度，使得在从A点下落以后物体将以相等的时间通过该长度或通过BC。画水平线AD和CB的延长线相交于D；设DE是[239]CD和DB之间的一个比例中项；取BF等于BE；并设AG是BA和AF的一个第三比例项，于是我说，BG就是那个距离，即一个物体在通过AB下落以后将以和在相同下落之后沿斜面BC下降的时间相等的时间内沿该长度下落。因为，如果我们假设沿AB的下落时间用AB来代表，则沿DB的时间将用DB来代表。而且，既然DE是BD和DC之间的一个比例中项，那么同一DE就将代表沿整个长度DC的下降时间，而BE则将代表沿二路程之差即BC下降所需的时间，如果在每一事例中下落都是在D或在A从静止开始。同样我们可以推知，BF代表在相同先期下落以后沿距离BG的下降时间，但是BF等于BE。因此问题已解。

定理13　命题16

如果从相同一点画一个有限的斜面和一条有限的竖直线，设一物体从

静止开始沿此二路程下降的时间相等，则一个从较大高度下落的物体将在比沿竖直线下落更短的时间内沿斜面滑下。

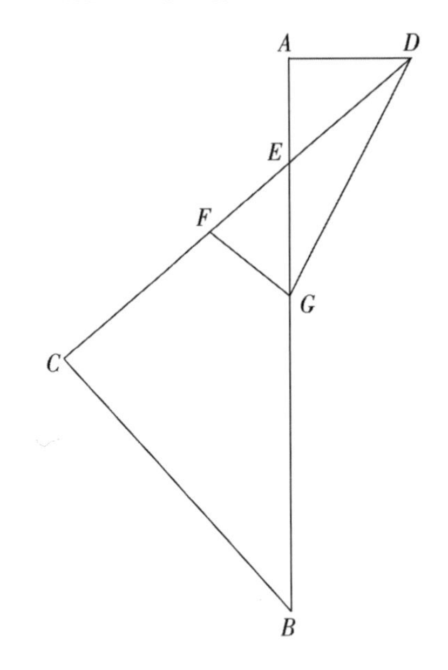

设 EB 为此竖直线而 CE 为此斜面，二者都从共同点 E 开始，而且一个在 E 点从静止开始的物体将在相等的时间沿直线下落或沿斜面下滑。将竖直线向上延长到任意点 A，下落物体将从此点开始。于是我说，在通过 AE 下落以后，物体沿斜面 EC 下滑的时间将比沿竖直线 EB 下落的时间为短。连 CB 线。画水平线 AD，并向后延长 CE 直到它和 AD 相交于 D；设 DF 是 CD 和 DE 之间的一个比例中项，并取 AG 成为 BA 和 AE 之间的一个比例中项。画 FG 和 DG；于是，既然在 E 点从静止开始而沿 EC 或 EB 下降的时间相等，那么，由命题 6 的推论Ⅱ就得到，C 处的角是直角，但 A 处的角也是直角，而且 E 处的对顶角也相等，从而△AED 和△CEB 是等角的，从而其对应边应成比例；由此即得 $BE:EC=DE:EA$，因此长方形 $BE \cdot EA$ 等于长方形 $CE \cdot ED$；而且既然长方形 $CD \cdot DE$ 比长方形 $CE \cdot ED$ 多出一个正方形 ED(即 ED^2)，而且长方形 $BA \cdot AE$ 比长方形 $BE \cdot EA$ 多出一个 EA 的平方，那么就有，长方形 $CD \cdot DE$ 比长方形 $BA \cdot AE$ 多出之量，或者说 FD 的平方比 AG 平方多出之量，将等于 DE 的平方比 AE 平方多出之量，等于 AD 的平方。因此 $FD^2=GA^2+AD^2=GD^2$，由此可见 DF 等于 DG，而且∠DGF 等于∠DFG，而∠EGF 小于∠EFG，从而对边 EF 小于对边 EG。如果我们现在同意用长度 AE 来代表通过 AE 的下落时间，则沿 DE 的时间将用 DE 来代表。而且，既然 AC 是 BA 和 AE 之间的一个比例中项，那么就有，AG 将代表沿整个距离 AB 的下落时间，而差量 EG 则将代表在 A 处从静止开始而沿路径差 EB 的下落时间。

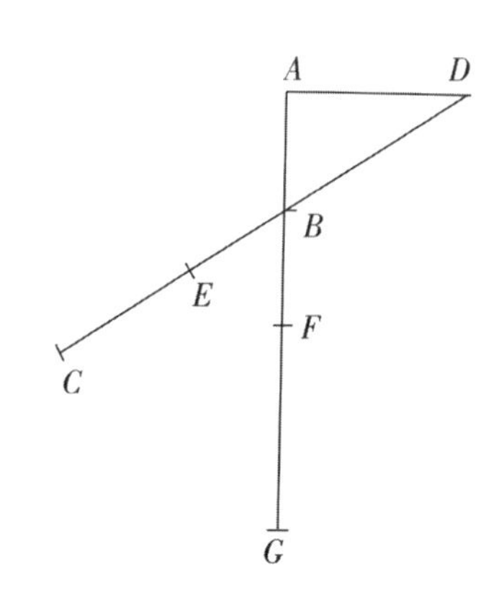

同样，EF 代表在 D 处从静止开始或在 A 处下落而沿 EC 下降的时间。但是已经证明 EF 小于 FG，于是即得上述定理。

推论. 由这一命题和前一命题可以清楚地看出，一物体在下落一段距离以后再在通过一个斜面所需的时间内继续下降的竖直距离，将大于该斜面的长度，但是却小于不经任何预先下落而在斜面上经过的距离。因为，既然我们刚才已经证明，从较高的 A 点下落的物体将通过前一个图中的斜面，而所用时间比沿竖直线 EB 继续下落所用的时间为短，那么就很明显，在和沿 EC 下落的时间相等的时间内沿 EB 前进的距离将小于整个距离 EB。但是，现在为了证明这一竖直距离大于斜面 EC 的长度，我们把上一定理中的图重画在这儿，在此图中，在预先通过 AB 下落以后，物体在相等的时间内通过竖直线 BG[240]或斜面 BC。关于 BG 大于 BC，可以证明如下：既然 BE 和 FB 相等，而 BA 小于 BD，那么就有，FB 和 BA 之比将大于 EB 和 BD 之比；于是，componendo，FA 和 BA 之比就大于 ED 和 DB 之比；但是 $FA : AB = GF : FB$(因为 AF 是 BA 和 AG 之间的一个比例中项)，而且同样也有 $ED : BD = CE : EB$，因此即得，GB 和 BF 之比将大于 CB 和 BE 之比，因此 GB 大于 BC。

问题 4　命题 17

已给一竖直线和一斜面，要求沿所给斜面找出一段距离，使得一个沿所给竖直线落下的物体沿此距离的下降时间等于它从静止开始沿竖直线的下落时间。

设 AB 为所给竖直线而 BE 为所给斜面。问题就是在 BE 上定出一段距离，使得一个物体在通过 AB 下落之后将在一段时间内通过该距离，而该时间则恰好等于物体从静止开始沿竖直线 AB 落下所需要的时间。

画水平线 AD 并延长斜面至和该线相交于 D。取 FB 等于 BA；并选定

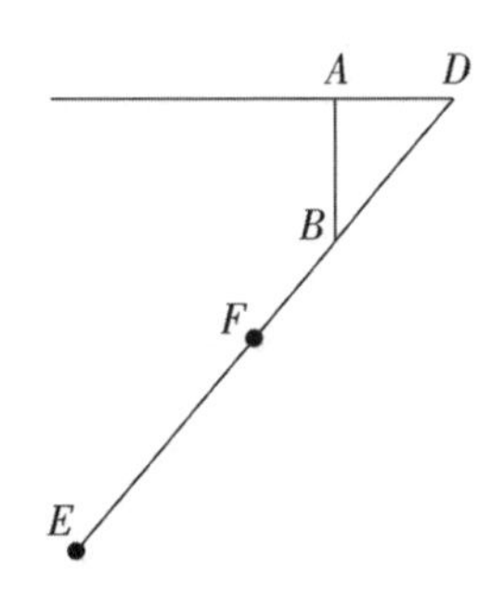

点 E 使得 $BD:FD=DF:DE$。于是我说，在通过 AB 下落以后，物体沿 BE 的下降时间就等于物体在 A 处从静止开始而通过 AB 的下落时间。因为，如果我们假设长度 AB 就代表通过 AB 的下落时间，则通过 DB 的下降时间将由长度 DB 来代表；而既然 $BD:FD=DF:DE$，就可以推知，DF 将代表沿整个斜面的下降时间，而 BF 则代表在 D 处从静止开始而通过 BE 部分的下降时间；但是在首先由通过 DB 下降以后沿 BE 的下降时间和在首先通过 AB 下落以后沿 BF 的下降时间相同。因此，在 AB 以后沿 BE 的下降时间将是 BF，而 BF 当然等于在 A 处从静止开始而通过 AB 的下落时间。

证毕。[241]

问题 5　命题 18

已知一物体将在给定的一个时段内从静止开始竖直下落所通过的距离，并已知一较小的时段，试求出另一相等的竖直距离使物体将在已知较小时段内通过之。

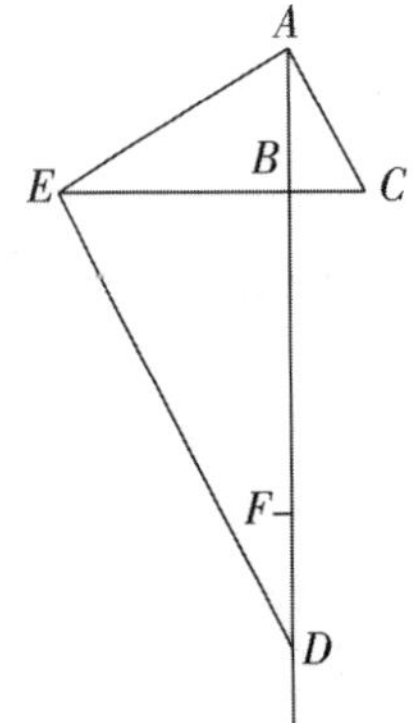

设从 A 开始画此竖直线 AB，使得物体在 A 处从静止开始在所给时段内下落至 B，且即用 AB 代表此时段，要求在上述竖直线上确定一距离等于 AB 而且将等于 BC 的时段内被通过。连接 A 和 C；于是，既然 $BC<BA$，就有 $\angle BAC<\angle BCA$。作 $\angle CAE$ 等于 $\angle BCA$，设 E 为 AE 和水平线的交点；作 ED 垂直于 AE 而和竖直线交于 D；取 DF 等于 BA。于是我说，FD 就是竖直线上的那样一段，即一个物体在 A 处从静止开始将在指定的时段 BC 内通过此距离。因为，如果在直角三角形 $\triangle AED$ 中从 E 处的直角画一直线垂直于 AD，则 AE 将是 DA 和 AB 之间的一个比例中项，而 BE 将是 BD 和 BA 之间的一个比例中项。或者说是 FA 和 AB 之间的一个比例中项(因为 FA 等于 DB；而且既然已经同意用距离 AB 代表通过 AB 的下落时间，

那么 AE 或 EC 就将代表通过整个距离 AD 的下落时间，而 EB 就将代表通过 AF 的时间。由此可见剩下的 BC 将代表通过剩余距离 FD 的下落时间。证毕。[242]

问题 6　命题 19

已知一物体从静止开始在一条竖直线上下落的距离，而且也已知其下落时间；试求该物体在以后将在同一直线的任一地方通过一段相等距离所需的时间。

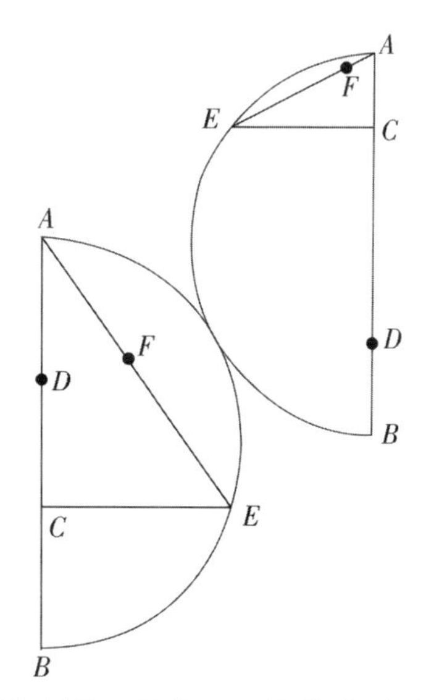

在竖直线 AB 上取 AC 等于在 A 处从静止开始下落的距离，在同一直线上随意地取一相等的距离 DB。设通过 AC 所用的时间用长度 AC 来代表。要求得出在 A 处从静止开始下落而通过 DB 所需的时间。以整个长度 AB 为直径画半圆 AEB；从 C 开始作 CE 垂直于 AB；连接 A 点和 E 点；线段 AE 将比 EC 更长；取 EF 等于 EC。于是我说，差值 FA 将代表通过 DB 下落所需要的时间。因为，既然 AE 是 BA 和 AC 之间的一个比例中项，而且 AC 代表通过 AC 的下落时间，那就得到，AE 将代表通过整个距离 AB 所需的时间。而且，既然 CE 是 DA 和 AC 之间的一个比例中项(因为 $DA=BC$)，那么就有 CE，也就是 FE，将代表通过 AD 的下落时间。由此可见，差值 AF 将代表通过差值 DB 的下落时间。　证毕。

推论. 由此可以推断，如果从静止开始通过任一给定距离的下落时间用该距离本身来代表，则在该已给距离被增大了某一个量以后，下落时间将由已增距离和原有距离之间的比例中项比原有距离和所增距离之间的比例中项增多出的部分来代表。例如，如果我们同意 AB 代表在 A 处从静止开始通过距离 AB 的下落时间，而且 AS 是距离的增量，则在通过 SA 下落时，通过 AB 所需的时间就将由 SB 和 BA 之间的比例中项比 BA 和 AS

之间的比例中项多出的部分来代表。[243]

S A B

问题 7　命题 20

已给一任意距离以及从运动开始处量起的该距离的一部分，试确定该距离另一端的一部分，使得它在和通过第一部分所需的相同时间内被通过。

C D E A B

设所给距离为 CB，并设 CD 是从运动开始处量起的该距离的一部分。要求在 B 端求出另一部分，使得通过该部分所需的时间和通过 CD 部分所需的时间相等。设 BA 为 BC 和 CD 之间的一个比例中项，并设 CE 为 BC 和 CA 的一个第三比例项。于是我说，EB 就是那段距离，即物体在从 C 下落以后将在和通过 CD 所需的时间相同的时间内通过该距离。因为，如果我们同意 CB 将代表通过整个距离 CB 的时间，则 BA(它当然是 BC 和 CD 之间的一个比例中项)将代表沿 CD 的时间；而且既然 CA 是 BC 和 CE 之间的一个比例中项，于是就可知，CA 将是通过 CE 的时间；但整个长度 CB 代表的是通过整个距离 CB 的时间。因此差值 BA 将代表在从 C 落下以后沿距离之差落下所需的时间。但同一 BA 就是通过 CD 的下落时间。由此可见，在 A 处从静止开始，物体将在相等的时间内通过 CD 和 EB。　　证毕。[244]

定理 14　命题 21

在一个从静止开始竖直下落的物体的路程上，如果取一个在任意时间内通过的一个部分，使其上端和运动开始之点重合，而且在这一段下落以后，运动就偏向而沿一个任意的斜面进行，那么，在和此前的竖直下落所需的时段相等的时段中，沿斜面而通过的距离将大于竖直下落距离的 2 倍而小于该距离的 3 倍。

设 AB 是从水平线 AE 向下画起的一条竖直线，并设它代表一个在 A 点从静止开始下落的物体的路程；在此路程上任取一段 AC。通过 C 画一

个任意的斜面 CG；沿此斜面，运动通过 AC 的下落以后继续进行。于是我说，在和通过 AC 的下落所需的时段相等的时段中，沿斜面 CG 前进的距离将大于同一距离 AC 的 2 倍而小于它的 3 倍。让我们取 CF 等于 AC，并延长斜面 GC 直至与水平线交于 E；选定 G，使得 $CE : EF = EF : EG$。

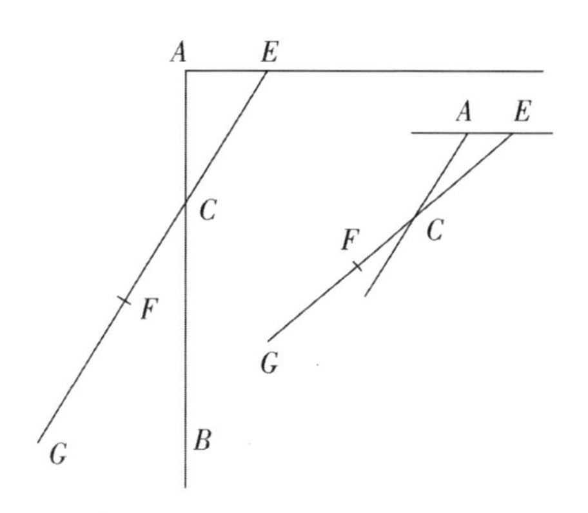

如果现在我们假设沿 AC 的下落时间用长度 AC 来代表，则 CE 将代表沿 CE 的下降时间，而 CF，或者说 CA，则将代表沿 CG 的下降时间。现在剩下来的工作就是证明距离 CG 大于距离 CA 本身的 2 倍而小于它的 3 倍。既然 $CE : EF = EF : EG$，于是就有 $CE : EF = CF : FG$；但是 $EC < EF$；因此 CF 将小于 FG，而 GC 将大于 FC 或 AC 的 2 倍。再者，既然 $FE < 2EC$（因为 EC 大于 CA 或 CF），我们就有 GF 小于 FC 的 2 倍，从而也有 GC 小于 CF 或 CA 的 3 倍。　　证毕。

这一命题可以用一种更普遍的形式来叙述：既然针对一条竖直线和一个斜面的事例所证明的情况，对于沿任意倾角的斜面的运动继之以沿倾角较小的任意斜面的运动的事例也是同样正确的，正如由附图可以看到的那样。证明的方法是相同的。[245]

问题 8　命题 22

已知两个不相等的时段，并已知一物体从静止开始在其中较短的一个时段中竖直下落的距离，要求通过竖直线最高点作一斜面，使其倾角适当，以致沿该斜面的下降时间等于所给两时段中较长的一个时段。

设 A 代表两不等时段中较长的一个时段，而 B 代表其中较短的一个时段，并设 CD 代表从静止开始在时段 B 中竖直下落的距离。要求通过 C 点画一斜面，其斜率适足以使物体在时段 A 内沿斜面滑下。

从 C 点向水平线画斜线 CX，使其长度满足 $B : A = CD : CX$。很显

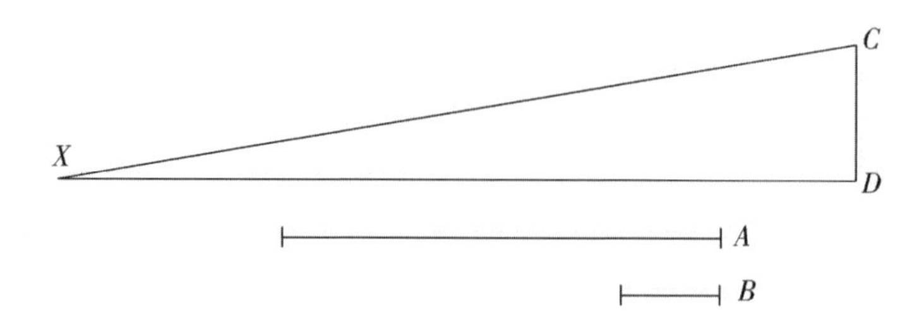

然，CX 就是物体将在所给的时间 A 内沿它滑下的那个斜面。因为，已经证明，沿一斜面的下降时间和通过该斜面之竖直高度的下落时间之比，等于斜面的长度和它的竖直高度之比。因此，沿 CX 的时间和沿 CD 的时间之比，等于长度 CX 和长度 CD 之比，也就是等于时段 A 和时段 B 之比；但 B 就是从静止开始通过竖直距离 CD 落下所需的时间，因此 A 就是沿斜面 CX 下降所需的时间。

问题 9　命题 23

已知一物体沿一竖直线下落一定距离所需的时间，试通过落程的末端作一斜面，使其倾角适当，可使物体在下落之后在和下落时间相等的时间内在斜面上下降一段指定的距离，[246]如果所指定的距离大于下落距离的 2 倍而小于它的 3 倍的话。

设 AS 为一任意竖直线，并设 AC 既代表在 A 处从静止开始竖直下落的距离又代表这一下落所需的时间。设 IR 大于 AC 的 2 倍而小于 AC 的 3 倍。要求通过 C 点作一斜面，使其倾角适当，可使物体在通过 AC 下落以后在时间 AC 内在斜面上前进一段等于 IR 的距离。取 RN 和 NM 各等于 AC。通过 C 点画斜线 CE 使之和水平线 AE 交于适当之点 E，满足 IM∶MN＝ AC∶CE。将斜面延长到 O，并取 CF、FG 和 GO 各自等于 RN、NM 和 MI。于是我说，在通过

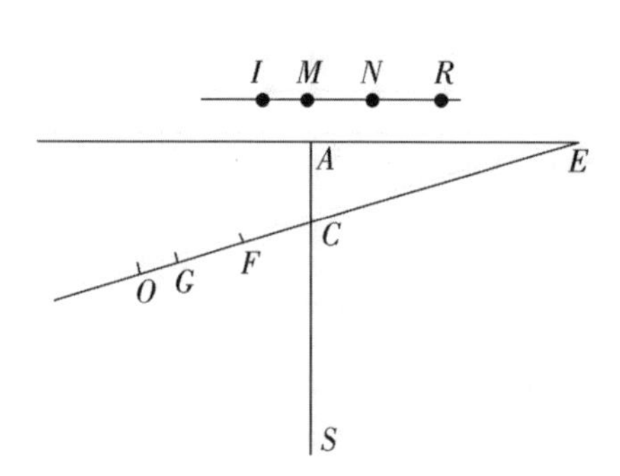

AC 下落之后沿斜面通过 CO 所需的时间就等于在 A 处从静止开始通过 AC 下落的时间。因为，既然 $OG : GF = FC : CE$，那么，componendo，就有 $OF : FG = OF : FC = FE : EC$；而既然前项和后项之比等于前项之和和后项之和之比，我们就有 $OE : EF = EF : EC$。于是 EF 是 OE 和 EC 之间的一个比例中项。既已约定用长度 AC 来代表通过 AC 的下落时间，那么就有，EC 将代表沿 EC 的时间，EF 代表沿整个 EO 的时间，而距离 CF 则将代表沿差值 CO 的时间。但是 $CF = CA$，因此问题已解。因为时间 AC 就是在 A 处从静止开始通过 AC 而落下的时间，而 CF(它等于 CA)就是在沿 EC 而下滑或沿 AC 而下落以后通过 CO 而下滑所需的时间。　　证毕。

也必须指出[247]，如果早先的运动不是沿竖直线而是沿斜面进行的，同样的解也成立。这一点可用下面的图来说明，图中早先运动是沿水平线 AE 下的斜面 AS 进行的。证法和以上完全相同。

附　注

经过仔细注意可以清楚地看出，所给的直线 IR 越接近于长度 AC 的 3 倍，第二段运动所沿的斜面 CO 就越接近于竖直线，而在时间 AC 内沿斜面下降的距离也越接近于 AC 的 3 倍。因为，如果 IR 被取为接近于 AC 的 3 倍，则 IM 将几乎等于 MN，而既然按照作图有 $IM : MN = AC : CE$，那么就有 CE 只比 CA 大一点点；从而点 E 将很靠近 A，而形成很尖锐之角的线段 CO 和 CS 则几乎重合。但是，另一方面，如果所给的线段 IR 只比 AC 的 2 倍稍大一点儿，则线段 IM 将很短；由此可见，和 CE 相比，AC 将是很小的，而 CE 现在则长得几乎和通过 C 而画出的水平线相重合。由此我们可以推断，如果在沿附图中的斜面 AC 滑下以后运动是沿着一条像 CT 那样的水平线继续进行的，则一个物体

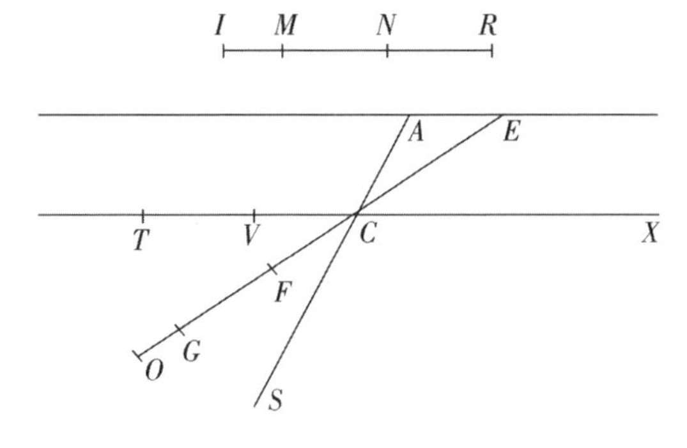

在和通过 AC 而下滑的时间相等的时间之内所经过的距离，将恰好等于距离 AC 的 2 倍。此处所用的论证和以上的论证相同。因为，很显然，既然 $OE:EF=EF:EC$，那么 FC 就将量度沿 CO 的下降时间。但是，如果长度为 CA 之 2 倍的水平线 TC 在 V 处被分为两个相等的部分，那么这条线在和 AE 的延长线相交之前必须向 X 的方向延长到无限远；而由此可见，TX 的无限长度和 VX 的无限长度之比必将等于无限距离 VX 和无限距离 CX 之比。

同一结果可以用另一种处理方法求得，那就是回到命题 1 的证明所用的同一推理思路。让我们考虑△ABC；通过画出的平行于它的底边的线，这个三角形可以替我们表示一[248]个和时间成正比而递增的速度；如果这些平行线有无限多条，就像线段 AC 上的点有无限多个或任何时段中的时刻有无限多个那样，这些线就将形成三角形的面积。现在，让我们假设，用线段 BC 来代替的所达到的最大速度被保持了下来，在和第一个时段相等的另一个时段中不被加速而继续保持恒定的值。按照同样的方式，

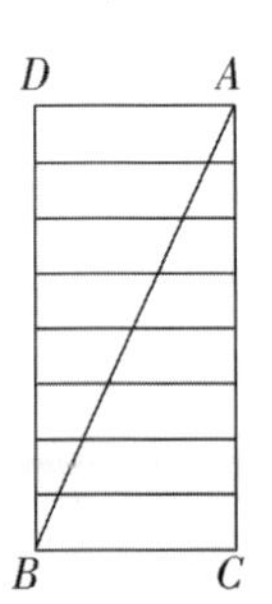

由这些速度将形成一个四边形 $ADBC$ 的面积，它等于△ABC 面积的 2 倍；因此，以这些速度在任一给定的时段内通过的距离都将是用三角形来代表的那些速度在相等时段内通过的距离的 2 倍。但是，沿着一个水平面，运动是均匀的，因为它既受不到加速也受不到减速；因此我们就得到结论说，在一个等于 AC 的时段内通过的距离 CD 是距离 AC 的 2 倍；因为后者是由一种从静止开始而速率像三角形中各平行线那样递增的运动完成的，而前者则是由一种用长方形中各平行线来代表的运动完成的，这些为数也是很多的平行线给出一个 2 倍于三角形的面积。

更进一步，我们可以指出，任何一个速度，一旦赋予了一个运动物体，就会牢固地得到保持，只要加速或减速的外在原因是不存在的；这种条件只有在水平面上才能见到，因为在平面向下倾斜的事例中，将不断存在一种加速的原因；而在平面向上倾斜的事例中，则不断地存在一种减速的原因。由此可见，沿平面的运动是永无休止的，如果速度是均匀的，它

就不会减小或放松，更不会被消灭。再者，虽然一个物体可能通过自然下落而已经得到的任一速度就其本性(suapte natum)来说是永远被保存的，但是必须记得，如果物体在沿一个下倾斜面下滑了一段以后又转上了一个上倾的斜面，则在后一斜面上已经存在一种减速的原因了；因为在任何一个那样的斜面上，同一物体是受到一个向下的自然加速度的作用的。因此，我们在这儿遇到的就是两个不同状态的叠加，那就是，在以前的下落中获得的速度，如果只有它起作用，它就会把物体以均匀速率带向无限远处，以及由一切物体所普遍具有的那种向下的自然加速度。因此，如果我们想要追究一个物体的未来历史，而那个物体曾经从某一斜面上滑下而又转上了某一上倾的斜面，看来完全合理的就是我们将假设，在下降中得到的最大速度在上升过程中将持续地得到保持。然而，在上升中[249]却加入了一种向下的自然倾向，也就是一种从静止开始而非自然变化率(向下)加速的运动。如果这种讨论或许有点儿含糊不清，下面的图将帮助我们把它弄明白。

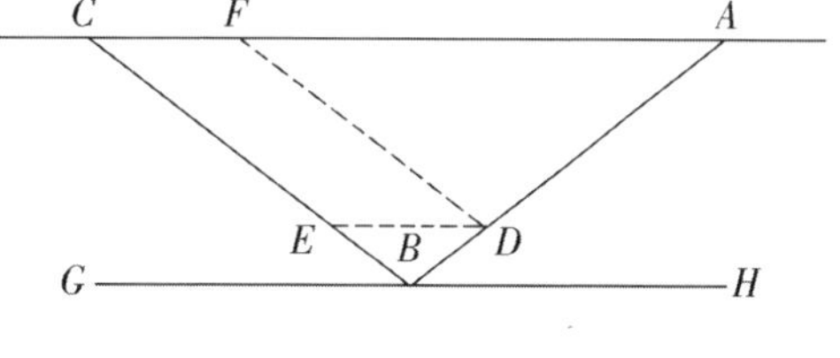

让我们假设，下降是沿着下倾的斜面 AB 进行的；从那个斜面上，物体被转到了上倾的斜面 BC 上继续运动。首先，设这两个斜面长度相等，而且摆得和水平线 GH 成相同的角。现在，众所周知，一个在 A 处从静止开始沿 AB 而下降的物体，将获得和时间成正比的速率，而在 B 处达到最大，而且这个最大值将被物体所保持，只要它不受新的加速或减速的任何原因的影响。我在这儿所说到的加速，是指假若物体的运动沿斜面 AB 的延长部分继续进行时它所将得到的加速，而减速则是当它的运动转而沿上倾斜面 BC 进行时所将遇到的减速度。但是，在水平面 GH 上，物体将保持一个均匀的速度，等于它从 A 点滑下时在 B 点得到的那个速度，而且这个速度使得物体在等于从 AB 下滑时间的一段时间之内将通过一段等于 AB 的 2 倍的距离。现在让我们设想同一物体以同一均匀速率沿着斜面 BC 而运动，而且在这儿，它也将在等于从 AB 滑下时间的一段时间内在 BC 延长面上通过一段等于 AB 的 2 倍的距离；但是，让我们假设，当它开始上升的那一时刻，由于它的本性，物体立即受到当它从 A 点沿 AB 下滑时包围了它的那种相同的影响，就是说，当它从静止开始下降时所受到的那种在 AB 上起作用的加速度。从而它就在相等的时间内像在 AB 上那样在这个第二斜面上通过一段相同的距离。很显然，通过这样在物体上把一种均匀的上升运动和一种加速的下降运动叠加起来，物体就将沿斜面 BC 上升到 C 点，在那儿，这两个速度就变成相等的了。

如果现在我们假设任意两点 D 和 E 与顶角 B 的距离相等，我们就可以推断，沿 BD 的下降和沿 BE 的上升所用的时间相等。画 DF 平行于 BC；我们知道，在沿 AD 下降之后，物体将沿 DF 上升；或者，如果在到达 D 时物体沿水平线 DE 前进，它将带着离开 D 时的相同动量(impetus)而到达 E，因此它将上升到 C 点，这就证明它在 E 点的速度和在 D 点的速度是相同的。

我们由此可以逻辑地推断，沿任何一个斜面下降并继续沿一个上倾的斜面运动的物体，由于所得到的动量，将[250]上升到离水平面的相同高度；因此，如果物体是沿 AB 下降的，它就将被带着沿斜面 BC 上升到水平线 ACD；而且不论各斜面的倾角是否相等，这一点都是对的，就像在斜面 AD 和 BD 的事例中那样。但是，根据以前的一条假设，通过沿高度相等的不同斜面滑下而得到的速率是相同的。因此，如果斜面 EB 和 BD 具有相同的斜度，沿 EB 的下降将能够把物体沿着 BD 一直推送到 D；而既然这种推动起源于物体达到 B 点时获得的速率，那么就可以推知，这个在 B 点时的速率，不论物体是沿 AB 还是沿 EB 下降都是相同的。那么就很显然，不论下降是沿 AB 还是沿 EB 进行的，物体都将被推上 BD。然而，沿 BD 的上升时间却大于沿 BC 的上升时间，正如沿 EB 的下降要比沿 AB 的下降占用更多的时间一样；

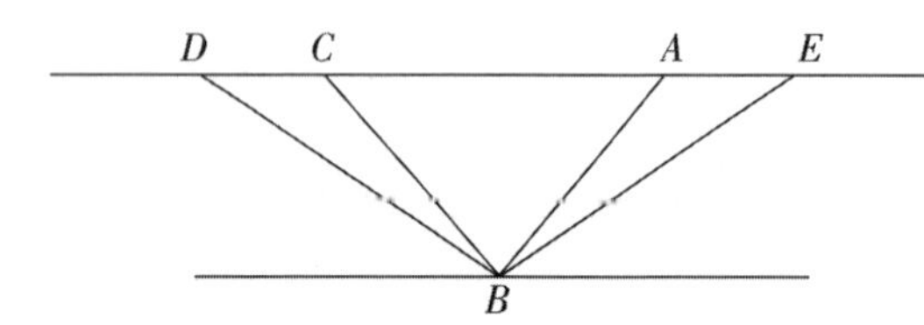

另外也已经证明，这些时间之比和斜面的长度之比相同。其次我们必将发现，在相等的时间内沿不同斜度而相同高度的平面通过的长度之间有什么比率；也就是说，所沿的斜面介于相同的两条平行水平线之间。此事的做法如下：

定理15　命题24

已给两条平行水平线和它们之间的竖直连线，并给定通过此竖直线下端的一个斜面，那么，如果一个物体沿竖直线自由下落然后转而沿斜面运动，则它在和竖直下落时间相等的时间内沿斜面通过的距离将大于竖直线长度的1倍而小于它的2倍。

设 BC 和 HG 为两个水平面，由垂直线 AE 来连接；此外并设 EB 代表那个斜面，物体在沿 AE 下落并已从 E 转到 B 后就沿此斜面而运动。于是我说，在等于沿 AE 下降时间的一段时间内，物体将沿斜面通过一段大于 AE 但小于2倍 AE 的距离。取 ED 等于[251] AE，并选 F 点使它满足 $EB:BD=BD:BF$。首先我们将证明，F 就是物体在从 E 转到 B 以后将在等于沿 AE 的下落时间的一段时间内被沿斜面带到的那一点；其次我们

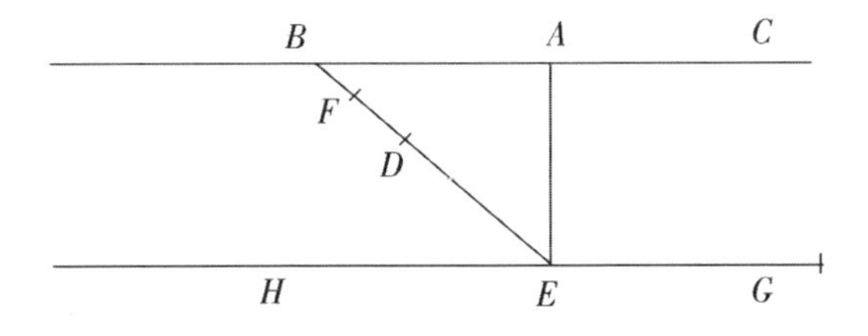

将证明，距离 EF 大于 EA 而小于2倍的 AE。

让我们约定用长度 AE 来代表沿 AE 的下落时间，于是，沿 BE 的下降时间，或者同样也可以说是沿 EB 的上升时间，就将用距离 EB 来代表。

现在，既然 DB 是 EB 和 BF 之间的一个比例中项，而且 BE 是沿整个 BE 的下降时间，那么就可以得到，BD 是沿 BF 的下降时间，而其余的一段 DE 就将是沿剩下来的 FE 的下降时间。但是，在 B 处从静止开始的下落时间和在从 E 以通过 AE 或 BE 的下降而得来的速率反射后从 E 升到 F

的时间相同。因此 DE 就代表物体在从 A 下落到 E 并被反射到 EB 方向上以后从 E 运动到 F 所用的时间。但是，由作图可见，ED 等于 AE。这就结束了我们的证明的第一部分。

现在，既然整个 EB 和整个 BD 之比等于 DB 部分和 BF 部分之比，我们就有，整个 EB 和整个 BD 之比等于余部 ED 和余部 DF 之比。但是 $EB>BD$，从而 $ED>DF$，从而 EF 小于 2 倍的 DF 或 AE。

证毕。

当起初的运动不是沿竖直线进行而是在一个斜面上进行时，上述的结论仍然成立；证明也相同，如果上倾的斜面比下倾的斜面倾斜度较小，即长度较大的话。

定理 16　命题 25

如果沿任一斜面的下降是继之以沿水平面的运动，则沿斜面的下降时间和通过水平面上任一指定长度所用的时间之比，等于斜面长度的 2 倍和所给水平长度之比。

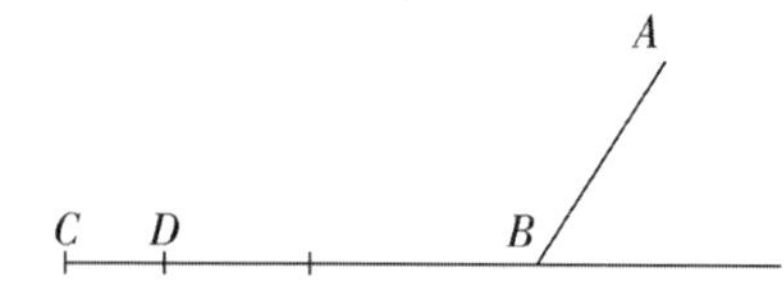

设 CB 为任一水平线而 AB 为一斜面；设在沿 AB 下降以后运动继续通过了指定的水平距离 BD。于是我说，沿 AB 的下降时间和通过 BD 所需的时间之比等于双倍 AB 和 BD 之比。因为，取 BC 等于 2 倍的 AB，于是由前面的一条命题即得，沿 AB 的下降时间等于通过 BC 所需的时间；但是，沿 BC 的时间和沿 DB 的时间之比等于长度 CB 和长度 BD 之比。因此，[252]沿 AB 的下降时间和沿 BD 的时间之比，等于距离 AB 的 2 倍和距离 BD 之比。　证毕。

问题 10　命题 26

已给一竖直高度连接着两条水平的平行线，并已给定一个距离大于这一竖直高度而小于它的 2 倍。要求通过垂线的垂足作一斜面，使得一个物体在通过竖直高度下落之后其运动将转向斜面方向并在等于竖直下落时间

的一段时间内通过指定的距离。

设 AB 是两条平行水平线 AO 和 BC 之间的竖直距离，并设 FE 大于 BA 而小于 BA 的 2 倍。问题是要通过 B 而向上面的水平线画一斜面，使得一个物体在从 A 落到 B 以后如果运动被转向斜面就将在和沿 AB 下落的时间相等的时间内通过一段等于 EF 的距离。取 ED 等于 AB，于是剩下来的 DF 就将小于 AB，因为整个长度 EF 小于 2 倍的 AB。另外取 DI 等于 DF，并选择点 X，使得 $EI:ID=DF:FX$；从 B 画斜面 BO 使其长度等

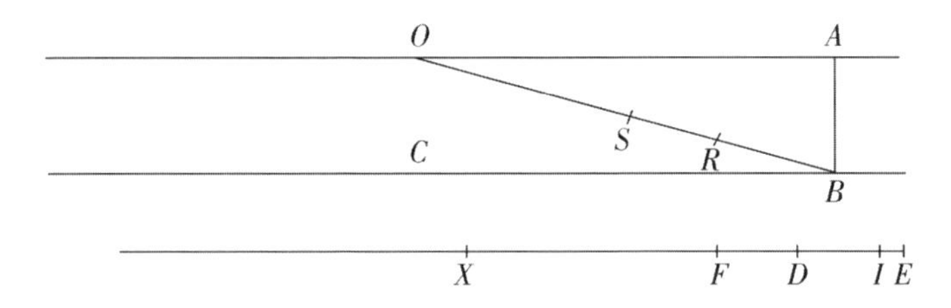

于 EX。于是我说，BO 就是那样一个斜面，即一个物体在通过 AB 下落以后将在等于通过 AB 的下落时间的一段时间内在斜面上通过指定的距离。取 BR 和 RS 分别等于 ED 和 DF；于是，既然 $EI:ID=DF:FX$，我们就有，componcndo，$ED:DI=DX:XF=ED:DF=EX:XD=BO:OR=RO:OS$。如果我们用长度 AB 来代表沿 AB 的下落时间，则 OB 将代表沿 OB 的下降时间，RO 将代表沿 OS 的时间，而余量 BR 则将代表一个物体在 O 处从静止开始通过剩余距离 SB 所需要的时间。但是在 O 处从静止开始沿 SB 下降的时间等于通过 AB 下落以后从 B 上升到 S 的时间。因此 BO 就是那个斜面，即通过 B，而一个物体在沿 AB 下落以后将在时段 BR 或 BA 内通过该斜面上等于指定距离的 BS。证毕。[253]

定理 17　命题 27

如果一个物体从长度不同而高度相同的两个斜面上滑下，则在等于它在较短斜面全程下降时间的一个时段中，它在较长斜面下部所通过的距离将等于较短斜面的长度加该长度的一个部分，而且较短斜面的长度和这一部分之比将等于较长斜面和两斜面长度差之比。

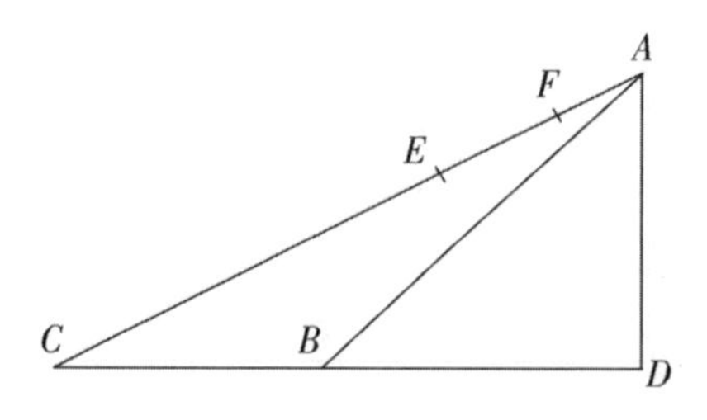

设 AC 为较长斜面而 AB 为较短斜面，而且 AD 是它们的公共高度；在 AC 的下部取 CE 等于 AB。选点 F 使得 $CA : AE = CA : (CA - AB) = CE : EF$。于是我说，$FC$ 就是那样一个距离，即物体将在从 A 下滑以后，在等于沿 AB 的下降时间的一个时段内通过它。因为，既然 $CA : AE = CE : EF$，那么就有 EA 之余量：AF 之余量 $= CA : AC$。因此 AE 就是 AC 和 AF 之间的一个比例中项。由此可见，如果用长度 AB 来量度沿 AB 的下降时间，则距离 AC 将量度沿 AC 的下降时间；但是通过 AF 的下降时间是用长度 AE 来量度的，而通过 FC 的下降时间则是用 EC 来量度的。现在 $EC = AB$；由此即得命题。[254]

问题 11　命题 28

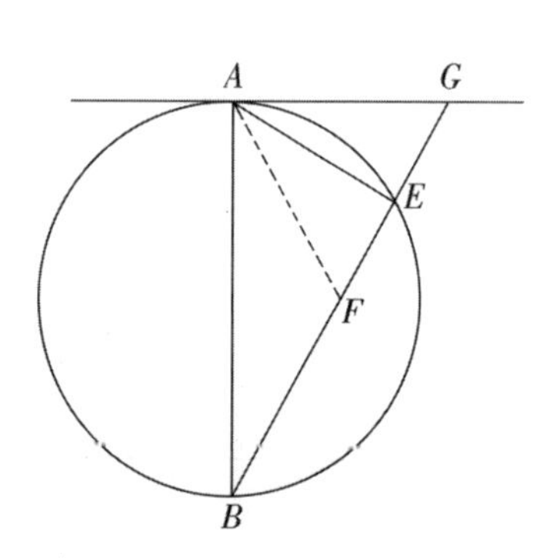

设 AG 是任一条和一个圆相切的直线；设 AB 是过切点的直径；并设 AE 和 EB 代表两根任意的弦。问题是要确定通过 AB 的下落时间和通过 AE 及 EB 的下降时间之比。延长 EB 使它与切线交于 G，并画 AF 以平分 $\angle BAE$。于是我说，通过 AB 的时间和沿 AE 及 EB 的下降时间之比等于长度 AE 和长度 AE 及 EF 之和的比。因为，既然 $\angle FAB$ 等于 $\angle FAE$，而 $\angle EAG$ 等于 $\angle ABF$，那么就有，整个的 $\angle GAF$ 等于 $\angle FAB$ 和 $\angle ABF$ 之和。但是 $\angle GFA$ 也等于这两个角之和。因此长度 GF 等于长度 GA；而且，既然长方形 $BG \cdot GE$ 等于 GA 的平方，它也将等于 GF 的平方，或者说 $BG : GF = GF : GE$。如果现在我们同意用长度 AE 来代表沿 AE 的下降时间，则长度 GE 将代表沿 GE 的下降时间，而 GF 则代表通过整个直径的下落时间，而 EF 也将代表在从 G 下落或从 A 沿 AE 下落以后通过 EB 的时间。由此可见，沿 AE 或 AB 的时间和沿 AE 及 EB 的时间之比，等于长

度 AE 和 $AE+EF$ 之比。　证毕。

一种更简短的方法是取 GF 等于 GA，于是就使 GF 成为 BG 和 GE 之间的一个比例中项。其余的证明和上述证明相同。

定理 18　命题 29

已给一有限的水平直线，其一端有一竖直线，长度为所给水平线长度之半；于是，一物体从这一高度落下并将自己的运动转向水平方向而通过所给的水平距离，所用的时间将比这一高度有任意其他值时所用的时间为短。[255]

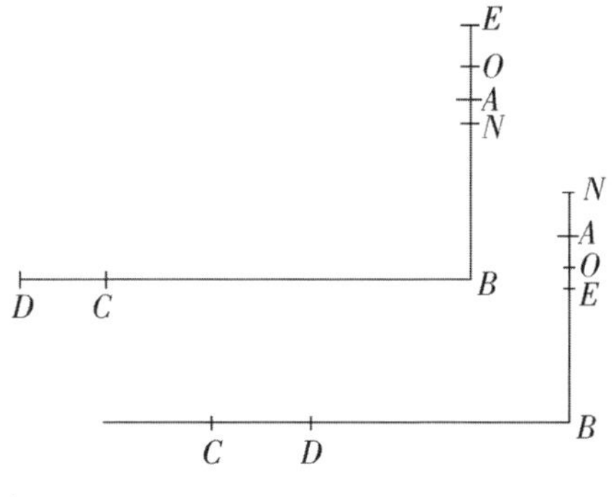

设 BC 为水平面上给定的距离；在其 B 端画一竖直线，并在上面取 BA 等于 BC 的二分之一。于是我说，一个物体在 A 处从静止开始而通过二距离 AB 和 BC 所用的时间，将比通过同一距离 BC 和竖直线上大于或小于 AB 的部分所用的时间为短。

取 EB 大于 AB，如右图上图所示，或小于 AB，如右图下图所示。必须证明，通过距离 EB 加 BC 所需的时间，大于通过距离 AB 加 BC 所需要的时间。让我们约定，长度 AB 将代表沿 AB 的下落时间，于是通过水平部分 BC 所用的时间也将是 AB，因为 $BC=2AB$；由此可见，BC 和 AB 所需要的时间将是 AB 的 2 倍。选择点 O，使得 $EB:BO=BO:BA$，于是 BO 就将代表通过 EB 的下落时间。此外，取水平距离 BD 等于 BE 的 2 倍，于是就可看出，BO 代表在通过 EB 下落后沿 BD 的前进时间。选一点 N，使得 $DB:BC=EB:BA=OB:BN$。现在，既然水平运动是均匀的，而 OB 是在从 E 落下以后通过 BD 所需要的时间，那就可以看出，NB 将是在通过了同一高度 EB 此后沿 BC 的运动时间。因此就很清楚，OB 加 BN 就代表通过 EB 加 BC 所需要的时间，而且既然 2 倍 BA 就是通过 AB 加 BC 所需要的时间，剩下来的就是要证明 $OB+BN>2BA$ 了。

但是，既然 $EB:BO=BO:BA$，于是就可以推得 $EB:BA=OB^2:BA^2$。此外，既然 $EB:BA=OB:BN$，那就可得，$OB:BN=OB^2:BA^2$。但是 $OB:BN=(OB:BA)(BA:BN)$，因此就有 $AB:BN=OB:BA$；这就是说，BA 是 BO 和 BN 之间的一个比例中项。由此即得 $OB+BN>2BA$。

证毕。[256]

定理 19　命题 30

从一条水平直线的任一点上向下作一垂线；要求通过同一水平线上的另一任意点作一斜面使它与垂线相交，而且一个物体将在尽可能短的时间内沿斜面滑到垂线。这样一个斜面将在垂线上切下一段，等于从水平面上所取之点到垂线上端的距离。

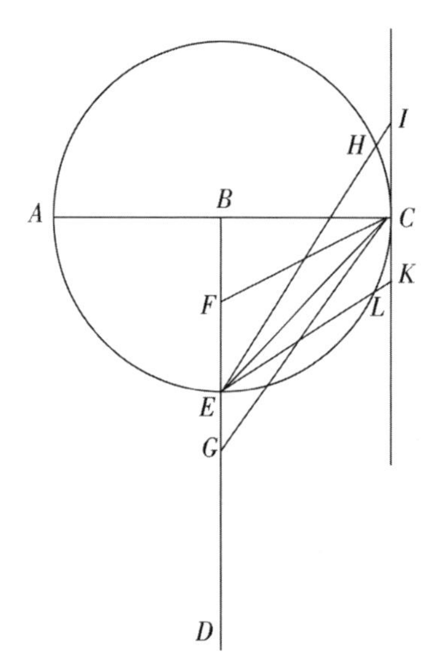

设 AC 为一任意水平线，而 B 是线上的一个任意点；从该点向下作一竖直线 BD。在水平线上另选一任意点 C，并在竖直线上取距离 BE 等于 BC；连接 C 和 E。于是我说，在可以通过 C 点画出的并和垂线相交的一切斜面中，CE 就是那样一个斜面，即沿此斜面下降到垂线上所需的时间最短。因为，画斜面 CF 和竖直线交于 E 点以上的一点 F，并画斜面 CG 和竖直线交于 E 点以下的一点 G，再画一直线 IK 平行于竖直线并和一个以 BC 为半径的圆相切于 C 点。画 EK 平行于 CF 并延长之，使它在 L 点和圆相交以后和切线相交。现在显而易见，沿 LE 的下降时间等于沿 CE 的下降时间；但是沿 KE 的时间却大于沿 LE 的时间，因此沿 KE 的时间大于沿 CE 的时间。但是沿 KE 的时间等于沿 CF 的时间，因为它们具有相同的长度和相同的斜度；同理也可以得到，斜面 CG 和 IE 既然具有相同的长度和相同的斜度，也将在相等的时间内被通过。而且，既然 $HE<IE$，沿 HE 的时

间将小于沿 IE 的时间。因此也有沿 CE 的时间(等于沿 HE 的时间)将短于沿 IE 的时间。 证毕。

定理 20 命题 31

如果一条直线和水平线成任一倾角，而且，如果要从水平线上的任一指定点向倾斜线画一个最速下降斜面，则那将是一个平分从所给的点画起的两条线之间的夹角的面。[257]，其中一条垂直于水平线，而另一条垂直于倾斜线。

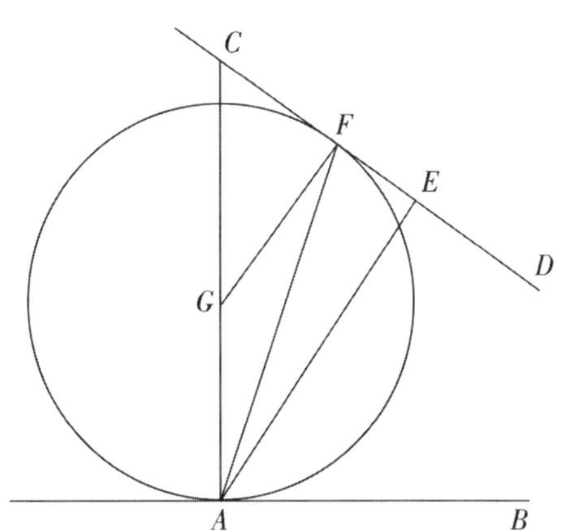

设 CD 是一条和水平线 AB 成任意倾角的直线，并从水平线上任一指定点 A 画 AC 垂直于 AB，并画 AE 垂直于 CD；画$\angle CAE$ 的分角线 FA。于是我说，在可以通过点 A 画出的和直线 CD 相交于任何角度的一切斜面中，AF 就是最速下降面(in quo tcmpore omnium brcvissimo fiat descensus)。画 FG 平行于 AE；内错角$\angle GFA$ 和$\angle FAE$ 将相等；并有$\angle EAF$ 等于$\angle FAG$。因此$\triangle FGA$ 的两条边 GF 和 GA 相等。由此可见，如果我们以 G 为圆心、GA 为半径画一个圆，这个圆将通过点 F 并在 A 点和水平线相切且在 F 点和斜线相切，因为既然 GF 和 AE 是平行的，$\angle GFC$ 就是一个直角。因此就很显然，在从 A 向斜线画出的一切直线中，除 FA 外，全都超出于这个圆的周界以外，从而就比 FA 需要更多的时间来通过它们中的任一斜面。 证毕。

引 理

设内、外二圆相切于一点，另外作内圆的一条切线和外圆交于二点；若从二圆的公切点向内圆的切线画三条直线通到其切点及其和外圆的二交点上，并延长到外圆以外，则此三线在公切点处所夹的二角相等。

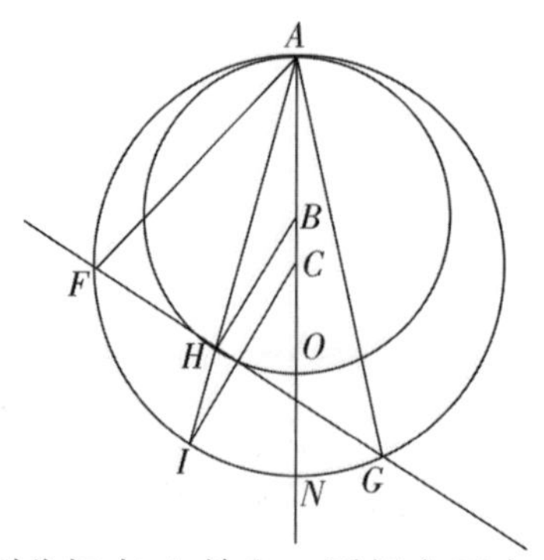

设二圆切于一点 A，内圆之心为 B，外圆之心为 C。画直线 FG 和内圆相切于 H 而和外圆相交于点 F 和 G。另画三直线 AF、AH 和 AG。于是我说，这些线所夹之角 $\angle FAH$ 和 $\angle GAH$ 相等。延长 AH 和外圆交于 I；从二圆心作直线 BH 和 CI；连接二圆心 B 和 C 并延长此线直到公切点 A 并和二圆相交于点 O 和 N。但是现在 BH 和 CI 是平行的，因为 $\angle ICN$ 和 $\angle HBO$ 各自等于 $\angle IAN$ 的 2 倍，从而二者相等。而且，既然从圆心画到切点的 BH 垂直于 FG 而 $\overset{\frown}{FI}$ 等于 $\overset{\frown}{IG}$，因此 $\angle FAI$ 等于 $\angle IAC$。

证毕。

定理 21　命题 32

设在一水平直线上任取两个点，并在其中一点上画一直线倾向于另一点，在此另一点上向斜线画一直线，其角度适当，使它在斜线上截出的一段等于水平线上两点间的距离，于是，沿所画直线的下降时间小于沿从同一点画到同一斜线上的任何其他直线的下降时间。在其他那些在此线的对面成相等角度的线中，下降时间是相同的。

设 A 和 B 为一条水平线上的两个点；通过 B 画一条斜线 BC，并从 B 开始取一距离 BD 等于 AB；连接点 A 和点 D。于是我说，沿 AD 的下降时间小于沿从 A 画到斜线 BC 的任何其他直线的下降时间。从点 A 画 AE 垂直于 BA；并从点 D 画 DE 垂直于 BD 而和 AC 交于 E。既然在等腰三角形 $\triangle ABD$ 中我们有 $\angle BAD$ 等于 $\angle BDA$，则它们的余角 $\angle DAE$ 和 $\angle EDA$ 也相等。因此，如果我们以 E 为心、以 EA 为半径画

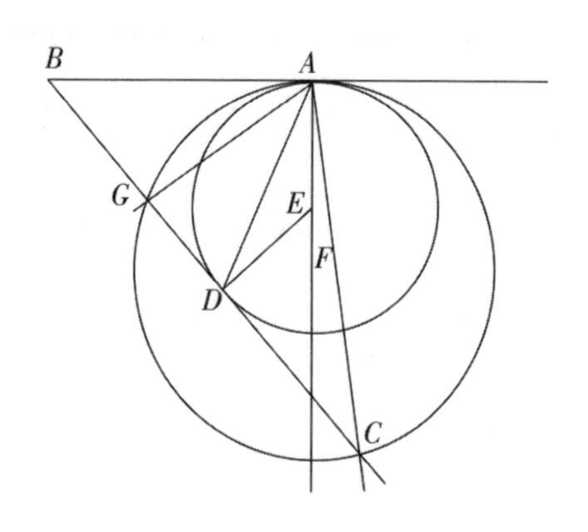

一个圆，它就将通过 D 并在点 A 及 D 和 BA 及 BD 相切。现在，既然 A 是竖直线 AE 的端点，沿 AD 的下降时间就将小于沿从端点 A 画到直线 BC 及其圆外延长线上的任何直线的下降时间。这就证明了命题的第一部分。 [259]

然而，如果我们把垂线 AE 延长，并在它上面取一任意点 F，就可以以 F 为圆心、以 FA 为半径作一圆，此圆 AGC 将和切线相交于点 G 及点 C。画出直线 AG 和 AC；按照以上的引理，这两条直线将从中线 AD 偏开相等的角。沿此二直线的下降时间是相同的，因为它们从最高点 A 开始而终止在圆 AGC 的圆周上。

问题 12　命题 33

给定一有限的竖直线和一个等高的斜面，二者的顶点相同。要求在竖直线的上方延长线上找出一点，使一物体在该点上从静止开始而竖直落下，并当运动转上斜面时在和下落时间相等的时段内通过该斜面。

设 AB 为所给的有限竖直线而 AC 是具有相同高度的斜面。要求在竖直线 BA 向上的延长线上找出一点。从该点开始，一个下落的物体将在和该物体在 A 处从静止开始通过所给的竖直距离 AB 而下落所需要的时间相等的时间内通过斜面 AC。画直线 DCE 垂直于 AC，并取 CD 等于 AB；连接点 A 和点 D；于是∠ADC 将大于∠CAD，因为边 CA 大于 AB 或 CD。[260] 取∠DAE 等于∠ADE，并作 EF 垂直于 AE；

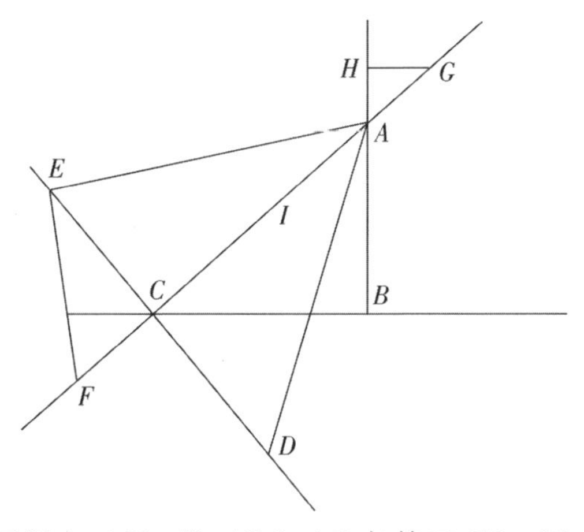

于是 EF 将和向两方延长了的斜面相交于 F。取 AI 和 AG 各等于 CF；通过 C，画水平线 GH。于是我说，H 就是所求的点。

因为，如果我们同意用长度 AB 来代表沿竖直线 AB 的下落时间，则

AC将同样代表在A处从静止开始沿AC的下降时间；而且，既然直角三角形$\triangle AEF$中的直线EC是从E处的直角而垂直画到底边AF，那么就有，AE将是FA和AC之间的一个比例中项，而CE则将是AC和CF之间的一个比例中项，亦即CA和AI之间的比例中项。现在，既然AC代表从A开始沿AC的下降时间，那么就有，AE将代表沿整个距离AF的时间，而EC将代表沿AI的时间。但是，既然在等腰三角形$\triangle AED$中边EA等于边ED，那么就有，ED将代表沿AF的下落时间，而EC为沿AI的下落时间。因此，CD，即AB，将代表在A处从静止开始沿IF的下落时间，这也就等于说AB是从G或从H开始沿AC的下落时间。　　证毕。

问题 13　命题 34

已给一有限斜面和一条竖直线，二者的最高点相同，要求在竖直线的延线上求出一点，使得一个物体将从该点落下然后通过斜面，所用的时间和物体从斜面顶上开始而仅仅通过斜面时所用的时间相同。

设AC和AB分别是一个斜面和一条竖直线，二者具有相同的最高点A。要求在竖直线的A点以上找出一点，使得一个从该点落下然后把它的运动转向AB的物体将既通过指定的那段竖直线又通过斜面AB，所用的时间[261]和在A处从静止开始只通过斜面AB所用的时间相同。画水平线BC，并取AN等于AC；选一点L，使得$AB:BN-AL:LC$；并取AI等于AL；选一点E，使得在竖直线AC延线上取的CE将是AC和BI的一个第三比例项。于是我说，CE就是所求的距离；这样，如果把竖直线延长到A点上方，并取AX等于CE，则从X点落下的一个物体将通过两段距离XA和AB，所用的时间和从A开始而只通过AB所需要的时间相同。

画XR平行于BC并和BA的延长线交于R；其次画ED平行于BC并和BA的延长线交于D；以AD为直径作半圆，从B开始画BF垂直于AD并延长之直至和圆周相交于F；很显然，FB是AB和BD之间的一个比例中项，而FA是DA和AB之间的一个比例中项。取BS等于BI、FH

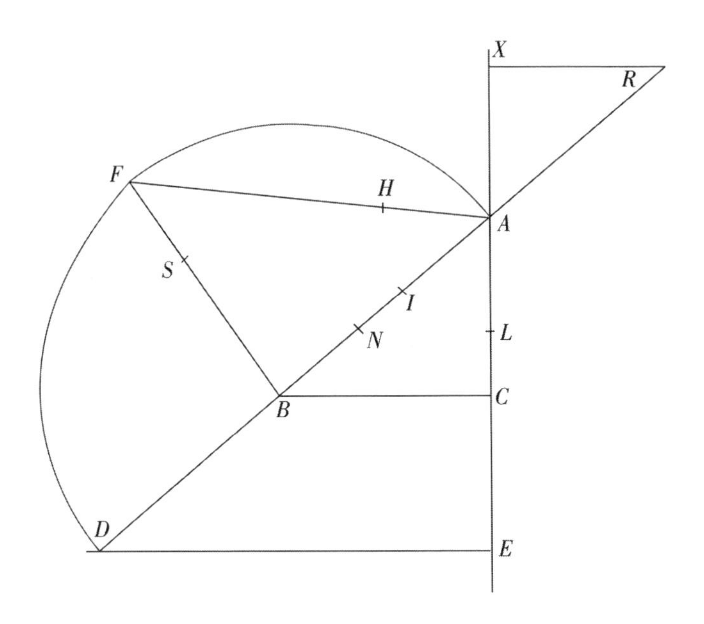

等于 FB。现在，既然 $AB:BD=AC:CE$，BF 是 AB 和 BD 之间的一个比例中项，而 BI 是 AC 和 CE 之间的一个比例中项，那么就有 $BA:AC=FB:BS$；而且，既然 $BA:AC=BA:BN=FB:BS$，那么，convertendo，我们就有 $BF:FS=AB:BN=AL:LC$。由此可见，由 FB 和 GL 构成的长方形等于以 AL 和 SF 为边的长方形；而且，这个长方形 $AL\cdot SF$ 就是长方形[262]$AL\cdot FB$ 或 $AL\cdot BE$ 比长方形 $AL\cdot BS$ 或 $AI\cdot IB$ 多出的部分；而且不仅如此，长方形 $AC\cdot BF$ 还等于长方形 $AB\cdot BI$，因为 $BA\cdot AC=FB:BI$；因此，长方形 $AB\cdot BI$ 比长方形 $AI\cdot BF$ 或 $AI\cdot FH$ 多出的部分就等于长方形 $AI\cdot FH$ 比长方形 $AI\cdot IB$ 多出的部分；因此，长方形 $AI\cdot FH$ 的两倍就等于长方形 $AB\cdot BI$ 和 $AI\cdot IB$ 之和，或者说，$2AI\cdot FH=2AI\cdot IB+\overline{BI}^2$。两端加 $\overline{AI}^2$，就有 $2AI\cdot IB+\overline{BI}^2+\overline{AI}^2=\overline{AB}^2=2AI\cdot FH=AI^2$。两端再加 $\overline{BF}^2$，就有 $AB^2+BF^2=\overline{AF}^2=2AI\cdot FH+\overline{AI}^2+\overline{BF}^2=2AI\cdot FH+\overline{AI}^2+\overline{FH}^2$。但是 $\overline{AF}^2=2AH\cdot HF+\overline{AH}^2+\overline{HF}^2$；于是就有 $2AI\cdot FH+\overline{AI}^2+\overline{FH}^2=2AH\cdot HF+\overline{AH}^2+\overline{HF}^2$。在两端将 HF^2 消去；我们就有 $2AI\cdot FH+\overline{AI}^2=2AH\cdot HF+\overline{AH}^2$。既然现在 FH 是两个长方形中的公因子，就得到 AH 等于 AI；因为假如 AH 大

于或小于AI，则两个长方形$AH \cdot HF$加HA的平方将大于或小于两个长方形$AI \cdot FH$加上IA的平方，这是和我们刚刚证明了的结果相反的。

现在如果我们同意用长度AB来代表沿AB的下降时间，则通过AC的时间将同样地用AC来代表，而作为AC和CE之间的一个比例中项的IB将代表在X处从静止开始而通过CE或XA的时间。现在，既然AF是DA和AB之间，或者说RB和AB之间的一个比例中项，而且等于FH的BF是AB和BD亦即AB和AR之间的一个比例中项，那么，由前面的一条命题(和命题19的推论)，就得到，差值AH将代表在R处从静止开始或是从X下落以后沿AB的下降时间，而在R处从静止开始沿AB的下降时间则由长度AB来量度。但是刚才已经证明，通过XA的下落时间由IB来量度，而通过RA或XA下落以后沿AB的下降时间则是IA。因此，通过XA加AB的下降时间是用AB来量度的，而AB当然也量度着在A处从静止开始仅仅沿AB下降的时间。 证毕。[263]

问题 14　命题 35

已给一斜面和一条有限的竖直线，要求在斜面上找出一个距离，使得一个从静止开始的物体将通过这一距离，所用的时间和它既通过竖直线又通过斜面所需要的时间相等。

设AB为竖直线而BC为斜面。要求在BC上取一距离，使一个从静止开始的物体将通过该距离，所用的时间和它通过竖直线AB落下并通过斜面滑下所需的时间相等。画水平线AD和斜面CB的延长部分相交于E；取BF等于BA，并以E为心、EF为半径作圆FIG。延长EF使它和圆周交于G。选一点H，使得$GB : BF = BH : HF$。画直线HI和圆切于I，在B处画直线BK垂直于FC而和直线EIL相交于L；另外，画LM垂直于EL并和BC相交于M。于是我说，BM就是那个距离，即一个物体在B处从静止开始将通过该距离，所用的时间和在A处从静止开始通过两个距离AB和BM所需的时间相同。取EN等于EL，于是，既然$GB : BF = BH : HF$，我们就将有，permutando，$GB : BH = BF : HF$，而 dividendo，

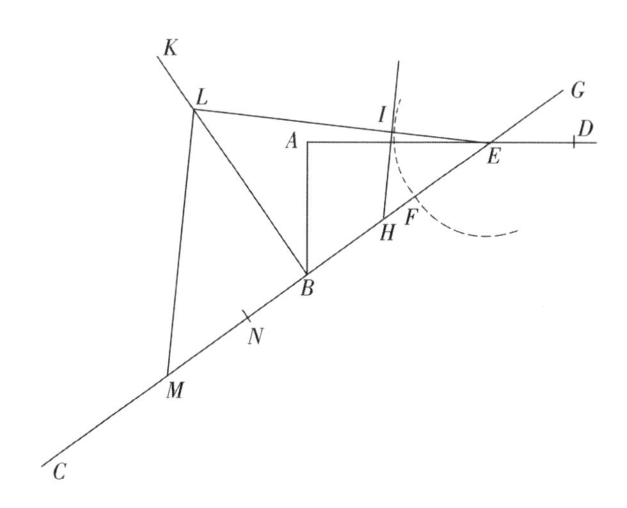

就有 $GH:BH=BH:HF$。由此可见，长方形 $GH \cdot HF$ 等于以 BH 为边的正方形；但是这同一个长方形也等于以 HI 为边的正方形；因此 BH 等于 HI。但是，在四边形 $ILBH$ 中 HB 和 HI 二边相等，而既然 B 处和 I 处的角是直角，那就得到，边 BL 和边 LI 也相等；但是 $EI=EF$，因此[264]整个长度 LE 或 NE 就等于 LB 和 EF 之和。如果我们消去公共项 FE，剩下来的 FN 就将等于 LB；但是由作图可见，$FB=BA$，从而 $LB=AB+BN$。如果我们再同意用长度 AB 代表通过 AB 的下落时间，则沿 EB 的下降时间将用 EB 来量度；再者，既然 EN 是 ME 和 EB 之间的一个比例中项，它就将代表沿整个距离 EM 的下降时间；因此，这些距离之差 BM 就将被物体在从 EB 或 AB 落下以后在一段由 BN 来代表的时间内所通过。但是，既已假设距离 AB 是通过 AB 的下落时间的量度，沿 AB 和 BM 的下降时间就要由 $AB+BN$ 来量度。既然 EB 量度在 E 处从静止开始沿 EB 的下落时间，在 B 处从静止开始沿 BM 的时间就将是 BE 和 BM(即 BL)之间的比例中项。因此，在 A 处从静止开始沿 $AB+BM$ 的时间就是 $AB+BN$；但是，在 B 处从静止开始只沿 BM 的时间是 BL；而且既然已经证明 $BL=AB+BN$，那么就得到命题。

另一种较短的证明如下：设 BC 为斜面而 BA 为竖直线；在 B 画 EC 的垂直线并向两方延长之。取 BH 等于 BE 比 BA 多出的量；使 $\angle HEL$ 等

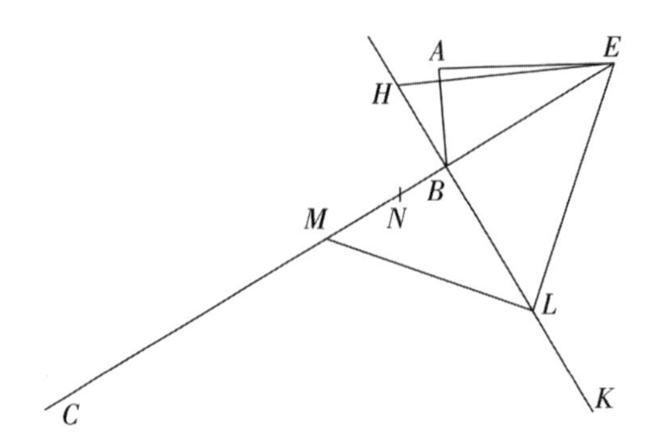

于$\angle BHE$；延长EL至与BK交于L；在L画LM垂直于EL并延长至与BC交于M；于是我说，BM就是所求的BC上的那一部分。因为，既然$\angle MLE$是一个直角，BL就将是MB和BE之间的一个比例中项，而LE则是ME和BE之间的一个比例中项；取EN等于LE；于是就有$NE=EL=LH$，以及$HB=NE-BL$。但是也有$HB=ME-(NB+BA)$；因此$BN+BA=BL$。如果现在我们假设长度EB是沿EB的下降时间的量度，则在B从静止开始沿BM的下降时间将由BL来代表；但是，如果沿BM的下降是在E或A从静止开始的，则其下降时间将由BN来量度；而且AB将量度沿AB的时间。因此，通过AB和BM即通过距离AB和BN之和所需要的时间就等于在B从静止开始仅通过BM的下降时间。

证毕。[265]

引　理

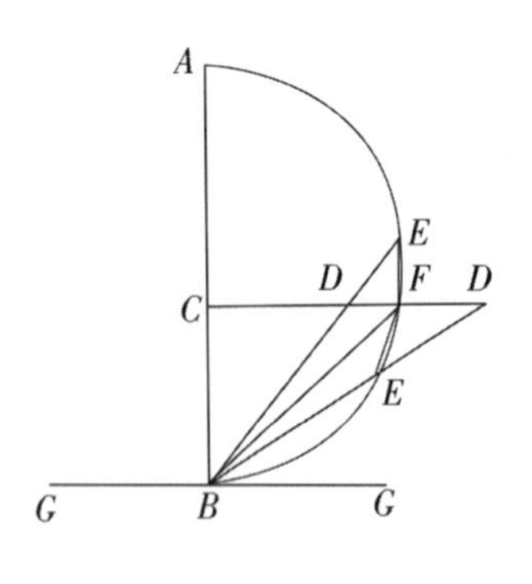

设DC被画得垂直于直径BA；从端点B任意画直线BED；画直线FB。于是我说，FB是DB和BE之间的一个比例中项。连接点E和点F。通过B作切线BG，它将平行于CD。现在，既然$\angle DBG$等于$\angle FDB$，而且$\angle GBD$的错角等于$\angle EFB$，那么就得到，$\triangle FDB$和$\triangle FEB$是相似的，从而$BD:BF=FB:BE$。

引　理

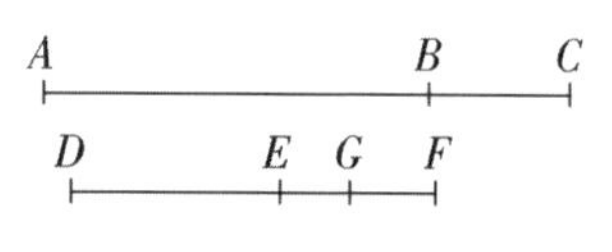

设 AC 为一比 DF 长的直线，并设 AB 和 BC 之比大于 DE 和 EF 之比，于是我说，AB 大于 DE。因为，如果 AB 比 BC 大于 DE 比 EF，则 DE 和某一小于 EF 的长度之比将等于 AB 和 BC 之比。设此长度为 EG；于是，既然 $AB：BC=DE：EG$，那么，componendo et convertendo，就有 $CA：AB=GD：DE$。但是，既然 CA 大于 CD，由此即得 BA 大于 DE。

引　理

设 $ACIB$ 是一个圆的四分之一；由 B 画 BE 平行于 AC；以 BE 上的一个任意点为圆心画一个圆 $BOES$ 和 AB 相切于 B 并和四分之一圆相交于 I。连接点 C 和点 B；画直线 CI 并延长至 S。于是我说，此线(CI)永远小于 CO。画直线 AI 和圆 BOE 相切。于是，如果画出直线 DI，则它将等于 DB；但是既然 DB 和四分之一圆相切，DI 就也将和它相切并将和 AI 成直角；于是 AI 和圆 BOE 相切于 I。而且既然$\angle AIC$ 大于$\angle ABC$，因为它张了一个较大的弧，那么就有，$\angle SIN$ 也大于$\angle ABC$。因此$\widehat{IES}$大丁$\widehat{BO}$，从而靠圆心更近的直线 CS 就比 CB 更长。由此即得 CO 大于 CI，因为 $SC：CB=OC：CI$。[266]

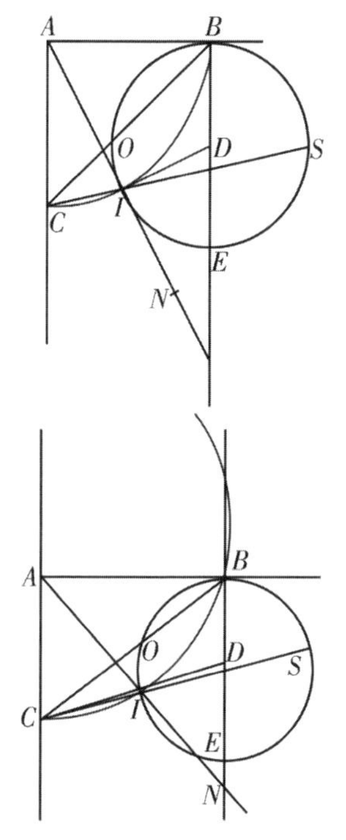

如果像在右下图之下图中那样$\widehat{BIC}$小于四分之一圆周，则这一结果将更加引人注意。因为那时垂线 DB 将和圆 CIB 相交，而等于 BD 的 DI 也如此；$\angle DIA$ 将是钝角，从而直线 AIN 将和圆 BIE 相交。既然$\angle ABC$ 小于$\angle AIC$，而$\angle AIC$ 等于$\angle SIN$，但$\angle ABC$ 仍小于 I 处的切线可以和直线 SI 所成的角，由此可见$\widehat{SEI}$比$\widehat{BO}$大得多，如此等等。 证毕。[267]

定理 22 命题 36

如果从一个竖直圆的最低点画一根弦，所张的弧不超过圆周的四分之一，并从此弦的两端画另外两根弦到弧上的任意一点，则沿此二弦的下降时间将短于沿第一弦的下降时间，而且以相同的差值短于沿该二弦中较低一弦的下降时间。

设$\widehat{CBD}$为不超过一个象限的圆弧，取自一个竖直的圆，其最低点为C；设CD是张着此弧的弦(planum elevatum)；并设有二弦从C和D画到弧上的任一点B。于是我说，沿两弦(plana)DB和BC的下降时间小于只沿DC或在B处从静止开始只沿BC的下降时间。通过点D画水平线MDA交CB的延长线于A；画DN和MC垂直于MD，并画BN垂直于BD；绕直角DBN画半圆$DFBN$，交DC于F。选一点O，使得DO将是CD和DF之间的一个比例中项；同样，选V，使得AV成为CA和AB之间的一个比例中项。设长度PS代表沿要求相同时间的整个距离DC或

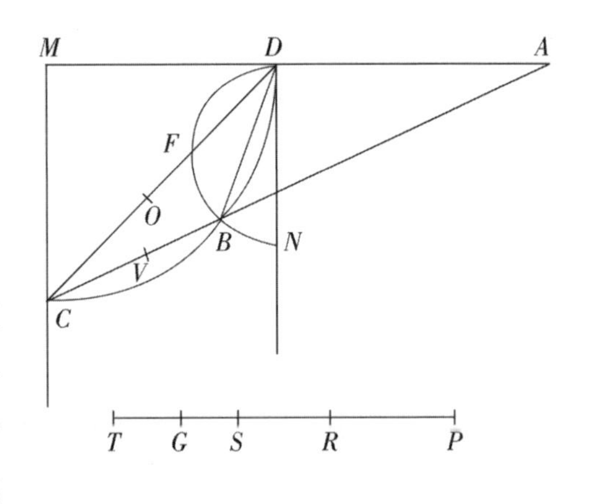

BC的下降时间。取PR，使得$CD:DO=$时间$PS:$时间PR。于是PR就将代表一物体从D开始即将通过距离DF的时间，而RS则量度物体即将通过其余距离FC的时间。但是既然PS也是在B处从静止开始而沿BC的降落时间，而且，如果我们选取T，使得$BC:CD=PS:PT$。则PT将量度从A到C的下降时间，因为我们已经证明(见引理)DC是AC和CB之间的一个比例中项。最后，选取点G，使得$CA:AV=PT:PG$，则PG将是从A到B的下降时间，而GT将是从A下降到B以后沿BC的剩余下降时间。但是，既然圆DFN的直径DN是一条竖直的线，二弦DF和DB

就将在相等的时间内被通过；因此，如果能够证明一个物体在沿 DB 下降以后通过 BC 所用的时间短于它在沿 DF 下降以后通过 FC 所用的时间，就已经证明了此定理。但是，一物体从 D 开始沿 DB 下降以后通过 BC 所用的时间，和它从 A 开始沿 AB 下降所用的时间相同，因为在沿 DB 或沿 AB 的下降中，物体将得到相同的动量。[268]因此，剩下来的只要证明，在 AB 以后沿 BC 的下降比 DF 以后沿 FC 的下降为快。但是我们已经证明，GT 代表在 AB 之后沿 BC 的时间，以及 RS 量度在 DF 之后沿 FC 的时间。因此，必须证明 RS 大于 GT。这一点可以证明如下：既然 $SP : PR = CD : DO$，那么，invertendo et convertendo，就有 $RS : SP = OC : CD$；此外又有 $SP : PT = DC : CA$。而且，既然 $TP : PG = CA : AV$，那么，invertendo，就有 $PT : TG = AC : CV$，因此，ex æquoli，就有 $RS : GT = OC : CV$。但是，我们很快就会证明，OC 大于 CV；因此，时间 RS 大于时间 GT。这就是想要证明的。现在，既然(见引理)CF 大于 CB 而 FD 小于 BA，那么就有 $CD : DF > CA : AB$。但是，注意到 $CD : DO = DO : DF$，故有 $CD : DF = CO : OF$，而且还有 $CA : AB = CV^2 : VB^2$，因此 $CO : OF > CV : VB$，而按照以上的引理，$CO > CV$。此外，也很显然，沿 DC 的下降时间和沿 DBC 的时间之比，等于 DOC 和 $DO + CV$ 之比。[269]

附　注

由以上所述可以推断，从一点到另一点的最速降落路程（lationem omnium velocissimam)并不是最短的路程，即直线，而是一个圆弧。① 在其一边 BC 为竖直的象限 $BAEC$ 中，将 $\overset{\frown}{AC}$ 分成任意数目的相等部分 $\overset{\frown}{AD}$、$\overset{\frown}{DE}$、$\overset{\frown}{EF}$、$\overset{\frown}{FG}$、$\overset{\frown}{GC}$，并从 C 开始向 A、D、E、F、G 各点画直线，并画出直线 AD、DE、EF、FG、GC。显然，沿路程 ADC 的下降比只沿 AC 或在 D 从静止开始而沿 DC 的下降更快。但是，一个在 A 从静止开始的物体却将

① 众所周知，恒定作用力条件下最速降落问题的最初正确解，是由约翰·伯努利(1667—1748)给出的。——英译本注

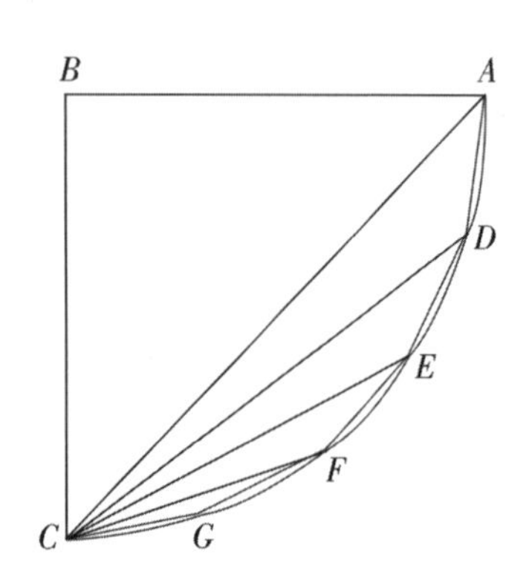

比沿路程 ADC 更快地经过 C；而如果它在 A 从静止开始，它就将在一段较短的时间内通过路径 DEC，比只通过 DC 的时间更短。因此，沿三个弦 $ADEC$ 的下降将比沿两个弦 ADC 的下降用时更少。同理，在沿 ADE 的下降以后，通过 EFC 所需的时间，短于只通过 EC 所需的时间。因此，沿四个弦 $ADEFC$ 的下降比沿三个弦 $ADEC$ 的下降更加迅速。而到最后，在沿 $ADEF$ 下降以后，物体将通过两个弦 FGC，比只通过一个弦 FC 更快。因此，沿着五个弦 $ADEFGC$，将比沿着四个弦 $ADEFC$ 下降得更快。结果，内接多边形离圆周越近，从 A 到 C 的下降所用的时间也越少。

针对一个象限证明了的结果，对于更小的圆弧也成立，推理是相同的。

问题 15　命题 37

已给高度相等的一根竖直线和一个斜面，要求在斜面上找出一个距离，它等于竖直线而且将在等于沿竖直线下落时间的一段时间内被通过。

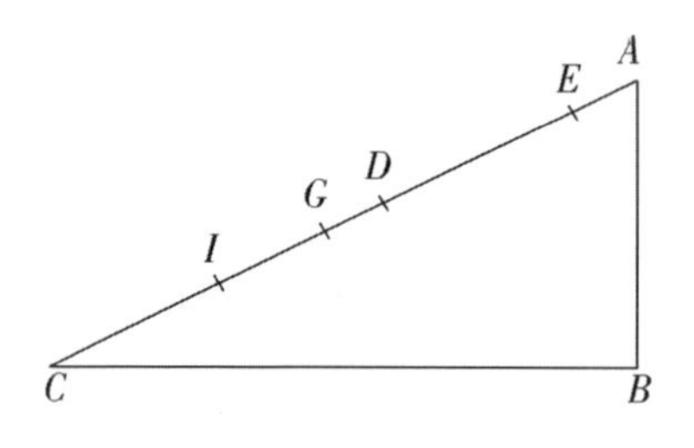

设 AB 为竖直线而 AC 为斜面。我们必须在斜面上定出一段等于竖直线 AB 的距离，而且它将被一个在 A 处从静止开始的物体在沿竖直线下落所需的时间内所通过。取 AD 等于 AB，并将其余部分 DC 在 I 点等分。选一点 E，使得 $AC:CI=CI:AE$，并取 DC 等于 AE。显然，EG 等于 AD，从而也等于 AB。而且我说，EG 就是那个距离，即它将被一个在 A 处从静止开始的物体在和通过距离 AB 而落下所需的时间相等的时间内所通过。因为，既然 $AC:CI=CI:AE=ID:DG$，那么，convertendo，我们就有 $CA:AI=DI:IG$。而且既然整个的 CA 和整个的

AI 之比等于部分 CI 和部分 IG 之比，那么就得到，余部 IA 和余部 AC 之比等于整个的 CA 和整个的 AI 之比。于是就看到，AI 是 GA 和 AG 之间的一个比例中项，而 CI 是 CA 和 AE 之间的一个比例中项。因此，如果沿 AB 的下落时间用长度[270]AB 来代表，则沿 AC 的时间将由 AC 来代表，而 CI，或者 ID，则将量度沿 AI 的时间。既然 AI 是 CA 和 AG 之间的一个比例中项，而且 CA 是沿整个距离 AC 的下降时间的一种量度，那么可见 AI 就是沿 AG 的时间，而差值 IC 就是沿差量 GC 的时间；但 DI 是沿 AE 的时间。由此即得，长度 DI 和 IC 就分别量度沿 AE 和 CG 的时间。因此，余量 DA 就代表沿 EG 的时间，而这当然等于沿 AB 的时间。证毕。

推论. 由此显而易见，所求的距离在每一端都被斜面的部分所限定，该两部分是在相等的时间内被通过的。

问题 16　命题 38

已知两个水平面被一条竖直线所穿过，要求在竖直线的上部找出一点，使得物体可以从该点落到二水平面，当运动转入水平方向以后，将在等于下落时间的一段时间内在二水平面上走过的距离互成任意指定大、小二量之比。

设 CD 和 BE 为水平面，和竖直线 ACB 相交，并设一较小量和一较大量之比为 N 和 FG 之比。要求在竖直线 AB 的上部找出一点，使得一个从该点落到平面 CD 上并在那里将运动转为沿该平面方向的物体将在和它的下落时间相等的一个时段内通过一个距离，而且，如果另一个物体从同点落到平面 BE 上并在那儿把运动转为沿这一平面方向继续运动并在等于其下落时间的一个时段内通过一段距离，而这一距离和前一距离之比等于 FG 和 N 之比。取 GH 等于 N，并选一点 L，使得 $FH:HG=BC:CL$。于是我说，L 就是所求的点。因为，如果我们取 CM 等于 2 倍 CL 并画直线 LM 和平面 BE 交于 O 点，则 BO 将等于 2 倍 BL。而既然 $FH:HG=BC:CL$，componendo et convertendo，就有 $HG:GF=N:GF=CL:LB=CM:BO$。很明显，既然 CM 是距离 LC 的 2 倍，CM 这段距离就是

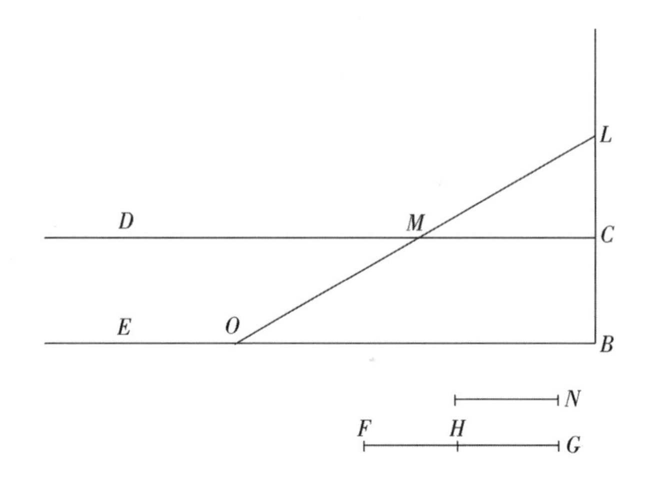

一个从 L 通过 LC 落下的物体将在平面 CD 上通过的；而且，同理，既然 BO 是距离 BL 的 2 倍，那么就很明显，BO 就是一个物体在通过 LB 落下之后在等于它通过 LB 的下落时间的一个时段内所将通过的距离。[271]

萨格：确实，我认为，我们可以毫不过誉地同意我们的院士先生的看法，即在他在本书中奠定的原理(principio，指加速运动)上，他已经建立了一门处理很老的问题的新科学。注意到他是多么轻松而清楚地从单独一条原理推导出这么多条定理的证明，我颇感纳闷的是这样一个问题怎么会逃过了阿基米德、阿波罗尼亚斯、欧几里得和那么多别的数学家以及杰出哲学家的注意，特别是既然有那么多鸿篇巨制已经致力于运动这一课题。[272]

萨耳：欧几里得的著作中有一片段处理过运动，但是在那里却没有迹象表明他哪怕仅仅是曾经开始考察加速度的性质以及它随斜率而改变的问题。因此我们可以说，门现在被打开了，第一次向着一种新方法打开了；这种新方法带来为数很多的和奇妙的结果，它们在将来将吸引其他思想家的注意。

萨格：我确实相信，例如正像欧几里得在他的《几何原本》(Elements)第三卷中证明的圆的几种性质导致了许多更加深奥的其他性质那样，在这本小书中提出的原理，当引起耽于思维的人们的注意时，也将引向许多别的更加惊人的结果；而且应该相信，由于课题的能动性，情况必将如此；这种课题是超出于自然界中任何其他课题之上的。

在今天这漫长而辛苦的一天，我更多地欣赏了这些简单的定理，胜过欣赏它们的证明；其中有许多定理，由于它们完备的概括性，将各自需要一个小时以上的推敲和领会；如果你能把这本书借给我用一下，等咱们读完了剩下的部分以后，我将在有空时开始这种研习。剩下的部分处理的是抛射体的运动；如果你们同意，咱们明天再接着读吧。

萨耳：我一定前来奉陪。

第三天终

[273]

第四天

萨耳：又是那样，辛普里修按时到达了；那么，咱们就别拖延了，开始讨论运动问题吧，我们作者的正文如下：

抛射体的运动

在以上的段落中，我们讨论了均匀运动的性质以及沿各种倾角的斜面被自然加速的运动的性质。现在我建议开始考虑一些性质，它们属于一些运动的物体，而那种运动是两种运动的合成，即一种均匀运动和一种自然加速运动的合成；这些很值得了解的性质，我建议用一种牢固的方式来演示。这就是在一个抛射体上看到的那种运动，其根源可以设想如下：

设想任一粒子被沿着一个无摩擦的水平面抛出；于是，根据以上各节已经更充分地解释过的道理，我们知道这一粒子将沿着同一平面进行运动，那是一种均匀的和永久的运动，如果平面是无限的话。但是，如果平面是有限的和抬高了的，则粒子(我们设想它是一个重的粒子)在越过平面边界时，除了原有的均匀而永恒的运动以外，还会由于它自身的重量而获得一种向下的倾向；于是我称之为抛射(projectio)的总运动就是两种运动的合成：一种是均匀而水平的运动，而另一种是竖直而自然加速的运动，现在我们就来演证它的一些性质。第一种性质如下：[274]

定理1　命题1

参加着由一种均匀水平运动和一种自然加速的竖直运动组合而成的运动的一个抛射体，将描绘一条半抛物线。

萨格：喏，萨耳维亚蒂，为了我的，而我相信也为了辛普里修的利益，有必要稍停一下；因为不凑巧我在阅读阿波罗尼亚斯方面走得不是多么远，从而我只知道一件事实，那就是他处理了抛物线和其他圆锥曲线，而不理解这些，我很难想象一个人将能够追随那些依赖于各曲线的性质的证明。既然甚至在这第一条美好的定理中作者就发现必须证明抛射体的路程是抛物线；而且，照我想来，我们将只和这一类曲线打交道，那就将绝对有必要进行一种彻底的了解，如果不是彻底熟悉阿波罗尼亚斯所曾证明的一切性质，至少也要熟悉现在的处理所必需的那些性质吧？

萨耳：你实在太谦虚了，假装不知道不久以前还曾自称很明白的那些事实——我指的是当咱们讨论材料的强度并需要用到阿波罗尼亚斯的某条定理时，那并没有给你造成困难。

萨格：我可能碰巧知道它，或是也可能仅仅承认了它，因为对于那种讨论必须如此；但是现在，当我们必须追究有关这种曲线的一切证明时，我们就不能像俗话所说的那样囫囵吞枣儿，因此就必须花费一些时间和精力了。

辛普：喏，即使像我相信的那样，萨格利多对所需要的是有很好的准备的，我却甚至连基本名词也不懂；因为，虽然我们的哲学家们曾经处理过抛射体的运动，但是我却不记得他们曾经描述过抛射体的路程，只除了一般地提到那永远是弯曲的，除非抛射是竖直向上的。但是，如果自从我们以前的讨论以来我所学到的那一点点几何知识不能使我听懂以后的证明，我就不得不只凭诚心来接受它们而不去充分地领会它们了。[275]

萨耳：恰恰相反，我要让你们从作者本人那里理解它们；当他把自己这部著作拿给我看时，作者曾经很热心地为我证明了抛物线的两种主要性质，因为当时我手头没有阿波罗尼亚斯的书。这两种性质就是现在的讨论所唯一需要的，他的证明方式不要求任何预备知识。这些定理确实是由阿波罗尼亚斯给出的，但却是在许多先导的定理以后才给出的，追溯那些定理要费许多时间。我愿意缩短咱们的工作，其方法就是，纯粹而简单地根据抛物线的生成方式来导出第一种性质，并根据第一种性质来直接证明第二种性质。

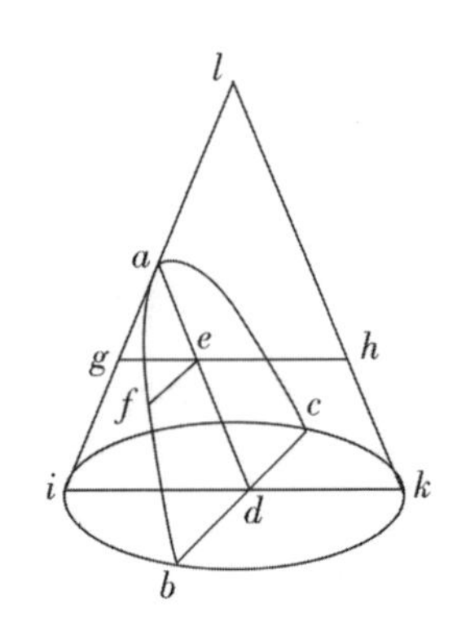

现在从第一种开始。设想有一个正圆锥体直立在底面 $ibkc$ 上，其顶点在 l。由一个画得平行于 lk 边的平面在圆锥上造成的切口，就是称为**抛物线**的曲线。这一抛物线的底，bc，和圆 $ibkc$ 的直径 ik 垂直相交，而其轴 ad 则平行于边 lk。现在，在曲线 bfa 上取一任意点，画直线 fe 平行于 bd。于是我说，bd 的平方和 fe 的平方之比，等于轴 ad 和线段 ae 之比。通过点 e 画一平面平行于圆 $ibkc$，就在圆锥上造成一个圆形切口，其直径是线段 geh。既然在圆 ibk 中 bd 是垂直于 ik 的，bd 的平方就等于由 id 和 dk 构成的长方形；通过各点 gfh 的上面的圆也是这样，fe 的平方等于由 ge 和 eh 形成的长方形；由此即得，bd 平方和 fe 平方之比，等于长方形 $id \cdot dk$ 和长方形 $ge \cdot eh$ 之比。

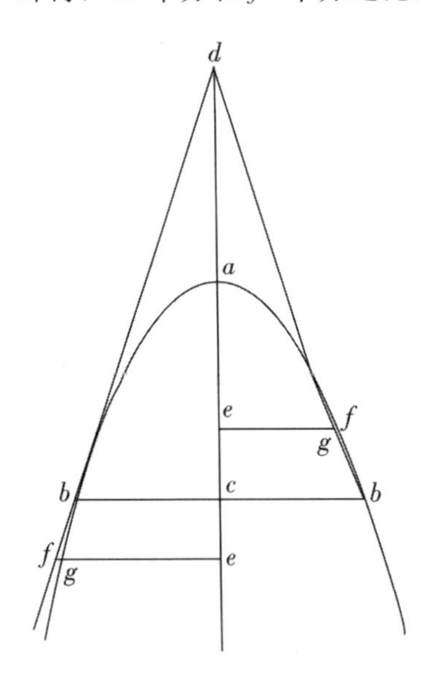

而且，既然直线 ed 平行于 hk，平行于 dk 的 eh 也就等于 dh；因此，长方形 $ge \cdot eh$ 和长方形 $id \cdot dk$ 之比就等于 ge 和 id 之比，也就是等于 da 和 ae 之比。[①] 由此即得长方形 $id \cdot dk$ 和长方形 $ge \cdot eh$ 之比，也就是 bd 平方和 fe 平方之比等于轴 da 和线段 ae 之比。 证毕。⌊276⌋

至于所需要的另一种比例关系，我们证明如下。让我们画一个抛物线，将其轴 ca 向上延长到一点 d；从任一点 b 画直线 bc 平行于抛物线的底；如果现在选一点 d，使得 $da=ca$，那么我就说，通过点 b 和 d 的直线将和抛物线相交于 b。因为，如果可能的话，设想这条直线和抛物线的上部相交或其延长线和抛物线的下部相交，并在线上任一点 g 画直线

① 此处叙述似有误。

fge。而且，既然 fe 的平方大于 ge 的平方，fe 的平方和 bc 平方之比就将大于 ge 平方和 bc 平方之比；而且，既然由前面得到的比例关系，fe 平方和 bc 平方之比，等于线段 ea 和 ca 之比，那么就有，线段 ea 和线段 ca 之比大于 ge 平方和 bc 平方之比，或者说，大于 ed 平方和 cd 平方之比（$\triangle deg$ 和 $\triangle dcb$ 的各边互成比例）。但是，线段 ea 和 ca 或 da 之比，等于 4 倍的长方形 $ea \cdot ad$ 和 4 倍的 ad 平方之比，或者同样也可以说，既然 cd 的平方就是 4 倍的 ad 平方，从而也是 4 倍的长方形 $ea \cdot ad$，那么就有，cd 平方比 ea 平方大于 ed 平方比 cd 平方；但是这将使得 4 倍的长方形 $ea \cdot ad$ 大于 ed 的平方，这是不对的。事实恰恰相反，因为直线 ed 的两段 ea 和 ad 是不相等的。因此直线 db 和抛物线相切而并不相交。

辛普：你的证明进行得太快了，而且我觉得，你似乎假设欧几里得的所有定理我都熟悉而能够应用，就像他那些最初的公理一样。[277]这完全不对。现在，你突然告诉我们的这件事，即长方形 $ea \cdot ad$ 的 4 倍小于 de 的平方，因为直线 de 的两部分 ea 和 ad 并不相等，却不能使我心悦诚服而是使我颇感怀疑。

萨耳：确实，所有真正的数学家都假设他们的读者至少完全熟悉欧几里得的《几何原本》，而在你的事例中，只要回忆一下其第二卷中的一条命题就可以了。他在那命题中证明了，当一段直线被分成相等的或不等的两段时，由不等的两段形成的长方形小于由相等的两段形成的正方形，其差值为相等和不相等线段之差的平方。由此显然可知，整条线段

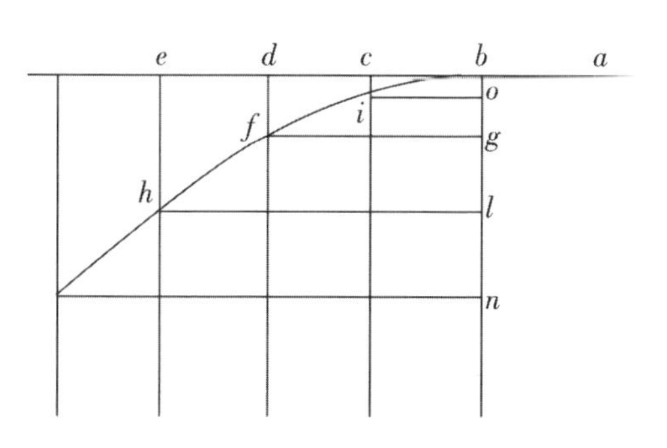

的平方等于半条线段平方的 4 倍，而大于不相等分段所形成的长方形的 4 倍。为了理解此书的以下部分，记住我们刚刚证明了的这两条关于圆锥截面的基本定理是必要的；而且作者所用到的事实上也只有这两条定理。现在咱们可以回到正文，来看看他怎样证明第一条命题；他在该命题中证明

的是，一个以一种合成运动下落的物体将描绘一条半抛物线，该运动是由一种均匀水平运动和一种自然加速（naturale descendente）运动合成的。

让我们设想一个升高了的水平线或水平面，有一物体以均匀速率沿此线或面从 a 运动到 b。假设这个平面在 b 处突然终止，那么，在这一点上，物体将由于它的重量而获得一种向下的沿垂线 bn 的自然运动，沿平面 ba 画直线 be 以代表时间的流逝或量度；将这条线分成一些线段，bc、cd、de，以代表相等的时段；从各点 b、c、d、e 向下[278]画垂线平行于 bn。在其中第一条线上，取任意距离 ci，在第二条线上，取 4 倍于 ci 的距离 df，在第三条线上，取 9 倍于 ci 的距离 eh，如此类推，正比于 cb、db、eb 的平方，或者我们说，按照同一些线的平方比。因此我们就看到，在物体以均匀速度从 b 运动到 c 的同时，它也垂直下落了一段距离 ci，从而在时段 bc 的末尾，它就到达了点 i。同样，在等于 bc 的两倍的时段 bd 的末尾，竖直的下落将是第一个距离的 4 倍；因为在以前的讨论中已经证明，自由下落物体所经过的距离随时间的平方而变化；同样，在时间 be 中通过的距离将 9 倍于 ci；于是很明显，各距离 eh、df、ci 之间的比值将等于各线段 be、bd、bc 的平方之间的比值。现在，从 i、f、h 各点画各直线 io、fg、hl 平行于 be；这些直线 hl、fg、io 分别等于 eb、db 和 cb；而各线段 bo、bg、bl 也分别等于 ci、df 和 eh；hl 的平方和 fg 的平方之比，等于线段 lb 和 bg 之比，而 fg 的平方和 io 的平方之比则等于 gb 和 bo 之比，因此，各点 i、f、h 就位于同一条抛物线上。同理可以证明，如果取一些任意大小的相等时段并设想粒子进行的是同样的合成运动，则粒子在各时段末尾的位置将位于同一条抛物线上。　　证毕。

萨耳：这一结论可以从以上所给的两条定理中之第一条的逆定理推得。因为，通过 b、h 二点画一条抛物线，任何另外两点 f 和 i，如果不位于线上，就必然或位于线内或位于线外，从而线段 fg 就比终止在曲线上的线段更长一些或更短一些。因此，hl 的平方和 fg 的平方之比就不等于线段 lb 和 bg 之比，而是较大或较小；然而，事实却是，hl 的平方确实和 fg 的平方成这种比例。由此可见 f 点确实位于抛物线上；其他的各点也如此。[279]

萨格: 不能否认这种论证是新颖的、灵妙的和结论性的；它建立在一条假说上，那就是，水平运动保持均匀而竖直运动不断地正比于时间的平方而向下加速，而且这样一些运动和速度互相组合而并不互相改变、干扰和阻挠，[①] 因此当运动进行时抛射体的路线并不变成不同的曲线。但是，在我看来，这却是不可能的。因为，我们设想一个下落物体的自然运动是沿着抛物线的轴线进行的，而该轴线则垂直于水平面而终止在地球的中心；而既然抛物线离此轴线越来越远，任何抛射体也就都不能到达地球的中心，或者，如果它像看来必须的那样到达，则抛射体的路线必须变成某种和抛物线很不相同的另一种曲线。

辛普: 在这些困难上面我可以再加上一些别的困难。其中之一就是，我们假设既不上斜也不下倾的水平面用一条直线来代表，就好像这条线上的每一点都离中心同样远近一样，而情况并非如此；因为当你从(直线的)中部出发而向任何一端走去时，你就离(地球的)中心越来越远，从而你是越来越升高的。由此可见，运动不可能在任何距离上保持均匀，而是必将不断地减弱。除此以外，我也看不出怎么可能避免媒质的阻力；这种阻力必然破坏水平运动的均匀性，并改变下落物体的加速规律。这些困难使得从如此不可靠的假说推出的结果很少可能在实践中保持正确。

萨耳: 你们所提出的一切困难和反驳，都是很有根据的，因此是不可能被排除的；在我这方面，我愿意承认所有的一切，而且我认为我们的作者也愿意。我承认，这些在抽象方面证明了的结论当应用到具体中时将是不同的，而且将是不可靠的，以致水平运动也不均匀，自然加速也不按假设的比例，抛射体的路线也不是抛物线，等等。但是，另一方面，我也请求你们不要单独责备我们的作者以那种其他杰出人物也曾假设过的东西，即使那并不是严格正确的。仅凭阿基米德的权威就可以使每人都满足了。在他的《力学》和他的第一次抛物线求积中，他认为是理所当然地把一个天

---

① 和牛顿第二定律很相近的想法。——英译本注

平或杆秤的横臂看成了一根直线，上面的每一点都和所有各重物的公共中心是等距的，而且悬挂重物的那些绳子也被认为是相互平行的。

有的人认为这些假设是可以允许的，因为在实践上，我们的仪器和所涉及的距离比起到地球中心的巨大距离来都非常小，从而我们就可以把很大的圆上的一个很小的弧看成一段直线，并把它两端的垂线看成相互平行。因为，如果在现实的实践中人们必须考虑这样小的量，即就[280]首先必须批评建筑师们，他们利用铅垂线来建造高塔，而预先假设那些塔的边沿是平行的。我还可以提到，在阿基米德和另外一些人的所有讨论中，他们都认为自己是位于离地球中心无限遥远的地方。在那种情况下，他们的假设就都不是错误的，从而他们的结论就都是绝对正确的。当我们想要把我们已证明的结论应用到一些虽然有限但却很大的距离上时，我们就必须根据经过证明的真理来推断，应该针对一个事实做出什么样的改变，那事实就是，我们离地球中心的距离并非真正的无限大，而只不过和我们的仪器的很小尺寸相比是很大而已。其中最大的尺寸，是我们的抛射体的射程，而且即使在这儿，我们也只需考虑我们的大炮的射程，而那最多也不超过几英里，而我们离地球中心却是几千英里之遥；而且，既然这些抛射体的路线都是终止在地球的表面上的，它们对抛物线形状的背离也就是很小的，而假如它们终止在地球的中心，则背离将会很大。

至于起源于媒质阻力的干扰，这却是更大一些的，而且由于它的多重形态，它并不遵从什么固定的定律和严格的描述。例如，如果我们只考虑空气对我们所研究的这些运动所作用的阻力，我们就将看到，这种阻力会干扰所有这些运动，而且会以对应于抛射体之形状、重量、速度方面的无限多种变化的无限多种方式来干扰它们。因为，就速度来说，速度越大，空气所引起的阻力也越大；当运动物体比较不那么致密时(men gravi)，这种阻力就较大。因此，虽然下落物体应该正比于运动时间的平方而变化其位置(andare accelerandosi)，但是，不论物体多么重，如果它从一个相当大的高度下落，空气的阻力都将阻止其速率不断地增大，而最终将使运动变成均匀运动，而且，按照运动物体的密度的反比，这种均匀性对轻(men grave)物体将更早得多地在下落不久以后达成。甚至当没有阻力时将是均匀而恒定的水平运动，也会因为空气的阻力而变化并终于停止；而且在这儿也是那样，物体的比重越小(piu leggiero)，这种变化过程也越快。[281]对于这些不可胜数的重量的、速度的和形状(figura)的性质(accidenti)，是不可能给出任何确切的描述的；因此，为了用一种科学的方法处理问题，就必须从这些困难中脱身出去，而既已在无阻力的情况下发现并证明了一些定理，就在经验即将证明的限度下使用它们和应用它们。而且这种办法的好处不会很小；因为抛射体的材料和形状可以被选得尽可能的致密和圆滑，以便它们在媒质中遇到最小的阻力。空间和速度的问题一般说来不会很大，但我们也将能够很容易地改正它们。

我们使用的那些抛射体或是用沉重的(grave)材料制成而形状圆滑，用投石器发射，或是用轻材料制成而形状圆柱，例如用弓弩发射的箭；在这些抛射体的事例中，对确切抛物线的偏离是完全不可觉察的。确实，如果你们可以给我以较大的自由，我就可以用两个实验来向你们证明，我们的仪器太小了，以致那些外在的和偶然的阻力(其中最大的是媒质的阻力)是几乎无法观察的。

现在我开始进行对通过空气的运动的考虑，因为正是对这些运动我们现在特别关切；空气的阻力以两种方式显示出来，一种是通过对较轻的物体比对较重的物体作用较大的阻滞，另一种是通过对较快运动中的物体比对较慢运动中的同一物体作用较大的阻力。

关于其中的第一种，试考虑具有相同尺寸的两个球，但是其中一个球的重量却为另一球的重量的10倍或12倍；譬如说一个球用铅制成，而另一个球用橡木制成，两个球都从150或200腕尺的高处落下。

实验证明，它们将以相差很小的速率落地；这就向我们表明，在两种事例中，由空气引起的阻力都是很小的。因为，如果两个球同时开始从相同的高度处下落，而且假如铅球受到很小的阻力而木球受到颇大的阻力，则前者应比后者超前一段很大的距离，因为它重了十来倍。但是这种情况并未出现；事实上，一个球比另一个球的超前距离还不到全部落差的百分之一。而在一个石球的事例中，其重量只有铅球重量的三分之一或一半，二球落地的时间之差是几乎无法觉察的。现在，既然一个铅球在从 200 腕尺的高处落下时获得的速率(impeto)是那样的巨大，以致假如运动保持为均匀，则此球在等于下落时间的一个时段内将通过 400 腕尺，而且，我们除了用火箭以外，用弓或其他机器所能给予我们的抛射体的速率都比这一速率小得多，那么就可以推知，我们可以认为以下即将在不考虑媒质阻力的条件下加以证明的那些命题是绝对正确的，而不致造成可觉察的误差。[282]

现在过渡到第二种事例，我们必须证明，空气对一个迅速运动物体的阻力并不比对一个缓慢运动物体的阻力大许多。充足的证明由下述实验给出。用两根等长的线，譬如说 4 码或 5 码长，系住两个相等的铅球，把它们挂在天花板下。现在把它们从竖直线拉开，一个拉开 80°或更多，另一个则只拉开 4°或 5°。这样，当放开以后，一个球就下落，通过竖直位置并描绘很大的但慢慢减小的 160°，150°，140°，…的弧；而另一个球则沿着很小的而且也是慢慢减小的 10°，8°，6°，…的弧往返摆动。

首先必须指出，一个摆通过它的 180°，160°，…的弧而来回摆动，另一个摆则通过它的 10°，8°，…的弧而摆动，所用的时间是相同的；由此可见，第一个球的速率是第二个球的速率的 16 倍、18 倍。因此，如果空气对高速运动比对低速运动阻力较大，沿大弧 180°或 160°等等的振动频率就应该比沿小弧 10°，8°，4°，…的频率为低，而且甚至比沿 2°或 1°弧的频率更低。但是这样预见并没有得到实验的证实；因为，如果两个人开始数振动次数，一个人数大振动的次数；另一个人数小振动的次数，他们将会发现，在数到 10 次乃至 100 次时，他们甚至连一次振动也不差，甚至连几分之一次振动也不差。[283]

这种观察证实了下述的两条命题，那就是，振幅很大的振动和振幅很小的振动全都占用相同的时间，而且空气并不像迄今为止普遍认为的那样对高速运动比对低速运动影响更大。

萨格：恰恰相反，既然我们不能否认空气对这两种运动都有阻力，两种运动都会变慢而最后归于消失，我们就必须承认阻滞在每一事例中都是按相同的比例发生的。但是怎么？事实上，除了向较快的物体比向较慢的物体传递较多的动量和速率(impeto e veltocità)以外，对一个物体的阻力怎么可能比对另一个物体的阻力更大呢？而且如果是这样，物体运动的速率就同时是它所遇到的阻力的原因和量度(cagion e emisura)。因此，所有的运动，快的或慢的，就都会按相同的比例受到阻力而减小；这种结果，在我看来重要性绝非很小。

萨耳：因此，在这第二种事例中，我们就能够断言，略去偶然的误差，在我们的机械的事例中，我们即将演证的结果的误差是很小的；在我们的机械的事例中，所用到的速度一般是很大的，而其距离则和地球的半径或其大圆相比是可以忽略的。

辛普：我愿意听听你把火器的即应用火药的抛射体分入和用弓、弩和投石器发出的抛射体不同的另一类中的理由，你的根据是，它们所遭受的改变和空气阻力有所不同。

萨耳：我是被这种抛射体在发射时的那种超常的，也可以说是超自然的猛烈性引到了这种看法的；因为，确实，在我看来，可以并不夸张地说，从一枝毛瑟枪或一尊炮发出的子弹或炮弹的速率，是超自然的。因为，如果允许这样的子弹或炮弹从某一很大的高度上落下来，由于空气的阻力，它的速率并不会不断地无限制地增大；出现在密度较小而通过短距离下落的物体上的情况，即它们的运动退化成均匀运动的那种情况，也会在一个铁弹或铅弹下落了几千腕尺以后发生在它的身上；这种终端速率(terminata velocità)就是这样一个重物体在通过空气而下落时所能得到的最大速率。我估计，这一速率比火药传给它的速率要小得多。

一个适当的实验将可以证明这一事实。从100腕尺或更大的高度竖直向下对着铺路石发射一枝装有铅丸的枪(archibuso)，用一枝同样的枪在1腕尺或2腕尺的距离处射击一块同样的石头，并观察两颗枪弹中哪一个被碰得更扁。现在，如果发现从高处射下的那颗子弹碰扁程度较小，这就表明，空气曾经阻滞并减小了起初由火药赋予子弹的那个速率，并表明空气不允许一颗子弹获得一个那么大的速度，不论它从多高的地方掉下来；因为，如果火药传给子弹的速率并不超过它从高处自由下落(naturalmente)所获得的速率，则它的向下的打击应该较大而不是较小。[284]

这个实验我没有做过，但我的意见是，一颗毛瑟枪弹或一发炮弹从随便多高的地方掉下来并不能给出一次沉重的打击，像它在几腕尺以外向一堵石墙发射时那样；也就是说，在那么短的距离上，空气的分裂和复合并不足以以枪弹夺走火药给予它的那样超自然的猛烈性。

这些猛烈射击的巨大动量(impeto)，可能造成弹道的某些畸变，使得抛物线的起头处变得比结尾处更加平直而不太弯曲；但是，就我们的作者来说，这是一种在实际操作方面没多大重要性的问题；那种操作中的主要问题就是针对高仰角的发射编制一个射程表，来作为仰角的函数给出炮弹所能达到的距离；而既然这种发射是用小装填量的臼炮(mortari)进行的，从而并不会造成超自然的动量(impeto sopranaturale)，因此它们就很精确地遵循了它们的预定轨道。

但是现在让我们开始进入一种讨论，在那讨论中，我们的作者把我带入了一个物体的运动(impeto del mobile)的研究和考察，而这时的运动是由两种其他运动合成的；而首先的一个事例就是两种运动都是均匀运动的事例，其中一种运动是水平的，而另一种则是竖直的。[285]

定理 2　命题 2

当一个物体的运动是一个水平的均匀运动和另一个竖直的均匀运动的合运动时，合动量的平方等于分动量的平方之和。①

让我们想象任一物体受到两种均匀运动的促进；设 ab 代表竖直的位

---

① 在原文书中，此定理的叙述如下：

"Si aliquod mobile duplici motu æquabili moveatur, nempe orizontali et perpendiculari, impetus seu momentum lationis ex utroque motu composittae erit potentia æqualis ambobus momentis priorum motuum."

关于"potentia"一词译法的理由以及形容词"resultant"(合)的用法，参见下文。——英译本注移，而 bc 代表在同一时段内在一个水平方向上发生的位移。那么，如果距离 ab 和 bc 是在同一时段内以均匀运动被通过的，则对应的动量之间的比将等于距离 ab 和 bc 之间的比，但是，在这两种运动的促进之下的物体，却描绘对角线 ac，其动量正比于 ac，而 ac 的平方也等于 ab 和 bc 的平方和。由此即得，合动量的平方等于两个动量 ab 和 bc 的平方之和。　　证毕。

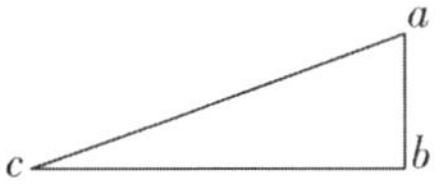

辛普： 这里只有一个小小的困难需要解决，因为在我看来刚才得到的这个结论似乎和前面的一个命题相矛盾；[①] 在那个命题中，宣称一个物体从 a 到 b 的速率(impeto)等于从 b 到 c 的速率；而现在你却断言 c 处的速率大于 b 处的速率。

萨耳： 辛普里修，两个命题都是对的，不过它们之间还是有一种很大的区别的。在这里，我们谈的是一个物体受到单独一种运动的促进，而该运动是两个均匀运动的合运动。在那儿，我们谈的是两个物体各自受到一种自然加速运动的促进，一种运动沿着竖直线 ab，而另一种则沿着斜面 ac。此外，在那儿，时段并没有被假设为相等，沿斜面 ac 的时段大于沿竖直线 ab 的时段，但是我们现在谈到的这些运动，那些沿 ab、bc、ac 的运动都是均匀的和同时的。[286]

辛普： 对不起，我满意了，请接着讲下去吧。

萨耳： 我们的作者其次就开始解释，当一个物体受到由两种运动合成的运动的促进时将会出现什么情况；这时一种运动是水平的均匀运动，而另一种则是竖直的自然加速运动。由这两个分量，就能得出抛射体的路线，这是一条抛物线。问题是要确定抛射体在每一点的速率(impeto)。为此目的，我们的作者在开始时采用了沿一种路线量度这种速率(impeto)的方式或方法，那路线就是一个从静止开始而以自然加速运动下落的重物体所采取的路线。

① 见上文。——英译本注

定理3　命题3

设运动在 a 处从静止开始沿直线 ab 进行；在此直线上，取任意一点 c，令 ac 代表物体通过 ac 下落所需的时间，或时间的量度，令 ac 也代表在沿距离 ac 的一次下落中在 c 点获得的速度(impetus seu momentum)。在直线 ab 上选另外任一点 b。现在问题是确定一个物体在通过距离 ab 的下落中在 b 点获得的速度并用在 c 点的速度把它表示出来，而 c 点速度的量度就是长度 ac。取 as 为 ac 和 ab 之间的一个比例中项。

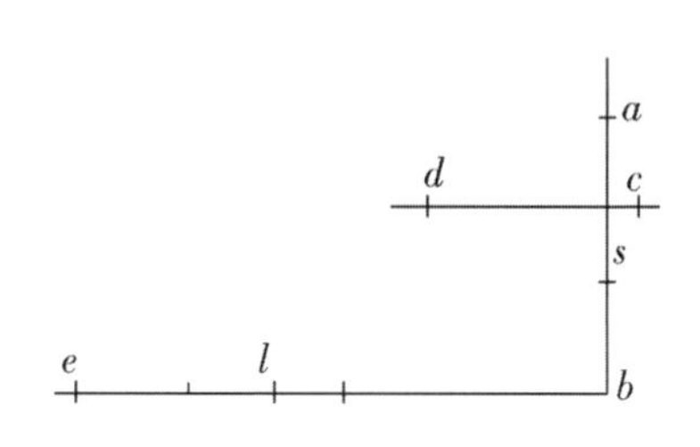

我们将证明，b 处的速度和 c 处的速度之比，等于长度 as 和长度 ac 之比。画水平线 cd，其长度为 ac 长度的两倍；[287]并画 be，长度为 ba 的两倍。于是由以上的定理就得到，一物体沿距离 ac 落下并转而沿水平线 cd 而以等于在 c 点获得之速率的均匀速度继续运动，将在等于从 a 到 c 加速下落所需时间的一个时段内通过距离 cd。同样，be 将在和 ba 相同的时间内被通过。但是，通过 ab 的下降时间是 as；因此水平距离 be 也是在时间 as 内被通过。取一点 l，使得时间 as 和时间 ac 之比等于 be 和 bl 之比；既然沿 be 的运动是均匀的，如果距离 bl 是以在 b 处获得的速率（momentum celeritatis)而被通过的，就将需用时间 ac，但是在同一时段 ac 内，距离 cd 是以在 c 点获得的速率而被通过的。现在，两个速率之比等于在相等的时段内被通过的距离之比。因此，在 c 处的速率和在 b 处的速率之比就等于 cd 和 bl 之比。但是，既然 dc 和 be 之比等于它们一半之比，即等于 ca 和 ba 之比；而既然 be 比 bl 等于 ba 比 sa；那么就得到，dc 比 bl 等于 ca 比 sa。换句话说，c 处的速率和 b 处的速率之比等于 ca 和 sa 之比，也就是和通过 ab 的下落时间之比。

于是沿着物体的下落方向来量度其速率的方法就清楚了；速率被假设为正比于时间而增大。

但是，在进一步讨论下去之前，还要做些准备工作。既然这种讨论是要处理由一种均匀的水平运动和一种加速的竖直向下的运动合成的运动——讨论抛射体的路线，即抛物线，就有必要确定一种共同的标准，以便我们用来评估这两种运动的速度或动量（velocitatem，impetum seu momentum）；而且，既然在不计其数的均匀速度中只有一个，而且不是可以随便选取的一个，是要和一个通过自然加速运动而得到的速度合成的，我想不出选择和量度这一速度的更简单的方法，除了假设另一个同类的速度以外。[1] 为了清楚起见，画竖直线 *ac* 和水平线 *bc* 相交。此外 *ac* 是半抛物线 *ab* 的高度，而 *bc* 是它的幅度，半抛物线是两种运动的合成结果，一种是一个物体在 *a* 点从静止开始通过距离 *ac* 而以自然加速度下落的运动，而另一种是沿水平线 *ad* 的均匀运动。[288]通过沿距离 *ac* 下落而在 *c* 点获得的速率由高度 *ac* 来确定，因为从同一高度落下的物体的速率永远是相同的；但是沿着水平方向，人们却可以给予一个物体以无限多个均匀速率。然而，为了可以用一种完全确定的方式从无限多个速率中选出一个并把它和其他速率区别开来，我将把高度 *ca* 向上延长到 *e*，使之适足以满足需要，并将称这一距离 *ae* 为“至高”（sublimity）。设想有一物体在 *e* 点从静止开始下落，很显然我们可以把它在 *a* 点的终端速率弄得和同一物体沿水平线 *ad* 前进的速率相同；这一速率将是这样的：在沿 *ea* 下落的时间之内，物体将描绘一个两倍于 *ea* 的水平距离。这种预备性的说明看来是有必要的。

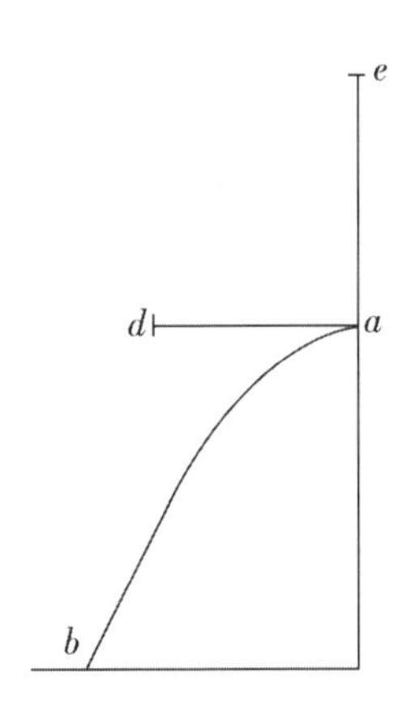

我们提醒读者，在以上，我曾经把水平线 *cb* 称为半抛物线 *ab* 的“幅度”，把轴 *ac* 称为它的“高度”，而把我按照沿它的下落来确定水平速率的那个线段 *ea* 称为“至高”。说明了这些问题，我现在进行证明。

萨格：请允许我插一句话，以便我可以指出我们的作者的思想和柏拉

① 伽利略在这儿建议利用一个物体从一个给定高度下落后的终端速度来作为测量速度的标准。——英译本注

图关于各天体之各种均匀的转动速率之起源的观点之间的美好一致。柏拉图偶然得到一个概念，认为一个物体不能从静止过渡到一个给定的速率并保持它为均匀，除非是通过历经介于所给速率和静止之间的一切大小的速率值。柏拉图想，上帝在创造了各天体以后，就给它们指定了适当的均匀的速率，使它们以这种速率永远运转，而且上帝还使它们从静止开始在一种像控制着地上物体之运动的那种加速度一样的自然的直线加速度作用之下在确定的距离上运动。柏拉图并且说，一旦这些天体获得了固有的和永久的速率，它们的直线运动就被转化成了圆周运动，这是能够保持均匀性的唯一的运动，在这种运动中，物体运转，既不从它们所追求的目标后退也不向那个目标靠近。这个概念确实亏了柏拉图能够想到，而且得到了越来越高的赞赏，因为其基本原理一直隐藏着，直到被我们的作者所发现，他揭掉了这些原理的面具和诗样的衣裳而以一种正确的科学眼光揭示了概念。[289]在行星轨道的大小，这些天体离它们运转中心的距离以及它们的速度方面，天文科学给了我们如此完备的信息；注意到这一事实，我不禁想到，我们的作者(对他来说，柏拉图的概念并不是未知的)有一种好奇心，想要发现能否给每一个行星指定一个确定的“至高”，使得如果该行星在这个特定的高度上从静止开始以一种自然加速运动沿一条直线落下，然后把如此得来的速率转化为均匀运动，它们的轨道大小和运转周期会不会就像实际上观察到的那样。

萨耳：我想我记得他曾经告诉我说，有一次他进行了计算，并且求得了和观察结果的满意符合。但是他不愿意谈论这事，因为，考虑到他的许多新发现已经给他带来的许多非难，这种结果只怕更会火上加油呢。但是，如有任何人想要得到这种信息，他就可以到现在这本著作所提出的理论中去自己寻索。

现在我们开始进入当前的问题，那就是要证明：

问题 1　命题 4

试确定一个抛射体在所给抛物线路线的每一特定点上的动量。

设 bec 是半抛物线，其幅度为 cd 而其高度为 db；此高度后来向上延长而和抛物线的切线 ca 相交于 a。通过顶点画水平线 bi 平行于 cd 现在，如果幅度 cd 等于整个的高度 da，则 bi 将等于 ba 并且也等于 bd；而且，如果我们取 ab 作为通过距离 ab 而下落所需要的时间的量度，并且也作为由于在 a 处从静止开始通过 ab 下落而在 b 处得到的动量的量度，那么，如果我们把在通过 ab 的下落中得到的动量(impetum ab)转入一个水平的方向，则在相同的时段内通过的距离将由 dc 来代表，而 dc 是 bi 的 2 倍。但是，一个在 b 处从静止开始沿线段 bd 下落的物体在相同的时段内将落过抛物线的高度 bd。[290]由此可见，一个在 a 处从静止开始下落并以速率 ab 转入水平方向的物体将通过一个等于 dc 的距离。现在，如果在这一运动上叠加一个沿 bd 下落而在抛物线被描绘的时间内通过其高度 bd 的运动，则物体在端点 c 上的动量就是一个其值用 ab 来代表的均匀水平动量和另一个由于从 b 落到端点 d 或 c 而得到的动量的合动量。这两个分动量是相等的。因此，如果我们取 ab 来作为其中一个动量的量度，譬如作为均匀水平动量的量度，则等于 bd 的 bi 将代表在 d 点或 c 点得到的动量，而 ia 就代表这两个动量的合动量，这就是抛射体沿抛物线而运动到 c 时的总动量。

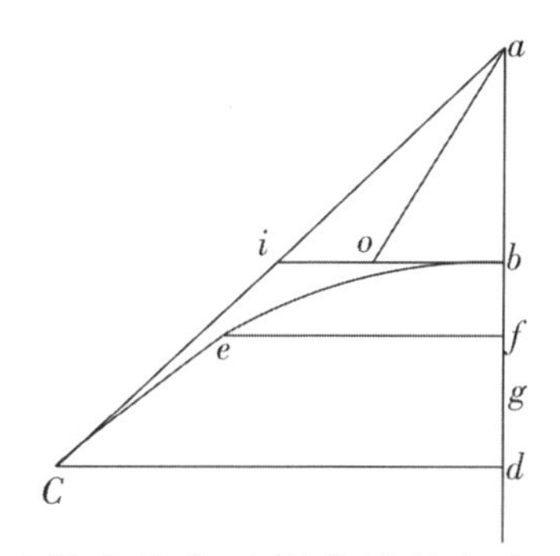

记住这一点，让我们在抛物线上任取一点 e，并确定抛射体在经过这一点时的动量。画水平线 ef，并取 bg 为 bd 和 bf 之间的一个比例中项。现在，既然 ab 或 bd 被假设为在 b 点从静止开始通过距离 bd 下落的时间和获得的动量(momentum velocitatis)的量度，那么就得到，bg 将量度从 b 下落到 f 的时间和在 f 获得的动量(impetus)的量度。因此，如果我们取 bo 等于 bg，则连接 a 和 o 的对角线将代表在 e 点上的动量，因为长度 ab 已被假设为代表 b 点上的动量，此动量在转入一个水平方向以后就保持为恒定；而且因为 bo 量度的是在 b 处从静止开始通过高度 bf 下落而在 f 或 e 获得的动量。但是，ao 的平方等于 ab 和 bo 的平方和。由此即得所求的定理。

萨格：你这种把这些不同的动量组合起来以得到它们的合动量的方法使我感到如此的新颖，以致我的头脑被弄得颇为混乱了。我不是指两个均匀运动的合成，即使那是两个不相等的运动，而且一个运动沿水平方向进行，而另一个是沿竖直方向进行的；因为在那种事例中我完全相信合运动是那样的运动，其平方等于两个分运动的平方和。混乱出现在当你开始把一种均匀的水平运动和一种自然加速的竖直运动组合起来的时候。因此我相信，咱们可以更仔细地讨论讨论这个问题。[291]

辛普：而且我甚至比你还更需要这种讨论，因为关于某些命题所依据的那些基本命题，我的头脑还不是像应该做到的那样清楚。即使在一个水平而另一个竖直的两个均匀运动的事例中，我也希望更好地理解你从分运动求得合运动的那种方式。现在，萨耳维亚蒂，你知道什么是我们需要的和什么是我们渴望得到的了吧？

萨耳：你们的要求是完全合理的，而且我将试试我关于这些问题的长久考虑能否使我把它们讲清楚。但是，如果在讲解中我重述许多我们的作者已经说过的东西，那还得请你们多多原谅。

谈到运动和它们的速度或动量(movimenti e lor velocità o impefi)，不论是均匀的还是自然加速的，人们都不能说得很确切，直到他们建立了对此种速度和对时间的一种量度。关于时间，我们有已经广泛采用了的小时、第一分钟和第二分钟。对于速度，正如对于时段那样，也需要一种公共的标准，它应该是每个人都懂得和接受的，而且应该对所有人来说是相同的。正如前面已经谈过的那样，作者认为一个自由下落物体的速度就能适应这种要求，因为这种速度在世界的各个部分都按照相同的规律而增长；例如，一个1磅重的铅球从静止开始竖直下落而经过例如1矛长的高度所得到的速率，在任何地方都是一样大小的；因此它就特别适于用来表示在自然下落事例中获得的动量(impeto)。

我们仍然需要发现一种在均匀运动事例中测量动量的方法，使得所有讨论这一问题的人都能对它的大小和快慢(grandezza e velocità)形成相同的概念。这种方法应该阻止一个人把它想象得比实际情况更大，而另一个人则把它想象得比实际情况更小；这样，当把一个给定的均匀运动和一个加速运动组合起来时，不同的人才不会得出不同的合运动。为了确定并表示这样一个动量，[292]特别是速率(impeto e velocità particolare)，我们的作者不曾发现更好的方法，除了应用一个物体在自然加速运动中获得的动量以外。一个用这种方式获得了动量的物体，当转入均匀运动时，其速率将确切地保持一个值，即在等于下落时间的时段内将使物体通过一个等于两倍下落高度的距离。但是，既然这在我们的讨论中是一个基本问题，最好还是利用某一具体的例子来把它完全弄清楚。

让我们考虑一个物体在下落一个譬如说 1 矛长(picca)的高度中获得的速率和动量；按照情况的需要，这可以被用作测量速率和动量的标准；例如，假设这样一次下落所用的时间是 4 秒(minuti secondi d'ora)；现在，为了测量通过另外较大或较小的另一高度的下落而获得的速率，人们不应该得出结论说这些速率彼此之比等于相应的下落高度之比；例如，下落一个给定高度的 4 倍的高度，并不会给出 4 倍于下落 1 倍给定高度时所获得的速率，因为自然加速运动的速率并不和时间成正比。① 正如上面已经证明的那样，距离之比等于时间比的平方。

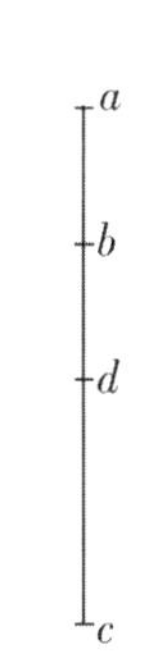

那么，如果就像为了简单而常做的那样，我们取同一有限的线段作为速率和时间的量度，也作为在该时间内经过的距离的量度，那就会得到，下落时间和同一物体在通过任一其他距离时所得到的速率并不能用这第二段距离来代表，而是要用两段距离之间的一个比例中项来代表。我可以用一个例子来更好地说明这一点。在竖直线 ac 上，取一线段 ab 来代表一个以加速运动自由下落的物体所通过的距离；下落时间可以用任何有限线段来代表，但是为了简单，我们将用相同的长度 ab 来代表它；这一距离也可

① 从现代眼光来看，这句话是有问题的，但这里讨论的并不完全是这个问题。伽利略似乎有时把“速率”和“距离”混为一谈。

以用作在运动过程中获得的动量和速率的量度。总而言之，设 ab 是这种讨论所涉及的不同物理量的一种量度。[293]

既已随意约定用 ab 作为三个不同的量即空间、时间和动量的量度，我们的下一个任务就是求出通过一个给定竖直距离 ac 而下落所需要的时间，并求出在终点 c 上得到的动量，二者都要用 ab 所代表的时间和动量表示出来。这两个所求的量都要通过取皿 ab 等于 ab 和 ac 之间的一个比例中项来得出。换句话说，从 a 到 c 的下落时间，在和我们所约定的用 ab 代表从 a 到 b 的下落时间的同样尺度下用 ad 来代表。同样我们可以说，在 c 处获得的动量(impeto o grado di velocità)和在 b 处获得的动量的关系，与线段 ad 和 ab 之间的关系相同，因为速度是和时间成正比而变化的，在命题 3 中作为假说而被应用过的一个结论在这儿被作者推广了。

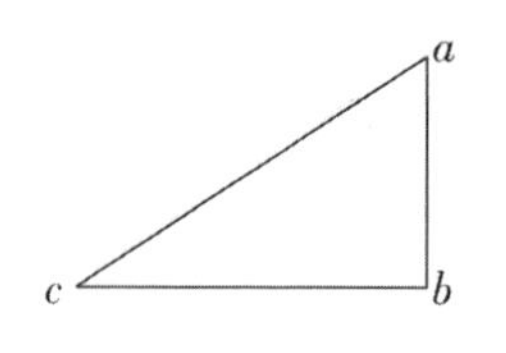

这一点既已明白而确立，我们现在转而考虑两种合成运动的事例中的动量(impeto)，其中一种是由一个均匀的水平运动和一个均匀的竖直运动合成，而另一种是由一个均匀的水平运动和一个自然加速的竖直运动合成。如果两个分量都是均匀的，而且一个分量垂直于另一个分量，我们就已经看到，合动量的平方通过各分动量平方的相加来求得，正如从下面的例证可以清楚地看出的那样。

让我们设想，一物体沿竖直线 ab 以一个等于 3 的均匀动量而运动，而在达到 b 时就以一个等于 4 的动量(velocità ed impeto)向 c 运动，于是在相同的时段中，它将沿着竖直线前进 3 腕尺而沿着水平线前进 4 腕尺。但是，一个以合速度(velocità)运动的粒子将在相同的时间内通过对角线 ac，它的长度不是 7 腕尺[即 ab(3)和 bc(4)之和]，而是 5 腕尺；这就是说，3 和 4 的平方相加得 25，这就是 ac 的平方；从而它等于 ab 的平方和 bc 的平方之和。由此可见，ac 是由面积为 25 的正方形的边——或称为根——5 来代表的。

对于由一个水平、一个竖直的两个均匀动量合成的动量，[294]计算它的固定法则如下：求每一动量的平方，把它们加在一起并求和数的平方根，这就是由两个动量合成的合动量的值。例如，在上面的例子中，由于它的竖直运动，物体将以一个等于 3 的动量（forza)达到水平面；由于水平运动，将以一个等于 4 的动量达到 *c* 点；但是，如果物体以一个作为二者之合动量的动量来到达，那就将是一个动量(velocità e forza)为 5 的粒子的到达，而且这样一个值在对角线 *ac* 上的所有各点上都是相同的，因为它的各分量永远是相同的；既不增大也不减小。

现在让我们过渡到关于一个均匀水平运动和一个从静止开始自由下落物体的竖直运动的合成的考虑。立刻就很清楚的是，代表这二者之合成运动的对角线不是一条直线，而却像已经证明的那样是一条半抛物线，在线上，动量(impeto)是永远增大着的，因为竖直分量的速率(velocità)是永远增大着的。因此，为了确定抛物对角线上任一给定点处的动量(impeto)，必须首先注意均匀的水平动量(impeto)，然后把物体看成一个自由下落的物体，再来确定所给点处的竖直动量；这后一动量只有通过把下落时间考虑在内才能定出，这种考虑在两个均匀运动的合成中是并不出现的，因为那里的各个速度和各个动量是永远不变的，而在这儿，其中一个分运动却有一个初值零，而且它的速率(velocità)是和时间成正比而增大的；由此可见，时间必将确定指定点处的速率(velocità)。剩下的工作只是(像在均匀运动的事例中那样)令合动量的平方等于分动量的平方和了。但是在这儿，最好还是用一个例子来说明问题。

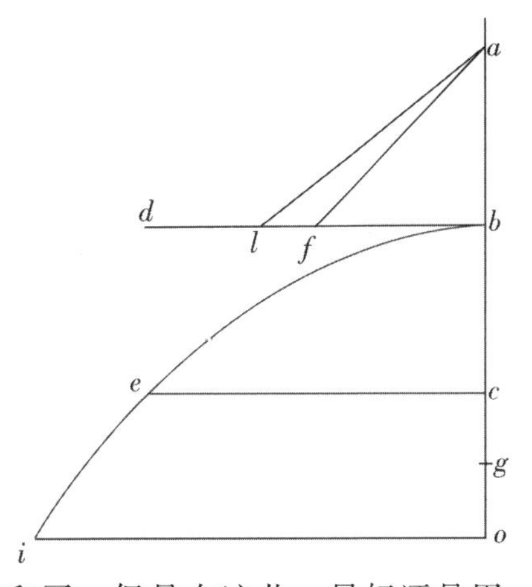

在竖直线 *ac* 上取任意一段 *ab*，我们将用这一线段作为一个沿竖直线自由下落的物体所通过的距离的量度，同样也作为时间和速率的量度(grado di velocità)，或者说也作为动量(impeti)的量度，立刻就能显然看出，如果一个物体在 *a* 点从静止开始落下以后在 *b* 点的动量[295]被转为沿水平

线 bd 的方向而进行均匀运动，则它的速率将使它在时段 ab 之内通过一段用线段 bd 来代表的距离，而且这段距离等于 ab 的 2 倍。现在选一点 c，使得 bc 等于 ab，并通过 c 作直线 ce 平行并等于 bd；通过点 b 和点 e 画抛物线 bei。既然在时段 ab 之内等于长度 ab 的 2 倍的水平距离 bd 或 ce 是以动量 ab 被通过的，而且在相等的时段内竖直距离 bc 被通过，而物体在 c 点获得一个用同一水平线 bd 来代表的动量，那么就可以得出，在时间 ab 之内，物体将从 b 沿抛物线 be 运动到 e，并将以一个动量到达 c，该动量是由两个动量合成的，其中每一动量都等于 ab。而且，既然其中一个动量是水平的而另一动量是竖直的，合动量的平方等于这两个动量的平方和，也就是等于其中一个动量的平方的 2 倍。

因此，如果我们取距离 bf 等于 ba，并画对角线 af，就可以得到，e 处的动量(impeto e percossa)和物体从 a 下落以后在 b 点的动量之比，或者同样可以说是和沿 bd 的水平动量(percossa dell'impeto)之比，等于 af 和 ab 之比。

现在，假设我们取一个并不等于而是大于 ab 的距离 bo 作为下落高度，并假设 bg 代表 ba 和 bo 之间的一个比例中项，那么，仍然保留 ba 作为在 a 点从静止开始下落到 b 的下落距离的量度，并且也作为时间和下落物体在 b 点得到的动量的量度，那就可以得到，bg 将是物体从 b 下落到 o 的时间和所获得的动量的量度。同样，正如动量 ab 在时间 ab 内把物体沿水平方向带过一个等于 2 倍 ab 的距离那样，现在，在时段 bg 之内，物体也将沿水平方向通过一个较大的距离，其超量之比为 bg 和 ba 之比。取 lb 等于 bg，并画对角线 al，由此我们就得到一个量，由两个速度(impeti)，即一个水平速度和一个垂直速度合成，它们确定着抛物线。水平而均匀的速度是从 a 下落到 b 时得到的那个速度。而竖直速度就是物体在由线段 bg 来量度的时间内通过距离 bo 而下落在 o 点得到的，或者我们也可以说是在 i 点得到的速度。[296]同样，通过取两个高度之间的比例中项，我们也可以确定抛物线终点处的动量(impeto)，那里的高度是小于至高 ab 的；这一比例中项应该沿水平方向画在 bf 处，而且也在 af 处另外画一条对角线，它将代表抛物线终点处的动量。

除了已经谈到的关于一个抛射体的动量、撞击、打击的种种问题以外，我们还要谈到另一种很重要的考虑；为了确定冲击的力和能(forza ed energia della percossa)，只考虑抛射体的速率是不够的，我们还必须把靶子的性质及条件考虑在内，这些性质和条件在不小的程度上决定着打击的效率。首先，众所周知，靶子受到抛射体的速率(velocità)的强力作用，和它部分地或完全地阻止的运动成比例；因为，如果打击落在一个目的物上，它对冲击(velocità del percuziente)退让而不抵抗，这样的打击就会没有效果；同样，当一个人用长矛去刺他的敌人，矛头所到之处敌人正以相同的速率逃走，则那样的攻击算不得攻击，只是轻轻的一触而已。但是，如果轰击落在一个目的物上，它只是部分地退让，打击就达不到充分的效果，而其破坏力则正比于抛射体的速率超过物体后退速率的那一部分；例如，如果炮弹以一个等于10的速率到达靶子，而靶子则以等于4的速率后退，则冲击和碰撞(impeto e perossa)将用6来表示。最后，只就抛射体来说，冲击将最大，当靶子如果可能的话毫不后退而是完全抵抗并阻止抛射体的运动时。我曾经提到“只就抛射体来说”，因为如果靶子迎着抛射体而运动，则碰撞的冲击(colpo e l’incontro)将比只有抛射体在运动时的冲击更大，其超出的程度正比于二速率之和。

另外也应注意到，靶子的退让程度不仅依赖于材料的品质，例如在硬度方面要看它是铁质、铅质还是木质等等，而且也依赖于它的位置。如果位置适足以使子弹[297]垂直地射中靶子，则打击所传递的动量(impeto del colpo)将最大；但是，如果运动是倾斜的，打击就会较弱一些，而且随着倾斜度的增大而越来越弱；因为，不论这样摆放的靶子是用多硬的材料制成的，子弹的整个动量（impeto e moro)也不会被消耗和阻住；抛射体将滑过，并将在某种程度上沿着对面物体的表面继续运动。

以上关于抛射体在抛物线终点上的动量大小的一切论述，必须理解为指的是在所给点处一条垂直于抛物线的直线上或是一条抛物线的切线上接受的打击，因为，尽管运动有两个分量，一个水平分量和一个竖直分量，但是不论是沿水平方向的动量还是垂直于水平方向的平面上的动量都不会是最大的，因为其中每一个动量都是被倾斜地接受的。

萨格：你提到这些打击或冲击，在我的心中唤醒了力学中的一个问题或疑问，对于这个问题，没有任何人提出过解答或说过任何足以减少我的惊讶乃至部分地解脱我的思想负担的话。

我的困难和惊异在于不能看出作为一次打击而出现的能量和巨大力量(energia e forza immensa)是从何而来以及根据什么原理而得来；例如，我们看到一个不过八九磅重的锤子的一次简单的打击所克服的抵抗力，如果不是捶打而只靠压迫产生的动量，则即使用几百磅重的物体也未必能够克服。我希望能够发现一种测量这样一次冲击的力量(forza)的方法，我很难设想它是无限大的，而是颇为倾向于一种想法，即认为它是有自己的限度的，而且是可以利用别的力来加以平衡和量度的，例如利用重物或利用杠杆或螺旋或其他增大力量的机械装置并按照我能满意地理解的方式来平衡和量度它。

萨耳：对这种效应感到惊讶或对这种惊人性质的原因感到迷惘的，不止你一人。我自己也研究了这个问题一些时候而没有效果；但是我的迷惘有增无减，直到最后遇见了我们的院士先生，我从他那里得到了[298]很大的慰安。首先他告诉我，他也在黑暗中摸索了很久，但是后来他说，在冥思苦想了几千个小时以后，他终于得到了一些概念；这些概念是和我们早先的想法相去甚远的，而且它们的新颖性是惊人的。而既然我知道你们很愿意听听这些新颖的概念，我就将不等你们请求而答应你们，当我们讨论完了抛射体以后，我就会根据所能记起的我们院士先生的叙述来向你们解释所有的这些异想天开也似的问题。在此之前，让我们继续讨论本书作者的命题。

问题 2　命题 5

已知一抛物线，试在其轴线向上的延长线上求出一点，使得一个粒子

为了描绘这同一抛物线，必须从该点开始下落。

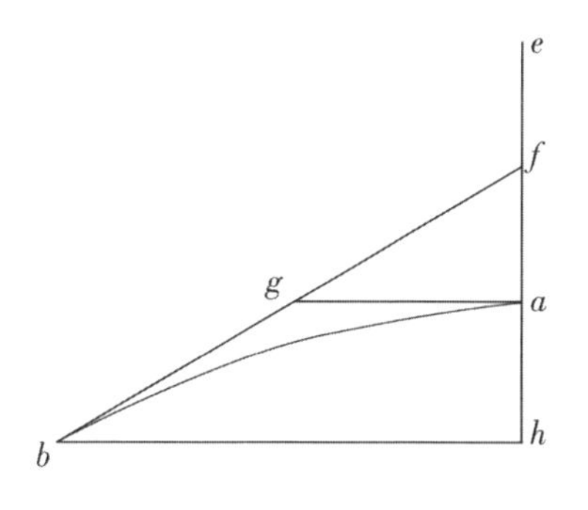

设 ab 为所给的抛物线，hb 为它的幅度。问题要求找出点 e，一粒子必须从该点开始下落，才能当它在 a 点获得的动量转入水平方向以后描绘抛物线 ab。画水平线 ag 平行于 bh；取 af 等于 ah；画直线 bf，它将是抛物线在 b 点的一条切线，并将和水平线 ag 相交于 g。选一点 e，使得 ag 成为 af 和 ae 之间的一个比例中项。现在我说，e 就是以上所要求的点。也就是说，如果一个物体在这个 e 点上从静止开始落下，而且如果它在 a 点获得的动量被转入水平方向并和在 a 点从静止开始而下落到 h 点时获得的动量相组合，则此物体将描绘抛物线 ab。因为，如果我们把 ea 理解为从 e 到 a 的下落时间的量度，并且也把它理解为在 a 点获得的动量的量度，则 ag(它是 ea 和 af 之间的一个比例中项)将代表从 f 到 a 或者也可以说是从 a 到 h 的时间和动量，而且，既然一个从 a 下落的物体将在时间 ea 内由于在 a 点获得的动量而以均匀速率通过一个等于 2 倍 ea 水平距离，那么就得到，如果受到同样动量的推动，物体就将在时段 ag 内通过一段等于 2 倍 ag 的距离，而 ag 就是 bh 的一半。这是确实的，因为在均匀运动的事例中，所经过的距离和时间成正比。而且同理，如果[299]运动是竖直的并从静止开始，则物体将在时间 ag 内通过距离 ah。由此可见，幅度 bh 和高度 ah 是由一个物体在相同的时间内通过的。因此，抛物线 ab 就将由一个从至高点 e 下落的物体所描绘。　　证毕。

推论. 由此可见，半抛物线的底线或幅度的一半(即整个幅度的四分之一)是抛物线高度和至高之间的一个比例中项；从至高下落的一个物体将描述这同一条抛物线。

问题 3　命题 6

已知一抛物线的至高和高度，试求其幅度。

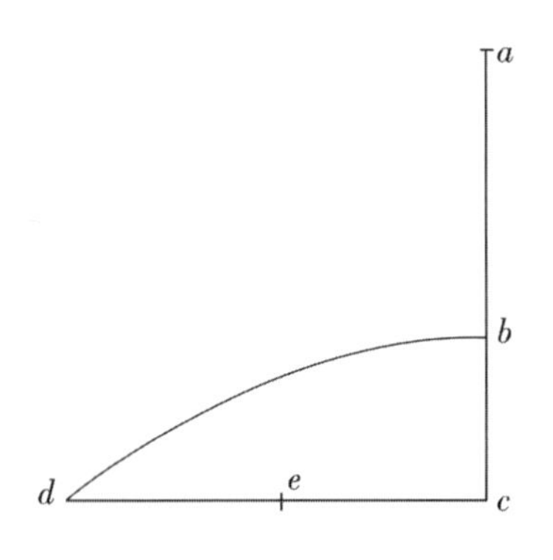

设已知的高度 cb 和至高 ab 所在的直线 ac 垂直于水平线 cd。问题要求找出按至高 ba 和高度 bc 画出的半抛物线的沿水平线的幅度。取 cd 等于 cb 和 ba 之间的比例中项的两倍，则由上面的命题可知 cd 就是所求的幅度。

定理 4　命题 7

如果各抛射体所描绘的半抛物线具有相同的幅度，则描绘其幅度等于其高度的 2 倍的那条半抛物线的那一物体的动量小于任何其他物体的动量。

设 ba 为一条半抛物线，其幅度 cd 为其高度 cb 的 2 倍；在它的轴线向上的延长线上，取 ba 等于它的高度 bc。画直线 ab，这将是抛物线在 d 点的切线，并将和水平线 be 交于 e，使得 be 既等于 bc 也等于 ba。显然，这一抛物线将由一个抛射体来描绘，它的均匀水平动量将是它在 a 点由静止开始下落至 b 时所获得的动量，而其自然加速的竖直动量则是在 b 处从静止开始下落至 c 时所获得的动量。由此可得，终点 d 处的由这两个动量合成的动量用对角线 ae 代表，其平方等于这两个分动量的平方和。现在设 gd 为任一其他抛物线，具有相同的幅度 cd，但其高度 cg 却大于或小于高

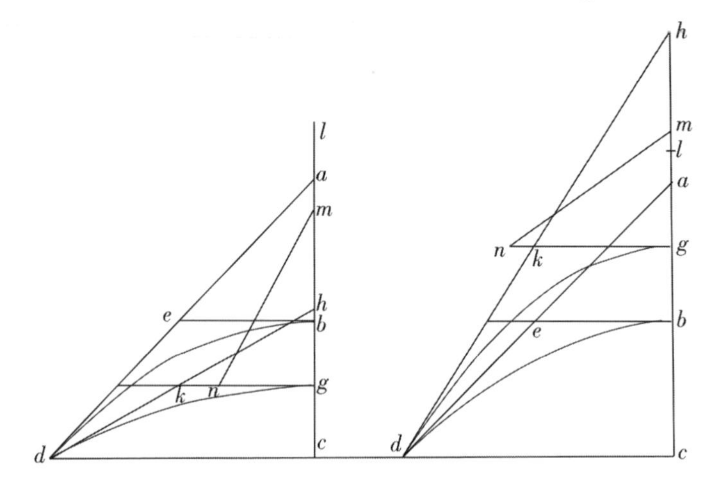

度bc。设hd为和通过g的水平[300]线交于k的切线。选一点l，使得$hg:gk=gk:gl$。于是，由前面的命题(5)即得，gl就是一个物体为了描绘抛物线gd而将由之下落的那个高度。

设gm是ab和gl之间的一个比例中项，于是gm就代表(命题4)从l到g的下落时间和在g获得的动量，因为ab已被假设为时间和动量的量度。再者，设gn为bc和cg之间的一个比例中项；那么它就将代表物体从g下落到c的时间和它在c所获得的动量。如果我们把m和n连接起来，则这一线段mn将代表描绘抛物线dg的抛射体在d点的动量；我说，大于沿抛物线bd运动的那个抛射体，其量度由ae来给出的动量。因为，既然gn被取为bc和gc之间的一个比例中项，而且bc等于be而也等于kg(其中每一个都等于dc的一半)，那么就得到，$cg:gn=gn:gk$；而且cg(或hg)比gk等于$\overline{ng^2}$比$\overline{gk^2}$；但是，由作图可见，$hg:gk=gk:gl$。由此即得，$\overline{ng^2}:\overline{gk^2}=gk:gl$。但是$gk:gl=\overline{gk^2}:\overline{gm^2}$，因为$gm$是$kg$和$dl$之间的一个比例中项。因此，$ng$、$kg$、$mg$三个平方就形成一个连比式$\overline{gn^2}:\overline{gk^2}=\overline{gk^2}:\overline{gm^2}$。而且二端项之和等于$mn$的平方，是大于$gk$平方的2倍；但是$ae$的平方却等于$gk$平方的2倍。因此，$mn$的平方就大于$ae$的平方，从而长度$mn$就大于长度$ae$。　　证毕。[301]

推论. 反过来看也很显然，从终点d发射一个抛射体使它沿抛物线bd运行，所需的动量也必小于使它沿任何其他抛物线运行所需的动量；那些其他抛物线的仰角或大于或小于bd的仰角，而bd在d点的切线和水平线的夹角则为45°。由此也可以推知，如果从终点d发射一些抛射体，其速率全都相同，但各自有不同的仰角，则当仰角为45°时将得到最大的射程，也就是说半抛物线或全抛线的幅度将为最大；用较大或较小的仰角发射出去的炮弹都将有较小的射程。

萨格：只有在数学中才能出现的这种严格证明的力量，使我心中充满了惊讶和喜悦。根据炮手们的叙述我已经知道事实，就是说，在加农炮和臼炮的使用中，当仰角为45°时，按照他们的说法是在象限仪的第六点上，将得到最大的射程，也就是炮弹射得最远。但是，了解事情为什么会如此却比仅仅由别人的试验乃至由反复的实验得来的知识重要得多。

萨耳：你说得很对。通过发现一件事实的原因而得到的关于它的知识，使人的思想可以有准备地去理解并确认其他的事实而不必借助于实验，恰恰正像在当前的事例中一样；在这里，仅仅通过论证，作者就确切地证明了当仰角为45°时就得到最大射程。他这样证明的事情也许从来还不曾在实验中被观察过，就是说，对于仰角大于或小于45°的其他发射来说，若超过或不足45°的度数相同，则射程也相等；因此，如果一个炮弹是在第七点发射的，而另一个炮弹是在第五点发射的，则它们会落在水平面上同样距离处；如果炮弹是在第八点和第四点，在第九点和第三点等等上发射的，情况也相同。现在让我们听听此事的证明吧。 [302]

定理5 命题8

以相同速率但仰角分别大于和小于45°相同度数而发射的两个抛射体，所描绘的抛物线的幅度是相等的。

在△mcb中，设在c点成直角的水平边bc和竖直边cm相等；于是∠mbc将为半直角；将直线cm延长至d，对这个点来说，在b点处的对角线上方和下方的两个角即∠mbe和∠mbd相等。现在要证明的是，从b发射的两发炮弹，其速率相同，其仰角分别为∠ebc和∠dbc，则它们所描绘的抛物线的幅度将相等。现在，既然外角∠bmc等于二内角∠mhd和∠dbm之和，我们就可以令∠mbc等于它们；但是，如果我们把∠dbm代换成∠mbe，则同一角∠mbc等于两倍∠mbe，我们得到余角∠bdc等于余角∠ebc。因此两个△dcb和△bce是相似的。将直线dc和ec中分于点h和f，画直线hi和fg平行于水平线cb，并选一点l，使得$db:hi=ih:hl$。于是△ihl将和△ihd相似，而且也和△egf相似；既然ih和gf是相等的，二者都是bc的一半，那么就得到hl等于fe从而也等于fc；于是，如果我们在这些量上加上公共部分fh，就能看到

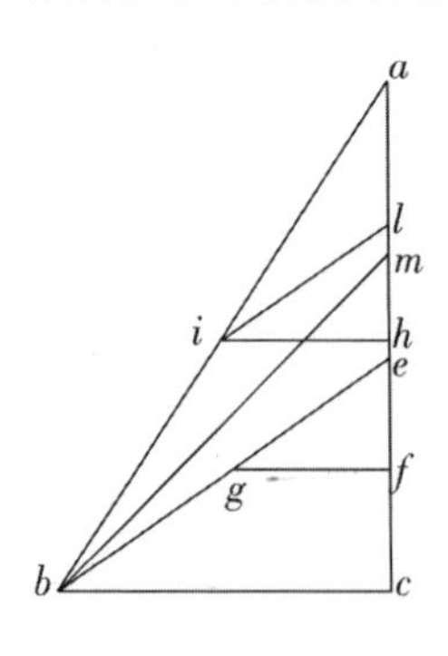

ch 等于 fl。

现在让我们想象通过点 h 和 b 画一条抛物线，其高度为 hc，而其至高为 hl。它的幅度将为 cb，此量为 hi 的 2 倍，因为 hi 是 dh（或 ch）和 hl 之间的一个比例中项。直线 ab 是抛物线在 b 点的切线，因为 cd 等于 hd。如果我们再设想通过点 f 和 b 画一条抛物线，其至高为 fl 而其高度为 fc，二者的比例中项为 fg，或者说为 cb 的一半；于是，和以前一样，cb 将是幅度，而直线 eb 是 b 点上的切线，因为 ef 等于 fc。[303]但是两个角 $\angle dbc$ 和 $\angle ebc$，即两个仰角，和 45°之差是相等的。由此即得命题。

定理 6　命题 9

当两条抛物线的高度和至高画成反比时，它们的幅度是相等的。

设抛物线 fh 的高度 gf 和抛物线 bd 的高度 cb 之比等于其至高 ba 和至高 fe 之比；于是我说，幅度 hg 等于幅度 dc。因为，既然第一个量 gf 和第二个量 cb 之比等于第三个量 ba 和第四个量 fe 之比，

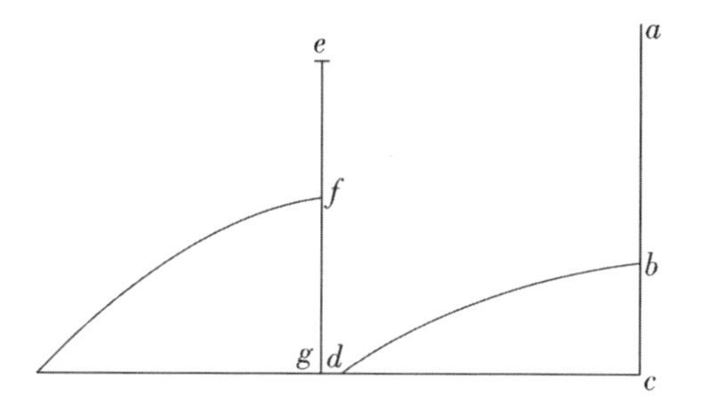

由此就有，长方形面积 $ge \cdot fe$ 等于长方形面积 $cb \cdot ba$。因此，等于各长方形面积的正方形面积也彼此相等。但是(由命题 6)，gh 之一半的平方等于长方形 $gf \cdot fe$，而 cd 之一半的平方等于长方形 $cb \cdot ba$。因此，两个正方形以它们的边长以及它们的边长的 2 倍也都两两相等。但是最后两个量就是幅度 gh 和 cd。由此即得命题。

下一命题的引理

若一直线在随便一点上被分为两段，并取全线长和两部分之间的两个比例中项，则这两个比例中项的平方和等于全线长的平方。

设直线 db 在 c 点被分断。于是我说，ob 和 ac 之间的比例中项的平方

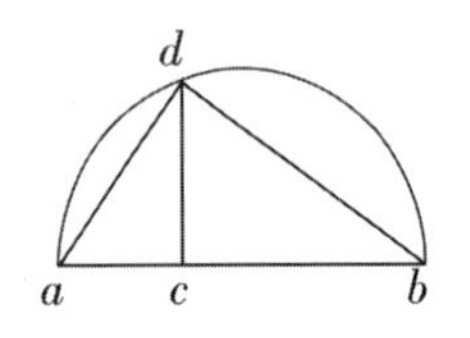

加上 ab 和 cb 之间的比例中项的平方等于整条直线 ab 的平方。只要我们在整条直线 ab 上画一个半圆，这一点就可以立即看清了。在 c 上画垂线 cd，并画 da 和 db。因为，da 是 ab 和 ac 之间的一个比例中项，而 db 是 db 和 bc 之间的一个比例中项；而既然内接于半圆内的三角形的 $\angle adb$ 是直角，直线 da 和 db 的平方和就等于整条直线 db 的平方。由此即得所证。[304]

定理 7　命题 10

一粒子在任一半抛物线终点上得到的动量(impetus seu momentum)，等于它通过一段竖直距离下落时所将得到的动量；该距离等于该半抛物线的至高和高度之和。①

设 db 为一条半抛物线，其至高为 da 而高度为 ac，二者之和即竖直线 dc。现在我说，粒子在 b 点上的动量，和它从 d 自由下落到 c 所将获得的动量相同。让我们取 dc 的长度本身作为时间和动量的量度，并取 cf 等于 cd 和 da 之间的比例中项；再取 ce 为 cd 和 ca 之间的比例中项。现在 cf 是在 d 从静止开始通过距离 da 的下落时间和获得的动量的量度；而 ce 则是在 a 从静止开始通过距离 ca 的下落时间和动量；同样，对角线 ef 也代表一个动量，即二者的合动量，从而也就是在抛物线终点 b 上的动量。

既然 dc 曾经在某点 a 被分断，而 cf 和 ce 则是整条直线 cd 和它的两个部分 da 和 ac 之间的两个比例中项，那么，由上述引理即得，这两个比例中项的平方和等于整条直线的平方；但是 ef 的平方也等于同样这些平方之和；由此可见线段 ef 等于线段 dc。

① 在近代力学中，这一众所周知的定理形式如下：抛射体在任意点上的速率，是由沿准线的下落引起的。——英译本注

因此，一个从 d 下落的粒子在 c 得到的动量和沿抛物线 ab 而在 b 得到的动量相同。 证毕。

推论. 由此即可得到，对于所有至高和高度之和为一恒量的抛物线，在其终点的动量也为一恒量。[305]

问题 4 命题 11

已知半抛物线的幅度和终点的粒子速率(impetus)，求其高度。

设所给的速率用竖直线段 ab 来代表，而其幅度则用水平线段 bc 来代表；要求得出其终点速率为 ab 而幅度为 bc 的半抛物线的高度。由以上所述(命题 5 的推论)显然可知，[306]幅度 bc 的一半是抛物线的高度和至高之间的一个比例中项；而按照上面的命题，该抛物线终点的粒子速率则等于一个物体在 a 点从静止自由下落而通过距离 ab 时得到的速率。因此，线段 ba 必须在一点处被分断，使得由其两部分形成的长方形等于 bc 之半所形成的正方形，亦即 bd 的平方。因此，bd 必然不超过 ba 的一半，因为在由一条直线的两段所形成的长方形中，面积最大的是两段直线相等的事例。设 e 为直线 ab 的中点。现在，如果 bd 等于 be，问题就解决了，因为 be 将是抛物线的高度而 ea 将是它的至高。(我们必须顺便指出已经证明的一个推论，那就是，对于由一个给定的终点速率来描述的一切抛物线来说，仰角为 45°的那一个将具有最大的幅度。)

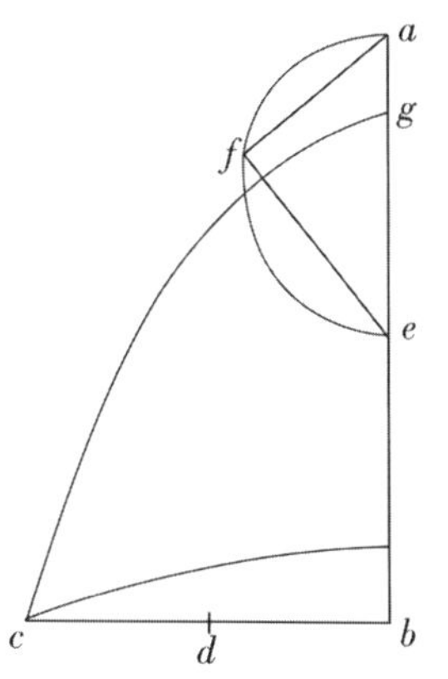

但是，假设 bd 小于 ba 的一半，则 ba 应该适当分段，使得由其两线段形成的长方形等于由 bd 形成的正方形。以 ea 为直径画一个半圆 efa，在半圆中画弦 af 等于 y，连接 fe 并取距离 eg 等于 fe。于是长方形 $bg \cdot ga$ 加正方形 $\overline{eg^2}$ 将等于正方形 $\overline{ea^2}$，因此也等于 af 和 fe 的平方和。如果现在我们消去相等的 fe 的平方和 ge 的平方，剩下来的就是长方形 $bg \cdot ga$ 等于 af 的平方，也就是等于 bd 的平方，而 bd 是一条直线，它是 bg 和 ga

之间的比例中项。由此显然可见，其幅度为 bc 而其终点速率(impetus)由 ba 来代表的半抛物线具有高度 bg 和至高 ga。

然而，如果我们取 bi 等于 ga，则 bi 将是半抛物线 ic 的高度而 ia 将是它的至高。由以上的证明，我们就能够解决下面的问题。

问题 5　命题 12

试计算并列表表示以相同的初速率(impetus)发射的抛射体所描绘的一切半抛物线的幅度。

从以上的论述可以看到，对于任何一组抛物线，只要它们的高度和至高之和是一段恒定的竖直高度，这些抛物线就是由具有相同的初速率的抛射体所描绘的。因此，这样得出的一切竖直高度，就介于两条平行的水平线之间。设 cb 代表一条水平线而 ab 代表一条长度相同的竖直线；画对角线 ac；$\angle acb$ 将是一个 45°的角；设 d 是竖直线 ab 的中点。于是，半抛物线 dc 就是由至高 ad 和高度 db 所确定的那条半抛物线，而其在 c 点的终点速率就是一个粒子在 a 处从静止开始下落到 b 时所获得的速率。现在，如果画 ag 平行于 bc，则对于具有相同终点速率的任何其他半抛物线来说，高度和至高之和将按照上述的方式而等于平行线 ag 和 bc 之间的距离。另外，既然已经证明，当两条半抛物线仰角分别大于和小于 45°一个相同的度数时，它们的幅度将相同，那么就可推知，应用于较大仰角的计算对较小仰角也适用。让我们假设仰角为 45°的抛物线的最大幅度为 10 000，这就是直线 ba 和半抛物线 bc 之幅度的长度。选用 10 000 这个数，是因为我们在这些计算中应用了一个正切表，表中 45°角的正切为10 000。现在回到本题，画直线 ce，使锐角$\angle ecb$ 大于$\angle acb$；现在的问题是画出半抛物线，使直线 ec 是它的一条切线，而且对它来说，至高和高度之和为距离 ba。从

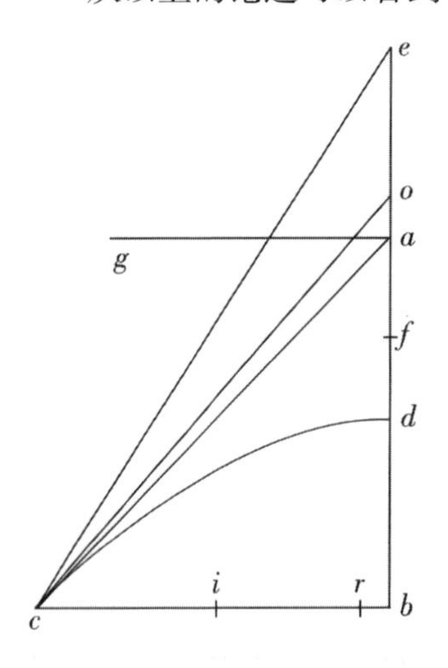

正切表上查出正切 be 的长度,[1] 利用$\angle bce$ 作为变量;设 f 为 be 的中点,其次求出 bf 和 bi(bc 的一半)的一个第三比例项,它必然大于 fa。[2] 把这一第三比例项称为 fo。现在我们已经发现,内接于$\triangle ecb$ 中的抛物线具有切线 ce 和幅度 cb,其高度为 bf 而其至高为 fo。但是 bo 的总长度却超过[307]平行线 ag 和 cb 之间的距离,而我们的问题却是使它等于这一距离,因为所求的抛物线和抛物线 dc 是由在 c 点用相同速率发射的抛射体来描绘的。现在,既然在$\angle bce$ 中可以画出无限多条大大小小的相似抛物线,我们必须找出另一条抛物线,它也像 cd 一样,其高度和至高之和即高度 ba 等于 bc。

为此目的,取 cr,使得 $ob:ba=bc:cr$;于是,cr 就将是一条半抛物线的幅度,该半抛物线的仰角为$\angle bce$,而其高度和至高之和正像所要求的那样等于平行线 ga 和 cb 之间的距离。因此,过程就是这样的:先画出所给$\angle bce$ 的正切直线,取这一正切直线的一半,在所得值上加上 fo 这个量,该量是半正切直线和半 bc 的一个第三比例项;于是所求的幅度 cr 就可以由比例式 $ob:ba=bc:cr$ 求出。例如,设$\angle ecb$ 是一个 50°的角;它的正切是 11 918,其一半,即 bf,为 5 959;bc 的一半为 5 000;此二者的第三比例项为 4 195;把它和 bf 相加,即得 bo 之值为10 154。再者,ob 和 ab 之比,即 10 154 和 10 000 之比,等于 bc 即 10 000(即 45°角的正切)和 cr 之比,而 cr 就是所要求的幅度;求得的值是 9 848,而最大幅度为 10 000。整个抛物线的幅度是这些值的 2 倍,分别为 19 696 和 20 000。这也是仰角为 40°的抛物线的幅度,因为它的仰角也和 45°差 5°。

萨格: 为了彻底地弄懂这种证明,请告诉我 bf 和 bi 的第三比例项怎么会像作者所指出的那样必然大于 fa。[308]

萨耳: 我想,这一结果可以得出如下:二线段之间的比例中项的平

---

① 读者可注意,此处"tangent"一词有两种用法。"切线 ec"是在 c 点和抛物线相切的一条直线,而此处的"正切 eb"是直角三角形中角 ecb 的对边,它的长度和该角的正切成正比。——英译本注

② 这一点的证明见以下的第三段。——英译本注

方，等于该二线段所形成的长方形(的面积)。因此，bi 的平方（或与之相等的 bd 的平方)必然等于由 fb 和所求的第三比例项所形成的长方形。这个第三比例项必然大于 fa，因为由 bf 和 fa 形成的长方形比 bd 的平方小一个量，该量等于 df 的平方；证明见《欧几里得》，Ⅱ，1。另外也应注意到，作为正切直线 eb 之中点的 f 点，一般位于 a 点上方；只有一次和 a 点重合；在此事例中，一目了然的就是，对正切直线之半和对至高 bi 而言的第三比例项完全位于 a 点以上。但是作者曾经考虑了一种事例，那时并不能清楚地看出第三比例项永远大于 fa，因此当在 f 点以上画出时，它就延伸到了平行线 ag 之外。

现在让我们接着讲下去。利用表格另外计算一次来求出由相同初速率的抛射体所描述的半抛物线的高度是有好处的。表格如下：[309]

仰角	以相同初速率描绘的半抛物线的幅度	仰角	仰角	以相同初速率描绘的半抛物线的高度	仰角	以相同初速率描绘的半抛物线的高度
45°	10 000		1°	3	46°	5 173
46°	99 444	44°	2°	13	47°	5 346
47°	9 976	43°	3°	28	48°	5 523
48°	9 945	42°	4°	50	49°	5 698
49°	9 902	41°	5°	76	50°	5 868
50°	9 848	40°	6°	108	51°	6 038
51°	9 782	39°	7°	150	52°	6 207
52°	9 704	38°	8°	194	53°	6 379
53°	9 612	37°	9°	245	54°	6 546
54°	9 511	36°	10°	302	55°	6 710
55°	9 396	35°	11°	365	56°	6 873
56°	9 272	34°	12°	432	57°	7 033
57°	9 136	33°	13°	506	58°	7 190
58°	8 989	32°	14°	585	59°	7 348
59°	8 829	31°	15°	670	60°	7 502
60°	8 659	30°	16°	760	61°	7 049

续表 1

仰角	以相同初速率描绘的半抛物线的幅度	仰角	仰角	以相同初速率描绘的半抛物线的高度	仰角	以相同初速率描绘的半抛物线的高度
61°	8 481	29°	17°	855	62°	7 796
62°	8 290	28°	18°	955	63°	7 939
63°	8 090	27°	19°	1 060	64°	8 078
64°	7 880	26°	20°	1 170	65°	8 214
65°	7 660	25°	21°	1 285	66°	8 346
66°	7 191	24°	22°	1 402	67°	8 474
67°	7 191	23°	23°	1 527	68°	8 597
68°	6 944	22°	24°	1 685	69°	8 715
69°	6 692	21°	25°	1 786	70°	8 830
70°	6 428	20°	26°	1 922	71°	8 940
71°	6 157	19°	27°	2 061	72°	9 045
72°	5 878	18°	28°	2 204	73°	9 144
73°	5 592	17°	29°	2 351	74°	9 240
74°	5 300	16°	30°	2 499	75°	9 330
75°	5 000	15°	31°	2 653	76°	9 415
76°	4 694	14°	32°	2 810	77°	9 493
77°	4 383	13°	33°	2 967	78°	9 567
78°	4 067	12°	34°	3 128	79°	9 636
79°	3 746	11°	35°	3 289	80°	9 698
80°	3 420	10°	36°	3 456	81°	9 755
81°	3 090	9°	37°	3 962	84°	9 806
82°	2 756	8°	38°	3 793	83°	9 851
83°	2 419	7°	39°	3 962	84°	9 890
84°	2 079	6°	40°	41 32	85°	9 924
85°	1 736	5°	41°	4 302	86°	9 951

续表 2

仰角	以相同初速率描绘的半抛物线的幅度	仰角	仰角	以相同初速率描绘的半抛物线的高度	仰角	以相同初速率描绘的半抛物线的高度
86°	1 391	4°	42°	4 477	87°	9 972
87°	1 044	3°	43°	4 654	88°	9 987
88°	698	2°	44°	4 827	89°	9 998
89°	349	1°	45°	5 000	90°	10 000

问题 6　命题 13

根据上表所给之半抛物线的幅度，试求出以相同初速率描绘的每一抛物线的高度。

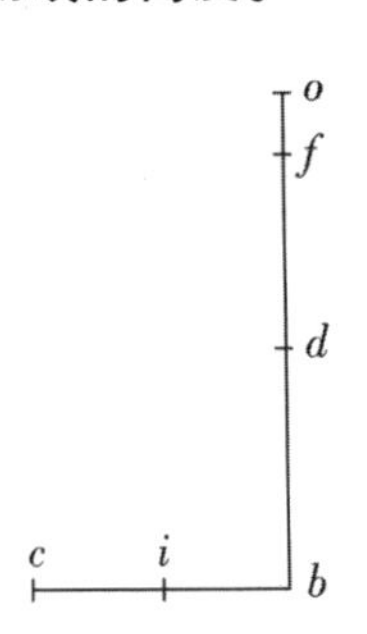

设 bc 代表所给的幅度，并用高度和至高之和 ob 作为看成保持恒定的初速率的量度。其次我们要找出并确定高度。我们的做法是适当分割 ob，使它的两部分所形成的长方形将等于幅度 bc 之一半的平方。设 f 代表这一分割点，而 d 和 i 分别代表 ob 和 bc 的中点。于是 ib 的平方等于长方形 $bf \cdot fo$；但是 do 的平方等于长方形 $bf \cdot fo$ 和 fd 平方之和。因此，如果我们从 do 的平方中减去等于长方形 $bf \cdot fo$ 的 bi 平方，剩下的就将是 fd 的平方。现在，所求的高度 bf 就可以通过在这一长度 fd 上加上直线 bd 求得。于是过程就有如下述：从已知的 bo 之一半的平方中减去也为已知的 bi 的平方；求出余数的平方根并在它上面加上已知长度 db，于是就得到所求的高度 bf。

例题：试求仰角为 55° 的半抛物线的高度。由上表可见其幅度为 9 396，其一半即 4 698，而此量的平方为 22 071 204。bo 之半的平方永远是25 000 000。当从此值减去上一值时，余数就是 2 928 796，其平方根近似地等于 1 710。把此值加在 bo 之一半即 5 000 上，我们就得到 bf 的高度 6 710。[311]

在此引入第三个表来给出幅度为恒定的各抛物线的高度和至高，是有用处的。

萨格：看到这样一个表我将很高兴。因为我将从这个表上了解到用我们所说的臼炮的炮弹得到相同的射程所要求的速率和力（degl'impeti e delle forze)的差异。我相信，这种差异将随着仰角而大大变化，因此，例如，如果想用一个3°或4°或87°或88°的倾角而仍使炮弹达到它在45°仰角(我们已经证明在那一仰角下初速率为最小)下所曾达到的同一射程，我想所需要的力的增量将是很大的。

萨耳：阁下是完全对的，而且您将发现，为了在一切仰角下完全地完成这种动作，您将不得不大步地走向无限大。现在让我们进行表格的考虑。[312]

按每度仰角算出的恒定幅度(10 000)下的各抛物线的高度和至高

仰角	高度	至高	仰角	高度	至高
1°	87	28 6533	16°	1 434	17 405
2°	175	14 2450	17°	1 529	16 355
3°	262	95 802	18°	1 624	15 389
4°	349	71 531	19°	1 722	14 522
5°	437	57 142	20°	1 820	13 736
6°	525	47 573	21°	1 919	13 024
7°	614	40 716	22°	2 020	12 376
8°	702	35 587	23°	2 123	11 778
9°	792	31 565	24°	2 226	11 230
10°	881	28 367	25°	2 332	10 722
11°	972	25 720	26°	2 439	10 253
12°	1 063	23 518	27°	2 547	9 814
13°	1 154	21 701	28°	2 658	9 404
14°	1 246	20 056	29°	2 772	9 020
15°	1 339	18 663	30°	2 887	8 659

续表 1

仰角	高度	至高	仰角	高度	至高
31°	3 008	8 336	58°	8 002	3 123
32°	3 124	8 001	59°	8 332	3 004
33°	3 247	7 699	60°	8 600	2 887
34°	3 373	7 413	61°	9 020	2 771
35°	3 501	7 141	62°	9 403	2 658
36°	3 631	6 882	63°	9 813	2 547
37°	3 768	6 635	64°	10 251	2 438
38°	3 906	6 395	65°	10 722	2 331
39°	4 049	6 174	66°	11 230	2 226
40°	4 196	5 959	67°	11 779	2 122
41°	4 346	5 752	68°	12 375	2 020
42°	4 502	5 553	69°	13 025	1 919
43°	4 662	5 362	70°	13 237	1 819
44°	4 828	5 177	71°	14 521	1 721
45°	5 000	5 000	72°	15 388	1 624
46°	5 177	4 828	73°	16 354	1 528
47°	5 363	4 662	74°	17 437	1 433
48°	5 553	4 502	75°	18 660	1 339
49°	5 752	4 345	76°	20 054	1 246
50°	5 959	4 196	77°	21 657	1 154
51°	6 174	4 048	78°	23 523	1 062
52°	6 399	3 906	79°	25 723	972
53°	6 635	3 765	80°	28 356	881
54°	6 882	3 632	81°	31 569	792
55°	7 141	3 500	82°	35 577	702
56°	7 413	3 372	83°	40 222	613
57°	7 699	3 247	84°	47 572	525

续表 2

仰角	高度	至高	仰角	高度	至高
85°	57 150	437	88°	143 181	174
86°	71 503	349	89°	286 499	87
87°	95 405	262	90°	infinita	

[313]

命题 14

试针对每一度仰角求出幅度恒定的各抛物线的高度和至高。

问题是很容易地解决了的。因为，如果我们假设一个恒定的幅度10 000，则任意仰角的正切之半将是高度。例如，一条仰角为30°而幅度为10 000的抛物线，将具有一个高度2 887，这近似地等于正切的一半。而现在，高度既已求得，至高就可以如下推出：既然已经证明半抛物线的幅度之一半是高度和至高之间的一个比例中项，而且高度已经求得，而且幅度之半是一个恒量，即5 000，那么就得到。如果将半幅度的平方除以高度，我们就能够得到所求的至高。于是，在我们的例子中，高度已被求出为2 887，5 000的平方是25 000 000，除以2 887，即得至高的近似值为8 659。

萨耳：① 在此我们看到，首先，前面的说法是多么的正确，那就是说，就不同的仰角来说，不论是较大还是较小，和平均值差得越大，将抛射体送到相同的射程所需要的初速率(impeto e violenza)就越大。因为，既然这里的速率是两种运动合成的结果，即一种水平而均匀的运动和一种竖直而自然加速的运动的合成的结果；而且，既然高度和至高之和代表这一速率，那么，从上表就可以看到，对于45°的仰角，这个和数是最小值，那时高度和至高相等，即都是5 000，而其和为10 000。但是，如果我们选

① 以上的叙述本来就是萨耳维亚蒂的言论，但那被假设为“我们的作者”的见解，而从此处起则是萨耳维亚蒂的补充。

一个较大的仰角，例如 50°，我们就发现高度为 5 959，而至高为 4 196，得到的和为 10 155；同样我们将发现，这正好也是仰角为 40°时的速率值，这两个仰角和平均值的差是相等的。

其次要注意的是，尽管对于和平均值差值相等的两个仰角所要求的速率是相同的，但是二者之间却有一种奇特的不同，那就是，较大仰角下的高度和至高是与较小仰角下的至高和高度交叉对应的。例如，在上述的例子中，[314]50°的仰角给出的高度是 5 959，至高是 4 196；而 40°的仰角对应的高度为 4 196，至高为 5 959。而且这种情况是普遍成立的；但是必须记得，为了避免麻烦的计算，这里没有计及分数，它们的影响比整数的影响要小。

萨格：在初速率(impeto)的两个分量方面，我也注意到了一点，那就是，发射越高，水平分量就越小，而竖直分量就越大；另一方面，在较低的仰角下，炮弹只达到较小的高度，从而初速率的水平分量就必然很大。在仰角为 90°的发射的事例中，我完全理解世界上所有的力(forza)都不足以使炮弹离开竖直线一丝一毫，从而它必然会落回起始的位置；但是在零仰角的事例中，当炮弹水平发射时，我却不能肯定某一个并非无限大的力不会把炮弹送到某一距离处，例如，甚至一尊加农炮也不能沿完全水平的方向射出一个炮弹。或者像我们所说的“指向空白”，即完全没有仰角，这里我承认有某些怀疑的余地。我并不直接否认事实，因为有另外一种表现上也有很可惊异的现象，而我是有那种现象的结论性证据的。这种现象就是把一根绳子拉得既是直的而同时又是和水平面相平行的那种不可能性；事实是，绳索永远下垂而弯曲，任何的力都不能把它完全拉直。

萨耳：那么，萨格利多，在这个绳子的事例中，你不再对现象感到惊奇，因为你有了它的证明了；但是，如果我们更仔细地考虑考虑它，我们就可能发现炮的事例和绳子的事例之间的某种对应性。水平射出的炮弹的路线的曲率显现为起源于两个力，一个力(起源于炮)水平地推进它，而另一个力(它自己的重量)则把它竖直地向下拉。在拉绳子时也是这样，你有沿水平方向拉它的力以及向下作用的它自己的重量。因此，在这两种事例中，情况是颇为相似的。于是，如果你认为绳子有一种本领和能量(possanza ed energia)足以反抗和克服随便多大的拉力，为什么你否认炮弹有这种本领呢?[315]

除此以外，我还必须告诉一件事情，这会使你又惊奇又高兴，那就是，一条或多或少拉紧的绳子显出一种与抛物线很相近的曲线形状：如果你在一个竖直平面上画一条抛物线，然后把它倒过来，使它的顶点在底下而它的底线则保持水平，就能清楚地看到这种相似性；因为，当在底线下挂一条锁链而两端位于抛物线的两个端点时，你就会看到，当把锁链或多或少松开一点时，它就弯曲并和抛物线相贴近，而且，抛物线画得越是曲率较小，或者越是挺直，这种符合性就越好；因此，在以小于 45°的仰角画出的抛物线上，锁链几乎和它的抛物线符合。

萨格：如此说来，用一条轻锁链就能够很快地在一个平面上画出许多条抛物线了。

萨耳：当然，而且好处不小，正如等一下我将演示给你看的那样。

辛普：但是在接着讲下去以前，我急于想能相信你说有其严格证明的那个命题是真的；我指的是那种叙述，即不论用多大的力也不能把一根绳子拉得百分之百的直和水平。

萨格：我将看看我能不能记起那种证明；但是为了理解它，辛普里修，你有必要承认一件关系机器的事，即事实不仅从经验上来看，而且从理论考虑上来看也是显然的；那就是，一个运动物体的速度(velocità del movente)，即使当它的力(forza)很小时也能够克服一个缓慢运动物体所作用的很大阻力，只要运动物体的速度和阻挡运动的物体的速度之比大于阻挡物体的阻力(resistenza)和运动物体的力(forza)之比。[316]

辛普：这一点我知道得很清楚，因为它已由亚里士多德在《力学问题》(*Questions in Mechanics*)中证明过了，而且也在杠杆和杆秤的情况下清楚地看到了；在那里，一个不超过 4 磅的秤砣将挂起 400 磅的重物，如果秤砣离支点的距离比货物离支点的距离远 100 多倍的话。这是正确的，因为秤砣在下降中经过的距离比货物在相同时间内上升的距离要大 100 多倍；

换句话说，小小的秤砣是用比货物的速度大100多倍的速度运动的。

萨格：你是完全对的；你毫不迟疑地承认，不论运动物体的力（forza）是多么小，它都会克服随便多么大的阻力，如果它在速度方面的优势大于它在力和重量（vigore e gravità）方面的不足的话。现在让我们回到绳子的事例。在下面的附图中，ab 代表一条通过 a、b 二固定点的直线；在此线的两端，你们看到，挂了两个大砝码 c 和 d，它们用很大的力拉这条线，使它保持在真正直的位置上，因为这只是一条没有重量的线。现在我愿意指出，我们可以把此线的中点叫作 e，如果在这个点上挂一个小砝码 h，则[317]此线将下垂到 f 点，而由它的增长，将迫使大砝码 c 和 d 上升，此事我将表示如下：以 a、b 二点为心各画四分之一个圆 eig 和圆 elm；现在，既然两个半径 ai 和 bl 等于 ae 和 eb，余量 fi 和 fl 就是二线段 af 和 bf 比 ae 和 eb 多出的部分；因此它们就确定了砝码 c 和 d 的升高，这时当然假设砝码 h 已经采取了位置 f。但是，每当代表 h 之下降 ef 和砝码 c 及 d 的上升 fi 之比大于两个大物体的重量和物体 h 的重量之比时，砝码 h 就将取位置 f，即使当 c 和 d 的重量很大而 h 的重量很小时，这种情况也会发生，因为 c 和 d 的重量不会比 h 的重量大那么多，以致切线 ef 和线段 ft 之比不会更大。这一点可以证明如下：画一个直径为 gai 的圆；画直线 bo，使它的长度和另一直线 $c(c>d)$ 之比等于 c 及 d 的重量和 h 的重量之比。既然 $c>d$，bo 和 d 之比就大于 bo 和 c 之比。取 be 为 ob 和 d 的第三比例项；延长直径 gi 至一点 f，使得 $gi:if=oe:eb$；并从 f 点作切线 fn；于是，既然我们已有 $oe:eb=gi:if$ 通过比率组合，我们就有 $ob:eb=gf:if$。但是 d 是 ob 和 be 之间的一个比例中项，而 nf 是 gf 和 fi 之间的一个比例中项。由此即得，nf 比 fi 就等于 cb 比 d；这一比值大于 c 及 d 的重量和 h 的重量之比。那么，既然砝码 h 的下降或速度和砝码 c 及 d 的上升或速度之比大于物体 c 及 d 的重量和 h 的重量之比，那就很明显，砝码 h 就下降，而线 ab 就不再是直的和水平的了。

而且，喏，当把任何一个小砝码 h 加在无重量的绳子 ab 的 e 点上时出现的情况，当绳子是用有重量的材料制成而却没加什么砝码时也是会出现

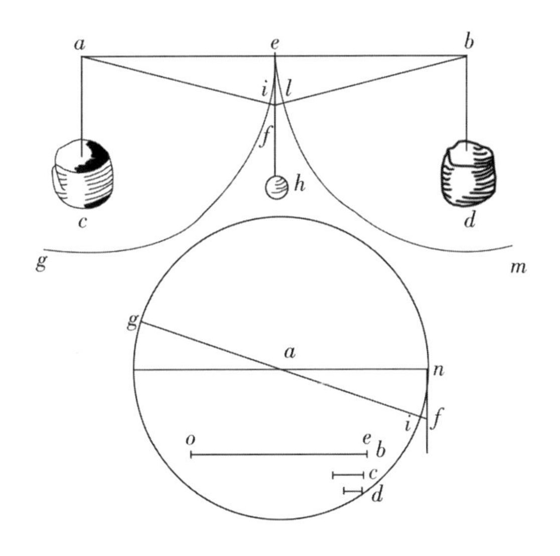

的，因为在这种事例中，绳子的材料的作用和加挂的一个砝码的作用相同。

辛普：我完全满意了。因此现在萨耳维亚蒂可以像他所许诺的那样解释这样一条锁链的好处，然后就提出我们的院士先生关于冲击力(forza della percossa)这一课题的那些思索了。

萨耳：今天就讨论到这里吧。天色已经不早了，剩下来的时间也不允许我们把所提的那些课题讲完了；因此，我们将把我们的聚会推迟到另一个更加合适的时机。[318]

萨格：我同意你的意见，因为在和我们院士先生的亲密朋友们进行了各种交谈以后，我已经得到结论认为，这个冲击力的问题是很深奥的，而且我想，迄今为止，那些曾经处理过这一课题的人们谁也没能够弄清楚它那些几乎超出于人类想象力之外的黑暗角落；在我听别人表述过的各式各样的观点中，有一种奇思妙想式的观点还留在我的记忆中，那就是说，冲击力即使不是无限大的也是不确定的。因此让我们等到萨耳维亚蒂认为合适的时候吧。在此期间，请告诉我们在关于抛射体的讨论以后还讲什么。

萨耳：这是关于固体的重心的一些定理，是由我们的院士先生在年轻时发现的；他从事此一工作是因为他认为菲德里哥·康曼狄诺（Federigo Comandino)的处理有些不够完备。你们面前的这些命题是他认为将能补康曼狄诺的书的不足的。这些研究是在马尔奎斯·归亦德·乌巴耳道·达耳·芒特(Marquis Guid' Ubaldo Dal Monte)的范例下进行的；后者是他那个时代的一位很杰出的数学家，正如他的各式各样的著作所证实的那样。我们的院士先生把自己的书送给那位先生一本，希望把研究扩展到康曼狄诺不曾处理过的其他固体。但是不久以后他偶然拿到了伟大的几何学家卢卡·瓦勒里奥(Luca Valerio)的书，发现书中对这个课题的处理是那样的完备，以致他就放弃了自己的研究，尽管他所发展起来的方法是和瓦勒里奥的方法完全不同的。

萨格：请你发发善心把这本书留在我这里，直到我们下次的聚会，以便我可以按照书中的次序来阅读和学习这些命题。

萨耳：我很乐于遵从你的要求，我只希望这些命题将使你深感兴趣。

第四天终

附　录

附录包括处理固体重心的一些定理和它们的证明，是由同一作者在较早的时期撰写的。[1]

全书终

（戈　革译）

① 按照“国家版”(National Edition)的先例，在此略去了在1638年莱顿版中占了18页的“附录”，因为那些内容读者兴趣较小。——英译本注

约翰内斯·开普勒(1571—1630)

生平与成果

如果要把一个奖项授予历史上最致力于追求绝对精确性的人，那么这位获奖者很可能就是德国天文学家约翰内斯·开普勒。开普勒对测量是如此地着迷，以至于他甚至把自己出生之前的妊娠期精确到了分——224天9小时53分(他是一个早产儿)。因此毫不奇怪，他在自己的天文学研究上所倾注的心血能够使他制定出他那个时代最为精确的天文星表，从而使行星体系的太阳中心说最终为人们所接受。

哥白尼的著作对开普勒有很大启发。与哥白尼类似，开普勒也是一个宗教信仰很深的人。他把自己对宇宙性质的日复一日的研究视为一个基督徒应尽的义务，即理解上帝创造的这个世界。但与哥白尼相比，开普勒的生活动荡不定、清苦拮据。由于总是缺钱，开普勒往往要靠出版一些占星历书和天宫图维持生活，而颇具讽刺意味的是，当所做预言被证明是正确的时候，这些东西竟使他在当地留下了某些恶名。此外，开普勒行为怪异的母亲卡特丽娜(Katherine)以施展巫术而闻名，并因此差点被处以火刑。开普勒不仅过早地失去了他的几个孩子，而且还因为不得不在法庭上为自己的母亲辩护而受到侮辱。

开普勒与许多人都有联系，其中最著名的要算是他与伟大的裸眼天文观测家第谷·布拉赫(Tycho Brahe)的关系了。第谷一生中的大部分时间都致力于记录和观测，但他却缺乏必要的数学和分析技巧来理解行星的运行。第谷是一个富有的人，他雇请开普勒弄明白已经困扰了天文学家很多年的火星轨道数据的含义。借助于第谷的数据，开普勒煞费苦心，终于把火星的运行轨道描绘成一个椭圆，这一成功赋予了哥白尼的太阳中心体系模型以数学上的可信性。他关于椭圆轨道的发现开启了一个崭新的天文学时代，行星的运行可以得到预言了。

尽管获得了这些成就，开普勒却从未得到多少财富或声望，他经常被迫逃离他所寄居的国家。宗教纷争和国内动荡使他不得不如此。当他于1630年59岁去世的时候(当时他正试图索要欠薪)，他已经发现了行星运动三定律。直到21世纪的今天，学生在物理课堂上仍要学习这些定律。正是开普勒的第三定律，而不是一个苹果，才帮助牛顿发现了万有引力定律。

1571年12月27日，约翰内斯·开普勒出生在德国符腾堡(Württemburg)的小城魏尔(Weil)。按照约翰内斯的说法，他的父亲海因里希·开普勒(Heinrich Kepler)是“一个邪恶粗鄙、寻衅斗殴的士兵”。他曾经数次独自抛下家庭，随雇佣军一起到荷兰帮助镇压新教徒的暴动，后被认为是死在荷兰。小约翰内斯跟随他的母亲卡特丽娜在他祖父的小酒馆里生活，尽管他身体不好，但小小年纪就要在餐桌旁服务。开普勒不仅近视，而且小时候的一场差点要了他的命的天花还给他留下了看东西重影的后遗症。他的腹部有毛病，手指也是“残废的”，在他的家人看来，这使他没能把牧师当作自己的职业。

“脾气暴烈”和“饶舌不休”是开普勒用来形容他母亲卡特丽娜的两个

词，但他从小就知道，这是他父亲造成的。卡特丽娜本人是由一个因施展巫术而被处以火刑的姑姑养大的，所以在开普勒看来，自己的母亲后来面临类似的指控，也就没有什么可奇怪的了。1577年，卡特丽娜曾把天空中出现的一颗“大彗星”指给儿子看，开普勒后来承认，与母亲共度的这一刻对自己的一生都有持久的影响。尽管童年充满了痛苦和忧虑，但开普勒显然是才华出众的，他成功地获得了一项奖学金，这个奖是授予那些住在德国斯瓦比亚(Swabia)省以外，经济条件不佳但却有发展前途的男孩子的。他先是上了累翁贝格(Leonberg)的德语写作学校，然后转到了一所拉丁语学校，这所学校帮助他培养了后来那种拉丁文写作风格。由于体格孱弱，再加上少年老成，开普勒没少受同学的欺负，他们认为开普勒自诩无所不知。为了摆脱这种困境，开普勒不久就转而研究宗教了。

1587年，开普勒进入图宾根大学学习神学和哲学。在那里，他认真学习了数学和天文学，并且成了一名颇受争议的哥白尼太阳中心说的拥护者。年轻的开普勒公开为哥白尼的宇宙模型进行辩护，并且经常积极参加关于这一话题的公共讨论。尽管他主要还是对神学感兴趣，但他却越来越被一个以太阳为中心的宇宙的魅力所吸引。他本打算1591年从图宾根大学毕业之后留在那里教授神学，但一封推荐他到奥地利格拉茨(Graz)的新教学校担任数学和天文学教职的信却使他改变了主意。于是，22岁的开普勒并没有选择做一名研究科学的牧师，但他永远都坚信上帝在创造这个宇宙过程中所扮演的角色。

在16世纪的时候，天文学与占星术之间的区别还很模糊。身为一名数学家，开普勒在格拉茨的职责之一就是编写一部完整的能够用来预测的占星历书。这在当时是一项普通的工作，开普勒显然是受到了这项工作所能带来的额外收入的鼓舞，但他却没有料到，自己的第一部历书会引起民众怎样的反应。他预言了一个格外寒冷的冬天和一次土耳其的入侵，当两个预言都变为现实的时候，开普勒被欢呼为一个先知。尽管呼声很高，他却从未看重自己的编历工作。他称占星术为“天文学愚蠢的小女儿”，所以既对民众的兴趣置之不理，又对占星术士的意图嗤之以鼻。“如果占星术士有可能是正确的话,”他写道,“那这只能说明运气不错。”不过,当手头紧张的时候,开普勒从来都是转向占星术,这在他的一生中屡见不鲜,而且他也的确希望能在占星术中发现某种真正的科学。

有一天,当开普勒在格拉茨做几何讲演的时候,他突然得到了一个启发。这个启发使他踏上了一段激情澎湃的旅程,他的整个生活为之改观。开普勒感到,这是理解宇宙的秘密钥匙。他在课堂的黑板上画了一个圆,在圆里画了一个等边三角形,又在三角形里画了一个圆。他突然意识到,这两个圆之比可以用来表示土星与木星轨道之比。受此启发,他假定当时已知的所有六颗行星都是以这样的方式围绕太阳排列的,几何图形可以完美地镶嵌于其间。开始的时候,他用五边形、正方形和三角形这样的二维平面图形来检验这一假说,但没有成功。然后他又转向古希腊人曾经用过的毕达哥拉斯立体,他们发现只有五种立体可以用正几何图形构造出来。在开普勒看来,这五个间隔就解释了为什么只能存在六颗行星(水星、金星、地球、火星、木星和土星),以及为什么这些间隔是不同的。这个关于行星轨道与距离的几何理论激励开普勒写出了《宇宙的奥秘》(*Mystery of the Cosmos* 或*Mysterium Cosmographicum*),后于1596年出版。尽管方案很正确,但写这本书大约花了他一年的时间。他显然非常确信自己的理论能够最终得到证实:

> 我从这个发现中所获得的欣喜之情难以言表。我不后悔浪费了时间,不厌倦劳作,不躲避计算的艰辛,夜以继日地进行运算,为的是能够明白这一想法是否能与哥白尼的轨道相符,或者我的喜悦是否会是一场空。有些时候,事情的进展尽如人意,我看到一个又一个的正立体形在行星之间精确地各居其位。

在这之后,开普勒一直致力于可能证实其理论的数学证明和科学发现。《宇宙的奥秘》是自哥白尼的《天球运行论》以来所出版的第一部明确的哥白尼主义者的著作。身为一名神学家和天文学家,开普勒决心理解上帝是如何设计以及为什么要设计这样一个宇宙的。尽管拥护日心体系有着严肃的宗教内涵，但开普勒坚持认为，太阳位于中心对于上帝的设计是至关重要的，因为它使诸行星联合起来连续不断地运动。在这种意义上，开普勒打破了哥白尼的“接近”中心的日静体系，而把太阳径直放在了体系的中心。

开普勒的多面体在今天似乎很难行得通，然而尽管《宇宙的奥秘》的前提是错误的，其结论却是惊人地准确，它对近代科学进程的影响是决定性的。当这本书出版之后，开普勒寄给了伽利略一本，劝他“相信并挺身而出”，但这位意大利天文学家却因其外表上的思辨性质而拒绝了这部著作。而第谷·布拉赫却立即被它吸引住了。他认为开普勒的这部著作很有创见，令人振奋，还写了一篇详细的评论来支持这本书。开普勒后来写道，人们对《宇宙的奥秘》的反应改变了他一生的方向。

1597 年，另有一件事情改变了开普勒的生活，他爱上了巴尔巴拉·米勒(Barbara Müller)，一位富有的磨场主的大女儿。他们于当年的 4 月 27 日结婚，开普勒后来在日记里写道，这一天的星象不吉。他的预言能力又一次显示，这种婚姻关系会走向解体。他们前两个孩子很小就夭折了，这使开普勒痛苦得几乎发狂。他拼命忘我地工作，以使自己从痛苦中解脱出来，但他的妻子却不理解他的追求。“肥胖臃肿、思想混乱、头脑简单”是他在日记里形容她的话，尽管这场婚姻持续了 14 年，直到她 1611 年死于斑疹伤寒才宣告结束。

1598 年 9 月，身为天主教徒的大公命令开普勒和格拉茨的其他路德教徒离开这座城市，他决心要把路德教从奥地利清除出去。在造访了第谷·布拉赫在布拉格的伯那特基(Benatky)城堡之后，开普勒被这位富有的丹麦天文学家邀请留在那里进行研究。开普勒在见到第谷以前，就已经对他有所了解了。“我对第谷的看法是这样的：他极为富有，但正像大多数有钱人那样，他并不知道应当如何利用这一点，”他写道，“因此，必须努力把他的财富从他的手里夺走。”

如果说开普勒与妻子的关系并不复杂的话，那么当开普勒与身为贵族的第谷进行合作时，情况可就不是这样了。起初，第谷把年轻的开普勒当成一名助手，只是认真地给他布置任务，而不让他接触详细的观测数据。开普勒极其希望能够受到平等的对待，并能获得某些独立性，但第谷却另有一番打算，他想利用开普勒去建立他自己的行星体系模型——一个开普勒并不认同的非哥白尼模型。

开普勒深感沮丧。第谷掌握着翔实的观测数据，却缺少数学工具来透彻地理解它们。最后，也许是为了安抚这位心神不安的助手，第谷指派开普勒去研究火星的轨道，它已经困扰了这位丹麦天文学家一段时间了，因为火星轨道似乎最偏离圆形。一开始，开普勒认为自己可以在八天内解决这个问题，但事实上，这项工作用去了他八年的时间。尽管后来证明此项研究是困难的，但这并非得不偿失，因为它引导开普勒发现了火星的精确轨道是一个椭圆，并使其在1609年出版的《新天文学》(*The New Astronomy*)中提出了他的前两条"行星定律"。

在与第谷合作了一年半之后，有一次吃饭时，这位丹麦天文学家忽然病得很重，几天后便因膀胱感染而去世。开普勒接替了皇家数学家的职位，如今，他可以不再受到第谷·布拉赫的提防，而可以自由地研究行星理论了。开普勒意识到了这次机会，于是立即设法赶在第谷的继承人之前弄到了他渴望已久的数据资料。开普勒后来写道："我承认，当第谷去世的时候，我趁其继承人未加注意，迅速掌握了那些观测资料，或可说是篡夺了它们。"结果就是《鲁道夫星表》(*Rudolphine Tables*)的诞生，它是对第谷三十年观测数据的一次编辑整理。公平地说，第谷在临死时曾敦促开普勒完成这份星表，但开普勒并没有像第谷所希望的那样，按照第谷的假说来做这项工作，而是用包含着他自己发展的对数运算的数据来预测行星的位置。他能够预测水星与火星冲日的时间，尽管他在有生之年没有见证它们。然而，开普勒直到1627年才出版《鲁道夫星表》，因为他所发现的数据总是把他引向新的方向。

第谷去世以后，开普勒观测到了一颗新星，这颗星后来以"开普勒新星"而得名。此外，他还根据光学理论做了实验。尽管与天文学和数学上的成就相比，科学家和学者们认为开普勒的光学工作不太重要，但1611年出版的《屈光学》(*Dioptrice*)却改变了光学的进程。

1605年，开普勒公布了他的第一定律即椭圆定律，这条定律说，诸行星均以椭圆绕太阳运行，太阳位于椭圆的一个焦点上。开普勒断言，当地球沿椭圆轨道运行时，一月份距太阳最近，六月份距太阳最远。他的第二定律即等面积定律则进一步指出，行星在相等时间内扫过相等的面积。开普勒说，如果假想一条从行星引向太阳的直线，那么该直线必定在相等时间内扫过相等的面积。他于1609年出版的《新天文学》(*Astronomia Nova*)中发表了这两条定律。

然而，尽管有着皇家数学家的头衔，并因伽利略请其对新的望远镜发现发表意见而成了著名科学家，但开普勒并不能保证自己过上安定的生活。布拉格的宗教纷争危及到了他这个新的家乡，他的妻子和最心爱的儿子也于1611年离开了人世。开普勒被特许回到林茨，1613年，他同一位24岁的孤儿苏珊娜·罗伊廷格(Susanna Reuttinger)结婚，她后来为开普勒生下了7个孩子，但只有两个活到了成年。正在这时，开普勒的母亲被人指控施展巫术，开普勒不得不一面承受他个人生活中的巨大纷乱，一面为了使她免于火刑而奋力辩护。卡特丽娜被判入狱，受到了拷问，但她的儿子却设法使宣判成为无罪，卡特丽娜获得了释放。

由于多方掣肘，开普勒在刚回到林茨的一段时间里并不多产。由于心神难以安宁，他不得不把注意力由星表转到《世界的和谐》(*Harmonice Mundi*)的写作。马科斯·卡斯帕(Max Caspar)在开普勒的传记中，曾把这部充满激情的著作形容为“一幅由科学、诗、哲学、神学和神秘主义编织成的宏伟的宇宙景观”。1618年5月27日，开普勒完成了《世界的和谐》。他用了五卷的篇幅，把他的和谐理论拓展到了音乐、占星术、几何学和天文学上。他的行星运动第三定律也包含其中，六十年之后，它将启发伊萨克·牛顿。这条定律说，诸行星与太阳的平均距离的立方正比于运转周期的平方。简而言之，开普勒发现了行星是如何沿轨道运行的，这样就为牛顿发现为什么会以这种方式运行铺平了道路。

开普勒确信自己已经发现了上帝设计宇宙的逻辑，他无法抑制自己的狂喜。在《世界的和谐》第五卷中，他这样写道：

> 我要以坦诚的告白尽情嘲弄人类：我窃取了埃及人的金瓶，却用它们在远离埃及疆界的地方给我的上帝筑就了一座圣所。如果你们宽恕我，我将感到欣慰；如果你们申斥我，我将默默忍受。总之书是写成了，骰子已经掷下去了，人们是现在读它，还是将来子孙后代读它，这都无关紧要。既然上帝为了他的研究者已经等了六千年，那就让它为读者等上一百年吧。

开始于1618年的三十年战争给奥地利和德国造成了巨大损失，开普勒也被迫于1626年离开了林茨。最终，他在西里西亚的小城萨冈(Sagan)定居下来，并在那里试图完成一部可以称得上是科幻小说的著作。这部著作他已着手多年，为的是在他母亲因施巫术受审期间，挣得少许费用。《月亮之梦》[①](*Somnium seu astronomia lunari*)讲的是主人公与一个狡猾的“恶魔”的会面，后者向主人公解释了如何能够到月亮上去旅行。这部著作在卡特丽娜受审的时候即被发现，且不幸成为物证。开普勒极力为之辩护，声称它只是纯粹的虚构，恶魔不过是一个文学设计而已。这部著作的独特之处在于，它不仅在幻想方面超前于它所处的时代，而且也是一部支持哥白尼理论的著作。

1630年，当开普勒58岁的时候，他发现自己在经济上又一次陷入了窘境。他启程前往雷根斯堡(Regensburg)，希望此行能够索回一些债券的利息以及别人欠他的钱。然而刚到那里几天，他就发起了烧，旋即于11月5日去世。尽管开普勒从未获得像伽利略那样高的声望，但他的著作对于像牛顿这样的职业天文学家极其有用，他们会仔细研究开普勒的科学的细节和精确性。约翰内斯·开普勒更看重审美上的和谐与秩序，他的所有发现都与自己对上帝的看法密不可分。他为自己撰写的墓志铭是：“我曾测天高，今欲量地深。我的灵魂来自上天，凡俗肉体归于此地。”

---

① 直译应为《梦或月亮天文学》。

世界的和谐

第 五 卷

论天体运动完美的和谐，以及由此得到的偏心率、半径和周期的起源。

依据目前最为完善的天文学学说所建立的模型，以及业已取代托勒密的公认为正确的哥白尼和第谷·布拉赫的假说。

我正在进行一次神圣的讨论，这是一首献给神这位造物主的真正颂歌。我以为，虔诚不在于用大批公牛作牺牲给他献祭，也不在于用数不清的香料和肉桂给他焚香，而在于首先自己领会他的智慧是如何之高，能力是如何之大，善是如何之宽广，然后再把这些传授给别人。因为希望尽其所能为应当增色的东西增光添彩，而不去忌妒它的闪光之处，我把这看作至善之征象；探寻一切可能使他美奂绝伦的东西，我把这看作非凡智慧之表现；履行他所颁布的一切事务，我把这看作不可抗拒之伟力。

——盖伦，《论人体各部分的用处》，第三卷[①]

---

① 原书为Galen, *De usu partium corporis humani*。本书的部分注释参考了Johannes Kepler, *The Harmony of the World*, trans. E. J. Aiton, A. M. Duncan and J. V. Field, Memoirs of the American Philosophical Society, Vol. 209以及Bruce Stephenson, *The Music of the Heavens*, Princeton University Press, 1994。（本文脚注除写明“英译本注”的外，均为中译者所加。）

序　　言

关于这个发现，我二十二年前发现天球之间存在着五种正立体形时就曾预言过；在我见到托勒密的《和声学》(*Harmonica*)[①]之前就已经坚信不疑了；远在我对此确信无疑以前，我曾以本书第五卷的标题向我的朋友允诺过；十六年前，我曾在一本出版的著作中坚持要对它进行研究。为了这个发现，我已把我一生中最好的岁月献给了天文学事业，为此，我曾拜访过第谷·布拉赫，并选择在布拉格定居。最后，至高至善的上帝开启了我的心灵，激起了我强烈的渴望，延续了我的生命，增强了我精神的力量，还惠允两位慷慨仁慈的皇帝以及上奥地利地区的长官们满足了我其余的要求。我想说的是，当我在天文学领域完成了足够多的工作之后，我终于拨云见日，发现它甚至比我曾经预期的还要真实：连同第三卷中所阐明的一切，和谐的全部本质都可以在天体运动中找到，而且它所呈现出来的并不是我头脑中曾经设想的那种模式(这还不是最令我兴奋的)，而是一种非常完美的迥然不同的方式。正当重建天体运动这项极为艰苦繁复的工作使我进退维谷之时，阅读托勒密的《和声学》极大地增强了我对这项工作的兴趣和热情。这本书是以抄本的形式寄给我的，寄送人是巴伐利亚的总督约翰·格奥格·赫瓦特(John George Herward)先生，一个为推进哲学而生的学识渊博的人。出人意料的是，我惊奇地发现，这本书的几乎整个第三卷在1500年前就已经讨论了天体的和谐。不过在那个时候，天文学还远没有成熟，托勒密通过一种不幸的尝试，可能已经使人陷入了绝望。他就像西塞罗(Cicero)笔下的西庇欧(Scipio)，似乎讲述了一个令人惬意的毕达哥拉斯之梦，却没有对哲学有所助益。然而粗陋的古代哲学竟能与时隔十五个

---

① 《和声学》是托勒密的一部三卷本的关于音乐的论著，不过这里的“和声”不具有它现在所具有的意义，或可译为《音乐原理》。

世纪的我的想法完全一致，这极大地增强了我把这项工作继续下去的力量。因为许多人的作用为何？事物的真正本性正是通过不同时代的不同阐释者才把自身揭示给人类的。两个把自己完全沉浸在对自然的思索当中的人，竟对世界的构形有着同样的想法，这种观念上的一致正是上帝的点化(套用一句希伯来人的惯用语)，因为他们并没有互为对方的向导。从十八个月前透进来的第一缕曙光，到三个月前的一天的豁然开朗，再到几天前思想中那颗明澈的太阳开始尽放光芒，我始终勇往直前，百折不回。① 我要纵情享受那神圣的狂喜，以坦诚的告白尽情嘲弄人类：我窃取了埃及人的金瓶，② 却用它们在远离埃及疆界的地方给我的上帝筑就了一座圣所。如果你们宽恕我，我将感到欣慰；如果你们申斥我，我将默默忍受。总之书是写成了，骰子已经掷下去了，人们是现在读它，还是将来子孙后代读它，这都无关紧要。既然上帝为了他的研究者已经等了六千年，那就让它为读者等上一百年吧。

本卷分为以下各章：

1. 论五种正立体形。

2. 论和谐比例与五种正立体形之间的关系。

3. 研究天体和谐所必需的天文学原理之概要。

4. 哪些与行星运动有关的事物表现了简单和谐，曲调中出现的所有和谐都可以在天上找到。

5. 音阶的音符或在体系中的音高以及大小两种音程都表现于特定的运动。

6. 音调或音乐的调式分别以某种方式表现于每颗行星。

---

① 开普勒把他首次尝试发现第三定律的时间追溯到了1616年末。1618年3月8日，他已经得到了这条定律，却又把它当作计算错误抛弃了。两个多月后，在写这段文字前几天，他于1618年5月15日发现了这条定律。

② 开普勒在这里暗指以色列人从埃及人那里偷走金银器物(出埃及记12：35—36)，并在逃离埃及之后用它们建了一座圣所(出埃及记25：1—8)的故事。

7. 所有行星之间的对位或普遍和谐可以存在，而且可以彼此不同。

8. 四种声部表现于行星：女高音、女低音、男高音和男低音。

9. 证明为产生这种和谐布局，行星的偏心率只能取为它实际所具有的值。

10. 结语：关于太阳的诸多猜想。

在开始探讨这些问题以前，我想先请读者铭记蒂迈欧(Timaeus)这位异教哲学家在开始讨论同样问题时所提出的劝诫。基督徒应当带着极大的赞美之情去学习这段话，而如果他们没有遵照这些话去做，那就应当感到羞愧。这段话是这样的：

> 苏格拉底，凡是稍微有一点头脑的人，在每件事情开始的时候总要求助于神，无论这件事情是大是小；我们也不例外，如果我们不是完全丧失理智的话，要想讨论宇宙的本性，考察它的起源，或者要是没有起源的话，它是如何存在的，我们当然也必须向男女众神求助，祈求我们所说的话首先能够得到诸神的首肯，其次也能为你所接受。①

第一章　论五种正立体形

我已经在第二卷中讨论过，正平面图形是如何镶嵌成立体形的。在那里，我曾谈到由平面图形所组成的五种正立体形，并且说明了为什么数目是五，还解释了柏拉图主义者为什么要称它们为宇宙形体(figures)，以及每种立体因何种属性而对应着何种元素。在本卷的开篇，我必须再次讨论这些立体形，而且只是就其本身来谈，而不考虑平面，对于天体的和谐而言，这已经足够了。读者可以在《哥白尼天文学概要》(*Epitome of Astrono-*

① 柏拉图：《蒂迈欧篇》，27C。

my)第二编①第四卷中找到其余的讨论。

根据《宇宙的奥秘》，我想在这里简要解释一下宇宙中这五种正立体形的次序，在它们当中，三种是初级形体②，两种是次级形体③：(1)立方体，它位于最外层，体积也最大，因为它是首先产生的，并且从天生就具有的形式来看，它有着整体的性质；接下来是(2)四面体，它好像是从正方体上切割下来的一个部分，不过就像立方体一样，它也有三线立体角，从而也是初级形体；在四面体内部是(3)十二面体，即初级形体中的最后一种，它好像是由立方体的某些部分和四面体的类似部分(即不规则四面体)所组成的一个立体，它盖住了里面的立方体；接下来是(4)二十面体，根据相似性，它是次级形体中的最后一种，有着多于三线的立体角；最后是位于最内层的(5)八面体，与正方体类似，它是次级形体的第一种。正如正方体因外接而占据最外层的位置，八面体也因内接而占据最内层的位置。④

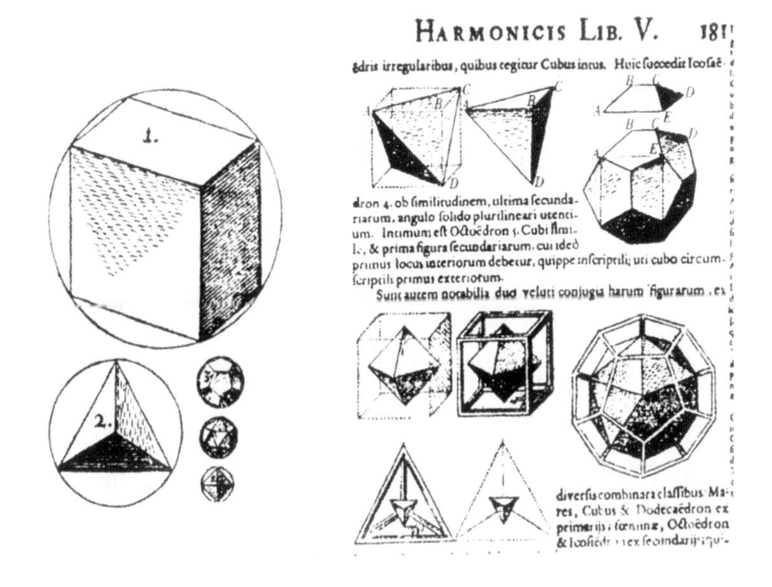

① 其实应为第一编。

② 初级图形是那些立体角由三条线所组成的图形。

③ 次级图形是那些立体角由多于三条线所组成的图形。

④ 本图是开普勒原书中的插图，这里为译者所加。

然而，在这些立体形中存在着两组值得注意的不同等级之间的结合(wedding)：雄性一方是初级形体中的立方体和十二面体，雌性一方则是次级形体中的八面体和二十面体，除此以外，还要加上一个独身者或雌雄同体即四面体，因为它可以内接于自身，就像雌性立体可以内接于雄性立体，仿佛隶属于它一样。雌性立体所具有的象征与雄性象征相反，前者是面，后者是角。① 此外，正像四面体是雄性的正方体的一部分，宛如其内脏和肋骨一样，从另一种方式来看②，雌性的八面体也是四面体的一部分和体内成分：因此，四面体是该组结合的中介。

这些配偶或家庭之间的最大区别是：立方体配偶之间的比是有理的，因为四面体是立方体的三分之一③，八面体是四面体的二分之一和立方体的六分之一；但十二面体的结合的比④是无理的(不可表达的[*ineffabilis*])，不过是神圣的⑤。

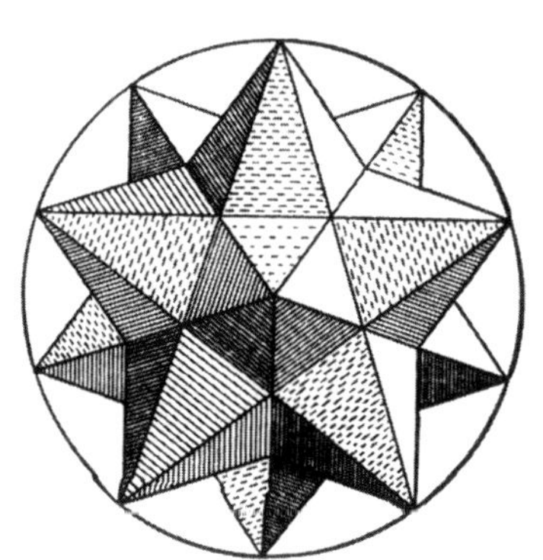

由于这两个词连在一起使用，所以务请读者注意它们的含义。与神学或神圣事物中的情形不同，“不可表达”在这里并不表示高贵，而是指一种较为低等的情形。正如我在第一卷中所说，几何学中存在着许多由于自身的无理性而无法涉足神圣比例的无理数。至于神圣比例(毋宁说是神圣分割)指的是什么，你必须参阅第一卷的内容。因为一般比例需要有四项，连比例需要有三项，而神圣比例除去比例本身的性质以外，还要求各项之间存在着一种

① 显然，雄性象征是角或顶点，雌性象征是面。如图所示，雄性多面体的顶点数多于面数，雌性多面体的面数多于顶点数，而雌雄同体的多面体的顶点数和面数一样多。在每一组结合中，雄性成员的顶点数等于雌性成员的面数，所以当雌性形体内接于雄性形体时，顶点和面恰好相对。雌性同体的四面体则可以内接于另一个四面体。还有一点很重要，那就是每一组结合中的两个多面体的外接球与内接球的半径之比相等。

② 四面体的各边中点形成了八面体的各顶点。

③ 即四面体的体积是立方体的三分之一，下同。

④ 即可内接于十二面体的二十面体与十二面体的体积之比。

⑤ 即为黄金分割比。参见《世界的和谐》，第一卷，定义 26。

特定的关系，即两个小项作为部分构成整个大项。因此，尽管十二面体的结合比例是无理的，但这却反而成就了它，因为它的无理性接近了神。这种结合还包括了星状立体形，它是由正十二面体的五个面向外延展，直至汇聚到一点产生的。[①] 读者可以参见第二卷的相关内容[②]。

最后，我们必须关注这些正立体形的外接球与内切球的半径之比：对于四面体而言，这个值是有理的，它等于 100000∶33333 或 3∶1；对于立方体的结合[③]而言，该值是无理的，但内切球半径的平方却是有理的，它等于(外接球)半径平方的三分之一的平方根，即 100000∶57735；对于十二面体的结合[④]则显然是无理的[⑤]，它大约等于 100000∶79465；对于星状立体形，该值等于 100000∶52573，即二十边形边长的一半或两半径间距的一半。

第二章　论和谐比例与五种正立体形之间的关系

这些关系[⑥]不仅多种多样，而且层次也不尽相同，我们可以由此把它们分为四种类型：它或者仅来源于立体形的外在形状；或者在构造棱边时产生了和谐比例；或者来源于已经构造出来的立体形，无论是单个的还是组合的；或者等于或接近于立体形的内切球与外接球之比。

对于第一种类型的关系，如果比例的特征项或大项为 3，则它们就与四面体、八面体和二十面体的三角形面有关系；如果大项是 4，则与立方

---

① 开普勒认为星状立体形仅仅是由正十二面体和正二十面体衍生出来的，而没有把它算作另一种基本的正多面体。

② 第二卷，命题 26。

③ 即立方体和八面体。每一组结合中的两个多面体的内切球与外接球的半径之比相等。

④ 即十二面体和二十面体。

⑤ 其准确值等于 $1:\sqrt{15-6\sqrt{5}}$。

⑥ 开普勒所使用的原拉丁文词为 cognatio，表示一种内在固有的亲缘关系。为了表述的方便，这里姑且译为“关系”。

体的正方形面有关系；如果大项是5，则与十二面体的五边形面有关系。这种面相似性也可以拓展到比例中的小项，于是，只要3是连续双倍比例中的一项，则该比例就必定与前三个立体形有关系，比如1∶3、2∶3、4∶3和8∶3等等；如果这一项是5，则这个比例就必定与十二面体的结合有关系，比如2∶5、4∶5和8∶5。类似地，3∶5、3∶10、6∶5、12∶5和24∶5也都属于这些比例。但如果表示这种相似性的是两比例项之和，那么这种关系存在的可能性就较小了。比如在2∶3中，两比例项加起来等于5，于是2∶3近似与十二面体有关系。因立体角的外在形式而具有的关系与此类似：在初级立体形中，立体角是三线的，在八面体中是四线的，在二十面体中是五线的。因此，如果比例中的一项是3，则该比例将与初级立体形有关系；如果是4，则与八面体有关系；如果是5，则与二十面体有关系。对于雌性立体形，这种关系就更为明显了，因为潜藏于其内部的特征图形具有与角同样的形式：八面体中是正方形，二十面体中是五边形。① 所以3∶5有两个理由属于二十面体。

对于第二种起源类型的关系，可做如下考虑：首先，有些整数之间的和谐比例与某种结合或家庭有关系，或者说，完美比例只与立方体家庭有关系；而另一方面，也有一些比例无法用整数来表示，而只能通过一长串整数逐渐逼近。如果这一比例是完美的，它就被称为神圣的，并且自始至终都以各种方式规定着十二面体的结合。因此，以下这些和谐比例1∶2、2∶3、3∶5、5∶8是导向这一比例的开始。如果比例总是和谐的，因1∶2最不完美，5∶8稍完美一些，我们把5加上8得到13，并且在13前面添上8，那么得出的比例就更完美了。②

此外，为了构造立体形的棱边，[外接]球的直径必须被切分。八面体需要直径分为两半，立方体和四面体需要分为三份，十二面体的结合需要

① 即八面体的四线立体角和二十面体的五线立体角分别与八面体中的正方形和二十面体中的五边形具有相同的形式。

② 开普勒这里引用的比是菲波那契(Fibonacci)数列的连续几项。如果无限发展下去，它的比值就将接近黄金分割，即十二面体结合的神圣比例。

分为五份。因此，立体形之间的比例是根据表达比例的这些数字而分配的。直径的平方也要切分，或者说立体形棱边的平方由直径的某一固定部分形成。然后，把棱边的平方与直径的平方相比，于是就构成了如下比例：正方体是 1∶3，四面体是 2∶3，八面体是 1∶2。如果把两个比例复合在一起，则正方体和四面体给出的复合比例是 1∶2，立方体和八面体是 2∶3，八面体和四面体是 3∶4，十二面体的结合的各边是无理的。

第三，由已经构造出来的立体形可以根据各种不同方式产生和谐比例。我们或者把每一面的边数与整个立体形的棱数相比，得到如下比例：正方体是 4∶12 或 1∶3，四面体是 3∶6 或 1∶2，八面体是 3∶12 或 1∶4，十二面体是 5∶30 或 1∶6，二十面体是 3∶30 或 1∶10；或者把每一面的边数与面数相比，得到以下比例：正方体是 4∶6 或 2∶3，四面体是 3∶4，八面体是 3∶8，十二面体是 5∶12，二十面体是 3∶20；或者把每一面的边数或角数与立体角的数目相比，得到以下比例：正方体是 4∶8 或 1∶2，四面体是 3∶4，八面体是 3∶6 或 1∶2，十二面体的结合是 5∶20 或 3∶12(即 1∶4)；或者把面数与立体角的数目相比，得到以下比例：立方体是 6∶8 或 3∶4，四面体是 1∶1，十二面体是 12∶20 或 3∶5；或者把全部边数与立体角的数目相比，得到以下比例：立方体是 8∶12 或 2∶3，四面体是 4∶6 或 2∶3，八面体是 6∶12 或 1∶2，十二面体是 20∶30 或 2∶3，二十面体是 12∶30 或 2∶5。

这些立体形彼此之间也可以相比。如果通过几何上的内嵌，把四面体嵌入立方体，把八面体嵌入四面体和立方体，则四面体等于立方体的三分之一，八面体等于四面体的二分之一和立方体的六分之一，所以内接于球的八面体等于外切于球的立方体的六分之一。其余立体形之间的比例都是无理的。

对于我们的研究来说，第四类或第四种程度的关系是更为适当的，因为我们所寻求的是立体形的内切球与外接球之比，计算的是与此接近的和谐比例。只有在四面体中，内切球的直径才是有理的，即等于外接球的三分之一。但在立方体的结合中，这唯一的比例只有在相应线段平方之后才是有理的，因为内切球的直径与外接球的直径之比为1∶3的平方根。如果把这些比例相互比较，则四面体的两球之比[①]将等于立方体两球之比的平方。在十二面体的结合中，两球之比仍然只有一个值，不过是无理的，稍大于4∶5。因此，与立方体和八面体的两球之比相接近的和谐比例分别是稍大的1∶2和稍小的3∶5；而与十二面体的两球之比相接近的和谐比例分别是稍小的4∶5和5∶6，以及稍大的3∶4和5∶8。

然而如果由于某种原因，1∶2和1∶3被归于立方体，[②] 而且确实就用这个比例，则立方体的两球之比与四面体的两球之比之间的比例，将等于已被归于立方体的和谐比例1∶2和1∶3与将被归于四面体的和谐比例1∶4和1∶9之比例，这是因为这些比例(即四面体的比例)等于前面那些和谐比例(即立方体的和谐比例)的平方。对于四面体而言，由于1∶9不是和谐比例，所以它只能被1∶8这一与它最接近的和谐比例所代替。根据这个比例，属于十二面体的结合的比例将约为4∶5和3∶4。因为立方体的两球之比近似等于十二面体的两球之比的立方，所以立方体的和谐比例1∶2和1∶3将近似等于和谐比例4∶5和3∶4的立方。4∶5的立方是64∶125，1∶2即为64∶128；3∶4的立方是27∶64，1∶3即为27∶81。

第三章　研究天体和谐所必需的天文学原理之概要

在阅读本文之初，读者们即应懂得，尽管古老的托勒密天文学假说已经在普尔巴赫(Peuerbach)的《理论》(*Theoricae*)[③]以及其他概要著作中得到了阐述，但却与我们目前的研究毫不相同，我们应当从心目中将其驱除干

① 即内切球与外接球的直径或半径之比，后同。

② 这里没有说明为什么要把1∶3归于立方体而非四面体，其原因要到第九章的命题8才能说明。

③ 普尔巴赫(1421—1461)，奥地利天文学家。《关于行星的新理论》(*Theoricae novae planetarum*)是其最有名的著作。

净，因为它们既不能给出天体的真实排列，又无法为支配天体运动的规律提供合理的说明。

我只能单纯用哥白尼关于世界的看法代替托勒密的那些假说，如果可能，我还要让所有人都相信这一看法，因为许多普通研究者对这一思想依然十分陌生，在他们看来，地球作为行星之一在群星中围绕静止不动的太阳运行，这种说法是相当荒谬的。那些为这种新学说的奇特见解所震惊的人应当知道，这些关于和谐的思索即便在第谷·布拉赫的假说中也占有一席之地，因为第谷赞同哥白尼关于天体排列以及支配天体运动的规律的每一观点，只是单把哥白尼所坚持的地球的周年运动改成了整个行星天球体系和太阳的运动，而哥白尼和第谷都认为，太阳位于体系的中心。虽然经过了这种运动的转换，但在第谷体系和哥白尼体系中，地球在同一时刻所处的位置都是一样的，即使它不是在广袤无垠的恒星天球区域，至少也是在行星世界的体系中。正如一个人转动圆规的画脚可以在纸上画出一个圆，他若保持圆规画脚或画针不动，而把纸或木板固定在运转的轮子上，也能在转动的木板上画出同样的圆。现在的情况也是如此，按照哥白尼的学说，地球由于自身的真实运动而在火星的外圆与金星的内圆之间划出自己的轨道；而按照第谷的学说，整个行星体系(包括火星和金星的轨道在内)就像轮子上的木板一样在旋转着，而固定不动的地球则好比刻纸用的铁笔，在火星与金星圆轨道之间的空间中保持静止。由于体系的这种运动，遂使静止不动的地球在火星和金星之间绕太阳划出的圆，与哥白尼学说中由于地球自身的真实运动而在静止的体系中划出的圆相同。再则，因为和谐理论认为，从太阳上看去行星是在作偏心运动，我们遂不难理解，尽管地球是静止不动的(姑且按照第谷的观点认为如此)，但如果观测者位于太阳上，那么无论太阳的运动有多大，他都会看到地球在火星与金星之间划出自己的周年轨道，运行周期也介于这两颗行星的周期之间。因此，即使一个人对于地球在群星间的运动难思难解、疑信参半，他还是能够满心情愿地思索这无比神圣的构造机理，他只需把自己所了解的关于地球在其偏心圆上所作的周日运动的知识，应用于在太阳上所观察到的周日运动

(就像第谷那样把地球看作静止不动所描述的那种运动)即可。

然而，萨摩斯哲学[①]的真正追随者们大可不必去羡慕这些人的此等冥思苦想，因为倘使他们接受太阳不动和地球运动的学说，则必将从那完美无缺的沉思中获得更多的乐趣。

首先，读者应当知道，除月球是围绕地球旋转的以外，所有行星都围绕太阳旋转，这对于当今所有的天文学家来说都已成为一个毋庸置疑的事实；月球的天球或轨道太小，以致无法在图中用与其他轨道相同的比例画出。因此，地球应作为第六个成员加入其他五颗行星的行列，无论认为太阳是静止的而地球在运动，还是认为地球是静止的而整个行星体系在旋转，地球本身都描出环绕太阳的第六个圆。

其次，还应确立以下事实：所有行星都在偏心轨道上旋转，也就是说，它们与太阳之间的距离是变化的，并且在一段轨道上离太阳较远，而在相对的另一段轨道上离太阳较近。在附图中，每颗行星都对应着三个圆周，但没有一个圆周代表该行星的真实偏心轨道。以火星为例，中间一个圆的直径 BE 等于偏心轨道的较长直径，火星的真实轨道 AD，切三个圆周中最外面的一个 AF 于 A 点，切最里面的一个 CD 于 D 点。用虚线画出的经过太阳中心的轨道 GH，代表太阳在第谷体系中的轨道。如果太阳沿此路径运动，则整个行星体系中的每一个点也都在各自的轨道上作同样的运动。并且，如果其中的一点(即太阳这个中心)位于其轨道上的某处，比如图中所示的最下端，则体系中的每一点也都将位于各自轨道的最下端。由于图幅狭窄，金星的三个圆周只能姑且合为一个。

第三，请读者回想一下，我在二十二年前出版的《宇宙的奥秘》一书中曾经讲过，围绕太阳旋转的行星或圆轨道的数目是智慧的造物主根据五种正立体择取的。欧几里得(Euclid)在许多个世纪以前就写了一本书论述这些正立体，因其由一系列命题所组成，故名为《几何原本》(*Elements*)[②]。

---

① 即萨摩斯的阿里斯塔克的日心说，一般认为，阿里斯塔克第一次提出了日心说。

② “elements”的意思是“原理、初步”。

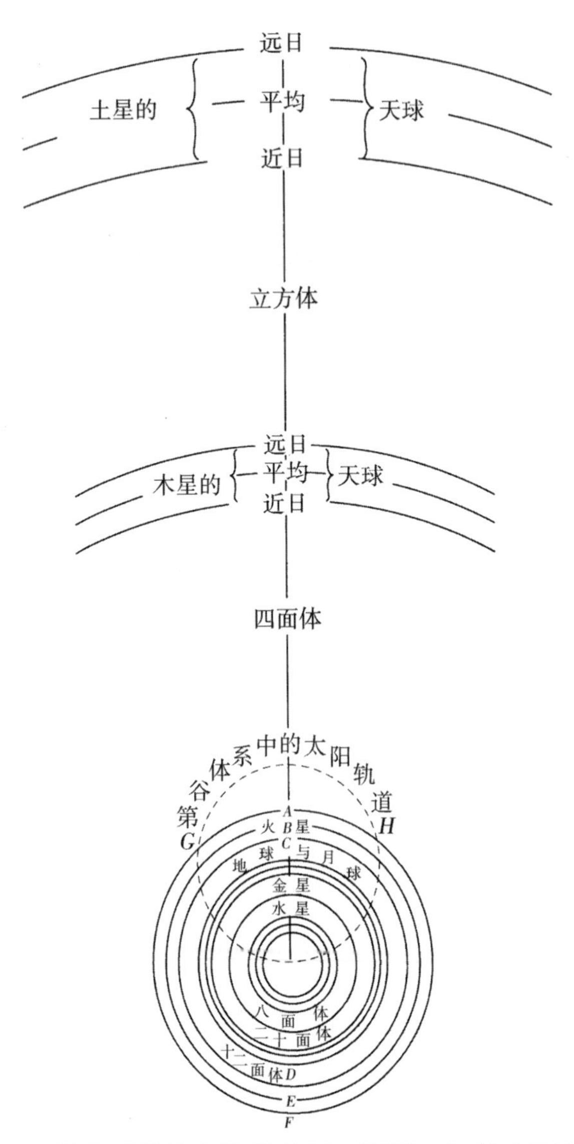

但我在本书的第二卷中已经阐明，不可能存在更多的正立体，也就是说，正平面图形不可能以五种以上的方式构成一个立体。

第四，至于行星轨道之间的比例关系，很容易想见，相邻的两条行星轨道之比近似地等于某种正立体的单一比，即它的外接球与内切球之比。但正如我曾就天文学的最终完美所大胆保证的，它们并非精确地相等。在根据第谷·布拉赫的观测最终证实了这些距离之后，我发现了如下事实：如果置立方体的各角于土星的内圆，则立方体各面的中心就几乎触及木星的中圆；如果置四面体的各角于木星的内圆，则四面体各面的中心就几乎触及火星的外圆；同样，如果八面体的角张于金星的任一圆上（因为三个圆都挤在一个非常狭小的空间里），则八面体各面的中心就会穿过并且落在水星外圆的内部，但还没有触及中圆；最后，与十二面体及二十面体的外接圆与内切圆之比——这些比值彼此相等——最接近的，是火星与地球的各圆周以及地球与金星的各圆周之间的比值或间距。而且，倘若我们从火星的内圆算到地球的中圆，从地球的中圆算到金星的中圆，则这两个间距也几乎是相等的，因为地球的平均距离是火星的最小距离与金星的平均距离的比例中项。然而，行星各圆周间的这两个比值还是大于立体形的这两对圆周间的比值，所以正十二面体各面的中心不能触及地球的外圆，正二十面体各面的中心不能触及金星的外圆。而且这一裂隙还不能被地球的最大距离与月球轨道半径之和，以及地球的最小距离与月球轨道半径之差所填满。不过，我发现还存在着另一种与立体形有关的关系：如果把一个由十二个五边形所组成，从而十分接近于那五种正立体的扩展了的正十二面体(我称之为“海胆”)的十二个顶点置于火星的内圆上，则五边形的各边(它们分别是不同的半径或点的基线)将与金星的中圆相切。简而言之，立方体和与之共轭的八面体完全没有进入它们的行星天球，十二面体和与之共轭的二十面体略微进入它们的行星天球，而四面体则刚好触及两个行星天球：行星的距离在第一种情况下存在亏值，在第二种情况下存在盈值，在第三种情况下则恰好相等。

由此可见，仅由正立体形并不能推导出行星与太阳的距离之间的实际比例。这正如柏拉图所说，几何学的真实发源地即造物主“实践永恒的几何学”而从不偏离他自身的原型。[①] 的确，这一点也可由如下事实得出：所有行星都在固定的周期内改变着各自的距离，每颗行星都有两个与太阳之间的特征距离，即最大距离与最小距离。因此，对于每两颗行星到太阳的距离可以进行四重比较，即最大距离之比、最小距离之比、彼此相距最远时的距离之比、彼此相距最近时的距离之比。这样，对于所有两两相邻的行星的组合，共得二十组比较，然而另一方面，正立体形却总共只有五种。有理由相信，如果造物主注意到了所有轨道的一般关系，那么他也将注意到个别轨道的距离变化，并且两种情况下所给予的关注是同样的而且是彼此相关的。只要我们认真考虑这一事实，就必定能够得出以下结论：要想同时确定轨道的直径与偏心率，除了五种正立体以外，还需要有另外一些原理作补充。

---

① 其实在柏拉图的著作中并不能找到这段话。

第五，为了得出能够确立起和谐性的诸种运动，我再次提请读者铭记我在《火星评注》(*Commentaries on Mars*)中根据第谷·布拉赫极为可靠的观测记录已经阐明的如下事实：行星经过同一偏心圆上的等周日弧的速度是不相等的；随着与太阳这个运动之源的距离的不同，它经过偏心圆上相等弧的时间也不同；反之，如果每次都假定相等的时间，比如一自然日，**则同一偏心圆轨道上与之相应的真周日弧与各自到太阳的距离成反比。同时我也阐明了，行星的轨道是椭圆形的，太阳这个运动之源位于椭圆的其中一个焦点上；由此可得，当行星从远日点开始走完整个圆轨道的四分之一的时候，它与太阳的距离恰好等于远日点的最大值与近日点的最小值之间的平均距离。由这两条原理可知，行星在其偏心圆上的周日平均运动与当它位于从远日点算起的四分之一圆周的终点时的瞬时真周日弧相同，尽管该实际四分之一圆周似乎较严格四分之一圆周为小。进一步可以得到，偏心圆上的任何两段真周日弧，如果其中一段到远日点的距离等于另一段到近日点的距离，则它们的和就等于两段平周日弧之和；因此，由于圆周之比等于直径之比，所以平周日弧与整个圆周上所有平周日弧(其长度彼此相等)总和之比，就等于平周日弧与整个圆周上所有真偏心弧的总和之比。平周日弧与真偏心弧的总数相等，但长度彼此不同。**当我们预先了解了这些有关真周日偏心弧和真运动的内容之后，就不难理解从太阳上观察到的视运动了。

第六，然而关于从太阳上看到的视弧，从古代天文学就可以知道，即使几个真运动完全相等，当我们从宇宙中心观测时，距中心较远(例如在远日点)的弧也将显得小些，距中心较近(例如在近日点)的弧将显得大些。此外，正如我在《火星评注》中已经阐明的，由于较近的真周日弧由于速度较快而大一些，在较远的远日点处的真周日弧由于速度较慢而小一些，由此可以得到，偏心圆上的视周日弧恰好与其到太阳距离的平方成反比。举例来说，如果某颗行星在远日点时距离太阳为10个单位(无论何种单位)，而当它到达近日点从而与太阳相冲时，距离太阳为9个单位，那么从太阳上看去，它在远日点与近日点的视行程之比必定为81∶100。

但上述论证要想成立，必须满足如下条件：首先，偏心弧不大，从而其距离变化也不大，也就是说从拱点到弧段终点的距离改变甚微；其次，偏心率不太大，因为根据欧几里得《光学》(*Optics*)的定理 8，偏心率越大(即弧越大)，其视运动角度的增加较之其本身朝着太阳的移动也越大。不过，正如我在我的《光学》第 11 章中所指出的，如果弧很小，那么即使移动很大的距离，也不会引起角度明显的变化。然而，我之所以提出这些条件，还有另外的原因。从日心观测时，偏心圆上位于平近点角附近的弧是倾斜的，这一倾斜减少了该弧视像的大小，而另一方面，位于拱点附近的弧却正对着视线方向。因此当偏心率很大时，似乎只有对于平均距离，运动才显得同本来一样大小，倘若我们不经减小就把平均周日运动用到平均距离上，那么各运动之间的关系显然就会遭到破坏，这一点将在后面水星的情形中表现出来。所有这些内容，在《哥白尼天文学概要》第五卷中都有相当多的论述，但仍有必要在此加以说明，因为这些论题所触及的正是天体和谐原理本身。

第七，倘若有人思考地球而非太阳上的观察者所看到的周日运动(《哥白尼天文学概要》的第六卷讨论了这些内容)，他就应当知道，这一问题尚未在目前的探讨中涉及。显然，这既是无须考虑的，因为地球不是行星运动的来源；同时也是无法考虑的，因为这些相对于虚假视像的运动，不仅会表现为静止或留，而且还会表现为逆行。于是，如此种种不可胜数的关系就同时被平等地归于所有的行星。因此，为了能够弄清楚建立于各个真偏心轨道周日运动基础上的内在关系究竟如何(尽管在太阳这个运动之源上的观测者看来，它们本身仍然是视运动)，我们首先必须从这种内在运动中分离出全部五颗行星所共有的外加的周年运动，而不管此种运动究竟是像哥白尼所宣称的那样，起因于地球本身的运动，还是如第谷所宣称的那样，起因于整个体系的周年运动。同时，必须使每颗行星的固有运动完全脱离外表的假象。①

第八，至此，我们已经讨论了同一颗行星在不同时间所走过的不同的

---

① 这里开普勒是在强调，天体的和谐只能在行星的真运动，即从太阳上观测到的运动中发现。

弧。现在，我们必须进一步讨论如何对两颗行星的运动进行比较。这里先来定义一些今后要用到的术语。我们把上行星的近日点和下行星的远日点称为两行星的**最近拱点**，而不管它们是朝着同一天区，还是朝着不同的乃至相对的天区运行。我们把行星在整个运行过程中最快和最慢的运动称为**极运动**，把位于两行星最近拱点处(即上行星的近日点和下行星的远日点)的运动称为**收敛极运动或逼近极运动**，把位于相对拱点处(即上行星的远日点和下行星的近日点)的运动称为发散极运动或远离极运动。我在22年前由于有些地方尚不明了而置于一旁的《宇宙的奥秘》中的一部分，必须重新加以完成并在此引述。因为借助于第谷·布拉赫的观测，通过黑暗中的长期摸索，我弄清楚了天球之间的真实距离，并最终发现了轨道周期之间的真实比例关系。这真是——

虽已姗姗来迟，仍在徘徊观望，
历尽悠悠岁月，终归如愿临降。①

倘若问及确切的时间，应当说，这一思想发轫于今年即公元1618年的3月8日，但当时计算很不顺意，遂当作错误置于一旁。最终，5月15日来临了，我又发起了一轮新的冲击。思想的暴风骤雨一举扫除了我心中的阴霾，我在第谷的观测上所付出的17年心血与我现今的冥思苦想之间获得了圆满的一致。起先我还当自己是在做梦，以为基本前提中就已经假设了结论，然而，这条原理是千真万确的，**即任何两颗行星的周期之比恰好等于其自身轨道平均距离的$\frac{3}{2}$次方之比**，尽管椭圆轨道两直径的算术平均值较其长径稍小。举例来说，地球的周期为1年，土星的周期为30年，如果取这两个周期之比的立方根，再把它平方，得到的数值刚好就是土星和地球到太阳的平均距离之比。② 因为1的立方根是1，再平方仍然是1；而30的立方根大于3，再平方则大于9，因此土星与太阳的平均距离略大于日地平均距离的9

① 选自维吉尔：《牧歌》(*Eclogue*)，其一，27和29。

② 因为我已经在《火星评注》第48章，第232页上证明，该算术平均值或者等于与椭圆轨道等长的圆周的直径，或者略小于这个数值。——英译本注

倍。在第 9 章中我们将会看到，这个定理对于导出偏心率是必不可少的。

第九，如果你现在想用同一把码尺测量每颗行星在充满以太的天空中所实际走过的周日行程，你就必须对两个比值进行复合，其一是偏心圆上的真周日弧(不是视周日弧)之比，其二是每颗行星到太阳的平均距离(因为这也就是轨道的大小)之比，**换言之，必须把每颗行星的真周日弧乘以其轨道半径。**只有这样得到的乘积，才能用来探究那些行程之间是否可以构成和谐比例。

第十，为了能够真正知道，当从太阳上看时这种周日行程的视长度有多大(尽管这个值可以从天文观测直接获得)，你只要把行星所处的偏心圆上任意位置的真距离(而不是平均距离)的反比乘以行程之比，**即把上行星的行程乘以下行星到太阳的距离，而把下行星的行程乘以上行星到太阳的距离，就可以得出所需的结果。**

第十一，同样，如果已知一行星在远日点、另一行星在近日点的视运动，或者已知相反的情况，那么就可以得出一行星的远日距与另一行星的近日距之比。然而在这里，平均运动必须是预先知道的，即两个周期的反比已知，由此即可推出前面第八条中所说的那个轨道比值：**如果取任一视运动与其平均运动的比例中项，则该比例中项与其轨道半径(这是已经知道的)之比就恰好等于平均运动与所求的距离或间距之比。**设两行星的周期分别是 27 和 8，则它们之间的平均周日运动之比就是 8∶27。因此，其轨道半径之比将是 9∶4，这是因为 27 的立方根是 3，8 的立方根是 2，而 3 与 2 这两个立方根的平方分别是 9 与 4。现在设其中一行星在远日点的视运动为 2，另一行星在近日点的视运动为 $33\frac{1}{3}$。平均运动 8 和 27 与这些视运动的比例中项分别等于 4 和 30。因此，如果比例中项 4 给出该行星的平均距离 9，那么平均运动 8 就给出对应于视运动 2 的远日距 18；并且如果另一个比例中项 30 给出另一行星的平均距离 4，那么该行星的平均运动 27 就给出了它的近日距 $3\frac{3}{5}$。由此，我得到前一行星的远日距与后一行星的近日距之比为 $18:3\frac{3}{5}$。因此显然，如果两行星极运动之间的和谐已经发现，二者的周期也已经确定，那么就必然能够导出其极距离和平均距离，并进而求出偏心率。

第十二，由同一颗行星的各种极运动也可以求出其**平均运动**。严格说来，平均运动既不等于极运动的算术平均值，也不等于其几何平均值，然而它小于几何平均值的量却等于几何平均值小于算术平均值的量的一半。设两种极运动分别为 8 和 10，则平均运动将小于 9，而且小于 80 的平方根的量等于 9 与 80 的平方根两者之差的一半。再设远日运动为 20，近日运动为 24，则平均运动将小于 22，而且小于 480 的平方根的量等于 22 与 480 的平方根之差的一半。这条定理在后面将会用到。①

第十三，由上所述，我们可以证明如下命题，它对于我们今后的工作将是不可或缺的：由于两行星的平均运动之比等于其轨道的$\frac{3}{2}$次方之比，所以两种视收敛极运动之比总小于与极运动相应的距离的$\frac{3}{2}$次方之比；这两个相应距离与平均距离或轨道半径之比乘得的积小于两轨道的平方根之比的数值，将等于两收敛极运动之比大于相应距离之比的数值；而如果该复合比超过了两轨道的平方根之比，则收敛运动之比就将小于其距离之比。②

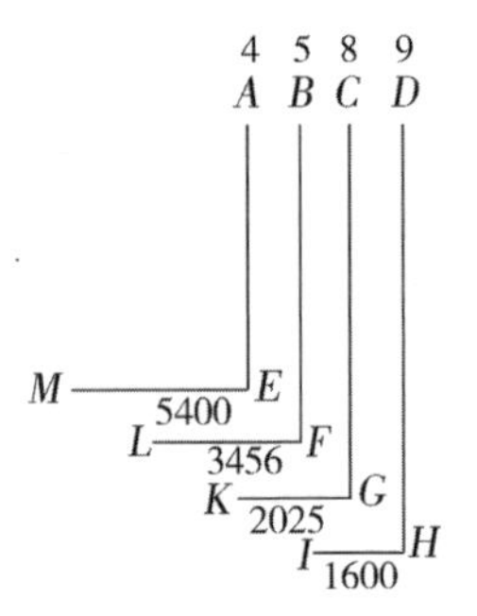

设轨道之比为 $DH:AE$，平均运动之比为 $HI:EM$，它等于前者倒数的$\frac{3}{2}$次方。设第一颗行星的最小轨道距离为 CG，第二颗行星的最大轨道距离为 BF，$DH:CG$ 与 $BF:AE$ 的积小于 $DH:AE$ 的平方根。再设 GK 为上行星在近日点的视运动，FL 为下行星在远日点的视运动，从而它们都是收敛极运动。

我要说明的是，

$$GK:FL>BF:CG$$

① 在第九章命题 48 中求偏心率时会用到。

② 开普勒计算比值时总是把比例各项从大到小排列，而不是像我们今天这样先排比例前项，后排比例后项。例如开普勒说，2：3 与 3：2 是一样的，3：4 大于 7：8 等。——C. G. Wallis［英译者］

$$GK : FL < CG^{\frac{3}{2}} : BF^{\frac{3}{2}}$$

因为

$$HI : GK = CG^2 : DH^2$$
$$FL : EM = AE^2 : BF^2$$

所以

HI：GK comp.[1] $FL : EM = CG^2 : DH^2$ comp. $AE^2 : BF^2$

但根据假定，

$$CG\text{：}DH \text{ comp. } AE : BF < AE\,\frac{1}{2} : DH\,\frac{1}{2}$$

两者相差一个固定的亏缺比例，于是把这个不等式的两边平方，便得到

$$HI : GK \text{ comp. } FL : EM < AE : DH,$$

其亏缺比例[2]等于前一亏缺比例的平方。但根据前面的第八条命题，

$$HI : EM = AE^{\frac{3}{2}} : DH^{\frac{3}{2}},$$

把小了亏缺比例平方的比例除以$\frac{3}{2}$次方之比，也就是说，

$$HI : EM \text{ comp. } GK : HI \text{ comp. } EM : FL > AE\,\frac{1}{2} : DH\,\frac{1}{2}$$

两者相差盈余比例的平方。而

$$HI : EM \text{ comp. } GK : HI \text{ comp. } EM : FL = GK : FL$$

因此

$$GK : FL > AE\,\frac{1}{2} : DH\,\frac{1}{2}$$

两者相差盈余比例的平方。但是

$$AE : DH = AE : BF \text{ comp. } BF : CG \text{ comp. } CG : DH$$

且

$$CG : DH \text{ comp. } AE : BF < AE\,\frac{1}{2} : DH\,\frac{1}{2}$$

两者相差简单亏缺比例，因此

$$BF : CG > AE\,\frac{1}{2} : DH\,\frac{1}{2}$$

---

① 这里 *comp.* 就是指上段提到的复合比，即两个比值的乘积，为了忠实于原英译本，这里不用现代的乘号标出。

② “亏缺比例”即较小的前项与较大的后项之比，“盈余比例”即较大的前项与较小的后项之比。

两者相差简单盈余比例。但是，

$$GK:FL>AE\frac{1}{2}:DH\frac{1}{2}$$

两者相差简单盈余比例的平方，而简单盈余比例的平方大于简单盈余比例，所以运动 GK 与 FL 之比大于相应距离 BF 与 CG 之比。

依照同样的方式，我们还可以相反地证明，如果行星在超过 H 和 E 处的平均距离的 G 和 F 处彼此接近，以至于平均距离之比 $DH:AE$ 变得比 $DH\frac{1}{2}:AE\frac{1}{2}$ 还要小，那么运动之比 $GK:FL$ 就将小于相应距离之比 $BF:CG$。要证明这一点，你只需把大于变为小于，＞变为＜，盈余变为亏缺，一切颠倒过来。

对于前面所引数值，$\frac{4}{9}$的平方根是$\frac{2}{3}$，$\frac{5}{8}$比$\frac{2}{3}$大出盈余比例$\frac{15}{16}$，8∶9 的平方是 1600∶2025 即 64∶81，4∶5 的平方是 3456∶5400 即 16∶25，最后，4∶9 的$\frac{3}{2}$次方是 1600∶5400 即 8∶27，于是，2025∶3456 即 75∶128 要比 5∶8 即 75∶120 大出同样的盈余比例(即 120∶128)15∶16；因此，收敛运动之比 2025∶3456 大于相应距离的反比 5∶8 的量等于 5∶8 大于轨道之比的平方根 2∶3 的量。或者换句话说，两收敛距离之比等于轨道平方根之比与相应运动的反比的平均值。

我们还可以由此推出，发散运动之比远远大于轨道的$\frac{3}{2}$次方之比，这是因为轨道的$\frac{3}{2}$次方之比与远日距离之比的平方复合为平均距离之比，与平均距离之比复合为近日距离之比。

第四章　造物主在哪些与行星运动有关的事物中表现了和谐比例，方式为何？

如果把行星逆行和留的幻象除去，使它们在其真实偏心轨道上的自行突显出来，则行星还剩下这样一些特征项：1)与太阳之间的距离；2)周期；3)周日偏心弧；4)在那些弧上的周日时耗(delay)①；5)它们在太阳上所张的角，或者相对于太阳上的观测者的视周日弧。在行星的整个运行过程中，除周期以外，所有这些项都是可变的，而且在平黄经处变化最大，在极点处变化最小，此时行星正要从其中的一极转向另一极。因此，当行星位于很低的位置或与太阳相当接近时，它在其偏心轨道上走过一度的时耗很少，而在一天之中走过的偏心弧却很长，从太阳上看运动很快。此后，行星的运动将这样持续一段时间，而不发生明显的改变，直到通过了近日点，行星与太阳的直线距离才渐渐开始增加。同时，行星在其偏心轨道上走过一度的时耗也越来越长，或若考虑周日运动，从太阳上看去，行星每天的行进将越来越少，走得也越来越慢，直至到达高拱点，距离太阳最远为止。此时，行星在偏心轨道上走过一度的时耗最长，而在一天之中走过的弧最短，视运动也是整个运行过程中最小的。

最后，所有这些特征项既可以属于处于不同时间的同一颗行星，又可以属于不同的行星。所以倘若假定时间为无限长，某一行星轨道的所有状态都可以在某一时刻与另一行星轨道的所有状态相一致，并且可以相互比较，则它们的整个偏心轨道之比将等于其半径或平均距离之比。但是两条偏心轨道上被指定为相等或具有同一[度]数的弧却代表不同的真距离，比如土星轨道上一度的长度大约等于木星轨道上一度的两倍。而另一方面，用天文学数值所表示的偏心轨道上的周日弧之比，也并不等于行星在一天之中穿过以太的真距离之比，因为同样的单位度数在上行星较宽的圆上表示较大的路径，在下行星的较窄的圆上表示较小的路径。

我们首先考虑前面所列特征项中的第二项，即行星的周期，它等于行星通过整个轨道所有弧段的全部时耗(长的、中等的和短的)之总和。根据从古至今的观测结果，诸行星绕日一周所需时间如下表所示：

---

① 这里显然有误。周日时耗当然就是一日。根据开普勒后来的讨论，他这里本来要说的似乎是“在等弧上的时耗”。后面的“时耗”均指经过相等弧段所需的时间。

	日	日分①	由此得到的平均周日运动		
			分	秒	毫秒
土星	10759	12	2	0	27
木星	4332	37	4	59	8
火星	686	59	31	26	31
地球和月球	365	15	59	8	11
金星	224	42	96	7	39
水星	87	58	245	32	25

因此，这些周期之间并不存在和谐比例。只要把较大的周期连续减半，把较小的周期连续加倍，忽略八度音程，得到一个八度内的音程，就很容易看出这一点。②

	土星	木星	火星	地球	金星	水星	
减半	10759 日 12 分						加倍
	5379 日 36 分	4332 日 37 分				87 日 58 分	
	2689 日 48 分	2116 日 19 分			224 日 42 分	175 日 56 分	
	1344 日 54 分	1083 日 10 分	686 日 59 分	365 日 15 分	449 日 24 分	351 日 52 分	
	672 日 27 分	541 日 35 分					

你可以发现，所有最后的数都无法构成和谐比例，或者说构成的比例是无理的。因为如果取 120（对弦的分割数）为对火星的日数 687 的度量，则按照这种单位计算，土星的十六分之一周期为 117，木星的八分之一周期小于 95，地球的周期小于 64，金星的两倍周期大于 78，水星的四倍周期大于 61。这些数值都不能与 120 构成和谐比例，但与它们临近的数 60、

① 古人把一天的时间分成 60 个单位，每一个单位的时间长度为 1 日分。后面的时间单位“分”均指“日分”。

② 周期每除以 2，音程就提高一个八度；每乘以 2，就降低一个八度。例如，土星周期的十六分之一为 672.27 天，音程提高了 4 个八度。这个值比上火星的周期大约为 117∶120。这个音程在一个八度以内，但显然不是协和音程。

75、80 和 96 却可以；类似地，如果把 120 取为土星的度量，则木星的值约为 97，地球大于 65，金星大于 80，水星小于 63；当木星取为 120 时，地球小于 81，金星小于 100，水星小于 78；当金星取为 120 时，地球小于 98，水星大于 94；最后，当地球取为 120 时，水星小于 116。但如果这种对比例的自由选择是有效的话，它们本应当是绝对完美的和谐比例，而不存在任何盈余或亏缺。于是我们发现，造物主并不希望时耗之和即周期之间构成和谐比例。

尽管行星的体积之比等于周期之比这个猜想很有可能成立(它基于几何学证明以及《火星评注》中关于行星运动成因的学说)，从而土星球大约是地球的三十倍，木星球是地球的十二倍，火星球小于地球的两倍，地球是金星球的一倍半，是水星球的四倍，但即使这些关于体积的比例也不是和谐的。

然而，除非已经受到其他某种必然性定律的支配，上帝所创立的任何事物都不可能不具有几何学上的美，所以我们立即可以推出，凭借某种预先存在于原型中的东西，周期已经得到了最合适的长度，运动物体也已经得到了最合适的体积。需要说明的是，这些看似不成比例的体积和周期何以会被设计成这般尺寸。我已经说过，周期是由最长的、中等的和最短的时耗全部加在一起得到的，因此，几何学上的和谐必定可以从这些时耗上，或者从造物主心灵中的某种在先的东西中发现。而时耗之比与周日弧之比有着密切的关系，因为周日弧与时耗成反比。我们还说过，任一行星的时耗与距离之比相等。于是对于同一颗行星来说，[周日]弧、等弧上的时耗、周日弧与太阳之间的距离这三者是一回事。既然对于行星来说，所有这些项都是可变的，那么如果至高的造物主已经通过可靠的设计，给行星赋予了某种几何学上的美的话，这种美就一定会在其两极处凭借远日距和近日距实现，而不会凭借两者之间的平均距离实现。极距离之比已定，就不必再把居间的比例也设计成确定的值了，因为根据行星从其中一极通过所有中间点向另一极运动的必然性，它们会自动获取相应的值。

根据第谷·布拉赫极为精确的观测结果以及《火星评注》中所给出的方

法，通过十七年的苦心研究，我们得到了如下极距离：

（原书的图有诸多错误，这里做了较大修改，请把图中（包括后面各图）的 * / * 改为 $\frac{*}{*}$ ，但数字和译文均以本稿为准。）

距离与和谐比例的比较[①]

两行星间的比例 发散的	收敛的	距　离	单颗行星的[固有]比例
$\frac{a}{d}=\frac{2}{1}$，	$\frac{b}{c}=\frac{5}{3}$	土星的远日点 10052a.	大于一个小全音$\frac{10000}{9000}$
		近日点 8968b.	小于一个大全音$\frac{10000}{8935}$
$\frac{c}{f}=\frac{4}{1}$，	$\frac{d}{e}=\frac{3}{1}$	木星的远日点 5451c.	非和谐比例，但约为不和谐
		近日点 4949d.	的 11∶10，或 6∶5 的平方根
$\frac{e}{h}=\frac{5}{3}$，	$\frac{f}{g}=\frac{27}{20}$	火星的远日点 1665e.	1662∶1385 是和谐比例 6∶5，
		近日点 1382f.	1665∶1332 是和谐比例 5∶4
$\frac{g}{k}=\frac{2}{1\frac{2}{1}}$		地球的远日点 1018g.	1025∶984 是第西斯 25∶24，
即$\frac{10000}{7071}$，	$\frac{h}{i}=\frac{27}{20}$	近日点 982h.	因此它还不到一个第西斯
$\frac{i}{m}=\frac{12}{5}$，	$\frac{k}{l}=\frac{243}{160}$	金星的远日点 729i.	小于一个半音差
		近日点 719k.	大于第西斯的三分之一
		水星的远日点 470l.	243∶160，大于纯五度
		近日点 307m.	但小于和谐比例 8∶5

① 总注：在开普勒的这部著作中，我把 concinna 和 inconcinna 分别译为“和谐的”和“不和谐的”。Concinna 通常被用来指位于音阶的“自然系统”或纯律之内的所有比例，而 *inconcinna* 则被用来指这个调音系统之外的所有那些比例。“协和的”（*consonans*）和“不协和的”（*dissonans*）是指此音乐系统之内的音程（即协和音）的性质。“和声”（harmonia）有时是在“和谐”（concordance）的意义上使用，有时则在“协和音程”（consonance）的意义上使用。

Genus durum 和 *genus molle* 或译为“大调”和“小调”，或译为“大音阶”和“小音阶”，或译为“大（音程）”和“小（音程）”。*Modus* 用来指教会调式的用法仅在第六章中出现。

由于我们目前所使用的音乐术语对于十六和十七世纪并非严格适用，所以这里有必要对术语做一些解释。这里的材料选自开普勒《世界的和谐》，第三卷。

因此，除了火星与水星，其他行星的极距离之比都不接近和谐比例。

然而倘若你把不同行星的极距离进行相互比较，某种和谐的迹象就会显示出来。因为土星与木星的发散极距离之间略大于一个八度，收敛极距离之间是大六度和小六度的平均；木星与火星的发散极距离之间构成约两个八度，收敛极距离之间约为八度加五度；地球与火星的发散极距离之间略大于大六度，收敛极距离之间构成增四度；地球与金星的收敛极距离之间也构成增四度，但发散极距离之间却不能构成任何和谐比例，这是因为它小于半个八度，也就是说小于2∶1的平方根；最后，金星与水星的发散极距离之间略小于八度加小三度，发散极距离之间略大于增五度。

小音阶中的一个八度系统(Systema octavae in cantu molli)：

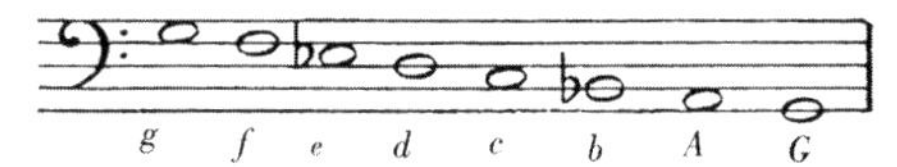

弦长比　72∶81∶90∶96∶108∶120∶128∶144

在大音阶中(In cantu duro)

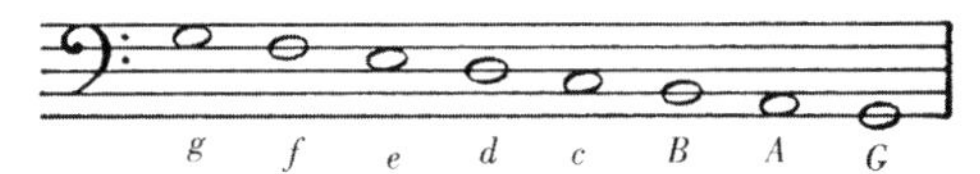

弦长比　360∶405∶432∶480∶540∶576∶640∶720

由于在所有音乐中，这些音阶可以在一个或多个八度以上进行重复，所以上面这些比例都可以减半，即

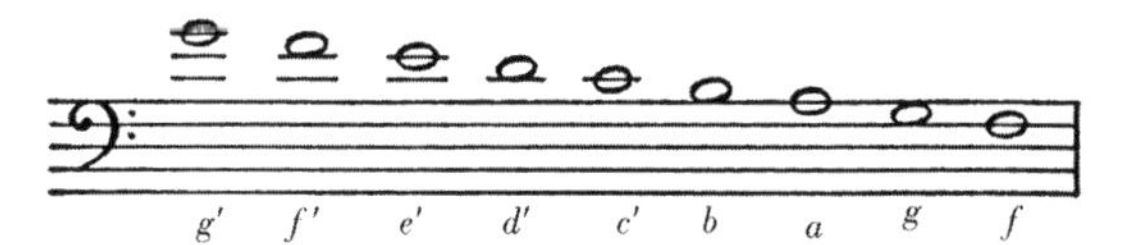

弦长比　180∶2021/2∶216∶240∶270∶288∶320∶360∶405 ctc

开普勒所考虑的各种音程为：

80∶81　(季季莫斯)音差(comma [of Didymus])，大小全音之差$\left(\frac{8}{9}\div\frac{9}{10}\right)$

24∶25　第西斯(diesis)$\left[\text{e-降 e、B-降 b 或一个半音与一个小全音之差}\left(\frac{15}{16}\div\frac{9}{10}\right)\right]$

128∶135　小半音(lemma)$\left[\text{一个半音与一个大全音之差}\left(\frac{15}{16}\div\frac{8}{9}\right)\right]$

243∶256　柏拉图小半音(Plato's lemma)(在这个系统中没有出现，但在毕达哥拉斯调音系统中出现了)

15∶16　半音(semitone)　小调：降 e-d，降 b-A；大调：e-d，B-A

因此，尽管有一个距离与和谐比例偏离较远，但业已取得的成功却激励我们继续探索下去。我的推理如下：首先，由于这些距离都是没有运动的长度，所以它们不适合用来考察和谐比例，因为和谐与运动的快慢联系更为紧密；其次，由于这些距离都是天球半径，所以很容易想见，五种正

9∶10　小全音(minor whole tone)　小调：f-降e，c-降b；大调：e-b，B-A

8∶9　大全音(major whole tone)　小调：g-f，d-c，A-G；大调：g-f，d-c，A-G

27∶32　亚小三度(sub-minor tone)　大小调：f-d，c-A

5∶6　小三度(minor third)　小调：e-降-c，降b-G；大调：g-e，d-B

4∶5　大三度(major third)　小调：g-e-降，d-b-降；大调：e-c，B-G

64∶81　二全音(ditone)(毕达哥拉斯三度)　(大小调：a-f)

243∶320　小不完全四度(lesser imperfect fourth)　(“大不完全五度”的转位)见下

3∶4　纯四度(perfect fourth)　小调：g-d，f-c，降e-降b，d-A，c-G；大调：g-d，f-c，e-B，d-A，c-G

20∶27　大不完全四度(greater imperfect fourth)　小调：降b′-f；大调：a-e

32∶45　增四度(augmented fourth)　小调：a-降e；大调：b-f

45∶64　减五度(diminished fifth)　小调：e-降-A；大调：f-B

27∶40　小不完全五度(lesser imperfect fifth)　小调：f-降b；大调：e-A

2∶3　纯五度(perfect fifth)　小调：g-c，d-G；大调：g-c，d-G

160∶243　大不完全五度(greater imperfect fifth)　$\left(\text{由二全音和小三度复合而成}\frac{64}{81}\times\frac{5}{6}\right)$

81∶128　不完全小六度(imperfect minor sixth)　(大小调：f-A)

5∶8　小六度(minor sixth)　小调：降e-G；大调：g-B，c′-e

3∶5　大六度(major sixth)　小调：g-降B，c′-降e；大调：e-G，b-d

64∶27　大大六度(greater major sixth)　小调：d′-f，a-c；大调：d′-f，a-c

1∶2　八度(octave)　(g-G，a-A，b-B，降b-降B)

所有这些音程都是单音程。当把一个或几个八度加在单音程上时，合成的音程就是一个“复”音程。

1∶3　等于$\frac{1}{2}\times\frac{2}{3}$——一个八度和一个纯五度

3∶32　等于$\left(\frac{1}{2}\right)^3\times\frac{3}{4}$——三个八度和一个纯四度

1∶20　等于$\left(\frac{1}{2}\right)^4\times\frac{16}{20}$——四个八度和一个大三度

谐和音程：大小三度和六度、纯四度、纯五度、纯八度

“掺杂”谐和音程：下小三度、二全音、小不完全四度和五度、大不完全四度和五度、不完全小六度、大大六度。

不谐和音程：所有其他音程。

在整部著作中，开普勒沿袭他那个时代的理论家的用法而使用弦长比，而不是像我们今天通常所做的那样使用振动比。当然，弦长比是振动比的倒数，也就是说，弦长比4∶5用振动比来表示就是5∶4。这解释了为什么音阶是降序，而数值却是增序。很有意思的是，开普勒的大小音阶彼此互为逆行，因此当用振动比来表示时，它们的顺序与用弦长比来表示时正好相反：

立体形的比例更可能适用于它们，这是因为几何立体与天球(或被天际物质四处包围，如古人所说的那样，或被累计起来的连续多次旋转所包围)之比，等于内接于圆的平面图形(正是这些图形产生了和谐)与天上的运动圆周之比以及与运动发生的其他区域之比。因此，如果我们要寻找和谐，就不应当在这些天球半径中寻找，而要到运动的度量即实际运动中去寻找。当然，天球的半径只能取成平均距离，而我们这里所讨论却是极距离。因此，我们所讨论的不是关于天球的距离，而是关于运动的距离。

尽管我已经由此转到了对极运动进行比较，但极运动之比仍与前面所讨论的极距离之比相同，只不过比例的顺序要颠倒一下。因此，前面发现的某些不和谐比例在极运动之间也可以找到。但我认为，得到这样的结果是理所当然的，因为我是在把偏心弧进行比较，它们不是通过同样大小的量度进行表达和计算的，而是通过大小因行星而异的度和分来计算的。而且从我们这里观察，它们的视尺寸绝不会与其数值所指示的一样大，除非是在每颗行星的偏心轨道的中心，而这一中心并没有落在任何东西上；认为在那个位置存在着某种能够把握这种视尺寸的感官或天性，这是令人难以置信的；或者说，如果我想把不同行星的偏心弧与它们在各自中心(因行星而异)所显现出来的视尺寸进行比较，这是不可能的。然而，如果要对不同的视尺寸就像比较，那么它们就应该在宇宙中的同一个位置显现，并使其比较者处在它们共同显现的位置。因此我认为，这些偏心弧的视尺

依照振动比得出的谱子

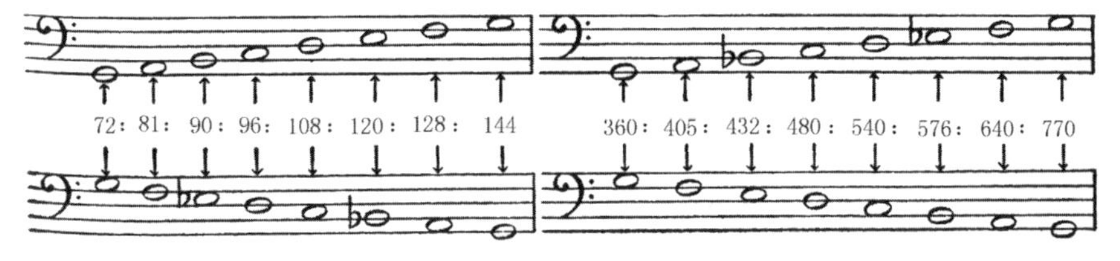

按照弦长比得出的谱子

这里选了任意音高G来定出这些比值。这个g或“gamma”通常是十六世纪整个音阶的最低音。Elliott Carter，Jr. ——英译本注

寸或者应从心中排除，或者应以不同的方式来表示。如果我把视尺寸从心中排除，而把注意力转到行星的实际周日行程上去，我就发现不得不运用我在前一章第九条中所给出的规则。[①] 于是，把偏心周日弧乘以轨道的平均距离，我们便得到了如下行程：

	周日运动	平均距离	周日行程
土星在远日点	1′53″	9510	1075
在近日点	2′7″		1208
木星在远日点	4′44″	5200	1477
在近日点	5′15″	1638	
火星在远日点	28′44″	1524	2627
在近日点	34′34″		3161
地球在远日点	58′6″	1000	3486
在近日点	60′13″		3613
金星在远日点	95′29″	724	4149
在近日点	96′50″		4207
水星在远日点	210′0″	388	4680
在近日点	307′3″		7148

由此我们可以看到，土星的行程仅为水星行程的七分之一。亚里士多德会认为这个结论是与符合理性的，因为他在其《论天》(*On the Heaven* 或 *De Caelo*)一书的第二卷中曾说，[②] 距太阳较近的行星总是要比距太阳较远的行星走更大的距离，而这在古代天文学中是不能成立的。

的确，如果我们认真思索一下，就不难理解，最智慧的造物主不大可能会为行星的行程特别建立和谐。因为如果行程的比例是和谐的，那么行

① 这条规则是要找到一种对所有行星均适用的对真周日行程的公共量度，即真周日弧乘以行星与太阳之间的距离所得到的积。

② Aristotle, *De Caelo* [论天], 291 a 29—291 b 10.

星的所有其他方面就会与行星的旅程发生联系并受到限制，从而就没有其他可供建立和谐的余地了。但是谁将从行程之间的和谐获益呢？或者说谁将觉察到这些和谐呢？在大自然中，只有两种东西可以向我们显示出和谐，即光或声：光通过眼睛或与眼睛类似的隐秘感官接受，声则通过耳朵接受。心灵把握住这些流溢出来的东西，或者通过本能(关于这一点，我在第四卷中已经讲得很多了)，或者通过天文学的或和谐的推理来把和谐与不和谐区分开。事实上，天空中静寂无声，星辰的运动也不至同以太产生摩擦而发出噪声。光也是如此。如果光要传达给我们某些关于行星行程的信息，它就会或者传达给眼睛，或者传达给某种与眼睛类似、并处于某一特定位置的感官；为了使光能够把信息瞬间传达给我们，这种感官似乎必定就呈现在那里。如此一来，为了使所有行星的运动都能同时呈现给感官，整个世界都将有感官存在。通过观察，通过在几何与算术中长时间地四处游荡，再通过轨道的比例以及其他必须首先了解的东西，最后得到实际的行程，这种路径对于任何天性来说似乎都太长了，为了改变这种状况，引入和谐似乎是合理的。

因此，综合以上所有这些看法，我可以恰当地得出结论说，行星穿过以太的真实行程应当不予考虑，我们应当把目光转向视周日弧，它们在宇宙中的一个确定的显著位置——即太阳这个所有行星的运动之源——可以很清楚地显示出来。我们必须看到，不是某一行星距离太阳有多远，也不是它在一天之中走过多少路程(因为这属于推理和天文学，而不属于天性)，而是每颗行星的周日运动对太阳所张角度的大小，或者说它在一个围绕太阳的轨道(比如说椭圆)上看起来走过了多大的弧，才能使这些经由光传到太阳的现象，能够与光一起直接流向分有这种天性的生命体，正如我们在第四卷中所说，天上的图式经由光线流入胎儿。①

因此，如果把导致行星出现留和逆行现象的轨道周年视差从行星的自

① 这里开普勒似乎是主张，生命体接受天体的和谐是天性使然。在理解天体和谐的各种可能性中，从太阳上看到的视运动是最适合本能体认的。

行中消去，那么第谷的天文学告诉我们，行星在其轨道上的周日运动(在太阳上的观察者看来)如下表所示。

两行星间的和谐比例		视周日运动	单颗行星的固有和谐比例
发散	收敛		
		土星在远日点 $1'46''a$	$1'48''$ ∶ $2'15''=4$ ∶ 5，
		在近日点 $2'15''b$	大三度
$\frac{a}{d}=\frac{1}{3}$，	$\frac{b}{c}=\frac{1}{2}$		
		木星在远日点 $4'30''c$	$4'35''$ ∶ $5'30''=5$ ∶ 6，
		在近日点 $5'30''d$	小三度
$\frac{c}{f}=\frac{1}{8}$，	$\frac{d}{e}=\frac{5}{24}$		
		火星在远日点 $26'14''e$	$25'21''$ ∶ $38'1''=2$ ∶ 3，
		在近日点 $38'1''f$	五度
$\frac{e}{h}=\frac{5}{12}$，	$\frac{f}{g}=\frac{2}{3}$		
		地球在远日点 $57'3''g$	$57'28''$ ∶ $61'18''=15$ ∶ 16，
		在近日点 $61'18''h$	半音
$\frac{g}{k}=\frac{3}{5}$，	$\frac{h}{i}=\frac{5}{8}$		
		金星在远日点 $94'50''i$	$94'50''$ ∶ $98'47''=24$ ∶ 25，
		在近日点 $97'37''k$	第西斯
$\frac{i}{m}=\frac{1}{4}$，	$\frac{k}{l}=\frac{3}{5}$		
		水星在远日点 $164'0''l$	$164'0''$ ∶ $394'0''=5$ ∶ 12，
		在近日点 $384'0''m$	八度加小三度

需要注意的是，水星的大偏心率使得运动之比显著偏离了距离平方之比。[①] 如果令平均距离 100 与远日距 121 之比的平方等于远日运动与平均运动 $245'32''$之比，我们便可以得到远日运动为 167；如果令 100 与近日距

① 开普勒已经证明了，对于小偏心率，从太阳上看到的视角速度与行星和太阳之间的距离的平方成反比。参见第三章，第六条。

79之比的平方等于近日运动与同一平均运动之比，就得到近日运动为393。两个结果都比我预想的要大，这是因为平近点角处的平均运动因斜着观测而不会显出245′32″那么大，而是会比它小5′。因此，我们发现远日运动和近日运动也较小。不过根据我在前一章第七条中讲到的欧几里得《光学》的定理8，远日运动(看起来)偏小的程度较小，近日运动偏小的程度较大。

因此，根据前面给出的偏心周日弧的比例，我完全可以在头脑中设想，单颗行星的这些视极运动之间存在着和谐，可以构成协和音程，因为我发现，和谐比例的平方根在任何地方都起着支配作用，而我知道视运动之比等于偏心运动之比的平方。但事实上，仅凭实际观测，而不用借助推理就可以证明我的结论。正如你在上表中所看到的，行星的视运动之比非常接近和谐比例：土星和木星的比例分别略大于大三度和小三度，前者超出了53∶54，后者超出了54∶55或更小，也就是说约为一个半音差；地球的比例略大于一个半音(超出了137∶138，或者说几乎半个音差)；火星小于一个五度(小了29∶30，接近34∶35或35∶36)；水星的比例比一个八度大了小三度，而不是一个全音，即大约比全音小38∶39(约为两个音差，即34∶35或35∶36)。只有金星的比例小于任何协和音程，其自身仅为一个第西斯；因为它的比例介于两个音差和三个音差之间，超出了一个第西斯的三分之二，大约为34∶35或35∶36，或者说等于一个第西斯减去一个音差。

对月球也可作这样的考虑。① 我们发现它在方照时的每时远地运动(即最慢的运动)是26′26″，而在朔望时的每时近地运动(即最快的运动)是35′12″。这样就刚好构成了纯四度，因为26′26″的三分之一是8′49″，它的四倍等于35′16″。需要注意的是，除此以外，我们在视运动中再没有发现纯四度这个协和音程了。还应注意，四度协和音程与月相中的方照之间存在着类似之处。因此，前面所说的那些可以在单颗行星的运动中找到。

---

① 月球视运动的比例被取作地球上的观测值。

然而对于两行星极运动之间的相互比较，无论你所比较的是发散极运动还是收敛极运动，只要我们看一看天体的和谐，便可豁然开朗。因为土星与木星的收敛运动比例恰好是两倍或一个八度，发散运动之比略大于三倍或八度加五度。由于5′30″的三分之一是1′50″，而土星是1′46″，所以行星的运动与协和音程之间大约相差一个第西斯，即26∶27或27∶28。如果土星在远日点处的运动再小一秒，这个差就将等于34∶35，即金星的极运动之比。木星和火星的发散运动与收敛运动分别构成三个八度和两个八度加三度，不过并非精确，因为38′1″的八分之一是4′45″，木星是4′30″，这两个值之间仍然有18∶19(半音15∶16与第西斯24∶25的平均值)的差距，也就是说接近于一个纯小半音128∶135。[①] 同样，26′14″的五分之一是5′15″，木星是5′30″，因此这里比例五倍比例少了21∶22，而比另一个比例多了约一个第西斯24∶25。

构成两个八度加小三度而非大三度的和谐比例5∶24与此相当接近，因为5′30″的五分之一是1′6″，它的24倍等于26′24″，它与26′14″相差不到半个音差。火星与地球被分配了最小的比例，它恰好等于一倍半或纯五度，这是因为57′3″的三分之一是19′1″，它的二倍等于38′2″，这正是火星的值38′11″。它们还被分配了较大的比例5∶12，即八度加小三度，但更不精确，这是因为61′18″的十二分之一是5′6 $\frac{1}{2}$″，乘以5得25′33″，而火星则是26′14″。因此，这里小了约一个减第西斯，即35∶36。地球与金星被分配的最大和谐比例是3∶5，最小和谐比例是5∶8，即大六度和小六度，但又是不精确的，因为97′37″的五分之一乘以3得58′33″，这要比地球的远日运动大34∶35，行星比例大约超出和谐比例35∶36。94′50″的八分之一是11′51″+，它的五倍是59′16″，大约等于地球的平均运动，因此这里行星的比例要比和谐比例小29∶30或30∶31，这个值也接近于一个减第西斯35∶36，这个最小比例就是行星比例与纯五度之间的差距。因为

① 参见前面对“距离与和谐比例的比较”的注释。——英译本注

94′50″的三分之一是31′37″，它的二倍是63′14″，地球的近日运动61′18″比它略小31∶32，所以行星的比例恰好等于临近和谐比例的平均值。最后，金星和水星被分配的最大比例是两个八度，最小比例是大六度，但不是精确的。这是因为384′的四分之一是96′0″，金星是94′50″，它比四倍比例大约多出了一个音差。164′的五分之一是32′48″，乘以3得98′24″，而金星是97′37″，所以行星的比例大约超出了一个音差的三分之二，即126∶127。

以上就是被赋予行星的各种协和音程。主要比较(即收敛极运动与发散极运动之间的比较)中的任何一个比例都非常接近于某种协和音程，所以倘若以这样的比例调弦，耳朵很难分辨出不协和部分，只有木星与火星之间是个例外。[①]

接下来，如果我们比较同一侧的运动[②]，结果也不应偏离和谐比例太远。如果把土星的4∶5 comp. 53∶54与居间比例1∶2复合，得到的结果2∶5 comp. 53∶54即为土星与木星的远日运动之比。[③] 把1∶2与木星的5∶6 comp. 54∶55复合，得到的结果5∶12 comp. 54∶55即为土星与木星的近日运动之比。类似地，把木星的5∶6 comp. 54∶55与居间比例5∶24 comp. 158∶157复合，我们便得到远日运动之比1∶6 comp. 36∶35。[④] 把同样的5∶24 comp. 158∶157与火星的2∶3 comp. 30∶29复合，得到的结果5∶36 comp. 25∶24即125∶864或近似的1∶7即为[木星与火星

① 开普勒把“耳朵很难辨别出”的不协和部分的最大值取作一个第西斯24∶25。只有木星与火星的发散运动之间的不协和部分大于一个第西斯，它的实际值是128∶135，即一个第西斯与一个半音的平均值。尽管这些不协和部分已经相当小了，但它们还没有小到开普勒所希望的程度。因为一个大到第西斯程度的不协和部分在音乐演奏中是不被允许的，其可以接受的最大不协和部分为一个音差80∶81，小于第西斯的三分之一。

② 即比较两行星的近日运动或远日运动。

③ comp. 代表比例或音程之间的“复合”，即两者相乘。开普勒在前面已经说明，土星的远日运动与近日运动之间的比例比大三度4∶5超出了53∶54或一个半音差。而土星的近日运动与木星的远日运动之间几乎恰好相差一个八度1∶2，所以把前者与1∶2复合，就得到了土星与木星的远日运动之比。于是，这两个远日运动之间就比八度加大三度超出了大约一个半音差，它很好地落在了开普勒所能接受的一个第西斯的极限之内。后面的计算也是类似的。

④ 即木星与火星的远日运动之比。这个值相当于比两个八度加一个五度小两个音差的音程。

的]近日运动之比：目前仍然只有这个比例是不和谐的。[①] 再把第三个居间比例2∶3[②] 与火星的 2∶3 comp. 30∶29 复合，得到的结果 4∶9 comp. 30∶29 或 40∶87，即为[火星与地球的]近日运动之比，它是另一个不和谐比例。如果不与火星复合，而与地球的 15∶16 comp. 137∶138 复合，那么就得到[火星与地球的]近日运动之比 5 例∶8 comp. 137∶138。[③] 如果把第四个居间比例 5∶8 comp. 31∶30 或 2∶3 comp. 31∶32 与地球的 15∶16 comp. 137∶138复合，得到的结果即为地球与金星的远日运动之比，它的值接近 3∶5，这是因为 94′50″的五分之一是 18′58″，它的三倍是 56′54″，而地球是 57′3″。[④] 如果把金星的 34∶35[⑤] 与同一比例进行复合，便得到[地球与金星的]近日运动之比为 5∶8，这是因为 97′37″的八分之一是12′12″+，乘以 5 是 61′1″，而地球是 61′18″。最后，如果把最后一个居间比例 3∶5 comp. 126∶127 与金星的 34∶35 复合，得到的结果 3∶5 comp. 24∶25 即为[金星与水星的]远日运动之比，它所对应的音程是不协和的。如果把它同水星的 5∶12 comp. 38∶39 进行复合，便得到[金星与水星的]近日运动之比为两个八度或 1∶4 减去大约一个第西斯。

因此，我们可以发现以下协和音程：土星与木星的收敛极运动之间构成一个八度；木星与火星的收敛极运动之间约为两个八度加小三度；火星与地球的收敛极运动之间是一个五度，其近日运动之间是小六度；金星与水星的收敛极运动之间是大六度，发散极运动或者说近日运动之间是两个八度。因此，余下的那点微小出入似乎可以忽略不计(特别是对于金星和水星的运动)，而不会损害主要是基于第谷·布拉赫的观测建立起来的天

---

① 木星的近日运动与火星的远日运动之比是 5∶24 comp. 158∶157，火星的远日运动与近日运动之比是 2∶3 comp. 30∶29，把这两个值复合起来，便得到木星与火星的近日运动之比，即开普勒所说的不协和音程 1∶7。

② 即火星的近日运动与地球的远日运动之比。

③ 于是火星与地球的近日运动之比对应着一个协和音程，不协和部分只有半个音差。

④ 这里的不协和部分约为一个音差的四分之一。

⑤ 开普勒已经说明金星的远日运动与近日运动之比对应着一个第西斯减一个音差，即音程 34∶35。

文学。

然而应当注意的是，木星与火星之间并不存在主要和谐比例，但我只是在那里才发现，正立体形的安放是近乎完美的，因为木星的近日距离约为火星远日距离的三倍，所以这两颗行星力图在距离上获得在其运动上没有达到的完美和谐。

还应注意的是，土星与木星之间的较大行星比例超出三倍这一和谐比例的量，大约等于金星的固有比例；火星与地球的收敛和发散运动之间的较大比例也大约少了同样的量。第三点要注意的是，对于上行星来说，和谐比例建立在收敛运动之间，而对于下行星来说，则是建立在同一方向的运动之间。[①] 第四点要注意的是，土星与地球的远日运动之间大约为五个八度，这是因为57′3″的三十分之一是1′47″，而土星的远日运动是1′46″。

此外，单颗行星建立的和谐比例与两颗行星之间建立的和谐比例有很大的不同，前者不能在同一时刻存在，而后者却可以；因为当同一颗位于远日点时，它就不可能同时位于近日点，但如果是两颗行星，就可以其中一颗在远日点，同时另一颗在近日点。[②] 这种由单颗行星所构成的和谐比例与两颗行星所构成的和谐比例之间的差别，类似于被我们称为合唱音乐的素歌或单音音乐(古人唯一知晓的音乐种类)[③]与复调音乐——即人们晚近发明的所谓“华丽音乐”[④]——之间的差别一样。在接下来的第五章和第六章中，我将把单颗行星与古人的合唱音乐相比较，它的性质将在行星运动中得以展示。而在后面的章节中，我将说明两颗行星与现代的华丽音乐之间也是相符的。

---

① 即两颗行星的远日运动或近日运动之间。

② 由单颗行星所构成的协和音只能像单线旋律那样连续听到，而两颗行星所构成的协和音却可以同时听到，就像在开普勒认为是晚近发明的复调音乐中一样。

③ 古希腊的合唱音乐是单线的，所有人都演唱同一种旋律。——Elliott Carter, Jr. ——英译本注

④ 在素歌中，音符的所有时值都大体相等，而在“华丽音乐”中，音符有不同长度的时值，这使作曲家既可以规定不同对位部分组合在一起的方式，又可以制造丰富的表现效果。事实上自这时起，所有旋律都是“华丽音乐”的风格。——Elliott Carter, Jr. ——英译本注

第五章　系统的音高或音阶的音、歌曲的种类、大调和小调均已在(相对于太阳上的观测者的)行星的视运动的比例中表现了出来①

截至目前，我已经分别由得自天文学与和声学中的数值证明了，在围绕太阳旋转的六颗行星的十二个端点或运动之间构成了和谐比例，或者仅与这些比例相差最小协和音程的极小一部分。然而，正如在第三卷中，我们先是在第一章建立起单个的协和音程，然后才在第二章把所有协和音程——尽可能多地——合为一个共同的系统或音阶，或者说，是通过把包含了其余协和音程在内的一个八度分成了许多音级或音高，从而得到了一个音阶；所以现在，在发现了上帝亲自在世界中赋予的和谐比例以后，我们接下来就要看看这些单个的和谐比例是分立存在的，以至于它们每一个都与其余的比例没有亲缘关系，还是彼此之间是相互一致的。然而，我们不用进一步探究就可以很容易地下结论说，那些和谐比例是以最高的技巧配合在一起的，以至于它们就好像在同一个框架内相互支持，而不会有一个与其他的相冲撞；因为我们的确看到，在这样一种对各项进行多重比较的时候，没有一处是不出现和谐比例的。因为如果所有协和音程不能很好地搭配成一个音阶，那么若干个不协和音程是很容易产生的(只要可能，它们就会出现)。例如，如果有人在第一项和第二项之间建立了一个大六度，并且以独立于前者的方式在第二项和第三项之间建立了一个大三度，那么他就要承认，在第一和第三项之间存在着一个不协和音程 12∶25。

现在，让我们看看我们在前面通过推理而得到的结果是否真的是实际存在的事实。不过我先要提出一些告诫，以免我们在前进过程中遇到过多阻力。首先，我们目前应当忽视那些小于一个半音的盈余或亏缺，因为我

① 参见前面对“距离与和谐比例的比较”的注释。——英译本注

们以后将会看到什么是它们的原因；其次，通过连续对运动进行加倍或减半，我们将把所有音程都限制在一个八度的范围内，因为所有八度内的协和音程都是一样的。

表示八度系统的所有音高或音的数值都列在第三卷第八章的一个图中[①]，这些数值应被理解为许多对弦的长度。因此，运动的速度将与弦长成反比。[②]

现在，通过连续减半而对行星的运动进行相互比较，我们得到

水星在近日点的运动，第 7 次减半，或$\frac{1}{128}$，3′0″

在远日点的运动，第 6 次减半，或$\frac{1}{64}$，2′34″−[③]

金星在近日点的运动，第 5 次减半，或$\frac{1}{32}$，3′3″+[④]

---

① 此表如下：

协和音程	弦长	现在的记谱
	1 080	高音 g
半音		
	1 152	f#
小半音		
	1 215	f
半音		
	1 296	e
第西斯		
	1 350	e♭
半音		
	1 440	d
半音		
	1 536	c#
小半音		
	1 620	c
半音		
	1 728	b
第西斯		
	1 800	b♭
半音		
	1 920	A
半音		
	2 048	G#
小半音		
	2 160	低音 G

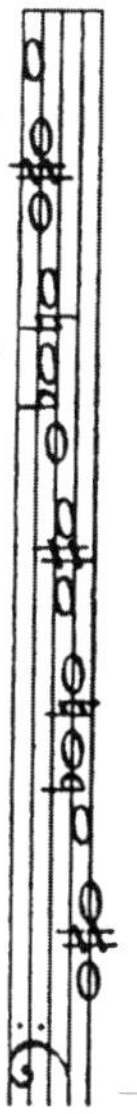

——原注

② 运动之比之所以与弦长成反比，是因为较快的运动对应着较高的音调，于是也就对应着较短的弦。

③ 减号表示实际数值达不到这个数。

④ 加号表示实际数值超过了这个数。

在远日点的运动，第 5 次减半，或$\frac{1}{32}$，2′58″—

地球在近日点的运动，第 5 次减半，或$\frac{1}{32}$，1′55″—

在远日点的运动，第 5 次减半，或$\frac{1}{32}$，1′47″—

火星在近日点的运动，第 4 次减半，或$\frac{1}{16}$，2′23″—

在远日点的运动，第 3 次减半，或$\frac{1}{8}$，3′17″—

木星在近日点的运动，减半，或$\frac{1}{2}$，2′45″

在远日点的运动，减半，或$\frac{1}{2}$，2′15″

土星在近日点的运动，2′15″

在远日点的运动，1′46″

设运动最慢的土星的远日运动，即最慢的运动代表着系统中的最低音 G，它的值是 1′46″。于是地球的远日运动也代表着高出五个八度的同样的音高，因为它的值是 1′47″；谁会愿意去为土星远日运动中的一秒而争论不休呢？不过，还是让我们考虑一下：这个差距将不会大于 106∶107，它小于一个音差。如果你加上 1′47″的四分之一即 27″，那么得到的和将是 2′14″，而土星的近日运动是 2′15″；[①] 木星的远日运动也是类似的，只不过要高出一个八度。因此，这两个运动代表着 b 音或稍高一点。把 1′47″的三分之一即 36″—加到整个数值上，得到的和 2′23″—代表 c 音；这就是具有同样数值的火星的近日运动所代表的音高，只不过要高出四个八度。[②] 把 1′47″加上它的一半即 54″—，得到的和 2′41″—将代表 d 音；这就是木星的近日运动，只不过要高出一个八度，因为它的数值 2′45″与此相当接近。如

① 加上四分之一等价于加上大三度 4∶5 的比例，所以如果较低的音取作 G，那么较高的音将是 h。土星的近日运动和木星的远日运动代表着一个比 h 音高 134∶135 的比例，它小于一个音差。

② 加上三分之一等价于加上四度 3∶4 的比例，由于较低的音取作 G，所以较高的音就是 c。

果加上它的三分之二即1′11″+，那么得到的和将是2′58″+。而金星的远日运动是2′58″−，因此它代表e音，不过要高出五个八度；水星的近日运动3′0″超过它不多，不过高出了七个八度。最后，把1′47″的两倍即3′34″分成九份，把其中的一份24″从中减去，得到的差3′10″+代表f音，[①] 而火星的远日运动3′17″与此接近，只不过高出了三个八度；不过实际数值要略大于正确的值，而接近于升f。[②] 因为如果从3′34″中减去它的十六分之一$13\frac{1}{2}$″，那么剩下的$3'20\frac{1}{2}$″与3′17″相当接近。的确，正如我们在音乐中屡见不鲜的，f音经常用升f音来代替。

因此，大音阶[cantus duri]中的所有音(除了A音，它在第三卷的第二章中也没有被和谐分割表示)都被行星的所有极运动表示出来了，除了金星和地球的近日运动以及接近升c音的水星的远日运动2′34″。因为从d音2′41″中减去它的十六分之一10″+，得到的差就是升c音2′30″。于是就像你在表中所看到的那样，只有金星和地球的远日运动不在这个音阶之内。

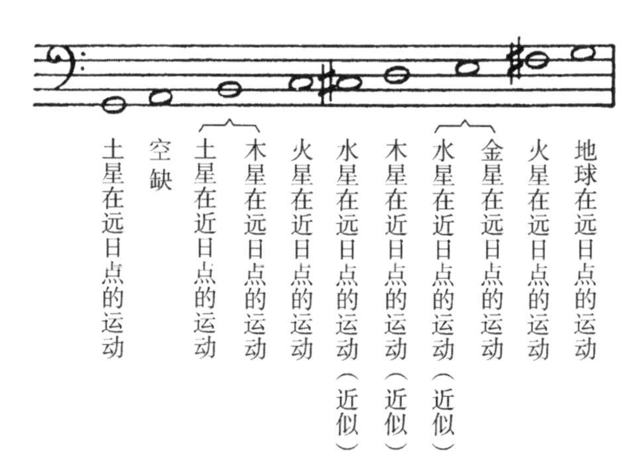

① f音比e音高出了半音，而e音与G音之间又相差大六度。于是，从G到f的音程就由3∶5和15∶16的乘积即9∶16表示。通过减法运算，开普勒得到了3′34″的$\frac{8}{9}$倍，这个值等于1′47″的$\frac{16}{9}$倍。因此，1′47″与3′10″的比例是9∶16。所以如果较慢的运动对应着G音，那么较快的运动就对应着f音。

② 火星的远日运动代表着一个高于f音约三个音差的音，而仅小于升f一个音差。

另一方面，如果把土星的远日运动 2′15″作为这个音阶的开始，即代表 G 音，那么 A 音是 2′32″—，它非常接近于水星的远日运动；根据八度的等价性，b 音 2′42″非常接近于木星的近日运动；c 音是 3′0″，非常接近于水星和金星的近日运动；d 音是 3′23″—，火星的远日运动 3′17″并不比它低很多，所以这个数值少于它的音的量大约与前一次同一个值多于它的音的量相同。降 e 音 3′36″大约是地球的远日运动；e 音是 3′50″，而地球的近日运动是 3′49″；木星的远日运动则又一次占据了 g 音。这样，正如你在图中所见，除 f 音以外，小音阶的一个八度之内的所有音符都被行星的大多数远日运动和近日运动，特别是被以前漏掉的那些运动表示出来了。

现在，前一次升 f 音表示出来了，A 音却漏掉了；现在 A 音被表示出来了，升 f 音却被漏掉了，因为第二章中的和谐分割也漏掉了 f 音。

因此，一个具有所有音高的八度系统或音阶（在音乐中，自然歌曲①就是这样转调的）就在天上通过两种方式表示出来了，就好像歌曲的两种类型一样。唯一的区别是：在我们的和谐分割中，实际上两种方式都是从同一个端点 G 音开始的；但是对于行星的运动，以前的 b 音现在在小调中变成了 G 音。

天体运动的情况如下：

① 自然歌曲：无临时记号的基本的大调或小调系统的音乐。E. C., Jr. ——英译本注

和谐分割的情况如下：

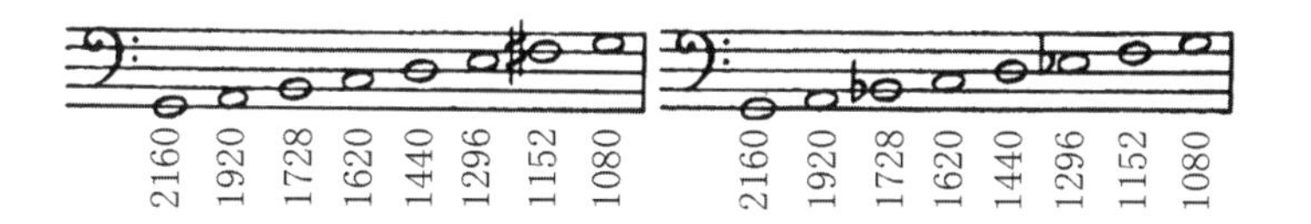

正如音乐中的比例是 2160∶1800 或 6∶5，对应着天空系统的比例是 1728∶1440，它也是 6∶5；其他情况也是这样：[1]

2160∶1800∶1620∶1440∶1350∶1080

对应着　1728∶1440∶1296∶1152∶1080∶864

你现在将不会再怀疑，音乐系统或音阶中的声音或音级的即为漂亮的秩序已经被人建立起来了，因为你看到，他们这里所做的一切事情只不过是在模仿我们的造物主，就好像是表演了一场排列天体运动等级的特殊的戏剧。

实际上，这里还有另一种方法可以使我们理解天上的两种音阶，其中系统还是同一个，但却包含了两种调音[*tensio*]，一种是根据金星的远日运动来调音的，另一种是根据金星的近日运动来调音的。因为这颗行星运动变化的量是最小的，它可以被包含在最小的协和音程第西斯之内。事实上，前面的远日调音已经给土星、地球、金星和(近似的)木星的远日运动定出了 G 音、e 音和 b 音，给火星、(近似的)土星以及水星的近日运动定出了 c 音、e 音和 b 音。[2] 而另一方面，近日调音除了给木星、金星和(近

---

① 这个关系对于这里没有列出的两种情况也是成立的，即 2160∶1920＝1728∶1536 和 2160∶1215＝1728∶972。

② 对应关系如下：

G	b	c	e
土星的远日运动	木星的远日运动	火星的近日运动	金星的远日运动
地球的远日运动	土星的近日运动		水星的近日运动

似的)土星的近日运动，以及在某种程度上给地球，还有毫无疑问的水星的近日运动定出了音高，而且还给火星、水星和(近似的)木星的远日运动也定出了音高。让我们现在假定，不是金星的远日运动，而是近日运动3′3″代表e音。根据第四章的结尾，水星的近日运动3′0″在两个八度以上与此非常接近。如果从3′3″中减去这个近日运动的十分之一即18″，那么余下的2′45″就是木星的近日运动，代表d音；如果加上它的十五分之一即12″，得到的和为3′15″，大约为火星的近日运动，代表f音。对于b音，土星的近日运动和木星的远日运动大约代表同样的音高。如果把它的八分之一或23″乘以5，那么得到的1′55″就是地球的近日运动。[①] 尽管在同一音阶里，这个音与前面所说的并不符合，因为它没有给出低于e音的5∶8这个音程或高于G音的24∶25这个音程。但是如果现在金星的近日运动以及水星的远日运动[②]代表降e音而不是e音，那么地球的近日运动将代表G音，水星的远日运动就和谐了，因为如果把3′33的三分之一即1′1″乘以5，得到5′5″，它的一半2′32″+大约就是水星的远日运动，它在这次特殊的排列中将定出c音。于是，所有这些运动彼此之间都位于同一调音系统内了。但是金星的近日运动[③]与前面三种(或五种)同处于一种调式的运动[④]对音阶的划分与它的远日运动即大调式[*denere duro*]不同；而且，金星的近日运动与后面的两种运动[⑤]划分同一音阶的方式也不同，即不是分成不同的协和音程，而只是分成一种不同次序的协和音程，即属于小调[*generic mollis*]的次序。

---

① 根据这里的计算，地球的近日运动代表一个比e音低小六度或比G音高一个第西斯的音。因为这些音程的和是G音和e音之间的大六度。但正如开普勒接着指出的，这样一个音并不属于他在前面所说的音阶。

② 开普勒本想说的是水星的近日运动。

③ 这里应该是远日运动。

④ 这里的三种(或五种)运动指的是土星的近日运动和远日运动、地球和木星的远日运动以及火星的近日运动，它们分别代表着G音、b音和c音。由于金星的远日运动对应着e音，它与G音之间构成一个大六度，所以所有的音都属于大音阶。

⑤ 这里指的是地球的近日运动和水星的远日运动，分别对应着G音和c音。由于水星的近日运动对应着降e音，它与G音之间构成一个小六度，所以这种划分的所有音符都属于小音阶。

但是本章已经足以说清楚情况是怎么回事了，至于这些事物为什么分别是这种样子，以及为什么不仅有和谐，而且还有很小的不和谐，我们将在第九章用最为清晰的论证加以说明。

第六章　音乐的调式或调[①]以某种方式表现于行星的极运动

这个结论可以直接从前面所说的内容得出，这里就不用多说了；因为单颗行星通过它的近日运动以某种方式对应着系统中的某个音高，只要每颗行星都跨过了由某些音或系统的音高所组成的音阶中的某个特定的音程。在上一章中，每颗行星都开始于那个属于它的远日运动的音或音高：土星和地球是 G 音，木星是 b 音，它可以转调成较高的 G 音，火星是升 f 音，金星是 e 音，水星是高八度的 A 音。这里每颗行星的运动都是用传统的记谱法表示出来的。实际上，它们并没有形成居间的音高，就像你在这里看到的那样填满了音，因为它们从一个极点向另一个极点运动时并不是通过跳跃和间距，而是以一种连续变化的方式，实际上跨越了所有中间的音(它们的可能数目是无限的)——我只能用一系列连续变化的居间的音来表达，除此之外我想不到还能有其他什么表达方式。金星几乎保持同音，它的运动变化甚至连最小的协和音程都达不到。

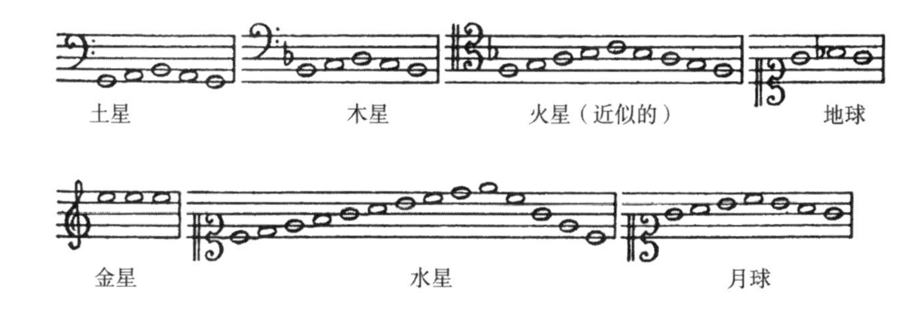

① τονο 一词被希腊人用来指调式。中世纪的音乐理论家把它的拉丁文形式“toni”用作“调式”的同义词，类似于现代音乐中的调(key)。

[现代记谱法：

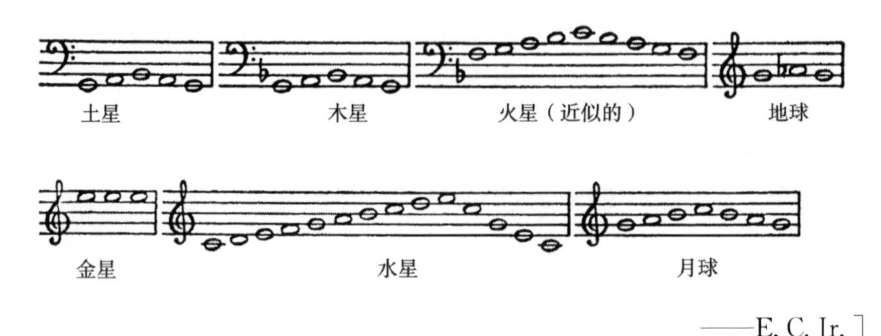

——E. C. Jr.]

但是普通系统中的两个临时记号(降号)，以及通过跨越一个明确的协和音程而形成的八度框架，却是向区分调或调式[*modorum*]迈出了第一步。因此，音乐的调式已经被分配于行星之中。但我知道，要想形成和规定明确的调式，许多属于人声的东西都是必不可少的，也就是说要包含音程的(一种)明确的[秩序]；所以我用了以某种方式这个词。

和声学家可以就每颗行星所表现出来的调式任意发表意见，因为这里极运动已经被指定了。在传统的调式①中，我将赋予土星第七或第八调式，因为如果你把它的主音定在 G 音，那么它的近日运动就上升到了 b 音；赋予木星第一或第二调式，因为如果它的远日运动是 G 音，那么它的近日运动就达到了降 b 音；赋予火星第五或第六调式，这不仅是因为火星几乎包含了对于所有调式来说都是共同的纯五度，而且主要是因为如果它和其余的音一起被还原到一个共同的系统，那么它的近日运动就达到了 c 音，远日运动达到了 f 音，而这是第五或第六调式的主音；我将赋予地球第三或第四调式，因为它的运动局限在一个半音之内，而那些调式的第一个音程

① 这八种调式统称为教会调式，它们分别是：多利亚调式(Dorian)、副多利亚调式(Hypodorian)、弗利吉亚调式(Phrygian)、副弗利吉亚调式(Hypophrygian)、利第亚调式(Lydian)、副利第亚调式(Hypolydian)、混合利第亚调式(Mixolydian)、副混合利第亚调式(Hypomixolydian)。开普勒提到的第一到第八种调式的顺序便是如此。后来格拉雷安(Glareanus)又补充了四种调式：爱奥利亚调式(Aeolian)、副爱奥利亚调式(Aeolian)、伊奥尼亚调式(Ionian)和副伊奥尼亚调式(Hypoionian)。在长期而缓慢的演变过程中，教会调式逐渐简化而至消失，直到十七世纪末才最后确定只用两种现代调式即大、小调式。参见第三卷，第十四章。

就是一个半音；由于水星的音程很宽，所以所有调式或调都属于它；由于金星的音程很窄，所以显然没有调式属于它，但是由于系统是共同的，所以第三和第四调式也属于它，因为相对于其他行星，它定出了 e 音。[地球唱 MI，FA，MI，所以你甚至可以从音节中推出，在我们这个居所中得到了 Misery(苦难)和 Famine(饥饿)。][1]

第七章　所有六颗行星的普遍和谐比例可以像普通的四声部对位那样存在

现在，乌拉尼亚[2]，当我沿着天体运动的和谐的阶梯向更高的地方攀登，而世界构造的真正原型依然隐而不现时，我需要有更宏大的声音。随我来吧，现代的音乐家们，按照你们的技艺来判断这些不为古人所知的事情。从不吝惜自己的大自然，在经过了两千年的分娩之后，最后终于向你们第一次展示出了宇宙整体的真实形象。[3] 通过你们对不同声部的协调，通过你们的耳朵，造物主最心爱的女儿已经低声向人类的心智诉说了她内心最深处的秘密。

(如果我向这个时代的作曲家索要一些代替这段铭文的经文歌，我是否有罪呢？高贵的《诗篇》以及其他神圣的书籍能够为此提供一段合适的文本。可是，哎，天上和谐的声部却不会超过六个[4]。月球只是孤独地吟唱，就像在一个摇篮里偎依在地球旁。在写这本书的时候，我保证会密切地关注这六个声部。如果有任何人表达的观点比这部著作更接近于天体的音乐，克利俄[5]定会给他戴上花冠，而乌拉尼亚也会把维纳斯许配给他做

---

① 参见关于六声音阶系统的注释。——英译本注

② 乌拉尼亚(Urania)，司掌天文的缪斯女神。

③ 开普勒这里指的是复调音乐的更为晚近的发明，他认为这是不为古希腊人所知的。

④ 经文歌中的声部数目并没有限于六个或更少。

⑤ 克利俄(Clio)，司掌历史的女神。

新娘。)

前已说明，两颗相临行星的极运动将会包含哪些和谐比例。但在极少数情况下，两颗运动最慢的行星会同时达到它们的极距离。例如，土星和木星的拱点大约相距 81°。因此，尽管它们之间的这段二十年的跨越要量出整个黄道需要八百年的时间，[1] 但是结束这八百年的跳跃并不精确到达实际的拱点；如果它有稍微的偏离，那么就还要再等八百年，以寻求比前一次更加幸运的跳跃；整条路线被一次次地重复，直到偏离的程度小于一次跳跃长度的一半为止。此外，还有另一对行星的周期也类似于它，尽管没有这么长。但与此同时，行星对的运动的其他和谐比例也产生了，不过不是在两种极运动之间，而是在其中至少有一个是居间运动的情况下；那些和谐比例就好像存在于不同的调音中。由于土星从 G 音扩展到稍微过 b 音一些，木星从 b 音扩展到稍微过 d 音一些，所以在木星与土星之间可以存在以下超过一个八度的协和音程[2]：大三度、小三度和纯四度。这两个三度中的任何一个都可以通过涵盖了另一个三度的幅度的调音而产生，而纯四度则是通过涵盖了大全音的幅度的调音而产生的。[3] 因为不仅从土星的 G 音到木星的 cc 音[4]，而且从土星的 A 音到木星的 dd 音，以及从土星的 G 音和 A 音之间的所有居间的音到木星的 cc 音和 dd 音之间的所有居间的音都将是一个纯四度。然而，八度和纯五度仅在拱点处出现。但固有音程更大的火星却得到了它，以使其与外行星之间也通过某种调音幅度形成了一个八度。[5] 水星得到的音程很大，足以使其在不超过三个月的一个周

① 这就是说，由于土星和木星每二十年彼此相对旋转一圈，它们每二十年远离 81°，而这 81°的距离的终位置却跳跃式地穿越了黄道，大约八百年后才又回到同一位置。C. G. W. ——英译本注

② 这些音程之所以是大于一个八度的，是因为木星的运动已经除以了 2，以保证它们能与土星的音程位于同一个八度内。

③ 土星的最低音 G 音与木星的最高音 d 音之间(不算八度)是一个纯五度，而纯五度是一个大三度和一个小三度的组合，也是一个纯四度和一个大全音的组合。

④ cc 即 c^2。下同。

⑤ 事实上，土星的 G 音和 A 音与火星的 g^3 音和 a^3 音之间构成了四个八度，木星的 c^1 音与火星的 c^4 音之间构成了三个八度。

期里与几乎所有行星建立几乎所有的协和音程。而另一方面，地球特别是金星由于固有音程窄小，所以不仅限制了与其他行星之间形成的协和音程，而且彼此之间建立起来的协和音程寥寥无几。但是如果三颗行星要组合成一种和谐，那么就必须来回运转许多圈。然而，由于存在着许多个协和音程，所以当所有最近的行星都赶上它们的邻居时，这些音程就更容易产生了；火星、地球和水星之间的三重和谐似乎出现得相当频繁，但四颗行星的和谐则要几百年出现一回，而五颗行星之间的和谐就要几千年见一回了。

而所有六颗行星都处于和谐则需要等非常长的时间；我不知道它是否有可能通过精确的运转而出现两次，或者它是否指向了时间的某个起点，我们这个世界的每一个时代都是从那里传下来的。

但只要六重和谐可以出现，哪怕只出现一次，那么它无疑就可以被看作创世纪的征象。因此我们必须追问，所有六颗行星的运动都组合成一种共同的和谐的样式到底有多少种？探索的方法是：从地球和金星开始，因为这两颗行星形成的协和音程不超过两种，而且这两种音程(它包含了造成这种现象的原因)是通过运动的短暂的一致取得的。

因此，让我们建立起两种和谐的框架，每种框架都是由若干对极运动的数值限定的(通过这些数值，调音的界限就被指定了)。让我们从每颗行星被准许的各种运动中寻找哪些是与之相符的。

土星用其远日运动参与了这个普遍和谐，地球用的是远日运动，金星用的是大致的远日运动；在最高的调音中，金星用的是近日运动；在中间的调音中，土星用的是近日运动，木星用的是远日运动，水星用的是近日运动。所以土星可以用两个运动参与，火星用两个运动参与，水星用四个运动参与。尽管其余的都是一样的，但土星的近日运动和木星的远日运动却没有被允许。替代它们的是火星的近日运动。

其余的行星都是用一个运动参与的，火星用两个，水星用四个。

所有行星的和谐，或大调的普遍和谐

为使b音处于协和音程		在最低的调音	在最高的调音	[现代记谱法
		380′20″		
水星	e^7 b^6 g^6	285′15″ 228′12″	292′48″ 234′16″	5×8*va*
金星	e^6 e^5	190′10″ 95′5″	195′14″ 97′37″	4×8*va*
地球	g^4 b^8	57′3″ 35′39″	58′34″ 36′36″	2×8*va*
火星	g^8	28′32″	29′17″	8*va*
木星	b		4′34″	
土星	B G	2′14″ 1′47″	1′49″	

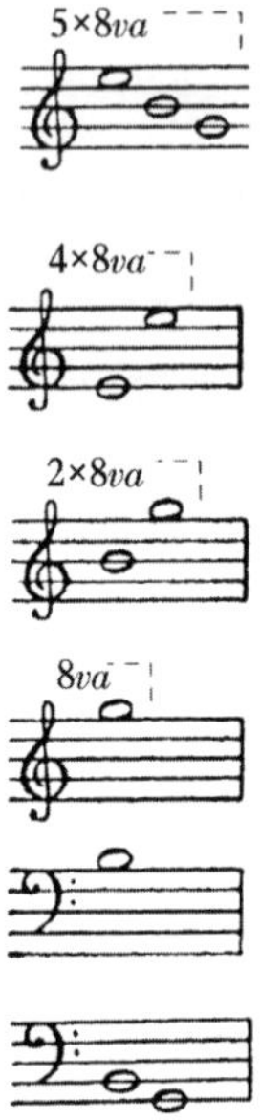

——Elliott Carter，Jr.]

为使c音处于协和音程		在最低的调音	在最高的调音	[现代记谱法
水星	e^7 c^6 g^6	380′20″ 204′16″ 228′12″	 212′21″ 234′16″	5×8*va*
金星	e^6 e^5	190′10″ 95′5″	195′14″ 97′37″	4×8*va*
地球	g^4 c^4	57′3″ 38′2″	58′34″ 39′3″	地球 g^4 b^4
火星	g^8	28′32″	29′17″	8*va*
木星	c^1	4′45″	4′53″	
土星	G	1′47″	1′49″	

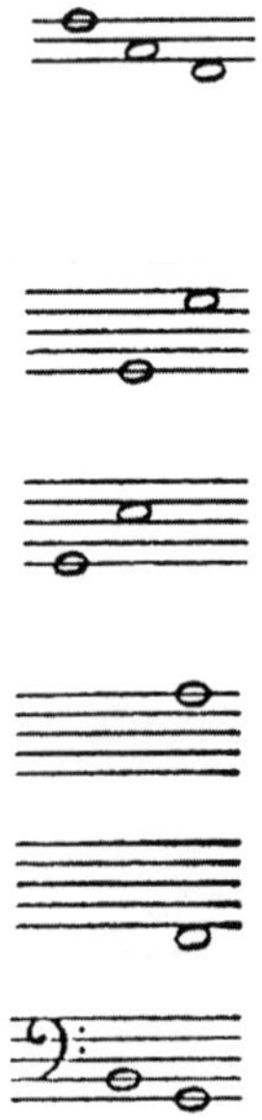

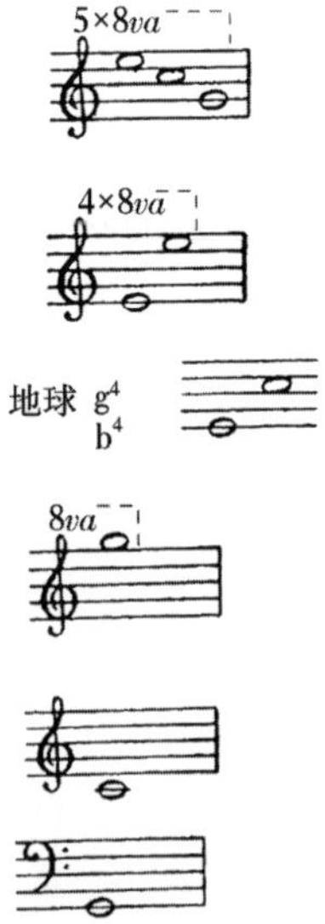

——Elliott Carter，Jr.]

因此，在第二种框架中，另一种可能的和谐比例 5∶8 存在于地球和金星之间。这里，如果把金星在远日点的周日运动 94′50″的八分之一 11′51″+乘以 5，就得到了地球的运动 59′16″；而金星的近日运动 97′37″的类似部分等于地球的运动 61′1″。因此，其他行星的如下周日运动都是和谐的：

所有行星的和谐，或小调的普遍和谐

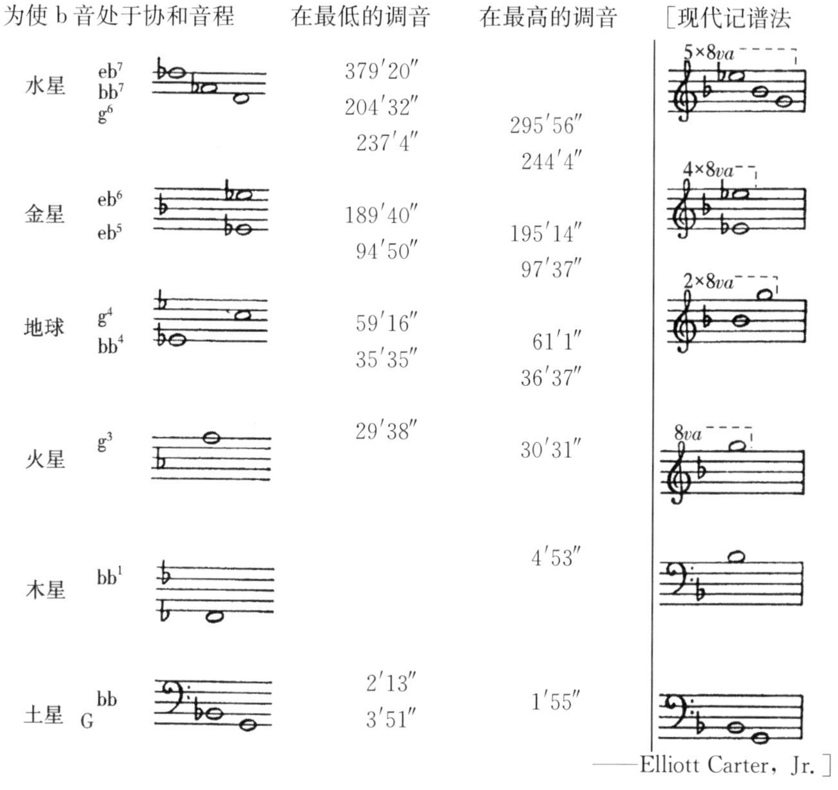

	为使 b 音处于协和音程	在最低的调音	在最高的调音	[现代记谱法
水星	eb^{7} bb^{7} g^{6}	379′20″ 204′32″ 237′4″	295′56″ 244′4″	5×8va
金星	eb^{6} eb^{5}	189′40″ 94′50″	195′14″ 97′37″	4×8va
地球	g^{4} bb^{4}	59′16″ 35′35″	61′1″ 36′37″	2×8va
火星	g^{3}	29′38″	30′31″	8va
木星	bb^{1}		4′53″	
土星	bb G	2′13″ 3′51″	1′55″	

——Elliott Carter，Jr.]

和前面一样，在中间的调音中，土星用的是近日运动，木星用的是远日运动，水星用的是近日运动。但在最高的调音中，地球用的是大致的近日运动。

这里，木星的远日运动和土星的近日运动被去除了，除了水星的近日运动，水星的远日运动也大致被接受了。其他的不变。

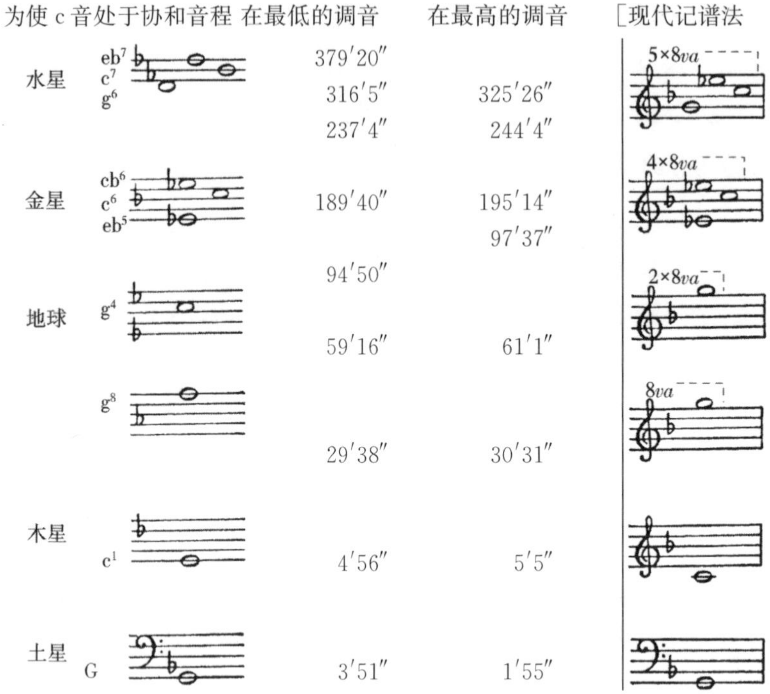

为使 c 音处于协和音程		在最低的调音	在最高的调音	[现代记谱法
水星	eb7 c7 g6	379′20″ 316′5″ 237′4″	 325′26″ 244′4″	5×8va
金星	cb6 c6 eb5	189′40″	195′14″ 97′37″	4×8va
		94′50″		
地球	g4	59′16″	61′1″	2×8va
	g8	29′38″	30′31″	8va
木星	c1	4′56″	5′5″	
土星	G	3′51″	1′55″	

——Elliott Carter，Jr.]

因此，天文学的经验证明，所有运动的普遍和谐都可以发生，而且是以大调和小调两种类型；每种类型都有两种音高(如果我可以这样说的话)；对于这四种情况中的任何一种，都有某种调音范围，土星、火星和水星中的每一颗与其余行星所形成的协和音程也都有一定的变化。它并不是单纯由居间的运动提供的，而是由除火星的远日运动和木星的近日运动以外的所有极运动提供的；因为前者对应着升 f 音，后者对应着 d 音，而永远都对应着居间的降 e 音或 e 音的金星，则不允许那些临近的不协和音程处于普遍和谐之中，如果它有能力超过 e 音或降 e 音，它是会这样做的。这个困难是由分属雄性和雌性的地球和金星的结合所导致的。这两颗行星根据配偶双方的满意情况把各种协和音程分成了大调的、雄性的和小调的、雌性的。也就是说，或者地球处于远日点，就好像保持着他的婚姻尊严，以与男人相称的身份来行事，而把金星挤到了她的近日点做针线活；或者地球友好地让她升至远日点，或地球自己朝着金星降到近日点，就好像为了快乐而投入她的怀抱，暂时把他的盾、武器以及与男人相称的所有活计放到一边；因为在那个时候，协和音程是小调的。

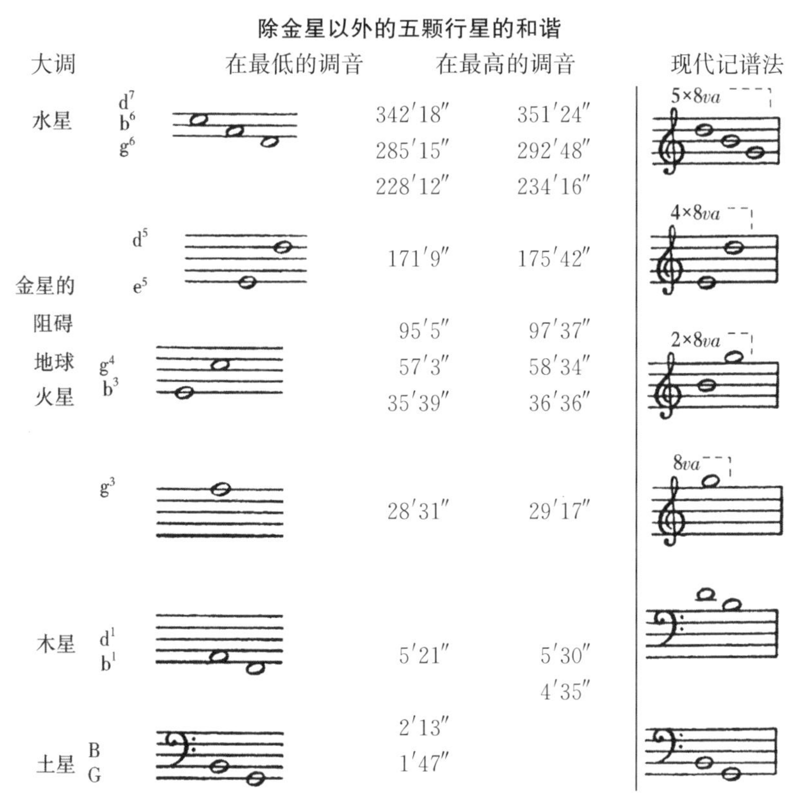

——Elliott Carter，Jr.]

但是如果我们要求这个富有对抗性的金星保持安静，也就是说，如果我们不去考虑所有行星形成的协和音程，而只考虑除金星以外的其余五颗行星所可能形成的协和音程，那么地球仍然处于其 g 音附近，而不会再升高一个半音。因此，b^b音、b 音、c 音、d 音、e^b音和 e 音仍然可以与 g 音处于和谐，在这种情况下，正如你所看到的，近日运动表示 d 音的木星被接纳了。因此，火星的远日运动所面临的困难依旧。因为表示 g 音的地球的远日运动不允许火星表示升 f 音，而正如前面第五章中所说，地球的远日运动与火星的远日运动之间不再和谐，它们大约相差半个第西斯。

这里，在最低的调音，土星和地球用远日运动参与；在中间的调音，土星用近日运动参与，木星用远日运动参与；在最高的调音，木星用近日运动参与。

大调		在最低的调音	在最高的调音	[现代记谱法
水星	d^7	342′18″	351′24″	5×8va
	b^6	273′50″	280′57″	
	g^6	228′12″	234′16″	
	d^6	171′9″	175′42″	4×8va
金星的阻碍	e^5	95′5″	97′37″	
地球	g^4	57′3″	58′34″	2×8va
火星	b^3	34′14″	35′8″	
	g^3	28′31″	29′17″	8va
木星	d^1	5′21″	5′30″	
土星	B	2′8″	2′12″	
	G	1′47″	1′50″	

——Elliott Carter，Jr.]

这里，木星的远日运动不再被允许，但在最高的调音，土星用近日运动参与。

然而，土星、木星、火星和水星这四颗行星之间也可以存在以下和谐，其中也将包括火星的远日运动，但它没有调音范围。

因此，天体的运动只不过是一首带有不协和调音的(理智上的，而不是听觉上的)永恒的复调音乐，犹如某种切分或终止式(人们据此模仿那些自然界的不协和音)，趋向于固定的、被预先规定的解决(每一个结束乐句

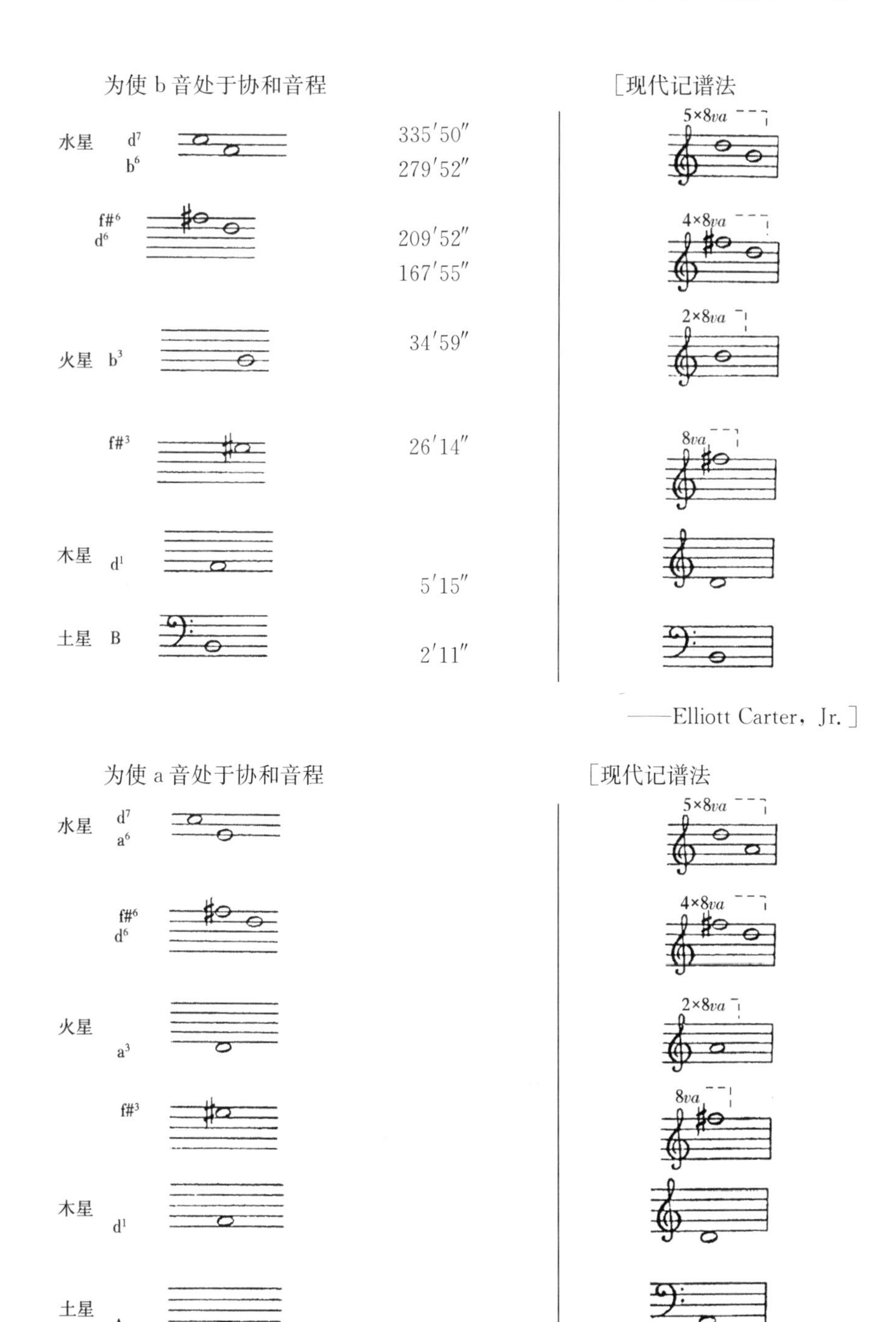
为使 b 音处于协和音程
[现代记谱法
水星
d7
b6
335′50″
279′52″
5×8va
f#6
d6
209′52″
167′55″
4×8va
2×8va
火星
b3
34′59″
f#3
26′14″
8va
木星
d1
5′15″
土星
B
2′11″
——Elliott Carter, Jr.]
为使 a 音处于协和音程
[现代记谱法
水星
d7
a6
5×8va
f#6
d6
4×8va
火星
a3
2×8va
f#3
8va
木星
d1
土星
A
——Elliott Carter, Jr.]

都有六项，就像六个声部一样），并通过那些音[①]区分和表达出无限的时间。因此，人类作为造物主的模仿者，最终能够发现不为古人所知的和谐歌唱的艺术，以使其能够通过一种多声部的人造的协奏曲，用不到一个小时的短暂时间去呈现整个时间的永恒；人通过音乐这上帝的回声而享受到天赐之福的无限甜美，从这种快感中他可以在某种程度上品尝到造物主上帝在自己的造物中所享有的那种满足。

---

① 开普勒在天体和谐与他那个时代的复调音乐之间所作的比较可以用帕莱斯特里那(Palestrina)的《受难的十字架》(*O Crux*)中的一段四声部乐曲来说明：

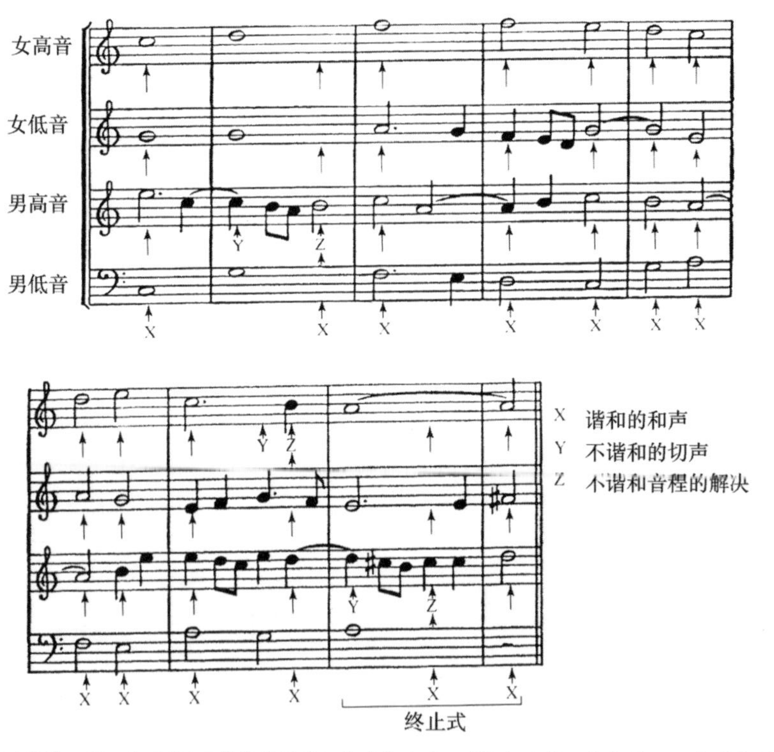

可以看到，这四个声部(开普勒所说的六个声部也是一样)中的每一个都是从一个谐和的和弦沿着一条优雅的旋律线朝着另一个协和的和弦运动。有时会加入一些音阶中的几个音或过渡音，以赋予一个声部更多的旋律自由表现力。出于同样的理由，一个声部可以持续处于同一个音，而其他声部则变到一个新的和弦。当这在新的和弦中变成了一个不协和音程(被称为一个切分)时，它通常是通过再降到一个与其他声部协和的音来解决。正如在这个例子中，每个部分或"乐句"都是以终止式来结束的。

E. C.，Jr. ——英译本注

第八章　在天体的和谐中，哪颗行星唱女高音，哪颗唱女低音，哪颗唱男高音，哪颗唱男低音？

尽管这些词都是用来形容人声的，而人声或声音并不存在于天上，因为运动是寂静无声的；即使是那些我们在其中发现了和谐的现象也不能用真正的运动来把握，因为我们考虑的只是从太阳上看到的视运动；最后，尽管在天上并不像人的歌唱那样要求特定数目的声部来构成和谐(首先，由正立体形形成了五个间隔，从而得到了围绕太阳旋转的六颗行星的数目，然后——依照自然的顺序而非时间的顺序——运动的和谐一致就确立了)：但我不知道为什么，这种与人的歌唱的美妙的和谐一致对我产生了如此强烈的影响，以至于即使没有可靠的自然理由，我也不得不对这种比较进行探究。因为从某种意义上说，第三卷第十六章中所讲到的那些被习俗和自然归于男低音的性质也同样为天上的土星和木星所拥有；我们还发现，火星有男高音的性质；地球和金星有女低音的性质；水星有女高音的性质，即使距离不等，至少也是成比例的。不管怎样，在下一章中，每颗行星的偏心率都是从它们的固有原因中导出来的，而通过偏心率又导出了每颗行星运动的固有音程，由此便得出了以下美妙的结论(我不知道它是否是通过筹措和必然性的调节引起的)：(1)由于男低音与女低音相对，所以有两颗行星具有女低音的本性，有两颗行星具有男低音的本性，正如在任何种类的音乐中，每一边都有一个男低音和一个女低音；(2)根据我们在第三卷中讲到的必然原因和自然原因，由于女低音在非常窄的音域中几乎是最高的，所以几乎处于最内层的行星，地球和金星的运动构成了最窄的音程，地球的音程比一个半音多不了多少，金星甚至还不到一个第西斯；(3)由于男高音是无障碍的，但却适度地进行，所以只有火星——除了水星这个例外——能够形成最大的音程，即一个纯五度；(4)由于男低音可以做和谐的跳跃，所以土星和木星之间构成了协和音程，从八度到八度加纯五度之间变化；(5)由于女高音相比其他是最无障碍的，也是最快的，所以水星可以在最短的周期里跨过超过一个八度的音程。但这些也许都是偶然的，现在，让我们听一听偏心率的起因吧。

第九章　单颗行星的偏心率起源于其运动之间的和谐比例的安排

因此我们发现，所有这六颗行星的普遍和谐比例都不可能出于偶然，特别是，除两颗行星是同时处于与普遍和谐比例最接近的和谐比例中的，所有的极运动都是与普遍和谐比例相吻合的。而且我们在第三卷通过和谐分割所确立的八度系统的所有音高也不大可能都由行星的极运动来指定；最不可能的是，天体的和谐被精妙地分成两种——大调和小调，会是出于偶然，而没有造物主的特殊关照。因此，一切智慧的源泉、秩序的坚定支持者、几何与和谐的永恒而超验的源泉——这位天体运动的造物主，一定是把起源于正平面图形的和谐比例与五种正立体形联系了起来，并从这两类形体当中塑造了一种最为完美的天的原型。正如六颗行星运动于其上的球体是通过五种正立体形来保证的一样，单颗行星的偏心率的度量也是通过从平面图形衍生出来的和谐比例(在第三卷中由它们导出)而被确定的，从而使行星的运动得以均衡匀称。为了使这两种东西可以产生出一种和谐比例，两球之间的较大比例应当在某种程度上屈从于偏心率的较小比例，这对于和谐比例的获得是必不可少的；因此，在和谐比例当中，那些与每一个立体形有较大亲缘关系的比例应当与行星相配。于是，它可以通过和谐比例而得来；通过这种方式，轨道的比例和单颗行星的偏心率最终都是从原型中同时产生出来的，而单颗行星的周期则是源于轨道的宽度和行星的体积。

当我力图通过几何学家所惯用的基本形式而使这种论证过程能够为人类的理智所把握的时候，愿天的创始者、理智之父、人的感觉的馈赠者、至圣而不朽的造物主能够阻止我心灵的黑暗带给这部著作任何配不上他的伟大的东西，愿他能使我们这些上帝的模仿者可以在生活的圣洁上来模仿他的作品的完美。为此，他在地球上选择了他的教堂，通过他儿子的血为它赎了罪，并在圣灵的帮助下，让我们远离一切不和谐的敌意、所有的纷争、敌对、愤怒、争吵、纠纷、宗派、忌妒、挑衅、令人恼火的玩笑以及人性的其他表现。所有那些拥有基督的精神的人不仅会同意我对这些事情的希望，而且会用行动去表达它们，担负起他们的使命，弃绝一切虚伪的举动，再也不用一种表面的热情、对真理的热爱、博学多才、在老师面前表现出来的谦虚或任何其他虚伪的外衣来包装它了。神圣的父啊！让我们永远彼此相爱，以使我们能够合为一体，就像您与您的儿子——我们的主、圣灵合而为一一样，就像您已使您的一切作品通过最为美妙的和谐的纽带合而为一一样。通过使您的臣民和谐一致，您的教堂就可以在地球上耸立起来，就像您从和谐之中构建了天本身一样。

先验的理由

1. 公理　下面这种说法是合理的：无论在什么地方，只要有可能，单颗或两颗行星的极运动之间必定已经建立起了一切种类的和谐，以使那种变化可以为世界增辉。

2. 公理　六个球之间的五个间距必定在一定程度上对应着五种正立体的内切球和外接球之比，顺序与立体形本身的自然次序相同。

关于这一点，参见第一章、《宇宙的奥秘》和《哥白尼天文学概要》第四卷。

3. 命题　地球与火星之间的距离，以及地球与金星之间的距离同它们的球相比必定是最小的，并且大致是相等的；土星和木星之间的距离，以及金星与水星之间的距离居中，并且同样大致相等；而木星与火星之间的距离则是最大的。

由公理 2，在位置上对应于几何球体比例最小的立体形的行星得出的比例也应该最小；对应于居间比例的立体形的行星得出的比例也应该居间；而对应于最大比例的立体形的行星得出的比例也应该最大。十二面体和二十面体之间的次序与火星与地球、地球与金星之间的次序是相同的；立方体和八面体之间的次序与土星和木星、金星和水星之间的次序是相同的；最后，四面体的次序与木星和火星之间的次序是相同的（参见第三章）。因此，最小的比例将会在地球与火星、地球与金星之间存在，而土星和木星之间的比例大致等于金星和水星之间的比例；最后，木星和火星球之间的比例是最大的。

4. 公理　所有行星都应当有不同的偏心率和不同的黄纬运动，它们与太阳这个运动之源的距离也和偏心率一样各有不同。

由于运动的本质不在于存在而在于生成，所以某一颗行星在运行过程中所穿过的区域的样子或形状并非从一开始就成为立体的，而是随着时间的推移，最后不仅要求长度，而且也要求宽度和深度，形成完整的三维；渐渐地，通过很多圈的交织和积聚，一种凹陷的球形就显现了出来——就像蚕丝在交织和缠绕很多圈后结成蚕茧一样。

5. 命题　每一对相邻行星必定被指定了两种不同的和谐比例。

因为根据公理4，每颗行星与太阳之间都有一个最大距离和一个最小距离，所以根据第三章，每颗行星都有最慢的运动和最快的运动。因此，存在着两种极运动之间的主要比较，一种是两颗行星的发散运动，另一种是它们的收敛运动。它们必定彼此不同，因为发散运动的比例会大一些，收敛运动的比例会小一些。但不同的行星对之间必定存在着不同的和谐比例，以使这种多样能够为世界增辉（根据公理1）；还因为根据命题3，两颗行星之间的距离的比例是不同的。但球与球之间的每一个确定的比例都因其量的关系而对应着和谐比例，一如本卷第五章中所证明的那样。

6. 命题　两个最小的和谐比例4∶5和5∶6在行星对之间不会出现。

因为5∶4＝1000∶800，6∶5＝1000∶833，但十二面体与二十面体的外接球与内切球之比都是 1000∶795，这两个比例标明了彼此距离最近的行星球之间的距离，或者说最小间距。因为对于其他立体形来说，外接球与内切球之间的距离要更大。然而，根据第三章的第 13 条，如果偏心率与球之间的比例不是太大的话，那么这里运动之比例仍然要大于距离之比。[①]因此，运动之间的最小比例大于 4∶5 和 5∶6。因此，这些和谐比例事实上已为正立体形所排除，从而不会在行星间出现。

7. 命题　除非行星极运动之间的固有比例复合起来之后大于一个纯五度，否则两颗行星的收敛运动之间不会出现纯四度的协和音程。

设收敛运动之比为 3∶4。首先，假设没有偏心率，单颗行星的运动之间没有固有的比例，而收敛运动和平均运动是相同的，那么相应的距离(根据这个假设，它就是球的半径)就等于这个比例的$\frac{2}{3}$次方，即 4480∶5424(根据第三章)。但这个比例已经小于任何正立体形的两球之比了，所以整个内球将被内接在任何一个外球的正立体形的表面所切分。但这与公理 2 是相违背的。

其次，设极运动之间的固有比例的复合是某个确定的值，并设收敛运动之比是 3∶4 或 75∶100，但相应距离之比是 1000∶795，因为没有正立体形有更小的两球之比。由于运动之比的倒数要比距离之比大 750∶795，所以如果按照第三章的原理，把这份盈余除以 1000∶795，那么得到的结果就是 9434∶7950，即为两球之比的平方根。因此这个比例的平方，即 8901∶6320 或 10000∶7100，就是两球之比。把它除以收敛距离之比 1000∶795，得到的结果为 7100∶7950，大约为一个大全音。平均运动与两个例收敛运动之间形成的两个比例的复合必须至少足够大，以使收敛运动之间

① 要想让收敛运动表示一个小音程，行星之间必须非常接近。然而，五种正立体在行星球之间的嵌入给相邻两颗行星的距离设置了下限。对于正二十面体和正十二面体来说，它们的外接球与内切球的半径之比是最小的，即约为 1000∶795。开普勒认为，这个比例对于让收敛运动产生一个大三度或小三度是太大了。

可以形成纯四度。因此，发散极距离与收敛极距离之间的复合比大约是这个比例的平方根，即两个全音；而收敛距离之比是它的平方，即比一个纯五度稍大。因此，如果两颗临近行星的固有运动的复合小于一个纯五度，那么其收敛运动之比就不可能是纯四度。

8. 命题　和谐比例 1∶2 和 1∶3，即八度和八度加五度，应属于土星和木星。

因为根据本卷第一章，它们获得了正立体形中的第一个——立方体，是第一级的行星和最高的行星；根据本书第一卷中的说法，这些和谐比例在自然的秩序中是排在最前列的，在两大立体形家族——即二分或四分的立体形以及三分的立体形——中是首领。[①] 然而，作为首领的八度 1∶2 略大于立方体的两球之比 $1:\sqrt{3}$；因此，根据第三章第 13 条，它适合成为立方体行星的运动的较小比例，而 1∶3 则作为较大比例。

然而，这个结论还可通过以下方式得到：如果某个和谐比例与正立体形的两球之比之间的比例与从太阳上看到的视运动与平均距离之比相等，那么这个和谐比例就会被理所当然地赋予运动。但是很自然地，根据第三章结尾的内容，发散运动之比应当远大于两球之比的$\frac{3}{2}$次方，也就是说，近乎两球之比的平方，而且 1∶3 是立方体两球之比例 $1:\sqrt{3}$的平方，因此，土星与木星的发散运动之比是 1∶3。（关于这些比例与立方体的许多其他关系，参见前面第二章。）

9. 命题　土星和木星的极运动的固有比例的复合应当约为 2∶3，一个纯五度。

这个结论由前一命题可以得出；这是因为，如果木星的近日运动是土

① 这里的1∶2和1∶3是第一卷中所说的“初级立体形家族中的首领”。第一家族包括边数为2，4，8……的立体形（或准立体形），第二家族包括边数为3，6，12……的立体形。参加第一卷，命题30。

星的远日运动的三倍，而木星的远日运动是土星的近日运动的两倍，那么把 1∶2 除以 1∶3，得到的结果就是 2∶3。

10. 公理　如果可以在其他方面进行自由选择，那么较高的行星的运动的固有比例应当在本性上就是优先的，或是更加卓越的，甚或是更加伟大的。[①]

11. 命题　土星的远日运动与近日运动之比是 4∶5，一个大三度；而木星的远日运动与近日运动之比则是 5∶6，一个小三度。

因为当它们复合起来之后等于 2∶3，但 2∶3 只能被和谐分割为 4∶5 和 5∶6。因此，和谐的作曲家上帝和谐地分割和谐比例 2∶3，(根据公理 1)把它的较大的、更好的大调的男性的和谐部分给了土星这个较大较高的行星，而把较小的比例 5∶6 给了较低的行星木星(根据公理 10)。

12. 命题　金星和水星应当具有 1∶4 这个大的和谐比例，即两个八度。

因为根据本卷第一章，立方体是初级形体的第一个，八面体是次级形体的第一个。而从几何上考虑，立方体在外面，八面体在里面，即后者可以内接于前者，所以在宇宙中，土星和木星是外行星的起始，或者说是最外层的行星；而水星和金星则是内行星的起始，或者说是最内层的行星；八面体则被置于它们的路径之间：参见第三章。因此，在这些和谐比例中，必定有一个初级的、并且与八面体同源的和谐比例属于金星和水星。而且，依照自然次序紧随 1∶2 和 1∶3 之后的和谐比例是 1∶4，它与立方体的和谐比例 1∶2 是同源的，因为它也是从同一组图形即四边形中产生的，而且与1∶2 是可公度的，因为它等于 1∶2 的平方；而八面体也与正

① 当开普勒在行星球之间镶嵌正多面体时，他是从最高的行星开始的。开普勒解释说，由于恒星区域是宇宙中最重要的部分，所以立方体作为初级形体中的第一种，理应离恒星天球最近，从而确定了第一个距离比例，即土星与木星的距离之比。行星的自然顺序也就可以由此确定下来了。开普勒需要下一个命题来确定哪一颗行星应当拥有大三度和小三度。

方体同族，且与之可公度。而且，1∶4 由于一个特别的原因而与八面体同源，即 4 这个数在这个比中，而一个正方形隐藏在八面体当中，正方形的内接圆与外接圆之比是 1∶$\sqrt{2}$。

因此，和谐比例 1∶4 是这个比的平方的连续幂，即 1∶$\sqrt{2}$的四次方(参见第二章)。于是，1∶4 应当属于金星和水星。由于在立方体中，1∶2 是两颗[最外]行星的较小的和谐比例，因为这里是最外层的位置；所以在八面体中，1∶4 将是两颗[最内]行星的较大的和谐比例，因为这里是最内层的位置。但 1∶4 在这里之所以被赋予较大的和谐比例而不是较小和谐比例，还有以下的原因。① 因为八面体的两球之比是 1∶$\sqrt{3}$，如果假定八面体在行星中的镶嵌是完美的(尽管它实际上不是完美的，而是略微穿过了水星天球——这对我们是有利的)∶那么，收敛运动之比必定小于 1∶$\sqrt{3}$的$\frac{3}{2}$次方；但是 1∶3 就是 1∶$\sqrt{3}$的平方，于是就比真正的比例大，而比 1∶3 还要大的 1∶4 也要比真正的比例大，所以即使是 1∶4 的平方根也不可能是收敛运动之比。② 因此，1∶4 不可能是较小的八面体比例，而应是较大的。

此外，1∶4 与八面体的正方形同源，正方形的内接圆与外接圆之比是 1∶$\sqrt{2}$，正如 1∶3 与正方体同源，正方体的外接球和内切球之间的比例为 1∶$\sqrt{3}$一样。正像 1∶3 是 1∶$\sqrt{3}$的幂次，即它的平方一样，这里 1∶4 也是 1∶$\sqrt{2}$的的幂次，即它的四次方。因此，如果 1∶3 是立方体的较大和谐比例(根据命题 7)，那么 1∶4 就应当成为八面体的较大和谐比例。

13. 命题　木星与火星的极运动应当具有如下和谐比例∶一个是较大

---

① “较小”和“较大”的和谐比例等价于我们现在所说的“相距更近”和“相距更远”的和谐比。E. C.，Jr. ——英译本注

② 收敛运动之比小于 1∶$(\sqrt{3})^{\frac{3}{2}}$=1∶2.28。因此 1∶3 大于收敛运动之比，1∶4 也太大。1∶3 比收敛运动的真正比例大出 3∶3.28=1.32∶1，1∶4 比收敛运动的真正比例大出 4∶3.28=1.75∶1 =1.32^2∶1。

的和谐比例1∶8，即三个八度，另一个是较小的和谐比例 5∶24，即两个八度加一个小三度。

因为立方体已经得到了 1∶2 和 1∶3，而位于木星和火星之间的四面体的两球之比 1∶3 等于立方体两球之比 1∶ $\sqrt{3}$的平方。因此，数值等于立方体比例的平方的运动之比应当属于四面体。但 1∶2 和 1∶3 的平方为 1∶4 和 1∶9，而 1∶9 不是和谐比例，1∶4 已经被用在了八面体上。因此，根据公理 1，这就必须要用到与这些比例临近的和谐比例。在这些相邻比例当中，首先遇到的较小比例是 1∶8，较大比例是 1∶10。到底应该在这两个比例中选择哪个，则要根据它们与四面体的亲缘关系决定。虽然 1∶10 属于五边形组，但这与五边形没有任何共同之处。但四面体由于多方面的原因而与 1∶8 有更大的亲缘关系(参见第二章)。

此外，下列理由也倾向于 1∶8：正如 1∶3 是立方体的较大和谐比例，1∶4 是八面体的较大和谐比例一样(因为它们是这两个立体形的两球之比的幂次)，1∶8 也应是四面体的较大和谐比例，因为正如第一章中所说的，四面体的体积是内接于它的八面体的二倍，所以八面体比例中的 8 是四面体比例中的 4 的二倍。

再有，正如立方体的较小和谐比例 1∶2 是一个八度，八面体的较大和谐比例 1∶4 是两个八度，所以四面体的较大和谐比例 1∶8 就应该是三个八度。而且，更多的八度应该属于四面体而不是立方体和八面体，这是因为，由于四面体的较小的和谐比例必定要大于其他立体形的较小和谐比例(因为四面体的两球之比是所有立体形中最大的)，所以四面体的较大和谐比例也要超过其他立体形的较大和谐比例几个八度。最后，三个八度音程与四面体的三角形形式有亲缘关系，而且与三位一体的普遍完美性相一致，因为甚至[三个八度的]项 8，也是完美的量即三维的第一个立方数。

与 1∶4 或 6∶24 相临近的一个较大的和谐比例是 5∶24，一个较小的和谐比例是 6∶20 或 3∶10。然而，3∶10 属于五边形组，而与四面体没有任何共同之处。但 5∶24 却因 3 和 4(从中产生出 12 和 24)而与四面体有亲缘关系。因为我们这里忽略了其他较小的项，即 5 和 3，正如我们在第二章中所看到的，它们与立体形的同源程度是最小的，而且，四面体的两球之比是 3∶1，根据公理 2，收敛距离之比也应当大致与此相等。根据第三章，收敛运动之比大约等于距离的$\frac{3}{2}$次方之比的倒数，而 3∶1 的$\frac{3}{2}$次方约等于 1000∶193。因此，如果取火星的远日运动为 1000，则木星的[近日]运动将略大于 193，但会远小于 1000 的三分之一即 333。因此，木星和火星的收敛运动之间的和谐比例不是 10∶3 即 1000∶333，而是 24∶5 即 1000∶208。

14. 命题　火星极运动的固有比例应大于 3∶4 这个纯四度，而大约等于 18∶25。

设木星和火星被赋予了精确的和谐比例 5∶24 和 1∶8 或 3∶24(命题 13)。把较大的 5∶24 的倒数与较小的 3∶24 复合，得到结果 3∶5。而前面的命题 11 说过，木星本身的固有比例是 5∶6。再把这个比例的倒数与 3∶5 复合，即把 30∶25 与 18∶30 进行复合，得到的结果就是火星的固有比例 18∶25，它大于 18∶24 或 3∶4。但如果考虑到接下来的原因，即较大的共有比例 1∶8 还要更大，那么它还会变得更大。

15. 命题　和谐比例 2∶3 即五度，5∶8 即小六度，3∶5 即大六度将依次被分配给火星和地球、地球和金星、金星和水星的收敛运动。

因为介于火星、地球和金星之间的十二面体和二十面体具有最小的外接球和内切球之比，所以它们应当具有可能的和谐比例中最小的，这样才能同源，而且也使公理 2 得到满足。但是根据命题 4，所有和谐比例中最小的 5∶6 和 4∶5 是不可能的，因此，这些立体形应当具有大于它们的最近的和谐比例 3∶4、2∶3、5∶8 或 3∶5。

介于金星和水星之间的八面体的两球之比与立方体是一样的。但根据命题 8，立方体收敛运动之间的较小和谐比例是八度。因此，如果没有其他数值介入，那么根据类比，八面体的较小和谐比例也应是同一数值，即

1∶2。但如下数值介入了进来：如果把立方体行星，即土星和木星的运动的固有比例复合起来，那么结果将不大于2∶3；而如果把八面体行星，即金星和水星的固有比例复合起来，结果就将大于2∶3。原因很显然：假定我们所需要的是正方体和八面体之间的比例，设较小的八面体比例大于这里给出的比例，而与立方体的比例1∶2一样大；但根据命题12，较大的和谐比例是1∶4。因此，如果把它用我们已经假设的较小的和谐比例1∶2去除，那么得到的结果1∶2仍将是金星和水星的固有比例的复合。但1∶2大于土星和木星的固有比例的复合2∶3。根据第三章，这个较大的复合的确会导致一个较大的偏心率；但同样根据第三章，这个较大的偏心率又会导致收敛运动之间的一个较小比例。因此，通过把这个较大的偏心率乘以立方体与八面体之间的比例，我们就得到金星和水星的收敛运动之间也需要一个小于1∶2的比例。不仅如此，根据公理1，由于立方体行星的和谐比例是八度，所以另一个与此非常接近的和谐比例(根据较早的证明，它小于1∶2)应当属于八面体行星。比1∶2略小的比例是3∶5，作为三者之中最大的，它应当属于两球之比最大的立体形，即八面体。因此，较小的比例5∶8、2∶3或3∶4就被留给了两球之比较小的二十面体和十二面体。

这些余下的比例是这样在剩下的两颗行星中进行分配的。因为在这些立体形当中，尽管两球之比相等，但立方体得到了1∶2这个和谐比例，八面体则得到了较小的和谐比例3∶5，以使金星和水星的固有比例的复合能够超过土星和木星的固有比例的复合；所以尽管十二面体与二十面体的两球之比相等，但前者应当拥有一个比后者更小但相当接近的和谐比例，原因是类似的：因为二十面体介于地球和火星之间，而且如前所述有一个大的偏心率；而正如我们在下面将会看到的，金星和水星却有着最小的偏心率。由于八面体的和谐比例是3∶5，二十面体的两球之比较小，具有比3∶5稍小的紧接着的比5∶8，因此，留给十二面体的或者是余下的2∶3，或者是3∶4；但更可能的是与二十面体的5∶8较为接近的2∶3，因为它们是类似的立体形。

但3∶4的确不可能。因为尽管如前所述，火星的极运动之比足够大，但地球——正如已经说过的，并将在下面阐明的——贡献的固有比例太小，以至于不足以使两个比的复合超过一个纯五度。因此，根据命题 7，3∶4 不可能有自己的位置。这更是因为——由下面的命题 17 可得——收敛运动之比必定大于 1000∶795。

16. 命题　金星和水星的固有运动之比例的复合大约为 5∶12。

把命题 15 赋予这对行星的较小和谐比例 3∶5 除以较大比例 1∶4 或 3∶12(根据命题 12)，得到的结果 5∶12 就是两颗行星固有比例的复合。所以水星的极运动的固有比例要比金星的固有比例 5∶12 小。这可以通过这些第一类的理由来理解。根据下面的第二类理由，通过把两颗行星共有的和谐比例当作一种"酵母"包括进来，我们就会看到，只有水星的固有比例才是 5∶12。

17. 命题　火星与地球的发散运动之间的和谐比例不可能小于 5∶12。

根据命题 14，只有火星的固有运动比例超过了纯四度，大于 18∶25。但根据命题 15，它们较小的和谐比例是纯五度。因此，这两部分的复合为 12∶25。但根据公理 3，地球也必须具有自己的固有比例。因此，由于发散运动的和谐比例是由以上这三种组分构成的，所以它将大于 12∶25。但接下来的一个比 12∶25 即 60∶125 稍大的和谐比例是 5∶12 即 60∶144。因此，根据公理 1，如果这两颗行星的运动的较大比例需要一个和谐比例，那么它不可能小于 60∶144 或 5∶12。

因此，至此为止，根据目前所说的公理，除了只有地球和金星这一对行星仅仅被分配了一个和谐比例 5∶8 之外，其余所有行星对都出于必然理由而得到了两个和谐比例。因此，我们现在必须重新开始进一步探索它的另一个和谐比例，即较大的或发散运动的和谐比例。

后验的理由

18. 公理　运动的普遍和谐比例必定是由六种运动的相互调节，特别是通过极运动来确立的。

由公理 1 可以证明。

19. 公理　在运动的一定范围内，普遍和谐比例必须是一样的，以使它们能够出现得更加频繁。

如果它们被局限于运动的个别的点，那么它们就有可能永远也不出现，或者出现得非常少。

20. 公理　正如第三卷已经证明的，由于对和谐比例种类[*generum*]的最自然的区分是大调和小调，所以两种普遍和谐比例必须在行星的极运动之间获得。

21. 公理　两种和谐比例的不同种类必须被确立，以使世界的美可以通过所有可能的变化形式来展现；这只能通过极运动，或至少是通过某些极运动来实现。

由公理1可得。

22. 命题　行星的极运动必已指定了八度系统的音高或音符，或者音阶中的音符。

正如第三卷已经证明的，基于一个共有音符的和谐比例的起源和比较产生了音阶，或者说把八度分成了它的音高或音符。因此，由于根据公理1、20和21，极运动之间需要有不同的和谐比例，所以某个天的系统或和谐音阶需要通过极运动来做出真正的划分。

23. 命题　必定有这样一对行星，其运动之间的和谐比例只存在大六度3∶5和小六度5∶8。

根据公理20，和谐比例的种类之间存在着必然的区分。根据命题22，这种区分是通过拱点处的极运动来实现的，因为要想排列和整理它们，只有极运动——即最快的和最慢的运动——才需要被确定，各种居间的调子都是当行星从最慢运动到最快的过程中自行产生的，它们不需要任何特别的关照。因此，只有当两颗行星的极运动之间形成了一个第西斯或24∶25

时，这种排列才可能发生，因为如第三卷中所解释的，和谐比例的不同种类之间相差一个第西斯。

然而，第西斯或者是 4∶5 和 5∶6 这两个三度之间的差距，或者是 3∶5 或 5∶8 这两个六度之间的差距，或者是再升高一个或几个八度之后的这些比例之间的差距。但是根据命题 6，4∶5 和 5∶6 这两个三度在行星对之间并不出现；而且除了火星和地球这对行星的 5∶12(与之相关的只有 2∶3)[①]，增加一个八度的三度或六度也没有出现。所以居间的比例 5∶8、3∶5 和 1∶2 都同样是容许的。因此，余下的两个六度 3∶5 和 5∶8 要被给予一对行星。而且它们运动的变化只能是六度，以至于它们既不会扩张到下一个较大的音程 2∶1，即一个八度，也不会缩小为下一个较小的音程 2∶3，即一个五度。这是因为，尽管如果两颗行星的收敛极运动之间构成一个纯五度，发散运动之间构成一个八度，那么同样的两颗行星也的确可以构成六度，从而跨过一个第西斯，但这却不能体现运动的规定者的天道。因为那样一来，最小的音程第西斯——它潜藏于极运动之间所包含的所有大音程之中——就会被随着调子连续变化的居间运动所超越，但它不是由它们的极运动决定的，因为部分总是小于整体的，即第西斯总要小于介于 2∶3 和 1∶2 之间的较大音程 3∶4，这里，后者将被认为是由极运动所确定的。

24. 命题　改变了和谐比例种类的两颗行星应当在它们极运动的固有比例之间形成一个第西斯，其中一个的固有比例将大于一个第西斯；它们的远日运动之间应当形成一个六度，近日运动之间应当形成另一个六度。

由于极运动之间构成了两个相距为一个第西斯的和谐比例，这可以以三种方式来产生：或者一颗行星的运动保持不变，另一颗的运动变化一个第西斯；或者当上行星在远日点，下行星在近日点时，两者都变化半个第

---

① 火星与地球的发散运动之比是 5∶12，即一个八度加小三度，收敛运动之比是 2∶3，即一个纯五度。这是不搭配的，因为 2∶3 并没有改变和谐比例的种类。

西斯，构成一个大六度 3∶5，并且当它们移出那些音程彼此相互靠近，上行星运动到近日点，下行星运动到远日点时，它们构成一个小六度 5∶8；或者最后一种可能，在从远日点向近日点运动的过程中，一颗行星比另一颗行星的变化更大，从而超过一个第西斯，于是这两颗行星在远日点的运动之间就形成了一个大六度，在近日点的运动之间就形成了一个小六度。但第一种方式是不合法的，因为那样一来，这些行星中的某一颗将没有偏心率，从而于公理 4 相违背；第二种方式不那么美，也不那么适宜：之所以不美，是因为不够和谐，两颗行星的运动的固有比例将不是悦耳的，因为任何一个小于第西斯的音程都是不协和的。然而，让某一颗行星受到这个不协和的小音程的影响会好一些。事实上，它是不可能发生的，因为如果是这种方式，那么极运动就会偏离系统的音高或音阶的音符，从而与命题 22 相违背；它之所以是不适宜的，是因为六度只在行星分别位于相反的拱点时的那些运动中出现：如果是这样，那么这些六度以及从它们当中导出的普遍和谐比例就不可能有地方产生。因此，当行星的所有[和谐]位置都被局限在它们轨道上的几个有限的个别的点时，普遍和谐比例将会极为稀少，从而与公理 19 相违背。因此，还剩下第三种方式，即每一颗行星都变化自己的运动，但其中一颗要比另一颗变化大，而且至少要相差一个完整的第西斯。

25. 命题　对于改变改变和谐种类的两颗行星来说，上行星的固有运动的比例应当小于一个小全音 9∶10；而下行星的固有比例则应小于一个半音 15∶16。

根据前一命题，它们或是通过远日运动，或是通过近日运动来构成 3∶5 的比例。但通过近日运动是不可能的，因为那样一来，它们的远日运动之比就将是 5∶8。因此，根据同一命题，下行星的固有比例将比上行星高出一个第西斯，但这是与公理 10 相违背的。因此，它们只能通过远日运动构成 3∶5 的比例，近日运动构成的是 5∶8 的比例，后者比前者小了 24∶25。然而，如果远日运动构成了一个大六度 3∶5，那么上行星的远日运动与下行星的近日运动之间将构成一个超过大六度的音程，这是因为下行星将复合其整个固有比例。

同样地，如果近日运动构成一个小六度 5∶8，那么上行星的近日运动和下行星的远日运动将构成一个小于小六度的音程，因为下行星将复合其整个固有比例的倒数。然而，如果下行星的固有比例等于一个半音 15∶16，那么除了六度以外，纯五度也可以出现，因为一个小六度减去一个半音就成了一个纯五度，但这是与命题 23 相违背的。因此，下行星的固有音程将小于一个半音。由于上行星的固有比例要比例下行星的固有比例大一个第西斯，而一个第西斯加上一个半音就成了一个小全音 9∶10，因此，上行星的固有比例小于一个小全音 9∶10。

26. 命题　对于改变和谐种类的两颗行星来说，上行星的极运动之间所构成的音程应当或者是一个第西斯的平方 576∶625，即大约 12∶13，或者是半音 15∶16，或者是与前者或后者相差音差 80∶81 的某个居间的音程；而下行星应当或者是一个纯粹的第西斯 24∶25，或者是一个半音与一个第西斯之差 125∶128，即大约 42∶43，或者最后，是与前者或后者相差音差 80∶81 的某个居间的音程，也就是说，上行星应当构成第西斯的平方减去一个音差，下行星构成一个纯粹的第西斯减去一个音差。

根据命题 25，上行星的固有比例应当大于一个第西斯，根据前一命题，它应当小于一个[小]全音 9∶10。但事实上，根据命题 24，上行星应当超过下行星一个第西斯。和谐之美告诉我们，即使这些行星的固有比例由于过小而不可能是和谐的，根据公理 1，如果可能，它们至少也应当是协和的。但是，小于[小]全音 9∶10 的协和音程只有两种，即半音和第西斯，但它们彼此之间相差不是一个第西斯，而是一个更小的音程 125∶128。因此，上行星不可能具有一个半音，下行星也不可能具有一个第西斯；或者上行星具有一个半音 15∶16，下行星具有 125∶128，即 42∶43，或者下行星具有一个第西斯 24∶25，上行星具有第西斯的平方，即约为 12∶13。但由于两颗行星是平权的，所以即使协和的性质不得不在它们的固有比例中被打破，它也必须在两者中被均等地打破，从而使它们的固有音程之差仍将是一个精确的第西斯，根据命题 24，这对于区分和谐比例的种类是必要的。如果上行星的固有比例小于第西斯的平方的量或者超过一个半音的量，等于下行星的固有比例小于一个纯粹的第西斯的量或者超过 125：128 这个音程的量，那么协和的性质就会在两者中被均等地打破。

不仅如此，这种盈余或亏缺必定是一个音差，即 80：81，因为为了使音差在天体运动中被表达的方式能够像在和谐比例中一样，即通过彼此之间的音程的盈余或亏缺来表达，和谐比例不能指定任何其他音程。因为在和谐音程中，音差是大小全音之差，它不以任何其他方式出现。

接下来我们需要探究的是，在那些被提出的音程中，哪些是更可取的。是第西斯(下行星的纯粹第西斯和上行星的第西斯的平方)，还是上行星的半音和下行星的 125：128。回答是第西斯，论证如下：因为尽管半音已经在音阶中以不同方式表示过了，但与之相关的比 125：128 还没有被表示。另一方面，第西斯已经以不同方式表示过了，第西斯的平方也以一种方式表示了，即把全音分解为第西斯、半音和小半音；那样一来，正如第三卷第八章中已经说过的，两个第西斯大约相距两个音高。另一种论证是，第西斯是可以对种类进行分类的，而半音却不行。因此，相对于半音来说，我们必须给予第西斯更多的关注。总而言之，上行星的固有比例应当是 2916：3125，大约为 14：15，下行星的固有比例应当是 243：250，大约为 35：36。

你或许会问，至高的造物主的智慧可能像这样沉湎于如此细致而费力的计算吗？我回答说，可能有许多原因对我是隐藏着的。但是如果和谐的本性没有提供更有分量的理由(因为我们正在处理的比小于所有协和音程所能容许的范围)，那么认为上帝甚至连这些理由也遵循了，无论它们显得有多么琐碎，这也并非愚蠢，因为他从不规定任何没有原由的东西。相反，宣称上帝选取这些量是随机性的(它们都小于为它们规定的界限——小全音)倒是愚蠢的。说他之所以把它们取成那样的量，是因为他愿意这样选择，这样说也是不充分的。因为对于那些可以进行自由选择的几何事物来说，上帝做出的任何选择都有某种几何上的原因，正如我们可以在叶边、鱼鳞、兽皮、兽皮上的斑点以及斑点的排列等诸如此类的东西上所看到的那样。

27. 命题　地球与金星的较大运动比例应该是远日运动之间的大六度；较小运动比例应该是近日运动之间的小六度。

根据公理20，区分和谐比例的种类是必要的。但是根据命题23，只有通过六度才可能做到这一点。因为根据命题15，地球和金星这两个相邻的二十面体行星已经得到了小六度5∶8，所以另一个六度3∶5也应当指派给它们。但是根据命题24，它不是在收敛极运动或发散极运动之间形成，而是在同侧的极运动之间形成，即远日运动之间形成一个六度，近日运动之间形成另一个六度。此外，和谐比例3∶5与二十面体同源，因为两者都属于五边形组。参见第二章。

这就是为什么精确的和谐比例可以在这两颗行星的远日运动和近日运动之间找到，而不能在收敛运动之间找到的原因。（正如上行星的情况那样）

28. 命题　地球的固有比例大约为14∶15，金星的固有比例大约为35∶36。

根据前一命题，这两颗行星必定区分了和谐比的种类。因此，根据命题26，地球作为上行星应该得到音程2916∶3125，大约为14∶15，而金星作为下行星则应得到音程243∶250，大约为35∶36。

这就是为什么这两颗行星具有如此之小的偏心率，以及由此导出的极运动之间的小音程或固有比例的原因，尽管比地球高的下一颗行星火星以及比地球低的下一颗行星水星具有最大的偏心率。天文学证明了这一点的真实性。因为我们在第四章中看到，地球的比例是14∶15，金星是34∶35，天文学的精确度几乎无法把它与35∶36区分开。[①]

① 地球与金星是唯一一对远日运动和近日运动之间，而不是收敛运动和发散运动之间构成和谐比例的行星。其远日运动的比例是0.602（大六度=0.600），近日运动的比例是0.628（小六度=0.625）。

29. 命题　火星与地球运动的较大和谐比例，即发散运动的和谐比例不可能是那些大于 5∶12 的和谐比例中的一个。

根据上面的命题 17，它不是小于 5∶12 的比例中的任何一个；但是现在，它也不是大于 5∶12 的比例中的任何一个。因为这些行星的另一个较小的共有比例 2∶3 与火星的固有比例(根据命题 14，它将大于 18∶25)进行复合，得到的结果将会大于 12∶25 即 60∶125。把它与地球的固有比例 14∶15 即 56∶60(根据前一命题)进行复合，得到的结果将会大于 56∶125，大约为4∶9，也就是说略大于一个八度加一个大全音。而下一个比八度加全音更大的和谐比例是 5∶12，即八度加小三度。

请注意，我并没有说这个比例既不大于也不小于 5∶12，而是说如果它必定是和谐的，那么没有其他和谐比例会属于它。

30. 命题　水星运动的固有比例应当大于所有其他行星的固有比例。

根据命题 16，金星和水星的固有运动复合起来大约为 5∶12。但是金星自己的固有比例是 243∶250，即 1458∶1500。把它的倒数与 5∶12 即 625∶1500 进行复合，那么得到的结果 625∶1458 就是水星自己的固有比例，它大于一个八度加一个大全音，而其余行星中固有比例最大的行星——火星的固有比例小于 2∶3，即一个纯五度。

事实上，如果把金星与水星这两颗最低的行星的固有比例复合在一起，那么得到的结果将大致等于四颗较高行星的固有比例的复合。因为正如我们马上就会看到的，土星和木星的固有比例的复合超过了 2∶3，火星的固有比例小于 2∶3，把这两个比例复合起来，得到 4∶9 即 60∶135。再把它与地球的 14∶15 即 56∶60 复合起来，得到的结果为 56∶135，它略大于 5∶12，而正如我们刚刚看到的，5∶12 是金星与水星的固有比例的复合。然而，这既不是被追求到的，也不是取自任何分立的、特殊的美的原型，而是通过与业已确立的和谐比例相关的原因的必然性自发出现的。

31. 命题　地球的远日运动与土星的远日运动之间的和谐比例必定是若干个八度。

根据命题18，普遍和谐比例是必定存在的，因此土星与地球、土星与金星之间也必定存在着和谐。但如果土星的其中一种极运动既不与地球的极运动保持和谐，也不与金星的极运动保持和谐，那么根据公理1，与土星的两种极运动都与这些行星保持和谐相比，这样的和谐将会更少。因此，土星的两种极运动应该都与地球和金星保持和谐：其远日运动与其中一颗行星保持和谐，其近日运动与另一颗行星保持和谐，因为它是第一颗行星的运动，不存在什么阻碍。因此，这些和谐比例将或者同音①[*identisonae*]或者不同音[*diversisonae*]，即或者是连续加倍比例，或者是其他比例。但其他比例是不可能的，因为在3和5(根据命题27，它们确定了地球与金星的远日运动之间的较大和谐比例)这两项之间无法建立两个调和平均值；因为六度无法被分成三个音程(参见第三卷)。因此，土星的两种运动不可能与3和5的调和平均值构成一个八度；但为了使它的运动能够与地球的3和金星的5之间形成和谐，它的一种运动必须与已经提到的行星之一构成同音的和谐比例，或者相差若干个八度。由于同音和谐比例更加卓越，所以它们也必须在更加卓越的极运动即远日运动之间建立起来，这既是因为它们因行星的高度而占据着卓越的位置，也是因为地球和金星把和谐比例3∶5(我们把它处理为较大的和谐比例)当成了它们的固有比例和某种意义上的特权。虽然根据命题27，这个和谐比例也属于金星的近日运动和地球的某种居间的运动，但它开始是在极运动中形成的，居间的运动则是在这之后。

我们一方面有最高的行星土星的远日运动，另一方面，与之相配的必须是地球的远日运动而非金星的远日运动，因为在这两颗区分了和谐种类的行星当中，地球是较高的行星。还有一个更加直接的原因：后验的理由——即我们现在正在讨论的——实际上修正了先验的理由，不过只是对

---

① “同音和谐比例”是指像3∶5，3∶10，3∶20等之类的比。——英译本注

最小的地方进行了修正，因为它是一个有关小于所有协和音程的音程的问题。但根据先验的理由，不是金星的远日运动，而是地球的远日运动接近于与土星的远日运动之间建立起来的几个八度的和谐比例。因为如果把以下几项复合起来：第一，土星运动的固有比例，即土星的远日运动与近日运动之比 4∶5(根据命题 11)；第二，土星与木星的收敛运动之比，即土星的近日运动与木星的远日运动之比 1∶2(根据命题 8)；第三，木星与火星的发散运动之比，即木星的远日运动与火星的近日运动之比 1∶8(根据命题 14)；第四，火星与地球的收敛运动之比，即火星的近日运动与地球的远日运动之比 2∶3(根据命题 15)，那么你就会发现，土星的远日运动与地球的近日运动之间的复合比例为 1∶30，它比 1∶32 或五个八度仅仅小了 30∶32，即 15∶16 或一个半音。因此，如果一个被分成了比最小的协和音程还小的各个部分的半音与这四个组分相复合，那么土星和地球的远日运动之间就会形成一个完美的五个八度的和谐比例。然而，要想使土星的同一远日运动与金星的远日运动之间能够形成若干个八度，那么根据先验的理由，从中拿掉大约一个纯四度是必要的。因为如果把地球与金星的远日运动之比 3∶5 同前面四种组分构成的比 1∶30 复合起来，那么根据先验的理由，我们发现土星与金星的远日运动之比是 1∶50，这个音程与五个八度 1∶32 相差 32∶50，即 16∶25 或纯五度加一个第西斯；与六个八度 1∶64 相差 50∶64，即 25∶32 或纯四度减一个第西斯。因此，同音和谐比例必定要被建立起来，不过不是建立在金星与土星的远日运动之间，而是建立在地球与土星的远日运动之间，以使土星可以保持一种与金星不同音的和谐比例。

32. 命题　在行星的小调的普遍和谐比例中，土星精确的远日运动与其他行星之间不可能形成精确的和谐比例。

地球的远日运动并不与小调的普遍和谐比例相一致，因为地球和金星的远日运动之间构成了大调的音程 3∶5(根据命题 27)，而土星的远日运动与地球的远日运动之间构成了一个同音的和谐比例(根据命题 31)。因此，土星的远日运动与它也不一致。不过，土星在非常接近于远日点的地方有一种稍快的运动，它非常接近于小调——我们已经在第七章中很清楚地看到了这一点。

33. 命题　大调的和谐比例和大音阶与远日运动密切相关，而小调的和谐比例和小音阶与近日运动相关。

虽然大调的和谐比例(dura harmonia)不仅在地球的远日运动与金星的远日运动之间形成，而且也在地球比远日点低的运动和金星比远日点低的运动(直到近日点)之间形成；另一方面，小调的和谐比例不仅在金星的近日运动和地球的近日运动之间形成，而且也在金星比近日点高的运动(直到远日点)和地球比近日点高的运动之间形成(根据命题 27)；但是，对这些种类的和谐比例的指定只属于每颗行星的极运动(根据命题 20 和 24)。因此，大音阶只被指定给远日运动，小音阶只被指定给近日运动。

34. 命题　大音阶与两颗行星中的上行星的关系更近，小音阶则与下行星的关系更近。

因为大音阶是远日运动所固有的，小音阶是近日运动所固有的(根据上一命题)，而远日运动比近日运动更慢，也更低沉，因此，大音阶是较慢的运动所固有的，小音阶是较快的运动所固有的。但两颗行星中的上行星与较慢的运动更加相关，下行星与较快的运动更加相关，因为固有运动的快慢总是与行星在世界中的高度相伴随的。因此，在同时具有两种调式的两颗行星中，上行星与大音阶的关系更近，下行星则与小音阶的关系更近。而且，大音阶使用了大音程 4∶5 和 3∶5，小音阶使用了小音程 5∶6 和 5∶8。但是，上行星既有一个更大的天球和更慢的运动，也有一个更长的轨道；那些在两方面都符合的东西是彼此更加亲近的。

35. 命题　土星和地球与大音阶的关系更近，而木星和金星则与小音阶的关系更近。

首先，与金星一起指定两种音阶的地球是上行星。因此根据上一命题，地球主要包含大音阶，金星主要包含小音阶。而根据命题31，土星的远日运动与地球的远日运动之间构成了一个八度的和谐比，因此，根据命题33，土星也包含大音阶。其次，根据命题31，土星因其远日运动而更加青睐大音阶，而且根据命题32，排斥小音阶。因此，较之小音阶，它与大音阶的关系更为密切，因为音阶是被极运动指定的。

木星与土星相比是下行星。由于大音阶属于土星，所以根据上一命题，小音阶应当属于木星。

36. 命题　木星的近日运动与金星的近日运动必定在同一音阶上相一致，但构不成和谐比例，而与地球的近日运动就更不可能构成和谐比例了。

根据前一命题，木星主要与小音阶相关，而根据命题33，近日运动与小音阶密切相关，因此，木星通过其近日运动必定指定了小音阶，也就是说指定了它的确定音高或主音[*phthongum*]。但是根据命题28，金星的近日运动与地球的近日运动也指定了同一音阶，因此，木星的近日运动将与它们的近日运动在同一个音阶中相关联。但它不可能与金星的近日运动之间建立和谐比例，因为根据命题8，它应当与土星的远日运动，即木星的远日运动是G音的那个系统的d音构成1∶3的和谐比例，但金星的远日运动是e音，因此，它与e音之间的差距在最小的和谐比例所对应的音程之内。最小的和谐比例是5∶6，但d音和e音之间的音程还要小很多，即9∶10，一个全音。尽管金星在近日点的音要高于远日点的e音，但这种提高要小于一个第西斯(根据命题28)。然而，如果把一个第西斯(因此还包括那些更小的音程)与一个小全音复合，那么结果还不到最小的和谐比例5∶6所对应的音程。因此，木星的近日运动不可能既与土星的远日运动之间构成1∶3或接近1∶3的比例，同时又与金星保持和谐。它也不能与地球保持和谐，因为如果木星的近日运动已经被调整到金星的近日运动的同一音阶，以至于它能与土星的远日运动之间形成1∶3的音程，差距小于最小的音程，也就是说与金星的近日运动之间相差一个小全音 9∶10 或 36∶40(再加上几个八度)，而地球的近日运动与金星的近日运动之间相差 5∶8 即25∶40，那么地球和木星的近日运动之间将相差 25∶36(再加上几个八度)。但这不是和谐比例，因为它是 5∶6 的平方，或一个纯五度减去一个第西斯。

37. 命题　土星与木星的固有复合比例 2∶3，以及它们较大的共有和谐比例 1∶3 必须增加一个等于金星[固有]音程的音程。

根据命题 27 和命题 33，金星的远日运动有助于指定大音阶，近日运动有助于指定小音阶。而根据命题 35，土星的远日运动也应当与大音阶一致，从而与金星的远日运动一致。但是根据上一命题，木星的近日运动与金星的近日运动之间也要一致。因此，金星的远日运动与近日运动之间的音程有多大，与土星的远日运动形成 1∶3 比例的木星的近日运动也应当加上多大。但是根据命题 8，木星与土星的收敛运动之间的和谐比例是精确的 1∶2。因此，如果从音程 1∶2 中减去这个大于 1∶3 的音程，那么得到的大于 2∶3 的结果就是这两颗行星的固有比例的复合。

在前面的命题 28 中，金星运动的固有比例是 243∶250，约为 35∶36。但是在第四章中我们看到，土星的远日运动与木星的近日运动之间所构成的比例要比例 1∶3 略大，这个大出来的量介于 26∶27 与 27∶28 之间。但是如果把一秒——我不知道天文学能否探测到这个差别——加在土星的远日运动上，那么这两个量就完全相等了。

38. 命题　到目前为止通过先验的理由建立起来的土星和木星的固有比例的复合 2∶3 的盈余因子 243∶250，必须以这样的方式被分配到行星中去：其中的一个音差 80∶81 给土星，余下的 19683∶2000 或约为 62∶63 的比例给木星。

由公理 19 可得，这个因子必须在两颗行星中分配，以使每颗行星都能在一定程度上与同它相关的普遍和谐比相一致。但是，音程 243∶250 小于所有的协和音程。因此，没有和谐规则能够把它分成两个协和的部分，除了在前面命题 26 中划分第西斯 24∶25 时需要的音程，即把它分成一个音差 80∶81(这是那些小于协和音程的音程中最主要的一个[①])和略大于一个音差的 19683∶20000，约为 62∶63。然而，要分离的不是两个音差，而是一个音差，以免各个部分太不相等，因为土星和木星的固有比例非常接近于相等(根据公理 10，甚至会扩展到那些比它们还小的协和音程)，还因为音差是由一个大全音和一个小全音所确定的音程，而两个音差却不是。而且，尽管土星有着较大的固有和谐比例 4∶5，但属于土星这颗更高更大的行星的必定不是那个较大的部分，而是那个优先的、更美的即更和谐的部分。因为根据公理 10，优先性与和谐的完美性是首先要考虑的，而对量的考虑可以放在最后，因为量本身是没有美可言的。于是，正如我们在第三卷第十二章中对它的称法，土星的运动变为 64∶81，即一个掺杂[②]大三度，而木星的运动变为 6561∶8000。

我不知道在给土星增加一个音差以使土星的极距离可以构成一个大全音 8∶9 的原因当中，它是否应当算一个，抑或它是从运动的前述原因中直接导出的。因此，至于为什么在前面第四章中，土星的音程被发现包含了大约一个大全音，你在这里有的不是一个推论，而是一个原因。

39. 命题　土星的精确近日运动以及木星的精确远日运动都不能构成大调的行星的普遍和谐比例。

根据命题 31，由于土星的远日运动应当与地球和金星的远日运动构成精确的和谐比例，所以土星的比它的远日运动快 4∶5 或一个大三度的运动也将与它们构成和谐比例；因为地球与金星的远日运动构成了一个大六度，而根据第三卷的证明，它又可分解为一个纯四度和一个大三度，因

① 关于对小于协和音程的音程的划分，开普勒使用了音差而没有任意进行划分，是因为他在命题 26 中说，即使和谐的本性没有对这种音程的划分提供更有分量的理由，上帝也不会没有任何原由地规定一个东西。

② 参见脚注“音程与和谐比例的比较”。——英译本注

此，土星的这个比已经是和谐的运动还要快(快的量小于一个协和音程)的运动将不会处于精确的和谐。但这样一种运动是土星的近日运动本身，因为根据命题 38，土星的近日运动要比远日运动大 4∶5，即一个音差或 80∶81(小于最小的协和音程)。因此，土星的精确近日运动实际上并不和谐。而木星的精确远日运动也并不真正和谐，因为根据命题 8，它与土星的近日运动相差一个纯八度，根据第三卷中所说的内容，它也不能处于精确的和谐。

40. 命题　根据先验理由建立起来的木星与火星的发散运动的联合和谐比例 1∶8 或三个八度必须要加上一个柏拉图小半音。

因为根据命题 31，土星与地球的远日运动之间必须构成 1∶32 即 12∶384 的比例；而根据命题 15，地球的远日运动与火星的近日运动之间必须构成 3∶2 即 384∶256 的比例；根据命题 38，土星的远日运动与它的近日运动之间必须构成 4∶5 或 12∶15 的比例，再加上它的额外增量；最后，根据命题 8，土星的近日运动与木星的远日运动之间必须构成 1∶2 或 15∶30 的比例；因此，在减去土星的额外增量之后，还剩下木星的远日运动与火星近日运动之间的 30∶256。但 30∶256 要比 32∶256 大 30∶32，即 15∶16 或 240∶256，为一个半音。因此，用土星的额外增量(根据命题 38，它应当是 80∶81 即 240∶243)去除 240∶256，得到的结果是 243∶256。但这是一个柏拉图小半音[①]，约为 19∶20，参见第三卷。因此，1∶8 必须加上一个柏拉图小半音。

于是，木星与火星的较大比例，即发散运动之间的比例应当是 243∶2048，大约是 243∶2187 和 243∶1944 的平均，即 1∶9 和 1∶8 的平均。在 1∶9 和 1∶8 这两个比例中，前面所说的类比要求前者，[②] 而和谐比例接近于后者。

---

① 《蒂迈欧篇》(*Timaeus*)，36。——英译本注

② 参见命题 13。

41. 命题　火星运动的固有比例必定是和谐比例 5∶6 的平方，即 25∶36。

因为根据前一命题，木星与火星的发散运动之比应当是 243∶2048，即 729∶6144；而根据命题 8，其收敛运动之比应当是 5∶24，即 1280∶6144，因此，两者的固有比例的复合必定是 729∶1280 或 72900∶128000。但是根据命题 28，木星自身的固有比例必定是 6561∶8000，即 104976∶12800。因此，如果用它去除两者的复合比例，那么得到的商 72900∶104976 即 25∶36 就是火星的固有比例，它的平方根是 5∶6。

还可以这样来说明：土星的远日运动与地球的远日运动之比为 1∶32 或 120∶3840；土星的远日运动与木星的近日运动之比是 1∶3 或 120∶360，再加上它的额外增量；土星的远日运动与火星的远日运动之比是 5∶24 或 360∶1728。因此，剩下的 1728∶3849 再减去土星与木星的发散运动之比中的那个额外增量，就是火星的远日运动与地球的远日运动之比。而地球的远日运动与火星的近日运动之比是 3∶2 即 3840∶2500，因此，火星的远日运动与近日运动之比就是 1728∶2560，即 27∶40 或 81∶120，再减去所说的额外增量。但是 81∶120 是一个小于 80∶120 或 2∶3 的音差，因此，如果从一个音差里除去 2∶3，再除去所说的额外增量(根据命题 38，它等于金星的固有比例)，那么剩下来的就是火星的固有比例。而根据命题 26，金星的固有比例是一个第西斯减去一个音差。而一个音差加一个第西斯再减去一个音差，就得到一个完整的第西斯或 24∶25。因此，如果用 2∶3 即 24∶36 减去一个第西斯 24∶25，那么和以前一样，得到的商 25∶36 就是火星的固有比例。根据第三章，它的平方根 5∶6 就是音程。[①]

这就是为什么在前面第四章中，火星的极距离被发现包含了和谐比 5∶6 的又一个原因。

42. 命题　火星与地球之间的较大的共有比例，或者说发散运动的共

① 根据第三章第六条，偏心圆上的视周日弧之比例几乎精确地等于它们与太阳之间的距离的反比的平方。

有比例必定是54∶125，小于根据先验的理由建立的和谐比例5∶12。

根据前一命题，火星的固有比例必定是减去了一个第西斯的纯五度；而根据命题15，火星与地球的收敛运动的共有比例，或者说较小的共有比例必定是一个纯五度即2∶3；最后，根据命题26和28，地球的固有比例必定是减去了一个音差的第西斯的平方。由这些成分复合成了火星与地球之间的较大比例，即它们的发散运动之比；它等于两个纯五度(或4∶9，即108∶243)加一个第西斯减去一个音差，即两个纯五度加上243∶250。也就是说，它等于108∶250或54∶125，即608∶1500。但这个比要小于625∶1500即5∶12，小的量是602∶625，即约为36∶37，它小于最小的协和音程。

43. 命题 火星的远日运动不可能是任何普遍和谐比例；然而它必定在某种程度上与小音阶保持和谐。

由于木星的近日运动有一个尖声的小调的d音，而且它与火星的远日运动之间必定构成了和谐比例5∶24，所以火星的远日运动也有一个同样尖的掺杂f音。我之所以说是掺杂的，是因为尽管在第三卷的第十二章，我考察了掺杂的协和音程，并从系统的构成中把它们推了出来，但某些存在于简单自然系统中的掺杂和谐比例被漏掉了。于是，读者们可以在结尾是“81∶120”的一行后面加上：“如果把它除以4∶5或32∶40，那么得到的商27∶32，一个下小六度[①]，即使是在纯粹的八度中，也存在于d与f或c与e[②]或a与c之间”。在接下来的表中，接下来这句话应当放在第一行：“对于5∶6，是27∶32，它是不足的”。

由此很明显，正如根据我的基本原理所规定的，在自然系统中，真正的f音与d音之间构成一个不足的或掺杂的小三度。因此，根据命题13，由于在确立了真正的d音的木星的近日运动与火星的远日运动之间构成了

① 这里“六度”(*sexta*)可能应当是“三度”(*tertia*)。——E. C., Jr. ——英译本注

② C和e在“自然系统”中并不产生一个下小三度。——E. C., Jr. ——英译本注

一个纯粹的小三度加两个八度，而不是一个不足的音程，所以火星的远日运动定出的音高要比真正的 f 音高一个音差。于是，它是一个掺杂的 f 音；所以它不是绝对地，而是在一定程度上与这个音阶一致。但它不会进入一个普遍的和谐比例，无论是纯的还是掺杂的。因为金星的近日运动占据着这个调音中的 e 音。但由于 e 音和 f 音相邻，它们之间的比例是不和谐的。因此，火星与金星的近日运动之间不是和谐的。但它也与金星的其他运动不和谐，因为它们比一个第西斯小一个音差。因此，由于金星的近日运动与水星的远日运动之间是一个半音加一个音差，所以金星的远日运动与火星的远日运动之间将是一个半音加一个第西斯(不考虑八度)，即一个小全音，它仍然是一个不和谐音程。现在，火星的远日运动与小音阶是一致的，但与大音阶不一致。因为金星的远日运动是大调的 e 音，而火星的远日运动(不考虑八度)比 e 音高一个小全音，所以在这个调音中，火星的远日运动必然落在 f 音和升 f 音中间，它将与 g 音(在这个调音中由地球的远日运动所占据)构成不协和的 25∶27，即一个大全音减去一个第西斯。

同样可以证明，火星的远日运动与地球的运动之间是不和谐的。因为它与金星的近日运动之间构成一个半音加一个音差，即 14∶15(根据以前所说的)，而根据命题 27，地球与金星的近日运动之间构成了一个小六度，即 5∶8 或 15∶24。因此，火星的远日运动与地球的近日运动(加上几个八度)之间将构成 14∶24 或 7∶12 的不和谐比例，它们是不协和音程，7∶6 也是一样。因为 5∶6 与 8∶9 之间的任何音程都是不协和音程和不和谐比例，比如这里的 6∶7 例。但地球没有任何一种运动可以与火星的远日运动构成和谐比例。因为前面已经说过，它与地球的远日运动之间构成了不和谐比例 25∶27(不考虑八度)，但是从 6∶7 或 24∶28 到 25∶27 之间的所有音程都小于最小的协和音程。

44. 推论　因此，从以上关于木星和火星的命题 43、关于土星和木星的命题 39、关于木星和地球的命题 36，以及关于土星的命题 32 中，我们可以很清楚地看出，为什么在前面的第五章中，我们发现行星的所有极运

动都不是完美地处于一个自然系统或音阶中，而且所有那些处于同一调音系统中的极运动并没有以一种自然方式划分那个系统的音高[loca]，也没有产生一种协和音程的纯粹自然的接续。因为单颗行星拥有个别的和谐比例、所有行星拥有普遍和谐比例以及普遍和谐比例有大调和小调两种类型的原因是优先的；当所有这些被假定之后，那么对自然系统所做的各种形式的调整就不再可能了。但是，如果那些原因并不必然是优先的，那么无疑地，或者一个系统和它的一个调音会包含所有行星的极运动；或者如果大调和小调两种调式的歌曲需要两个系统，那么自然音阶的实际秩序既可以在一个大调的系统中表达，也可以在另一个小调的系统中表达。于是，你在这里看到了第五章中对非常小的不一致(它们小于一切协和音程[①])所许诺的理由。

45. 命题　金星与水星的较大共有比例，即两个八度，以及在命题12和命题16中根据先验的理由所确立的水星的固有和谐比例，必须加上一个等于金星音程的音程，以使水星的固有比例成为完美的5∶12，于是水星的两种运动都可以与金星的近日运动构成和谐。

由于土星这个外接于它的正立体形的、最高的、最外层的行星的远日运动，必定与区分立体形级别的地球的最高的运动即远日运动构成和谐；因此，根据相反的定律，水星这个内切于它的正立体形的、最内层的、距太阳最近的行星的近日运动，必定与地球(它是共同的边界)[②]最低的运动即近日运动构成和谐：根据命题33和命题34，前者指定了和谐比例的大调，后者指定了小调。但是根据命题27，金星的近日运动必须与地球的近日运动构成和谐比例5∶3，因此水星的近日运动也应当与金星的近日运动处于同一个音阶中。然而，根据命题12，先验的理由决定了金星与水星的

① 也就是小于一个第西斯。

② 第一章中区分了正立体形的雌雄等级。雄性立体形连同雌性同体的正四面体位于地球以上，雌性立体形则位于地球以下，因此地球的轨道就成为一个边界。

发散运动之间的和谐比例是 1∶4，因此，根据这些后验的理由，它必须通过加入金星的整个音程来进行调节。因此，金星的远日运动与水星的近日运动之间不再构成两个纯八度，而是金星的近日运动与水星的近日运动之间构成两个纯八度。但是根据命题 15，收敛运动之间的和谐比例 3∶5 也是纯音程。因此，如果用 3∶5 去除 1∶4，得到的 5∶12 就是水星的固有比例，它也是纯音程，不过不会(根据命题 16，通过先验的理由)再被金星的固有比例所减少。

另一种理由。正如只有外面的土星和木星才不被正十二面体和正二十面体这对配偶立体形接触，也只有里面的水星才不被这对立体形接触，因为它们接触了里面的火星、外面的金星以及处于中间的地球。因此，由于某个等于金星固有比例的比例已经被加给了被立方体和四面体所支撑的土星和木星的运动的固有比例，所以包含在与立方体和四面体有亲缘关系的八面体之内的水星的固有比例也应当加上同样大的值。这是因为，八面体是次级形体中唯一扮演着立方体和四面体这两个初级形体(关于这些，参见第一章)的角色的立体形，所以在内行星中也只有水星扮演着土星和木星这两颗外行星的角色。

第三，因为根据命题 31，最高的行星土星的远日运动必定与改变了和谐比例种类的两颗行星中较高的、与之较近的行星的远日运动之间构成若干个八度，即连续双倍比 1∶32；所以反过来也是这样，最低的行星水星的近日运动也必定要与改变了和谐比例种类的两颗行星中较低的、与之较近的行星的近日运动之间构成若干个八度，即连续双倍比例 1∶4。

第四，只有土星、木星和火星这三颗外行星的极运动可以构成普遍和谐比例；所以内行星水星的两种极运动也必定可以构成同样的和谐比例；而根据命题 33 和命题 34，中间的行星地球和金星必定会改变和谐比例的种类。

最后，在三对外行星中，它们的收敛运动之间存在着完美的和谐比例，但发散运动之间以及单颗行星的固有比例之间则存在着经过调节的[fermentatae]和谐比例；因此，反过来也是这样，在两对内行星中，完美的和谐比例主要不应在收敛运动之间发现，也不应在发散运动之间发现，而应在同侧的运动[1]之间发现。由于两种完美的和谐比例应当属于地球和金星，所以金星和水星也应当具有两种完美的和谐比例。地球和金星的远日运动之间以及它们的近日运动之间都应当被分配一个完美的和谐比例，因为它们必定改变了和谐比例的种类；而金星和水星由于没有改变和谐比例的种类，所以也不要求在远日运动之间和近日运动之间构成完美的和谐比例。然而，与远日运动之间的经过调节的完美和谐比例不同，收敛运动之间却存在着完美的和谐比例。正如内行星中最高的行星金星的固有比例是所有行星中最小的(根据命题 26)，内行星中的最低的行星水星的固有比例是所有行星中最大的一样(根据命题 30)，所以金星的固有比例也是所有行星的固有比例中最不完美的，或是与和谐比例相距最远的，而水星的固有比例也是所有行星的固有比例中最完美的，也就是说绝对和谐的、没有经过任何调节的比例；最终，这些关系在任何方面都是相反的。

超越一切时代的永恒的他就这样装点了他伟大的智慧杰作：没有多余，没有瑕疵，没有任何可指摘之处。它的作品是何等令人渴慕啊！所有事物都是一方平衡着另一方，没有任何东西是缺少对方而存在的。他为每一样东西都建立了善(装饰和匀称)，并以最好的理由确证了它们，谁会对它们的光辉感到饱足呢？

46. 公理　立体形在行星天球之间的镶嵌如果不受约束，不被前面所说的原因的必然性所限，那么它就应当完全遵循几何内切与外接的比例，于是也要遵循内切球与外接球之比的条件。[2]

物理镶嵌能够精确地表现几何镶嵌，就像一件印刷作品精确地表现它的纹样一样，没有什么东西能比这更合理、更适当了。

---

① 即近日运动或远日运动。

② 这条公理强调了正多面体在确定行星距离方面所起的作用，它使得开普勒能够把严格的镶嵌与观察到的距离之间所可能产生的不一致，解释成在构造宇宙过程中占据优先地位的和谐比例的必然结果。

47. 命题　如果行星之间的正立体形的镶嵌不受限制，那么四面体的顶点就必定会触到上方的木星的近日天球，其各面的中心会触到下方的火星的远日天球。然而，顶点分别位于各自行星的近日天球上的立方体和八面体，它们各面的中心必定穿过它们内部的行星天球，以至于那些中心将会位于远日天球与近日天球之间；而顶点接触外面行星的近日天球的十二面体和二十面体，它们各面的中心必定不会达到它们内部的行星的远日天球；最后，顶点位于火星近日天球的十二面体的“海胆”的反转的边(连接着它的两个立体角或“楔子”)的中点[1]，必定非常接近金星的远日天球。

由于无论是从起源上说，还是从在世界中的位置上说，四面体都是初级形体中的中间一个，所以如果不受阻碍，它必定会相等地跨过木星和火星两个区域。因为立方体在它之上，也在它之外，二十面体在它之下，也在它之内，所以很自然地，它们的镶嵌会带来相反的结果(四面体介于二者之间)，即其中一个立体形的镶嵌是盈余的，另一个立体形的镶嵌是亏缺的，这就是说一个会穿过内部行星的天球，另一个不会则不会穿过。由于八面体与立方体同源，它的两球之比与立方体相等，二十面体与十二面体同源，因此，如果立方体的镶嵌存在着某种完美性，那么同样的完美性也必定属于八面体；如果十二面体的镶嵌存在着某种完美性，那么同样的完美性也必定属于二十面体。八面体的地位也非常类似于立方体的地位，二十面体的地位也非常类似于十二面体的地位，因为正如立方体构成了通往外部世界的一个界限，八面体也构成了通往内部世界的一个界限，而十二面体和二十面体则处于中间。因此很自然地，它们的镶嵌方式也将是类似的，前者的情况是穿过了内部行星的天球，后者的情况则是没有达到内部行星的天球。

然而，用角的顶点来表示二十面体和用底来表示十二面体的“海胆”，却必定会充满、包含或安排两个区域，即属于十二面体的火星和地球之间的区域以及属于二十面体的地球和金星之间的区域。但哪对行星应该属于

① “反转的边”是指构成“海胆”核的正十二面体的边。

哪种关系，前一公理已经说得很清楚了。根据本卷第一章，拥有一个有理的内切球的四面体被分配到了初级形体的中间位置，它的两边都是不可公度的球形的立体形，外面的是立方体，里面的是十二面体。这种几何性质，即内切球的有理性，从本质上代表了行星天球的完美镶嵌。而立方体和它的共轭立体形的内切球只有平方之后才是有理的，因此，它们代表一种半完美的镶嵌，在这种镶嵌中，尽管行星天球的尽头没有被立体形各面的中心所触及，但至少它的内部，即远日天球和近日天球之间的平均——如果因其他理由这是可能的话——却被各个中心所触及。而另一方面，十二面体和它的共轭立体形的内切球无论是半径的长度，还是半径长度的平方，都是无理的；因此，它们代表着一种绝对非完美的镶嵌，不与行星天球的任何地方相接触，即各面中心无法达到行星的远日天球。

尽管“海胆”与十二面体及其共轭立体形同源，但它却与四面体有某种类似之处。因为内切于它的反转的边的球[①]的半径与外接球的半径不可公度，但却与两临角之间的距离可公度[②]。于是，半径的可公度性的完美性几乎与四面体一样大，而它的不完美性却与十二面体及其共轭立体形一样大。因此，很自然地，属于它的物理镶嵌既不是绝对的四面体式的，也不是绝对的十二面体式的，而是一个居间的种类。因为四面体的各面必定会触及天球的外表面[③]，十二面体的各面与之还相差一定距离，所以这个楔状立体形用其反转的边处于二十面体的空间和内切球的外表面之间，并且几乎触及这个外表面——如果这个立体形能够与其余五种立体形保持一致，如果它的定律也许能被其余五种立体形的定律所准许。然而，为什么我要说“也许能被准许”？没有这些定律，它们就不可用。因为如果一种松散的、不接触的镶嵌与十二面体相合，那么除了这个与十二面体和二十面体同源的辅助立体形——这个立体形的镶嵌几乎可与它的内切球接触，而

① 即通过构成“海胆”核的十二面体的各边中点的球。

② 内切于反转的边的球的半径等于两临角间距的一半。

③ 即天球必定接触到了四面体各面的中心。

且与天球的距离(如果的确存在这段距离的话)不会大于四面体超过和穿过[天球]的量——之外，还有什么能把那种无限制的松散局限在一定范围之内呢？我们在下面就会讨论到这个量。

“海胆”之所以会与两个同源立体形结合(也就是说，为了能够确定它们留下来的尚未确定的火星与金星的天球之比)，很可能是因为这一事实：地球的天球半径1000非常接近于火星的近日天球和金星的远日天球的比例中项，就好像“海胆”指派给与它同源的立体形的空间已经在它们之间被成比例地分开了一样。

48. 命题　正立体形在行星天球之间的镶嵌不是纯粹自由的；因为它在每一个细节处都被极运动之间建立起来的和谐比例所阻碍了。

根据公理1和公理2，每一个立体形的两球之比不是直接由立体形本身所表达的，而是通过立体形，首先找到与天球的实际比最接近的和谐比例，然后把它调整到极运动。

其次，根据公理18和公理20，为了使两种类型的普遍和谐比例能够存在，每一对行星的较大和谐比例必须要根据后验的理由进行调节。因此，根据第三章中所阐明的运动定律，为了使这些理由可以成立，可以通过它们自己的理由而得到支持，[由和谐比例建立起来的]距离与从两球之间的立体形的完美镶嵌中得到的距离就应该有些出入。为了证明这一点，并且弄清楚每一颗行星有多少距离被通过恰当理由建立起来的和谐比例带走了，让我们通过一种以前从未有人尝试过的新的计算方法来从和谐比例中导出行星与太阳之间的距离。

这项探索分为三步：第一，由每颗行星的两种极运动导出行星与太阳之间的极距离，通过它们计算出由每颗行星所固有的极距离来确定的轨道半径；第二，从以同样单位量出的同样的极运动中导出平均运动和它们之间的比例；第三，通过已经揭示出来的平均运动之比，求出轨道之比例或平均距离之比以及极距离之比，再把它与从立体形中导出的比例进行比较。

关于第一步：我们必须回忆一下第三章第六条的内容，即极运动之比等于行星与太阳的相应极距离之比的倒数的平方。因此，由于平方之比是比的平方，所以单颗行星的极运动的数值将被当作平方数，它的根将给出极距离的大小。要想求出轨道半径和偏心率，只要取它们的算术平均值就可以了。于是，至此建立起来的和谐比例就规定了：

行星	根据的命题	运动之比	运动之比的平方根①	轨道半径②	偏心率③	取轨道半径为100000时（偏心率的值）
土星	命题38	64∶81	80∶90	85	5	5882
木星	命题38	6561∶8000	81000∶89444	85222	4222	4954
火星	命题41	25∶36	50∶60	55	5	9091
地球	命题28	2916∶3125	93531∶96825	95178	1647	1730
金星	命题28	243∶250	9859∶10000	99295	705	710
水星	命题45	5∶12	63250∶98000	80625	17375	21551

关于第二步，我们又一次需要借助第三章的第十二条，即平均运动既小于极运动的算术平均值，也小于其几何平均值，然而它小于几何平均值的量却等于几何平均值小于算术平均值的量的一半。由于我们所要求的是用同样单位来表示的所有平均运动，所以让我们把迄今为止在两种运动之间建立起来的所有比例以及单颗行星的所有固有比例都按照它们的最小公因子确立起来，然后再取每颗行星的极运动之差的一半为算术平均值，取两极距离之积与这个积的平方根之差为几何平均值，再从几何平均值中减去算术平均值与几何平均值之差的一半，我们便得到了以每颗行星极运动的固有单位建立起来的每颗行星的平均运动的数值，根据比例规则，它们可以很容易地转化成公共单位的值。

于是，我们就从规定的和谐比例得到了平均周日运动之比，即每两颗行星的度数和分数之比。很容易检验它们是多么接近天文学。

---

① 这里的比例有的乘上了共同因子，有的取了随意的精度。

② 即极距离的平均值。每个值的单位都是各自行星极距离的单位。

③ 即半径与任一极距离之差。每个值的单位都是各自行星极距离的单位。

行星对之间的和谐比例	极运动的值		单颗行星的固有比例	单颗行星的平均		差值的一半	不同单位的平均运动的值	
				算术平均	几何平均		固有单位	公共单位
1	土星	139968	64	75.50	72.00	.25	71.75	156917
1	土星	177147	81					
2	木星	354294	6561	7280.5	7244.9	17.8	7.227.1	390263
5	木星	432000	8000					
24	火星	2073600	25	30.50	30.00	.25	29.75	2467584
2	火星	2985984	36					
32 3	地球	4478976	2916	3020.500	3018.692	.904	3017.788	4635322
5	地球	4800000	3125					
5	金星	7464960	243	246.500	246.475	.0125	246.4625	7571328
1								
3 8	金星	7680000	250					
5	水星	12800000	5	8.500	7.746	.377	7.369	18864680
4	水星	30720000	12					

第三步则需要第三章的第八条。在求出了单颗行星的平均周日运动之比以后，我们也可以求出它们的轨道之比。因为平均运动之比等于轨道反比的$\frac{3}{2}$次方，而立方之比就是克拉维乌斯(Clavius)在其《实用几何学》(*Practical Geometry*)一书的附表中所给出的那些平方之比的$\frac{3}{2}$次方。① 因此，如果我们的平均运动的值(如果需要，可以简化成同样的位数)需要在那个表的立方值中去寻找，那么它们会在它们左边的平方数一栏中指示出轨道之比的值。于是，前面被归于单颗行星的以行星的轨道半径为单位的偏心率，就可以很容易地通过比例规则被转化成对所有行星都适用的公共单位下的值。然后，通过把它们加到轨道半径上和从轨道半径中减去它们，行星与太阳之间的极距离就可以确定了。不过，根据天文学的惯常做法，我们将把地球的轨道半径定为100000，以使这个数无论平方还是立

① C. Clavius, *Geometriae Practicae* (Rome, 1604)。开普勒大约在1606年10月得到了这本书。在第8卷末尾，克拉维乌斯列了一张从1到1000的平方和立方表。

方，都仅由零组成。我们也可以把地球的平均运动提高到 10000000000，并通过比例规则，使得任一行星的平均运动的数值与地球的平均运动之比，等于 10000000000 比上这个新的值。因此，这项工作可以通过分别把五个立方根与地球的值进行比较来进行。

不同单位的平均运动的值			在平方表中找到的轨道之比②	半　径	不同单位的偏心率		得到的极距离	
	原先的值	在立方表中寻找的新的倒数值①			固有单位	公共单位	远日距	近日距
土星	156917	29539960	9556	85	5	562	10118	8994
木星	390263	11877400	5206	85222	4222	258	5464	4948
火星	2467584	1878483	1523	55	5	138	1661	1384
地球	4635322	1000000	1000	95178	1647	17	1017	983
金星	7571328	612220	721	99295	705	5	726	716
水星	18864680	245714	392	80625	17375	85	476	308

因此，我们在最后一列就可以看出两颗行星的收敛距离应该是多少了。所有的值都非常接近我在第谷的观测数据中发现的那些距离③，只有水星有一些小的出入。天文学给它的距离似乎是 470，388 和 306，这些值都偏小。我们也许可以合理地猜想，这里的不一致的原因或者是因为观测次数太少，或者是因为偏心率太大。（参见第三章）。不过我还是快点把计算完成吧。

现在就很容易把立体形的两球之比与收敛距离之比进行比较了。

如果立体形的外接球的通常取为 100000 的半径变成：		那么内切球的半径就由	变成	而由和谐比例导出的距离为	
立方体	8994	土星的 57735	5194	木星的平均距离	5206
四面体	4948	木星的 33333	1649	火星的远日距	1661
十二面体	1384	火星的 79465	1100	地球的远日距	1018
二十面体	983	地球的 79465	781	金星的远日距	726

① 这一列的值是用地球的平均运动 4635322 除以前一列的值，再乘以 1000000 得到的。

② 这一列的值是把前一列的值的立方根平方，再除以 10 得到的。

③ 从第谷的观测数据中导出的距离已经在第四章中给出。

续表

如果立体形的外接球的通常取为 100000 的半径变成：		那么内切球的半径就由	变成	而由和谐比例导出的距离为	
"海胆"	1384	火星的 52573	728	金星的远日距	726
八面体	716	金星的 57735	413	水星的平均距离	392
八面体的正方形①	716	金星的 70711	506	水星的远日距	476
	或 476	水星的 70711	336	水星的近日距	308

也就是说，立方体的面向下稍微伸进了木星的中圆；八面体的面还没有达到水星的中圆；四面体的面稍微伸进了火星的远日圆；"海胆"的边还没有达到火星的远日圆；但十二面体的面远远不到地球的远日圆；二十面体的面也几乎同样程度地没有达到金星的远日圆；最后，八面体的正方形一点都不相配，不过这没有什么坏处，平面图形能在立体中起什么作用呢？因此，你看到，如果行星距离是从迄今证明的运动的和谐比例中导出的，那么前者的大小必定会像后者所允许地那样大，但却不像由命题 45 所规定的自由镶嵌定律所要求的那样大。这是因为，借用本卷卷首的盖伦的话来说，这种完美镶嵌的"几何装点"与其他可能的"和谐装点"并非完全一致。为了澄清这一命题，许多东西都必须通过实际的数值计算来证明。

我并不隐瞒这一事实：如果我通过金星运动的固有比例来增加金星与水星的发散运动的和谐比例，并因而把水星的固有比例减少同样的量，那么这样一来，我就得到了水星与太阳之间的如下距离：469，388，307，它们与天文学给出的值精确相符。但是首先，我不能用和谐理由来保证这种减少，因为水星的远日运动将不会与任何音阶相符，而且在那些相互对立的行星中，完整的对立模式也没有在一切方面被保留下来；其次，水星

① 开普勒试图(但未获成功)在这个表的最后两行使用"八面体的正方形"(即正八面体腰部的四个点所连成的正方形)的比例。开普勒曾在《宇宙的奥妙》第 13 章中说，水星的远日轨道也许是内切于这个正方形内，而不是内切于八面体内，因为他发现，用八面体的正方形中的圆代替内切球作为水星轨道的外边界是更合适的。他在这里表明，八面体正方形的过小的比例不能与金星的近日天球和水星的远日天球很好地符合，也不能与水星的近日天球和远日天球符合。他完全愿意抛弃年轻时的想法。正如他在下面说的："平面图形能在立体中起什么作用呢？"

的平均周日运动过大，以至于整个天文学中最为确定的水星周期被大大地缩短了。但通过这个例子，我鼓励所有那些有机会读到这本书，并且一心致力于数学的原理和最高哲学的知识的人们：努力工作，或者抛弃在任何地方都适用的和谐比例中的一种，把它换成另一种，看看你是否可以接近第四章所提出的天文学；或者用理性去论证，你是否可以用天体运动建立某种更好的、更适当的东西，它可以或者部分或者全部地摧毁我已经使用过的方案。无论属于我们造物主的荣耀的有哪些东西，它们都可以经由本书平等地为你所使用。直到这一刻，我认为自己完全可以改变任何我发现早先想得不正确的东西，它们往往是一时不留意或心血来潮的产物。

49. 总结　在距离创生的时候，立体形让位于和谐比例，行星对的较大和谐比例让位于所有行星的普遍和谐比例(直至后者成为必然的)，这是恰当的。

蒙天恩眷顾，我们现在碰到了49，即7的平方；这也许就像一种安息日，紧接着前面关于天的构造的六次八个一组的讨论。而且，尽管它本可以放在早先的公理中说，但我还是很恰当地把它写成了总结：因为上帝在欣赏他的创世工作时也是这样做的，“神看着一切所造的都甚好。”[①]

这篇总结分为两部分：首先是一则关于和谐比例的一般性的证明，它是这样的：只要是在分量不等的不同东西中进行选择，那么首先应该选的就是更优秀的东西，而且只要可能，更拙劣的东西就应该让位于它，就像“装点”一词似乎表明的那样。正如生命比物体更优秀，形式比质料更优秀一样，和谐装点也比几何装点更优秀。

正如生命完善了生命体，后者天生就是用来实现生命功能的一样(因为生命是从作为神的本质的世界原型中来的)，[②]运动也度量了被指派给每颗行星的区域，因为一块区域被指派给行星，就是为了使它能够运动的。

① 《创世纪》1：31。

② 参见第四卷。

但是五种正立体形，根据它们的名字本身，与区域的空间、数目和物体有关，而和谐比例却与运动有关。再有，由于质料是弥散的、本身不明确的，而形式是明确的、统一的、能够确定质料的，所以虽然存在着无限数量的几何比例，但只有极少数才是和谐比例。因为尽管在几何比例中存在着确定、形成和限制的程度，而且通过把天球归于正立体形，只有三个比例可以形成；但即使是这些几何比例，也被赋予了一种为其余所共有的偶性，即预设了一种对量的无限种可能的分割，那些各项彼此不可公度的比例实际上也以某种方式包含了这种性质。但和谐比例都是有理的，它们所有的项都是可公度的，都是得自于确定而有限的平面图形种类。无限可分性意味着质料，而项的可公度性或有理性却意味着形式。因此，正如质料渴望形式，一块适当大小的粗凿的石头渴望人体的形状一样，形体的几何比例也渴望和谐比例——不是为了后者能够塑造和形成前者，而是为了某种质料能与某种形式符合得更好，石头的尺寸与某个雕塑符合得更好，形体的比例与和谐比例符合得更好；从而使它们能够被塑造和形成得更完善，质料被它的形式所完善，石头被凿子凿成一个生命体的样子，而立体形的球的比例通过它最接近的、适当的和谐比例来形成。

我们迄今所说的东西可以通过我的发现史而变得更清楚。当我在24年前沉浸在这种沉思中时，我首先研究了单颗行星的天球是否彼此等距(因为在哥白尼那里，天球是分离的，而不是彼此接触的)。当然，我认为没有什么能比相等的关系更美妙了。然而，这种关系没头没尾，因为这种质料上的相等没有给出运动星体的数目，也没有给出确定的距离。于是，我开始思考距离与天球的相似性，即它们的比例。但同样的麻烦出现了，因为尽管这时天球之间的距离是不等的，但它们并不像哥白尼所认为的那样是不均匀地不等的，而且也没有给出比例的大小和天球的数目。于是，我继而考虑正平面图形：它们通过圆的归属而产生了距离，但仍没有给出确定的数值。最后，我想到了五种正立体：这时，无论是星体的数目还是距离的几乎正确的数值都被揭示了，以至于我把余下的不一致归于天文学的精确程度。天文学的精确性在这二十年里被完善了许多；[但是]注意！在距离与正立体形之间仍然存在着出入，而且偏心率在行星中的分布相当不均等的原因也没有得到揭示。在这个世界的居巢中，我一直都只是在寻找石头——虽然可能是一种更优雅的形状，但终归是适合于石头的——而没有意识到雕刻家已经把它们塑造成了一尊非常考究的有生命的雕像。于是渐渐地，特别是在过去的这三年里，我想到了和谐比例，而把正立体形弃做较不重要的东西。这既是因为和谐比例是基于最后一触所给予的形式，而正立体形却基于质料(它在宇宙中只是星体的数目和大致的间隔距离)，也是因为和谐比例能够给出偏心率，而立体形却丝毫不能保证。也就是说，和谐比例提供了雕像的鼻子、眼睛和其余部分，而立体形却只是规定了粗略的外在大小。

因此，正如生命体和石块都不是根据某种几何形体的纯规则制成的，而是有某种东西从外在的球形中去除，无论它可能有多么精妙(尽管体积的正确大小保持不变)，于是身体能够得到为生命所必需的器官，石头能够得到生命体的形相；所以正立体形为行星天球规定的比例是低等的，它只关注身体和质料，因而必须尽一切可能让位于和谐比例，以使和谐比例更能为天球的运动增辉。

结尾的另一个部分是关于普遍和谐比例的，它也有一个证明，这个证明是与前一个证明紧密相关的。(事实上，它在前面公理 18 中就已经被部分地假设了。)完美的最后一触属于那种使世界更完美的东西，而那种较为次要的东西要被去除(如果有一方要被去除的话)。然而，使世界更为完美的是所有行星的普遍和谐比例，而不是相邻两颗行星的两个和谐比例。因为和谐比例是单位的某种关系，所以如果所有行星都能统一于同一个和谐比例，而不是每两颗行星分别形成两个和谐比例，那么行星就更加统一了。因此，两颗行星所产生的两个和谐比例中必有一个需要屈从，以使所有行星的普遍和谐比例能够成立。然而，需要屈从的比例必须是发散运动的较大和谐比例，而不是收敛运动的较小和谐比例。因为如果发散运动发散了，那么它们所关注的就不再是这一对行星，而是其他相邻的行星了；而如果收敛运动是收敛的，那么一颗行星的运动就会关注另一颗行星的运动：例如，在木星和火星这对行星中，木星的远日运动会关注土星的运动，火星的近日运动会关注地球的运动；而木星的近日运动会关注火星的运动，火星的远日运动会关注木星的运动。因此，收敛运动的和谐比例对于木星和火星是更适合的，而发散运动的和谐比例对于木星和火星来说就比较远了。如果与两颗相临行星离得较远的、较为不一致和谐比例能够被调整，而不是它们的固有比例，即相临行星的更加相临的运动之间存在的比例被调整，那么把临近的行星两两组合到一起的和谐比例就较少受到破坏。然而，这种调整不会很大。因为比例关系已经被找到了，由此既可以建立所有行星的普遍和谐比例(两种不同种类)，又可以包容两颗临近行星的个别的和谐比例(幅度仅为一个音差)：事实上，四对收敛运动的和谐比例是纯的，一对远日运动和两对近日运动的和谐比例也是纯的；然而，四对发散运动的和谐比例却相差不到一个第西斯(使华丽音乐中的人声几乎总是走调的最小音程)；而只有木星和火星的这种差距在一个第西斯和一个半音之间。因此显然，这种相互屈从在任何地方都是非常好的。

至此，这篇关于造物主的作品的结尾就完成了。最后，我要把我的目光从证明表上移开，把双手举向天空，虔诚而谦卑地向光芒之父祈祷：

> 噢，您通过自然之光在我们心中唤起了对恩典之光的渴望，由此将荣耀的光芒洒向我们；创造我们的上帝啊，我感谢您，您使我醉心于您亲手创制的杰作，令我无限欣喜，心神荡漾。看，我已用您赋予我的全部能力完成了我被指派的任务；我已尽我浅薄的心智所能把握无限的能力，向阅读这些证明的人展示了您作品的荣耀。我的心智已经为最完美的哲学做好了准备。如果我这只在罪恶的泥淖中出生和长大的卑微的小虫提出了任何配不上您的意图的东西，那么请启示我理解您的真正意图，并对它们加以改正；如果我因您的作品的令人惊叹的美而不禁显得轻率鲁莽，或者在这样一部旨在赞美您的荣耀的作品中追求了我自己在众人中的名，那么请仁慈地宽恕我；最后，愿您屈尊使我的这些证明能够为您的荣光以及灵魂的拯救尽一份绵薄之力，而千万不要成为它们的障碍。

第十章　结语：关于太阳的猜想[①]

从天上的音乐到聆听者，从缪斯女神到唱诗班指挥阿波罗，从运转不息、构成和谐的六颗行星到在自己的位置上绕轴自转的所有轨道的中心——太阳。尽管最完整的和谐存在于行星的极运动之间(这种极运动不是就行星穿过以太的真实速度来说的，而是就行星轨道周日弧的端点与太阳中心的连线所成的角度来说的)，但这种和谐不会为端点即单颗行星的运动增添光彩，而是在所有行星连在一起，彼此之间进行比较，并成为某种心智的对象的意义上来说的；由于没有什么对象是被徒劳地安排的，某种能够被它推动的东西总是存在着，所以那些角度似乎的确预设了某个类似于我们的目光或视觉一样的能动者(关于这一点，请参见第四卷)。月下自然觉察到了从行星那里发出来的光线在地球上所成的角度。的确，要猜想太阳上会有一种什么类型的视觉或眼睛，或者感知这些角度除视觉以外还可以通过什么样的本能来实现，估测通过某种门径进入心智的运动的和谐，即最后确认太阳上到底存在着一种什么样的心智，这对于地球上的居民来说是相当困难的。然而，无论它是怎样的，六大天球围绕着太阳永恒地旋转以为其增添光彩(就像四颗行星陪伴着木星球，两颗卫星陪伴着土星球，月亮作为唯一一颗行星用它的运转包围着、映衬着、哺育着地球和我们这些栖身者一样)，加之这种显然暗示着太阳至高恩典的特殊的和谐，使我不得不承认以下这些结论：从太阳发出并且洒向整个世界的光芒不仅像是从世界之焦点或眼睛发出的，一如生命和热来自心脏，一切运动都来自统治者或推动者；而且反过来，这些至为美妙的和谐也会像报答一样遵照高贵的定律从世界的每一角落返回，最后汇集到太阳，或者说，运动的形式通过某种心智的作用两两会聚在一起，融合成单独一种和谐，就好像

① 参见开普勒在《哥白尼天文学概要》中对这篇结语的评论。——英译本注

用金块和银块制成钱币一样；最后，整个自然王国的立法机构、宫廷、政府宅邸都坐落在太阳上，无论它的创造者给它指派了什么样的法官、大臣和王公贵族，也无论是一开始就创造了他们，还是中途把他们迁过去的，这些席位早已为他们准备好了。因为作为它的主要部分，地球的装点在很长时间里都缺少沉思者和欣赏者，这些为他们指定的席位还是空的。因此，当我发现亚里士多德著作①中提到古代的毕达哥拉斯主义者曾经把世界的中心(他们把它叫作“中心火”，但实际的意思就是太阳)称为“朱庇特的护卫”[(希腊文)“宙斯的护卫”]时，我被深深地触动了；这也就是古代的《圣经》翻译者在把《诗篇》中的诗句翻成“神把他的帐幕安设于太阳”②时，头脑中反复思考的内容。

不过最近，我还偶然读到了柏拉图主义哲学家普罗克洛斯(我们曾在前面几卷多次提到他)献给太阳的赞美诗，其中充满了值得敬重的奥秘，如果你把“听见我”这一句从中移除的话；尽管我们已经提到的那位古代翻译者在一定程度上为这句话做了辩解：当他援引太阳时指的是其背后的含义——“他把他的帐幕安设于太阳”。因为在普罗克洛斯生活的时代(在君士坦丁大帝、奥勒留、背教者尤利安治下)，把我们的救主拿撒勒的耶稣称之为神，并且谴责异教徒诗人的神是犯法的，这会被这个世界的统治者和民族本身施以各种惩罚。③ 虽然普罗克洛斯通过心灵的自然之光，从他自己的柏拉图主义哲学出发，认识到上帝之子是进入这个世界，并且照彻了每一个人的真正光亮，而且他已经知道，与迷信的大众一道去追寻神性是徒劳无益的，但他似乎还是倾向于在太阳而不是在基督这个活着的人身上寻求神。因此，他既通过用言辞歌颂诗人的太阳神而欺骗了异教徒，又通过把异教徒和基督徒都从可感事物(前者是可见的太阳，后者是圣母玛

① Aristotle, *De caelo*, 293 b 1—6.

② 开普勒的翻译不是对原始希伯来文本的准确翻译，原文是“神在其间为太阳安设帐幕”，参见《诗篇》19：4。

③ 开普勒在这里弄错了，因为他所引用的君主都统治于公元4世纪，而普罗克洛斯却生活在公元5世纪(410—485)。在普罗克洛斯的时代，基督教已经是罗马帝国的主流宗教。

利亚的儿子)中引出来，从而服务于他自己的哲学，因为他抛弃了道成肉身的奥秘，过分信任他的心灵的自然之光；最后，他把被基督徒认为最神圣的、与柏拉图哲学最一致的东西吸收进他自己的哲学中。[①] 所以，对于基督福音教义的职责也可以同样的方式用于指责普罗克洛斯的这首赞美诗：让这位太阳神把“金色的缰绳”和“光芒的宝库，居于以太中央的席位，宇宙中心的耀眼的光环”拥为己有，哥白尼也把这些东西归之于他；让他成为“战车的驭者”，尽管古代的毕达哥拉斯主义者认为他仅仅是“中心”、“宙斯的护卫”——他们的这一学说由于数个世纪的遗忘而受到曲解，就像遭遇了一场洪水的洗劫，从而并没有被他们的继承者普罗克洛斯意识到；让他也保有从他本身生出的后代，以及任何自然的东西；反过来，让普罗克洛斯的哲学屈从于基督教的教义，让可感的太阳让位于圣母玛利亚的儿子——普罗克洛斯用“提坦”、“生命之泉的钥匙的掌管者”的名字来称呼他，用“使万物充溢着唤醒心灵的洞见”的话来形容他；那种超乎命运之上的巨大力量，在福音书被传播以前从未在哲学中读到过[②]，恶魔惧怕他，视他为恐怖的鞭笞，暗地里等待着灵魂，“以使他们能够逃过高高在上的圣父的注意”；除了父的道，谁还能是“万物之父的形象(由于他从圣母那里的显现，万物之间相互冲突的罪恶停止了)”？——根据以下这些话：**地是空虚混沌，渊面黑暗，神把光暗分开了，把水分为上下，把海与旱地分开了：一切事都是根据他的道成的。**除了神之子，灵魂的牧人，拿撒勒的耶稣，一个泪水涟涟的恳求者要想涤净自己的罪和污秽——就好像普罗克洛斯承认原罪的传染物一样——保护我们远离惩罚和邪恶，“把正义的锐

① 古人对他的著作《圣母殿》(*Metroace*)的判断是，他在其中带着一种神圣的狂喜，提出了关于神的普遍教义，作者的许多眼泪打消了读者的所有疑虑。然而，这位作者还写了十八种三段论(epichiremata)来攻击基督教。约翰·菲洛波努斯(John Philoponus)反对这些三段论，他批评普罗克洛斯对希腊思想的无知，而事实上，后者捍卫的正是希腊思想。——开普勒原注

② 然而，在斯维达斯(Suidas)词典[注：该词典成书于公元1000到1150年间，是我们了解古代哲学家的主要著作]中，一些类似的说法被归于了奥菲斯(Orpheus)，他生活在很久以前，大约是摩西的同时代人，似乎是摩西的弟子。参见普罗克洛斯评论的奥菲斯的赞美诗。——开普勒原注

利眼光(即父的愤怒)变得温和”，还能向谁祈祷呢？我们读到的其他一些东西(似乎是从撒迦利亚的赞美诗[①]中来的，或者，是《圣母殿》的一部分?)——“驱散有毒的、毁人的迷雾”，当灵魂还处于黑暗之中和死亡的阴影下的时候，是他给了我们“神圣的光芒”和“来自虔诚的坚定不移的至福”；那就是说，终身在他面前，坦然无惧地用圣洁、公义侍奉他。

因此，让我们现在把这些和类似的事物分离出来，把它们归于它们所属的天主教会的教义。但现在，让我们看看这首赞美诗被提及的主要原因。因为这个太阳“从高天流溢出和谐的巨流”(所以奥菲斯也“使宇宙得以和谐地运行”)，太阳神由此跃出，并且“伴着他的里拉琴，唱出美妙的歌使他的喧嚣的子孙安睡下来”，在合唱中与之相伴随的是对阿波罗的颂歌，“使宇宙遍布和谐，带走痛苦”。我要说，这个太阳在赞美诗的一开始就被欢呼为“理智之火的君王”。通过这样的开头，他表明了毕达哥拉斯主义者所理解的“火”是什么意思(所以很奇怪，他的弟子在中心位置方面的观点竟不同于老师，认为中心应该是太阳)，同时把他的整首赞美诗从可感的太阳及其性质和光转到理智的事物；他把太阳的高贵的席位让与了他的“理智之火”(也许是斯多葛派的创生之火)，让与了柏拉图的创生之神、首要心灵或“纯粹理智”，从而把造物和创造万物的他混同了起来。但我们基督徒被教诲要进行更好的区分，知道这种永恒的、自存的“与神同在”[②]的“道”不被囿于任何地方，尽管道在一切事物之内，没有任何东西能够把它排除在外，尽管道外在于一切事物，从最荣耀的贞女玛利亚的子宫而出生，成为一个人，当他肉身的使命完成之后，就把天当成了他高贵的居所，在那里通过他的荣耀和威严凌驾于世界的其他部分，他的天父也居于此处，他还向信众许诺他居于圣父的住所。至于关于那个住所的其他方面，我们认为探究任何进一步的细节，召唤自然感官或理性找出眼睛看不到的东西，耳朵听不着的东西，以及那些还没有进入人的心灵的东西是无

① 参见《路加福音》1：68—80。

② 《约翰福音》1：1。

益的。但我们应当把被造的心灵——无论它有多么出色——屈从于它的创造者，我们既不像亚里士多德和异教哲学家那样引入理智的神，也不像波斯祆僧那样引入无数行星的精灵，也不认为它们或者是被崇拜，或者是被召唤而通过法术与我们沟通的。怀着对此的深深的谨慎，我们自由地探究每一心灵的本性会是什么，特别是，如果在世界的中心有某种心灵与事物的本性联系非常紧密，履行着世界灵魂的功能的话——或者，如果有某些与人的本性完全不同的智慧生物偶然居住或将要居住在一个如此充满生机的星球上的话[参见我的《论新星》(*On the New Star*)的第24章，“论世界灵魂和它的某些功能”]。但如果我们可以把类比当作向导，穿越自然之谜的迷宫的话，我认为这样主张是恰当的：根据亚里士多德、柏拉图、普罗克洛斯和其他一些人的区分，六个天球与它们的共同中心即整个世界的中心之间的关系就好比是“思想”与“心灵”之间的关系；行星围绕太阳的旋转之于太阳在整个体系的中心位置旋转而不发生变化(太阳黑子就是证据，《关于火星运动的评注》已经就此给出了证明①)，就好比推理的杂多过程之于心灵的最单纯的理智。自转的太阳通过从自身释放的形式而推动所有行星，所以正如哲学家所说的，心灵也通过理解自身以及自身当中的一切事物来激发推理，通过把它的简单性在它们中间分散和展开，来使一切变得可以理解。行星围绕太阳旋转与推理过程之间的联系是如此紧密，以至于如果我们所居住的地球没有在其他天球中间量出它的周年轨道，不断地变化位置，那么人的推理便永远也不可能把握行星之间的真实距离以及其他依赖于它们的事物，于是也就永远建立不起来天文学。[参见《天文学的光学部分》(*Optical Part of Astronomy*)，第九章]

另一方面，通过一种优美的对称，与太阳静居于世界的中心相对的就是理智的简单性，因为迄今为止，我们一直都想当然地认为，太阳的那些运动的和谐既不是由地域方向的差异，又不是由世界的广度规定的。事实上，如果有任何心灵能够从太阳上观察那些和谐，那么它的居所就没有运

① 《新天文学》(*Astronomia nova*)，第三十四章。

动和不同位置能够帮助这种观察，而正是通过这些东西，它才能进行必要的推理和反思，从而量出行星之间的距离。因此，它所比较的每颗行星的周日运动并不是行星在各自轨道上的运动，而是它们在太阳中心扫过的角。所以如果它具有关于天球大小的知识的话，那么这种知识就必定是先验地属于它的，而不需要进行任何推理。自柏拉图和普罗克洛斯以来，这在什么程度上对人的心灵和月下自然为真，已经说得很清楚了。

在这种情况下，如果有人从毕达哥拉斯之杯痛饮了一口而感到温暖(普罗克洛斯从赞美诗的第一句就进入了这种状态)，如果有人由于行星合唱的甜美和谐而进入梦乡，那么他这样梦想是不奇怪的[通过讲述一个故事他可以模仿柏拉图的亚特兰蒂斯(Atlantis)[①]，通过做梦可以模仿西塞罗笔下的西庇欧[②]]：在其他围绕太阳不停旋转的星球上分布着推理的能力，其中有一个必当被认为是最优秀的和绝对的，它位于其他星球的中间，这就是人所居住的地球；而太阳上却居住着单纯的理智、心灵或所有和谐的来源，无论它是什么。

如果第谷·布拉赫认为荒芜的星球并非意味着世上的一无所有，而是栖息着各种生物，那么，通过地球观察到的星球，我们就能够猜想上帝是如何设计其他星球的。水中没有空隙容纳供生物呼吸的空气，他创造了水栖动物；天空广阔无际，他创造了展翅翱翔的鸟类；北方白雪覆盖，他让白熊和白狼居在那里，熊以鲸为食，狼以鸟蛋为生；他让骆驼生活在利比亚烈日炎炎的大沙漠，因为它们能忍耐干渴；他让雄狮生活在叙利亚浩瀚无边的荒野，因为它们能忍耐饥饿。难道他已在地球上将一切造物技艺和全部善良用尽，以致不能也不愿意用相称的造物去装点其他星球？要知道，星体运转周期的长短，太阳的靠近与远离，各种不同的偏心率，星体的明暗，形体的性质，这一切，任何地区都少不了。

---

① 亚特兰蒂斯，大西洋中一传说岛屿，位于直布罗陀西部，柏拉图在《蒂迈欧篇》和《克力提亚斯篇》(*Critias*)中声称在一场地震中沉入海底。

② 西塞罗在《论共和》(*De republica*)结尾写过“西庇欧之梦”(*Somnium Scipionis*)。

看吧！正如地球上的一代代的生物具有十二面体的雄性形相，二十面体的雌性形相(十二面体从外面支撑地球天球，二十面体从里面支撑地球天球)，以及二者结合的神圣比例及其不可表达性的生育形相，我们还能假定其他行星从其余的正立体形中得到什么形相？为什么四颗卫星会围绕木星运动，两颗卫星围绕土星运动，就像我们的月球围绕我们的居所运动呢？事实上，根据同样的方式，我们也可以就太阳作出推论，我们将把从和谐比例等——它们本身就是很有分量的——中得出的猜测与那些更偏向于肉身的、更易于普通人理解的其他猜测结合在一起。是否太阳上没有人居住，其他行星上挤满了居民(如果其他每一样事物都相符的话)？是否因为地球呼出云雾，太阳就呼出黑烟？是否因为地球在雨水的作用下是潮湿的，可以发芽吐绿，太阳就用那些燃烧的点发光，通体窜出明亮的薄焰？如果这个星体上没有居民，那么所有这些有什么用？的确，难道感官本身不是在大声呼喊，火热的物体居于这里，可以接纳单纯的心智，而太阳即使不是国王，也是“理智之火”的女王吗？

我有意打断这个梦和沉思冥想，只是和《诗篇》作者一起欢呼：圣哉，我们的主！大哉，他的德行和智慧无边无尽！赞美他，天空！赞美他，太阳、月亮和行星！用尽每一种感官去体察，用尽每一句话语去颂扬！赞美他，天上的和谐！赞美他，业经揭示的和谐的鉴赏者(特别是您，欢乐的老梅斯特林，您过去常常用希望的话语激励这些)：还有你，我的灵魂，去赞美上帝，你的造物主，只要我还活着。因为万物从他而生，由他而生，在他之中，无论是可感的还是理智的；我们完全无知的和已知的东西都只是他微不足道的部分，除此以外还有更多。赞美、荣耀、光辉和世界属于他，永无尽期。阿门。

全文完

这部著作完成于1618年5月17/27日；但(在印刷过程中)第五卷又于1619年2月9/19日进行了修订。

林茨，上奥地利首府

（张卜天译）

可以形成纯四度。因此，发散极距离与收敛极距离之间的复合比大约是这个比例的平方根，即两个全音；而收敛距离之比是它的平方，即比一个纯五度稍大。因此，如果两颗临近行星的固有运动的复合小于一个纯五度，那么其收敛运动之比就不可能是纯四度。

8. 命题　和谐比例 1∶2 和 1∶3，即八度和八度加五度，应属于土星和木星。

因为根据本卷第一章，它们获得了正立体形中的第一个——立方体，是第一级的行星和最高的行星；根据本书第一卷中的说法，这些和谐比例在自然的秩序中是排在最前列的，在两大立体形家族——即二分或四分的立体形以及三分的立体形——中是首领。[①] 然而，作为首领的八度 1∶2 略大于立方体的两球之比 1∶$\sqrt{3}$；因此，根据第三章第 13 条，它适合成为立方体行星的运动的较小比例，而 1∶3 则作为较大比例。

然而，这个结论还可通过以下方式得到：如果某个和谐比例与正立体形的两球之比之间的比例与从太阳上看到的视运动与平均距离之比相等，那么这个和谐比例就会被理所当然地赋予运动。但是很自然地，根据第三章结尾的内容，发散运动之比应当远大于两球之比的$\frac{3}{2}$次方，也就是说，近乎两球之比的平方，而且 1∶3 是立方体两球之比例 1∶$\sqrt{3}$的平方，因此，土星与木星的发散运动之比是 1∶3。（关于这些比例与立方体的许多其他关系，参见前面第二章。）

9. 命题　土星和木星的极运动的固有比例的复合应当约为 2∶3，一个纯五度。

这个结论由前一命题可以得出；这是因为，如果木星的近日运动是土

① 这里的 1∶2 和 1∶3 是第一卷中所说的“初级立体形家族中的首领”。第一家族包括边数为 2，4，8……的立体形（或准立体形），第二家族包括边数为 3，6，12……的立体形。参加第一卷，命题 30。

外接球与内切球之比都是1000∶795，这两个比例标明了彼此距离最近的行星球之间的距离，或者说最小间距。因为对于其他立体形来说，外接球与内切球之间的距离要更大。然而，根据第三章的第13条，如果偏心率与球之间的比例不是太大的话，那么这里运动之比例仍然要大于距离之比。[①]因此，运动之间的最小比例大于4∶5和5∶6。因此，这些和谐比例事实上已为正立体形所排除，从而不会在行星间出现。

7. 命题　除非行星极运动之间的固有比例复合起来之后大于一个纯五度，否则两颗行星的收敛运动之间不会出现纯四度的协和音程。

设收敛运动之比为3∶4。首先，假设没有偏心率，单颗行星的运动之间没有固有的比例，而收敛运动和平均运动是相同的，那么相应的距离(根据这个假设，它就是球的半径)就等于这个比例的$\frac{2}{3}$次方，即4480∶5424(根据第三章)。但这个比例已经小于任何正立体形的两球之比了，所以整个内球将被内接在任何一个外球的正立体形的表面所切分。但这与公理2是相违背的。

其次，设极运动之间的固有比例的复合是某个确定的值，并设收敛运动之比是3∶4或75∶100，但相应距离之比是1000∶795，因为没有正立体形有更小的两球之比。由于运动之比的倒数要比距离之比大750∶795，所以如果按照第三章的原理，把这份盈余除以1000∶795，那么得到的结果就是9434∶7950，即为两球之比的平方根。因此这个比例的平方，即8901∶6320或10000∶7100，就是两球之比。把它除以收敛距离之比1000∶795，得到的结果为7100∶7950，大约为一个大全音。平均运动与两个例收敛运动之间形成的两个比例的复合必须至少足够大，以使收敛运动之间

① 要想让收敛运动表示一个小音程，行星之间必须非常接近。然而，五种正立体在行星球之间的嵌入给相邻两颗行星的距离设置了下限。对于正二十面体和正十二面体来说，它们的外接球与内切球的半径之比是最小的，即约为1000∶795。开普勒认为，这个比例对于让收敛运动产生一个大三度或小三度是太大了。